Autorenkollektiv

Das zwei Bände umfassende HANDBUCH DER BEDIENUNGSTHEORIE wurde von einem Kollektiv von Autoren aus der UdSSR und der DDR verfaßt. Es stand unter der Leitung von

BORIS WLADIMIROWITSCH GNEDENKO und DIETER KÖNIG.

Am Band I wirkten mit:

Prof. Dr. GELI PAWLOWITSCH BASCHARIN, Universität der Völkerfreundschaft „P. Lumumba", Moskau (Mitautor von Kap. 12)

Prof. Dr. JURI KONSTANTINOWITSCH BELJAJEW, Staatliche Universität „M. W. Lomonossow", Moskau (Mitautor von Kap. 4)

Dipl.-Math. GERHARD BIEBER, Hochschule für Architektur und Bauwesen, Weimar (Mitautor des Fachwörterbuches)

Dr. WALTER ESCHENBACH, Technische Hochschule Karl-Marx-Stadt (Mitautor von Kap. 4)

Prof. Dr. PETER FRANKEN, Humboldt-Universität Berlin (Mitautor von Kap. 3)

Prof. Dr. BORIS WLADIMIROWITSCH GNEDENKO, Staatliche Universität „M. W. Lomonossow", Moskau (Autor von Kap. 1)

Dr. WLADIMIR WJATSCHESLAWOWITSCH KALASCHNIKOW, Institut für Systemanalyse der Akademie der Wissenschaften der UdSSR, Moskau (Mitautor von Kap. 10)

Dr. BERND MICHAEL KIRSTEIN, Humboldt-Universität Berlin (Mitautor von Kap. 3)

Prof. Dr. GENNADI PAWLOWITSCH KLIMOW, Staatliche Universität „M. W. Lomonossow", Moskau (Mitautor von Kap. 2)

Prof. Dr. DIETER KÖNIG, Bergakademie Freiberg (Autor von Kap. 6 und 7, Mitautor von Kap. 2 und 5, Übersetzer und Bearbeiter von Kap. 1)

Prof. Dr. IGOR NIKOLAJEWITSCH KOWALENKO, Institut für Kybernetik der Akademie der Wissenschaften der Ukrainischen SSR, Kiew (Mitautor von Kap. 11)

Doz. Dr. PETER LORENZ, Technische Hochschule „Otto von Guericke", Magdeburg (Mitautor von Kap. 11)

Dr. WALERI ARSENTIEWITSCH NAUMOW, Universität der Völkerfreundschaft „P. Lumumba", Moskau (Mitautor von Kap. 12)

Prof. Dr. HANS-JOACHIM ROSSBERG, Karl-Marx-Universität Leipzig (Autor von Kap. 9)

Doz. Dr. WLADIMIR WASSILJEWITSCH RYKOW, Hochschule für erdölchemische und Gasindustrie „I. M. Gubkin", Moskau (Mitautor des Fachwörterbuches)

Dr. Volker Schmidt, Bergakademie Freiberg (Mitautor des Fachwörterbuches, Übersetzer und Bearbeiter von Kap. 10 und 12)

Prof. Dr. Wladimir Michailowitsch Solotarjew, Mathematisches Institut „A. W. Steklow" der Akademie der Wissenschaften der UdSSR, Moskau (Mitautor von Kap. 10)

Doz. Dr. Dietrich Stoyan, Bergakademie Freiberg (Autor von Kap. 8, Mitautor von Kap. 5)

Dr. Jewgeni Wassiljewitsch Tschepurin, Staatliche Universität „M. W. Lomonossow", Moskau (Mitautor von Kap. 4)

An der Gestaltung des Gesamtmanuskriptes dieses Bandes waren Dr. Uwe Jansen, und Dr. Volker Schmidt, Bergakademie Freiberg, maßgeblich beteiligt.

Vorwort

Die Methoden und Ergebnisse der Bedienungstheorie haben in modernen wissenschaftlichen Untersuchungen und praktischen Anwendungen zahlreiche Verwendung gefunden. Die ersten bedienungstheoretischen Fragestellungen traten Anfang dieses Jahrhunderts in der Fernsprechtechnik auf. Den in zufälligen Zeitpunkten in einer Fernsprechvermittlungszentrale eintreffenden Telefonanrufen sind für die Durchführung von Gesprächen zufälliger Länge Fernsprechleitungen zur Verfügung zu stellen. Bei gegebenen Wahrscheinlichkeitscharakteristiken für die Folge der eintreffenden Anrufe (Forderungen nach Bedienung) und für die Folge der zufälligen Gesprächsdauern (Bedienungszeiten) war eine solche Anzahl von Fernsprechleitungen (Bedienungsgeräten) zu bestimmen, daß Anrufe nur mit einer vorgegebenen kleinen Wahrscheinlichkeit verlorengehen bzw. warten müssen, weil sämtliche Leitungen besetzt sind.

Etwa zwei Jahrzehnte blieb das Interesse von Anwendern und Theoretikern auf das Gebiet des Fernmeldewesens beschränkt. Dann jedoch zeigte sich, daß bei der Organisation einer Serienproduktion Aufgaben zu lösen waren, die denen aus dem Fernsprechwesen sehr ähnelten. Beispiele hierfür sind die Ermittlung einer rationellen Anzahl und Größe von Arbeiterbrigaden zur Bedienung von Maschinen bzw. von Reparaturbrigaden und -einrichtungen zur Aufrechterhaltung der Betriebsfähigkeit des Werkes oder von Werkteilen. In der Folgezeit wuchs die Zahl der Anwendungsgebiete der Bedienungstheorie unaufhörlich und in starkem Tempo. Heute ist es sicher schwieriger, Bereiche zu finden, in denen sie nicht Verwendung findet, als alle jene aufzuzählen, wo sie vom Wesen der Sache her genutzt wird oder werden könnte. Selbstverständlich sind die Begriffe „Forderungen", „Bedienungen" und „Bedienungsgeräte" jeweils entsprechend zu interpretieren.

Daher wuchs bei angewandten Mathematikern, Ingenieuren, Ökonomen und Technologen verschiedenster Zweige der Technik, Produktions-, Verkehrs- und Transportorganisatoren, Spezialisten des Militärwesens und der Organisation des Handels und der medizinischen Betreuung, Projektanten moderner Rechenautomaten und Informationsübertragungsnetze das Bedürfnis, die wichtigsten der im Laufe von fast 70 Jahren entwickelten Untersuchungsmethoden und erzielten Ergebnisse der Bedienungstheorie für Anwendungen geeignet zusammengefaßt und dargestellt zu erhalten.

Das vorliegende Handbuch ist in erster Linie für diesen Zweck vorgesehen. Weiterhin soll es auch für jene von Nutzen sein, die sich weniger mit Anwendungen schon bewiesener Ergebnisse, als mit der Herleitung neuer Resultate mit Hilfe vorliegender Methoden und mit der Entwicklung der Theorie selbst befassen.

Natürlich liegt eine große Zahl von Übersichtsartikeln, Monographien und Lehrbüchern zur Bedienungstheorie aus vielen Ländern der Erde vor, und es werden weitere benötigt. Damit ist jedoch nicht das Problem gelöst, sich rasch in der Fülle von Ergebnissen und Methoden, die durch die Theorie und Anwendungspraxis im Laufe von Jahrzehnten entstanden ist, orientieren zu können. Somit entstand die Notwendigkeit eines Nachschlagewerkes der Bedienungstheorie, in dem auf Beweisführungen, längere didaktische Ausführungen sowie Darlegungen der historischen Entwicklung usw. verzichtet wird. Dafür soll es jedoch die Möglichkeit bieten, festzustellen,

— welche Ergebnisse für welche Aufgaben schon vorliegen,
— welche Methoden schon ausgearbeitet sind und worin ihr Wesen, ihre Möglichkeiten, Vorzüge und Grenzen bestehen,
— in welchen Monographien und Zeitschriftenartikeln man weitergehende Informationen finden kann.

Das Handbuch soll der Erfüllung gerade dieser Zielstellungen dienen. Es umfaßt zwei Bände.

Band I: Grundlagen und Methoden der Bedienungstheorie
Band II: Formeln und andere Ergebnisse der Bedienungstheorie

Des weiteren enthält der erste Band ein englisch-deutsch-französisch-russisches Wörterbuch der Fachtermini der Bedienungstheorie. Das erschien uns zur Kenntnisnahme der gegenwärtig in der Welt existierenden Fachliteratur dringend notwendig.

Im ersten Band werden zunächst die Aufgaben und Grundbegriffe der Bedienungstheorie (Kapitel 1) sowie die erforderlichen Grundlagen aus der Wahrscheinlichkeitstheorie (Kapitel 2), speziell der Theorie zufälliger Prozesse (Kapitel 3), und der mathematischen Statistik (Kapitel 4) angegeben. Auf dieser Basis folgt sodann die Darlegung wesentlicher Untersuchungsmethoden, die bisher in der Bedienungstheorie entwickelt wurden (Kapitel 5 bis 12), vgl. auch den Überblick über die Methoden in Kapitel 1. Dem Anliegen des Buches entsprechend, werden hierbei in konzentrierter Form die Hauptidee und das Prinzip der Nutzung der jeweiligen Methode, möglichst in Form zu durchlaufender Schritte, sowie einige wenige Demonstrationsbeispiele und Kommentare zum Anwendungsbereich der Methode geboten und weiterführende Literatur angegeben.

Die Darlegung der unterschiedlichsten Methoden auf diese Weise soll den daran interessierten Leser befähigen, neu auftretende Aufgabenstellungen selbst lösen und hierzu die geeignetste Methode auswählen zu können. Einige der angegebenen Methoden sind dabei mehr für theoretische Untersuchungen als für praktische Zielstellungen geeignet. Andererseits wurden auch heuristische und empirische Verfahren aufgenommen, deren Wichtigkeit ihre ständige Anwendung in der Praxis beweist, deren theoretische Begründung jedoch noch vervollkommnet werden muß. Solche Methoden, die sehr stark mit dem Charakter der jeweiligen spezifischen bedienungstheoretischen Problemstellung verbunden sind, werden gemeinsam mit diesen und den entsprechenden Ergebnissen dargelegt; insbesondere die Kapitel 6 bis 9 des zweiten Bandes haben einen solchen Charakter.

Der zweite Band umfaßt außer den eben erwähnten systemgebundenen Methoden vor allem bisher in der internationalen Fachliteratur schon bewiesene Formeln und sonstige Ergebnisse der Bedienungstheorie. Sie sind im wesentlichen nach Systemklassen zusammengefaßt. Die erforderlichen Voraussetzungen für die Gültigkeit der Ergebnisse sind angegeben, die Beweismethode i. allg. nicht; sie gehört zum Bestand des ersten Bandes. Auch der zweite Band enthält sowohl unmittelbar praktisch wichtige Formeln als auch mehr theoretisch interessante Aussagen.

Natürlich kann auch ein solches zweibändiges Handbuch nicht sämtliche Methoden und Ergebnisse erfassen. In einer Reihe von Wissensgebieten, z. B. in der Fernsprechverkehrstheorie, in der Theorie der Informations- und Rechnersysteme, im Verkehrs- und Transportwesen, wurden bedienungstheoretische Methoden entwickelt und Ergebnisse erzielt, die speziell für die in diesen Gebieten zu lösenden Aufgaben geeignet und notwendig sind. Es war uns aus Platzgründen nicht möglich, diese aufzunehmen. Einige Formel- und Methodensammlungen liegen für solche Spezialgebiete schon vor.

Auch weiterhin werden neu auftretende Anwendungsgebiete bestimmte Besonderheiten besitzen, die bei der Entwicklung neuer Methoden zu berücksichtigen sind. Wir hatten bei der Erarbeitung des Handbuches jedoch vor allem solche mathematischen Modelle und Lösungen vor Augen, die zwar die Spezifik des jeweiligen Nutzungsgebietes hinreichend genau widerspiegeln, gleichzeitig aber auch von allgemeiner Wichtigkeit und gutem mathematischem Niveau sind.

Wir hoffen, daß durch das Handbuch eine Zusammenfassung von Methoden und Ergebnissen geboten wird, die die bedienungstheoretischen Probleme vieler Gebiete lösen hilft, sei es auch nur im Sinne einer ersten Näherung. Denn natürlich ist uns durch unsere eigene jahrzehntelange Forschungs- und Lehrtätigkeit sowie Verbindung mit der Praxis bekannt, daß es auch gegenwärtig genügend wichtige und interessante bedienungstheoretische Probleme gibt, deren Lösung neue mathematische Ideen und Methoden erfordert. Wir denken, daß dies auch in Zukunft so sein wird und der Bedienungstheorie mit ihren Anwendungen noch eine rege wissenschaftliche Entwicklung bevorsteht.

Die Ausarbeitung des Handbuches erfolgte in gemeinsamer Arbeit mit einem großen Kollektiv von Fachkollegen unserer beiden Länder, mit denen uns zum großen Teil eine jahrzehntelange Zusammenarbeit verbindet. Es war eine langwierige und schwierige, aber, wie wir glauben, nützliche und fruchtbringende Tätigkeit, die auch viele Anregungen für weitere Untersuchungen gab.

Wir danken allen Autoren für ihre Mitwirkung sowie weiteren Fachkollegen, die uns freundlicherweise Ergebnisse und Literatur zur Verfügung stellten oder in anderer Weise bei der Gesamtgestaltung des Handbuches unterstützten. Wir bitten die Leser und Nutzer um Hinweise und kritische Bemerkungen zur Verbesserung des Werkes. Unser herzlicher Dank gilt dem Akademie-Verlag Berlin, insbesondere Frau Helle und Herrn Dr. Höppner, für die langjährige Unterstützung bei der Realisierung dieses Vorhabens sowie all jenen, die durch technische Arbeiten einen wichtigen Beitrag zum Entstehen leisteten.

Moskau und Freiberg
Februar 1981

B. W. Gnedenko D. König

Hinweise für den Leser

Der Aufbau des Handbuches gestattet dem Leser den Einstieg an der jeweils für ihn interessanten Stelle, da auf zum Verständnis unbedingt notwendige Aussagen jeweils verwiesen wird bzw. der Leser diese über das Sachverzeichnis finden kann.

Kapitel 1 dient zur Orientierung über die Bedienungstheorie und das Handbuch insgesamt. Es ist insbesondere Lesern, die sich dieses Gebiet erst näher erschließen möchten, zu empfehlen. Kapitel 2 bis 4 enthalten Grundlagen und sind auch für die Festlegung der Termini und Bezeichnungsweisen wichtig. Ihr genaues Studium ist je nach Vorkenntnissen mehr oder weniger nötig, sie können vor allem zum Nachschlagen bei der Lektüre späterer Kapitel genutzt werden; z. B. verwendet Kapitel 5 Grundlagen aus Abschnitt 3.3, Kapitel 6 basiert auf Teilen der Abschnitte 3.2 bis 3.5 sowie 3.7. Kapitel 4 wird dagegen erst für Kapitel 10 in Band II benötigt.

Die Numerierung der beiden Bände erfolgt durch römische Ziffern, für alle Kapitel und Abschnitte wurde die Dezimalklassifikation verwendet. Definitionen, Sätze, Beispiele und Bemerkungen werden innerhalb der Abschnitte gemeinsam fortlaufend numeriert, man erhält also durch Weglassen der letzten Zahl jeweils den Abschnitt, in dem sich der entsprechende Satz usw. befindet (z. B. befindet sich Satz 3.2.4.6 in Abschnitt 3.2.4). Entsprechend wurden — jeweils gesondert — Abbildungen und Tabellen numeriert. Formeln sind abschnittsweise fortlaufend numeriert; bei Verweisen über den Abschnitt hinaus wird zusätzlich die Abschnittsnummer angegeben.

Verweise erfolgen durch das Zeichen ↑
- auf *Kapitel* durch die Angabe der Nummer (z. B. ↑ Kap. 5);
- auf *Abschnitte in Band I* durch Angabe der Abschnittsnummer in eckigen Klammern (z. B. ↑ [4.3.2]); bei *Abschnitten in Band II* zusätzlich mit II (z. B. ↑ [II, 12.2.1]);
- auf *Definitionen, Sätze* und *Beispiele* durch Angabe der Nummer nach dem abkürzenden Buchstaben (z. B. ↑ D. 3.1.2.1, ↑ S. 9.3.2, ↑ B. 10.1.2).

Symbole sind in einem Verzeichnis auf den Seiten 430—441 aufgeführt, und zwar zunächst nach Sachgesichtspunkten geordnet die Symbole, die im gesamten Handbuch verwendet werden. Danach folgen in einer annähernd alphabetischen Reihenfolge bestimmte in mehreren Abschnitten auftretende Symbole der jeweiligen Kapitel.

Literatur wird auf zwei verschiedene Arten zitiert:
- *Bücher* durch Angabe der Autoren und einer Zahl in eckigen Klammern (z. B. ÇINLAR [1]); diese Titel findet man für alle Kapitel gemeinsam ab Seite 410.
- *Zeitschriftenartikel* sind kapitelweise zusammengestellt und werden durch Angabe des Autors und des Erscheinungsjahres zitiert (z. B. NEUTS (1975)).

Inhaltsverzeichnis

1. Aufgaben, Grundbegriffe und Methoden der Bedienungstheorie

1.1. Beispiele und Grundcharakteristiken von Bedienungssystemen

Die Bedienungstheorie ist heute ein untrennbarer Teil der Wahrscheinlichkeitstheorie und gleichzeitig ein wichtiges Gebiet der mathematischen Methoden der Operationsforschung. In den letzten Jahren erfuhr die Bedienungstheorie zahlreiche Anwendungen in verschiedenen theoretischen und angewandten Zweigen. Das führte zu einer Reihe neuer Aufgabenstellungen und zu einer stürmischen Entwicklung vieler Forschungsrichtungen innerhalb der Bedienungstheorie.

Um eine erste Vorstellung vom Charakter bedienungstheoretischer Aufgabenstellungen zu bekommen, betrachten wir zwei Beispiele, ohne dabei ins Detail zu gehen. Die Aufgabe eines *Meereshafens* für Transportgüter besteht darin, Frachtschiffe zu empfangen, sie zu ent- und beladen und sie nach Abschluß dieser Arbeiten auf die nächste Route zu senden. Zu diesem Zweck besitzt der Hafen Arbeitsplätze, z. B. die Kais zur Be- und Entladung der Schiffe. Vom Standpunkt der Bedienungstheorie fassen wir die einlaufenden Frachtschiffe als eintreffende Bedienungsforderungen und die Kais als Bedienungsgeräte auf. Dabei lassen wir den Umstand außer acht, daß der Hafen ein kompliziertes System darstellt, das Lagerhallen, verschiedenartige Mechanismen, innerbetriebliche Transportwege für LKW und Eisenbahnen und andere Komponenten umfaßt.

In einer *Fernsprechvermittlungszentrale* treffen die Anrufe der Teilnehmer ein. Sie stellen die Forderungen nach Bedienung dar. Die Aufgabe der Vermittlungseinrichtungen der Zentrale besteht darin, die notwendigen Verbindungen herzustellen und den betreffenden Teilnehmern die jeweiligen Signale zu senden. Die Fernsprechleitungen von der Zentrale zu den Teilnehmern und die notwendigen Zwischenverbindungsleitungen innerhalb der Zentrale sind die Bedienungsgeräte, wobei wir zunächst wiederum vom inneren Aufbau der Zentrale (die noch weitere Bedienungsgeräte wie Such- und Speichereinrichtungen umfaßt) absehen.

Die Zeitpunkte, in denen die Frachtschiffe im Hafen eintreffen, sind ebenso wie die Zeitpunkte für das Eintreffen der Anrufe nicht genau bestimmt, mehr noch, sie hängen in der Regel vom Zufall ab. Auch ist es unmöglich, die Dauer der Ent- und Beladung der Frachtschiffe vorher genau zu bestimmen, da sie von der Art und vom Umfang der Frachten, deren Anzahl, Besonderheiten der Verladung usw. abhängen. Daher muß man diese Zeitdauern als zufällige Größen betrachten. Ebenso ist klar, daß die Gesprächsdauern zwischen Fernsprechteilnehmern zufällig sind.

Die Arbeit eines Hafens, einer Fernsprechvermittlungszentrale oder eines anderen Bedienungssystems kann somit nur unter Berücksichtigung zweier charakteristischer Zufallsquellen (der zufälligen Zeitpunkte des Eintreffens von Forderung nach Bedienung und der zufälligen Längen der Bedienungsdauern) organisiert werden. Das hat entscheidenden Einfluß auf die Wahl der mathematischen Methoden bei der Dimensionierung der Bedienungssysteme.

Schon diese Beispiele gestatten es, die folgenden vier charakteristischen Elemente eines Bedienungssystems zu erkennen.

1.1.1. Der einlaufende Forderungenstrom

In den Beispielen sind das die Folge der eintreffenden Frachtschiffe und die Folge der Anrufe von den Teilnehmern.

In der Theorie sprechen wir von einem Strom von Forderungen oder *Forderungenstrom* (auch *Eingangsstrom* oder *Input* genannt) und erfassen ihn im einfachsten Fall durch die zufälligen Zeitpunkte $T_1, T_2, T_3, \ldots$, in denen die Forderungen nach Bedienung in das System eintreten. Die zufälligen Zeitdifferenzen $A_0 = T_1, A_i = T_{i+1} - T_i$, $i = 1, 2, \ldots$, heißen *Pausenzeiten,* gelegentlich auch *Zwischenankunftszeiten.* Für bedienungstheoretische Aufgabenstellungen muß eine geeignete mathematische Charakterisierung der Pausenzeiten bekannt sein (z. B. ihre Verteilungsfunktion oder ihre mittlere Dauer). Desgleichen ist wichtig, ob aufeinanderfolgende Pausenzeiten unabhängig voneinander sind oder ob und wie sie voneinander abhängen.

In manchen Fällen wird zu jedem Zeitpunkt T_i noch zusätzlich eine Marke angegeben, die Informationen liefert über die Anzahl der in diesem Zeitpunkt gleichzeitig eintreffenden Forderungen oder über den jeweiligen Typ bzw. die Dringlichkeitsstufe einer eintreffenden Forderung oder über die gewünschte Bedienungsdauer der zum Zeitpunkt T_i eintreffenden Forderung. Wir sprechen dann von einem *markierten Forderungenstrom* oder markierten Input.

Treffen mehrere verschiedene Forderungenströme in einem System ein, so gehört zur Systembeschreibung deren Anzahl und jeweilige Charakterisierung.

1.1.2. Die Bedienung

In den Beispielen besteht die Bedienung aus der Be- und Entladung an den Kais bzw. aus der Vermittlung und zur Verfügungstellung von Fernsprechleitungen. Die Einrichtungen zur Durchführung der Bedienungen nennen wir *Bedienungsgeräte.* Die für die Bedienungstheorie wesentliche Eigenschaft der Bedienung ist ihre Länge, die in der Regel zufällig ist und für die daher ihre Verteilungsfunktion oder andere mathematische Kenngrößen gegeben sein müssen. Betrachtet man die Folge der *Bedienungszeiten* B_i, die zu nacheinander eintreffenden Forderungen gehören oder die aufeinanderfolgend auf ein und demselben Bedienungsgerät realisiert werden, so ist ihre gegenseitige stochastische Abhängigkeit zu erfassen.

In einigen bedienungstheoretischen Anwendungsgebieten ist es realistischer, nicht die Zeitdauer der gewünschten Bedienung zu betrachten, sondern die zur Bedienung erforderliche zufällige *Arbeitsmenge,* z. B. die aufzubringende Energiemenge. Diese Arbeitsmenge kann je nach Notwendigkeit und Zustand des gesamten Systems schneller oder langsamer realisiert werden. Die Bedienung, d. h. die Abarbeitung der notwendigen Arbeitsmenge, erfolgt nicht immer im Maßstab der real ablaufenden Zeit, sondern mit veränderlichen *Geschwindigkeiten* bzw. mit unterschiedlicher Intensität. Ein häufig gebrauchtes Modell für den Ablauf in bestimmten elektronischen Datenverarbeitungsanlagen ist der *processor-sharing*-Betrieb. Hier werden die anfallenden Jobs (die Forderungen nach Bedienung durch die Zentraleinheit darstellen) gleichzeitig mit der Geschwindigkeit $1/k$ bearbeitet, solange insgesamt k Jobs zur Bearbeitung vorliegen. Die gesamte Bedienungskapazität der Anlage wird zur gleichzeitigen Abarbeitung der jeweils vorliegenden Aufträge gleichmäßig aufgeteilt.

In anderen EDVA erfolgt die Bedienung der eintreffenden Kunden (Forderungen) im *time-sharing*-Betrieb. Die zur Bedienung jeder Forderung erforderliche Arbeitsmenge wird in einzelne gleichlange Teile (sog. Quanten) zerlegt. Die gesamte vorhandene Bedienungskapazität bedient alle vorhandenen Kunden nacheinander, jeweils aber nur mit einem Quant. Ein Kunde kommt dabei so oft mit je einem Quant an die Reihe, bis die für ihn erforderliche Gesamtarbeitsmenge geleistet ist.

1.1.3. Die Bedienungsdisziplin

Sie erfaßt die Angaben darüber, in welcher Reihenfolge die eintreffenden Forderungen bedient werden bzw. in die Warteschlange, falls eine existiert, eingeordnet und von dort zur Bedienung entnommen werden. Der einfachste Fall ist die Bedienung der Forderungen in der Reihenfolge ihres Eintreffens, üblicherweise mit FCFS (*first come first served*) oder FIFO (*first in first out*) bezeichnet. Die entgegengesetzt wirkende Bedienungsdisziplin heißt LCFS (*last come first served*) oder LIFO (*last in first out*).

In der Praxis treten jedoch auch andere Bedienungsdisziplinen auf, z. B. die zyklische Bedienung, die Bedienung mit zufälliger Auswahl wartender Forderungen, die vorrangige Bedienung von Forderungen mit der kleinsten gewünschten Bedienungszeit unter den wartenden bzw. unter sämtlichen vorhandenen Forderungen.

Eine besondere Klasse von Bedienungsdisziplinen ergibt sich bei Bedienungssystemen mit *Prioritäten*, wo Forderungen mit besonderer Dringlichkeit vorrangig zur Bedienung angenommen werden. Zum Beispiel werden dringende Ferngespräche den normalen Ferngesprächen vorgezogen; auch können im Hafenbetrieb bestimmte Ladungen vorrangig vor anderen gelöscht werden. In einer Krankenstation müssen lebensgefährlich erkrankte Patienten vordringlich behandelt werden. Und der Ausfall eines besonders wichtigen Gerätes erfordert eine sofortige Reparatur (Bedienung) unter Zurückstellung anderer Reparaturarbeiten.

Die Dringlichkeit mancher Forderungen kann sogar so groß sein, daß laufende Bedienungen unwichtigerer Forderungen zugunsten der neu eingetroffenen dringenderen Forderung unterbrochen werden, falls keine Bedienungsgeräte mehr frei sind (*absolute Priorität*). Es ist dann festzulegen, ob die unterbrochenen Bedienungen später fortgesetzt werden und ob der schon erfolgte Anteil der Bedienung angerechnet wird oder nicht. Findet keine Unterbrechung laufender Forderungen statt, dann wartet die eingetroffene dringendere Forderung und wird als erste bedient, wenn ein Bedienungsgerät frei wird, falls inzwischen nicht eine noch dringendere eingetroffen ist (*relative Priorität*).

1.1.4. Der Typ und die Struktur des Bedienungssystems

Hierzu gehören die Anzahl der Bedienungsgeräte, ihre jeweilige Bestimmung, die Erreichbarkeit der Bedienungsgeräte durch die Forderungen und die Festlegung über die Art der Auswahl eines der freien erreichbaren Bedienungsgeräte zur Belegung durch eine Forderung, die Anzahl der Warteplätze für Forderungen, die nicht sofort bedient werden können, usw. Die Auswahl eines freien Bedienungsgerätes zur Bedienung einer Forderung kann zufällig sein („auf gut Glück“) oder zyklisch im Sinne einer gegebenen Anordnung der Bedienungsgeräte oder nach anderen *Auswahlregeln* für die Bedienungsgeräte.

Im Beispiel des Hafenbetriebes ist die bedienungstheoretische Struktur durch die Anzahl der Kais im Hafen, die Angabe ihrer speziellen Bestimmung (für Öl, Schüttgut, Stückgut und dergleichen), die Angabe, bis zu welchem Tiefgang an dem jeweiligen Kai ein Schiff anlegen kann, wodurch die Erreichbarkeit der Kais durch die Schiffe festgelegt ist, usw. gegeben. Die Anzahl der Warteplätze ist unbeschränkt, denn die Schiffe können im Meer vor dem Hafen vor Anker liegen.

Zur Festlegung des Typs des Bedienungssystems dienen zunächst zwei Grundparameter: die Anzahl s der Bedienungsgeräte und die Anzahl n der Warteplätze.

Liegt ein System mit einem Bedienungsgerät vor, so heißt es ein *Einbedienersystem*, sonst ein *Mehrbedienersystem*. Eine besondere Klasse von Bedienungssystemen sind diejenigen, die über eine unbegrenzte Anzahl von Bedienungsgeräten verfügen, so daß man von einem *System mit unendlich vielen Bedienungsgeräten* spricht, $s = \infty$. Für diese treten keine Verluste und kein Warten von Forderungen auf, da mit der Bedienung jeder beliebigen eintreffenden Forderung sofort begonnen werden kann. Allerdings sind solche Systeme vorrangig als Näherungen für reale Systeme mit einer sehr großen Anzahl von Bedienungsgeräten zu betrachten.

Ist die Anzahl der Bedienungsgeräte endlich, so unterscheiden sich die Bedienungssysteme vom Typ her grundlegend dadurch, was mit Forderungen geschieht, die bei ihrem Eintreffen sämtliche Bedienungsgeräte besetzt vorfinden.

Besitzt das System keine Warteplätze, $n = 0$, so ist es ein *Verlustsystem*, da Forderungen, mit deren Bedienung bei Eintreffen nicht sofort begonnen werden kann, verloren gehen. Automatische Fernsprechämter sind typische Verlustsysteme. Ein Geiger-Müller-Zähler zur Registrierung einfallender Teilchen ist ein Beispiel eines Einbediener-Verlustsystems, da ein eintreffendes Teilchen nicht gezählt werden kann und verloren geht, solange das Gerät noch mit der Registrierung des vorhergehenden Teilchens befaßt ist. Auch die in [1.1.3] erwähnten Bedienungssysteme mit absoluter Priorität sind in gewisser Weise Verlustsysteme. Hier hängt der Verlust aber vom Typ der Forderung ab.

Ein Bedienungssystem ist ein *Wartesystem*, wenn eine Anzahl n, $0 < n \leqq \infty$, von endlich oder unendlich vielen Warteplätzen vorliegt, so daß sich eine Warteschlange wartender Forderungen bilden kann. Ein Wartesystem mit endlich vielen Warteplätzen ist ein *Warte-Verlust-System*, da ja eintreffende Forderungen verloren gehen, die sämtliche Bedienungsgeräte und auch sämtliche Warteplätze besetzt vorfinden. Zum Beispiel kann eine Tankstelle mit den Zapfsäulen als Bedienungsgeräten nur endlich viele Plätze für wartende Fahrzeuge besitzen. Sind diese besetzt und besteht auf der entsprechenden Straße, an der die Tankstelle liegt, Parkverbot, so dürfen weitere Fahrzeuge nicht warten. Gelegentlich werden auch Bedienungssysteme untersucht, bei denen eintreffende Forderungen mit einer bestimmten Wahrscheinlichkeit in der Warteschlange verbleiben. Diese kann von der Anzahl der schon Wartenden abhängen.

Eine andere Art von Warte-Verlust-Systemen stellen Bedienungssysteme dar, bei denen zufällige oder konstante Beschränkungen für die Bedienungszeiten oder für die Verweilzeiten der Forderungen im System vorgegeben sind. Unter der *Verweilzeit* wird die Summe von Wartezeit und Bedienungszeit einer Forderung verstanden. Werden diese Schranken durch eine Forderung erreicht, so geht sie verloren, ohne bedient bzw. vollständig bedient worden zu sein. Man nennt das *partielle Verluste*. So kann z. B. ein anfliegendes Flugzeug oder eine Rakete nur eine bestimmte Zeit lang im Erfassungsbereich einer bestimmten Radar- und Abwehrstelle gegebener Reichweite liegen. Zeitbeschränkungen für das Warten bzw. Verweilen der Forderungen im System liegen auch bei Stationen der schnellen medizinischen Hilfe, beim Transport und der Lagerung verderblicher Nahrungsgüter, bei Informationsverarbeitungen usw. vor.

Wir gehen in diesem Handbuch davon aus, daß jede eintreffende Forderung jedes freie Bedienungsgerät auch erreichen kann (sog. *vollkommene Erreichbarkeit*).

Weitere allgemeine Festlegungen zum Typ und zur Struktur eines Bedienungssystems können angeben, woher die zu bedienenden Forderungen kommen und wohin sie nach erfolgter Bedienung gehen.

Beginnen wir mit den *Quellen*, von denen die Forderungen ausgehen. Im Beispiel des Fernsprechvermittlungssystems sind dies einerseits die Privatanschlüsse der Fernsprechteilnehmer, zum anderen öffentliche Münzfernsprecher sowie drittens Anschlüsse von Institutionen bzw. Betrieben.

Die Quellen dieser drei Arten kann man jeweils zusammenfassen und den von jeder Quellenart ausgehenden Strom von Anrufen in das Vermittlungssystem kennzeichnen. Diese drei Forderungenströme können sich in ihren Charakteristiken voneinander unterscheiden, denn die Überlagerung der Anrufe der einzelnen Quellen jeder Art ergibt i. allg. jeweils ein anderes Bild. Wir haben es mit einem Bedienungssystem mit drei Forderungenströmen zu tun, interessieren uns aber nicht für jeden einzeln. Das ist ein Beispiel für ein *offenes Bedienungssystem*, weil die einzelnen Quellen für Forderungen nicht zum System gehören. So wird häufig auch dann verfahren, wenn die Anzahl der Quellen im Vergleich zur Anzahl der Bedienungsgeräte so groß ist, daß das Verhalten jeder einzelnen Quelle auf den insgesamt im Bedienungssystem eintreffenden Forderungenstrom keinen Einfluß hat. Die Anzahl der Quellen wird dann als unendlich angenommen. Da A. K. Erlang als erster offene Bedienungssysteme untersuchte, werden diese häufig als *Erlangsche Verlust-* bzw. *Wartesysteme* bezeichnet.

Gehören die Quellen und ihr Verhalten jedoch mit zum System, so handelt es sich um ein *geschlossenes Bedienungssystem*. Hier ist die Anzahl N der einzelnen Quellen, von denen die Forderungen kommen, im Vergleich zur Anzahl der Bedienungsgeräte nicht so groß, daß man sie außer acht lassen könnte. Es ist in die Betrachtung einzubeziehen, daß eine Quelle keine neue Forderung zur Bedienung erzeugen kann, solange eine ihrer Forderungen bedient wird oder auf die Bedienung wartet. Hiermit ist z. B. das Verhalten eines einzelnen Fernsprechteilnehmers charakterisiert. Das Eintreffen weiterer Forderungen hängt somit vom Systemzustand ab. Da Engset sich als erster mit Systemen mit Verlust unter Berücksichtigung der Quellenzahl befaßte, heißen diese oft *Engsetsche Verlustsysteme*.

Im Zusammenhang mit Aufgaben der Mehrmaschinenbedienung, d. h. der Bedienung von N Maschinen durch eine Gruppe von s Arbeitskräften, untersuchte C. Palm geschlossene Bedienungssysteme mit Wartemöglichkeiten der Forderungen. Solche Systeme sind daher auch als *Palmsche Mehrmaschinenmodelle* bekannt. Weiterentwicklungen dieses Modells beziehen z. B. die Wegezeiten der Arbeiter zwischen den einzelnen Maschinen, die Reihenfolge ihrer prophylaktischen Bedienung vor ihrem Ausfall usw. in die Untersuchungen ein.

Eine besonders in Produktionsstätten auftretende Gruppe von Bedienungssystemen ist dadurch gekennzeichnet, daß ständig ein Vorrat von Bedienungsforderungen (zu bearbeitenden Werkstücken) vorliegt, so daß jedes frei werdende Bedienungsgerät sofort wieder belegt werden kann und keine Untätigkeitszeit bis zur nächsten eintreffenden Forderung auftritt. Man nennt diese *gesättigte Bedienungssysteme.*

Bei anderen Bedienungssystemen genügt es nicht, nur die Zeitpunkte des Eintreffens der Forderungen zu erfassen; es muß auch die örtliche Lage der Quellen für das Entstehen der Forderungen berücksichtigt werden. Soll z. B. der Standort eines zentralen Reparaturstützpunktes für eine bestimmte Anzahl verstreut liegender technischer Einrichtungen (der Landwirtschaft, Energiewirtschaft usw.), die Forderungen nach Reparatur stellen, optimal bestimmt werden, so ist das ohne Kenntnis der Häufigkeiten für das Auftreten der Forderungen an den einzelnen Orten nicht möglich. Ein weiteres Beispiel dieser Art ist die Einrichtung eines Stützpunktes der dringenden medizinischen Hilfe.

Betrachten wir nun die Forderungen, wenn sie das Bedienungssystem entweder nach ihrer vollständigen bzw. teilweisen Bedienung, oder ohne bedient worden zu sein, verlassen. In den Fällen, in denen ein bestimmtes Bedienungssystem isoliert betrachtet wird, interessieren diese Forderungen i. allg. nicht, es sei denn, man will speziell den das System verlassenden Forderungenstrom, den sog. *Abgangsstrom* oder *Output*, theoretisch untersuchen.

Häufig jedoch liegt eine zusammenhängende Serie von Bedienungssystemen vor, bei der eine Forderung, die das Bedienungssystem verläßt, sofort an das nächste Bedienungssystem zu einer weiteren Bedienung gegeben wird. Solche Bedienungssysteme werden *Mehrphasenbedienungssysteme* genannt. So können bei einem Informationsübertragungssystem folgende getrennte *Bedienungsphasen* einer Forderung auftreten: 1. Empfang und Speicherung der Informationen, 2. Sortierung der Informationen, 3. Festlegung der Reihenfolge ihrer Bearbeitung, 4. Bearbeitung. Mehrphasensysteme treten auch bei der Bearbeitung von Werkstücken in aufeinanderfolgenden Produktionsabschnitten auf. Nach jeder Phase kann eine Gütekontrolle fehlerhafte Werkstücke aussondern, was den Eingangsstrom für das nächstfolgende Bedienungssystem beeinflußt. Für Mehrphasensysteme ist das Studium der ein Bedienungssystem verlassenden Forderungen von besonderem Interesse, da diese den Eingangsstrom für das nächste Bedienungssystem darstellen. In [II, Kap. 7] werden Mehrphasensysteme systematisch untersucht.

Mehrphasenbedienungssysteme stellen gleichzeitig den einfachsten Fall eines *Bedienungsnetzwerkes* dar. Hierunter verstehen wir eine Zusammenfassung einzelner Bedienungssysteme, die von unterschiedlichem Typ und unterschiedlicher Struktur sein können, jedoch in bestimmter Weise miteinander verknüpft sind, so daß die Forderungen nach Verlassen eines Bedienungssystems deterministisch bzw. zufällig mit bestimmten Wahrscheinlichkeiten in ein anderes Bedienungssystem des Netzwerkes eintreten. Bei *geschlossenen Bedienungsnetzwerken* verbleiben die Forderungen stets innerhalb des Netzwerkes von Bedienungssystemen, bei *offenen Bedienungswerken* können die Forderungen auch verschwinden bzw. neue Forderungen „von außen" eintreffen. Typische Beispiele für Bedienungsnetzwerke sind Fernsprechnetze mit Knotenämtern und Datenübertragungsnetze zwischen Anlagen der elektronischen Datenverarbeitung. [II, Kap. 8] ist Bedienungsnetzwerken gewidmet.

Die Reihenfolge der Belegung der Kais durch die eintreffenden Forderungen ist i. allg. nicht zufällig, sondern wird durch den Hafendispatcher bestimmt, so daß wir den Hafenbetrieb als ein Bedienungssystem mit einer bestimmten Art von Steuerung auffassen können. *Gesteuerte Bedienungssysteme* beinhalten die Festlegung gewisser Kriterien, die mit Hilfe der Steuerung optimal erfüllt werden sollen. Zum Beispiel soll die Wartezeit oder ihr Mittelwert möglichst gering sein, oder die Bedienungsgeräte (Kais) sollen optimal ausgelastet werden, oder anfallende Kosten, die entsprechend zu definieren sind, sollen gering sein. In [II, Kap. 9] werden Methoden zur Behandlung gesteuerter Bedienungssysteme dargelegt.

1.2. Die Grundaufgabe der Bedienungstheorie

Die Beispiele und Grundcharakteristiken von Bedienungssystemen im vorherigen Abschnitt haben gezeigt, daß die Bedienungstheorie aus der mathematischen Modellierung und Untersuchung von Systemen besteht, in denen in zufälligen Zeitpunkten Forderungen nach Bedienung auftreten, die durch die Bedienungsgeräte des Systems mit zufälliger Länge realisiert werden. Das Funktionieren eines Bedienungssystems wird durch zwei grundlegende Zufallsquellen charakterisiert, die man daher auch die *primären* (oder *steuernden*) *Zufallsgrößen* nennt: die Pausenzeiten A_i zwischen dem Eintreffen der Forderungen und die Bedienungszeiten B_i. Da diese Grundgrößen eines Bedienungssystems zufällige Größen sind, sind es auch der sich daraus zu jedem Zeitpunkt ergebende Zustand des Systems und seine Veränderungen im Ablauf der Zeit, bzw. andere durch die primären Zufallsgrößen bestimmte *sekundäre Zufallsgrößen* (Wartezeiten, Verweilzeiten usw.).

Die Grundaufgabe der Bedienungstheorie besteht darin, für ein Bedienungssystem bestimmten Typs, bestimmter Struktur und Bedienungsdisziplin aus gegebenen Charakteristiken der zufälligen Pausen- und Bedienungszeiten verschiedene wichtige Kenngrößen für den Zustand des Bedienungssystems insgesamt bzw. für das Schicksal der einzelnen Forderungen zu berechnen bzw. zu schätzen.

Da Pausenzeiten, Bedienungszeiten und Zustand des Systems Zufallsgrößen sind, ist klar, daß die Wahrscheinlichkeitstheorie und mathematische Statistik der grundlegende mathematische Apparat zur Lösung der Grundaufgabe der Bedienungstheorie sind. Die Kapitel 2, 3 und 4 enthalten daher die im Rahmen des Handbuches erforderlichen Begriffe und Aussagen aus diesen Gebieten.

Nehmen wir an, daß die zufälligen Pausenzeiten A_i und die Bedienungszeiten B_i unabhängige Zufallsgrößen sind (↑ [2.4]) und daß ihre Verteilungsfunktionen $A(x)$ und $B(x)$ gegeben sind. In manchen Fällen liegen auch nur die Erwartungswerte $\mathsf{E}A_i$, $\mathsf{E}B_i$ und die Varianzen $\mathsf{V}A_i$, $\mathsf{V}B_i$ oder die Laplace-Transformierten bzw. andere Transformierte von $A(x)$ bzw. $B(x)$ vor. Sind die Verteilungsfunktionen bzw. Mittelwerte usw. der Pausen- und Bedienungszeiten zunächst aus gegebenen Beobachtungsdaten zu ermitteln, so sind Methoden der mathematischen Statistik anzuwenden; desgleichen um Hypothesen über die Unabhängigkeit dieser Zufallsgrößen zu testen.

Mit Hilfe bedienungstheoretischer Methoden sind bei vorliegenden Charakteristiken der Pausen- und Bedienungszeiten z. B. Kenngrößen folgender Art zu bestimmen:

- die Wahrscheinlichkeit, daß eine eintreffende Forderung verloren geht,
- die Wahrscheinlichkeit, daß eine eintreffende Forderung warten muß,
- die Verteilungsfunktion bzw. der Erwartungswert der zufälligen Wartezeit,
- die Wahrscheinlichkeitsverteilung für die Länge der Warteschlange,
- die Wahrscheinlichkeitsverteilung für die Anzahl der belegten Bedienungsgeräte des Systems.

Zur Ermittlung derartiger Größen stehen analytische Methoden (↑ Kap. 5 bis 10) und numerische Verfahren (↑ Kap. 12) im Vordergrund, die sowohl zu expliziten

Formelausdrücken mit numerischen Ergebnissen als auch zu Abschätzungen (↑ Kap. 8) führen können. Für die Lösung angewandter Probleme bei Bedienungssystemen mit sehr komplizierter Struktur oder großen Parameterwerten bzw. mit schwer auswertbaren oder abschätzbaren Formelausdrücken sind jedoch auch asymptotische, heuristische und Simulationsmethoden (↑ Kap. 11) unerläßlich.

1.3. Weitere allgemeine Aufgaben der Bedienungstheorie

In der Bedienungstheorie gibt es neben der Grundaufgabe aus [1.2] eine Reihe weiterer allgemeiner Aufgabenstellungen, die für alle Bedienungssysteme interessieren, sowie viele konkrete Aufgaben, die für spezielle Bedienungssysteme zu lösen sind. Wir formulieren jetzt einige allgemeine Aufgaben und führen dabei weitere Bezeichnungen ein.

1.3.1. Untersuchung des Forderungenstromes

Eine der wichtigsten allgemeinen Aufgaben ist die Untersuchung der einlaufenden Forderungenströme und die mathematische Modellierung derjenigen Eingangsströme, die am häufigsten in praktischen Situationen auftreten. Dazu können zwei allgemeine Aufgabentypen hervorgehoben werden:

1. Die Konstruktion mathematischer Modelle verschiedener Klassen von Forderungenströmen, die reale Ströme erfassen, und Untersuchung der Eigenschaften dieser Forderungenströme (↑ [3.6]).
2. Die statistische Untersuchung realer Forderungenströme auf Grund von Beobachtungen, d. h. Test von Hypothesen über die Struktur der Forderungenströme und Schätzung von Parametern (↑ Kap. 4 und [II, Kap. 10]).

In der Bedienungstheorie nimmt man oft an, daß der Forderungenstrom ein stationärer *Poissonscher Forderungenstrom* ist (auch als *homogener* Poissonscher Forderungenstrom bezeichnet). Als Symbol für diesen Forderungenstrom wird M verwendet. Das bedeutet, daß die Pausenzeiten $A_i = T_{i+1} - T_i$, $i = 1, 2, 3, \ldots$, zwischen aufeinanderfolgenden Forderungen unabhängig sind und für alle i dieselbe Exponentialverteilungsfunktion

$$A(x) = \mathsf{P}(A_1 < x) = 1 - \mathrm{e}^{-\lambda x}$$

besitzen, wobei $\lambda > 0$ konstant ist und die *Intensität* des Forderungenstromes genannt wird. Sie ist gleich der mittleren Anzahl der in der Zeiteinheit eintreffenden Forderungen, und $\dfrac{1}{\lambda}$ ist die mittlere Pausendauer. Für einen stationären Poissonschen Forderungenstrom ergibt sich als Wahrscheinlichkeit dafür, daß die Anzahl $L(t)$ der in einem Zeitintervall der Länge t eintreffenden Forderungen genau k ist,

$$\mathsf{P}\big(L(t) = k\big) = \frac{(\lambda t)^k}{k!}\,\mathrm{e}^{-\lambda t}, \qquad k = 0, 1, 2, \ldots,$$

d. h. die Poisson-Verteilung mit dem Parameter λt (↑ [2.9.6]). Oft ist die Situation jedoch komplizierter, z. B. kann der Forderungenstrom zwar Poissonsch sein, aber nicht stationär. Das heißt, daß die Pausenzeiten zwar unabhängig bleiben, die Wahrscheinlichkeit für das Eintreffen von k Forderungen im Intervall $[t_0, t_0 + t)$ jedoch nicht nur von der Länge t des Intervalls, sondern auch von seiner Lage, d. h. vom Zeitpunkt t_0, abhängt. Für diese Wahrscheinlichkeit gilt dann

$$\mathsf{P}\big(L(t_0, t) = k\big) = \frac{1}{k!}\left[\int_{t_0}^{t_0+t} \lambda(z)\,dz\right]^k \exp\left(-\int_{t_0}^{t_0+t} \lambda(z)\,dz\right).$$

Dabei ist $\lambda(z)$ die zeitabhängige Intensität. Inhaltlich kann man sich vorstellen, daß $\lambda(z)\,dz$ die Anzahl der in einem kleinen Zeitintervall $[z, z + dz)$ im Mittel eintreffenden Forderungen ist. Symbolisch wird ein solcher nichtstationärer Poissonscher Forderungenstrom mit $\mathrm{M}(t)$ bezeichnet.

Ein öfter anzutreffender Typ von Poissonschen Forderungenströmen besitzt periodisch zeitabhängige Intensitäten $\lambda(t + T) = \lambda(t)$ für alle t und ein festes $T > 0$.

Eine weitere Verallgemeinerung sind Forderungenströme, bei denen die Pausenzeiten A_i, $i = 1, 2, \ldots$, ebenfalls unabhängig sind, aber eine beliebige i. allg. für alle i identische Verteilungsfunktion $A(x)$ besitzen. Das sind sog. *rekurrente Forderungenströme*, die abkürzend das Symbol GI (*general independent*) erhalten. Ist $A(x)$ die Erlang-Verteilungsfunktion der Ordnung k mit dem Parameter λ (↑ [2.9.13]), so heißt der rekurrente Forderungenstrom *Erlangscher Forderungenstrom der Ordnung k* und wird abkürzend mit E_k bezeichnet.

Ein rekurrenter Forderungenstrom mit der Bezeichnung GI(H-Erl(n)) bedeutet, daß $A(x)$ die Hyper-Erlang-Verteilungsfunktion ist (↑ [2.9.14]).

Werden an die Verteilungsfunktion $A(x)$ eines rekurrenten Forderungenstromes einschränkende Bedingungen gestellt, so wird die Art der Bedingung hinter dem Symbol GI in Klammern vermerkt. So bedeuten A = GI(NBU), A = GI(NWU), A = GI (NBUE), A = GI(NWUE), daß die unabhängigen Pausenzeiten A_i eine Verteilungsfunktion $A(x)$ vom Typ NBU bzw. NWU, NBUE oder NWUE besitzen (↑ [2.10]).

Ein ausgearteter Spezialfall rekurrenter Forderungenströme ist der *reguläre Forderungenstrom*, bei dem die Pausenzeiten A_i nicht zufällig, sondern alle konstant gleich lang sind. Dieser Forderungenstrom wird durch D (deterministic) gekennzeichnet.

Bisher wurde stillschweigend angenommen, daß in jedem Zeitpunkt T_i nur genau eine Forderung eintrifft. Solche Forderungenströme heißen *einfach* (im Falle eines stationären Stromes endlicher Intensität ist das gleichbedeutend mit ordinär ↑ [3.6]). Wir setzen den Forderungenstrom stets als einfach voraus, falls nichts anderes angegeben ist.

Nicht immer jedoch treffen die Forderungen einzeln ein; es gibt auch *Forderungenströme mit Vielfachheiten*, d. h., es können in den zufälligen Zeitpunkten T_i jeweils Gruppen von Forderungen eintreffen, wobei die Gruppenstärke auch zufällig sein kann. Sind für einen Forderungenstrom vom Typ A (z. B. A = M oder A = D) mit Vielfachheiten die zufälligen Gruppenstärken D_i für verschiedene Ankunftszeitpunkte T_i unabhängig und beliebig verteilt, so wird er mit A^{GI} bezeichnet.

In der Praxis treten auch *Forderungenströme mit Abhängigkeiten* zwischen den Pausenzeiten A_i auf, wobei es sich um stationäre und nichtstationäre Forderungenströme handeln kann. Sind z. B. die Ankunftszeitpunkte der Forderungen die Sprungpunkte eines semimarkowschen Prozesses (↑ D. 3.5.1.2), dann handelt es sich um einen *semimarkowschen Forderungenstrom* mit dem Symbol SM.

Stellt der Forderungenstrom einen stationären zufälligen Punktprozeß (d. h. mit stationär abhängigen Pausenzeiten A_i) dar (↑ D. 3.7.1.20), so wird er durch das Symbol G gekennzeichnet.

Vom mathematischen Standpunkt aus sind sämtliche Forderungenströme nichts anderes als zufällige Punktprozesse. Bestehen Rückwirkungen vom Zustand des Bedienungssystems auf den Forderungenstrom, so nennt man diesen einen *Forderungenstrom 2. Art.* Ein Spezialfall hiervon ist der Forderungenstrom in einem geschlossenen Bedienungssystem mit $N < \infty$ Quellen (↑ [1.5]).

1.3.2. Mathematische Modellbildung für konkrete Bedienungssysteme. Bestimmung charakteristischer Größen

Neben der Untersuchung der Forderungenströme entsteht ein weiterer großer Problemkreis im Zusammenhang mit der Notwendigkeit, mathematische Modelle für das Verhalten von Bedienungssystemen zu konstruieren. Hierzu müssen jene Charakteristiken herauskristallisiert werden, die das zu untersuchende System möglichst vollständig beschreiben. Sodann sind Berechnungsmethoden auszuarbeiten, mit denen diese Charakteristiken auf Grund gegebener Ausgangsdaten, d. h. auf Grund gegebener Elemente des Bedienungssystems, bestimmt werden können.

1.3.2.1. Verlustsysteme und Unempfindlichkeit

Setzen wir zuerst ein Verlustsystem mit s Bedienungsgeräten, einem einfachen stationären Poissonschen Forderungenstrom mit der Intensität λ und unabhängigen, ebenfalls exponentialverteilten Bedienungszeiten mit dem Parameter μ voraus. Das Verhalten dieses Systems wird vollständig charakterisiert durch den zufälligen Prozeß $(N(t), t \geqq 0)$, wobei $N(t)$ die zufällige Anzahl der zum Zeitpunkt t im System befindlichen Forderungen ist. Der Prozeß $(N(t), t \geqq 0)$ heißt daher *Anzahlprozeß*.

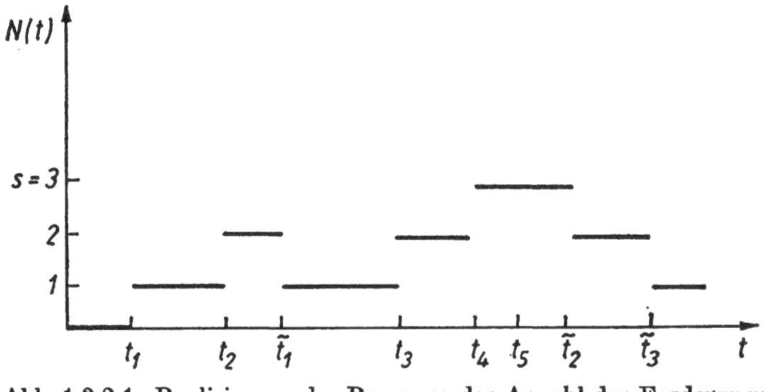

Abb. 1.3.2.1. Realisierung des Prozesses der Anzahl der Forderungen in einem Verlustsystem mit $s = 3$

Im Fall $N(t) = s$ sind zum Zeitpunkt t sämtliche Bedienungsgeräte belegt und eine in diesem Zustand eintreffende Forderung geht verloren.

Abb. 1.3.2.1 zeigt eine typische Realisierung dieses Prozesses. Sie stellt eine stückweise konstante Funktion dar, die in den Zeitpunkten $t_1, t_2, \ldots$, in denen die Forderungen einzeln eintreffen, um den Wert 1 wächst (falls der maximale Wert s noch nicht erreicht ist), und in den Zeitpunkten $\tilde{t}_1, \tilde{t}_2, \ldots$, in denen fertig bediente Forderungen das System verlassen, um den Wert 1 fällt.

Für die Größe $N(t)$ interessieren dann die Wahrscheinlichkeiten $\mathsf{P}(N(t) = k)$, $k = 0, 1, \ldots, s$. Sind sie bei festem k für sämtliche t gleich, so handelt es sich um die (*zeit-*) *stationäre Wahrscheinlichkeit* (↑ [1.4.1]) für den Zustand k des Bedienungssystems, die zu bestimmen ist. Es ergibt sich hierfür der schon von A. K. Erlang 1918 angegebene Ausdruck (die sog. *Erlangsche Formel* für Verlustsysteme, ↑ Kap. 5)

$$p_k = \mathsf{P}(N(t) = k) = \frac{\frac{\varrho^k}{k!}}{\sum_{i=0}^{s} \frac{\varrho^i}{i!}}, \qquad k = 0, 1, 2, \ldots, s; \qquad \varrho = \frac{\lambda}{\mu}.$$

Weiterhin erhob sich die Frage, ob der Ausdruck für $\mathsf{P}(N(t) = k)$ der gleiche bleibt, wenn man für $A(x)$ nicht die Exponentialverteilungsfunktion mit dem Parameter λ sondern eine beliebige Verteilungsfunktion mit dem Erwartungswert $\frac{1}{\lambda}$ und für $B(x)$ eine beliebige Verteilungsfunktion mit dem Erwartungswert $\frac{1}{\mu}$ wählt. Untersuchungen ergaben, daß $B(x)$ beliebig mit dem Erwartungswert $\frac{1}{\mu}$ sein kann, $A(x)$ jedoch nicht. Zu dieser Frage der sog. *Unempfindlichkeit der stationären Zustandswahrscheinlichkeiten* p_k gegenüber der Form gewisser Verteilungsfunktionen gibt es viele Arbeiten, in denen immer weitere Systeme auf das Vorliegen der Unempfindlichkeitseigenschaft untersucht wurden. Die unterschiedlichen Methoden werden in Kap. 7 behandelt. Ergebnisse für Verlustsysteme werden in [II, Kap. 1] zusammengestellt.

Für die zum Zeitpunkt T_i eintreffende Forderung ist von besonderem Interesse, welchen Zustand des Bedienungssystems sie vorfindet, genauer, ob die Anzahl $N(T_i - 0)$ der kurz vor ihrem Eintreffen belegten Bedienungsgeräte kleiner als s ist. Ist das der Fall, dann geht sie nicht verloren, sondern ihre Bedienung beginnt sofort. Die Größe $\mathsf{P}(N(T_i - 0) = s)$ ist dagegen die *Verlustwahrscheinlichkeit.* Also interessieren vom Standpunkt der Forderungen insbesondere die Wahrscheinlichkeiten $\mathsf{P}(N(T_i - 0) = k)$, $k = 0, 1, 2, \ldots, s$, in den Ankunftszeitpunkten T_i, $i = 1, 2, \ldots$ Sind diese Wahrscheinlichkeiten für alle i dieselben, so heißen sie *forderungenstationär*. Es ist von Wichtigkeit, Bedingungen und Aussagen für die Existenz der zeitstationären und forderungenstationären Zustandswahrscheinlichkeiten zu besitzen und zu klären, wie sie zusammenhängen (im betrachteten Fall sind sie übrigens gleich). Existenzaussagen für allgemeine Prozeßklassen findet man in Kap. 3 und 5, Methoden zur Gewinnung von Beziehungen zwischen den verschiedenartig stationären Größen bietet Kap. 6. Aussagen zur Existenz, Ergodizität und zu den erwähnten Beziehungen für Klassen von Bedienungssystemen enthält Band II, insbesondere [II, Kap. 11].

1.3.2.2. Wartesysteme

Betrachten wir als weiteres Beispiel ein Wartesystem mit unendlich vielen Warteplätzen. Hierfür ist es natürlich, als Bedienungscharakteristik eine Kenngröße für die zufällige Länge der Wartezeit bis zum Bedienungsbeginn einer eintreffenden Forderung bzw. für die zufällige Länge der Warteschlange, die sie vorfindet, zu wählen. Für ein Einbediener-Wartesystem mit unendlich vielen Warteplätzen, einfachem Forderungenstrom und mit der Bedienungsdisziplin FCFS geben wir eine Realisierung der zufälligen Wartezeit $W(t)$ im Ablauf der Zeit t an.

Sei b_i die gewünschte Bedienungsdauer der im Zeitpunkt t_i eintreffenden Forderung. Wir bilden über der t-Achse eine Sägezahnkurve, die im Punkt t_i sprungartig um b_i wächst und dann linear fällt mit dem Anstieg -1 und die gleich Null ist vom Schnittpunkt der Geraden mit der Abszissenachse bis zum nächsten Punkt t_i (↑ Abb. 1.3.2.2). Ihr Wert $w(t)$ im Punkt t ist die Realisierung der Zufallsgröße $W(t)$. Diese ist gleich der Wartezeit einer Forderung, die im Zeitpunkt t gekommen sein könnte, auf den Beginn ihrer Bedienung. Diese sog. *virtuelle Wartezeit* gibt bei der Disziplin FCFS somit die Zeit an vom Zeitpunkt t bis zu dem Zeitpunkt, an dem keine vor t eingetroffene Forderung mehr im System ist. Der Wert $W(T_i - 0)$, unmittelbar vor Eintreffen der Forderung im zufälligen Zeitpunkt T_i, den wir mit $\mathring{W}(T_i)$ bezeichnen, ist die sog. *aktuelle Wartezeit* der zum Zeitpunkt T_i eintreffenden Forderung. Das ist diejenige Zeit, die diese Forderung tatsächlich warten muß. Die Aufgabe besteht nun darin, für $W(t)$ und $\mathring{W}(T_i)$ die Verteilungsfunktionen oder die Erwartungswerte zu bestimmen.

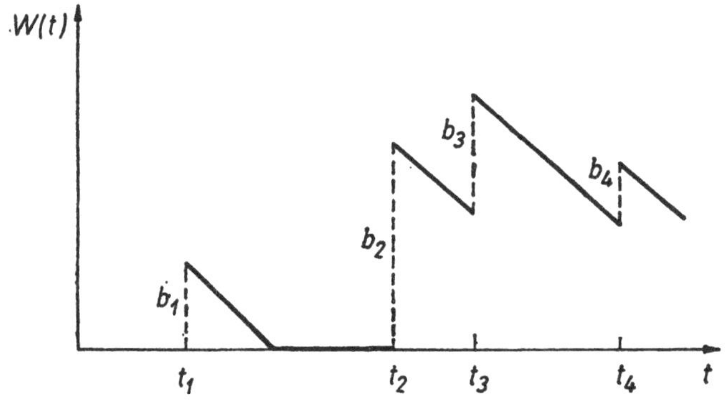

Abb. 1.3.2.2. Realisierung der virtuellen Wartezeit $W(t)$

Von besonderer Wichtigkeit ist hierbei der Fall, daß die Verteilungsfunktion von $W(t)$ bzw. $\mathring{W}(T_i)$ für alle möglichen Werte von t bzw. für alle $i = 1, 2, \ldots$ die gleiche ist. Dann handelt es sich um die stationäre Verteilungsfunktion der virtuellen bzw. aktuellen Wartezeit. Für das Einbediener-Wartesystem mit stationärem Poissonschen Forderungenstrom und exponentialverteilten Bedienungszeiten ergibt sich z. B. für die stationäre Verteilungsfunktion der virtuellen Wartezeit der Ausdruck

$$\mathsf{P}\big(W(t) < x\big) = 1 - \varrho\, e^{-\mu(1-\varrho)x}, \qquad \text{für alle} \qquad t \geqq 0, \qquad x \geqq 0, \qquad \varrho = \frac{\lambda}{\mu}.$$

Für beliebige Wartesysteme sind die stationären Verteilungsfunktionen von $W(t)$ bzw. $\mathring{W}(T_i)$ zu bestimmen, Existenz- und Ergodizitätsvoraussetzungen zu klären, und es interessiert natürlich der Zusammenhang zwischen beiden Verteilungen. Auch diese Aufgabe gehört zu dem Problemkreis, zwischen stationären Charakteristiken in sog. *eingebetteten Zeitpunkten* (das ist die stationäre Verteilungsfunktion der aktuellen Wartezeit in den Zeitpunkten T_i als sog. eingebettete Zeitpunkte der Abszisse) und nichteingebetteten Zeitpunkten Beziehungen herzustellen, um die eine Größe aus der anderen zu erhalten (bez. Methoden ↑ Kap. 6, bez. Ergebnissen ↑ [II, Kap. 11]). Die Kapitel 3, 5 und 9 enthalten Methoden zur Lösung von Existenzfragen und zur Bestimmung gesuchter Charakteristiken. Die Kapitel 3, 4, 5 und 11 in Band II umfassen verschiedenartige Ergebnisse für Klassen von Wartesystemen.

Betrachten wir ein Wartesystem mit unendlich vielen Warteplätzen, s Bedienungsgeräten, einem einfachen stationären Poissonschen Forderungenstrom der Intensität λ und unabhängigen Bedienungszeiten mit einer Exponentialverteilungsfunktion mit dem Parameter μ. Unter der Bedingung $\varrho = \frac{\lambda}{\mu} < s$ existieren dann die stationären Wahrscheinlichkeiten p_k dafür, daß zum Zeitpunkt t genau k Forderungen im System sind, $k = 1, 2, 3, \ldots$ Sie stellen die Grenzwahrscheinlichkeiten $p_k = \lim_{t \to \infty} \mathsf{P}(N(t) = k)$ dar und haben die Form

$$p_k = \begin{cases} \dfrac{\varrho^k}{k!} p_0 & \text{für} \quad 0 \leqq k < s \\[2ex] \dfrac{\varrho^k}{s!s^{k-s}} p_0 & \text{für} \quad k \geqq s. \end{cases}$$

Wie schon bei den stationären Zustandswahrscheinlichkeiten für das in [1.3.2.1] angeführte Verlustsystem tritt auch hier die Größe $\varrho = \frac{\lambda}{\mu}$ auf. Die Bedingung $\varrho < s$ spielt jetzt eine entscheidende Rolle für die Existenz der Größen p_k.

Betrachten wir die Größe ϱ und die Bedingung $\varrho < s$ etwas genauer. Der Quotient $\varrho = \frac{\lambda}{\mu}$ heißt die *Belastung des Systems* und ist die mittlere Zahl von Forderungen, die in der Zeiteinheit im System eintreffen. Der Wert $\frac{1}{\mu}$ ist die mittlere Bedienungszeit einer Forderung, und μ können wir als die mittlere Anzahl der Forderungen auffassen, die ein Bedienungsgerät in der Zeiteinheit abfertigen kann. Also ist ϱ das Verhältnis der mittleren Zahl der Forderungen, die in der Zeiteinheit im System eintreffen, zur Zahl der Forderungen, die ein Bedienungsgerät im Mittel in der Zeiteinheit bedienen kann. Wenn $\varrho < s$ ist, kann das System insgesamt mit den eintreffenden Forderungen fertig werden. Es kann sich eine Warteschlange bilden, die auch wieder verschwinden kann. Wenn aber $\varrho \geqq s$ ist, dann kann das System offensichtlich im Mittel nicht die eintreffenden Forderungen bewältigen, und die Schlange muß im Mittel unbeschränkt wachsen. Im Falle $\varrho = s$ trifft das auch zu, obwohl es zunächst so scheint, als ob das System der eintreffenden Forderungen Herr werden könnte, da doch im Mittel genau so viele eintreffen, wie bedient werden. Tatsächlich aber gibt es infolge des ungleichmäßigen Eintreffens der Forderungen und der zufälligen Längen der Bedienungszeiten im System Zeitabschnitte, in denen nicht sämtliche Geräte belegt sind und ein Teil von ihnen auf eintreffende Forderungen wartet. Im Ergebnis dessen ist die Zeitbilanz gestört, und die Warteschlange wächst mit der Zeit unbegrenzt.

Diesen Umstand muß man besonders beachten. Denn nicht selten wird bei der Dimensionierung von praktischen Bedienungssystemen nach dem Prinzip der vollen Belastung der Bedienungsgeräte verfahren. Die Theorie zeigt aber, daß dadurch große ökonomische Verluste durch langes Warten auf den Bedienungsbeginn entstehen. Erfahrungen und Berechnungen zeigen, daß schon für $\varrho \geqq 0{,}7s$ die Zeitverluste der Forderungen durch Warten sehr groß sind.

Im Zusammenhang mit diesen Belastungsbetrachtungen ist auch erklärlich, daß zur Charakterisierung von Bedienungssystemen die zwei folgenden Größen wichtig sind. Zunächst die *Besetztzeit* des Systems. Darunter versteht man die Zeitdauer von einem Zeitpunkt, in dem sämtliche Bedienungsgeräte belegt werden, bis zu dem Zeitpunkt, in dem wenigstens ein Gerät frei wird und keine Forderungen warten. Als zweite

Größe wird die *Zeit der unvollständigen Belegung* gewählt, während der mindestens ein Gerät eine Bedienung durchführt. Für $s = 1$ stimmen die beiden Größen überein. Bisher wurde in der Literatur die erstgenannte Größe ausgiebiger behandelt. Weiterhin tritt auch die *Leerzeit* eines Bedienungssystems auf, während der sämtliche Geräte frei sind.

1.3.3. Stetigkeit der Lösungen von bedienungstheoretischen Aufgaben

In den letzten Jahren entstand eine neue Forschungsrichtung in der Bedienungstheorie, die die Bezeichnung *Stetigkeitsuntersuchungen* erhielt. Es handelt sich dabei um folgendes. In der Regel sind bei realen Aufgaben der Bedienungstheorie weder der Forderungenstrom $(L(t), t \geqq 0)$, noch die Verteilungsfunktion $B(x)$ der Bedienungszeiten genau bekannt. Die eine oder die andere oder beide Charakteristiken werden auf Grund statistischer Auswertungen von beobachteten Daten oder anhand allgemeiner Überlegungen geschätzt. Aber auch dann, wenn die genannten Größen genau bekannt sind, muß bei einer rechentechnischen Behandlung und Lösung der bedienungstheoretischen Aufgaben eine rechenautomatengemäße Näherung dieser Größen verwendet werden. Im Endergebnis werden die wahren Größen $L(t)$ und $B(x)$ durch ihnen in gewisser Weise „nahe" Größen $L'(t)$ und $B'(x)$ ersetzt. Es fragt sich dann, ob man annehmen kann, daß die Charakteristiken der Bedienungsgüte (z. B. die mittlere Wartezeit oder die Verlustwahrscheinlichkeit), die sich im Falle von $L'(t)$ und $B'(x)$ ergeben, denjenigen „nahe" sind, die zu $L(t)$ und $B(x)$ gehören. Das ist nicht immer der Fall. Man kann Beispiele angeben, wo sogar bei $L'(t) = L(t)$ und auf der ganzen reellen Achse gleichmäßig nahen Funktionen $B'(x)$ und $B(x)$ die entsprechenden Bedienungscharakteristiken sehr stark voneinander abweichen können. Da aber auf der Basis bedienungstheoretischer Berechnungen Projektierungen von Fernsprechämtern und -netzen, Flughäfen, Einrichtungen der medizinischen Betreuung, Informationssystemen usw. erfolgen, können derartige Abweichungen der berechneten Charakteristiken von den Tatsachen zu ernsten Folgen führen.

Die Ausarbeitung geeigneter Methoden für die Untersuchung von Stetigkeitseigenschaften der Lösungen bedienungstheoretischer Aufgaben einschließlich der Definition passender Abstände zur Präzisierung des Begriffes „nahe" ist daher von Wichtigkeit (↑ Kap. 10 und [II, Kap. 11]).

1.3.4. Optimierung und Steuerung von Bedienungssystemen

Eine wichtige Gruppe von Aufgaben der Bedienungstheorie entsteht im Zusammenhang damit, ein Bedienungssystem bzw. gewisse seiner Kenngrößen für eine zu lösende praktische Aufgabe „optimal" zu bestimmen. Bei gegebener Kennziffer der Bedienungsgüte, z. B. Verlustwahrscheinlichkeit, mittlere Wartezeit, und gegebenen Verteilungsfunktionen und Parametern der Pausenzeiten und Bedienungszeiten, ist hierfür eine optimale Anzahl von Bedienungsgeräten, von Warteplätzen usw. zu ermitteln, wobei jeweils festzulegen ist, was unter dem Wort *„optimal"* zu verstehen ist. Auch können während des Betriebes eines Bedienungssystems gewisse Größen beeinflußt werden, so daß es sich um ein *gesteuertes Bedienungssystem* handelt (ein Beispiel hierfür ↑ [1.1.4]).

Bedienungssysteme kann man auf verschiedene Weise steuern, je nachdem, welche Elemente des Bedienungssystems man beeinflußt. Zum Beispiel kann man auf den Eingangsstrom der Forderungen einwirken, wie es die Dispatcher von Flughäfen tun, wenn sie die Landezeitpunkte der anfliegenden Flugzeuge festlegen. Andererseits kann die Bedienungsintensität gesteuert werden, desgleichen die Struktur des Systems, in dem z. B. die Anzahl oder die Bedienungsintensität der Bedienungsgeräte erhöht oder verringert wird, je nach vorliegendem Bedarf.

Besondere Arten von Steuerungen treten bei Prioritätssystemen und Bedienungsnetzwerken auf. Steuerungen von Bedienungssystemen können bei Vorliegen voller bzw. teilweiser Information über das zu steuernde Objekt und sogar bei Fehlen von Informationen über dieses realisiert werden. Um z. B. die mittlere Wartezeit zu verringern, kann man jedesmal nach Beendigung einer Bedienung diejenige Forderung als nächste aus der Warteschlange auswählen, die die kleinste Bedienungszeit besitzt. Dazu muß natürlich die gewünschte Bedienungszeit jeder Forderung vorher bekannt sein.

Gesteuerte Bedienungssysteme und Methoden zu ihrer Untersuchung werden in [II, Kap. 9] gesondert behandelt.

1.3.5. Statistische Aufgaben der Bedienungstheorie

Zunächst einmal ist klar, daß sämtliche Größen, die den Forderungenstrom und die Bedienungszeiten charakterisieren, in praktischen Aufgaben i. allg. aus beobachtetem Datenmaterial gewonnen werden müssen. Hierbei treten klassische Aufgaben der mathematischen Statistik auf, wie die Untersuchung von Zufallsgrößen auf ihre Unabhängigkeit, Test von Hypothesen über das Vorliegen bestimmter Verteilungsfunktionen für die Pausen- und Bedienungszeiten, Schätzen von Parametern dieser Verteilungsfunktionen, Test von Hypothesen über die Art der Abhängigkeit zwischen auftretenden Zufallsgrößen, Test, ob ein vorliegender Forderungenstrom ein stationärer Poissonscher Forderungenstrom ist usw. Des weiteren sind Kenngrößen für den zufälligen Zustand des Bedienungssystems und seine Änderungen im Laufe der Zeit aus Beobachtungsergebnissen zu ermitteln, was zu Aufgaben der Statistik spezieller Klassen zufälliger Prozesse führt (↑ [1.4.1]). Bei allen statistischen Betrachtungen kommt der zugrunde liegenden Beobachtungsmethode besondere Bedeutung zu. So kann z. B. ein zufälliger Prozeß in einem bestimmten Zeitintervall ständig oder nur in ausgewählten Zeitpunkten beobachtet werden.

Den statistischen Grundbegriffen und Methoden ist Kapitel 4 gewidmet, [II, Kap. 10] enthält statistische Ergebnisse für wichtige Klassen von Bedienungssystemen.

1.4. Übersicht über Methoden der Bedienungstheorie

Die Unterschiedlichkeit bedienungstheoretischer Aufgaben erfordert die Verwendung eines sehr vielfältigen mathematischen Apparates zu ihrer Lösung. Wir haben schon gesehen, daß die Wahrscheinlichkeitstheorie, die Theorie der zufälligen Prozesse und die mathematische Statistik nicht nur für die Lösung der entstehenden Fragen, sondern auch für die richtige Modellbildung und Fragestellung selbst unerläßlich ist.

1.4.1. Zufällige Prozesse in der Bedienungstheorie

Viele bedienungstheoretische Aufgabenstellungen sind damit verbunden, den Verlauf gewisser mit dem Bedienungssystem verbundener Prozesse bzw. Kenngrößen im Ablauf der Zeit zu untersuchen. Hierzu gehören insbesondere der Prozeß $\left(L(t),\, t \geqq 0\right)$

des Eintreffens der Forderungen, die Folge (B_i, $i \geqq 1$) der Bedienungszeiten insgesamt bzw. auf jedem einzelnen Bedienungsgerät und der Prozeß, der die Änderung des jeweils das System insgesamt charakterisierenden Zustandes beschreibt, z. B. der Prozeß $(N(t), t \geqq 0)$ der Anzahl der Forderungen im System, der Prozeß $(W(t), t \geqq 0)$ der virtuellen Wartezeit usw. Auf Grund der wirkenden primären Zufallsquellen (zufällige Pausen zwischen dem Eintreffen von Forderungen, zufällige Länge der Bedienungszeiten) sind diese Prozesse im Ablauf der Zeit ebenfalls zufällig. Je nach den Voraussetzungen an die primären Zufallsquellen und je nachdem, welche Art von Bedienungssystem und Zustand des Systems betrachtet wird, ergeben sich zur Lösung der Aufgaben unterschiedliche Klassen zufälliger Prozesse.

Sind z. B. sämtliche Pausenzeiten zwischen den eintreffenden Forderungen unabhängige und identisch exponentialverteilte Zufallsgrößen mit konstantem Parameter (stationärer Poissonscher Forderungenstrom) und sind sämtliche Bedienungszeiten unabhängig und ebenfalls exponentialverteilt, so ist der zufällige Prozeß $(N(t), t \geqq 0)$ der Anzahl der Forderungen im System ein homogener Markowscher Prozeß mit stetiger Zeit und diskreten Zuständen, den wir als *homogene Markowsche Kette* bezeichnen. Er gehört sogar zu der etwas einfacheren Teilklasse der *homogenen Geburts- und Todesprozesse.* Die zugehörigen Bedienungssysteme werden auch *Markowsche Bedienungssysteme* genannt.

Die Bestimmung der zeitabhängigen Zustandswahrscheinlichkeiten führt dann zur Aufstellung und Lösung von *Systemen von Differentialgleichungen* (↑ Kap. 5). Meist werden die Parameter der primären Zufallsquellen, d. h. der Pausen- und Bedienungszeiten, als konstant angenommen, und es wird das Bedienungssystem im sog. *eingeschwungenen, stationären Zustand* (auch *Gleichgewichtszustand* genannt) betrachtet, bei dem sich die Charakteristiken des Bedienungssystems im Ablauf der Zeit nicht ändern. Die Wahrscheinlichkeiten für die Zustände des Bedienungssystems sind dann nicht mehr zeitabhängig. Diese sind die *stationären Zustandswahrscheinlichkeiten.* Das System von Differentialgleichungen zu ihrer Bestimmung geht über in ein *System von linearen algebraischen Gleichungen* (↑ Kap. 5). Zuvor sind jedoch die Voraussetzungen für die Existenz der stationären Größen (↑ z. B. [1.3.2.2]) zu prüfen (↑ Kap. 3 und 5).

Andererseits werden die Kennziffern eines Bedienungssystems (Wahrscheinlichkeit für die Anzahl der Forderungen im System, Verlustwahrscheinlichkeit, mittlere Wartezeit usw.) nicht für jeden beliebigen Zeitpunkt t, sondern für den Grenzfall $t \to \infty$ bestimmt. Hierbei entsteht natürlich die Frage nach der Existenz dieser Grenzwerte, ihrer Unabhängigkeit von den Anfangsgrößen zum Zeitpunkt $t = 0$, ob sie (im Falle von Wahrscheinlichkeiten) eine Verteilung bilden. Antwort hierauf geben die sog. *Ergodensätze* (↑ Kap. 3 und 5 sowie [II, Kap. 11]). Falls Grenzverteilungen existieren, sind sie stationär (↑ z. B. [1.3.2.2]). Aber nicht immer sind stationäre Verteilungen Grenzverteilungen eines Prozesses bei anderen Anfangsverteilungen, so daß z. B. die Schreibweise $p_i \mathrel{\overset{!}{=}} \lim\limits_{t \to \infty} p_i(t)$ eine besondere Aussage (Ergodenaussage) beinhaltet.

Besitzen nicht sämtliche Pausen- und Bedienungszeiten Exponential- oder Erlang- bzw. Hyper-Erlang-Verteilungsfunktionen, dann kann zur Untersuchung der zeitlichen Änderungen der Anzahl der Forderungen im Bedienungssystem nicht mehr eine Markowsche Kette verwendet werden. Auch führt die Betrachtung anderer Systemzustände, wie z. B. der Wartezeiten der Forderungen, zu der Notwendigkeit, weitere Klassen zufälliger Prozesse zu verwenden. Daher treten in der Bedienungstheorie noch einige andere, wichtige Arten zufälliger Prozesse auf, insbesondere *Markowsche Prozesse* mit nichtdiskretem Zustandsraum, z. B. $\mathbb{R}_+$ bei der Untersuchung von Wartezeiten

Des weiteren werden *Erneuerungsprozesse, semimarkosche, regenerative Prozesse, zufällige Punktprozesse* usw. benötigt. Kapitel 3 enthält ihre Definitionen und für das Handbuch erforderliche Grundaussagen. In den folgenden Kapiteln wird ihre Anwendung in der Bedienungstheorie demonstriert. Dabei werden z. T. noch weitere Prozeßklassen eingeführt, z. B. in Kap. 5 *stückweise lineare Markowsche* sowie auf andere Weise mit Hilfe sog. Zusatzvariablen markowisierte zufällige Prozesse, deren Zustände Vektoren sind.

Wie schon die zwei Beispiele in [1.3.2] zeigten, ist es oft wichtig, Charakteristiken des Bedienungssystems nicht in beliebigen Zeitpunkten, sondern in besonders interessierenden, sog. *eingebetteten*, Zeitpunkten zu bestimmen. Solche eingebetteten Zeitpunkte sind z. B. die Zeitpunkte des Eintreffens der Forderungen oder der Beendigung von Bedienungen. Untersucht man den Systemzustand in solchen eingebetteten Zeitpunkten, so ergibt sich häufig ein anderer Typ von zufälligem Prozeß als wenn man die gesamte Zeitachse betrachtet. Wir haben es mit sog. *eingebetteten zufälligen Prozessen* zu tun. Zum Beispiel bildet für ein Bedienungssystem mit unabhängigen, identisch aber nicht notwendig exponentialverteilten Pausenzeiten und exponentialverteilten Bedienungszeiten die Folge $\left(N(T_n - 0),\, n \geqq 1\right)$ der Anzahl der Forderungen im System unmittelbar vor den Zeitpunkten T_n des Eintreffens von Forderungen eine Markowsche Kette mit diskreter Zeit. Dagegen ist der Prozeß $\left(N(t),\, t \geqq 0\right)$ der Anzahl der Forderungen im System für beliebige Zeitpunkte zwar ein zufälliger Prozeß mit stetiger Zeit, aber kein markowscher Prozeß. Man nennt daher $\left(N(T_n - 0),\, n \geqq 1\right)$ eine in $\left(N(t),\, t \geqq 0\right)$ *eingebettete Markowsche Kette.* Verschiedenen Typen eingebetteter zufälliger Prozesse und deren Anwendung in der Bedienungstheorie ist Kapitel 6 gewidmet. Dort finden sich auch allgemeine Methoden zur Herleitung von Beziehungen zwischen stationären Charakteristiken in eingebetteten und beliebigen Zeitpunkten.

1.4.2. Algebraische und analytische Methoden

Die Bestimmung von Kenngrößen für die Güte eines Bedienungssystems mit Hilfe zufälliger Prozesse führt oft zu der Notwendigkeit, je nach Typ des zufälligen Prozesses und der gesuchten Bedienungskenngröße, Gleichungen eines bestimmten Typs bzw. *Systeme von linearen algebraischen Gleichungen, gewöhnlichen* und *partiellen Differentialgleichungen, Integro-Differentialgleichungen* und *Integralgleichungen* aufzustellen und zu lösen. Es gelingt selten, eine explizite Lösung dieser Art Gleichungssysteme für reale Bedienungssysteme zu gewinnen. Und selbst wenn sich eine solche Lösung ergibt, dann häufig nicht in Form der uns interessierenden Funktionen, sondern als eine Transformierte davon, z. B. als *Laplace-Transformierte, Laplace-Stieltjes-Transformierte, erzeugende Funktion* usw. Kapitel 2 enthält daher auch die notwendigen Informationen über diese Transformationen, gibt deren mögliche Wahrscheinlichkeitsinterpretation und zwei darauf basierende Methoden an.

Andererseits geht aus dem Gesagten hervor, wie wichtig auch in der Bedienungstheorie die Verwendung *numerischer Methoden* ist. Die in der Bedienungstheorie sich ergebenden linearen algebraischen Gleichungssysteme zur Bestimmung der stationären Zustandswahrscheinlichkeiten bzw. anderer Größen (↑ Kap. 3, 5 und 7) besitzen i. allg. eine besondere Struktur, es handelt sich häufig um *Blockmatrizen, tridiagonale Matrizen* bzw. insgesamt *schwach besetzte Matrizen.* Daher sind in der Bedienungstheorie numerische Methoden und Algorithmen bzw. Modifikationen allgemeinerer Algorithmen zur Lösung dieser speziellen Gleichungssysteme entwickelt worden (↑ Kap. 12).

Für die in der Bedienungstheorie auftretenden Systeme von Differential- und Integro-Differentialgleichungen haben sich spezielle Lösungsmethoden nicht herausgeschält. Auf die Lösung spezifischer Integralgleichungen der Bedienungstheorie wird zusammen mit weiteren analytischen, insbesondere *funktionentheoretischen*, und *kombinatorischen Methoden* in Kapitel 9 eingegangen.

1.4.3. Abschätzungen. Asymptotische und heuristische Methoden

Für eine Reihe von Bedienungskenngrößen ergeben sich mit den obigen Methoden analytische Ausdrücke, die sehr schwer zu überblicken und auszuwerten sind. Daher sind einfachere *Näherungsausdrücke* oder *Abschätzungen* erforderlich. Andere Kenngrößen konnten bisher weder mit algebraischen und analytischen noch mit asymptotischen Methoden ermittelt werden. Für diese sind erst recht Abschätzungen erforderlich. Verschiedene Methoden zur Gewinnung von Abschätzungen enthält Kapitel 8.

Oft ist es in Fällen, in denen eine explizite Lösung einer Aufgabe nicht gefunden werden kann, möglich, eine *asymptotische Lösung* zu konstruieren. So kann man z. B. die schon in [1.4.1] erwähnte und oft einfachere Bestimmung der Grenzwerte von eigentlich interessierenden zeitabhängigen Bedienungscharakteristiken für $t \to \infty$ als eine asymptotische Bestimmung für die zeitabhängigen Größen auffassen. Eine andere asymptotische Untersuchungsrichtung ist damit verbunden, daß sich die Gesamtbelastung ϱ eines Bedienungssystems ihrem jeweils kritischen Wert nähert. Zum Beispiel kann die mittlere Anzahl der in der Zeiteinheit in das System eintreffenden Forderungen sich der maximal möglichen Leistungsfähigkeit des Systems in der Zeiteinheit nähern. Viele interessante Ergebnisse gibt es unter Bedingungen einer *hohen Belastung* (*heavy-traffic*) bzw. einer *kleinen Belastung* des Systems oder *schnellen Bedienung* ($\varrho \to 0$).

Des weiteren gibt es eine Methode, um eine beliebige Verteilungsfunktion einer Pausen- oder Bedienungszeit durch eine lineare Kombination von Erlang-Verteilungsfunktionen (durch sog. Hyper-Erlang-Verteilungsfunktionen) zu approximieren (↑ S. 2.5.4.4). Ersetzt man nun in einem Bedienungssystem eine gegebene beliebige Verteilungsfunktion durch eine passend gewählte Erlang- oder Hyper-Erlang-Verteilungsfunktion, so erhält man näherungsweise richtige Bedienungscharakteristiken, die um so genauer sind, je besser die ursprüngliche Verteilungsfunktion approximiert wird. Diese *Erlangsche Phasenmethode* ist in Kapitel 5 dargelegt.

Andere Methoden der asymptotischen Bestimmung von Systemkenngrößen sind mit der jeweiligen Klasse von zufälligen Prozessen verbunden, die verwendet wird. So gibt es für stückweise lineare Markowsche Prozesse eine spezielle asymptotische Methode, die zusammen mit dieser Prozeßklasse in Kapitel 5 ausgeführt und an einem Beispiel demonstriert wird.

Ein weiterer asymptotischer Weg wird beschritten, in dem man den für die Bestimmung einer Bedienungscharakteristik eigentlich erforderlichen zufälligen Prozeß durch einen anderen ersetzt, der in geeigneter Weise eine Approximation des ursprünglichen Prozesses ermöglicht. Nach diesem Prinzip arbeitet die sog. *Diffusionsapproximation*, bei der Diffusionsprozesse als approximierende Prozesse auftreten. Insbesondere bei der Untersuchung von Bedienungsnetzwerken werden solche Methoden verwendet (↑ [II, Kap. 8]).

Weiterhin werden auch in der Bedienungstheorie sog. *heuristische Methoden* verwendet (↑ [II, Kap. 7]). Zum Beispiel werden bei gleichbleibender Struktur eines

Bedienungssystems kompliziertere Verteilungsfunktionen von Bedienungs- bzw. Pausenzeiten durch einfachere ersetzt (↑ Kap. 8) und die so ermittelten Größen als Näherungswerte für die eigentlich gesuchten betrachtet, oft ohne daß man mathematisch exakte Fehlerabschätzungen besitzt. Praktische Überprüfungen der Ergebnisse bestätigen häufig die Berechtigung dieses Vorgehens.

Auch verwendet man gelegentlich anstelle eines zu untersuchenden Bedienungssystems ein anderes, für das analytische Ergebnisse schon vorliegen oder ermittelt werden können, die als Näherungen für die entsprechenden Größen des zu untersuchenden Systems genommen werden. Im vorliegenden Handbuch werden asymptotische (und auch heuristische) Methoden in Verbindung mit jeweils speziellen Aufgabenstellungen für bestimmte Klassen von Bedienungssystemen behandelt. Eine geschlossene Darlegung asymptotischer Methoden in der Bedienungstheorie ist in der gleichnamigen umfangreichen Monographie von A. A. Borowkow [3] zu finden.

1.4.4. Simulationsmethoden

Für die Lösung vieler Aufgaben bedienungstheoretischer Natur in der Praxis ist die *Simulation* zu einem unerläßlichen Hilfsmittel geworden. Reale Bedienungssysteme mit komplizierter Struktur und vielen Zuständen, mit häufig auf unübersichtliche Weise voneinander abhängigen Bedienungs- und Pausenzeiten mit beliebigen Verteilungsfunktionen usw. gestatten i. allg. keine strenge analytische Behandlung mit expliziter Lösung. Neben asymptotischen, heuristischen, Näherungsmethoden und Abschätzungen sind daher auch Methoden zur Nachbildung solcher Bedienungssysteme und des künstlichen „Durchspielens“ des Eintreffens der Forderungen, ihrer Bedienungen, des Wartens usw. entwickelt worden. Während in den 40er und 50er Jahren spezielle technische Geräte konstruiert wurden, um insbesondere bedienungstheoretische Strukturen des Fernsprechwesens nachzubilden und zu behandeln, hat in den folgenden Jahrzehnten die Nachbildung der Struktur und zeitlichen Wirkungsweise von Bedienungssystemen auf digitalen Rechenautomaten stark an Bedeutung gewonnen. Die simulierte Zeit läuft im Rechenautomaten nicht im realen Maßstab, sondern meistens schneller ab. Durch im Rechenautomaten erzeugte Zufallszahlen werden die zufälligen Pausen- und Bedienungszeiten und daraus sämtliche Zustandsänderungen (und somit auch zufällige Prozesse) nachgebildet. Als Ergebnis ermittelt man Schätzwerte im Sinne der mathematischen Statistik für gesuchte Systemkenngrößen.

Die Prinzipien solcher Simulationsuntersuchungen sind relativ durchsichtig und gut ausgearbeitet, desgleichen gibt es geeignete Simulationssprachen, mit deren Hilfe Bedienungssysteme einfach und anschaulich beschrieben werden können. Durch vorliegende Programmiersysteme werden diese Beschreibungen in ausführbare Rechenprogramme transformiert.

Obwohl die Simulation prinzipiell keine analytisch exakten Werte, sondern nur statistische Schätzwerte angeben kann und ihre Ergebnisse daher entsprechend vorsichtig interpretiert und angewendet werden müssen, ist sie von großer praktischer Wichtigkeit. Oft wird sie mit analytischen Methoden kombiniert oder dient auch zu deren Überprüfung. Kapitel 11 dieses Bandes legt die Prinzipien der Simulation von Bedienungssystemen und der wichtigsten Klassen zufälliger Prozesse für deren Untersuchung, einige Simulationsmodelle und Simulationssprachen sowie zugehörige statistische Aspekte dar.

1.5. Kendall-Symbolik für Bedienungssysteme

D. G. Kendall hat eine inzwischen sehr verbreitete symbolische Bezeichnungsweise vorgeschlagen, die es in leicht erweiterter Form gestattet, die wichtigsten Bestandteile von Bedienungssystemen kurz zu kennzeichnen. Sie hat für offene Bedienungssysteme die Gestalt A/B/s/n und muß noch durch Angabe der jeweiligen Auswahlregel sowie der Bedienungsdisziplin ergänzt werden. Wird zu beiden nichts besonderes angegeben, dann handelt es sich um die Auswahlregel „auf gut Glück" und um die Bedienungsdisziplin FCFS (↑ [1.1.3]).

An erster Stelle, A, steht eine Charakterisierung des Forderungenstromes, an zweiter Stelle, B, diejenige der Bedienungszeiten. Die Größe s gibt die Anzahl der Bedienungsgeräte für den Fall $0 \leqq s < \infty$ an, und n ist die Zahl der vorhandenen Warteplätze, $0 \leqq n \leqq \infty$. Bei $n = 0$ liegt ein Verlustsystem vor, für $0 < n < \infty$ ein Wartesystem mit endlich vielen Warteplätzen, für $n = \infty$ ein Wartesystem mit unendlicher Anzahl von Warteplätzen. In diesem Fall entfällt in der internationalen Literatur häufig die Angabe von $n = \infty$. Im Fall unendlich vieler Bedienungsgeräte, $s = \infty$, erübrigt sich die Angabe der vierten Größe n.

In die obige Bezeichnungsweise geht die Anzahl der Quellen, die die Forderungen erzeugen, nicht ein. Soll sie erfaßt werden, d. h. handelt es sich um ein geschlossenes Bedienungssystem mit N Quellen, die Forderungen erzeugen, so wird in diesem Handbuch die Bezeichnung $\langle N$/A/B/s/$n\rangle$ verwendet. Bei der Charakterisierung des Forderungenstromes, der durch A gegeben wird, ist zu berücksichtigen, daß eine Quelle nur dann eine neue Forderung nach Bedienung stellen kann, wenn keine Bedienung einer Forderung dieser Quelle läuft. Die Pausenzeit einer Quelle eines geschlossenen Systems beginnt also im Zeitpunkt der Beendigung der Bedienung einer Forderung dieser Quelle oder im Zeitpunkt einer verlorengegangenen Forderung dieser Quelle (im Falle $n = 0$) bis zum Auftreten der nächsten Forderung dieser Quelle. Diese Ströme sind Forderungenströme 2. Art.

Die Buchstaben A und B in der Kendall-Symbolik können verschiedene Symbole annehmen. Die in diesem Handbuch vorkommenden Forderungenströme sind in [1.3.1] eingeführt worden. Für den Buchstaben A der Kendall-Symbolik können somit die dort angegebenen Symbole auftreten, z. B. M, GI, D, E_k, SM usw. Die gleichen Symbole können für entsprechende Folgen von Bedienungszeiten, d. h. für B, verwendet werden, wobei in den Definitionen von [1.3.1] statt der Pausenzeiten A_i nur Bedienungszeiten B_i zu setzen sind. So bedeutet z. B. B = M, daß die Bedienungszeiten unabhängig und identisch exponentialverteilt sind.

Als besondere Kennzeichnungen in der verallgemeinerten Kendall-Symbolik treten noch auf: $\vec{\mathrm{A}}$ bzw. $\vec{\mathrm{B}}$, was bedeutet, daß mehrere voneinander unabhängige Forderungenströme vom Typ A bzw. Bedienungszeiten vom Typ B im System mit unterschiedlichen Charakteristiken (Verteilungsfunktionen oder Parameter) vorliegen; $\Sigma^k\mathrm{A}$ bzw. $\Sigma^k\vec{\mathrm{A}}$, womit die *unabhängige Überlagerung* (*Superposition*) von k identisch bzw. unterschiedlich verteilten Forderungenströmen vom Typ A bezeichnet wird.

Für andere Klassen von Bedienungssystemen, wie z. B. Prioritätssysteme, gesteuerte Systeme, Bedienungsnetzwerke usw. hat sich noch keine international einheitliche Bezeichnungsweise durchgesetzt.

2. Grundlagen aus der Wahrscheinlichkeitstheorie

In diesem Kapitel wird eine Auswahl von Grundbegriffen und Aussagen der Wahrscheinlichkeitstheorie zusammengestellt, die für das gesamte Handbuch erforderlich sind. Weitere wahrscheinlichkeitstheoretische Begriffe und Ergebnisse, die für einzelne Kapitel, insbesondere solche stärker theoretischen Charakters, benötigt werden, sind dort zu finden. Auf Beweise wird durchgehend und auf Erläuterungen, Interpretationen, Motivationen und Beispiele weitgehend verzichtet. Falls erforderlich, nutze der Leser hierfür die entsprechenden Lehrbücher z. B. von Borowkow [2], Fisz [1], Gnedenko [1], Krickeberg [1], Loève [1], Morgenstern [1], Neveu [1], Rényi [1], Storm [1] und Nachschlagewerke, speziell das Lexikon der Stochastik, herausgegeben von Müller [1].

Für die in [2.8] definierte Laplace-Stieltjes-Transformierte der Verteilungsfunktion einer Zufallsgröße wird eine Wahrscheinlichkeitsinterpretation angegeben und eine darauf basierende, in der Bedienungstheorie verwendete Methode der Katastrophen demonstriert. Dort erfolgt im Zusammenhang mit der Einführung der erzeugenden Funktion einer diskreten Zufallsgröße die Darlegung der Methode der Färbung in der Bedienungstheorie.

2.1. Wahrscheinlichkeitsraum

Grundlegend für die Wahrscheinlichkeitsteorie sind die Begriffe Ereignis und Wahrscheinlichkeit. Wir gehen vom Kolmogorowschen Axiomensystem aus:

(i) Sei Ω eine nichtleere Menge. Jedes Element $\omega \in \Omega$ nennen wir ein *Elementarereignis*; Ω ist also der *Raum der Elementarereignisse.*
(ii) Es ist ein System $\mathfrak{F}$ von Teilmengen von Ω ausgezeichnet mit
(a) $\emptyset \in \mathfrak{F}$, $\Omega \in \mathfrak{F}$
(b) mit $\mathscr{A} \in \mathfrak{F}$ ist auch $\bar{\mathscr{A}} = \Omega \setminus \mathscr{A} \in \mathfrak{F}$ und
(c) mit $\mathscr{A}_i \in \mathfrak{F}$, $i = 1, 2, \ldots$, ist auch $\bigcup_i \mathscr{A}_i \in \mathfrak{F}$ und somit auch $\bigcap_i \mathscr{A}_i \in \mathfrak{F}$.

$\mathfrak{F}$ heißt eine σ-Algebra, die Elemente von $\mathfrak{F}$ heißen *Ereignisse* oder *meßbare Mengen* von Ω, und das Paar $(\Omega, \mathfrak{F})$ heißt *meßbarer Raum* oder *Ereignisraum.* Ω wird *sicheres* und $\emptyset$ *unmögliches Ereignis* genannt. $\bar{\mathscr{A}}$ heißt das zu $\mathscr{A}$ *komplementäre Ereignis* und bedeutet, daß $\mathscr{A}$ nicht eintritt.

$\mathscr{A} \cup \mathscr{B}$ wird interpretiert als Ereignis, das darin besteht, daß $\mathscr{A}$ eintritt oder $\mathscr{B}$ eintritt oder beide gemeinsam. $\mathscr{A} \cap \mathscr{B}$ bedeutet, daß sowohl $\mathscr{A}$ als auch $\mathscr{B}$ eintritt. Ereignisse $\mathscr{A}$, $\mathscr{B}$ mit $\mathscr{A} \cap \mathscr{B} = \emptyset$ heißen *unvereinbar.* $\mathscr{A} \setminus \mathscr{B} = \mathscr{A} \cap \bar{\mathscr{B}}$ heißt: $\mathscr{A}$ tritt ein und $\mathscr{B}$ tritt nicht ein.

(iii) Jedem Ereignis $\mathscr{A} \in \mathfrak{F}$ ist eine Zahl $\mathsf{P}(\mathscr{A})$, $0 \leqq \mathsf{P}(\mathscr{A}) \leqq 1$, zugeordnet, die wir die *Wahrscheinlichkeit* von $\mathscr{A}$ nennen. Es ist $\mathsf{P}(\Omega) = 1$ und $\mathsf{P}(\emptyset) = 0$.
(iv) Es gilt für $\mathscr{A}_i \in \mathfrak{F}$, $i = 1, 2, \ldots$, mit $\mathscr{A}_i \cap \mathscr{A}_j = \emptyset$ für $i \neq j$,

$$\mathsf{P}\left(\bigcup_i \mathscr{A}_i\right) = \sum_i \mathsf{P}(\mathscr{A}_i),$$

d. h., die Mengenfunktion P auf $\mathfrak{F}$ ist ein Maß und wegen $\mathsf{P}(\Omega) = 1$ ein normiertes Maß.

2.1.1. Definition. Das Tripel $(\Omega, \mathfrak{F}, \mathsf{P})$ heißt *Wahrscheinlichkeitsraum*; das normierte Maß P wird als *Verteilungsgesetz* oder kurz *Verteilung* (auch *Wahrscheinlichkeitsverteilung* oder *Wahrscheinlichkeitsmaß* auf $\mathfrak{F}$) bezeichnet.

Diese 1933 von A. N. Kolmogorow vorgenommene axiomatische Einführung der Begriffe Ereignis, Wahrscheinlichkeit usw. dient der mathematischen Widerspiegelung von real auftretenden Erscheinungen, die zufällig eintreten können oder nicht, bzw. zufällig Werte innerhalb eines gegebenen Bereiches annehmen. Die Wahrscheinlichkeit ist eine mathematische Maßzahl für diese Zufälligkeit.

2.1.2. Beispiel. Sei $\Omega = \{\omega_1, \ldots, \omega_n\}$ eine endliche Menge, $\mathfrak{F} = \mathfrak{P}(\Omega)$ die Potenzmenge von Ω (Menge aller Teilmengen von Ω) und

$$\mathsf{P}(\omega_k) = \frac{1}{n} \quad \text{für} \quad k = 1, 2, \ldots, n. \tag{1}$$

Dann ist für jedes $\mathscr{A} \in \mathfrak{F}$

$$\mathsf{P}(\mathscr{A}) = \frac{r}{n}, \tag{2}$$

wobei $r = |\mathscr{A}|$ die Anzahl der Elementarereignisse ist, die in $\mathscr{A}$ enthalten sind. Das ist der sog. klassische (oder Laplacesche) Wahrscheinlichkeitsraum.

Für $n = 6$ und $\omega_k = k$, $k = 1, 2, \ldots, 6$, kann man jedes Elementarereignis k als das Obenliegen der Ziffer k eines geworfenen Würfels deuten. Das zufällige Würfelergebnis ist somit eine ganze Zahl, die zufällig die Werte $k = 1, 2, \ldots, 6$ annehmen kann. Man nennt daher diese ganze Zahl eine zufällige ganze Zahl mit den Werten $1, 2, \ldots, 6$. Sie wird also durch den Wahrscheinlichkeitsraum $(\{1, 2, \ldots, 6\}, \mathfrak{P}(\{1, \ldots, 6\}), \mathsf{P})$ dargestellt, wobei P durch (1) und (2) gegeben ist.

Häufig treten Zahlen auf, die zufällig (mit bestimmten Wahrscheinlichkeiten) als Werte eine beliebige nichtnegative ganze Zahl $k = 0, 1, 2, 3, \ldots$ oder eine Zahl aus einem gegebenen Intervall der reellen Achse annehmen können.

Sei $\Omega = \mathbb{R}$ die reelle Achse und $\mathfrak{F} = \mathfrak{B}$ die σ-Algebra der Borel-Mengen von $\mathbb{R}$, d. h. die kleinste σ-Algebra von Teilmengen von $\mathbb{R}$, die sämtliche Intervalle der Form $(-\infty, a)$ und damit alle offenen und abgeschlossenen Teilmengen von $\mathbb{R}$ enthält.

2.1.3. Definition. Der Wahrscheinlichkeitsraum $(\mathbb{R}, \mathfrak{B}, \mathsf{P})$ heißt eine *Zufallsgröße* oder eine *zufällige reelle Zahl* (↑ [2.4]).

Wir bezeichnen Zufallsgrößen in diesem Handbuch i. allg. mit X, Y und dergleichen, die möglichen Werte (Realisierungen), die sie annehmen, mit x, y usw. Das Verteilungsgesetz P einer Zufallsgröße X bezeichnet man i. allg. mit P_X.

Sei $\Omega = \mathbb{R}^n$ der n-dimensionale Euklidische Raum $n > 1$, und $\mathfrak{F} = \mathfrak{B}^n$ die σ-Algebra der Borel-Mengen von $\mathbb{R}^n$.

2.1.4. Definition. Der Wahrscheinlichkeitsraum $(\mathbb{R}^n, \mathfrak{B}^n, \mathsf{P})$ heißt ein *zufälliger n-dimensionaler (reeller) Vektor*. Er wird mit $\boldsymbol{X} = (X_1, X_2, \ldots, X_n)$ bezeichnet, wobei X_i, $i = 1, 2, \ldots, n$, Zufallsgrößen sind. Das Verteilungsgesetz $\mathsf{P} = \mathsf{P}_{(X_1, X_2, \ldots, X_n)}$ des zufälligen Vektors wird auch *gemeinsame Verteilung* von $X_1, X_2, \ldots, X_n$ genannt. Im Rahmen der Wahrscheinlichkeitstheorie kann von gewissen Aussagen höchstens bewiesen werden, daß sie mit Wahrscheinlichkeit Eins gelten, nicht aber mit Sicherheit.

2.1.5. Definition. Für einen gegebenen Wahrscheinlichkeitsraum $(\Omega, \mathfrak{F}, \mathsf{P})$ sagt man, daß eine Aussage, die die Elemente $\omega \in \Omega$ betrifft, *mit Wahrscheinlichkeit Eins* oder P-*fast sicher* (oder *fast sicher*) gilt, falls diese Aussage für alle $\omega \in \Omega$ mit Ausnahme höchstens einer Menge $\mathscr{A} \in \mathfrak{F}$ mit $\mathsf{P}(\mathscr{A}) = 0$ (d. h. für P-fast alle $\omega \in \Omega$) gilt.

2.2. Eigenschaften von Verteilungsgesetzen

2.2.1. Satz. Aus dem Kolmogorowschen Axiomensystem folgen für das Verteilungsgesetz P eines Wahrscheinlichkeitsraumes $(\Omega, \mathfrak{F}, \mathsf{P})$ folgende Eigenschaften:

(i) $\mathsf{P}(\bar{\mathscr{A}}) = 1 - \mathsf{P}(\mathscr{A})$.

(ii) Für $\mathscr{A} \subseteqq \mathscr{B}$ (das Ereignis $\mathscr{A}$ zieht das Ereignis $\mathscr{B}$ nach sich) gilt $\mathsf{P}(\mathscr{A}) \leqq \mathsf{P}(\mathscr{B})$.

(iii) (Additionssatz für zwei Ereignisse) Für zwei beliebige Ereignisse $\mathscr{A}$, $\mathscr{B}$ gilt

$$\mathsf{P}(\mathscr{A} \cup \mathscr{B}) = \mathsf{P}(\mathscr{A}) + \mathsf{P}(\mathscr{B}) - \mathsf{P}(\mathscr{A} \cap \mathscr{B});$$

daraus folgt für unvereinbare Ereignisse $\mathscr{A}$, $\mathscr{B}$

$$\mathsf{P}(\mathscr{A} \cup \mathscr{B}) = \mathsf{P}(\mathscr{A}) + \mathsf{P}(\mathscr{B}).$$

(iv) Für Ereignisse $\mathscr{A}_1, \mathscr{A}_2, \ldots$ gilt

$$\mathsf{P}\left(\bigcup_i \mathscr{A}_i\right) \leqq \sum_i \mathsf{P}(\mathscr{A}_i);$$

sind die Ereignisse $\mathscr{A}_i$ unvereinbar, so gilt nach Axiom (iv) in [2.1] das Gleichheitszeichen.

Es gelten die beiden Stetigkeitseigenschaften:

(v) Für $\mathscr{A}_1 \subseteq \mathscr{A}_2 \subseteq \cdots$ gilt $\mathsf{P}\left(\bigcup_i \mathscr{A}_i\right) = \lim_{i\to\infty} \mathsf{P}(\mathscr{A}_i)$.

(vi) Für $\mathscr{A}_1 \supseteq \mathscr{A}_2 \supseteq \cdots$ gilt $\mathsf{P}\left(\bigcap_i \mathscr{A}_i\right) = \lim_{i\to\infty} \mathsf{P}(\mathscr{A}_i)$.

2.3. Unabhängige Ereignisse. Bedingte Wahrscheinlichkeiten. Multiplikationssatz. Satz der totalen Wahrscheinlichkeit

2.3.1. Definition. Zwei Ereignisse $\mathscr{A}$, $\mathscr{B} \in \mathfrak{F}$ heißen *unabhängig* (bezüglich des Verteilungsgesetzes P), falls gilt

$$\mathsf{P}(\mathscr{A} \cap \mathscr{B}) = \mathsf{P}(\mathscr{A})\, \mathsf{P}(\mathscr{B}).$$

2.3.2. Definition. (a) Endlich viele Ereignisse $\mathscr{A}_1, \mathscr{A}_2, \ldots, \mathscr{A}_n$ heißen *unabhängig* (bez. P), falls gilt

$$\mathsf{P}(\mathscr{A}_{i_1} \cap \mathscr{A}_{i_2} \cap \cdots \cap \mathscr{A}_{i_r}) = \mathsf{P}(\mathscr{A}_{i_1})\, \mathsf{P}(\mathscr{A}_{i_2}) \cdots \mathsf{P}(\mathscr{A}_{i_r})$$

für jedes r, $1 \leqq r \leqq n$, und jede Auswahl von Zahlen $i_1, \ldots, i_r$ mit $1 \leqq i_k \leqq n$, $k = 1, 2, \ldots, r$. Diese Unabhängigkeit wird auch vollständige Unabhängigkeit genannt.

(b) Endlich viele Ereignisse $\mathscr{A}_1, \mathscr{A}_2, \ldots, \mathscr{A}_n$ heißen *paarweise unabhängig* (bez. P), falls je zwei von ihnen unabhängig sind im Sinne von D. 2.3.1.

Offensichtlich folgt aus der Unabhängigkeit endlich vieler Ereignisse ihre paarweise Unabhängigkeit, jedoch aus der paarweisen Unabhängigkeit endlich vieler Ereignisse folgt nicht deren Unabhängigkeit.

2.3.3. Definition. Die Ereignisse einer Gesamtheit $(\mathcal{A}_\alpha)_\alpha$ von Ereignissen heißen *unabhängig*, wenn jede endliche Auswahl von Ereignissen aus dieser Gesamtheit unabhängig ist.

2.3.4. Definition. Für zwei Ereignisse $\mathcal{A}$, $\mathcal{B}$ mit $\mathsf{P}(\mathcal{B}) > 0$ definieren wir als *bedingte Wahrscheinlichkeit* von $\mathcal{A}$ unter der Bedingung $\mathcal{B}$, bezeichnet mit $\mathsf{P}(\mathcal{A} \mid \mathcal{B})$, den Quotienten

$$\mathsf{P}(\mathcal{A} \mid \mathcal{B}) = \frac{\mathsf{P}(\mathcal{A} \cap \mathcal{B})}{\mathsf{P}(\mathcal{B})}.$$

Die bedingte Wahrscheinlichkeit $\mathsf{P}(\mathcal{A} \mid \mathcal{B})$ ist für festes $\mathcal{B}$ mit $\mathsf{P}(\mathcal{B}) > 0$ und variables $\mathcal{A} \in \mathfrak{F}$ ein Verteilungsgesetz auf $\mathfrak{F}$; wir bezeichnen es als bedingtes Verteilungsgesetz $\mathsf{P}_{\mathcal{B}}$. Es besitzt ebenfalls die in [2.2] angegebenen Eigenschaften.

2.3.5. Satz. Zwei Ereignisse $\mathcal{A}, \mathcal{B}$ sind genau dann unabhängig, wenn $\mathsf{P}(\mathcal{A} \mid \mathcal{B}) = \mathsf{P}(\mathcal{A})$ ist.

2.3.6. Satz (Multiplikationssatz für Wahrscheinlichkeiten). Für n beliebige Ereignisse $\mathcal{A}_1, \ldots, \mathcal{A}_n$ gilt

$$\mathsf{P}(\mathcal{A}_1 \cap \mathcal{A}_2 \cap \cdots \cap \mathcal{A}_n) = \mathsf{P}(\mathcal{A}_1)\, \mathsf{P}(\mathcal{A}_2 \mid \mathcal{A}_1) \cdots \mathsf{P}(\mathcal{A}_n \mid \mathcal{A}_1 \cap \mathcal{A}_2 \cap \cdots \cap \mathcal{A}_{n-1}).$$

Sind die Ereignisse $\mathcal{A}_1, \mathcal{A}_2, \ldots, \mathcal{A}_n$ unabhängig, so folgt

$$\mathsf{P}(\mathcal{A}_1 \cap \mathcal{A}_2 \cap \cdots \cap \mathcal{A}_n) = \mathsf{P}(\mathcal{A}_1)\, \mathsf{P}(\mathcal{A}_2) \cdots \mathsf{P}(\mathcal{A}_n).$$

In dem häufig auftretenden Fall von $n = 2$ beliebigen Ereignissen $\mathcal{A}, \mathcal{B}$ lautet der Multiplikationssatz demnach

$$\mathsf{P}(\mathcal{A} \cap \mathcal{B}) = \mathsf{P}(\mathcal{A} \mid \mathcal{B})\, \mathsf{P}(\mathcal{B}) = \mathsf{P}(\mathcal{B} \mid \mathcal{A})\, \mathsf{P}(\mathcal{A}).$$

2.3.7. Definition. Eine Folge $\mathcal{A}_1, \mathcal{A}_2, \ldots$ von Ereignissen heißt ein *vollständiges Ereignissystem*, falls $\mathcal{A}_i \cap \mathcal{A}_j = \emptyset$ für $i \neq j$ und $\bigcup_i \mathcal{A}_i = \Omega$.

2.3.8. Satz (der totalen Wahrscheinlichkeit). Sei $\mathcal{A}_1, \mathcal{A}_2, \ldots$ ein vollständiges (endliches oder unendliches) Ereignissystem mit positiven Wahrscheinlichkeiten $\mathsf{P}(\mathcal{A}_1), \mathsf{P}(\mathcal{A}_2), \ldots$ Dann gilt

$$\mathsf{P}(\mathcal{B}) = \sum_i \mathsf{P}(\mathcal{B} \mid \mathcal{A}_i)\, \mathsf{P}(\mathcal{A}_i).$$

2.3.9. Satz (Bayessche Formel). Sei $\mathcal{A}_1, \mathcal{A}_2, \ldots$ ein vollständiges Ereignissystem mit positiven Wahrscheinlichkeiten und besitze $\mathcal{B}$ ebenfalls eine positive Wahrscheinlichkeit. Dann gilt

$$\mathsf{P}(\mathcal{A}_k \mid \mathcal{B}) = \frac{\mathsf{P}(\mathcal{B} \mid \mathcal{A}_k)\, \mathsf{P}(\mathcal{A}_k)}{\sum_i \mathsf{P}(\mathcal{B} \mid \mathcal{A}_i)\, \mathsf{P}(\mathcal{A}_i)}, \qquad k = 1, 2, \ldots$$

2.4. Zufallsgrößen. Funktionen von Zufallsgrößen

Gemäß D. 2.1.3 verstehen wir unter einer Zufallsgröße X den Wahrscheinlichkeitsraum $(\mathbb{R}, \mathfrak{B}, \mathsf{P})$ oder $(\mathbb{R}, \mathfrak{B}, \mathsf{P}_X)$. Viele der in der Bedienungstheorie auftretenden Zufallsgrößen, z. B. zufällige Bedienungszeiten, Pausenzeiten, Wartezeiten, Anzahlen von eintreffenden oder im System befindlichen Forderungen, sind nichtnegativ, d. h. sind im Sinne von D. 2.1.3 Wahrscheinlichkeitsräume vom Typ $(\mathbb{R}_+, \mathfrak{B}_+, \mathsf{P})$.

Die Definition der beiden wichtigsten Typen von Zufallsgrößen, diskrete bzw. stetige Zufallsgrößen, erfolgt in [2.5].

Um mehrere Zufallsgrößen, Folgen von Zufallsgrößen (↑ [2.7]) und Funktionen mehrerer Zufallsgrößen untersuchen und dazu ihre Verteilungen bilden zu können, ist es erforderlich, diese Zufallsgrößen auf ein- und denselben Wahrscheinlichkeitsraum zu beziehen.

Deshalb wird bei der Betrachtung der Zufallsgröße X davon ausgegangen, daß der zugehörige Wahrscheinlichkeitsraum $(\mathbb{R}, \mathfrak{B}, \mathsf{P})$ mit der reellen Achse als Grundraum der Bildraum eines vorgegebenen Wahrscheinlichkeitsraumes $(\Omega, \mathfrak{F}, \mathsf{P}')$ bei einer Abbildung X von Ω in $\mathbb{R}$ ist. Damit dann das Verteilungsgesetz P' auf $\mathfrak{F}$ zu dem Verteilungsgesetz P auf $\mathfrak{B}$ „verpflanzt" werden kann, muß die Abbildung X $\mathfrak{F}$-$\mathfrak{B}$-meßbar sein, d. h., es muß gelten $X^{-1}(\mathscr{B}) = \{\omega : \omega \in \Omega, X(\omega) \in \mathscr{B}\} \in \mathfrak{F}$ für alle $\mathscr{B} \in \mathfrak{B}$. Dann ist $\mathsf{P} = X(\mathsf{P}')$ das Bildmaß von P'. In diesem Sinne entspricht jeder Zufallsgröße eine meßbare Abbildung, weshalb Zufallsgrößen auch häufig als meßbare Abbildungen definiert werden. Den Wert $X(\omega) = x \in \mathbb{R}$ der meßbaren Abbildung X für festes $\omega \in \Omega$ nennt man eine Realisierung der Zufallsgröße X.

Geht man vom Wahrscheinlichkeitsraum $(\mathbb{R}, \mathfrak{B}, \mathsf{P})$ über zu einem beliebigen Wahrscheinlichkeitsraum $(\mathscr{M}, \mathfrak{M}, \mathsf{P})$ als Bildraum, so spricht man an Stelle von Zufallsgrößen von zufälligen Variablen.

2.4.1. Definition. Für einen gegebenen Wahrscheinlichkeitsraum $(\Omega, \mathfrak{F}, \mathsf{P})$ und einen meßbaren Raum $(\mathscr{M}, \mathfrak{M})$ heißt eine $\mathfrak{F}$-$\mathfrak{M}$-meßbare Abbildung X von Ω in $\mathscr{M}$ eine *zufällige Variable* (des meßbaren Raumes $(\mathscr{M}, \mathfrak{M})$ über dem Raum $(\Omega, \mathfrak{F}, \mathsf{P})$). Den Wert $X(\omega)$ für festes ω nennt man Realisierung der zufälligen Variablen.

Ereignisse der Form $\{\omega : \omega \in \Omega, X(\omega) \in \mathscr{B}\}$ werden meistens kurz nur als $\{X \in \mathscr{B}\}$ geschrieben, und die Wahrscheinlichkeiten dafür einfach als $\mathsf{P}(X \in \mathscr{B})$. Streng ist damit die zahlenmäßig gleiche Wahrscheinlichkeit $\mathsf{P}_X(\mathscr{B}) = \mathsf{P}'(\{\omega : \omega \in \Omega, X(\omega) \in \mathscr{B}\})$ gemeint. An manchen Stellen des Handbuches werden die Ereignisse, deren Wahrscheinlichkeiten bestimmt werden, der Einfachheit halber nur verbal und nicht formalisiert angegeben, z. B. P (im Intervall $(t, t + \Delta t]$ verlassen k Forderungen das System).

2.4.2. Definition. Unter der *Indikatorvariablen*, kurz auch *Indikator* genannt, eines Ereignisses $\mathscr{A} \in \mathfrak{F}$ des Wahrscheinlichkeitsraumes $(\Omega, \mathfrak{F}, \mathsf{P}')$ versteht man die durch die folgende, auf Ω definierte Funktion $\mathbf{1}_{\mathscr{A}}(\omega)$ gegebene Zufallsgröße

$$\mathbf{1}_{\mathscr{A}}(\omega) = \begin{cases} 1, & \text{falls} \quad \omega \in \mathscr{A}, \\ 0 & \text{sonst.} \end{cases}$$

Offensichtlich ist $\mathbf{1}_{\mathscr{A}}$ $\mathfrak{F}$-$\mathfrak{B}$-meßbar und

$$\mathsf{P}(\mathbf{1}_{\mathscr{A}} = 1) = \mathsf{P}_{\mathbf{1}_{\mathscr{A}}}(\{1\}) = \mathsf{P}'(\{\omega : \omega \in \Omega, \mathbf{1}_{\mathscr{A}}(\omega) = 1\}) = \mathsf{P}'(\mathscr{A}).$$

Der Begriff der Unabhängigkeit bzw. paarweisen Unabhängigkeit von Zufallsgrößen wird zurückgeführt auf denjenigen für Ereignisse in [2.3].

2.4.3. Definition. Zwei Zufallsgrößen X_1, X_2 heißen *unabhängig*, wenn für beliebige Borel-Mengen $\mathscr{B}_1, \mathscr{B}_2 \in \mathfrak{B}$ die Ereignisse $\{\omega : X_1(\omega) \in \mathscr{B}_1\}$ und $\{\omega : X_2(\omega) \in \mathscr{B}_2\}$ unabhängig sind. Das ist gleichbedeutend damit, daß für beliebige reelle Zahlen c_1, c_2 die Ereignisse $\{X_1 < c_1\}$ und $\{X_2 < c_2\}$ unabhängig sind.

2.4.4. Definition. Die Zufallsgrößen $X_1, X_2, \ldots, X_n$ heißen *unabhängig* bzw. *paarweise unabhängig*, wenn die Ereigniss $\{\omega: \chi_i(\omega) \in \mathscr{B}_i\}$ für beliebige Borel-Mengen $\mathscr{B}_i \in \mathfrak{B}$, $i = 1, 2, \ldots, n$, vollständig bzw. paarweise unabhängig sind.

Ein notwendiges und hinreichendes Kriterium hierfür gibt S. 2.5.2.3.

2.4.5. Definition. Die Zufallsgrößen einer Folge $X_1, X_2, X_3, \ldots$ von Zufallsgrößen heißen *unabhängig*, wenn jede beliebige endliche Auswahl von Zufallsgrößen aus der Folge unabhängig ist.

Häufig werden Funktionen $g(X)$ bzw. $g(X_1, X_2, \ldots, X_n)$ von Zufallsgrößen X bzw. $X_1, X_2, \ldots, X_n$ benötigt; z. B. $g(X) = X - \mathsf{E}X$, $g(X) = aX + b$, $g(X) = |X|$, $g(X) = X^k$, $g(X_1, X_2, \ldots, X_n) = \max(X_1, \ldots, X_n)$, $g(X_1, X_2, \ldots, X_n) = X_1 + X_2 + \cdots + X_n$. Zur Feststellung, wann $g(X)$ wiederum eine Zufallsgröße ist, benötigt man den Begriff der borelmeßbaren Funktion.

2.4.6. Definition. Eine reellwertige Funktion $g(x)$ auf $\mathbb{R}$, d. h. eine Abbildung $g: \mathbb{R} \to \mathbb{R}$, heißt *borelmeßbar*, wenn für jede Borel-Menge $\mathscr{B} \in \mathfrak{B}$ das Urbild $g(\mathscr{B}^{-1}) = \{x : x \in \mathbb{R}, g(x) \in \mathscr{B}\}$ auch zu $\mathfrak{B}$ gehört.

Die in den Anwendungen normalerweise auftretenden reellwertigen Funktionen, insbesondere sämtliche stetigen Funktionen, sind borelmeßbar.

2.4.7. Satz. Ist X eine Zufallsgröße und $g(x)$ eine borelmeßbare Funktion auf $\mathbb{R}$, dann ist $g(X)$ als Funktion einer Zufallsgröße ebenfalls eine Zufallsgröße, und es ist $\mathsf{P}_{g(X)}(\mathscr{B}) = \mathsf{P}\big(X^{-1}(g^{-1}(\mathscr{B}))\big)$ für jede Borel-Menge $\mathscr{B}$ von $\mathbb{R}$.

2.4.8. Satz. Sind $X_1, \ldots, X_n$ unabhängige Zufallsgrößen und $g_1(x), \ldots, g_n(x)$ borelmeßbare Funktionen, dann sind auch die Zufallsgrößen $g_1(X_1), \ldots, g_n(X_n)$ unabhängig.

2.4.9. Satz. (a) Sind $X_1, \ldots, X_n$ Zufallsgrößen und ist $g(x_1, \ldots, x_n)$ eine borelmeßbare Funktion von n Variablen, dann ist $g(X_1, \ldots, X_n)$ ebenfalls eine Zufallsgröße.

(b) Sind $X_1, \ldots, X_n$ unabhängige Zufallsgrößen und ist $g(x_1, \ldots, x_k)$ eine borelmeßbare Funktion von k Variablen, $1 < k < n$, dann sind die Zufallsgrößen $g(X_{i_1}, X_{i_2}, \ldots, X_{i_k})$, $X_{i_{k+1}}, \ldots, X_{i_n}$ ebenfalls unabhängig.

(c) Sind $X_1, \ldots, X_n$ unabhängige Zufallsgrößen und $g_1(x_1, \ldots, x_k)$, $g_2(x_1, \ldots, x_{n-k})$ borelmeßbare Funktionen von k bzw. $n - k$ Variablen, $1 < k < n$, dann sind die Zufallsgrößen $g_1(X_{i_1}, X_{i_2}, \ldots, X_{i_k})$, $g_2(X_{i_{k+1}}, X_{i_{k+2}}, \ldots, X_{i_n})$ ebenfalls unabhängig.

2.4.10. Definition. Die Zufallsgrößen X, Y über demselben Wahrscheinlichkeitsraum $(\Omega, \mathfrak{F}, \mathsf{P})$ und mit demselben Wertebereich heißen (*stochastisch*) *äquivalent*, wenn P-fast sicher gilt $X = Y$, d. h. $\mathsf{P}\big(\{\omega : \omega \in \Omega, X(\omega) \neq Y(\omega)\}\big) = 0$.

2.5. Verteilungsfunktion. Verteilungsdichte. Diskrete und stetige Zufallsgrößen

2.5.1. Eindimensionale Verteilungsfunktionen. Diskrete und stetige Zufallsgrößen

Für jede Zufallsgröße X spielt die Wahrscheinlichkeit $\mathsf{P}(X < x)$, $x \in \mathbb{R}$, eine besondere Rolle, da das Verteilungsgesetz P_X einer Zufallsgröße X schon eindeutig durch die Wahrscheinlichkeiten $\mathsf{P}(X < x) = \mathsf{P}_X\big((-\infty, x)\big)$ aller Intervalle $(-\infty, x)$ bestimmt ist.

2.5.1.1. Definition. Als Funktion von x heißt $F_X(x) = \mathsf{P}(X < x) = \mathsf{P}_X\big((-\infty, x)\big)$ die *Verteilungsfunktion* der Zufallsgröße X.

Ist keine Verwechslung möglich oder werden allgemeine Aussagen über beliebige Verteilungsfunktionen gemacht, dann wird der Index X häufig auch weggelassen. Besitzt eine Zufallsgröße X die Verteilungsfunktion $F(x)$, so wird dafür auch das Symbol $X \sim F(x)$ verwendet und gesagt, daß X gemäß $F(x)$ verteilt ist.

2.5.1.2. Satz. Verteilungsgesetz P_X und Verteilungsfunktion $F_X(x)$ einer Zufallsgröße X entsprechen sich eineindeutig. Es ist $\mathsf{P}(a \leqq X < b) = F_X(b) - F_X(a)$, a, b reell mit $a < b$.

2.5.1.3. Satz. Jede Verteilungsfunktion $F(x)$ besitzt als Funktion der reellen Variablen x folgende Eigenschaften:

(a) $0 \leqq F(x) \leqq 1$,
(b) $\lim\limits_{x \to -\infty} F(x) = 0$, $\lim\limits_{x \to \infty} F(x) = 1$,
(c) $F(x)$ ist stetig von links, d. h. $\lim\limits_{x \uparrow x_0} F(x) = F(x_0)$,
(d) $F(x)$ ist monoton nicht fallend, d. h., $F(x) \leqq F(x_1)$ für $x \leqq x_1$.

2.5.1.4. Definition. Eine reelle Zahl x_0 heißt *Wachstumspunkt* der Verteilungsfunktion $F(x)$, wenn $F(b) - F(a) > 0$ gilt für alle reellen Zahlen a, b mit $a < x_0 < b$.

2.5.1.5. Definition. (a) Eine Zufallsgröße X heißt *diskret*, wenn sie höchstens abzählbar viele Werte annehmen kann.
(b) Sind x_k, $k = 1, 2, \ldots$ diese Werte und $P_k = \mathsf{P}(X = x_k)$ ihre Wahrscheinlichkeiten, so heißt $(P_k)_k$ ein *diskretes Verteilungsgesetz* oder eine *diskrete Wahrscheinlichkeitsverteilung*.

2.5.1.6. Satz. Die Verteilungsfunktion $F_X(x)$ einer diskreten Zufallsgröße X mit den Werten x_k, $k = 1, 2, \ldots$, ist eine Treppenfunktion, die an den Stellen x_k Sprünge der Höhe $\mathsf{P}(X = x_k) = P_k$ besitzt; es gilt $F_X(x) = \sum\limits_{\{k: x_k < x\}} P_k$.

Beispiele für diskrete Zufallsgrößen in der Bedienungstheorie sind:

(a) die zufällige Anzahl $L(t)$ der im Intervall $[0, t)$ in einem Bedienungssystem eintreffenden Forderungen; ein mögliches Verteilungsgesetz hierfür ist die Poisson-Verteilung mit dem Parameter λt,

$$\mathsf{P}\big(L(t) = k\big) = \frac{(\lambda t)^k}{k!} e^{-\lambda t}, \qquad \lambda > 0, \qquad k = 0, 1, 2, \ldots,$$

(b) die zufällige Anzahl der zu einem bestimmten Zeitpunkt in einem Bedienungssystem A/B/s/n befindlichen bzw. wartenden Forderungen.

2.5.1.7. Definition. Existiert für die Verteilungsfunktion $F_X(x)$ einer Zufallsgröße X eine Funktion $f_X(y)$ mit

$$F_X(x) = \int\limits_{-\infty}^{x} f_X(y) \, dy,$$

so heißt $F_X(x)$ *absolutstetig* und $f_X(y)$ die *Verteilungsdichte, Dichtefunktion* oder *Wahrscheinlichkeitsdichte*, kurz *Dichte*, der Zufallsgröße X.

2.5.1.8. Definition. Eine Zufallsgröße X mit absolutstetiger Verteilungsfunktion heißt *stetig*.

Beispiele für in der Bedienungstheorie auftretende stetige Zufallsgrößen sind:

(a) die zufällige Bedienungsdauer Y von Forderungen mit der Exponentialverteilung

Exp (μ) als Verteilungsfunktion, $\mu > 0$,

$$F_Y(y) = \begin{cases} 1 - e^{-\mu y} & \text{für} \quad y \geqq 0, \\ 0 & \text{für} \quad y < 0 \end{cases}$$

und der Verteilungsdichte

$$f_Y(y) = \begin{cases} \mu e^{-\mu y} & \text{für} \quad y \geqq 0, \\ 0 & \text{für} \quad y < 0, \end{cases}$$

(b) die zufällige Pausendauer zwischen dem Eintreffen zweier aufeinanderfolgenden Forderungen,
(c) die zufällige Wartezeit einer eintreffenden Forderung auf den Bedienungsbeginn.

2.5.1.9. Satz. Ist $g(X)$ eine Zufallsgröße als Funktion einer Zufallsgröße X mit der Verteilungsfunktion $F_X(x)$, so gilt

$$F_{g(X)}(y) = \mathsf{P}\big(g(X) < y\big) = \int_{-\infty}^{\infty} 1_{\{z:g(z)<y\}}(x) \, \mathrm{d}F_X(x) = \int_{g(X)<y} \mathrm{d}F_X(x)$$

und, falls $F_X(x)$ absolutstetig ist mit der Verteilungsdichte $f_X(x)$,

$$F_{g(X)}(y) = \int_{g(x)<y} f_X(x) \, \mathrm{d}x.$$

2.5.2. Mehrdimensionale Verteilungsfunktionen

Durch D. 2.1.4 wurde der Begriff des n-dimensionalen Vektors $X = (X_1, \ldots, X_n)$ und seines Verteilungsgesetzes $\mathsf{P}_{(X_1,\ldots,X_n)}$, die sog. gemeinsame Verteilung von $X_1, \ldots, X_n$, eingeführt. Wir betrachten jetzt seine Verteilungsfunktion.

2.5.2.1. Definition. Für einen n-dimensionalen zufälligen Vektor $X = (X_1, X_2, \ldots, X_n)$ ist die *n-dimensionale Verteilungsfunktion* (auch *gemeinsame Verteilungsfunktion* genannt) definiert als $F_{(X_1,\ldots,X_n)}(x_1, x_2, \ldots, x_n) = \mathsf{P}_{(X_1,\ldots,X_n)}\big((-\infty, x_1) \times \cdots \times (-\infty, x_n)\big)$ $= \mathsf{P}(X_1 < x_1, X_2 < x_2, \ldots, X_n < x_n)$, wobei x_i, $i = 1, \ldots, n$, reelle Zahlen sind. Sie besitzt analoge Eigenschaften wie die eindimensionale Verteilungsfunktion.

2.5.2.2. Definition. (a) Eine n-dimensionale Verteilungsfunktion $F_{(X_1,\ldots,X_n)}(x_1, \ldots, x_n)$ heißt *absolutstetig*, wenn eine reelle Funktion $f_{(X_1, X_2,\ldots,X_n)}(y_1, \ldots, y_n)$ von n reellen Variablen $y_1, \ldots, y_n$ existiert, so daß gilt

$$F_{(X_1,\ldots,X_n)}(x_1, \ldots, x_n) = \int_{-\infty}^{x_1} \cdots \int_{-\infty}^{x_n} f_{(X_1,\ldots,X_n)}(y_1, \ldots, y_n) \, \mathrm{d}y_1 \ldots \mathrm{d}y_n.$$

$f_{(X_1,\ldots,X_n)}(y_1, \ldots, y_n)$ heißt die *n-dimensionale Verteilungsdichte.*
(b) Der zufällige Vektor $(X_1, \ldots, X_n)$ heißt *stetig,* wenn $F_{(X_1,\ldots,X_n)}(x_1, \ldots, x_n)$ absolutstetig ist.
(c) Der zufällige Vektor $(X_1, \ldots, X_n)$ heißt *diskret,* wenn $X_1, \ldots, X_n$ diskrete Zufallsgrößen sind.

2.5.2.3. Satz. Die Zufallsgrößen $X_1, X_2, \ldots, X_n$ sind genau dann unabhängig, wenn

$$F_{(X_1,\ldots,X_n)}(x_1, \ldots, x_n) = F_{X_1}(x_1) \ldots F_{X_n}(x_n)$$

für alle reelle Zahlen $x_1, \ldots, x_n$ gilt. Für absolutstetige Verteilungsfunktionen ist dies gleichbedeutend mit

$$f_{(X_1,\ldots,X_n)}(x_1, \ldots, x_n) = f_{X_1}(x_1) \ldots f_{X_n}(x_n)$$

für alle $x_1, \ldots, x_n$.

2.5.2.4. Satz. Ist $g(X_1, \ldots, X_n)$ eine Zufallsgröße als Funktion des zufälligen Vektors $(X_1, \ldots, X_n)$ mit der n-dimensionalen Verteilungsfunktion $F_{(X_1,\ldots,X_n)}(x_1, \ldots, x_n)$, so gilt

$$F_{g(X_1,\ldots,X_n)}(y) = \int \cdots \int_{g(x_1,\ldots,x_n)<y} \mathrm{d}F_{(X_1,\ldots,X_n)}(x_1, \ldots, x_n)$$

und für absolutstetiges $F_{(X_1,\ldots,X_n)}(x_1, \ldots, x_n)$

$$F_{g(X_1,\ldots,X_n)}(y) = \int \cdots \int_{g(x_1,\ldots,x_n)<y} f_{(X_1,\ldots,X_n)}(x_1, \ldots, x_n)\, \mathrm{d}x_1 \ldots \mathrm{d}x_n .$$

Als Beispiele betrachten wir

(a) $g(X_1, \ldots, X_n) = \min(X_1, \ldots, X_n)$ und

(b) $g(X_1, \ldots, X_n) = \max(X_1, \ldots, X_n)$,

wobei $X_1, \ldots, X_n$ unabhängige und identisch mit der Verteilungsfunktion $F(x)$ verteilte Zufallsgrößen seien. Dann ist

$$F_{\min(X_1,\ldots,X_n)}(y) = 1 - [1 - F(y)]^n, \qquad F_{\max(X_1,\ldots,X_n)}(y) = [F(y)]^n .$$

Zum Beispiel ist für $F(y) = 1 - \mathrm{e}^{-\lambda y}$

$$F_{\min(X_1,\ldots,X_n)}(y) = 1 - \mathrm{e}^{-n\lambda y} .$$

2.5.3. Faltung von Verteilungsfunktionen

Als besonders wichtigen Spezialfall der Verteilungsfunktion einer Funktion von n Zufallsgrößen betrachten wir die Verteilungsfunktion der Summe unabhängiger Zufallsgrößen, zunächst für zwei Summanden, d. h., es sei $g(X_1, X_2) = X_1 + X_2$, wobei X_1, X_2 unabhängige Zufallsgrößen seien. Dann folgt aus S. 2.5.2.4

2.5.3.1. Satz (Faltungssatz).

$$F_{X_1+X_2}(y) = \int_{\infty-}^{\infty} F_{X_1}(y - z)\, \mathrm{d}F_{X_2}(z) = F_{X_1} * F_{X_2}(y) .$$

2.5.3.2. Definition. Die durch

$$F_{X_1} * F_{X_2}(y) = \int_{-\infty}^{\infty} F_{X_1}(y - z)\, \mathrm{d}F_{X_2}(z) = \int_{-\infty}^{\infty} F_{X_2}(y - z)\, \mathrm{d}F_{X_1}(z)$$

definierte Operation heißt die *Faltung* der Funktionen $F_{X_1}(x)$ und $F_{X_2}(x)$.

2.5.3.3. Satz. Sind $F_{X_1}(x)$ und $F_{X_2}(x)$ absolutstetig, dann gilt für die Verteilungsdichten

$$f_{X_1+X_2}(y) = \int_{-\infty}^{\infty} f_{X_1}(y - z)\, f_{X_2}(z)\, \mathrm{d}z = f_{X_1} * f_{X_2}(y) .$$

Das bedeutet analog zu D. 2.5.3.2 die Faltungsoperation zweier Verteilungsdichten. Falls X_1, X_2 nichtnegative Zufallsgrößen sind, ist die untere Integrationsgrenze Null und die obere y.

2.5.3.4. Satz (Faltungssatz). (a) Für n unabhängige Zufallsgrößen $X_1, X_2, \ldots, X_n$ gilt

$$F_{\sum\limits_{i=1}^{n} X_i}(y) = F_{X_1} * \cdots * F_{X_n}(y)$$

bzw.

$$f_{\sum\limits_{i=1}^{n} X_i}(y) = f_{X_1} * \cdots * f_{X_n}(y), \quad \text{falls } X_1, X_2, \ldots, X_n \text{ stetig sind.}$$

(b) Sind die unabhängigen Zufallsgrößen $X_1, \ldots, X_n$ identisch verteilt, d. h., es gilt $F_{X_1}(x) = F_{X_2}(x) = \cdots = F_{X_n}(x) = F(x)$ für alle $x \in \mathbb{R}$, dann ist

$$F_{\sum\limits_{i=1}^{n} X_i}(y) = F * \cdots * F(y) = F^{*(n)}(y).$$

2.5.3.5. Definition. Als *n-te Faltungspotenz* von $F(x)$ bezeichnet man

$$F^{*(n)}(y) = \underbrace{F * \cdots * F}_{n\text{-mal}}(y).$$

2.5.3.6. Beispiel. Die Zufallsgrößen $X_1, \ldots, X_n$ seien unabhängig und identisch mit dem Parameter $\lambda > 0$ exponentialverteilt. Dann ergibt sich gemäß S. 2.5.3.4, (b) die Verteilungsfunktion der Summe $X_1 + X_2 + \cdots + X_n$ durch die n-fache Faltung der Exponentialverteilungsfunktion mit sich selbst, und man erhält

$$F_{X_1+\cdots+X_n}(y) = 1 - \sum_{i=0}^{n-1} \frac{(\lambda y)^i}{i!} e^{-\lambda y} \quad \text{für} \quad y > 0. \tag{1}$$

2.5.3.7. Definition. Die durch (1) gegebene Verteilung heißt *Erlang-Verteilung* der Ordnung n mit dem Parameter λ und wird abkürzend mit $\mathrm{Erl}\,(n, \lambda)$ bezeichnet. Es ist $\mathrm{Erl}\,(1, \lambda) = \mathrm{Exp}\,(\lambda)$.

Mit Hilfe der Faltungspotenzen wird eine auch in der Bedienungstheorie wichtige Funktion definiert, die jeder Verteilungsfunktion eindeutig zugeordnet ist.

2.5.3.8. Definition. Unter der *Erneuerungsfunktion* $H_F(x)$ einer gegebenen Verteilungsfunktion $F(x)$ auf $\mathbb{R}$ versteht man die Funktion

$$H_F(x) = \sum_{k=1}^{\infty} F^{*(k)}(x), \qquad x \geqq 0.$$

2.5.3.9. Satz. Besitzt $F(x)$ eine Verteilungsdichte $f(x)$, so existiert die *Erneuerungsdichte* $h_F(x) = H_F'(x)$, und es gilt

$$h_F(x) = \sum_{k=1}^{\infty} f^{*(k)}(x).$$

Weitere Aussagen zur Erneuerungsfunktion, insbesondere ihre Darstellung als Erwartungswert der zufälligen Anzahl von Erneuerungen im Intervall $[0, x]$ sowie Abschätzungen für die Erneuerungsfunktion, asymptotische Aussagen und weitere mit ihr verbundene Begriffe und Sätze sind in [3.2] enthalten. Desgleichen finden sich dort die Erneuerungsfunktionen für einige spezielle Verteilungsfunktionen.

2.5.4. Mischung von Verteilungsfunktionen. Approximationssatz

Oft treten Zufallsgrößen auf, die nicht rein diskret oder rein stetig, sondern vom gemischten Typ sind, d. h., bestimmte einzelne reelle Zahlen x_k besitzen eine positive Wahrscheinlichkeit $\mathsf{P}(X = x_k) = P_k$ und die restliche Wahrscheinlichkeit $1 - \sum_k P_k$ ist gemäß einer absolutstetigen Funktion auf gewisse Intervalle der reellen Achse verteilt. Insbesondere trägt häufig der Wert $x_0 = 0$ eine positive Wahrscheinlichkeit P_0, während die restliche Wahrscheinlichkeit $1 - P_0$ auf $(0, \infty)$ absolutstetig verteilt ist. Die zufällige Wartezeit einer Forderung in einem Bedienungssystem kann z. B. diesen Charakter haben. Man verwendet zur Bildung von Verteilungsfunktionen derartiger Zufallsgrößen die sog. Mischung geeigneter Verteilungsfunktionen.

2.5.4.1. Definition. Unter einer (*diskreten*) *Mischung* von Verteilungsfunktionen $F_1(x), F_2(x), \ldots$ mit den Gewichten $a_1, a_2, \ldots > 0$, $\sum_k a_k = 1$ versteht man die Linearkombination $F(x) = \sum_k a_k F_k(x)$. Wegen $a_k > 0$, $\sum_k a_k = 1$ ist (a_k) eine diskrete Wahrscheinlichkeitsverteilung, und somit ist $F(x)$ ebenfalls eine Verteilungsfunktion.

Der Begriff der Mischung kann auf eine nicht abzählbare Menge von Verteilungen erweitert werden.

2.5.4.2. Definition. Ist $\big(G(x, t)\big)$ eine vom Parameter t abhängige Familie von Verteilungsfunktionen und $H(t)$ eine beliebige Verteilungsfunktion, so heißt die durch $F(x) = \int_{-\infty}^{\infty} G(x, t)\, \mathrm{d}H(t)$ gebildete Verteilungsfunktion eine mit Hilfe der Mischungsverteilungsfunktion $H(t)$ gewonnene (*stetige*) *Mischung* der Verteilungsfunktionen $G(x, t)$.

Bei geeigneter Wahl der Verteilungsfunktion $F_k(x)$ und der Gewichte a_k können empirisch ermittelte Verteilungsfunktionen durch eine diskrete Mischung von Verteilungsfunktionen gut analytisch erfaßt werden. Ferner kann man kompliziertere Verteilungsfunktionen durch Mischung einfacherer approximieren.

Hierzu dienen insbesondere Mischungen von Erlang-Verteilungen Erl (k_i, λ_i).

2.5.4.3. Definition. Eine Mischung $F(x) = \sum_{i=1}^{n} a_i \mathrm{E}_{k_i,\lambda_i}(x)$ von Erlang-Verteilungen Erl $(k_i, \lambda_i) = \mathrm{E}_{k_i,\lambda_i}$ der Ordnung k_i mit dem Parameter λ_i heißt *Hyper-Erlang-Verteilung* vom Grade n.

2.5.4.4. Approximationssatz. Für jede Verteilungsfunktion $F_X(x)$ einer nichtnegativen Zufallsgröße X gilt für alle $x \in \mathbb{R}$, in denen $F_X(x)$ stetig ist,

$$F_X(x) = \lim_{\lambda\to\infty} F_\lambda(x) \text{ mit } F_\lambda(x) = F_X(0) + \sum_{k=1}^{\infty} \left[F_X\left(\frac{k}{\lambda}\right) - F_X\left(\frac{k-1}{\lambda}\right)\right] \mathrm{E}_{k,\lambda}(x),$$

wobei $\mathrm{E}_{k,\lambda}(x)$ eine Erlang-Verteilung der Ordnung k mit dem Parameter λ ist. Im Sinne der schwachen Konvergenz von Verteilungsfunktionen (↑ D. 2.7.7) gilt also $F_\lambda(x) \underset{\lambda\to\infty}{\Longrightarrow} F_X(x)$, wobei $F_\lambda(x)$ spezielle Hyper-Erlang-Verteilungsfunktionen sind, deren Mischungsgewichte a_k durch Werte der zu approximierenden Verteilungsfunktion gegeben sind.

Bei der praktischen Anwendung der Mischung von Exponentialverteilungen bzw. Erlang-Verteilungen zur Konstruktion einer Verteilungsfunktion, die gegebene Daten,

d. h. eine empirische Verteilungsfunktion, möglichst gut approximiert, sind geeignete Mischungsgewichte a_k zu bestimmen. Hierzu wird für das sog. Cox-Modell häufig eine Methode von PRONY verwendet, vgl. COX (1955), KLEINROCK [1].

BUX und HERZOG (1977) gaben einen für Anwendungszwecke effektiveren und geeigneteren Algorithmus zur Bestimmung geeigneter Mischungsgewichte mit Hilfe des Simplex-Algorithmus der linearen Optimierung für ein variiertes Cox-Modell an. Dabei wird zur Approximation eine n-stufige Hyper-Erlang-Verteilungsfunktion mit identischen Parametern $\lambda_i = \lambda$ der in der Mischung auftretenden Erlang-Verteilungen zugrunde gelegt.

2.6. Erwartungswert. Varianz. Höhere Momente. Korrelation. Ungleichungen

2.6.1. Erwartungswert

2.6.1.1. Definition. Für eine diskrete Zufallsgröße X, die nur die Werte x_k, $k = 1, 2, \ldots$, und zwar mit den Wahrscheinlichkeiten $P_k = \mathsf{P}(X = x_k)$, annimmt, heißt die reelle Zahl

$$\mathsf{E}X = \sum_k x_k P_k$$

Erwartungswert von X, falls $\sum_k |x_k|\, P_k < \infty$ ist.

Offensichtlich ist der Erwartungswert von X ein Mittelwert aller Werte x_k, die X annehmen kann, wobei die Mittlung mit den Wahrscheinlichkeiten $\mathsf{P}(X = x_k)$ als Gewichten erfolgt. $\mathsf{E}X$ wird daher auch als *Mittelwert* bezeichnet.

Für eine beliebige Zufallsgröße X kann der Erwartungswert auf verschiedene äquivalente Weisen definiert bzw. dargestellt werden, je nachdem, ob man dazu das Verteilungsgesetz P und das allgemeine Lebesgue-Integral oder die Verteilungsfunktion $F_X(x)$ und das Riemann-Stieltjes-Integral oder, für den Fall, daß $F_X(x)$ absolutstetig ist, die Verteilungsdichte und das Riemann-Integral verwendet.

2.6.1.2. Definition. Die Größe

$$\mathsf{E}X = \int_\Omega X(\omega)\, \mathsf{P}(\mathrm{d}\omega) = \mathsf{E}_{\mathsf{P}}X = \int_{-\infty}^{\infty} x\, \mathrm{d}F_X(x)$$

heißt der *Erwartungswert* der Zufallsgröße X, falls $\int_{-\infty}^{\infty} |x|\, \mathrm{d}F_X(x) < \infty$ ist; man sagt dann auch, daß der Erwartungswert existiert oder daß er endlich ist. Es ist $\mathsf{E}X = \int_{-\infty}^{\infty} x f_X(x)\, \mathrm{d}x$, falls $F_X(x)$ absolutstetig ist.

2.6.1.3. Satz. (a) Falls $\mathsf{E}X$ existiert, gilt folgende Darstellung durch Riemann-Integrale

$$\mathsf{E}X = \int_0^{\infty} \big(1 - F_X(x)\big)\, \mathrm{d}x - \int_{-\infty}^{0} F_X(x)\, \mathrm{d}x = \int_0^{\infty} \big(1 - F_X(x) - F_X(-x)\big)\, \mathrm{d}x.$$

(b) Für eine nichtnegative Zufallsgröße X gilt

$$\mathsf{E}X = \int_0^{\infty} \big(1 - F_X(x)\big)\, \mathrm{d}x.$$

2.6.1.4. Definition. Die durch $X - \mathsf{E}X = X'$ gebildete Zufallsgröße X' mit $\mathsf{E}X' = 0$ heißt *zentrierte Zufallsgröße.*

2.6.2. Varianz. Höhere Momente. Kovarianz. Korrelation

2.6.2.1. Definition. Die Größe $\mathsf{E}X^k = \int_{-\infty}^{\infty} x^k \, dF_X(x)$, $k = 1, 2, \ldots$, heißt *k-tes Anfangsmoment* oder kurz *k-tes Moment.*

Eine mögliche Antwort auf die Frage (das sog. *Momentenproblem*), ob und wie aus sämtlichen k-ten Anfangsmomenten die Verteilungsfunktion selbst eindeutig bestimmt werden kann, wird in [2.8] gegeben.

Als Maß für die zufällige Streuung der Werte einer Zufallsgröße X um den Er-Erwartungswert $\mathsf{E}X$ dient die Varianz.

2.6.2.2. Definition. (a) Unter der *Varianz* (auch *Dispersion* oder *Streuung* genannt) einer Zufallsgröße X versteht man die Größe

$$\mathsf{V}X = \mathsf{E}(X - \mathsf{E}X)^2 = \int_{-\infty}^{\infty} (x - \mathsf{E}X)^2 \, dF_X(x),$$

(b) Die Größe $\sqrt{\mathsf{V}X}$ wird *Standardabweichung* von X genannt.

2.6.2.3. Satz. Es gilt $\mathsf{V}X = \mathsf{E}X^2 - (\mathsf{E}X)^2$. Die Größe $\mathsf{v} = \frac{\sqrt{\mathsf{V}X}}{\mathsf{E}X}$ heißt *Variationskoeffizient.*

2.6.2.4. Definition. Unter dem k-ten *zentralen Moment*, $k = 1, 2, \ldots$, einer Zufallsgröße X versteht man die Größe $\mathsf{m}_k = \mathsf{E}(X - \mathsf{E}X)^k$; offensichtlich ist $\mathsf{m}_1 = 0$ und $\mathsf{m}_2 = \mathsf{V}X$.

2.6.2.5. Satz. Zwischen den k-ten zentralen und den k-ten Anfangsmomenten besteht die Beziehung

$$\mathsf{m}_k = \sum_{j=0}^{k} \binom{k}{j} (-1)^{k-j} \, \mathsf{E}X^{k-j} (\mathsf{E}X)^j, \qquad \mathsf{m}_0 = 1.$$

Zur Bestimmung der k-ten Momente von X mit Hilfe der charakteristischen Funktion $\varphi_X(t)$ bzw. der erzeugenden Funktion $g_X(z)$ ↑ [2.8].

2.6.2.6. Definition. Die Größen $\mathsf{E}\,|X|^k$ bzw. $\mathsf{E}\,|X - \mathsf{E}X|^k$, $k = 1, 2, \ldots$, heißen *k-tes absolutes Moment* bzw. *k-tes absolutes zentrales Moment.*

2.6.2.7. Definition. Als *k-tes faktorielles Moment* einer Zufallsgröße X bezeichnet man die Größe

$$\mathsf{m}_{(k)} = \mathsf{E}[X(X-1) \cdots (X-k+1)] = \int_{-\infty}^{\infty} x(x-1) \cdots (x-k+1) \, dF_X(x).$$

2.6.2.8. Satz. Für eine nichtnegative ganzzahlige Zufallsgröße X mit $P_k = \mathsf{P}(X = k)$, $k = 0, 1, 2, \ldots$, erhält man $\mathsf{m}_{(k)}$ nach der Formel

$$\mathsf{m}_{(k)} = \left.\frac{d^k \mathsf{H}(1+t)}{dt^k}\right|_{t=0} \quad \text{mit} \quad \mathsf{H}(1+t) = \mathsf{E}(1+t)^X = \sum_k P_k (1+t)^k$$

die sog. *faktorielle momenterzeugende Funktion* ist.

2.6.2.9. Definition. (a) Unter dem *k-ten Binomialmoment* einer nichtnegativen ganzzahligen Zufallsgröße N mit dem Verteilungsgesetz $(P_i)_i$ versteht man die Größe

$$\mathsf{B}_{(k)} = \mathsf{E}\binom{N}{k} = \sum_{i=k}^{\infty} \binom{i}{k} P_i,$$

so daß für nichtnegative ganzzahlige Zufallsgrößen gilt

$$\mathsf{B}_{(k)} = \frac{1}{k!}\,\mathsf{m}_{(k)},$$

Speziell ist

$$\mathsf{B}_1 = \mathsf{E}N \quad \text{und} \quad \mathsf{B}_2 = \frac{1}{2}\,\mathsf{E}N^2 - \frac{1}{2}\,\mathsf{E}N.$$

(b) Die Funktion

$$\mathsf{B}(z) = \mathsf{E}(1+z)^N = \sum_{k=0}^{\infty} z^k \mathsf{B}_{(k)}$$

heißt *binomialmomenterzeugende Funktion.*

2.6.2.10. Definition. Die Funktion

$$\psi(t) = \ln \mathsf{E}\,\mathrm{e}^{\mathrm{i}tX} = \ln \int_{-\infty}^{\infty} \mathrm{e}^{\mathrm{i}tx}\,\mathrm{d}F_X(x)$$

heißt *Kumulantenfunktion* der Verteilungsfunktion $F_X(x)$ bzw. der Zufallsgröße X. Die mit Hilfe der k-ten Ableitung dieser Funktion an der Stelle 0 erzeugte Größe

$$\varkappa_k = \frac{1}{\mathrm{i}^k}\,\frac{\mathrm{d}^k\psi(t)}{\mathrm{d}t^k}\bigg|_{t=0}$$

heißt *Semiinvariante* (oder *Kumulante*) *k-ter Ordnung* von X; sie existiert, falls $\mathsf{E}\,|X|^k$ endlich ist.

Insbesondere in statistischen Aussagen tritt die folgende Größe, ein sog. Lageparameter der Verteilungsfunktion, auf.

2.6.2.11. Definition. (a) Unter einem *p-Quantil* Q_p, $0 < p < 1$, einer Verteilungsfunktion $F_X(x)$ bzw. der Zufallsgröße X versteht man jede reelle Zahl Q_p, für die jeweils gilt $F_X(Q_p) \leqq p \leqq F_X(Q_p + 0)$.

(b) Unter einem *Median* einer Verteilungsfunktion $F_X(x)$ bzw. der Zufallsgröße X versteht man ein p-Quantil für $p = \frac{1}{2}$. Ist X eine stetige Zufallsgröße, so ist jede Lösung der Gleichung $F_X(Q_p) = p$ ein p-Quantil.

2.6.2.12. Definition. Für zwei beliebige Zufallsgrößen X, Y heißt

$$\mathsf{Cov}\,(X, Y) = \mathsf{E}(X - \mathsf{E}X)\,(Y - \mathsf{E}Y)$$

die *Kovarianz* von X und Y und

$$\mathsf{K}(X, Y) = \frac{\mathsf{Cov}\,(X, Y)}{\sqrt{\mathsf{V}X\,\mathsf{V}Y}},$$

der *Korrelationskoeffizient* von X und Y; für $\mathsf{V}X\,\mathsf{V}Y = 0$ ist $\mathsf{K}(X, Y) = 0$.

2.6.2.13. Satz. Es gilt $|\mathsf{K}(X, Y)| \leqq 1$, dabei ist $|\mathsf{K}(X, Y)| = 1$ genau dann, wenn mit Wahrscheinlichkeit Eins $aX + bY = 0$ gilt.

2.6.2.14. Definition. Die Zufallsgrößen X, Y heißen *unkorreliert*, falls $\mathsf{K}(X, Y) = \mathsf{Cov}(X, Y) = 0$.

2.6.2.15. Satz. Sind X, Y unabhängig, so sind sie auch unkorreliert; die Umkehrung gilt i. allg. nicht.

2.6.3. Eigenschaften von Erwartungswert und Varianz. Ungleichungen

2.6.3.1. Satz (Transformationsformel für Erwartungswerte). Ist X eine Zufallsgröße und $g(x)$ eine borelmeßbare Funktion, dann gilt

$$\mathsf{E}g(X) = \int_{-\infty}^{\infty} g(x)\,\mathrm{d}F_X(x) = \int_{\Omega} g(X(\omega))\,\mathsf{P}(\mathrm{d}\omega).$$

2.6.3.2. Satz. Für jede nichtnegative Zufallsgröße X gilt $\mathsf{E}X \geqq 0$; für eine nichtnegative Zufallsgröße X ist $\mathsf{E}X = 0$ genau dann, wenn X mit Wahrscheinlichkeit Eins gleich 0 ist.

2.6.3.3. Satz. Es gilt

(a) $\mathsf{E}c = c$ für jede konstante reelle Zahl c,

(b) $\mathsf{E}1_A = \mathsf{P}(A)$.

2.6.3.4. Satz (Additivität des Erwartungswertes). Es gilt

$$\mathsf{E}\left(\sum_{i=1}^{n} c_i X_i\right) = \sum_{i=1}^{n} c_i \mathsf{E}X_i .$$

2.6.3.5. Satz (Waldsche Identität). Für eine Folge von paarweise unabhängigen Zufallsgrößen $X_1, X_2, \ldots$ mit identischem endlichem Erwartungswert $\mathsf{E}X_i = m$, $i = 1, 2, \ldots$, und eine zufällige nichtnegative ganze Zahl N, so daß das Ereignis $N \geqq i$ für jedes i nur von $X_1, X_2, \ldots, X_{i-1}$ abhängt, gilt

$$\mathsf{E}\left(\sum_{i=1}^{N} X_i\right) = m\mathsf{E}N .$$

2.6.3.6. Satz (Multiplikativität des Erwartungswertes). Es gilt:

(a) $\mathsf{E}(XY) = \mathsf{E}X\,\mathsf{E}Y + \mathsf{Cov}(X, Y)$.

(b) $\mathsf{E}(XY) = \mathsf{E}X\mathsf{E}Y$, falls X und Y unkorreliert sind.

(c) Sind $X_1, X_2, \ldots, X_n$ unabhängige Zufallsgrößen, dann gilt

$$\mathsf{E}(X_1 X_2 \ldots X_n) = \mathsf{E}X_1 \mathsf{E}X_2 \ldots \mathsf{E}X_n .$$

2.6.3.7. Satz. Die Varianz $\mathsf{V}X$ besitzt folgende Eigenschaften:

(a) $\mathsf{V}X \geqq 0$;

(b) $\mathsf{V}X = 0$ genau dann, wenn X mit Wahrscheinlichkeit Eins konstant ist;

(c) $\mathsf{V}cX = c^2\mathsf{V}X$;

(d) $\mathsf{V}(X \pm a) = \mathsf{V}X$ für jede beliebige reelle Zahl a.

Durch Übergang von X zu $X' = (X - \sqrt{\mathsf{E}X})/\mathsf{V}X$ ergibt sich $\mathsf{E}X' = 0$, $\mathsf{V}X' = 1$.

2.6.3.8. Definition. Die Größe $X' = (X - \mathsf{E}X)/\sqrt{\mathsf{V}X}$ heißt *standardisierte Zufallsgröße.*

2.6.3.9. Satz. Sind $X_1, X_2, \ldots, X_n$ paarweise unkorreliert, dann gilt

$$\mathsf{V}\left(\sum_{i=1}^{n} X\right) = \sum_{i=1}^{n} \mathsf{V}X_i .$$

2.3.6.10. Satz. Existieren die jeweils auftretenden Momente, so gelten
(a) die Tschebyschewsche Ungleichung

$$\mathsf{P}(|X - \mathsf{E}X| \geqq \varepsilon) = \frac{\mathsf{V}X}{\varepsilon^2} \quad \text{für jedes} \quad \varepsilon > 0,$$

(b) die Markowsche Ungleichung

$$\mathsf{P}(|X| \geqq \varepsilon) = \frac{\mathsf{E}\,|X|^k}{\varepsilon^k} \quad \text{für jedes } \varepsilon > 0 \text{ und } k \geqq 0,$$

(c) die Kolmogorowsche Ungleichung

$$\mathsf{P}\left(\max_{1 \leqq k \leqq n} |X_1 + \cdots + X_k| \geqq \varepsilon\right) \leqq \frac{1}{\varepsilon^2} \sum_{i=1}^{n} \mathsf{V}X_i ,$$

für jedes $\varepsilon > 0$ und unabhängige zentrierte Zufallsgrößen $X_1, \ldots, X_n$,
(d) die Jensensche Ungleichung $g(\mathsf{E}X) \leqq \mathsf{E}g(X)$ für jede konvexe Funktion $g(x)$.

2.6.4. Erwartungswertvektor. Kovarianzmatrix

Auch für zufällige Vektoren $\boldsymbol{X} = (X_1, \ldots, X_n)$ können Mittelwerte und Streuungsmaße definiert werden, die naturgemäß Vektoren bzw. Matrizen sind.

2.6.4.1. Definition. Ist $\boldsymbol{X} = (X_1, \ldots, X_n)$ ein zufälliger n-dimensionaler Vektor, so heißt $\mathsf{E}\boldsymbol{X} = (\mathsf{E}X_1, \ldots, \mathsf{E}X_n)$ der *Erwartungswertvektor* von $\boldsymbol{X}$.

2.6.4.2. Definition. Für einen zufälligen n-dimensionalen Vektor $\boldsymbol{X} = (X_1, \ldots, X_n)$ mit dem Erwartungsvektor $\mathsf{E}\boldsymbol{X} = (\mathsf{E}X_1, \ldots, \mathsf{E}X_n)$ heißt die Matrix

$$\boldsymbol{B} = \mathsf{E}(\boldsymbol{X} - \mathsf{E}\boldsymbol{X})^{\mathsf{T}} (\boldsymbol{X} - \mathsf{E}\boldsymbol{X})$$

die *Kovarianzmatrix* (auch *Streuungsmatrix*) des Vektors $\boldsymbol{X}$. Die Elemente $b_{ij} = \mathsf{E}\,[(X_i - \mathsf{E}X_i)(X_j - \mathsf{E}X_j)]$ sind für $i = j$ nach D. 2.6.2.2 die Varianz $b_{jj} = \mathsf{V}X_j$ und für $i \neq j$ nach D. 2.6.2.12 die Kovarianz von X_i und X_j, $b_{ij} = b_{ji} = \mathsf{Cov}\,(X_i, X_j)$.

2.6.4.3. Definition. Für einen zufälligen n-dimensionalen Vektor $\boldsymbol{X} = (X_1, \ldots, X_n)$ mit dem Erwartungswertvektor $\mathsf{E}\boldsymbol{X} = (\mathsf{E}X_1, \ldots, \mathsf{E}X_n)$ heißt die Matrix $\boldsymbol{K}$ mit den Elementen $k_{ij} = \dfrac{b_{ij}}{\sqrt{\mathsf{V}X_i}\,\sqrt{\mathsf{V}X_j}}$ die *Korrelationsmatrix* von $\boldsymbol{X}$. Hierbei ist b_{ij} das entsprechende Element der Kovarianzmatrix, so daß gilt (↑ D. 2.6.2.12)

$$k_{ij} = \begin{cases} \mathsf{K}(X_i, X_j) & \text{für} \quad i \neq j, \\ 1 & \text{für} \quad i = j. \end{cases}$$

2.7. Konvergenzarten von Zufallsgrößen, Verteilungsfunktionen und Verteilungsgesetzen

In der Bedienungstheorie treten mehrere der in der Wahrscheinlichkeitstheorie definierten und untersuchten Konvergenzarten auf. Wir definieren zunächst Konvergenzarten für Zufallsgrößen und dann solche für Verteilungsfunktionen und Verteilungsgesetze.

2.7.1. Definition. Eine Folge von Zufallsgrößen $X_1, X_2, \dots$ über dem gemeinsamen Wahrscheinlichkeitsraum $(\Omega, \mathfrak{F}, \mathsf{P})$ *konvergiert mit Wahrscheinlichkeit Eins* (*fast sicher*) gegen eine Zufallsgröße X über $(\Omega, \mathfrak{F}, \mathsf{P})$, wenn

$$\mathsf{P}\left(\left\{\omega : \lim_{n\to\infty} X_n(\omega) = X(\omega)\right\}\right) = \mathsf{P}\left(\lim_{n\to\infty} X_n = X\right) = 1.$$

Wir wählen hierfür auch die Bezeichnungen P-lim $X_n = X$ oder $X_n \xrightarrow[\text{f.s.}]{} X$.

2.7.2. Definition. Eine Folge von Zufallsgrößen $X_1, X_2, \dots$ über dem gemeinsamen Wahrscheinlichkeitsraum $(\Omega, \mathfrak{F}, \mathsf{P})$ *konvergiert in Wahrscheinlichkeit* (*stochastisch*) gegen eine Zufallsgröße X über demselben Raum, wenn für alle positiven ε

$$\lim_{n\to\infty} \mathsf{P}\big(\{\omega \in \Omega : |X_n(\omega) - X(\omega)| > \varepsilon\}\big) = \lim_{n\to\infty} \mathsf{P}(|X_n - X| > \varepsilon) = 0.$$

Wir bezeichnen diese Konvergenz mit p-lim $X_n = X$ oder $X_n \xrightarrow[\text{st.}]{} X$.

2.7.3. Satz. (a) Aus P-lim $X_n = X$ folgt p-lim $X_n = X$.
(b) Es gilt $\operatorname*{P\text{-}lim}_{n\to\infty} X_n = X$ genau dann, wenn

$$\operatorname*{p\text{-}lim}_{N\to\infty} \sup_{n \geqq N} |X_n - X| = 0.$$

2.7.4. Satz. Aus p-lim $X_n = X$ folgt für jede stetige Funktion f auf $\mathbb{R}$ daß p-lim $f(X_n) = f(X)$.

2.7.5. Definition. Eine Folge von Zufallsgrößen $X_1, X_2, \dots$ über dem gemeinsamen Wahrscheinlichkeitsraum $(\Omega, \mathfrak{F}, \mathsf{P})$ *konvergiert im p-ten Mittel*, $1 \leqq p < \infty$, gegen eine Zufallsgröße X über diesem Wahrscheinlichkeitsraum, wenn $\lim_{n\to\infty} \mathsf{E}\,|X_n - X|^p = 0$; von besonderer Wichtigkeit ist der Fall $p = 2$, die *Konvergenz im Quadratmittel*, die mit l.i.m. $X_n = X$ (limit in the mean) bezeichnet wird.

2.7.6. Satz. Aus l.i.m. $X_n = X$ folgt p-lim $X_n = X$.

2.7.7. Definition. Eine Folge $F_1(x), F_2(x), \dots$ von Verteilungsfunktionen *konvergiert schwach* gegen eine Verteilungsfunkton $F(x)$, wenn gilt $\lim_{n\to\infty} F_n(x) = F(x)$ für jeden Wert $x \in \mathbb{R}$, in dem $F(x)$ stetig ist. Diese Konvergenz wird mit $F_n \Rightarrow F$ bezeichnet.

2.7.8. Definition. Die Zufallsgrößen X_n *konvergieren ihren Verteilungen nach* gegen X, wenn $F_{X_n} \Rightarrow F_X$. Diese Konvergenz wird auch durch $X_n \xrightarrow[\text{d}]{} X$ (in distribution) bezeichnet.

2.7.9. Satz. Wenn $X_n \xrightarrow[\text{d}]{} X$, so gilt auch $g(X_n) \xrightarrow[\text{d}]{} g(X)$ für jede stetige Funktion $g(x)$ auf $\mathbb{R}$.

2.7.10. Definition. Eine Folge $F_1, F_2, \ldots$ von Verteilungsfunktionen *konvergiert stark* gegen eine Verteilungsfunktion F, wenn

$$\lim_{n\to\infty} \sup_{x\in\mathbb{R}} |F_n(x) - F(x)| = 0,$$

d. h. wenn die Folge F_n gleichmäßig gegen F konvergiert.

2.7.11. Satz. Aus der starken Konvergenz einer Folge F_n gegen F folgt $F_n \Rightarrow F$.

2.7.12. Satz. Konvergiert die Folge F_n schwach gegen F und ist F stetig, dann konvergiert F_n auch stark gegen F.

2.7.13. Satz. (a) Aus p-lim $X_n = X$ folgt $F_{X_n} \Rightarrow F_X$, d. h. $X_n \xrightarrow[\mathrm{d}]{} X$.

(b) Die Umkehrung gilt i. allg. nicht. Ist aber F die uneigentliche Verteilungsfunktion, d. h. die Verteilungsfunktion einer Konstanten $X = a$, so folgt aus $F_{X_n} \Rightarrow F_a$ (d. h. $X_n \xrightarrow[\mathrm{d}]{} a$) auch $X_n \xrightarrow[\mathrm{st.}]{} a$.

2.7.14. Definition. Eine Folge $\mathsf{P}_1, \mathsf{P}_2, \ldots$ von Verteilungsgesetzen auf dem meßbaren Raum $(\Omega, \mathfrak{F})$ heißt *konvergent in Variation* gegen ein Verteilungsgesetz P auf diesem Raum, wenn

$$\lim_{n\to\infty} \operatorname*{var}_{\mathfrak{F}} (\mathsf{P}_n - \mathsf{P}) = 0,$$

wobei $\operatorname*{var}_{\mathfrak{F}} (\mathsf{P}_n - \mathsf{P}) = |(\mathsf{P}_n - \mathsf{P})(\Omega)| = 2 \sup_{\mathscr{A}\in\mathfrak{F}} |\mathsf{P}_n(\mathscr{A}) - \mathsf{P}(\mathscr{A})|$ den Variationsabstand der Verteilungsgesetze P_n und P auf $\mathfrak{F}$ bedeutet.

2.7.15. Definition. (a) Eine Folge $\mathsf{P}_1, \mathsf{P}_2, \ldots$ von Verteilungsgesetzen auf $(\mathbb{R}, \mathfrak{B})$ *konvergiert stark* bzw. *schwach* gegen ein Verteilungsgesetz P auf $(\mathbb{R}, \mathfrak{B})$, wenn die Folge der eindeutig zugehörigen Verteilungsfunktionen $F_n(x)$ stark bzw. schwach gegen $F(x)$ konvergiert.
(b) Die schwache Konvergenz von Verteilungsgesetzen P_n auf $(\mathbb{R}, \mathfrak{B})$ gegen ein Verteilungsgesetz P auf $(\mathbb{R}, \mathfrak{B})$ wird in Analogie zur Bezeichnung der schwachen Konvergenz von Verteilungsfunktionen mit $\mathsf{P}_n \Rightarrow \mathsf{P}$ bezeichnet.

2.7.16. Satz. Es gilt $\mathsf{P}_n \Rightarrow \mathsf{P}$ genau dann, wenn

$$\lim_{n\to\infty} \int_{\mathbb{R}} g(x)\, \mathrm{d}F_n(x) = \int_{\mathbb{R}} g(x)\, \mathrm{d}F(x)$$

für jede stetige, beschränkte Funktion $g(x)$ auf $\mathbb{R}$ gilt.

2.7.17. Satz. Für nichtnegative ganzzahlige Zufallsgrößen X_n gilt $\mathsf{P}_{X_n} \Rightarrow \mathsf{P}_X$ genau dann, wenn $\lim_{n\to\infty} \mathsf{P}(X_n = k) = \mathsf{P}(X = k)$ für alle $k = 0, 1, 2, \ldots$ gilt.

2.7.18. Satz. (a) P_n konvergiert genau dann stark gegen P, wenn P_n in Variation gegen P konvergiert.
(b) Konvergiert P_n stark gegen P, dann auch schwach.

Auch für (↑ D. 2.4.1) zufällige Variable können Konvergenzarten eingeführt werden.

2.7.19. Definition. Eine Folge $\mathsf{P}_1, \mathsf{P}_2, \ldots$ von Verteilungen auf einem meßbaren Raum $(\mathscr{M}, \mathfrak{M})$, d. h. von zufälligen Variablen dieses meßbaren Raumes, *konvergiert schwach* gegen eine Verteilung P auf $(\mathscr{M}, \mathfrak{M})$, wenn

$$\lim_{n\to\infty} \int_{\mathscr{M}} g(x)\, \mathsf{P}_n(\mathrm{d}x) = \int_{\mathscr{M}} g(x)\, \mathsf{P}(\mathrm{d}x)$$

für jede stetige, beschränkte Funktion $g(x)$ auf $\mathcal{M}$ gilt ($\mathcal{M}$ sei ein metrischer Raum); diese Konvergenz wird mit $\mathsf{P}_n \Rightarrow \mathsf{P}$ bezeichnet.

Die Konvergenz in Variation für Verteilungen zufälliger Variabler ist durch D. 2.7.14 gegeben, indem dort statt $(\Omega, \mathfrak{F})$ der Raum $(\mathcal{M}, \mathfrak{M})$ gewählt wird.

2.8. Charakteristische Funktion. Laplace-Stieltjes-Transformierte. Methode der Katastrophen. Erzeugende Funktion. Methode der Färbung

Auch in der Bedienungstheorie ist es häufig günstig und notwendig, mit gewissen Transformierten von Verteilungsfunktionen, Verteilungsdichten, Verteilungsgesetzen und anderen Größen zu arbeiten. Manche Ergebnisse liegen bisher ausschließlich in Form solcher Transformierten vor. Diese Transformationen sind auch ein Weg, bedienungstheoretische Probleme funktionentheoretisch zu behandeln.

2.8.1. Charakteristische Funktion

2.8.1.1. Definition. (a) Unter der *charakteristischen Funktion* einer Zufallsgröße X bzw. ihrer Verteilungsfunktion $F_X(x)$ versteht man die komplexwertige Funktion

$$\varphi_X(t) = \varphi_{F_X}(t) = \mathsf{E}e^{itX} = \int_{-\infty}^{\infty} e^{itx} \, dF_X(x), \qquad t \in \mathbb{R}.$$

(b) Ist $F_X(x)$ absolutstetig mit der Verteilungsdichte $f_X(x)$, so ist

$$\varphi_X(t) = \int_{-\infty}^{\infty} e^{itx} f_X(x) \, dx.$$

Die charakteristische Funktion $\varphi_X(t)$ ist somit die aus der Analysis bekannte Fourier-Stieltjes-Transformierte der Verteilungsfunktion $F_X(x)$ bzw. die Fourier-Transformierte der Verteilungsdichte $f_X(x)$. Voraussetzungen für ihre Existenz und weitergehende, im folgenden nicht angeführte Eigenschaften sowie Tabellen zu dieser Transformation sind daher der entsprechenden Literatur zu entnehmen, vgl. z. B. Sneddon [1], Titchmarsh [1], Oberhettinger [1], Stopp [1], Goldberg [1].

Die charakteristischen Funktionen der wichtigsten im Handbuch auftretenden Verteilungsfunktionen enthält [2.9]. Es folgen einige wichtige Eigenschaften charakteristischer Funktionen, wobei wir gelegentlich auch nur $\varphi(t)$ schreiben, wenn die Angabe der Zufallsgröße nicht erforderlich ist.

2.8.1.2. Satz. (a) Es gilt $|\varphi(t)| \leqq 1$ und $\varphi(-t) = \overline{\varphi(t)}$ für alle $t \in \mathbb{R}$ sowie $\varphi(0) = 1$.
(b) $\varphi(t)$ ist gleichmäßig stetig auf $\mathbb{R}$.

2.8.1.3. Satz. Für eine lineare Transformation $aX + b$ der Zufallsgröße X (a und b seien konstant) gilt

$$\varphi_{aX+b}(t) = e^{itb} \varphi_X(at).$$

2.8.1.4. Satz (Multiplikationssatz für charakteristische Funktionen). Sind $X_1, X_2, \ldots, X_n$ unabhängige Zufallsgrößen, so ist die charakteristische Funktion ihrer Summe gleich dem Produkt der charakteristischen Funktionen der einzelnen Summanden:

$$\varphi_{\sum\limits_i X_i}(t) = \prod_i \varphi_{X_i}(t).$$

Durch die Bildung der charakteristischen Funktion wird also die Faltungsoperation (S. 2.5.3.4) in die Multiplikation überführt.

2.8.1.5. Satz. Ist die Verteilungsfunktion $F_X(x)$ die mit den Gewichten a_k, $k = 1, 2, \ldots$, gebildete Mischung der Verteilungsfunktionen $F_{X_k}(x)$, so gilt $\varphi_X(t) = \sum\limits_k a_k \varphi_{X_k}(t)$.

2.8.1.6. Satz. Sind die ersten k Anfangsmomente von X endlich, so ist $\varphi_X(t)$ k-mal differenzierbar, und es gilt

$$\mathsf{E}X^m = \frac{1}{\mathrm{i}^m} \left.\frac{\mathrm{d}^m \varphi_X(t)}{\mathrm{d}t^m}\right|_{t=0}, \qquad m = 1, \ldots, k.$$

Speziell ergibt sich für den Erwartungswert $\mathsf{E}X = \frac{1}{\mathrm{i}} \varphi_X'(0)$.

2.8.1.7. Satz. Bei gegebenen endlichen ersten n Anfangsmomenten von X gilt folgende asymptotische Darstellung der charakteristischen Funktion

$$\varphi_X(t) = \sum_{k=0}^{n} \mathsf{E}X^k \frac{(\mathrm{i}t)^k}{k!} + o(t) \qquad \text{für} \qquad t \to 0.$$

2.8.1.8. Satz. Sind sämtliche Anfangsmomente $\mathsf{E}X^k$, $k = 1, 2, \ldots$, endlich, und ist

$$\lim_{k\to\infty} \sup \sqrt[k]{|\mathsf{E}X^k|/k!} = \frac{1}{r}$$

endlich, dann ist $\varphi_X(t)$ für $|t| < r$ über folgende Potenzreihendarstellung eindeutig durch die Folge der Anfangsmomente bestimmt

$$\varphi_X(t) = \sum_{k=0}^{\infty} \mathsf{E}X^k \frac{(\mathrm{i}t)^k}{k!}.$$

Sind somit die in S. 2.8.1.8 angegebenen Bedingungen erfüllt, so ist die Verteilungsfunktion eindeutig durch die Folge ihrer Anfangsmomente bestimmt. Das ist eine Lösung des in [2.6.2] formulierten Momentenproblems.

2.8.1.9. Satz (Umkehrformel und Eindeutigkeitssatz). Durch folgenden Zusammenhang ist die Verteilungsfunktion $F_X(x)$ einer Zufallsgröße X durch ihre charakteristische Funktion eindeutig bestimmt:

(a) Sind a und b Stetigkeitsstellen von $F_X(x)$, $a < b$, dann ist

$$F_X(b) - F_X(a) = \frac{1}{2\pi} \int_{-\infty}^{\infty} \varphi_X(t) \frac{\mathrm{e}^{-\mathrm{i}ta} - \mathrm{e}^{-\mathrm{i}tb}}{\mathrm{i}t} \, \mathrm{d}t.$$

(b) An Stellen $x \in \mathbb{R}$, an denen $F_X(x)$ einen Sprung hat, ist

$$F_X(x + 0) - F_X(x) = \int_{-\infty}^{\infty} \mathrm{e}^{-\mathrm{i}tx} \varphi_X(t) \, \mathrm{d}t,$$

wobei $F_X(x+0) = \lim\limits_{y \downarrow x} F_X(y)$ den rechtsseitigen Grenzwert von $F_X(y)$ an der Stelle x bezeichnet.

c) Existiert $\int\limits_{-\infty}^{\infty} |\varphi_X(t)|\, dt$, dann ist $F_X(x)$ absolutstetig mit einer stetigen Verteilungsdichte $f_X(x)$, und es ist

$$f_X(x) = \frac{1}{2\pi} \int\limits_{-\infty}^{\infty} e^{-itx} \varphi_X(t)\, dt.$$

2.8.1.10. Satz (Grenzwertsatz für charakteristische Funktionen). (a) Gilt für eine Folge $X_1, X_2, \ldots$ von Zufallsgrößen $F_{X_n} \underset{n\to\infty}{\Longrightarrow} F$, wobei F eine Verteilungsfunktion ist, dann folgt

$$\lim_{n\to\infty} \varphi_{X_n}(t) = \varphi(t) \qquad \text{für alle} \qquad t \in \mathbb{R},$$

und φ ist die charakteristische Funktion von F; außerdem ist diese Konvergenz gleichmäßig in jedem endlichen Intervall der reellen Achse.

(b) Konvergiert die Folge $\varphi_{X_n}(t)$ für $n \to \infty$ gegen eine Funktion $\varphi(t)$, die für $t = 0$ stetig ist, dann gibt es eine Verteilungsfunktion $F(x)$, so daß $F_{X_n} \underset{n\to\infty}{\Longrightarrow} F$; $\varphi(t)$ ist dann die charakteristische Funktion von $F(x)$.

2.8.1.11. Satz von Bochner-Chintschin. Eine stetige Funktion $\varphi(t)$ mit $\varphi(0) = 1$ ist charakteristische Funktion einer Zufallsgröße genau dann, wenn $\varphi(t)$ positiv definit ist, d. h. wenn für beliebige reelle Zahlen $t_1, t_2, \ldots, t_n$ und beliebige komplexe Zahlen $z_1, z_2, \ldots, z_n$ gilt

$$\sum_{j,k} \varphi(t_j - t_k)\, z_j \bar{z}_k \geqq 0.$$

2.8.1.12. Definition. (a) Unter der *charakteristischen Funktion* eines zufälligen Vektors $X = (X_1, \ldots, X_n)$ mit der Verteilungsfunktion $F_{(X_1,\ldots,X_n)}(x_1, \ldots, x_n)$ versteht man

$$\varphi_{(X_1,\ldots,X_n)}(t_1, \ldots, t_n) = \mathsf{E}\, e^{i(t,X)} = \int\limits_{-\infty}^{\infty} \cdots \int\limits_{-\infty}^{\infty} e^{i(t,x)}\, dF_{(X_1,\ldots,X_n)}(x_1, \ldots, x_n),$$

hierbei bedeuten $t = (t_1, \ldots, t_n) \in \mathbb{R}^n$, $x = (x_1, \ldots, x_n) \in \mathbb{R}^n$ und $(t, x) = t_1x_1 + \cdots + t_nx_n$.

(b) Es ist

$$\varphi_{(X_1,\ldots,X_n)}(t_1, \ldots, t_n) = \int\limits_{-\infty}^{\infty} \cdots \int\limits_{-\infty}^{\infty} e^{i(t,x)} f_{(X_1,\ldots,X_n)}(x_1, \ldots, x_n)\, dx_1 \ldots dx_n,$$

falls $F_{(X_1,\ldots,X_n)}(x_1, \ldots, x_n)$ absolutstetig ist mit der Verteilungsdichte $f_{(X_1,\ldots,X_n)}(x_1, \ldots, x_n)$.

Die oben angegebenen Eigenschaften der charakteristischen Funktion einer Zufallsgröße gelten analog für die eines zufälligen Vektors. Speziell gilt:

2.8.1.13. Satz. (a) Existiert $\mathsf{E}X_k$, dann gilt

$$\mathsf{E}X_k = \frac{1}{i} \left. \frac{\partial \varphi_{(X_1,\ldots,X_n)}(t_1, \ldots, t_n)}{\partial t_k} \right|_{t=0}.$$

(b) Existiert $\mathsf{E}X_jX_k$, dann gilt

$$-\mathsf{E}X_jX_k = \left.\frac{\partial^2\varphi_{(X_1,\dots,X_n)}(t_1,\dots,t_n)}{\partial t_j\,\partial t_k}\right|_{t=0}$$

2.8.2. Laplace-Stieltjes- und Laplace-Transformierte. Methode der Katastrophen

Im Anschluß an die charakteristische Funktion geben wir eine weitere aus der Analysis stammende Integraltransformation an, da sie häufig in der Bedienungstheorie Anwendung findet und auch eine spezielle bedienungstheoretische Interpretation gestattet, auf der die Methode der Katastrophen in der Bedienungstheorie basiert.

2.8.2.1. Definition. (a) Für eine Funktion $g(x)$ auf $\mathbb{R}_+$, für die das Integral $\int\limits_0^\infty e^{-sx}\,dg(x)$ für $\operatorname{Re} s > 0$ existiert, heißt

$$g^*(s) = \int\limits_0^\infty e^{-sx}\,dg(x)$$

die *Laplace-Stieltjes-Transformierte von* $g(x)$. Die Wahl der Halbachse als Integrationsbereich ist keine Einschränkung, da die zweiseitige Laplace-Stieltjes-Transformierte (mit $\mathbb{R}$ als Integrationsbereich) durch Summation von zwei einseitigen Laplace-Stieltjes-Transformierten ermittelt werden kann.

(b) Für die Verteilungsfunktion $F_X(x)$ einer nichtnegativen Zufallsgröße X bezeichnen wir die komplexwertige Funktion

$$F_X^*(s) = \mathsf{E}\,e^{-sX} = \int\limits_0^\infty e^{-sx}\,dF_X(x) \tag{1}$$

der komplexen Variablen s mit $\operatorname{Re} s \geqq 0$ als *Laplace-Stieltjes-Transformierte von* $F_X(x)$.

Ein Vergleich von D. 2.8.2.1 zur Laplace-Stieltjes-Transformierten $F_X^*(s)$ einer Verteilungsfunktion $F_X(x)$ mit D. 2.8.1.1 zur charakteristischen Funktion $\varphi_{F_X}(t)$ von $F_X(x)$ ergibt für $-s = it$ den Zusammenhang $\varphi_{F_X}(t) = F_X^*(-it)$ bzw. $F_X^*(s) = \varphi_{F_X}(is)$, so daß aus der einen Transformierten die andere (gegebenenfalls durch analytische Fortsetzung) erhalten werden kann.

2.8.2.2. Definition. (a) Für eine Funktion $g(x)$ auf $\mathbb{R}_+$ heißt die Funktion

$$\check{g}(s) = \int\limits_0^\infty e^{-sx} g(x)\,dx$$

der komplexen Variablen s mit $\operatorname{Re} s > 0$, falls das Integral existiert, die *Laplace-Transformierte von* $g(x)$.

(b) Für eine Verteilungsfunktion $F_X(x)$ einer nichtnegativen Zufallsgröße X heißt

$$\check{F}_X(s) = \int\limits_0^\infty e^{-sx} F_X(x)\,dx$$

mit $\operatorname{Re} s > 0$ die *Laplace-Transformierte von* $F_X(x)$.

2.8.2.3. Satz. Ist $F_X(x)$ absolutstetig mit der Verteilungsdichte $f_X(x)$, so ist

$$F_X{}^*(s) = \int_0^\infty e^{-sx} f_X(x)\,dx = \check{f}_X(s). \tag{2}$$

Bedingungen für die Existenz, die analytischen Eigenschaften und insbesondere Formeln für die Rücktransformation der aus der Analysis bekannten Laplace-Stieltjes- bzw. Laplace-Transformierten sowie die Transformierten von häufig auftretenden Funktionen sind den entsprechenden Büchern bzw. Tabellen zu entnehmen, vgl. insbesondere DOETSCH [1], [2], BERG [1], WIDDER [1], STOPP [1], OBERHETTINGER/BADII [1], BATEMAN/ERDÉLYI [1], SNEDDON [1].

Hier werden nur einige für die Bedienungstheorie besonders wichtige Eigenschaften angeführt, und zwar für die Laplace-Stieltjes-Transformation. Die Aussagen für die Laplace-Transformation gelten analog. Die Laplace-Stieltjes-Transformierten und die Laplace-Transformierten der für uns wichtigsten Verteilungsfunktionen enthält [2.9].

2.8.2.4. Satz (Multiplikationssatz für Laplace-Stieltjes-Transformierte). Sind $X_1, X_2, \ldots, X_n$ unabhängige Zufallsgrößen, so gilt

$$F^*_{\sum\limits_i X_i}(s) = \prod_i F^*_{X_i}(s).$$

2.8.2.5. Satz. Ist die Verteilungsfunktion $F_X(x)$ die mit den Gewichten a_k, $k = 1, 2, \ldots,$ gebildete Mischung der Verteilungsfunktionen $F_{X_k}(x)$, so ist

$$F_X{}^*(s) = \sum_k a_k F^*_{X_k}(s).$$

2.8.2.6. Satz. Es gilt

$$\mathsf{E}X^k = (-1)^k \left.\frac{d^k F_X{}^*(s)}{ds^k}\right|_{s=0},$$

wobei das k-te Anfangsmoment genau dann endlich ist, wenn der endliche Grenzwert $\frac{d^k F_X{}^*(s)}{ds^k}$ für $s \to 0$ existiert.

2.8.2.7. Satz (Umkehrformel). Bei gegebener Laplace-Stieltjes-Transformierten $F_X{}^*(s)$ ergibt sich die Verteilungsfunktion $F_X(x)$ durch komplexe Integration

$$F_X(x) = \frac{1}{2\pi i} \int_{\alpha - i\infty}^{\alpha + i\infty} e^{xs} F_X{}^*(s)\,ds,$$

wobei die Integration in der rechten komplexen Halbebene längs einer beliebigen Geraden parallel zur imaginären Achse erfolgt.

Die Methode der Katastrophen. Den Wert der Laplace-Stieltjes-Transformierten $F_X{}^*(s)$ an der Stelle s für positives reelles s kann man unmittelbar als eine Wahrscheinlichkeit interpretieren. Dazu betrachten wir einen homogenen Poisson-Prozeß zufällig auf $\mathbb{R}_+$ eintretender Ereignisse mit dem Parameter s, $0 < s < \infty$ (↑ D. 3.1.8.4). Die zufällige Anzahl $L(t)$ von im Intervall $(0, t]$ eintretenden Ereignissen besitzt somit eine Poisson-Verteilung mit dem Parameter st, $0 < s < \infty$, d. h.

$$\mathsf{P}\big(L(t) = k\big) = \frac{(st)^k}{k!} e^{-st}, \qquad k = 0, 1, 2, \ldots$$

Jedes Ereignis betrachten wir als eine „Katastrophe", so daß $L(t)$ die zufällige Anzahl der in $(0, t]$ eintretenden Katastrophen ist und insbesondere $\mathsf{P}\big(L(t) = 0\big) = e^{-st}$ die Wahrscheinlichkeit dafür bedeutet, daß im Intervall der Länge t keine Katastrophe eintritt. Wir wählen nun die Länge des betrachteten Intervalls als Zufallsgröße T, die unabhängig vom Prozeß $L(t)$ ist und die Verteilungsfunktion $F(x)$ besitzt. Dann ist nach dem Satz der totalen Wahrscheinlichkeit für Verteilungsfunktionen (↑ S. 2.13.2.8)

$$F^*(s) = \int_0^\infty e^{-st}\, dF(t);$$

d. h., der Wert der Laplace-Stieltjes-Transformierten von $F(x)$ an der Stelle s ist offenbar die Wahrscheinlichkeit dafür, daß in dem zufälligen Intervall die Länge T keine Katastrophe eintritt.

Diese Interpretation des Wertes der Laplace-Stieltjes-Transformierten für positives reelles s ist die Grundlage für eine in der Bedienungstheorie verwendete Methode, die sog. *Methode der Katastrophen*. Die angegebene Wahrscheinlichkeitsinterpretation der Transformierten stammt von VAN DANTZIG (1948) und wurde insbesondere von RUNNENBURG (1965) als „method of collective marks" in der Bedienungstheorie genutzt, s. auch KLEINROCK [1] und KLIMOW [1], [2].

Sie gestattet die Lösung einiger Aufgaben in Form dieser zunächst rein analytisch definierten Transformierten durch unmittelbare Wahrscheinlichkeitsinterpretationen, indem geeignete zusätzliche Ereignisse als Katastrophen eingeführt und verwendet werden. Hierin besteht die eigentliche Aufgabe bei der Anwendung dieser Methode. Durch analytische Fortsetzung kann die Gültigkeit der mit der Methode der Katastrophen hergeleiteten Beziehungen auch auf einen größeren Variationsbereich von s übertragen werden. Allerdings muß gesagt werden, daß bisher mit dieser Methode der Katastrophen nur Ergebnisse erzielt werden konnten, die mit anderen Methoden ebenfalls hergeleitet wurden. Jedoch gelingt es mit der Methode der Katastrophen, unmittelbar algebraische Beziehungen für entsprechende charakteristische, insbesondere Transformierte, zu erhalten, ohne erst Differential- oder Integralgleichungen aufstellen zu müssen.

Als Beispiel für die Anwendung der Methode der Katastrophen berechnen wir die Laplace-Stieltjes-Transformierte $F_S^*(s)$ der Verteilungsfunktion $F_S(x)$ der zufälligen Besetztzeit S im Wartesystem M/GI/1/∞ unter der Voraussetzung $\varrho = \frac{\lambda}{\mu} < 1$, vgl. GNEDENKO/DANIELJAN/DIMITROW/KLIMOW/MATWEJEW [1].

Unter der zufälligen Besetztzeit S des betrachteten Systems versteht man die Zeitdauer der ununterbrochenen Belegung (Tätigkeit) des Bedienungsgerätes von einem Zeitpunkt an, in dem eine eintreffende Forderung das System leer vorfindet.

Für S ist folgende Darstellung möglich

$$S = B + \sum_{i=0}^{M} S_i;$$

dabei ist B die Bedienungszeit der Forderung, mit deren Eintreffen S beginnt; $M \geqq 0$ ist die zufällige Anzahl der während der Bedienung dieser Forderung eintreffenden Forderungen und $S_1, \ldots, S_M$ sind wie S verteilte unabhängige Zufallsgrößen, $S_0 = 0$.

Zur Begründung dieser Darstellung von S nutzen wir die Tatsache, daß die Dauer von S unverändert bleibt, wenn die während S bedienten Forderungen nicht in der Reihenfolge ihres Eintreffens sondern in einer beliebigen Reihenfolge bedient werden. Wir legen die Disziplin LCFS zugrunde und numerieren die während der Bedienungszeit B der Forderung, mit der S beginnt, eintreffenden M Forderungen in der Reihenfolge ihres Eintreffens von 1 bis M. Nach Ablauf der Bedienungszeit B beginnt gemäß LCFS die Bedienung der M-ten Forderung und anschließend erfolgt die Bedienung sämtlicher nach Beginn der Bedienung der M-ten Forderung eingetroffenen Forderungen. Die Gesamtdauer dieser Bedienungen betrage S_M, wir nennen diese Größe die Besetztzeit der M-ten Forderung. Nach Ablauf von B und S_M beginnt die Bedienung der $(M-1)$-ten Forderung; es schließen sich die Bedienungen aller nach dem Beginn der Bedienung der $(M-1)$-ten Forderung eintreffenden Forderungen an; hieraus ergibt sich die Besetztzeit S_{M-1} der $(M-1)$-ten Forderung usw. bis zum Abschluß der Besetztzeit S_1 der ersten Forderung.

Offensichtlich ergibt sich dann die oben angegebene Darstellung für S, wobei die Besetztzeiten S_i unabhängig sind, da sämtliche Bedienungszeiten unabhängig sind und außerdem die Größen S_i nicht von der Anwesenheit anderer Forderungen zu Beginn der Bedienung der i-ten Forderung abhängen. Außerdem besitzen die Größen S_i nach ihrer Konstruktion für alle i, $i = 1, \ldots, M$, die gleiche Verteilungsfunktion $F_{S_i}(x) = F_S(x)$ wie S.

Zusätzlich zum Ablauf der Bedienungen der im System M/GI/1/∞ eintreffenden Forderungen betrachten wir nun einen Poissonschen Strom der Intensität s, $0 < s < \infty$, eintretender „Katastrophen". Dann ist nach S. 2.13.2.8

$$F_S^*(s) = \int_0^\infty e^{-sx} \, dF_S(x)$$

die Wahrscheinlichkeit dafür, daß in der zufälligen Besetztzeit S keine Katastrophe eintritt.

Dehnt man die Definition der Besetztzeit S_i für die i-te Forderung in entsprechender Weise auf alle eintreffenden Forderungen aus, so kann man sagen, daß eine eintreffende Forderung i „schlecht" heißt, wenn in ihrer Besetztzeit S_i eine Katastrophe eintritt. Da nach den obigen Ausführungen die Wahrscheinlichkeit für das Eintreten keiner Katastrophe in der Besetztzeit S_i gleich $F_{S_i}^*(s)$ ist, ist die Wahrscheinlichkeit dafür, daß in der Besetztzeit S_i eine Katastrophe eintritt, d. h. die Forderung i schlecht ist, gleich $1 - F_{S_i}^*(s) = 1 - F_S^*(s)$.

Der Strom der schlechten Forderungen entsteht aus dem Poissonschen Forderungenstrom mit der Intensität λ durch unabhängige Verdünnung (↑ Kap. 3), ist ebenfalls Poissonsch und besitzt die Intensität $\lambda(1 - F_S^*(s))$. Die Wahrscheinlichkeit $F_S^*(s)$ dafür, daß in der Besetztzeit S keine Katastrophe eintritt, ist offensichtlich gleich der Wahrscheinlichkeit dafür, daß während der Bedienung der Forderung, mit der S beginnt, keine Katastrophe eintritt und keine schlechte Forderung eintrifft. Diese Wahrscheinlichkeit ist wegen der Unabhängigkeit der Ereignisse nach dem Satz der totalen Wahrscheinlichkeit für Verteilungsfunktionen gleich

$$\int_0^\infty e^{-\lambda(1-F_S^*(s))t} \, e^{-st} \, dB(t) = F_B^*\big(s + \lambda - \lambda F_S^*(s)\big).$$

Somit erhalten wir für die gesuchte Größe $F_S^*(s)$ die Beziehung

$$F_S^*(s) = F_B^*\big(s + \lambda - \lambda F_S^*(s)\big).$$

Hieraus ergeben sich durch Differentiation und Grenzübergang für $s \to 0$ der Erwartungswert $\mathsf{E}S = \dfrac{1}{\mu - \lambda}$ und das zweite Moment $\mathsf{E}S^2 = \dfrac{\mathsf{E}B^2 + \mathsf{V}B}{(1-\varrho)^3}$.

2.8.3. Erzeugende Funktion

2.8.3.1. Definition. Unter der *erzeugenden Funktion* einer nichtnegativen ganzzahligen Zufallsgröße M mit $P_k = \mathsf{P}(M = k)$, $k = 0, 1, 2, \ldots$, bzw. der diskreten Verteilung $(P_k)_k$, verstehen wir die i. allg. komplexwertige Funktion

$$g_M(z) = \mathsf{E}z^M = \sum_{k=0}^{\infty} P_k z^k,$$

wobei z i. allg. komplex ist mit $|z| \leqq 1$. Häufig tritt z auch nur als reelle Variable auf.

Da für eine nichtnegative ganzzahlige Zufallsgröße M nach D. 2.8.1.1 auch die charakteristische Funktion $\varphi_M(t)$ definiert werden kann, ergibt sich für solche Zufallsgrößen der Zusammenhang zwischen charakteristischer und erzeugender Funktion durch $\varphi_M(t) = g_M(\mathrm{e}^{\mathrm{i}t})$.

Beispiele für erzeugende Funktionen diskreter Verteilungen ↑ [2.9]; bez. momentenerzeugender Funktionen ↑ [2.6]. Erzeugende Funktionen anderer Wahrscheinlichkeitskennziffern diskreter Zufallsgrößen werden dort definiert, wo sie benötigt werden.

Es folgen einige Eigenschaften erzeugender Funktionen nichtnegativer ganzzahliger Zufallsgrößen.

2.8.3.2. Satz. Die die erzeugende Funktion definierende Potenzreihe konvergiert stets für $|z| \leqq 1$, häufig in einem größeren Kreis oder in der gesamten komplexen Ebene, und stellt im Konvergenzbereich eine reguläre analytische Funktion dar.

2.8.3.3. Satz. Es gilt

$$P_0 = g_M(0), \qquad P_k = \frac{1}{k!}\, g_M^{(k)}(0), \qquad k = 1, 2, \ldots,$$

wobei $g_M^{(k)}(z)$ die k-te Ableitung von $g_M(z)$ darstellt. Somit ist das Verteilungsgesetz (P_k) einer nichtnegativen ganzzahligen Zufallsgröße eindeutig durch ihre erzeugende Funktion bestimmt.

2.8.3.4. Satz. Existieren die ersten k vom Inneren des Einheitskreises gebildeten Ableitungen $g_M^{(k)}(z)$ im Punkte $z = 1$, so ergeben sich hieraus die ersten k Anfangsmomente $\mathsf{E}M^k$:

$$\mathsf{E}M = g_M'(1), \qquad \mathsf{E}M^2 = g_M'(1) + g_M''(1)$$

und allgemein

$$\mathsf{E}M^s = \sum_{j=1}^{s} \sigma_s^{(j)} g_M^{(j)}(1), \qquad s = 1, \ldots, k,$$

wobei die Größen $\sigma_s^{(j)}$ (die Stirlingschen Zahlen zweiter Art) definiert sind durch $x^s = \sum_{j=1}^{s} \sigma_s^{(j)} x(x-1) \cdots (x-j+1)$.

Nach der Formel in S. 2.6.2.5 können aus den k-ten Anfangsmomenten die k-ten zentralen Momente gewonnen werden, z. B.

$$\mathsf{V}M = m_2 = g_M''(1) + g_M'(1) - [g_M'(1)]^2.$$

2.8.3.5. Satz (Multiplikationssatz für erzeugende Funktionen). Sind $M_1, M_2, \ldots, M_n$ vollständig unabhängige nichtnegative ganzzahlige Zufallsgrößen, so ist die erzeugende Funktion ihrer Summe gleich dem Produkt der erzeugenden Funktionen der einzelnen Summanden:

$$g_{\sum\limits_i M_i}(z) = \prod_i g_{M_i}(z).$$

2.8.3.6. Satz (Grenzwertsatz für erzeugende Funktionen). $M_1, M_2, \ldots$ sei eine Folge nichtnegativer ganzzahliger Zufallsgrößen mit den Verteilungsgesetzen P_{M_n}, d. h. $\mathsf{P}_{M_n}(\{k\}) = p_{nk}$, $k = 0, 1, 2, \ldots$, und den erzeugenden Funktionen $g_{M_n}(z) = \sum\limits_{k=0}^{\infty} p_{nk}z^k$.
(a) Gilt $\mathsf{P}_{M_n} \underset{n\to\infty}{\Longrightarrow} \mathsf{P}$, wobei P ein Verteilungsgesetz ist, dann folgt

$$\lim_{n\to\infty} g_{M_n}(z) = g(z) \quad \text{für alle} \quad |z| \leqq 1,$$

wobei $g(z)$ die erzeugende Funktion von P ist.
(b) Konvergiert die Folge $g_{M_n}(z)$ für $n \to \infty$ für jedes z mit $|z| \leqq 1$ gegen einen Grenzwert $g(z)$, dann ist $g(z)$ erzeugende Funktion des Verteilungsgesetzes P einer nichtnegativen ganzzahligen Zufallsgröße N, und es gilt $\mathsf{P}_{X_n} \underset{n\to\infty}{\Longrightarrow} \mathsf{P}$.

2.8.3.7. Definition. Unter der *erzeugenden Funktion* eines zufälligen Vektors $\boldsymbol{M} = (M_1, \ldots, M_n)$ mit nichtnegativen ganzzahligen Komponenten $M_1, \ldots, M_n$ versteht man die Funktion

$$g_{\boldsymbol{M}}(\boldsymbol{z}) = \mathsf{E}(z_1^{M_1} \ldots z_n^{M_n}) = \sum_{i_1,\ldots,i_n} z_1^{i_1} \ldots z_n^{i_n} \mathsf{P}_{\boldsymbol{M}}(\{i_1, \ldots, i_n\}),$$

wobei $\boldsymbol{z} = (z_1, \ldots, z_n)$ und $\mathsf{P}_{\boldsymbol{M}}$ die Verteilung des zufälligen Vektors $\boldsymbol{M}$ bezeichnet.

2.8.4. Methode der Färbung

Der Wert der erzeugenden Funktion $g_M(z)$ einer nichtnegativen ganzzahligen Zufallsgröße M mit dem Verteilungsgesetz (P_k) kann für einen reellen Wert z mit $0 < z < 1$ als Wahrscheinlichkeit interpretiert werden. Dazu deuten wir $M = k$ als das Eintreten von k Ereignissen, z. B. das aufeinanderfolgende Eintreffen von k Forderungen, und stellen uns vor, daß die einzelnen Forderungen zufällig unabhängig voneinander und unabhängig von M gefärbt sind, und zwar mit der Wahrscheinlichkeit z rot und mit der Wahrscheinlichkeit $1 - z$ blau. Nach dem Multiplikationssatz für Wahrscheinlichkeiten ist die Wahrscheinlichkeit, daß k aufeinanderfolgende Forderungen rot gefärbt sind, gleich z^k. Also ist nach dem Satz der totalen Wahrscheinlichkeit (↑ S. 2.3.8) die Wahrscheinlichkeit dafür, daß sämtliche M zufällig eintreffenden Forderungen rot gefärbt sind, gleich

$$\sum_{k=0}^{\infty} z^k \mathsf{P}(M = k) = \sum_{k=0}^{\infty} P_k z^k = g_M(z).$$

Darauf basiert die Methode der Färbung.

Zur Anwendbarkeit dieser Methode und auch bezüglich Literaturhinweise gelten die in [2.8.2] zur Methode der Katastrophen gemachten Ausführungen hier ebenfalls. Beiden Methoden, eingeführt unter dem gemeinsamen Namen „method of collective marks", liegt die künstliche Einführung zusätzlicher zufälliger Ereignisse „Eintreten von Katastrophen" bzw. „Färbung von Forderungen" zugrunde, weshalb sie auch häufig als Methoden der Zusatzereignisse bezeichnet werden. Oft werden sie auch kombiniert angewendet.

Es folgt ein Beispiel für die Methode der Färbung, vgl. KLEINROCK [1]. Dazu betrachten wir das Bedienungssystem M/M/∞ mit den Parametern $\lambda > 0$, $\mu > 0$, i Forderungen im System zum Anfangszeitpunkt Null, und wollen für das Verteilungsgesetz $(P_k(t))_k$, $k = 0, 1, 2, \ldots$, der zufälligen Anzahl $N(t)$ der zum Zeitpunkt $t > 0$ im System befindlichen Forderungen, d. h. $P_k(t) = \mathsf{P}(N(t) = k)$, die erzeugende Funktion

$$g_N(t, z) = \sum_{k=0}^{\infty} P_k(t)\, z^k$$

bestimmen. Die zum Zeitpunkt Null im System befindlichen und die bis zum Zeitpunkt $t > 0$ eintreffenden Forderungen werden unabhängig mit der Wahrscheinlichkeit z rot gefärbt und mit der Wahrscheinlichkeit $1 - z$ blau. Dann ist die gesuchte Größe $g_N(t, z)$ die Wahrscheinlichkeit, daß zur Zeit $t > 0$ keine blauen Forderungen im System sind. Wegen der Unabhängigkeit der betreffenden Ereignisse ist folgende Darstellung möglich:

$$g_N(t, z) = \sum_{k=0}^{\infty} P_1 P_2 P_3$$

mit

$P_1 = \mathsf{P}$ (die zur Zeit Null im System befindlichen i Forderungen sind keine noch zur Zeit t im System befindlichen blauen Forderungen),

$P_2 = \mathsf{P}$ (es treffen k Forderungen in $(0, t)$ ein),

$P_3 = \mathsf{P}$ (die neu in $(0, t)$ eintreffenden k Forderungen sind keine noch zur Zeit t im System befindlichen blauen Forderungen).

Wir bestimmen nun diese drei Wahrscheinlichkeiten in der aufgeführten Reihenfolge.

Die Wahrscheinlichkeit, daß eine zur Zeit Null im System befindliche Forderung zur Zeit t noch im System und daß diese Forderung blau ist, beträgt wegen der Unabhängigkeit der beiden Ereignisse und der exponentialverteilten Bedienungszeit offensichtlich $(1 - z)\, e^{-\mu t}$. Also ist die Wahrscheinlichkeit des komplementären Ereignisses $1 - (1 - z)\, e^{-\mu t}$. Somit lautet die erste Wahrscheinlichkeit in der obigen Reihe $[1 - (1 - z) \times e^{-\mu t}]^i$.

Die zweite Wahrscheinlichkeit ist wegen der Voraussetzung eines Poissonschen Forderungenstromes gleich $\frac{(\lambda t)^k}{k!}\, e^{-\lambda t}$.

Zur Bestimmung der dritten Wahrscheinlichkeit nutzen wir die Tatsache (↑ [3.6.1]), daß die Lagen der Ankunftszeitpunkte der in $(0, t)$ eingetroffenen Forderungen unter der Voraussetzung, daß eine feste Anzahl von Forderungen eines Poissonschen Forderungenstromes in $(0, t)$ eingetroffen ist, unabhängig und stetig gleichverteilt sind. Daher ist die Wahrscheinlichkeit dafür, daß der Ankunftszeitpunkt T einer bestimmten in $(0, t)$ eingetroffenen Forderung kleiner oder gleich t ist, gleich $\frac{T}{t}$. Somit ist nach dem Satz der totalen Wahrscheinlichkeit für Verteilungsfunktionen (↑ S. 2.13.2.8) die Wahrscheinlichkeit dafür, daß eine in $(0, t)$ neu eingetroffene Forderung zum Zeitpunkt t noch im System ist, gleich

$$\int_0^t e^{-(t-T)} \frac{dT}{t} = \frac{1 - e^{\mu t}}{\mu t}.$$

Also ist die Wahrscheinlichkeit, daß eine in $(0, t)$ neu eingetroffene Forderung zur Zeit t noch im System und blau ist, gleich $(1 - z)(1 - e^{\mu t})/\mu t$. Bilden wir davon die komplementäre Wahrscheinlichkeit und potenzieren sie mit k, so ergibt sich P_3.

Damit erhalten wir für die gesuchte Größe $g_N(t, z)$ den Ausdruck

$$g_N(t, z) = \sum_{k=0}^{\infty} \frac{(\lambda t)^k}{k!} e^{-\lambda t} \left[1 - (1 - z) \frac{1 - e^{-\mu t}}{t}\right]^k [1 - (1 - z) e^{-\mu t}]^i$$

$$= [1 - (1 - z) e^{-\mu t}]^i \exp\left[-\frac{\lambda}{\mu} (1 - z)(1 - e^{-\mu t})\right].$$

Der erste in die i-te Potenz erhobene Faktor (i ist die Anzahl der Forderungen im System zum Zeitpunkt Null) ist die erzeugende Funktion einer Binomialverteilung (↑ [2.9.4]) mit der Wahrscheinlichkeit $p = e^{-\mu t}$ dafür, daß eine beliebige zur Zeit Null im System befindliche Forderung zum Zeitpunkt $t > 0$ noch im System ist. Der zweite Faktor ist die erzeugende Funktion einer Poisson-Verteilung (↑ [2.9.6]) mit dem Parameter $\frac{\lambda}{\mu}(1 - e^{-\mu t})$.

2.9. Die wichtigsten im Handbuch auftretenden Verteilungen

In diesem Abschnitt sind die wesentlichsten der im Handbuch benötigten Verteilungsgesetze, Verteilungsfunktionen, Verteilungsdichten diskreter bzw. stetiger Zufallsgrößen zusammengestellt und jeweils der Erwartungswert, die Varianz, die erzeugende Funktion (für diskrete Verteilungen), die charakteristische Funktion sowie die Laplace-Stieltjes-Transformierte angegeben. Weitere Verteilungen, die z. B. für statistische Aufgaben der Bedienungstheorie erforderlich sind, findet man in den entsprechenden Kapiteln, insbesondere im Kapitel 4.

2.9.1. Einpunktverteilung. Uneigentliche Verteilungsfunktion

Die sogenannte Deltaverteilung δ_{x_0} ist das Verteilungsgesetz einer Zufallsgröße X, die mit Wahrscheinlichkeit Eins konstant, und zwar gleich x_0 ist, $\mathsf{P}(X = x_0) = 1$. Sie wird auch als uneigentliche oder ausgeartete Verteilung bezeichnet.

Die Verteilungsfunktion der *Deltaverteilung* hat die Gestalt

$$F(x) = \delta_{x_0}(x) = \begin{cases} 0 & \text{für} \quad x \leqq x_0, \\ 1 & \text{für} \quad x > x_0, \end{cases}$$

und heißt *uneigentliche* oder *ausgeartete Verteilungsfunktion*. Gelegentlich wird für den Fall $x_0 = 0$ die Verteilungsfunktion $\delta_0(x)$ auch als $\varepsilon(x)$ geschrieben.

$$\mathsf{E}X = x_0, \qquad \mathsf{V}X = 0,$$

$$g_X(z) = z^{x_0}, \qquad \varphi_X(t) = e^{itx_0}, \qquad F_X{}^*(s) = e^{-sx_0}.$$

Jede nicht uneigentliche Verteilungsfunktion heißt *eigentliche* oder *nichtausgeartete Verteilungsfunktion*.

2.9.2. Zweipunktverteilung

Eine diskrete Zufallsgröße X heißt *zweipunktverteilt* auf den Punkten x_0 und $x_1 \neq x_0$, wenn die Gesamtwahrscheinlichkeit auf diese beiden Punkte verteilt ist, $\mathsf{P}(X = x_0) = p$, $\mathsf{P}(X = x_1) = 1 - p$ mit $0 < p < 1$.

$$F(x) = \begin{cases} 0 & \text{für} \quad x \leqq x_0, \\ p & \text{für} \quad x_0 < x \leqq x_1, \\ 1 & \text{für} \quad x > x_1, \end{cases}$$

$$\mathsf{E}X = px_0 + (1-p)\,x_1, \qquad \mathsf{V}X = p(1-p)\,(x_0 - x_1)^2,$$

$$g_X(z) = pz^{x_0} + (1-p)\,z^{x_1}, \qquad \varphi_X(t) = p\,e^{itx_0} + (1-p)\,e^{itx_1},$$

$$F_X{}^*(s) = p\,e^{-sx_0} + (1-p)\,e^{-sx_1}.$$

Eine Zweipunktverteilung mit $x_0 = 0$ und $x_1 = 1$ heißt *Null-Eins-Verteilung*.

2.9.3. Diskrete Gleichverteilung

Eine diskrete Zufallsgröße X, die die Werte $x_1, x_2, \ldots, x_n$ annehmen kann, heißt *gleichverteilt* (auf diesen Werten), wenn $\mathsf{P}(X = x_k) = P_k = \dfrac{1}{n}$ für $k = 1, 2, \ldots, n$ (↑ B. 2.1.2). Man sagt dazu auch, es wird „auf gut Glück" einer der Werte x_k ausgewählt.

$$\mathsf{E}X = \frac{1}{n} \sum_{k=1}^{n} x_k \text{ (arithmetisches Mittel)}, \qquad \mathsf{V}X = \frac{1}{n} \sum_{k=1}^{n} x_k{}^2 - \frac{1}{n^2} \left(\sum_{k=1}^{n} x_k \right)^2,$$

$$g_X(z) = \frac{z(z^n - 1)}{n(z-1)}, \qquad \varphi_X(t) = \frac{1}{n} \frac{e^{it}(e^{itn} - 1)}{e^{it} - 1}, \qquad F_X{}^*(s) = \frac{1}{n} \frac{e^{-s}(e^{-sn} - 1)}{e^{-s} - 1}.$$

2.9.4. Binomialverteilung Bin (n, p)

Eine diskrete Zufallsgröße X, die die Werte $0, 1, 2, \ldots, n$ annehmen kann, heißt *binomialverteilt* mit den Parametern n, $n > 0$, und p, $0 < p < 1$, wenn

$$\mathsf{P}(X = k) = \binom{n}{k} p^k (1-p)^{n-k}, \qquad k = 0, 1, 2, \ldots, n.$$

$$\mathsf{E}X = np, \qquad \mathsf{V}X = np(1-p),$$

$$g_X(z) = \big(1 + p(z-1)\big)^n, \qquad \varphi_X(t) = \big(1 + p(e^{it}-1)\big)^n,$$

$$F_X{}^*(s) = \big(1 + p(e^{-sa}-1)\big)^n.$$

Die Binomialverteilung Bin $(1, p)$ ist gleich der Null-Eins-Verteilung.

2.9.5. Geometrische Verteilung Geo (p)

Eine diskrete Zufallsgröße X, die die Werte $k = 0, 1, 2, \ldots$ annehmen kann, heißt *geometrisch verteilt* mit dem Parameter $p > 0$, wenn

$$\mathsf{P}(X = k) = (1-p)\,p^k.$$

$$\mathsf{E}X = \frac{p}{1-p}, \qquad \mathsf{V}X = \frac{p}{(1-p)^2},$$

$$g_X(z) = \frac{1-p}{1-pz}, \qquad \varphi_X(t) = \frac{1-p}{1-p\,e^{it}}, \qquad F_X{}^*(s) = \frac{1-p}{1-p\,e^{-s}}.$$

Die geometrische Verteilung besitzt die Eigenschaft der *Gedächtnislosigkeit* (*Markow-Eigenschaft*); d. h., für die Restzufallsgröße $X_r = X - r$ unter der Bedingung $X > r$, $r > 0$, gilt $\mathsf{P}(X_r = k \mid X_r > 0) = \mathsf{P}(X = k)$, $r = 1, 2, \ldots$; $k = 0, 1, 2, \ldots$ Sie ist die einzige diskrete Verteilung mit dieser Eigenschaft.

2.9.6. Poisson-Verteilung $\Pi(\lambda)$

Eine Zufallsgröße X, die die Werte $0, 1, 2, \ldots$ annehmen kann, besitzt eine *Poisson-Verteilung* mit dem Parameter λ, $\lambda > 0$, wenn

$$\mathsf{P}(X = k) = \frac{\lambda^k}{k!}\,e^{-\lambda}, \qquad k = 0, 1, 2, \ldots,$$

$$\mathsf{E}X = \lambda, \qquad \mathsf{V}X = \lambda,$$

$$g_X(z) = e^{\lambda(z-1)}, \qquad \varphi_X(t) = e^{\lambda(e^{it}-1)}, \qquad F_X{}^*(s) = e^{\lambda(e^{-s}-1)}.$$

Eine ganze Klasse von diskreten Verteilungen stellen die gitterförmigen Verteilungen dar.

2.9.7. Gitterförmige und arithmetische Verteilung

Eine diskrete Zufallsgröße X heißt *gitterförmig verteilt*, wenn die von X angenommenen Werte x_k in der Form $x_k = hk + a$, $k = 0, \pm 1, \pm 2, \ldots$ darstellbar sind, wobei $h > 0$ die Schrittweite des Gitters (die *Gitterkonstante*) ist und a beliebig reell sein kann; ist $a = 0$, so heißt die Zufallsgröße X *arithmetisch verteilt*.

2.9.8. Stetige Gleichverteilung Gl (a, b)

Eine stetige Zufallsgröße X heißt (*stetig*) *gleichverteilt* im Intervall $[a, b]$, $a, b \in \mathbb{R}$, $a < b$, wenn die Verteilungsfunktion $F(x)$ die Gestalt hat

$$F(x) = \begin{cases} 0 & \text{für} \quad x \leqq a, \\ \dfrac{x-a}{b-a} & \text{für} \quad a \leqq x \leqq b, \\ 1 & \text{für} \quad x \geqq b. \end{cases}$$

Diese Verteilungsfunktion (auch *Rechteckverteilung* genannt) ist absolutstetig und besitzt die Verteilungsdichte

$$f(x) = \begin{cases} 0 & \text{für} \quad x < a, \\ \dfrac{1}{b-a} & \text{für} \quad a \leqq x \leqq b, \\ 0 & \text{für} \quad x > b, \end{cases}$$

$$\mathsf{E}X = \frac{a+b}{2}, \qquad \mathsf{V}X = \frac{(b-a)^2}{12},$$

$$\varphi_X(t) = \frac{1}{b-a}\,\frac{1}{it}\,(e^{ibt} - e^{iat}), \qquad F_X{}^*(s) = \frac{1}{b-a}\,\frac{1}{s}\,(e^{-sa} - e^{-sb}).$$

2.9.9. Normalverteilung $\mathrm{N}(a, \sigma^2)$

Eine stetige Zufallsgröße X heißt (auf der reellen Achse) *normalverteilt* mit den Parametern a und σ^2, $a \in \mathbb{R}$, $\sigma > 0$, kurz: X ist $\mathrm{N}(a, \sigma^2)$-*verteilt*, wenn die Verteilungsfunktion $F(x)$ die Form hat

$$F(x) = \frac{1}{\sigma\sqrt{2\pi}} \int\limits_{-\infty}^{x} e^{-\frac{(t-a)^2}{2\sigma^2}}\,dt, \qquad -\infty < x < \infty.$$

Die zugehörige Verteilungsdichte $f(x)$ lautet (*Gaußsche Glockenkurve*)

$$f(x) = \frac{1}{\sigma\sqrt{2\pi}}\,e^{-\frac{(x-a)^2}{2\sigma^2}}, \qquad -\infty < x < \infty.$$

Es ist $f(a - x) = f(a + x)$ für jedes x, $a \pm \sigma$ sind die einzigen Wendepunkte, bei $x = a$ liegt das absolute Maximum.

$$\mathsf{E}X = a, \qquad \mathsf{V}X = \sigma^2,$$

$$\varphi_X(t) = \exp\left(ita - \frac{\sigma^2 t^2}{2}\right), \qquad F_X{}^*(s) = \exp\left(\frac{\sigma^2 s}{2} - sa\right).$$

Als eine Verschärfung der Tschebyschewschen Ungleichung gilt für eine normalverteilte Zufallsgröße X die *Dreisigma-Regel*:

$$\mathsf{P}(|X - a| \geqq 3\sigma) = 2\Phi(3) - 1 = 0{,}0027,$$

wobei $\Phi(x)$ im folgenden Abschnitt erklärt wird.

2.9.10. Standardisierte Normalverteilung N(0, 1)

Häufig tritt die *standardisierte Normalverteilung* N(0, 1), d. h. $a = 0$, $\sigma^2 = 1$, auf, die auch durch Standardisierung einer $N(a, \sigma^2)$-verteilten Zufallsgröße zu gewinnen ist (↑ D. 2.6.3.8). Die Verteilungsfunktion der standardisierten Normalverteilung wird mit $\Phi(x)$ und die zugehörige Verteilungsdichte mit $\varphi(x)$ bezeichnet. Für N(0, 1) ist somit

$$\Phi(x) = \frac{1}{\sqrt{2\pi}} \int_{-\infty}^{x} e^{-t^2/2}\, dt, \qquad -\infty < x < \infty,$$

und

$$\varphi(x) = \frac{1}{\sqrt{2\pi}} e^{-x^2/2}.$$

Es ist $\Phi(-x) = 1 - \Phi(x)$ und $\varphi(-x) = \varphi(x)$.

$$\mathsf{E}X = a = 0, \qquad \mathsf{V}X = \sigma^2 = 1,$$

$$\varphi_X(t) = \exp\left(-\frac{t^2}{2}\right), \qquad \Phi_X{}^*(s) = \exp\left(\frac{s}{2}\right).$$

2.9.11. Exponentialverteilung Exp (λ)

Eine nichtnegative stetige Zufallsgröße X heißt *exponentialverteilt* mit dem Parameter $\lambda > 0$, wenn

$$F(x) = \begin{cases} 0 & \text{für } x < 0, \\ 1 - e^{-\lambda x} & \text{für } x \geqq 0, \end{cases} \qquad f(x) = \begin{cases} 0 & \text{für } x < 0, \\ \lambda e^{-\lambda x} & \text{für } x \geqq 0. \end{cases}$$

$$\mathsf{E}X = \frac{1}{\lambda}, \quad \mathsf{V}X = \frac{1}{\lambda^2}, \quad \varphi_X(t) = \frac{\lambda}{\lambda - it}, \quad F_X{}^*(s) = \frac{\lambda}{\lambda + s}.$$

Die Exponentialverteilung ist die einzige stetige Verteilung, die die Eigenschaft der *Gedächtnislosigkeit* (*Markow-Eigenschaft*) besitzt; d. h., ist die Zufallsgröße X exponentialverteilt, so besitzt die Restzufallsgröße $X_t = X - t$, $t > 0$, unter der Bedingung $X > t$ die gleiche Exponentialverteilungsfunktion wie X:

$$\mathsf{P}(X_t < x \mid X_t > 0) = \mathsf{P}(X < x).$$

Verwendet man D. 2.10.1.1 der Restdauerverteilungsfunktion, so lautet diese Gleichung $F_t(x) = F(x)$ (↑ S. 2.10.1.10).

2.9.12. Gammaverteilung Ga (λ, α)

Eine nichtnegative stetige Zufallsgröße X heißt *gammaverteilt* mit den Parametern $\alpha > 0$, $\lambda > 0$, wenn die Verteilungsfunktion die Form hat

$$F(x) = \begin{cases} 0 & \text{für } x < 0, \\ \dfrac{\lambda^\alpha}{\Gamma(\alpha)} \displaystyle\int_0^x x^{\alpha-1} e^{-\lambda x}\, dx & \text{für } x \geqq 0, \end{cases}$$

wobei $\Gamma(\alpha)$ die Gammafunktion ist:

$$\Gamma(\alpha) = \int_0^\infty x^{1-\alpha} e^{-x} dx, \qquad \Gamma(\alpha) = (k-1)!, \quad \text{falls } \alpha = k \text{ ganzzahlig},$$

$$f(x) = \begin{cases} 0 & \text{für} \quad x < 0, \\ \dfrac{\lambda^\alpha}{\Gamma(\alpha)} x^{\alpha-1} e^{-\lambda x} & \text{für} \quad x \geqq 0, \end{cases}$$

$$\mathsf{E}X = \frac{\alpha}{\lambda}, \qquad \mathsf{V}X = \frac{\alpha}{\lambda^2}, \qquad \varphi_X(t) = \left(\frac{\lambda}{\lambda - \mathrm{i}t}\right)^\alpha, \qquad F_X{}^*(s) = \left(\frac{\lambda}{\lambda + s}\right)^\alpha.$$

Für $\alpha = 1$ ergibt sich aus der Gammaverteilung die Exponentialverteilung.

2.9.13. Erlang-Verteilung Erl $(\lambda, k) = \mathrm{E}_{k,\lambda}$

Die *Erlang-Verteilung* der Ordnung k mit dem Parameter $\lambda > 0$ ergibt sich aus der Gammaverteilung für ganzzahlige $\alpha = k = 1, 2, \ldots$

$$F(x) = \mathrm{E}_{k,\lambda}(x) = \begin{cases} 0 & \text{für} \quad x < 0, \\ 1 - \sum\limits_{i=0}^{k-1} \dfrac{(\lambda x)^i}{i!} e^{-\lambda x} = \int\limits_0^x \lambda \dfrac{(\lambda x)^{k-1}}{(k-1)!} e^{-\lambda x} dx & \text{für} \quad x \geqq 0, \end{cases}$$

$$f(x) = \begin{cases} 0 & \text{für} \quad x < 0, \\ \lambda \dfrac{(\lambda x)^{k-1}}{(k-1)!} e^{-\lambda x} & \text{für} \quad x \geqq 0, \end{cases}$$

$$\mathsf{E}X = \frac{k}{\lambda}, \qquad \mathsf{V}X = \frac{k}{\lambda^2}, \quad \varphi_X(t) = \left(\frac{\lambda}{\lambda - \mathrm{i}t}\right)^k, \quad F_X{}^*(s) = \left(\frac{\lambda}{\lambda + s}\right)^k.$$

Für $k = 1$ ergibt sich die Exponentialverteilung $\mathrm{E}_{1,\lambda} = \mathrm{Exp}\,(\lambda) = \mathrm{Ga}\,(\lambda, 1)$. Verallgemeinerungen der Erlang-Verteilung sind insbesondere die PH-Verteilung (↑ [6.3.3]), die verallgemeinerte Erlang-Verteilung (↑ [6.3.3]) und die Cox-Verteilung (↑ [II, Kap. 8]).

2.9.14. Hyper-Erlang-Verteilung H-Erl (n)

Eine stetige nichtnegative Zufallsgröße X besitzt eine Hyper-Erlang-Verteilung vom Grade n, wenn ihre Verteilungsfunktion die Form hat

$$F_X(x) = \sum_{i=1}^n a_i \mathrm{E}_{k_i,\lambda_i}(x),$$

wobei $\mathrm{E}_{k_i,\lambda_i}(x)$, $i = 1, \ldots, n$, Erlang-Verteilungen der Ordnung k_i, $k_i = 1, 2, \ldots$, mit den Parametern λ_i sind, und $a_i > 0$, $\sum\limits_{i=1}^n a_i = 1$. Die Hyper-Erlang-Verteilung vom

Grade n ist somit eine Mischung von n Erlang-Verteilungen (↑ D. 2.5.4.3).

$$\mathsf{E}X = \sum_{i=1}^{n} \frac{a_i k_i}{\lambda_i}, \quad \mathsf{V}X = \sum_{i=1}^{n} \frac{a_i k_i (k_i + 1)}{\lambda_i^2} - \left(\sum_{i=1}^{n} \frac{a_i k_i}{\lambda_i}\right)^2,$$

$$\varphi_X(t) = \sum_{i=1}^{n} a_i \left(\frac{\lambda_i}{\lambda_i - \mathrm{i}t}\right)^{k_i}, \quad F_X{}^*(s) = \sum_{i=1}^{n} a_i \left(\frac{\lambda_i}{\lambda_i + s}\right)^{k_i}.$$

2.9.15. Hyper-Exponentialverteilung H-Exp (n)

Eine stetige nichtnegative Zufallsgröße X besitzt eine *Hyper-Exponentialverteilung* vom Grade n, $n = 1, 2, \ldots$, wenn gilt

$$F_X(x) = \sum_{i=1}^{n} a_i \mathrm{E}_{1,\lambda_i}(x),$$

wobei $\mathrm{E}_{1,\lambda_i}(x) = 1 - \mathrm{e}^{-\lambda_i x}$ Exponentialverteilungsfunktionen mit den Parametern λ_i sind, und $a_i > 0$, $\sum_{i=1}^{n} a_i = 1$. Die Hyper-Exponentialverteilung ist der Spezialfall $k_i = 1$, $i = 1, \ldots, n$ der Hyper-Erlang-Verteilung und stellt somit eine Mischung von n Exponentialverteilungen dar.

$$\mathsf{E}X = \sum_{i=1}^{n} \frac{a_i}{\lambda_i}, \quad \mathsf{V}X = \sum_{i=1}^{n} \frac{2a_i}{\lambda_i^2} - \left(\sum_{i=1}^{n} \frac{a_i}{\lambda_i}\right)^2,$$

$$\varphi_X(t) = \sum_{i=1}^{n} a_i \frac{\lambda_i}{\lambda_i - \mathrm{i}t}, \quad F_X{}^*(s) = \sum_{i=1}^{n} a_i \frac{\lambda_i}{\lambda_i + s}.$$

2.9.16. χ^2-Verteilung Chi (n)

Die χ^2-*Verteilung* mit n Freiheitsgraden ergibt sich aus der Gammaverteilung durch Wahl der Parameter $\alpha = \frac{n}{2}$, $n = 1, 2, 3, \ldots$ und $\lambda = \frac{1}{2}$.

$$F(x) = \begin{cases} 0 & \text{für} \quad x < 0, \\ \dfrac{1}{2^{n/2}\Gamma\left(\frac{n}{2}\right)} \displaystyle\int_0^x x^{\frac{n}{2}-1} \mathrm{e}^{-\frac{x}{2}} \, \mathrm{d}x & \text{für} \quad x \geqq 0, \end{cases}$$

$$f(x) = \begin{cases} 0 & \text{für} \quad x < 0, \\ \dfrac{x^{n/2-1}}{2^{n/2}\Gamma\left(\frac{n}{2}\right)} \mathrm{e}^{-\frac{x}{2}} & \text{für} \quad x \geqq 0, \end{cases}$$

$$\mathsf{E}X = n, \quad \mathsf{V}X = 2n, \quad \varphi_X(t) = (1 - 2\mathrm{i}t)^{-n/2}, \quad F_X{}^*(s) = (1 + 2s)^{-n/2}.$$

2.9.17. (Fishersche) F-Verteilung Fi (m, n)

Eine stetige Zufallsgröße X heißt *F-verteilt* mit (m, n) Freiheitsgraden, $m, n = 1, 2, \ldots$, wenn

$$f_X(x) = \begin{cases} \dfrac{\left(\dfrac{m}{n}\right)^{\frac{m}{2}} x^{\frac{m}{2}-1}}{B\left(\dfrac{m}{2}, \dfrac{n}{2}\right)} \left(1 + \dfrac{m}{n} x\right)^{-\frac{m+n}{2}} & \text{für} \quad x > 0, \\ 0 & \text{für} \quad x \leqq 0, \end{cases}$$

wobei $B\left(\dfrac{m}{2}, \dfrac{n}{2}\right) = \int\limits_0^1 x^{\frac{m}{2}-1} (1-x)^{\frac{n}{2}-1} \, dx$ die Betafunktion an der Stelle $\left(\dfrac{m}{2}, \dfrac{n}{2}\right)$ ist.

$$\mathsf{E}X = \frac{n}{n-2}, \qquad \mathsf{V}X = \frac{2n^2(m+n-2)}{m(n-2)^2\,(n-4)}.$$

2.9.18. Student-Verteilung oder t-Verteilung Stu (n)

Eine stetige Zufallsgröße X heißt *t-verteilt* mit n Freiheitsgraden, $n = 1, 2, \ldots$, wenn

$$f_X(x) = \frac{\Gamma\left(\dfrac{n+1}{2}\right)}{\Gamma\left(\dfrac{n}{2}\right)} \left(1 + \frac{x^2}{n}\right)^{-\frac{n+1}{2}}, \qquad x \in \mathbb{R},$$

wobe $\Gamma(x)$ die Gammafunktion ist ↑ [2.9.12].

$$\mathsf{E}X = 0 \quad \text{für} \quad n = 2, 3, \ldots, \qquad \mathsf{V}X = \frac{n}{n-2} \quad \text{für} \quad n = 3, 4, \ldots$$

2.10. Einige Klassen von Verteilungsfunktionen (IFR, DFR, NBU, NWU, NBUE, NWUE). Einige Halbordnungsrelationen für eindimensionale Verteilungsfunktionen

Jetzt werden die für die Bedienungstheorie wichtigsten Klassen von Verteilungsfunktionen definiert (deren Bezeichnung gelegentlich noch auf ihren Ursprung in der Zuverlässigkeitstheorie hinweist) und einige wichtige Halbordnungsrelationen für eindimensionale Verteilungsfunktionen sowie Zufallsgrößen eingeführt, die sowohl für theoretische Untersuchungen als auch für die Formulierung von Ergebnissen in Form von Ungleichungen und Abschätzungen benötigt werden.

2.10.1. Klassen von Verteilungsfunktionen

Für eine nichtnegative Zufallsgröße X, die wir stets als Zeitdauer z. B. der Bedienung, Pause usw. interpretieren können, mit der Verteilungsfunktion $F_X(x)$ interessiert häufig die Verteilungsfunktion $F_y(x)$ der zufälligen Restgröße (Restdauer) X_y von X unter der Bedingung, daß die Gesamtgröße X schon den Wert y überschritten hat.

2.10.1.1. Definition. Die *Restdauerverteilungsfunktion* ist die Funktion

$$F_y(x) = \mathsf{P}(X_y < x \mid X > y) = \mathsf{P}(X < x + y \mid X > y) = \frac{F_X(x+y) - F_X(y)}{1 - F_X(y)},$$

$0 < x < \infty$, falls $F_X(y) < 1$, und $F_y(x) = 1$, falls $F_X(y) = 1$.

2.10.1.2. Definition. Die Verteilungsfunktion $F_X(x)$ einer nichtnegativen Zufallsgröße heißt *vom Typ* IFR (increasing failure rate) oder eine *Verteilungsfunktion mit wachsender Ausfallrate*, falls für die Restdauerverteilungsfunktion gilt $F_{y_1}(x) \leqq F_{y_2}(x)$ für alle y_1, y_2 mit $0 \leqq y_1 \leqq y_2 < \infty$ und für alle x mit $0 < x < \infty$.

2.10.1.3. Satz. $F(x)$ ist vom Typ IFR genau dann, wenn $\ln\big(1 - F(x)\big)$ konkav ist.

Mit Hilfe von D. 2.10.2.1 folgt sofort:

2.10.1.4. Satz. $F(x)$ ist vom Typ IFR genau dann, wenn $F_{y_1} \overset{(1)}{\leqq} F_{y_2}$ für alle y_1, y_2 mit $0 \leqq y_1 \leqq y_2$.

Eine weitere äquivalente Charakterisierung der IFR-Eigenschaft, die auch diese Bezeichnung erklärt, ist mit Hilfe der Ausfallrate möglich.

2.10.1.5. Definition. Für eine absolutstetige Verteilungsfunktion $F(x)$ mit der Verteilungsdichte $f(x)$ heißt die Funktion $r(x) = f(x)/\big(1 - F(x)\big)$ *Ausfallrate* der Verteilungsfunktion $F(x)$; sie ist definiert für alle $x \geqq 0$ mit $F(x) < 1$.

2.10.1.6. Satz. Eine absolutstetige Verteilungsfunktion $F(x)$ ist vom Typ IFR genau dann, wenn $r(x)$ in x monoton wächst.

Beispiele für Verteilungsfunktionen vom Typ IFR sind die Erlang-Verteilung, die Gammaverteilung und die stetige Gleichverteilung.

2.10.1.7. Definition. Eine Verteilungsfunktion $F(x)$ einer nichtnegativen Zufallsgröße heißt *vom Typ* DFR (decreasing failure rate) oder eine *Verteilungsfunktion mit fallender Ausfallrate*, falls $F_{y_1}(x) \geqq F_{y_2}(x)$ für alle y_1, y_2 mit $0 \leqq y_1 \leqq y_2 < \infty$ und für alle x mit $0 < x < \infty$.

2.10.1.8. Satz. $F(x)$ ist vom Typ DFR genau dann, wenn $\ln\big(1 - F(x)\big)$ konvex ist, und genau dann, wenn $r(x)$ monoton fällt in x.

Beispiele für Verteilungsfunktionen vom Typ DFR sind Mischungen von Exponentialverteilungsfunktionen (Hyper-Exponentialverteilungsfunktionen).

2.10.1.9. Definition. Die Verteilungsfunktion $F(x)$ einer nichtnegativen Zufallsgröße heißt *vom Typ* NBU (new better than used), falls $F(x) \leqq F_y(x)$ für alle $x \geqq 0$, $y \geqq 0$ oder äquivalent damit $F_y \overset{(1)}{\leqq} F$ bzw.

$$1 - F(x + y) \leqq \big(1 - F(x)\big)\big(1 - F(y)\big).$$

2.10.1.10. Satz. Das Gleichheitszeichen in D. 2.10.1.9 gilt genau dann, wenn $F(x)$ die Exponentialverteilung ist (Eigenschaft der Gedächtnislosigkeit der Exponentialverteilung).

Die NBU-Eigenschaft („neu besser als gebraucht") sagt aus, daß die Wahrscheinlichkeit $1 - F(x)$ dafür, daß die Gesamtdauer X (die Dauer der „neuen" Bedienung z. B.) größer ist als x, größer (oder gleich) ist als die bedingte Wahrscheinlichkeit $\dfrac{1 - F(x + y)}{1 - F(y)}$ dafür, daß die Restdauer X_y (die Restdauer der „gebrauchten" Bedienung) größer als x ist unter der Bedingung, daß X den Wert y schon überschritten hat.

2.10.1.11. Satz. Eine Verteilungsfunktion vom Typ IFR ist auch vom Typ NBU.

2.10.1.12. Definition. Die Verteilungsfunktion $F(x)$ einer nichtnegativen Zufallsgröße heißt *vom Typ* NWU (new worse than used), falls $F(x) \geqq F_y(x)$ für alle $x \geqq 0$, $y \geqq 0$ oder äquivalent damit $F \overset{(1)}{\leqq} F_y$ bzw.

$$1 - F(x + y) \geqq \bigl(1 - F(x)\bigr)\bigl(1 - F(y)\bigr).$$

2.10.1.13. Satz. Eine Verteilungsfunktion vom Typ DFR ist auch vom Typ NWU.

Zu einer größeren Klasse von Verteilungsfunktionen gelangt man, wenn man die mittlere Restgröße $\mathsf{E}X_y$ mit der mittleren Gesamtgröße $\mathsf{E}X$ vergleicht.

2.10.1.14. Definition. Die Verteilungsfunktion $F(x)$ einer nichtnegativen Zufallsgröße X mit endlichem Erwartungswert $\mathsf{E}X$ heißt *vom Typ* NBUE bzw. NWUE (new better bzw. worse than used in expectation), falls

$$\mathsf{E}X_y = \int_0^\infty x\,\mathrm{d}F_y(x) \leqq (\text{bzw.} \geqq)\ \mathsf{E}X = \int_0^\infty x\,\mathrm{d}F(x)$$

für alle $y \geqq 0$ oder äquivalent damit

$$\frac{1}{\mathsf{E}X}\int_0^t \bigl(1 - F(x)\bigr)\,\mathrm{d}x \geqq (\text{bzw.} \leqq)\ F(t)$$

für alle $t \geqq 0$.

Für eine Verteilungsfunktion vom Typ NBUE ist also die mittlere „neue“ Gesamtdauer (mit der Verteilungsfunktion $F(x)$) nicht kleiner als die mittlere Restdauer X_y (mit der Verteilungsfunktion $F_y(x)$) für jeden Wert $y \geqq 0$.

2.10.1.15. Satz. Eine Verteilungsfunktion vom Typ NBU bzw. NWU ist auch vom Typ NBUE bzw. NWUE.

Weitergehende Aussagen für die eingeführten Klassen von Verteilungsfunktionen sind in den entsprechenden Kapiteln des Handbuches, wo sie benötigt werden, sowie insbesondere in Barlow/Proschan [2] enthalten.

2.10.2. Halbordnungsrelationen eindimensionaler Verteilungsfunktionen

2.10.2.1. Definition. Für zwei Verteilungsfunktionen $F_1(x)$, $F_2(x)$ besteht die Relation $F_1 \overset{(1)}{\leqq} F_2$, wenn $1 - F_1(x) \leqq 1 - F_2(x)$ für alle $x \in \mathbb{R}$.

Für einige wichtige im Handbuch auftretende Verteilungsfunktionen geben wir hinreichende Kriterien für das Erfülltsein der Relation $\overset{(1)}{\leqq}$ an.

2.10.2.2. Satz. Gilt für zwei Exponentialverteilungen $\mathrm{Exp}(\lambda_i)$, $i = 1, 2$, mit den zugehörigen Verteilungsfunktionen $F_i(x)$, $\lambda_2 \leqq \lambda_1$, dann folgt $F_1 \overset{(1)}{\leqq} F_2$.

2.10.2.3. Satz. Für zwei Erlang-Verteilungen $\mathrm{Erl}(\lambda_i, k_i)$ mit den zugehörigen Verteilungsfunktionen $F_i(x)$, $i = 1, 2$, folgt aus $\lambda_2 \leqq \lambda_1$ und $k_1 \leqq k_2$, daß $F_1 \overset{(1)}{\leqq} F_2$.

2.10.2.4. Satz. Sind $\Pi(\lambda_1)$, $\Pi(\lambda_2)$ zwei Poisson-Verteilungen und $F_1(x)$, $F_2(x)$ die zugehörigen Verteilungsfunktionen, so folgt aus $\lambda_1 \leqq \lambda_2$ die Beziehung $F_1 \overset{(1)}{\leqq} F_2$.

2.10.2.5. Satz. Sind $N(a_i, \sigma_i^2)$, $i = 1, 2$, Normalverteilungen mit den Verteilungsfunktionen $F_i(x)$, so folgt aus $a_1 \leqq a_2$ und $\sigma_1 = \sigma_2$ die Beziehung $F_1 \overset{(1)}{\leqq} F_2$.

2.10.2.6. Definition. Für zwei Verteilungsfunktionen $F_1(x)$, $F_2(x)$ besteht die Relation $F_1 \overset{(2)}{\leqq} F_2$, wenn

$$\int_y^\infty \left(1 - F_1(x)\right) dx \leqq \int_y^\infty \left(1 - F_2(x)\right) dx$$

für alle $y \in \mathbb{R}$, wobei vorausgesetzt wird, daß die Integrale mit der unteren Grenze $y = 0$ endlich sind.

Es werden für Anwendungen besonders wichtige hinreichende Kriterien für die Gültigkeit von $\overset{(2)}{\leqq}$ angegeben.

2.10.2.7. Satz. (a) Schnittkriterium: Existiert für die Verteilungsfunktionen $F_{X_1}(x)$, $F_{X_2}(x)$ der Zufallsgrößen X_1, X_2 mit $\mathsf{E}X_1 = \mathsf{E}X_2$ ein Intervall $[x_1, x_2]$ mit $x_1 \leqq x_2$, so daß

$$\begin{aligned} F_{X_1}(x) &\leqq F_{X_2}(x) \quad &&\text{für} \quad x < x_1, \\ F_{X_1}(x) &= F_{X_2}(x) \quad &&\text{für} \quad x_1 \leqq x \leqq x_2, \\ F_{X_1}(x) &\geqq F_{X_2}(x) \quad &&\text{für} \quad x > x_2 \end{aligned}$$

gelten, dann folgt $F_{X_1} \overset{(2)}{\leqq} F_{X_2}$.

(b) Kriterium für die Ausfallraten: F_1 und F_2 mögen denselben Erwartungswert besitzen, es gelte für die Ausfallraten $r_1(x)$ und $r_2(x)$

$$\begin{aligned} r_1(x) &\leqq r_2(x); \quad && x \leqq x_0 \\ r_1(x) &\geqq r_2(x); \quad && x \geqq x_0 \end{aligned}$$

für ein gewisses x_0. Dann gilt $F_1 \overset{(2)}{\leqq} F_2$.

(c) NBUE-Kriterium: F_1 und F_2 mögen denselben Erwartungswert besitzen, F_1 sei vom Typ NBUE, F_2 sei eine Exponentialverteilung. Dann ist $F_1 \overset{(2)}{\leqq} F_2$.

2.10.2.8. Satz. (a) Für die Verteilungsfunktionen F_1, F_2 zweier Gamma-Verteilungen mit den Parametern λ_i, α_i und den Erwartungswerten m_i, $i = 1, 2$, folgt aus $m_1 \leqq m_2$ und $\alpha_1 \geqq \alpha_2$, daß $F_1 \overset{(2)}{\leqq} F_2$.

(b) Für zwei Erlang-Verteilungen $\mathrm{Erl}(\lambda_i, k_i)$ mit den zugehörigen Verteilungsfunktionen $F_i(x)$, $i = 1, 2$, folgt aus $m_1 \leqq m_2$ und $k_1 \geqq k_2$, daß $F_1 \overset{(2)}{\leqq} F_2$.

2.10.2.9. Satz. Für die Verteilungsfunktionen $F_i(x)$ zweier Normalverteilungen $N(a_i, \sigma_i^2)$, $i = 1, 2$, folgt aus $a_1 \leqq a_2$ und $\sigma_1 \leqq \sigma_2$ die Beziehung $F_1 \overset{(2)}{\leqq} F_2$.

2.10.2.10. Definition. Für zwei Verteilungsfunktionen $F_1(x)$, $F_2(x)$ besteht die Relation $F_1 \overset{(3)}{\leqq} F_2$, falls

$$\int_{-\infty}^y F_1(x)\, dx \leqq \int_{-\infty}^y F_2(x)\, dx$$

für alle $y \in \mathbb{R}$, wobei vorausgesetzt wird, daß die Integrale endlich sind.

2.10.2.11. Definition. Für zwei Verteilungsfunktionen $F_1(x)$, $F_2(x)$ nichtnegativer Zufallsgrößen besteht die Relation $F_1 \leqq_L F_2$, falls

$$\int_0^\infty e^{-tx}\, dF_1(x) \geqq \int_0^\infty e^{-tx}\, dF_2(x)$$

für alle $t > 0$.

2.10.2.12. Satz. Die angeführten Relationen sind Halbordnungsrelationen, d. h., sie sind reflexiv, transitiv und antisymmetrisch.

2.10.2.13. Definition. Zwischen zwei Zufallsgrößen X_1, X_2 besteht die Halbordnungsrelation $X_1 \overset{(i)}{\leqq} X_2$, $i = 1, 2, 3$, bzw. $X_1 \leqq_L X_2$, wenn $F_{X_1} \overset{(i)}{\leqq} F_{X_2}$ bzw. $F_{X_1} \leqq_L F_{X_2}$.

Es folgen einige Zusammenhänge und Eigenschaften.

2.10.2.14. Satz. Aus $F_1 \overset{(1)}{\leqq} F_2$ folgt $F_1 \overset{(2)}{\leqq} F_2$ und $F_1 \overset{(3)}{\leqq} F_2$; aus $F_1 \overset{(3)}{\leqq} F_2$ folgt $F_1 \leqq_L F_2$.

2.10.2.15. Satz. Die Aussagen $F_{X_1} \overset{(2)}{\leqq} F_{X_2}$ und $F_{X_2} \overset{(3)}{\leqq} F_{X_1}$ sind äquivalent genau dann, wenn $\mathsf{E}X_1 = \mathsf{E}X_2$.

2.10.2.16. Satz. Sind X_1 und Y_1 sowie X_2 und Y_2 paarweise unabhängig, so folgt aus $X_1 \overset{(i)}{\leqq} X_2$ und $Y_1 \overset{(i)}{\leqq} Y_2$, daß $X_1 + Y_1 \overset{(i)}{\leqq} X_2 + Y_2$ für $i = 1, 2, 3$.

2.10.2.17. Satz. Es gilt die Ungleichung

$$\int_{-\infty}^\infty v(x)\, dF_1(x) \leqq \int_{-\infty}^\infty v(x)\, dF_2(x),$$

(i) falls $F_1 \overset{(1)}{\leqq} F_2$ und $v(x)$ eine monoton nicht fallende Funktion ist,
(ii) falls $F_1 \overset{(2)}{\leqq} F_2$ und $v(x)$ eine monoton nicht fallende konvexe Funktion ist,
(iii) falls $F_1 \overset{(3)}{\leqq} F_2$ und $v(x)$ eine monoton nicht fallende konkave Funktion ist,
(iv) falls $F_1 \leqq_L F_2$ und $v(x)$ eine vollmonotone Funktion auf $\mathbb{R}_+$ ist.

Weitere Definitionen von Halbordnungsrelationen für ein- und mehrdimensionale Verteilungsfunktionen sowie für Verteilungsgesetze findet man im Kapitel 8 sowie in STOYAN [1], LISEK (1978).

2.11. Gesetze der großen Zahlen

2.11.1. Definition. Eine Folge $X_1, X_2, \ldots$ von Zufallsgrößen mit endlichen Erwartungswerten $\mathsf{E}X_i$, $i = 1, 2, \ldots$, genügt dem *starken* bzw. *schwachen Gesetz der großen Zahlen,* wenn

$$\underset{n\to\infty}{\text{P-lim}}\ \frac{1}{n} \sum_{i=1}^n (X_i - \mathsf{E}X_i) = 0$$

bzw.

$$\underset{n\to\infty}{\text{p-lim}}\ \frac{1}{n} \sum_{i=1}^n (X_i - \mathsf{E}X_i) = 0.$$

Sind die Zufallsgrößen X_i, $i = 1, 2, \ldots$, identisch verteilt und ist somit $\mathsf{E}X_i = \mathsf{E}X_1$, $i = 1, 2, \ldots$, so erhält das starke bzw. schwache Gesetz der großen Zahlen die Form

$$\operatorname*{P-lim}_{n\to\infty} \frac{1}{n} \sum_{i=1}^{n} X_i \doteq \mathsf{E}X_1 \quad \text{bzw.} \quad \operatorname*{p-lim}_{n\to\infty} \frac{1}{n} \sum_{i=1}^{n} X_i = \mathsf{E}X_1.$$

Es drückt den Sachverhalt der Ergodizität im physikalischen Sinne aus, d. h. die betreffende Wahrscheinlichkeitskonvergenz des arithmetischen Mittels der Zufallsgrößen (auch Cesaro-Mittel genannt und als Zeitmittel interpretiert) gegen das statistische Mittel (auch Raummittel genannt) (bez. Konvergenzarten ↑ [2.7]).

Es folgt eine für die Zwecke des Handbuches zusammengestellte Auswahl verschiedener Bedingungen für die Gültigkeit des starken bzw. schwachen Gesetzes der großen Zahlen. Die entsprechenden Sätze werden aus traditionellen Gründen ebenfalls als Gesetze der großen Zahlen bezeichnet.

2.11.2. Satz (schwaches Gesetz der großen Zahlen von CHINTSCHIN). Sind die Zufallsgrößen $X_1, X_2, \ldots$ paarweise unabhängig und identisch verteilt mit endlichem Erwartungswert, dann genügt die Folge (X_i) dem schwachen Gesetz der großen Zahlen.

Als Spezialfall hiervon ergibt sich:

2.11.3. Satz (schwaches Gesetz der großen Zahlen von BERNOULLI). Sind die Zufallsgrößen $X_1, X_2, \ldots$ paarweise unabhängig und besitzen sie dieselbe Zweipunktverteilung $\mathsf{P}(X_i = 1) = p$ und $\mathsf{P}(X_i = 0) = 1 - p$, $0 < p < 1$, dann gilt für (X_i) das schwache Gesetz der großen Zahlen.

Deutet man X_i als die Indikatorvariable (↑ D. 2.4.2) eines zufälligen Ereignisses A (den Ausgang eines Versuches) mit der Wahrscheinlichkeit p, dann stellt $\frac{1}{n} \sum_{i=1}^{n} X_i = h_n(\mathrm{A})$ gerade die relative Häufigkeit des Eintretens des zufälligen Ereignisses A bei n Versuchen dar. Das schwache Gesetz der großen Zahlen von BERNOULLI sagt dann aus, daß $\operatorname*{p-lim}_{n\to\infty} h_n(\mathrm{A}) = p$.

2.11.4. Satz (schwaches Gesetz der großen Zahlen von TSCHEBYSCHEW). Sind die Zufallsgrößen $X_1, X_2, \ldots$ paarweise unkorreliert, existieren ihre Varianzen $\mathsf{V}X_i$ und sind diese gleichmäßig beschränkt, dann gilt für (X_i) das schwache Gesetz der großen Zahlen.

Als Spezialfall ergibt sich hieraus:

2.11.5. Satz (schwaches Gesetz der großen Zahlen von POISSON). Sind die Zufallsgrößen $X_1, X_2, \ldots$ paarweise unkorreliert und besitzen sie Zweipunktverteilungen $\mathsf{P}(X_i = 1) = p_i$, $\mathsf{P}(X_i = 0) = 1 - p_i$, $i = 1, 2, \ldots$, dann gilt

$$\operatorname*{p-lim}_{n\to\infty} \left(\frac{1}{n} \sum_{i=1}^{n} X_i - \frac{1}{n} \sum_{i=1}^{n} p_i\right) = 0$$

oder in Analogie zu S. 2.11.3

$$\operatorname*{p-lim}_{n\to\infty} \left(h_n(\mathrm{A}) - \frac{1}{n} \sum_{i=1}^{n} p_i\right) = 0.$$

2.11.6. Satz (schwaches Gesetz der großen Zahlen von BERNSTEIN/SLUTSKY/GNEDENKO). Eine Folge (X_i) genügt dem schwachen Gesetz der großen Zahlen genau dann, wenn

$$\lim_{n\to\infty} \mathsf{E} \frac{Z_n^2}{n^2 + Z_n^2} = 0 \qquad \text{mit} \qquad Z_n = \sum_{i=1}^{n} (X_i - \mathsf{E}X_i).$$

Der folgende, mit sehr starken Voraussetzungen versehene Satz wird in den Anwendungen häufig benutzt und wird daher gesondert aufgeführt, obwohl er in S. 2.11.10 enthalten ist.

2.11.7. Satz. Eine Folge $X_1, X_2, \ldots$ unabhängiger und identisch verteilter Zufallsgrößen mit endlichem Erwartungswert genügt dem starken Gesetz der großen Zahlen

$$\operatorname*{P\text{-}lim}_{n\to\infty} \frac{1}{n} \sum_{i=1}^{n} X_i = \mathsf{E}X_1.$$

Hieraus folgt in Verschärfung von S. 2.11.3 als Spezialfall von S. 2.11.10:

2.11.8. Satz (starkes Gesetz der großen Zahlen von Borel). Sind die Zufallsgrößen $X_1, X_2, \ldots$ unabhängig und besitzen sie dieselbe Zweipunktverteilung $\mathsf{P}(X_i = 1) = p$, $\mathsf{P}(X_i = 0) = 1 - p$, dann genügt $(X_i)_i$ dem starken Gesetz der großen Zahlen, d. h.

$$\operatorname*{P\text{-}lim}_{n\to\infty} h_n(\mathrm{A}) = p.$$

Desgleichen kann die Konvergenz in S. 2.11.5 zur Konvergenz mit Wahrscheinlichkeit Eins verschärft werden, d. h.:

2.11.9. Satz. Unter den Voraussetzungen von S. 2.11.5 gilt

$$\operatorname*{P\text{-}lim}_{n\to\infty} \left(\frac{1}{n} \sum_{i=1}^{n} X_i - \frac{1}{n} \sum_{i=1}^{n} p_i\right) = 0.$$

2.11.10. Satz (starkes Gesetz der großen Zahlen von Kolmogorow). Die Zufallsgrößen $X_1, X_2, \ldots$ seien unabhängig und identisch verteilt. Die Folge $\frac{1}{n} \sum_{i=1}^{n} X_i$ konvergiert für $n \to \infty$ mit Wahrscheinlichkeit Eins gegen eine Konstante c genau dann, wenn $\mathsf{E}X_1$ existiert. Außerdem gilt dann $c = \mathsf{E}X_1$.

2.12. Grenzwertsätze (Grenzverteilungen)

Grenzwertsätze, streng genommen Grenzverteilungssätze, stellen Aussagen dar über das Konvergenzverhalten von Folgen von Verteilungsfunktionen, Verteilungsdichten bzw. Verteilungsgesetzen von Zufallsgrößen gegen eine Grenzverteilungsfunktion, -dichte bzw. -verteilung. Von besonderer Wichtigkeit sind Grenzverteilungssätze, bei denen die Grenzverteilung die Normalverteilung ist. In der Bedienungstheorie treten aber auch andere Grenzverteilungen auf. Hier werden nur die wichtigsten Ergebnisse zusammengestellt. Bezüglich weiterer zentraler Grenzwertsätze, insbesondere des zentralen Grenzwertsatzes von Lindeberg/Feller (ein notwendiges und hinreichendes Kriterium für das Erfülltsein des zentralen Grenzwertsatzes), bez. Abschätzungen der Konvergenzgeschwindigkeit in zentralen Grenzwertsätzen, bez. Grenzverteilungen, die keine Normalverteilungen sind und sich z. B. nicht durch Konvergenzuntersuchungen für Summen von Zufallsgrößen mit deterministischer Anzahl von Summanden ergeben, und weiterer Resultate wird auf die entsprechende Literatur verwiesen, vgl. z. B. die entsprechenden Aussagen und Hinweise in Müller [1].

2.12.1. Definition. Eine Folge $X_1, X_2, \ldots$ von Zufallsgrößen genügt dem *zentralen*

Grenzwertsatz, wenn die Folge (der standardisierten endlichen Summen)

$$Y_n = \left(\sum_{i=1}^{n} X_i - \mathsf{E}\left(\sum_{i=1}^{n} X_i\right)\right) \Big/ \sqrt{\mathsf{V}\left(\sum_{i=1}^{n} X_i\right)}$$

bzw. für identisch verteilte X_i

$$Y_n = \left(\sum_{i=1}^{n} X_i - n\mathsf{E}X_1\right) \Big/ \sqrt{n\mathsf{V}X_1}$$

für $n \to \infty$ ihren Verteilungen nach gegen eine Zufallsgröße mit der standardisierten Normalverteilung N(0, 1) konvergiert, d. h. wenn die zugehörigen Verteilungsfunktionen schwach gegen die Normalverteilung konvergieren, $F_{Y_n} \Rightarrow \mathrm{N}(0, 1)$. Man sagt dann auch, daß die Größen Y_n asymptotisch normalverteilt sind. Da die Grenzverteilungsfunktion stetig ist, gilt gemäß S. 2.7.12 auch, daß F_{Y_n} stark gegen N(0, 1) konvergiert.

2.12.2. Satz (zentraler Grenzwertsatz von Lévy). Sind $X_1, X_2, \ldots$ unabhängige und identisch verteilte Zufallsgrößen mit endlicher (von Null verschiedener) Varianz, dann genügt die Folge (X_i) dem zentralen Grenzwertsatz.

Hieraus folgt für das im schwachen bzw. starken Gesetz der großen Zahlen von Bernoulli bzw. Borel betrachtete Schema (↑ S. 2.11.3 bzw. S. 2.11.8) ein zentraler Grenzwertsatz.

2.12.3. Satz (zentraler Grenzwertsatz von de Moivre/Laplace). Sind die Zufallsgrößen $X_1, X_2, \ldots$ unabhängig und besitzen sie dieselbe Zweipunktverteilung $\mathsf{P}(X_i = 1) = p$, $\mathsf{P}(X_i = 0) = 1 - p$, dann gilt für (X_i) der zentrale Grenzwertsatz, d. h. für

$$Y_n = \left(\sum_{i=1}^{n} X_i - np\right) \Big/ \sqrt{np(1-p)}$$

gilt $F_{Y_n} \Rightarrow \mathrm{N}(0, 1)$, oder in der häufig verwendeten Form

$$\lim_{n\to\infty} \mathsf{P}\left(a \leqq \frac{k_n(\mathrm{A}) - np}{\sqrt{npq}} \leqq b\right) = \frac{1}{\sqrt{2\pi}} \int_a^b \mathrm{e}^{-y^2/2}\, dy = \Phi(b) - \Phi(a),$$

wobei $k_n(\mathrm{A}) = \sum_{i=1}^{n} X_i$ die absolute Häufigkeit für das Auftreten des mit den Indikatorvariablen X_i verbundenen Ereignisses A bei n unabhängigen Versuchen ist; $q = 1 - p$.

Ebenfalls gilt für das in S. 2.11.5 angegebene sog. Poissonsche Versuchsschema der zentrale Grenzwertsatz.

2.12.4. Satz (zentraler Grenzwertsatz von Poisson). Sind die Zufallsgrößen $X_1, X_2, \ldots$ unabhängig und besitzen sie Zweipunktverteilungen $\mathsf{P}(X_i = 1) = p_i$, $\mathsf{P}(X_i = 0) = 1 - p_i = q_i$, dann gilt für

$$Y_n = \left(\sum_{i=1}^{n} X_i - \sum_{i=1}^{n} p_i\right) \Big/ \sqrt{\mathsf{V}\left(\sum_{i=1}^{n} X_i\right)},$$

$$F_{Y_n} \Rightarrow \mathrm{N}(0, 1).$$

Abschließend wird noch ein lokaler Grenzwertsatz angegeben, d. h., ein Grenzwertsatz, bei dem Einzelwahrscheinlichkeiten, nicht aber Verteilungsfunktionen betrachtet werden.

2.15.2. Satz (lokaler Grenzwertsatz von POISSON). Es gilt mit $\lim\limits_{\substack{n\to\infty\\p\to 0}} np = \lambda > 0$

$$\lim_{\substack{n\to\infty\\p\to 0}} \binom{n}{k} p^k(1-p)^{n-k} = \frac{\lambda^k}{k!}\,\mathrm{e}^{-\lambda}, \qquad k = 0, 1, 2, \ldots,$$

d. h., die Folge der Binomialverteilungen konvergiert schwach gegen die Poisson-Verteilung.

2.13. Bedingte Wahrscheinlichkeiten und Wahrscheinlichkeitscharakteristiken

2.13.1. Bedingte Größen von Zufallsgrößen bezüglich eines Ereignisses

Durch D. 2.1.1, D. 2.5.1.1 und D. 2.6.1.2 werden für eine Zufallsgröße X über $(\Omega, \mathfrak{F}, \mathsf{P})$ das Verteilungsgesetz P_X, die Verteilungsfunktion $F_X(x)$ und der Erwartungswert $\mathsf{E}X$ eingeführt. Häufig werden für eine Zufallsgröße X über $(\Omega, \mathfrak{F}, \mathsf{P})$ diese Charakteristiken P_X, $F_X(x)$ und $\mathsf{E}X$ auch benötigt unter der Voraussetzung oder Bedingung, daß ein mit der Zufallsgröße X verbundenes Ereignis $\mathscr{B} \in \mathfrak{F}$ eingetreten ist oder eintritt. Es interessieren also z. B. Wahrscheinlichkeiten $\mathsf{P}(X \in \mathscr{C} \mid \mathscr{B})$. Zur genaueren Definition solcher Größen verwenden wir das durch D. 2.3.4 eingeführte bedingte Verteilungsgesetz $\mathsf{P}_{\mathscr{B}}$ auf $(\Omega, \mathfrak{F})$ bei einem gegebenen festen Ereignis $\mathscr{B} \in \mathfrak{F}$ mit $\mathsf{P}(\mathscr{B}) > 0$.

2.13.1.1. Definition. Unter der *bedingten Verteilung* $\mathsf{P}_{X|\mathscr{B}}$ der Zufallsgröße X unter der Bedingung $\mathscr{B}$ mit $\mathsf{P}(\mathscr{B}) > 0$ verstehen wir das durch

$$\mathsf{P}_{X|\mathscr{B}}(\mathscr{C}) = \mathsf{P}_{\mathscr{B}}(X \in \mathscr{C}) = \mathsf{P}\big(\{\omega : \omega \in \Omega,\ X(\omega) \in \mathscr{C}\} \mid \mathscr{B}\big)$$

für $\mathscr{C} \in \mathfrak{B}$ gegebene Verteilungsgesetz auf $\mathfrak{F}$.

2.13.1.2. Definition. Die *bedingte Verteilungsfunktion* $F_{X|\mathscr{B}}(x)$ von X unter der Bedingung $\mathscr{B}$ mit $\mathsf{P}(\mathscr{B}) > 0$ ist die durch

$$F_{X|\mathscr{B}}(x) = \mathsf{P}_{\mathscr{B}}(X < x) = \mathsf{P}\big(\{\omega : \omega \in \Omega,\ X(\omega) < x\} \mid \mathscr{B}\big)$$

gegebene Verteilungsfunktion.

2.13.1.3. Definition. Ist $F_{X|\mathscr{B}}(x)$ absolutstetig, d. h. existiert eine Funktion $f_{X|\mathscr{B}}(t)$, so daß

$$F_{X|\mathscr{B}}(x) = \int_{-\infty}^{x} f_{X|\mathscr{B}}(t)\,\mathrm{d}t$$

gilt, dann heißt $f_{X|\mathscr{B}}(t)$ die *bedingte Verteilungsdichte* von X bezüglich $\mathscr{B}$.

2.13.1.4. Definition. Der *bedingte Erwartungswert* $\mathsf{E}(X \mid \mathscr{B})$ von X unter der Bedingung $\mathscr{B}$ ist die Größe

$$\mathsf{E}(X \mid \mathscr{B}) = \int_{-\infty}^{\infty} x\,\mathrm{d}F_{X|\mathscr{B}}(x)$$

$$\left(= \frac{1}{\mathsf{P}(\mathscr{B})} \int_{\mathscr{C}} x\,\mathrm{d}F_X(x), \quad \text{falls es ein } \mathscr{C} \in \mathfrak{B} \text{ mit } X^{-1}(\mathscr{C}) = \mathscr{B} \text{ gibt}\right).$$

2.13.1.5. Satz. Ist $F_{X|\mathscr{B}}(x)$ absolutstetig, dann ist

$$\mathsf{E}(X \mid \mathscr{B}) = \int_{-\infty}^{\infty} x f_{X|\mathscr{B}}(x)\, \mathrm{d}x$$

$$\left(= \frac{1}{\mathsf{P}(\mathscr{B})} \int_{\mathscr{C}} x f_X(x)\, \mathrm{d}x, \quad \text{falls es ein} \quad \mathscr{C} \in \mathfrak{B} \quad \text{mit} \quad X^{-1}(\mathscr{C}) = \mathscr{B} \quad \text{gibt}\right).$$

2.13.1.6. Satz. (a) Mit Hilfe des Lebesgue-Integrals ist $\mathsf{E}(X \mid \mathscr{B})$ darstellbar als

$$\mathsf{E}(X \mid \mathscr{B}) = \int_{\Omega} X(\omega)\, \mathsf{P}_{\mathscr{B}}(\mathrm{d}\omega) = \frac{1}{\mathsf{P}(\mathscr{B})} \int_{\mathscr{B}} X(\omega)\, \mathsf{P}(\mathrm{d}\omega).$$

(b) $\mathsf{E}(X \mid \mathscr{B})$ ist endlich genau dann, wenn $\int_{\mathscr{B}} X(\omega)\, \mathsf{P}(\mathrm{d}\omega)$ endlich ist.

2.13.1.7. Definition. (a) Für eine Zufallsgröße X über $(\Omega, \mathfrak{F}, \mathsf{P})$ heißt $\mathfrak{F}(X) = \{\mathscr{A} : \mathscr{A} \in \mathfrak{F}, \mathscr{A} = X^{-1}(\mathscr{C}), \mathscr{C} \in \mathfrak{B}\}$ *die von der Zufallsgröße X erzeugte σ-Unteralgebra* von $\mathfrak{F}$; sie ist die kleinste unter allen das Mengensystem $\mathfrak{F}(X)$ enthaltenden σ-Algebren von Teilmengen von Ω.
(b) Für eine Familie (X_t) von Zufallsgrößen über $(\Omega, \mathfrak{F}, \mathsf{P})$ bezeichnet man mit $\mathfrak{F}\big((X_t)\big)$ die durch diese Familie erzeugte σ-Algebra.

2.13.1.8. Satz. Sind $\mathscr{B}$ und $\mathfrak{F}(X)$ unabhängig bezüglich P, d. h., ist $\mathsf{P}(\mathscr{B} \cap \mathscr{A}) = \mathsf{P}(\mathscr{B})\,\mathsf{P}(\mathscr{A})$ für alle $\mathscr{A} \in \mathfrak{F}(X)$, dann gilt $\mathsf{P}_{X|\mathscr{B}} = \mathsf{P}_X$, $F_{X|\mathscr{B}}(x) = F_X(x)$ für alle $x \in \mathbb{R}$, und $\mathsf{E}(X \mid \mathscr{B}) = \mathsf{E}X$.

2.13.2. Bedingte Größen von Zufallsgrößen bezüglich Zufallsgrößen

Manchmal werden die Verteilung, Verteilungsfunktion oder der Erwartungswert einer Zufallsgröße X benötigt unter der Bedingung, daß eine andere über demselben Wahrscheinlichkeitsraum $(\Omega, \mathfrak{F}, \mathsf{P})$ definierte Zufallsgröße Y einen Wert in einem vorgegebenen Intervall bzw. eine bestimmte reelle Zahl, falls Y diskret ist, annimmt.

2.13.2.1. Definition. Für einen zweidimensionalen zufälligen Vektor (X, Y) mit der Verteilung $\mathsf{P}_{(X,Y)}$ (↑ D. 2.1.4) versteht man unter der *bedingten Verteilung* $\mathsf{P}_{X|Y \in \mathscr{C}}$ von X unter der Bedingung $Y \in \mathscr{C}$ die durch die folgende Beziehung gegebene Größe

$$\mathsf{P}_{X|Y\in\mathscr{C}}(\mathscr{D}) = \frac{\mathsf{P}_{(X,Y)}(\mathscr{D} \times \mathscr{C})}{\mathsf{P}_{(X,Y)}(\mathbb{R} \times \mathscr{C})} = \frac{\mathsf{P}(X \in \mathscr{D},\, Y \in \mathscr{C})}{\mathsf{P}(Y \in \mathscr{C})}, \qquad \mathscr{C}, \mathscr{D} \in \mathfrak{B}.$$

Es werden jetzt die Fälle, in denen (X, Y) diskret bzw. stetig ist, gesondert betrachtet.

Sei (X, Y) ein diskreter zufälliger Vektor mit den Werten $(x_i, y_k)_{i,k=1,2,\ldots}$ und sei $\mathsf{P}_{(X,Y)}(\{x_i\} \times \{y_k\}) = \mathsf{P}(X = x_i, Y = y_k) = p_{ik} > 0$ für $i, k = 1, 2, \ldots$

2.13.2.2. Satz. Es ist

$$\mathsf{P}_{X|Y=y_k}(x_i) = \mathsf{P}(X = x_i \mid Y = y_k) = p_{ik} \Big/ \sum_j p_{jk}.$$

2.13.2.3. Definition. Für einen diskreten zufälligen Vektor (X, Y) versteht man unter der *bedingten Verteilungsfunktion* von X unter der Bedingung $Y = y_k$ die Funktion

$$F_{X|Y=y_k}(x) = \mathsf{P}_{X|Y=y_k}(X < x) = \sum_{x_i < x} p_{ik} / \sum_i p_{ik}.$$

2.13.2.4. Definition. Für einen diskreten zufälligen Vektor (X, Y) mit endlichem Erwartungswert $\mathsf{E}X$ versteht man unter dem *bedingten Erwartungswert* von X unter der Bedingung $Y = y_k$ die Größe

$$\mathsf{E}(X \mid Y = y_k) = \sum_i x_i \mathsf{P}_{X|Y=y_k}(\{x_i\}) = \sum_i x_i p_{ik} / \sum_i p_{ik}.$$

Sei (X, Y) ein stetiger Vektor mit der zweidimensionalen Verteilungsfunktion $F_{(X,Y)}(x,y)$ und der zweidimensionalen Verteilungsidchte $f_{(X,Y)}(x, y)$.

Als hinreichende Bedingung für die Existenz der in der folgenden Definition auftretenden Größe als Grenzwert fordern wir zusätzlich, daß die eindimensionale Verteilungsdichte $f_Y(x)$ an der Stelle $x = y$ positiv und stetig sei.

2.13.2.5. Definition. Unter der *bedingten Verteilungsfunktion* von X unter der Bedingung $Y = y$ versteht man die Funktion

$$F_{X|Y=y}(x) = \frac{1}{f_Y(y)} \int_{-\infty}^{x} f_{(X,Y)}(t, y)\, \mathrm{d}t;$$

die Funktion

$$f_{X|Y=y}(t) = \frac{f_{(X,Y)}(t, y)}{f_Y(y)}$$

heißt *bedingte Verteilungsdichte* von X unter der Bedingung $Y = y$; dabei ist $f_Y(y) = \int_{-\infty}^{\infty} f_{(X,Y)}(x, y)\, \mathrm{d}x$.

2.13.2.6. Definition. Die Größe

$$\mathsf{E}(X \mid Y = y) = \int_{-\infty}^{\infty} x \, \mathrm{d}F_{X|Y=y}(x)$$

heißt *bedingter Erwartungswert* von X unter der Bedingung $Y = y$.

2.13.2.7. Satz (Satz der totalen Wahrscheinlichkeit für Erwartungswerte). Für einen beliebigen zufälligen Vektor (X, Y) gilt

$$\mathsf{E}X = \int_{-\infty}^{\infty} \mathsf{E}(X \mid Y = y)\, \mathrm{d}F_Y(y).$$

2.13.2.8. Satz (Satz der totalen Wahrscheinlichkeit für Verteilungsfunktionen).

(a) Für einen beliebigen zufälligen Vektor (X, Y) gilt

$$F_X(x) = \int_{-\infty}^{\infty} F_{X|Y=y}(x)\, \mathrm{d}F_Y(y).$$

(b) Ist (X, Y) ein stetiger zufälliger Vektor, dann ist

$$F_X(x) = \int_{-\infty}^{\infty} F_{X|Y=y}(x)\, f_Y(y)\, \mathrm{d}y,$$

wobei $F_{X|Y=y}(x)$ durch D. 2.13.2.5 gegeben ist.
(c) Ist (X, Y) ein diskreter zufälliger Vektor, mit den Werten (x_i, y_k), dann gilt

$$F_X(x) = \sum_k F_{X|Y=y_k}(x)\, \mathsf{P}_Y(\{y_k\}),$$

wobei $F_{X|Y=y_k}(x)$ durch D. 2.13.2.3 gegeben ist.

Sämtliche bisherigen Definitionen und Sätze dieses Abschnittes können analog auf den Fall n-dimensionaler Vektoren $(X_1, X_2, \ldots, X_n)$ übertragen werden, so daß sich z. B. die bedingten Größen für X_n unter der Bedingung $X_1 = x_1$, $X_2 = x_2, \ldots, X_{n-1} = x_{n-1}$ ergeben. Des weiteren können in entsprechender Weise die bedingten Größen einer Zufallsgröße X unter der Bedingung $Y = y$ gebildet werden für den Fall, wo X eine stetige und Y eine diskrete Zufallsgröße ist bzw. umgekehrt.

2.13.3. Bedingte Erwartung und bedingte Wahrscheinlichkeit bezüglich einer σ-Algebra

2.13.3.1. Definition. Sei X eine Zufallsgröße über $(\Omega, \mathfrak{F}, \mathsf{P})$ mit endlichem Erwartungswert $\mathsf{E}X$ und $\mathfrak{A}$ eine σ-Unteralgebra von $\mathfrak{F}$, d. h., $\mathfrak{A}$ ist σ-Algebra, und es ist $\mathfrak{A} \subseteq \mathfrak{F}$. Unter der *bedingten Erwartung* $\mathsf{E}(X \mid \mathfrak{A})$ von X bez. $\mathfrak{A}$ versteht man eine Zufallsgröße über $(\Omega, \mathfrak{A}, \mathsf{P})$, d. h. eine $\mathfrak{A}$-$\mathfrak{B}$-meßbare Funktion, für die gilt

$$\int_{\mathscr{B}} X(\omega)\, \mathsf{P}(\mathrm{d}\omega) = \int_{\mathscr{B}} \mathsf{E}(X \mid \mathfrak{A})(\omega)\, \mathsf{P}(\mathrm{d}\omega), \qquad \mathscr{B} \in \mathfrak{A}.$$

Nach dem Satz von Radon/Nikodym existiert $\mathsf{E}(X \mid \mathfrak{A})$, ist bis auf P-Äquivalenz (d. h. bis auf Ereignisse mit der Wahrscheinlichkeit Null) eindeutig bestimmt und besitzt einen endlichen Erwartungswert.

2.13.3.2. Satz. (a) Es ist $\mathsf{E}\big(\mathsf{E}(X \mid \mathfrak{A})\big) = \mathsf{E}X$.
(b) Es gilt $\mathsf{E}(X \mid \mathfrak{A}) = X$ genau dann, wenn X eine Zufallsgröße über $(\Omega, \mathfrak{A}, \mathsf{P})$, d. h. $\mathfrak{A}$-$\mathfrak{B}$-meßbar ist.

Sei $\mathscr{B} \in \mathfrak{F}$ ein fest gewähltes Ereignis. Wählt man in D. 2. 13.3.1 speziell $X = 1_{\mathscr{B}}$, d. h. die Indikatorvariable als Zufallsgröße, dann heißt $\mathsf{E}(1_{\mathscr{B}} \mid \mathfrak{A}) = \mathsf{P}(\mathscr{B} \mid \mathfrak{A})$ die bedingte Wahrscheinlichkeit von $\mathscr{B}$ unter der Bedingung $\mathfrak{A}$.

2.13.3.3. Definition. Gegeben sei ein Wahrscheinlichkeitsraum $(\Omega, \mathfrak{F}, \mathsf{P})$ und eine σ-Unteralgebra $\mathfrak{A}$ von $\mathfrak{F}$. Unter der *bedingten Wahrscheinlichkeit* $\mathsf{P}(\mathscr{B} \mid \mathfrak{A})$ von $\mathscr{B} \in \mathfrak{F}$ bezüglich $\mathfrak{A}$ versteht man eine Zufallsgröße über $(\Omega, \mathfrak{A}, \mathsf{P})$ mit

$$\mathsf{P}(\mathscr{A} \cap \mathscr{B}) = \int_{\mathscr{A}} \mathsf{P}(\mathscr{B} \mid \mathfrak{A})(\omega)\, \mathsf{P}(\mathrm{d}\omega)$$

für alle $\mathscr{A} \in \mathfrak{A}$. Für $\mathscr{A} = \Omega$ folgt $\mathsf{P}(\mathscr{B}) = \mathsf{E}\mathsf{P}(\mathscr{B} \mid \mathfrak{A})$.

Ein besonders wichtiger Fall von D. 2.13.3.1 und D. 2.13.3.3 ist derjenige, wo $\mathfrak{A}$ die durch eine Zufallsgröße Y bzw. durch eine Familie (Y_t) von Zufallsgrößen über $(\Omega, \mathfrak{F}, \mathsf{P})$ erzeugte σ-Unteralgebra $\mathfrak{F}(Y)$ bzw. $\mathfrak{F}\big((Y_t)\big)$ ist (↑ D. 2.13.1.7). Dann können gemäß D. 2.13.3.1 und D. 2.13.3.3 folgende bedingte Größen gebildet werden, die wir dann der Einfachheit halber unter Weglassung der σ-Algebra bezeichnen:

$$\mathsf{E}(X \mid \mathfrak{F}(Y)) = \mathsf{E}(X \mid Y) \quad \text{bzw.} \quad \mathsf{E}\big(X \mid \mathfrak{F}((Y_t))\big) = \mathsf{E}(X \mid (Y_t)),$$

$$\mathsf{P}(\mathscr{B} \mid \mathfrak{F}(Y)) = \mathsf{P}(\mathscr{B} \mid Y) \quad \text{bzw.} \quad \mathsf{P}\big(\mathscr{B} \mid \mathfrak{F}((Y_t))\big) = \mathsf{P}(\mathscr{B} \mid (Y_t)).$$

Wegen ihrer Wichtigkeit geben wir die Definition dieser Größen noch einmal gesondert an.

2.13.3.4. Definition. Seien X und Y bzw. (Y_t) Zufallsgrößen über $(\Omega, \mathfrak{F}, \mathsf{P})$ und sei $\mathsf{E}X$ endlich.

Unter der *bedingten Erwartung* $\mathsf{E}(X \mid Y)$ bzw. $\mathsf{E}(X \mid (Y_t))$ von X bezüglich Y bzw. (Y_t) versteht man eine Zufallsgröße über $(\Omega, \mathfrak{F}(Y), \mathsf{P})$ bzw. $(\Omega, \mathfrak{F}((Y_t)), \mathsf{P})$, für die gilt

$$\int_{\mathscr{B}} X(\omega)\, \mathsf{P}(\mathrm{d}\omega) = \int_{\mathscr{B}} \mathsf{E}(X \mid Y)(\omega)\, \mathsf{P}(\mathrm{d}\omega), \qquad \mathscr{B} \in \mathfrak{F}(Y),$$

bzw.

$$\int_{\mathscr{B}} X(\omega)\, \mathsf{P}(\mathrm{d}\omega) = \int_{\mathscr{B}} \mathsf{E}(X \mid (Y_t))(\omega)\, \mathsf{P}(\mathrm{d}\omega), \qquad \mathscr{B} \in \mathfrak{F}((Y_t)).$$

2.13.3.5. Definition. Sei Y eine Zufallsgröße bzw. (Y_t) eine Familie von Zufallsgrößen über $(\Omega, \mathfrak{F}, \mathsf{P})$. Unter der *bedingten Wahrscheinlichkeit* $\mathsf{P}(\mathscr{B} \mid Y)$ bzw. $\mathsf{P}(\mathscr{B} \mid (Y_t))$ von $\mathscr{B}$ unter der Bedingung Y bzw. (Y_t) versteht man eine Zufallsgröße über $(\Omega, \mathfrak{F}(Y), \mathsf{P})$ bzw. $(\Omega, \mathfrak{F}((Y_t)), \mathsf{P})$ mit

$$\mathsf{P}(\mathscr{B} \cap \mathscr{A}) = \int_{\mathscr{A}} \mathsf{P}(\mathscr{B} \mid Y)(\omega)\, \mathsf{P}(\mathrm{d}\omega), \qquad \mathscr{A} \in \mathfrak{F}(Y),$$

bzw.

$$\mathsf{P}(\mathscr{B} \cap \mathscr{A}) = \int_{\mathscr{A}} \mathsf{P}(\mathscr{B} \mid (Y_t))(\omega)\, \mathsf{P}(\mathrm{d}\omega), \qquad \mathscr{A} \in \mathfrak{F}((Y_t)).$$

2.13.3.6. Satz. Es ist $\mathsf{E}(\mathsf{E}(X \mid Y)) = \mathsf{E}X$ und $\mathsf{E}(\mathsf{P}(\mathscr{B} \mid Y)) = \mathsf{P}(\mathscr{B})$.

Als Spezialfall ergibt sich aus D. 2.13.3.5 für ein Ereignis $\mathscr{A} \in \mathfrak{F}$ mit $\mathsf{P}(\mathscr{A}) > 0$ die bedingte Wahrscheinlichkeit (↑ D. 2.3.4) von $\mathscr{B}$ unter der Bedingung $\mathscr{A}$

$$\mathsf{P}(\mathscr{B} \mid 1_{\mathscr{A}}) = \mathsf{P}(\mathscr{B} \mid \mathscr{A}) = \mathsf{P}(\mathscr{B} \cap \mathscr{A})/\mathsf{P}(\mathscr{A}).$$

Die durch D. 2.13.3.5 gegebene bedingte Wahrscheinlichkeit $\mathsf{P}(\mathscr{B} \mid Y)$ bzw. $\mathsf{P}(\mathscr{B} \mid (Y_t))$ stellt eine Verallgemeinerung dar, die insbesondere nicht voraussetzt, daß die Bedingung eine positive Wahrscheinlichkeit besitzt.

3. Grundlagen aus der Theorie zufälliger Prozesse und Forderungenströme

Bei der Untersuchung von Bedienungssystemen interessiert man sich nicht allein für die Werte ihrer Charakteristiken wie Wartezeit, Schlangenlänge usw. in einem bestimmten Zeitpunkt, sondern vielmehr für deren zeitliches Verhalten. Somit stellt die Theorie der zufälligen Prozesse, d. h. der zufälligen Zeitfunktionen, einen geeigneten mathematischen Apparat zur Behandlung von Bedienungssystemen dar. Bezeichnet man mit $L(t)$ die Anzahl der Forderungen, die in das System im Zeitintervall $[0, t)$ eintreffen, so erhält man den zufälligen Prozeß $\left(L(t), t \in \mathbb{R}_+\right)$ als ein Modell des Inputs. Weitere Beispiele sind der Prozeß $\left(W(t), t \in \mathbb{R}_+\right)$ der virtuellen Wartezeit, der Prozeß $\left(X(t), t \in \mathbb{R}_+\right)$ der Schlangenlänge usw. Dabei sind $W(t) = W(t, \omega)$ bzw. $X(t) = X(t, \omega)$ Zufallsgrößen über ein und demselben Wahrscheinlichkeitsgrundraum $(\Omega, \mathfrak{F}, \mathsf{P})$, der der zufälligen Folge der Ankunftszeitpunkte der Forderungen und deren gewünschten Bedienungszeiten entspricht. (↑ [3.7]). Die Art der Abhängigkeit der Zufallsgrößen $W(t, \omega)$ von der Zeit t und der Realisierung ω der o. g. Folge hängt von der Spezifik des behandelten Systems ab (Anzahl der Bedienungsgeräte usw.).

In diesem Kapitel geben wir eine Auswahl von Begriffen und Resultaten aus der Theorie der zufälligen Prozesse an. Dabei werden nur solche Klassen zufälliger Prozesse berücksichtigt, die sich bereits als nützlich für die Bedienungstheorie erwiesen haben. Der Zusammenstellung allgemeiner Begriffe der Theorie und einigen Beispielen für zufällige Prozesse folgt eine recht detaillierte Darstellung der Erneuerungs- und der regenerativen Prozesse, der Markowschen sowie semimarkowschen Prozesse. Hier wurde besonderer Wert auf Ergodensätze und stationäre Verteilungen sowie auf Approximationen und Abschätzungen gelegt. In [3.6] werden zufällige Forderungenströme und in [3.7] zufällige Punktprozesse und zufällige markierte Punktprozesse dargestellt. Dies sind geeignete Mittel zur Beschreibung des Inputs bzw. des markierten Inputs eines Bedienungssystems, d. h. der Folge der Ankunftszeitpunkte der Forderungen bzw. der Folge der Ankunftszeitpunkte der Forderungen und deren gewünschte Bedienungszeiten. Sie sind aber auch zur Beschreibung der zeitlichen Entwicklung eines Bedienungssystems bzw. von Output-Prozessen geeignet, insbesondere unter Heranziehung der zufälligen Prozesse mit einem eingebetteten Punktprozeß (↑ Kap. 6).

An Lehrbüchern und Monographien zur Untermauerung der Theorie und ihrer Anwendung wird dem Leser folgende Literatur empfohlen:

Abschnitt 3.1: Bharucha-Reid [1], Billingsley [2], Borowkow [1], [2], Doob [1], Feller [1], [2], Çinlar [1], Gichman/Skorochod [1], [2], [3], Loève [1], [2], Rosanow [1], Stoyan [1], Wentzell [1] sowie das Lexikon Müller [1];

Abschnitt 3.2: Barlow/Proschan [1], [2], Borowkow [2], Cohen [2], Cox [1], Feller [1], [2], Gnedenko/Beljajew/Solowjew [1], Gnedenko/Kowalenko [1], Klimow [1], [2] und Störmer [1];

Abschnitt 3.3: Bharucha-Reid [1], Borowkow [2], Chung [1], Feller [1], [2], Fisz [1], Gich-

MAN/SKOROCHOD [1], [2], KEMENY/SNELL [1], LAHRES [1], LANGROCK/JAHN [1], MANDL [1] und STOYAN [1];
Abschnitt 3.4: BHARUCHA-REID [1], BOROWKOW [1], DOOB [1], LOÈVE [1], FELLER [1], [2], GICHMAN/SKOROCHOD [1], [2], [3], IBRAGIMOW/LINNIK [1], KLIMOW [1], [2], MANDL [1] und WENTZELL [1];
Abschnitt 3.5: BARLOW/PROSCHAN [1], [2], ÇINLAR [1], GNEDENKO/KOWALENKO [1], KOROLJUK/TURBIN [1], NOLLAU [1], REINSCHKE [1] und STÖRMER [1], [2];
Abschnitt 3.6: BOROWKOW [1], CHINTSCHIN [1], [2], (1955), GNEDENKO/KOWALENKO [1], KERSTAN/MATTHES/MECKE [1] und KLIMOW [1] [2]; sowie für
Abschnitt 3.7: KERSTAN/MATTHES/MECKE [1], KÖNIG/MATTHES/NAWROTZKI [1], [2] und FRANKEN/KÖNIG/ARNDT/SCHMIDT [1].

3.1. Zufällige Prozesse. Stationäre Prozesse

3.1.1. Definition eines zufälligen Prozesses. Endlichdimensionale Verteilungen

Die oben angeführten Beispiele zufälliger Prozesse haben $\mathbb{G}_+$ oder $\mathbb{R}_+$ als Zustandsraum. Es treten jedoch in der Bedienungstheorie zufällige Prozesse mit komplizierteren Zustandsräumen auf. Beschreibt man z. B. den Zustand eines Bedienungssystems G/G/∞ zur Zeit t durch die Folge $\left(B_1^{\mathrm{R}}(t), B_2^{\mathrm{R}}(t), \ldots\right)$ (wobei $B_i^{\mathrm{R}}(t)$ die restliche Bedienungszeit auf dem i-ten Bedienungsgerät, falls dieses zur Zeit t besetzt ist, und $B_i^{\mathrm{R}}(t) = 0$, sonst, bezeichnet), so hat der Zustandsraum die Form $\mathscr{E} = (\mathbb{R}_+)^{\mathbb{G}_+}$.

Sei nun $(\mathscr{E}, \mathfrak{E})$ ein meßbarer Raum, der als Zustands- oder Phasenraum des Systems bezeichnet wird, und $\mathscr{T}$ eine Teilmenge von $\mathbb{R}$, die der Parameter- oder Zeitbereich genannt wird.

3.1.1.1. Definition. Als *zufälligen Prozeß* mit dem *Zustandsraum* $(\mathscr{E}, \mathfrak{E})$ und dem *Parameterbereich* $\mathscr{T}$ über dem *Wahrscheinlichkeitsraum* $(\Omega, \mathfrak{F}, \mathsf{P})$ bezeichnet man eine Familie $\left(X(t), t \in \mathscr{T}\right)$ (oder kurz $\left(X(t)\right)$) zufälliger Variabler des meßbaren Raumes $(\mathscr{E}, \mathfrak{E})$ über $(\Omega, \mathfrak{F}, \mathsf{P})$. Im Fall $\mathscr{E} = \mathbb{R}$ spricht man von einem *reellen Prozeß* $\left(X(t), t \in \mathscr{T}\right)$.

Für jede endliche Teilmenge $\{t_1, \ldots, t_n\} \subset \mathscr{T}$ bezeichnet man mit $\mathsf{P}_{t_1,\ldots,t_n} = \mathsf{P}_{X(t_1),\ldots,X(t_n)}$ die Verteilung des zufälligen Vektors $\left(X(t_1), \ldots, X(t_n)\right)$.

3.1.1.2. Definition. Die Verteilungsgesetze $\mathsf{P}_{t_1,\ldots,t_n}$, $\{t_1, \ldots, t_n\} \subset \mathscr{T}$, heißen *endlichdimensionale Verteilungen* des Prozesses $\left(X(t)\right)$.

Sei $\mathscr{E}^{\mathscr{T}}$ der Raum aller $\mathscr{E}$-wertigen Funktionen auf $\mathscr{T}$. Mit $\mathfrak{E}^{\mathscr{T}}$ bezeichnen wir die durch die sogenannten *Zylindermengen*

$$\left\{x(.) : x(.) \in \mathscr{E}^{\mathscr{T}}, \left(x(t_1), \ldots, x(t_n)\right) \in \mathscr{B}\right\} = \mathscr{C}_{t_1,\ldots,t_n}(\mathscr{B})$$

$n \geqq 1$, $\mathscr{B} \in \mathfrak{E}^n$, $\{t_1, \ldots, t_n\} \subset \mathscr{T}$ erzeugte σ-Algebra von Teilmengen von $\mathscr{E}^{\mathscr{T}}$. Unter sehr schwachen Voraussetzungen an den Zustandsraum $\mathscr{E}$ (die in praktisch allen Anwendungen stets erfüllt sind) folgt aus dem bekannten Satz von KOLMOGOROW über die Existenz von Verteilungsgesetzen auf Produkträumen, daß einem zufälligen Prozeß $\left(X(t)\right)$ ein Wahrscheinlichkeitsraum $(\mathscr{E}^{\mathscr{T}}, \mathfrak{E}^{\mathscr{T}}, \mathbf{P}_X)$ entspricht, wobei das Verteilungsgesetz $\mathbf{P}_X$ durch die endlichdimensionalen Verteilungen $\mathsf{P}_{X(t_1),\ldots,X(t_n)}$ bestimmt ist, vgl. z. B. MÜLLER [1], GICHMAN/SKOROCHOD [1], Kapitel 1, BOROWKOW [1], Anhang 2.

3.1.1.3. Definition. Sei $\left(X(t)\right)$ ein zufälliger Prozeß über dem Wahrscheinlichkeitsraum $(\Omega, \mathfrak{F}, \mathsf{P})$. Für festes $\omega \in \Omega$ bezeichnet man die Funktion $x(t, \omega)$ auf $\mathscr{T}$ als *Realisierung* oder *Trajektorie* des Prozesses $\left(X(t)\right)$. $(\mathscr{E}^{\mathscr{T}}, \mathfrak{E}^{\mathscr{T}}, \mathbf{P}_X)$ heißt der zum Prozeß $\left(X(t)\right)$ gehörende

Wahrscheinlichkeitsraum der Realisierungen; P_X heißt die *Verteilung des Prozesses* $(X(t))$.

Jedem zufälligen Prozeß $(X(t))$, der im Sinne von D. 3.1.1.1 als eine Familie von Zufallsgrößen gegeben ist, entspricht eine zufällige Variable des Funktionenraumes $(\mathscr{E}^{\mathscr{T}}, \mathfrak{E}^{\mathscr{T}})$ mit dem Verteilungsgesetz P_X. Geht man umgekehrt von einem Wahrscheinlichkeitsraum der Form $(\mathscr{E}^{\mathscr{T}}, \mathfrak{E}^{\mathscr{T}}, \mathsf{P}_X)$ aus, so gewinnt man vermöge der identischen Abbildung $x(t, \omega) = \omega(t)$, $\omega \in \mathscr{E}^{\mathscr{T}}$ einen zufälligen Prozeß $(X(t))$ über $(\mathscr{E}^{\mathscr{T}}, \mathfrak{E}^{\mathscr{T}}, \mathsf{P}_X)$. In diesem Sinne können wir jeden zufälligen Prozeß $(X(t))$ mit dem Wahrscheinlichkeitsraum $(\mathscr{E}^{\mathscr{T}}, \mathfrak{E}^{\mathscr{T}}, \mathsf{P}_X)$ identifizieren (kanonische Darstellung von $(X(t))$). Diese Überlegungen rechtfertigen auch die Bezeichnung zufällige Funktion anstelle zufälliger Prozeß.

Oft erweist sich der Raum aller Funktionen $\mathscr{E}^{\mathscr{T}}$ als zu umfangreich zur Beschreibung von konkreten Zufallserscheinungen. So ist z. B. von vornherein klar, daß der Prozeß $(L(t))$ der Anzahl der in das System eintreffenden Forderungen nur nichtfallende, treppenförmige Realisierungen mit ganzzahligen Sprunghöhen hat. Der Wartezeitprozeß $(W(t))$ hat Realisierungen, die lediglich in den Ankunftszeitpunkten von Forderungen Sprünge aufweisen und die sonst stetig sind. In jedem konkreten Fall kann es zweckmäßig sein, von $(\mathscr{E}^{\mathscr{T}}, \mathfrak{E}^{\mathscr{T}}, \mathsf{P})$ zu einem eingeschränkten Wahrscheinlichkeitsraum $(\mathscr{M}, \mathfrak{M}, \mathsf{P}_{\mathscr{M}})$, wobei $\mathscr{M} \subseteq \mathscr{E}^{\mathscr{T}}$ und $\mathfrak{M}$ ein σ-Algebra von Teilmengen von $\mathscr{M}$ ist, überzugehen, vgl. dazu Koroljuk [1], Gichman/Skorochod [1].

Als Parameterbereich $\mathscr{T}$ treten in diesem Kapitel die Mengen $\mathbb{G}$ oder $\mathbb{G}_+$ (diskrete Zeit) sowie $\mathbb{R}$ oder $\mathbb{R}_+$ (stetige Zeit) auf. Im Fall der diskreten Zeit benutzt man oft die Schreibweise $(X_n, n \in \mathscr{T})$ oder (X_n) und spricht von einer *zufälligen Folge.*

3.1.1.4. Definition. Sei $(X(t))$ ein reeller zufälliger Prozeß mit $\mathsf{E}\,|X(t)| < \infty$ für alle t. Die Funktion $\mathsf{m}_X(t) = \mathsf{E}X(t)$ heißt *Erwartungswertfunktion* (*Mittelwertfunktion*) von $(X(t))$. Gilt $\mathsf{E}(X(t))^2 < \infty$ für alle t, so ist für alle $u, t \in \mathscr{T}$

$$\mathsf{C}_X(u, t) = \mathsf{Cov}\,(X(u), X(t)) = \mathsf{E}(X(u) - \mathsf{m}_X(u))\,(X(t) - \mathsf{m}_X(t)) \tag{1}$$

definiert und heißt *Kovarianzfunktion* von $(X(t))$. Die Funktion

$$\mathsf{K}_X(u, t) = \frac{\mathsf{Cov}\,(X(u), X(t))}{\sqrt{X(u)}\,\sqrt{X(t)}} \tag{2}$$

heißt *Korrelationsfunktion* von $(X(t))$ (auch *Autokorrelationsfunktion* genannt). Ein Prozeß $(X(t))$ heißt ein *Prozeß zweiter Ordnung,* falls seine Kovarianzfunktion endlich ist.

3.1.1.5. Definition. Sind $(X(t))$, $(Y(t))$ zufällige Prozesse über $(\Omega, \mathfrak{F}, \mathsf{P})$ mit den Eigenschaften $\mathsf{E}(X(t))^2 < \infty$, $\mathsf{E}(Y(t))^2 < \infty$, so heißt die Funktion

$$\mathsf{C}_{X,Y}(u, t) = \mathsf{E}(X(u) - \mathsf{E}X(u))\,(Y(t) - \mathsf{E}Y(t)) \tag{3}$$

Kreuzkovarianzfunktion von $(X(t))$ und $(Y(t))$. Die Funktion

$$\mathsf{K}_{X,Y}(u, t) = \frac{\mathsf{Cov}\,(X(u), Y(t))}{\sqrt{X(u)}\,\sqrt{Y(t)}} \tag{4}$$

heißt *Kreuzkorrelationsfunktion* von $(X(t))$ und $(Y(t))$.

3.1.1.6. Definition. Zwei Prozesse $(X(t), t \in \mathscr{T})$ und $(Y(t), t \in \mathscr{T})$ über $(\Omega, \mathfrak{F}, \mathsf{P})$ heißen *stochastisch äquivalent,* wenn $\mathsf{P}(X(t) = Y(t)) = 1$ für alle $t \in \mathscr{T}$ gilt (↑ D. 2.4.10).

Hinsichtlich weiterer Eigenschaften zufälliger Prozesse und deren Realisierungen, wie Separabilität, Meßbarkeit, Stetigkeit, Fehlen von Unstetigkeitsstellen zweiter Art, verweisen wir z. B. auf MÜLLER [1], KOROLJUK [1], GICHMAN/SKOROCHOD [1].

Genauso wie für Zufallsgrößen und deren Verteilungen (↑ [2.12]) spielt für zufällige Prozesse und deren Verteilungen das Problem der Approximation (Grenzwertsätze) eine fundamentale Rolle. Dieses Problem hat große praktische Bedeutung für die Bedienungstheorie, z. B. Approximation durch Diffusionsprozesse (↑ [3.4.2]), Erlangsche Phasenmethode (↑ Kap. 5), Stetigkeitssätze (↑ Kap. 8). Es seien $(X_n(t))$, $n \geqq 1$, und $(X(t))$ zufällige Prozesse über $(\Omega, \mathfrak{F}, \mathsf{P})$. Ist der oben erwähnte eingeschränkte Raum $\mathcal{M}$ der Realisierungen metrisch, vollständig und separabel, ist z. B. $\mathcal{M}$ der Raum der stetigen Realisierungen, so wird für die Folge (P_{X_n}) der Prozeßverteilungen die schwache Konvergenz bzw. für $(X_n(t))$ die Konvergenz der Verteilung nach

$$\mathsf{P}_{X_n} \underset{n\to\infty}{\Longrightarrow} \mathsf{P}_X, \qquad (X_n(t)) \underset{\mathrm{d}}{\longrightarrow} (X(t)) \tag{5}$$

gemäß D. 2.7.19 bzw. 2.7.8 definiert. Offenbar folgt aus (5) die schwache Konvergenz der endlichdimensionalen Verteilungen von P_{X_n} gegen die von P_X. Die Umkehrung gilt für zufällige Folgen, d. h. für den Fall $\mathcal{E}^{\mathcal{T}} = \mathbb{R}^{\mathbb{G}_+}$, i. allg. ist das nicht der Fall.

Konvergenzkriterien für Prozesse mit Realisierungen, die mit Wahrscheinlichkeit Eins stetig sind bzw. nur Unstetigkeitsstellen erster Art haben, findet man bei BILLINGSLEY [2] und GICHMAN/SKOROCHOD [1].

Ebenso wie für Zufallsgrößen kann man für zufällige Prozesse Begriffe wie Vergleichbarkeit und Monotonie einführen, wobei man von natürlichen Verallgemeinerungen der Relationen $\overset{(i)}{\leqq}$ in [2.10] ausgeht, vgl. dazu STOYAN [1] und FRANKEN/KIRSTEIN (1977), wo man auch Kriterien für die Monotonie und Vergleichbarkeit zufälliger Prozesse sowie deren Funktionale findet.

3.1.2. Einige Grundtypen zufälliger Prozesse

3.1.2.1. Prozesse mit unabhängigen Zuwächsen. Wiener- und Poisson-Prozesse

Prozesse mit unabhängigen Zuwächsen erweisen sich als geeignetes Modell zur Beschreibung vielfältiger Zufallserscheinungen.

3.1.2.1. Definition. $(X(t), t \in \mathcal{T})$ heißt *Prozeß mit unabhängigen Zuwächsen*, falls für eine beliebige Auswahl $t_1 < t_2 \cdots < t_n$, $t_i \in \mathcal{T}$, die Zufallsgrößen $X(t_1)$, $X(t_2) - X(t_1), \ldots, X(t_n) - X(t_{n-1})$ unabhängig sind.

(In den Beispielen sind der Zustandsraum $\mathcal{E}$ und der Parameterbereich $\mathcal{T}$ stets so gewählt, daß alle auftretenden Operationen durchführbar sind.)

Ist $\mathcal{T} = \mathbb{G}_+$, so hat ein Prozeß mit unabhängigen Zuwächsen die Gestalt $X_n = \sum_{i=0}^{n} Y_i$, $n \geqq 0$, wobei die Größen Y_i unabhängig sind. Sind die Verteilungen $\mathsf{P}_{u,t}$ von $X(t) - X(u)$ für jedes Paar $u, t \in \mathcal{T}$ mit $u < t$, und die Verteilung von $X(0)$ gegeben, so kann man daraus sämtliche endlichdimensionalen Verteilungen und somit die Verteilung P_X des Prozesses auf $\mathcal{E}^{\mathcal{T}}$ bestimmen.

3.1.2.2. Definition. $(X(t))$ heißt ein *Prozeß mit stationären Zuwächsen* (*homogener Prozeß*), falls die Verteilungen von $(X(t_1), X(t_2 + h) - X(t_1 + h), \ldots, X(t_n + h) - X(t_{n-1} + h))$ nicht von h abhängen, $h > 0$.

Ein wichtiger Spezialfall von Prozessen mit unabhängigen Zuwächsen sind Prozesse mit unabhängigen stationären Zuwächsen, d. h. solche, bei denen die Verteilung $\mathsf{P}_{u,t}$ des Zuwachses $X(t) - X(u)$, $u < t$, nur von $t - u$ abhängig ist, auch homogene Prozesse mit unabhängigen Zuwächsen genannt.

3.1.2.3. Definition. $\big(X(t), t \in \mathbb{R}_+\big)$ heißt *Wiener-Prozeß*, falls gilt:

(a) $\big(X(t)\big)$ ist ein homogener Prozeß mit unabhängigen Zuwächsen, und es gilt $\mathsf{P}\big(X(0) = 0\big) = 1$.

(b) Die Zuwächse sind normalverteilt, nämlich

$$\mathsf{P}_{u,t} = \mathrm{N}\big(a(t-u),\ \sigma^2(t-u)\big), \qquad a \in \mathbb{R}, \qquad \sigma^2 > 0.$$

Man bezeichnet a als *Drift-* und σ^2 als *Diffusionskoeffizienten*. Für $a = 0$ und $\sigma^2 = 1$ spricht man vom *Standard-Wiener-Prozeß*.

Fast alle Realisierungen eines Wiener-Prozesses sind stetig (d. h. zu einem vorgegebenen Wiener-Prozeß existiert ein stochastisch äquivalenter Prozeß, der diese Eigenschaft hat). Jedoch sind die Realisierungen eines Wiener-Prozesses mit Wahrscheinlichkeit Eins nirgends differenzierbar, vgl. z. B. Borowkow [2].

3.1.2.4. Definition. Sei $0 < \lambda < \infty$. $\big(X(t), t \in \mathbb{R}_+\big)$ heißt *homogener Poisson-Prozeß* mit der Intensität (dem Parameter) λ, falls gilt:

(a) $\big(X(t)\big)$ ist ein Prozeß mit unabhängigen Zuwächsen, und es gilt $\mathsf{P}\big(X(0) = 0\big) = 1$.

(b) Die Zuwächse sind poissonverteilt mit dem Parameter $\lambda(t-u)$, $\mathsf{P}_{u,t} = \Pi\big(\lambda(t-u)\big)$.

Die Realisierungen des Poisson-Prozesses sind mit Wahrscheinlichkeit Eins Treppenfunktionen mit der Sprunghöhe Eins. (Zu einem gegebenen Poisson-Prozeß existiert ein stochastisch äquivalenter Prozeß, der diese Eigenschaft besitzt.) Der Parameter λ ist gleich der mittleren Anzahl der Sprünge in einem Intervall der Länge Eins.

Die Forderung (b) in D. 3.1.2.4 eines homogenen Poisson-Prozesses kann stark abgeschwächt werden.

3.1.2.5. Satz. Sei $\big(X(t), t \in \mathbb{R}_+\big)$ ein homogener Prozeß mit unabhängigen Zuwächsen, wobei die Zuwächse nur die Werte 0, 1, 2, ... annehmen können, und es gelte $\mathsf{P}\big(X(0) = 0\big) = 1$. Gilt für $h \to 0$

$$\mathsf{P}\big(X(h) \geqq 1\big) = \lambda h + o(h),\ \lambda > 0,$$

$$\mathsf{P}\big(X(h) \geqq 2\big) = o(h)\ (\textit{Ordinarität}),$$

so ist $\big(X(t)\big)$ ein homogener Poisson-Prozeß mit der Intensität λ.

Verzichtet man auf die Homogenität, so bekommt man die folgende allgemeinere Definition eines Poisson-Prozesses.

3.1.2.6. Definition. Sei $\Lambda(t)$ eine nichtnegative, nichtfallende Funktion. $\big(X(t)\big)$ heißt Poisson-Prozeß mit der *Leitfunktion* $\Lambda(t)$, falls gilt:

(a) $\big(X(t)\big)$ ist ein Prozeß mit unabhängigen Zuwächsen, und es gilt $\mathsf{P}\big(X(0) = 0\big) = 1$.

(b) Die Zuwächse sind poissonverteilt mit dem Parameter $\Lambda(t) - \Lambda(u)$, $\mathsf{P}_{u,t} = \Pi\big(\Lambda(t) - \Lambda(u)\big)$.

Offenbar ist $\Lambda(t) - \Lambda(u)$ der Erwartungswert des Zuwachses $X(t) - X(u)$. Ist $\Lambda(t)$ stetig, so existiert eine stochastisch äquivalente Modifikation des Poisson-Prozesses, die treppenförmige Realisierungen mit der Sprunghöhe Eins besitzt, vgl. z. B. Borowkow [1]

Weitere Ausführungen zu Poisson-Prozessen (Poissonschen Forderungenströmen) findet man in [3.6].

3.1.2.2. Stationäre Prozesse im engeren Sinne. Individueller Ergodensatz

Von einem vernünftig ausgelegten Bedienungssystem erwartet man, daß es nach einer gewissen Einschwingperiode in den Zustand des statistischen Gleichgewichts (stationärer Zustand) gelangt. Obwohl solche Charakteristiken des Systems wie die Anzahl der Forderungen im System, die Wartezeit u. a. zufällig schwanken (angesichts des zufälligen Charakters der Folge der Ankunftszeitpunkte der Forderungen und deren Bedienungszeiten), bleiben die Gesetze dieser zufälligen Schwankungen im stationären Zustand zeitlich unverändert. Insbesondere ist das Verteilungsgesetz der Anzahl der Forderungen im System $N(t)$ oder der virtuellen Wartezeit $W(t)$ von t unabhängig.

Das Verhalten von Bedienungssystemen (wie auch anderer technischer und sonstiger Systeme) im statistischen Gleichgewicht wird durch stationäre zufällige Prozesse beschrieben. Die soeben gemachten Bemerkungen machen die Wichtigkeit dieser Klasse von Prozessen deutlich. Offensichtlich stellt die Stationarität einer zufälligen Funktion (eines zufälligen Prozesses) eine natürliche Verallgemeinerung des Begriffes einer konstanten Funktion dar.

3.1.2.7. Definition. Der zufällige Prozeß $\left(X(t),\, t \in \mathcal{T}\right)$ heißt *stationär im engeren Sinne* (kurz: *stationär*), falls für beliebige $m \geqq 1$, $t_1, \ldots, t_m \in \mathcal{T}$, $\mathcal{B}_1, \ldots, \mathcal{B}_m \in \mathfrak{E}$ die Gleichung

$$\mathsf{P}\left(X(t_1 + t) \in \mathcal{B}_1, \ldots, X(t_m + t) \in \mathcal{B}_m\right) = \mathsf{P}\left(X(t_1) \in \mathcal{B}_1, \ldots, X(t_m) \in \mathcal{B}_m\right)$$

für alle t mit der Eigenschaft $t_i + t \in \mathcal{T}$ gilt.

Wir betrachten den zu $\left(X(t)\right)$ gehörenden Wahrscheinlichkeitsraum der Realisierungen $(\mathcal{E}^{\mathcal{T}}, \mathfrak{E}^{\mathcal{T}}, \mathsf{P}_X)$ und definieren auf $\mathcal{E}^{\mathcal{T}}$ den Verschiebungsoperator S_t gemäß

$$\mathsf{S}_t x(u) = x(t + u), \quad u \in \mathcal{T} \tag{1}$$

für solche t, für die $t + u \in \mathcal{T}$ für alle $u \in \mathcal{T}$ ist.

Wie üblich erklärt man den Verschiebungsoperator S_t^{-1} auf $\mathcal{E}^{\mathcal{T}}$ gemäß

$$\mathsf{S}_t^{-1}(\mathcal{B}) = \{x(\cdot) : \mathsf{S}_t x(\cdot) \in \mathcal{B}\}, \quad \mathcal{B} \in \mathfrak{E}^{\mathcal{T}}, \tag{2}$$

3.1.2.8. Satz. Der zufällige Prozeß $\left(X(t)\right)$ ist genau dann stationär, wenn seine Prozeßverteilung P_X invariant bez. aller (zulässigen) Verschiebungen S_t ist, d. h. wenn

$$\mathsf{P}_X\left(\mathsf{S}_t^{-1}(\mathcal{B})\right) = \mathsf{P}_X(\mathcal{B}), \quad \mathcal{B} \in \mathfrak{E}^{\mathcal{T}}, \tag{3}$$

gilt. Ist $\left(X(t)\right)$ stationär, so bezeichnet man oft seine Prozeßverteilung P_X ebenfalls als stationär.

Ein sehr wichtiges Beispiel einer stationären Folge ist eine Folge unabhängiger identisch verteilter Zufallsgrößen. Für solche Folgen gilt das starke Gesetz der großen Zahlen (↑ S. 2.11.10). In Anlehnung an dessen Aussage definieren wir

3.1.2.9. Definition. Ein stationärer Prozeß $\left(X(t)\right)$ (der im Falle stetiger Zeit zusätzlich meßbar ist) heißt *ergodisch*, wenn für jede Funktion f mit $\mathsf{E}\left|f\left(X(0)\right)\right| < \infty$ P_X-fast sicher gilt

$$\lim_{t\to\infty} \frac{1}{t} \sum_{n=0}^{t-1} f\big(x(n)\big) = \mathsf{E}f\big(X(0)\big) \qquad \text{(diskrete Zeit)},$$

$$\lim_{t\to\infty} \frac{1}{t} \int_0^t f\big(x(u)\big)\,du = \mathsf{E}f\big(X(0)\big) \qquad \text{(stetige Zeit)}.$$

Die Ergodizität von $\big(X(t)\big)$ besagt, daß die obigen Mittel auf den linken Seiten entlang einer Realisierung (Zeitmittel) mit dem Erwartungswert $\mathsf{E}f\big(X(0)\big)$ (Scharmittel) fast sicher übereinstimmen.

Wir geben nun eine weitreichende Verallgemeinerung von S. 2.11.10 in der Form eines notwendigen und hinreichenden Kriteriums für die Ergodizität eines zufälligen Prozesses an. Dazu benötigen wir vorher zwei Definitionen.

3.1.2.10. Definition. Eine Teilmenge $\mathscr{B} \in \mathfrak{E}^{\mathscr{T}}$ heißt *invariant*, falls $\mathsf{P}\Big(\big((\mathsf{S}_t^{-1}\mathscr{B}) \cup \mathscr{B}\big) \setminus \big((\mathsf{S}_t^{-1}\mathscr{B}) \cap \mathscr{B}\big)\Big) = 0$ für alle t gilt. Eine meßbare reelle Funktion f auf $\mathscr{E}^{\mathscr{T}}$ heißt *invariant*, wenn für alle t $f(\mathsf{S}_t x) = f(x)$ für fast alle $x \in \mathscr{E}^{\mathscr{T}}$ gilt.

Die Gesamtheit $\mathfrak{J}^{\mathscr{T}}$ aller invarianten Teilmengen ist eine σ-Algebra. Eine Funktion f ist invariant genau dann, wenn sie $\mathfrak{J}^{\mathscr{T}}$-meßbar ist.

3.1.2.11. Definition. Der stationäre Prozeß $\big(X(t)\big)$ bzw. seine Prozeßverteilung P_X heißt *metrisch transitiv*, falls jede invariante Teilmenge von $\mathfrak{J}^{\mathscr{T}}$ die P_X-Wahrscheinlichkeit 0 oder 1 hat (d. h. wenn jede invariante Funktion f auf $\mathscr{E}^{\mathscr{T}}$ mit Wahrscheinlichkeit Eins konstant ist).

3.1.2.12. Satz (individueller Ergodensatz, Satz von Birkhoff/Chintchin). Sei $\big(X(t)\big)$ ein stationärer Prozeß, der im Falle stetiger Zeit außerdem noch meßbar ist, und sei f eine meßbare reelle Funktion auf $\mathscr{E}$, so daß $\mathsf{E}\,\big|f\big(X(0)\big)\big| < \infty$ ist.

(a) Dann gilt P_X-fast sicher

$$\lim_{t\to\infty} \frac{1}{t} \sum_{n=0}^{t-1} f\big(x(n)\big) = Y \qquad \text{(diskrete Zeit)},$$

$$\lim_{t\to\infty} \frac{1}{t} \int_0^t f\big(x(u)\big)\,du = Y \qquad \text{(stetige Zeit)},$$

wobei $Y = \mathsf{E}\left(f\big(X(0)\big) \,\middle|\, \mathfrak{J}^{\mathscr{T}}\right)$ den bedingten Erwartungswert der Zufallsgröße $f\big(X(0)\big)$ bez. der σ-Algebra $\mathfrak{J}^{\mathscr{T}}$ der invarianten Mengen bezeichnet (↑ [2.13]). Insbesondere gilt also $\mathsf{E}Y = \mathsf{E}f\big(X(0)\big)$ und somit $\mathsf{E}Y = \mathsf{E}f\big(X(t)\big)$, $t \in \mathscr{T}$.

(b) Der Prozeß $\big(X(t)\big)$ ist genau dann ergodisch, wenn er metrisch transitiv ist; es ist dann $Y = \mathsf{E}f\big(X(0)\big)$.

Zum Nachweis der metrischen Transitivität ist oft das folgende Kriterium nützlich

3.1.2.13. Satz. Ein stationäres (verschiebungsinvariantes) Verteilungsgesetz P auf $\mathfrak{E}^{\mathscr{T}}$ ist genau dann metrisch transitiv, wenn es sich nicht als Mischung der Form $\mathsf{P} = p\mathsf{P}_1 + (1 - p)\,\mathsf{P}_2$, $0 < p < 1$, wobei die P_i stationär sind, darstellen läßt.

3.1.2.3. Markowsche Prozesse

Für die Bedienungstheorie ist eine Klasse zufälliger Prozesse von besonderer Bedeutung. Das sind die Markowschen, insbesondere die homogenen Markowschen Prozesse. Es wurde eine Reihe sogenannter „Markowisierungstechniken" entwickelt, um allgemeinere zufällige Prozesse auf Markowsche Prozesse zurückzuführen (↑ Kap. 5).

3.1.2.14. Definition. Ein zufälliger Prozeß $\left(X(t),\, t \in \mathscr{T}\right)$ über $(\Omega, \mathfrak{F}, \mathsf{P})$ heißt *Markowsch*, wenn für beliebige $t_1 < t_2 < \cdots < t_{n+1}$, $t_i \in \mathscr{T}$, und $\mathscr{B} \in \mathfrak{E}$ P-fast sicher gilt

$$\mathsf{P}\left(X(t_{n+1}) \in \mathscr{B} \mid X(t_1), \ldots, X(t_n)\right) = \mathsf{P}\left(X(t_{n+1}) \in \mathscr{B} \mid X(t_n)\right). \tag{4}$$

Wir nehmen hier $\mathscr{T} = \mathbb{G}_+$ bzw. $\mathscr{T} = \mathbb{R}_+$ an; für stationäre Markowsche Prozesse ist $\mathscr{T} = \mathbb{G}$ bzw. $\mathscr{T} = \mathbb{R}$ ebenfalls von Interesse. Die Bedingung (4) drückt die sogenannte Markow-Eigenschaft aus, nämlich die „Unabhängigkeit der Zukunft von der Vergangenheit bei bekannter Gegenwart". Ist der Zustand $X(t_n)$ bekannt, so spielen für die weitere Entwicklung des Prozesses die davorliegenden Zustände keine Rolle. Man spricht daher von Markowschen Prozessen als Prozessen „ohne Gedächtnis".

3.1.2.15. Satz. Sei $\left(X(t)\right)$ ein Markowscher Prozeß mit dem Zustandsraum $\mathscr{E} \subseteq \mathbb{R}^k$. Dann existiert eine Funktion $P(u, e; t, \mathscr{B})$, $e \in \mathscr{E}$, $\mathscr{B} \in \mathfrak{E}$, $u \leqq t$, mit den Eigenschaften

(a) Für $u, t \in \mathscr{T}$, $e \in \mathscr{E}$, ist $P(u, e; t, \mathscr{B})$ als Funktion von $\mathscr{B}$ ein Verteilungsgesetz auf $\mathfrak{E}$.

(b) Für $u, t \in \mathscr{T}$, $\mathscr{B} \in \mathfrak{E}$ ist $P(u, e; t, \mathscr{B})$ eine $\mathfrak{E}$-$\mathfrak{B}$-meßbare Funktion von e.

(c) Für $u, t \in \mathscr{T}$, $\mathscr{B} \in \mathfrak{E}$ gilt P-fast sicher

$$P\left(u, X(u); t, \mathscr{B}\right) = \mathsf{P}\left(X(t) \in \mathscr{B} \mid X(u)\right).$$

(d) Für $u \in \mathscr{T}$, $e \in \mathscr{E}$, $\mathscr{B} \in \mathfrak{E}$ ist $P(u, e; u, \mathscr{B}) = 1_{\mathscr{B}}(e)$.

(e) Für $v, u, t \in \mathscr{T}$ mit der Eigenschaft $v \leqq u \leqq t$, $\mathscr{B} \in \mathfrak{E}$ gilt $\mathsf{P}_{X(v)}$-fast sicher

$$P(v, e; t, \mathscr{B}) = \int\limits_{\mathscr{E}} P(u, y; t, \mathscr{B})\, P(v, e; u, \mathrm{d}y). \tag{5}$$

Die Gleichung (5) heißt *Gleichung von Chapman-Kolmogorow*.

S. 3.1.2.15 gilt auch für allgemeinere Zustandsräume, vgl. z. B. GICHMAN/SKOROCHOD [1].

3.1.2.16. Definition. Eine Funktion $P(u, e; t. \mathscr{B})$, $u, t \in \mathscr{T}$, $u \leqq t$, $e \in \mathscr{E}$, $\mathscr{B} \in \mathfrak{E}$ mit den Eigenschaften (a)—(e) bezeichnet man als *Übergangsfunktion* (des Markowschen Prozesses $\left(X(t)\right)$).

Anschaulich ist $P(u, e; t, \mathscr{B})$ die Wahrscheinlichkeit dafür, daß der Prozeß zur Zeit t in einem Zustand aus der Menge $\mathscr{B}$ ist, falls er zur Zeit $u \leqq t$ im Zustand e war; man bezeichnet deshalb $P(u, e; t, \mathscr{B})$ auch als *Übergangswahrscheinlichkeit*. Es sind auch die Bezeichnungen *Markowscher* oder *stochastischer Kern* üblich.

3.1.2.17. Beispiel. Ein Prozeß $\left(X(t)\right)$ mit unabhängigen Zuwächsen ist Markowsch. Dabei gilt

$$P(u, e; t, \mathscr{B}) = \mathsf{P}_{u,t}(\mathscr{B} - e) = \mathsf{P}\left(X(t) - X(u) \in \mathscr{B} - e\right)$$

mit $\quad \mathscr{B} - e = \{y : y + e \in \mathscr{B}\}$.

Insbesondere sind Wiener- und Poisson-Prozesse Markowsch.

3.1.2.18. Satz. Für die endlichdimensionalen Verteilungen eines Markowschen Prozesses $(X(t))$ gilt:

$$\mathsf{P}_{t_1,\ldots,t_n}(\mathscr{B}_1 \times \cdots \times \mathscr{B}_n) = \mathsf{P}\big(X(t_1) \in \mathscr{B}_1, \ldots, X(t_n) \in \mathscr{B}_n\big)$$
$$= \int\limits_{\mathscr{E}} \int\limits_{\mathscr{B}_1} \int\limits_{\mathscr{B}_2} \cdots \int\limits_{\mathscr{B}_{n-1}} P(t_{n-1}, e_{n-1}; t_n, \mathscr{B}_n)\, P(t_{n-2}, e_{n-2}; t_{n-1}, \mathrm{d}e_{n-1}) \cdots P(0, e_0; t_1, \mathrm{d}e_1)\, \mathsf{P}_0(\mathrm{d}e_0),$$
$$0 \leqq t_1 < \cdots < t_n, \tag{6}$$

und insbesondere

$$\mathsf{P}_t(\mathscr{B}) = \mathsf{P}\big(X(t) \in \mathscr{B}\big) = \int\limits_{\mathscr{E}} P(0, e; t, \mathscr{B})\, \mathsf{P}_0(\mathrm{d}e), \qquad t \geqq 0, \tag{7}$$

wobei P_0 die Verteilung des *Anfangszustandes* $X(0)$ bezeichnet (*Anfangsverteilung*).

Somit wird die Verteilung P_X des Markowschen Prozesses $(X(t))$ durch seine Anfangsverteilung und die Übergangsfunktion bestimmt. Dabei kommt der Übergangsfunktion die wesentliche Bedeutung zu. Sie beschreibt das eigentliche Bewegungsgesetz des betrachteten Systems.

Sind umgekehrt eine Funktion $P(u, e; t, \mathscr{B})$, $u, t \in \mathscr{T}$, $e \in \mathscr{E}$, $\mathscr{B} \in \mathfrak{E}$, die (a), (b), (d) und (e) genügt, sowie eine Anfangsverteilung P_0 auf $\mathfrak{E}$ vorgegeben, so wird gemäß (6) eine Familie endlichdimensionaler Verteilungen definiert. Nach [3.1.1] folgt daraus die Existenz eines Markowschen Prozesses $(X(t))$ mit dem Wahrscheinlichkeitsraum der Realisierungen $(\mathscr{E}^{\mathscr{T}}, \mathfrak{E}^{\mathscr{T}}, \mathsf{P}_X)$ und mit der vorgegebenen Übergangsfunktion $P(u, e; t, \mathscr{B})$, für die dann (c) gilt. Man nennt $P(u, e; t, \mathscr{B})$ mit (a), (b), (d) und (e) eine *Markowsche Übergangsfunktion.*

3.1.2.19. Definition. Ein Markowscher Prozeß $(X(t))$ oder seine Übergangsfunktion $P(u, e; t, \mathscr{B})$ heißen (zeitlich) *homogen,* wenn für beliebige $u, t, h \in \mathscr{T}$

$$P(u + h, e; t + h, \mathscr{B}) = P(u, e; t, \mathscr{B}), \qquad e \in \mathscr{E}, \qquad \mathscr{B} \in \mathfrak{E},$$

gilt. Die Werte $P(u, e; t, \mathscr{B})$ hängen also (bei fixierten e, $\mathscr{B}$) nur von der Differenz $t - u$ ab. Man setzt $P(t; e, \mathscr{B}) = P(0, e; t, \mathscr{B})$ und nennt die Funktion $P(t; e, \mathscr{B})$, $t \in \mathscr{T}$, $e \in \mathscr{E}$, $\mathscr{B} \in \mathfrak{E}$ die Übergangsfunktion des homogenen Markowschen Prozesses $(X(t))$.

Die Gleichung (5) hat für homogene Prozesse die Gestalt

$$P(t + u; x, \mathscr{B}) = \int\limits_{\mathscr{E}} P(u; y, \mathscr{B})\, P(t; e, \mathrm{d}y). \tag{8}$$

Daraus folgt für diskrete Zeit, daß die Übergangsfunktion $P(t; e, \mathscr{B})$ bereits durch die Übergangsfunktion in einem Schritt $P(1; e, \mathscr{B})$ bestimmt ist (↑ [3.3.1]). Die Gleichung (8) drückt für $\mathscr{T} = \mathbb{G}_+$ bzw. $\mathscr{T} = \mathbb{R}_+$ eine Halbgruppeneigenschaft aus, vgl. Müller [1], Wentzell [1].

3.1.2.20. Definition. Sei $(X(t))$ ein homogener Markowscher Prozeß mit der Übergangsfunktion $P(t; e, \mathscr{B})$. Eine Wahrscheinlichkeitsverteilung P auf $\mathfrak{E}$ mit der Eigenschaft

$$\mathsf{P}(\mathscr{B}) = \int\limits_{\mathscr{E}} P(t; e, \mathscr{B})\, \mathsf{P}(\mathrm{d}e), \qquad t \in \mathscr{T}, \qquad \mathscr{B} \in \mathfrak{E}, \tag{9}$$

heißt eine *stationäre* (*Anfangs-*) *Verteilung* von $(X(t))$ bzw. $P(t; e, \mathscr{B})$ (P wird oft auch als *invariante Verteilung* bezeichnet).

3.1.2.21. Satz. Sei $P(t; e, \mathcal{B})$ eine homogene Übergangsfunktion und P eine stationäre Verteilung bez. $P(t; e, \mathcal{B})$. Wählt man P als Anfangsverteilung, so ist der durch P und $P(t; e, \mathcal{B})$ bestimmte Markowsche Prozeß $\big(X(t)\big)$ stationär. Insbesondere gilt also $\mathsf{P}\big(X(t) \in \mathcal{B}\big) = \mathsf{P}(\mathcal{B})$ für alle t.

Im Fall $\mathcal{T} = \mathfrak{G}_+$ ist (9) genau dann erfüllt, wenn

$$\mathsf{P}(\mathcal{B}) = \int_{\mathcal{E}} P(1; e, \mathcal{B})\, \mathsf{P}(de), \qquad \mathcal{B} \in \mathfrak{E}, \tag{10}$$

gilt.

Die Bedeutung der stationären Verteilungen wird vor allem im Zusammenhang mit den Ergodensätzen für Markowsche Prozesse sichtbar (↑ [3.3] und [3.4]). Sei $P(t; e, \mathcal{B})$ eine vorgegebene Übergangsfunktion. Mit $\mathsf{P}_t^{\mathsf{Q}}$ bezeichnen wir die Verteilung von $X(t)$, $t \in \mathcal{T}$, falls $\big(X(t)\big)$ der durch $P(u, e; t, \mathcal{B})$ und die Anfangsverteilung Q bestimmte Markowsche Prozeß ist.

3.1.2.22. Definition. Eine homogene Markowsche Übergangsfunktion $P(t; e, \mathcal{B})$ heißt *ergodisch* (im Sinne der schwachen Konvergenz bzw. Konvergenz in Variation), falls ein Verteilungsgesetz P auf $\mathfrak{E}$ existiert, so daß für jede Anfangsverteilung Q die Bedingung

$$\mathsf{P}_t^{\mathsf{Q}} \Rightarrow \mathsf{P} \quad \text{für} \quad t \to \infty \tag{11}$$

bzw.

$$\operatorname{var}(\mathsf{P}_t^{\mathsf{Q}} - \mathsf{P}) \to 0 \quad \text{für} \quad t \to \infty \tag{12}$$

gilt. Die Bedingungen (11) bzw. (12) sind äquivalent den Bedingungen: Für jedes $e \in \mathcal{E}$ gilt

$$P\big(t; e, (\cdot)\big) \Rightarrow \mathsf{P} \quad \text{für} \quad t \to \infty \tag{13}$$

bzw.

$$\operatorname{var}\Big(P\big(t; e, (\cdot)\big) - \mathsf{P}\Big) \to 0 \quad \text{für} \quad t \to \infty. \tag{14}$$

3.1.2.23. Satz. Ist $P(t; e, \mathcal{B})$ ergodisch im Sinne von (12), so ist P aus (12) die einzige stationäre Anfangsverteilung bez. $P(t; e, \mathcal{B})$. Diese Aussage gilt auch für die im Sinne von (11) ergodischen Übergangsfunktionen, falls sie zusätzlich bez. des ersten Arguments stetig sind.

Die Behauptung von S. 3.1.2.23 gilt auch dann, wenn man (11) bzw. (12) durch

$$\frac{1}{t} \int_0^t \mathsf{P}_u^{\mathsf{Q}} du \Rightarrow \mathsf{P} \quad \text{für} \quad t \to \infty \tag{15}$$

bzw.

$$\operatorname{var}\left(\frac{1}{t} \int_0^t \mathsf{P}_u^{\mathsf{Q}}\, du - \mathsf{P}\right) \to 0 \quad \text{für} \quad t \to \infty \tag{16}$$

ersetzt (für diskrete Zeit sind Integrale durch Summen zu ersetzen). Weiterführende Sätze dieser Art findet man bei Tweedie (1977).

Vergleichbarkeitskriterien für Markowsche Prozesse hinsichtlich der Halbordnungsrelationen $\overset{(i)}{\leqq}$, $i = 1, 2, 3$, findet man z. B. in Stoyan [1], Kirstein (1976), Kirstein/Franken/Stoyan (1977).

3.1.2.4. Stationäre Prozesse im weiteren Sinne

Oft begnügt man sich bei der Behandlung zufälliger Prozesse mit der Bestimmung von $\mathsf{m}_X(t)$ und $\mathsf{C}_X(u, t)$. Ist ein Prozeß zweiter Ordnung stationär, so gilt

$$\mathsf{m}_X(t) = \text{const}, \; \mathsf{C}_X(u, t) = \mathsf{C}_X(u + h, t + h) \text{ für beliebige } u, t, u + h, t + h \in \mathscr{T}. \tag{17}$$

Das führt zu der folgenden

3.1.2.24. Definition. Der zufällige Prozeß $(X(t), t \in \mathscr{T})$, $\mathscr{T} = \mathbb{G}_+$ oder $\mathscr{T} = \mathbb{G}$ bzw. $\mathscr{T} = \mathbb{R}_+$ oder $\mathscr{T} = \mathbb{R}$ heißt *stationär im weiteren Sinne*, falls er von zweiter Ordnung ist und (17) gilt. Man bezeichnet dann die Funktion $\mathsf{C}_X(t - s) = \mathsf{C}_X(0, t - s)$ als Kovarianzfunktion von $(X(t))$. Analoges gilt auch für die Korrelationsfunktion.

Ein im engeren Sinne stationärer Prozeß zweiter Ordnung ist auch im weiteren Sinne stationär. Sei $(X(t))$ ein im weiteren Sinne stationärer Prozeß von dem o. B. d. A. $\mathsf{E}X(t) = 0$, $t \in \mathscr{T}$, vorausgesetzt wird. Dann existiert ein eindeutig bestimmtes, zufälliges Maß Φ_X (vgl. Müller [1]), so daß $X(t)$ die Darstellung

$$X(t) = \int_{\mathscr{T}^*} e^{itx} \Phi_X(dx), \quad t \in \mathscr{T}, \tag{18}$$

besitzt; dabei ist $\mathscr{T}^* = [-\pi, \pi)$ für diskrete und $\mathscr{T}^* = (-\infty, \infty)$ für stetige Zeit. Das Maß Φ_X heißt zufälliges Spektralmaß und die Darstellung (18) Spektraldarstellung von $(X(t))$. Der Spektraldarstellung von $(X(t))$ entspricht die Darstellung der Kovarianzfunktion $\mathsf{C}_X(t)$ als Fourier-Stieltjes-Transformierte

$$\mathsf{C}_X(t) = \int_{\mathscr{T}^*} e^{itx} \nu_X(dx), \quad t \in \mathscr{T}, \tag{19}$$

wobei ν_X, $\nu_X(\mathscr{B}) = \mathsf{E}\,|\Phi_X(\mathscr{B})|^2$, $\mathscr{B}$ Borel-Menge aus $\mathscr{T}$, das *nicht zufällige Spektralmaß* von $(X(t))$ heißt. Die Funktion $G_X(x) = \nu_X((-\infty, x))$ nennt man *Spektralfunktion* von $(X(t))$. Mittels $G_X(x)$ kann (19) auch in der Form

$$\mathsf{C}_X(t) = \int_{\mathscr{T}^*} e^{itx} \, dG_X(x), \quad t \in \mathscr{T}, \tag{20}$$

geschrieben werden. Ist die Spektralfunktion $G_X(x)$ nach x differenzierbar, so heißt die Ableitung $g_X(x) = \dfrac{dG_X(x)}{dx}$ die *Spektraldichte* von $(X(t))$.

Hinsichtlich weiterer Ergebnisse für im weiteren Sinne stationäre Prozesse vgl. Rosanow [1], Müller [1], Gichman/Skorochod [1].

3.2. Erneuerungstheorie. Regenerative und kumulative Prozesse

3.2.1. Definition eines Erneuerungsprozesses. Erneuerungsgleichung

Es seien $Z_0, Z_1, \ldots$ unabhängige, nichtnegative Zufallsgrößen mit den Verteilungsfunktionen $F_0(x) = \mathsf{P}(Z_0 < x)$, $F(x) = \mathsf{P}(Z_k < x)$, $k \geqq 1$, wobei $p_0 = F_0(0+) < 1$, $p = F(0+) < 1$ vorausgesetzt wird. Sei $T_k = Z_0 + \cdots + Z_{k-1}$, $k \geqq 1$. Es gilt

$$\mathsf{P}(T_k < x) = F_0 * F^{*(k-1)}(x). \tag{1}$$

3.2.1.1. Definition. Der Prozeß $(L(t), t \geqq 0)$ mit $L(t) = \max \{k: T_k < t\}$ heißt *Erneuerungsprozeß* (*Erneuerungszählprozeß*) oder auch *rekurrenter* (*Forderungen-*) *Strom* (↑ [3.6]) mit den *Pausenverteilungsfunktionen* $F_0(x)$ und $F(x)$. Die Folge $(T_k, k \geqq 1)$ bezeichnet man als *rekurrenten Punktprozeß* auf $\mathbb{R}_+$ (↑ [3.7]), die Zeitpunkte T_k heißen *Erneuerungspunkte.* Ist $F_0(x) = F(x)$, so spricht man von einem *gewöhnlichen,* anderenfalls von einem *modifizierten* oder *verzögerten* Erneuerungsprozeß.

Man kann die Größen Z_i als Pausenzeiten eines Forderungenstromes interpretieren. Dann sind die T_k die Ankunftszeitpunkte der Forderungen, und $L(t)$ ist die Anzahl der in $[0, t)$ eingetroffenen Forderungen.

Das Verteilungsgesetz von $(L(t), t \geqq 0)$ bzw. $(T_k, k \geqq 1)$ ist durch $F_0(x)$ und $F(x)$ eindeutig bestimmt. Insbesondere gilt für $t \geqq 0$

$$\mathsf{P}(L(t) \geqq k) = \mathsf{P}(T_k < t) = F_0 * F^{*(k-1)}(t), \tag{2}$$

$$\mathsf{P}(L(t) = k) = F_0 * F^{*(k-1)}(t) - F_0 * F^{*(k)}(t). \tag{3}$$

In einigen Darstellungen, z. B. Borowkow [2], Feller [2] wird angenommen, daß der Nullpunkt stets ein Erneuerungspunkt ist, d. h., der Größe $L(t)$ entspricht dort $L(t) + 1$.

Die Verteilungsfunktion $F_0(x)$ spielt die Rolle einer Anfangsverteilung, die variieren kann. $F(x)$ wird im weiteren als fest angenommen. Daher benutzen wir bei verschiedenen Charakteristiken eines modifizierten Erneuerungsprozesses F_0 als Index; für den gewöhnlichen Erneuerungsprozeß, d. h. im Falle $F_0(x) \equiv F(x)$, lassen wir ihn weg.

Homogene Poisson-Prozesse (↑ [3.1.2.1]) sind spezielle Erneuerungsprozesse. Es gilt

3.2.1.2. Satz. Ist $(L(t))$ ein gewöhnlicher Erneuerungsprozeß mit $F(x) = 1 - e^{-\lambda x}$, so ist $(L(t))$ ein homogener Poisson-Prozeß mit der Intensität λ. Umgekehrt ist ein homogener Poisson-Prozeß mit der Intensität λ ein gewöhnlicher Erneuerungsprozeß mit $F(x) = 1 - e^{-\lambda x}$.

Ist $F(x)$ eine Erlang-Verteilung der Ordnung n, so spricht man von einem *Erlangschen Erneuerungsprozeß n-ter Ordnung.* Er entsteht aus dem Poisson-Prozeß durch Verdünnung (↑ [3.6.2]), indem nur jeder n-te Punkt gezählt wird und die anderen Punkte gestrichen werden.

3.2.1.3. Satz. Sei $\mathsf{g}_{L(t)}(z) = \sum_{k=0}^{\infty} \mathsf{P}(L(t) = k)\, z^k$ die erzeugende Funktion der Zufallsgröße $L(t)$. Die Funktion $\mathsf{g}_{L(t)}(z)$ ist analytisch im Kreis $|z| < 1/p$, wobei $p = F(0+) < 1$ ist. Folglich existieren sämtliche Momente von $L(t)$, vgl. Beljajew/Maximow (1963).

3.2.1.4. Definition. Es seien $u(x)$ und $v(x)$ reellwertige Funktionen auf $\mathbb{R}_+$ und ν ein Maß auf $\mathfrak{B}_+$. Die Gleichung

$$v(x) = u(x) + \int_0^x v(x-u)\, \nu(\mathrm{d}u), \tag{4}$$

wobei $v(x)$ die unbekannte Funktion ist, bezeichnet man als *Erneuerungsgleichung.*

3.2.1.5. Definition. Die Funktion

$$H_{F_0}(t) = \mathsf{E}L(t) = \sum_{k=0}^{\infty} F_0 * F^{*(k)}(t)$$

heißt *Erneuerungsfunktion.*

3.2.1.6. Satz. Die Erneuerungsfunktion genügt den Erneuerungsgleichungen

$$H_{F_0}(x) = F_0(x) + \int_0^x H_{F_0}(x-u)\,\mathrm{d}F(u), \tag{5}$$

$$H_{F_0}(x) = F_0(x) + \int_0^x H(x-u)\,\mathrm{d}F_0(u), \tag{6}$$

wobei $H(x)$ die Erneuerungsfunktion des gewöhnlichen Erneuerungsprozesses mit $F_0 = F$ ist. $H(x)$ genügt der Erneuerungsgleichung

$$H(x) = F(x) + \int_0^x H(x-u)\,\mathrm{d}F(u). \tag{7}$$

st $F_0(x)$ absolutstetig mit der Dichte $f_0(x)$, so ist $H_{F_0}(x)$ ebenfalls absolutstetig. Es gilt lämlich

$$H_{F_0}(x) = \int_0^x h_{F_0}(u)\,\mathrm{d}u, \qquad h_{F_0}(u) = \sum_{k=0}^{\infty} \int_0^u f_0(u-y)\,\mathrm{d}F^{*(k)}(y).$$

Die *Erneuerungsdichte* $h_{F_0}(x)$ genügt der Erneuerungsgleichung

$$h_{F_0}(x) = f_0(x) + \int_0^x h_{F_0}(x-u)\,\mathrm{d}F(u), \tag{8}$$

die für den Fall $F(x) = \int_0^x f(u)\,\mathrm{d}u$ folgende Form erhält:

$$h_{F_0}(x) = f_0(x) + \int_0^x h_{F_0}(x-u)\,f(u)\,\mathrm{d}u. \tag{9}$$

3.2.1.7. Satz. Die Erneuerungsgleichungen (4) bis (6) sind stets eindeutig lösbar. Die Laplace-Stieltjes-Transformierte $H^*_{F_0}(s) = \int_0^\infty \mathrm{e}^{-sx}\,\mathrm{d}H_{F_0}(x)$ existiert für Re $s > 0$, und es gilt

$$H^*_{F_0}(s) = F^*{}_0(s)/\big(1 - F^*(s)\big), \tag{10}$$

$$H^*(s) = F^*(s)/\big(1 - F^*(s)\big), \tag{11}$$

wobei $F_0{}^*(s)$ und $F^*(s)$ die Laplace-Stieltjes-Transformierten von $F_0(x)$ und $F(x)$ bezeichnen, vgl. Feller (1941).

Aus (11) erkennt man, daß man für gewöhnliche Erneuerungsprozesse aus der Kenntnis der Erneuerungsfunktion $H(x)$ die Pausenverteilungsfunktion $F(x)$ bestimmen kann, d. h., die Erneuerungsfunktion bestimmt eindeutig die Verteilung des gewöhnlichen Erneuerungsprozesses. Insbesondere gilt

3.2.1.8. Satz. Ein gewöhnlicher Erneuerungsprozeß ist genau dann ein homogener Poisson-Prozeß mit der Intensität λ, wenn seine Erneuerungsfunktion die Gestalt $H(x) = \lambda x$ besitzt (↑ auch S. 3.2.1.2).

In Verallgemeinerung dieser Tatsache definieren wir

3.2.1.9. Definition. Ein gewöhnlicher Erneuerungsprozeß heißt *quasipoissonsch*, falls Zahlen $\lambda_1, \lambda_2, x_0 > 0$ existieren, so daß $H(x) = \lambda_1 x + \lambda_2$ für alle $x \geqq x_0$ gilt.

Für die Binomialmomente eines gewöhnlichen Erneuerungsprozesses erhält man

$$\mathsf{E}\binom{L(t)}{k} = H^{*(k)}(t) \tag{12}$$

und insbesondere (vgl. Franken (1963b))

$$\mathsf{V}L(t) = 2\int_0^t H(t-u)\,\mathrm{d}H(u) + H(t) - \big(H(t)\big)^2. \tag{13}$$

Von Franken (1963b) und Daley (1965), vgl. auch Forst (1979), wurde folgende Aussage bewiesen.

3.2.1.10. Satz. Ist $H(t)$ die Erneuerungsfunktion eines gewöhnlichen Erneuerungsprozesses, so ist $cH(t)$ für jedes $c \in (0, 1)$ eine Erneuerungsfunktion.

3.2.1.11. Satz. (a) Es seien $\big(L_n(t)\big)$ bzw. $\big(L(t)\big)$ gewöhnliche Erneuerungsprozesse mit den Pausenverteilungsfunktionen $F_n(x)$ bzw. $F(x)$ und den Erneuerungsfunktionen $H_n(x)$ bzw. $H(x)$. Falls $F_n \Rightarrow F$, so gilt in allen Stetigkeitspunkten von $H(x)$

$$\lim_{n\to\infty} \mathsf{P}\big(L_n(t) = k\big) = \mathsf{P}\big(L(t) = k\big), \qquad \lim_{n\to\infty} H_n(x) = H(x).$$

(b) Es seien $F_1(x)$, $F_2(x)$ Verteilungsfunktionen mit $F_1 \overset{(1)}{\leqq} F_2$. Dann gilt für die zugehörigen gewöhnlichen Erneuerungsprozesse $\big(L_1(t)\big)$ bzw. $\big(L_2(t)\big)$ und die Erneuerungsfunktionen $H_1(x)$ bzw. $H_2(x)$

$$L_1(t) \overset{(1)}{\leqq} L_2(t), \qquad t > 0; \qquad H_1(x) \geqq H_2(x), \qquad x > 0.$$

Sei $\big(L(t)\big)$ o. B. d. A. ein gewöhnlicher Erneuerungsprozeß mit $p = F(0+) > 0$. Wir setzen $G(x) = (1-p)^{-1}\big(F(x) - p\big)$ und bezeichnen den zu $G(x)$ gehörenden gewöhnlichen Erneuerungsprozeß mit $\big(L^e(t)\big)$. Es gilt offenbar

$$L(t) = \sum_{i=0}^{L^e(t)} D_i - 1, \tag{14}$$

wobei D_i unabhängige Zufallsgrößen mit der Verteilung

$$\mathsf{P}(D_i = k) = (1-p)\,p^{k-1}, \qquad k \geqq 1, \tag{15}$$

sind (verschobene geometrische Verteilung). Der Erneuerungsprozeß mit der Pausenverteilungsfunktion $F(x)$ beschreibt also einen Forderungenstrom, bei dem in Punkten eines Erneuerungsprozesses mit der Pausenverteilungsfunktion $G(x)$ unabhängige Gruppen von Forderungen eintreffen, wobei die Anzahl der Forderungen in der Gruppe (Vielfachheit) gemäß (15) verteilt ist (↑ auch [3.6]). Erneuerungsprozesse sind in der Bedienungstheorie in erster Linie als Modelle für Forderungenströme von Interesse. Hier ist die oben getroffene Annahme $q^* = \mathsf{P}(Z_0 < \infty) = 1$, $f^* = \mathsf{P}(Z_k < \infty) = 1$, $k \geqq 1$, natürlich. Andererseits treten Erneuerungsprozesse als eingebettete Prozesse beim Studium der regenerativen, insbesondere der Markowschen und semimarkowschen Prozesse auf, die u. a. zur Beschreibung zahlreicher Bedienungssysteme dienen, ↑ [3.2.6], [3.3] und [3.5]. In diesem Fall kann $q^* < 1$ und (oder) $f^* < 1$ gelten.

3.2.1.12. Satz. (a) Ist $f^* < 1$, so gilt $\mathsf{P}\left(\lim\limits_{t\to\infty} L(t) < \infty\right) = 1$. (Es treten mit Wahrscheinlichkeit Eins nur endlich viele Erneuerungen auf.)
(b) Ist $f^* = 1$, so gilt $\mathsf{P}\left(\lim\limits_{t\to\infty} L(t) = \infty\right) = q^*$. (Findet die erste Erneuerung statt, so gibt es unendlich viele Erneuerungen.)
(c) Es gilt genau dann $f^* < 1$, wenn $\lim\limits_{t\to\infty} \mathsf{E}L(t) < \infty$ ist. In diesem Fall gilt $\lim\limits_{t\to\infty} \mathsf{E}L(t) = q^*/(1 - f^*)$.

3.2.2. Berechnung der Erneuerungsfunktion sowie der Varianz von $L(t)$

In diesem Abschnitt betrachten wir nur gewöhnliche Erneuerungsprozesse und geben eine explizite Lösung der Erneuerungsgleichung (7) in [3.2.1] für folgende, in der Bedienungstheorie interessante Fälle an.

(a) Exponentialverteilung Exp (λ): $H(x) = \lambda x$ für $x \geqq 0$.

(b) Gammaverteilung Ga (λ, α) (vgl. Gnedenko/Beljajew/Soolowjew [1]):

$$H(x) = \sum_{k=1}^{\infty} \int_0^x \frac{\lambda^{k\alpha} u^{k-1}}{\Gamma(k\alpha)} \mathrm{e}^{-\lambda u}\, du.$$

(c) Erlang-Verteilung Erl (λ, k) (vgl. Gnedenko/Beljajew/Solowjew [1]):

$$H(x) = \frac{1}{k}\left(\lambda x + \sum_{m=1}^{k-1} \frac{c^m}{c^m - 1} \left(\mathrm{e}^{\lambda x (c^m - 1)} - 1\right)\right),$$

wobei $c = \cos \frac{2\pi}{k} + \mathrm{i} \sin \frac{2\pi}{k}$.

(d) Normalverteilung $\mathrm{N}(a, \sigma^2)$, $a \geqq 3\sigma$ (vgl. Gnedenko/Beljajew/Solowjew [1]):

$$H(x) = \sum_{m=1}^{\infty} \Phi\left(\frac{x - ma}{\sigma \sqrt{m}}\right).$$

(e) Explizite Formeln für $H(x)$ im Falle einer verschobenen Exponentialverteilung bzw. einer Gleichverteilung $F(x)$ findet man in Barlow/Hunter (1961) bzw. Bosch/Richter (1971), bez. Weibull-Verteilungen $F(x)$ vgl. Smith/Leadbetter (1963), Lomnicki (1966).

Da die Erneuerungsgleichung (7) in [3.2.1] nur in wenigen Fällen numerisch auswertbar ist, sind Näherungsformeln (↑ [3.2.4]) und Abschätzungen von besonderer Bedeutung. Setzt man $a = \int_0^\infty x\, \mathrm{d}F(x)$ und $a_2 = \int_0^\infty x^2\, \mathrm{d}F(x)$, so gilt (vgl. Butterworth/Marshall [1], Lorden (1970) und Marshall/Proschan (1972))

$$H(x) \geqq \frac{x}{a} - 1, \qquad x \geqq 0, \tag{1}$$

$$H(x) \leqq \frac{x}{a} + \frac{a_2}{a^2} - 1, \qquad x \geqq 0, \tag{2}$$

und, falls $F(x)$ vom Typ NBUE (NWUE) ist,

$$H(x) \leqq (\geqq)\, \frac{x}{a}, \qquad x \geqq 0. \tag{3}$$

Weitere Abschätzungen der Erneuerungsfunktion findet man z. B. in Barlow/Proschan [1], [2], Borowkow [2], Marshall (1973), Tschepurin (1973), Berman (1978) und Siegel/Wünsche (1979). Abschätzungen für die Verteilung von $L(t)$ sind u. a. in Barlow/Proschan [1], [2] angegeben. Für die Varianz $\mathsf{V}L(t)$ gelten folgende Abschätzungen (vgl. Marshall/Proschan (1972), Berman (1978), Barlow/Proschan [2]):

$$\mathsf{V}L(t) \leqq H(t) + \big(H(t)\big)^2, \qquad t \geqq 0, \tag{4}$$

$$\mathsf{V}L(t) \leqq (\geqq)\, H(t), \qquad t \geqq 0, \tag{5}$$

falls $F(x)$ vom Typ NBU (NWU) ist oder die Erneuerungsdichte $h(t)$ nicht fallend (nicht wachsend) ist, sowie

$$\mathsf{V}L(t) \leqq (\geqq) \left(\frac{t}{a}\right)^2 + \frac{t}{a} - \big(H(t)\big)^2, \qquad t \geqq 0, \tag{6}$$

falls $F(x)$ vom Typ NBUE (NWUE) ist.

3.2.3. Stationäre Erneuerungsprozesse

Mit einem durch die Folge $(Z_k,\ k \geqq 0)$ beschriebenen Erneuerungsvorgang kann man außer dem Erneuerungsprozeß $\big(L(t)\big)$ die Prozesse der Rückwärtsrekurrenzzeit $\big(C(t)\big)$ und der Vorwärtsrekurrenzzeit $\big(R(t)\big)$ verbinden:

$$C(t) = t - T_{L(t)}, \qquad R(t) = T_{L(t)+1} - t; \qquad \text{wobei } T_0 \neq 0 \text{ gesetzt ist.}$$

Denkt man an einen Forderungenstrom, so ist $C(t)$ das Alter der zur Zeit t laufenden Pause und $R(t)$ der Abstand bis zum Eintreffen der nächsten nach t kommenden Forderung. Beides sind homogene Markowsche Prozesse mit dem Zustandsraum $\mathbb{R}_+$ (↑ D. 3.1.2.14). Auf Grund der Waldschen Identität (↑ S. 2.6.35) gilt

$$t + \mathsf{E}R(t) = \big(H(t) + 1\big)\, a, \qquad t \geqq 0.$$

Die Verteilungsfunktion von $R(t)$ genügt der Formel

$$\mathsf{P}\big(R(t) < x\big) = \int_t^{t+x} \big(1 - F(t + x - y)\big)\, \mathrm{d}H_{F_0}(y). \tag{1}$$

Aus (1) und (2) in [3.2.1] folgt für die Verteilung der Anzahl der Erneuerungen $L(u) - L(t)$ in $[t, u)$ die Formel

$$\mathsf{P}\big(L(u) - L(t) \geqq k\big) = \int_t^u F^{*(k-1)}(u - x) - F^{*(k)}(u - x)\, \mathrm{d}H_{F_0}(x). \tag{2}$$

3.2.3.1. Definition. Ein Erneuerungsprozeß $\big(L(t)\big)$ heißt *stationär*, wenn er stationäre homogene Zuwächse hat (↑ D. 3.1.2.2).

3.2.3.2. Satz. (a) $\big(L(t)\big)$ ist genau dann stationär, wenn der Markowsche Prozeß $\big(R(t)\big)$ bzw. $\big(C(t)\big)$ stationär ist.

(b) Die Stationarität von $\big(L(t)\big)$ ist der Stationarität des rekurrenten Punktprozesses $(T_k,\ k \geqq 1)$ äquivalent: Für alle $t > 0$ hat die Folge $(T_k - t,\ k \geqq 1)_+$ (+ bedeutet weglassen von nichtpositiven Gliedern) die gleiche Verteilung wie $(T_k,\ k \geqq 1)$.

Zu jeder Verteilungsfunktion $F(x)$ mit $a = \int_0^\infty x \, \mathrm{d}F(x) < \infty$ existiert genau eine Anfangsverteilung, die die Stationarität des Erneuerungsprozesses sichert.

3.2.3.3. Satz. Ein durch $F_0(x)$, $F(x)$ bestimmter Erneuerungsprozeß ist genau dann stationär, wenn $a < \infty$ ist und wenn gilt

$$F_0(x) = F_R(x) = \frac{1}{a} \int_0^x \big(1 - F(u)\big) \, \mathrm{d}u \tag{3}$$

bzw.

$$H_{F_0}(x) = \frac{x}{a}. \tag{4}$$

3.2.3.4. Folgerung. Ein gewöhnlicher Erneuerungsprozeß ist genau dann stationär, wenn $F(x) = 1 - \mathrm{e}^{-\lambda x}$, $0 < \lambda = a^{-1} < \infty$ gilt. Für den stationären Erneuerungsprozeß $\big(L^s(t)\big)$ erhält man aus (2)

$$\mathsf{P}\big(L^s(t) \geqq k\big) = \frac{1}{a} \int_0^t \big(F^{*(k-1)}(x) - F^{*(k)}(x)\big) \, \mathrm{d}x, \tag{5}$$

$$\mathsf{E}\binom{L_t^s(t)}{k} = \frac{1}{a} \int_0^t H^{*(k-1)}(x) \, \mathrm{d}x. \tag{6}$$

Insbesondere gilt

$$\mathsf{V}L^s(t) = \frac{2}{a} \int_0^t H(x) \, \mathrm{d}x + \frac{t}{a} - \left(\frac{t}{a}\right)^2, \tag{7}$$

und folglich $\mathsf{V}L^s(t) \leqq (\geqq) \dfrac{t}{a}$, falls $F(x)$ eine Verteilungsfunktion vom Typ NBUE (NWUE) ist oder die Erneuerungsdichte $h(t)$ nicht fallend (nicht wachsend) ist, vgl. Berman (1978). Daley (1978) bewies u. a. die Ungleichungen

$$\mathsf{V}L^s(t) \leqq \frac{t}{a^3} \sigma^2 + \frac{a_2^2}{4a^4}, \tag{8}$$

$$\mathsf{V}L^s(t) \geqq \frac{t}{a^3} \sigma^2 - \frac{4}{3a^3} a_3, \tag{9}$$

wobei (8) sich nicht verbessern läßt. Dabei ist

$$\sigma^2 = \int_0^\infty (x - a)^2 \, \mathrm{d}F(x), \qquad a_3 = \int_0^\infty x^3 \, \mathrm{d}F(x).$$

Für die Momente der stationären Vorwärtsrekurrenzzeit R gilt

$$\mathsf{E}R^k = \frac{1}{(k+1)\,a} a_{k+1} \quad \text{mit} \quad a_{k+1} = \int_0^\infty x^{k+1} \, \mathrm{d}F(x). \tag{10}$$

Für $\sigma^2 > 0$ folgt hieraus stets $\mathsf{E}R > a/2$. Intuitiv erwartet man dagegen $\mathsf{E}R = a/2$. Das ist das sogenannte *Paradoxon der Wartezeit*, vgl. FELLER [2], I.4. Darüber hinaus gilt $\mathsf{P}(R \geqq u) = 1 - F_R(u) \leqq (\geqq)\, 1 - F(u)$ für alle u und folglich $\mathsf{E}R \leqq (\geqq)\, a$, falls $F(x)$ eine Verteilungsfunktion vom Typ NBUE (NWUE) ist. Ferner ist $L^s(t) \overset{(1)}{\leqq} \left(\overset{(1)}{\geqq}\right) L(t)$. Abschätzungen der Momente von $R(t)$ findet man in LORDEN (1970).

3.2.4. Asymptotische Aussagen für Erneuerungsprozesse

Die folgenden Sätze beinhalten, daß ein Erneuerungsprozeß unter gewissen Zusatzbedingungen für $t \to \infty$ gegen den zugehörigen stationären Erneuerungsprozeß konvergiert (*Einschwingeigenschaft*). Wir setzen dabei stets $q^* = F_0(\infty) = f^* = F(\infty) = 1$ voraus. Anderenfalls entstehen geringfügige Modifikationen, ↑ z. B. S. 3.2.5.3.

3.2.4.1. Satz (elementares Erneuerungstheorem). Sei $a = \int\limits_0^\infty \big(1 - F(u)\big)\, du$. Für jede Anfangsverteilung $F_0(x)$ gilt

$$\operatorname*{P-lim}_{t\to\infty} \frac{L(t)}{t} = \frac{1}{a}, \qquad \lim_{t\to\infty} \frac{H_{F_0}(t)}{t} = \frac{1}{a}.$$

Da für einen stationären Erneuerungsprozeß die Erneuerungsfunktion gleich t/a $(a < \infty)$ ist, drückt dieser Satz eine globale Einschwingeigenschaft aus. Die entsprechende lokale Eigenschaft liefert der

3.2.4.2. Satz (Satz von BLACKWELL). Ist $F(x)$ nichtarithmetisch mit dem Erwartungswert $a < \infty$, so gilt für jede Anfangsverteilung $F_0(x)$

$$\lim_{t\to\infty} \big(H_{F_0}(t + h) - H_{F_0}(t)\big) = \frac{h}{a}.$$

3.2.4.3. Satz (Satz von DOOB). Ist $F(x)$ nichtarithmetisch und $a < \infty$, so gilt für jede Anfangsverteilung $F_0(x)$ die Beziehung

$$\lim_{t\to\infty} \mathsf{P}\big(R(t) < x\big) = \frac{1}{a} \int\limits_0^x \big(1 - F(u)\big)\, du.$$

Aus S. 3.2.4.3 kann man leicht analoge Behauptungen für kompliziertere Aussagen über den Prozeß $\big(R(t)\big)$ herleiten. Für die Anwendung ist der folgende Satz von großer Bedeutung.

3.2.4.4. Satz (Hauptsatz der Erneuerungstheorie (SMITH, 1954)). Für jede Anfangsverteilung $F_0(x)$ gilt

$$\lim_{t\to\infty} \int\limits_0^t Q(t - x)\, dH_{F_0}(x) = \frac{1}{a} \int\limits_0^\infty Q(t)\, dt,$$

wenn eine der folgenden Bedingungen erfüllt ist:

(i) $F(x)$ ist nichtarithmetisch und $Q(x)$ ist direkt riemannintegrierbar (vgl. FELLER [2], S. 348); $a \leqq \infty$.

(ii) Es existiert ein $n \geqq 1$, so daß die Faltungspotenz $F^{*(n)}(x)$ eine absolutstetige Komponente besitzt; $a < \infty$.

Insbesondere ist (i) erfüllt, wenn gilt

(iii) $F(x)$ ist nichtarithmetisch und die Funktion $Q(x)$ ist nichtwachsend und lebesgue-integrierbar

oder

(iv) $F(x)$ ist nichtarithmetisch, $Q(x)$ ist auf jedem endlichen Intervall von beschränkter Variation, und es ist $a < \infty$.

3.2.4.5. Folgerung. Ist $a_2 = \int\limits_0^\infty x^2 \, \mathrm{d}F(x) < \infty$ und ist $F(x)$ nichtarithmetisch, so gilt die folgende Verschärfung von S. 3.2.4.1

$$\frac{H(t)}{t} = \frac{1}{a} + \frac{1}{t}\left(\frac{a_2}{2a^2} - 1\right) + \frac{o(1)}{t}. \tag{1}$$

Existiert $h(t) = H'(t)$, so gilt unter Zusatzbedingungen $\lim\limits_{t \to \infty} h(t) = 1/a$.

3.2.4.6. Satz. Ist $\sigma^2 < \infty$, so ist $L(t)$ asymptotisch normalverteilt mit dem Erwartungswert t/a und der Varianz $\frac{\sigma^2}{a^3}\, t$:

$$\lim_{t \quad \infty} \mathsf{P}\left(\frac{L(t) - t/a}{\sigma \sqrt{t/a^3}} < x\right) = \Phi(x).$$

Für einen gewöhnlichen Erneuerungsprozeß $(L(t))$ (vgl. Englund (1980)) gilt

$$\sup_n \left| \mathsf{P}(L(t) < n) - \Phi\left(\frac{na - \dfrac{t}{\sqrt{a}}}{\sigma \sqrt{t}}\right)\right| \leqq 4 \sqrt{a}\, \frac{\mathsf{E}\,|Z_0 - a|^3}{\sigma^3 \sqrt{t}}.$$

Zur Berechnung der höheren Momente von $L(t)$ für großes t kann man die folgenden Näherungsformeln benutzen:

$$\mathsf{E}L^2(t) = \frac{t}{a}\left(\frac{a_2}{a^2} + \frac{t}{a} - 1\right) + o(1), \tag{2}$$

$$\mathsf{E}L^3(t) = \frac{t}{a}\left(3\,\frac{{a_2}^2}{a^4} - 3\,\frac{a_2}{a^2} - \frac{a_3}{a^3} + 1\right) + \frac{t^2}{a^2}\left(3\,\frac{a_2}{a^2} + \frac{t}{a} - 3\right) + o(1). \tag{3}$$

Entsprechende asymptotische Resultate für die Semiinvarianten von $L(t)$ sind in Cox [1] angegeben. Insbesondere gilt (↑ auch S. 3.2.4.6)

$$\mathsf{V}L(t) = t\sigma^2/a^3 + o(1), \tag{4}$$

und in Verschärfung dessen

$$\mathsf{V}L(t) = \frac{t\sigma^2}{a^3} + \left(\frac{1}{12} + \frac{5\sigma^4}{4a^4} - \frac{2a_3}{3a^3}\right) + o(1). \tag{5}$$

Für den stationären Erneuerungsprozeß $(L^s(t))$ gilt

$$\mathsf{V}L^s(t) = \frac{t\sigma^2}{a^3} + \left(\frac{1}{6} + \frac{\sigma^4}{2a^4} - \frac{a_3}{3a^3}\right) + o(1). \tag{6}$$

3.2.5. Erneuerungsprozesse mit diskreter Zeit

In den meisten asymptotischen Aussagen von [3.2.4] wurden arithmetische Verteilungsfunktionen $F(x)$ ausgeschlossen. Durch eine Maßstabstransformation läßt sich jede arithmetische Verteilungsfunktion $F(x)$ mit $F(0+) = 0$ in eine Verteilung auf $\{1, 2, \ldots\}$ überführen. Somit erhält man für arithmetische $F(x)$ Erneuerungsprozesse mit diskreter Zeit (eine Erneuerung kann nur in den Punkten 1, 2, ... auftreten). Dieser Spezialfall hat unmittelbare Bedeutung bei der Behandlung von Bedienungssystemen mit diskreter Zeit und in Theorie und Anwendung Markowscher Ketten mit diskreter Zeit. Wir setzen

$$q_n = \mathsf{P}(Z_0 = n), \quad n \geqq 1; \quad f_n = \mathsf{P}(Z_1 = n), \quad n \geqq 1; \quad h_n = \mathsf{P}\left(\bigcup_{k=1}^{n} \left\{\sum_{i=0}^{k-1} Z_i = n\right\}\right).$$

Offenbar ist h_n die Wahrscheinlichkeit dafür, daß im Punkt n eine Erneuerung stattfindet. Für die Erneuerungsfunktion gilt daher $H(n) = \mathsf{E}L(n) = \sum_{k=1}^{n} h_k$.

3.2.5.1. Satz. Die Erneuerungsgleichung (5) in [3.2.1] läßt sich in diskreter Zeit als

$$h_n = q_n + \sum_{k=0}^{n} h_k f_{n-k} \tag{1}$$

schreiben, wobei $q_0 = h_0 = f_0 = 0$ gesetzt wird. (1) hat stets eine eindeutig bestimmte Lösung, wobei für die erzeugende Funktion von (h_n) gilt

$$\sum_{n=0}^{\infty} h_n z^n = \mathsf{g}_{Z_0}(z)/\big(1 - \mathsf{g}_{Z_1}(z)\big). \tag{2}$$

Die Sätze 3.2.1.3, 3.2.1.11, 3.2.3.2, 3.2.3.3, 3.2.4.1 und 3.2.4.6 sowie die meisten Resultate aus [3.2.2] gelten auch für diskrete Zeit. Dem homogenen Poisson-Prozeß entspricht im Falle diskreter Zeit der sogenannte *Bernoulli-Prozeß* mit $f_n = \mathsf{P}(Z_k = n) = p^{n-1}(1-p)$, $n \geqq 1$.

3.2.5.2. Definition. Die Verteilung (f_n) heißt *periodisch* mit der Periode $d > 1$, falls $f_k = 0$ für $k \neq nd$, $n \geqq 1$, gilt. Anderenfalls heißt (f_n) *aperiodisch.*

3.2.5.3. Satz (ERDÖS/FELLER/POLLARD). Es gelte $f^* = \mathsf{P}(Z_k < \infty) = 1$, $k \geqq 1$ und $a = \sum_{n=1}^{\infty} n f_n < \infty$. Dann gilt $\lim_{n\to\infty} h_n = \frac{q^*}{a}$, $q^* = \mathsf{P}(Z_0 < \infty)$, falls (f_n) aperiodisch ist. Hat (f_n) die Periode d, so gilt $\lim_{n\to\infty} h_{nd+j} = \frac{d}{a} \sum_{k=1}^{\infty} q_{kd+j}$ für $0 \leqq j \leqq d-1$.

3.2.6. Regenerative Prozesse

Anschaulich gesprochen versteht man unter einem regenerativen Prozeß einen zufälligen Prozeß, der Regenerations- oder Erneuerungspunkte besitzt, d. h. solche Zeitpunkte, in denen die künftige Entwicklung des Prozesses nicht von seiner Vergangenheit abhängt. Ein einfaches Beispiel eines regenerativen Prozesses ist der Prozeß $\big(R(t)\big)$ der Vorwärtsrekurrenzzeit in einem Erneuerungsschema, wobei die Regenerationspunkte mit den T_k übereinstimmen. Ein regenerativer Prozeß $\big(X(t)\big)$ zerfällt in Stücke oder Zyklen, die das

Verhalten des Prozesses zwischen zwei aufeinanderfolgenden Regenerationspunkten beschreiben. Die Zyklen sind untereinander unabhängig und höchstens mit Ausnahme des ersten identisch verteilt.

Bei der formalen Definition ist es zweckmäßig von den Zyklen auszugehen. Das entspricht auch dem Herangehen bei der Beschreibung konkreter Systeme, insbesondere von Bedienungssystemen. Denn ist das Verhalten eines Bedienungssystems durch einen regenerativen Prozeß beschreibbar, so sind die Zyklen der grundlegende und zugleich erschöpfende Bestandteil der Modellbeschreibung.

Als Beispiele von Bedienungssystemen, die durch regenerative Prozesse beschrieben werden können, kann man Systeme GI/GI/1/∞ mit $\varrho < 1$ betrachten, wobei als Regenerationspunkte Ankunftszeitpunkte von Forderungen auftreten, die das System leer vorfinden.

3.2.6.1. Definition. Ein Paar $\big(Z, (X(t), 0 < t \leqq Z)\big)$ bestehend aus einer nichtnegativen Zufallsgröße Z und einem zufälligen Prozeß $\big(X(t), 0 < t \leqq Z\big)$ mit dem Phasenraum $(\mathcal{E}, \mathfrak{E})$ und dem zufälligen Parameterbereich $(0, Z]$ bezeichnet man als *Zyklus* der Länge Z (alle zufälligen Objekte sind über demselben Wahrscheinlichkeitsraum $(\Omega, \mathfrak{F}, \mathsf{P})$ definiert). Es gelte ferner

$$\mathsf{P}(Z = 0) < 1, \qquad \mathsf{P}(Z < \infty) = 1. \tag{1}$$

Wir betrachten eine Folge $\big((Z_k, X_k(\cdot)), k \geqq 0\big)$ von Zyklen und nehmen an, daß diese unabhängig und für $k \geqq 1$ identisch verteilt sind. Offenbar erzeugt die Folge (Z_k) einen Erneuerungsprozeß $\big(L(t)\big)$. Wir setzen wieder $F_0(x) = \mathsf{P}(Z_0 < x)$, $F(x) = \mathsf{P}(Z_k < x)$, $k \geqq 1$.

Die Punkte $T_k = \sum_{i=0}^{k-1} Z_i$ bilden einen rekurrenten Punktprozeß.

3.2.6.2. Definition. (a) Der auf $(0, \infty)$ gemäß

$$X(t) = \begin{cases} X_0(t) & \text{für} \quad 0 < t \leqq T_1 = Z_0, \\ X_k(t - T_k) & \text{für} \quad T_k < t \leqq T_{k+1}, \quad k \geqq 1, \end{cases}$$

definierte zufällige Prozeß $\big(X(t)\big)$ heißt *regenerativer Prozeß* mit den *Regenerations-* oder *Erneuerungspunkten* $T_1, T_2, \ldots$ und den *Zyklen* $\big(Z_k, (X_k(t), 0 < t \leqq Z_k)\big)$; offenbar gilt $X(t) = X_{L(t)}(t - T_{L(t)})$, $t > 0$. Die Folge $(T_k, k \geqq 1)$ heißt der in $\big(X(t)\big)$ *eingebettete rekurrente Punktprozeß*. Das Verteilungsgesetz von $\big(Z_1, (X_1(t), 0 < t \leqq Z_1)\big)$ nennt man *Zyklusverteilung* von $\big(X(t)\big)$.

(b) Ein regenerativer Prozeß heißt *synchron*, falls seine Zyklen identisch verteilt sind; ein synchroner Prozeß wird mit $\big(X^0(t)\big)$ bezeichnet.

Ein synchroner Prozeß $\big(X^0(t)\big)$ ist vollständig durch seine Zyklusverteilung definiert. $\big(X^0(t)\big)$ hat folgende Invarianzeigenschaft.

3.2.6.3. Satz. Für jedes k besitzt der um die zufällige Länge T_k verschobene Prozeß $\big(X^0(t - T_k), t \geqq T_k\big)$ dieselbe Verteilung wie $\big(X^0(t)\big)$. (Man kann T_k für jedes k als Nullpunkt deuten.)

3.2.6.4. Satz. Ist die mittlere Zykluslänge $a = \int_0^\infty \big(1 - F(x)\big)\,dx$ endlich, so kann man einem synchronen regenerativen Prozeß (d. h. einer gegebenen Zyklusverteilung) eindeutig das Verteilungsgesetz eines stationären regenerativen Prozesses $\big(X^s(t), t \geqq 0\big)$

zuordnen (und umgekehrt). Die Verteilung des k-ten Zyklus von $(X^s(t))$ stimmt für $k \geqq 1$ mit der entsprechenden Verteilung des synchronen Prozesses überein. Der 0-te Zyklus $\left(Z_0^s, \left(X_0^s(t), 0 \leqq t \leqq Z_0^s\right)\right)$ von $(X^s(t))$ hat eine spezielle Verteilung, die sich durch die vorgegebene Zyklusverteilung ausdrücken läßt. Es gelten insbesondere die Formeln

$$\mathsf{P}\left(X^s(0) \in \mathscr{B}\right) = \frac{1}{a} \int_0^\infty Q(t, \mathscr{B})\, \mathrm{d}t, \tag{2}$$

$$\mathsf{E} f\left(X^s(0)\right) = \frac{1}{a} \mathsf{E} \int_0^{Z_0} f\left(X^0(u)\right) \mathrm{d}u, \tag{3}$$

wobei $Q(t, \mathscr{B}) = \mathsf{P}\left(X_k(t) \in \mathscr{B}, Z_k > t\right)$, $k \geqq 1$, $\mathscr{B} \in \mathfrak{E}$, gilt und f eine beliebige nichtnegative meßbare Funktion auf $\mathfrak{E}$ ist.

Ein beliebiger regenerativer Prozeß mit $a < \infty$ strebt für $t \to \infty$ gegen den zugehörigen (d. h. durch die gleiche Zyklusverteilung gemäß S. 3.2.6.4 bestimmten) stationären regenerativen Prozeß.

3.2.6.5. Satz. Sei $(X(t))$ ein beliebiger regenerativer Prozeß mit $a < \infty$. Für jede nichtnegative meßbare Funktion f gilt

$$\operatorname*{P-lim}_{t \to \infty} \frac{1}{t} \int_0^t f\left(X(u)\right) \mathrm{d}u = \mathsf{E} f\left(X^s(0)\right) = \frac{1}{a} \mathsf{E} \int_0^{Z_0} f\left(X^0(u)\right) \mathrm{d}u.$$

Insbesondere gilt für jedes $\mathscr{B} \in \mathfrak{E}$

$$\lim_{t \to \infty} \frac{1}{t} \int_0^t \mathsf{P}\left(X(u) \in \mathscr{B}\right) \mathrm{d}u = \frac{1}{a} \int_0^\infty Q(u, \mathscr{B})\, \mathrm{d}u.$$

Hierbei ist $(X^s(t))$ bzw. $(X^0(t))$ der stationäre bzw. synchrone regenerative Prozeß, dessen Zyklusverteilung mit der von $(X(t))$ übereinstimmt.

Eine schärfere Ergodizitätseigenschaft enthält folgender Satz.

3.2.6.6. Satz (Satz von Smith). Erfüllen $F(t) = \mathsf{P}(Z_1 < t)$ und $Q(t, \mathscr{B}) = \mathsf{P}\left(X_1(t) \in \mathscr{B}, Z_1 > t\right)$ eine der Voraussetzungen von S. 3.2.4.4, so gilt

$$\lim_{t \to \infty} \mathsf{P}\left(X(t) \in \mathscr{B}\right) = \frac{1}{a} \int_0^\infty Q(t, \mathscr{B})\, \mathrm{d}t. \tag{4}$$

Wir sind bei der Konstruktion von regenerativen Prozessen von der Forderung (1) ausgegangen. Bei der Modellierung vorgegebener Systeme bzw. bei der Untersuchung von Markowschen und semimarkowschen Prozessen können regenerative Prozesse auftreten, bei denen (1) verletzt ist. Das Verhalten der eingebetteten Erneuerungsprozesse wird dann durch S. 3.2.1.12 beschrieben. Für $a < \infty$ aber $F_0(\infty) < 1$ müssen die Grenzwertaussagen von S. 3.2.6.5 und 3.2.6.6 modifiziert werden.

Bei der Behandlung von Bedienungssystemen sind die Forderungen (1) und $a < \infty$ selbstverständlich. Daher muß geprüft werden, ob die gemachten Voraussetzungen über das System die Gültigkeit dieser Forderungen sichern. Das ist z. B. bei Systemen GI/

GI/s/∞ mit $\varrho < s$ für $s = 1$ der Fall, für $s \geqq 2$ dagegen nur unter Zusatzvoraussetzungen, vgl. WHITT (1972). Beim Verlustsystem M/GI/s/0 kann man (1) und $a < \infty$ nachweisen, vgl. COHEN [2]; für GI/GI/s/0 liegt kein abschließendes Resultat vor.

Regenerative Prozesse haben den Vorteil, daß man auf die oben angegebene Weise relativ einfach die Konvergenz gegen die stationäre Verteilung nachweisen und diese mittels (2) bzw. (3) berechnen kann. Darauf beruht ihre breite Anwendung in der Bedienungstheorie und in anderen Gebieten. Prozeßklassen wie Markowsche Ketten (↑ [3.3.2]) und semimarkowsche Prozesse (↑ [3.5]) sind regenerativ.

3.2.7. Kumulative Prozesse

Durch den Begriff eines *kumulativen Prozesses* soll der zufällige Gesamteffekt (z. B. Kosten), der durch einen vorgegebenen regenerativen Prozeß $\left(X(t),\, t \geqq 0\right)$ erzeugt wird, beschrieben werden. In der Regel läßt sich ein solcher Prozeß in der Form

$$Y(t) = \int_0^t f\big(X(u)\big)\, \mathrm{d}u$$

darstellen, wobei f eine reellwertige, meßbare Funktion ist. So ist z. B. die gesamte Untätigkeitszeit $U(t)$ im Intervall $[0, t)$ im Wartesystem GI/GI/1/∞ ein kumulativer Prozeß der Gestalt

$$U(t) = \int_0^t 1_{(N(u)=0)}\, \mathrm{d}u,$$

wobei $N(u)$ die Anzahl der Kunden im System zur Zeit u ist.

Wir geben nun eine formale Definition an, die auch das Auftreten von Unstetigkeitsstellen bei derartigen Prozessen erlaubt (solche Unstetigkeitsstellen treten z. B. bei Kostenprozessen auf), vgl. SMITH (1958), BROWN/ROSS (1972).

3.2.7.1. Definition. Ein reellwertiger zufälliger Prozeß $\left(Y(t),\, t \geqq 0\right)$ heißt *kumulativ* bez. der Folge (T_n) von Erneuerungspunkten, falls folgende Bedingungen erfüllt sind:

(a) Die Zuwächse $Y_k = Y(T_{k+1}) - Y(T_k)$ sind unabhängig und für $k \geqq 1$ identisch verteilt.

(b) Der Prozeß der totalen Variation $\tilde{Y}(t) = \int_0^t |\mathrm{d}Y(t)|$ ist mit Wahrscheinlichkeit Eins für alle $t < \infty$ endlich.

(c) Die Zuwächse $\tilde{Y}_k$ von $\big(\tilde{Y}(t)\big)$ genügen (a).

Wird in der D. 3.2.7.1 die Forderung (c) durch

(c′) der Prozeß $\big(X(t)\big) = \big(Y(t) - Y(T_{L(t)})\big)$ mit $L(t) = \max\,\{k : T_k < t\}$ ist regenerativ mit den Regenerationspunkten (T_n) ersetzt, so heißt $\big(Y(t)\big)$ *stark kumulativ.*

Im weiteren benötigen wir die folgenden Bezeichnungen:

$$a = \mathsf{E}Z_1, \quad a_2 = \mathsf{E}Z_1^2, \quad b_i = \mathsf{E}Y_1^i, \quad \tilde{b}_i = \mathsf{E}\tilde{Y}_1^i, \quad i \geqq 1, \quad \sigma^2 = \mathsf{E}\left(Y_1 - \frac{b_1}{a} Z_1\right)^2.$$

3.2.7.2. Satz. Sei $\big(Y(t)\big)$ ein kumulativer Prozeß bez. (T_n).

(a) Ist $a < \infty$ und $\tilde{b}_1 < \infty$, so gilt

$$\operatorname*{P-lim}_{t\to\infty} \frac{Y(t)}{t} = \frac{b_1}{a}, \qquad \lim_{t\to\infty} \frac{\mathsf{E}Y(t)}{t} = \frac{b_1}{a}.$$

b) Ist $a < \infty$ und $\tilde{b}_2 < \infty$, so gilt

$$\lim_{t\to\infty} \mathsf{P}\left(\frac{\big(Y(t) - b_1 L(t)\big)\sqrt{a}}{\sqrt{t \mathsf{V} Y_1}} < x\right) = \Phi(x).$$

(c) Ist $a_2 < \infty$ und $\tilde{b}_2 < \infty$, so gilt

$$\lim_{t\to\infty} \mathsf{P}\left(\frac{\sqrt{a}\,\big(Y(t) - tb_1/a\big)}{\sqrt{t}\,\sigma} < x\right) = \Phi(x).$$

3.2.7.3. Satz. Ist $\big(Y(t)\big)$ ein stark kumulativer Prozeß bez. (T_n), für den $F(x) = \mathsf{P}(Z_1 < x)$ nichtarithmetisch ist und $\tilde{b}_1 < \infty$, $\mathsf{E}\tilde{Y}_0 < \infty$ gilt, so gilt $\lim_{t\to\infty} \mathsf{E}\big(Y(t+h) - Y(t)\big) = hb_1/a$, $h > 0$.

3.2.8. Alternierende Erneuerungsprozesse

Alternierende Erneuerungsprozesse stellen eine einfache Verallgemeinerung von Erneuerungsprozessen dar. Gleichzeitig sind sie spezielle regenerative, insbesondere semimarkowsche Prozesse.

3.2.8.1. Definition. Es seien $(Z_n, n \geqq 0)$, $(D_n, n \geqq 0)$ unabhängige Folgen aus unabhängigen identisch verteilten nichtnegativen Zufallsgrößen. Es bezeichne

$$T_k' = \sum_{n=0}^{k-2} (Z_n + D_n) + Z_{k-1}, \qquad T_k'' = \sum_{n=0}^{k-1} (Z_n + D_n), \qquad k \geqq 1.$$

Der zufällige Prozeß

$$X(t) = \begin{cases} 0, & \text{falls} \quad t \in [T_k', T_k''), \quad k \geqq 1, \\ 1, & \text{sonst} \end{cases}$$

heißt *alternierender Erneuerungsprozeß*.

Der Prozeß $\big(X(t)\big)$ beschreibt das Verhalten einer reparierbaren Einheit mit Lebens- (Lauf-) zeiten Z_n und Reparatur- (Stillstands-) zeiten D_n. Er kann zur vergröberten Beschreibung eines Bedienungsmodells vom Typ GI/GI/1/∞ mit $\varrho < 1$ dienen, wenn Z_n die Besetzt- und D_n die Untätigkeitszeiten bezeichnen. Wir führen die Verteilungsfunktionen $F(x) = \mathsf{P}(Z_n < x)$, $G(x) = \mathsf{P}(D_n < x)$, $n \geqq 0$, ein. Die Punkte T_k' bzw. T_k'' sind Erneuerungspunkte, die wir als 0- bzw. 1-*Erneuerungen* bezeichnen. Die Erneuerungsfunktion der 1-Erneuerungen ist gleich

$$H_1(x) = \sum_{k=1}^{\infty} (F * G)^{*(k)}(x),$$

wobei $(F * G)(x) = \mathsf{P}(Z_n + D_n < x)$ ist. Es gilt

$$\mathsf{P}\big(X(t) = 1,\ R(t) \geqq x\big) = 1 - F(t+x) + \int_0^t \big(1 - F(t-u+x)\big)\,\mathrm{d}H_1(u),$$

$$\mathsf{P}\big(X(t) = 1\big) = 1 - F(t) + \int_0^t \big(1 - F(t-u)\big)\,\mathrm{d}H_1(u).$$

Diese Größen werden in der Zuverlässigkeitstheorie als *instationäre Intervallzuverlässigkeit* bzw. *Verfügbarkeit* bezeichnet.

Man kann den Begriff des modifizierten alternierenden Erneuerungsprozesses einführen, in den daß man $X(0) = 1$ mit Wahrscheinlichkeit p und $X(0) = 0$ mit Wahrscheinlichkeit $1 - p$ $(0 \leqq p \leqq 1)$ und $\mathsf{P}(T_1'' < x \mid X(0) = 0) = G(x)$, $\mathsf{P}(T_1' < x \mid X(0) = 1) = F(x)$ festlegt. Nach dem ersten Sprung läuft dann alles wie vorher ab.

3.2.8.2. Satz. Es gelte $a = \int_0^\infty (1 - F(u))\,du < \infty$ und $b = \int_0^\infty (1 - G(u))\,du < \infty$. Der alternierende Erneuerungsprozeß $(X(t))$ ist genau dann stationär, wenn die Verteilungsfunktion der Zeit bis zum ersten Sprung die Form

$$\frac{1}{a+b} \int_0^x (1 - F(u))\,du + \frac{1}{a+b} \int_0^x (1 - G(u))\,du$$

besitzt. Für diesen stationären alternierenden Erneuerungsprozeß gilt

$$\mathsf{P}(X(t) = 1) = \frac{a}{a+b}, \qquad \mathsf{P}(X(t) = 1,\ R(t) \geqq x) = \frac{1}{a+b} \int_x^\infty (1 - F(u))\,du.$$

Die erste Wahrscheinlichkeit kann als Besetztwahrscheinlichkeit des Systems GI/GI/1/∞ interpretiert werden. In der Zuverlässigkeitstheorie heißen diese Größen *stationäre Verfügbarkeit* bzw. *stationäre Intervallzuverlässigkeit* einer reparierbaren Einheit.

3.2.8.3. Satz. Ist $(F * G)(x)$ nichtarithmetisch und $a + b < \infty$, so gilt

$$\lim_{t\to\infty} \mathsf{P}(X(t) = 1,\ \ R(t) \geqq x) = \frac{1}{a+b} \int_x^\infty (1 - F(u))\,du,$$

$$\lim_{t\to\infty} \mathsf{P}(X(t) = 1) = \frac{a}{a+b}.$$

Im Zusammenhang mit dem System GI/GI/1/∞ (oder einer reparierbaren Einheit) ist der kumulative Prozeß $Y(t) = \int_0^t X(u)\,du$ der totalen Besetztzeit (Arbeitszeit) in $[0, t)$ von Interesse. Aus S. 3.2.7.2 (c) folgt dann

$$\lim_{t\to\infty} \mathsf{P}\left(\frac{Y(t) - at(a+b)^{-1}}{\sqrt{(b^2\sigma_2^2 + a^2\sigma_1^2)\,t(a+b)^{-3}}} < u\right) = \Phi(u), \qquad \sigma_1^2 = \mathsf{V}Z_1, \qquad \sigma_2^2 = \mathsf{V}D_1.$$

3.3. Homogene Markowsche Ketten

3.3.1. Definition. Ein (homogener) Markowscher Prozeß $(X(t))$ mit einem diskreten Zustandsraum heißt eine (homogene) *Markowsche Kette* (1 D. 3.1.2.14).

Wir setzen o. B. d. A. $\mathscr{E} = \{0, 1, \ldots, m\}$ (endlich viele Zustände) bzw. $\mathscr{E} = \mathbb{G}_+$ (abzählbar viele Zustände). Im allgemeinen ist $\mathscr{T} = \mathbb{G}_+$ bzw. $\mathscr{T} = \mathbb{R}_+$, bei der Untersuchung stationärer Markowscher Ketten kann $\mathscr{T} = \mathbb{G}$ bzw. $\mathscr{T} = \mathbb{R}$ auftreten. Wir beschränken uns auf homogene Markowsche Ketten.

3.3.1. Homogene Markowsche Ketten mit diskreter Zeit

Wir verwenden die Bezeichnung n für den Zeitparameter und schreiben (X_n) statt $\big(X(n)\big)$. Für $P(i, n, \{j\})$ schreiben wir $P_{ij}(n) = \mathsf{P}(X_n = j \mid X_0 = i)$, $i, j, \in \mathscr{E}$. Die Matrix $\boldsymbol{P}(n) = \big(P_{ij}(n)\big)$, $n \geqq 0$, heißt die *n-Schritt Übergangsmatrix.*

3.3.1.1. Definition. Eine Matrix $\boldsymbol{Q} = (Q_{ij})$ heißt *stochastisch,* falls $Q_{ij} \geqq 0$ für alle i, j und $\sum_j Q_{ij} = 1$ für alle i gilt.

Somit ist die Übergangsfunktion im betrachteten Falle durch die Folge $\big(\boldsymbol{P}(n)\big)$ stochastischer Matrizen gegeben. Die Gleichung (5) von Chapman-Kolmogorow in [3.1.2] hat die Gestalt

$$\boldsymbol{P}(n + m) = \boldsymbol{P}(n)\,\boldsymbol{P}(m), \qquad n, m \geqq 0, \tag{1}$$

und somit

$$\boldsymbol{P}(n) = \big(\boldsymbol{P}(1)\big)^n, \qquad n \geqq 0, \tag{2}$$

zur Folge. Sämtliche Übergangsmatrizen sind also Potenzen der Ein-Schritt-Übergangsmatrix $\boldsymbol{P}(1)$, die wir mit

$$\boldsymbol{P} = (P_{ij}) = \big(\mathsf{P}(X_{n+1} = j \mid X_n = i)\big), \qquad n \geqq 0,$$

bezeichnen. Daraus folgt, daß sämtliche endlichdimensionalen Verteilungen und somit die Verteilung der Markowschen Kette mit diskreter Zeit durch die Anfangsverteilung $Q_i = \mathsf{P}\big(X(0) = i\big)$, $i \in \mathscr{E}$, und die Matrix $\boldsymbol{P}$ eindeutig bestimmt sind. Für die Zustandswahrscheinlichkeiten gilt dann

$$P_j(n) = \mathsf{P}(X_n = j) = \sum_{i \in \mathscr{E}} Q_i P_{ij}(n). \tag{3}$$

Für die Bedienungstheorie sind die stationären Anfangsverteilungen der Markowschen Kette, d. h. die nichtnegativen Lösungen von

$$p_j = \sum_j p_i P_{ij}, \qquad \sum_i p_i = 1 \tag{4}$$

sowie das ergodische Verhalten der Markowschen Kette von besonderem Interesse (↑ D. 3.1.2.20 und D. 3.1.2.22); für diskrete Räume stimmen die schwache Konvergenz, die Konvergenz in Variation und die Konvergenz der Einzelwahrscheinlichkeiten überein).

Die Darstellung beruht auf der Anwendung der Begriffe und Ergebnisse der Erneuerungstheorie (↑ [3.2]), wobei der endliche und der abzählbare Fall einheitlich untersucht werden können. Für den endlichen Fall existieren außerdem rein algebraische Untersuchungsmethoden (vgl. Kemeny/Snell [1], Kap. 12, Feller [1], Kap. 15, Gantmacher [1]).

3.3.1.1. Klassifikation der Zustände

Für jedes i sind die Zeitpunkte, in denen dieser Zustand eintritt, Regenerationspunkte der Kette (X_n) (↑ [3.2.6]) und bilden einen Erneuerungsprozeß mit diskreter Zeit (↑ [3.2.5]).

Mit $f_{ij}(n)$ bezeichnen wir die Wahrscheinlichkeiten dafür, daß die Markowsche Kette (X_n) ausgehend von $X_0 = i$ nach n Schritten zum erstenmal in den Zustand j gelangt, d. h. $f_{ij}(n) = \mathsf{P}(X_n = j, X_k \neq j, 0 < k < n \mid X_0 = i)$. Ferner sei $f_{ij}^* = \sum_{n=1}^{\infty} f_{ij}(n)$. Die Wahrscheinlichkeiten $f_{ii}(n)$ definieren die Verteilung der *Rekurrenz-* oder *Rückkehrzeit* $Z(i)$ des Zustandes i (Anzahl der Schritte bis zur ersten Wiederkehr von i). Aus (1) in [3.2.5] erhält man

$$P_{ij}(n) = f_{ij}(n) + \sum_{l=1}^{n-1} P_{ij}(n-l) f_{jj}(l),$$

womit $\big(P_{ij}(n)\big)$ aus $\big(f_{ij}(n)\big)$ und umgekehrt bestimmbar ist.

3.3.1.2. Definition. (a) Der Zustand j ist aus i *erreichbar* (j ist ein *Nachfolger* von i), wenn ein $n > 0$ existiert, so daß $P_{ij}(n) > 0$ gilt.

(b) Eine Teilmenge $\mathscr{C}$ von $\mathscr{E}$ heißt *abgeschlossen*, wenn für alle $i \in \mathscr{C}$ und $j \notin \mathscr{C}$ $P_{ij}(n) = 0$ für alle n gilt.
(c) Ein Zustand i heißt *absorbierend*, wenn $\{i\}$ abgeschlossen ist.
(d) Eine Markowsche Kette (X_n) bzw. ihre Übergangsmatrix $\boldsymbol{P}$ heißt *irreduzibel*, falls $\mathscr{E}$ keine echten abgeschlossenen Teilmengen enthält.
(e) Zwei Zustände i, j heißen *kommutierbar* (*verbunden*), falls $i = j$ ist bzw. i aus j erreichbar ist und umgekehrt. Wir schreiben dafür $i \sim j$.
(f) Ein Zustand i heißt *wesentlich*, wenn er mit jedem aus ihm erreichbaren Zustand j kommutierbar ist, andernfalls heißt er *unwesentlich*.
(g) Ein Zustand i heißt *periodisch* mit der Periode $d > 1$, wenn die Verteilung $f_{ii}(n)$ die Periode d hat. Anderenfalls heißt i *aperiodisch*.

Offenbar ist $\mathscr{C} \subseteqq \mathscr{E}$ genau dann abgeschlossen, wenn $\sum_{j \in \mathscr{C}} P_{ij} = 1$ für alle $i \in \mathscr{C}$ gilt, d. h. wenn die eingeschränkte Matrix $(P_{ij})_{i,j \in \mathscr{C}}$ stochastisch ist. Eine Markowsche Kette ist genau dann irreduzibel, wenn zu jedem Paar i, j ein n_{ij} existiert mit $P_{ij}(n_{ij}) > 0$. Ein Zustand i ist genau dann absorbierend, wenn $P_{ii} = 1$ gilt. Die Relation $\sim$ ist eine Äquivalenzrelation. Wir bezeichnen mit $\mathscr{C}(i)$ die Klasse der zu i äquivalenten Zustände. Offenbar ist die Periode d_i des Zustandes i der größte gemeinsame Teiler der Zahlen $n \geqq 1$, für die $P_{ii}(n) > 0$ gilt.

3.3.1.3. Definition. Der Zustand j heißt *transient*, wenn $f_{jj}^* < 1$ gilt, und *rekurrent*, wenn $f_{jj}^* = 1$ ist. Transienz von j bedeutet, daß die Rekurrenzzeit mit positiver Wahrscheinlichkeit den Wert ∞ annimmt. Ein rekurrenter Zustand j wird *null-rekurrent* bzw. *positiv-rekurrent* genannt, wenn $a(j) = \sum_k k f_{jj}(k) = \infty$ bzw. $a(j) < \infty$ gilt.

3.3.1.4. Satz (Solidaritätstheorem). (a) Ist j wesentlich, unwesentlich, transient, null-rekurrent bzw. positiv-rekurrent, so ist auch jedes $i \in \mathscr{C}(j)$ wesentlich, unwesentlich, transient, null-rekurrent bzw. positiv-rekurrent. Alle Zustände einer Klasse haben die gleiche Periode.
(b) Alle Zustände einer irreduziblen Markowschen Kette sind entweder transient oder null-rekurrent oder positiv-rekurrent. Sie haben alle die gleiche Periode.

3.3.1.5. Definition. Eine irreduzible Markowsche Kette bzw. ihre Übergangsmatrix $\boldsymbol{P}$ heißen *aperiodisch*, wenn $d_i = 1$ für alle $i \in \mathscr{E}$ gilt.

3.3.1.6. Satz. Ist $\mathscr{E}$ endlich, so ist eine Markowsche Kette genau dann irreduzibel und aperiodisch, wenn ein $m > 0$ existiert, so daß $P_{ij}(m) > 0$ für alle i, j gilt.

3.3.1.7. Satz. (a) Gilt $\mathsf{P}(X_0 = j) = 1$ und ist j rekurrent (transient), so tritt j mit Wahrscheinlichkeit Eins unendlich (endlich) oft auf.

(b) j ist genau dann rekurrent (transient), wenn $\sum_{n=1}^{\infty} P_{jj}(n)$ divergiert (konvergiert).

3.3.1.2. Stationäre Verteilungen. Ergodizitätseigenschaften

3.3.1.8. Satz. (a) Ist der Zustand j transient oder null-rekurrent, so gilt $\lim_{n\to\infty} P_{ij}(n) = 0$ für alle i.

(b) Ist j positiv rekurrent und aperiodisch, so gilt $\lim_{n\to\infty} P_{ij}(n) = \frac{f_{ij}^*}{a(j)}$ für alle i.

3.3.1.9. Folgerung. Ist $\mathscr{E}$ endlich, so existieren stets positiv-rekurrente Zustände.

3.3.1.10. Satz. Für eine irreduzible aperiodische Markowsche Kette trifft eine der beiden sich ausschließenden Möglichkeiten zu:

(a) Alle Zustände sind entweder transient oder null-rekurrent. Dann gilt $\lim_{n\to\infty} P_{ij}(n) = 0$ für alle $i, j \in \mathscr{E}$, und es existiert keine stationäre Anfangsverteilung.
(b) Alle Zustände sind positiv-rekurrent. Dann gilt $\lim_{n\to\infty} P_{ij}(n) = p_j = 1/a(j)$, wobei $a(j)$ die mittlere Rekurrenzzeit von j bezeichnet. In diesem Fall ist (p_j) die einzige stationäre Anfangsverteilung (↑ S. 3.1.2.23).

3.3.1.11. Folgerung. (a) Für eine irreduzible aperiodische Markowsche Kette gilt entweder

$$\lim_{n\to\infty} P_{ij}(n) = 0 \qquad \text{für alle } i, j$$

oder die Kette besitzt eine stationäre Anfangsverteilung (p_j). Diese ist eindeutig bestimmt und für jede Anfangsverteilung (Q_j) gilt

$$\lim_{n\to\infty} \sum_{i\in\mathscr{E}} Q_i P_{ij}(n) = p_j .$$

(b) Für eine irreduzible aperiodische Markowsche Kette möge eine nichttriviale Lösung des Gleichungssystems

$$x_j = \sum_{i\in\mathscr{E}} x_i P_{ij}, \qquad j \in \mathscr{E},$$

mit der Eigenschaft $\sum_{i\in\mathscr{E}} |x_i| < \infty$ existieren. Dann sind alle Zustände positiv-rekurrent.

(c) Eine irreduzible, aperiodische Markowsche Kette ist genau dann ergodisch (↑ D. 3.1.2.22), wenn ihre Zustände positiv-rekurrent sind.

3.3.1.12. Satz (Satz von Markow). Eine irreduzible aperiodische Markowsche Kette mit endlichem Zustandsraum ist ergodisch.

3.3.1.13. Bemerkung. Der periodische Fall sowie der Fall mehrerer abgeschlossener Klassen wird in Feller [1], Borowkow [1] behandelt. Die Frage nach der Konvergenzgeschwindigkeit in S. 3.3.1.10 wird in Kendall (1960), Vere-Jones (1962), Popow (1977) untersucht.

3.3.1.3. Spezielle Ergodizitätskriterien für den abzählbaren Fall

Während irreduzible aperiodische Markowsche Ketten mit endlich vielen Zuständen stets ergodisch sind, existieren für den Nachweis der Ergodizität im abzählbaren Fall lediglich hinreichende Kriterien.

3.3.1.14. Definition. Sei $f(j) \geqq 0$ eine Funktion auf $\mathscr{E} = \mathbb{G}_+$. Als *mittlere Drift* von $f(X_n)$ pro Schritt bezeichnet man die Größe

$$m_f(j) = \mathsf{E}\big(f(X_{n+1}) - f(X_n) \mid X_n = j\big) = \sum_{k \in \mathscr{E}} \big(f(k) - f(j)\big) P_{jk},\ j \in \mathscr{E}. \tag{5}$$

3.3.1.15. Satz (Tweedie (1975)). Eine irreduzible aperiodische Markowsche Kette (X_n) ist ergodisch, falls eine nichtnegative Funktion f mit $m_f(j) < \infty$, $j \in \mathscr{E}$, ein $k > 0$ und ein $i \in \mathscr{E}$ existieren, so daß

$$\liminf_{n \to \infty} \sum_{j \geqq k} P_{ij}(n)\, m_f(j) < 0 \tag{6}$$

gilt. Ist die Funktion f streng monoton wachsend und gilt

$$|m_f(j)| \leqq b_f < \infty, \qquad j \in \mathscr{E}, \tag{7}$$

so ist die Bedingung (6) auch notwendig. Ist (7) erfüllt, wobei f streng monoton wachsend ist, so ist (6) für alle i und $k > 0$ erfüllt, sofern es für gewisse i, k erfüllt ist. Die linke Seite von (6) hat dabei die Form $\sum_{j \geqq k} p_j m_f(j)$, wobei (p_j) die stationäre Verteilung von (X_n) ist.

Setzt man $f(j) = j$ und $m(j) = \sum_{k \in \mathscr{E}} (k - j)\, P_{jk}$, so erhält man die

3.3.1.16. Folgerung (Marlin (1973), Tweedie (1975)). Eine irreduzible aperiodische Markowsche Kette (X_n) ist ergodisch, falls ein $k > 0$ und ein $i \in \mathscr{E}$ existieren, so daß

$$\liminf_{n \to \infty} \sum_{j \geqq k} P_{ij}(n)\, m(j) < 0 \tag{8}$$

gilt. Ist $|m(j)| \leqq b < \infty$, $j \in \mathscr{E}$, so ist (8) auch notwendig. Aus S. 3.3.1.15 ergibt sich das bekannte Kriterium von Foster (1953), vgl. auch Moustafa (1957), Pakes (1969).

3.3.1.17. Folgerung (Satz von Foster). Eine irreduzible, aperiodische Markowsche Kette ist ergodisch, falls Zahlen $c > 0$, $k \geqq 0$ und $x_i = f(i) > 0$, $i \in \mathscr{E}$, existieren, so daß gilt

$$\sum_{j \in \mathscr{E}} P_{ij} x_j < x_i - c \quad \text{für} \quad i > k \qquad \sum_{j \in \mathscr{E}} P_{ij} x_j < \infty \quad \text{für} \quad i \leqq k.$$

3.3.1.18. Folgerung (Crabill (1968), Pakes (1969)). Eine Markowsche Kette ist ergodisch, falls

$$|m(i)| = \left|\sum_{j \in \mathscr{E}} (j - i)\, P_{ij}\right| < \infty \quad \text{und} \quad \limsup_{j \to \infty} m(j) < 0.$$

3.3.1.19. Folgerung (Lamperti (1963)). Eine Markowsche Kette ist ergodisch, falls $m^{(2)}(j) = \sum_{j \in \mathscr{E}} (j - i)^2 P_{ij} < \infty$ gilt und Zahlen $k \geqq 0$ und $c > 0$ existieren, so daß $2im(i) + m^{(2)}(i) \leqq -c$ für $i \geqq k$.

3.3.1.20. Folgerung (Tweedie (1976)). Eine Markowsche Kette, für die $\sum_{j=i-l}^{i+l} P_{ij} = 1$, $i \in \mathscr{E}$ für ein $l \geqq 0$ gilt, ist ergodisch, falls $k \geqq 0$, $r \geqq 1$ und $c > 0$ existieren, so daß $m(i) \leqq -c/r(i + l)^{r-1}$ für $i \geqq k$ gilt.

Kriterien für die Transienz bzw. Rekurrenz findet man in Foster (1953), Pakes (1969), Mertens/Samuel-Cahn/Zamir (1978).

3.3.1.4. Weitere Grenzwertsätze

Sei (X_n) eine irreduzible positiv rekurrente Markowsche Kette. Für jedes $i \in \mathscr{E}$ bezeichne $Z(i)$ die zufällige Rekurrenzzeit von i, $a(i) = \mathsf{E}Z(i)$ und $p_i = \frac{1}{a(i)}$ die stationäre Wahrscheinlichkeit von i. Dann wird für jede Funktion g durch $\big(g(X_l)\big)$ bzw. $Y_n = \sum_{l=0}^{n-1} g(X_l)$ ein regenerativer bzw. kumulativer Prozeß definiert, wobei die Wiederkehrpunkte von i die Erneuerungspunkte sind (i beliebig aber fest). Aus den Sätzen 3.1.2.12 und 3.2.7.2 folgt, vgl. auch Chung [1],

3.3.1.21. Satz. (a) Für jede Funktion g mit $\sum_{j \in \mathscr{E}} |g(j)|\, p_j < \infty$ und für jede Anfangsverteilung gilt

$$\text{P-lim}\ \frac{1}{n} \sum_{l=0}^{n-1} g(X_l) = \frac{b(i)}{a(i)} = \sum_{j \in \mathscr{E}} p_j g(j), \quad \text{wobei} \quad b(i) = \mathsf{E}\left(\sum_{l=0}^{Z(i)-1} g(X_l)\right).$$

(b) Ist $0 < \sigma_i^2 = \mathsf{E}\left(\sum_{l=0}^{Z(i)-1} g(X_l) - \frac{b(i)}{a(i)}\, Z(i)\right)^2 < \infty$, so gilt

$$\lim_{n \to \infty} \mathsf{P}\left(\frac{Y_n - p_i b(i)\, n}{\sqrt{\sigma_i^2 p_i n}} < x\right) = \Phi(x).$$

(Dabei sind die Größen $p_i \sigma_i^2$ und $b(i)\, p_i$ von i unabhängig.)

3.3.2. Homogene Markowsche Ketten mit stetiger Zeit

Hier benutzen wir die Übergangsmatrizen

$$\boldsymbol{P}(t) = \big(P_{ij}(t)\big); \quad P_{ij}(t) = \mathsf{P}\big(X(t) = j \mid X(0) = i\big).$$

Die Gleichung (5) von Chapman-Kolmogorow in [3.1.2] hat dann die Gestalt

$$\boldsymbol{P}(t + u) = \boldsymbol{P}(t)\, \boldsymbol{P}(u), \quad t, u \geqq 0.$$

3.3.2.1. Kolmogorowsche Differentialgleichungen

Wir setzen $\boldsymbol{P}(0) = \boldsymbol{I}$ und nehmen an, daß $\boldsymbol{P}(t)$ in $t = 0$ stetig ist, d. h., es gilt

$$\lim_{t \to 0} P_{ij}(t) = \delta_{ij}, \quad i, j \in \mathscr{E}. \tag{1}$$

Daraus folgt die Existenz der Grenzwerte

$$\alpha_{ij} = \lim_{t \to 0} \frac{P_{ij}(t) - \delta_{ij}}{t}, \tag{2}$$

wobei $0 \leqq \alpha_i = -\alpha_{ii} \leqq \infty$, $0 \leqq \alpha_{ij} < \infty$ für $i \neq j$ und $\sum_{j \neq i} \alpha_{ij} \leqq 0$ gilt, vgl. z. B. Chung [1].

3.3.2.1. Definition. (a) Die Größen α_{ij} heißen *Übergangsintensitäten*, $\alpha = (\alpha_{ij})_{i,j\in\mathscr{E}}$ heißt *Intensitätsmatrix* oder *Infinitesimaloperator* der Kette $(X(t))$.

(b) Die Markowsche Kette $(X(t))$ bzw. ihre Intensitätsmatrix α heißen *konservativ*, falls die Übergangsintensitäten endlich sind, und es gilt

$$\sum_{j\neq i} \alpha_{ij} = -\alpha_{ii} = \alpha_i < \infty \quad \text{für alle} \quad i \in \mathscr{E}. \tag{3}$$

3.3.2.2. Satz. (a) Die Übergangswahrscheinlichkeiten einer konservativen Markowschen Kette genügen für alle $t > 0$ den *Kolmogorowschen Rückwärtsgleichungen*

$$\frac{\mathrm{d}P_{ij}(t)}{\mathrm{d}t} = -\alpha_i P_{ij}(t) + \sum_{k\neq i} \alpha_{ik} P_{kj}(t), \quad \text{d. h.} \quad \boldsymbol{P}'(t) = \alpha \boldsymbol{P}(t) \tag{4}$$

mit der Anfangsbedingung $\boldsymbol{P}(0) = \boldsymbol{I}$. Unter gewissen zusätzlichen Bedingungen, z. B.

$$\alpha_i \leqq \alpha < \infty, \quad i \in \mathscr{E}, \tag{5}$$

gelten für eine konservative Markowsche Kette die *Kolmogorowschen Vorwärtsgleichungen*

$$\frac{\mathrm{d}P_{ij}(t)}{\mathrm{d}t} = -\alpha_j P_{ij}(t) + \sum_{k\neq i} P_{ik}(t)\, \alpha_{kj}, \quad \text{d. h.} \quad \boldsymbol{P}'(t) = \boldsymbol{P}(t)\, \alpha \tag{6}$$

mit der Anfangsbedingung $\boldsymbol{P}(0) = \boldsymbol{I}$.

(b) Umgekehrt existiert für jede Matrix $\alpha = (\alpha_{ij})_{i,j\in\mathscr{E}}$ mit $0 \leqq \alpha_{ij} < \infty$, $i \neq j$, $\sum_{j\neq i} \alpha_{ij} = -\alpha_{ii} = \alpha_i$, für die (5) für ein α gilt, genau eine Familie von Übergangsmatrizen $(\boldsymbol{P}(t))$, die (4) und (6) genügt und deren Intensitätsmatrix mit α übereinstimmt. Die Lösung von (4) und (6) hat die Gestalt

$$\boldsymbol{P}(t) = \mathrm{e}^{\alpha t} = \sum_{n=0}^{\infty} \alpha^n \frac{t^n}{n!}. \tag{7}$$

3.3.2.3. Satz. Die Intensitätsmatrix α von $(\boldsymbol{P}(t))$ genügt genau dann der Bedingung (5), wenn (1) gleichmäßig in i und j erfüllt ist. Das ist äquivalent mit $\lim_{t\to 0} P_{ii}(t) = 1$ gleichmäßig in i.

Die Bedingung (5) ist für die Gültigkeit von (6) nicht notwendig. Notwendige und hinreichende Kriterien können in der Sprache der Realisierungen angegeben werden, vgl. Chung [1], § II.18. Ein konstruktives notwendiges und hinreichendes Kriterium findet man in Hou Chen-ting (1974). Ist $\mathscr{E}$ endlich, so sind (3) und (5) erfüllt.

Für inhomogene Markowsche Ketten kann man in ähnlicher Weise Kolmogorowsche Differentialgleichungen mit zeitabhängigen Intensitäten aufstellen, vgl. Fisz [1]. Den Spezialfall der inhomogenen Geburts- und Todesprozesse betrachten wir in [3.3.2.4].

Sei α eine konservative Intensitätsmatrix mit der Eigenschaft (5). Aus (6) folgt dann, daß für jede Anfangsverteilung (Q_k) die Zustandswahrscheinlichkeiten $P_j(t) = \sum_{k\in\mathscr{E}} Q_k P_{kj}(t)$ die einzige Wahrscheinlichkeitslösung des Differentialgleichungssystems

$$P_j{}'(t) = \sum_{k\in\mathscr{E}} \alpha_{kj} P_k(t) \tag{8}$$

mit der Anfangsbedingung $P_k(0) = Q_k$, $k \in \mathscr{E}$ sind. Sie hat in der Matrixschreibweise die Gestalt, vgl. Gichman/Skorochod [1],

$$\boldsymbol{P}(t) = \boldsymbol{Q}\, \mathrm{e}^{\alpha t}. \tag{9}$$

3.3.2.4. Satz. Sei $(X(t))$ eine konservative Markowsche Kette mit der Intensitätsmatrix α, für die (5) erfüllt ist. Dann ist (p_j) genau dann eine stationäre Anfangsverteilung der Kette, wenn (p_j) den Gleichungen

$$\sum_{i \in \mathscr{E}} p_i \alpha_{ij} = 0, \qquad \sum_{i \in \mathscr{E}} p_i = 1 \tag{10}$$

genügt. Insbesondere ist das für Markowsche Ketten mit endlich vielen Zuständen der Fall.

3.3.2.2. Konstruktive Beschreibung Markowscher Ketten mit stetiger Zeit

3.3.2.5. Definition. Ein Zustand i heißt *stabil*, wenn $\alpha_i < \infty$ ist und sonst *instabil.*

3.3.2.6. Definition. Für jedes $i \in \mathscr{E}$ bezeichnet man die auf der Menge der Realisierungen, für die $x(0) = i$ gilt, definierte Zufallsgröße $V(i) = \inf\{t : t > 0, X(t) \neq i\}$ als *Verweilzeit* im Zustand i. Ist i stabil, so gilt

$$\mathsf{P}(V(i) < x) = 1 - \mathrm{e}^{-\alpha_i x}.$$

Für einen instabilen Zustand i ist $V(i) = 0$ mit Wahrscheinlichkeit Eins, d. h., die Kette verläßt den instabilen Zustand i augenblicklich. Sei $(X(t))$ eine konservative Markowsche Kette mit der Intensitätsmatrix (α_{ij}), für die $\alpha_i > 0$, $i \in \mathscr{E}$ gilt. Die durch

$$Q_{ij} = \alpha_{ij}/\alpha_i \quad (i \neq j), \qquad Q_{ii} = 0 \tag{11}$$

definierte Matrix $Q = (Q_{ij})$ ist stochastisch.

3.3.2.7. Definition. Es seien $T_1, T_2, \ldots$ die aufeinanderfolgenden Sprungstellen von $(X(t))$. Die Folge $X_n = X(T_n + 0)$, $n \geqq 0$, wobei $T_0 = 0$ gilt, ist eine homogene Markowsche Kette mit diskreter Zeit, deren Übergangsmatrix gleich (Q_{ij}) ist. Man bezeichnet (X_n) als die *eingebettete* Markowsche Kette von $(X(t))$. Die Abstände $Z_n = T_{n+1} - T_n$ sind Verweilzeiten in den zufälligen Zuständen X_n. Offenbar gilt

$$\mathsf{P}(Z_n < x \mid X_n = i) = \mathsf{P}(V(i) < x) = 1 - \mathrm{e}^{-\alpha_i x}.$$

Somit wird die zeitliche Entwicklung der Kette $(X(t))$ mit Hilfe exponentialverteilter Verweilzeiten $V(i)$ und der eingebetteten Markowschen Kette (X_n) beschrieben.

3.3.2.8. Definition. Eine Markowsche Kette $(X(t))$ heißt *regulär (stabil)*, falls $\mathsf{P}_i\left(\sum_{k=0}^{\infty} Z_k = \infty\right) = 1$ für jedes i gilt. Dabei bezeichnet P_i die Verteilung der Kette mit $\mathsf{P}_i(X(0) = i) = 1$.

Die Regularität bedeutet, daß die Sprungpunkte der Kette mit Wahrscheinlichkeit Eins keinen endlichen Häufungspunkt besitzen.

3.3.2.9. Satz. (a) $(X(t))$ ist regulär, falls (5) erfüllt ist.

(b) $(X(t))$ ist regulär, wenn die eingebettete Kette (X_n) rekurrent ist.

(c) Ist $(X(t))$ regulär, so besitzen beide Systeme (4) und (6) eine eindeutig bestimmte Wahrscheinlichkeitslösung.

Den kleinsten Häufungspunkt der Sprungstellen kann man anschaulich als den Zeitpunkt der ersten Explosion einer nichtregulären Markowschen Kette interpretieren, vgl. Chung [1], Kapitel II. Beispiele explodierender Ketten findet man in [3.3.2.4].

Sei umgekehrt (Q_{ij}) eine stochastische Matrix, $\beta_i > 0$ für $i \in \mathscr{E}$ und (P_i) eine Wahrscheinlichkeitsverteilung. Wir betrachten eine Markowsche Kette (X_n, Z_n) mit

$$\mathsf{P}(X_0 = i, Z_0 < t) = P_i(1 - \mathrm{e}^{-\beta_i t}),$$

$$\mathsf{P}(X_k = j, Z_k < t \mid X_{k-1} = i, Z_{k-1}) = \mathsf{P}(X_k = j, Z_k < t \mid X_{k-1} = i)$$
$$= Q_{ij}(1 - \mathrm{e}^{-\beta_i t}), \quad i, j \in \mathscr{E}, \quad k \geqq 1.$$

Setzt man $T_k = \sum_{i=0}^{k-1} Z_i$ und

$$X(t) = X_k \quad \text{für} \quad T_k \leqq t < T_{k+1}, \tag{12}$$

so erhält man eine konservative Markowsche Kette mit der Anfangsverteilung (P_i) und den Übergangsintensitäten $\alpha_{ij} = \beta_i Q_{ij}$ $(i \neq j)$, $\alpha_{ii} = \beta_i(Q_{ii} - 1)$.

3.3.2.10. Bemerkung. Die oben angegebene natürliche Darstellung einer Markowschen Kette $(X(t))$ mit konservativer Intensitätsmatrix α ist keineswegs eindeutig. So kann man als Parameter der exponentialverteilten Verweilzeiten beliebige Zahlen $\beta_i \geqq \alpha_i > 0$ wählen; die Übergangsmatrix der eingebetteten Kette hat dann die Gestalt

$$Q_{ij} = \frac{\alpha_{ij}}{\beta_i} \quad (i \neq j), \qquad Q_{ii} = \frac{\alpha_{ii} + \beta_i}{\beta_i}. \tag{13}$$

Ist (5) erfüllt, so ist es oft zweckmäßig, $\beta_i = \lambda \geqq \sup \alpha_j$ für alle i zu setzen. Dann kann man die zeitliche Entwicklung von $(X(t))$ wie folgt beschreiben: Die Zustandsänderungen erfolgen in den Sprungpunkten eines homogenen Poisson-Prozesses der Intensität λ. Sie werden beschrieben durch eine homogene Markowsche Kette mit den Übergangswahrscheinlichkeiten (13), wobei $\beta_i = \lambda$ für alle $i \in \mathscr{E}$ ist.

Die Übergangswahrscheinlichkeiten $P_{ij}(t)$ haben dann die Form

$$P_{ij}(t) = \sum_{n=0}^{\infty} \frac{(\lambda t)^n}{n!} \mathrm{e}^{-\lambda t} Q_{ij}(n), \qquad Q_{ij}(n) = (Q^n)_{ij}. \tag{14}$$

3.3.2.3. Klassifikation der Zustände. Ergodizitätseigenschaften

Die Begriffe erreichbar, kommutierbar, abgeschlossen, absorbierend, wesentlich, unwesentlich, irreduzibel werden wie im Falle diskreter Zeit definiert. Für jedes $h > 0$ bilden die Größen $X(nh)$, $n \geqq 0$, eine homogene Markowsche Kette mit den n-Schritt Übergangsmatrizen $\boldsymbol{P}(nh) = (\boldsymbol{P}(h))^n$. Diese Ketten sind aperiodisch. Der Begriff der Periode hat im Fall stetiger Zeit keinen Sinn, vgl. Chung [1], § II 1. Alle Zustände bzw. Mengen von Zuständen haben bez. der Kette $(X(t))$ die gleichen Eigenschaften (z. B. kommutierbar, usw.) wie bez. der Kette $(X(nh))$.

3.3.2.11. Definition. Ein Zustand i der Markowschen Kette $(X(t))$ heißt *transient*, *null-rekurrent* oder *positiv-rekurrent*, falls er diese Eigenschaft bez. der Kette $(X(nh))$ für ein $h > 0$ (und somit für alle $h > 0$) besitzt.

3.3.2.12. Satz. Ein Zustand i ist genau dann transient (rekurrent), wenn das Integral $\int_0^\infty P_{ii}(t)\,dt$ konvergiert (divergiert) (↑ S. 3.3.1.7).

Die Eigenschaften wesentlich, unwesentlich, transient, null-rekurrent, positiv-rekurrent sind Klasseneigenschaften (↑ S. 3.3.1.4).

3.3.2.13. Satz. Sei $(X(t))$ konservativ und bezeichne (X_n) die eingebettete Markowsche Kette mit der Übergangsmatrix (11).

(a) Ein Zustand i ist bez. $(X(t))$ transient bzw. rekurrent genau dann, wenn er diese Eigenschaft bez. (X_n) besitzt. Im endlichen Fall gilt eine analoge Aussage für die positive Rekurrenz.

(b) Ist die eingebettete Kette irreduzibel und positiv-rekurrent, so ist die (irreduzible) Kette $(X(t))$ genau dann positiv-rekurrent, wenn

$$m = \sum_{i\in\mathscr{E}} q_i m_i < \infty, \qquad m_i = \alpha_i^{-1} \tag{15}$$

gilt, wobei $q_i > 0$ die stationären Wahrscheinlichkeiten von (X_n) sind.

Eine weitere Deutung der Begriffe transient, null-rekurrent und positiv-rekurrent, die auf Betrachtung der Wiederkehrzeiten eines Zustandes i beruht, findet man in [3.5.2].

3.3.2.14. Satz. Für eine irreduzible Markowsche Kette $(X(t))$ gilt entweder

(a) alle Zustände sind transient oder null-rekurrent, und es ist $\lim\limits_{t\to\infty} P_{ij}(t) = p_j = 0$ oder

(b) alle Zustände sind positiv-rekurrent, und es ist $\lim\limits_{t\to\infty} P_{ij}(t) = p_j > 0$.

Dann ist (p_j) die einzige stationäre Anfangsverteilung, und für jede Anfangsverteilung (Q_j) gilt $\lim\limits_{t\to\infty} \sum\limits_{i\in\mathscr{E}} Q_i P_{ij}(t) = p_j$.

3.3.2.15. Satz. Sei (Q_{ij}) eine stochastische Matrix, die eine einzige stationäre Anfangsverteilung (q_i) mit $q_i > 0$ für $i \in \mathscr{E}$ besitzt, und sei $m_i = 1/\alpha_i < \infty$, $i \in \mathscr{E}$. Dann besitzt die durch (12) bestimmte Markowsche Kette $(X(t))$ genau dann eine eindeutig bestimmte stationäre Anfangsverteilung, wenn (15) gilt. In diesem Fall ist $(X(t))$ regulär, ergodisch und für die eindeutig bestimmte stationäre Anfangsverteilung gilt

$$p_i = \frac{q_i m_i}{m} = \lim_{t\to\infty} P_{ki}(t), \qquad k \in \mathscr{E}. \tag{16}$$

3.3.2.16. Satz. Sei $(X(t))$ eine konservative Markowsche Kette mit der Intensitätsmatrix α. Besitzt die Gleichung

$$p\alpha = 0 \tag{17}$$

eine Wahrscheinlichkeitslösung $p = (p_i)$, für die

$$\sum_{i\in\mathscr{E}} p_i \alpha_i < \infty \tag{18}$$

gilt, so ist $(X(t))$ ergodisch und (p_i) ist die einzige stationäre Anfangsverteilung.

Ist umgekehrt $(X(t))$ ergodisch und ist (p_k) die einzige stationäre Anfangsverteilung, die außerdem die Eigenschaft (18) besitzt, so ist (p_k) die einzige Wahrscheinlichkeitslösung von (17). Offenbar folgt (18) aus (5). Somit ist für endliche Ketten die stationäre Anfangsverteilung stets Lösung von (17).

Die Sätze 3.3.2.4, 3.3.2.15 und 3.3.2.16 gestatten es, die stationären Anfangsverteilungen allein aus der Kenntnis der Intensitätsmatrix α zu bestimmen, ohne vorher die Familie $(P(t))$ zu ermitteln. Diese Tatsache ist für die Anwendung Markowscher Ketten zur Beschreibung von Bedienungssystemen von fundamentaler Bedeutung (↑ Kap. 5).

Sei $(X(t))$ eine ergodische Markowsche Kette. Wie im Falle diskreter Zeit ist für jede Funktion g der Prozeß $(g(X(t)))$ regenerativ und $Y(t) = \int_0^t g(X(u))\,du$ kumulativ, wobei als Erneuerungspunkte die Wiederkehrpunkte in einem beliebigen Zustand i betrachtet werden können. Es gelten entsprechende Aussagen wie in S. 3.3.1.21, vgl. Chung [1], Kap. II. Aussagen zur Konvergenzgeschwindigkeit in S. 3.3.2.14 findet man in Kingman (1963).

3.3.2.4. Geburts- und Todesprozesse

3.3.2.17. Definition. Eine homogene Markowsche Kette $(X(t))$ heißt ein (*homogener*) *Geburts- und Todesprozeß*, falls die Übergangsintensitäten den Bedingungen

$$\alpha_{i,i+1} = \lambda_i, \quad \alpha_{i,i-1} = \mu_i, \quad \alpha_{ii} = -(\lambda_i + \mu_i), \quad \alpha_{ij} = 0 \text{ sonst}, \tag{19}$$

mit $0 \leqq \lambda_i$, $\mu_i < \infty$, $i \in \mathscr{E}$, genügen. Dabei ist stets $\mu_0 = 0$ und $\lambda_m = 0$, falls $\mathscr{E} = \{0, 1, \ldots, m\}$ ist. Gilt $\mu_i = 0$ für alle i, so nennt man $(X(t))$ einen *Geburtsprozeß*; gilt $\lambda_i = 0$ für alle i, so wird $(X(t))$ *Todesprozeß* genannt.

Ein Geburts- und Todesprozeß ist genau dann irreduzibel, wenn $\mu_i > 0$ für alle > 0 und $\lambda_i > 0$ für alle i ($i < m$, falls $\mathscr{E} = \{0, 1, \ldots, m\}$). Im irreduziblen Fall setzen wir

$$\theta_0 = 1, \qquad \theta_n = \frac{\lambda_0\lambda_1 \ldots \lambda_{n-1}}{\mu_1\mu_2 \ldots \mu_n}, \qquad n \geqq 1, \tag{20}$$

3.3.2.18. Satz. (a) Ein irreduzibler Geburts- und Todesprozeß $(X(t))$ ist genau dann rekurrent, wenn

$$\sum_{n=0}^{\infty} (\lambda_n\theta_n)^{-1} = \infty. \tag{21}$$

(b) $(X(t))$ ist genau dann positiv-rekurrent (ergodisch), wenn

$$\sum_{n=0}^{\infty} \theta_n < \infty, \qquad \sum_{n=0}^{\infty} (\lambda_n\theta_n)^{-1} = \infty. \tag{22}$$

Hinreichend für die Konvergenz von $\sum_{n=0}^{\infty} \theta_n$ ist z. B. die Gültigkeit von $\frac{\lambda_{k-1}}{\mu_k} \leqq q < 1$ für alle $k \geqq k_0$.

(c) $(X(t))$ ist null-rekurrent genau dann, wenn

$$\sum_{n=0}^{\infty} \theta_n = \infty, \qquad \sum_{n=0}^{\infty} (\lambda_n\theta_n)^{-1} = \infty. \tag{23}$$

3.3.2.19. Satz. (a) Die Bedingung (21) ist hinreichend für die Existenz eines eindeutig bestimmten Geburts- und Todesprozesses $(X(t))$ mit vorgegebenen Intensitäten λ_i, μ_i. Die Zustandswahrscheinlichkeiten $P_i(t) = \mathsf{P}(X(t) = i)$ genügen dem Differentialgleichungssystem, vgl. (8),

$$P_i'(t) = -(\lambda_i + \mu_i)\, P_i(t) + \lambda_{i-1}P_{i-1}(t) + \mu_{i+1}P_{i+1}(t). \tag{24}$$

(b) Es existiert genau dann eine eindeutig bestimmte stationäre Anfangsverteilung (p_k), die dem Gleichungssystem ((↑ 10))

$$0 = -(\lambda_i + \mu_i)\, p_i + \lambda_{i-1} p_{i-1} + \mu_{i+1} p_{i+1}, \qquad i \in \mathscr{E}; \qquad \sum_{i\in\mathscr{E}} p_i = 1 \tag{25}$$

genügt, wenn (22) erfüllt ist. Es ist

$$p_i = \theta_i / \sum_{n\in\mathscr{E}} \theta_n, \qquad i \in \mathscr{E}, \tag{26}$$

und für jede Anfangsverteilung gilt $\lim\limits_{t\to\infty} P_i(t) = p_i$.

Ist $\mathscr{E} = \{0, 1, \ldots, m\}$, so besteht (24) bzw. (25) aus $m + 1$ Gleichungen, wobei in der letzten Gleichung $\lambda_m = 0$, $\mu_{m+1} = 0$ zu setzen ist. (22) ist in diesem Fall trivialerweise erfüllt.

3.3.2.20. Satz. (a) Es existiert genau dann ein eindeutig bestimmter Geburtsprozeß $(X(t))$ zu vorgegebenen Intensitäten $\lambda_0, \lambda_1, \ldots$, wenn

$$\sum_{n=0}^{\infty} 1/\lambda_n = \infty. \tag{27}$$

(b) Ist $P_k(0) = 1$, so gilt

$$P_n(t) = \frac{\lambda_k \ldots \lambda_{n-1}}{2\pi \mathrm{i}} \int_{c-\mathrm{i}\infty}^{c+\mathrm{i}\infty} \frac{\mathrm{e}^{st}}{(s + \lambda_k) \cdots s + \lambda_n)}\, \mathrm{d}s, \qquad n \geqq k, \tag{28}$$

und, falls alle λ_i verschieden sind,

$$P_n(t) = \sum_{i=0}^{n-k} \frac{\lambda_k \ldots \lambda_{n-1}\, \mathrm{e}^{-\lambda_{k+i} t}}{\sum\limits_{j=0}^{n-k} \prod\limits_{\substack{l=0\\ l\neq j}}^{n-k} (\lambda_{k+l} - \lambda_{k+i})}, \qquad n \geqq k. \tag{29}$$

3.3.2.21. Beispiel. (a) Für $\lambda_i = \lambda$, $i \in \mathscr{E}$, erhalten wir den homogenen Poisson-Prozeß mit

$$P_n(t) = \frac{(\lambda t)^{n-k}}{(n-k)!}\, \mathrm{e}^{-\lambda t}, \qquad n \geqq k.$$

(b) Für $\lambda_i = i\lambda$, $\lambda > 0$ erhält man den linearen Geburts- oder *Furry-Yule-Prozeß* mit

$$P_n(t) = \binom{n-1}{n-k} \mathrm{e}^{-k\lambda t} (1 - \mathrm{e}^{-\lambda t})^{n-k}, \qquad n \geqq k > 0.$$

3.3.2.22. Satz. Für Todesprozesse erhält man bei der Anfangsbedingung $P_k(0) = 1$, $k \geqq 1$, als Lösung von (24):

$$P_k(t) = \mathrm{e}^{-\mu_k t}, \qquad P_n(t) = \frac{\mu_{n+1} \ldots \mu_k}{2\pi \mathrm{i}} \int_{c-\mathrm{i}\infty}^{c+\mathrm{i}\infty} \frac{\mathrm{e}^{st}}{(s + \mu_k) \cdots (s + \mu_n)}\, \mathrm{d}s,$$

$n = 1, \ldots, k-1$. Sind alle μ_i verschieden, so existiert eine explizite Darstellung, die zu (29) analog ist. Für den linearen Todesprozeß gilt

$$P_n(t) = \binom{k}{n} e^{-k\mu t}(e^{\mu t} - 1)^{k-n}, \qquad n = 0, 1, \ldots, k,$$

und für $\mu_i = \mu$, $i = 1, \ldots, n$ erhält man

$$P_0(t) = 1 - \sum_{n=0}^{k-1} \frac{(\mu t)^n}{n!} e^{-\mu t}, \qquad P_n(t) = \frac{(\mu t)^{k-n}}{(k-n)!} e^{-\mu t}, \qquad n = 1, \ldots, k.$$

3.3.2.23. Satz. Sei $(X(t))$ ein irreduzibler Geburts- und Todesprozeß mit endlichem Zustandsraum $\mathscr{E} = \{0, 1, \ldots, m\}$. Bei der Anfangsbedingung $P_0(0) = 1$ ergibt sich als Lösung von (24)

$$P_n(t) = p_n + \sum_{l=1}^{m} a_{nl} e^{-x_l t},$$

wobei $p_n = \theta_n \Big/ \sum_{i=0}^{m} \theta_i$ die eindeutig bestimmte stationäre Anfangsverteilung von $(X(t))$ ist, (↑ S. 3.3.2.19) $0, -x_1, \ldots, -x_m$ die Wurzeln des Polynoms

$$d_{m+1}(u) = d(u, \lambda_0, \lambda_1, \ldots, \lambda_{m-1}, \mu_1, \ldots, \mu_m)$$

$$= \begin{vmatrix} \lambda_0 + u & -\mu_1 & 0 & \ldots & 0 \\ -\lambda_0 & \lambda_1 + \mu_1 + u & -\mu_2 & \ldots & 0 \\ 0 & -\lambda_1 & \lambda_2 + \mu_2 + u & \ldots & 0 \\ \cdots & \cdots & \cdots & \cdots & \cdots \\ 0 & 0 & -\lambda_{m-2} & \lambda_{m-1} + \mu_{m-1} + u & -\mu_m \\ 0 & 0 & 0 & -\lambda_{m-1} & \mu_m + u \end{vmatrix}$$

bezeichnen und $a_{nl} = d_{mn}(-x_l)/d'_{m+1}(-x_l)$ mit $d_{mn}(u) = \lambda_0\lambda_1 \ldots \lambda_{n-1}\, d(u, \lambda_{n+1}, \ldots, \lambda_{m-1}, \mu_{n+1}, \ldots, \mu_m)$ gegeben ist. Dabei ergeben sich die Polynome $d_{m+1}(u)$ und $d_{mn}(u)$ aus der Rekursionsbeziehung

$$d_{m+1}(u) = (u + \lambda_m + \mu_m)\, d_m(u) - \mu_m\lambda_{m-1}d_{m-1}(u), \qquad d_0(u) = 1, \qquad d_1(u) = u + \lambda_0.$$

Im abzählbaren Fall ist eine Lösung des Differentialgleichungssystems (24) in geschlossener Form nur in einigen Spezialfällen möglich.

3.3.2.24. Beispiel. Sei $(X(t))$ ein Geburts- und Todesprozeß mit $\lambda_i = \lambda$, $\mu_i = \mu$ und $\lambda < \mu$. $(X(t))$ ist gerade der Prozeß, der z. B. die Forderungenanzahl im Wartesystem M/M/1/∞ beschreibt. Unter der Voraussetzung $P_0(0) = 1$ gilt

$$P_n(t) = \frac{1}{2\pi i} \int_{c-i\infty}^{c+i\infty} e^{st} \frac{(1-z)\, z^n}{s}\, ds, \qquad z = \frac{\lambda + \mu + s}{2\mu} - \sqrt{\left(\frac{\lambda + \mu + s}{2\mu}\right)^2 - \lambda}.$$

In der Bedienungstheorie treten auch inhomogene Geburts- und Todesprozesse auf (vgl. dazu Bharucha-Reid [1], Lahres [1]).

3.4. Homogene Markowsche Prozesse

3.4.1. Sprungartige Prozesse

In der Bedienungstheorie treten Markowsche Prozesse mit einem allgemeinen Zustandsraum $\mathscr{E}$ auf, die sich jedoch strukturell wenig von Markowschen Ketten mit stetiger Zeit (↑ [3.3.2]) unterscheiden.

3.4.1.1. Definition. Ein homogener Markowscher Prozeß $(X(t))$ mit der Übergangsfunktion $P(t; e, \mathscr{B})$, $e \in \mathscr{E}$, $\mathscr{B} \in \mathfrak{E}$, heißt *sprungartig*, falls

$$\lim_{\Delta t \to 0} \frac{P(\Delta t; e, \mathscr{B}) - 1_{\mathscr{B}}(e)}{\Delta t} = \alpha(e, \mathscr{B}) \tag{1}$$

gleichmäßig in e und $\mathscr{B}$ gilt. Im Falle $\mathscr{E} = \mathbf{G}_+$ erhalten wir die Markowschen Ketten; den Größen $\alpha(e, \mathscr{B})$ entsprechen dabei die Übergangsintensitäten α_{ij} (↑ [3.3.2]).

Es gilt $\alpha(e, \mathscr{B}) \geqq 0$ für $e \notin \mathscr{B}$, $\alpha(e, \mathscr{E}) = 0$. Wir setzen

$$\alpha(e) = -\alpha(e, \mathscr{E} - e) \tag{2}$$

und erhalten aus (1) für $\Delta t \to 0$ die Beziehung

$$P(t + \Delta t; e, \mathscr{B}) = \big(1 - \alpha(e)\, \Delta t\big)\, P(t; e, \mathscr{B}) + \Delta t \int_{\mathscr{E}} P(t; y, \mathscr{B})\, \alpha(e, \mathrm{d}y) + o(\Delta t)$$

$$P(t + \Delta t; e, \mathscr{B}) = \int_{\mathscr{B}} \big(1 - \alpha(z)\, \Delta t\big)\, P(t; e, \mathrm{d}z) + \int_{\mathscr{E}} \Delta t \alpha(z, \mathscr{B})\, P(t; e, \mathrm{d}z) + o(\Delta t),$$

aus denen die Kolgorowschen Gleichungen folgen:

$$\frac{\partial}{\partial t} P(t; e, \mathscr{B}) = -\alpha(e)\, P(t; e, \mathscr{B}) + \int_{\mathscr{E}} P(t; y, \mathscr{B})\, \alpha(e, \mathrm{d}y), \tag{3}$$

$$\frac{\partial}{\partial t} P(t; e, \mathscr{B}) = \int_{\mathscr{B}} -\alpha(z)\, P(t; e, \mathrm{d}z) + \int_{\mathscr{E}} \alpha(z, \mathscr{B})\, P(t; e, \mathrm{d}z). \tag{4}$$

Ist die Funktion $\alpha(e)$ positiv, so wird durch

$$Q(e, \mathscr{B}) = \frac{\alpha(e, \mathscr{B})}{\alpha(e)}, \quad e \in \mathscr{B} \quad \text{und} \quad Q(e, \mathscr{B}) = 0, \quad e \notin \mathscr{B}, \tag{5}$$

eine Übergangsfunktion definiert. Damit erhält man die folgende Beschreibung eines sprungartigen Markowschen Prozesses: Der Prozeß verweilt in einem festen Zustand e eine mit dem Parameter $\alpha(e)$ exponentialverteilte Zeit und geht beim nächsten Sprung mit der Wahrscheinlichkeit $Q(e, \mathscr{B})$ in einen Zustand aus $\mathscr{B}$ über. Die Zustände unmittelbar nach den Sprüngen bilden einen homogenen Markowschen Prozeß mit diskreter Zeit und den Einschritt-Übergangswahrscheinlichkeiten $Q(e, \mathscr{B})$ (eingebetteter Markowscher Prozeß). Sind umgekehrt eine Funktion $\alpha(e) > 0$ und eine Übergangswahrscheinlichkeit $Q(e, \mathscr{B})$ gegeben, so betrachtet man einen homogenen Markowschen Prozeß $(X_n, n \geqq 0)$ mit den Übergangswahrscheinlichkeiten in einem

Schritt $Q(e, \mathscr{B})$ und einer beliebigen Verteilung von X_0. Sei ferner (Z_n) eine Folge nichtnegativer Zufallsgrößen, die mit (X_n) wie folgt verbunden ist

$$\mathsf{P}(Z_n < z \mid X_0, \ldots, X_{n-1}, Z_0, \ldots, Z_{n-1}, X_n = e) = 1 - \mathrm{e}^{-\alpha(e) z}.$$

Setzt man $T_n = \sum_{i=0}^{n-1} Z_i$, dann ist gemäß

$$X(0) = X_0, \qquad X(t) = X_n, \qquad T_n \leqq t < T_{n+1}$$

ein sprungartiger Markowscher Prozeß $(X(t))$ definiert mit $\alpha(e, \mathscr{B}) = \alpha(e)\, Q(e, \mathscr{B})$, der unter gewissen Zusatzbedingungen den Gleichungen (3) und (4) genügt, vgl. FELLER [2], Kapitel X, GICHMAN/SKOROCHOD [2], Kapitel 1 und 3. Stationäre Anfangsverteilungen und Ergodizitätseigenschaften sprungartiger Markowscher Prozesse findet man in [3.4.3].

3.4.1.2. Definition. Ein sprungartiger Markowscher Prozeß mit $\alpha(e) = \alpha > 0$ für alle e heißt *zusammengesetzter Poisson-Prozeß*. Seine Übergangsfunktion hat die Gestalt

$$P(t; e, \mathscr{B}) = \mathrm{e}^{-\alpha t} \sum_{n=0}^{\infty} \frac{(\alpha t)^n}{n!}\, Q^{*(n)}(e, \mathscr{B}),$$

wobei

$$Q^{*(0)}(e, \mathscr{B}) = \mathbf{1}_{\mathscr{B}}(e), \qquad Q^{*(n)}(e, \mathscr{B}) = \int_{\mathscr{E}} Q^{*(n-1)}(y, \mathscr{B})\, Q(e, \mathrm{d}y)$$

gilt, vgl. FELLER [2], Kapitel X. (In Analogie zu Verteilungsfunktionen bezeichnet man $Q^{*(n)}(e, \mathscr{B})$ als n-te Faltungspotenz des stochastischen Kerns $Q(e, \mathscr{B})$. Für den eingebetteten Markowschen Prozeß ist $Q^{*(n)}(e, \mathscr{B})$ die Übergangswahrscheinlichkeit von e nach $\mathscr{B}$ in n Schritten.) Die Sprungpunkte von $(X(t))$ bilden also einen Poisson-Prozeß und die Übergänge in den Sprungpunkten werden durch $Q(e, \mathscr{B})$ beschrieben.

In der Bedienungstheorie treten zusammengesetzte Poisson-Prozesse für den Fall $\mathscr{E} = \mathbb{G}_+$ als Modelle von Forderungenströmen mit Vielfachheiten (Gruppenankünfte) auf.

Eine einfache Modifikation stellen Prozesse der Form $Y(t) = X(t) - ct$ dar, wobei $(X(t))$ ein zusammengesetzter Poisson-Prozeß ist und $c > 0$ gilt, vgl. FELLER [2]. Prozesse dieser Art mit der t-Achse als undurchlässiger Wand treten als Wartezeitprozesse in der Bedienungstheorie auf.

3.4.2. Diffusionsprozesse

Diffusionsprozesse sind Markowsche Prozesse mit stetigen Realisierungen, die man als eine natürliche Verallgemeinerung der Wiener-Prozesse betrachten kann. In der Bedienungstheorie treten Diffusionsprozesse als Approximationslösungen auf (↑ [II, 11.3.2] und [II, 8.5.1]).

3.4.2.1. Definition. Ein homogener Markowscher Prozeß $(X(t), t \geqq 0)$ mit der Übergangsfunktion $P(t; x, \mathscr{B})$ und dem Zustandsraum $\mathscr{E} = \mathbb{R}$ heißt *Diffusionsprozeß*, falls für beliebige $x \geqq 0$, und $c > 0$ die Beziehungen

$$\lim_{\Delta t \to 0} \frac{1}{\Delta t} \int_{|y-x| \geqq c} P(t; x, \mathrm{d}y) = 0, \tag{1}$$

$$\lim_{\Delta t \to 0} \frac{1}{\Delta t} \int_{|y-x|<c} (y-x) P(t; x, \mathrm{d}y) = a(x), \tag{2}$$

$$\lim_{\Delta t \to 0} \frac{1}{\Delta t} \int_{|y-x|<c} (y-x)^2 P(t; x, \mathrm{d}y) = \sigma^2(x) \tag{3}$$

gelten. Die Größen $a(x)$ und $\sigma^2(x)$ heißen *Drift-* bzw. *Diffusionskoeffizienten.*

Diffusionsprozesse liefern eine gute Beschreibung von Diffusionserscheinungen. Befindet sich ein diffundierendes Teilchen zum Zeitpunkt t im Punkt x, so verschiebt es sich in der Zeit Δt um $a(x) \Delta t + Y(x, \Delta t)$, wobei die Zufallsgröße $Y(x, \Delta t)$ den Erwartungswert 0 und die Varianz $\sigma^2(x)$ besitzt. Ist $a(x) \equiv a$ und $\sigma^2(x) \equiv \sigma^2$, so erhält man einen Wiener-Prozeß (↑ D. 3.1.2.3). Sind $a(x)$, $\sigma^2(x)$ stetige Funktionen, so existiert stets die Dichte $p(t; x, y)$ (d. h., es gilt $P(t; x, \mathscr{B}) = \int_{\mathscr{B}} p(t; x, y) \, \mathrm{d}y$, $\mathscr{B} \in \mathfrak{E}$), und ist $p(t; x, y)$ zweimal stetig differenzierbar nach x, so genügt $p(t; x, y)$ den *Rückwärtsgleichungen von Kolmogorow*

$$\frac{\partial}{\partial t} p(t; x, y) = a(x) \frac{\partial}{\partial x} p(t; x, y) + \frac{1}{2} \sigma^2(x) \frac{\partial^2}{\partial x^2} p(t; x, y). \tag{4}$$

Sind (1)—(3) gleichmäßig in x erfüllt und existieren stetige Ableitungen

$$\frac{\partial}{\partial t} p(t; x, y), \qquad \frac{\partial}{\partial y} [a(y) \, p(t; x, y)], \qquad \frac{\partial^2}{\partial y^2} [\sigma^2(y) \, p(t; x, y)],$$

so genügt $p(t; x, y)$ den *Kolmogorowschen Vorwärtsgleichungen* oder den *Fokker-Planck-Gleichungen*

$$\frac{\partial}{\partial t} p(t; x, y) = -\frac{\partial}{\partial y} [a(y) \, p(t; x, y)] + \frac{1}{2} \frac{\partial^2}{\partial y^2} [\sigma^2(y) \, p(t; x, y)]. \tag{5}$$

Folglich genügt für jede Anfangsverteilung P_0 die Dichte $p(t; y) = \int p(t; x, y) \, \mathsf{P}_0(\mathrm{d}x)$ der Gleichung (5). Bedingungen an die Funktionen $a(x)$ und $\sigma^2(x)$, die die Existenz eines Diffusionsprozesses mit dem Driftkoeffizienten $a(x)$ und Diffusionskoeffizienten $\sigma^2(x)$ sichern, d. h. die Existenz einer Übergangsfunktion $P(t; x, \mathscr{B})$, die den Gleichungen (1)—(5) genügt, findet man z. B. in Feller [2], Kapitel X, Gichman/Skorochod [3], Prochorow/Rosanow [1]. Dabei treten ähnliche Probleme wie für Markowsche Ketten bzw. für sprungartige Markowsche Prozesse auf. In vielen praktischen Aufgaben treten Diffusionsprozesse mit Randbedingungen auf.

3.4.2.2. Beispiel. Wir betrachten den Wiener-Prozeß, wobei wir o. B. d. A. $a = 0$ und $\sigma^2 = 1$ setzen (↑ [3.1]). Die Rückwärts- bzw. Vorwärtsgleichungen von Kolmogorow haben die Form

$$\frac{\partial}{\partial t} p(t; x, y) = \frac{1}{2} \frac{\partial^2}{\partial x^2} p(t; x, y) \quad \text{bzw.} \quad \frac{\partial}{\partial t} p(t; x, y) = \frac{1}{2} \frac{\partial^2}{\partial y^2} p(t; x, y). \tag{6}$$

(a) *Eine absorbierende Wand.* Der Anfangszustand sei $x > 0$. Beim ersten Erreichen des Zustandes 0 wird die Bewegung gestoppt, d. h., die Abszissen-Achse wird zur absorbierenden Wand erklärt. Man sucht also eine Lösung von (6) mit der Anfangsbedingung $p(t; 0, y) = 0$ für alle t und jedes feste $y > 0$. Diese hat die Gestalt

$$p(t; x, y) = \frac{1}{\sqrt{2\pi t}} \left[\exp\left(-\frac{(y-x)^2}{2t}\right) - \exp\left(-\frac{(y+x)^2}{2t}\right)\right].$$

(b) *Zwei absorbierende Wände.* Wir betrachten denselben Wiener-Prozeß, jedoch sollen absorbierende Wände in 0 und in $a > 0$ aufgestellt sein. Wir suchen eine Lösung von (6) mit den Anfangsbedingungen $p(t; 0, y) = p(t, a, y) = 0$ für alle t und jedes feste $y \in (0, a)$. Natürlich gilt stets $x, y \in (0, a)$. Die Lösung lautet

$$p(t; x, y) = \frac{1}{\sqrt{2\pi t}} \sum_{k=-\infty}^{\infty} \left[\exp\left(-\frac{(y-x+2ka)^2}{2t}\right) - \exp\left(-\frac{(y+x+2ka)^2}{2t}\right)\right].$$

Hinsichtlich weiterer Beispiele wird auf die o. g. Monographien verwiesen.

3.4.3. Stationäre Verteilungen. Ergodizitätseigenschaften Markowscher Prozesse

Neben Markowschen Ketten treten in der Bedienungstheorie homogene Markowsche Prozesse mit einem recht allgemeinen Zustandsraum $\mathscr{E}$ auf. So wird die Folge der aktuellen Wartezeiten im System GI/GI/1/∞ durch die zufällige Irrfahrt

$$X_{n+1} = \max(0, X_n + Y_n), \qquad n \geqq 0, \tag{1}$$

beschrieben ($\mathscr{E} = [0, \infty)$), wobei Y_n unabhängige identisch verteilte Zufallsgrößen sind (↑ [9.2]).

Zur Beschreibung des Systems M/GI/s/0 dient der homogene Markowsche Prozeß (↑ [5.4] und Sewastjanow (1957))

$$\big(X(t), t \geqq 0\big) = \Big(\big(N(t), B_1^{\mathrm{R}}(t), \ldots, B_{N(t)}^{\mathrm{R}}(t)\big),\ t \geqq 0\Big).$$

Dabei bezeichnet $N(t)$ die Anzahl der zur Zeit t besetzten Bedienungsgeräte. Für $N(t) > 0$ sind $B_i^{\mathrm{R}}(t)$, $1 \leqq i \leqq N(t)$, die restlichen Bedienungszeiten. Für $N(t) = 0$ wird $X(t) = 0$ gesetzt.

Wir beschränken uns auf die Stationarität und Ergodizität Markowscher Prozesse, da diese Fragen bei der Modellierung von Bedienungssystemen besonders wichtig sind.

Im Fall diskreter Zeit bestehen Analogien zu Markowschen Ketten mit diskreter Zeit. Allerdings gilt ein Teil der Ergebnisse nur unter gewissen Zusatzvoraussetzungen an $\mathscr{E}$, die wir nicht explizit angeben und die in Anwendungen keine Einschränkung darstellen, vgl. Tweedie (1975, 1976), Laslett/Pollard/Tweedie (1978).

Im weiteren sei ϕ ein vorgegebenes σ-endliches Maß auf $\mathfrak{E}$ mit $\phi(\mathscr{E}) > 0$.

3.4.3.1. Definition. Ein Maß ϕ auf $\mathfrak{E}$ heißt *σ-endlich,* falls eine Folge $(\mathscr{A}_n)$, $\mathscr{A}_n \in \mathfrak{E}$, mit $\mathscr{A}_n \subseteqq \mathscr{A}_{n+1}$, $n \geqq 1$, $\mathscr{E} = \bigcup_{n=1}^{\infty} \mathscr{A}_n$ existiert, für die $\phi(\mathscr{A}_n) < \infty$ für $n \geqq 1$ gilt.

Bei Markowschen Ketten setzt man in der Regel $\phi(\mathscr{A}) = |\mathscr{A}|$, $\mathscr{A} \in \mathfrak{E}$. Im Fall $\mathscr{E} \subseteqq \mathbb{R}^k$ wählt man oft das Lebesguesche Maß als ϕ. Andererseits ist es u. U. zweckmäßig, ϕ so zu wählen, daß es ein Atom a, d. h. $a \in \mathscr{E}$ mit $\phi(\{a\}) > 0$, besitzt.

3.4.3.2. Definition. (X_n) heißt *ϕ-irreduzibel,* falls $\sum_n 2^{-n} P(n; e, \mathscr{A}) > 0$ für beliebige $e \in \mathscr{E}$ und $\mathscr{A} \in \mathfrak{E}$ mit $\phi(\mathscr{A}) > 0$ gilt.

Die ϕ-Irreduzibilität bedeutet, daß jede Menge $\mathscr{A}$ mit $\phi(\mathscr{A}) > 0$ von jedem Zustand e aus erreichbar ist (↑ D. 3.3.1.2).

3.4.3.3. Definition. (X_n) heißt *φ-rekurrent* (oft *harrisrekurrent*), falls

$$\mathsf{P}\left(\bigcap_{n=1}^{\infty} \bigcup_{k=n}^{\infty} \{X_k \in \mathscr{A}\} \mid X_0 = e\right) = 1 \tag{2}$$

für beliebige $e \in \mathscr{E}$ und $\mathscr{A} \in \mathfrak{E}$ mit $\varphi(\mathscr{A}) > 0$ gilt. Offenbar ist (2) äquivalent mit

$$P(e, \mathscr{A}) = \mathsf{P}(\inf \{n : n > 0, X_n \in \mathscr{A}\} < \infty \mid X_0 = e) = 1. \tag{3}$$

Die φ-Rekurrenz von (X_n) hat die Gültigkeit von $\sum_{n=1}^{\infty} P(n; e, \mathscr{A}) = \infty$ für alle e und $\mathscr{A}$ mit $\varphi(\mathscr{A})$ zur Folge. Die Umkehrung gilt i. allg. nicht (vgl. jedoch S. 3.3.1.7).

3.4.3.4. Definition. Ein Maß ν auf $\mathfrak{E}$ heißt *subinvariant* bez. $P(e, \mathscr{A})$, falls es für alle $\mathscr{A} \in \mathfrak{E}$ der Ungleichung

$$\nu(\mathscr{A}) \geqq \int_{\mathscr{E}} P(e, \mathscr{A})\, \nu(\mathrm{d}e) \tag{4}$$

genügt. Gilt in (4) das Gleichheitszeichen, so heißt ν *invariant.*

3.4.3.5. Satz. Ist (X_n) φ-irreduzibel, so existiert ein σ-endliches subinvariantes Maß ν bez. $P(e, \mathscr{A})$. Ein Markowscher Prozeß ist genau dann φ-rekurrent, wenn ein bis auf einen konstanten Faktor eindeutig bestimmtes invariantes Maß ν existiert, so daß

$$\lim_{n\to\infty} \operatorname{var} \left(\frac{1}{n} \sum_{m=1}^{n} P(m; e, \cdot) - \nu(\cdot)/\nu(\mathscr{E})\right) = 0$$

für jedes x gilt (für $\nu(\mathscr{E}) = \infty$ wird $\nu(\mathscr{A})/\nu(\mathscr{E}) = 0$ für jedes $\mathscr{A} \in \mathfrak{E}$ gesetzt).
Vgl. dazu Harris (1955) (auch Nagajew (1965)) und Tweedie (1975).

3.4.3.6. Definition. (X_n) heißt *positiv-rekurrent,* falls (X_n) genau eine stationäre Anfangsverteilung P besitzt.

Ist (X_n) positiv-rekurrent, so hat $\mathscr{E}$ die Gestalt

$$\begin{aligned} &\mathscr{E} = \bigcup_{i=0}^{d-1} \mathscr{S}_i \cup \mathscr{F}; \quad \mathscr{S}_0, \ldots, \mathscr{S}_{d-1}, \quad \mathscr{F} \text{ paarweise disjunkt}, \quad 1 \leqq \alpha < \infty, \\ &P(e, \mathscr{S}_{i+1}) = 1, \quad \text{falls} \quad e \in \mathscr{S}_i; \quad \lim_{n\to\infty} P(n; e, \mathscr{F}) = 0 \quad \text{falls} \quad e \in \mathscr{E}. \end{aligned} \tag{5}$$

3.4.3.7. Definition. (X_n) heißt *aperiodisch,* falls (5) mit $d = 1$ gilt.

3.4.3.8. Satz. Ist (X_n) positiv-rekurrent und P die einzige stationäre Anfangsverteilung so gilt für P-fast alle $e \in \mathscr{E}$

$$\lim_{n\to\infty} \operatorname{var} \left(\frac{1}{n} \sum_{m=1}^{n} P(m; e, \cdot) - \mathsf{P}(\cdot)\right) = 0$$

und im aperiodischen Fall

$$\lim_{n\to\infty} \operatorname{var} \big(P(m; e, \cdot) - \mathsf{P}(\cdot)\big) = 0.$$

Ist (X_n) außerdem φ-rekurrent, so gilt für jede Anfangsverteilung Q

$$\lim_{n\to\infty} \operatorname{var} \left(\frac{1}{n} \sum_{m=1}^{n} \mathsf{P}_m{}^{\mathsf{Q}} - \mathsf{P}\right) = 0$$

und im aperiodischen Fall

$$\lim_{n\to\infty} \operatorname{var}(\mathsf{P}_n^{\mathsf{Q}} - \mathsf{P}) = 0,$$

wobei $\mathsf{P}_k^{\mathsf{Q}}$ das Verteilungsgesetz von X_k bei der Anfangsverteilung Q bezeichnet, $k \geqq 0$.

3.4.3.9. Satz. Sei (X_n) ein φ-irreduzibler Markowscher Prozeß und ν ein zugehöriges subinvariantes Maß. Existieren eine Menge $\mathscr{K} \in \mathfrak{E}$ mit $\nu(\mathscr{K}) > 0$ und eine meßbare Funktion $f \geqq 0$ auf $\mathscr{E}$, so daß für gewisse $c > 0$, $b > 0$

$$\int f(y)\, P(e, \mathrm{d}y) \leqq f(e) - c \quad \text{für} \quad e \in \overline{\mathscr{K}}, \tag{6}$$

$$\int f(y)\, P(e, \mathrm{d}y) \leqq b < \infty \quad \text{für} \quad e \in \mathscr{K} \tag{7}$$

gilt, so ist (X_n) positiv-rekurrent.

3.4.3.10. Satz. Sei $\mathscr{E} = [0, \infty)$. Existieren eine beschränkte Menge $\mathscr{K} \in \mathfrak{E}$, ein $c > 0$ und ein $b > 0$, so daß

$$\mathsf{E}(X_{n+1} - X_n \mid X_n = x) \leqq -c \quad \text{für} \quad x \in \overline{\mathscr{K}},$$

$$\mathsf{E}(X_{n+1} \mid X_n = x) \leqq b < \infty \quad \text{für} \quad x \in \mathscr{K}$$

gilt, so ist (X_n) positiv-rekurrent.

3.4.3.11. Beispiel. Die durch (1) definierte zufällige Irrfahrt (X_n) ist positiv-rekurrent, falls $\mathsf{E}X_n < 0$ gilt.

Weitere Hinweise, insbesondere zur Wahl der „Test"-Menge $\mathscr{K}$, sowie Anwendungsbeispiele für Bedienungssysteme findet man bei Tweedie (1975) und Laslett/Pollard/Tweedie (1978).

Sei $(X(t))$ ein sprungartiger Markowscher Prozeß mit der eingebetteten Kette (X_n). Die Übergangsfunktion von (X_n) sei $Q(e, \mathscr{B})$, die Intensitäten seien $\alpha(e)$ (↑ [3.4.1]).

Nach Arndt/Franken (1979) gilt

3.4.3.12. Satz. Besitzt (X_n) eine eindeutig bestimmte stationäre Anfangsverteilung Q, so hat $(X(t))$ genau dann eine eindeutig bestimmte stationäre Anfangsverteilung P, wenn

$$m = \int_{\mathscr{E}} (\alpha(e))^{-1}\, \mathsf{Q}(\mathrm{d}e) \tag{8}$$

gilt. Es ist dann

$$\mathsf{P}(\mathscr{B}) = \frac{1}{m} \int_{\mathscr{B}} (\alpha(e))^{-1}\, \mathsf{Q}(\mathrm{d}e). \tag{9}$$

Der entsprechende Ergodensatz stammt von Athreya/McDonald/Ney (1978).

3.4.3.13. Satz. Besitzt (X_n) eine eindeutig bestimmte stationäre Anfangsverteilung Q, für die (8) erfüllt ist, so gilt für jede Anfangsverteilung Q'

$$\lim_{t\to\infty} \int_{\mathscr{E}} f(e)\, \mathsf{P}_t^{\mathsf{Q}'}(\mathrm{d}e) = \int_{\mathscr{E}} f(e)\, \mathsf{P}(\mathrm{d}e) \tag{10}$$

für jede beschränkte meßbare Funktion f, wobei P gemäß (9) definiert ist.

Das folgende Kriterium von SEWASTJANOW (1957) geben wir in der von GILLERT (1975) verbesserten Form (für stetige oder diskrete Zeit) an.

3.4.3.14. Satz. $(X(t))$ ist ergodisch und im Falle $\mathcal{E} \subseteq \mathfrak{G}_+$ genau dann ergodisch, wenn zu jedem $c > 0$ und zu jeder Anfangsverteilung Q ein Verteilungsgesetz P^* auf $\mathfrak{E}$, Mengen $\mathcal{C}, \mathcal{B} \in \mathfrak{E}$ mit $\mathsf{P}^*(\mathcal{B}) > 0$, positive Zahlen u, t_0 und b existieren, so daß

$$\mathsf{P}_t^{\mathsf{Q}}(\mathcal{C}) \geqq 1 - c \qquad \text{für} \qquad t > t_0(c, \mathsf{Q}),$$

$$P(u, e, \mathcal{A}) \geqq b\mathsf{P}^*(\mathcal{A}) \qquad \text{für} \qquad e \in \mathcal{C}, \qquad \mathcal{A} \subseteq \mathcal{B}, \qquad \mathcal{A} \in \mathfrak{E}.$$

3.4.3.15. Satz. $(X(t))$ möge ergodisch sein mit der stationären Anfangsverteilung P. Besitzt P ein Atom, so sind die Bedingungen von S. 3.4.3.14 erfüllt.

Kann man in den Bedingungen von S. 3.4.3.14 $\mathcal{C} = \mathcal{E}$ setzen, so hat das eine exponentielle Konvergenz zur Folge.

In einigen bedienungstheoretischen Untersuchungen hat sich das folgende Kriterium als nützlich erwiesen, vgl. KÖNIG/MATTHES/NAWROTZKI [1], [2].

3.4.3.16. Satz. Sei P ein Verteilungsgesetz auf $\mathfrak{E}$ derart, daß für jede Anfangsverteilung Q von $(X(t))$ die Beziehung

$$\operatorname{var}(\mathsf{P}_t^{\mathsf{Q}} - \mathsf{P}) = o(t) \qquad \text{für} \qquad t \to 0$$

gilt. Dann ist P eine stationäre Anfangsverteilung von $(X(t))$.

Weitere derartige Aussagen findet man z. B. in SCHURENKOW (1979), MANDL [1], REVUZ [1], KLIMOW [1], [2], TUOMINEN/TWEEDIE (1979). Hinsichtlich des Gesetzes der großen Zahlen und des zentralen Grenzwertsatzes für Markowsche Prozesse verweisen wir auf GILLERT (1978), IBRAGIMOW/LINNIK [1], LIFSCHITZ (1978).

3.5. Semimarkowsche Prozesse

3.5.1. Definition und Beispiele

Eine für Anwendungen wichtige Klasse von zufälligen Prozessen sind die semimarkowschen Prozesse, die eine natürliche Verallgemeinerung Markowscher Ketten mit stetiger Zeit darstellen. Ausgangspunkt dabei ist die in [3.3.2.2] angegebene Beschreibung einer Markowschen Kette mit stetiger Zeit mit Hilfe einer stochastischen Matrix Q, die die Übergänge in den Sprungpunkten steuert, und der exponentialverteilten Verweilzeiten in den Zuständen. Über semimarkowsche Prozesse existiert eine umfangreiche Literatur, vgl. z. B. STÖRMER [2], KOROLJUK/TURBIN [1], ÇINLAR [1], NOLLAU [1].

Sei $(X(t))$ ein zufälliger Prozeß mit dem Zustandsraum $\mathcal{E} = \{0, 1, \ldots, m\}$, $m < \infty$, oder $\mathcal{E} = \mathfrak{G}_+$. Wir nehmen an, daß der Prozeß seinen Zustand nur sprungartig in gewissen zufälligen Punkten $T_1, T_2, \ldots$ ändert, wobei die aufeinanderfolgenden Zustände $X_n = X(T_n + 0)$, die in T angenommen werden, eine homogene Markowsche Kette mit diskreter Zeit bilden. Die Verteilungsfunktion der Verweilzeit in einem Zustand i hängt sowohl von i selbst als auch vom nächstfolgenden Zustand j ab, d. h., sie ist von der Form $F_{ij}(x)$. Ein solcher Prozeß $(X(t))$ heißt *semimarkowsch*. Semimarkowsche Prozesse treten in der Bedienungstheorie sowohl als Modelle des Inputs bzw. des markierten Inputs (↑ [3.7]), aber auch als Modelle zur Beschreibung der zeitlichen Entwicklung eines Bedienungssystems auf (↑ [5.6], [6.2]).

Wir betrachten einen Markowschen Prozeß $([Z_n, X_{n+1}], n \geqq 0)$ mit diskreter Zeit, dem Zustandsraum $\mathbb{R}_+ \times \mathscr{E}$ und den Übergangswahrscheinlichkeiten

$$Q_{ij}(x) = \mathsf{P}(Z_n < x, X_{n+1} = j \mid X_n = i) = \mathsf{P}(Z_n < x, X_{n+1} = j \mid Z_{n-1}, X_n = i), \quad n \geqq 1, \quad (1)$$

wobei $\sum_j Q_{ij}(0 + 0) = 0$, $\sum_j Q_{ij}(\infty) = 1$, $i, j \in \mathscr{E}$ gefordert wird.

3.5.1.1. Definition. Die Matrix $Q(x) = \big(Q_{ij}(x)\big)$ heißt *semimarkowsche Matrix* oder *semimarkowscher Kern.*

Die semimarkowsche Matrix kann in der Form $Q_{ij}(x) = P_{ij}F_{ij}(x)$ dargestellt werden, wobei (P_{ij}) eine gemäß

$$P_{ij} = \lim_{x\to\infty} Q_{ij}(x) = \mathsf{P}(X_n = j \mid X_{n-1} = i), \qquad n \geqq 2, \quad (2)$$

definierte stochastische Matrix ist und $F_{ij}(x) = Q_{ij}(x)/P_{ij}$ gilt, falls $P_{ij} > 0$ ist (anderenfalls ist $F_{ij}(x)$ eine beliebige Verteilungsfunktion). Es gilt

$$F_{ij}(x) = \mathsf{P}(Z_n < x \mid X_{n+1} = j, X_n = i). \quad (3)$$

Oft verwendet man auch die Darstellung (vgl. Koroljuk/Turbin [1])

$$Q_{ij}(x) = \int_0^x q_{ij}(u)\, \mathrm{d}F_i(u),$$

wobei $q_{ij}(x) = \mathsf{P}(X_{n+1} = j \mid X_n = i, Z_n = x)$ und

$$F_i(x) = \sum_j Q_{ij}(x) = \mathsf{P}(Z_n < x \mid X_n = i) \quad (4)$$

gilt. Die Verteilung von (X_0, X_1, Z_0) geben wir in der Form

$$\mathsf{P}(X_0 = i, X_1 = j, Z_0 < x) = Q_i P_{ij} F_{ij}^0(x) = Q_i Q_{ij}^0(x) \quad (5)$$

vor, wobei $Q_i = \mathsf{P}(X_0 = i)$, $P_{ij} = \mathsf{P}(X_1 = j \mid X_0 = i)$, $F_{ij}^0(x) = \mathsf{P}(Z_0 < x \mid X_0 = i, X_1 = j)$, $Q_{ij}^0(x) = \mathsf{P}(X_1 = j, Z_0 < x \mid X_0 = i)$ gilt. Ein wichtiger Spezialfall ist

$$Q_i = 1, \qquad Q_{ij}^0(x) = P_{ij}F_{ij}(x). \quad (6)$$

Wie im Fall der Markowschen Prozesse interpretieren wir die Folge $(X_n, n \geqq 0)$ als die eingebettete Markowsche Kette (↑ D. 3.3.2.7) der Systemzustände „unmittelbar" nach einem Sprung; die Z_n sind wieder die Abstände zwischen aufeinanderfolgenden Sprungpunkten. Sei $T_k = \sum_{i=0}^{k-1} Z_i$ und $L(t) = \max\{k : T_k < t\}$.

3.5.1.2. Definition. Der Prozeß $\big(X(t)\big) = (X_{L(t)})$ mit

$$X(t) = X_n \quad \text{für} \quad T_n < t \leqq T_{n+1}, \qquad n \geqq 0, \quad (7)$$

heißt der durch die Anfangsverteilung (5) und die semimarkowsche Matrix $\big(Q_{ij}(x)\big)$ definierte *semimarkowsche Prozeß.*

Eine Realisierung eines semimarkowschen Prozesses ist in Abb. 3.5.1.1 dargestellt. Der zeitliche Ablauf eines semimarkowschen Prozesses läßt sich folgendermaßen beschreiben (und auch simulieren): Es wird gemäß dem Verteilungsgesetz (Q_i) der Anfangszustand X_0 „ausgewürfelt"; dann wird gemäß (P_{ij}) der nächste Zustand X_1 ermittelt. Ist $X_0 = i$ und $X_1 = j$, so ist die Zeit Z_0 bis zum Übergang von i nach j gemäß $F^0_{ij}(x)$ verteilt (im Intervall $[0, Z_0)$ bleibt das System im Anfangszustand). Dann wird gemäß (P_{ij}) der Zustand X_2 ermittelt und die Zeit Z_1 ist gemäß $F_{ij}(x)$ verteilt usw. Die P_{ij} sind die Übergangswahrscheinlichkeiten der in den Punkten $T_n + 0$ eingebetteten Markowschen Kette $(X_n, n \geqq 0)$.

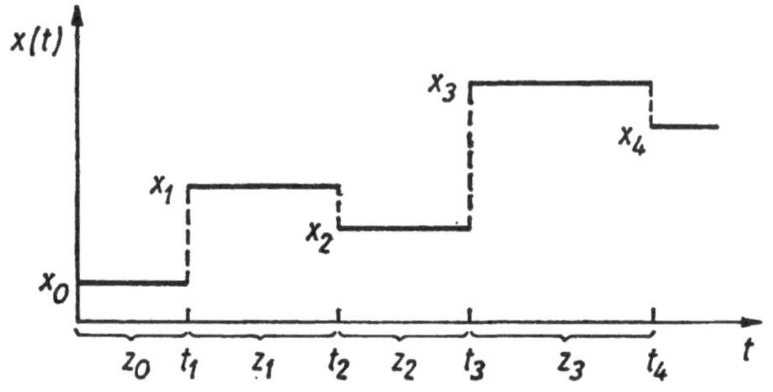

Abb. 3.5.1.1. Realisierung $x(t)$ eines semimarkowschen Prozesses $(X(t), t \geqq 0)$

Für jedes feste $i \in \mathcal{E}$ bilden die Punkte T_n mit $X_n = i$ einen Erneuerungsprozeß, den sogenannten *Prozeß der i-Erneuerungen*. Bezeichnen wir mit $L_i(t)$ die Anzahl der i-Erneuerungen in $[0, t)$, so gilt $L(t) = \sum_{i \in \mathcal{E}} L_i(t)$.

3.5.1.3. Definition. Die Folge $([T_n, X_n], n \geqq 1)$ bezeichnet man als *Markowschen Erneuerungsprozeß* oder als *semimarkowschen markierten Punktprozeß* (↑ [3.7]). (Manchmal wird in der Literatur auch der Vektorprozeß $(L_i(t), i \in \mathcal{E})$ Markowscher Erneuerungsprozeß genannt.)

Der semimarkowsche Prozeß $(X(t))$ ist in der Regel nicht Markowsch, kann jedoch mit Hilfe von Zustandsvariablen zu einem Markowschen Prozeß gemacht werden. Setzt man $R(t) = T_{L(t)+1} - t$, (restliche Verweildauer des Zustandes $X(t)$), so ist $(Z(t)) = \left((X(t), X_{L(t)+1}, R(t))\right)$ ein Markowscher Prozeß. Gilt $F_{ij}(x) = F_i(x)$, $i, j \in \mathcal{E}$, so ist bereits $(Z(t)) = \left((X(t), R(t))\right)$ Markowsch.

3.5.1.4. Beispiele. (a) Setzt man $F_{ij}(x) = 0$ für $x \leqq 1$ und $F_{ij}(x) = 1$ für $x > 1$, so ist $(X(t))$ eine Markowsche Kette mit diskreter Zeit und der Übergangsmatrix (P_{ij}).

(b) Ist $F_{ij}(x) = 1 - e^{-\alpha_i x}$, $\alpha_i > 0$, so ist $(X(t))$ eine homogene Markowsche Kette mit stetiger Zeit und den Übergangsintensitäten $\alpha_i P_{ij}$, $i \neq j$, $-\alpha_i(1 - P_{ii})$.

(c) Sei $\mathcal{E} = \{0\}$. Dann sind die Punkte T_n die Erneuerungspunkte eines Erneuerungsprozesses (↑ [3.2.1]).

(d) Sei $\mathcal{E} = \{0, 1\}$, $P_{01} = P_{10} = 1$, $F_{01}(x) = F(x)$ und $F_{10}(x) = G(x)$. Der Prozeß $(X(t))$ ist ein alternierender Erneuerungsprozeß (↑ [3.2.8]).

3.5.2. Klassifikation der Zustände. Regularitätsbedingungen

Die Klassifikation der Zustände eines semimarkowschen Prozesses hängt eng mit den Eigenschaften der eingebetteten Markowschen Kette $(X_n, n \geqq 0)$ und der Prozesse der i-Erneuerungen zusammen.

Es sei T_{ij} der Zeitpunkt des ersten Erreichens des Zustandes j, falls $X(0) = X_0 = i$ ist, d. h., T_{ij} ist der Abstand zwischen einer i-Erneuerung und der ersten danach folgenden j-Erneuerung. Wir setzen $T_{ij}(x) = \mathsf{P}(T_{ij} < x)$.

3.5.2.1. Definition. Ein Zustand i heißt *instabil*, falls für $F_i(x)$ aus (4) in [3.5.1] $F_i(x) = 1$ für $x \geqq 0$ gilt, und anderenfalls *stabil.*

Wir nehmen stets an, daß alle $i \in \mathscr{E}$ stabil sind.

3.5.2.2. Definition. (a) Zustände von $(X(t))$ heißen *erreichbar, kommutierbar* (*verbunden*), *absorbierend, wesentlich, unwesentlich,* falls sie diese Eigenschaften als Zustände von (X_n) besitzen. Genauso wird die *Abgeschlossenheit* einer Teilmenge von $\mathscr{E}$ bzw. die *Irreduzibilität* von $(X(t))$ erklärt.

(b) Ein Zustand i heißt *rekurrent* bzw. *transient*, falls $T_{ii}(\infty) = 1$ bzw. $T_{ii}(\infty) < 1$ gilt. Ein rekurrenter Zustand heißt *null-rekurrent* bzw. *positiv-rekurrent* je nachdem ob $\mathsf{E}T_{ii} = \infty$ oder $\mathsf{E}T_{ii} < \infty$ gilt.

3.5.2.3. Satz. (a) Ein Zustand i des semimarkowschen Prozesses $(X(t))$ ist genau dann rekurrent (transient), falls er als Zustand der eingebetteten Markowschen Kette rekurrent (transient) ist.

(b) Ist der Zustandsraum $\mathscr{E}$ endlich, so ist ein Zustand i von $(X(t))$ genau dann positiv-rekurrent, wenn er als Zustand der eingebetteten Markowschen Kette positiv-rekurrent ist und $m_j = \int_0^\infty (1 - F_j(x))\, \mathrm{d}x < \infty$ für alle mit i verbundenen Zustände j gilt.

Die Bedingung $\sum_j Q_{ij}(\infty) = 1$ sichert, daß der semimarkowsche Prozeß $(X(t))$ mit Wahrscheinlichkeit Eins unendlich viele Sprünge besitzt. Wir geben nun Bedingungen an, die sichern, daß die Sprungstellen keinen endlichen Häufungspunkt besitzen.

3.5.2.4. Definition. Ein semimarkowscher Prozeß $(X(t))$ heißt *regulär*, falls $\mathsf{P}(L(t) < \infty \mid X(0) = i) = 1$ für alle $i \in \mathscr{E}$ und alle $t \geqq 0$ gilt.

3.5.2.5. Satz. Ist $(X(t))$ irreduzibel und besitzt $(X(t))$ einen rekurrenten Zustand, so ist $(X(t))$ regulär. Insbesondere ist $(X(t))$ regulär, falls $\mathscr{E}$ endlich ist, vgl. Koroljuk/Turbin [1].

3.5.3. Markowsche Erneuerungsgleichungen

Die Erneuerungsgleichung (4) in [3.2.1] wird für semimarkowsche Prozesse durch die sogenannte *Markowsche Erneuerungsgleichung*

$$v_{ij}(x) = u_{ij}(x) + \sum_l \int_0^x Q_{il}(\mathrm{d}u)\, v_{lj}(x - u), \qquad i, j \in \mathscr{E}, \qquad x \geqq 0, \tag{1}$$

verallgemeinert. Dabei ist $Q(x) = (Q_{il}(x))$ eine semimarkowsche Matrix, $(u_{ij}(x))$ eine Matrix aus meßbaren, auf endlichen Intervallen endlichen Funktionen auf $\mathbb{R}_+$ und $(v_{ij}(x))$ eine Matrix unbekannter Funktionen auf $\mathbb{R}_+$, die die gleichen Eigenschaften wie $u_{ij}(x)$ haben sollen. Bei der Anfangsverteilung (6) in [3.5.1] genügen z. B. die $P_{ij}(t) = \mathsf{P}(X(t) = j \mid X(0) = X_0 = i)$ den Markowschen Erneuerungsgleichungen

$$P_{ij}(t) = \delta_{ij}(1 - F_i(t)) + \sum_l \int_0^t P_{lj}(t - x)\, Q_{il}(\mathrm{d}x).$$

Als unmittelbare Verallgemeinerung der Erneuerungsfunktion (↑ [3.2.1]) erscheint die *Markowsche Erneuerungsmatrix*

$$\boldsymbol{H}(x) = (H_{ij}(x)), \qquad H_{ij}(x) = \mathsf{E}(L_j(x) \mid X_0 = i), \tag{2}$$

wobei $L_j(x)$ wieder die Anzahl der Sprünge in den Zustand j im Intervall $(0, x)$ ist und die Anfangsverteilung gemäß (6) in [3.5.1] festgelegt ist. Insbesondere ist $H_{ii}(t)$ die Erneuerungsfunktion des gewöhnlichen Prozesses der i-Erneuerungen. Es gilt

$$H(x) = \sum_{n=1}^{\infty} Q^{*(n)}(x), \tag{3}$$

wobei $Q^{*(n)}(x)$ die n-te Faltungspotenz von $Q(x)$ bezeichnet.

Ist ein irreduzibler semimarkowscher Prozeß $\big(X(t)\big)$ regulär, so gilt

$$H_{ij}(x) < \infty \qquad \text{für alle} \qquad i, j \in \mathscr{E}, \qquad x \geqq 0, \tag{4}$$

vgl. Koroljuk/Turbin [1]. Insbesondere ist (4) für endliche $\mathscr{E}$ erfüllt.

Die Markowsche Erneuerungsmatrix eines regulären semimarkowschen Prozesses genügt den Markowschen Erneuerungsgleichungen

$$\begin{aligned} H_{ij}(x) &= Q_{ij}(x) + \sum_l \int_0^x Q_{il}(\mathrm{d}u)\, H_{lj}(x-u), \\ H_{ij}(x) &= Q_{ij}(x) + \sum_l \int_0^x H_{il}(\mathrm{d}u)\, Q_{lj}(x-u), \end{aligned} \tag{5}$$

die eine Verallgemeinerung von (5) und (6) in [3.2.1] darstellen.

3.5.4. Verweilzeiten. Prozeß der k-Erneuerungen

Sei $k \in \mathscr{G}$, $\mathscr{G} \subseteqq \mathscr{E}$. Oft sind Charakteristiken der zufälligen Verweilzeit $V_{k,\mathscr{G}}$ des semimarkowschen Prozesses in der Zustandsmenge $\mathscr{G}$, falls er im Zustand k startet, von Interesse. Sei

$$V_{k,\mathscr{G}}(x) = \mathsf{P}(V_{k,\mathscr{G}} < x) = \mathsf{P}\big(\inf\{t : X(t) \notin \mathscr{G}\} < x \mid X(0) = X_0 = k\big).$$

Die $V_{k,\mathscr{G}}(x)$ genügen den Markowschen Erneuerungsgleichungen

$$V_{k,\mathscr{G}}(x) = \sum_{j \notin \mathscr{G}} Q_{kj}(x) + \sum_{j \in \mathscr{G}} \int_0^x V_{j,\mathscr{G}}(x-u)\, Q_{kj}(\mathrm{d}u), \tag{1}$$

woraus sich für die Laplace-Stieltjes-Transformierten $V^*_{k,\mathscr{G}}(s)$ und für die mittleren Verweilzeiten $\mathsf{E}V_{k,\mathscr{G}}$ die Gleichungssysteme

$$V^*_{k,\mathscr{G}}(s) = \sum_{j \notin \mathscr{G}} P_{kj} F^*_{kj}(s) + \sum_{j \in \mathscr{G}} P_{kj} F^*_{kj}(s)\, V^*_{j,\mathscr{G}}(s) \tag{2}$$

$$\mathsf{E}V_{k,\mathscr{G}} = m_k + \sum_{j \in \mathscr{G}} P_{kj} \mathsf{E}V_{j,\mathscr{G}}; \quad m_k = \sum_{j \in \mathscr{E}} P_{kj} m_{kj}; \quad m_{kj} = \int_0^{\infty} \big(1 - F_{kj}(x)\big)\, \mathrm{d}x \tag{3}$$

ergeben.

Im folgenden sei $\mathscr{E} = \{0, 1, \ldots, m\}$ und $\mathscr{G} = \mathscr{G}(k) = \{0, 1, \ldots, k-1\}$. Ist $P_{ij} = 0$ für $j > i + 1$, so gilt für $k \geqq 2$ die Rekursionsformel

$$V^*_{k-1,\mathscr{G}(k)}(s) = \frac{Q_{k-1} Q^{0*}_{k-1,k}(s)}{1 - Q_{k-1} Q^{0*}_{k-1,k-1}(s) - \sum\limits_{i=0}^{k-2} Q_{k-1} Q^{0*}_{k-1,i}(s) \prod\limits_{j=i}^{k-2} V^*_{j,\mathscr{G}(j+1)}(s)}. \tag{4}$$

3.5.4.1. Definition. Ein semimarkowscher Prozeß $(X(t))$ heißt ein *semimarkowscher Geburts- und Todesprozeß*, falls die P_{ij} den Bedingungen $P_{01} = P_{m,m-1} = 1$ und $P_{ij} = 0$ für $|i - j| \neq 1$ genügen. Für semimarkowsche Geburts- und Todesprozesse gelten die Rekursionsformeln

$$V^*_{0,\mathscr{G}(k)}(s) = \frac{V^*_{0,\mathscr{G}(k-1)}(s)\, V^*_{0,\mathscr{G}(k-2)}(s)\, Q_{k-1} Q^{0*}_{k-1,k}(s)}{V^*_{0,\mathscr{G}(k-2)}(s) - V^*_{0,\mathscr{G}(k-1)}(s)\, Q_{k-1} Q^{0*}_{k-1,k-2}(s)}, \tag{5}$$

$$\mathsf{E} V_{k-1,\mathscr{G}(k)} = \frac{m_{k-1} + P_{k,k-1} \mathsf{E} V_{k-1,\mathscr{G}(k-1)}}{P_{k,k+1}}, \quad \mathsf{E} V_{0,\mathscr{G}(1)} = m_0, \tag{6}$$

$$\mathsf{E} V_{0,\mathscr{G}(k)} = \frac{m_{k-1} + \mathsf{E} V_{0,\mathscr{G}(k-1)} - P_{k,k-1} \mathsf{E} V_{0,\mathscr{G}(k-1)}}{P_{k,k+1}}, \quad \mathsf{E} V_{0,\mathscr{G}(0)} = 0.$$

Weitere Formeln für $\mathsf{E} V_{k,\mathscr{G}}$ findet man in Osaki (1970) und Reinschke [1].

Die Verteilungsfunktionen $W_{ik}(x)$ der Wartezeit bis zur ersten k-Erneuerung genügen bei der Anfangsbedingung $X(0) = X_0 = i$ den Gleichungen

$$W_{ik}(x) = Q_{ik}(x) + \sum_{l} Q_{il} * W_{lk}(x). \tag{7}$$

Für die Erwartungswerte $\mathsf{E} W_{ik}$ folgt

$$\mathsf{E} W_{ik} = m_i + \sum_{j \neq k} P_{ij} \mathsf{E} W_{ij}. \tag{8}$$

Besitzt die Matrix (P_{ij}) eine einzige stationäre Verteilung (p_i), für die $p_i > 0$ für alle i gilt, und ist

$$m = \sum_{i,j} p_i P_{ij} m_{ij} < \infty; \qquad m_{ij} = \int_0^\infty \bigl(1 - F_{ij}(x)\bigr)\, \mathrm{d}x, \tag{9}$$

so folgt aus (8) für die $\mathsf{E} W_{kk}$ die Formel

$$\mathsf{E} W_{kk} = \frac{m}{p_k} = \frac{1}{p_k} \sum_{i,j} p_i P_{ij} m_{ij}. \tag{10}$$

3.5.5. Stationäre semimarkowsche Prozesse. Ergodensatz

Wir betrachten eine semimarkowsche Matrix $Q(x)$ und stellen wie in der Erneuerungstheorie und in der Theorie Markowscher Ketten die Frage nach stationären Anfangsverteilungen, d. h. nach solchen Anfangsverteilungen, für die der semimarkowsche Prozeß $(X(t))$ stationär ist.

3.5.5.1. Satz. $(X(t))$ ist genau dann stationär, wenn der Markowsche Prozeß $\bigl((X(t), X_{L(t)+1}, R(t))\bigr)$ stationär ist. Das ist wiederum mit der Stationarität des Markowschen Erneuerungsprozesses $([T_n, X_n], n \geqq 1)$, aufgefaßt als markierter Punktprozeß (↑ [3.7]), äquivalent.

3.5.5.2. Satz. Ein semimarkowscher Prozeß $(X(t))$, dessen Matrix (P_{ij}) eine eindeutig bestimmte stationäre Anfangsverteilung (p_i), $p_i > 0$ für alle i, besitzt und für den (9) in [3.5.4] gilt, ist genau dann stationär, wenn seine Anfangsverteilung (5) in [3.5.1] die Form

$$Q_i = p_i \frac{m_i}{m}; \qquad Q^0_{ij}(x) = \frac{P_{ij}}{m_{ij}} \int_0^x \bigl(1 - F_{ij}(u)\bigr)\, \mathrm{d}u \tag{1}$$

besitzt, wobei m gemäß (9) in [3.5.4] bestimmt ist. Das ist genau dann der Fall, wenn die gemäß (2) in [3.5.3] definierte Erneuerungsfunktion $H_{jj}(x)$ die Form

$$H_{jj}(x) = \frac{p_j}{m} x \qquad \text{für alle } j \in \mathscr{E} \tag{2}$$

hat. Gilt $F_{ij}(x) = F_i(x)$ für alle $i, j \in \mathscr{E}$, so ist der semimarkowsche Prozeß $(X(t))$ genau dann stationär, wenn die Anfangsverteilung die Gestalt

$$\mathsf{P}(X_0 = i, Z_0 < x) = \frac{p_i}{m} \int_0^x \big(1 - F_i(u)\big)\, du \tag{3}$$

besitzt. Für einen stationären semimarkowschen Prozeß gilt

$$\mathsf{P}\big(X(t) = i, X_{L(t)+1} = j, R(t) < x\big) = \frac{p_i P_{ij}}{m} \int_0^x \big(1 - F_{ij}(u)\big)\, du, \tag{4}$$

$$\mathsf{P}\big(X(t) = i\big) = \frac{p_i m_i}{m} \qquad \text{mit} \qquad m_i = \sum_{j \in \mathscr{E}} P_{ij} m_{ij}. \tag{5}$$

Die stationären Zustandswahrscheinlichkeiten sind also bei gegebenen m_{ij} von der Gestalt der Verteilungsfunktionen $F_{ij}(x)$ unabhängig (↑ S. 3.3.2.14).

3.5.5.3. Satz. Sind die Voraussetzungen von S. 3.5.5.2 erfüllt und ist die Verteilungsfunktion der Wiederkehrzeit $G_{kk}(x)$ für mindestens ein $k \in \mathscr{E}$ nichtarithmetisch, so gelten für jede beliebige Anfangsverteilung (5) in [3.5.1] die Beziehungen

$$\lim_{t \to \infty} \mathsf{P}\big(X(t) = k, X_{L(t)+1} = l, R(t) < x\big) = \frac{p_k P_{kl}}{m} \int_0^x \big(1 - F_{kl}(u)\big)\, du, \tag{6}$$

$$\lim_{t \to \infty} \mathsf{P}\big(X(t) = k\big) = \frac{p_k m_k}{m}. \tag{7}$$

Insbesondere ist $G_{kk}(x)$ nichtarithmetisch für alle $k \in \mathscr{E}$, wenn für alle $i, j \in \mathscr{E}$ die $F_{ij}(x)$ nichtarithmetisch sind.

3.6. Forderungenströme

In diesem Abschnitt werden mehrere äquivalente Modelle für den Input eines Bedienungssystems eingeführt und die wichtigsten Resultate hierzu angegeben. Entsprechend der in der bedienungstheoretischen Literatur vorherrschenden Tradition behandeln wir sie als spezielle zufällige Prozesse auf $[0, \infty)$ und nennen sie *Forderungen-* oder *Eingangsströme* (weiterführende Resultate ↑ [3.7]).

3.6.1. Grundbegriffe

In der Regel treffen die Forderungen in das Bedienungssystem in zufälligen Zeitpunkten $0 \leqq T_1 \leqq T_2 \leqq \cdots$ ein. Dabei können mehrere Forderungen gleichzeitig eintreffen sog. *Gruppenankünfte*, so daß ebenfalls die Folge der Ankunftszeitpunkte der Gruppen

T_i^e und die Gruppenstärke D_i betrachtet werden. Für die Zeitpunkte T_i^e gilt so mit Wahrscheinlichkeit Eins $0 \leqq T_1^e < T_2^e < \cdots$ (der Punktprozeß (T_i^e) ist einfach im Sinne von D. 3.7.1.5). Eine typische Realisierung dieses Vorgangs ist in Abb. 3.6.1.1 dargestellt. Die Sprungstellen t_i^e entsprechen den Zeitpunkten, in denen einzelne Forderungen oder Gruppen von Forderungen eintreffen, die Sprunghöhen d_i geben die Gruppenstärke an. Diese Darstellung der Realisierung liegt der folgenden Definition zugrunde (vgl. CHINTSCHIN (1955), [1], [2]).

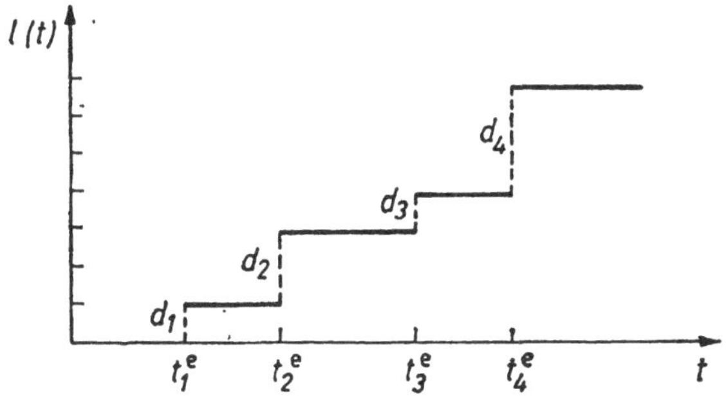

Abb. 3.6.1.1. Realisierung $l(t)$ eines Forderungenstromes $(L(t), t \geqq 0)$

3.6.1.1. Definition. Ein zufälliger Prozeß $(L(t), t \geqq 0)$ mit dem Zustandsraum $\mathbb{G}_+$ heißt *Forderungenstrom* (*Eingangsstrom*), wenn fast alle Realisierungen von $(L(t))$ nichtfallende, linksseitig stetige Treppenfunktionen sind. In der Bedienungstheorie deutet man $L(t)$ als die zufällige Anzahl der in $[0, t)$ eingetroffenen Forderungen.

Im Sinne von D. 3.6.1.1 bezeichnet man einen Poisson-Prozeß mit der Leitfunktion $\Lambda(t)$ (↑ D. 3.1.2.6) als einen *Poissonschen Forderungenstrom* mit der Leitfunktion $\Lambda(t)$; ein Erneuerungsprozeß (↑ D. 3.2.1.1) heißt *rekurrenter Forderungenstrom* (*gewöhnlicher* oder *modifizierter, stationärer*).

3.6.1.2. Definition. Die Funktion

$$\Lambda(t) = \mathsf{E}L(t) = \sum_{k=1}^{\infty} k\mathsf{P}(L(t) = k)$$

heißt *Leitfunktion* des Forderungenstroms $(L(t))$. Ist $\Lambda(t) < \infty$ für $t < \infty$, so heißt $(L(t))$ ein *Forderungenstrom von endlicher Intensität*. Die Ableitung $\lambda(t) = \dfrac{\mathrm{d}\Lambda(t)}{\mathrm{d}t}$ (sofern sie existiert) heißt *Intensität* oder *Intensitätsfunktion* von $(L(t))$.

Im weiteren fordern wir

$$\mathsf{P}\left(\lim_{t\to\infty} L(t) = \infty\right) = 1. \tag{1}$$

Dies stellt für offene Bedienungssysteme (vgl. Ende dieses Abschnittes) keine Einschränkung dar.

3.6.1.3. Definition. Ein Forderungenstrom $(L(t))$ heißt *einfach*, wenn fast alle Realisierungen nur Sprünge der Höhe Eins haben.

Anschaulich heißt das, daß Gruppenankünfte ausgeschlossen sind. Ein einfacher Strom besitzt somit die Eigenschaft

$$0 \leqq T_1 < T_2 < \cdots; \qquad \mathsf{P}\text{-}\lim_{n\to\infty} T_n = \infty,$$

wobei T_n die zufälligen Ankunftszeitpunkte der Forderungen sind.

3.6.1.4. Satz. Ein Poissonscher Forderungenstrom ist genau dann einfach, wenn seine Leitfunktion $\Lambda(t)$ stetig ist.

Im allgemeinen kann ein Forderungenstrom $(L(t))$ in einer der folgenden äquivalenten Formen dargestellt werden:

$$\text{(F1)} \qquad ([T_n{}^e, D_n], n \geqq 1), \qquad 0 \leqq T_1{}^e < T_2{}^e < \cdots; \qquad \operatorname*{P-lim}_{n\to\infty} T_n{}^e = \infty, \tag{2}$$

wobei $T_n{}^e$ und $D_n \geqq 1$ die aufeinanderfolgenden zufälligen Sprungstellen bzw. Sprunghöhen von $(L(t))$ sind; $T_n{}^e$ sind also die Ankunftszeitpunkte von Gruppen von Forderungen der Stärke (Vielfachheit) D_n

$$\left.\begin{array}{l} \text{(F2)} \qquad (T_n, n \geqq 1), \qquad 0 \leqq T_1 \leqq T_2 \leqq \cdots; \qquad \operatorname*{P-lim}_{n\to\infty} T_n = \infty; \\ T_n = \begin{cases} T_1{}^e, & \text{falls } n \leqq D_1, \\ T_m{}^e, & \text{falls } D_1 + \cdots + D_{m-1} < n \leqq D_1 + \cdots + D_m \text{ und } m \geqq 2. \end{cases} \end{array}\right\} \tag{3}$$

Man kann T_i als Ankunftszeitpunkt der i-ten Forderung interpretieren, wobei man Forderungen in Gruppen als unterscheidbar ansieht.

$$\text{(F3)} \qquad (A_n, n \geqq 0), \qquad A_n \geqq 0; \qquad \mathsf{P}\left(\sum_{n=0}^{\infty} A_n = \infty\right) = 1, \tag{4}$$

wobei $A_0 = T_1$ und $A_n = T_{n+1} - T_n$, $n \geqq 1$, gilt. Die Größe A_n ist also die Pause zwischen den Ankunftszeitpunkten der $(n+1)$-ten und der n-ten Forderung, wobei man Forderungen in Gruppen als unterscheidbar ansieht.

Das Modell (F3) bezeichnet man als *Pausenmodell*; es wird häufig zur Beschreibung des Inputs angewandt, insbesondere für Simulationszwecke. Die Einfachheit eines Stromes läßt sich in diesem Modell durch $\mathsf{P}(A_n > 0 \text{ für alle } n \geqq 1) = 1$ ausdrücken. Jedem vorgegebenen Strom $(L(t))$ ordnet man durch Streichen der Vielfachheiten D_n einen einfachen Strom $(L^e(t))$ zu:

$$L^e(t) = \max\{n : T_n{}^e < t\}. \tag{5}$$

Die Verteilung eines Forderungenstromes $(L(t))$ wird durch die Verteilung von $L(0)$ und die Verteilungen von $(L(b_1) - L(a_1), \ldots, L(b_n) - L(a_n))$, wobei $n \geqq 1$, $0 \leqq a_1 \leqq b_1 < a_2 \leqq b_2 < \cdots$ gilt, eindeutig bestimmt.

3.6.1.5. Definition. Ein Forderungenstrom $(L(t))$ heißt *nachwirkungsfrei*, falls $(L(t))$ ein Prozeß mit unabhängigen Zuwächsen ist.

Poissonsche Forderungenströme sind nachwirkungsfrei.

3.6.1.6. Definition. Ein Forderungenstrom $(L(t))$ heißt *stationär*, wenn $(L(t))$ ein Prozeß mit stationären Zuwächsen ist.

3.6.1.7. Satz. Ist $(L(t))$ stationär, so gilt $\Lambda(t) = \lambda t$; $\lambda(t) = \lambda$. Offenbar ist $\lambda = \mathsf{E}L(1)$ die mittlere Anzahl der Forderungen in einer Zeiteinheit. Wegen (1) gilt $0 < \lambda \leqq \infty$.

Wir definieren wie folgt den Verschiebungsoperator S_t, $t \geqq 0$, für die Folgen (2) und (3):

$$\mathsf{S}_t([T_n{}^e, D_n], n \geqq 1) = ([T^e_{L^e(t)+n} - t, \; D_{L^e(t)+n}], \; n \geqq 1),$$

$$\mathsf{S}_t(T_n, n \geqq 1) = (T_{L(t)+n} - t, \; n \geqq 1).$$

Anschaulich bedeutet die Anwendung von S_t, daß die Punkte T_n^e bzw. T_n nach links um t verschoben werden, wobei die nach $(-\infty, 0)$ geratenen Punkte gelöscht und die auf $[0, \infty)$ verbleibenden Punkte neu numeriert werden. Die „Marken" D_n werden dabei unverändert (jedoch umnumeriert) den verschobenen Punkten $T_n^e - t$ zugeordnet. Die Stationarität eines Forderungenstromes kann somit unter Benutzung der Verschiebung S_t in der Sprache der Modelle (F1) bzw. (F2) formuliert werden, was sich oft als nützlich erweist.

3.6.1.8. Satz. Ein Forderungenstrom $\big(L(t)\big)$ ist genau dann stationär, wenn die Folgen $([T_n^e, D_n])$ bzw. (T_n) für jedes $t \geqq 0$ verschiebungsinvariant sind (d. h. $S_t([T_n^e, D_n])$ bzw. $S_t(T_n)$ besitzen die gleiche Verteilung wie $([T_n^e, D_n])$ bzw. (T_n)). Insbesondere folgt aus der Stationarität von $\big(L(t)\big)$ die von $\big(L^e(t)\big)$.

3.6.1.9. Satz. Ein Forderungenstrom $\big(L(t)\big)$ ist genau dann stationär und nachwirkungsfrei, wenn $\big(L(t)\big)$ ein zusammengesetzter Poisson-Prozeß mit der erzeugenden Funktion

$$g_{L(t)}(z) = \sum_{k=0}^{\infty} \mathsf{P}\big(L(t) = k\big)\, z^k = e^{-\nu t(1-g(z))}, \qquad \nu > 0, \tag{6}$$

ist, wobei $g(z) = \sum_{k=0}^{\infty} g_k z^k$ die erzeugende Funktion einer diskreten Verteilung bezeichnet. Für einen stationären nachwirkungsfreien Forderungenstrom gilt somit:

(a) Die Folgen (T_n^e) und (D_n) sind unabhängig.

(b) $\big(L^e(t)\big)$ ist ein stationärer Poissonscher Strom der Intensität $\nu > 0$.

(c) Die Gruppenstärken D_n sind untereinander unabhängig und identisch gemäß $g_k = \mathsf{P}(D_n = k)$, $k \geqq 1$, verteilt.

Von Wichtigkeit ist der Fall $g_k = (1 - p)\, p^k$, $k \geqq 1$. Es handelt sich hierbei um einen rekurrenten Strom mit der Pausenverteilung $A(t) = 1 - (1 - p)\, e^{-\nu t}$. Offenbar bleibt $\big(L(t)\big)$ nachwirkungsfrei, wenn man in (b) auf die Stationarität von $\big(L^e(t)\big)$ und in (c) auf die identische Verteilung der D_n verzichtet.

Benutzt man die Darstellungen (F1)—(F3), so wird die Verteilung eines Forderungenstromes durch die endlichdimensionalen Verteilungen der Folgen $([T_n^e, D_n])$ (T_n), bzw. (A_n) bestimmt. Geht man vom Pausenmodell (A_n) aus, so kann man Unabhängigkeitseigenschaften durch den folgenden Begriff erfassen (anstelle der Nachwirkungsfreiheit).

3.6.1.10. Definition. Ein Forderungenstrom $\big(L(t)\big)$ heißt von *beschränkter Nachwirkung*, falls die Pausen A_n unabhängig sind. Er heißt *quasi-rekurrent*, wenn $\big(L^e(t)\big)$ ein rekurrenter Forderungenstrom ist, $\big(L^e(t)\big)$ und (D_n) unabhängig sind und die Gruppenstärken D_n identisch gemäß $g_k = \mathsf{P}(D_n = k)$, $k \geqq 1$, verteilt sind.

3.6.1.11. Satz. Ein Strom $\big(L(t)\big)$ ist genau dann stationär mit endlicher Intensität λ und von beschränkter Nachwirkung, wenn er quasi-rekurrent ist, und es gilt

(i) $$\mathsf{P}(T_1^e < x) = \nu \int_0^t \big(1 - F(u)\big)\, du$$

mit $F(x) = \mathsf{P}(T_{n+1}^e - T_n^e < x)$, $n \geqq 1$, und $\nu^{-1} = \int_0^\infty \big(1 - F(u)\big)\, du$,

(ii) es existiert ein $l > 0$, $l \in \mathbb{G}_+$, so daß für $k = lj$ mit $j \geqq 1$ gilt

$$g_k = (1 - p)\, p^{j-1} \qquad \text{und sonst} \quad g_k = 0.$$

3.6.1.12. Satz (Satz von CHINTSCHIN). Für jeden stationären Forderungenstrom $(L(t))$ existiert der Grenzwert

$$\lim_{t \to 0} \frac{\mathsf{P}(L(t) \geqq 1)}{t} = \nu \leqq \infty. \tag{7}$$

3.6.1.13. Definition. Die durch (7) definierte Konstante heißt *Parameter* des stationären Forderungenstromes $(L(t))$.

3.6.1.14. Definition. Ein stationärer Forderungenstrom $(L(t))$ heißt *ordinär*, wenn $\mathsf{P}(L(t) > 1) = o(t)$ für $t \to 0$ gilt.

3.6.1.15. Definition. Ein stationärer, ordinärer, nachwirkungsfreier Strom endlicher Intensität heißt *einfachster Strom*.

3.6.1.16. Satz. Jeder einfachste Strom ist ein stationärer Poissonscher Strom und umgekehrt (↑ S. 3.1.2.5).

3.6.1.18. Satz. Für jeden einfachen stationären Strom mit $\lambda < \infty$ gilt:

(a) (Lemma von DOBRUSCHIN) $(L(t))$ ist ordinär, d. h., es gilt

$$\mathsf{P}(L(t) > 1) = o(t) \quad \text{für} \quad t \to 0.$$

(b) (Satz von KOROLJUK). Es ist $\lambda = \nu$, d. h., es gilt $\mathsf{P}(L(t) \geqq 1) = \lambda t + o(t)$ oder unter Beachtung von (a) $\mathsf{P}(L(t) = 1) = \lambda t + o(t)$ für $t \to 0$.

Jeder stationäre ordinäre Strom ist einfach. Für $\lambda = \infty$ kann man dagegen Beispiele von einfachen Strömen angeben, die nicht ordinär sind, vgl. BELJAJEW (1969), KERSTAN/MATTHES/MECKE [1].

Im allgemeinen gilt $\nu \leqq \lambda$. Es ist $\nu = \mathsf{E}L^e(1)$, d. h., der Parameter ν ist gerade die Intensität des Stromes $(L^e(t))$ der Gruppenankünfte. Eine Relation zwischen λ und ν wird in S. 3.7.3.9 angegeben.

Der Begriff der Ordinarität kann auch für instationäre Forderungenströme definiert werden, vgl. BELJAJEW (1969), LEADBETTER (1972), KERSTAN/MATTHES/MECKE [1]. Der in [3.2.3] dargelegte Zusammenhang zwischen gewöhnlichen und stationären Erneuerungsprozessen läßt sich auf Forderungenströme übertragen (vgl. PORT/STONE (1973), KERSTAN/MATTHES/MECKE [1]).

3.6.1.19. Satz. Sei $\mathcal{Q}$ die Menge der Verteilungsgesetze $\mathbf{Q}$ stationärer Folgen $A_0, A_1, \ldots$ nichtnegativer Zufallsgrößen mit $0 < a = \mathsf{E}_{\mathbf{Q}} A_0 < \infty$ und $\mathcal{P}$ die Menge der Verteilungsgesetze $\mathbf{P}$ stationärer Ströme endlicher Intensität λ. Es existiert eine umkehrbar eindeutige Abbildung von $\mathcal{Q}$ auf $\mathcal{P}$, wobei insbesondere

$$G_k(t) = \mathbf{P}(L(t) \geqq k) = \frac{1}{a} \int_0^t (F_{k-1}(u) - F_k(u))\, du \tag{8}$$

mit $F_k(t) = \mathbf{Q}(A_0 + \cdots + A_{k-1} < t)$ sowie $\lambda = a^{-1}$ gilt (↑ (5) in [3.2.3]).

3.6.1.20. Satz. Sei $(L(t))$ ein stationärer einfacher (ordinärer) Strom endlicher Intensität λ. Dann gilt für jedes $k \geqq 1$ gleichmäßig in t

$$F_k(t) = \lim_{u \to 0} \mathbf{P}(L(t + u) - L(u) \geqq k \mid L(u) \geqq 1).$$

3.6.1.21. Definition. Die Funktionen $f(k, t) = F_{k-1}(t) - F_k(t)$ heißen *Funktionen von Palm/Chintschin.* (8) heißt *Formel von Palm/Chintschin.*

Nach S. 3.6.1.20 kann man für einfache Ströme $f(k, t)$ als bedingte Wahrscheinlichkeit des Eintreffens von k Forderungen im Intervall $[0, t)$ interpretieren, wenn im Nullpunkt eine beliebige Forderung eingetroffen ist, vgl. CHINTSCHIN (1955) [1], [2], GNEDENKO/KOWALENKO [1], PORT/STONE (1973).

Sei $\big(L(t)\big)$ ein stationärer ordinärer Forderungenstrom mit $\lambda < \infty$, P sein Verteilungsgesetz und Q das P gemäß S. 3.6.1.19 entsprechende Verteilungsgesetz einer stationären Folge $A_0, A_1, \ldots$ Durch $L^0(t) = \max\left\{k : \sum_{i=0}^{k-1} A_i < t\right\}$ wird der durch die Pausen A_i erzeugte Forderungenstrom definiert. Offenbar gilt für die Funktionen von PALM/CHINTSCHIN $f(k, t) = \mathsf{Q}\big(L^0(t) = k\big)$.

3.6.1.22. Satz. Zwischen den Binomialmomenten der Forderungenströme $\big(L(t)\big)$ und $\big(L^0(t)\big)$ gilt der folgende Zusammenhang

$$\mathsf{E}_{\mathsf{P}}\binom{L(t)}{k} = \frac{1}{a}\int_0^t \mathsf{E}_{\mathsf{Q}}\binom{L^0(u)}{k-1}\,du, \qquad k \geqq 1, \tag{9}$$

wobei beide Seiten gleichzeitig endlich oder unendlich sind. Insbesondere gilt (↑ (6) und (7) in [3.2.3])

$$\mathsf{V}L(t) = \lambda\int_0^t \big(2H(u) - 2\lambda u + 1\big)\,du, \qquad H(t) = \mathsf{E}_{\mathsf{Q}}L^0(t). \tag{10}$$

3.6.1.23. Definition. Ein Forderungenstrom $\big(L(t)\big)$ mit der Leitfunktion $\Lambda(t)$, $0 < \Lambda(t) < \infty$, $t < \infty$, heißt *rein zufällig (bedingt unabhängig)*, falls für jedes $t > 0$ eine Verteilungsfunktion $G_t(u)$ mit $G_t(0) = 0$, $G_t(t + 0) = 1$ existiert, so daß für alle $0 \leqq x_1 \leqq \cdots \leqq x_n < t$ gilt

$$\mathsf{P}\big(T_1 < x_1, \ldots, T_n < x_n \mid L(t) = n\big) = n!\int_0^{x_1}\cdots\int_{y_{n-1}}^{x_n} dG(y_n)\cdots dG(y_1). \tag{11}$$

(11) besagt, daß die bedingte Verteilung der Ankunftszeitpunkte $T_1, \ldots, T_n$ unter der Bedingung $\{L(t) = n\}$ mit der Verteilung der geordneten Stichprobe vom Umfang n mit der Grundverteilung $G_t(x)$ übereinstimmt (daher bedingt unabhängig).

3.6.1.24. Satz. Ist $\big(L(t)\big)$ rein zufällig, so gilt $G_t(u) = \Lambda(u)/\Lambda(t)$, $u \leqq t$. Im stationären Fall ist $\Lambda(t) = \lambda t$ und somit $G_t(u) = u/t$, d. h. $G_t(u)$ ist eine Gleichverteilung. Das liegt der Bezeichnung „rein zufällig" zugrunde.

Der folgende Satz ist sowohl für analytische Methoden der Bedienungstheorie als auch für die statistische Behandlung von Poissonschen Forderungenströmen von großer Bedeutung.

3.6.1.25. Satz. Ein Poissonscher Forderungenstrom ist rein zufällig.

Zur Charakterisierung der rein zufälligen Ströme ↑ S. 3.6.2.20.

Bei der Modellierung der Inputs von Bedienungssystemen unterscheidet man zwischen Forderungenströmen 1. und 2. Art. Ein Forderungenstrom *2. Art* entsteht bei der Betrachtung einer Quelle (Eingang). Dabei wird angenommen, daß die Quelle keine weiteren Forderungen erzeugt (die Quelle ist belegt), solange sich im Bedienungssystem eine Forderung aus dieser Quelle befindet (wartet oder bedient wird). Solches Verhalten haben Fernsprechteilnehmer bzw. Maschinen (im Maschinenbedienungsmodell). Ein

Forderungenstrom 2. Art läßt sich beschreiben durch die Folge von Pausen, wobei man unter einer Pause den Abstand zwischen einer Bedienungsbeendigung (bzw. Verlust) und dem Eintreffen der nächsten Forderung versteht. Der so entstandene Forderungenstrom $(L(t))$ läuft nicht in der Realzeit ab, da die Verweilzeiten der Forderungen „herausgeschnitten" sind. Befinden sich die Quelle und das Bedienungssystem im statistischen Gleichgewicht, so ist $(L(t))$ stationär. Die Intensität λ von $(L(t))$ ist gleich der mittleren Anzahl von Forderungen, die von der Quelle in einer Einheit derjenigen Zeit erzeugt werden, in der sie nicht belegt ist (in der keine Forderung aus der Quelle im System ist). Zur Beschreibung des Vorgangs in der Realzeit betrachtet man den Strom $(L'(t))$, der aus $(L(t))$ dadurch entsteht, daß man zu jeder Pause die Verweilzeit der am Ende dieser Pause eintreffenden Forderung addiert (die Verweilzeit einer verlorenen Forderung ist gleich Null). Im stationären Fall ist die Intensität λ' von $(L'(t))$ gleich $(1/\lambda + \mathsf{E}V)^{-1}$, wobei V die Verweilzeit einer Forderung im System bezeichnet.

Man nennt λ' die unbedingte Intensität: λ' ist die mittlere Anzahl von Forderungen, die von der Quelle in einer Einheit Realzeit erzeugt werden. Offenbar hängt λ' von der Bedienungsgüte ab. Werden die Forderungen an ein System von N Quellen erzeugt, so ist der Forderungenstrom durch die Überlagerung $\left(\sum_{i=1}^{N} L_i(t)\right)$ bzw. in der Realzeit durch $\left(\sum_{i=1}^{N} L_i'(t)\right)$ gegeben, wobei die $(L_i(t))$ bzw. $(L_i'(t))$ den einzelnen Quellen entsprechen (↑ D. 3.6.2.1). Die Gesamtintensität (bezogen auf die Realzeit) ist $\sum_{i=1}^{N} \lambda_i'$. Bedienungssysteme dieser Art heißen auch *geschlossene Bedienungssysteme.*

Offensichtlich besteht in Systemen mit endlich vielen Quellen eine starke Abhängigkeit zwischen dem Systemzustand (Anzahl der Forderungen im System und ihre restlichen Bedienungszeiten) zu einem Zeitpunkt t und dem Eintreffen der Forderungen im Intervall $(t, t + h)$, $h > 0$.

Forderungenströme *1. Art* entsprechen dagegen der Vorstellung, daß das Eintreffen von Forderungen in keiner Beziehung zum Bedienungssystem steht. Ein Forderungenstrom 1. Art wird (in der Realzeit) durch einen Strom $(L(t))$ beschrieben, dessen Charakteristiken von vornherein gegeben sind und nicht vom Ablauf des Bedienungsprozesses abhängen.

Ist in einem geschlossenen Bedienungssystem N groß und ist der Anteil der einzelnen $(L_i(t))$ in der Überlagerung $\left(\sum_{i=1}^{N} L_i(t)\right)$ klein, so ist die Wirkung der belegten Quellen so gering, daß der Forderungenstrom annähernd ein Forderungenstrom 1. Art wird (↑ [3.6.2]). Bedienungssysteme mit einem Forderungenstrom 1. Art heißen *offene Bedienungssysteme* oder *Systeme mit unendlich vielen Quellen.*

Bei der Behandlung bestimmter Bedienungssysteme erweist es sich als nützlich, die Bedienungszeiten den Bedienungsgeräten zuzuordnen, auf denen sie realisiert werden. In diesem Fall entspricht jedem Bedienungsgerät ein zufälliger Strom der Bedienungen, wobei als Pausen die aufeinanderfolgenden Bedienungen auftreten. Das ist kein Realzeit-Modell, da die Stillstandszeiten des Bedienungsgeräts „herausgeschnitten" sind. Ist der Vorgang stationär, so bezeichnet man die Intensität des Stroms der Bedienungen als Bedienungsintensität des entsprechenden Bedienungsgeräts. Ordnet man dagegen die gewünschten Bedienungszeiten den Forderungen zu, so kann man den auf diese Weise entstehenden markierten Input durch äquivalente Modelle beschreiben, nämlich durch die Folge (A_n, B_n), wobei B_n die Bedienungszeit der n-ten Forderung und A_n die Pause zwischen der $(n+1)$-ten und n-ten Forderung bezeichnet, oder durch einen zufälligen markierten Punktprozeß (Strom) (↑ [3.7.1]).

3.6.2. Operationen an Forderungenströmen

Die meisten in den Bedienungssystemen auftretenden Forderungenströme sind Überlagerungen von Strömen bzw. deren Grenzwerte.

3.6.2.1. Definition. Es seien $(L_1(t)), \ldots, (L_n(t))$ Ströme, die über demselben Wahrscheinlichkeitsraum $(\Omega, \mathfrak{F}, \mathsf{P})$ gegeben sind. Als deren *Überlagerung* bezeichnet man den Strom $(L(t)) = \left(\sum_{i=1}^{n} L_i(t)\right)$.

So ist der bei einem Fernsprechamt eintreffende Strom von Anrufen die Überlagerung der Anrufströme der einzelnen Anschlüsse. In den Überlaufsystemen der Fernsprechvermittlungstechnik werden die Verlust-output-Ströme der Primärbündel überlagert und einem gemeinsamen Sekundärbündel zugeführt. Aus der Abb. 3.6.2.1 erkennt man, daß die Überlagerung einfacher Ströme nicht mehr einfach sein muß.

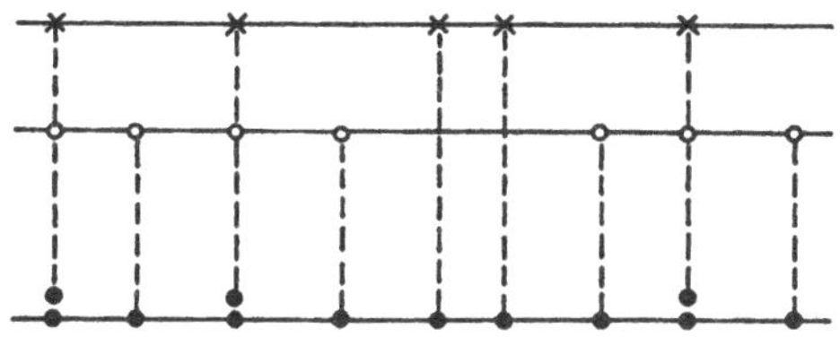

Abb. 3.6.2.1. Überlagerung zweier einfacher Ströme

3.6.2.2. Definition. Sind $(L_i(t))$ unabhängige Ströme mit den Verteilungsgesetzen P_i, $i = 1, \ldots, n$, so nennt man das Verteilungsgesetz P der Überlagerung $\left(\sum_{i=1}^{n} L_i(t)\right)$ die *Faltung* von $\mathsf{P}_1, \ldots, \mathsf{P}_n$ und schreibt dafür $\mathsf{P} = \mathsf{P}_1 * \cdots * \mathsf{P}_n$.

Im weiteren setzen wir stets voraus, daß die Summanden $(L_i(t))$ unabhängig sind.

3.6.2.3. Satz. (a) Die Überlagerung stationärer (stationärer und einfacher) Ströme ist wieder stationär (stationär und einfach).

(b) Die Überlagerung nachwirkungsfreier Ströme ist nachwirkungsfrei.

3.6.2.4. Satz. Sind $(L_1(t))$ und $(L_2(t))$ Poissonsche Ströme mit Leitfunktionen $\Lambda_1(t)$ und $\Lambda_2(t)$, dann ist die Überlagerung $(L_1(t) + L_2(t))$ ein Poissonscher Strom mit der Leitfunktion $\Lambda_1(t) + \Lambda_2(t)$.

3.6.2.5. Satz. Es seien $(L_i(t))$ zusammengesetzte Poissonsche Ströme mit den Parametern λ_i, $i = 1, 2$, deren Vielfachheiten geometrisch verteilt sind mit derselben Erfolgswahrscheinlichkeit p. Dann ist die Überlagerung $(L_1(t) + L_2(t))$ ein zusammengesetzter Poissonscher Strom der gleichen Struktur, jedoch mit dem Parameter $\lambda_1 + \lambda_2$.

Gemäß S. 3.6.2.3(b) bleibt die Nachwirkungsfreiheit bei der Überlagerung erhalten. Dagegen bleibt die Eigenschaft der Rekurrenz bei der Überlagerung im wesentlichen nur für Poissonsche Ströme erhalten.

3.6.2.6. Satz (Satz von McFadden/Weissblum/Mecke). (a) Die Überlagerung $(L_1(t) + L_2(t))$ zweier stationärer rekurrenter Ströme $L_1(t)$, $L_2(t)$ ist genau dann rekurrent (und stationär), wenn $L_1(t)$, $L_2(t)$ zusammengesetzte Poissonsche Ströme sind, deren Vielfachheiten geometrisch verteilt sind mit der gleichen Erfolgswahrscheinlichkeit p (somit hat $(L_1(t) + L_2(t))$ die gleiche Struktur).

(b) Sind die Ströme $(L_i(t))$, $i = 1, 2$, in (a) darüber hinaus einfach, so sind $(L_1(t))$, $(L_2(t))$ und $(L_1(t) + L_2(t))$ stationäre Poissonsche Ströme.

Für identisch verteilte Summanden $(L_1(t)), \ldots, (L_n(t))$ gilt S. 3.6.2.6 auch für $n > 2$. Für verschieden verteilte $(L_i(t))$ sind jedoch Zusatzvoraussetzungen erforderlich, vgl. STÖRMER (1969).

3.6.2.7. Satz. Sind $(L_i(t))$, $i = 1, 2$, einfache gewöhnliche rekurrente Ströme, so ist $(L(t))$ genau dann rekurrent und einfach, wenn $(L_1(t))$, $(L_2(t))$ und $(L(t))$ stationäre Poissonsche Ströme sind.

3.6.2.8. Satz. Ist die Überlagerung $(L(t))$ zweier Ströme $(L_1(t))$, $(L_2(t))$ ein einfacher Poissonscher Strom, so sind $(L_1(t))$, $(L_2(t))$ selbst einfache Poissonsche Ströme. In diesem Satz läßt sich „Poissonsch" nicht durch „rekurrent" ersetzen, vgl. DALEY (1973).

Bei der Verdünnung entsteht aus einem gegebenen Strom ein neuer (Teil-) Strom durch Streichen von Ankunftszeitpunkten von Forderungen gemäß einem bestimmten, in der Regel zufälligen, Algorithmus. So ist im System $G/G/s/\infty$ der Strom der an ein bestimmtes Bedienungsgerät gelangenden Forderungen als Verdünnung des Gesamtinputs anzusehen. Hierbei ist der Verdünnungsmechanismus sehr kompliziert. Allgemeine Resultate sind vorläufig nur für einfachere Verdünnungen bekannt.

3.6.2.9. Definition. Sei (C_n) eine Folge unabhängiger und für $n \geqq 2$ identisch verteilter Zufallsgrößen mit Werten aus $\mathfrak{G}_+$. Als die durch (C_n) definierte *rekurrente Verdünnung* (kurz C_n-*Verdünnung*) bezeichnet man die Verdünnung, die einen Strom (T_i) in $(T_{C_1+1}, T_{C_1+C_2+2}, \ldots)$ überführt.

3.6.2.10. Satz. Der durch die C_n-Verdünnung aus einem rekurrenten Strom entstehende Strom ist wieder rekurrent.

3.6.2.11. Beispiel. Ist $(L(t))$ ein stationärer Poissonscher Strom und gilt $\mathsf{P}(C_n = k) = 1$ für ein $k \geqq 0$ und alle n, so nennt man den C_n-verdünnten Strom einen *Erlangschen Strom* $(k+1)$*-ter Ordnung*.

3.6.2.12. Satz. Die C_n-Verdünnung eines stationären rekurrenten Stromes ist genau dann wieder stationär (und rekurrent), wenn $(C_n + 1)$ ein stationärer Erneuerungsprozeß ist, d. h. wenn $\mathsf{E}(C_2 + 1) < \infty$ und $\mathsf{P}(C_1 \leqq k) = \left(\mathsf{E}(C_2 + 1)\right)^{-1} \sum_{i=0}^{k} \mathsf{P}(C_2 \geqq i)$, $k \geqq 0$, gilt.

3.6.2.13. Definition. Eine C_n-Verdünnung heißt eine *unabhängige p-Verdünnung* (oder einfach *p-Verdünnung*), falls für alle $n \geqq 1$ gilt

$$\mathsf{P}(C_n = k) = p(1-p)^k, \qquad k \geqq 0.$$

Bei der p-Verdünnung wird also jeder Punkt des ursprünglichen Stromes unabhängig von den anderen mit der Wahrscheinlichkeit $1 - p$ gestrichen und mit der Wahrscheinlichkeit p belassen.

3.6.2.14. Satz. Besitzt die Pausenverteilung eines gewöhnlichen rekurrenten Stromes $(L(t))$ die Laplace-Stieltjes-Transformierte $A^*(s)$, so hat die Pausenverteilung des p-verdünnten rekurrenten Stromes die Laplace-Stieltjes-Transformierte

$$G_p^*(s) = A^*(s) \frac{p}{1 - (1-p) A^*(s)}. \tag{1}$$

3.6.2.15. Satz. (a) Ist $(L(t))$ ein Poissonscher Strom mit der Leitfunktion $\Lambda(t)$, so ist der durch p-Verdünnung entstandene Strom ebenfalls ein Poissonscher Strom und besitzt die Leitfunktion $p\Lambda(t)$.

(b) Die Leitfunktion eines beliebigen p-verdünnten Stromes mit der Leitfunktion $\Lambda(t)$ ist gleich $p\Lambda(t)$.

3.6.2.16. Definition. Für $c \geqq 0$ sei $(L_c(t))$ ein Strom mit dem Verteilungsgesetz P_c, wobei $\mathsf{P}_c(\mathscr{A})$ für jedes $\mathscr{A} \in \mathfrak{B}_+^{\mathbb{R}_+} \cap \{l(t) : l(t)$ ist eine $\mathbb{G}_+$-wertige, nichtfallende Funktion auf $[0, \infty)\}$ in c meßbar ist. Ferner sei $G(x)$ eine Verteilungsfunktion mit $G(0) = 0$. Als *G-Mischung* der Ströme $(L_c(t))$ bezeichnet man einen Strom $(L(t))$ mit dem Verteilungsgesetz $\mathsf{P}(\mathscr{A}) = \int\limits_0^\infty \mathsf{P}_c(\mathscr{A})\, \mathrm{d}G(c)$.

Speziell heißt $(L(t))$ die G-Mischung Poissonscher Ströme, wenn für jedes $c \geqq 0$ $(L_c(t))$ ein Poissonscher Strom mit der Intensitätsfunktion $\Lambda_c(t) = c\Lambda(t)$ ist, wobei $\Lambda(t)$ eine Intensitätsfunktion ist. Die Leitfunktion der Mischung $(L(t))$ ist $\int\limits_0^\infty \Lambda_c(t) \mathrm{d}G(c)$, wobei $\Lambda_c(t)$ die Leitfunktion von $(L_c(t))$, $c \geqq 0$ bezeichnet.

3.6.2.17. Definition. Als *p-Kontraktion*, $0 \leqq p < 1$, des Stromes $(L(t))$ bezeichnet man den Strom $(L(t/p), t \geqq 0)$. Die Leitfunktion des p-kontrahierten Stromes hat die Gestalt $\Lambda(t/p)$, wobei $\Lambda(t) = \mathsf{E}L(t)$ ist.

Offensichtlich kann man p-Verdünnungen und p-Kontraktionen hintereinander ausführen. Insbesondere entspricht die Hintereinanderausführung einer p- und einer q-Verdünnung einer pq-Verdünnung.

3.6.2.18. Definition. Ein Strom $(L(t))$ heißt *p-invariant*, wenn sein Verteilungsgesetz durch eine p-Verdünnung und eine anschließende p-Kontraktion nicht verändert wird.

3.6.2.19. Satz. Ein stationärer Forderungenstrom $(L(t))$ ist genau dann p-invariant, $0 \leqq p < 1$, wenn er eine Mischung stationärer Poissonscher Ströme ist.

3.6.2.20. Satz (Satz von Nawrotzki). Ein Strom $(L(t))$ ist genau dann rein zufällig, wenn er eine Mischung Poissonscher Ströme ist.

3.6.3. Grenzwertsätze für Forderungenströme

Bei Modellierung von Bedienungssystemen tritt häufig das Problem auf, einen komplizierten Strom durch einen Strom mit einer einfacheren Struktur zu approximieren. Es handelt sich dabei i. allg. um Grenzübergänge der Art, daß die Anzahl der Summanden bei der Überlagerung sehr groß wird oder die Verdünnungsoperation (gekoppelt mit einer passenden Kontraktion) sehr oft wiederholt wird. Zur mathematischen Formulierung dieses Vorgehens erweist sich der folgende Konvergenzbegriff als geeignet.

3.6.3.1. Definition. Es seien $(L(t))$, $(L_n(t))$, $n \geqq 1$, Ströme mit Verteilungsgesetzen P, P_n. Die Verteilungsgesetze P_n konvergieren schwach gegen P (die Ströme $(L_n(t))$ konvergieren der Verteilung nach gegen $(L(t))$), wenn für jede endliche Auswahl $[a_i, b_i)$, $i = 1, \ldots, l$, paarweise disjunkter, beschränkter Intervalle mit der Eigenschaft

$$\mathsf{P}\big(L(a_i + 0) - L(a_i) > 0\big) = \mathsf{P}\big(L(b_i + 0) - L(b_i) > 0\big) = 0, \quad i = 1, \ldots, l,$$

die Beziehung

$$\lim_{n\to\infty} \mathsf{P}_n\big(L_n(b_i) - L_n(a_i) = k_i,\, i = 1, \ldots, l\big) = \mathsf{P}\big(L(b_i) - L(a_i) = k_i,\, i = 1, \ldots, l\big)$$

für beliebige $k_1, \ldots, k_l \in \mathbb{G}_+$ gilt.

Wir schreiben für diese Konvergenzarten

$$\mathsf{P}_n \Rightarrow \mathsf{P} \quad \text{bzw.} \quad (L_n(t)) \xrightarrow[\mathrm{d}]{} (L(t)) \quad \text{für} \quad n \to \infty.$$

Wir formulieren nun einige Grenzwertsätze für Überlagerungen sehr vieler unabhängiger Ströme, wobei der Anteil eines einzelnen Summanden an der Überlagerung sehr gering ist. Solche Situationen kommen häufig in der Fernsprechvermittlungstechnik bzw. bei der Bedienung (Beseitigung) von Ausfällen einer komplizierten Apparatur vor.

3.6.3.2. Definition. Für jedes $n \geqq 1$ seien

$$\big(L_{n1}(t)\big), \ldots, \big(L_{nk_n}(t)\big), \qquad 1 \leqq k_n \leqq n, \tag{1}$$

unabhängige Ströme. Gilt für jedes $t > 0$

$$\lim_{n\to\infty} \max_{1\leqq i\leqq k_n} \mathsf{P}_{ni}\big(L_{ni}(t) > 0\big) = 0, \tag{2}$$

so nennt man (1) ein *infinitesimales Serienschema* von Strömen.

3.6.3.3. Satz (Satz von PALM/CHINTSCHIN/OSOSKOW). Gegeben sei ein infinitesimales Serienschema (1) von stationären einfachen Strömen mit $\lambda_{nj} < \infty$, $j = 1, \ldots, k_n$. Gilt für ein $0 < \lambda < \infty$

$$\lim_{n\to\infty} \sum_{j=1}^{k_n} \lambda_{nj} = \lambda, \tag{3}$$

so ist die Konvergenz

$$\left(\sum_{j=1}^{k_n} L_{nj}(t)\right) \xrightarrow[\mathrm{d}]{} \big(L(t)\big) \quad \text{für} \quad n \to \infty, \tag{4}$$

wobei $\big(L(t)\big)$ ein stationärer Poissonscher Strom der Intensität λ ist, gleichbedeutend mit der Gültigkeit von

$$\lim_{n\to\infty} \sum_{j=1}^{k_n} \lambda_{nj} f_{nj}(1, t) = \lambda t \tag{5}$$

für alle $t > 0$. Hierbei ist $f_{nj}(1, t)$ die erste Palm-Chintschinsche Funktion von $\big(L_{nj}(t)\big)$ (↑ D. 3.6.1.21).

3.6.3.4. Satz (Satz von GRIGELIONIS). Gegeben sei ein infinitesimales Serienschema (1) und eine nichtnegative nichtfallende Funktion $\Lambda(t)$ mit $\lim_{t\to\infty} \Lambda(t) = \infty$. Dann gilt (4), wobei $\big(L(t)\big)$ ein Poissonscher Strom mit der Intensitätsfunktion $\Lambda(t)$ ist, genau dann, wenn für beliebige Stetigkeitspunkte u, s von $\Lambda(t)$ mit $u < s$ folgende Bedingungen gelten:

$$\lim_{n\to\infty} \sum_{j=1}^{k_n} \mathsf{P}_{nj}\big(L_{nj}(s) - L_{nj}(u) = 1\big) = \Lambda(s) - \Lambda(u), \tag{6}$$

$$\lim_{n\to\infty} \sum_{j=1}^{k_n} \mathsf{P}_{nj}\big(L_{nj}(s) \geqq 2\big) = 0. \tag{7}$$

Benutzt man (8) in [3.6.1], so kann man im stationären Fall (6) und (7) mit Hilfe der Palm-Chintschinschen Funktionen $f_{nj}(1, t)$ und $f_{nj}(2, t)$ umformulieren.

Es sei $\big(L_{nj}(t)\big)$ ein rekurrenter Strom mit den Verteilungsfunktionen $F_{0,nj}(t)$ und $F_{nj}(t)$ sowie der Erneuerungsfunktion $H_{nj}(t)$. Dann hat (2) die Gestalt

$$\lim_{n\to\infty} \max_{1\leqq i\leqq k_n} F_{0,nj}(t) = 0 \quad \text{für alle} \quad t > 0.$$

3.6.3.5. Satz. Für ein infinitesimales Serienschema von rekurrenten Strömen $(L_{nj}(t))$ konvergiert $\sum_{j=1}^{k_n} L_{nj}(t)$ genau dann gegen einen Poissonschen Strom mit der Leitfunktion $\Lambda(t)$, wenn

$$\lim_{n\to\infty} \sum_{j=1}^{k_n} \int_u^s \bigl(1 - F_{nj}(s-x)\bigr)\, \mathrm{d}H_{nj}(x) = \Lambda(s) - \Lambda(u),$$

$$\lim_{n\to\infty} \sum_{j=1}^{k_n} \int_0^s F_{nj}(s-x)\, \mathrm{d}F_{0,nj}(x) = 0$$

für alle Stetigkeitsstellen u, s, $u < s$, von $\Lambda(t)$ erfüllt ist. Geschwindigkeitsabschätzungen für die Konvergenz der eindimensionalen und endlichdimensionalen Verteilungen in S. 3.6.3.4 und S. 3.6.3.5 findet man in Franken (1963a), Grigelionis (1963), Çinlar (1972). Notwendige und hinreichende Kriterien für die Konvergenz infinitesimaler Serienschemata gegen nichtpoissonsche Ströme findet man z. B. in Kerstan/Matthes/Mecke [1].

Sinnvolle Grenzwertsätze für Verdünnungen entstehen, wenn man diese mit Maßstabskontraktionen verbindet.

3.6.3.6. Satz (Satz von Rényi/Beljajew/Nawrotzki). Sei $(L(t))$ ein Strom, für den für eine nichtnegative Zufallsgröße X die Bedingung $\operatorname{p-lim}_{t\to\infty} \frac{1}{t} \bigl(L(t+y) - L(y)\bigr) = X$ gleichmäßig in y gilt. Sei (q_n) eine Folge mit $q_n \in (0, 1]$ und $\lim_{n\to\infty} q_n = 0$. Bezeichnet $(L_n(t))$ den aus $(L(t))$ durch die Anwendung einer q_n-Verdünnung mit darauffolgender q_n-Kontraktion entstandenen Strom, so gilt

$$\bigl(L_n(t)\bigr) \xrightarrow[\mathrm{d}]{} \bigl(L_G(t)\bigr) \qquad \text{für} \qquad n \to \infty,$$

wobei $G(x) = \mathsf{P}(X < x)$ und $(L_G(t))$ die G-Mischung stationärer Poissonscher Ströme ist.

Nach S. 3.7.1.26 ist die Aussage des letzten Satzes für stationäre Ströme erfüllt.

3.7. Zufällige Punktprozesse. Markierte Punktprozesse

3.7.1. Zufällige Punktprozesse

Wir geben nun eine weitere an (3) in [3.6.1] anschließende Darstellungsform für zufällige Ströme an. Dabei wollen wir uns nicht auf die Halbachse $[0, \infty)$ beschränken, sondern Ströme auf der gesamten reellen Achse betrachten. Wir nennen sie hier zufällige Punktprozesse. In der Bedienungstheorie besagt das anschaulich, daß die die Forderungen erzeugende Quelle bereits in $-\infty$ ihre Arbeit aufgenommen hat. Diese Vorstellung ist für gewisse Betrachtungen sehr nützlich (↑ [II, Kap. 11]). Die in diesem Abschnitt überwiegend verwendete Darstellungsform zufälliger Punktprozesse ist ohne weiteres auch zur Beschreibung des Auftretens von „Ereignissen" (Forderungen) in $\mathbb{R}^2$, $\mathbb{R}^3$ und komplizierteren Räumen geeignet. Es gibt verschiedene Möglichkeiten, zufällige Punktprozesse auf $\mathbb{R}^1$ zu definieren. Wir gehen dabei von den Zähleigenschaften aus und beschreiben die Realisierungen als Zählmaße.

3.7.1.1. Definition. Ein ganzzahliges Maß φ auf $\mathfrak{B}$ heißt *Zählmaß*, falls $\varphi(\mathscr{B}) < \infty$ für jedes beschränkte $\mathscr{B} \in \mathfrak{B}$ gilt. Es bezeichne $\mathscr{M}$ die Menge aller Zählmaße.

3.7.1.2. Satz. Für jedes $\varphi \in \mathscr{M}$ ist der Träger $\mathscr{S}_\varphi = \{t : \varphi(\{t\}) > 0\}$ höchstens abzählbar. Jedes $\varphi \in \mathscr{M}$ besitzt die Darstellung

$$\varphi(\mathscr{B}) = \sum_{t \in \mathscr{S}_\varphi} \varphi(\{t\})\, \delta_t(\mathscr{B}); \qquad \delta_t(\mathscr{B}) = 1_{\mathscr{B}}(t), \qquad \mathscr{B} \in \mathfrak{B}. \tag{1}$$

Deutet man ein $\varphi \in \mathscr{M}$ als Realisierung des Eintreffens von Forderungen, so sind $t \in \mathscr{S}_\varphi$ gerade die Ankunftspunkte von Forderungen, während $\varphi(\{t\}) \geqq 1$ die Gruppenstärke bezeichnet. Somit ist $\varphi([a, b))$ die Anzahl der Forderungen im Intervall $[a, b)$.

3.7.1.3. Definition. Für $t \in \mathscr{S}_\varphi$ heißt $\varphi(\{t\})$ die *Vielfachheit* von t. $\varphi \in \mathscr{M}$ heißt *einfach*, falls $\varphi(\{t\}) = 1$ für alle $t \in \mathscr{S}_\varphi$ gilt. Weist man die Vielfachheiten nicht aus, so gilt für $\varphi \in \mathscr{M}$

$$\varphi(\mathscr{B}) = \sum_n \delta_{t_n}(\mathscr{B}), \qquad \mathscr{B} \in \mathfrak{B}, \tag{2}$$

$$t_n = \begin{cases} t \geqq 0, & \text{falls} \quad \varphi([0, t)) < n \leqq \varphi([0, t]) \quad \text{und} \\ & \qquad \varphi([0, \infty)) \geqq n, \quad n = 1, 2, 3, \ldots, \\ \infty, & \text{falls} \quad 0 \leqq \varphi([0, \infty)) < n, \quad n = 1, 2, \ldots, \\ t < 0, & \text{falls} \quad \varphi\big((t, 0)\big) \leqq -n < \varphi([t, 0)) \quad \text{und} \\ & \qquad \varphi\big((-\infty, 0)\big) \geqq -n, \quad n = 0, -1, -2, \ldots, \\ -\infty, & \text{falls} \quad 0 \leqq \varphi\big((-\infty, 0)\big) \leqq -n, \quad n = 0, -1, -2, \ldots \end{cases} \tag{3}$$

Anstelle von (1) bzw. (2) und (3) kann man jedes $\varphi \in \mathscr{M}$ als eine Treppenfunktion darstellen: $l(t) = \varphi([0, t))$, falls $t \geqq 0$ bzw. $-\varphi([t, 0))$, falls $t < 0$. Die Funktion $l(t)$ ist linksseitig stetig, besitzt positive ganzzahlige Sprünge und ist auf beiden Halbachsen monoton nichtfallend.

3.7.1.4. Definition. Es bezeichne $\mathfrak{M}$ die von den Mengen $\{\varphi : \varphi \in \mathscr{M}, \varphi(\mathscr{B}) = j\}$, $\mathscr{B} \in \mathfrak{B}$, $j \in \mathbb{G}_+$ erzeugte σ-Algebra von Teilmengen von $\mathscr{M}$. Eine meßbare Abbildung Φ eines Wahrscheinlichkeitsraumes $(\Omega, \mathfrak{F}, \mathbf{P})$ in $(\mathscr{M}, \mathfrak{M})$ nennt man einen *zufälligen Punktprozeß* auf $\mathbb{R}$. Das Verteilungsgesetz $\mathbf{P}_\Phi$ von Φ wird gemäß $\mathbf{P}_\Phi(\mathscr{A}) = \mathbf{P}\big(\Phi^{-1}(\mathscr{A})\big)$, $\mathscr{A} \in \mathfrak{M}$, definiert. Die Elemente φ von $\mathscr{M}$ heißen *Realisierungen* von Φ.

Im allgemeinen benutzen wir für einen Punktprozeß Φ eine kanonische Darstellung $(\mathscr{M}, \mathfrak{M}, \mathbf{P}_\Phi)$. Φ ist also ein zufälliges Element des Raumes $(\mathscr{M}, \mathfrak{M})$ (ein zufälliges Zählmaß) mit dem Verteilungsgesetz $\mathbf{P}_\Phi$, wobei wir in der Regel den Index Φ weglassen. Für jedes $\mathscr{B} \in \mathfrak{B}$ ist $\Phi(\mathscr{B})$ eine auf $(\mathscr{M}, \mathfrak{M}, \mathbf{P}_\Phi)$ definierte Zufallsgröße, wobei $\mathbf{P}\big(\Phi(\mathscr{B}) = \infty\big) > 0$ sein kann, falls $\mathscr{B}$ unbeschränkt ist. Für beliebige paarweise disjunkte $\mathscr{B}_1, \mathscr{B}_2, \ldots$ gilt $\Phi\left(\bigcup_{i=1}^\infty \mathscr{B}_i\right) = \sum_{i=1}^\infty \Phi(\mathscr{B}_i)$. Offenbar ist für jeden Punktprozeß Φ mit dem Verteilungsgesetz $\mathbf{P}$ die Verteilung des Vektors $\big(\Phi(\mathscr{B}_1), \ldots, \Phi(\mathscr{B}_n)\big)$ für jede Folge $\mathscr{B}_1, \ldots, \mathscr{B}_n$ bekannt. Umgekehrt kann man zeigen, daß das Verteilungsgesetz $\mathbf{P}$ eindeutig durch die Verteilungsgesetze der Vektoren $\big(\Phi(\mathscr{I}_1),, \ldots, \Phi(\mathscr{I}_n)\big)$, $\mathscr{I}_i = [a_i, b_i)$ bestimmt ist, vgl. Kerstan/Matthes/Mecke [1], Daley/Vere-Jones (1972). Unter Beachtung von (2) und (3) ist die umkehrbar eindeutige Zuordnung zwischen $\varphi \in \mathscr{M}$ und den Folgen (t_n) der Form

$$\cdots \leqq t_0 < 0 \leqq t_1 \leqq \cdots \tag{4}$$

offensichtlich. Die σ-Algebra $\mathfrak{M}$ ist so beschaffen, daß diese Abbildung auch beiderseits meßbar ist, so daß jedem Punktprozeß Φ eine zufällige Folge (T_n), $\cdots \leqq T_0 < 0 \leqq T_1 \leqq \cdots$ entspricht und umgekehrt jeder solchen Folge ein Punktprozeß $\Phi(\mathscr{B}) = \sum \delta_{T_n}(\mathscr{B})$, mit $\delta_{T_n}(\mathscr{B}) = \mathbf{1}_{\mathscr{B}}(T_n)$, $\mathscr{B} \in \mathfrak{B}$, entspricht.

Offenbar kann man die Darstellung (4) ersetzen durch die Folgendarstellung $(t_1, (a_n))$ mit $a_n = t_{n+1} - t_n$, $n \in \mathfrak{G}$, wobei sich für den zufälligen Punktprozeß Φ die Darstellung $(T_1, (A_n))$, $A_n = T_{n+1} - T_n$, $n \in \mathfrak{G}$ ergibt (*Intervall-* oder *Pausenmodell*). Eigenschaften von Φ, die sich als Eigenschaften von (A_n) und T_1 formulieren lassen, heißen *Intervalleigenschaften*. Dabei ist die Verteilung von Φ eindeutig durch die endlichdimensionalen Verteilungen der Folge $(T_1, (A_n))$ bestimmt.

Die Intervalldarstellung $(T_1, (A_n))$ ist nur für Punktprozesse auf $\mathbb{R}^1$ sinnvoll und auch gleichzeitig nützlich. Dagegen ist D. 3.7.1.4 auf sehr allgemeine Räume übertragbar (z. B. $\mathbb{R}^n$). Insbesondere können wir den Begriff des Punktprozesses auf $\mathscr{B}$, $\mathscr{B} \in \mathfrak{B}$, einführen und erkennen über die Darstellung $l(t) = \varphi([0, t))$, daß Forderungenströme Punktprozesse auf $\mathbb{R}_+$ sind.

3.7.1.5. Definition. Als *Einschränkung* eines Punktprozesses Φ auf $\mathscr{B} \in \mathfrak{B}$ bezeichnet man den Punktprozeß ${}_{\mathscr{B}}\Phi(\mathscr{C}) = \Phi(\mathscr{C} \cap \mathscr{B})$, $\mathscr{C} \in \mathfrak{B}$. Das Verteilungsgesetz von ${}_{\mathscr{B}}\Phi$ bezeichnet man mit ${}_{\mathscr{B}}\mathsf{P}$.

3.7.1.6. Definition. Für $\varphi \in \mathscr{M}$ definieren wir $\varphi^e(\mathscr{B}) = \sum_{t \in \mathscr{S}_\varphi} \delta_t(\mathscr{B})$, $\mathscr{B} \in \mathfrak{B}$. Ein Punktprozeß Φ heißt *einfach*, falls $\mathsf{P}(\{\varphi : \varphi \in \mathscr{M}, \varphi = \varphi^e) = 1$ gilt.

Bezeichnet man die Punkte von $\mathscr{S}_\varphi$ mit $\cdots < t_0^e < 0 \leqq t_1^e < \cdots$ und die entsprechenden Vielfachheiten mit $d_i^e = \varphi(\{t_i^e\})$, so bekommt man für φ die Darstellung als Folge $([t_n^e, d_n^e])$. Dieser entspricht die Darstellung von Φ als zufällige Folge $([T_n^e, D_n^e])$ mit $\cdots < T_0^e < 0 \leqq T_1^e < \cdots$ Eine weitere Darstellung von Φ lautet $(T_1^e, ([A_n^e, D_n^e]))$, wobei $A_n^e = T_{n+1}^e - T_n^e$, $n \in \mathfrak{G}$.

3.7.1.7. Definition. Als *Intensitätsmaß* eines Punktprozesses Φ mit dem Verteilungsgesetz P bezeichnet man das Maß

$$\Lambda(\mathscr{B}) = \mathsf{E}_{\mathsf{P}}\Phi(\mathscr{B}) = \int_{\mathscr{M}} \varphi(\mathscr{B})\, \mathsf{P}(d\varphi) = \sum_{k=1}^{\infty} k\mathsf{P}(\Phi(\mathscr{B}) = k). \tag{5}$$

Ist $\Lambda(\mathscr{B}) < \infty$ für alle beschränkten $\mathscr{B} \in \mathfrak{B}$, so heißt Φ von endlicher Intensität (↑ D. 3.6.1.2).

Für die Leitfunktion $\Lambda(t)$ (↑ [3.6.1]) gilt $\Lambda(t) = \Lambda([0, t))$.

3.7.1.8. Definition. Ein Punktprozeß Φ heißt *nachwirkungsfrei*, wenn für jede endliche Folge paarweise disjunkter $\mathscr{B}_1, \ldots, \mathscr{B}_k \in \mathfrak{B}$ die Zufallsgrößen $\Phi(\mathscr{B}_1), \ldots, \Phi(\mathscr{B}_k)$ unabhängig sind.

Es sei $\mathfrak{J}$ der Halbring aller halboffenen Intervalle $[a, b)$, $-\infty < a \leqq b < \infty$, und $\mathfrak{H}$ der Ring von Vereinigungen endlich vieler paarweise disjunkter Intervalle aus $\mathfrak{J}$.

3.7.1.9. Satz. Ein Punktprozeß Φ ist nachwirkungsfrei genau dann, wenn eine der folgenden Bedingungen erfüllt ist.

(a) Für beliebige paarweise diskunkte $\mathscr{I}_1, \ldots, \mathscr{I}_k$ aus $\mathfrak{J}$ sind $\Phi(\mathscr{I}_1), \ldots, \Phi(\mathscr{I}_k)$ unabhängig (↑ D. 3.6.1.5).

(b) Für ein beliebiges $\mathscr{B} \in \mathfrak{B}$ sind die Einschränkungen ${}_{\mathscr{B}}\Phi$ und ${}_{\overline{\mathscr{B}}}\Phi$ unabhängig, wobei $\overline{\mathscr{B}} = \mathbb{R} \setminus \mathscr{B}$ ist.

3.7.1.10. Definition. Sei Λ ein Maß auf $\mathfrak{B}$ mit der Eigenschaft $\Lambda(\mathscr{B}) < \infty$ für alle beschränkten Borel-Mengen $\mathscr{B}$. Φ heißt *Poisson-Prozeß* (*Poissonscher Punktprozeß*) mit dem Intensitätsmaß Λ, falls

(a) Φ nachwirkungsfrei ist,

(b) für jedes $\mathscr{B} \in \mathfrak{B}$ gilt

$$\mathsf{P}\big(\Phi(\mathscr{B}) = k\big) = \frac{\big(\Lambda(\mathscr{B})\big)^k}{k!}\, e^{-\Lambda(\mathscr{B})}, \qquad k \geqq 0. \tag{6}$$

3.7.1.11. Satz. Für jedes Maß Λ mit $\Lambda(\mathscr{B}) < \infty$ für beschränkte $\mathscr{B} \in \mathfrak{B}$ existiert genau ein Poisson-Prozeß Φ, dessen Intensitätsmaß gleich Λ ist. Sein Verteilungsgesetz bezeichnen wir mit Π_Λ.

3.7.1.12. Satz (Satz von Rényi). (a) Sei Λ ein atomloses Maß (d. h. $\Lambda(\{t\}) = 0$ für jedes t) mit der Eigenschaft $\Lambda(\mathscr{B}) < \infty$ für beschränkte $\mathscr{B} \in \mathfrak{B}$. Besitzt ein Punktprozeß Φ für jedes $\mathscr{B} \in \mathfrak{H}$ die Eigenschaft (6), so ist Φ ein Poisson-Prozeß mit dem Intensitätsmaß Λ.

(b) Die Aussage aus (a) bleibt gültig, wenn man die Forderung $\Phi(\mathscr{B})$ sei poissonverteilt durch die Bedingung $\mathsf{P}\big(\Phi(\mathscr{B}) = 0\big) = e^{-\Lambda(\mathscr{B})}$; $\mathsf{P}\big(\Phi(\mathscr{B}) \geqq 2\big) = o\big(\Lambda(\mathscr{B})\big)$ für $\Lambda(\mathscr{B}) \to 0$ und alle $\mathscr{B} \in \mathfrak{H}$ ersetzt.

Man kann in S. 3.7.1.12 $\mathfrak{H}$ nicht durch $\mathfrak{J}$ ersetzen, vgl. Kerstan/Matthes/Mecke [1].

Vom Standpunkt der Zähleigenschaften eines Punktprozesses, d. h. der Eigenschaften von Vektoren $\big(\Phi(\mathscr{I}_1), \ldots, \Phi(\mathscr{I}_n)\big)$, $\mathscr{I}_k \in \mathfrak{J}$, haben die nachwirkungsfreien Punktprozesse und insbesondere die Poisson-Prozesse die einfachste Struktur. Ausgehend von Intervalleigenschaften, d. h. vom Pausemodell, gelangt man zur folgenden

3.7.1.13. Definition. Ein Punktprozeß Φ heißt *rekurrent*, wenn in $\big(T_1, (A_n)\big)$ die Größen (A_n), $n \neq 0$, unabhängig untereinander und unabhängig vom Vektor (A_0, T_1) sind und $\mathsf{P}(A_n < x) = F(x)$, $n \neq 0$ gilt.

Ist $\mathsf{P}(A_n > 0) = 1$ für alle n, so ist Φ einfach. Ist $T_1 = 0$ und $\mathsf{P}(A_0 < x) = F(x)$, so spricht man von einem *gewöhnlichen* oder *synchronen* rekurrenten Punktprozeß. (Erneuerungsprozesse sind Einschränkungen rekurrenter Punktprozesse auf $[0, \infty)$.)

3.7.1.14. Satz. Ein Poisson-Prozeß ist genau dann einfach, wenn sein Intensitätsmaß Λ atomlos ist.

3.7.1.15. Satz (Satz von Mönch/Kallenberg). Sei Φ ein einfacher Punktprozeß. Dann ist sein Verteilungsgesetz P eindeutig durch die Funktion $f(\mathscr{B}) = \mathsf{P}\big(\Phi(\mathscr{B}) = 0\big)$, $\mathscr{B} \in \mathfrak{H}$, charakterisiert.

Eine Charakterisierung der Funktion f aus S. 3.7.1.15 findet man in Kurtz (1974), Kerstan/Matthes/Mecke [1].

Sei $(\mathsf{P}_c)_{c \in \mathscr{C}}$ eine Familie von Verteilungsgesetzen zufälliger Punktprozesse und Q ein Verteilungsgesetz auf $\mathfrak{C}$, wobei $(\mathscr{C}, \mathfrak{C})$ ein beliebiger meßbarer Raum ist.

3.7.1.16. Definition. Als *Q-Mischung* von Verteilungsgesetzen P_c, $c \in \mathscr{C}$, bezeichnet man das Verteilungsgesetz

$$\mathsf{P}(\mathscr{A}) = \int_{\mathscr{C}} \mathsf{P}_c(\mathscr{A})\, \mathsf{Q}(\mathrm{d}c), \qquad \mathscr{A} \in \mathfrak{M}. \tag{7}$$

Ist $\mathscr{C} = \mathbb{R}_+$, G eine Verteilungsfunktion mit $G(0) = 0$ und $\mathsf{P}_c = \Pi_{c\Lambda}$, so heißt

$$\mathsf{P}(\mathscr{A}) = \int_0^\infty \Pi_{c\Lambda}(\mathscr{A})\, \mathrm{d}G(c), \qquad \mathscr{A} \in \mathfrak{M}, \tag{8}$$

3.7.2. Markierte Punktprozesse

Jede Forderung, die in ein Bedienungssystem eintrifft, wird nicht allein durch den Zeitpunkt ihres Eintreffens, sondern durch weitere (in der Regel zufällige) Größen charakterisiert. Allgemein kann man von der *Marke* einer eintreffenden Forderung sprechen. Die Marke kann der gewünschten Bedienungszeit, der Prioritätsklasse, der Schranke für die Verweildauer im System u. a. gleich sein, bzw. einige dieser Größen gleichzeitig umfassen. Die eintreffenden Forderungen mit ihren Marken bilden den sogenannten markierten Input. Als mathematisches Modell hierfür dienen zufällige markierte Punktprozesse, die eine Verallgemeinerung der Punktprozesse darstellen. Der Wertebereich $\mathscr{K}$ der Marken kann sehr allgemein sein. Wir nehmen an, daß $\mathscr{K}$ ein vollständiger, separabler metrischer Raum ist und bezeichnen mit $\mathfrak{K}$ die σ-Algebra seiner Borel-Mengen (in der Bedienungstheorie gilt meistens $\mathscr{K} \subseteqq \mathbb{R}^k$, $k = 1, 2, \ldots, \infty$).

Während man die Realisierungen eines Punktprozesses als Zählmaße oder als Punktfolgen (t_n) darstellen kann, ist das im Falle von Marken nur beim Fehlen von Vielfachheiten (Gruppenankünften) der Fall. Sind die Punkte, d. h. deren Marken, in den Gruppen nicht durchnumeriert, so können wir die Realisierungen als Zählmaße auf $\mathbb{R} \times \mathscr{K}$ (ganzzahlige Maße mit $\varphi(\mathscr{B} \times \mathscr{K}) < \infty$ für alle beschränkten $\mathscr{B} \in \mathfrak{B}$) darstellen. Unter einem zufälligen markierten Punktprozeß würde man in diesem Fall ein zufälliges Zählmaß auf $\mathbb{R} \times \mathscr{K}$ verstehen (↑ D. 3.7.1.4).

In der Bedienungstheorie wird häufiger angenommen, daß die Kunden in einer Gruppe geordnet sind, vgl. das Pausenmodell (2). Daher gehen wir hier von einer Darstellung der Realisierungen als Folgen von Punkten und Marken aus (↑ (4) in [3.7.1]). Sei $\mathscr{M}_{\mathscr{K}}$ der Raum aller Folgen $\varphi = ([t_n, k_n])$, $t_n \in \mathbb{R}$, $k_n \in \mathscr{K}$ mit $\lim\limits_{n\to\pm\infty} t_n = \pm\infty$ und der Numerierung (4) in [3.7.1]. Offenbar kann man $\varphi = ([t_n, k_n])$ das Zählmaß $\sum\limits_n \delta_{[t_n,k_n]}(\cdot)$ zuordnen, wir benutzen daher für $\mathscr{C} \in \mathfrak{B} \times \mathfrak{K}$ die Bezeichnung $\varphi(\mathscr{C}) = \operatorname{card}(\varphi \cap \mathscr{C})$, die Anzahl der markierten Punkte $[t_n, k_n]$ von φ in $\mathscr{C}$. Sei $\mathfrak{M}_{\mathscr{K}}$ die von Mengen der Form $\{\varphi : \varphi \in \mathscr{M}_{\mathscr{K}}, \varphi(\mathscr{B} \times \mathscr{L}) = j\}$, $\mathscr{B} \in \mathfrak{B}$, $\mathscr{L} \in \mathfrak{K}$, $j \in \mathbb{G}_+$ erzeugte σ-Algebra von Teilmengen aus $\mathscr{M}_{\mathscr{K}}$.

3.7.2.1. Definition. Eine meßbare Abbildung Φ eines Wahrscheinlichkeitsraumes $(\Omega, \mathfrak{F}, \mathsf{P})$ in $(\mathscr{M}_{\mathscr{K}}, \mathfrak{M}_{\mathscr{K}})$ heißt ein *zufälliger markierter Punktprozeß* auf $\mathbb{R}$ mit dem Markenraum $\mathscr{K}$.

Wir benutzen im weiteren die kanonische Darstellung $(\mathscr{M}_{\mathscr{K}}, \mathfrak{M}_{\mathscr{K}}, \mathsf{P}_\Phi)$ mit $\mathsf{P}_\Phi(\mathscr{A}) = \mathsf{P}(\Phi^{-1}(\mathscr{A}))$. Man nennt P_Φ das Verteilungsgesetz von Φ (der Index Φ wird bei P_Φ meistens weggelassen). Offenbar ist ein markierter Punktprozeß einfach eine Folge $([T_n, K_n])$ zufälliger Elemente mit Werten aus $[-\infty, \infty] \times \mathscr{K}$ mit der Eigenschaft

$$\mathsf{P}\text{-}\lim_{n\to\pm\infty} T_n = \pm\infty; \quad \cdots \leqq T_0 < 0 \leqq T_1 \leqq \cdots \quad \mathsf{P}\text{-fast sicher}. \tag{1}$$

Die Realisierungen $\varphi \in \mathscr{M}_{\mathscr{K}}$ bzw. einen markierten Punktprozeß Φ kann man auch wie folgt darstellen (Pausenmodell):

$$(t_1, [a_n, k_n]),\ a_n = t_{n+1} - t_n \quad \text{bzw.} \quad (T_1, [A_n, K_n]),\ A_n = T_{n+1} - T_n. \tag{2}$$

In der Sprache der Bedienungstheorie bezeichnen T_n den zufälligen Zeitpunkt des Eintreffens der n-ten Forderung, A_n die zufällige Pause ziwschen dem Eintreffen der n-ten und $(n + 1)$-ten Forderung und K_n die zufällige Marke, die die n-te Forderung charakterisiert (z. B. Bedienungszeit der n-ten Forderung).

3.7.2.2. Definition. Ein $\varphi \in \mathcal{M}_{\mathcal{K}}$ heißt *einfach*, falls die t_n alle verschieden sind. Ein markierter Punktprozeß Φ heißt *einfach*, falls $\mathsf{P}(\{\varphi : \varphi \text{ einfach}\}) = 1$ ist (die Menge $\{\varphi : \varphi \text{ einfach}\}$ liegt in $\mathfrak{M}_{\mathcal{K}}$).

Offensichtlich wird durch die Punkte T_n aus (1) ein Punktprozeß $\Psi = (T_n)$ definiert. Besteht $\mathcal{K}$ aus einem einzigen Element, so verzichtet man auf die Angabe der Marken und erhält einen Punktprozeß.

3.7.2.3. Beispiele. Jeder Punktprozeß Φ läßt sich als ein markierter Punktprozeß mit dem Markenraum $\mathbb{G}_+$ darstellen, wobei die T_n^{e} als Punkte und die Vielfachheiten D_n^{e} als Marken erscheinen.

Die Überlagerung von Punktprozessen $\Phi_1, \ldots, \Phi_n$, die als unterscheidbar angesehen werden, ist ein markierter Punktprozeß mit $\mathcal{K} = \{1, \ldots, n\}$.

3.7.2.4. Definition. Für $\mathcal{B} \in \mathfrak{B}$ wird die *Einschränkung* ${}_{\mathcal{B}}\Phi$ eines markierten Punktprozesses $\Phi = ([T_n, K_n])$ gemäß ${}_{\mathcal{B}}\Phi = ([T_n, K_n], T_n \in \mathcal{B})$ definiert. Das Verteilungsgesetz von ${}_{\mathcal{B}}\Phi$ bezeichnet man mit ${}_{\mathcal{B}}\mathsf{P}$.

3.7.2.5. Beispiel (semimarkowsche markierte Punktprozesse). Sei $\mathcal{K}$ endlich oder abzählbar. Bezeichnet man mit (K_n) die eingebettete Markowsche Kette eines semimarkowschen Prozesses (↑ [3.5.1]) so wird gemäß D. 3.5.1.3 durch die Folge $([T_n, K_n])$ ein durch (P_{ij}) und $\big(F_{ij}(x)\big)$ bestimmter semimarkowscher markierter Punktprozeß Φ auf $\mathbb{R}_+$ (Markowscher Erneuerungsprozeß) definiert. Dabei ist Φ einfach, falls $F_{ij}(0 + 0) = 0,\ i, j \in \mathcal{K}$, gilt. Die Punkte (T_n) definieren den entsprechenden semimarkowschen Punktprozeß. Analog kann man Markowsche Erneuerungsprozesse mit beliebigen $(\mathcal{K}, \mathfrak{K})$ konstruieren, vgl. z. B. Arndt/Franken (1979).

Offensichtlich ist ein einfacher markierter Punktprozeß Φ äquivalent einem zufälligen Prozeß $\big(K(t), t \in \mathbb{R}\big)$ mit stückweise konstanten (linksseitig stetigen) Realisierungen:

$$K(t) = K_n, \qquad \text{falls} \qquad T_n < t \leqq T_{n+1}.$$

Einem beliebigen markierten Punktprozeß kann ebenfalls ein stückweise konstanter Prozeß zugeordnet werden, der jedoch in Punkten $t \in \mathcal{S}_\varphi$ mit $\mathsf{P}\big(\Phi(\{t\} \times \mathcal{K}) > 1\big) > 0$ instabile Zustände besitzt (↑ D. 3.3.2.5).

Sei Ψ ein Punktprozeß mit dem Verteilungsgesetz H mit der Eigenschaft $\mathsf{H}\Big(\Psi\big((-\infty, 0)\big) = \Psi\big((0, \infty)\big) = \infty\Big) = 1$ und $(K_i, i \in \mathbb{G})$ eine Folge von Zufallsgrößen mit Werten aus $\mathcal{K}$. Das Verteilungsgesetz dieser Folge sei Q. Für jede Realisierung $\psi = (t_i, i \in \mathbb{G})$ wird durch $([t_i, k_i], i \in \mathbb{G})$ ein markierter Punktprozeß definiert, dessen Verteilungsgesetz $\mathsf{Q}_{(\psi)}$ durch Q erzeugt wird. Dann wird durch

$$\mathsf{H}_{\mathsf{Q}}(\mathcal{A}) = \int_M \mathsf{Q}_{(\psi)}(\mathcal{A})\, \mathsf{H}(\mathrm{d}\psi), \qquad \mathcal{A} \in \mathfrak{M}_{\mathcal{K}}, \tag{3}$$

ein Verteilungsgesetz auf $\mathfrak{M}_{\mathcal{K}}$ definiert.

3.7.2.6. Definition. Ein markierter Punktprozeß Φ heißt durch *schwach unabhängige Markierung* aus dem Punktprozeß Ψ erzeugt, wenn sein Verteilungsgesetz gemäß (3) bestimmt ist. Sind die Zufallsgrößen K_i unabhängig und identisch gemäß Q verteilt, so heißt Φ durch unabhängige Markierung mit der Markenverteilung Q aus Ψ erzeugt.

3.7.2.7. Definition. Das *Intensitätsmaß* Λ eines markierten Punktprozesses Φ mit dem Verteilungsgesetz P wird gemäß

$$\Lambda(\mathscr{C}) = \mathsf{E}_{\mathsf{P}}\Phi(\mathscr{C}) = \sum_{j=1}^{\infty} j\mathsf{P}\big(\Phi(\mathscr{C}) = j\big), \qquad \mathscr{C} \in \mathfrak{B} \times \mathfrak{K},$$

definiert. Φ heißt von *endlicher Intensität*, falls $\Lambda(\mathscr{B} \times \mathscr{K}) < \infty$ für jedes beschränkte $\mathscr{B} \in \mathfrak{B}$ gilt.

Der folgende Satz ist in der Bedienungstheorie von großer Bedeutung (↑[II, Kap. 11]).

3.7.2.8. Satz (Campbellsches Theorem). Für jedes Verteilungsgesetz P auf $\mathfrak{M}_{\mathscr{K}}$ und jede meßbare Funktion $f(a) \geqq 0$ auf $\mathbb{R} \times \mathscr{K}$ ist $\int\limits_{\mathbb{R}\times\mathscr{K}} f(a)\, \varphi(da)$ eine meßbare Funktion auf $\mathfrak{M}_{\mathscr{K}}$, und es gilt

$$\mathsf{E}_{\mathsf{P}} \int\limits_{\mathbb{R}\times\mathscr{K}} f(a)\, \Phi(da) = \int\limits_{\mathscr{M}_{\mathscr{K}}} \Bigg(\int\limits_{\mathbb{R}\times\mathscr{K}} f(a)\, \varphi(da) \Bigg) \mathsf{P}(d\varphi) = \int\limits_{\mathbb{R}\times\mathscr{K}} f(a)\, \Lambda(da).$$

3.7.2.9. Definition. Ein markierter Punktprozeß $\Phi = ([T_n, K_n])$ bzw. sein Verteilungsgesetz P heißen *stationär*, wenn für jedes $t \in \mathbb{R}$ der verschobene Prozeß $\mathsf{S}_t\Phi = ([T_{n+i(\varphi)} - t, K_{n+i(\varphi)}])$, $i(\varphi) = \max\{j : T_j < t\}$ (die Punkte von Φ werden in t verschoben und dann so umnumeriert, daß (1) für den verschobenen Prozeß gilt), dieselbe Verteilung P wie Φ besitzt.

3.7.2.10. Satz. Für einen stationären markierten Punktprozeß ist $\mathsf{P}\big(\Phi(\mathbb{R} \times \mathscr{L}) = 0\big) + \mathsf{P}\Big(\Phi\big((-\infty, 0) \times \mathscr{L}\big) = \Phi\big((0, \infty) \times \mathscr{L}\big) = \infty\Big) = 1$ für jedes $\mathscr{L} \in \mathfrak{K}$.

Nach S. 3.7.2.10 kann man o. B. d. A. $\operatorname{P-lim}_{n\to\infty} T_n = \pm\infty$ annehmen.

3.7.2.11. Satz. Das Intensitätsmaß eines stationären markierten Punktprozesses Φ hat die Gestalt $\Lambda(\mathscr{B} \times \mathscr{L}) = \lambda(\mathscr{L})\, \mu(\mathscr{B})$, $\mathscr{B} \in \mathfrak{B}$, $\mathscr{L} \in \mathfrak{K}$.

3.7.2.12. Definition. Die Größe $\lambda(\mathscr{L}) = \Lambda((0, 1] \times \mathscr{L}) = \mathsf{E}\Phi((0, 1] \times \mathscr{L})$ heißt *Intensität* des markierten Punktprozesses Φ bez. der Markenmenge $\mathscr{L} \in \mathfrak{K}$. Speziell heißt $\lambda = \lambda(\mathscr{K})$ die *Intensität* von Φ. Für $0 < \lambda < \infty$ nennt man das gemäß $\mathsf{Q}(\mathscr{L}) = \dfrac{\lambda(\mathscr{L})}{\lambda}$ auf $\mathfrak{K}$ definierte Verteilungsgesetz die *Markenverteilung* von Φ. Die Formeln (7) und (22) geben Darstellungen der Markenverteilung als Intensitätsquotient bzw. Palmsche Verteilung, und mit Formel (11) wird die Markenverteilung für ergodische Φ als Verteilung der Marke eines „typischen" (beliebig oder auf gut Glück ausgewählten) Punktes gedeutet werden.

Der Begriff der schwachen Konvergenz $\mathsf{P}_n \Rightarrow \mathsf{P}$ für Verteilungsgesetze auf $\mathfrak{M}_{\mathscr{K}}$ läßt sich auf übliche Weise einführen (da $\mathscr{M}_{\mathscr{K}}$ metrisierbar ist).

3.7.2.13. Satz. Es seien P_n bzw. P Verteilungsgesetze markierter Punktprozesse $([T_{j,n}, K_{j,n}])$, $n \geqq 1$, bzw. $([T_j, K_j])$. Dann gilt $\mathsf{P}_n \Rightarrow \mathsf{P}$ genau dann, wenn für alle $k \geqq 0$, $l \geqq 1$ die Verteilungen der Vektoren $([T_{j,n}, K_{j,n}], -l \leqq j \leqq k)$ gegen die Verteilung von $([T_j, K_j], -l \leqq j \leqq k)$ konvergieren. Die äquivalente Bedingung im Pausenmodell lautet

$$\big(T_{1n}; ([A_{j,n}, K_{j,n}], -l \leqq j \leqq k)\big) \xrightarrow[d]{} \big(T_1; ([A_j, K_j], -l \leqq j \leqq k)\big).$$

3.7.3. Stationäre markierte Punktprozesse und zugehörige stationäre Folgen. Palmsche Verteilungen

In der Bedienungstheorie existieren zwei mögliche Beschreibungen eines „stationären Inputs". Die erste besteht darin, den markierten Input als eine stationäre Folge $([A_n, K_n])$ zu beschreiben, wobei $A_n \geqq 0$ die zufällige Pause zwischen den Ankunftszeitpunkten der n-ten und $(n+1)$-ten Forderung und K_n die zufällige Marke der n-ten Forderung (Bedienungszeit usw. ↑ [3.7.2]) bezeichnet, vgl. LOYNES (1962), BOROWKOW [1]. Dieses sogenannte Pausenmodell (steuernde Folge nach BOROWKOW [1]) beschreibt die Stationarität vom Standpunkt der Forderungen, man spricht auch vom *forderungenstationären Input*. In diesem Fall fällt der Koordinatenursprung mit dem Ankunftszeitpunkt einer Forderung zusammen, d. h., man setzt $T_1 = 0$.

Als zweites Modell dient ein stationärer markierter Punktprozeß $\Phi = ([T_n, K_n])$, wobei T_n die Ankunftszeitpunkte von Forderungen und K_n die entsprechenden Marken sind. Hierbei wird der Koordinatenursprung gewissermaßen unabhängig von dem Input gewählt. Man erhält die Verschiebungsinvarianz gegenüber beliebigen Verschiebungen S_t und spricht daher von einem *zeitstationären Input*. Ähnliches gilt gemäß B. 3.7.2.5 auch zur Beschreibung stochastischer Systeme mit stückweise konstanten Realisierungen, wie sie in der Bedienungstheorie und verwandten Gebieten häufig vorkommen. Auf den ersten Blick scheinen beide Modelle gänzlich verschieden zu sein. In Wirklichkeit sind sie im gewissen Sinne äquivalent und stellen nur zwei verschiedene Beschreibungen ein und desselben Vorgangs im statistischen Gleichgewicht dar, vgl. KÖNIG/MATTHES/NAWROTZKI [1], [2], PORT/STONE (1973).

Wir formulieren die weiteren Aussagen für markierte Punktprozesse, die Aussagen für Punktprozesse ergeben sich durch weglassen von Marken: Sei $([A_n, K_n])$ eine stationäre Folge mit dem Verteilungsgesetz Q. Gemäß

$$\begin{aligned} &T_1 = 0, \quad T_0 = -A_{n^*}, \quad T_n = -\sum_{j=-1}^{n} A_{n+j}, \quad n \leqq -1, \\ &T_n = \sum_{j=1}^{n} A_{n^*+j}, \quad n > 1; \quad n^* = \sup\{l : l < 0, A_l > 0\} \end{aligned} \tag{1}$$

ordnet man dieser einen markierten Punktprozeß $\Phi^\diamond = ([T_n, K_n])$ zu. Das Verteilungsgesetz $\mathsf{P}^\diamond$ von $\Phi^\diamond$ wird durch Q bestimmt, und es gilt $\mathsf{P}^\diamond(T_0 < 0) = 1$.

3.7.3.1. Satz. (a) Sei $\mathcal{Q}$ die Menge aller Verteilungsgesetze Q stationärer Folgen $([A_n, K_n])$, wobei $0 < a = a_{\mathsf{Q}} = \mathsf{E}_{\mathsf{Q}} A_0 < \infty$ gilt. Ferner sei $\mathcal{P}$ die Menge aller Verteilungsgesetze P stationärer markierter Punktprozesse Φ, für die $0 < \lambda = \lambda_{\mathsf{P}} = \mathsf{E}_{\mathsf{P}}\Phi([0, 1) \times \mathscr{K}) < \infty$ gilt. (Wir betrachten nur solche Φ mit $\mathrm{P}\text{-}\lim_{n\to\pm\infty} T_n = \pm\infty$. Die Indizes Q bzw. P bei a_{Q} bzw. λ_{P} werden im weiteren weggelassen.) Dann existiert eine umkehrbar eindeutige Abbildung von $\mathcal{Q}$ auf $\mathcal{P}$.

(b) Zwischen den gemäß dieser Abbildung einander entsprechenden Verteilungsgesetzen Q und P sowie deren Parametern a und λ gelten folgende Formeln (zur Definition von S_t ↑ D. 3.7.2.9)

$$\lambda = a^{-1} \tag{2}$$

$$\mathsf{Q}(\mathscr{C}) = a\mathsf{E}_{\mathsf{P}} \sum_{i=1}^{\infty} 1_{[0,1]}(T_i)\, 1_{\mathscr{C}}\big(([A_{n-i}, K_{n-i}], n \in \mathbb{G})\big); \quad \mathscr{C} \in (\mathfrak{B}_+ \times \mathfrak{K})^{\mathbb{G}}, \tag{3}$$

$$\mathsf{P}(\mathscr{C}) = \frac{1}{a} \int_0^\infty \mathsf{Q}(A_0 > t, \mathsf{S}_t\Phi^\diamond \in \mathscr{C})\, dt, \quad \mathscr{C} \in \mathfrak{M}_{\mathscr{K}}. \tag{4}$$

Es muß betont werden, daß es sich beim forderungenstationären und zeitstationären Modell um zwei unterschiedliche Wahrscheinlichkeitsräume, nämlich $\big((\mathbb{R}_+ \times \mathscr{K})^{\mathbb{G}}$,

$(\mathfrak{B}_+ \times \mathfrak{R})^{\mathbb{G}}, \mathbf{Q})$ und $(\mathcal{M}_{\mathcal{K}}, \mathfrak{M}_{\mathcal{K}}, \mathbf{P})$ handelt, wobei $\mathbf{Q}$ und $\mathbf{P}$ jeweils im entsprechenden Sinne stationär sind. Die Äquivalenz beider Modelle resultiert aus S. 3.7.3.1, d. h. aus der umkehrbar eindeutigen Zuordnung zwischen $\mathbf{Q}$ und $\mathbf{P}$. Dieser entspricht jedoch keine meßbare Abbildung der Realisierungen.

3.7.3.2. Satz. Es gelten folgende zu (4) äquivalente Formeln:

$$\mathsf{P}(\mathscr{C}) = \frac{1}{a} \mathsf{E}_{\mathbf{Q}} \left(\int_0^{A_0} 1_{\mathscr{C}}(\mathsf{S}_t \Phi^{\diamond}) \, dt \right), \quad \mathscr{C} \in \mathfrak{M}_{\mathcal{K}}, \tag{5}$$

$$\mathsf{E}_{\mathbf{P}} f(\Phi) = \frac{1}{a} \mathsf{E}_{\mathbf{Q}} \left(\int_0^{A_0} f(\mathsf{S}_t \Phi^{\diamond}) \, dt \right), \quad f \geqq 0 \quad \text{und meßbar.} \tag{6}$$

Die Formeln (4)—(6) werden als *Umkehrformeln* bezeichnet.

3.7.3.3. Satz. Ein stationärer Punktprozeß Φ mit dem Verteilungsgesetz $\mathbf{P}$ ist genau dann einfach (↑ D. 3.7.2.2), falls $\mathbf{Q}(A_n > 0, n \in \mathbb{G}) = 1$ gilt, d. h. falls der gemäß (1) aus $([A_n, K_n])$ erzeugte Punktprozeß $\Phi^{\diamond}$ einfach ist.

3.7.3.4. Beispiel. (Fortsetzung von B. 3.7.2.5). Sei $\mathcal{K}$ höchstens abzählbar, (P_{ij}) eine stochastische Matrix und $\big(F_{ij}(x)\big)_{i,j \in \mathcal{K}}$ eine Familie von Verteilungsfunktionen, wobei $F_{ij}(0) = 0$, $F_{ij}(0+0) < 1$ und $m_{ij} = \int_0^{\infty} \big(1 - F_{ij}(x)\big) \, dx < \infty$ gilt. Die Matrix (P_{ij}) möge eine einzige stationäre Anfangsverteilung (p_j) besitzen, für die $m = \sum_{i,j} p_i P_{ij} m_{ij}$ gilt. Offenbar erfüllt wegen $m < \infty$ die stationäre Markowsche Kette $([A_n, K_n])$ mit der Anfangsverteilung (p_j) und den semimarkowschen Übergangswahrscheinlichkeiten $\mathsf{P}(K_{n+1} = j \mid K_n = i) = P_{ij}$, $\mathsf{P}(Z_{n+1} < x \mid K_n = i, \; K_{n+1} = j) = F_{ij}(x)$ die Voraussetzungen von S. 3.7.3.1. Für den zugehörigen stationären markierten Punktprozeß Φ gilt insbesondere

$$\begin{aligned} &\mathsf{P}(T_1 < x, K_1 = k_1, A_1 < x_1, K_2 = k_2, \ldots, A_n < x_n, K_{n+1} = k_{n+1}) \\ &\quad = \frac{1}{m} \sum_i p_i P_{ik_1} \int_0^x \big(1 - F_{ik_1}(u)\big) \, du \prod_{l=1}^n P_{k_l k_{l+1}} F_{k_l k_{l+1}}(x_l). \end{aligned}$$

Man bezeichnet Φ als den durch (P_{ij}), $\big(F_{ij}(x)\big)$ erzeugten stationären semimarkowschen markierten Punktprozeß (Markowscher Erneuerungsprozeß). Der entsprechende Punktprozeß $\Psi = (T_n)$ heißt semimarkowscher Punktprozeß. Gemäß $K(t) = K_n$ für $T_n \leqq t < T_{n+1}$ wird dann ein stationärer semimarkowscher Prozeß im Sinne von [3.5.5] definiert.

In Verallgemeinerung des bekannten Satzes über Approximation durch Hyper-Erlang-Verteilungen (↑ S. 2.5.4.4) erhält man den folgenden

3.7.3.5. Satz (Herrmann (1965)). Sei $\mathbf{P}$ das Verteilungsgesetz eines stationären Punktprozesses mit den Eigenschaften $\mathbf{P}\big(\Phi(\mathbb{R} \times \mathcal{K}) = 0\big) = 0$, $0 < \lambda < \infty$. Dann existiert eine Folge $(\mathbf{P}_n)$ von Verteilungsgesetzen stationärer semimarkowscher markierter Punktprozesse Φ_n mit dem Markenraum $\mathcal{K}_n$, $n \geqq 1$, so daß gilt:

(a) Die Intensitäten λ_n von $\mathbf{P}_n$ genügen $\lambda_n = \lambda$.

(b) Die in die Definition von $\mathbf{P}_n$ eingehenden Verteilungsfunktionen $F_{ij;n}(x)$, $i, j \in \mathscr{X}_n$ besitzen Dichten $f_{ij;n}(x)$ der Gestalt

$$f_{ij;n}(x) = \frac{(m_n\lambda_{ij;n}x)^{m_n-1}}{(m_n-1)!}\, m_n\lambda_{ij;n}\, \mathrm{e}^{-m_n\lambda_{ij;n}x}.$$

(c) Es gilt $\tilde{\mathbf{P}}_n \Rightarrow \mathbf{P}$, wobei $\tilde{\mathbf{P}}_n$ das Verteilungsgesetz des stationären Punktprozesses Ψ_n ist, der aus Φ_n durch Weglassen der Marken entsteht.

3.7.3.6. Satz. Sei Φ ein stationärer markierter Punktprozeß mit dem Verteilungsgesetz $\mathbf{P}$, das $0 < \lambda < \infty$ genügt, und $\mathbf{Q}$ das $\mathbf{P}$ gemäß S. 3.7.3.1, (3), entsprechende Verteilungsgesetz einer stationären Folge $([A_n, K_n])$.

(a) Für die eindimensionale Markenverteilung bez. $\mathbf{Q}$ gilt

$$\mathbf{Q}(K_0 \in \mathscr{L}) = \mathsf{Q}(\mathscr{L}), \qquad \mathscr{L} \in \mathfrak{K}, \tag{7}$$

mit $\mathsf{Q}(\mathscr{L}) = \lambda(\mathscr{L})/\lambda$, $\mathscr{L} \in \mathfrak{K}$, ↑ D. 3.7 2.12.

(b) Das Intensitätsmaß Λ von Φ (von $\mathbf{P}$) hat die Gestalt

$$\Lambda(\mathscr{B}\times\mathscr{L}) = \lambda\mathsf{Q}(\mathscr{L})\,\mu(\mathscr{B}), \qquad \mathscr{B} \in \mathfrak{B}, \quad \mathscr{L} \in \mathfrak{K}. \tag{8}$$

(c) Das Campbellsche Theorem (S. 3.7.2.8) lautet dann

$$\mathsf{E}_{\mathbf{P}} \int\limits_{\mathbb{R}\times\mathscr{X}'} f(a)\,\Phi(\mathrm{d}a) = \lambda \int\limits_{\mathbb{R}\times\mathscr{X}} f(t, k)\,\mathsf{Q}(\mathrm{d}k)\,\mathrm{d}t. \tag{9}$$

Die Markenverteilung $\mathsf{Q}(\mathscr{L})$ ist im Pausenmodell somit ein Quotient von Intensitäten, die aus dem zeitstationären Modell stammen.

Sei $([A_n, K_n])$ eine stationäre Folge. Dieser wird gemäß

$$\Phi_+ = \left(\left[\sum_{i=0}^{n-1} A_i, K_n\right], n > 0\right) \tag{10}$$

ein weiterer markierter Punktprozeß Φ_+ zugeordnet.

3.7.3.7. Satz. Es seien Φ und $([A_n, K_n])$ ein stationärer markierter Punktprozeß und eine stationäre Folge, die einander gemäß S. 3.7.3.1 entsprechen. Dann gelten für die Zählprozesse $\big(L(t)\big) = \big(\Phi([0, t) \times \mathscr{X})\big)$, $\big(L^+(t)\big) = \big(\Phi^+([0, t) \times \mathscr{X})\big)$ die Formeln (8) bis (10) in [3.6.1]. Ist Φ metrisch transitiv, so führt die Anwendung des Ergodensatzes (↑ S. 3.1.2.12) zur Formel

$$\mathsf{Q}(\mathscr{L}) = \mathrm{P}\text{-}\lim_{t\to\infty} \frac{\Phi([0, t) \times \mathscr{L})}{\Phi([0, t) \times \mathscr{X})}. \tag{11}$$

Daraus resultiert die Deutung von Q als die Verteilung der Marke eines „typischen“ (beliebig oder auf gut Glück ausgewählten) Punktes aus Φ. Diese Aussage läßt sich wie folgt verschärfen.

3.7.3.8. Satz. Es seien Φ ein stationärer einfacher markierter Punktprozeß mit dem Verteilungsgesetz $\mathbf{P}$ und $([A_n, K_n])$ eine stationäre Folge mit dem Verteilungsgesetz $\mathbf{Q}$, die einander gemäß S. 3.7.3.1 entsprechen. Dann gilt gleichmäßig in $\mathscr{A} \in \mathfrak{M}_{\mathscr{X}}$

$$\mathbf{P}^\diamond(\Phi^\diamond \in \mathscr{A}) = \lim_{h\to 0} \mathbf{P}(\mathsf{S}_{T_1}\Phi \in \mathscr{A} \mid T_1 \leqq h). \tag{12}$$

Das aus Q erzeugte Verteilungsgesetz $\mathsf{P}^\diamond$ des markierten Punktprozesses $\Phi^\diamond$ (↑ (1)) kann also als die bedingte Verteilung von Φ unter der Bedingung, daß „im Koordinatenursprung ein Punkt von Φ liegt", gedeutet werden.

3.7.3.9. Satz. Für jeden stationären markierten Punktprozeß mit der Eigenschaft $0 < \lambda < \infty$ existiert stets der Grenzwert

$$\nu = \lim_{h \to 0} \frac{\mathsf{P}\big(\Phi([0, h) \times \mathscr{K}) \geqq 1\big)}{h}, \tag{13}$$

und es ist

$$\lambda = \nu \mathsf{E}_{\mathsf{Q}} \Phi^\diamond(\{0\} \times \mathscr{K}) = \lambda \lim_{h \to 0} \mathsf{E}_{\mathsf{P}}\big(\Phi(\{T_1\} \times \mathscr{K}) \mid T_1 \leqq h\big). \tag{14}$$

Offenbar ist ν gerade die Intensität des einfachen Punktprozesses Φ^e, der aus Φ dadurch entsteht, daß man die Marken wegläßt und Mehrfachpunkte einfach zählt.

Man bezeichnet ν als Parameter von Φ. Die Formel (14) bekommt eine anschauliche Deutung:

$$\lambda = \nu \times \text{(mittlere Vielfachheit eines „typischen" Punktes aus } \Phi),$$

vgl. hierzu Milne (1971), Port/Stone (1973).

Zwischen Mischungen von Verteilungsgesetzen stationärer Folgen und stationärer markierter Punktprozesse gelten folgende Relationen.

3.7.3.10. Satz. Es seien Q und P die einander gemäß S. 3.7.3.1 entsprechenden Verteilungsgesetze einer stationären Folge bzw. eines stationären Punktprozesses.

(a) Hat Q die Gestalt $\mathsf{Q} = q\mathsf{Q}_1 + (1 - q)\,\mathsf{Q}_2$, wobei $0 < q < 1$ ist und Q_1, Q_2 Verteilungsgesetze stationärer Folgen sind, die der Voraussetzung $0 < a_1, a_2 < \infty$ genügen, so gilt

$$\mathsf{P} = q \frac{a_1}{a} \mathsf{P}_1 + (1 - q) \frac{a_2}{a} \mathsf{P}_2, \tag{15}$$

wobei $a = \mathsf{E}_{\mathsf{Q}} A_0$ ist und die P_i und Q_i einander gemäß S. 3.7.3.1 entsprechen.

(b) Gilt umgekehrt $\mathsf{P} = q\mathsf{P}_1 + (1 - q)\,\mathsf{P}_2$, so gilt für die entsprechenden Verteilungsgesetze Q, Q_1, Q_2 die Formel

$$\mathsf{Q} = q \frac{\lambda_1}{\lambda} \mathsf{Q}_1 + (1 - q) \frac{\lambda_2}{\lambda} \mathsf{Q}_2,$$

wobei λ, λ_1, λ_2 die Intensitäten von P, P_1, P_2 sind.

Der Zusammenhang zwischen den zeit- und forderungenstationären Modellen wird nochmals durch den folgenden Ergodensatz unterstrichen.

3.7.3.11. Satz. Seien Φ ein stationärer markierter Punktprozeß und $([A_n, K_n])$ eine stationäre Folge, deren Verteilungsgesetze P und Q einander im Sinne von S. 3.7.3.1 entsprechen.

(a) Es ist Φ genau dann bez. der Verschiebungen S_t metrisch transitiv, wenn die Folge $([A_n, K_n])$ metrisch transitiv ist (im Sinne von D. 3.1.2.11).

(b) Ist Φ metrisch transitiv, so gilt für jede meßbare reelle Funktion auf $\mathscr{M}_{\mathscr{K}}$ mit $|\mathsf{E}_{\mathsf{P}} f(\Phi)| < \infty$ die Beziehung

$$\operatorname{P-lim}_{t \to \infty} \frac{1}{t} \int_0^t f(\mathsf{S}_u \Phi^\diamond)\, du = \mathsf{E}_{\mathsf{P}} f(\Phi). \tag{16}$$

(c) Für jede meßbare reelle Funktion f auf $\mathcal{M}_{\mathcal{K}}$ mit $\mathsf{E}_{\mathsf{Q}} f(\Phi^+)$ gilt

$$\text{P-}\lim_{n\to\infty} \frac{1}{n} \sum_{i=1}^{n} f(\theta^i \Phi) = \mathsf{E}_{\mathsf{Q}} f(\Phi^+). \tag{17}$$

Dabei ist Φ^+ gemäß (10) definiert; ist $\Phi = ([T_n, K_n])$, so bezeichnet θ^i den um T_i verschobenen markierten Punktprozeß, d. h., es ist $\theta^i\Phi = ([T_n - T_i, K_n])$.

3.7.3.12. Satz. Es seien P_1, P_2 Verteilungsgesetze unabhängiger stationärer markierter Punktprozesse mit den Intensitäten λ_1, λ_2. Ferner sei $\mathsf{P} = \mathsf{P}_1 * \mathsf{P}_2$ deren Faltung, Q, Q_1, Q_2 die P, P_1, P_2 gemäß S. 3.7.3.1 entsprechenden Verteilungsgesetze stationärer Folgen und $\mathsf{P}^\diamond$, $\mathsf{P}_1^\diamond$, $\mathsf{P}_2^\diamond$ die Verteilungsgesetze der zugehörigen gemäß (1) definierten markierten Punktprozesse. Dann gilt

$$\mathsf{P}^\diamond = \frac{\lambda_1}{\lambda_1 + \lambda_2} \mathsf{P}_1^\diamond * \mathsf{P}_2 + \frac{\lambda_2}{\lambda_1 + \lambda_2} \mathsf{P}_1 * \mathsf{P}_2^\diamond. \tag{18}$$

Für die schwache Konvergenz von Verteilungsgesetzen stationärer Folgen bzw. markierter Punktprozesse gilt die folgende Aussage.

3.7.3.13. Satz. Es seien Q, Q_n, $n \geqq 1$, Verteilungsgesetze stationärer Folgen mit den Erwartungswerten von Pausen a, a_n, $n \geqq 1$, und P, P_n, $n \geqq 1$, die dazu gemäß S. 3.7.3.1 gehörigen Verteilungsgesetze stationärer markierter Punktprozesse mit den Intensitäten λ, λ_n, $n \geqq 1$. Dann sind folgende Aussagen äquivalent:

(a) $\mathsf{Q}_n \Rightarrow \mathsf{Q}$, $\lim_{n\to\infty} a_n = a$,

(b) $\mathsf{P}_n \Rightarrow \mathsf{P}$, $\lim_{n\to\infty} \lambda_n = \lambda$.

Jeder stationären Folge $([A_n, K_n])$ mit dem Verteilungsgesetz Q kann man außer $\Phi^\diamond$ einen weiteren markierten Punktprozeß $\Phi^0 = ([T_n, K_n])$ zuordnen, wobei

$$T_1 = 0, \qquad T_n = \sum_{i=1}^{n-1} A_i, \qquad n \geqq 2; \qquad T_n = -\sum_{i=n}^{0} A_i, \qquad n \leqq 0, \tag{19}$$

gilt. Das Verteilungsgesetz P^0 von Φ^0 wird durch Q erzeugt, es ist i. allg. $\mathsf{P}^0(T_0 = 0) > 0$.

3.7.3.14. Definition. Seien P das Verteilungsgesetz eines stationären markierten Punktprozesses Φ, das $0 < \lambda < \infty$ genügt, und Q das P gemäß S. 3.7.3.1 entsprechende Verteilungsgesetz einer stationären Folge $([A_n, K_n])$. Dann nennt man das Verteilungsgesetz P^0 des markierten Punktprozesses Φ^0 die *Palmsche Verteilung* von P. Φ^0 bezeichnet man als den zu Φ gehörigen *synchronen markierten Punktprozeß*.

Es gilt der folgende Charakterisierungssatz.

3.7.3.15. Satz. Ein Verteilungsgesetz P^0 eines markierten Punktprozesses Φ^0 ist genau dann die Palmsche Verteilung eines stationären Verteilungsgesetzes P, das $0 < \lambda < \infty$ genügt, wenn folgende Bedingungen erfüllt sind:

(a) $\mathsf{P}^0(T_1 = 0) = 1$.

(b) Für jede meßbare Funktion $f \geqq 0$ auf $\mathcal{M}_{\mathcal{K}}$ und für alle i gilt

$$\mathsf{E}_{\mathsf{P}^0 S_{T_i}} \frac{1}{\Phi^0(\{0\} \times \mathcal{K})} f(S_{T_i}\Phi^0) = \mathsf{E}_{\mathsf{P}^0} \frac{1}{\Phi^0(\{0\} \times \mathcal{K})} f(\Phi^0), \tag{20}$$

(c) $$\mathsf{E}_{\mathsf{P}^0} \left(\frac{1}{\Phi^0(\{0\} \times \mathcal{K})} A_{\Phi^0(\{0\}\times\mathcal{K})-1} \right) < \infty. \tag{21}$$

Die Bedingung (21) entspricht dabei $0 < a < \infty$. Es lassen sich in Ergänzung zu S. 3.7.3.1 Sätze über umkehrbar eindeutige Abbildungen zwischen der Menge $\mathscr{P}^0$ aller Palmschen Verteilungen und den Mengen $\mathscr{P}$ bzw. $\mathscr{Q}$ aufstellen, vgl. PORT/STONE (1973). Jedoch sind diese Sätze für die Bedienungstheorie nicht so geeignet wie die Aussage von S. 3.7.3.1.

Für einfache markierte Punktprozesse Φ gilt nach S. 3.7.3.3, daß Φ^0 und $\Phi^\diamond$ übereinstimmen, d. h., es gilt

$$\mathsf{P}^0(\Phi^0 \in \mathscr{A}) = \mathsf{P}^\diamond(\Phi^\diamond \in \mathscr{A}), \qquad \mathscr{A} \in \mathfrak{M}_{\mathscr{X}}.$$

Also kann man für einfache Φ (bzw. P) in (5) und (6) $\Phi^\diamond$ durch Φ^0 ersetzen, vgl. KÖNIG/MATTHES/NAWROTZKI [1], [2]. Gemäß (7) ergibt sich dann als Markenverteilung

$$\mathsf{Q}(\mathscr{L}) = \mathsf{P}^0(K_0 \in \mathscr{L}) = \frac{\lambda(\mathscr{L})}{\lambda}, \tag{22}$$

und die Formel (8) für das Intensitätsmaß erhält die Form

$$\Lambda(\mathscr{B}\times\mathscr{L}) = \lambda\mu(\mathscr{B})\, \mathsf{P}^0(K_0 \in \mathscr{L}). \tag{23}$$

Die Formel (18) hat die Gestalt

$$(\mathsf{P}_1 * \mathsf{P}_2)^0 = \frac{\lambda_1}{\lambda_1 + \lambda_2}\, \mathsf{P}_1{}^0 * \mathsf{P}_2 + \frac{\lambda_2}{\lambda_1 + \lambda_2}\, \mathsf{P}_1 * \mathsf{P}_2{}^0. \tag{24}$$

Die Formel (20), d. h. die Aussage (b) des Satzes 3.7.3.15 bedeutet in diesem Fall die Invarianzeigenschaft der Palmschen Verteilung bez. des Verschiebungsoperators S_{T_i}, d. h.

$$\mathsf{P}^0(\Phi^0) = \mathsf{P}^0(\mathsf{S}_{T_i}\Phi^0) \quad \text{für alle } i. \tag{25}$$

P^0 ist also invariant gegenüber einer Verschiebung von Φ um die Punkte T_i nach links.

Gemäß S. 3.7.3.8 kann die Palmsche Verteilung P^0 eines einfachen stationären markierten Punktprozesses Φ mit dem Verteilungsgesetz P als die bedingte Verteilung von Φ unter der Bedingung, das ein beliebiger Punkt von Φ in 0 liegt, interpretiert werden. Dadurch wird die Einführung von Palmschen Verteilungen $\mathsf{P}^0_{\mathscr{L}}$ von Φ bez. $\mathscr{L}$, $\mathscr{L} \in \mathfrak{K}$, $0 < \lambda(\mathscr{L}) < \infty$, motiviert. $\mathsf{P}^0_{\mathscr{L}}$ besitzt die gleiche Interpretation wie P^0 jedoch unter der Bedingung, daß ein beliebiger Punkt von Φ mit Marke aus $\mathscr{L}$ in 0 liegt. Es ist dabei

$$\mathsf{P}^0_{\mathscr{L}}(\mathscr{C}) = \frac{1}{\lambda(\mathscr{L})}\, \mathsf{E}_{\mathsf{P}} \sum_{i=1}^{\infty} 1_{[0,1)}(T_i)\, 1_{\mathscr{C}}(\mathsf{S}_{T_i}\Phi). \tag{26}$$

Die Umkehrformel (4) hat die Gestalt

$$\mathsf{P}(\mathscr{C}) = \lambda(\mathscr{L}) \int_0^\infty \mathsf{P}^0_{\mathscr{L}}(\{\varphi : t_1{}^{\mathscr{L}} > t,\ \mathsf{S}_t\varphi \in \mathscr{C}\})\, dt, \tag{27}$$

wobei $t_1{}^{\mathscr{L}}$ der erste positive Punkt aus φ mit einer Marke aus $\mathscr{L}$ ist. Entsprechend lassen sich (5) und (6) verallgemeinern. Insgesamt besteht eine vollständige Analogie zwischen den Sätzen für P und P^0 bzw. denen für P und $\mathsf{P}^0_{\mathscr{L}}$.

Sind $\mathsf{P}_1{}^0$, $\mathsf{P}_2{}^0$ Palmsche Verteilungen eines stationären P bez. $\mathscr{L}_1$ bzw. $\mathscr{L}_2$ mit $\mathscr{L}_1 \subset \mathscr{L}$, so gilt zwischen beiden die Beziehung ($f \geqq 0$, meßbar)

$$\int_{\mathscr{M}_2{}^0} f(\varphi)\, \mathsf{P}_0{}^0(d\varphi) = \left(\int_{\mathscr{M}_1{}^0} n_1(\varphi)\, \mathsf{P}_1{}^0(d\varphi)\right)^{-1} \int_{\mathscr{M}_1{}^0} \sum_{i=0}^{n_1-1} f(\mathsf{S}_{t_i}\varphi)\, \mathsf{P}_1{}^0(d\varphi), \tag{28}$$

wobei $\mathcal{M}_i^0 = \{\varphi : t_1 = 0, k_1 \in \mathcal{L}_i\}$, $i = 1, 2$, und $n_1(\varphi)$ für $\varphi \in \mathcal{M}_1^0$ die Anzahl der Punkte $t_i > 0$ mit Marken aus $\mathcal{L}_2$, die im Intervall $[0, \infty)$ vor dem ersten Auftreten einer Marke aus $\mathcal{L}_1$ liegen, bezeichnen. Bezeichnet man mit N_1 die $n_1(\varphi)$ entsprechende Zufallsgröße, so gilt

$$\mathsf{E}_{\mathsf{P}_1{}^0} T_{N_1} = \mathsf{E} N_1 \mathsf{E}_{\mathsf{P}_2{}^0} A_1. \tag{29}$$

(29) kann als *verallgemeinerte Waldsche Identität* gedeutet werden; sie ist z. B. für die Untersuchung von Tätigkeitsperioden in allgemeinen Bedienungssystemen im statistischen Gleichgewicht von Bedeutung, vgl. FRANKEN/KÖNIG/ARNDT/SCHMIDT [1] sowie [II, Kap. 11].

Es seien $\Phi_1, \ldots, \Phi_n$ unabhängige zufällige Punktprozesse und Φ der markierte Punktprozeß, der aus der Überlagerung von $\Phi_1, \ldots, \Phi_n$ entsteht, wobei die Marke eines Punktes aus Φ die Nummer des Punktprozesses angibt, dem der Punkt gehört. Für die Palmsche Verteilung Q_i^0 der Verteilung Q von Φ bez. $\{i\}$, $i = 1, \ldots, n$, erhält man

$$\mathsf{Q}_i^0 = (\mathsf{P}_i)^0 * \left(\mathop{\ast}_{j \neq i} \mathsf{P}_i\right), \tag{30}$$

wobei $(\mathsf{P}_i)^0$ die Palmsche Verteilung von P_i ist. Insbesondere genügt die Verteilungsfunktion $G_i(x) = \mathsf{Q}_i^0(T_1 < x)$ der Pause bis zum ersten Punkt, wenn im Nullpunkt ein Punkt aus dem i-ten Summanden lag, der Formel

$$G_i(x) = 1 - \big(1 - F_i(x)\big) \prod_{j \neq i} \lambda_i \int_x^\infty \big(1 - F_j(u)\big)\, du, \tag{31}$$

wobei $F_j(x) = (\mathsf{P}_j)^0\,(T_1 < x)$ bezeichnet. Im Falle von Vielfachheiten treten an die Stelle von $\mathsf{P}^0_{\mathcal{L}}$ Verteilungsgesetze $\mathsf{P}_{\mathcal{L}}$ von zufälligen Folgen mit speziellen Invarianzeigenschaften.

4. Grundlagen aus der mathematischen Statistik

Dieses Kapitel beinhaltet eine Auswahl von Grundbegriffen und wichtigen Methoden der Schätztheorie und der Testtheorie. Den Ausgangspunkt bildet dabei die Beobachtung unabhängiger und identisch verteilter Zufallsgrößen sowie einiger Klassen zufälliger Prozesse, die für die Bedienungstheorie bedeutsam sind.

Eine umfassende Übersicht zu statistischen Verfahren und Literaturhinweisen findet man im Lexikon der Stochastik, MÜLLER [1]. Ausführliche Darstellungen statistischer Theorien enthalten z. B. die Bücher von LEHMANN [1], ZACKS [1], SCHMETTERER [1], WITTING [1], COX/HINKLEY [1] und ANDERSON [1]. RASCH [1] und SMIRNOW/DUNIN-BARKOWSKI [1] sind für den Anwender besonders geeignet.

Auf Grund des zeitabhängigen Verhaltens von Bedienungssystemen führen statistische Fragestellungen in der Bedienungstheorie in natürlicher Weise auf die Statistik bei zufälligen Prozessen. Dabei werden insbesondere Ergebnisse der Statistik bei Markowschen und semimarkowschen Prozessen genutzt. Eine große Rolle spielen die verschiedenen möglichen Beobachtungssituationen bei einem vorliegenden Bedienungssystem. Für parametrische statistische Schlüsse besitzt die Anwendung der Likelihood-Theorie besondere Bedeutung. Die Arbeit von COX (1965) enthält eine Vielzahl von Aufgabenstellungen und Methoden zur Statistik in der Bedienungstheorie. Statistischen Betrachtungen ist auch das Kapitel 7 in GROSS/HARRIS [1] gewidmet (oder s. HARRIS (1974)). Ein Überblick zu vorliegenden Ergebnissen bei speziellen Bedienungssystemen wird in [II, Kap. 10] gegeben.

4.1. Aufgaben der Statistik in der Bedienungstheorie

Aufgaben und Methoden der mathematischen Statistik spielen in der Bedienungstheorie eine wichtige Rolle zur Gewinnung von Aussagen über die Kenngrößen z. B. des Forderungenstromes, der Bedienungszeitverteilung oder des zufälligen Zustandes des Systems mit Hilfe von Beobachtungsergebnissen. Es sind unbekannte Verteilungsparameter zu schätzen, Hypothesen über den Typ einer Verteilung oder eines zufälligen Prozesses zu überprüfen, Abhängigkeiten zwischen Zufallsgrößen oder zufälligen Prozessen aufzuklären und Bedienungssysteme in ihrer Arbeitsweise zu steuern. Man benötigt dabei alle grundlegenden Ideen der Statistik, wobei in der Bedienungstheorie natürlich einige spezifische Fragestellungen besondere Bedeutung haben.

In der Bedienungstheorie wird oft vorausgesetzt, daß der Forderungenstrom ein homogener Poisson-Prozeß ist. Daraus ergibt sich erstens die Aufgabe zu überprüfen, ob die Hypothese über das Vorliegen eines Poisson-Prozesses mit dem beobachteten Eintreffen der Forderungen im Einklang steht. Zweitens ist dann zu prüfen, ob der

Poisson-Prozeß homogen ist. Hat man die Richtigkeit beider Hypothesen bestätigt, so bleibt noch die Aufgabe der Schätzung des Prozeßparameters λ.

Bei rekurrenten Forderungenströmen sind Aussagen über die Verteilungsfunktionen der Pausenzeiten und der Bedienungszeiten gesucht. Außerdem muß die Unabhängigkeit der auftretenden Zufallsgrößen überprüft werden.

Bekanntlich wächst in Wartesystemen die Länge der Warteschlange bei einer Überschreitung des kritischen Wertes des Belastungskoeffizienten unbegrenzt an. Eine wichtige Aufgabe ist deshalb, mit Hilfe eines Tests zu entscheiden, ob der Belastungskoeffizient den kritischen Wert überschreitet oder nicht.

Die Einschätzung möglicher Fehlentscheidungen, die Konstruktion von in gewissem Sinne optimalen Entscheidungen sowie die Auswahl von genügend vielen aussagekräftigen Beobachtungsdaten spielt natürlich auch hier eine Rolle.

4.2. Grundbegriffe der mathematischen Statistik

4.2.1. Stichprobe und wahre Verteilung

Den Ausgangspunkt statistischer Schlüsse bilden Beobachtungsergebnisse. Diese sind als eine Folge von Zahlen oder Vektoren gegeben.

4.2.1.1. Definition. Besteht eine Folge $\boldsymbol{x}$ von Beobachtungsergebnissen aus n Zahlen $x_1, \ldots, x_n$, dann heißt $\boldsymbol{x} = (x_1, \ldots, x_n)$ eine *konkrete Stichprobe vom Umfang n*. Die Menge aller möglichen konkreten Stichproben wird als *Stichprobenmenge* Ω bezeichnet.

4.2.1.2. Beispiel. Bei einem Bedienungssystem werden in n aufeinanderfolgenden Zeitintervallen $[(i-1)\,t, it)$, $i = 1, \ldots, n$; $t > 0$ vorgegeben, die Anzahlen der eintreffenden Forderungen registriert. Für die Menge aller konkreten Stichproben $\boldsymbol{x}$ gilt dann $\Omega = \mathbb{G}_+{}^n$.

4.2.1.3. Beispiel. Beobachtet werden auf einem Bedienungsgerät n realisierte Bedienungszeiten. In diesem Fall ist die Stichprobenmenge $\Omega = \mathbb{R}_+{}^n$.

In der mathematischen Statistik sieht man die Beobachtungsergebnisse x_i als Realisierungen von Zufallsgrößen X_i, $i = 1, \ldots, n$, an. Jede konkrete Stichprobe $\boldsymbol{x}$ ist somit eine Realisierung des zufälligen Vektors $(X_1, \ldots, X_n)$.

4.2.1.4. Definition. (a) Der zufällige Vektor $\boldsymbol{X} = (X_1, \ldots, X_n)$ heißt *Stichprobe vom Umfang n*. (Bem.: In der Literatur wird $\boldsymbol{X}$ häufig *mathematische Stichprobe* genannt.)
(b) Sind die Komponenten X_i von $\boldsymbol{X}$ unabhängig und identisch verteilt, so wird $\boldsymbol{X}$ als *einfache Stichprobe* bezeichnet.

4.2.1.5. Definition. Es sei $\mathfrak{F}$ eine σ-Algebra von Teilmengen der Stichprobenmenge Ω. Dann heißt das Paar $(\Omega, \mathfrak{F})$ der zur Stichprobe $\boldsymbol{X}$ gehörende *Stichprobenraum.*

In der mathematischen Statistik ist das Verteilungsgesetz auf $\mathfrak{F}$, das die Wahrscheinlichkeit für das Eintreten eines Ereignisses $\mathscr{A} \in \mathfrak{F}$ definiert, nicht bekannt. Bekannt ist nur, daß dieses einer gewissen Familie von Verteilungen angehört.

4.2.1.6. Definition. Gegeben sei eine Familie $\mathscr{P}$ von Verteilungen über dem Stichprobenraum $(\Omega, \mathfrak{F})$. In dieser ist die tatsächlich vorliegende Verteilung P_0 enthalten, entsprechend der die Beobachtungsergebnisse auftreten. Die Verteilung P_0 heißt *wahre Verteilung.*

Die Methoden der mathematischen Statistik ermöglichen die Schätzung der unbekannten wahren Verteilung P_0.

4.2.1.7. Beispiel. Es wird das B. 4.2.1.3 betrachtet und angenommen, daß die Bedienungszeiten unabhängig sind und eine Exponentialverteilung mit dem Parameter λ besitzen. Dann charakterisieren Verteilungsdichten der Form

$$f(x; \lambda) = \lambda^n \prod_{i=1}^{n} e^{-\lambda x_i}, \qquad x \in \mathbb{R}_+^n, \quad \lambda > 0,$$

die Verteilungsfamilie $\mathcal{P}$.

In vielen Fällen (↑ B. 4.2.1.7) ist die Verteilungsfamilie $\mathcal{P}$ durch einen Parameter ϑ vollständig festgelegt. Dabei wird jedem Parameterwert aus einer Parametermenge Θ, $\Theta \subseteq \mathbb{R}^m$, eineindeutig eine Verteilung P_ϑ aus $\mathcal{P}$ zugeordnet, d. h. $\mathcal{P} = \{\mathsf{P}_\vartheta, \vartheta \in \Theta\}$. Insbesondere gibt es ein $\vartheta_0 \in \Theta$ mit $\mathsf{P}_{\vartheta_0} = \mathsf{P}_0$, den wahren Parameterwert.

4.2.1.8. Beispiel. (a) Bei der wiederholten Beobachtung eines homogenen Poisson-Prozesses definiert der Parameter λ die Verteilungsfamilie $\mathcal{P}$.
(b) Sind die Komponenten einer einfachen Stichprobe normalverteilt, dann spielt der Vektor (a, σ^2) die Rolle des Parameters ϑ.

4.2.2. Statistiken. Hauptsatz der mathematischen Statistik

Bei der Anwendung von statistischen Verfahren, z. B. zur Schätzung von Parametern oder zum Überprüfen statistischer Hypothesen, benutzt man Größen, die aus den Beobachtungsergebnissen hergeleitet werden.

4.2.2.1. Definition. Eine zufällige Variable Y_n, die eine Funktion der Stichprobe $X = (X_1, \ldots, X_n)$ ist, heißt *Statistik* (oder *Stichprobenfunktion*).

Im Zusammenhang mit numerischen Auswertungen werden auf der Grundlage einer Realisierung x von X, d. h. einer konkreten Stichprobe, stets Realisierungen von Statistiken nach der gleichen Funktionsvorschrift berechnet.

4.2.2.2. Beispiel. Wichtige Statistiken sind das Stichprobenmittel $\overline{X}_n = \frac{1}{n} \sum_{i=1}^{n} X_i$ und die Stichprobenvarianz $S_n^2 = \frac{1}{n-1} \sum_{i=1}^{n} (X_i - \overline{X}_n^2)$ einer einfachen Stichprobe. Das empirische arithmetische Mittel $\overline{x}_n = \frac{1}{n} \sum_{i=1}^{n} x_i$ und die empirische Varianz $s_n^2 = \frac{1}{n-1} \sum_{i=1}^{n} (x_i - \overline{x}_n)^2$ sind Realisierungen der Statistiken $\overline{X}_n$ bzw. S_n^2.

Für statistische Verfahren ist die Kenntnis der Verteilung spezieller Statistiken wesentlich. Oftmals gelingt es bei der Bestimmung dieser Verteilung nicht, diese in geschlossener Form anzugeben. Man hat dann u. U. die Möglichkeit, als Näherung die asymptotische Verteilung ($n \to \infty$) zu benutzen. Wichtige Verteilungen in der mathematischen Statistik sind die χ^2-Verteilung, die t-Verteilung (Student-Verteilung) und die F-Verteilung (Fishersche F-Verteilung) (↑ [2.9]). Diese stehen auch in engem Zusammenhang mit normalverteilten Zufallsgrößen.

4.2.2.3. Satz. Es sei $(X_0, X_1, \ldots, X_n, X_{n+1}, \ldots, X_{n+m})$ eine einfache Stichprobe, deren Komponenten eine standardisierte Normalverteilung besitzen. Dann sind die Statistiken

$$\sum_{i=1}^{n} X_i^2 \qquad \chi^2\text{-verteilt mit } n \text{ Freiheitsgraden,}$$

$$\sqrt{n}\, X_0 \Big/ \sqrt{\sum_{i=1}^{n} X_i^2} \qquad \text{t-verteilt mit } n \text{ Freiheitsgraden und}$$

$$\left(n \sum_{i=n+1}^{n+m} X_i^2\right) \Big/ \left(m \sum_{i=1}^{n} X_i^2\right) \qquad \text{F-verteilt mit } (m, n) \text{ Freiheitsgraden.}$$

In Verbindung mit statistischen Tests werden auch die nichtzentrale χ^2-Verteilung, die nichtzentrale t-Verteilung und die nichtzentrale F-Verteilung benötigt, vgl. MÜLLER [1]. Bei der numerischen Durchführung statistischer Verfahren haben neben Rechenautomaten Tafelwerke Bedeutung, die u. a. Quantile von in der Schätz- und Testtheorie auftretenden Verteilungen beinhalten, s. z. B. MÜLLER/NEUMANN/STORM [1].

4.2.2.4. Definition. Gegeben sei eine einfache Stichprobe $\boldsymbol{X}$ vom Umfang n. Die Statistik

$$\hat{F}_n(x) = \frac{1}{n} \sum_{i=1}^{n} 1_{(-\infty,x)}(X_i), \qquad x \in \mathbb{R},$$

heißt *empirische Verteilungsfunktion* von $\boldsymbol{X}$.

Die nachstehenden Sätze beschreiben den Zusammenhang zwischen der empirischen Verteilungsfunktion $\hat{F}_n(x)$ einer einfachen Stichprobe $\boldsymbol{X}$ und der Verteilungsfunktion $F(x)$ ihrer Komponenten.

4.2.2.5. Satz (Hauptsatz der mathematischen Statistik, Satz von GLIWENKO). Es gilt

$$\mathsf{P}\left(\lim_{n\to\infty} \sup_{-\infty<x<\infty} |\hat{F}_n(x) - F(x)| = 0\right) = 1.$$

4.2.2.6. Satz (Satz von KOLMOGOROW). Für eine beliebige stetige Verteilungsfunktion $F(x)$ ist

$$\lim_{n\to\infty} \mathsf{P}\left(\sqrt{n} \sup_{-\infty<x<\infty} |\hat{F}_n(x) - F(x)| < y\right) = K(y)$$

mit

$$\mathrm{K}(y) = \begin{cases} \sum\limits_{j=-\infty}^{\infty} (-1)^j \, \mathrm{e}^{-2j^2y^2} & \text{für} \quad y > 0, \\ 0 & \text{für} \quad y \leqq 0. \end{cases}$$

$\mathrm{K}(y)$ ist die Verteilungsfunktion der sog. *Kolmogorow-Verteilung*. Die Aussage des Satzes 4.2.2.6 kann für Tests bez. $F(x)$ benutzt werden (Kolmogorow-Anpassungstest 4.5.3.3).

4.2.3. Hinreichende Statistiken

4.2.3.1. Definition. Eine Statistik $\boldsymbol{Y}_n$ heißt *hinreichend* (oder *erschöpfend*) für eine Verteilungsfamilie $\mathscr{P}$, wenn für jedes Ereignis $\mathscr{A} \in \mathfrak{F}$ die bedingte Wahrscheinlichkeit $\mathsf{P}(\mathscr{A} \mid \boldsymbol{Y}_n = \boldsymbol{y}_n)$ für alle Verteilungen $\mathsf{P} \in \mathscr{P}$ die gleiche ist. Wird die Verteilungsfamilie $\mathscr{P}$ durch einen Parameter ϑ charakterisiert, so hängt diese bedingte Wahrscheinlichkeit folglich nicht von ϑ ab.

Eine hinreichende Statistik $\boldsymbol{Y}_n$ hat die Eigenschaft, daß beim Übergang von der Stichprobe $\boldsymbol{X}$ zu $\boldsymbol{Y}_n$ keine Information über die wahre Verteilung P_0 verlorengeht. Man braucht deshalb für statistische Schlüsse nicht alle einzelnen Beobachtungsergebnisse, sondern nur den Wert der hinreichenden Statistik zu kennen. Dies kann für die Planung der Beobachtung ausgenutzt werden.

Die Verteilungsfamilie $\mathscr{P}$ über dem Stichprobenraum $(\Omega, \mathfrak{F})$ werde durch einen Parameter beschrieben, d. h., $\mathscr{P} = \{\mathsf{P}_\vartheta, \vartheta \in \Theta\}$. Es seien $f(\boldsymbol{x}; \vartheta)$ die zugehörigen Dichten im Fall absolutstetiger Verteilungen P_ϑ und $f(\boldsymbol{x}; \vartheta) = \mathsf{P}_\vartheta(\boldsymbol{X} = \boldsymbol{x})$ im Fall diskreter

Verteilungen. Der folgende Satz beinhaltet eine praktikable Bedingung für den Nachweis, daß eine Statistik hinreichend ist.

4.2.3.2. Satz. Eine Statistik $\boldsymbol{Y}_n$ ist genau dann hinreichend für $\mathscr{P}$, wenn sich $f(\boldsymbol{x}; \vartheta)$ als Produkt zweier Funktionen u und v darstellen läßt, wobei u vom Wert $\boldsymbol{y}_n$ der Statistik $\boldsymbol{Y}_n$ sowie ϑ und v nur von $\boldsymbol{x}$ abhängen, d. h., wenn gilt

$$f(\boldsymbol{x}; \vartheta) = u(\boldsymbol{y}_n, \vartheta)\, v(\boldsymbol{x}).$$

4.2.3.3. Beispiel. In Anlehnung an B. 4.2.1.2 bestehe eine einfache Stichprobe $\boldsymbol{X}$ aus den Anzahlen der in n aufeinanderfolgenden Zeitintervallen gleicher Länge eintreffenden Forderungen. Die Komponenten von $\boldsymbol{X}$ seien poissonverteilt mit dem Parameter λ, durch den die Verteilungsfamilie $\mathscr{P}$ festgelegt wird. Wegen

$$f(\boldsymbol{x}; \lambda) = \mathrm{e}^{-n\lambda} \lambda^{\sum\limits_{i=1}^{n} x_i} \frac{1}{\prod\limits_{i=1}^{n} x_i!}$$

ist $\sum\limits_{i=1}^{n} X_i$ eine hinreichende Statistik.

4.2.3.4. Definition. Die bei fester konkreter Stichprobe $\boldsymbol{x}$ auf Θ definierte Funktion $\mathsf{L}(\vartheta; \boldsymbol{x}) = f(\boldsymbol{x}; \vartheta)$ heißt *Likelihood-Funktion* der konkreten Stichprobe $\boldsymbol{x}$. Ersetzt man $\boldsymbol{x}$ durch $\boldsymbol{X}$, so erhält man die Zufallsgröße $\mathsf{L}(\vartheta; \boldsymbol{X})$, die als Likelihood-Funktion der Stichprobe $\boldsymbol{X}$ bezeichnet wird. Für festes $\vartheta \in \Theta$ ist $\mathsf{L}(\vartheta; \boldsymbol{X})$ eine Statistik. Die Likelihood-Funktion besitzt praktische Bedeutung bei der Bestimmung einer Punktschätzung für den unbekannten wahren Parameterwert ϑ_0 (↑ Maximum-Likelihood-Methode 4.3.3.1) und der Konstruktion von Tests bez. ϑ_0 (↑ Likelihood-Quotienten-Test 4.5.1.8).

4.2.3.5. Definition. Eine beliebige Statistik $\boldsymbol{Y}_n$ erzeugt eine disjunkte Zerlegung der Stichprobenmenge Ω in Teilmengen $\mathscr{A}_{\boldsymbol{y}_n} = \{\boldsymbol{x} : \boldsymbol{Y}_n = \boldsymbol{y}_n\}$, deren Elemente jeweils denselben Wert $\boldsymbol{y}_n$ ergeben.

(a) Die Mengen $\mathscr{A}_{\boldsymbol{y}_n}$ heißen *Atome* der Statistik $\boldsymbol{Y}_n$.

(b) Zwei Statistiken werden als *äquivalent* bezeichnet, wenn sie die gleiche Zerlegung von Ω in Atome erzeugen.

4.2.3.6. Beispiel. Die Komponenten einer einfachen Stichprobe $\boldsymbol{X}$ seien gammaverteilt mit dem Parameter $\vartheta = (\lambda, \alpha)$. Die Likelihood-Funktion von $\boldsymbol{X}$ lautet demnach

$$\mathsf{L}(\vartheta; \boldsymbol{X}) = \left(\frac{\lambda^\alpha}{\Gamma(\alpha)}\right)^n \left(\prod_{i=1}^{n} X_i\right)^{\alpha-1} \exp\left(-\lambda \sum_{i=1}^{n} X_i\right).$$

Folglich stimmen die Zerlegungen von Ω durch die Statistik $\mathsf{L}(\vartheta; \boldsymbol{X})$ und die Statistik $\boldsymbol{Y}_n = \left(\prod\limits_{i=1}^{n} X_i, \sum\limits_{i=1}^{n} X_i\right)$ überein, d. h., beide Statistiken sind äquivalent.

4.2.3.7. Definition. Eine hinreichende Statistik heißt *minimal hinreichend,* wenn ihre Atome die Atome jeder anderen hinreichenden Statistik enthalten oder mit diesen zusammenfallen.

Minimal hinreichende Statistiken erzeugen demzufolge Zerlegungen von Ω in größtmögliche Teilmengen. In ihnen ist die Information über die wahre Verteilung am stärksten konzentriert.

4.2.3.8. Satz. (a) Für eine gewisse abzählbare Teilmenge $\Theta' \subseteq \Theta$ sei $\sum\limits_{\vartheta' \in \Theta'} f(\boldsymbol{x}; \vartheta') > 0$ bei beliebigem $\boldsymbol{x} \in \Omega$. Ist die Statistik $\mathsf{L}(\vartheta; \boldsymbol{X}) / \sum\limits_{\vartheta' \in \Theta'} f(\boldsymbol{X}; \vartheta')$ für jedes $\vartheta \in \Theta$ äquivalent zu einer Statistik $\boldsymbol{Y}_n$, dann ist $\boldsymbol{Y}_n$ minimal hinreichend.

(b) Eine zu einer (minimal) hinreichenden Statistik äquivalente Statistik ist ebenfalls (minimal) hinreichend.

4.2.3.9. Beispiel. Es sei $\boldsymbol{X}$ eine einfache Stichprobe deren Komponenten eine Exponentialverteilung mit dem Parameter λ, $\lambda > 0$, besitzen. Wird $\Theta' = \{1\}$ gesetzt, so erhält man für festes λ die minimal hinreichende Statistik $\mathsf{L}(\lambda; \boldsymbol{X}) \Big/ \exp\left(-\sum_{i=1}^{n} X_i\right)$. Da $\mathsf{L}(\lambda; \boldsymbol{X}) = \lambda^n \exp\left(-\lambda \sum_{i=1}^{n} X_i\right)$ eine zu $\sum_{i=1}^{n} X_i$ äquivalente Statistik darstellt, ist auch $\sum_{i=1}^{n} X_i$ eine minimal hinreichende Statistik.

4.2.3.10. Definition. (a) Es bezeichne $\mathsf{E}_\vartheta \boldsymbol{Y}_n$ den bez. $\mathsf{P}_\vartheta \in \mathscr{P}$ gebildeten Erwartungswert einer Statistik $\boldsymbol{Y}_n$. Eine Verteilungsfamilie $\mathscr{P}$ heißt *vollständig*, wenn für jede Statistik $\boldsymbol{Y}_n$ mit $\mathsf{E}_\vartheta \boldsymbol{Y}_n = 0$ bei beliebigem $\mathsf{P}_\vartheta \in \mathscr{P}$ folgt, daß $\boldsymbol{Y}_n$ mit Wahrscheinlichkeit Eins gleich Null ist.
(b) Eine Statistik wird *vollständig* genannt, wenn ihre zugehörige Verteilungsfamilie vollständig ist.

4.2.3.11. Satz. Hinreichende und vollständige Statistiken sind auch minimal hinreichend. Jedoch ist nicht jede minimal hinreichende Statistik vollständig.

4.3. Punktschätzungen

Ausgehend von einer Verteilungsfamilie $\mathscr{P} = \{\mathsf{P}_\vartheta, \vartheta \in \Theta\}$ über dem Stichprobenraum $(\Omega, \mathfrak{F})$ besteht die Aufgabenstellung darin, den unbekannten wahren Parameterwert ϑ_0 oder den Wert $g(\vartheta_0)$ einer vorgegebenen Funktion $g(\vartheta)$ zu schätzen.

4.3.1. Definition. (a) Unter einer *Punktschätzung* (oder *Schätzfunktion*) für $g(\vartheta_0)$ versteht man eine Statistik $\boldsymbol{Y}_n$, die Werte aus dem Wertebereich von $g(\vartheta)$, $\vartheta \in \Theta$, annimmt.
(b) Die für eine konkrete Stichprobe erhaltene Realisierung von $\boldsymbol{Y}_n$ heißt *Schätzwert* für $g(\vartheta_0)$.

Eine natürliche Forderung an eine Punktschätzung besteht darin, daß ihre Verteilung möglichst dicht in der Nähe der zu schätzenden Größe konzentriert ist. Die Schätztheorie enthält Methoden, die nach ausgewählten Gütekriterien gute und optimale Punktschätzungen liefern. Falls nicht anders gesagt, sei im folgenden der Einfachheit halber $g(\vartheta)$ reellwertig.

4.3.1. Erwartungstreue Punktschätzungen

4.3.1.1. Definition. (a) Die Differenz $\mathsf{E}_\vartheta Y_n - g(\vartheta)$ bezeichnet man als *systematischen Fehler* (oder *Verzerrung*) und $\mathsf{E}_\vartheta\big(Y_n - g(\vartheta)\big)^2$ als *mittlere quadratische Abweichung* der Punktschätzung Y_n gegenüber $g(\vartheta)$.
(b) Eine Punktschätzung Y_n heißt *erwartungstreue* (oder *unverzerrte*) Punktschätzung für $g(\vartheta)$, wenn

$$\mathsf{E}_\vartheta Y_n = g(\vartheta)$$

für jedes $\vartheta \in \Theta$ (und damit insbesondere für ϑ_0) gilt.

4.3.1.2. Beispiel. Es sei $\boldsymbol{X}$ eine einfache Stichprobe.
(a) Die empirische Verteilungsfunktion $\hat{F}_n(x)$ von $\boldsymbol{X}$ ist eine erwartungstreue Punktschätzung für die Verteilungsfunktion $F(x)$ der Komponenten von $\boldsymbol{X}$.
(b) Das Stichprobenmittel $\bar{X}_n$ und die Stichprobenvarianz S_n^2 sind erwartungstreue Punktschätzungen für den Erwartungswert bzw. die Varianz der Komponenten von $\boldsymbol{X}$, falls diese existieren.

(c) Sind die Komponenten von $\boldsymbol{X}$ exponentialverteilt mit dem Parameter λ, so stellt die Statistik $(n-1)\Big/\sum_{i=1}^{n} X_i$ eine erwartungstreue Punktschätzung für λ dar.

Verschiedene erwartungstreue Punktschätzungen für $g(\vartheta)$ werden vor allem mittels ihrer Varianzen verglichen. Es bezeichne $\mathcal{Y}$ die Menge aller erwartungstreuen Punktschätzungen für $g(\vartheta)$ mit positiver endlicher Varianz und $\mathsf{V}_\vartheta Y_n$ die bez. $\mathsf{P}_\vartheta \in \mathcal{P}$ gebildete Varianz von Y_n.

4.3.1.3. Definition. (a) Eine Punktschätzung $Y_{n,1} \in \mathcal{Y}$ heißt *wirksamer* als eine Punktschätzung $Y_{n,2} \in \mathcal{Y}$, wenn für jedes $\vartheta \in \Theta$ $\mathsf{V}_\vartheta Y_{n,1} \leqq \mathsf{V}_\vartheta Y_{n,2}$ gilt.

(b) Das Verhältnis $\dfrac{\mathsf{V}_\vartheta Y_{n,1}}{\mathsf{V}_\vartheta Y_{n,2}}$ bezeichnet man als *Wirkungsgrad* von $Y_{n,2}$ in bezug auf $Y_{n,1}$.

(c) Eine Punktschätzung $Y_{n,0} \in \mathcal{Y}$ heißt *wirksamste* (oder *effektive*) *Punktschätzung*, wenn für alle Punktschätzungen $Y_n \in \boldsymbol{Y}$ und jedes $\vartheta \in \Theta$ $\mathsf{V}_\vartheta Y_{n,0} \leqq \mathsf{V}_\vartheta Y_n$ gilt.

(d) Der Wirkungsgrad von $Y_n \in \mathcal{Y}$ in bezug auf eine wirksamste Punktschätzung wird als *Wirksamkeit* (oder *Effizienz*) von Y_n bezeichnet.

Der nachstehende Satz gibt eine Möglichkeit, wirksamste Punktschätzungen, d. h. erwartungstreue Punktschätzungen mit minimaler Varianz, zu bestimmen. [II, Kap. 9] enthält Punktschätzungen mit dieser Eigenschaft für verschiedene Kenngrößen einfacher Bedienungssysteme (s. auch Rosenblit [1]).

4.3.1.4. Satz. Es sei $\boldsymbol{Z}_n$ eine hinreichende Statistik für die Verteilungsfamilie $\mathcal{P}$ und Y_n eine erwartungstreue Punktschätzung für $g(\vartheta)$.

(a) Die bedingte Erwartung von Y_n bez. $\boldsymbol{Z}_n$

$$Y_{\boldsymbol{Z}_n} = \mathsf{E}_\vartheta(Y_n \mid \boldsymbol{Z}_n)$$

ist eine erwartungstreue Punktschätzung für $g(\vartheta)$, die nur über die hinreichende Statistik $\boldsymbol{Z}_n$ von $\boldsymbol{X}$ abhängt.

(b) Es gilt die sog. *Ungleichung von Blackwell/Rao*

$$\mathsf{V}_\vartheta Y_{\boldsymbol{Z}_n} \leqq \mathsf{V}_\vartheta Y_n, \qquad \vartheta \in \Theta.$$

(c) Ist die hinreichende Statistik $\boldsymbol{Z}_n$ auch vollständig, so besitzt $Y_{\boldsymbol{Z}_n}$ minimale Varianz in der Menge $\mathcal{Y}$.

Unter bestimmten Bedingungen an die Verteilungsfamilie $\mathcal{P}$, die im folgenden formuliert werden, kann man für die Varianz einer erwartungstreuen Punktschätzung eine positive untere Schranke angeben.

4.3.1.5. Regularitätsbedingungen. Die Verteilungen der Familie $\mathcal{P} = \{\mathsf{P}_\vartheta, \vartheta \in \Theta\}$ mögen Dichten $f(\boldsymbol{x};\vartheta)$ besitzen, und Θ sei eine offene Teilmenge des $\mathbb{R}^m$.

(a) Die Menge $\Omega' = \{\boldsymbol{x} \in \Omega : f(\boldsymbol{x};\vartheta) > 0\}$ hängt nicht von $\vartheta = (\vartheta_1, \ldots, \vartheta_m)$ ab. Es existieren die partiellen Ableitungen $\dfrac{\partial f(\boldsymbol{x};\vartheta)}{\partial \vartheta_i}$, $i = 1, \ldots, m$, für alle $\boldsymbol{x} \in \Omega'$ und alle $\vartheta \in \Theta$.

(b) Für jede Statistik Z_n mit $\mathsf{E}_\vartheta|Z_n| < \infty$ gilt

$$\frac{\partial \mathsf{E}_\vartheta Z_n}{\partial \vartheta_i} = \mathsf{E}_\vartheta\left(Z_n \frac{\partial \ln \mathsf{L}(\vartheta;\boldsymbol{X})}{\partial \vartheta_i}\right), \qquad i = 1, \ldots, m,$$

vorausgesetzt, die rechts stehenden Größen existieren.

(c) Ist die Bedingung (a) erfüllt, so sei

$$\boldsymbol{U}(\vartheta) = \left(\frac{\partial \ln \mathsf{L}(\vartheta;\boldsymbol{X})}{\partial \vartheta_1}, \ldots, \frac{\partial \ln \mathsf{L}(\vartheta;\boldsymbol{X})}{\partial \vartheta_m}\right)^{\mathsf{T}}.$$

Die Elemente $\mathsf{I}_{ij}(\vartheta)$ der (m, m)-Matrix $\mathsf{I}(\vartheta) = \mathsf{E}_\vartheta U(\vartheta)\, U^\mathsf{T}(\vartheta)$ sind endlich für alle $i, j = 1, \ldots, m$, $\vartheta \in \Theta$, und die Matrix $\mathsf{I}(\vartheta)$ ist für jedes $\vartheta \in \Theta$ positiv definit. $\mathsf{I}(\vartheta)$ wird als *Fishersche Informationsmatrix* bezeichnet.

4.3.1.6. Satz. Für die Verteilungsfamilie $\mathscr{P}$ seien die Regularitätsbedingungen 4.3.1.5 erfüllt.

(a) Existieren die partiellen Ableitungen $\dfrac{\partial g(\vartheta)}{\partial \vartheta_i}$, $i = 1, \ldots, m$, so gilt bez. der Varianz einer beliebigen Punktschätzung $Y_n \in \mathscr{Y}$ für $g(\vartheta)$ die sog. *Ungleichung von Rao-Cramér*

$$\mathsf{V}_\vartheta Y_n \geqq \sum_{i,j=1}^{m} \mathsf{I}^{ij}(\vartheta) \frac{\partial g(\vartheta)}{\partial \vartheta_i} \frac{\partial g(\vartheta)}{\partial \vartheta_j}, \qquad \vartheta \in \Theta.$$

Die $\mathsf{I}^{ij}(\vartheta)$ bezeichnen hierbei die Elemente von $\mathsf{I}^{-1}(\vartheta)$. Eine Punktschätzung, deren Varianz gleich der angegebenen unteren Schranke ist, heißt *wirksamste Punktschätzung im Sinne von Rao/Cramér*.

(b) Es sei $\boldsymbol{Y}_n = (Y_{n,1}, \ldots, Y_{n,r})^\mathsf{T}$ eine erwartungstreue Punktschätzung für die vektorwertige Funktion $g(\vartheta) = \big(g_1(\vartheta), \ldots, g_r(\vartheta)\big)^\mathsf{T}$, d. h., $\mathsf{E}_\vartheta \boldsymbol{Y}_n = g(\vartheta)$, mit der Kovarianzmatrix $\mathsf{B}(\vartheta) = \mathsf{E}_\vartheta\big(\boldsymbol{Y}_n - g(\vartheta)\big)\,\big(\boldsymbol{Y}_n - g(\vartheta)\big)^\mathsf{T}$. Existieren die Elemente $J_{ij}(\vartheta) = \dfrac{\partial g_j(\vartheta)}{\partial \vartheta_i}$, $i = 1, \ldots, m$; $j = 1, \ldots, r$, der (m, r)-Matrix $\boldsymbol{J}(\vartheta)$ für alle $\vartheta \in \Theta$, dann ist die Matrix $\mathsf{B}(\vartheta) - \boldsymbol{J}^\mathsf{T}(\vartheta)\, \mathsf{I}^{-1}(\vartheta)\, \boldsymbol{J}(\vartheta)$ für jedes $\vartheta \in \Theta$ nichtnegativ definit.

4.3.2. Asymptotische Eigenschaften

Betrachtet wird die Folge $(Y_n, n \geqq 1)$ von Punktschätzungen Y_n für $g(\vartheta)$ mit wachsendem Stichprobenumfang n.

4.3.2.1. Definition. Eine Folge (Y_n) von Punktschätzungen für $g(\vartheta)$ heißt *konsistent*, wenn p-lim $Y_n = g(\vartheta)$ für alle $\vartheta \in \Theta$ gilt. (Bem.: In der Literatur wird eine Folge mit dieser Eigenschaft *schwach konsistent* genannt).

4.3.2.2. Beispiel. Die Folgen $(\hat{F}_n(x))$, $(\bar{X}_n)$ und (S_n^2) (↑ D. 4.2.2.4 bzw. B. 4.2.2.2) sind konsistente Folgen von Punktschätzungen für die Verteilungsfunktion, den Erwartungswert bzw. die Varianz der Komponenten einer einfachen Stichprobe.

4.3.2.3. Definition. (a) Eine Folge (Y_n) von Punktschätzungen heißt *asymptotisch normalverteilt*, wenn es Folgen $\big(a_n(\vartheta)\big)$ und $\big(\sigma_n^2(\vartheta)\big)$ gibt, so daß für alle $\vartheta \in \Theta$ und $x \in \mathbb{R}$

$$\lim_{n\to\infty} \mathsf{P}_\vartheta \left(\frac{Y_n - a_n(\vartheta)}{\sigma_n(\vartheta)} < x\right) = \Phi(x)$$

gilt. Im folgenden wird $\sigma_n^2(\vartheta)$ *asymptotische Varianz* genannt.

(b) Eine Folge (Y_n) von Punktschätzungen für $g(\vartheta)$ heißt *asymptotisch erwartungstreu*, wenn für alle $\vartheta \in \Theta$ gilt

$$\lim_{n\to\infty} \frac{a_n(\vartheta) - g(\vartheta)}{\sigma_n(\vartheta)} = 0.$$

(c) Sind $(Y_{n,1})$ und $(Y_{n,2})$ asymptotisch erwartungstreue Folgen von Punktschätzungen für $g(\vartheta)$ mit den asymptotischen Varianzen $\sigma^2_{n,1}(\vartheta)$ bzw. $\sigma^2_{n,2}(\vartheta)$, dann wird der Grenzwert $\lim\limits_{n\to\infty} \frac{\sigma_{n,1}^2(\vartheta)}{\sigma_{n,2}^2(\vartheta)}$ als *asymptotischer Wirkungsgrad* von $(Y_{n,2})$ in bezug auf $(Y_{n,1})$ bezeichnet.

(d) Es sei X eine einfache Stichprobe und (Y_n) eine asymptotisch normalverteilte und asymptotisch erwartungstreue Folge von Punktschätzungen für $g(\vartheta)$. Weiterhin mögen die partiellen Ableitungen $\frac{\partial g(\vartheta)}{\partial \vartheta_i}$, $i = 1, \ldots, m$, und der Grenzwert $\sigma^2(\vartheta) = \lim\limits_{n\to\infty} n\sigma_n^2(\vartheta)$ für alle $\vartheta \in \Theta$ existieren sowie die Regularitätsbedingungen 4.3.1.5 erfüllt sein. Das Verhältnis $\sigma^2(\vartheta) / \sum\limits_{i,j=1}^{m} \mathsf{I}_1^{ij}(\vartheta) \frac{\partial g(\vartheta)}{\partial \vartheta_i} \frac{\partial g(\vartheta)}{\partial \vartheta_j}$ heißt *asymptotische Wirksamkeit* der Folge (Y_n). Die $\mathsf{I}_1^{ij}(\vartheta)$ sind dabei die Elemente der zur Fisherschen Informationsmatrix $\mathbf{I}(\vartheta)$ inversen Matrix, wobei $\mathbf{I}(\vartheta)$ für $X = (X_1)$ gebildet wird. Man nennt (Y_n) eine *asymptotisch wirksamste Folge von Punktschätzungen*, wenn die asymptotische Wirksamkeit für alle $\vartheta \in \Theta$ den Wert Eins annimmt. Im weiteren wird z. B. für eine konsistente Folge (Y_n) von Punktschätzungen kurz gesagt Y_n sei konsistent.

Es sei $\boldsymbol{Y}_n$ eine Punktschätzung für eine vektorwertige Funktion $g(\vartheta)$ der Dimension r.

4.3.2.4. Definition. (a) $\boldsymbol{Y}_n$ heißt konsistent, wenn $\text{p-lim}\,(\boldsymbol{Y}_n - g(\vartheta)) = 0$ für alle $\vartheta \in \Theta$ gilt.

(b) $\boldsymbol{Y}_n$ wird als asymptotisch normalverteilt bezeichnet, wenn die Verteilungsfunktion von $\boldsymbol{Y}_n$ schwach gegen eine r-dimensionale Normalverteilung konvergiert (↑ *Müller* [1]).

4.3.3. Konstruktion von Punktschätzungen

In der Schätztheorie ist eine Reihe von Verfahren entwickelt worden, mit denen man Punktschätzungen mit gewissen Eigenschaften konstruieren kann. Einige wichtige Methoden zur Bestimmung einer Punktschätzung $\hat{\Theta}_n$ für den unbekannten wahren Parameterwert $\vartheta_0 \in \Theta$, $\Theta \subseteq \mathbb{R}^m$, werden im folgenden beschrieben.

4.3.3.1. Maximum-Likelihood-Methode. Das der Maximum-Likelihood-Methode zugrunde liegende Schätzprinzip besteht darin, bei vorliegender konkreter Stichprobe $x = (x_1, \ldots, x_n)$ einen solchen Wert $\hat{\vartheta}_n$, $\hat{\vartheta}_n \in \Theta$, als Schätzwert für ϑ_0 zu verwenden, für den die Likelihood-Funktion dieser Stichprobe einen maximalen Wert annimmt, d. h.

$$\mathsf{L}(\hat{\vartheta}_n; x) = \max_{\vartheta \in \Theta} \mathsf{L}(\vartheta; x)$$

gilt. Wenn die Bedingung 4.3.1.5 (a) erfüllt ist, erhält man $\hat{\vartheta}_n$ als Lösung des Maximum-Likelihood-Gleichungssystems

$$\frac{\partial \ln \mathsf{L}(\vartheta; x)}{\partial \vartheta_i} = 0, \qquad i = 1, \ldots, m.$$

Wird in $\hat{\vartheta}_n$ x durch X ersetzt, so heißt die erhaltene Punktschätzung $\hat{\Theta}_n$ *Maximum-Likelihood-Schätzung* für ϑ_0.

Bei der numerischen Lösung komplizierter Gleichungssysteme kann das Näherungsverfahren von Newton/Raphson angewandt werden. Danach berechnet sich die $(k+1)$-te Näherung für $\hat{\Theta}_n$ gemäß der Vorschrift

$$\hat{\Theta}_n^{(k+1)} = \hat{\Theta}_n^{(k)} - \mathbf{I}^{-1}(\hat{\Theta}_n^{(k)})\, U(\hat{\Theta}_n^{(k)}), \qquad k = 1, 2, \ldots$$

($\mathbf{I}(\cdot)$ und $U(\cdot)$ ↑ Regularitätsbedingungen 4.3.1.5 (c)). Als Anfangsnäherung dient dabei eine konsistente Punktschätzung $\hat{\Theta}_n^{(1)}$ (vgl. Zacks [1], Kap. 5).

4.3.3.2. Beispiel. Die Komponenten einer einfachen Stichprobe X seien exponentialverteilt mit dem Parameter λ. Die Likelihood-Funktion $\mathsf{L}(\lambda; x)$ einer Realisierung x von X lautet $\mathsf{L}(\lambda; x) = \lambda^n \prod_{i=1}^{n} e^{-\lambda x_i}$. Als Lösung der Maximum-Likelihood-Gleichung ergibt sich der Schätzwert $\hat{\lambda}_n = n \Big/ \sum_{i=1}^{n} x_i$ für λ_0.

Existiert eine eindeutige Maximum-Likelihood-Schätzung, so ist sie eine Funktion einer hinreichenden Statistik. Unter recht allgemeinen Bedingungen sind Maximum-Likelihood-Schätzungen konsistente, asymptotisch normalverteilte und asymptotisch wirksamste Punktschätzungen.

4.3.3.3. Satz. (a) Es sei Θ eine abgeschlossene und beschränkte Teilmenge des $\mathbb{R}^m$. Die Dichten $f(x; \vartheta)$ der Komponenten einer einfachen Stichprobe X seien gleichmäßig beschränkt und stetig bez. ϑ. Dann ist die Maximum-Likelihood-Schätzung $\hat{\Theta}_n$ für ϑ_0 konsistent.
(b) In einer Umgebung des wahren Parameterwertes ϑ_0 seien die Regularitätsbedingungen 4.3.1.5 erfüllt, mögen für die Dichten $f(x; \vartheta)$ partielle Ableitungen nach den ϑ_i bis zur dritten Ordnung existieren und gebe es eine Zufallsgröße $Z(X_1)$ derart, daß fast sicher

$$\frac{1}{n}\left|\frac{\partial^3 \ln \mathsf{L}(\vartheta; X_1)}{\partial\vartheta_i\, \partial\vartheta_j\, \partial\vartheta_k}\right| \leqq Z(X_1), \qquad \mathsf{E}_\vartheta Z(X_1) < \infty,$$

$i, j, k = 1, \ldots, m$, gilt. Dann ist $\sqrt{n}\,(\hat{\Theta}_n - \vartheta_0)$ asymptotisch $\mathrm{N}\big(0, \mathbf{I}^{-1}(\vartheta_0)\big)$-verteilt.

(c) Sind die unter (b) genannten Bedingungen erfüllt, so ist die Maximum-Likelihood-Schätzung $\hat{\Theta}_n$ für ϑ_0 eine im folgenden Sinne asymptotisch wirksamste Punktschätzung. Es sei $\tilde{\Theta}_n$ eine beliebige andere asymptotisch normalverteilte und asymptotisch erwartungstreue Punktschätzung für ϑ_0, so daß $\sqrt{n}\,(\tilde{\Theta}_n - \vartheta_0)$ asymptotisch $\mathrm{N}\big(0, \mathbf{B}(\vartheta_0)\big)$-verteilt ist. Dann stellt $\mathbf{B}(\vartheta_0) - \mathbf{I}^{-1}(\vartheta_0)$ eine nichtnegativ definite Matrix dar.

4.3.3.4. Momentenmethode. Gegeben sei eine Realisierung x einer einfachen Stichprobe $X = (X_1, \ldots, X_n)$, deren Komponenten k-te Momente $e_k = \mathsf{E}_\vartheta X_1^k$, $k = 1, \ldots, m$, besitzen. Diese sind gewisse Funktionen des Parameters $\vartheta = (\vartheta_1, \ldots, \vartheta_m)$, d. h., $e_k = u_k(\vartheta)$, $k = 1, \ldots, m$. Lassen sich die Gleichungen eindeutig nach $\vartheta_1, \ldots, \vartheta_m$ auflösen, so erhält man $\vartheta_k = v_k(e_1, \ldots, e_m)$, $k = 1, \ldots, m$. Die k-ten Momente werden nun durch die empirischen k-ten Momente $\hat{e}_k = \frac{1}{n}\sum_{i=1}^{n} x_i^k$ ersetzt, und $\hat{\vartheta}_n = (\hat{\vartheta}_{n,1}, \ldots, \hat{\vartheta}_{n,m})$ mit $\hat{\vartheta}_{n,k} = v_k(\hat{e}_1, \ldots, \hat{e}_m)$, $k = 1, \ldots, m$, wird als Schätzwert für ϑ_0 benutzt.

4.3.3.5. Beispiel. Bei einer einfachen Stichprobe X, deren Komponenten gammaverteilt sind mit dem Parameter $\vartheta = (\lambda, \alpha)$, gilt

$$e_1 = \frac{\alpha}{\lambda} \quad \text{und} \quad e_2 = \frac{\alpha(\alpha + 1)}{\lambda^2}.$$

Man erhält dann nach der Momentenmethode für α_0 und λ_0 die Schätzwerte

$$\hat{\alpha}_n = \frac{\bar{x}_n^2}{\frac{1}{n}\sum_{i=1}^{n} x_i^2 - \bar{x}_n^2} \quad \text{bzw.} \quad \hat{\lambda}_n = \frac{\bar{x}_n}{\frac{1}{n}\sum_{i=1}^{n} x_i^2 - \bar{x}_n^2} \quad \text{mit} \quad \bar{x}_n = \frac{1}{n}\sum_{i=1}^{n} x_i.$$

4.3.3.6. Quantilmethode. Für eine Realisierung $x = (x_1, \ldots, x_n)$ einer einfachen Stichprobe X sei $(x_{(1)}, x_{(2)}, \ldots, x_{(n)})$ die zugehörige sog. konkrete geordnete Stichprobe, d. h., $x_{(i)}$ ist der i-te Wert des nach $x_{(1)} \leqq x_{(2)} \leqq \cdots \leqq x_{(n)}$ geordneten Tupels $(x_1, \ldots, x_n)$. Als *empirisches p-Quantil* von x bezeichnet man die Größe $x_{(\text{ent}[np]+1)}$, $0 < p < 1$. Die p_k-Quantile $Q_{p_k}(\vartheta)$ der Komponenten von X für $0 < p_1 < \cdots < p_m < 1$ seien durch $\mathsf{P}_\vartheta(X_1 < x_{p_k}(\vartheta)) = p_k$, $k = 1, \ldots, m$, eindeutig bestimmt. Die Quantilmethode besteht darin, daß die p_k-Quantile mit den empirischen p_k-Quantilen gleichgesetzt werden und die Lösung $\hat{\vartheta}_n$ des Gleichungssystems $Q_{p_k}(\vartheta) = x_{(\text{ent}[np_k]+1)}$, $k = 1, \ldots, m$, als Schätzwert für ϑ_0 benutzt wird.

Die Momentenmethode und die Quantilmethode besitzen praktische Bedeutung, sind aber aus theoretischer Sicht nicht die besten Methoden.

4.4. Konfidenzschätzungen

Es sei $\mathscr{P} = \{\mathsf{P}_\vartheta, \vartheta \in \Theta\}$ eine Verteilungsfamilie über dem Stichprobenraum $(\Omega, \mathfrak{F})$. Die Aufgabenstellung besteht darin, für den unbekannten wahren Parameterwert ϑ_0 einen Bereich anzugeben, der ϑ_0 mit großer Wahrscheinlichkeit enthält.

4.4.1. Definition. $\mathfrak{G}$ bezeichne eine σ-Algebra von Teilmengen von Θ.
(a) Unter einer *Konfidenzschätzung* für ϑ_0 versteht man eine Statistik $\mathscr{G}_n$, die Werte aus $\mathfrak{G}$ annimmt.
(b) Eine Konfidenzschätzung $\mathscr{G}_n$ heißt *Konfidenzschätzung für ϑ zum Konfidenzniveau* $1 - \alpha$, $\alpha \in (0, 1)$ vorgegeben, wenn für jedes $\vartheta \in \Theta$ (und damit insbesondere für ϑ_0) gilt

$$\mathsf{P}_\vartheta(\vartheta \in \mathscr{G}_n) \geqq 1 - \alpha.$$

(c) Die für eine konkrete Stichprobe erhaltene Realisierung von $\mathscr{G}_n$ heißt *Schätzbereich* für ϑ_0.

Auf Grund einer konkreten Stichprobe wird die Entscheidung gefällt, daß ϑ_0 im berechneten Schätzbereich liegt. Diese Entscheidung kann wahr oder falsch sein. Die Wahrscheinlichkeit einer Fehlentscheidung $\mathsf{P}_{\vartheta_0}(\vartheta_0 \notin \mathscr{G}_n)$ ist nach D. 4.4.1. (b) höchstens gleich α. Für α wählt man häufig 0,05 oder 0,01.

Zur Beurteilung und zum Vergleich von Konfidenzschätzungen dient die sog. Kennfunktion.

4.4.2. Definition. (a) Die auf $\Theta \times \Theta$ definierte Funktion $k(\vartheta, \vartheta') = \mathsf{P}_\vartheta(\vartheta' \in \mathscr{G}_n)$ heißt *Kennfunktion* der Konfidenzschätzung $\mathscr{G}_n$.
(b) Eine Konfidenzschätzung $\mathscr{G}_n$ für ϑ zum Konfidenzniveau $1 - \alpha$ bezeichnet man als *unverfälscht*, wenn $k(\vartheta, \vartheta) \geqq k(\vartheta, \vartheta')$ für alle $(\vartheta, \vartheta') \in \Theta \times \Theta$ gilt.
(c) Es seien $\mathscr{G}_{n,1}$ und $\mathscr{G}_{n,2}$ zwei Konfidenzschätzungen für ϑ zum gleichen Konfidenzniveau $1 - \alpha$ mit den Kennfunktionen $k_1(\vartheta, \vartheta')$ bzw. $k_2(\vartheta, \vartheta')$. Gilt $k_1(\vartheta, \vartheta') \leqq k_2(\vartheta, \vartheta')$ für alle $(\vartheta, \vartheta') \in \Theta \times \Theta$ mit $\vartheta \neq \vartheta'$, so heißt $\mathscr{G}_{n,1}$ *besser* (oder *trennschärfer*) als $\mathscr{G}_{n,2}$.

Ist $g(\vartheta)$ eine vorgegebene reellwertige Funktion, dann wird als Konfidenzschätzung $\mathscr{G}_n$ für $g(\vartheta_0)$ sinnvollerweise ein Intervall gewählt.

4.4.3. Definition. (a) Ein Intervall $[G_u, G_o]$ heißt *Konfidenzintervall* für $g(\vartheta)$ zum Konfidenzniveau $1 - \alpha$, $\alpha \in (0, 1)$ vorgegeben, wenn für alle $\vartheta \in \Theta$ gilt

$$\mathsf{P}_\vartheta(G_u \leqq g(\vartheta) \leqq G_o) \geqq 1 - \alpha.$$

(b) Die Statistiken G_u und G_o werden als *Konfidenzgrenzen* bezeichnet.

(c) Die für eine konkrete Stichprobe erhaltene Realisierung von $[G_u, G_o]$ heißt *Schätzintervall* für $g(\vartheta)$.

In manchen Fällen interessieren auch Konfidenzintervalle der Form $(-\infty, G_o]$, $[0, G_o]$ oder $[G_u, \infty)$. Im Zusammenhang mit der Güte von Konfidenzschätzungen ist die Konstruktion von Konfidenzintervallen vorgegebener Länge bedeutsam, vgl. ZACKS [1], Kap. 10. Die nachstehenden Beispiele zeigen, wie man Konfidenzintervalle bestimmen kann.

4.4.4. Beispiel. Gegeben sei eine einfache Stichprobe $X = (X_1, \ldots, X_n)$. Gesucht wird ein Konfidenzintervall $[G_o, G_u]$ für $p = \mathsf{P}_\vartheta(X_1 < x)$, $x \in \mathbb{R}$ vorgegeben, zum Konfidenzniveau $1 - \alpha$. Die Statistik $M_n(x) = \sum_{i=1}^{n} 1_{(-\infty, x)}(X_i)$ besitzt eine Binomialverteilung mit den Parametern n und $\vartheta = p$. Diese Tatsache kann zur Ermittlung von Konfidenzgrenzen für p benutzt werden, vgl. MÜLLER/NEUMANN/STORM [1], Abschnitt 1. Für große Werte n empfiehlt sich jedoch die Approximation der Binomialverteilung durch die Normalverteilung entsprechend dem zentralen Grenzwertsatz von DE MOIVRE/LAPLACE. Danach gilt näherungsweise

$$\mathsf{P}_\vartheta\left(\left|\frac{M_n(x) - np}{\sqrt{np\,(1-p)}}\right| \leqq z_{1-\frac{\alpha}{2}}\right) = 1 - \alpha .$$

Hierbei bezeichnet $z_{1-\frac{\alpha}{2}}$ das $\left(1 - \frac{\alpha}{2}\right)$-Quantil der standardisierten Normalverteilung. Durch Umformung erhält man

$$\mathsf{P}_\vartheta(G_u \leqq p \leqq G_o) = 1 - \alpha$$

mit den Konfidenzgrenzen

$$G_u = \frac{2M_n(x) + z^2_{1-\frac{\alpha}{2}} - z_{1-\frac{\alpha}{2}} \sqrt{4M_n(x)\left(1 - \frac{M_n(x)}{n}\right) + z^2_{1-\frac{\alpha}{2}}}}{2\left(n + z^2_{1-\frac{\alpha}{2}}\right)}$$

und

$$G_o = \frac{2M_n(x) + z^2_{1-\frac{\alpha}{2}} + z_{1-\frac{\alpha}{2}} \sqrt{4M_n(x)\left(1 - \frac{M_n(x)}{n}\right) + z^2_{1-\frac{\alpha}{2}}}}{2\left(n + z^2_{1-\frac{\alpha}{2}}\right)} .$$

4.4.5. Beispiel. Betrachtet wird das System M/M/1/∞. Es liege eine Stichprobe $(A_1, \ldots, A_{n_1}, B_1, \ldots, B_{n_2})$ aus n_1 Pausen- und n_2 Bedienungszeiten vor. Die Komponenten A_i und B_i seien unabhängig und exponentialverteilt mit dem Parameter λ bzw. μ, d. h. $\vartheta = (\lambda, \mu)$. Gesucht wird eine Konfidenzschätzung für den Belastungskoeffizienten $\varrho = \lambda/\mu$ zum Konfidenzniveau $1 - \alpha$. Ausgehend von den Statistiken $\bar{A} = \frac{1}{n_1} \sum_{i=1}^{n_1} A_i$ und $\bar{B} = \frac{1}{n_2} \sum_{i=1}^{n_2} B_i$ ist $\bar{B}/\bar{A}$ eine Punktschätzung für ϱ und besitzt die Zufallsgröße $\bar{B}/\varrho\bar{A}$ eine F-Verteilung mit $(2n_2, 2n_1)$ Freiheitsgraden. Es bezeichne $F_{m_1,m_2;p}$ das p-Quantil der F-Verteilung mit (m_1, m_2) Freiheitsgraden. Sind α_1 und α_2 positive Zahlen mit $\alpha_1 + \alpha_2 = \alpha$, so gilt für einen vorgegebenen Wert α

$$\mathsf{P}_\vartheta (\mathrm{F}_{2n_2,2n_1;\alpha_1} \leqq \bar{B}/\varrho\bar{A} \leqq \mathrm{F}_{2n_2,2n_1;1-\alpha_2})$$
$$= \mathsf{P}_\vartheta(\bar{B}/\mathrm{F}_{2n_2,2n_1;1-\alpha_2}\bar{A} \leqq \varrho \leqq \bar{B}/\mathrm{F}_{2n_2,2n_1;\alpha_1}\bar{A}) = 1 - \alpha .$$

Als Konfidenzgrenzen eines Konfidenzintervalls $[G_u, G_o]$ für ϱ zum Konfidenzniveau $1 - \alpha$ erhält man somit

$$G_u = \bar{B}/\mathrm{F}_{2n_2,2n_1;1-\alpha_2}\bar{A} \qquad \text{und} \qquad G_o = \bar{B}/\mathrm{F}_{2n_2,2n_1;\alpha_1}\bar{A} .$$

Im allgemeinen wird $\alpha_1 = \alpha_2 = \frac{\alpha}{2}$ gesetzt. Bei spezieller Wahl von $\alpha_2 = 0$ bzw. $\alpha_1 = 0$ ergibt sich ein Konfidenzintervall $[0, G_o]$ mit

$$G_o = \bar{B}/\mathrm{F}_{2n_2,2n_1;\alpha}\bar{A}$$

bzw. ein Konfidenzintervall $[G_u, \infty]$ mit

$$G_u = \bar{B}/\mathrm{F}_{2n_2,2n_1;1-\alpha}\bar{A} .$$

Für eine konkrete Stichprobe $\boldsymbol{x}$ aus realisierten Pausen- und Bedienungszeiten bestimmt man dann entsprechend der angegebenen Formeln ein Schätzintervall für ϱ.

4.5. Prüfung statistischer Hypothesen

Anwendungen der Bedienungstheorie führen auf die Notwendigkeit zu überprüfen, ob die Beobachtungsergebnisse mit solchen Voraussetzungen wie z. B. Poissonscher Forderungenstrom, Unabhängigkeit der Bedienungszeit von der Warteschlangenlänge oder Stationarität des Prozesses der Anzahl der Forderungen im System im Einklang stehen. Hierzu dient die Prüfung statistischer Hypothesen. Statistische Hypothesen drücken gewisse Annahmen bezüglich der vollständig oder teilweise unbekannten wahren Verteilung P_0 aus. Die Überprüfung statistischer Hypothesen erfolgt mit Hilfe statistischer Tests. Das Anliegen eines Tests besteht darin, anhand einer konkreten Stichprobe eine Entscheidung über Annahme oder Ablehnung der aufgestellten Hypothese herbeizuführen.

4.5.1. Grundbegriffe der Testtheorie

Die Verteilungsfamilie $\mathscr{P}$ über dem Stichprobenraum $(\Omega, \mathfrak{F})$ werde durch einen Parameter beschrieben, d. h. $\mathscr{P} = \{\mathsf{P}_\vartheta, \vartheta \in \Theta\}$, und der zur wahren Verteilung $\mathsf{P}_0 \in \mathscr{P}$ gehörende wahre Parameterwert ϑ_0 sei unbekannt.

4.5.1.1. Definition. (a) Es sei Θ_0 eine vorgegebene echte Teilmenge von Θ. Eine *Hypothese* $\mathbf{H}_0$ ist die Annahme, daß $\vartheta_0 \in \Theta_0$ gilt, symbolisch $\mathbf{H}_0 : \vartheta_0 \in \Theta_0$.
(b) Eine Hypothese heißt *einfach*, wenn Θ_0 einelementig ist, andernfalls *zusammengesetzt*.
(c) Die zu überprüfende Hypothese $\mathbf{H}_0 : \vartheta_0 \in \Theta_0$ bezeichnet man als *Nullhypothese*, die Hypothese $\mathbf{H}_1 : \vartheta_0 \in \Theta \setminus \Theta_0$ als *Alternativhypothese*.
(d) Ist $\Theta \subseteqq \mathbb{R}^m$ und beziehen sich Hypothesen nur auf gewisse Komponenten von ϑ_0, so heißen die übrigen Komponenten *störende Parameter*.

4.5.1.2. Beispiel. Ausgehend vom B. 4.4.5 wird $\vartheta = (\varrho, \mu)$ als Parameter betrachtet. Eine einfache Hypothese stellt $\mathbf{H}_0 : \vartheta_0 = (0.5, 0.1)$ dar. Die Hypothese $\mathbf{H}_0 : \varrho_0 < 1$ ist zusammengesetzt, und in diesem Fall ist μ ein störender Parameter.

4.5.1.3. Definition. (a) Ein *Test* Ψ_n ist eine *Statistik mit Wertebereich* $[0, 1]$. Auf Grund einer konkreten Stichprobe $\boldsymbol{x} \in \Omega$ wird in Abhängigkeit von der erhaltenen Realisierung ψ_n von Ψ_n eine Entscheidung über Annahme oder Ablehnung der Hypothese getroffen.

(b) Ω_0 sei eine Teilmenge der Stichprobenmenge Ω und $\Psi_n = \mathbf{1}_{\Omega_0}(\boldsymbol{X})$. Wird für $\psi_n = 0$, d. h. $\boldsymbol{x} \in \Omega \setminus \Omega_0$, die Nullhypothese $\mathbf{H}_0$ angenommen (und damit die Alternativhypothese $\mathbf{H}_1$ abgelehnt), für $\psi_n = 1$, d. h. $\boldsymbol{x} \in \Omega_0$, dagegen $\mathbf{H}_0$ abgelehnt (und damit $\mathbf{H}_1$ angenommen), so heißt der Test Ψ_n *nichtrandomisiert*. Die Menge Ω_0 bezeichnet man als *Ablehnungsbereich* (oder *kritischen Bereich*) für $\mathbf{H}_0$.

(c) Ein Test Ψ_n heißt *randomisiert*, wenn Ψ_n nicht nur die Werte 0 und 1 annehmen kann und für eine konkrete Stichprobe die Nullhypothese $\mathbf{H}_0$ mit der Wahrscheinlichkeit $1 - \psi_n$ angenommen und mit der Wahrscheinlichkeit ψ_n abgelehnt wird.

Die gebräuchlichsten Tests sind nichtrandomisierte Tests. Praktisch wird der Ablehnungsbereich Ω_0 häufig mit Hilfe einer meßbaren Abbildung T_n von Ω in $\mathbb{R}$, der sog. *Testgröße*, in einen kritischen Bereich $\mathcal{K} \in \mathfrak{B}$ überführt. Eine Ablehnung der Nullhypothese erfolgt genau dann, wenn für eine vorliegende konkrete Stichprobe die Realisierung t_n von T_n in $\mathcal{K}$ liegt (↑ [4.5.2]).

Ein Test der Nullhypothese $\mathbf{H}_0 : \vartheta_0 \in \Theta_0$ gegen die Alternativhypothese $\mathbf{H}_1 : \vartheta_0 \in \Theta \setminus \Theta_0$ wird weiterhin kurz Test von $\mathbf{H}_0$ genannt. Bei der Durchführung eines Tests von $\mathbf{H}_0$ können Fehlentscheidungen auftreten.

4.5.1.4. Definition. Ein *Fehler erster Art* tritt auf, wenn $\mathbf{H}_0$ abgelehnt wird, obwohl $\mathbf{H}_0$ wahr ist. Der *Fehler zweiter Art* besteht darin, daß $\mathbf{H}_0$ angenommen wird, obwohl $\mathbf{H}_0$ falsch ist.

Mit Hilfe der sog. Gütefunktion werden Tests beurteilt und verglichen.

4.5.1.5. Definition. Als *Gütefunktion* eines Tests Ψ_n von $\mathbf{H}_0$ bezeichnet man die auf Θ definierte Funktion

$$g_{\Psi_n}(\vartheta) = \mathsf{E}_\vartheta \Psi_n .$$

4.5.1.6. Folgerung. Für einen nichtrandomisierten Test ist $g_{\Psi_n}(\vartheta) = \mathsf{P}_\vartheta(\boldsymbol{X} \in \Omega_0)$, und die Wahrscheinlichkeiten für Fehler erster und zweiter Art lassen sich nach oben abschätzen durch

$$\sup_{\vartheta \in \Theta_0} g_{\Psi_n}(\vartheta) \qquad \text{bzw.} \qquad \sup_{\vartheta \in \Theta \setminus \Theta_0} \mathsf{P}_\vartheta(\boldsymbol{X} \notin \Omega_0) = 1 - \inf_{\vartheta \in \Theta \setminus \Theta_0} g_{\Psi_n}(\vartheta) .$$

Man ist bestrebt, einen Test so zu wählen, daß die Fehlerwahrscheinlichkeiten möglichst klein sind. Dabei wird folgendermaßen vorgegangen. In der Menge aller Tests, bei denen die Wahrscheinlichkeit des Fehlers erster Art eine vorgegebene Schranke α, $\alpha \in (0, 1)$, nicht übersteigt, sucht man einen solchen, für den die Wahrscheinlichkeit des Fehlers zweiter Art minimal wird.

4.5.1.7. Definition. Ein Test Ψ_n von $\mathbf{H}_0$, der für alle $\vartheta \in \Theta_0$ der Bedingung $g_{\Psi_n}(\vartheta) \leqq \alpha$ genügt, heißt *Test zum Signifikanzniveau* α.

Nach der beschriebenen Methode ist beispielsweise der folgende Test konstruiert.

4.5.1.8. Likelihood-Quotienten-Test. Ausgehend von einer Stichprobe $\boldsymbol{X}$ wird beim Likelihood-Quotienten-Test eine Nullhypothese $\mathbf{H}_0 : \vartheta_0 \in \Theta_0$ gegen die Alternativhypothese $\mathbf{H}_1 : \vartheta_0 \in \Theta \setminus \Theta_0$ über den unbekannten wahren Parameterwert ϑ_0 mit Hilfe des sog. *Likelihood-Quotienten*

$$\mathsf{L}(X) = \frac{\sup\limits_{\vartheta \in \Theta_0} \mathsf{L}(\vartheta; X)}{\sup\limits_{\vartheta \in \Theta \setminus \Theta_0} \mathsf{L}(\vartheta; X)}$$

geprüft. Zunächst bestimmt man eine Schranke $l_0 > 0$ so, daß die Wahrscheinlichkeit für die Ablehnung von $\mathbf{H}_0$, obwohl $\mathbf{H}_0$ wahr ist, höchstens gleich dem Signifikanzniveau α ist. Eine Ablehnung von $\mathbf{H}_0$ erfolgt dann, wenn $\mathsf{L}(X)$ Werte annimmt, die kleiner oder gleich l_0 sind, d. h., der Ablehnungsbereich für $\mathbf{H}_0$ lautet $\Omega_0 = \{x : \mathsf{L}(x) \leqq l_0\}$.

Im folgenden werden einige Eigenschaften von Tests angegeben.

4.5.1.9. Definition. (a) Ein Test Ψ_n von $\mathbf{H}_0$ wird *unverfälscht* genannt, wenn

$$\sup_{\vartheta \in \Theta_0} g_{\Psi_n}(\vartheta) \leqq \inf_{\vartheta \in \Theta \setminus \Theta_0} g_{\Psi_n}(\vartheta)$$

gilt. Die Größe $\sup\limits_{\vartheta \in \Theta_0} g_{\Psi_n}(\vartheta)$ bezeichnet man als *Umfang* des Tests.

b) Es seien $\Psi_{n,1}$ und $\Psi_{n,2}$ zwei Tests von $\mathbf{H}_0$ zum gleichen Signifikanzniveau α. Der Test $\Psi_{n,1}$ heißt *besser* (oder *trennschärfer*) als $\Psi_{n,2}$, wenn $g_{\Psi_{n,1}}(\vartheta) \geqq g_{\Psi_{n,2}}(\vartheta)$ für alle $\vartheta \in \Theta \setminus \Theta_0$ erfüllt ist.

(c) Betrachtet wird eine Folge $(\Psi_n, n \geqq 1)$ von Tests Ψ_n von $\mathbf{H}_0$ zum Signifikanzniveau α mit wachsendem Stichprobenumfang n. Die Folge (Ψ_n) heißt *konsistent*, wenn $\lim\limits_{n \to \infty} g_{\Psi_n}(\vartheta) = 1$ für alle $\vartheta \in \Theta \setminus \Theta_0$ gilt.

Nach D. 4.5.1.9 ist bei einem unverfälschten Test die Wahrscheinlichkeit der Ablehnung von $\mathbf{H}_0$ bei falscher Hypothese $\mathbf{H}_0$ nicht kleiner als bei wahrer Hypothese $\mathbf{H}_0$, ist die Wahrscheinlichkeit der Ablehnung einer falschen Hypothese bei einem gegenüber $\Psi_{n,2}$ besseren Test $\Psi_{n,1}$ mindestens so groß wie bei $\Psi_{n,2}$ und konvergiert die Wahrscheinlichkeit der Ablehnung einer falschen Hypothese für eine konsistente Folge von Tests mit $n \to \infty$ gegen Eins.

4.5.2. Signifikanztests

Wichtige Testverfahren sind die sog. Signifikanztests. Bei diesen wird anhand einer konkreten Stichprobe x beurteilt, ob eine gewisse Hypothese über die wahre Verteilung P_0 mit dieser Stichprobe verträglich ist oder ob signifikante (statistisch gesicherte) Abweichungen auftreten.

4.5.2.1. Definition. Ein *Signifikanztest* ist ein Test Ψ_n von $\mathbf{H}_0 : \vartheta_0 \in \Theta_0$ zum *Signifikanzniveau* α, bei dem keine Alternativhypothese betrachtet wird. (Insbesondere interessiert man sich auch nicht für einen Fehler zweiter Art.)

Die allgemeine Vorgehensweise bei einem Signifikanztest ist im folgenden dargestellt.

4.5.2.2. Schema zur Durchführung eines Signifikanztests.

(i) Aufstellung einer Hypothese $\mathbf{H}_0$.

(ii) Angabe einer Testgröße T_n. Diese Testgröße T_n ist in den meisten Fällen eine reellwertige Statistik, deren Verteilung unter der Annahme, daß $\mathbf{H}_0$ wahr ist, vollständig bekannt sein muß (zumindest asymptotisch, d. h. für große Stichprobenumfänge n).

(iii) Festlegung eines kritischen Bereichs $\mathscr{K}$. Der kritische Bereich $\mathscr{K}$ ist ein (möglichst großer) Teilbereich des Wertebereichs von T_n mit $\mathsf{P}_\vartheta(T_n \in \mathscr{K}) \leqq \alpha$ für alle $\vartheta \in \Theta_0$,

$\alpha \in (0, 1)$ vorgegeben. Für das Signifikanzniveau α wählt man häufig $\alpha = 0.05$ oder $\alpha = 0.01$. $\mathcal{K}$ ist meistens von der Form $(-\infty, a_1)$ bzw. (a_2, ∞) (*einseitiger kritischer Bereich*) oder $(-\infty, a_1) \cup (a_2, \infty)$, $a_1 < a_2$, (*zweiseitiger kritischer Bereich*).
(iv) Entscheidungsregel. Liegt für eine konkrete Stichprobe x die Realisierung t_n der Testgröße T_n im kritischen Bereich $\mathcal{K}$, so wird die Hypothese $\mathbf{H}_0$ abgelehnt. Im anderen Fall ($t_n \notin \mathcal{K}$) ist gegen $\mathbf{H}_0$ nichts einzuwenden.

4.5.2.3. Definition. Die Wahrscheinlichkeit α_0 einer Fehlentscheidung, nämlich $\mathbf{H}_0$ abzulehnen, obwohl $\mathbf{H}_0$ wahr ist, heißt *Irrtumswahrscheinlichkeit*, und $1 - \alpha_0$ nennt man *Sicherheitswahrscheinlichkeit* (oder statistische Sicherheit).

Die Irrtumswahrscheinlichkeit α_0 eines Signifikanztests ist nicht größer als das Signifikanzniveau α.

4.5.2.4. Beispiel. Gegeben sei eine einfache Stichprobe $X = (X_1, \ldots, X_n)$. Ein Signifikanztest zur Prüfung einer einfachen Hypothese über den unbekannten wahren Wert $p_0 = \mathsf{P}(X_1 < x)$, $x \in \mathbb{R}$ vorgegeben, wird für große Werte n folgendermaßen durchgeführt.
(i) Zu prüfen ist die Hypothese $\mathbf{H}_0 : p_0 = p_*$, wobei $p_* \in (0, 1)$ eine vorgegebene Zahl darstellt.
(ii) Als Testgröße T_n wird

$$T_n = \frac{M_n(x) - np_*}{\sqrt{np_*(1 - p_*)}}$$

mit $M_n(x) = \sum_{i=1}^{n} \mathbf{1}_{(-\infty,x)}(X_i)$ benutzt. Falls $\mathbf{H}_0$ wahr ist, besitzt T_n auf Grund des zentralen Grenzwertsatzes von DE MOIVRE/LAPLACE asymptotisch ($n \to \infty$) eine standardisierte Normalverteilung.
(iii) Zu vorgegebenem Signifikanzniveau α lautet der kritische Bereich

$$\mathcal{K} = \left\{ t_n : |t_n| > z_{1-\frac{\alpha}{2}} \right\}.$$

(iv) Ausgehend von einer konkreten Stichprobe wird die Hypothese $\mathbf{H}_0$ abgelehnt, wenn für die berechnete Realisierung t_n der Testgröße T_n $t_n \in \mathcal{K}$ gilt.

Zwischen Signifikanztests und Konfidenzschätzungen besteht folgender enger Zusammenhang (↑ B. 4.4.4 und 4.5.2.4).

4.5.2.5. Satz. Es sei $\mathcal{G}_n$ eine Konfidenzschätzung für ϑ zum Konfidenzniveau $1 - \alpha$. Ein Signifikanztest von $\mathbf{H}_0 : \vartheta_0 = \vartheta_*$ zum Signifikanzniveau α, ϑ_* vorgegebener Parameterwert, ist dann durch folgende Vorschrift gegeben: $\mathbf{H}_0$ wird abgelehnt, wenn der zu einer konkreten Stichprobe berechnete Schätzbereich ϑ_* nicht überdeckt.

4.5.3. Verteilungsfreie Tests

4.5.3.1. Definition. Ein Test zur Prüfung einer Hypothese über den unbekannten wahren Parameterwert einer dem Typ nach bekannten wahren Verteilung P_0, der die Kenntnis über den vorliegenden Verteilungstyp benutzt, heißt *Parametertest*. Wird bei einem Test bezüglich P_0 diese Kenntnis nicht in Anspruch genommen, so spricht man von einem *verteilungsfreien* (oder *nichtparametrischen*) *Test*.

Im folgenden werden unter Verwendung des Schemas 4.5.2.2 wichtige verteilungsfreie Signifikanztests zum Signifikanzniveau α angegeben.

Es bezeichne $F_0(x)$ die unbekannte wahre Verteilungsfunktion der Komponenten einer einfachen Stichprobe $\boldsymbol{X} = (X_1, \ldots, X_n)$.

4.5.3.2. χ^2-Anpassungstest.
(i) Zu prüfen ist die Hypothese $\mathbf{H}_0 : F_0(x) = F_*(x)$, wobei $F_*(x)$ eine vorgegebene Verteilungsfunktion darstellt.
(ii) Der Wertebereich von X_1 wird in k Intervalle, sog. Klassen, $\mathcal{I}_j = [a_j, a_{j+1})$, $j = 1, \ldots, k$, mit $-\infty \leqq a_1 < a_2 < \cdots < a_k < a_{k+1} \leqq \infty$ eingeteilt. Es sei M_j die Anzahl der Zufallsgrößen X_i, die in $\mathcal{I}_j$ liegen, und $p_j = F_*(a_{j+1}) - F_*(a_j)$, $j = 1, \ldots, k$. Falls $\mathbf{H}_0$ wahr ist, besitzt die Testgröße

$$T_n = \sum_{j=1}^{k} \frac{(M_j - np_j)^2}{np_j}$$

asymptotisch (d. h. für $n \to \infty$) eine χ^2-Verteilung mit $k - 1$ Freiheitsgraden.
(iii) Als kritischer Bereich wird $\mathcal{K} = \{t_n : t_n > \chi^2_{k-1;1-\alpha}\}$ benutzt. Dabei ist $\chi^2_{k-1;1-\alpha}$ das $(1 - \alpha)$-Quantil der χ^2-Verteilung mit $k - 1$ Freiheitsgraden.
(iv) Ausgehend von einer konkreten Stichprobe $\boldsymbol{x}$ berechnet man zu der gewählten Klasseneinteilung eine Realisierung t_n von T_n. Gilt $t_n \in \mathcal{K}$, d. h. $t_n > \chi^2_{k-1;1-\alpha}$, so wird $\mathbf{H}_0$ abgelehnt.

Sind in der vorgegebenen Verteilungsfunktion $F_*(x)$ noch l unbekannte Parameter enthalten, so werden diese durch die entsprechenden Schätzwerte nach der Maximum-Likelihood-Methode ersetzt. T_n ist dann asymptotisch χ^2-verteilt mit $k - 1 - l$ Freiheitsgraden. Bei der Klasseneinteilung wählt man häufig (evtl. mit Ausnahme der Randintervalle) gleichlange Intervalle mit z. B. $k \approx \sqrt[3]{n}$ und fordert, daß $np_j \geqq 5$, $j = 1, \ldots, k$, gilt. Ist diese Bedingung nicht erfüllt, so werden benachbarte Klassen zusammengefaßt.

4.5.3.3. Kolmogorow-Anpassungstest. Die Verteilungsfunktion $F_0(x)$ sei stetig.
(i) Zu prüfen ist die Hypothese $\mathbf{H}_0$: $F_0(x) = F_*(x)$, wobei $F_*(x)$ eine vorgegebene stetige Verteilungsfunktion darstellt.
(ii) Als Testgröße wird

$$T_n = \sqrt{n} \sup_{-\infty < x < \infty} |\hat{F}_n(x) - F_*(x)|$$

($\hat{F}_n(x)$ gemäß D. 4.2.2.4) benutzt. Falls $\mathbf{H}_0$ wahr ist, konvergiert T_n für $n \to \infty$ gegen die Verteilungsfunktion $\mathrm{K}(y)$ der Kolmogorow-Verteilung (vgl. S. 4.2.2.6).
(iii) Der kritische Bereich lautet $\mathcal{K} = \{t_n : t_n > \mathrm{k}_{1-\alpha}\}$. Dabei bezeichnet $\mathrm{k}_{1-\alpha}$ das $(1 - \alpha)$-Quantil der Kolmogorow-Verteilung.
(iv) Für eine konkrete Stichprobe $\boldsymbol{x}$ ermittelt man eine Realisierung t_n von T_n und lehnt $\mathbf{H}_0$ ab, wenn $t_n \in \mathcal{K}$ gilt.

4.5.3.4. χ^2-Unabhängigkeitstest. (X, Y) sei ein zweidimensionaler zufälliger Vektor. Der Einfachheit halber wird der Fall diskreter Zufallsgrößen X und Y betrachtet und angenommen, daß (X, Y) die Werte (i, j), $i = 1, \ldots, r$ und $j = 1, \ldots, s$, mit den Einzelwahrscheinlichkeiten $p_{ij} = \mathsf{P}(X = i, Y = j)$ annimmt.
(i) Zu prüfen ist die Hypothese $\mathbf{H}_0$, daß X und Y voneinander unabhängig sind. Äquivalent dazu ist mit $p_{i.} = \mathsf{P}(X = i) = \sum_{j=1}^{s} p_{ij}$ und $p_{.j} = \mathsf{P}(Y = j) = \sum_{i=1}^{r} p_{ij}$ die Gültigkeit der Beziehung $p_{ij} = p_{i.}p_{.j}$ für alle Werte (i, j).

(ii) Gegeben sei eine Stichprobe $((X_1, Y_1), \ldots, (X_n, Y_n))$, deren Komponenten (X_k, Y_k), $k = 1, \ldots, n$, unabhängig und identisch wie (X, Y) verteilt sind. M_{ij} bezeichne die Anzahl der (X_k, Y_k), deren erste Komponente gleich i und deren zweite Komponente gleich j ist, und es sei $M_{i.} = \sum_{j=1}^{s} M_{ij}$, $M_{.j} = \sum_{i=1}^{r} M_{ij}$. Falls $\mathbf{H}_0$ wahr ist, besitzt die Testgröße

$$T_n = n \sum_{i=1}^{r} \sum_{j=1}^{s} \frac{\left(M_{ij} - \frac{M_{i.}M_{.j}}{n}\right)^2}{M_{i.}M_{.j}^2}$$

asymptotisch ($n \to \infty$) eine χ^2-Verteilung mit $(r-1)(s-1)$ Freiheitsgraden.

(iii) Als kritischer Bereich wird $\mathscr{K} = \{t_n : t_n > \chi^2_{(r-1)(s-1);1-\alpha}\}$ verwendet.

(iv) Ausgehend von einer konkreten Stichprobe $((x_1, y_1), \ldots, (x_n, y_n))$ ordnet man die Realisierungen m_{ij} von M_{ij} zweckmäßigerweise in einem Schema an, der sog. *Kontingenztafel*. Diese enthält auch die Randsummen $m_{i.}$ der Zeilen und $m_{.j}$ der Spalten, d. h. die Realisierungen von $M_{i.}$ und $M_{.j}$ (↑ Tab. 4.5.3.1). Gilt für die berechnete Realisierung t_n von T_n $t_n \in \mathscr{K}$, so wird $\mathbf{H}_0$ abgelehnt.

Tabelle 4.5.3.1

$X \setminus Y$	1	2	...	s	
1	m_{11}	m_{12}	...	m_{1s}	$m_{1.}$
2	m_{21}	m_{22}	...	m_{2s}	$m_{2.}$
.	.	.		.	.
.	.	.		.	.
.	.	.		.	.
r	m_{r1}	m_{r2}	...	m_{rs}	$m_{r.}$
	$m_{.1}$	$m_{.2}$	...	$m_{.s}$	n

Im Fall stetiger Zufallsgrößen X und Y ist eine Klasseneinteilung, d. h. eine Zerlegung des $\mathbb{R}^2$ in disjunkte Rechtecke, vorzunehmen. Diese wird durch Einteilung des Wertebereichs von X in r disjunkte Intervalle $\mathscr{I}_i$, $i = 1, \ldots, r$, und des Wertebereichs von Y in s disjunkte Intervalle $\mathscr{I}_j$, $j = 1, \ldots, s$, erzeugt. Bezeichnet m_{ij} die Anzahl der Punkte (x_k, y_k) aus einer konkreten Stichprobe $((x_1, y_1), \ldots, (x_n, y_n))$, die in das durch $\mathscr{I}_i$ und $\mathscr{I}_j$ erzeugte Rechteck fallen, so kann die oben beschriebene Vorgehensweise benutzt werden.

Gegeben seien zwei unabhängige einfache Stichproben $\boldsymbol{X} = (X_1, \ldots, X_{n_1})$ und $\boldsymbol{Y} = (Y_1, \ldots, Y_{n_2})$ mit den unbekannten wahren stetigen Verteilungsfunktionen $F_{0,1}(x)$ und $F_{0,2}(x)$ ihrer Komponenten X_i bzw. Y_j.

4.5.3.5. Wilcoxon-Homogenitätstest.

(i) Zu prüfen ist die Hypothese $\mathbf{H}_0 : F_{0,1}(x) = F_{0,2}(x)$.

(ii) Es bezeichne M die Anzahl der Inversionen der X_i bezüglich der Y_j, die auftreten, wenn die $n_1 + n_2$ Zufallsgrößen $X_1, \ldots, X_{n_1}$, $Y_1, \ldots, Y_{n_2}$ gemeinsam der Größe nach geordnet werden. Man sagt, zwei Zufallsgrößen X_i, Y_j bilden eine Inversion, wenn $X_i > Y_j$ gilt. Falls die Hypothese $\mathbf{H}_0$ war ist, besitzt die Testgröße

$$T_{n_1,n_2} = \left(M - \frac{n_1 n_2}{2}\right) \Big/ \sqrt{\frac{n_1 n_2 (n_1 + n_2 + 1)}{12}}$$

asymptotisch (d. h. für $n_1 \to \infty$, $n_2 \to \infty$) eine standardisierte Normalverteilung.

(iii) Der kritische Bereich wird durch $\mathscr{K} = \left\{t_{n_1,n_2} : |t_{n_1,n_2}| > z_{1-\frac{\alpha}{2}}\right\}$ festgelegt.

(iv) Man ordnet die $n_1 + n_2$ Werte $x_1, \ldots, x_{n_1}, y_1, \ldots, y_{n_2}$ vorliegender konkreter Stichproben $\boldsymbol{x}$ und $\boldsymbol{y}$ von $\boldsymbol{X}$ bzw. $\boldsymbol{Y}$ der Größe nach und zählt, wie oft die Ungleichung $x_i > y_j$ für $i = 1, \ldots, n_1$ und $j = 1, \ldots, n_2$ in der geordneten Zahlenreihe erfüllt ist. Gilt für die berechnete Realisierung t_{n_1,n_2} der Testgröße T_{n_1,n_2} dann $t_{n_1,n_2} \in \mathscr{K}$, so wird $\mathbf{H}_0$ abgelehnt.

Die Stichprobenumfänge sollen den Beziehungen $n_1 \geqq 4$, $n_2 \geqq 4$ und $n_1 + n_2 \geqq 20$ genügen.

4.5.3.6. Kolmogorow/Smirnow-Homogenitätstest.

(i) Zu prüfen ist die Hypothese $\mathbf{H}_0 : F_{0,1}(x) = F_{0,2}(x)$.

(ii) Es bezeichne $\hat{F}_{n_1}(x)$ bzw. $\hat{F}_{n_2}(x)$ die empirische Verteilungsfunktion von $\boldsymbol{X}$ bzw. $\boldsymbol{Y}$. Ist die Hypothese $\mathbf{H}_0$ wahr, dann konvergiert die Verteilungsfunktion der Testgröße

$$T_{n_1,n_2} = \sqrt{\frac{n_1 n_2}{n_1 + n_2}} \sup_{-\infty < x < \infty} |\hat{F}_{n_1}(x) - \hat{F}_{n_2}(x)|$$

für $\dfrac{n_1 n_2}{n_1 + n_2} \to \infty$ gegen die Verteilungsfunktion $\mathrm{K}(y)$ der Kolmogorow-Verteilung.

(iii) Der kritische Bereich lautet $\mathscr{K} = \{t_{n_1,n_2} : t_{n_1,n_2} > \mathrm{k}_{1-\alpha}\}$.

(iv) Liegt die aus zwei konkreten Stichproben $\boldsymbol{x} = (x_1, \ldots, x_{n_1})$ und $\boldsymbol{y} = (y_1, \ldots, y_{n_2})$ berechnete Realisierung t_{n_1,n_2} von T_{n_1,n_2} in $\mathscr{K}$, so wird $\mathbf{H}_0$ abgelehnt.

4.6. Punktschätzungen für die Erwartungswertfunktion und die Kovarianzfunktion zufälliger Prozesse

Es sei $(X(t), t \in \mathscr{T})$, $\mathscr{T} \subseteqq \mathbb{R}$, ein reellwertiger Prozeß zweiter Ordnung mit der Erwartungswertfunktion $\mathsf{m}(t)$ und der Kovarianzfunktion $\mathsf{C}(u, t)$. Für $\mathsf{m}(t)$ und $\mathsf{C}(u, t)$ werden Punktschätzungen angegeben.

Eine n-malige Beobachtung des Prozesses $(X(t))$ auf einer Teilmenge $\mathscr{T}_0$ des Parameterbereichs $\mathscr{T}$ führt auf die Stichprobe $(X_1(t), \ldots, X_n(t), t \in \mathscr{T}_0)$. Die Prozesse $(X_i(t), t \in \mathscr{T}_0)$, $i = 1, \ldots, n$, sind dabei voneinander unabhängig, und ihre endlichdimensionalen Verteilungen stimmen mit denen des Prozesses $(X(t), t \in \mathscr{T}_0)$ überein. Insbesondere ist dann bei einer kurzen Beobachtungsdauer die Anwendung der statistischen Verfahren für einfache Stichproben möglich.

4.6.1. Satz. Gegeben sei eine Stichprobe $(X_1(t), \ldots, X_n(t), t \in \mathscr{T}_0)$ des Prozesses $(X(t))$.

(a) Für jedes $t \in \mathscr{T}_0$ ist

$$\hat{M}(t) = \frac{1}{n} \sum_{i=1}^{n} X_i(t)$$

eine erwartungstreue und konsistente Punktschätzung für $\mathsf{m}(t)$ mit der Varianz $\mathsf{V}\hat{M}(t) = \dfrac{1}{n} \mathsf{V}X(t)$.

(b) Für alle $u, t \in \mathscr{T}_0$ ist im Fall bekannter Erwartungswertfunktion

$$\hat{C}_1(u, t) = \frac{1}{n} \sum_{i=1}^{n} X_i(u)\, X_i(t) - \mathsf{m}(u)\, \mathsf{m}(t)$$

und im Fall unbekannter Erwartungswertfunktion

$$\hat{C}_2(u, t) = \frac{1}{n-1} \sum_{i=1}^{n} X_i(u)\, X_i(t) - \frac{n}{n-1} \hat{M}(u)\, \hat{M}(t)$$

eine erwartungstreue Punktschätzung für $\mathsf{C}(u, t)$. Die Varianzen von $\hat{C}_1(u, t)$ und $\hat{C}_2(u, t)$ enthalten Momente des Prozesses $(X(t))$ bis zur vierten Ordnung.

Bei einer einmaligen Beobachtung des Prozesses $(X(t), t \in \mathcal{T})$ auf einer Teilmenge $\mathcal{T}_0 \subseteqq \mathcal{T}$ kann zur Schätzung der Erwartungswertfunktion folgende Vorgehensweise angewandt werden:

4.6.2. Ansatzmethode. Diese Methode besteht darin, für die Erwartungswertfunktion einen Ansatz mit geeignet vorgegebenen Funktionen und endlich vielen unbekannten Parametern zu wählen. Die Auswahl der Funktionen erfolgt dabei auf Grund vorliegender Information über den Prozeß sowie nach praktischen Gesichtspunkten. Die unbekannten Parameter werden mit Hilfe spezieller Schätzmethoden geschätzt, siehe Grenander/Rosenblatt [1], Hannan [1] und Lewis/Odell [1].

4.7. Schätzungen für Kenngrößen stationärer Prozesse

Ein in einem vorliegenden Bedienungssystem betrachteter reellwertiger zufälliger Prozeß $(X(t),\ t \in \mathcal{T})$, $\mathcal{T} \subseteqq \mathbb{R}$, sei im weiteren Sinne stationär. Den Ausgangspunkt statistischer Schlüsse bilde eine Stichprobe $(X(t), t \in \mathcal{T}_0)$, $\mathcal{T}_0 \subseteqq \mathcal{T}$. Hierbei ist $\mathcal{T}_0 = [0, s]$ im Fall einer stetigen Beobachtung eines Prozesses $(X(t))$ mit stetiger Zeit auf dem Intervall $[0, s]$ und $\mathcal{T}_0 = \{t_1, t_2, \ldots, t_n\}$ im Fall einer diskreten Beobachtung eines Prozesses $(X(t))$ mit stetiger oder diskreter Zeit in den Zeitpunkten $t_1, t_2, \ldots, t_n$, s bzw. n vorgegeben. Es werden einfache Punktschätzungen für den Erwartungswert m und die Kovarianzfunktion $\mathsf{C}(\Delta t)$ des Prozesses $(X(t))$ angegeben.

4.7.1. Satz. Bei einer stetigen bzw. diskreten Beobachtung sind

$$\hat{M}_1 = \frac{1}{s} \int_0^s X(t)\, \mathrm{d}t \qquad \text{bzw.} \qquad \hat{M}_2 = \frac{1}{n} \sum_{i=1}^{n} X(t_i)$$

erwartungstreue Punktschätzungen für m. Für die Varianzen von $\hat{M}_1$ und $\hat{M}_2$ gilt

$$\mathsf{V}\hat{M}_1 = \frac{2}{s} \int_0^s \left(1 - \frac{t}{s}\right) \mathsf{C}(t)\, \mathrm{d}t,$$

$$\mathsf{V}\hat{M}_2 = \frac{1}{n} \left[\mathsf{V}X(t) + 2 \sum_{i=1}^{n-1} \left(1 - \frac{i}{n}\right) \mathsf{Cov}\,\big(X(t_1), X(t_{i+1})\big)\right].$$

Ist der betrachtete zufällige Prozeß $(X(t))$ ergodisch (hinreichend schnelles Abklingen der Kovarianzfunktion), dann sind $\hat{M}_1$ und $\hat{M}_2$ auch konsistent. Der Wirkungsgrad von $\hat{M}_2$ in bezug auf $\hat{M}_1$ wird für bestimmte Prozeßklassen in Gafarian/Ancker (1966) und Reynolds (1972) untersucht.

4.7.2. Satz. Im Fall einer stetigen Beobachtung ist

$$\hat{C}_1(\Delta t) = \frac{1}{s - \Delta t} \int_0^{s-\Delta t} X(t)\, X(t + \Delta t)\, \mathrm{d}t - \hat{M}_1^2,$$

$0 \leqq \Delta t < s$, und im Fall einer diskreten Beobachtung bei gleichabständigen t_i, $t_i = ih$, $i = 1, \ldots, n$, $h > 0$, ist

$$\hat{C}_2(\Delta t) = \frac{1}{n - j} \sum_{i=1}^{n-j} X(t_i)\, X(t_i + \Delta t) - \hat{M}_2^2,$$

$\Delta t = jh$, $j = 0, 1, \ldots, n - 1$, eine Punktschätzung für $\mathsf{C}(\Delta t)$.

Zur praktischen Bestimmung von Punktschätzungen für $\mathsf{C}(\Delta t)$ werden häufig spezielle Analogiegeräte benutzt. Da die Kenntnis der Kovarianzfunktion der Kenntnis der Spektralfunktion gleichwertig ist (↑ [3.1.2.4]), betrachtet man auch statistische Fragestellungen bez. Spektralfunktion und Spektraldichte, s. z. B. GRENANDER/ROSENBLATT [1], JENKINS/WATTS [1] oder BRILLINGER [1].

Es sei $(X_i, i \geqq 1)$ ein reellwertiger im engeren Sinne stationärer Prozeß mit den Kovarianzen $c_j = \mathsf{Cov}\,(X_i, X_{i+j})$, $j = 0, 1, 2, \ldots$, und $(X_i, 1 \leqq i \leqq n)$ eine Stichprobe dieses Prozesses. Eine Punktschätzung für $\mathsf{m} = \mathsf{E}X_i$ ist $\overline{X}_n = \frac{1}{n} \sum_{i=1}^{n} X_i$ und eine Punktschätzung für $\mathsf{V}\overline{X}_n$

$$\hat{R}_n = \frac{1}{n} \left[S_n^2 + 2 \sum_{j=1}^{n-1} \left(1 - \frac{j}{n}\right) \hat{C}_j \right]$$

mit

$$S_n^2 = \frac{1}{n} \sum_{i=1}^{n} (X_i - \overline{X}_n)^2 \qquad \text{und} \qquad \hat{C}_j = \frac{1}{n - j} \sum_{i=1}^{n-j} X_i X_{i+j} - \overline{X}_n^2$$

(↑ S. 4.7.1 und S. 4.7.2). Der folgende Satz beinhaltet eine näherungsweise Konfidenzschätzung für den Erwartungswert m des Prozesses (X_i).

4.7.3. Satz. (a) Genügt die Folge der Zufallsgrößen $X_1, X_2, \ldots$ dem zentralen Grenzwertsatz (vgl. z. B. ANDERSON [2], Abschnitt 7.7), so gilt für großes n näherungsweise

$$\mathsf{P}\left(\overline{X}_n - \mathrm{t}_{n-1;1-\frac{\alpha}{2}} \sqrt{\hat{R}_n} \leqq m \leqq \overline{X}_n + \mathrm{t}_{n-1;1-\frac{\alpha}{2}} \sqrt{\hat{R}_n}\right) = 1 - \alpha .$$

Dabei bezeichnet $\mathrm{t}_{n-1;1-\frac{\alpha}{2}}$ das $\left(1 - \frac{\alpha}{2}\right)$-Quantil der t-Verteilung mit $n - 1$ Freiheitsgraden. Die Konfidenzgrenzen eines näherungsweisen Konfidenzintervalls $[G_\mathrm{u}, G_\mathrm{o}]$ für m zum Konfidenzniveau $1 - \alpha$ lauten somit

$$G_\mathrm{u} = \overline{X}_n - \mathrm{t}_{n-1;1-\frac{\alpha}{2}} \sqrt{\hat{R}_n} \quad \text{und} \quad G_\mathrm{o} = \overline{X}_n + \mathrm{t}_{n-1;1-\frac{\alpha}{2}} \sqrt{\hat{R}_n} .$$

(b) Für den Spezialfall potentiell fallender Korrelationskoeffizienten $k_j = \frac{c_j}{\mathsf{V}X_i}$ mit $k_j = q^j$, $j = 0, 1, 2, \ldots$; $q \in (0, 1)$ (↑ Methode des Potenzansatzes 11.5.2.4), ist

$$\hat{Q} = \exp\left(\frac{\sum_{j=1}^{l} j \hat{K}_j^2 \ln \hat{K}_j}{\sum_{j=1}^{l} j^2 \hat{K}_j^2}\right) \qquad \text{mit} \qquad \hat{K}_j = \frac{\hat{C}_j}{S_n^2}$$

eine Punktschätzung für q und wird

$$\hat{R}_n = S_n^2(1 + \hat{Q})/n(1 - \hat{Q})$$

benutzt (s. Gebhardt (1974)). Der Index l ist dabei so zu wählen, daß für alle $j \leqq l$ die berechneten Schätzwerte $\hat{k}_j > 0.1$ sind und $l \leqq 10$ gilt. Für $l = 0$ ist $\hat{Q} = 0$ zu setzen.

Es sei $(X(t), t \in \mathscr{T})$, $\mathscr{T} \subseteqq \mathbb{R}$, ein reellwertiger im engeren Sinne stationärer Prozeß. Für die eindimensionale Verteilungsfunktion $F(x) = \mathsf{P}(X(t) < x)$ werden Punktschätzungen angegeben.

4.7.4. Satz. Bei einer stetigen bzw. diskreten Beobachtung sind

$$\hat{F}_1(x) = \frac{1}{s}\int_0^s \mathbf{1}_{(-\infty,x)}\left(X(t)\right) \mathrm{d}t \qquad \text{bzw.} \qquad \hat{F}_2(x) = \frac{1}{n}\sum_{i=1}^n \mathbf{1}_{(-\infty,x)}\left(X(t_i)\right)$$

erwartungstreue Punktschätzungen für $F(x)$. Im Fall eines ergodischen Prozesses $(X(t))$ sind $\hat{F}_1(x)$ und $\hat{F}_2(x)$ auch konsistent.

Methoden und Ergebnisse zur Statistik bei stationären Prozessen findet man u. a. in Grenander/Rosenblatt [1], Anderson [2] und Hannan [1], [2].

4.8. Schätzungen und Tests bei Poisson-Prozessen

$(X(t), t \in \mathbb{R}_+)$ sei ein homogener Poisson-Prozeß mit der Intensität λ, $\lambda > 0$. Auf der Grundlage zweier Beobachtungsmethoden werden für den unbekannten wahren Wert λ_0 der Intensität Punkt- und Konfidenzschätzungen sowie Tests angegeben.

Bei einer stetigen Beobachtung des Prozesses $(X(t))$ bis zum Eintreten des n-ten Ereignisses, n vorgegeben, bezeichne T_i den Zeitpunkt des Eintretens des i-ten Ereignisses, $i = 1, \ldots, n$. Die Pausenzeiten $T_i - T_{i-1}$, $i = 1, \ldots, n$, $T_0 = 0$, bilden dann eine einfache Stichprobe, deren Komponenten exponentialverteilt sind mit dem Parameter λ.

4.8.1. Satz. (a) T_n ist eine hinreichende Statistik für λ. Die Zufallsgröße $2\lambda T_n$ besitzt eine χ^2-Verteilung mit $2n$ Freiheitsgraden.
(b) Die Maximum-Likelihood-Schätzung für λ_0 lautet

$$\hat{\Lambda}_{n,1} = n/T_n \quad (\uparrow \text{B. } 4.3.3.2).$$

(c) Eine erwartungstreue, konsistente und asymptotisch wirksamste Punktschätzung für λ_0 ist

$$\hat{\Lambda}_{n,2} = (n-1)/T_n, \quad n > 1, \quad \text{mit} \quad \mathsf{V}\hat{\Lambda}_{n,2} = \lambda_0^2/(n-2), \quad n > 2.$$

(d) T_n/n stellt eine erwartungstreue, wirksamste und konsistente Punktschätzung für λ_0^{-1} mit der Varianz $1/(n\lambda_0^2)$ dar.
(e) Konfidenzgrenzen eines Konfidenzintervalls $[G_u, G_o]$ für λ zum Konfidenzniveau $1 - \alpha$ mit $\alpha = \alpha_1 + \alpha_2$, $\alpha_1, \alpha_2 > 0$, sind $G_u = \chi^2_{2n;\alpha_1}/2T_n$ und $G_o = \chi^2_{2n;1-\alpha_2}/2T_n$. Gewöhnlich wählt man $\alpha_1 = \alpha_2 = \alpha/2$.
(f) Es ist die Nullhypothese $\mathbf{H}_0 : \lambda_0 \leqq \lambda_*$ gegen die Alternativhypothese $\mathbf{H}_1 : \lambda_0 > \lambda_*$ zu prüfen, wobei λ_* ein vorgegebener Wert der Intensität ist. Die Hypothese $\mathbf{H}_0$ wird angenommen und die Hypothese $\mathbf{H}_1$ abgelehnt, wenn für eine Realisierung t_n von T_n

$t_n \geqq \chi^2_{2n;\alpha}/2\lambda_*$ gilt. Der dadurch beschriebene Test zum Signifikanzniveau α ist besser als ein beliebiger anderer Test mit dem gleichen Fehler erster Art.

Die Beobachtung des Prozesses $(X(t))$ erfolge in einem Zeitintervall $[0, s)$ vorgegebener Länge s. L_s bezeichne die Anzahl der in $[0, s)$ eingetretenen Ereignisse.

4.8.2. Satz. (a) L_s ist eine hinreichende Statistik für λ und besitzt eine Poisson-Verteilung mit dem Parameter λs.
(b) Die Maximum-Likelihood-Schätzung $\hat{\Lambda}_s = L_s/s$ ist eine erwartungstreue, wirksamste und konsistente Punktschätzung für λ_0 mit $\mathsf{V}\hat{\Lambda}_s = \lambda_0/s$.
(c) Konfidenzgrenzen eines Konfidenzintervalls $[G_u, G_o]$ für λ zum Konfidenzniveau $1 - \alpha$ mit $\alpha = \alpha_1 + \alpha_2$, $\alpha_1, \alpha_2 > 0$, sind

$$G_u = \chi^2_{2L_s;\alpha_1}/2s \quad \text{und} \quad G_o = \chi^2_{2(L_s+1);1-\alpha_2}/2s.$$

Im allgemeinen wählt man $\alpha_1 = \alpha_2 = \alpha/2$.
(d) Es ist die Nullhypothese $\mathbf{H}_0 : \lambda_0 \leqq \lambda_*$ gegen die Alternativhypothese $\mathbf{H}_1 : \lambda_0 > \lambda_*$ zu prüfen, wobei λ_* ein vorgegebener Wert der Intensität ist. Man bestimmt zunächst die kleinste ganze Zahl k, die der Ungleichung $2\lambda_* s \leqq \chi^2_{2(k+1);\alpha}$ genügt. Gilt für eine Realisierung l_s von L_s $l_s \leqq k$, so wird die Hypothese $\mathbf{H}_0$ angenommen und die Hypothese $\mathbf{H}_1$ abgelehnt. Der damit beschriebene Test zum Signifikanzniveau α ist besser als ein beliebiger anderer Test mit dem gleichen Fehler erster Art.

Methoden und Ergebnisse der Statistik beim homogenen Poisson-Prozeß sind ausführlich dargelegt in Cox/Lewis [1] und Gnedenko/Beljajew/Solowjew [1]. Unter anderem findet man dort eine Auswahl von Tests der Hypothese, daß ein vorliegender Erneuerungsprozeß ein homogener Poisson-Prozeß ist, und Tests zum Vergleich mehrerer homogener Poisson-Prozesse. In El-Sayyad/Freeman (1973) sind optimale Versuchspläne für verschiedene Verlustfunktionen bei der Bayes-Schätzung der Intensität λ angegeben. Als A-priori-Verteilung von λ wird eine Gammaverteilung gewählt.
Über die Konstruktion erwartungstreuer und wirksamster Punktschätzungen für Funktionen von λ kann man sich z. B. in Franz/Winkler (1979) informieren.
Statistische Fragestellungen bei einem Poisson-Prozeß mit der Leitfunktion $\Lambda(t)$, einem zusammengesetzten Poisson-Prozeß und einem Coxschen Punktprozeß werden in Cox/Lewis [1], Lewis [1] und Snyder [1] behandelt, s. auch Simar (1976). Die Konstruktion von Punktschätzungen und Tests auf der Grundlage der Likelihood-Funktion einer Stichprobe eines solchen Prozesses für unbekannte Prozeßparameter hat dabei besondere Bedeutung, vgl. Snyder [1].

Betrachtet wird ein Poisson-Prozeß $(X(t))$ mit einer absolutstetigen Leitfunktion $\Lambda(t)$. Die Intensitätsfunktion $\lambda(t; \vartheta)$ hänge von einem Parameter ϑ ab. Die Beobachtung des Prozesses $(X(t))$ in einem Zeitintervall $[0, s)$ vorgegebener Länge s erfolge in der Weise, daß in den n vorgegebenen disjunkten Zeitintervallen $[t_{i-1}, t_i)$, $i = 1, \ldots, n$, $t_0 = 0$ und $t_n = s$, die Anzahlen L_i der eingetretenen Ereignisse registriert werden.

4.8.3. Satz. (a) Die Likelihood-Funktion der Stichprobe $X = (L_1, \ldots, L_n)$ lautet (vgl. Snyder [1])

$$\mathsf{L}(\vartheta; X) = \prod_{i=1}^{n} \left[(L_i!)^{-1} \left(\int_{t_{i-1}}^{t_i} \lambda(t; \vartheta)\, dt \right)^{L_i} \exp\left(- \int_{t_{i-1}}^{t_i} \lambda(t; \vartheta)\, dt \right) \right].$$

(b) Für den Fall $\lambda(t; \vartheta) = \vartheta u(t)$ mit bekannter Funktion $u(t)$ ergibt sich für den wahren Parameterwert ϑ_0 die Maximum-Likelihood-Schätzung

$$\hat{\Theta}_s = \sum_{i=1}^{n} L_i \Big/ \int_0^s u(t)\, dt.$$

(c) Ist speziell $u(t) = 1$, d. h., liegt ein homogener Poisson-Prozeß mit der Intensität ϑ vor, so erhält man (↑ S. 4.8.2(b))

$$\hat{\Theta}_s = \sum_{i=1}^{n} L_i/s.$$

4.9. Statistische Methoden bei Erneuerungsprozessen und regenerativen Prozessen

Es seien $Z_1, Z_2, \ldots$ unabhängige und identisch verteilte Zufallsgrößen, die einen gewöhnlichen Erneuerungsprozeß $(L(t))$ definieren. Den Ausgangspunkt statistischer Betrachtungen bilden zwei grundsätzliche Beobachtungsmethoden. Die erste besteht darin, daß eine vorgegebene oder (im Fall vorgegebener Beobachtungsdauer) zufällige Anzahl von Abständen Z_i zwischen den Erneuerungen beobachtet wird. Bei der zweiten Methode werden die Anzahlen der Erneuerungen in Zeitintervallen vorgegebener oder zufälliger Länge registriert.

Die Beobachtung einer vorgegebenen Anzahl von Abständen führt auf die Anwendung der in [4.2] bis [4.5] beschriebenen statistischen Verfahren. Eine gründliche Darlegung dieses Zugangs enthält Cox/Lewis [1], Kapitel 6, s. auch Lewis [1]. Insbesondere sind in Cox/Lewis [1] Tests beschrieben, mit denen man überprüfen kann, ob eine Folge von Ereignissen einen Erneuerungsprozeß definiert.

4.9.1. Punktschätzungen für Kenngrößen von Erneuerungsprozessen

Im folgenden werden Punktschätzungen für die Abstandsverteilungsfunktion $F(x)$, die Erneuerungsfunktion $H(x)$ und für $\mathsf{V}L(t)$ angegeben.

Ein vorliegender gewöhnlicher Erneuerungsprozeß wird auf einem Zeitintervall $[0, s]$ vorgegebener Länge s n-mal beobachtet. Bezeichnet $Z_{i,j}$ den j-ten Abstand bei der i-ten Beobachtung und $L_{s,i}$ die Anzahl der Erneuerungen in $[0, s]$ bei der i-ten Beobachtung des Prozesses, so erhält man die einfache Stichprobe $(Z_{i,j}, j = 1, \ldots, L_{s,i}, i = 1, \ldots, n)$. Die Verteilungsfunktion $F(x)$ gehöre zur Menge aller stetigen Verteilungsfunktionen auf $[0, s]$, $F(s) \leqq 1$. Es sei $M_{s,i}(x)$ die Anzahl der Abstände $Z_{i,j}$ mit $Z_{i,j} < x$, $i = 1, \ldots, n$, und $M_{s,i,k}(x)$ die Anzahl der verschiedenen Teilfolgen $(Z_{i,j_1}, \ldots, Z_{i,j_k})$ von $(Z_{i,1}, \ldots, Z_{i,L_{s,i}})$ mit $\sum_{l=1}^{k} Z_{i,j_l} < x$.

4.9.1.1. Satz. Eine erwartungstreue, wirksamste, konsistente ($ns \to \infty$) und asymptotisch normalverteilte Punktschätzung für $F(x)$ ist

$$\hat{F}_{n,s}(x) = \frac{1}{n} \sum_{i=1}^{n} \frac{M_{s,i}(x)}{L_{s,i}}, \qquad x \in [0, s],$$

für $\mathsf{Cov}\left(\hat{F}_{n,s}(x_1), \hat{F}_{n,s}(x_2)\right)$ mit $x_1 \leqq x_2$

$$\hat{C}_{n,s}(x_1, x_2) = \begin{cases} \dfrac{1}{n^2} \displaystyle\sum_{i=1}^{n} \frac{M_{s,i}(x_1)\,[L_{s,i} - M_{s,i}(x_2)]}{L_{s,i}^2[L_{s,i} - 1]} & \text{für} \quad x_1 + x_2 \leqq s, \\[2ex] \dfrac{1}{n^2} \displaystyle\sum_{i=1}^{n} \frac{M_{s,i}(x_1)\, M_{s,i}(x_2)}{L_{s,i}^2} - \frac{1}{n^2(n-1)} \sum_{i \neq j} \frac{M_{s,i}(x_1)\, M_{s,j}(x_2)}{L_{s,i} L_{s,j}} & \text{für} \quad x_1 + x_2 > s \end{cases}$$

und für $H(x)$

$$H_{n,s}(x) = \frac{1}{n} \sum_{i=1}^{n} \sum_{k=1}^{L_{s,i}} \frac{k[M_{s,i,k}(x) - M_{s,i,k+1}(x)]\,(L_{s,i} - k)!}{L_{s,i}!}$$

$x \in [0, s]$, vgl. TSCHEPURIN (1973).

Beobachtet wird ein stationärer Erneuerungsprozeß im Zeitintervall $(0, s)$ vorgegebener Länge s. Es bezeichne $L(u, u + t)$ die Anzahl der Erneuerungen im Intervall $(u, u + t)$.

4.9.1.2. Satz. (a) Eine Punktschätzung für $\mathsf{V}L(t)$ ist

$$\widehat{\mathsf{V}L}(t) = \frac{1}{s - t} \int_0^{s-t} L^2(u, u + t)\,du - \left(\frac{t}{s}\right)^2 L^2(0, s), \qquad t \in (0, s),$$

mit dem systematischen Fehler $\mathsf{E}\big(\widehat{\mathsf{V}L}(t)\big) - \mathsf{V}L(t) = o(1)$ für $s \to \infty$.

(b) Im Fall eines homogenen Poisson-Prozesses mit der Intensität λ gilt

$$\mathsf{E}\big(\widehat{\mathsf{V}L}(t)\big) = \lambda t \left(\frac{s - t}{s}\right), \quad \mathsf{V}\big(\widehat{\mathsf{V}L}(t)\big) = \frac{6\lambda^3 t^4 + 4\lambda^2 t^3 + \lambda t^2}{s} + o\left(\frac{1}{s}\right) \quad \text{für } s \to \infty.$$

Folglich stellt $\frac{s}{s - t}\,\widehat{\mathsf{V}L}(t)$ eine erwartungstreue und konsistente Punktschätzung für $\mathsf{V}L(t)$ dar.

(c) Weiterhin besitzt bei einem homogenen Poisson-Prozeß

$$\frac{\sqrt{s}\,\big(\widehat{\mathsf{V}L}(t) - \lambda t\big)}{\sqrt{(6\lambda^3 t^4 + 4\lambda^2 t^3 + \lambda t^2)}},$$

asymptotisch ($s \to \infty$) eine standardisierte Normalverteilung, vgl. MURTHY [1].

Diese Aussage gibt eine Möglichkeit zu überprüfen, ob ein Erneuerungsprozeß ein homogener Poisson-Prozeß ist.

4.9.2. Likelihood-Funktionen für verschiedene Stichproben eines Erneuerungsprozesses

Für zwei verschiedene Stichproben eines gewöhnlichen Erneuerungsprozesses $\big(L(t)\big)$ werden die Likelihood-Funktionen angegeben. Diese ermöglichen die Konstruktion von Maximum-Likelihood-Schätzungen und Likelihood-Quotienten-Tests für den unbekannten wahren Wert eines Prozeßparameters.

Die Abstandsverteilungsfunktion $F(x; \vartheta)$ mit der Dichte $f(x; \vartheta)$ sei dem Typ nach bekannt und hänge von einem Parameter $\vartheta \in \Theta$, $\Theta \subseteq \mathbb{R}^m$, ab.

4.9.2.1. Satz. Ausgehend von der Beobachtungsmethode zu S. 4.9.1.1 lautet die Likelihood-Funktion der Stichprobe $\boldsymbol{X} = (Z_{i,j},\ j = 1, \ldots, L_{s,i},\ i = 1, \ldots, n)$

$$\mathsf{L}(\vartheta; \boldsymbol{X}) = \prod_{i=1}^{n} \prod_{j=1}^{L_{s,i}} f(Z_{i,j}; \vartheta) \prod_{j=1}^{n} \left[1 - F\left(s - \sum_{j=1}^{L_{s,i}} Z_{i,j}; \vartheta\right)\right].$$

Bei der folgenden Beobachtungsmethode sind die Abstände des Erneuerungsprozesses selbst nicht beobachtbar, und die Laplace-Stieltjes-Transformierte $F^*(s;\vartheta)$ der Abstandsverteilungsfunktion ist in Abhängigkeit von einem Parameter ϑ gegeben.

Die Beobachtung des Erneuerungsprozesses $(L(t))$ beginne mit dem Eintreten eines Ereignisses im Zeitpunkt $T_0 = 0$. Nach der Wahl zufälliger Zeitpunkte $0 < T_1 < T_2 < \cdots$ werden die Anzahlen L_i der in den Intervallen $[T_{i-1}, T_i)$, $i = 1, 2, \ldots$, eintretenden Ereignisse des Prozesses $(L(t))$ registriert. Hierbei seien die Längen der Intervalle $T_i - T_{i-1}$ unabhängige und identisch exponentialverteilte Zufallsgrößen mit (o. B. d. A.) dem Parameter $\lambda = 1$. In diesem Fall kann $(L(t))$ durch den Prozeß $(L_i,\ i = 1, 2, \ldots)$ charakterisiert werden, vgl. KINGMAN (1963).

Es bezeichne X die zufällige Anzahl der Beobachtungsintervalle bis $Y = L_X > 0$ Ereignisse (in diesem X-ten Intervall) eingetreten sind. Eine Beobachtung aufeinanderfolgender Anzahlen L_i, $i = 1, 2, \ldots, n$, n vorgegeben, führt auf die Stichprobe ($L_{X_1} = Y_1$, $L_{X_1+X_2} = Y_2, \ldots, L_{X_1+\ldots+X_M} = Y_M$ und $L_i = 0$ sonst). M bezeichnet dabei die Anzahl der L_i mit $L_i > 0$. Diese Stichprobe ist äquivalent zur Stichprobe $\boldsymbol{X} = \left((X_1, Y_1), \ldots, (X_M, Y_M),\ X_{M+1} > n - \sum_{i=1}^{M} X_i\right)$ des eingebetteten zweidimensionalen Prozesses $\left((X_i, Y_i),\ i = 1, 2, \ldots\right)$.

4.9.2.2. Satz. Wird im Hinblick auf große Werte n die in der letzten Komponente von $\boldsymbol{X}$ enthaltene Information vernachlässigt, so lautet die Likelihood-Funktion der Stichprobe $\boldsymbol{X}$

$$\mathsf{L}(\vartheta; \boldsymbol{X}) = \prod_{i=1}^{M} p_{X_i} p_0^{(Y_i-1)}$$

mit $p_j = \dfrac{(-1)^j F^{*(j)}(1;\vartheta)}{j!}$, $j = 0, 1, 2, \ldots$, $F^{*(j)}(1;\vartheta)$ bezeichnet dabei die j-te Ableitung von $F^*(s;\vartheta)$ bezüglich s im Punkt $s = 1$, s. BASAWA (1974). BASAWA (1974) zeigte, daß unter gewissen Regularitätsbedingungen eine konsistente und asymptotisch normalverteilte Maximum-Likelihood-Schätzung für ϑ_0 existiert, und betrachtete auch modifizierte Beobachtungsmethoden.

4.9.3. Konfidenzschätzungen für Kenngrößen der stationären Verteilung regenerativer Prozesse

Das Verhalten eines Bedienungssystems werde durch einen regenerativen Prozeß $(X(t),\ t \geqq 0)$ mit dem Zustandsraum $(\mathbb{R}^k, \mathfrak{B}^k)$ beschrieben. Auf Grund der Struktur dieses Prozesses (↑ [3.2.6]) hat man die Möglichkeit, statistische Schlüsse auf der Grundlage einfacher Stichproben abzuleiten. Im folgenden wird dies am Beispiel von Konfidenzschätzungen für Kenngrößen der stationären Verteilung des regenerativen Prozesses dargelegt. Für das System GI/GI/s/∞ und Markowsche Ketten mit diskreter oder stetiger Zeit ist dieses Problem in CRANE/IGLEHART (1974a) bzw. CRANE/IGLEHART (1974b) behandelt. Es seien $(T_i,\ i \geqq 1)$ eine Folge von Regenerationspunkten des Prozesses $(X(t))$ und $Z_i = T_{i+1} - T_i$, $i \geqq 1$, mit $\mathsf{E}Z_1 < \infty$. Weiterhin existiere ein zufälliger Vektor X mit $X(t) \xrightarrow{d} X$. Für eine meßbare Funktion f von $\mathbb{R}^k$ in $\mathbb{R}$ sei $Y_i = \int_{T_i}^{T_{i+1}} f(X(t))\, dt$. Im Fall eines regenerativen Prozesses $(X_j,\ j \geqq 1)$ mit diskreter Zeit wird $Y_i = \sum_{j=T_i}^{T_{i+1}-1} f(X_j)$ gesetzt.

4.9.3.1. Satz. (a) Die Folge $\big((Y_i, Z_i), i \geqq 1\big)$ besteht aus unabhängigen und identisch verteilten zufälligen Vektoren.
(b) Ist $\mathsf{E}\,|f(X)| < \infty$, so gilt $\mathsf{E}f(X) = \mathsf{E}Y_1/\mathsf{E}Z_1$, vgl. Crane/Iglehart (1975) oder Crane/Lemoine [1]. Eine einfache Stichprobe $\big((Y_i, Z_i), 1 \leqq i \leqq n\big)$ vom Umfang n kann somit als Ausgangspunkt für statistische Schlüsse bez. $g = \mathsf{E}f(X)$ dienen.

Durch spezielle Wahl von f ergeben sich verschiedene Kenngrößen der stationären Verteilung. Wird z. B. f im Fall $k = 1$ definiert durch $f(x) = x$ für alle x, so ist $g = \mathsf{E}X$. Mit $f(x) = 1_{(-\infty, y)}(x)$ bei vorgegebenem y ergibt sich $g = \mathsf{P}(X < y)$.

Es seien $U_i = (Y_i, Z_i)^\mathsf{T}$, $\bar{Y}_n$ und $\bar{Z}_n$ die Stichprobenmittel der Y_i bzw. Z_i, $\bar{U}_n = (\bar{Y}_n, \bar{Z}_n)^\mathsf{T}$,

$$\begin{pmatrix} S_{11,n} & S_{12,n} \\ S_{12,n} & S_{22,n} \end{pmatrix} = \frac{1}{n-1} \sum_{i=1}^{n} (U_i - \bar{U}_n)(U_i - \bar{U}_n)^\mathsf{T},$$

$$z_n = z_{1-\frac{\alpha}{2}}/n \text{ und } D_n = (\bar{Y}_n\bar{Z}_n - z_nS_{12,n})^2 - (\bar{Z}_n{}^2 - z_nS_{22,n})(\bar{Y}_n{}^2 - z_nS_{11,n}).$$

Die Anwendung des zentralen Grenzwertsatzes auf die unabhängigen und identisch verteilten Zufallsgrößen $Y_i - gZ_i$, $i \geqq 1$, führt auf die folgende Aussage.

4.9.3.2. Satz. Die Konfidenzgrenzen eines näherungsweisen Konfidenzintervalls $[G_\mathrm{u}, G_\mathrm{o}]$ für $g = \mathsf{E}f(X)$ zum Konfidenzniveau $1 - \alpha$, $\alpha \in (0, 1)$ vorgegeben, lauten (s. Crane/Iglehart (1975))

$$G_\mathrm{u} = \frac{\bar{Y}_n\bar{Z}_n - z_nS_{12,n} - \sqrt{D_n}}{\bar{Z}_n{}^2 - z_nS_{22,n}}, \qquad G_\mathrm{o} = \frac{\bar{Y}_n\bar{Z}_n - z_nS_{12,n} + \sqrt{D_n}}{\bar{Z}_n{}^2 - z_nS_{22,n}}.$$

Ausgehend von einer Stichprobe $\big(X(t), 0 \leqq t \leqq s\big)$ des regenerativen Prozesses $\big(X(t)\big)$ mit vorgegebenen s, erhält man eine zufällige Anzahl N von vollständig beobachteten Zyklen des Prozesses. In den obigen Formeln für G_u und G_o ist in diesem Fall n durch N zu ersetzen.

Die in diesem Abschnitt beschriebene Vorgehensweise zur Statistik bei regenerativen Prozessen ist in Crane/Lemoine [1] ausführlich dargestellt. Über die Konstruktion von Konfidenzintervallen vorgegebener Länge bei regenerativen Prozessen kann man sich in Fishman (1977) informieren.

4.10. Ergebnisse der Likelihood-Theorie bei homogenen Markowschen Prozessen mit diskreter Zeit

Bei der Statistik Markowscher Prozesse spielt die Anwendung der Likelihood-Theorie eine bedeutsame Rolle. Es ergeben sich analoge Ergebnisse wie im Fall einfacher Stichproben, also insbesondere bestimmte asymptotische Eigenschaften der Maximum-Likelihood-Schätzungen für unbekannte Prozeßparameter. Neben Regularitätsvoraussetzungen sind dafür eine Reihe prozeßspezifischer Voraussetzungen notwendig.

4.10.1. Regularitätsbedingungen und asymptotische Eigenschaften

Es sei $(X_i, i = 0, 1, 2, \ldots)$ ein homogener Markowscher Prozeß mit diskreter Zeit und dem Zustandsraum $(\mathscr{E}, \mathfrak{E})$. Die Übergangsfunktion $P_\vartheta(x, \mathscr{A}) = \mathsf{P}_\vartheta(X_{i+1} \in \mathscr{A} \mid X_i = x)$ und die Anfangsverteilung $\mathsf{P}_\vartheta(\mathscr{A}) = \mathsf{P}_\vartheta(X_0 \in \mathscr{A})$, $x \in \mathscr{E}$, $\mathscr{A} \in \mathfrak{E}$, mögen von einem

Parameter $\vartheta \in \Theta$ abhängen, wobei Θ eine offene Teilmenge des $\mathbb{R}^m$ ist. Die Aufgabe besteht in der Herleitung statistischer Schlüsse über den unbekannten wahren Parameterwert ϑ_0 auf der Grundlage der Likelihood-Funktion einer Stichprobe $(X_i, 0 \leqq i \leqq n)$ des Prozesses (X_i).

Für alle $\vartheta \in \Theta$ sollen $P_\vartheta(x, \mathscr{A})$ und $\mathsf{P}_\vartheta(\mathscr{A})$ bezüglich eines Maßes φ auf $\mathfrak{E}$ Dichten $f(x, y; \vartheta)$ bzw. $f(y; \vartheta)$ besitzen, d. h. die Darstellungen

$$P_\vartheta(x, \mathscr{A}) = \int\limits_{\mathscr{A}} f(x, y; \vartheta)\, \varphi(\mathrm{d}y) \qquad \text{und} \qquad \mathsf{P}_\vartheta(\mathscr{A}) = \int\limits_{\mathscr{A}} f(y; \vartheta)\, \varphi(\mathrm{d}y)$$

gelten. Dabei kann im Fall $\mathscr{E} = \mathbb{R}^k$ und $\mathfrak{E} = \mathfrak{B}^k$ für φ das Lebesgue-Maß und im Fall, daß $\mathscr{E}$ eine endliche oder abzählbare Menge und $\mathfrak{E}$ die σ-Algebra aller Teilmengen von $\mathscr{E}$ ist, für φ das Zählmaß gewählt werden.

4.10.1.1. Satz. Die Likelihood-Funktion der Stichprobe $(X_i, 0 \leqq i \leqq n)$ des Prozesses (X_i) lautet (vgl. Billingsley [1])

$$\mathsf{L}_n(\vartheta) = f(X_0; \vartheta) \prod_{i=0}^{n-1} f(X_i, X_{i+1}; \vartheta).$$

In Verbindung mit asymptotischen Betrachtungen für $n \to \infty$ ist es gerechtfertigt, die Anfangsinformation über X_0 im weiteren zu vernachlässigen und in der Likelihood-Funktion den Faktor $f(X_0; \vartheta)$ nicht zu berücksichtigen.

Die nachstehenden Regularitätsbedingungen stellen Voraussetzungen dar, unter denen die auf der Likelihood-Funktion basierenden statistischen Verfahren bestimmte asymptotische Eigenschaften besitzen.

4.10.1.2. Regularitätsbedingungen. (a) Für jedes $\vartheta \in \Theta$ hat der Markowsche Prozeß (X_i) eine einzige stationäre Verteilung $\mathsf{Q}_\vartheta(\cdot)$ und ist $P_\vartheta(x, \cdot)$ absolutstetig bez. $\mathsf{Q}_\vartheta(\cdot)$ für alle $x \in \mathscr{E}$.

(b) Die Menge $\{y \in \mathscr{E} : f(x, y; \vartheta) > 0\}$ hängt für jedes $x \in \mathscr{E}$ nicht von ϑ ab.

(c) Es existieren die partiellen Ableitungen

$$\frac{\partial f(x, y; \vartheta)}{\partial \vartheta_j}, \quad \frac{\partial^2 f(x, y; \vartheta)}{\partial \vartheta_j\, \partial \vartheta_k} \qquad \text{und} \qquad \frac{\partial^3 f(x, y; \vartheta)}{\partial \vartheta_j\, \partial \vartheta_k\, \partial \vartheta_l}$$

für beliebige $x, y \in \mathscr{E}$ sowie $j, k, l = 1, \ldots, m$ und sind stetig in ϑ.

(d) Zu jedem $\vartheta \in \Theta$ gibt es eine Umgebung $\mathscr{U}_\vartheta$, so daß für alle j, k, l und x

$$\int\limits_{\mathscr{E}} \sup_{\vartheta' \in \mathscr{U}_\vartheta} \left| \frac{\partial f(x, y; \vartheta')}{\partial \vartheta_j} \right| \varphi(\mathrm{d}y) < \infty, \qquad \int\limits_{\mathscr{E}} \sup_{\vartheta' \in \mathscr{U}_\vartheta} \left| \frac{\partial^2 f(x, y; \vartheta')}{\partial \vartheta_j\, \partial \vartheta_k} \right| \varphi(\mathrm{d}y) < \infty$$

und

$$\mathsf{E}_\vartheta \left(\sup_{\vartheta' \in \mathscr{U}_\vartheta} \left| \frac{\partial^3 \ln f(X_0, X_1; \vartheta')}{\partial \vartheta_j\, \partial \vartheta_k\, \partial \vartheta_l} \right| \right) < \infty$$

gilt. Der Erwartungswert $\mathsf{E}_\vartheta(\cdot)$ wird dabei unter der Annahme gebildet, daß $\mathsf{Q}_\vartheta(\cdot)$ die Anfangsverteilung darstellt.

(e) Es existiert ein $\varepsilon > 0$, so daß für $j = 1, \ldots, m$ gilt

$$\mathsf{E}_\vartheta \left(\left| \frac{\partial \ln f(X_0 X_1; \vartheta)}{\partial \vartheta_j} \right|^{2+\varepsilon} \right) < \infty.$$

(f) Die (m, m)-Matrix $\mathsf{I}(\vartheta)$ mit den Elementen

$$\mathsf{I}_{jk}(\vartheta) = \mathsf{E}_\vartheta \left(\frac{\partial \ln f(X_0, X_1; \vartheta)}{\partial \vartheta_j} \frac{\partial \ln f(X_0, X_1; \vartheta)}{\partial \vartheta_k} \right)$$

ist nichtsingulär.

Die Maximum-Likelihood-Schätzung $\hat{\Theta}_n = (\hat{\Theta}_{n,1}, \ldots, \hat{\Theta}_{n,m})^\mathsf{T}$ für den unbekannten wahren Parameterwert ϑ_0 ist Lösung des Maximum-Likelihood-Gleichungssystems

$$\frac{\partial \ln \mathsf{L}_n(\vartheta)}{\partial \vartheta_j} = \sum_{i=0}^{n-1} \frac{\partial \ln f(X_i, X_{i+1}; \vartheta)}{\partial \vartheta_j} = 0, \quad j = 1, \ldots, m.$$

Bei beliebiger Anfangsverteilung des Prozesses (X_i) gelten die folgenden Aussagen, s. Billingsley [1].

4.10.1.3. Satz. (a) Die Maximum-Likelihood-Schätzung $\hat{\Theta}_n$ für ϑ_0 ist eine konsistente und asymptotisch wirksamste Punktschätzung $(n \to \infty)$.

(b) $\sqrt{n}\,(\hat{\Theta}_n - \vartheta_0)$ ist asymptotisch $\mathrm{N}(0, \mathsf{I}^{-1}(\vartheta_0))$-verteilt.

(c) Zu prüfen sei die einfache Hypothese $\mathbf{H}_0 : \vartheta_0 = \vartheta_*$, wobei ϑ_* einen vorgegebenen Parameterwert darstellt. Ist die Hypothese $\mathbf{H}_0$ wahr, so besitzt die Testgröße $2\left(\ln \mathsf{L}_n(\hat{\Theta}_n) - \ln \mathsf{L}_n(\vartheta_*)\right)$ asymptotisch $(n \to \infty)$ eine χ^2-Verteilung mit m Freiheitsgraden.

(d) $\Theta_0 \subset \Theta$ bezeichne eine offene Teilmenge des $\mathbb{R}^k$ mit $k < m$. Zu prüfen sei die zusammengesetzte Hypothese $\mathbf{H}_0 : \vartheta_0 \in \Theta_0$ gegen die zusammengesetzte Alternativhypothese $\mathbf{H}_1 : \vartheta_0 \in \Theta \setminus \Theta_0$. Ist die Hypothese $\mathbf{H}_0$ wahr, so besitzt die Testgröße $2\left(\max_{\Theta_0} \ln \mathsf{L}_n(\vartheta) - \ln \mathsf{L}_n(\vartheta_0)\right)$ asymptotisch eine χ^2-Verteilung mit k Freiheitsgraden und die Testgröße $2\left(\ln \mathsf{L}_n(\hat{\Theta}_n) - \max_{\Theta_0} \ln \mathsf{L}_n(\vartheta)\right)$ asymptotisch eine χ^2-Verteilung mit $m - k$ Freiheitsgraden. Die beiden Testgrößen sind asymptotisch unabhängig.

Weitere Ergebnisse, insbesondere zur Überprüfung der Hypothese, daß zwei Prozeßrealisierungen ein und derselbe Markowsche Prozeß zugrunde liegt, findet man in Billingsley [1]. Die angegebenen Regularitätsbedingungen 4.10.1.2 lassen sich z. T. abschwächen, vgl. Gillert (1978a).

4.10.1.4. Beispiel. (a) Betrachtet wird die Folge der Wartezeiten $(W_i, i \geqq 2)$ aufeinanderfolgender Forderungen im System GI/GI/1/∞. Bezeichnet A_i die Pausenzeit zwischen der i-ten und $(i+1)$-ten eintreffenden Forderung und B_i die Bedienungszeit der i-ten Forderung, so ist $W_{i+1} = [W_i + B_i - A_i]^+$. Folglich bildet (W_i) einen Markowschen Prozeß mit diskreter Zeit und dem Zustandsraum $(\mathbb{R}_+, \mathfrak{B}_+)$.

Sind $a(z; \vartheta)$ und $b(z; \vartheta)$ die von einem Parameter ϑ abhängenden Dichten der Pausen- bzw. Bedienungszeiten, dann gilt für die Dichten $f(x, y; \vartheta)$ die Darstellung

$$f(x, y; \vartheta) = \begin{cases} \int_0^\infty b(z + y - x; \vartheta)\, a(z; \vartheta)\, \mathrm{d}z & \text{für} \quad y > x \geqq 0, \\ \int_0^\infty a(z + x - y; \vartheta)\, b(z; \vartheta)\, \mathrm{d}z & \text{für} \quad x \geqq y > 0, \\ \int_x^\infty B(z - x; \vartheta)\, a(z; \vartheta)\, \mathrm{d}z & \text{für} \quad x \geqq 0, \quad y = 0. \end{cases}$$

(b) Für den Spezialfall exponentialverteilter Pausen- und Bedienungszeiten mit $a(z; \vartheta)$

$= \lambda e^{-\lambda z}$ bzw. $b(z; \vartheta) = \mu\, e^{-\mu z}$, $\vartheta = (\lambda, \mu)$, erhält man

$$f(x, y; \vartheta) = \begin{cases} \dfrac{\lambda\mu}{\lambda + \mu}\, e^{-\mu(y-x)} & \text{für} \quad y > x \geqq 0, \\[2ex] \dfrac{\lambda\mu}{\lambda + \mu}\, e^{-\lambda(x-y)} & \text{für} \quad x \geqq y > 0, \\[2ex] \dfrac{\mu}{\lambda + \mu}\, e^{-\lambda x} & \text{für} \quad x \geqq 0, \quad y = 0. \end{cases}$$

Eine Stichprobe $(W_0, W_1, \ldots, W_n)$ des Prozesses (W_i) im vorliegenden System $M/M/1/\infty$ wird in drei Teilfolgen $(W_{i_j}, j = 1, \ldots, n_1)$, $(W_{i_k}, k = 1, \ldots, n_2)$ und $(W_{i_l}, l = 1, \ldots, n_3)$, $n_1 + n_2 + n_3 = n + 1$, derart unterteilt, daß $W_{i_j} < W_{i_j+1}$, $W_{i_k} \geqq W_{i_k+1}$ und $W_{i_l+1} = 0$ gilt. Es sei $Y_1 = \sum_{j=1}^{n_1} (W_{i_j+1} - W_{i_j})$, $Y_2 = \sum_{k=1}^{n_2} (W_{i_k} - W_{i_k+1})$ und $Y_3 = \sum_{l=1}^{n_3} W_{i_l}$. Man erhält dann $\ln L_n(\vartheta) = (n_1 + n_2) \ln \lambda + n\big(\ln \mu - \ln (\lambda + \mu)\big) - \mu Y_1 - \lambda(Y_2 + Y_3)$. Als Lösung des Maximum-Likelihood-Gleichungssystems ergeben sich für λ_0 und μ_0 die Maximum-Likelihood-Schätzungen

$$\hat{\Lambda}_n = \frac{(n_1 + n_2)^2\, Y_1}{\big(n_3 Y_1 + n(Y_2 + Y_3)\big)\,(Y_1 + Y_2 + Y_3)}, \qquad \hat{M}_n = \frac{n_1 + n_2}{Y_1 + Y_2 + Y_3}.$$

Die Maximum-Likelihood-Schätzung für $\varrho_0 = \lambda_0/\mu_0$ ist dann

$$\hat{P}_n = \frac{(n_1 + n_2)\, Y_1}{n_3 Y_1 + n(Y_2 + Y_3)}.$$

Zur Überprüfung der Nullhypothese $\mathbf{H}_0 : \varrho_0 \leqq \varrho_*$ gegen die entsprechende Alternativhypothese $\mathbf{H}_1 : \varrho_0 > \varrho_*$, ϱ_* vorgegebener Wert des Belastungskoeffizienten ϱ, kann S. 4.10.1.3 (d) mit $\Theta_0 = \{(\lambda, \mu) : \lambda \leqq \varrho_* \mu\}$ benutzt werden.

4.10.2. Punktschätzungen und Tests für Parameter homogener Markowscher Ketten mit diskreter Zeit und endlich vielen Zuständen

Es sei $(X_k, k = 0, 1, 2, \ldots)$ eine homogene Markowsche Kette mit diskreter Zeit, der Zustandsmenge $\mathscr{E} = \{0, 1, \ldots, c\}$ und den Übergangswahrscheinlichkeiten

$$P_{ij}(\vartheta) = \mathsf{P}(X_{k+1} = j \mid X_k = i), \qquad i, j \in \mathscr{E},$$

die von einem Parameter $\vartheta \in \Theta$ abhängen. Θ ist dabei eine offene Teilmenge des $\mathbb{R}^m$. Die folgenden Regularitätsbedingungen sind in diesem Fall hinreichend für das Erfülltsein der Regularitätsbedingungen 4.10.1.2, s. Billingsley [1], S. 23ff.

4.10.2.1. Regularitätsbedingungen. (a) Die Menge $\mathscr{D} = \{(i, j) : P_{ij}(\vartheta) > 0\}$ hängt nicht vom Parameter ϑ ab.

(b) Alle Übergangswahrscheinlichkeiten $P_{ij}(\vartheta)$ besitzen partielle Ableitungen nach den Komponenten von $\vartheta = (\vartheta_1, \ldots, \vartheta_m)$ bis zur dritten Ordnung, die stetig in ϑ sind.

c) Es bezeichne d die Anzahl der Elemente von $\mathscr{D}$. Die (d, m)-Matrix $\left(\dfrac{\partial P_{ij}(\vartheta)}{\partial \vartheta_u}\right)$, $i, j) \in \mathscr{D}$, $u = 1, \ldots, m$, hat für alle $\vartheta \in \Theta$ den Rang m.

d) Für jedes $\vartheta \in \Theta$ ist die Markowsche Kette (X_k) irreduzibel und aperiodisch.

4.10.2.2. Satz. Gegeben sei eine Stichprobe $(X_0, \ldots, X_n)$ der Markowschen Kette (X_k). (a) Ist M_{ij} die Anzahl der k, $0 \leqq k \leqq n-1$, mit $X_k = i$ und $X_{k+1} = j$, dann gilt für die Likelihood-Funktion der Stichprobe nach S. 4.10.1.1

$$\mathsf{L}_n(\vartheta) = \prod_{\mathcal{D}} P_{ij}(\vartheta)^{M_{ij}}$$

und das Maximum-Likelihood-Gleichungssystem lautet

$$\sum_{\mathcal{D}} \frac{M_{ij}}{P_{ij}(\vartheta)} \frac{\partial P_{ij}(\vartheta)}{\partial \vartheta_u} = 0, \qquad u = 1, \ldots, m.$$

(b) Genügt die Markowsche Kette (X_k) den Regularitätsbedingungen 4.10.2.1, so gelten die Aussagen des Satzes 4.10.1.3. Die Matrix $\mathsf{I}(\vartheta)$ besitzt dabei die Elemente

$$\mathsf{I}_{uv}(\vartheta) = \mathsf{E}_\vartheta \left(\frac{\partial \ln P_{X_0X_1}(\vartheta)}{\partial \vartheta_u} \frac{\partial \ln P_{X_0X_1}(\vartheta)}{\partial \vartheta_v} \right), \qquad u, v = 1, \ldots, m.$$

4.10.2.3. Beispiel. $N(t)$ bezeichne die Anzahl der Forderungen im System $M/M/c_1/c_2$ zur Zeit t. $T_1, T_2, \ldots$ seien die aufeinanderfolgenden Zeitpunkte, in denen der Prozeß $(N(t))$ seinen Zustand ändert, d. h. Ankünfte oder Abgänge von Forderungen erfolgen. Die Beobachtung des Prozesses $(N(t))$ unmittelbar nach diesen Ereignissen führt auf eine Stichprobe der eingebetteten homogenen Markowschen Kette (X_k) mit $X_k = N(T_k{}^+)$, $c = c_1 + c_2$. Die Übergangswahrscheinlichkeiten in Abhängigkeit vom Parameter $\vartheta = (\lambda, \mu)$ lauten

$$P_{i,i+1}(\vartheta) = \begin{cases} \dfrac{\lambda}{\lambda + i\mu} & \text{für} \quad 0 \leqq i \leqq c_1 - 1, \\[2ex] \dfrac{\lambda}{\lambda + c_1\mu} & \text{für} \quad c_1 \leqq i \leqq c - 1, \end{cases}$$

$$P_{i,i-1}(\vartheta) = \begin{cases} \dfrac{i\mu}{\lambda + i\mu} & \text{für} \quad 1 \leqq i \leqq c_1 - 1, \\[2ex] \dfrac{c_1\mu}{\lambda + i\mu} & \text{für} \quad c_1 \leqq i \leqq c \end{cases}$$

und $P_{ij}(\vartheta) = 0$ sonst. Sie hängen folglich nur über $\varrho = \lambda/\mu$ von ϑ ab. Die Maximum-Likelihood-Schätzung $\hat{P}_n$ für ϱ_0 ist Lösung der Gleichung

$$\sum_{i=0}^{c_1-1} \frac{iM_{i,i+1}}{\varrho(\varrho + i)} + \sum_{i=c_1}^{c-1} \frac{c_1 M_{i,i+1}}{\varrho(\varrho + c_1)} - \sum_{i=1}^{c_1-1} \frac{M_{i,i-1}}{\varrho + i} - \sum_{i=c_1}^{c} \frac{M_{i,i-1}}{\varrho + c_1} = 0.$$

Im Fall $c_1 = 1$ ergibt sich $\hat{P}_n = \sum_{i=1}^{c-1} M_{i,i+1} \Big/ \sum_{i=1}^{c} M_{i,i-1}$. Zu prüfen sei die Nullhypothese $\mathbf{H}_0 : \varrho_0 = 1$ gegen die Alternativhypothese $\mathbf{H}_1 : \varrho_0 < 1$. Wenn $\mathbf{H}_0$ wahr ist, so besitzt nach S. 4.10.1.3 (c) die Testgröße

$$2 \left(\sum_{i=0}^{c-1} M_{i,i+1} \ln \frac{P_{i,i+1}(\hat{P}_n)}{P_{i,i+1}(1)} + \sum_{i=1}^{c} M_{i,i-1} \ln \frac{P_{i,i-1}(\hat{P}_n)}{P_{i,i-1}(1)} \right)$$

asymptotisch ($n \to \infty$) eine χ^2-Verteilung mit einem Freiheitsgrad. $\mathbf{H}_0$ wird abgelehnt, wenn eine berechnete Realisierung der Testgröße bei vorgegebenem Signifikanzniveau α größer als $\chi^2_{1;1-\alpha}$ ist.

Spezielles Interesse besitzt der Fall, daß als Komponenten des Parameters ϑ die positiven Übergangswahrscheinlichkeiten P_{ij} selbst angesehen werden, d. h. $\vartheta = \big(P_{ij}, (i, j) \in \mathscr{D}\big)$ gilt.

4.10.2.4. Maximum-Likelihood-Schätzungen für die Übergangswahrscheinlichkeiten. (a) Mit $\mathsf{L}_n(\vartheta) = \prod_{\mathscr{D}} P_{ij}^{M_{ij}}$, $\mathscr{D}_i = \{j : (i, j) \in \mathscr{D}\}$ und $M_i = \sum_{\mathscr{D}_i} M_{ij}$ erhält man für die unbekannten wahren Werte P^0_{ij} der Übergangswahrscheinlichkeiten P_{ij} die Maximum-Likelihood-Schätzungen $\hat{P}_{ij,n} = M_{ij}/M_i$.

(b) Der d-dimensionale zufällige Vektor mit den Komponenten $\sqrt{n}\,(\hat{P}_{ij,n} - P^0_{ij})$ ist asymptotisch ($n \to \infty$) N(0, $\mathbf{B}$)-verteilt, wobei für die Elemente $b_{ij;uv}$ von $\mathbf{B}$

$$b_{ij;uv} = \mathsf{E}(\inf\{k : X_k = j, X_0 = i\})\, \delta_{iu} P^0_{ij}(\delta_{jv} - P^0_{uv})$$

gilt.

4.10.2.5. Test auf Vorliegen bestimmter Übergangswahrscheinlichkeiten. Zu prüfen ist die Hypothese $\mathbf{H}_0 : P^0_{ij} = P^*_{ij}$, $(i, j) \in \mathscr{D}$. Dabei sind die P^*_{ij} vorgegebene Werte. Wenn $\mathbf{H}_0$ wahr ist, so besitzt die Testgröße

$$2\,\big(\ln \mathsf{L}_n(\hat{\Theta}_n) - \ln \mathsf{L}_n(\vartheta_*)\big) = 2 \sum_{\mathscr{D}} M_{ij} \ln \left(\frac{M_{ij}}{M_i P^*_{ij}}\right)$$

asymptotisch eine χ^2-Verteilung mit $d - c - 1$ Freiheitsgraden. (Bem.: Die Testgröße $\sum_{\mathscr{D}} \frac{(M_{ij} - M_i P^*_{ij})^2}{M_i P^*_{ij}}$ hat asymptotisch die gleiche Verteilung.) Ist eine berechnete Realisierung der Testgröße bei vorgegebenem Signifikanzniveau α größer als $\chi^2_{d-c-1;1-\alpha}$, so wird $\mathbf{H}_0$ abgelehnt.

4.10.2.6. Test auf Identität zweier homogener Markowscher Ketten. Gegeben seien unabhängige Stichproben $(X_0, \ldots, X_{n_1})$ und $(Y_0, \ldots, Y_{n_2})$ zweier homogener Markowscher Ketten (X_k) und (Y_k) mit gleicher Zustandsmenge $\mathscr{E}$ und den Übergangswahrscheinlichkeiten $P_{ij,1}$ bzw. $P_{ij,2}$, $i, j \in \mathscr{E}$. Zu prüfen ist die Hypothese $\mathbf{H}_0 : P_{ij,1} = P_{ij,2}$, $i, j \in \mathscr{E}$. Die Testgröße

$$\sum_{i,j \in \mathscr{E}} \frac{M_{i,1} M_{i,2}}{M_{ij,1} + M_{ij,2}} \left(\frac{M_{ij,1}}{M_{i,1}} - \frac{M_{ij,2}}{M_{i,2}}\right)^2 \quad \text{mit} \quad M_{i,l} = \sum_{j=0}^{c} M_{ij,l}, \quad l = 1, 2,$$

besitzt asymptotisch eine χ^2-Verteilung mit $c(c+1)$ Freiheitsgraden. Die Entscheidungsregel ist analog 4.10.2.5.

4.10.2.7. Test auf Vorliegen einer bestimmten stationären Verteilung. Alle Übergangswahrscheinlichkeiten P_{ij}, $i, j \in \mathscr{E}$, seien positiv. Zu prüfen ist die Hypothese, daß die unbekannten wahren stationären Zustandswahrscheinlichkeiten gleich vorgegebenen Werten $p_j{}^*$, $j = 0, \ldots, c$, sind. Hierzu wird das Maximum von $\sum_{i,j \in \mathscr{E}} M_{ij} \ln P_{ij}$ unter den Nebenbedingungen $\sum_{i=0}^{c} p_i{}^* P_{ij} = p_j{}^*$, $j = 0, \ldots, c$, und $\sum_{j=0}^{c} P_{ij} = 1$ bestimmt. Dies führt auf das Gleichungssystem

$$P_{ij} = \frac{M_{ij}}{\zeta_j p_i{}^* + \eta_i}, \qquad \sum_{i=0}^{c} p_i{}^* P_{ij} = p_j{}^* \quad \text{und} \quad \sum_{j=0}^{c} P_{ij} = 1, \quad i, j = 0, \ldots, c,$$

mit den Lagrangeschen Multiplikatoren ζ_j und η_i. Bezeichnet P'_{ij} die Lösung dieses Gleichungssystems und ist die Hypothese wahr, dann besitzt die Testgröße

$$\sum_{i,j \in \mathscr{E}} M_{ij} \ln \frac{M_{ij}}{M_i P'_{ij}}$$

asymptotisch eine χ^2-Verteilung mit c Freiheitsgraden.

Weitere Tests, insbesondere auf Homogenität der Übergangswahrscheinlichkeiten und die Ordnung einer vorliegenden Markowschen Kette findet man in Anderson/Goodman (1957), Billingsley (1961) und Billingsley [1].

4.11. Ergebnisse der Likelihood-Theorie bei homogenen Markowschen Prozessen mit stetiger Zeit

Die statistische Behandlung sprungartiger Markowscher Prozesse kann auf die Markowscher Prozesse mit diskreter Zeit zurückgeführt werden. Diese Methode wird im folgenden dargelegt und auf Geburts- und Todesprozesse angewandt. Albert (1962) gibt Maximum-Likelihood-Schätzungen für die Übergangsintensitäten einer homogenen Markowschen Kette mit endlich vielen Zuständen an. Neuere Richtungen zur Statistik Markowscher Prozesse sind in Roussas [1] aufgezeigt.

4.11.1. Konstruktion der Likelihood-Funktion bei homogenen sprungartigen Markowschen Prozessen

Es sei $(X(t),\, t \geqq 0)$ ein homogener sprungartiger Markowscher Prozeß mit dem Zustandsraum $(\mathscr{E}, \mathfrak{E})$ und der Übergangsfunktion $P_\vartheta(t; x, \mathscr{A})$, $x \in \mathscr{E}$, $\mathscr{A} \in \mathfrak{E}$, die von einem Parameter $\vartheta \in \Theta$ abhängt. Θ ist eine offene Teilmenge des $\mathbb{R}^m$. Die Aufgabe besteht in der Herleitung statistischer Schlüsse über den unbekannten wahren Parameterwert ϑ_0 auf der Grundlage einer stetigen Beobachtung des Prozesses $(X(t))$ in einem Zeitintervall $[0, s)$ vorgegebener Länge s. Hierfür erweist sich die Betrachtung des $(X(t))$ definierenden zweidimensionalen homogenen Markowschen Prozesses mit diskreter Zeit $((X_i, Z_i),\, i = 0, 1, \ldots)$ als zweckmäßig (↑ [3.4.1]). Dabei ist $X_0 = X(0)$, X_i beschreibt den Zustand des Prozesses $(X(t))$ nach dem i-ten Sprung, $i = 1, 2, \ldots$, und Z_i charakterisiert die Verweilzeit von $(X(t))$ im Zustand X_i, $i = 0, 1, \ldots$ Die Verweilzeit in einem festen Zustand $x \in \mathscr{E}$ besitzt eine Exponentialverteilung mit dem Parameter $\alpha(x; \vartheta)$. Mit der Wahrscheinlichkeit $Q(x, \mathscr{A}; \vartheta)$ geht der Prozeß $(X(t))$ beim nächsten Sprung in einen Zustand aus $\mathscr{A} \in \mathfrak{E}$ über.

Wird der Prozeß $(X(t))$ stetig im Zeitintervall $[0, s)$ beobachtet, so stimmt die in der Stichprobe $(X(t),\, 0 \leqq t < s)$ enthaltene Information über ϑ im wesentlichen mit der überein, die die zugehörige Stichprobe

$$((X_i, Z_i),\, i = 0, 1, \ldots, M_s) \text{ mit } M_s = \max\left\{k : \sum_{i=0}^{k} Z_i < s\right\}$$

liefert. Letztere Stichprobe beinhaltet gegenüber der ersteren nicht den Zustand des Prozesses $(X(t))$ nach dem $(M_s + 1)$-ten Sprung und die Verweilzeit in diesem Zustand bis zum Beobachtungsende. Im Hinblick auf asymptotische Eigenschaften der statistischen Schlüsse $(s \to \infty)$ kann diese Information vernachlässigt werden.

4.11.1.1. Satz. Für alle $\vartheta \in \Theta$ sei $Q(x, \cdot; \vartheta)$ bezüglich einer Verteilung $\mathbf{Q}$ auf $\mathfrak{E}$ absolutstetig mit der Dichte $q(x, y; \vartheta)$. Für die Likelihood-Funktion der Stichprobe $\big((X_i, Z_i), i = 0, 1, \ldots, M_s\big)$ gilt

$$\mathsf{L}_s(\vartheta) = \prod_{i=0}^{M_s-1} q(X_i, X_{i+1}; \vartheta)\, \alpha(X_{i+1}; \vartheta)\, \mathrm{e}^{-Z_{i+1}\alpha(X_{i+1};\vartheta)}$$

vgl. Billingsley [1]. Dabei wird die Anfangsinformation über X_0 nicht berücksichtigt.

Ausgehend von der Likelihood-Funktion $\mathsf{L}_s(\vartheta)$, können Maximum-Likelihood-Schätzungen und Likelihood-Quotienten-Tests bez. ϑ_0 abgeleitet werden. In Billingsley [1] sind Bedingungen an den Prozeß $\big(X(t)\big)$ formuliert, unter denen für $s \to \infty$ zu Satz 4.10.1.3 analoge Aussagen gelten. Der folgende Abschnitt enthält die entsprechenden Bedingungen und einige Aussagen für spezielle sprungartige Markowsche Prozesse, die Geburts- und Todesprozesse.

4.11.2. Maximum-Likelihood-Schätzungen und Tests für Parameter homogener Geburts- und Todesprozesse

Betrachtet wird ein homogener Geburts- und Todesprozeß $\big(X(t), t \geqq 0\big)$ mit den Intensitäten $\lambda_i(\vartheta)$ und $\mu_i(\vartheta)$, die von einem Parameter ϑ, $\vartheta \in \Theta$, abhängen. Solche Prozesse treten z. B. bei der Beschreibung von Bedienungssystemen mit Poissonschem Forderungenstrom und exponentialverteilter Bedienungszeit auf. Ausgehend von der Likelihood-Funktion einer Stichprobe $\big(X(t), 0 \leqq t < s\big)$ des Prozesses $\big(X(t)\big)$, s vorgegeben, werden Maximum-Likelihood-Schätzungen und Tests für den unbekannten wahren Parameterwert ϑ_0 angegeben.

4.11.2.1. Regularitätsbedingungen. Der Prozeß $\big(X(t)\big)$ genüge für jedes $\vartheta \in \Theta$ den Bedingungen

(i) $\mu_0(\vartheta) = 0$,
(ii) $\mu_i(\vartheta) > 0$ für $i = 1, 2, \ldots$,
(iii) $\lambda_i(\vartheta) > 0$ für $i < c \leqq \infty$,
(iv) $\lambda_i(\vartheta) = 0$ für $i = c, c + 1, \ldots$, wenn c endlich ist,
(v) für jeden Zustand des Prozesses $\big(X(t)\big)$ ist die mittlere Rekurrenzzeit endlich.

Der Prozeß $\big(X(t)\big)$ wird im Zeitintervall $[0, s)$ vorgegebener Länge s stetig beobachtet. Es bezeichne M_i die Anzahl der Übergänge von $\big(X(t)\big)$ aus dem Zustand i in den Zustand $i + 1$, N_i die Anzahl der Übergänge von i nach $i - 1$ und V_i die Verweilzeit des Prozesses im Zustand i während der Beobachtungsdauer.

4.11.2.2. Satz. Die Likelihood-Funktion einer Stichprobe $\big(X(t), 0 \leqq t < s\big)$ des Prozesses $\big(X(t)\big)$ lautet bei Vernachlässigung der Anfangsverteilung (vgl. Wolff (1965))

$$\mathsf{L}_s(\vartheta) = \prod_{i=0}^{\infty} \lambda_i(\vartheta)^{M_i}\, \mu_{i+1}(\vartheta)^{N_{i+1}}\, \mathrm{e}^{-V_i(\lambda_i(\vartheta)+\mu_i(\vartheta))}.$$

Im folgenden werden Ergebnisse der Likelihood-Theorie für zwei verschiedene Modelle angegeben.

4.11.2.3. Modell. Es sei $\lambda_i(\vartheta) = \lambda_i > 0$ für $i = 0, \ldots, c - 1$, $\lambda_c = 0$ und $\mu_i(\vartheta) = \mu_i > 0$, $i = 1, \ldots, c$, $\mu_0 = 0$. In diesem Fall ist $\vartheta = (\lambda_0, \ldots, \lambda_{c-1}, \mu_1, \ldots, \mu_c)^\mathsf{T}$.

4.11.2.4. Satz. (a) Die Maximum-Likelihood-Schätzungen für die Komponenten λ_i^0 und μ_i^0 des unbekannten wahren Parameterwertes $\vartheta_0 = (\lambda_0^0, \ldots, \lambda_{c-1}^0, \mu_1^0, \ldots, \mu_c^0)^\mathsf{T}$ sind

$$\hat{\Lambda}_{i,s} = M_i/V_i \quad \text{bzw.} \quad \hat{M}_{i,s} = N_i/V_i .$$

(b) $M_{(s)}$ bezeichne die Anzahl der in $[0, s)$ auftretenden Sprünge des Prozesses $(X(t))$ und $\hat{\Theta}_s$ den zufälligen Vektor $(\hat{\Lambda}_{0,s}, \ldots, \hat{\Lambda}_{c-1,s}, \hat{M}_{1,s}, \ldots, \hat{M}_{c,s})^\mathsf{T}$. Dann ist $\sqrt{M_{(s)}}\,(\hat{\Theta}_s - \vartheta_0)$ asymptotisch $(s \to \infty)$ $\mathsf{N}(0, \mathbf{B}(\vartheta_0))$-verteilt. Hierbei gilt $\mathbf{B}(\vartheta_0) = \left(\frac{2q}{\mu_i}\right)$ mit $q = \sum_{j=0}^{c-1} \lambda_j^0 p_j = \sum_{j=1}^{c} \mu_j^0 p_j$, $p_j = \lim_{t\to\infty} \mathsf{P}(X(t) = j \mid X(0) = k)$, und u_i ist die i-te Komponente des Vektors $\left(\frac{p_0}{\lambda_0^0}, \ldots, \frac{p_{c-1}}{\lambda_{c-1}^0}, \frac{p_1}{\mu_1^0}, \ldots, \frac{p_c}{\mu_c^0}\right)^\mathsf{T}$. Bezüglich der Komponenten von $\sqrt{M_{(s)}}\,(\hat{\Theta}_s - \vartheta_0)$ ergibt sich folglich asymptotisch

$$\mathsf{V}\left(\sqrt{M_{(s)}}(\hat{\Lambda}_{i,s} - \lambda_i^0)\right) = 2\lambda_i^0 q/p_i, \qquad i = 0, \ldots, c-1,$$

$$\mathsf{V}\left(\sqrt{M_{(s)}}(\hat{M}_{i,s} - \mu_i^0)\right) = 2\mu_i^0 q/p_i, \qquad i = 1, \ldots, c.$$

Da $\mathbf{B}^{-1}(\vartheta_0)$ eine Diagonalmatrix darstellt, sind die Punktschätzungen für die Komponenten von ϑ_0 asymptotisch unabhängig.
(c) Zu prüfen ist die Hypothese $\mathbf{H}_0 : \vartheta_0 = \vartheta_*$. Dabei bezeichnet $\vartheta_* = (\lambda_0^*, \ldots, \lambda_{c-1}^*, \mu_1^*, \ldots, \mu_c^*)^\mathsf{T}$ einen vorgegebenen Parameterwert. Ist $\mathbf{H}_0$ wahr, so besitzt die Testgröße

$$2\left(\ln \mathsf{L}_s(\hat{\Theta}_s) - \ln \mathsf{L}_s(\vartheta_*)\right) = \sum_{i=1}^{c-1} M_i \ln\left(\frac{M_i}{\lambda_i^* V_i}\right) + \sum_{i=1}^{c} N_i \ln\left(\frac{N_i}{\mu_i^* V_i}\right)$$

$$+ \sum_{i=0}^{c} V_i(\lambda_i^* + \mu_i^*) - M_{(s)}$$

asymptotisch eine χ^2-Verteilung mit $2c$ Freiheitsgraden. Die Hypothese $\mathbf{H}_0$ wird abgelehnt, wenn zu einem gewählten Signifikanzniveau α eine berechnete Realisierung der Testgröße größer als $\chi^2_{2c;1-\alpha}$ ist.

4.11.2.5. Modell. Für die Intensitäten gelte $\lambda_i(\vartheta) = \lambda u(i)$, $i = 0, 1, \ldots$, und $\mu_i(\vartheta) = \mu v(i)$, $i = 1, 2, \ldots$, $v(0) = 0$. Dabei sind $u(i)$ und $v(i)$ bekannte Funktionen von i, und es ist $\vartheta = (\lambda, \mu)^\mathsf{T}$. Mit diesem Modell werden u. a. die Systeme $M/M/c_1/\infty$ $(u(i) = 1$, $v(i) = i$ für $i \leqq c_1 - 1$ und $v(i) = c_1$ für $i \geqq c_1)$, $M/M/\infty$ $(u(i) = 1,\ v(i) = i)$ und Mehrmaschinenmodelle erfaßt.

4.11.2.6. Satz. (a) Die Komponenten der Maximum-Likelihood-Schätzung $\hat{\Theta}_s = (\hat{\Lambda}_s, \hat{M}_s)^\mathsf{T}$ für den unbekannten wahren Parameterwert $\vartheta_0 = (\lambda_0, \mu_0)^\mathsf{T}$ sind

$$\hat{\Lambda}_s = \frac{\sum_{i=0}^{\infty} M_i}{\sum_{i=0}^{\infty} V_i u(i)} \quad \text{und} \quad \hat{M}_s = \frac{\sum_{i=1}^{\infty} N_i}{\sum_{i=1}^{\infty} V_i v(i)} .$$

Da für den betrachteten Prozeß $(X(t))$ gilt $\mathsf{P}\left(\lim_{s\to\infty}\left(\sum_{i=0}^{\infty} M_i \Big/ \sum_{i=1}^{\infty} N_i\right) = 1\right) = 1$, kann für große Werte s näherungsweise $\sum_{i=0}^{\infty} M_i = \sum_{i=1}^{\infty} N_i = \frac{1}{2} M_{(s)}$ gesetzt werden.

(b) $\sqrt{M_{(s)}}\,(\hat{\Theta}_s - \vartheta_0)$ ist asymptotisch $N(0, \mathbf{B}(\vartheta_0))$-verteilt mit

$$\mathbf{B}(\vartheta_0) = \begin{pmatrix} 2\lambda_0^2 & 0 \\ 0 & 2\mu_0^2 \end{pmatrix}.$$

Weitere Ergebnisse zur Anwendung der Likelihood-Theorie auf homogene Geburts- und Todesprozesse findet man in WOLFF (1965). Bayes-Schätzungen für Parameter in homogenen Geburts- und Todesprozessen betrachtet REYNOLDS (1973). KEIDING (1975) gibt einen Überblick zur Likelihood-Theorie beim linearen Geburts- und Todesprozeß.

4.12. Punktschätzungen für Kenngrößen semimarkowscher Prozesse

Betrachtet wird ein semimarkowscher Prozeß $(X(t), t \geqq 0)$ mit der Zustandsmenge $\mathscr{E} = \{0, 1, \ldots, c\}$, $c < \infty$. Es seien $T_1, T_2, \ldots$ die Zeitpunkte, in denen der Prozeß $(X(t))$ sprungartig seinen Zustand ändert, $T_0 = 0$, $Z_k = T_{k+1} - T_k$, $k = 0, 1, \ldots$, die Abstände zwischen den Sprungpunkten, $X_k = X(T_k+)$ der Prozeßzustand unmittelbar nach dem k-ten Sprung, $X_0 = X(0)$, P_{ij} die Übergangswahrscheinlichkeiten der Markowschen Kette $(X_k, k \geqq 0)$ und $Q_{ij}(x)$ die Übergangswahrscheinlichkeiten des Markowschen Prozesses mit diskreter Zeit $((X_k, Z_k), k \geqq 0)$ (↑ [3.5.1]). Für die unbekannten wahren Werte P_{ij}^0 bzw. $Q_{ij}^0(x)$ der Übergangswahrscheinlichkeiten und wahren Verteilungsfunktionen $F_{ij}^0(x)$ der Verweilzeiten werden Punktschätzungen angegeben. Eine stetige Beobachtung des Prozesses $(X(t))$ im Zeitintervall $[0, s)$ vorgegebener Länge s führt auf eine Stichprobe $((X_k, Z_k), k = 0, 1, \ldots, M_s)$ des Prozesses $((X_k, Z_k))$ mit $M_s = \max\left\{k : \sum_{i=0}^{k} Z_i < s\right\}$. Ausgehend von dieser Stichprobe bezeichne $M_{i,s}$ die Anzahl des Eintretens in den Zustand i, $M_{ij,s}$ die Anzahl der Übergänge von i nach j und V_{ij} die Verweilzeit von $(X(t))$ im Zustand i beim j-ten Erreichen.

4.12.1. Satz. Punktschätzungen für P_{ij}^0, $F_{ij}^0(x)$, wobei $F_{ij}^0(x) = G_i^0(x)$ für alle $j = 0, \ldots, c$ vorausgesetzt wird, und $Q_{ij}^0(x)$ sind

$$\hat{P}_{ij,s} = \frac{M_{ij,s}}{M_{i,s}}, \quad \hat{G}_{i,s}(x) = \frac{\sum_{j=1}^{M_{i,s}} \mathbf{1}_{[0,x)}(V_{ij})}{M_{i,s}}, \quad \hat{Q}_{ij,s}(x) = \hat{P}_{ij,s}\hat{G}_{i,s}(x).$$

Der semimarkowsche Prozeß $(X(t))$ sei irreduzibel und rekurrent. Dann gelten u. a. die folgenden Aussagen, vgl. MOORE/PYKE (1968).

4.12.2. Satz. (a) Es ist

$$\mathsf{P}\left(\lim_{s\to\infty} \max_{i,j} \sup_x |\hat{Q}_{ij,s}(x) - Q_{ij}^0(x)| = 0\right) = 1$$

und folglich $\hat{Q}_{ij,s}(x)$ eine konsistente Punktschätzung für $Q_{ij}^0(x)$.

(b) Für festes i, j und x ist der zufällige Vektor $\left(\sqrt{s}\,(\hat{P}_{ij,s} - P_{ij}^0), \sqrt{s}\,(\hat{G}_{i,s}(x) - G_i^0(x))\right)^{\mathrm{T}}$ asymptotisch $(s \to \infty)$ $N(0, \mathbf{B})$-verteilt. Die Elemente b_{ij} der Kovarianzmatrix $\mathbf{B}$ sind dabei $b_{11} = qP_{ij}^0(1 - P_{ij}^0)$, $b_{22} = qG_i^0(x)\,(1 - G_i^0(x))$ und $b_{12} = b_{21} = 0$ mit $q = \mathsf{E}\,(\inf\{t > 0 : X(t) = i,\ X(0) = i\})$. $\hat{P}_{ij,s}$ und $\hat{G}_{i,s}(x)$ erweisen sich somit als asymptotisch unabhängig.

(c) Für festes i, j und x ist $\sqrt{s}\,(\hat{Q}_{ij,s}(x) - Q_{ij}^0(x))$ asymptotisch normalverteilt mit dem Erwartungswert Null und der Varianz $qG_i^0(x)\,P_{ij}^0(G_i^0(x) - 2G_i^0(x)\,P_{ij}^0 + P_{ij})$.

Die Übergangsfunktionen $P_{ij}(\vartheta)$ und $Q_{ij}(x; \vartheta)$ seien bekannte Funktionen eines Parameters ϑ. Dann wird auf Grund der Struktur des semimarkowschen Prozesses $(X(t))$ in natürlicher Weise die Likelihood-Funktion einer Stichprobe des Prozesses als Ausgangspunkt statistischer Schlüsse über ϑ_0 benutzt.

4.12.3. Satz. Bei einer stetigen Beobachtung des Prozesses $(X(t))$ im Zeitintervall $[0, s)$ vorgegebener Länge s lautet die Likelihood-Funktion der zugehörigen Stichprobe $((X_k, Z_k),\ k = 0, 1, \ldots, M_s)$ des Prozesses $((X_k, Z_k))$ unter Vernachlässigung der Anfangsverteilung

$$\mathsf{L}_s(\vartheta) = \prod_{i,j=0}^{c} P_{ij}(\vartheta)^{M_{ij,s}} \prod_{i=0}^{c} \prod_{l=0}^{M_{i,s}} Q_{il}(V_{il}; \vartheta).$$

Die Existenz konsistenter und asymptotisch normalverteilter Maximum-Likelihood-Schätzungen für Parameter in semimarkowschen Prozessen, die gewissen Regularitätsbedingungen genügen, zeigen Basawa (1974) und Gillert (1976) für verschiedene Beobachtungsmethoden. Otto (1975) untersucht die asymptotische Wirksamkeit von Parameterschätzungen. Über die Statistik bei semimarkowschen Geburts- und Todesprozessen kann man sich in Andronow/Rosenblit (1972) informieren.

4.13. Maximum-Likelihood-Schätzungen für Parameter in stückweise linearen Markowschen Prozessen

Betrachtet wird ein stückweise linearer Markowscher Prozeß $(Z(t), t \geqq 0)$ mit $Z(t) = (G(t), X_1(t), \ldots, X_{|G(t)|}(t))$ (↑ [5.5]). In praktischen Anwendungen tritt häufig der Fall auf, daß die den zufälligen Vektorprozeß $(Z(t))$ beschreibenden Verteilungen von einem Parameter ϑ abhängen und der wahre Parameterwert ϑ_0 durch statistische Untersuchungen ermittelt werden muß. Der Prozeß $(Z(t))$ ist jedoch für statistische Fragestellungen ungeeignet, da die Zusatzvariablen $X_i(t)$ in der Zukunft ablaufende Zeiten darstellen und i. allg. nicht beobachtbar sind. Es kann dann in der folgenden Weise vorgegangen werden, vgl. Gillert (1978b).

Bezeichnet $Y_i(t)$, $i = 1, \ldots, |G(t)|$, die Zufallsgröße, aus der die Komponente $X_i(t)$ entstanden ist, so wird $X_i'(t) = Y_i(t) - X_i(t)$ gesetzt. Sind beispielsweise die $X_i(t)$ Restbedienungszeiten, so stellen die $X_i'(t)$ bereits verflossene Bedienungszeiten dar. Die Betrachtung der neuen Zusatzvariablen $X_i'(t)$ führt auf einen mit dem zufälligen Prozeß $(Z(t))$ verbundenen homogenen Markowschen Prozeß $(Z'(t))$, den sog. dualen stückweise linearen Markowschen Prozeß. Mit diesem erhält man einen beobachtbaren Prozeß, dessen Bestimmungsstücke ebenfalls vom Parameter ϑ abhängen. Ausgehend von einer stetigen Beobachtung des zufälligen Prozesses $(Z'(t))$ in einem bestimmten Zeitintervall, können dann durch die Betrachtung eines in $(Z'(t))$ in gewisser Weise eingebetteten homogenen Markowschen Prozesses mit diskreter Zeit (analog zur Vorgehensweise in [4.11.1]) statistische Schlüsse bezüglich ϑ_0 abgeleitet werden.

In Gillert (1979) sind Bedingungen an den stückweise linearen Markowschen Prozeß formuliert, unter denen konsistente und asymptotisch normalverteilte Maximum-Likelihood-Schätzungen für ϑ_0 existieren.

5. Methoden zur Anwendung Markowscher und semimarkowscher Prozesse in der Bedienungstheorie

In diesem Kapitel wird dargelegt, unter welchen Voraussetzungen und wie Aussagen der allgemeinen Theorie Markowscher Prozesse (↑ Kap. 3) in der Bedienungstheorie genutzt werden können. In [5.1] wird die sog. Δt-Methode beschrieben und an Beispielen demonstriert, mit deren Hilfe aus den Bestimmungsstücken eines Bedienungssystems die Übergangsintensitäten für homogene Markowsche Ketten mit stetiger Zeit und die zeitabhängigen bzw. stationären Zustandswahrscheinlichkeiten ermittelt werden können. Die wesentliche Voraussetzung dafür, daß der das zeitliche Verhalten des Bedienungssystems beschreibende zufällige Prozeß eine Markowsche Kette mit endlich oder abzählbar unendlich vielen Zuständen ist und somit die Δt-Methode angewendet werden kann, besteht darin, daß sämtliche Bedienungs- und Pausenzeiten exponentialverteilt sind.

[5.2] enthält eine auch in weiteren Kapiteln verwendete Formalisierung einer großen Klasse von Bedienungssystemen in Form sog. *Bedienungsschemata.* Sind die im Bedienungsschema auftretenden Zufallsgrößen sämtlich exponentialverteilt, so ist der zugehörige Bedienungsprozeß, der den zeitlichen Ablauf beschreibt, eine homogene Markowsche Kette. Für die stationären Zustandswahrscheinlichkeiten des Bedienungsprozesses und damit dieser Klasse von Bedienungssystemen wird ein System von Zustandsgleichungen angegeben, das unmittelbar für konkrete Aufgaben der Bedienungstheorie genutzt werden kann.

Die in [5.3] dargelegte *Erlangsche Phasenmethode* ermöglicht die Behandlung auch solcher Bedienungssysteme mit Hilfe homogener Markowscher Ketten, bei denen Pausen- oder Bedienungszeiten eine *Erlang-* oder *Hyper-Erlang-Verteilungsfunktion* besitzen. Dazu werden in die Zustandsbeschreibung weitere diskrete Größen aufgenommen. Mit Hilfe der Erlangschen Phasenmethode können Systemkenngrößen für Bedienungssysteme mit beliebig verteilten Pausen- oder Bedienungszeiten näherungsweise bzw. approximativ als Grenzwerte bestimmt werden.

Die *Methode der Zusatzvariablen* zur Markowisierung zufälliger Prozesse enthält [5.4]. Durch Aufnahme zusätzlicher stetiger Variabler in die Zustandsbeschreibung wird ein zunächst nicht Markowscher zufälliger Prozeß Markowsch (allerdings keine Kette), und mit Hilfe von Systemen von Differential- oder Integro-Differentialgleichungen bzw. daraus abgeleiteten linearen algebraischen Gleichungen können die zeitabhängigen bzw. stationären Zustandswahrscheinlichkeiten von Bedienungssystemen gewonnen werden.

[5.5] beschreibt als spezielle Variante der Methode der Zusatzvariablen *stückweise lineare Markowsche Prozesse* und gibt einen Ergodensatz, ein System von Iterationsgleichungen zur Bestimmung der Zustandswahrscheinlichkeiten und ein Näherungsverfahren an.

Wie semimarkowsche Prozesse zur Untersuchung von Bedienungssystemen mit nichtexponentialverteilten Pausen- bzw. Bedienungszeiten genutzt werden können, ist Gegenstand von [5.6]. Zur Verwendung Markowscher Ketten und Prozesse sowie semimarkowscher und weiterer Prozesse als eingebettete Prozesse wird auf Kap. 6 verwiesen.

5.1. Die Anwendung homogener Markowscher Ketten mit stetiger Zeit

5.1.1. Bestimmung der Zustandswahrscheinlichkeiten Markowscher Bedienungssysteme. Die Δt-Methode

Sämtliche Pausen- und Bedienungszeiten sowie gegebenenfalls Lebensdauern und Reparaturzeiten eines Bedienungssystems seien unabhängige und exponentialverteilte (mit zeitunabhängigen Parametern) Zufallsgrößen. Ein solches System wird auch *Markowsches Bedienungssystem* genannt. Das zeitliche Verhalten des Systems wird durch einen zufälligen Prozeß $(X(t), t \geqq 0)$ mit endlich oder abzählbar unendlich vielen Zuständen beschrieben. Der Zustand $X(t)$ zur Zeit t gibt an, welche Pausenzeiten, Bedienungszeiten, Reparaturzeiten usw. (wir nennen sie im folgenden zusammenfassend Lebensdauern) zum Zeitpunkt t laufen oder realisiert werden.

Wegen der Eigenschaft der Gedächtnislosigkeit der Exponentialverteilung (↑ [2.9.11]) sind die Restlebensdauern der zum Zeitpunkt t laufenden Lebensdauern ebenfalls exponentialverteilt mit denselben Parametern wie die Gesamtlebensdauern. Mit der Angabe des Zustandes $X(t)$ sind also auch die Verteilungsfunktionen der Restlebensdauern der zum Zeitpunkt t laufenden Lebensdauern von diesem Zeitpunkt ab bestimmt, unabhängig davon, wie das System in den Zustand zum Zeitpunkt t gelangte. Der gesamte weitere Prozeßablauf hängt bei bekannter Gegenwart nicht von der Vergangenheit ab; für den Prozeß $X(t)$ gilt die Markow-Eigenschaft (↑ D. 3.1.2.14):

$$\mathsf{P}\big(X(t+h) = j \mid X(t) = i, X(t_1) = i_1, \ldots, X(t_n) = i_n\big) = \mathsf{P}\big(X(t+h) = j \mid X(t) = i\big)$$

für alle $t_1 < t_2 \cdots < t_n < t$, $h > 0$ und für alle $i, j, i_1, \ldots, i_n \in \mathcal{G}$, wobei $\mathcal{G}$ die Menge aller möglichen Zustände ist. Somit ist der Prozeß $(X(t))$ eine Markowsche Kette mit stetiger Zeit, und die Bezeichnung Markowsches Bedienungssystem ist dadurch motiviert.

Sind die Parameter der Exponentialverteilungen gleichartiger Lebensdauern (z. B. aufeinanderfolgende Bedienungszeiten auf einem Bedienungsgerät) höchstens abhängig vom Zustand des Systems, nicht aber vom Zeitparameter t, so gilt für alle $t \geqq 0$

$$\mathsf{P}\big(X(t+h) = j \mid X(t) = i\big) = \mathsf{P}\big(X(h) = j \mid X(0) = i\big),$$

d. h., $\big(X(t)\big)$ ist eine homogene Markowsche Kette mit stetiger Zeit (↑ D. 3.1.2.17; ↑ [3.3]). Zur Berechnung der zeitabhängigen Zustandswahrscheinlichkeiten $P_j(t) = \mathsf{P}\big(X(t) = j\big)$ dient das Differentialgleichungssystem (8) in [3.3.2]

$$\frac{\mathrm{d}P_j(t)}{\mathrm{d}t} = \sum_{k \in \mathcal{G}} \alpha_{kj} P_k(t), \qquad j \in \mathcal{G}, \tag{1}$$

mit vorgegebenen Anfangswahrscheinlichkeiten $P_k(0)$, $k \in \mathcal{G}$. Die stationären Zustandswahrscheinlichkeiten p_j sind im Falle ihrer Existenz (↑ [3.3.2.3]) aus dem System linearer algebraischer Gleichungen (10) in [3.3.2] (dem sog. System der Zustandsgleichungen) zu gewinnen:

$$\sum_{j\in\mathcal{G}} p_j\alpha_{jk} = 0, \quad k \in \mathcal{G}, \quad \sum_{j\in\mathcal{G}} p_j = 1. \tag{2}$$

Dieser Weg der Aufstellung und Lösung von Gleichungssystemen für die Zustandswahrscheinlichkeiten Markowscher Bedienungssysteme wurde im Prinzip schon von A. K. Erlang in seinen ersten Veröffentlichungen (1917/18) gegangen, vgl. Brockmeyer/Halstrøm/Jensen (1948), und gehört seit der Entwicklung der Theorie Markowscher Ketten zu den *Standardmethoden* der Bedienungstheorie. Er kann in folgenden vier Schritten erfolgen:

(i) *Zusammenstellung der Menge $\mathcal{G}$ der Zustände:* Die Zustände unterscheiden sich voneinander nur durch Anzahl und Art der laufenden exponentialverteilten Zeiten und können daher leicht durch eine Analyse des Systemverhaltens gefunden werden. Oft ist es auf natürliche Art und Weise möglich, die Zustände durch Anzahlen zu charakterisieren, z. B. durch die Anzahl der besetzten Bedienungsgeräte oder der Forderungen im System.

(ii) *Bestimmung der Übergangsintensitäten* α_{ij}, $i, j \in \mathcal{G}$: Um die Gleichungssysteme (1) und (2) für die gesuchten Zustandswahrscheinlichkeiten aufstellen zu können, muß man die Intensitäten α_j und α_{jk} (↑ (2) in [3.3.2]) gewinnen. Das erfolgt durch die Herleitung von Näherungsausdrücken für die Übergangswahrscheinlichkeiten $P_{jj}(\Delta t)$ und $P_{jk}(\Delta t)$ für ein kleines Zeitintervall der Länge Δt (deshalb die Bezeichnung Δt-Methode). Dabei wird vorausgesetzt, daß die homogene Markowsche Kette $X(t)$ konservativ ist (↑ D. 3.3.2.1).

(a) Bestimmung von $P_{jj}(\Delta t)$.

Das System verbleibt im Zustand j, wenn keine der im Zustand j laufenden Lebensdauern endet, deren Ablaufen in einen von j verschiedenen Zustand führt. Die Parameter der Exponentialverteilungsfunktionen dieser Lebensdauern werden mit $\lambda_j^{(1)}$, $\lambda_j^{(2)}, \ldots$ bezeichnet (der obere Index dient zur Numerierung). Da das Minimum der mit dem Parameter $\lambda_j^{(m)}$ exponentialverteilten Zufallsgrößen nach [2.5.2] exponentialverteilt ist, und zwar mit dem Parameter $\sum_m \lambda_j^{(m)}$, folgt

$$P_{jj}(\Delta t) = 1 - \sum_m \lambda_j^{(m)}\Delta t + o(\Delta t),$$

und somit ist α_j für $\sum_m \lambda_j^{(m)} < \infty$ die Summe der Parameter der im Zustand j laufenden Lebensdauern, deren Ablauf dazu führt, daß j verlassen wird: $\alpha_j = \sum_m \lambda_j^{(m)}$.

(b) Bestimmung von $P_{jk}(\Delta t)$ für $k \neq j$.

Das System geht vom Zustand j direkt in den Zustand k über, wenn eine „passende" Lebensdauer abläuft. Die Parameter der Exponentialverteilungsfunktionen aller möglichen für diesen Übergang „passenden" Lebensdauern seien $\lambda_{jk}^{(1)}, \lambda_{jk}^{(2)}, \ldots$

Da der Übergang von j nach k stattfindet, sobald eine der Lebensdauern abläuft, ergibt sich wegen der Exponentialverteilung (mit $\sum_m \lambda_{jk}^{(m)}$) des Minimums dieser exponentialverteilten Lebensdauern für die Übergangswahrscheinlichkeit

$$P_{jk}(\Delta t) = \sum_m \lambda_{jk}^{(m)}\Delta t + o(\Delta t),$$

also ist α_{jk} die Summe der Parameter derjenigen exponentialverteilten Zeiten, deren Ablaufen den direkten Übergang von j nach k bewirkt: $\alpha_{jk} = \sum_m \lambda_{jk}^{(m)}$. Den Fall, daß mehrere „passende“ Lebensdauern gleichzeitig in Δt ablaufen bzw. in Δt ein indirekter Übergang von j nach k über einen Zwischenzustand erfolgt, brauchen wir nicht gesondert zu erfassen, da er unter der Voraussetzung der Exponentialverteilung nur mit Wahrscheinlichkeit $o(\Delta t)$ stattfindet. Mit den ermittelten Größen ist dann die Voraussetzung $\sum_{k \neq j} \alpha_{jk} = \alpha_j < \infty$ für alle $j \in \mathcal{G}$, d. h. die Konservativität der homogenen Markowschen Kette $(X(t))$, zu prüfen. Das wird in den Anwendungen normalerweise der Fall sein. Anschaulich kann man die Zustände und die Übergangsintensitäten im im sog. *Markow-* oder *Übergangsgraphen* darstellen (↑ Abb. 5.1.1.1). Falls ein Übergang vom Zustand j in den Zustand k möglich ist, ohne dabei einen anderen Zustand zu durchlaufen, ist vom Zustand j zum Zustand k ein Pfeil zu zeichnen. An diesen ist die Übergangsintensität α_{jk} zu schreiben. Die Intensität α_j ist gleich der Summe der Intensitäten, die zu Pfeilen gehören, die von j wegführen. Falls kein Pfeil wegführt, der Zustand j also absorbierend ist, ist die Intensität α_j gleich Null.

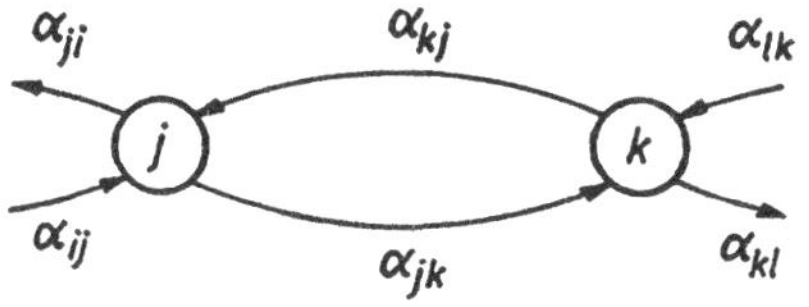

Abb. 5.1.1.1. Markow- oder Übergangsgraph

Wenn alle Übergangsintensitäten ermittelt sind, kann gemäß D. 3.3.2.19 geprüft werden, ob der Prozeß $(X(t))$ für das betrachtete Bedienungssystem ein homogener Geburts- und Todesprozeß ist.

(iii) Es erfolgt die *Aufstellung der Gleichungssysteme für die Zustandswahrscheinlichkeiten* und zwar

(iii$_1$) für die zeitabhängigen Zustandswahrscheinlichkeiten $P_j(t)$ das Differentialgleichungssystem (1) mit gegebenen Anfangswahrscheinlichkeiten $P_j(0)$,

(iii$_2$) für die stationären Zustandswahrscheinlichkeiten p_j das lineare algebraische Gleichungssystem (2).

Ist $(X(t))$ ein homogener Geburts- und Todesprozeß, so geht (1) in das System (24) in [3.3.2], (2) in das System (25) mit der Lösung (26) in [3.3.2] über. Es sei vermerkt, daß in der Literatur zur Lösung konkreter Aufgabenstellungen häufig die Schritte (ii) und (iii) zusammengenommen so durchgeführt werden, daß die Zustandswahrscheinlichkeiten zum Zeitpunkt $t + \Delta t$ durch die Zustandswahrscheinlichkeiten zum Zeitpunkt t und die zugehörigen Übergangswahrscheinlichkeiten im Zeitintervall $(t, t + \Delta t]$ bis auf Größen der Ordnung $o(\Delta t)$ dargestellt werden (das Gleichungssystem im Schritt (ii) von [5.4.2.1] enthält derartige Gleichungen), dadurch zu einem System von Differentialgleichungen und durch Grenzwertbildung für $\Delta t \to 0$ zu dem System (1) von Differentialgleichungen und danach im stationären Fall zum System (2) von linearen algebraischen Gleichungen übergegangen wird. Diese Vorgehensweise ist aufwendig, da die allgemein hergeleiteten und unter den entsprechenden Voraussetzungen gültigen Gleichungssysteme (1) und (2) zu wenig genutzt und für jede Aufgabenstellung erneut wieder hergeleitet werden.

(iv) *Lösung der Gleichungssysteme:* Zur Auflösung der Gleichungssysteme können die dafür üblichen Methoden der mathematischen Analysis und numerischen Mathematik verwendet werden. Das sind im instationären Fall Methoden zur Auflösung linearer Differentialgleichungen mit konstanten Koeffizienten, wobei insbesondere die Laplace-Transformation ein wertvolles Hilfsmittel ist.

Ist $(X(t))$ ein homogener Geburts- und Todesprozeß, so gibt [3.2.4] für einige Spezialfälle Lösungen von (24) aus [3.3.2] in geschlossener Form an.

Im allgemeinen ist bei sehr vielen Zuständen und komplizierter Struktur des Differentialgleichungssystems (3) die Anwendung numerischer Verfahren erforderlich. Das lineare algebraische Gleichungssystem (4) für die stationären Zustandswahrscheinlichkeiten besteht in den Anwendungen meistens nicht nur aus sehr vielen Gleichungen (Zuständen), sondern besitzt auch eine spezielle Struktur. Die Koeffizientenmatrix des Gleichungssystems ist i. allg. schwach besetzt und hat eine spezielle Blockstruktur, z. B. ist sie eine *Blocktridiagonalmatrix* oder eine *Block-Hessenberg-Matrix*. Zur Lösung linearer algebraischer Gleichungssysteme mit einer solchen Koeffizientenmatrix wurden in der Bedienungstheorie spezielle Methoden und Algorithmen entwickelt (↑ Kap. 12).

Es sei noch erwähnt, daß man oft sowohl im stationären als auch im instationären Fall mit vertretbarem Aufwand die erzeugende Funktion für die Verteilung (p_i) bzw. die Laplace-Transformierte für die Verteilung $(P_i(t))$ bestimmen kann, wodurch es zumindest möglich ist, den Erwartungswert und höhere Momente zu berechnen (↑ S. 2.8.2.6 und S. 2.8.3.3).

5.1.2. Beispiele

5.1.2.1. Beispiel. Berechnung der stationären Zustandswahrscheinlichkeiten für das System $M/M/s/\infty$ mit den Parametern λ, μ.
(i) Das System hat die Zustände $j = 0, 1, 2, \ldots$ Der Zustand j bedeutet, daß j Forderungen im System sind. Die zugehörigen stationären Zustandswahrscheinlichkeiten werden mit p_j bezeichnet.

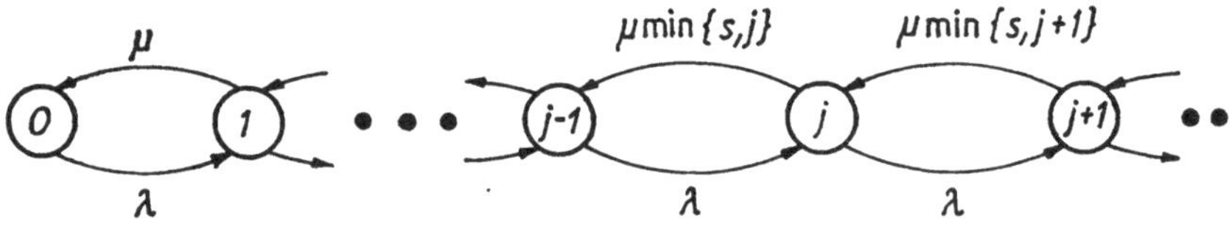

Abb. 5.1.2.1. Markow-Graph für das System $M/M/s/\infty$

(ii) Den Markow-Graphen des Systems zeigt Abb. 5.1.2.1. Ein Aufwärtssprung von j nach $j + 1$ findet statt, wenn eine Forderung eintrifft (Intensität: λ), ein Abwärtssprung von j nach $j - 1$ findet statt, wenn eine der im Zustand j laufenden Bedienungen beendet wird (Intensität: $j\mu$ falls $j \leqq s$, $s\mu$ falls $j > s$, da höchstens s Forderungen zugleich bedient werden). Offensichtlich wird das zeitliche Verhalten des Systems durch einen homogenen Geburts- und Todesprozeß $(X(t))$ mit $\lambda_j = \lambda$, $\mu_j = j\mu$, $j = 1, 2, \ldots, s$, $\mu_j = s\mu$, $j \geqq s$ beschrieben. Auf Grund von Satz 3.3.2.20 ist der Prozeß $(X(t))$ ergodisch, d. h., die p_i existieren und sind unabhängig von der Anfangsverteilung, wenn $\varrho = \lambda/\mu < s$.
(iii) Das Gleichungssystem für die p_i lautet für $s \geqq 2$ gemäß (25) aus [3.3.2]

$$0 = -\lambda p_0 + \mu p_1,$$

$$0 = \lambda p_{j-1} - (\lambda + j\mu) p_j + (j + 1) \mu p_{j+1}, \quad 1 \leqq j < s,$$

$$0 = \lambda p_{j-1} - (\lambda + s\mu) p_j + s\mu p_{j+1}, \quad j \geqq s.$$

(iv) Seine Lösung, die z. B. nach (26) aus [3.3.2] ermittelt werden kann, ist gleich

$$p_j = \begin{cases} \dfrac{\varrho^j}{j!} p_0, & j = 1, 2, \ldots, s - 1, \\[2ex] \dfrac{\varrho^j}{s! s^{j-s}} p_0, & j = s, s + 1, \ldots, \end{cases} \qquad p_0 = \left[\sum_{j=0}^{s-1}{}' \frac{\varrho^j}{j!} + \frac{\varrho^s}{(s-1)! (s - \varrho)}\right]^{-1}.$$

5.1.2.2. Beispiel. Berechnung der Verteilung der Forderungenanzahl zur Zeit t im Verlustsystem M/M/2/0.

Für das Verlustsystem M/M/2/0 mit den Parametern λ (Intensität des Forderungenstromes) und $\mu = \mathsf{E}B^{-1}$ sollen die Wahrscheinlichkeiten $P_j(t)$ dafür bestimmt werden, daß zur Zeit t j Forderungen im System sind; $j = 0, 1, 2$. Zur Zeit $t = 0$ soll das System leer sein, d. h. $P_0(0) = 1$, $P_1(0) = P_2(0) = 0$.

(i) Das System hat die Zustände 0, 1, 2 — im System sind 0, 1 oder 2 Forderungen.

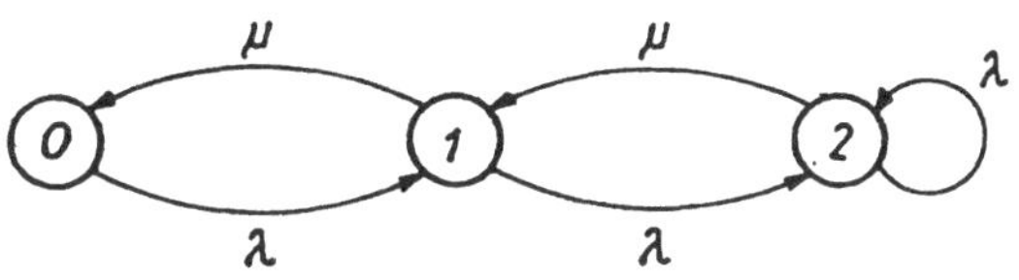

Abb. 5.1.2.2. Markow-Graph für das System M/M/2/0

(ii) Der Markow-Graph hat die Gestalt von Abb. 5.1.2.2. Ein Aufwärtssprung findet statt, wenn eine Forderung eintrifft (Übergangsintensität: λ), ein Abwärtssprung tritt ein, wenn eine Bedienung beendet wird (Übergangsintensität: μ bzw. 2μ). Man erkennt, daß der Prozeß $(X(t), t \geqq 0)$ ein Geburts- und Todesprozeß ist.

(iii) Das Differentialgleichungssystem für die zeitabhängigen Zustandswahrscheinlichkeiten $P_j(t)$ lautet

$$\frac{\mathrm{d}}{\mathrm{d}t} P_0(t) = -\lambda P_0(t) + \mu P_1(t),$$

$$\frac{\mathrm{d}}{\mathrm{d}t} P_1(t) = \lambda P_0(t) - (\lambda + \mu) P_1(t) + 2\mu P_2(t),$$

$$\frac{\mathrm{d}}{\mathrm{d}t} P_2(t) = \lambda P_1(t) - 2\mu P_2(t).$$

Anfangsbedingung: $P_0(0) = 1$, $P_1(0) = P_2(0) = 0$.

(iv) Zur Lösung mittels Laplace-Transformation bildet man das transformierte Gleichungssystem

$$s\check{P}_0(s) - 1 = -\lambda\check{P}_0(s) + \mu\check{P}_1(s),$$

$$s\check{P}_1(s) = \lambda\check{P}_0(s) - (\lambda + \mu)\check{P}_1(s) + 2\mu\check{P}_2(s),$$

$$s\check{P}_2(s) = \lambda\check{P}_1(s) - 2\mu\check{P}_2(s).$$

Die zugehörige Lösung lautet für $\lambda = \mu = 1$

$$\check{P}_0(s) = \frac{s^2 + 4s + 2}{s^3 + 5s^2 + 5s}, \quad \check{P}_1(s) = \frac{s + 2}{s^3 + 5s^2 + 5s}, \quad \check{P}_2(s) = \frac{1}{(s^3 + 5s^2 + 5s)}.$$

Partialbruchzerlegung führt z. B. für $\check{P}_0(s)$ zu dem Ausdruck

$$\check{P}_0(s) = \frac{2}{5s} + \frac{3 + \sqrt{5}}{10\left(s + 2{,}5 - 0{,}5\sqrt{5}\right)} + \frac{3 - \sqrt{5}}{10\left(s + 2{,}5 + 0{,}5\sqrt{5}\right)},$$

und Rücktransformation liefert schließlich die zeitabhängige Lösung

$$P_0(t) = \frac{2}{5} + \frac{3 + \sqrt{5}}{10}\,\mathrm{e}^{-c_1 t} + \frac{3 - \sqrt{5}}{10}\,\mathrm{e}^{-c_2 t}, \quad P_1(t) = \frac{2}{5} - \frac{1}{5}\,\mathrm{e}^{-c_1 t} - \frac{1}{5}\,\mathrm{e}^{-c_2 t},$$

$$P_2(t) = \frac{1}{5} - \frac{1 + \sqrt{5}}{10}\,\mathrm{e}^{-c_1 t} - \frac{1 - \sqrt{5}}{10}\,\mathrm{e}^{-c_2 t}$$

mit $c_1 = 2{,}5 - 0{,}5\sqrt{5}$, $c_2 = 2{,}5 + 0{,}5\sqrt{5}$. Für $t \to \infty$ ergeben sich die Grenzwerte p_i, $p_0 = \frac{2}{5}$, $p_1 = \frac{2}{5}$, $p_2 = \frac{1}{5}$, die gleich den stationären Wahrscheinlichkeiten sind.

5.2. Das System der Zustandsgleichungen für eine Klasse formalisierter Bedienungssysteme

Für eine große Klasse praktisch wichtiger Bedienungssysteme werden eine formale Beschreibung und unter Voraussetzung der Exponentialverteilung aller auftretenden Zufallsgrößen das entsprechende Gleichungssystem für die stationären Zustandswahrscheinlichkeiten angegeben. Es handelt sich um eine in KÖNIG/MATTHES/NAWROTZKI [1], [2], KÖNIG/JANSEN (1974, 1976), JANSEN/KÖNIG (1976) und SCHASSBERGER (1977, 1978) durchgeführte Verallgemeinerung einer 1960 von MATTHES vorgenommenen Axiomatisierung gewisser Bedienungsmodelle. Die hier beschriebene Klasse von Bedienungssystemen wird auch bei der Behandlung der stückweise linearen Markowschen Prozesse in [5.5] sowie den Unempfindlichkeitsuntersuchungen in Kap. 7 benutzt.

5.2.1. Bedienungsschemata

(a) *Objekte.* Ein Bedienungssystem bestehe aus höchstens abzählbar unendlich vielen Objekten O_j, $j \in \mathcal{J}$. Die nichtleere Menge $\mathcal{J}$ erfaßt die Indizes der Objekte. Beispiele für Objekte sind Bedienungsgeräte, Warteschlangen, Quellen usw.
(b) *Objektzustände.* Jedes Objekt O_j kann höchstens abzählbar unendlich viele Objektzustände i_j annehmen, wobei *aktive* und *passive* Objektzustände unterschieden werden. Demzufolge werden jedem $j \in \mathcal{J}$ zwei Mengen $\mathcal{C}_j$ (aktive Objektzustände), $\mathcal{D}_j$ (passive Objektzustände) zugeordnet mit $\mathcal{C}_j \cap \mathcal{D}_j = \emptyset$, $\mathcal{C}_j \cup \mathcal{D}_j \neq \emptyset$.

Beispiele: (i) Das Bedienungsgerät Nr. j sei das Objekt O_j und habe die Objektzustände

$i_j = 1$: auf O_j läuft eine Bedienung (aktiv),

$i_j = 0$: O_j ist unbelegt (passiv),

$i_j = 2$: O_j ist in Reparatur (aktiv),

$i_j = -1$: O_j wartet auf Reparatur (passiv).

(ii) Das Objekt O_1 sei eine Warteschlange mit k Warteplätzen. Dann besitzt O_1 keinen aktiven Objektzustand, d. h. $\mathcal{C}_1 = \emptyset$, und $k + 1$ passive Objektzustände $i_1 \in \mathcal{D}_1 = \{0, 1, \ldots, k\}$, wobei $i_1 = l \in \mathcal{D}_1$ besagt, daß l Warteplätze belegt sind.

Passive Objektzustände können „von sich aus", d. h. ohne Einwirkung einer „äußeren" Zufallsquelle, nicht aufhören und repräsentieren somit stets gewisse Wartezustände. Die aktiven Objektzustände i_j besitzen eine eigene zufällige Lebensdauer bzw. ihnen ist eine zufällige *Arbeits-* oder *Energiemenge* zugeordnet, die während des Vorliegens des betreffenden aktiven Objektzustandes (z. B. während einer Bedienung oder Reparatur) zu leisten ist. Formal wird das dadurch erfaßt, daß jedem aktiven Objektzustand i_j des Objektes O_j, d. h. jedem Paar $[i_j, j]$ mit $i_j \in \mathcal{C}_j$, $j \in \mathcal{J}$ eine positive Zufallsgröße $X_{i_j,j}$ zugeordnet wird, die diese zufällige Arbeitsmenge darstellt. $X_{i_j,j}$ besitze den endlichen Erwartungswert $\mathsf{E}X_{i_j,j} = \varrho_{i_j,j}^{-1} < \infty$. Die $X_{i_j,j}$ werden nach bestimmten Gesetzen abgebaut, vgl. (e).
(c) *Systemzustände.* Mit g wird ein Zustand des gesamten Bedienungssystems bezeichnet. Jeder Systemzustand g besteht aus einem Vektor (einer Familie) von Objektzuständen i_j der Objekte O_j des Systems, d. h., es ist $g = (i_j)_{j \in \mathcal{J}}$ mit $i_j \in \mathcal{C}_j \cap \mathcal{D}_j$. Es sei $\mathcal{G}$ die

Menge aller Systemzustände. In konkreten Anwendungen können die Zustände g und der Zustandsraum $\mathcal{G}$ häufig einfacher gebildet werden (↑ [5.2.4]). Jeder Zustand g gibt eine „Momentaufnahme" der Objekte des Bedienungssystems, aus der z. B. entnommen werden kann, wieviele bzw. welche Bedienungsgeräte belegt sind, welche frei sind, welche in Reparatur sind, wieviel Forderungen warten usw.; g enthält aber keine Angaben darüber, wie lange die jeweiligen (aktiven oder passiven) Zustände der einzelnen Objekte schon andauern oder noch andauern werden.

Die uns in diesem Abschnitt interessierenden Größen sind die stationären Wahrscheinlichkeiten p_g dieser Systemzustände $g \in \mathcal{G}$.

(d) *Geschwindigkeiten.* Zur Vereinfachung wird die Menge $\mathcal{J}_g = \{j : j \in \mathcal{J}, i_j \in \mathcal{C}_j\} \subseteqq \mathcal{J}$ eingeführt, die für jedes $g = (i_j) \in \mathcal{G}$ die Menge der Indizes der bez. g aktiven Objekte erfaßt. Jedem Paar $[j, g]$, $g \in \mathcal{G}$, $j \in \mathcal{J}_g$, wird eine reelle Zahl c_{jg} zugeordnet mit $0 \leqq c_{jg} < \infty$; c_{jg} heißt die Geschwindigkeit des aktiven Objektzustandes $i_j \in \mathcal{C}_j$ des bez. $g = (i_j)$ aktiven Objektes O_j bei Vorliegen des Systemzustandes g; c_{jg} kann als die Geschwindigkeit gedeutet werden, mit der bei Vorliegen eines Zustandes $g = (i_j)$ zur Zeit t die zufällige Restarbeitsmenge $X^{R}_{i_j,j}(t)$ des aktiven Zustandes $i_j \in \mathcal{C}_j$ von O_j abgebaut wird, so daß symbolisch gilt

$$\frac{\mathrm{d}X^{R}_{i_j,j}(t)}{\mathrm{d}t} = -c_{jg}.$$

Ist $c_{jg} = 1$ für alle $j \in \mathcal{G}_g$, $g \in \mathcal{J}$, dann kann man $X_{i_j,j}$ auch als Zeit, d. h. als Lebensdauer der aktiven Zustände i_j der Objekte O_j auffassen. Durch die Geschwindigkeiten können in dem formalisierten Modell Systeme dargestellt werden, bei denen aktive Objektzustände gewisser Objekte bzw. die mit ihnen verbundenen zufälligen Restarbeitsmengen $X^{R}_{i_j,j}(t)$ in Abhängigkeit vom Zustand g des gesamten Systems schneller oder langsamer realisiert werden. Beispielsweise kann die Bedienungsgeschwindigkeit von der Anzahl der in g erfaßten wartenden Forderungen abhängen. Ein Wert $c_{jg} = 0$ bedeutet, daß der aktive Objektzustand i_j des bez. g aktiven Objektes O_j, genauer die Realisierung der mit ihm verbundenen zufälligen Restarbeitsmenge $X^{R}_{i_j,j}(t)$, *zeitweilig* (solange g vorliegt) *unterbrochen* ist. Das kann z. B. eintreten, wenn eine Bedienungsforderung höherer Priorität die laufende Bedienung einer Forderung geringerer Priorität zeitweilig unterbricht. Somit werden durch die Größen c_{jg}, da sie vom Zustand des gesamten Systems abhängen, gewisse funktionelle oder strukturelle Abhängigkeiten im betreffenden Bedienungssystem berücksichtigt.

Die Menge der Indizes der Objekte, die bez. g aktiv sind mit positiver Geschwindigkeit, wird mit $\mathcal{J}_g' = \{j : j \in \mathcal{J}_g, c_{jg} > 0\}$ bezeichnet, und es gelte $\mathcal{J}_g' \neq \emptyset$ für alle $g \in \mathcal{G}$. Dadurch wird in jedem Systemzustand $g \in \mathcal{G}$ für mindestens ein aktives Objekt die zugehörige Arbeitsmenge mit positiver Geschwindigkeit realisiert, und eine weitere Evolution des durch das Schema wiedergegebenen Systems ist immer möglich. Die zufälligen Übergänge zwischen den Zuständen werden folgendermaßen schematisiert.

(e) *Übergangswahrscheinlichkeiten.* Befindet sich das System im Zustand $g \in \mathcal{G}$ und endet der aktive Objektzustand eines bez. g aktiven Objektes O_s mit $s \in \mathcal{J}_g'$, d. h. wird $X^{R}_{i_s,s}(t)$ gleich Null, so geht das System zufällig in einen Zustand $g' \in \mathcal{G}$ über, wobei $g' = g$ nicht ausgeschlossen ist. Man sagt, daß das Objekt O_s einen Sprung des Systems von g nach g' ausgelöst hat. Der Übergang von g nach g' durch das sprungauslösende Objekt O_s findet mit der Übergangswahrscheinlichkeit $P(g, s, g')$, $g, g' \in \mathcal{G}$, $s \in \mathcal{J}_g'$, statt, wobei

$$\sum_{g' \in \mathcal{G}} P(g, s, g') = 1 \qquad \text{für alle} \quad g \in \mathcal{J}, \quad s \in \mathcal{J}_g'.$$

Damit der Übergangsmechanismus zwischen den Systemzuständen eindeutig abläuft, darf mit Wahrscheinlichkeit Eins in einem Zeitpunkt höchstens eine Größe $X_{i_s,s}(t)$ gleich Null werden. Das ist z. B. dann der Fall, wenn die Zufallsgrößen $X_{i_j,j}$ für alle $i_j \in \mathscr{C}_j$, $j \in \mathscr{J}$ stetig sind, d. h. Verteilungsdichten $f_{i_j,j}(x)$ besitzen. In vielen Modellen genügt es, Verteilungsfunktionen $F_{i_j,j}(x)$ oder Zufallsgrößen $X_{i_j,j}$ vorzugeben und die Existenz von Verteilungsdichten $f_{i_j,j}(x)$ nicht zu verlangen. In anderen Modellen, wo bei ungünstiger Wahl der Verteilungsfunktionen $F_{i_j,j}(x)$ mit positiver Wahrscheinlichkeit gleichzeitig aktive Zustände verschiedener Objekte beendet werden und einen Sprung auslösen können, ist aber die Voraussetzung der Existenz von Verteilungsdichten erforderlich.

5.2.1.1. Definition. Ein *Bedienungsschema* ist gegeben, wenn die in (a) bis (e) auftretenden Größen außer den Verteilungsfunktionen $F_{i_j,j}(x)$ aber einschließlich deren Erwartungswerte $\varrho_{i_j,j}^{-1}$ fixiert sind und die angegebenen Bedingungen erfüllen.

Verteilungsfunktionen $F_{i_j,j}(x)$, deren Erwartungswerte gleich den vorgegebenen Werten $\varrho_{i_j,j}^{-1}$ sind, heißen *passende Verteilungsfunktionen.*

In Analogie zum Begriff der irreduziblen homogenen Markowschen Ketten (↑ D. 3.3.1.2) wird folgendes definiert.

5.2.1.2. Definition. Ein Bedienungsschema heißt *irreduzibel,* wenn zu jedem Paar $g, g' \in \mathscr{C}$ eine endliche Folge $g = g_0, s_0, g_1, s_1, \ldots, g_n, s_n, g_{n+1} = g'$ mit $g_i \in \mathscr{G}$, $s_i \in \mathscr{J}'_{g_i}$, für $i = 0, 1, \ldots, n$ existiert, so daß $P(g_i, s_i, g_{i+1}) > 0$ für $i = 0, 1, \ldots, n$; es ist also durch endlich viele Sprünge mit positiver Wahrscheinlichkeit ein Übergang von g nach g' möglich.

5.2.2. Bedienungsprozesse und ein Gleichungssystem für die stationären Zustandswahrscheinlichkeiten

Die Bestimmungsstücke eines Bedienungsschemas widerspiegeln für ein Bedienungssystem die Struktur, den Typ, die Zufallsquellen, die möglichen Zustände der Bedienungsgeräte usw., die Gesetzmäßigkeiten für den Abbau der Pausen- und Bedienungsdauern sowie für die zufälligen Übergänge von einem Systemzustand in einen anderen, falls ein Übergangszeitpunkt vorliegt (d. h. in eingebetteten Zeitpunkten). Es werden jedoch die Verweildauer der Systemzustände und deren Aufeinanderfolge im Ablauf der realen Zeit nicht erfaßt. Hierzu ist ein zufälliger Prozeß erforderlich, der sich aus dem Bedienungsschema und einer Familie $\big(F_{i_j,j}(x)\big)_{i_j\in\mathscr{C}_j,j\in\mathscr{J}}$ passender Verteilungsfunktionen von Zufallsgrößen $X_{i_j,j}$, die in diesem Abschnitt als unabhängig vorausgesetzt werden, konstruieren läßt. Dieser zufällige Prozeß wird mit $\big(G(t), t \geqq 0\big)$ bezeichnet, besitzt den Zustandsraum $\mathscr{G}$ und heißt der *zum Bedienungsschema und der Familie* $\big(F_{i_j,j}(x)\big)_{i_j\in\mathscr{C}_j,j\in\mathscr{J}}$ *gehörende Bedienungsprozeß.* Sind die zufälligen Arbeitsmengen $X_{i_j,j}$ aktiver Objektzustände für alle $i_j \in \mathscr{C}_j$, $j \in \mathscr{J}$, exponentialverteilt mit den Parametern $\varrho_{i_j,j}$, so ist der Bedienungsprozeß $\big(G(t)\big)$ eine homogene Markowsche Kette mit stetiger Zeit.

Es sei $|\mathscr{J}_g| < \infty$ für jedes $g \in \mathscr{G}$, d. h., in jedem Systemzustand werden gleichzeitig nur endlich viele aktive Objektzustände realisiert. Dann ist $\big(G(t)\big)$ eine konservative homogene Markowsche Kette mit stetiger Zeit. Für endliches $\mathscr{G}$ ist diese Bedingung erfüllt. Die Anfangsverteilungen von $\big(G(t)\big)$ (zum Zeitpunkt 0) sind identisch mit den Familien $(p)_{g\in\mathscr{G}}$ nichtnegativer reeller Zahlen mit $\sum_{g\in\mathscr{G}} p_g = 1$. Unter der Voraussetzung ihrer Existenz (die für endliches $\mathscr{G}$ gesichert ist; für abzählbar unendliches $\mathscr{G}$

↑[3.3.2.3]) gilt für die stationären Anfangsverteilungen des homogenen Markowschen Bedienungsprozesses der folgende Satz.

5.2.2.1. Satz. Ein Verteilungsgesetz $(p_g)_{g \in \mathcal{G}}$ ist genau dann eine stationäre Anfangsverteilung des Bedienungsprozesses mit dem Zustandsraum $\mathcal{G}$, wenn es folgendem System Z der Zustandsgleichungen genügt:

$$p_g \sum_{j \in \mathcal{J}_g} c_{jg} \varrho_{i_j, j} = \sum_{g' \in \mathcal{G}} \sum_{s \in \mathcal{J}'_{g'}} c_{sg'} \varrho_{i_s', s} P(g', s, g)\, p_{g'}, \qquad g \in \mathcal{G}. \tag{1}$$

Dieses lineare algebraische Gleichungssystem entspricht für die betrachtete Klasse von Bedienungssystemen dem Gleichungssystem (2) aus [5.1.1] zur Bestimmung der stationären Zustandswahrscheinlichkeiten und ist Ausdruck eines bestehenden statistischen Gleichgewichtes (im stationären Zustand): für jeden Systemzustand $g \in \mathcal{G}$ ist die aus ihm insgesamt „herausfließende Wahrscheinlichkeitsmasse" (linke Seite von (1) für festes g) gleich der in ihn von allen in Frage kommenden Zuständen g' „hineinfließenden Wahrscheinlichkeitsmassen" (rechte Seite von (1) für festes g).

Interessiert man sich nur für stationäre Wahrscheinlichkeitsaussagen über die Anzahlen derjenigen Objekte, die sich in ein- und demselben Objektzustand befinden (z. B. nur für die Anzahl der belegten Bedienungsgeräte, nicht aber deren Nummer), so sind die stationären Zustandswahrscheinlichkeiten p_g für die Systemzustände g mit der entsprechenden Eigenschaft zu addieren. Falls eine stationäre Verteilung $(p_g)_{g \in \mathcal{G}}$ existiert, gilt:

5.2.2.2. Satz (Eindeutigkeitssatz). Das System Z der Zustandsgleichungen (1) besitzt dann und nur dann genau eine Lösung mit $p_g > 0$ für alle g und $\sum_g p_g = 1$, wenn das Bedienungsschema irreduzibel ist.

5.2.3. Hinweise zur Anwendung

Die praktische Nutzung des Gleichungssystems (1) in [5.2.2] zur Bestimmung der stationären Zustandswahrscheinlichkeiten kann in folgenden Schritten erfolgen.

(i) *Darstellung als Bedienungsschema:* Das gegebene Markowsche Bedienungssystem ist als ein Bedienungsschema darzustellen. Es sind also gemäß [5.2.1] die Objekte O_j, die Menge $\mathcal{J}$ der Indizes, für jedes O_j die Mengen $\mathcal{C}_j$, $\mathcal{D}_j$ der aktiven bzw. passiven Zustände, die Systemzustände g und der Zustandsraum $\mathcal{G}$ zu bestimmen, die Geschwindigkeiten c_{jg} und die Übergangswahrscheinlichkeiten $Y(g, s, g')$ festzusetzen sowie die Größen $\varrho_{i_j, j}$ aus den gegebenen Parametern der Exponentialverteilungen zu bestimmen.

Bei der Festlegung der Systemzustände g ist zu beachten, daß es oft nicht erforderlich ist, in den Systemzustand g die Objektzustände sämtlicher Objekte aufzunehmen, z. B. dann nicht, wenn ein Objekt nur einen, und zwar aktiven, Objektzustand besitzt, in dem es sich immer befindet, z. B. ein Forderungenstrom (↑ [5.2.4]). Die Prüfung der Irreduzibilität und die Aufstellung des Systems der Zustandsgleichungen können graphisch erfolgen.

(ii) *Aufstellung eines Übergangsgraphen:* Jeder Systemzustand g wird durch eine dreizeilige Zustandsmatrix dargestellt, $g = \begin{pmatrix} i_1 & i_1 & \cdots \\ \varrho_{i_1,1} & \varrho_{i_2,2} \cdots \\ c_{1g} & c_{2g} & \cdots \end{pmatrix}$, deren erste Zeile die Objektzustände i_j der Objekte O_j bez. g enthalten, die zweite Zeile die zugehörigen Werte von $\varrho_{i_j,j}$ bez. g aktiver Objekte (sonst einen Strich) und die dritte Zeile die zugehörigen Geschwindigkeiten c_{jg}, (falls O_j bez. g passiv ist, dann ebenfalls einen Strich).

Diese Zustandsmatrizen werden als Knoten eines Graphen aufgefaßt. Ist ein Übergang von g nach einem Systemzustand g' mit positiver Übergangswahrscheinlichkeit $P(g, s, g')$ für irgendein $s \in \mathcal{J}_g$ möglich, dann wird von der Zustandsmatrix g zur Zustandsmatrix g' ein gerichteter Pfeil gezogen. Oberhalb des Pfeiles steht der Index s des sprungauslösenden Objektes und unterhalb des Pfeiles der Wert der Übergangswahrscheinlichkeit $P(g, s, g')$.

(iii) *Prüfung des Bedienungsschemas auf Irreduzibilität:* Das Bedienungsschema ist irreduzibel genau dann, wenn es für je zwei beliebige Zustandsmatrizen g und g' einen Weg längs gerichteter Pfeile von g nach g' gibt (d. h. der Graph zusammenhängend ist). Der Graph zeigt unmittelbar, ob diese Bedingung erfüllt ist oder nicht.

(iv) *Aufstellung des Systems der Zustandsgleichungen:* Für einen festen Systemzustand g wird die Gleichung (1) in [5.2.2] für p_g mit Hilfe des Übergangsgraphen aufgestellt.

(v) *Lösung des Systems der Zustandsgleichungen*; Hierzu gelten die gleichen Bemerkungen wie zur Lösung der linearen algebraischen Gleichungssysteme im Schritt (iv) von [5.1.3]. Außerdem wird im Fall der Unempfindlichkeit der stationären Zustandswahrscheinlichkeiten in Kap. 7 ein weiterer Weg zur Lösung des Gleichungssystems angegeben.

5.2.4. Beispiel

Es wird das Warte-Verlustsystem M/M/1/n, $0 < n < \infty$ (Intensität des Forderungenstromes: λ, Parameter der Bedienungszeit: μ) behandelt.

(i) *Darstellung als Bedienungsschema:*

Objekte: O_0 = Forderungenstrom, O_1 = Bedienungsgerät, O_2 = Warteschlange, $\mathcal{J} = \{0, 1, 2\}$. Es werden folgende Objektzustände benötigt:

$i_0 = 1$: Zwischen zwei aufeinanderfolgenden Forderungenankünften läuft eine Pausenzeit (aktiver Objektzustand).
$i_1 = 0$: Das Gerät ist frei (passiver Objektzustand).
$i_1 = 1$: Das Gerät ist besetzt (aktiver Objektzustand).
$i_2 = k$: Es warten k Forderungen (passiver Objektzustand).

Die Warteschlange besitzt keinen aktiven und der Forderungenstrom keinen passiven Zustand. Somit gilt: $\mathcal{C}_0 = \{1\}$, $\mathcal{C}_1 = \{1\}$, $\mathcal{C}_2 = \emptyset$, $\mathcal{D}_0 = \emptyset$, $\mathcal{D}_1 = \{0\}$, $\mathcal{D}_2 = \{0, 1, \ldots, n\}$. Die möglichen $n + 2$ Systemzustände g sind $(1, 0, 0)$ und $(1, 1, k)$ mit $0 \leqq k \leqq n$, so daß der Zustandsraum $\mathcal{G}$ die Gestalt hat

$$\mathcal{G} = \{1\} \times \{0\} \times \{0\} \cup \{1\} \times \{1\} \times \{0, 1, \ldots, n\}.$$

Jeder Systemzustand g ist alleine durch die Angabe der Anzahl der im System vorhandenen Forderungen eindeutig bestimmt; dem Systemzustand $(1, 0, 0)$ entspricht die Zahl 0 von Forderungen im System, und dem Zustand $(1, 1, k)$ die Anzahl von $k + 1$ Forderungen im System $0 \leqq k \leqq n$. Der Einfachheit halber identifiziert man daher die Zustände g mit dieser Zahl 0 bzw. $k + 1$ und erhält als Zustandsraum $\mathcal{G} = \{0, 1, \ldots, n + 1\}$. Es ist $\mathcal{J}_g = \{0\}$ für $g = 0$ und $\mathcal{J}_n = \{0, 1\}$ für $g > 0$. Da im System M/M/1/n alle Zeiten mit gleicher Geschwindigkeit abgebaut werden, ist $c_{0g} = c_{1g} = 1$ für alle g. Die Übergangswahrscheinlichkeiten sind gleich

$$P(g, 0, g') = \begin{cases} 1 & \text{für } \; g \leqq n, \; g' = g + 1 \quad \text{oder} \quad g = g' = n + 1 \\ & \text{(Ankunft einer Forderung)}, \\ 0 & \text{sonst}, \end{cases}$$

$$P(g, 1, g') = \begin{cases} 1 & \text{für } \; g' = g - 1 \quad (g > 0) \\ & \text{(Ende einer Bedienung)}, \\ 0 & \text{sonst}. \end{cases}$$

Es ist

$$\varrho_{1,0} = \lambda, \quad \varrho_{1,1} = \mu.$$

(ii) *Aufstellung des Übergangsgraphen:* Dem Systemzustand $g = 0$ wird die Zustandsmatrix $\begin{pmatrix} 1 & 0 & 0 \\ \lambda & - & - \end{pmatrix}$ und dem Systemzustand $g = k + 1$ für $k = 0, 1, \ldots, n$ die Zustandsmatrix $\begin{pmatrix} 1 & 1 & k \\ \lambda & \mu & - \end{pmatrix}$ zugeordnet. Die 3. Zeile entfällt der Einfachheit halber, da sämtliche aktiven Objektzustände die Geschwindigkeit $c_{jg} = 1$ besitzen. Den Übergangsgraphen zeigt Abb. 5.2.4.1.
(iii) Offensichtlich führt von jedem Zustand g zu jedem Zustand g' ein Weg längs gerichteter Pfeile, also ist das Bedienungsschema irreduzibel.

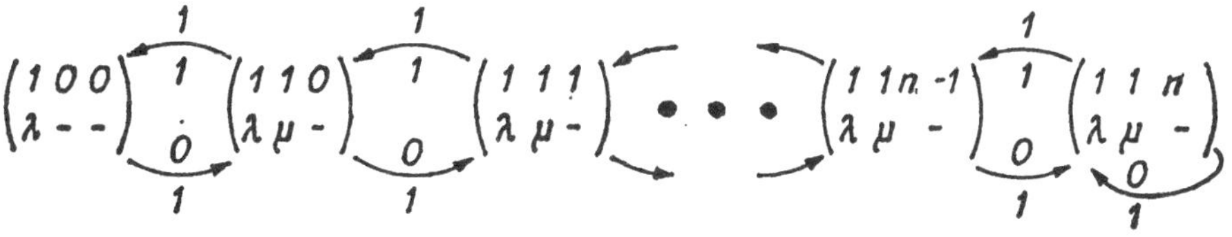

Abb. 5.2.4.1. Übergangsgraph für das System M/M/1/n

(iv) *Aufstellung des Systems der Zustandsgleichungen:* Hierbei ist zu beachten, daß die Numerierung der Objekte mit 0 beginnt, also ist in der Zustandsmatrix die erste Spalte zu nehmen, wenn O_0 das sprungauslösende Objekt war, und die zweite, wenn O_1 den Sprung auslöste.

Das Gleichungssystem (1) in [5.2.2] hat die Gestalt

$$\lambda p_0 = \mu p_1,$$

$$(\lambda + \mu)\, p_{j-1} = \lambda p_{j-1} + \mu p_{j+1}, \qquad j = 1, \ldots, n,$$

$$(\lambda + \mu)\, p_{n+1} = \lambda p_{n+1} + \lambda p_n,$$

$$\sum_k p_k = 1.$$

(v) *Lösung des Systems der Zustandsgleichungen:* Durch direktes Lösen ergeben sich die stationären Zustandswahrscheinlichkeiten p_i ($i = 0, 1, \ldots, n + 1$) für M/M/1/n mit $\varrho = \lambda/\mu$

$$p_i = \begin{cases} \dfrac{(1 - \varrho)\,\varrho^i}{1 - \varrho^{n+2}}, & \varrho \neq 1, \\ 1/(n + 2), & \varrho = 1. \end{cases}$$

5.3. Die Erlangsche Phasenmethode

Sind nicht sämtliche Pausen- und Bedienungszeiten exponentialverteilt, dann sind die Methoden homogener Markowscher Ketten zur Untersuchung des Bedienungssystems nicht unmittelbar anwendbar. Schon Erlang verwendete jedoch in seinen Arbeiten eine Klasse nach ihm benannter Verteilungen, die aus Faltungen von Exponentialverteilungen bestehen, so daß durch einen Kunstgriff Bedienungssysteme mit *erlangverteilten Pausen-* oder *Bedienungszeiten* ebenfalls mit homogenen Markowschen Ketten behandelt werden können. Hierzu ist der Zustandsraum durch geeignete diskrete Komponenten zu erweitern (*diskrete Markowisierung*), und die Pausen- bzw. Bedienungen laufen in Form künstlich eingeführten Phasen ab. Die gleiche sog.

Erlangsche Phasenmethode ist in etwas variierter Form anwendbar, wenn ein Bedienungssystem mit Pausen- oder Bedienungszeiten mit einer *Hyper-Erlang-Verteilung* vorliegt. Für gesuchte Kenngrößen eines Bedienungssystems mit beliebig verteilten Pausen- oder Bedienungszeiten können mit Hilfe der Erlangschen Phasenmethode Näherungs- bzw. Grenzwertausdrücke auf Grund eines *Approximationssatzes* für Verteilungsfunktionen durch Hyper-Erlang-Verteilungsfunktionen und eines entsprechenden Stetigkeitssatzes gewonnen werden.

5.3.1. Anwendung Markowscher Ketten bei erlangverteilten Pausen- oder Bedienungszeiten

Besitzen die Pausen- oder bzw. und Bedienungszeiten eines Bedienungssystems Erlang-Verteilungsfunktionen (↑ [2.9.13]) dann kann das zeitliche Verhalten des Systems bei geeigneter Wahl des Zustandsraumes ebenfalls durch eine homogene Markowsche Kette erfaßt und die zeitabhängigen bzw. stationären Zustandswahrscheinlichkeiten mit den Methoden von [5.2] berechnet werden. Die Ursache hierfür ist die Tatsache (↑ B. 2.5.3.6), daß jede Zufallsgröße Y mit einer Erlang-Verteilung der Ordnung k mit dem Parameter λ eine Summe von k unabhängigen Zufallsgrößen $Y_1, Y_2, \ldots, Y_k$ mit derselben Exponentialverteilung mit dem Parameter λ darstellt. Haben z. B. die Bedienungszeiten B eines Systems eine Erlang-Verteilung $\mathrm{E}_{k,\lambda}$, so kann man sich die Bedienungszeit B aus k exponentialverteilten zufälligen unabhängigen Summanden $B_1, B_2, \ldots, B_k$ bestehend vorstellen, die nacheinander realisiert werden. Wird gerade der Summand B_j realisiert, so sagt man, daß sich die Bedienung in der *Phase* j befindet. Dabei ist zu beachten, daß sich in sämtlichen Phasen einer Bedienung mit erlangverteilter Dauer insgesamt höchstens eine Forderung befinden kann, nicht aber in mehreren Phasen zugleich, denn die Phasen sind nur künstlich. Im Fall erlangverteilter Bedienungszeiten kann man den Zustand des Bedienungsgerätes j eines Bedienungssystems durch die Größe i_j beschreiben,

$$i_j = \begin{cases} 0, & \text{falls das Bedienungsgerät Nummer } j \text{ frei ist,} \\ i, & 1 \leqq i \leqq k, \text{ falls das Bedienungsgerät Nummer } j \text{ belegt ist und} \\ & \text{die Bedienung in der Phase Nummer } i \text{ läuft.} \end{cases}$$

Zum Beispiel erhält man für das Verlustsystem $\mathrm{M/E}_k/s/0$ zur Beschreibung der Zustände des Systems einen s-dimensionalen Vektor $(i_1, \ldots, i_s)$, d. h. als Zustandsraum für den zum System gehörenden zufälligen Prozeß

$$\mathcal{G} = \{g = (i_1, \ldots, i_s) : 0 \leqq i_j \leqq k,\ 1 \leqq j \leqq s\}.$$

Zur vollständigen Beschreibung jedes Zustandes des Wartesystems $\mathrm{M/E}_k/s/n$, $n > 0$, ist noch die Aufnahme einer Komponente l erforderlich, wobei $l = 0, 1, 2, \ldots$ die Gesamtzahl der im System befindlichen Forderungen bedeutet.

Für ein Bedienungssystem $\mathrm{M/E}_k/s/n$ ist der das zeitliche Verhalten beschreibende zufällige Prozeß $(X(t))$ mit diesem Zustandsraum $\mathcal{G}$ eine Markowsche Kette. Denn jede einzelne der künstlich eingeführten Bedienungsphasen ist exponentialverteilt. Die Verteilungsfunktion der Restbedienungszeit einer Forderung von einem Zeitpunkt t ab in der betreffenden Phase ist somit unabhängig vom Verlauf der Bedienung bis zum Zeitpunkt t ebenfalls exponentialverteilt. Und die für den vom Zeitpunkt t an für den weiteren Ablauf des Prozesses erforderliche Kenntnis, wie viele Phasen eine laufende Bedienung auf einem Bedienungsgerät noch zu durchlaufen hat, ist aus der Zustandsbeschreibung zu entnehmen, d. h. für $(X(t))$ gilt die Markow-Eigenschaft.

Eine homogene Markowsche Kette erhält man ebenfalls, wenn man für die Zustandsbeschreibung von M/E$_k$/s/0 den Prozeß $(X(t)) = ((i_1(t), \ldots, i_s(t)))$ und für M/E$_k$/s/n, $n > 0$, den Prozeß $(X(t)) = ((N(t), i_1(t), \ldots, i_s(t)))$ wählt, wobei $i_j(t) = 0, 1, \ldots, k$, $1 \leqq j \leqq s$, die Anzahl der noch abzuarbeitenden Phasen der zur Zeit t auf dem Bedienungsgerät Nummer j laufenden Bedienung ist und $N(t)$ die Anzahl der zum Zeitpunkt t im System befindlichen Forderungen angibt.

Durch die Einführung künstlicher Phasen beim Ablauf der erlangverteilten Bedienungszeiten und die Erweiterung der Zustandsbeschreibung durch diskrete Komponenten als zusätzliche Variable, die die noch abzuarbeitenden Phasen ergeben, ist der zufällige Prozeß $(X(t))$ Markowsch geworden. Der Zustandsraum ist diskret, daher handelt es sich um eine Markowsche Kette; i. allg. ist aber der Prozeß $(X(t))$ kein Geburts- und Todesprozeß.

In analoger Weise können Pausenzeiten mit einer Erlang-Verteilung künstlich in Phasen zerlegt und ein entsprechender Zustandsraum gebildet werden, so daß der zugehörige Prozeß $(X(t))$ eine homogene Markowsche Kette ist. Für Systeme der Gestalt M/E$_k$/s/n, E$_k$/M/s/n, E$_l$/E$_k$/s/n können daher mit den Methoden von [5.2] die Zustandswahrscheinlichkeiten bestimmt werden. Diese von Erlang erstmalig verwendete Vorgehensweise wird als Erlangsche Phasenmethode bezeichnet.

Es seien $\tilde{\tilde{p}}_g = \mathsf{P}(X(t) = g)$, $g \in \mathcal{G}$, die stationären Zustandswahrscheinlichkeiten als Lösung des entsprechenden Gleichungssystems (↑ (4) in [5.1.3]).

Da durch Einführung der Phasen die Anzahl der Zustände im Raum $\mathcal{G}$ erheblich anwächst, umfaßt auch dieses Gleichungssystem i. allg. mehr Größen $\tilde{\tilde{p}}_g$ als ursprünglich für das betrachtete Bedienungssystem gesucht wurden.

Durch geeignete Zusammenfassung, Summation von entsprechenden Größen $\tilde{\tilde{p}}_g$ erhält man die eigentlich gesuchten stationären Wahrscheinlichkeiten p_g für Systemzustände, die keine Phasen mehr enthalten. Entsprechend können auch die zeitabhängigen Zustandswahrscheinlichkeiten $\tilde{\tilde{P}}_g(t)$ der Markowschen Kette $(X(t))$ mit dem Phasenraum $\mathcal{G}$ mit den Methoden von [5.1] bestimmt und daraus durch Zusammenfassung die zeitabhängigen Zustandswahrscheinlichkeiten $P_g(t)$, die keine Phasen mehr beinhalten, ermittelt werden.

5.3.1.1. Beispiel. Engsetsches Verlustsystem $\langle N/\mathrm{M}/\mathrm{E}_2/1/0\rangle$.
Ein Bedienungssystem bestehe aus einem Bedienungsgerät und N Quellen, die Forderungen stellen können. Die Bedienungszeit sei erlangverteilt mit der Ordnung $k = 2$ und dem Parameter μ. Die Quellen stellen ihre Forderungen unabhängig voneinander jeweils in exponentialverteilten Abständen, d. h. Pausenzeiten (Parameter: λ). Wenn eine Forderung das Bedienungsgerät frei vorfindet, beginnt sofort die Bedienung, nach deren Ende auf der betreffenden Quelle eine neue Pausenzeit beginnt. Falls das Bedienungsgerät besetzt ist, geht die Forderung verloren, und es beginnt sofort eine neue Pausenzeit. Gesucht ist die stationäre Wahrscheinlichkeit p_B dafür, daß das Bedienungsgerät besetzt ist.

Zustände des Systems:

Zustand 0: Bedienungsgerät frei;

Zustand 1: Bedienungsgerät besetzt, 1. Phase der Bedienung;

Zustand 2: Bedienungsgerät besetzt, 2. Phase der Bedienung.

Den Markow-Graphen der Übergangsintensitäten enthält Abb. 5.3.1.1. Mit ihnen ergibt sich nach (4) aus [5.1.3] das folgende Gleichungssystem für die stationären Zustandswahrscheinlichkeiten

$$0 = -N\lambda p_0 + \mu p_2, \qquad 0 = N\lambda p_0 - \mu p_1, \qquad 0 = \mu p_1 - \mu p_2.$$

Als Lösung hierfür erhält man sofort

$$p_0 = \left[1 + 2\,\frac{N\lambda}{\mu}\right]^{-1}, \quad p_1 = p_2 = \frac{N\lambda}{\mu}\,p_0.$$

Für die gesuchte Größe ergibt sich durch Summation $p_B = p_1 + p_2 = \left[1 + \frac{\mu}{2N\lambda}\right]^{-1}$.

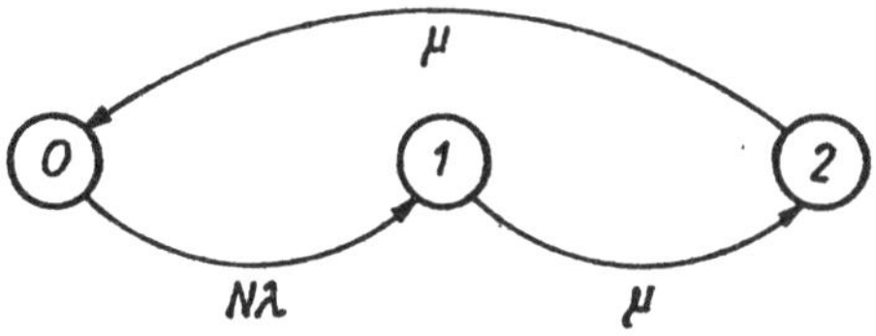

Abb. 5.3.1.1. Markow-Graph für das System $\langle N/M/E_2/1/0\rangle$

5.3.2. Anwendung Markowscher Ketten bei hypererlangverteilten Pausen- oder Bedienungszeiten

Durch Mischung (↑ D. 2.5.4.3) von N Erlang-Verteilungen $E_{k_1,\mu}, \ldots, E_{k_N,\mu}$ vom Grade $k_1, k_2, \ldots, k_N$ erhält man eine Hyper-Erlang-Verteilungsfunktion

$$\sum_{i=1}^{N} a_i E_{k_i,\mu}(t), \qquad t \geqq 0,$$

mit $a_i > 0$, $\sum_{i=1}^{N} a_i = 1$.

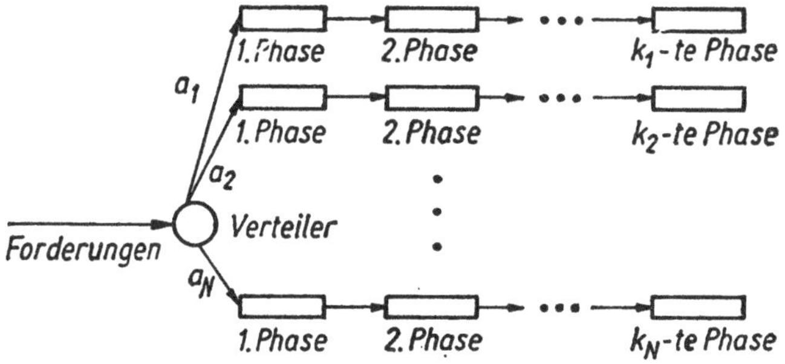

Abb. 5.3.2.1. Modell der Bedienungsphasen bei einer Hyper-Erlang-Verteilung für die Bedienungszeit

Ein Bedienungssystem mit Poissonschem Forderungenstrom besitze Bedienungszeiten mit einer Hyper-Erlang-Verteilungsfunktion. Dann kann mit Hilfe des folgenden Modells eine Zerlegung der Bedienungszeit in künstliche Phasen erfolgen. Zu Beginn einer Bedienung wird mit den Wahrscheinlichkeiten $a_1, \ldots, a_N$ eine der N Erlang-Verteilungen $E_{k_1,\mu}, \ldots, E_{k_N,\mu}$ ausgewählt, nach der die Bedienung erfolgt. Dann werden die k_i Phasen dieser Erlang-Verteilung durchlaufen (↑ [5.3.1]; ↑ Abb. 5.3.2.1). Bei Aufnahme entsprechender diskreter Variablen in die Zustandsbeschreibung wird somit auch im Falle von Bedienungs- bzw. Pausenzeiten mit einer Hyper-Erlang-Verteilung der zufällige Prozeß, der den zeitlichen Ablauf im System beschreibt, eine Markowsche Kette, und die Zustandswahrscheinlichkeiten können mit den Methoden von [5.1] ermittelt werden. In allen $k_1 + k_2 + \cdots + k_N$ Phasen, die ein und demselben Bedienungsgerät zugeordnet sind, darf sich dabei stets gleichzeitig höchstens eine Forderung zur Bedienung befinden.

5.3.3. Die Erlangsche Phasenmethode als Approximationsverfahren

Gemäß Satz 2.5.4.4 kann jede Verteilungsfunktion einer nichtnegativen Zufallsgröße im Sinne der schwachen Konvergenz von Verteilungsfunktionen durch geeignete Hyper-Erlang-Verteilungen approximiert werden. Das ermöglicht eine Nutzung der Erlangschen Phasenmethode (↑ [5.3.1] und [5.3.2]) auch für solche Bedienungssysteme, deren Pausen- oder Bedienungszeiten nicht eine Exponential-, Erlang- oder Hyper-Erlang-Verteilung, sondern eine *beliebige Verteilungsfunktion* besitzen. Ersetzt man diese durch eine Erlang- bzw. Hyper-Erlang-Verteilung, so erhält man Näherungsausdrücke für die gesuchten Zustandswahrscheinlichkeiten bzw. anderen Kenngrößen des Systems. Approximiert man jedoch die beliebige Verteilungsfunktion gemäß Approximationssatz 2.5.4.4 durch Hyper-Erlang-Verteilungen und bestimmt zunächst für diese die gesuchten Systemkennziffern, so erhält man die entsprechenden Kennziffern für das ursprüngliche System als Grenzwerte der Approximation, falls ein entsprechender Stetigkeitssatz gilt. Eine Verallgemeinerung der Erlangschen Phasenmethode ist die Neutssche Phasenmethode auf der Basis der PH-Verteilung (↑ [6.3.3]).

5.4. Markowisierte zufällige Prozesse (Methode der Zusatzvariablen)

Eine wichtige Methode zur analytischen Behandlung von Bedienungssystemen, in denen nicht alle Pausen- und Bedienungszeiten Exponential- oder Erlang-Verteilungsfunktionen besitzen, ist die *Methode der Zusatzvariablen.* Sie dient dazu, auch solche Modelle durch Markowsche Prozesse zu beschreiben, für die die in [5.1], [5.2] und [5.3] beschriebenen Verfahren nicht anwendbar sind. Dazu werden in die Zustandsbeschreibung außer diskreten Größen (z. B. Anzahl der Forderungen im System) zusätzlich stetige Größen (z. B. Restbedienungszeiten oder Bedienungsalter bzw. Restpausenzeiten oder Pausenalter), sogenannte *Zusatzvariable,* aufgenommen. Damit wird zwar meist der Zustandsraum wesentlich vergrößert, dafür aber können die für Markowsche Prozesse existierenden analytischen Verfahren angewendet werden, um Gleichungen für die interessierenden Systemkenngrößen aufzustellen.

Diese Methode der Markowisierung zufälliger Prozesse durch stetige Zusatzvariable ist seit längerer Zeit durch Arbeiten von Kosten, Feller und Kendall aus den Jahren 1942, 1949 und 1953 bekannt. Seit dem Erscheinen der Arbeiten von Cox (1955), Takács (1955) und Sewastjanow (1957) ist sie zur Behandlung gewisser bedienungstheoretischer Aufgabenstellungen weit verbreitet. Mit ihrer Hilfe kann die Berechnung von Zustandswahrscheinlichkeiten und ähnlichen Größen auf die Lösung von Systemen von

- Differentialgleichungen („Methode der Differentialgleichungen“) oder von
- Integro-Differentialgleichungen („Methode der Integro-Differentialgleichungen“) oder von
- Iterationsgleichungen (bei „stückweise linearen Markowschen Prozessen“) ↑ [5.5]

zurückgeführt werden. Diese sind bei nicht zu komplizierten Modellen mit vertretbarem Aufwand lösbar; mit wachsender Kompliziertheit des Zustandsraumes und der Anzahl der nichtexponentialverteilten Größen wachsen allerdings die damit verbundenen Schwierigkeiten beträchtlich, sofern man nicht die Gestalt der Lösung der Gleichungssysteme vorher kennt oder vermutet. Die Anwendungsmöglichkeiten der in diesem Abschnitt dargelegten Methoden zur Lösung konkreter Aufgaben sollte also nicht überschätzt werden. Welche der beiden Methoden gewählt wird, hängt von dem konkreten Bedienungssystem ab, genauer gesagt davon, für welche der beiden Methoden mit der Aufgabenstellung die geeigneteren Bedingungen zur Klärung von Existenz- und Eindeutigkeitsfragen vorgegeben sind. Für Iterationsverfahren (↑ [5.5]) eignen sich die Restdauern als Zusatzvariable besser. Im folgenden werden die genannten Methoden nach einigen grundsätzlichen Hinweisen vor allem durch Beispiele erläutert.

5.4.1. Das Wesen der Methoden der Differentialgleichungen und der Integro-Differentialgleichungen

Es sei $G(t)$ der Zustand eines Bedienungssystems zur Zeit t, der angibt, wie viele bzw. welche Bedienungsgeräte belegt sind und auf welchen Quellen für Forderungen Pausenzeiten laufen (falls ein Poissonscher Forderungenstrom vorliegt, ist letztere Angabe überflüssig, ↑ [5.2.1], (c)). Die Menge sämtlicher Systemzustände sei $\mathcal{G}$.

Sind nicht sämtliche Pausen- und Bedienungszeiten exponentialverteilt, dann ist $\big(G(t), t \geqq 0\big)$ keine homogene Markowsche Kette. Treten außer Exponentialverteilungen nur noch Erlang- und Hyper-Erlang-Verteilungen für die Pausen- und Bedienungszeiten auf, dann kann man $\big(G(t)\big)$ durch Aufnahme zusätzlicher diskreter Größen in die Zustandsbeschreibung zu einer homogenen Markowschen Kette machen (diskrete Markowisierung ↑ [5.3]). Treten andere Verteilungsfunktionen für die Pausen- und Bedienungszeiten auf, dann ist keine homogene Markowsche Kette für die Beschreibung des zeitlichen Verhaltens des Bedienungssystems zu finden. Durch Aufnahme geeigneter zusätzlicher stetiger Komponenten in die Zustandsbeschreibung ergibt sich ein Zustand $Z(t)$, so daß der das zeitliche Verhalten des Bedienungssystems beschreibende Prozeß $\big(Z(t), t \geqq 0\big)$ ein homogener Markowscher Prozeß (jedoch keine Kette) ist, der so konstruiert wird, daß aus der Verteilung von $\big(Z(t)\big)$ die eigentlich interessierende von $\big(G(t)\big)$ gewonnen werden kann. Wir setzen für $t \geqq 0$

$$Z(t) = \big(G(t), X_1(t), \ldots, X_{|G(t)|}(t)\big).$$

Hier sind $X_1(t), \ldots, X_{|G(t)|}(t)$ nichtnegative stetige Zufallsgrößen, die so gewählt sind, daß $\big(Z(t)\big)$ ein homogener Markowscher Prozeß ist. $|G(t)|$ ist eine nichtnegative ganze Zahl. Die Größen $X_i(t)$, $i = 1, \ldots, |G(t)|$, heißen *Zusatzvariable*, $|G(t)|$ gibt die Anzahl der Zusatzvariablen des Prozesses im Zeitpunkt t an. Der Prozeß $\big(Z(t)\big)$ ist somit ein $\big(|G(t)| + 1\big)$-dimensionaler zufälliger Vektorprozeß mit einer diskreten zufälligen Komponente $G(t)$, die den Zustand des Systems zum Zeitpunkt t beschreibt, und $|G(t)|$ stetigen Komponenten $X_1(t), \ldots, X_{|G(t)|}(t)$, die zur Markowisierung dienen.

Damit $\big(Z(t)\big)$ ein homogener Markowscher Prozeß ist, werden die Zusatzvariablen entweder als *Restzeiten* der nicht exponentialverteilten Zeiten vom Zeitpunkt t an bis zum vollständigen Ablauf der betreffenden Zeit (bei der Methode der Differentialgleichungen und bei stückweise linearen Markowschen Prozessen) oder als *Alter* der nicht exponentialverteilten Zeiten seit Beginn ihres Anlaufes bis zum Zeitpunkt t (bei der Methode der Integro-Differentialgleichungen) gewählt. Erfaßt man auf diese Art und Weise alle nichtexponentialverteilten Zeiten, so erreicht man, daß $\big(Z(t)\big)$ ein homogener Markowscher Prozeß ist: Kennt man $G(t)$ und die Komponenten $X_i(t)$ zu einem Zeitpunkt t, so ist es bei sehr vielen Modellen für die weitere Entwicklung des Systems völlig belanglos, wie man zu diesen Werten gelangte; die „Zukunft wird allein von der Gegenwart bestimmt" (Markow-Eigenschaft; ↑ [3.1.2.3]).

Für den Prozeß $\left(Z(t),\, t \geqq 0\right)$ werden die Funktionen

$$F_g(x_1, \ldots, x_{|g|}; t) = \mathsf{P}\left(G(t) = g;\, X_1(t) < x_1, \ldots;\, X_{|g|}(t) < x_{|g|}\right)$$

oder die zugehörigen Dichten $f_g(x_1, \ldots, x_{|g|}; t)$ betrachtet. Die Verteilung von $\left(G(t)\right)$ ergibt sich dann gemäß

$$P_g(t) = \mathsf{P}\left(G(t) = g\right) = F_g(\infty, \ldots, \infty; t) = \int_0^\infty \cdots \int_0^\infty f_g(x_1, \ldots, x_{|g|}; t)\, dx_1 \ldots dx_{|g|}.$$

Die entsprechenden stationären Größen sind $F_g(x_1, \ldots, x_{|g|})$, $f_g(x_1, \ldots, x_{|g|})$ und p_g. Bei der Methode der Differentialgleichungen wird dann für die Funktionen $F_g(x_1, \ldots, x_{|g|}; t)$ und $P_g(t)$ ein System partieller Differentialgleichungen und bei der anderen Methode für die Dichten $f_g(x_1, \ldots, x_{|g|}; t)$ ein System von Integro-Differentialgleichungen mit zugehörigen Randbedingungen aufgestellt, dessen Lösung die Größe $P_g(t)$ ist. In den meisten Anwendungen werden die beiden Methoden jedoch benutzt, um die stationären Zustandswahrscheinlichkeiten p_g zu gewinnen.

In diesem Fall werden nicht erst die aufgestellten Gleichungssysteme für die zeitabhängigen Größen $F_g(x_1, \ldots, x_{|g|}; t)$ und $P_g(t)$ bzw. für die Dichten $f_g(x_1, \ldots, x_{|g|}; t)$ gelöst und daraus die entsprechenden stationären Größen gewonnen, sondern von den aufgestellten Gleichungssystemen für die zeitabhängigen Größen wird sofort zu den entsprechenden Gleichungssystemen für die stationären Größen $F_g(x_1, \ldots, x_{|g|})$ und p_g bzw. für die stationären Zustandsdichten $f_g(x_1, \ldots, x_{|g|})$ übergegangen, und diese Gleichungssysteme werden gelöst. Durch Rand- und Normierungsbedingungen werden die Lösungen eindeutig und Wahrscheinlichkeitslösungen.

Zur Lösung der Gleichungssysteme können Methoden der Analysis bzw. numerischen Mathematik verwendet werden. Eine konstruktive Lösung in geschlossener Form gelingt jedoch selten. In den lösbaren Fällen ist die Gestalt der Lösung i. allg. schon bekannt oder kann vermutet werden, so daß die Richtigkeit der Lösung durch Einsetzen in das Gleichungssystem nachgewiesen wird. So wird speziell in [7.1] ein Produktansatz gewählt.

Bei der Methode der Differentialgleichungen stellt man die Zustandswahrscheinlichkeiten zur Zeit $t + \Delta t$

$$\mathsf{P}\left(G(t + \Delta t) = g;\, X_1(t + \Delta t) < x_1, \ldots, X_{|g|}(t + \Delta t) < x_{|g|}\right) = F_g(x_1, \ldots, x_{|g|};\; t + \Delta t)$$

durch die Zustandswahrscheinlichkeiten zur Zeit t und die zugehörigen Übergangswahrscheinlichkeiten im Zeitintervall $(t, t + \Delta t]$ dar. Dabei ist zu berücksichtigen, wie sich die Zusatzvariablen im Zeitintervall $(t, t + \Delta t]$ verändern und daß „Sprünge" im System (Veränderungen des Zustandes g) dann auftreten, wenn Zusatzvariable gleich Null werden oder wenn exponentialverteilte Zeiten ablaufen.

Auf diese Art und Weise erhält man Systeme von Differenzengleichungen, die man leicht in Systeme von partiellen Differentialgleichungen für die Größen $F_g(x_1, \ldots, x_{|g|}, t)$ und $P_g(t)$ umwandeln kann, zu denen noch eine Randbedingung hinzukommt, die sichert, daß die Summe aller Wahrscheinlichkeiten gleich 1 ist. Läßt man in den Differentialgleichungen die Zeitvariable t fort und setzt alle Ableitungen nach t gleich Null, so ergibt sich ein einfacheres Differentialgleichungssystem für die stationären Verteilungen $F_g(x_1, \ldots, x_{|g|})$ und p_g (im Falle ihrer Existenz). Dieses ist dann mit den für Differentialgleichungssystemen üblichen Methoden aufzulösen.

Für die Anwendung der Methode der Differentialgleichungen empfehlen sich daher folgende Schritte:

(i_1) Konstruktion des Zustandsraumes und des Prozesses $(Z(t), t \geqq 0)$ durch Restzeiten als Zusatzvariable;
(i_2) Definition geeigneter Verteilungen von $(Z(t), t \geqq 0)$, z. B. $(P_g(t))$, $F_g(.\,;t)$;
(ii_1) Bestimmung der Übergangswahrscheinlichkeiten bis auf Größen der Ordnung $o(\Delta t)$;
(ii_2) Aufstellen eines Systems von Differenzengleichungen;
(iii_1) Übergang zu Systemen von Differentialgleichungen für $P_g(t)$ und $F_g(x_1, \ldots, x_{|g|}; t)$ und für die stationären Größen p_g und $F_g(x_1, \ldots, x_{|g|})$;
(iii_2) Aufstellen der Randbedingungen;
(iv_1) Lösung des Gleichungssystems für die stationären Größen;
(iv_2) Bestimmung der gesuchten stationären Zustandswahrscheinlichkeiten;
(iv_3) Eindeutigkeits- und Ergodenaussagen.

Bei der Methode der Integro-Differentialgleichungen wird mit den zu den $F_g(x_1, \ldots, x_{|g|}; t)$ gehörenden Dichtefunktionen $f_g(x_1, \ldots, x_{|g|}; t)$ gearbeitet, wobei die x_i die Alter der nichtexponentialverteilten Zeiten sind. Weil bei bekanntem Alter die Restdauer (die für die Veränderung der Zustände des Systems die maßgebliche Größe ist) eine Zufallsgröße ist, muß man bei der Berechnung der Wahrscheinlichkeiten gewisser Übergänge über alle möglichen Alter „summieren". Dies ist der Grund für das Auftreten von Integralen in den Gleichungen für die Dichten. Zur eindeutigen Bestimmung der Lösungen sind ferner gewisse Randbedingungen für $x_i = 0$ nötig, deren Aufstellung zusätzlicher Überlegungen bedarf.

Daher ergeben sich bei der Anwendung der Methode der Integro-Differentialgleichungen folgende Schritte:

(i_1) Konstruktion des Zustandsraumes und des Prozesses durch Alter als Zusatzvariable;
(i_2) Definition geeigneter Verteilungen bzw. Dichten des Prozesses;
(ii_1) Bestimmung der Übergangswahrscheinlichkeiten bis auf Größen der Ordnung $o(\Delta t)$;
(ii_2) Aufstellen eines Systems von Differenzengleichungen;
(iii_1) Übergang zum System von Integro-Differentialgleichungen für die Dichten $f_g(x_1, \ldots, x_{|g|}, t)$ und die stationären Dichten $f_g(x_1, \ldots, x_{|g|})$;
(iii_2) Herleitung von Randbedingungen;
(iv_1) Lösen des Gleichungssystems für die stationären Größen;
(iv_2) Bestimmung der gesuchten stationären Zustandswahrscheinlichkeiten;
(iv_3) Eindeutigkeits- und Ergodenaussagen.

Beiden Methoden ist gemeinsam, daß die Existenz der Ableitungen gewisser Funktionen bzw. von Dichten vorausgesetzt wird, die oft schwierig nachweisbar ist. Die Arbeit von SEWASTJANOW (1957) enthält ein Beispiel für den Nachweis von Dichtefunktionen (↑ [5.4.2.2]). Außerdem sind Ergodensätze erforderlich, um die Existenz der stationären Verteilungen zu sichern (↑ [3.4.3], S. 3.4.3.16 und [5.5]).

5.4.2. Beispiele

5.4.2.1. Mehrmaschinenbedienung mit Wegezeiten (Methode der Differentialgleichungen)

Ein Arbeiter bedient zwei identische Maschinen, die in einem bestimmten Abstand voneinander aufgestellt sind. Zu Beginn mögen beide Maschinen arbeiten, und der Arbeiter möge sich bei Maschine 1 befinden. Erfordert Maschine 1 eine Bedienung, so beginnt der

Arbeiter unverzüglich mit der Arbeit; tritt bei Maschine 2 eine Forderung auf, so geht er zu dieser Maschine und beginnt nach seiner Ankunft sofort mit der Bedienung. Nach abgeschlossener Arbeit bleibt er bei der fertig bedienten Maschine, falls die andere keine Forderung stellt oder geht unverzüglich zu der anderen Maschine usw. Tritt ein Ausfall während der Bewegung des Arbeiters auf, so reagiert er darauf (zunächst) nicht. Die Pausenzeiten (Laufzeiten) der Maschinen und die Bedienungszeiten seien exponentialverteilt mit den Parametern λ und μ, die zufällige *Wegezeit* des Arbeiters habe die (beliebige) Verteilungsfunktion $L(x)$.

(i) *Prozeßkonstruktion, Charakterisierung der Prozeßverteilung.* Der Zustand des Systems zur Zeit t sei $G(t)$, wobei $G(t)$ folgende Werte annehmen kann:

0: beide Maschinen arbeiten,
1: eine Maschine fordert eine Bedienung, der Arbeiter ist unterwegs,
2: eine Maschine wird bedient,
3: beide Maschinen fordern Bedienung, der Arbeiter ist unterwegs,
4: eine Maschine wird bedient, die andere fordert eine Bedienung.

Wir setzen $g = i$, $i = 0, 1, 2, 3, 4$, d. h., $\mathscr{G} = \{0, 1, 2, 3, 4\}$.

Wenn $L(x)$ keine Exponentialverteilung ist, so ist $\big(G(t), t \geqq 0\big)$ kein Markowscher Prozeß. Daher wird der Prozeß $\big(Z(t)\big) = \big(G(t), X(t)\big)$, betrachtet, wobei $X(t)$ die Restwegezeit zur Zeit t für $G(t) = 1, 3$ ist und andernfalls $X(t)$ entfällt. Dieser Prozeß ist homogen und Markowsch.

Gesucht sind die stationären Zustandswahrscheinlichkeiten $p_i = \mathsf{P}\big(G(t) = i\big)$, $t \geqq 0$, $i = 0, 1, 2, 3, 4$, die nach S. 5.5.1.1 stets existieren und mit den Grenzwahrscheinlichkeiten $\lim\limits_{t\to\infty} \mathsf{P}\big(G(t) = i\big)$ übereinstimmen, sofern die Wegezeit einen endlichen Erwartungswert hat. Sie werden ermittelt, indem zunächst die Funktionen $\bar{F}_i(x, t)$, $i = 1, 3$, und $P_i(t)$ betrachtet werden,

$$\bar{F}_i(x, t) = \mathsf{P}\big(G(t) = i, X(t) \geqq x\big) \quad \text{für} \quad i = 1, 3,$$

$$P_i(t) = \mathsf{P}\big(G(t) = i\big) \quad \text{für} \quad i = 0, 2, 4.$$

Natürlich gilt $\mathsf{P}\big(G(t) = i\big) = \bar{F}_i(0, t)$ für $i = 1, 3$.

(ii) *Bestimmung der Übergangswahrscheinlichkeiten, Aufstellung eines Systems von Differenzengleichungen mit Randbedingungen.*

$$P_0(t + \Delta t) = (1 - 2\lambda\Delta t)\, P_0(t) + \mu\Delta t P_2(t) + o(\Delta t),$$

$$\bar{F}_1(x, t + \Delta t) = (1 - \lambda\Delta t)\, \bar{F}_1(x + \Delta t, t) + 2\lambda\Delta t P_0(t)\, \frac{1}{2} \big(1 - L(x)\big) + \mu\Delta t P_4(t) \big(1 - L(x)\big) + o(\Delta t),$$

$$P_2(t + \Delta t) = [1 - (\lambda + \mu)\, \Delta t]\, P_2(t) + \lambda\Delta t P_0(t) + [\bar{F}_1(0, t) - \bar{F}_1(\Delta t, t)] + o(\Delta t),$$

$$\bar{F}_3(x, t + \Delta t) = \bar{F}_3(x + \Delta t, t) + \lambda\Delta t \bar{F}_1(x + \Delta t, t) + o(\Delta t),$$

$$P_4(t + \Delta t) = (1 - \mu\Delta t)\, P_4(t) + \lambda\Delta t P_2(t) + [\bar{F}_3(0, t) - \bar{F}_3(\Delta t, t)] + o(\Delta t).$$

Randbedingungen:

$$\bar{F}_1(\infty, t) = \bar{F}_3(\infty, t) = 0, \qquad P_0(t) + \bar{F}_1(0, t) + P_2(t) + \bar{F}_3(0, t) + P_4(t) = 1.$$

Erläuterungen: 1. Gleichung: Das System ist zur Zeit $t + \Delta t$ im Zustand 0, wenn es schon zur Zeit t in diesem Zustand war und keine Forderung gestellt wird (mit Wahrscheinlichkeit $1-2\lambda\Delta t$) oder wenn es im Zustand 2 war und eine Bedienung beendet wird (mit Wahrscheinlichkeit $\mu\Delta t$). Da in beiden Fällen nur exponentialverteilte Zufallsgrößen berücksichtigt werden müssen, erfolgt die Aufstellung dieser Gleichung wie bei der Δt-Methode.

2. Gleichung: Das System ist zur Zeit $t + \Delta t$ im Zustand 1 mit einer Restlaufzeit $> x$, wenn es

— entweder schon zur Zeit t im Zustand 1 war und die Restwegezeit größer als $x + \Delta t$ war und keine Forderung gestellt wurde (mit Wahrscheinlichkeit $1-2\lambda\Delta t$),

— oder wenn es zur Zeit t im Zustand 0 war, eine der Maschinen eine Forderung stellt (mit Wahrscheinlichkeit $2\lambda\Delta t$), der Arbeiter bei der anderen steht (mit Wahrscheinlichkeit 1/2) und seine Wegezeit größer als x ist,

— oder wenn es zur Zeit t im Zustand 4 war, die Bedienung beendet wird (mit Wahrscheinlichkeit $\mu\Delta t$) und die Wegezeit größer als x ist.

3. Gleichung: Das System ist zur Zeit $t + \Delta t$ im Zustand 2, wenn es

— entweder schon zur Zeit t im Zustand 2 war und die Bedienung nicht beendet und keine neue Forderung gestellt wird (mit Wahrscheinlichkeit $1-(\lambda + \mu)\,\Delta t$),

— oder wenn es zur Zeit t im Zustand 0 war, eine der Maschinen eine Forderung stellt (mit Wahrscheinlichkeit $2\lambda\Delta t$) und der Arbeiter gerade bei dieser steht,

— oder wenn es zur Zeit t im Zustand 1 war und die Restwegezeit kleiner als Δt war.

Die übrigen Gleichungen ergeben sich durch ähnliche Überlegungen. Alle oben nicht berücksichtigten Wahrscheinlichkeiten sind von der Größenordnung $o(\Delta t)$.

(iii) *Taylor-Entwicklungen und Übergang zu Differentialgleichungssystemen.* Es gilt

$$\bar{F}_i(x + \Delta t, t) = \bar{F}_i(x, t) + \Delta t \frac{\partial}{\partial x} \bar{F}_i(x, t) + o(\Delta t).$$

Damit ergibt sich z. B. für die 2. Differenzengleichung

$$\bar{F}_1(x, t + \Delta t) = \bar{F}_1(x, t) + \Delta t \frac{\partial}{\partial x} \bar{F}_1(x, t) - \lambda\Delta t\bar{F}_1(x, t)$$
$$+ \lambda\Delta t P_0(t) \big(1 - L(x)\big) + \mu\Delta t P_4(t) \big(1 - L(x)\big) + o(\Delta t).$$

Division durch Δt und Grenzübergang von Δt gegen 0 (beachte, daß dabei $o(\Delta t)/\Delta t$ gegen 0 strebt) liefern die Differentialgleichungen

$$\frac{d}{dt} P_0(t) = -2\lambda P_0(t) + \mu P_2(t),$$

$$\frac{\partial}{\partial t} \bar{F}_1(x, t) = -\lambda\bar{F}_1(x, t) + \frac{\partial}{\partial x} \bar{F}_1(x, t) + \lambda P_0(t) \big(1 - L(x)\big) + \mu P_4(t) \big(1 - L(x)\big),$$

$$\frac{d}{dt} P_2(t) = -(\lambda + \mu)\, P_2(t) + \lambda P_0(t) - \frac{\partial}{\partial x} \bar{F}_1(x, t)|_{x=0},$$

$$\frac{\partial}{\partial t} \bar{F}_3(x, t) = \frac{\partial}{\partial x} \bar{F}_3(x, t) + \lambda\bar{F}_1(x, t),$$

$$\frac{d}{dt} P_4(t) = -\mu P_4(t) + \lambda P_2(t) - \frac{\partial}{\partial x} \bar{F}_3(x, t)|_{x=0}$$

mit denselben Randbedingungen wie die obigen Differenzengleichungen. Für die stationären Zustandswahrscheinlichkeiten ergibt sich das folgende System gewöhnlicher

Differentialgleichungen

$$0 = -2\lambda p_0 + \mu p_2,$$

$$0 = -\lambda \bar{F}_1(x) + \frac{d}{dx} \bar{F}_1(x) + \lambda p_0(1 - L(x)) + \mu p_4(1 - L(x)),$$

$$0 = -(\lambda + \mu) p_2 + \lambda p_0 - \frac{d}{dx} \bar{F}_1(0),$$

$$0 = \frac{d}{dx} \bar{F}_3(x) + \lambda \bar{F}_1(x),$$

$$0 = -\mu p_4 + \lambda p_2 - \frac{d}{dx} \bar{F}_3(0)$$

mit der Randbedingung $p_0 + \bar{F}_1(0) + p_2 + \bar{F}_3(0) + p_4 = 1$.
(iv) *Lösung des Gleichungssystems.* Es werden die üblichen Methoden zur Lösung von Differentialgleichungen benutzt.

Spezialfälle: (a) $L(x) = 1 - e^{-cx}$: Aus der zweiten Gleichung des Systems ergibt sich $F_1(x) = p_1 e^{-cx}$ und aus der 4. Gleichung $F_3(x) = p_3 e^{-cx}$, wobei p_1 und p_3 die stationären Wahrscheinlichkeiten der Zustände 1 und 3 sind. Durch Einsetzen in die Differentialgleichungen ergibt sich ein Gleichungssystem für die stationären Zustandswahrscheinlichkeiten p_i, $i = 0, 1, 2, 3, 4$. Seine Lösung lautet

$$p_1 = \frac{\lambda(2\lambda + \mu)}{c\mu} p_0, \quad p_2 = \frac{2\lambda}{\mu} p_0, \quad p_3 = \frac{\lambda^2(2\lambda + \mu)}{c^2\mu} p_0, \quad p_4 = \frac{2\lambda^2 c + \lambda^2(2\lambda + \mu)}{c\mu^2} p_0,$$

wobei p_0 sich aus $p_0 + \cdots + p_4 = 1$ ergibt.

Das gleiche Resultat würde man auch mittels der Δt-Methode erhalten.

(b) Konstante Wegezeiten m, $L(x) = \delta_m(x) = \begin{cases} 0 & \text{für } x \leqq m, \\ 1 & \text{für } x > m. \end{cases}$

Lösung:

$$p_0 = -b\lambda\mu(2\lambda^2 + \lambda\mu)^{-1}, \qquad \bar{F}_1(x) = b(e^{\lambda x} - e^{\lambda m}),$$

$$p_2 = -2b\lambda^2(2\lambda^2 + \lambda\mu)^{-1}, \qquad \bar{F}_3(x) = b(e^{\lambda m} - e^{\lambda x} + \lambda x\, e^{\lambda m} - \lambda m\, e^{\lambda m}),$$

$$p_4 = \frac{b}{\mu} [\lambda - \lambda\, e^{\lambda m} - 2\lambda^3(2\lambda^2 + \lambda\mu)^{-1}].$$

Sie ergibt sich durch Einsetzen der Größen für $\bar{F}_1(x)$, $\bar{F}_3(x)$ in das Gleichungssystem. Die Randbedingung liefert den Wert von b. Eindeutigkeits- und Ergodenfragen wurden schon im ersten Schritt beantwortet.

Weitere Beispiele für die Anwendung der Methode der Differentialgleichungen findet man in GNEDENKO/KOWALENKO [1], KÖNIG/STOYAN [1] und STOYAN [1].

5.4.2.2 Das Erlangsche Verlustsystem M/GI/s/0 (Methode der Integro-Differentialgleichungen)

Gesucht sind die stationären Wahrscheinlichkeiten p_i dafür, daß sich im System M/GI/s/0 (Bedienungszeitverteilungsfunktion $B(x)$ mit Erwartungswert $\mathsf{E}B < \infty$, Intensität des Forderungenstromes $\lambda > 0$) i Forderungen aufhalten ($i = 0, 1, \ldots, s$). Der Einfachheit halber wird nur der Fall $s = 2$ unter Voraussetzung der Auswahlregel „auf gut Glück“ durchgerechnet, die Formeln für den allgemeinen Fall findet man in [II, Kap. 1]. Es wird die Methode der Integro-Differentialgleichungen benutzt.

(i) *Prozeßkonstruktion, Definition der interessierenden Verteilungsfunktionen und -dichten:* Zusatzvariable sind hier die „Alter“ der Bedienungszeiten, d. h. die bereits verflossenen Bedienungszeiten der jeweils anwesenden Forderungen. $G(t)$ ist gleich der Anzahl der Forderungen im System zur Zeit t. Die Systemzustände sind also $g = i$, $i = 0, 1, 2$. Abkürzungen:

$$P_0(t) = \mathsf{P}(G(t) = 0),$$
$$f_1(x, t)\,dx = \mathsf{P}(G(t) = 1,\ x \leqq X_1(t) \leqq x + dx),\ \uparrow [5.4.1],$$
$$f_2(x_1, x_2, t)\,dx_1\,dx_2 = \mathsf{P}(G(t) = 2,\ x_1 = X_1(t) = x_1 + dx_1,\ x_2 = X_2(t) = x_2 + dx_2).$$

Die Existenz der Dichten ist nach SEWASTJANOW (1957) gesichert. Die Zusatzvariablen $X_1(t)$ und $X_2(t)$ sollen völlig gleichwertig sein (die Numerierung ergibt sich also nicht durch eine Numerierung der Bedienungsgeräte oder der Reihenfolge des Eintreffens): Das „Alter“ jeder bei $G(t) = 1$ neu eintreffenden Forderung ist Null und kommt mit Wahrscheinlichkeit $\frac{1}{2}$ an die erste und mit Wahrscheinlichkeit $\frac{1}{2}$ an die zweite Stelle; das Alter der schon in Bedienung befindlichen Forderung kommt mit Wahrscheinlichkeit $\frac{1}{2}$ jeweils an die andere Stelle. Durch diese Annahme, die die Funktion des Systems in keiner Weise verändert, erreicht man, daß das Problem eine recht elegante Lösung hat.

(ii) *Bestimmung der Übergangswahrscheinlichkeiten und Aufstellung eines Systems von Differenzengleichungen:* Ähnlich wie bei der Methode der Differentialgleichungen werden zunächst Differenzengleichungen für die gesuchten Wahrscheinlichkeitsdichten aufgestellt, in denen die Zustandswahrscheinlichkeiten zur Zeit $t + \Delta t$ durch die Zustandswahrscheinlichkeiten zur Zeit t und Übergangswahrscheinlichkeiten ausgedrückt werden. Da nicht die Restbedienungszeiten, sondern die Alter betrachtet werden, ist durch die Zusatzvariablen das Ende der Bedienungen i. allg. nicht eindeutig festgelegt. Die Wahrscheinlichkeit dafür, daß eine Bedienung, die bereits x Zeiteinheiten andauerte, im Zeitintervall $(x, x + \Delta t]$ beendet wird, ist gleich $\dfrac{B(x + \Delta t) - B(x)}{1 - B(x)}$, und mit Wahrscheinlichkeit $\dfrac{1 - B(x + \Delta t)}{1 - B(x)}$ wird sie noch nicht beendet (wobei „$\frac{0}{0} = 0$“ gesetzt wird). Damit ergeben sich die folgenden Differenzengleichungen:

$$P_0(t + \Delta t) = (1 - \lambda \Delta t)\,P_0(t) + \int_0^\infty f_1(x_1, t)\,\frac{B(x_1 + \Delta t) - B(x_1)}{1 - B(x_1)}\,dx_1 + o(\Delta t),$$

$$f_1(x_1, t + \Delta t) = f_1(x_1 - \Delta t, t)\,\frac{1 - B(x_1)}{1 - B(x_1 - \Delta t)}\,(1 - \lambda \Delta t)$$
$$+ 2\int_0^\infty f_2(x_1 - \Delta t, x_2, t)\,\frac{1 - B(x_1)}{1 - B(x_1 - \Delta t)}\,\frac{B(x_2 + \Delta t) - B(x_2)}{1 - B(x_2)}\,dx_2 + o(\Delta t),$$

$$f_2(x_1, x_2, t + \Delta t) = f_2(x_1 - \Delta t, x_2 - \Delta t, t)\,\frac{1 - B(x_1)}{1 - B(x_1 - \Delta t)}\,\frac{1 - B(x_2)}{1 - B(x_2 - \Delta t)} + o(\Delta t).$$

Diese Gleichungen gelten nur für $x_1, x_2 > \Delta t$. Der Faktor „2" in der Gleichung für $f_1(x_1, t + \Delta t)$ ergibt sich dadurch, daß entweder die erste oder die zweite Bedienung ablaufen kann, wobei wegen der Gleichberechtigung zwischen x_1 und x_2 aber nur einer der Fälle hingeschrieben zu werden braucht.

(iii) *Übergang zu Systemen von Integro-Differentialgleichungen mit Randbedingungen:* Indem man die Funktionen

$$q_1(x_1, t) = \frac{f_1(x_1, t)}{1 - B(x_1)}, \quad q_2(x_1, x_2, t) = \frac{f_2(x_1, x_2, t)}{\big(1 - B(x_1)\big)\big(1 - B(x_2)\big)}$$

einführt, in dem obigen Differenzengleichungssystem Differenzenquotienten bildet und den Grenzübergang Δt gegen 0 durchführt, ergibt sich unter Berücksichtigung von

$$\lim_{\Delta t \to 0} \int_0^\infty g(x) \frac{B(x + \Delta t) - B(x)}{\Delta t} \, dx = \int_0^\infty g(x) \, dB(x)$$

für jede beliebige, stetige und beschränkte Funktion $g(x)$ das Integro-Differentialgleichungssystem

$$\frac{d}{dt} P_0(t) = -\lambda P_0(t) + \int_0^\infty q_1(x_1, t) \, dB(x_1),$$

$$\frac{\partial}{\partial t} q_1(x_1, t) = -\frac{\partial}{\partial x_1} q_1(x_1, t) - \lambda q_1(x_1, t) + 2 \int_0^\infty q_2(x_1, x_2, t) \, dB(x_2),$$

$$\frac{\partial}{\partial t} q_2(x_1, x_2, t) = -\frac{\partial}{\partial x_1} q_2(x_1, x_2, t) - \frac{\partial}{\partial x_2} q_2(x_1, x_2, t).$$

Aus Stetigkeitsgründen gilt es auch für $x_1, x_2 = 0$.

Für x_1 bzw. $x_2 \leqq \Delta t$ ergeben sich folgende Differenzengleichungen:

$$\mathsf{P}\big(G(t + \Delta t) = 1, 0 \leqq X_1(t + \Delta t) \leqq \Delta t\big) = \lambda \Delta t P_0(t) + o(\Delta t),$$

d. h.

$$f_1(0, t + \Delta t) \, \Delta t = \lambda \Delta t P_0(t) + o(\Delta t),$$

$$\mathsf{P}\big(G(t + \Delta t) = 2, x_1 \leqq X_1(t + \Delta t) \leqq x_1 + dx_1, 0 \leqq X_2(t + \Delta t) \leqq \Delta t\big)$$
$$= \frac{\lambda \Delta t}{2} \frac{1 - B(x_1 + \Delta t)}{1 - B(x_1)}$$
$$\mathsf{P}\big(G(t) = 1, x_1 - \Delta t \leqq X_1(t) \leqq x_1 + dx_1 - \Delta t\big),$$

d. h.

$$f_2(x_1, 0, t + \Delta t) = \frac{\lambda}{2} \frac{1 - B(x_1 + \Delta t)}{1 - B(x_1)} P_1(x_1 - \Delta t, t).$$

Für $\Delta t \to 0$ erhält man zu den obigen Gleichungen noch die Randbedingungen

$$f_1(0, t) = \lambda P_0(t), \quad f_2(x_1, 0, t) = \frac{\lambda}{2} P_1(x_1, t),$$

bzw.

$$q_1(0, t) = \lambda P_0(t), \quad q_2(x_1, 0, t) = \frac{\lambda}{2} q_1(x_1, t).$$

Für die stationären Größen p_0, $q_1(x_1)$, $q_2(x_1, x_2)$, deren Existenz, Eindeutigkeit und Übereinstimmung mit den Grenzwahrscheinlichkeiten nach S. 3.4.3.16 (vgl. SEWASTJANOW (1957)) gesichert ist,

$$p_0 = \lim_{t\to\infty} P_0(t), \quad q_1(x_1) = \lim_{t\to\infty} q_1(x_1, t), \quad q_2(x_1, x_2) = \lim_{t\to\infty} q_2(x_1, x_2, t),$$

gilt somit das System von Integro-Differentialgleichungen

$$0 = -\lambda p_0 + \int_0^\infty q_1(x_1)\, \mathrm{d}B(x_1),$$

$$0 = -\frac{\mathrm{d}}{\mathrm{d}x_1} q_1(x_1) - q_1(x_1) + 2 \int_0^\infty q_2(x_1, x_2)\, \mathrm{d}B(x_2),$$

$$0 = -\frac{\partial}{\partial x_1} q_2(x_1, x_2) - \frac{\partial}{\partial x_2} q_2(x_1, x_2),$$

$$q_1(0) = \lambda p_0, \quad q_2(x_1, 0) = \frac{\lambda}{2} q_1(x_1).$$

(iv) *Lösung des Integro-Differentialgleichungssystems.* Die Lösung dieses Systems ist, wie man durch Einsetzen überprüfen kann,

$$q_1(x_1) = \lambda p_0, \quad q_2(x_1, x_2) = \frac{\lambda_2}{2} q_1(x_1) = \frac{\lambda^2}{2} p_0.$$

Hieraus ergibt sich die Produktdarstellung der Dichten (↑ (P2) [7.1.1])

$$f_1(x_1) = \lambda[1 - B(x_1)]\, p_0, \quad f_2(x_1, x_2) = \frac{\lambda^2}{2} [1 - B(x_1)]\, [1 - B(x_2)]\, p_0$$

und

$$p_1 = \int_0^\infty f_1(x_1)\, \mathrm{d}x_1 = \lambda p_0 \int_0^\infty [1 - B(x_1)]\, \mathrm{d}x_1 = \lambda p_0 \mathsf{E}B,$$

$$p_2 = \int_0^\infty \int_0^\infty f_2(x_1, x_2)\, \mathrm{d}x_1\, \mathrm{d}x_2 = \frac{\lambda^2}{2} p_0 \int_0^\infty [1 - B(x_1)]\, \mathrm{d}x_1 \int_0^\infty [1 - B(x_2)]\, \mathrm{d}x_2 = \frac{\lambda^2}{2} p_0 (\mathsf{E}B)^2,$$

also

$$f_1(x_1) = p_1 (\mathsf{E}B)^{-1} [1 - B(x_1)], \quad f_2(x_1, x_2) = p_2 (\mathsf{E}B)^{-2} [1 - B(x_1)]\, [1 - B(x_2)].$$

Weitere Beispiele für die Anwendung der Methode der Integro-Differentialgleichungen findet man in Cox (1955) und FERSCHL [1].

5.5. Stückweise lineare Markowsche Prozesse

Stückweise lineare Markowsche Prozesse sind eine von Kowalenko (1964) mit einer Variante der Methode der Zusatzvariablen speziell für die Bedienungs- und Zuverlässigkeitstheorie konstruierte Klasse homogener Markowscher Prozesse. Zu ihrer Anwendung muß nur für die Pausenzeiten gefordert werden, daß sie exponentialverteilt sind. Für stückweise lineare Markowsche Prozesse existiert ein Ergodensatz mit leicht überprüfbaren Bedingungen. Die Struktur dieser Prozesse gestattet die Aufstellung von Iterationsformeln und Näherungsverfahren zur Berechnung der zeitabhängigen und stationären Zustandswahrscheinlichkeiten. Sie sind sehr gut zur Beschreibung und Untersuchung großer Systeme geeignet. Ausführlich werden stückweise lineare Markowsche Prozesse in den Büchern von Gnedenko/Kowalenko [1], Buslenko/Kalaschnikow/Kowalenko [1] und Kowalenko [1] diskutiert.

5.5.1. Beschreibung der Prozesse. Ein Ergodensatz

Stückweise lineare Markowsche Prozesse $(Z(t), t \geqq 0)$ mit

$$Z(t) = (G(t), X_1(t), \ldots, X_{|G(t)|}(t))$$

sind zufällige Vektorprozesse veränderlicher Dimension. Die den Systemzustand zur Zeit t charakterisierende Größe $G(t)$ nimmt stets Werte g aus einer abzählbaren Zustandsmenge $\mathcal{G}$ an. Die Zusatzvariablen $X_i(t)$ sind, vom Zeitpunkt t an gerechnet, Restzeiten nicht exponentialverteilter Zufallsgrößen. Sie entsprechen den Größen $X_{i_j,j}(t)$ in [5.2.1], sind hier aber nicht einzelnen Objekten und ihren aktiven Objektzuständen fest zugeordnet, sondern für jeden Zustand $G(t)$ auf irgendeine, aber vorher festgelegte Weise neu durchnumeriert. Die Numerierung der $X_i(t)$ kann z. B. folgendermaßen geschehen: In dem untersuchten System seien die Objekte $O_1, O_2, \ldots$ vorhanden. Sofern diese bei Vorliegen von $G(t)$ nicht exponentialverteilte Restzeiten (aktiver Zustände) haben, werden die Restzeiten in der Reihenfolge dieser Objekte und ihrer aktiven Zustände numeriert. Das unten stehende Beispiel zeigt auch eine andere Möglichkeit der Numerierung. Bezüglich der Veränderungen der $G(t)$ und $X_i(t)$ werden die folgenden Annahmen gemacht:

(i) Es gibt genau einen Zustand $g = 0$ („Nullzustand“) mit $|g| = 0$. Dabei bedeutet $|g|$ für jedes $g \in \mathcal{G}$ die Anzahl der zugeordneten Zusatzvariablen, d. h. der in g laufenden, nicht exponentialverteilten Zufallsgrößen.

(ii) Zu jedem g gibt es einen Vektor $(c_{1g}, \ldots, c_{|g|g})$ mit

$$\frac{\mathrm{d}X_j(t)}{\mathrm{d}t} = -c_{jg}, \quad 0 \leqq c_{jg} < \infty,$$

d. h., in g werden die $X_j(t)$ mit der Geschwindigkeit c_{jg} linear abgebaut. $c_{jg} = 0$ bedeutet eine Unterbrechung des Abbaus von $X_j(t)$, solange g vorliegt.

(iii) Wenn die j-te Zusatzvariable gleich Null wird, so geht der Prozeß aus dem ursprünglichen Zustand $g \neq 0$ mit Wahrscheinlichkeit $P(g, j, g')$ in den Zustand g' über, wobei sich eventuell die Numerierung der Zusatzvariablen verändert, $|g'| = |g| - 1$ („Abwärtssprung“).

(iv) Falls sich der Prozeß zur Zeit t im Zustand g befindet, so geht er mit Wahrscheinlichkeit $\lambda_{gg'}\Delta t + o(\Delta t)$ im Zeitintervall $(t, t + \Delta t]$ in den Zustand g', $|g'| > |g|$, über („Aufwärtssprung"). Es wird gesetzt

$$\lambda_g = \sum_{g' \in \mathcal{G}} \lambda_{gg'}.$$

Hierbei kommen zu den vorhandenen Restzeiten $X_1(t), \ldots, X_{|g|}(t)$ die „neuen" zufälligen Restzeiten $Y_1, \ldots, Y_{|g'|-|g|}$ hinzu, die von der „Vorgeschichte" des Prozesses, speziell von den $X_i(t)$, $i = 1, 2, \ldots, |g|$, unabhängig sind und passend eingeordnet werden. Sie haben die gemeinsame $(|g'| - |g|)$-dimensionale Verteilungsfunktion

$$H_{gg'}(x_1, \ldots, x_{|g'|-|g|}) = \mathsf{P}(Y_1 < x_1, \ldots, Y_{|g'|-|g|} < x_{|g'|-|g|}),$$

die nur von g und g' abhängt und zu der eine Dichte existieren möge. Mit $\bar{H}_{gg'}(x_1, \ldots, x_{|g'|-|g|})$ wird die Wahrscheinlichkeit

$$\mathsf{P}(Y_1 \geqq x_1, \ldots, Y_{|g'|-|g|} \geqq x_{|g'|-|g|})$$

bezeichnet. Unter diesen Voraussetzungen ist $(Z(t))$ ein homogener Markowscher Prozeß, zu desssen vollständiger Beschreibung natürlich noch die Anfangsverteilung zur Zeit $t = 0$ benötigt wird.

Wichtige Resultate für diese Prozeßklasse, nämlich der Ergodensatz und die Iterationsformeln bleiben in entsprechender Form erhalten, wenn folgende Abschwächungen der Forderungen (i) bis (iv) zugelassen werden (vgl. Gillert (1975), Tien (1977)):

(a) Es darf mehrere Nullzustände geben;

(b) bei den „Aufwärtssprüngen" und „Abwärtssprüngen" dürfen auch vorher vorhandene Zusatzvariable wegfallen.

Es sei

$$F_g(\boldsymbol{x}, t) = F_g(x_1, \ldots; x_{|g|}; t) = \mathsf{P}(G(t) = g;\ X_1(t) < x_1, \ldots, X_{|g|}(t) < x_{|g|})$$

$$P_g(t) = F_g\,(\infty, \ldots, \infty; t).$$

Außerdem wird die Bezeichnungsweise

$$\bar{F}_g(\boldsymbol{x}, t) = \bar{F}_g(x_1, \ldots, x_{|g|}; t) = \mathsf{P}(G(t) = g, X_1(t) \geqq x_1, \ldots, X_{|g|}(t) \geqq x_{|g|})$$

benutzt. In den Symbolen für die entsprechenden stationären Wahrscheinlichkeiten wird „;t" weggelassen. Die Existenz stationärer Wahrscheinlichkeiten ist in vielen Fällen durch den folgenden Ergodensatz (vgl. Kowalenko (1964), Gnedenko/Kowalenko [1], Buslenko/Kalaschnikow/Kowalenko [1], Kowalenko [1]) nachweisbar.

5.5.1.1. Satz. (a) Es sei $(Z(t), t \geqq 0)$ ein stückweise linearer Markowscher Prozeß mit endlich vielen Zuständen ($\mathcal{G}$ endlich) und

$$\sum_{j=1}^{|g|} c_{jg} > 0, \qquad \text{für alle} \qquad g \in \mathcal{G}, \qquad g \neq 0.$$

Für alle bei Aufwärtssprüngen neu auftretenden Zusatzvariablen Y_j gelte $\mathsf{E}Y_j < \infty$. Dann existiert eine eindeutig bestimmte stationäre Verteilung $F_g(\boldsymbol{x})$ des Prozesses, so daß

$$\lim_{t \to \infty} F_g(\boldsymbol{x}, t) = F_g(\boldsymbol{x}), \qquad \sum_{g \in \mathcal{G}} F_g(\infty) = 1$$

für eine beliebige Anfangsverteilung gilt.

(b) Im Fall unendlich vieler Zustände ($\mathcal{G}$ unendlich) gilt dieselbe Aussage, wenn

$$\sum_{j=1}^{|g|} c_{jg} > 0 \quad \text{für alle} \quad g \in \mathcal{G}, \quad g \neq 0; \quad \mathsf{E}Y_j < \infty \quad \text{für alle } j,$$

und es reelle Zahlen $\delta > 0$ und $d > 0$ gibt, so daß

$$\sum_{g' \in \mathcal{G}} \lambda_{gg'}(|g'| - |g|) < \infty, \quad \sum_{g' \in \mathcal{G}} \lambda_{gg'} \sum_{j=1}^{|g'|-|g|} \mathsf{E}Y_j < \infty$$

und

$$\sum_{j=1}^{|g|} c_{jg} - \sum_{g' \in \mathcal{G}} \lambda_{gg'} \sum_{j=1}^{|g'|-|g|} \mathsf{E}Y_j < \infty$$

für alle $g \in \mathcal{G}$ mit $|g| \geqq d$.

5.5.2. Iterationsformeln und Näherungsmethoden

5.5.2.1. Satz. Für die Funktionen $\bar{F}_g(x)$ eines ergodischen stückweise linearen Markowschen Prozesses gilt

$$\bar{F}_g(x) = \sum_{n=1}^{\infty} F_g^{(n)}(x); \qquad g \neq 0$$

mit

$$F_g^{(1)}(x) = P_0 \lambda_{0g} \int_0^{\infty} \mathrm{e}^{-\lambda_g t} \bar{H}_{0g}(x_1 + c_{1g}t, \ldots, x_{|g|} + c_{|g|g}t)\, \mathrm{d}t$$

$$F_g^{(n)}(x) = \sum_{|g'|<|g|} \lambda_{g'g} \int_0^{\infty} \mathrm{e}^{-\lambda_g t} F_{g'}^{(n-1)}(x_1 + c_{1g}t, \ldots, x_{|g'|} + c_{|g'|g}t)$$
$$\times\ \bar{H}_{g'g}(x_{|g'|+1} + c_{|g'|+1,g}t, \ldots, x_{|g|} + c_{|g|g}t)\, \mathrm{d}t$$
$$- \sum_{|g'|=|g|+1} \sum_{j=1}^{|g|+1} P(g', j, g)\, c_{jg'} \int_0^{\infty} \mathrm{e}^{-\lambda_g t} \frac{\partial}{\partial u} [F_{g'}^{(n-1)}(x_1 + c_{1g}t, \ldots, x_{j-1}$$
$$+ c_{j-1,g}t, u, x_j + c_{jg}t, \ldots, x_{|g|} + c_{g|g|}t)]|_{u=0}\, \mathrm{d}t$$

Man kann ohne große Mühe ähnliche Iterationsformeln für die Berechnung der zeitabhängigen Zustandswahrscheinlichkeiten angeben. Diese ermöglichen die analytische Lösung zeitabhängiger Probleme auch in solchen Fällen, in denen nicht alle Elementverteilungen Exponentialverteilungen sind; praktische Erfahrungen mit dieser Methode zeigen allerdings, daß die Rechnungen ziemlich mühevoll sind und viele Glieder der Iterationsformeln benutzt werden müssen, wenn hinreichend genaue Ergebnisse erzielt werden sollen. Mittels der Iterationsformeln kann die stationäre Lösung exakt und näherungsweise bestimmt werden. Die Benutzung der Formeln zur Bestimmung der exakten Lösungen empfiehlt sich vor allem dann, wenn das zu untersuchende Modell die Eigenschaft hat, daß die größtmögliche Zyklus-Nummer endlich ist. Bei den Näherungsverfahren wird die Iteration nach endlich vielen Schritten abgebrochen.

Die Anwendung dieser Methode ist besonders dann zweckmäßig, wenn die „Belastung des Systems klein" ist, d. h., wenn die $\lambda_{gg'}$ im Vergleich zu den reziproken Erwartungswerten der Y_i (der „frischen" Zusatzvariablen) sehr klein sind. Der einfachste Weg besteht darin, eine feste Zyklus-Nummer vorzugeben, bis zu der gerechnet werden soll. Etwas komplizierter, aber genauer ist folgender Weg: Die $\lambda_{gg'}$ mögen die Gestalt $\lambda_{gg'} = k_{gg'}\varepsilon$, ($\varepsilon$ klein, $k_{gg'}^{-1}$ in der Größenordnung der $\mathsf{E}Y_j$) haben. Die geforderte Genauigkeit möge ein Weglassen aller Glieder der Größenordnung $\varepsilon^d, \varepsilon^{d+1}, \ldots$ gestatten. Dann werden nur alle Glieder, die kleinere ε-Potenzen als ε^d enthalten, bestimmt.

5.5.3. Beispiel

Es wird das Palmsche Mehrmaschinenmodell mit n Maschinen ($n > 2$) und einer Reparatureinheit betrachtet. Die Arbeitszeit der Maschinen bis zu einem Ausfall sei mit dem Parameter λ exponentialverteilt, die Reparaturzeiten mögen die Verteilungsfunktion $R(x)$ besitzen; die Maschinen werden in der Reihenfolge ihres Ausfalls repariert.

Dieses Modell kann durch einen stückweise linearen Markowschen Prozeß beschrieben werden:
$G(t)$ = Anzahl der gestörten Maschinen; $|G(t)| = G(t)$;
$X_j(t)$ = Restreparaturzeit der j-ten gestörten Maschine;
Nullzustand: alle Maschinen sind in Betrieb;
Abbaugeschwindigkeiten: $c_{jg} = \begin{cases} 1, & j = 1, \\ 0, & \text{sonst.} \end{cases}$
Übergangswahrscheinlichkeiten: $P(g, 1, g') = \begin{cases} 1; & g' = g - 1, \quad g \neq 0, \\ 0; & \text{sonst.} \end{cases}$
Übergangsintensitäten: $\lambda_{g,g+1} = (n - g)\,\lambda$, $\lambda = \varepsilon$.
$H_{g,g+1}(x) = R(x)$.

Es sollen nur die Glieder bis zur Größenordnung ε^2 berücksichtigt werden, d. h., $d = 3$. Daher brauchen nur die Funktionen

$$F_1^{(1)}(x_1) \sim \varepsilon, \qquad F_2^{(2)}(x_1, x_2) \sim \varepsilon^2, \qquad F_1^{(3)}(x_1) \sim \varepsilon^2$$

berücksichtigt zu werden. Die Iterationsformeln liefern

$$F_1^{(1)}(x_1) = p_0 n\varepsilon \int_0^\infty e^{-(n-1)\varepsilon t}\overline{R}(x_1 + t)\,dt = \varepsilon p_0 \varphi_1^{(1)}(x_1),$$

$$F_2^{(2)}(x_1, x_2) = p_0(n - 1)\,\varepsilon^2 \int_0^\infty e^{-(n-2)\varepsilon t}\varphi_1^{(1)}(x_1 + t)\,\overline{R}(x_2)\,dt = \varepsilon^2 p_0 \varphi_0^{(2)}(x_1, x_2),$$

$$F_1^{(3)}(x_1) = -p_0\varepsilon^2 \int_0^\infty e^{-(n-1)\varepsilon t}\,\frac{\partial}{\partial u}\,\varphi_2^{(2)}(u, x_1 + t)|_{u=0}\,dt = \varepsilon^2 p_0 \varphi_1^{(3)}(x_1).$$

Die stationären Zustandswahrscheinlichkeiten p_i stimmen mit den Grenzwahrscheinlichkeiten

$$p_i = \lim_{t\to\infty} \mathsf{P}(G(t) = i), \qquad i = 0, 1, \ldots, n,$$

überein und sind näherungsweise gleich

$$\tilde{p}_1 = F_1^{(1)}(0) + F_1^{(3)}(0) = \varepsilon p_0 \varphi_1^{(1)}(0) + \varepsilon^2 p_0 \varphi_1^{(3)}(0),$$

$$\tilde{p}_2 = F_2^{(2)}(0, 0) = \varepsilon^2 p_0 \varphi_2^{(2)}(0, 0),$$

$$\tilde{p}_i = o(\varepsilon^2), \qquad i = 3, 4, \ldots$$

Ein Näherungswert für p_0, der auch zur Berechnung der p_i nach den obigen Formeln benutzt werden kann, ist durch

$$p_0 = [1 + \varepsilon\varphi_1^{(1)}(0) + \varepsilon^2(\varphi_1^{(3)}(0) + \varphi_2^{(2)}(0, 0))]^{-1}$$

gegeben.

5.6. Semimarkowsche Prozesse in der Bedienungstheorie

Eine weitere Möglichkeit zur Untersuchung von Bedienungssystemen mit nichtexponentialverteilten Pausen- bzw. Bedienungszeiten und somit nichtmarkowschem Bedienungsprozeß besteht darin, ihr Zeitverhalten durch semimarkowsche Prozesse zu beschreiben. Falls das möglich ist, kann man die umfangreiche Theorie dieser Prozeßklasse (↑ [3.5]) heranziehen und wichtige Systemcharakteristiken berechnen. Dieser Weg ist gangbar, wenn im Bedienungssystem gleichzeitig nie mehr als eine nichtexponentialverteilte Zeit läuft. Meist ist es dann so, daß die Verteilungsfunktionen $F_{ij}(x)$ des semimarkowschen Prozesses wesentlich von den Verteilungsfunktionen derjenigen Primärzufallsgrößen abhängen, die keine Exponentialverteilungen sind, während die Übergangswahrscheinlichkeiten P_{ij} vorwiegend durch die exponentialverteilten Zeiten bestimmt sind. Ihr Ablaufen bewirkt im Bedienungssystem Zustandsänderungen, die der semimarkowsche Prozeß nicht im einzelnen, sondern nur summarisch erfaßt. Zum Beispiel ist das Zeitverhalten des Bedienungssystems M/GI/1/∞ durch einen eingebetteten semimarkowschen Prozeß teilweise beschreibbar (↑ [6.2]). Wir betrachten es im Augenblick des Abgangs einer bedienten Forderung und nehmen an, daß danach noch i ($\geqq 1$) Forderungen im System sind. Die Verteilungsfunktionen $F_{ij}(x)$ sind unabhängig von i und j gleich der Verteilungsfunktion der Bedienungszeit, während P_{ij} ($j \geqq i$) gleich der Wahrscheinlichkeit dafür ist, daß während der zufälligen Bedienungszeit genau $j - i$ Sprünge des Input-Poisson-Prozesses eintreten. Der Zustand des semimarkowschen Prozesses ist während der gesamten Bedienungszeit gleich i, dagegen treten im Bedienungssystem $j - i$ Zustandsänderungen ein. Semimarkowsche Prozesse stellen also häufig Bedienungssysteme nur „vergröbert" dar, und man benutzt sie in den Anwendungen meistens als in den ursprünglichen nichtmarkowschen Bedienungsprozeß eingebettete Prozesse (↑ [6.2]).

Nur für sehr einfache Bedienungssysteme gelingt eine direkte Beschreibung des zeitlichen Verhaltens durch einen semimarkowschen Prozeß $\big(X(t)\big)$ in dem Sinne, daß jeder Zustandsänderung des Systems auch eine des Prozesses entspricht. Hierfür folgt nachstehend ein typisches Beispiel. Es zeigt die notwendigen Schritte bei der Anwendung der Methode zur Bestimmung stationärer Charakteristiken:

(i) Aufstellen der Systemzustände,

(ii) Bestimmen der Verteilungsfunktionen $F_{ij}(x)$, ihrer Erwartungswerte m_{ij} und der Übergangswahrscheinlichkeiten P_{ij},

(iii) Berechnung der stationären Zustandswahrscheinlichkeiten p_i der eingebetteten Markowschen Kette,

(iv) Berechnung der stationären Zustandswahrscheinlichkeiten des semimarkowschen Prozesses $\big(X(t)\big)$ bzw. von Verteilungsfunktionen für Verweilzeiten in bestimmten Zuständen oder Zustandsmengen.

5.6.1. Beispiel (vgl. Brodi/Pogosjan [1]).
(i) Es wird das Verlustsystem M/G/1/0 mit der Ankunftsintensität λ und der Bedienungszeitverteilungsfunktion $B(x)$ betrachtet, in dem sowohl bei besetztem als auch bei freiem Bedienungsgerät Störungen eintreten können. Die ausfallfreie Zeit ist jeweils exponentialverteilt mit den Parametern λ_0 (freies Bedienungsgerät) bzw. λ_1 (besetztes Bedienungsgerät), die Reparaturzeit R

hat in jedem Fall die Verteilungsfunktion $R(x)$. Alle auftretenden Zufallsgrößen seien unabhängig. Beim Eintreten einer Störung geht die eventuell gerade in Bedienung befindliche Forderung verloren. Während einer Störung werden alle eintreffenden Forderungen abgelehnt. Gesucht sind die stationären Wahrscheinlichkeiten für das Auftreten der Zustände

0: das Bedienungsgerät ist frei und ungestört;
1: das Bedienungsgerät bedient eine Forderung;
2: das Bedienungsgerät ist gestört.

(ii) Es sei $X(t)$ der Systemzustand zur Zeit t. $(X(t))$ ist ein semimarkowscher Prozeß mit folgenden Charakteristiken:

(a) Übergangswahrscheinlichkeiten P_{ij} mit $P_{00} = 0$, $P_{02} = 1 - P_{01}$,

$$P_{01} = \mathsf{P}\,(\text{Pausenzeit} < \text{ausfallfreie Zeit des freien Bedienungsgerätes})$$

$$= \int_0^\infty [1 - e^{-\lambda x}]\,\lambda_0\,e^{-\lambda_0 x}\,dx = \frac{\lambda}{\lambda + \lambda_0},$$

$$P_{10} = \mathsf{P}\,(\text{Bedienungszeit} < \text{ausfallfreie Zeit des besetzten Bedienungsgerätes})$$

$$= \int_0^\infty B(x)\,\lambda_1\,e^{-\lambda_1 x}\,dx = \lambda_1 \check{B}(\lambda_1),$$

$$P_{11} = 0, \quad P_{12} = 1 - P_{10}, \quad P_{20} = 1, \quad P_{21} = P_{22} = 0.$$

(b) Verweilzeitverteilungsfunktionen $F_{ij}(x)$ und Mittelwerte m_{ij}. Die Verweilzeit im Zustand 0 ist unabhängig vom folgenden Zustand gleich dem Minimum von exponentialverteilter Pausenzeit und ausfallfreier Zeit des freien Bedienungsgerätes, also selbst exponentialverteilt mit dem Parameter $\lambda_0 + \lambda_1$ Im Zustand 1 ist die Verweilzeit das Minimum von Bedienungszeit und exponentialverteilter ausfallfreier Zeit des besetzten Bedienungsgerätes, während die Verweilzeit des Zustandes 2 gleich der Reparaturzeit ist. Also gilt

$$F_{0j}(x) = 1 - e^{-(\lambda_0+\lambda_1)x}, \qquad m_{0j} = m_0 = (\lambda_0 + \lambda_1)^{-1}; \qquad j = 1, 2.$$

$$F_{1j}(x) = 1 - (1 - B(x))\,e^{-\lambda_1 x}, \qquad m_{1j} = m_1 = \int_0^\infty [1 - B(x)]\,e^{-\lambda_1 x}\,dx; \qquad j = 0, 2,$$

$$F_{20}(x) = R(x), \qquad m_{20} = \mathsf{E}R.$$

Die fehlenden $F_{ij}(x)$ und m_{ij} brauchen nicht bestimmt zu werden, da die zugehörigen P_{ij} gleich Null sind.

(iii) Wenn man annimmt, daß die Verteilungsfunktionen der Bedienungs- und Reparaturzeiten nicht gitterförmig sind und daß $\mathsf{E}B$ und $\mathsf{E}R$ endlich sind, so ist nach S. 3.5.5.1 der semimarkowsche Prozeß mit geeigneter Anfangsverteilung stationär, da die Matrix (P_{ij}) eine einzige stationäre Verteilung (p_i) mit $p_i > 0$ für alle i besitzt. Die p_i ergeben sich als Lösung des Gleichungssystems

$$p_0 = P_{10}p_1 + p_2, \quad p_1 = \frac{\lambda}{\lambda + \lambda_0}\,p_0, \quad p_0 + p_1 + p_2 = 1$$

zu

$$p_0 = a, \quad p_1 = \frac{\lambda}{\lambda + \lambda_0}\,a, \quad p_2 = [1 - \lambda_1 \check{B}(\lambda_1)]\,a$$

mit

$$a = \left[2 + \frac{\lambda}{\lambda + \lambda_0}\,(1 - \lambda_1 \check{B}(\lambda_1))\right]^{-1}.$$

(iv) (a) Nach (5) in [3.5.5] können mit Hilfe der p_i die stationären Zustandswahrscheinlichkeiten $\mathsf{P}(X(t) = i)$ berechnet werden. Beispielsweise gilt

$$\mathsf{P}(X(t) = 2) = p_2 m_2/m \quad \text{mit} \quad m_2 = \mathsf{E}R \quad \text{und} \quad m = p_0 m_0 + p_1 m_1 + p_2 \mathsf{E}R.$$

(b) Der Erwartungswert $v_{0,\{0,1\}}$ der Verweilzeit des semimarkowschen Prozesses in der Zustandsmenge $\{0, 1\}$, falls er in 0 startet (d. h. die mittlere Zeit, die das Bedienungssystem ungestört arbeitet, wenn es zu Beginn leer und ungestört ist) ergibt sich nach (3) in [3.5.4] als Lösung des Gleichungssystems

$$v_{0,\{0,1\}} = m_0 + P_{01} v_{1,\{0,1\}}, \qquad v_{1,\{0,1\}} = m_0 + P_{10} v_{0,\{0,1\}}$$

zu

$$v_{0,\{0,1\}} = \frac{(1 + P_{01})\, m_0}{1 - P_{01} P_{10}}.$$

Außer der bisher diskutierten relativ selten möglichen Verwendung von semimarkowschen Prozessen zur Beschreibung des Zeitverhaltens des gesamten Bedienungssystems (und der in [6.2] behandelten Methode der eingebetteten semimarkowschen Prozesse) treten semimarkowsche Prozesse in der Bedienungstheorie auch zur Beschreibung bestimmter Forderungenströme und Folgen von Bedienungszeiten auf. Es handelt sich um Bedienungssysteme des Typs SM/·/·/· bzw. ·/SM/·/·. Beispielsweise untersucht Çinlar (1967) das System SM/M/1/∞ mit k verschiedenen Typen von Forderungen. Ist $X(t)$ der Typ der letzten vor dem Zeitpunkt t in das System gekommenen Forderung, dann wird der Forderungenstrom durch den semimarkowschen Prozeß $(X(t))$ mit dem Zustandsraum $\{1, 2, \ldots, k\}$ und der eingebetteten Markowschen Kette $(X(T_n + 0))$ beschrieben, wobei T_n der Ankunftszeitpunkt der n-ten Forderung ist. Die wesentlichen Charakteristiken des betrachteten Bedienungssystems und auch des gleichen Systems mit Gruppenankünften sind bestimmt worden. Bezüglich weiterer Ergebnisse siehe Neuts (1978).

Für das System SM/M/∞ mit verschiedenen Forderungentypen liegen Ergebnisse von Neuts/Chen (1972), für typenabhängige Bedienungszeitverteilungsfunktionen von Smith (1972) und für den Fall ohne Typen von Franken (1968) und Franken/Kerstan (1968) vor. Das Verlustsystem SM/M/s/0 untersuchte Franken (1968) und das System SM/$\overrightarrow{\mathrm{M}}$/$s$/0 Simonowa (1967).

Das System M/SM/1/∞ mit verschiedenen Forderungentypen wurde von Neuts (1966) und Çinlar (1967) und mit Gruppenankünften von Neuts (1977b) analysiert.

Ergebnisse für weitere Systeme mit semimarkowschen Bedienungszeiten findet man bei Gaver (1963), Loynes (1962), Neuts (1967, 1977a), Purdue (1975) und weiteren Autoren. Vorwiegend werden Charakteristiken des Anzahlprozesses und der Besetztzyklen der jeweiligen Bedienungssysteme ermittelt.

6. Eingebettete zufällige Prozesse in der Bedienungstheorie

Auch in der Bedienungstheorie wird das *Prinzip der Einbettung* eines zufälligen Prozesses in einen anderen zufälligen Prozeß i. allg. komplizierterer Struktur verwendet. Das Ziel besteht darin, einfacher zu bestimmende Charakteristiken des eingebetteten Prozesses zur Berechnung von Charakteristiken des ursprünglichen Prozesses zu nutzen. Im vorliegenden Kapitel werden einige der für die Bedienungstheorie wichtigsten *Einbettungstechniken* und Anwendungsbeispiele dafür dargelegt, z. T. stellen sie passende Spezialisierungen in Kapitel 3 enthaltener allgemeiner Aussagen, z. T. über Kapitel 3 hinausgehende Methoden dar.

Der ursprüngliche Bedienungsprozeß $\big(X(t)\big)$ ist i. allg. ein Prozeß mit stetiger Zeit t, z. B. ein Anzahl- oder Wartezeitprozeß. Der eingebettete Prozeß kann ebenfalls ein Prozeß mit stetiger Zeit oder eine Folge von Zufallsgrößen in ausgewählten, sog. eingebetteten, Zeitpunkten T_n sein. Eingebettete Markowsche Ketten mit diskreter Zeit (↑ [6.1]) sind ein Beispiel für den zweiten Fall. Bei ihnen besteht die eingebettete Folge aus den Zuständen $Y_n = X(T_n)$ des ursprünglichen Bedienungsprozesses in den eingebetteten, i. allg. zufälligen Zeitpunkten T_n. Es werden vorwiegend stationäre Charakteristiken der eingebetteten Folge (Y_n) betrachtet, d. h. solche, die bei Verschiebung von einem beliebigen Folgenglied zum anderen gleich bleiben und daher *folgenstationär*, *forderungenstationär* oder *eingebettetstationär* genannt werden. Diese werden dann in Beziehung gebracht zu Charakteristiken des Prozesses $\big(X(t)\big)$ mit stetiger Zeit, die invariant sind gegenüber einer beliebigen, zeitlich stetigen Verschiebung und daher *zeitstationär* genannt werden. Spezielle eingebettete Prozesse mit stetiger Zeit, die gegenüber dem ursprünglichen Prozeß einen einfacheren, vergröberten Verlauf zwischen den eingebetteten Zeitpunkten haben, sind die in [6.2] behandelten eingebetteten semimarkowschen Prozesse.

Eine Verallgemeinerung von eingebetteten Markowschen Ketten mit diskreter Zeit sind die in [6.2] dargelegten Markowschen Erneuerungsprozesse $([T_n, Y_n], n \geqq 1)$ die sowohl Zeitpunkte T_n als auch Zustände Y_n erfassen.

In [6.3] werden dann Folgen (T_n) eingebetteter Zeitpunkte betrachtet, die einen rekurrenten Punktprozeß bzw. Erneuerungsprozeß bilden. Methoden der Erneuerungstheorie können zur Bestimmung von Bedienungscharakteristiken für Prozesse mit solchen eingebetteten Erneuerungsprozessen verwendet werden. Viele Bedienungsprozesse sind *regenerativ*, besitzen also einen eingebetteten rekurrenten Punktprozeß, durch den sie in voneinander unabhängige und identisch verteilte Prozeßstücke (*Zyklen*) zerlegt werden. Allgemeine Aussagen und Beispiele befinden sich ebenfalls in [6.3].

Noch allgemeinere Methoden werden in [6.4] dargelegt. Als eingebettete Prozesse treten dort zufällige (markierte) Punktprozesse auf. Die Abstände zwischen den eingebetteten Punkten T_n werden nicht als unabhängig vorausgesetzt, vom Bedienungsprozeß $(X(t))$ bzw. einem in diesen eingebetteten Prozeß mit stetiger Zeit muß nicht gefordert werden, daß er Markowsch, semimarkowsch oder dergleichen ist. Unter diesen sehr allgemeinen Bedingungen werden, vorwiegend im stationären Fall, eingebettete Charakteristiken mit denen des Prozesses $(X(t))$ in Verbindung gebracht.

Bezüglich Existenzvoraussetzungen und -aussagen zu den im Kapitel 6 auftretenden verschiedenartigen stationären Größen wird auf [II, Kap. 11] verwiesen.

6.1. Eingebettete Markowsche Ketten und Prozesse

6.1.1. Eingebettete Markowsche Ketten

Für eine Reihe von Bedienungssystemen mit zugehörigem zufälligem Anzahlprozeß $(N(t))$, dessen ganzzahlige Werte die Anzahl der jeweils im Bedienungssystem vorhandenen Forderungen erfassen, gibt es zufällige Zeitpunkte $0 \leqq T_1 < T_2 < \cdots$, so daß die Folge $(N(T_n))$ bzw. $(N(T_n + 0))$ oder $(N(T_n - 0))$, $n = 1, 2, \ldots$, der Systemzustände eine Markowsche Kette mit diskreter Zeit ist. Sie wird eingebettete Markowsche Kette für den Prozeß $(N(t))$ genannt. In Übereinstimmung mit der D. 3.3.1 wird unter einer Markowschen Kette ein Markowscher Prozeß mit diskretem Zustandsraum verstanden. Daher werden zunächst nur Anzahlprozesse $(N(t))$ betrachtet. Wählt man z. B. für das System M/GI/1/m, $m < \infty$, als Zustand $N(t)$ die Anzahl der zur Zeit t im System befindlichen Forderungen und als eingebettete Zeitpunkte T_n, $n = 1, 2, \ldots$, die Zeitpunkte, in denen die bedienten Forderungen das System verlassen (T_n = Abgangszeitpunkt der n-ten bedienten Forderung), dann ist $(N(T_n + 0))$ eine homogene Markowsche Kette mit diskreter Zeit als eingebettete Markowsche Kette für den Prozeß $(N(t))$. Der Zustand $N(T_n + 0)$ gibt an, wieviele Forderungen unmittelbar nach Abgang der n-ten Forderung im System sind.

Ist $(N(t))$ derselbe Prozeß im System GI/M/s/m, und ist T_n der Ankunftszeitpunkt der n-ten Forderung, so ist die Folge der Zustände $(N(T_n - 0))$, $n = 1, 2, \ldots$, die die Anzahl der Forderungen im System unmittelbar vor Ankunft der Forderungen angeben, eine eingebettete Markowsche Kette für $(N(t))$. Der Sinn der eingebetteten Markowschen Kette besteht darin, für sie Charakteristiken zu berechnen (was i. allg. einfacher ist) und daraus durch weitere Überlegungen diejenigen des nicht notwendig Markowschen Prozesses $(N(t))$ zu bestimmen. Voraussetzung hierfür ist, daß solche eingebetteten Zeitpunkte T_n gefunden werden können. Das ist i. allg. nur dann möglich, wenn zu jedem beliebigen Zeitpunkt t im Bedienungssystem höchstens eine laufende Zufallsgröße (Pausen- oder Bedienungszeit) nicht exponentialverteilt ist, insbesondere bei den Systemen M/GI/1/m, GI/M/s/m.

Erstmalig verwendete 1932 Chintschin (vgl. (1955), [1], [2]) den eben dargelegten Grundgedanken. Sehr bekannt wurde diese Vorgehensweise als *Methode der eingebetteten Markowschen Ketten* durch die Arbeit von Kendall (1953), weshalb sie häufig auch als *Kendallsche Methode* bezeichnet wird. Heute gehört sie zu den Standardverfahren in der Bedienungstheorie, vgl. z. B. Takács [1], Cohen [1], Gnedenko/Kowalenko [1]. Sie kann in folgende 3 Schritte zerlegt werden:

(i) Bestimmung einer geeigneten Folge von Zeitpunkten $T_1 < T_2 < \cdots$, so daß $(N(T_n)) = (N_n)$ eine eingebettete Markowsche Kette für den zu untersuchenden Bedienungsprozeß $(N(t))$ ist.

(ii) Analyse und rechnerische Behandlung der eingebetteten Markowschen Kette, z. B. Berechnung der Übergangswahrscheinlichkeiten oder Bestimmung der stationären Zustandswahrscheinlichkeiten oder anderer Charakteristiken.
(iii) Bestimmung der stationären Zustandswahrscheinlichkeiten oder anderer gesuchter Charakteristiken des Anzahlprozesses $(N(t))$ in stetiger Zeit auf Grund der im Schritt (ii) ermittelten Größen für die eingebettete Markowsche Kette (N_n).

Es folgen einige allgemeine Regeln und Bemerkungen sowie ein Beispiel.

Wenn zu jedem Zeitpunkt genau eine nicht exponentialverteilte primäre Zufallsgröße des Bedienungssystems (Pausen- oder Bedienungszeit) realisiert wird, dann können im Schritt (i) als Zeitpunkte T_n gerade diejenigen Zeitpunkte gewählt werden, in denen diese Zufallsgröße jeweils vollständig zu Ende realisiert wird, d. h. die nicht exponentialverteilte Pausendauer bzw. Bedienungsdauer abgelaufen ist (und eventuell neu beginnt). Es ist dann zu prüfen, ob die sich ergebende Folge $(N(T_n))$ homogen und Markowsch ist. Formal kann dazu vom Anzahlprozeß $(N(t))$ mit diskreten Werten zum zweidimensionalen zufälligen Prozeß $(Z(t))$ mit $Z(t) = (N(t), Y(t))$ übergegangen werden. Dabei ist die Zusatzvariable $Y(t)$ die vom Zeitpunkt t an gerechnete Restdauer der nicht exponentialverteilten primären Zufallsgröße. Wir setzen $Y(t) = 0$, falls keine Restdauer zum Zeitpunkt t vorhanden ist.

Sei T_n, $n = 1, 2, \ldots$, derjenige Zeitpunkt, in dem $Y(t)$ zum n-ten Male gleich Null wird. Somit ist $Z(T_n) = (N(T_n), 0)$ für alle n, und wir setzen $N_n = N(T_n)$. Der durch Hinzunahme der Zusatzvariablen $Y(t)$ definierte Prozeß $(Z(t))$ ist nach Konstruktion ein homogener Markowscher Prozeß (mit dem Zustandsraum $\mathbb{G}_+ \times \mathbb{R}_+$). Somit kann erwartet werden, daß die Folge (N_n) eine homogene Markowsche Kette mit diskreter Zeit ist. Insbesondere gilt das, wenn $(Z(t))$ streng Markowsch ist und T_n, $n = 1, 2, \ldots$, Markowsche Momente sind, vgl. Müller [1]. Der Nachweis, daß (N_n) eine homogene Markowsche Kette ist, ist für jede zu lösende Aufgabe speziell zu führen. Zur Analyse und rechnerischen Behandlung der eingebetteten Markowschen Kette können im Schritt (ii) die Methoden von [3.3.1] verwendet werden.

Häufig besteht die Aufgabe in der Ermittlung der stationären Zustandswahrscheinlichkeiten des Prozesses $(N(t))$. Sind zunächst im Schritt (ii) die stationären Zustandswahrscheinlichkeiten der eingebetteten Markowschen Kette bestimmt worden, so handelt es sich im Schritt (iii) darum, aus den eingebettetstationären Zustandswahrscheinlichkeiten die zeitstationären zu gewinnen. Hierzu können die Methoden aus [6.4] verwendet werden. Des weiteren können oft im Schritt (ii) stationäre Zustandswahrscheinlichkeiten (oder andere Größen) bez. einer Folge von Zeitpunkten (z. B. in den Ankunftszeitpunkten von Forderungen) ermittelt werden, und es interessieren außerdem die gleichen Größen in einer Folge anderer Zeitpunkte (z. B. der Abgangszeitpunkte von Forderungen). Auch hierzu dienen die erwähnten Methoden. Andererseits läßt sich die Lösung der Aufgabe von Schritt (iii) für viele Bedienungssysteme nach folgendem allgemeinen Verfahren finden.

Es wird vorausgesetzt, daß der Anzahlprozeß $(N(t))$ in den offenen Zeitintervallen (T_n, T_{n+1}), $n = 1, 2, \ldots$, zwischen den eingebetteten Zeitpunkten T_n

(a1) ein homogener Geburtsprozeß mit der Intensität λ_i ist oder
(a2) ein homogener Todesprozeß mit der Intensität μ_i ist und daß

(b) der Wert des Prozesses $(N(t))$ in den Zeitpunkten T_n um Eins wächst oder fällt,

d. h., $N(T_n) = i \pm 1$,

falls $N(T_n - 0) = i$. Die Realisierungen des Prozesses $(N(t))$ seien rechtsseitig stetig. Seien $p_i = \mathsf{P}(N(t) = i)$ für alle $t \geqq 0$, $i = 0, 1, 2, \ldots$, die zeitstationären Zustandswahrscheinlichkeiten des Prozesses $(N(t))$ und

$$\bar{p}_i = \mathsf{P}(N(T_n) = i), \qquad \text{bzw.} \qquad \bar{p}_i^- = \mathsf{P}(N(T_n - 0) = i), \qquad i = 0, 1, 2, \ldots,$$

die stationären Zustandswahrscheinlichkeiten der eingebetteten Kette $(N_n) = (N(T_n))$ bzw. $(N_n^-) = (N(T_n - 0))$. Ist (N_n) bzw. (N_n^-) ergodisch, dann kann $\bar{p}_i$ bzw. $\bar{p}_i^-$ auch durch Grenzwertbildung aus den entsprechenden zeitabhängigen Zustandswahrscheinlichkeiten in den eingebetteten Zeitpunkten T_n bzw. $T_n - 0$ gewonnen werden.

6.1.1.1. Satz. Unter den Voraussetzungen (a1) bzw. (a2) und (b) gelten im Fall (a1) für $i = 0, 1, 2, \ldots$ die Beziehungen

$$\lambda_i p_i = \alpha \bar{p}_i, \tag{1}$$

$$\lambda_i p_i = \alpha \bar{p}_{i+1}^-, \tag{2}$$

und im Fall (a2) die Beziehungen

$$\mu_i p_i = \alpha \bar{p}_i \qquad \text{für} \quad i = 0, 1, 2, \ldots, \tag{3}$$

$$\mu_i p_i = \alpha \bar{p}_{i-1}^- \qquad \text{für} \quad i = 1, 2, \ldots \tag{4}$$

Dabei ist $\alpha^{-1} = \mathsf{E}(T_{n+1} - T_n)$, $n = 1, 2, \ldots$, d. h., α ist die Intensität des stationären zufälligen Punktprozesses (T_n).

6.1.1.2. Beispiel (Bestimmung der stationären Zustandswahrscheinlichkeiten im Engsetschen Wartesystem $\langle N/M/GI/1/N - 1\rangle$). Sei λ der Parameter der Exponentialverteilung der Pausenzeiten, $B(x)$ die Verteilungsfunktion der Bedienungszeiten, $N(t)$ die Anzahl der zur Zeit t auf den N Quellen insgesamt laufenden Pausen, und seien $p_i = \mathsf{P}(N(t) = i)$, $i = 0, 1, 2, \ldots, N$, die stationären Zustandswahrscheinlichkeiten von $(N(t))$.

In der Deutung als Palmsches Mehrmaschinenmodell sind die Pausenzeiten die Lebensdauern der Maschinen und die Bedienungszeiten die Reparaturdauern.

(i) $Y(t)$ ist die Restbedienungszeit vom Zeitpunkt t an. Wir wählen dementsprechend als T_n den Zeitpunkt, in dem die n-te Bedienung endet.

(ii) Sei $N_n^- = N(T_n - 0)$ die Anzahl der unmittelbar vor T_n laufenden Pausen. (N_n^-) ist eine homogene Markowsche Kette mit diskreter Zeit mit den Zuständen $0, 1, 2, \ldots, N - 1$. Mit der Wahrscheinlichkeit

$$l_{ij} = \int_0^\infty \binom{i}{j} (e^{-\lambda t})^j (1 - e^{-\lambda t})^{i-j} \, dB(t)$$

dafür, daß während der Bedienung einer Forderung $i - j$ von i laufenden Pausen enden, d. h. $i - j$ weitere Forderungen eintreffen, ergibt sich für die Übergangswahrscheinlichkeit $P_{ij} = \mathsf{P}(N_{n+1}^- = j \mid N_n^- = i)$, $i, j = 0, 1, 2, \ldots, N - 1$, der eingebetteten Markowschen Kette (N_n^-) der Ausdruck

$$P_{ij} = \begin{cases} l_{i+1,j}, & \text{falls} \quad j \leqq i + 1, \quad i = 0, 1, 2, \ldots, N - 2, \\ l_{ij}, & \text{falls} \quad i = N - 1, \\ 0 & \text{sonst.} \end{cases}$$

Die eingebettete Markowsche Kette (N_n^-) mit endlich vielen Zuständen ist irreduzibel, aperiodisch und ist somit nach dem Satz von Markow (S. 3.3.1.12) ergodisch. Als Lösung des Gleichungssystems (4) in [3.3.1] erhält man die stationären Zustandswahrscheinlichkeiten $\bar{p}_i^-$:

$$\bar{p}_i^- = \sum_{j=i}^{N} (-1)^{j-i} \binom{j}{i} b_j; \qquad i = 0, \ldots, N - 1,$$

$$b_0 = 1, \qquad b_j = \frac{N c_{j-1}}{j} \frac{\sum\limits_{k=j-1}^{N-1} \binom{N-1}{k} c_k^{-1}}{\left(1 + N \dfrac{\lambda}{\mu}\right) \sum\limits_{k=0}^{N-1} \binom{N-1}{k} c_k^{-1}}; \qquad j = 1, 2, \ldots, N,$$

$$c_0 = 1, \qquad c_j = \prod_{k=1}^{j} \frac{B^*\left(\frac{k}{\mu}\right)}{1 - B^*\left(\frac{k}{\mu}\right)}, \qquad j = 1, 2, \ldots, N,$$

$$\text{mit} \quad B^*(s) = \int_0^\infty e^{-sx} \, dB(x) \quad \text{und} \quad \mu = (\mathsf{E}B)^{-1}.$$

(iii) Aus den in (ii) bestimmten stationären Zustandswahrscheinlichkeiten $\bar{p}_i^-$ der eingebetteten Kette (N_n^-) sind die stationären Zustandswahrscheinlichkeiten p_i des Prozesses $(N(t))$ zu bestimmen. Hierzu verwenden wir Satz 6.1.1.1.

In den Zeitintervallen zwischen den Zeitpunkten $T_n, T_{n+1}, \ldots$ können nur Pausen beendet werden, und diese sind exponentialverteilt mit dem Parameter λ. Also ist $(N(t))$ in den Intervallen (T_n, T_{n+1}) ein homogener Todesprozeß mit den Intensitäten $\mu_i = i\lambda$, $i = 1, 2, \ldots, N$. Somit kann (4) angewendet werden. Dazu bestimmen wir zunächst α. Nach dem Satz der totalen Wahrscheinlichkeit für Erwartungswerte (↑ S. 2.13.2.7) ist

$$\alpha^{-1} = (1 - \bar{p}_{N-1}^-)\, \mu^{-1} + \bar{p}_{N-1}^- \left(\frac{1}{\mu} + \frac{1}{N\lambda}\right).$$

Denn die Abstände $T_{n+1} - T_n$ zwischen zwei aufeinanderfolgenden Bedienungsbeendigungen sind entweder eine Bedienungsdauer mit dem Erwartungswert μ^{-1}, falls in T_n bereits weitere Forderungen zur Bedienung vorliegen (die stationäre Wahrscheinlichkeit hierfür ist $1 - \bar{p}_{N-1}^-$), oder gleich der Summe aus einer Bedienungszeit und dem Minimum von N exponentialverteilten Restpausendauern, falls nach Abschluß der Bedienung zum Zeitpunkt T_n zunächst keine Forderungen zur Bedienung vorliegen (die stationären Wahrscheinlichkeit hierfür ist $\bar{p}_{N-1}^-$). Der erste Summand besitzt den Erwartungswert μ^{-1}, und der zweite Summand hat als Erwartungswert $(N\lambda)^{-1}$, weil das Minimum von N unabhängigen, mit dem Parameter λ exponentialverteilten Zufallsgrößen exponentialverteilt ist mit dem Parameter $N\lambda$ (↑ [2.5.2]). Nach (4) ergibt sich somit für $i = 1, 2, \ldots, N$

$$p_i = \frac{N \bar{p}_{i-1}^-}{i \left(N \frac{\lambda}{\mu} + \bar{p}_{N-1}^-\right)}, \qquad p_0 = 1 - \sum_{i=1}^{N} p_i.$$

6.1.2. Eingebettete Markowsche Prozesse

In Verallgemeinerung des betrachteten Falles der in den Zählprozeß $(N(t))$ eingebetteten Markowschen Kette $(N(T_n))$ mit diskreter Zeit (und diskretem Zustandsraum) gibt es auch Bedienungsprozesse $(X(t))$ mit kontinuierlichem Zustandsraum, die nicht Markowsch sind, in die aber ein Markowscher Prozeß mit kontinuierlichem Zustandsraum und diskreter Zeit eingebettet werden kann. So ist z. B. der Prozeß $(W(t))$ der *virtuellen Wartezeit* im System GI/GI/1/∞ (Zustandsraum $\mathscr{E} = \mathbb{R}_+$) nicht Markowsch, die eingebettete Folge $(W(T_n)) = (\mathring{W}_n)$ der *aktuellen Wartezeiten* in den Ankunftszeitpunkten der Forderungen ist jedoch ein homogener Markowscher Prozeß mit diskreter Zeit. Das folgt sofort aus der rekursiven Beziehung $\mathring{W}_{n+1} = \max(0, \mathring{W}_n + B_n - A_n)$, wobei $A_n = T_{n+1} - T_n$ (↑ [9.1]).

Mit Hilfe der durch $A(x)$ und $B(x)$ bestimmten Übergangsverteilungsfunktion des in $(W(t))$ eingebetteten Markowschen Prozesses mit diskreter Zeit $(\mathring{W}_n)$ ergibt sich die stationäre Verteilungsfunktion der aktuellen Wartezeit, d. h. des Prozesses $(\mathring{W}_n)$ (im Falle ihrer Existenz) aus der *Lindleyschen Integralgleichung* (↑ S. 9.4.1.5). Hieraus kann mit Hilfe von S. 6.4.2.5 oder S. 6.4.2.7 die stationäre Verteilungsfunktion des Prozesses $(W(t))$ der virtuellen Wartezeit bestimmt werden (↑ B. 6.4.2.10).

Wie das Beispiel zeigt, ist hier nicht die Voraussetzung erforderlich, daß mindestens eine der Folgen der Pausen- oder Bedienungszeiten aus exponentialverteilten Zufallsgrößen besteht. Für das System GI/GI/s/∞ mit $s > 1$ ist die Folge $(\mathring{W}_n)$ kein Markowscher Prozeß. Als eingebetteter Markowscher Prozeß eines entsprechend gebildeten mehrdimensionalen Prozesses der virtuellen Wartezeit kann die Folge der Kiefer-Wolfowitz-Vektoren gewählt werden (↑ [9.5]).

6.2. Eingebettete Markowsche Erneuerungsprozesse und semimarkowsche Prozesse

6.2.1. Das Wesen der Methode

Eine weitere Möglichkeit, für einen nichtmarkowschen Bedienungsprozeß $\big(X(t),\, t \geqq 0\big)$ einen eingebetteten zeitlich diskreten Prozeß zu finden und für die Bestimmung interessierender Größen des Prozesses $\big(X(t)\big)$ bzw. des Bedienungssystems zu nutzen, besteht in der Verwendung *Markowscher Erneuerungsprozesse.* Gemäß D. 3.5.1.3 ist dies eine Folge $([T_n, Y_n],\, n \geqq 1)$, wobei $0 \leqq T_1 < T_2 < \cdots$ zufällige Zeitpunkte und Y_n nichtnegative ganzzahlige Zufallsgrößen sind, mit der Eigenschaft

$$\begin{aligned} &\mathsf{P}(Y_{n+1} = j,\, T_{n+1} - T_n < x \mid Y_1, Y_2, \ldots, Y_n;\, T_1, \ldots, T_n) \\ &\quad = \mathsf{P}(Y_{n+1} = j,\, T_{n+1} - T_n < x \mid Y_n), \end{aligned}$$

für alle natürlichen n, $j \in \mathbb{G}_+$, $x \in \mathbb{R}_+$.

Im zeitlich homogenen Fall (d. h. Unabhängigkeit von n) setzt man $Q_{ij}(x) = \mathsf{P}(Y_{n+1} = j,\, T_{n+1} - T_n < x \mid Y_n = i)$ (↑ (1) in [3.5.1]), und die Matrix $Q(x) = \big(Q_{ij}(x)\big)$ heißt *semimarkowsche Matrix* oder *semimarkowscher Kern.* Die Matrix (P_{ij}) mit $P_{ij} = \lim\limits_{x\to\infty} Q_{ij}(x)$ ist dabei die Einschritt-Übergangsmatrix der in den Markowschen Erneuerungsprozeß eingebetteten Markowschen Kette (Y_n) der in den diskreten Zeitpunkten $(T_n + 0)$ angenommenen Zustände.

Für die Ziele dieses Abschnitts interessiert ein in einen gegebenen Bedienungsprozeß $\big(X(t)\big)$ *eingebetteter Markowscher Erneuerungsprozeß,* d. h. ein solcher, für den eine Folge von Zeitpunkten (T_n) mit den Zuständen $Y_n = X(T_n + 0)$, die gleich den Zuständen des Prozesses $\big(X(t)\big)$ „unmittelbar" nach den Zeitpunkten T_n sind, ein Markowscher Erneuerungsprozeß $([T_n, Y_n],\, n \geqq 1)$ ist. Falls $\big(X(t)\big)$ nicht, wie üblich, linksseitig stetig, sondern rechtsseitig stetig angenommen wird, wird anstelle von $X(T_n + 0)$ der Wert $X(T_n - 0)$ gewählt.

Diejenigen Prozesse $\big(X(t)\big)$, für die ein in bestimmter Weise eingebetteter Markowscher Erneuerungsprozeß existiert, wurden von Çinlar ((1975), [1]) *semiregenerative Prozesse* genannt, da für sie die zukünftige Entwicklung des Prozesses nach einem *„Semi-Erneuerungspunkt"* T_n (im Gegensatz zu regenerativen Prozessen) vom Zustand eines Markowschen Erneuerungsprozesses im Zeitpunkt T_n abhängen kann, darüber hinaus jedoch von der Vergangenheit des Prozesses vor T_n unabhängig ist. Bezüglich einer genaueren Definition sowie Beziehungen zwischen Charakteristiken eines semiregenerativen Prozesses und des in ihn eingebetteten Markowschen Erneuerungsprozesses, vgl. z. B. Çinlar [1]. Die Klasse der semiregenerativen Prozesse ist umfassender als diejenige der regenerativen und semimarkowschen Prozesse und ist für die Bedienungstheorie von Wichtigkeit.

Im Vergleich zu den in [6.1] betrachteten eingebetteten Markowschen Ketten (Y_n) mit diskreter Zeit ist durch die Einbeziehung der Zeitpunkte (T_n) in den eingebetteten Prozeß ein Übergang zu eingebetteten Markowschen Erneuerungsprozessen $([T_n, Y_n])$ mit diskreter Zeit erfolgt, der eine kombinierte Verwendung von Methoden der Theorie Markowscher Ketten und der Erneuerungstheorie gestattet.

Eine weitere Möglichkeit besteht in folgendem. Gemäß D. 3.5.1.2 ist mit dem zeitlich diskreten Markowschen Erneuerungsprozeß $([T_n, Y_n])$ der zeitlich stetige semimarkowsche Prozeß $\big(Y(t)\big) = (Y_{L(t)})$ mit $L(t) = \max\{k : T_k < t\}$ verbunden. Für diesen Prozeß ist somit $Y(t) = Y_n$ für $T_n < t \leqq T_{n+1}$, d. h., der Zustand $Y_n = X(T_n + 0)$ des Prozesses $\big(X(t)\big)$ unmittelbar nach dem Zeitpunkt T_n der sprunghaften Veränderung des Prozesses bleibt während des gesamten Intervalls bis zum Zeitpunkt T_{n+1} unverändert. Dieser semimarkowsche Prozeß $\big(Y(t)\big)$ ist ein in den ursprünglichen Prozeß $\big(X(t)\big)$ eingebetteter Prozeß mit stetiger Zeit, der sog. eingebettete semimarkowsche Prozeß.

Sein Verlauf ist zwischen den eingebetteten Zeitpunkten $T_n, T_{n+1}, n = 1, 2, \ldots$, gemäß Konstruktion einfacher als derjenige des Prozesses $\big(X(t)\big)$, denn er erfaßt die Veränderungen von $\big(X(t)\big)$ zwischen T_n und T_{n+1} nicht im einzelnen. Der sich als Funktional von $\big(X(t)\big)$ ergebende Prozeß $\big(Y(t)\big)$ vergröbert das zeitliche Zustandsverhalten des Bedienungssystems. Dadurch ergibt sich aber bei geschickter Wahl der Zeitpunkte (T_n) gerade ein semimarkowscher Prozeß, dessen Charakteristiken (stationäre Zustandswahrscheinlichkeiten, Verteilungsfunktionen oder Erwartungswerte von Verweilzeiten in Zuständen oder Zustandsmengen usw.) mit gewissen Größen von $\big(X(t)\big)$ in Beziehung gesetzt werden können.

Insgesamt gesehen tritt natürlich beim Übergang von $\big(X(t)\big)$ zum eingebetteten Markowschen Erneuerungsprozeß $([T_n, Y_n])$ bzw. zum eingebetteten semimarkowschen Prozeß $\big(Y(t)\big)$ ein *Informationsverlust* gegenüber dem Prozeß $\big(X(t)\big)$ auf. Es wird aber dadurch möglich, bestimmte interessierende Größen überhaupt bzw. einfacher zu berechnen. Es ergeben sich für eine solche Vorgehensweise somit 3 Schritte, die denjenigen in [6.1] für eingebettete Markowsche Ketten mit diskreter Zeit analog sind:

(i) Bestimmung einer geeigneten Folge von Zeitpunkten $0 \leqq T_1 < T_2 < \cdots$, so daß $(Y_n) = \big(X(T_n + 0)\big)$ eine in $\big(X(t)\big)$ eingebettete Markowsche Kette mit diskreter Zeit ist und ein zugehöriger Markowscher Erneuerungsprozeß $([T_n, Y_n])$ bzw. ein semimarkowscher Prozeß $\big(Y(t)\big)$ mit dieser eingebetteten Markowschen Kette $\big(Y(T_n)\big) = \big(X(T_n + 0)\big)$ angegeben werden kann. Die Wahl der Zeitpunkte (T_n) und somit des eingebetteten Prozesses ist durch den ursprünglichen Prozeß $\big(X(t)\big)$ nicht eindeutig bestimmt. Je nach Zweckmäßigkeit und angestrebtem Ziel können für ein und denselben Prozeß $\big(X(t)\big)$ verschiedene Folgen (T_n) und eingebettete Prozesse in Frage kommen (↑ B. 6.2.2).

(ii) Bestimmung von Charakteristiken des eingebetteten Markowschen Erneuerungs- bzw. semimarkowschen Prozesses. Einige hierfür erforderliche Aussagen enthält [3.5]; Formel (5) in [3.5.5] gibt z. B. den Zusammenhang zwischen den stationären Zustandswahrscheinlichkeiten des eingebetteten semimarkowschen Prozesses und denjenigen der eingebetteten Markowschen Kette. Ob die Existenzvoraussetzungen für stationäre Größen erfüllt sind, ist gesondert zu prüfen.

(iii) Bestimmung interessierender Größen des Bedienungsprozesses $\big(X(t)\big)$ auf Grund der im Schritt (ii) ermittelten Charakteristiken des eingebetteten Prozesses. Die hierzu notwendigen Beziehungen zwischen den Charakteristiken von $\big(X(t)\big)$ und denjenigen des eingebetteten Prozesses sind z. T. in allgemeiner Form in der am Schluß dieses

Abschnittes genannten Literatur (die gleichzeitig die ersten Autoren, die mit diesen Methoden gearbeitet haben, erkennen läßt) enthalten, vgl. auch SERFOZO (1975). Zur Behandlung einiger Aufgabenstellungen sind sie gesondert herzuleiten.

6.2.2. Beispiele

6.2.2.1. Beispiel (eingebetteter Markowscher Erneuerungsprozeß, ÇINLAR (1969), [1]).

(i) Für das System GI/M/1/∞ mit der Pausenzeitverteilungsfunktion $A(x)$ und dem Parameter μ der Bedienungszeitverteilung ist der rechtsstetige Prozeß $(X(t), t \geqq 0) = (N(t), t \geqq 0)$ der Anzahl der Forderungen im System zur Zeit t ein semiregenerativer Prozeß mit dem Zustandsraum $\mathbb{G}_+$ und dem eingebetteten Markowschen Erneuerungsprozeß $([T_n, Y_n])_n$, wobei $T_0 = 0$, $T_1, T_2, \ldots$ die aufeinanderfolgenden Ankunftszeitpunkte von Forderungen und $Y_n = X(T_n - 0)$ die Anzahl der Forderungen im System unmittelbar vor Eintreffen der n-ten Forderung sind. Wegen der Rechtsstetigkeit von $(X(t))$ ist $X(T_n) = Y_n + 1$.

(ii) Der zum eingebetteten semimarkowschen Erneuerungsprozeß gehörige semimarkowsche Kern $\boldsymbol{Q}(x)$ hat die Gestalt

$$\boldsymbol{Q}(x) = (Q_{ij}(x)) = \begin{pmatrix} r_0(x) & q_0(x) & 0 & 0 & \ldots \\ r_1(x) & q_1(x) & q_0(x) & 0 & \ldots \\ r_2(x) & q_2(x) & q_1(x) & q_0(x) & \ldots \\ \vdots & \vdots & \vdots & \vdots & \end{pmatrix},$$

mit

$$q_n(x) = \int_0^x \frac{e^{-\mu s}(\mu s)^n}{n!} \, dA(s), \qquad r_n(x) = A(x) - \sum_{i=0}^{n} q_i(x).$$

Die zu $\boldsymbol{Q}(x)$ gehörige Markowsche Erneuerungsmatrix $\boldsymbol{H}(x) = (H_{ij}(x))$ ergibt sich gemäß (3) in [3.5.2] zu $\boldsymbol{H}(x) = \sum_{n=1}^{\infty} \boldsymbol{Q}^{*(n)}(x)$.

(iii) Für die zeitabhängigen Zustandswahrscheinlichkeiten des semiregenerativen Anzahlprozesses $(N(t))$ ergibt sich

$$\mathsf{P}(N(t) = k \mid N(0) = i) = \sum_{j=0}^{\infty} \int_0^t K(t - x, j, k) \, H_{ij}(dx),$$

wobei

$$K(t, j, k) = \begin{cases} (1 - A(t)) \dfrac{e^{-\mu t}(\mu t)^{j+1-k}}{(j + 1 - k)!} & \text{für} \quad k > 0, \quad j \geqq k - 1, \\ (1 - A(t)) \displaystyle\sum_{n=j+1}^{\infty} \dfrac{e^{-\mu t}(\mu t)^n}{n!} & \text{für} \quad k = 0, \quad j \geqq 0, \\ 0 \quad \text{sonst.} & \end{cases}$$

6.2.2.2. Beispiel (eingebetteter semimarkowscher Prozeß). Es wird das System M/GI/1/∞ mit der Ankunftsintensität λ und der Bedienungszeitverteilungsfunktion $B(x)$ betrachtet. Der Anzahlprozeß $(N(t))$ ist, falls nicht $B(x)$ eine Exponentialverteilungsfunktion ist, weder ein Markowscher noch ein semimarkowscher Prozeß.

(i) Ist $\tilde{T}_n$ der Zeitpunkt, in dem die n-te Forderung das System bedient verläßt, dann ist die Folge $(\tilde{N}_n) = (N(\tilde{T}_n + 0))$ eine in $(N(t))$ eingebettete Markowsche Kette mit diskreter Zeit (↑ [6.1]). Ausgehend von dieser Markowschen Kette kann man folgenden Prozeß $(Y(t))$ mit stetiger Zeit und mit dem Zustandsraum $\mathbb{G}_+$ definieren: $Y(t) = \tilde{N}_{L(t)}$ mit $L(t) = \max\{k : \tilde{T}_k < t\}$. $Y(t)$ ist somit die Anzahl der Forderungen, die unmittelbar nach dem letzten Abgangszeitpunkt einer Forderung vor t im System verbleiben.

(ii) $(Y(t))$ ist ein semimarkowscher Prozeß (↑ [3.5]) mit der eingebetteten Markowschen Kette $(\tilde{N}_n)$, den Übergangswahrscheinlichkeiten P_{ij} (die gleich den Übergangswahrscheinlichkeiten von $(\tilde{N}_n)$, d. h. der Wahrscheinlichkeit dafür, daß während einer zufälligen Bedienungszeit genau $j - i$ Forderungen eintreffen, sind),

$$P_{ij} = \begin{cases} \int\limits_0^\infty e^{-\lambda t} \frac{(\lambda t)^j}{j!} \, dB(t), & i = 0, \quad j = 0, 1, 2, \ldots, \\ \int\limits_0^\infty e^{-\lambda t} \frac{(\lambda t)^{j-i+1}}{(j-i+1)!} \, dB(t), & j \geqq i - 1, \quad i = 1, 2, \ldots, \\ 0 \quad \text{sonst}, \end{cases}$$

und den Verteilungsfunktionen (für die Verweilzeiten)

$$F_{ij}(x) = \begin{cases} B(x), & i > 0, \quad j \geqq 0, \\ (B * E_{1,\lambda})(x), & i = 0, \quad j \geqq 0, \end{cases}$$

mit den Erwartungswerten

$$m_{ij} = \begin{cases} \mu^{-1}, & i > 0, \quad j \geqq 0, \\ \mu^{-1} + \lambda^{-1}, & i = 0, \quad j \geqq 0. \end{cases}$$

$(Y(t))$ ist ein in den Prozeß $(N(t))$ eingebetteter semimarkowscher Prozeß.

Sind i Forderungen zum Zeitpunkt $\tilde{T}_n + 0$ im System und j Forderungen zum Zeitpunkt $\tilde{T}_{n+1}$, dann hat der Prozeß $(N(t))$ zwischen diesen beiden Zeitpunkten $j - i$ Sprünge nach oben, der eingebettete semimarkowsche Prozeß $(Y(t))$ bleibt jedoch zwischen den Punkten konstant gleich i und springt erst im Punkt $\tilde{T}_n + 0$ auf den Wert $j - 1$; $i \leqq j$, $0 < j$.

(iii) (a) Gesucht ist der Erwartungswert der Zeitdauer einer Besetztperiode des betrachteten Systems, d. h. der Erwartungswert der Zeitdauer zwischen zwei aufeinanderfolgenden Abgangszeitpunkten $\tilde{T}_n, \tilde{T}_m$, in denen die abgehenden Forderungen das System leer zurücklassen, d. h. $N(\tilde{T}_n + 0) = N(\tilde{T}_m + 0) = 0$. Dieser Erwartungswert ist gleich dem Erwartungswert v_{00} der Zeitdauer zwischen zwei aufeinander folgenden 0-Erneuerungen des eingebetteten semimarkowschen Prozesses $(Y(t))$ (↑ [3.5.1]).

Gemäß Formel (10) in [3.5.4] gilt hierfür

$$v_{00} = \frac{1}{p_0} \sum_{i=0}^{\infty} p_i m_i \qquad \text{mit} \qquad m_i = \sum_{j=0}^{\infty} P_{ij} m_{ij}.$$

Für $\varrho = \dfrac{\lambda}{\mu} < 1$ existieren die stationären Zustandswahrscheinlichkeiten p_i der eingebetteten Markowschen Kette $(\tilde{N}_n)$, und es ist $p_0 = 1 - \varrho$. Wegen der oben angegebenen Werte für m_{ij} ist $m_0 = m_{0j} = \mathsf{E}B + \lambda^{-1}$ für $j \geqq 0$ und $m_i = m_{ij} = \mathsf{E}B$ für $i > 0$, $j \geqq 0$. Daraus folgt

$$v_{00} = \left(p_0 m_0 + (1 - p_0) \, \mathsf{E}B\right)/p_0 = 1/\lambda(1 - \varrho).$$

In diesem Beispiel trat der einfache Fall ein, daß eine Charakteristik des Bedienungsprozesses $(N(t))$ gleichzeitig eine Charakteristik des eingebetteten semimarkowschen Prozesses $(Y(t))$ war, die leicht berechnet werden konnte.

(b) Die Bestimmung der stationären Zustandswahrscheinlichkeiten p_i von $(N(t))$ auf Grund von Charakteristiken von $(Y(t))$ ist schwieriger. LAMBOTTE (1968) gab hierfür unter der Anfangsbedingung $N(0) = 0$ folgende Beziehung für die stationären Zustandswahrscheinlichkeiten von $(N(t))$ an (woraus sich komplizierte explizite Ausdrücke für p_i ergeben):

$$p_i = \sum_{j=0}^{i} \int_0^\infty \lim_{t\to\infty} \mathsf{P}\big(N(t) = i \mid Y(t) = j,\, u(t) \leqq x\big)\, \mathrm{d}F_j^+(x),$$

wobei $F_j^+(x) = \lim\limits_{t\to\infty} \mathsf{P}\big(Y(t) = j,\, u(t) \leqq x\big)$. Hierbei ist $u(t) = t - \sup\{u : Y(u) \neq Y(t)\}$ die Zeit, die vom letzten sprunghaften Übergang des semimarkowschen Prozesses $(Y(t))$ bis zum Zeitpunkt t vergangen ist.

Für das gleiche Bedienungssystem M/GI/1/∞ hat NEUTS (1969a) mit Hilfe eines anderen eingebetteten semimarkowschen Prozesses einen Ausdruck für die Verteilungsfunktion der virtuellen Wartezeit angegeben. Es wird hier nur auf die Bildung dieses semimarkowschen Prozesses eingegangen, d. h. auf die Schritte (i) und (ii).

Für den Prozeß $(N(t))$ der Anzahl der Forderungen im System werden folgende *Regenerationspunkte* T_n gewählt: $T_0 = 0$, T_1 ist der Zeitpunkt, in dem die erste nach T_0 eintreffende Forderung zu Ende bedient ist, T_{n+1} ist für $n > 0$ der Zeitpunkt, in dem sämtliche $N(T_n)$ Forderungen, die zum Zeitpunkt T_n im System sind, zu Ende bedient sind. Ist $N(T_n + 0) = 0$, dann ist T_{n+1} der Zeitpunkt, in dem die erste nach T_n eintreffende Forderung zu Ende bedient ist. Man beachte, daß hierdurch weder sämtliche Abgangszeitpunkte von Forderungen erfaßt werden, noch stets $N(T_n + 0) = 0$ gelten muß. Jedoch ist die Anzahl $N(T_{n+1})$ der zum Zeitpunkt T_{n+1} im System befindlichen Forderungen nur durch das zeitliche Geschehen zwischen T_n und T_{n+1} bestimmt, nicht mehr von demjenigen vor T_n. Es sei $N_n = N(T_n + 0)$, $n = 0, 1, \ldots$, mit $N(T_0) = i$, die Anzahl der Forderungen im System unmittelbar nach dem n-ten Regenerationspunkt.

Die Folge (N_n) ist eine eingebettete Markowsche Kette mit diskreter Zeit für den Prozeß $(N(t))$. Zwischen den Zeitpunkten (T_n) wird nun ein anderer Prozeß $(Y(t))$ mit stetiger Zeit definiert. Es sei $Y(t) = N_{L(t)}$ mit $L(t) = \max\{k : T_k < t\}$. $Y(t)$ ist somit die Anzahl der Forderungen, die unmittelbar nach dem letzten Erneuerungspunkt T_n vor t im System waren. $(Y(t))$ ist ein in $(N(t))$ eingebetteter semimarkowscher Prozeß mit der eingebetteten Markowschen Kette $(N_n) = (N(T_n + 0))$. Dieser Prozeß $(Y(t))$ ist im Intervall zwischen den eingebetteten Zeitpunkten T_n, T_{n+1} jeweils konstant gleich $N(T_n + 0)$ und berücksichtigt Zugänge oder Abgänge von Forderungen im System während dieser Zeit nicht. Die Funktionen $Q_{ij}(x)$ (↑ [3.5.1]) der semimarkowschen Matrix des eingebetteten semimarkowschen Prozesses $(Y(t))$ haben die Gestalt

$$Q_{ij}(x) = \int_0^x \mathrm{e}^{-\lambda u} \frac{(\lambda u)^j}{j!}\, \mathrm{d}B^{*(i)}(u), \qquad i > 0, \qquad j \geqq 0,$$

und

$$Q_{0j}(x) = \int_0^x (1 - \mathrm{e}^{-\lambda(x-u)})\, \mathrm{d}Q_{1j}(u), \qquad j \geqq 0,$$

wobei $B^{*(i)}(u)$ die i-fache Faltung der Bedienungszeitverteilungsfunktion $B(x)$ ist. Als Schritt (iii) gibt NEUTS (1969a) mit Hilfe des eingebetteten semimarkowschen Prozesses sowie erzeugender Funktionen und Laplace-Stieltjes-Transformierter entsprechend gebildeter Größen eine Transformierte der Verteilungsfunktion der virtuellen Wartezeit im System M/GI/1/∞ an.

Weitere Untersuchungen von Bedienungsprozessen mit Hilfe eingebetteter semimarkowscher Prozesse bzw. Markowscher Erneuerungsprozesse findet man insbesondere bei FABENS (1961), NEUTS (1964, 1969a, 1969b), LAMBOTTE (1968), ÇINLAR (1969), SCHÄL (1971), FOLEY (1979), ÇINLAR [1], BRODI/POGOSJAN [1], GROSS/HARRIS [1], KOROLJUK/TURBIN [1].

Insbesondere wurden folgende Systeme betrachtet: M/GI/1/∞, GI/M/1/∞ ohne bzw. mit Besonderheiten (z. B. mit Bedienungszeitverteilungsfunktionen, die von der Anzahl der Wartenden bei Abgang einer Forderung abhängen, oder Pausenzeitverteilungsfunktionen, die von der Anzahl der Wartenden bei Ankunft einer Forderung abhängen bzw. für den Fall, daß sich das gesamte System in verschiedenen Phasen befinden kann, wovon dann die Ankunftsintensität und die Bedienungszeitverteilungsfunktion abhängt), weiterhin das System M/GI/1/∞ als Prioritätensystem mit nach der Größe der gewünschten Bedienungszeiten in die Warteschlange eingeordneten Forderungen, Systeme mit gruppenweiser Bedienung von Forderungen mit konstanter Gruppenstärke bzw. zufälliger Gruppenstärke mit oberer Schranke, das System M/GI/1/∞ mit verzögerter Rückkopplung usw.

6.3. Eingebettete Erneuerungsprozesse. Regenerative Prozesse

6.3.1. Regenerative Prozesse und eingebettete rekurrente Punktprozesse

Bestimmte bei der Untersuchung von Bedienungssystemen interessierende Ereignisse treten in zufälligen Zeitpunkten T_n, $n = 1, 2, \ldots$, wiederholt auf, wobei die Abstände $T_{n+1} - T_n$, $n = 1, 2, \ldots$, unabhängig und identisch verteilt sind. Zum Beispiel trifft das für das Ereignis zu, daß eine in das System GI/GI/1/∞ mit $\varrho < 1$ eintreffende Forderung das System leer vorfindet; die Abstände $T_{n+1} - T_n$ bilden *Besetztperioden* des Systems, bestehend aus einer Besetztzeit und einer anschließenden Untätigkeitszeit des Systems bis zur Wiederbelegung. Solche Folgen $(T_n, n \geqq 1)$ bilden gemäß D. 3.2.1.1 rekurrente Punktprozesse auf $\mathbb{R}_+$, die Zeitpunkte T_n sind Erneuerungspunkte, und der zeitstetige Prozeß $\big(L(t)\big)$ mit $L(t) = \max\{k : T_k < t\}$ ist der zugehörige Erneuerungsprozeß.

In diesem Abschnitt interessieren insbesondere solche Erneuerungspunkte T_n für das Eintreten eines bestimmten Ereignisses, die eine Teilfolge einer umfassenderen Folge von Zeitpunkten bilden. Zum Beispiel ist in dem oben angeführten Beispiel der aus den Erneuerungspunkten gebildete rekurrente Punktprozeß eine Teilfolge der Folge sämtlicher Ankunftszeitpunkte von Forderungen. In solchen Fällen hat man es mit einem in eine umfangreichere Folge von Zeitpunkten eingebetteten rekurrenten Punktprozeß zu tun. Die Aussagen der Erneuerungstheorie (↑ [3.2]) liefern geeignete Mittel zur Bestimmung von Charakteristiken des eingebetteten Prozesses.

Weiterhin treten rekurrente Punktprozesse bzw. Erneuerungsprozesse auch als eingebettete Prozesse für Prozesse $\big(X(t)\big)$ mit stetiger Zeit auf, die das zeitliche Verhalten von Bedienungssystemen charakterisieren. Die wichtigste Prozeßklasse dieser Art sind synchrone *regenerative Prozesse* $\big(X(t)\big)$ (↑ D. 3.2.6.2), in die gemäß Konstruktion rekurrente Punktprozesse (T_n) bzw. Erneuerungsprozesse eingebettet sind, wodurch der Prozeß $(X(t))$ in voneinander unabhängige und identisch verteilte Prozeßstücke (*Zyklen*) der Längen $Z_n = T_{n+1} - T_n$, $n = 1, 2, \ldots$, zerfällt, die getrennt untersucht werden können. Zum Beispiel ist der Prozeß $(N(t))$ der Anzahl der Forderungen zur Zeit t im System GI/GI/1/∞ mit $\varrho < 1$ ein regenerativer Prozeß mit dem eingebetteten rekurrenten Punktprozeß (T_n), wobei T_n der n-te Zeitpunkt des Eintreffens einer Forderung ist, die das System leer vorfindet. Mit Hilfe der Ergebnisse für regenerative Prozesse (↑ [3.2.6]) können charakteristische Größen für solche Bedienungsprozesse mit eingebetteten Erneuerungsprozessen bestimmt werden.

Die Anwendung eingebetteter rekurrenter Punktprozesse bzw. eingebetteter Erneuerungsprozesse kann in folgenden Schritten erfolgen:

(i) Bestimmung einer Folge von Zeitpunkten $0 \leqq T_1 < T_2 < \cdots$, die für ein bestimmtes interessierendes Ereignis bzw. für den gesamten Ablauf des Bedienungsprozesses $(X(t))$ Erneuerungspunkte sind. Im letzteren Fall ist $(X(t))$ ein regenerativer Prozeß mit dem eingebetteten rekurrenten Punktprozeß (T_n). Sehr häufig sind bei solchen Untersuchungen die Erneuerungspunkte diejenigen Ankunftspunkte von Forderungen, die das System leer vorfinden, so daß die Zyklusdauer eine Besetztperiode ist. Die Existenz einer mit Wahrscheinlichkeit Eins unendlichen Folge von eingebetteten Erneuerungspunkten ist nachzuweisen und kann mit gewissen Voraussetzungen verbunden sein (↑ B. 6.3.3).

Ein zu untersuchender Bedienungsprozeß kann bez. verschiedener eingebetteter rekurrenter Punktprozesse regenerativ sein. So ist z. B. der Prozeß $(W(t))$ der virtuellen Wartezeit im System M/GI/1/∞ regenerativ bez. der Folge von Ankunftszeitpunkten von Forderungen, die das System leer vorfinden, als auch bez. der Folge von Zeitpunkten, in denen $W(t)$ ein vorgegebenes festes *Niveau* x von oben kommend unterschreitet. Die Wahl des eingebetteten Punktprozesses hängt von dem angestrebten Ziel ab.

(ii) Analyse des eingebetteten rekurrenten Punktprozesses, Prüfung der Voraussetzungen zur Anwendung von Sätzen der Erneuerungstheorie bzw. der Theorie regenerativer Prozesse, gegebenenfalls Bestimmung von Charakteristiken des eingebetteten rekurrenten Punktprozesses. Zur genannten Prüfung der Voraussetzungen gehört häufig insbesondere der Nachweis, daß die Zyklusdauer $T_{n+1} - T_n$ einen endlichen Erwartungswert und eine nichtarithmetische Verteilungsfunktion besitzt. Das ist für das System GI/GI/1/∞ äquivalent damit, daß $\mathsf{E}A$ und $\mathsf{E}B$ endlich sind, $\varrho < 1$ ist und daß die Verteilungsfunktion $A(x)$ der Pausendauern nicht arithmetisch ist (Cohen [1]).

(iii) Bestimmung charakteristischer Größen des Bedienungssystems auf Grund der im Schritt (ii) ermittelten Größen. Insbesondere betrifft das das Übergangsverhalten und die Existenz und Gestalt von Grenzverteilungen des Bedienungsprozesses sowie Beziehungen zwischen den Grenzverteilungen bzw. stationären Verteilungen verschiedener Charakteristiken des eingebetteten und des ursprünglichen Prozesses, z. B. der aktuellen und virtuellen Wartezeit.

Eine besondere Rolle spielt der folgende *stochastische Mittelwertsatz* (Cohen [2]).

6.3.1.1. Satz. Unter der Voraussetzung einer nichtarithmetischen Verteilungsfunktion und eines endlichen Erwartungswertes a der zufälligen Zykluslängen $Z_n = T_{n+1} - T_n$ und der Existenz der (stationären) Grenzverteilung $\mathsf{P}(\mathscr{C}) = \lim_{t\to\infty} \mathsf{P}(X(t) \in \mathscr{C})$ für jede Zustandsmenge $\mathscr{C}$, eines regenerativen Prozesses $(X(t))$ gilt für beliebiges n

$$\mathsf{P}(\mathscr{C}) = \frac{1}{a}\,\mathsf{E}\int_{T_n}^{T_{n+1}} 1_{\mathscr{C}}(X(u))\,du.$$

Der stochastische Mittelwertsatz zeigt, daß auf Grund der Zyklusstruktur des regenerativen Prozesses die stationäre Verteilung im Falle ihrer Existenz als der Erwartungswert eines Zeitintegrals der Realisierung des Prozesses nur über eine Zyklusdauer, dividiert durch die mittlere Länge des Zyklus dargestellt werden kann. Diese Möglichkeit für die Lösung verschiedenartiger konkreter Bedienungsprobleme wurde von Ross [1], Brown/Ross (1972), Stidham (1972a), Lemoine (1974) und vor allem von Cohen [2] genutzt. Eine Verallgemeinerung dieses Satzes auf eine umfangreichere Prozeßklasse und seine Anwendung enthält [6.4].

Regenerative Prozesse und eingebettete Erneuerungsprozesse wurden von Smith (1954, 1958) eingeführt, untersucht und in der Bedienungstheorie angewendet. Als weitere wichtige Arbeiten über die oben genannten hinaus sind zu nennen: Miller (1972), Iglehart (1971), Whitt (1972) sowie die Bücher von Cohen [1], Feller [1], Takács [1], Ross [1], Gnedenko/Kowalenko [1], Klimow [1], [2]. Besonders aber ist auf die speziell der Untersuchung regenerativer Prozesse in der Bedienungstheorie gewidmete Monographie von Cohen [2] hinzuweisen, in der viele Ergebnisse der Bedienungstheorie auf einfache Weise durch konsequente Nutzung dieser Prozeßklasse hergeleitet werden. Dabei mußte in einer Reihe von Fällen die Existenz der Grenzverteilung nicht vorausgesetzt, sondern es konnten hinreichende Bedingungen hierfür angegeben werden.

Die Anwendung eingebetteter Erneuerungsprozesse und regenerativer Prozesse setzt jedoch stets gewisse einschneidende Unabhängigkeitseigenschaften im Bedienungssystem voraus, i. allg. handelt es sich um Systeme vom Typ GI/GI/·/·. Zur Behandlung von Bedienungssystemen mit schwächeren Voraussetzungen sind Bedienungsprozesse und eingebettete Prozesse allgemeineren Charakters erforderlich (↑ [6.4]).

6.3.2. Beispiele

6.3.2.1. Beispiel (Cohen [2]). Es wird das System GI/GI/1/∞ betrachtet. Der Prozeß der virtuellen Wartezeit $(W(t))$ ist synchron regenerativ bez. des eingebetteten rekurrenten Punktprozesses (T_n) der Ankunftszeitpunkte von Forderungen, die das System leer vorfinden, falls der Erwartungswert a der Zykluslänge endlich ist. Denn sei B_n die Bedienungszeit der n-ten eintreffenden Forderung und A_{n+1} die Pausenzeit zwischen den Ankunftszeitpunkten der n-ten und $(n+1)$-ten eintreffenden Forderung, wobei als Zeitpunkt $T_0 = 0$ der Ankunftszeitpunkt der ersten Forderung gewählt wird. Dann sind $B_1, A_2, B_2, A_3, \ldots$ unabhängige positive Zufallsgrößen, wobei die Größen B_i bzw. A_i jeweils identisch verteilt sind. Daher sind auch die aufeinander folgenden Besetztperioden T_i^{B}, $i = 1, 2, \ldots$ unabhängig, identisch verteilt und mit Wahrscheinlichkeit Eins positiv. Unter Berücksichtigung von $W(T_n - 0) = 0$ für jeden Regenerationspunkt $T_n = T_0^{\mathrm{B}} + T_1^{\mathrm{B}} + \cdots + T_n^{\mathrm{B}}$, $n = 1, 2, \ldots$, ist offensichtlich $(W(t))$ regenerativ bez. der Folge (T_n).

Der stochastische Mittelwertsatz (S. 6.3.1.1) hat hier folgende Gestalt: Wenn der Erwartungswert a der Zykluslänge, d. h. der Dauer einer Besetztperiode, endlich und die Pausenzeitverteilungsfunktion $A(x)$ nicht arithmetisch ist, besitzt der Prozeß $(W(t))$ eine Grenzverteilungsfunktion $W(x)$, für die für beliebiges n gilt

$$W(x) = \frac{1}{a}\,\mathsf{E}\int_{T_n}^{T_{n+1}} 1_{[0,x)}(W(t))\,dt.$$

Für den eingebetteten Prozeß der aktuellen Wartezeiten W_n zu Ankunftszeitpunkten von beliebigen Forderungen ergibt sich: Wenn der Erwartungswert $\mathsf{E}N^B$ der Anzahl der in einer Besetztperiode bedienten Forderungen endlich ist, und die Folge der Verteilungsfunktionen der aktuellen Wartezeiten W_n für $n \to \infty$ gegen eine Grenzverteilungsfunktion $W^\infty(x)$ konvergiert, dann gilt

$$W^\infty(x) = \frac{1}{\mathsf{E}N^B} \mathsf{E} \sum_{i=1}^{N^B} \mathbf{1}_{[0,x)}(W_i).$$

Für den Anzahlprozeß $(N(t))$ ist die Folge (T_n) der Ankunftszeitpunkte von Forderungen, die das System leer vorfinden, ebenfalls ein eingebetteter Punktprozeß; $(N(t))$ ist ein regenerativer Prozeß, falls der Erwartungswert a der Zykluslänge endlich ist. Besitzt diese eine nichtarithmetische Verteilungsfunktion, dann hat $(N(t))$ für $t \to \infty$ eine Grenzverteilung $\mathsf{P}(\{j\}) = \lim_{t\to\infty} \mathsf{P}(N(t) = j)$ für alle j, so daß für beliebige n

$$\mathsf{P}(\{j\}) = \frac{1}{a} \mathsf{E} \int_{T_n}^{T_{n+1}} \mathbf{1}_{\{j\}}(X(t))\, \mathrm{d}t, \qquad j = 0, 1, 2, \ldots$$

Sämtliche drei Aussageformen des stochastischen Mittelwertsatzes drücken eine *Grenzverteilung* (die im ergodischen Fall gleich der stationären Verteilung des jeweiligen Prozesses ist) durch den Quotienten von Erwartungswerten von Zufallsgrößen des regenerativen Prozesses, die auf eine Zyklusdauer bezogen werden, aus. COHEN [2] verwendete sie zur Herleitung von Beziehungen zwischen Charakteristiken des regenerativen Prozesses und solchen in eingebetteten Zeitpunkten; hierzu gehören insbesondere für das System GI/GI/1/∞ die Little-Formel (↑ Bemerkung [6.4.1.2]), die stationäre Verteilungsfunktion der Restbedienungszeit ((3) in [6.4.1]) sowie die Takács-Formel ((6) in [6.4.2]) als Beziehung zwischen den stationären Verteilungsfunktionen der virtuellen und aktuellen Wartezeit.

6.3.2.2. Beispiel (WHITT (1972)). Es wird der Anzahlprozeß $(N(t))$ für das System GI/GI/s/∞, $s \geqq 1$, λ, $\mathsf{E}B < \infty$, betrachtet. Er ist ein regenerativer Prozeß mit den Ankunftszeitpunkten (T_n) von Forderungen, die das System leer vorfinden, als eingebettete Erneuerungspunkte. Unter den Voraussetzungen $\varrho < s$ und $\mathsf{P}(A_n - B_n > 0) > 0$ existieren mit Wahrscheinlichkeit Eins unendlich viele derartige Erneuerungspunkte (für den Fall $s = 1$ folgt die Voraussetzung $\mathsf{P}(A_n - B_n > 0) > 0$ bereits aus $\varrho < 1$), und es gilt:

(a) Es existiert eine Zufallsgröße N, so daß $\lim_{t\to\infty} \mathsf{P}(N(t) < x) = \mathsf{P}(N < x)$,

(b) $\lim_{t\to\infty} \mathsf{E}N(t) = \mathsf{E}N$,

(c) $\lim_{t\to\infty} \frac{1}{t} \int_0^t N(u)\, \mathrm{d}u = \mathsf{E}N$ fast sicher,

(d) $\lim_{t\to\infty} \mathsf{P}\left(\frac{1}{c\sqrt{t}}\left[\int_0^t N(u)\, \mathrm{d}u - t\mathsf{E}N\right] < x\right) = \Phi(x)$,

wobei $\Phi(x)$ die standardisierte Normalverteilung ist. Die Konstanten $\mathsf{E}N$ und c können zwar nicht in einfacher Form durch Charakteristiken der Pausenzeit- bzw. Bedienungszeitverteilungsfunktionen ausgedrückt, jedoch durch sukzessive Beobachtungen der aufeinanderfolgenden unabhängigen und identisch verteilten Besetztperioden geschätzt werden. Vom Standpunkt der statistischen Schätzung bedeuten die obigen Aussagen *Konsistenz* und *asymptotische Normalverteiltheit* (↑ Kap. 4).

6.3.2.3. Beispiel (vgl. z. B. GNEDENKO/KOWALENKO [1]). Es wird der Prozeß $(W(t))$ der virtuellen Wartezeit im System M/GI/1/∞ mit λ, $\mathsf{E}B < \infty$ untersucht. Er ist ein regenerativer Prozeß; die Zeitpunkte T_n, in denen die virtuelle Wartezeit 0 wird, d. h. das System vom besetzten in den unbelegten Zustand übergeht, sind Regenerationspunkte und bilden den eingebetteten rekurrenten Punktprozeß. Mit Hilfe des Ergodensatzes von Smith für regenerierende Prozesse (↑ S. 3.2.6.6) kann gezeigt werden,

(a) daß für $\varrho < 1$ für die Verteilungsfunktion $W(t, x) = \mathsf{P}(W(t) < x)$ eine Grenzverteilung $\lim_{t\to\infty} W(t, x) = W(x)$ existiert, die von der Anfangsverteilung $W(0, x)$ unabhängig ist, und

(b) daß die Grenzverteilung $W(x)$ für $x > 0$ der Integro-Differentialgleichung

$$W'(x) = \lambda \left[W(x) - \int_0^x B(x-y) \, \mathrm{d}W(y) \right]$$

mit $W(0) = 1 - \varrho$ genügt.

6.3.2.4. Beispiel (TAKÁCS [1]). Es wird das System M/GI/1/∞ betrachtet. Ist T_n^0 Ankunftszeitpunkt einer Forderung, bei dem das System zum n-ten Mal vom unbesetzten in den belegten Zustand übergeht, dann ist die Folge (T_n^0) ein (in die Folge sämtlicher Ankunftszeitpunkte eingebetteter) rekurrenter Punktprozeß mit der Erneuerungsfunktion $H_0(t) = \mathsf{E}L_0(t)$ als der mittleren Anzahl von Erneuerungspunkten T_n^0 im Intervall $(0, t]$. Nach dem Satz von BLACKWELL (↑ S. 3.2.4.2) existieren für jedes $h > 0$ die beiden folgenden Grenzwerte, sind vom Anfangszustand unabhängig und stimmen überein:

$$\lim_{t\to\infty} \frac{H_0(t+h) - H_0(t)}{h} = \lim_{t\to\infty} \frac{H_0(t)}{t}.$$

Desgleichen bilden für festes $j \in \mathbb{G}_+$ die Zeitpunkte T_n^j der Beendigung von Bedienungen, bei denen unmittelbar nach Bedienungsende j Forderungen im System verbleiben, Erneuerungspunkte, d. h. die Abstände zwischen ihnen sind unabhängig und identisch verteilt, die Verteilungsfunktion ist nicht arithmetisch. (T_n^j) ist ein in die Folge sämtlicher Abgangszeitpunkte eingebetteter rekurrenter Punktprozeß. Sei $H_j(t) = \mathsf{E}L_j(t)$ die mittlere Anzahl von Erneuerungspunkten T_n^j im Intervall $(0, t]$, d. h. die zu (T_n^j) gehörige Erneuerungsfunktion. Dann existieren für jedes $h > 0$ und jedes j nach dem Satz von BLACKWELL (↑ S. 3.2.4.2) die beiden folgenden Grenzwerte, sind unabhängig vom Anfangszustand und stimmen überein

$$\lim_{t\to\infty} \frac{H_j(t+h) - H_j(t)}{h} = \lim_{t\to\infty} \frac{H_j(t)}{t}.$$

Mit Hilfe dieser Tatsachen, des Hauptsatzes der Erneuerungstheorie (↑ S. 3.2.4.4) und weiterer Aussagen weist TAKÁCS für $\varrho < 1$ die Existenz der *Grenzwahrscheinlichkeiten* $\lim_{t\to\infty} \mathsf{P}(N(t) = k)$, $k = 0, 1, 2, \ldots$, für den Anzahlprozeß $(N(t))$, ihre Unabhängigkeit von der Anfangsverteilung und Übereinstimmung mit der für die eingebettete Markowsche Kette $(\tilde{N}_n) = (N(\tilde{T}_n + 0))$ ermittelten Grenzwahrscheinlichkeiten $\lim_{t\to\infty} \mathsf{P}\,(\tilde{N}_n = k)$ nach, wobei $\tilde{T}_n$ die Abgangszeitpunkte von Forderungen sind. Für die Grenzwahrscheinlichkeiten wird die erzeugende Funktion angegeben.

6.3.3. Eingebettete PH-Erneuerungsprozesse

Von NEUTS (1975a) wurde in Verallgemeinerung der Erlang-Verteilungsfunktionen die Klasse der PH-*Verteilungsfunktionen* (Verteilungsfunktionen vom *Phasentyp*) eingeführt und in weiteren Arbeiten zur insbesondere numerischen und algorithmischen Analyse verschiedenartiger Bedienungssysteme genutzt. Eine PH-Verteilungsfunktion ist eine Exponentialverteilungsfunktion der Form $F(x) = 1 - \boldsymbol{p} \exp(\boldsymbol{\alpha} x) \boldsymbol{e}$ für $x \geqq 0$, die durch das Parameterpaar $(\boldsymbol{p}, \boldsymbol{\alpha})$ bestimmt ist; es ist $\boldsymbol{e} = (1, \ldots, 1)^{\mathsf{T}}$, und $\boldsymbol{p}$ ist ein Vektor von gegebenen Anfangswahrscheinlichkeiten p_i, $i = 1, \ldots, m+1$, mit $0 \leqq p_i < 1$, $p_{m+1} = 0$, einer homogenen Markowschen Kette $(X(t))$ mit stetiger Zeit, den Zuständen $1, 2, \ldots, m+1$, wobei der Zustand $m+1$ absorbierend ist, und der Intensitätsmatrix (Infinitesimalgenerator)

$$\boldsymbol{\alpha} = (\alpha_{ij}) = \begin{pmatrix} \boldsymbol{\alpha}^1 & \boldsymbol{\alpha}^0 \\ 0 & 0 \end{pmatrix}$$

mit $\boldsymbol{\alpha}^1 \boldsymbol{e} + \boldsymbol{\alpha}^0 = \boldsymbol{0}$. Dabei sind die Übergangsintensitäten α_{ij} vom Zustand i in den Zustand j (Elemente der $m \times m$-Matrix $\boldsymbol{\alpha}^1$) für $i \neq j$, $1 \leqq i, j \leqq m$ nicht negativ und

$\alpha_{ii} < 0$ für $1 \leqq i \leqq m$. Die Komponenten α_i^0 des Vektors $\boldsymbol{a}^0$ sind die Übergangsintensitäten vom Zustand i in den absorbierenden Zustand $m + 1$; sie sind ebenfalls nicht negativ. Mit Wahrscheinlichkeit 1 geht die Markowsche Kette von einem beliebigen Anfangszustand in den absorbierenden Zustand $m + 1$ genau dann über, wenn die Matrix $\boldsymbol{a}^1$ nichtsingulär ist. Die oben angegebene PH-Verteilungsfunktion ist die Verteilungsfunktion der zufälligen Dauer bis zum Eintritt der Markowschen Kette in den absorbierenden Zustand $m + 1$. Sie besitzt die Dichtefunktion $f(x) = \boldsymbol{p}^1 \exp(\boldsymbol{a}^1 x)\, \boldsymbol{a}^0$ für $x > 0$ und den Erwartungswert $\mu^{-1} = -\boldsymbol{p}^1 (\boldsymbol{a}^1)^{-1} \boldsymbol{e}$; $\boldsymbol{p}^1 = (p_1, \ldots, p_m)$. Die Hyper-Exponentialverteilungsfunktion H-Exp (m) (↑ D. 2.9.15) ist eine spezielle PH-Verteilungsfunktion, für die $\boldsymbol{p}^1 = (p_1, \ldots, p_m) = (a_1, \ldots, a_m)$ der Vektor der Mischungsgewichte und $\boldsymbol{a}^1 = \operatorname{diag}(-\lambda_1, \ldots, -\lambda_m)$ ist, wobei λ_i die Parameter der Exponentialverteilungsfunktionen sind.

Für die verallgemeinerte Erlang-Verteilungsfunktion, die aus m gefalteten Exponentialverteilungsfunktionen mit den Parametern λ_i besteht, ist $\boldsymbol{p}^1 = (1, 0, \ldots, 0)$ und

$$\boldsymbol{a}^1 = \begin{pmatrix} -\lambda_1 & \lambda_1 & 0 & \cdots & & 0 \\ 0 & -\lambda_2 & \lambda_2 & 0 & \cdots & 0 \\ \vdots & & & & & \\ 0 & \cdots & & & 0 & -\lambda_m \end{pmatrix}.$$

Ausgehend von der Markowschen Kette $(X(t))$ mit der Intensitätsmatrix $\boldsymbol{a}$, wird die irreduzible Markowsche Kette $(X^*(t))$ mit stetiger Zeit, dem Zustandsraum $\mathscr{E} = \{1, 2, \ldots, m\}$ und der Intensitätsmatrix $\boldsymbol{a}^* = (\alpha_{ij}^*) = \boldsymbol{a}^1 + \boldsymbol{a}^0 \boldsymbol{A}^0$ mit der Diagonalmatrix $\boldsymbol{A}^0 = \operatorname{diag}(p_1, \ldots, p_m)$ und der $m \times m$-Matrix $\boldsymbol{a}^0$ mit $\alpha_{ij}^0 = \alpha_i^0$, betrachtet. Diese Markowsche Kette ergibt sich, wenn beim Übergang der ursprünglichen Markowschen Kette $(X(t))$ in den absorbierenden Zustand $m + 1$ sofort von neuem mit einem Zustand j aus $\mathscr{E}$ gemäß denselben Anfangswahrscheinlichkeiten p_j wie bei $(X(t))$ gestartet wird. Der instabile Zustand, $m + 1$ wird augenblicklich durch Übergang des Prozesses in einen Zustand $j \in \{1, 2, \ldots, m\}$ verlassen. Der Prozeß $(X^*(t))$ gibt die Phase an, in der sich das System zum Zeitpunkt t befindet.

Die Abstände der Übergänge der Markowschen Kette $(X^*(t))$ in den instabilen Zustand $m + 1$ sind unabhängig und identisch gemäß der PH-Verteilungsfunktion $F(x)$ verteilt. Der in $(X^*(t))$ eingebettete Prozeß mit stetiger Zeit und den Zuständen $1, \ldots, m$, der zwischen diesen Übergängen jeweils den Zustand j beibehält, den $(X^*(t))$ bei dem Übergang annimmt, wurde von NEUTS (1978d) PH-Erneuerungsprozeß genannt und ausführlich untersucht. Er vergröbert den Verlauf von $(X^*(t))$, indem er die Zustandsänderungen zwischen den Übergängen in den instabilen Zustand $m + 1$ nicht erfaßt, vgl. auch NEUTS [1].

Es wurden Bedienungssysteme untersucht, deren Pausen- bzw. Bedienungszeiten unabhängig sind und PH-Verteilungsfunktionen besitzen. Für die Systeme GI/GI (PH)/1/∞, und SM/GI(PH)/1/∞ gab NEUTS (1978a, 1981) u. a. mit Hilfe eines eingebetteten Markowschen Erneuerungsprozesses verschiedenartige Charakteristiken für den Prozeß der virtuellen Wartezeit, den Anzahlprozeß und den eingebetteten Prozeß der aktuellen Wartezeit an. Auf der Basis eines PH-Erneuerungsprozesses definierte NEUTS (1978b, 1978c, 1979) eine Klasse von Forderungenströmen mit Gruppenankünften, die eine Reihe praktisch interessanter Fälle (z. B. semimarkowsche Forderungenströme, Forderungenströme mit zustandsabhängiger und zufälliger Intensität sowie mit Unterbrechungen) umfaßt, und untersuchte Wartesysteme mit diesem Forderungenstrom. Die in diesen Arbeiten verwendete Neutssche Phasenmethode ist eine Verallgemeinerung der Erlangschen Phasenmethode (↑ [5.3]).

6.3.3.1. Beispiel (NEUTS (1978a)). Wir betrachten das System GI/GI(PH)/1/∞ mit der Bedienungszeitverteilungsfunktion $B(x) = F(x) = 1 - \boldsymbol{p}^1 \exp(\alpha^1 x)\, \boldsymbol{e}$ vom Phasentyp mit dem Erwartungswert μ^{-1} und der Pausenzeitverteilungsfunktion $A(x)$ mit dem Erwartungswert λ^{-1}. Seien (T_n) die Ankunftszeitpunkte der Forderungen, $N_n = N(T_n - 0)$ die Anzahl der Forderungen im System zum Zeitpunkt $T_n - 0$ und J_n die Phase, in der sich die Bedienung zum Zeitpunkt $T_n + 0$ befindet. Die Folge $([T_n, J_n, N_n - T_{n-1}], n \geqq 0)$ mit $T_0 = T_{-1} = 0$ ist ein Markowscher Erneuerungsprozeß mit dem Zustandsraum $\{0, 1, 2, \dots\} \times \{1, 2, \dots, m\} \times [0, \infty)$ und dem zugehörigen semimarkowschen Kern $\boldsymbol{Q}(x)$, $x \geqq 0$,

$$\boldsymbol{Q}(x) = \begin{pmatrix} \boldsymbol{r}_0(x) & \boldsymbol{q}_0(x) & \boldsymbol{0} & \dots & & \\ \boldsymbol{r}_1(x) & \boldsymbol{q}_1(x) & \boldsymbol{q}_0(x) & \boldsymbol{0} & \dots & \\ \boldsymbol{r}_2(x) & \boldsymbol{q}_2(x) & \boldsymbol{q}_1(x) & \boldsymbol{q}_0(x) & \boldsymbol{0} & \dots \\ \cdot & \cdot & \cdot & \cdot & & \\ \cdot & \cdot & \cdot & & & \\ \cdot & \cdot & \cdot & & & \end{pmatrix},$$

obei $\boldsymbol{0}$ eine Nullmatrix bezeichnet,

$$\boldsymbol{q}_n(x) = \int_0^x \boldsymbol{P}(n, t)\, \mathrm{d}A(t),$$

$$\boldsymbol{r}_n(x) = \sum_{i=n+1}^{\infty} \int_0^x \boldsymbol{P}(n, t)\, \mathrm{d}A(t)\, \boldsymbol{A}^{00}, \qquad n \geqq 0, \qquad x \geqq 0,$$

wobei $\boldsymbol{A}^{00}$ eine $m \times m$-Matrix ist, deren sämtliche Zeilen gleich $\boldsymbol{p}^1$ sind, und $\boldsymbol{P}(n, t)$, $n \geqq 0$, $t \geqq 0$, die $m \times m$-Matrix der folgenden Wahrscheinlichkeiten $P_{ij}(n, t)$ ist: $P_{ij}(n, t)$ ist die bedingte Wahrscheinlichkeit dafür, daß zum Zeitpunkt $t + 0$ die Phase j der Bedienung vorliegt und im Intervall $(0, t]$ insgesamt n Erneuerungen stattfanden unter der Bedingung, daß die Anfangsphase i ist. Die Matrizen $\boldsymbol{P}(n, t)$, $n \geqq 0$, besitzen die erzeugende Funktion

$$\boldsymbol{P}(z, t) = \sum_{n=0}^{\infty} z^n \boldsymbol{P}(n, t) = \exp[(\alpha^1 + z\alpha^0 \boldsymbol{A}^0)\, t], \qquad |z| \leqq 1, \qquad t \geqq 0,$$

und genügen einem System gewöhnlicher Differentialgleichungen. Die eingebettete Markowsche Kette mit der Übergangsmatrix $\boldsymbol{P} = \boldsymbol{Q}(\infty)$ ist irreduzibel und aperiodisch.

Es seien $\boldsymbol{q}_n = \boldsymbol{q}_n(\infty)$, $\boldsymbol{q} = \sum_{n=0}^{\infty} \boldsymbol{q}_n = \int_0^{\infty} \exp(\alpha^* t)\, \mathrm{d}A(t)$, und $(\boldsymbol{R}(n), n \geqq 0)$ die Folge von Matrizen $\boldsymbol{R}(0) = 0$, $\boldsymbol{R}(n + 1) = \sum_{k=0}^{\infty} (\boldsymbol{R}(n))^k \boldsymbol{q}_k$. Wenn $\boldsymbol{q}$ irreduzibel ist, konvergiert die Folge $(\boldsymbol{R}(n))$ für $n \to \infty$ gegen eine Matrix $\boldsymbol{R} \geqq \boldsymbol{0}$. Sei $\beta = \sum_{n=1}^{\infty} n\boldsymbol{q}_n \boldsymbol{e}$ und $\boldsymbol{\pi}$ der invariante Wahrscheinlichkeitsvektor von $\boldsymbol{q}$, d. h. die eindeutige Lösung des Systems $\boldsymbol{\pi q} = \boldsymbol{\pi}$, $\boldsymbol{\pi e} = 1$. Dann geht das System GI/GI(PH)/1/∞ genau dann in den stationären Zustand über (d. h. existieren stationäre Charakteristiken), wenn $\varrho = \boldsymbol{\pi}\beta = \lambda/\mu < 1$; in diesem Fall ist $\boldsymbol{P}$ positiv-rekurrent. Für die stationären Charakteristiken des Systems GI/GI(PH)/1/∞ ergeben sich folgende Aussagen:

(a) die stationäre Zustandswahrscheinlichkeit $\mathring{p}_k$, daß unmittelbar vor Eintreffen einer Forderung k Forderungen im System sind, hat die Gestalt

$$\mathring{p}_k = \boldsymbol{C}\boldsymbol{p}^1 \boldsymbol{R}^k \boldsymbol{e} \qquad \text{für} \qquad k \geqq 0$$

mit $\boldsymbol{C} = [\boldsymbol{p}^1(\boldsymbol{I} - \boldsymbol{R})^{-1}\, \boldsymbol{e}]^{-1}$, wobei $\boldsymbol{I}$ die Einheitsmatrix ist;

(b) falls $\boldsymbol{A}(x)$ nichtarithmetisch ist, $\lambda < \infty$ und $\varrho < 1$, dann gilt für die stationäre Wahrscheinlichkeit $p_0 = \mathsf{P}(N(t) = 0)$

$$p_0 = 1 - \boldsymbol{C}\boldsymbol{p}^1(\boldsymbol{I} - \boldsymbol{R})^{-1} \sum_{k=0}^{\infty} \boldsymbol{R}^k \boldsymbol{l}_k \boldsymbol{e}, \qquad \boldsymbol{l}_k = \frac{1}{\lambda} \int_0^{\infty} \boldsymbol{P}(k, t)\, [1 - A(t)]\, \mathrm{d}t;$$

(c) unter den Voraussetzungen von (b) gilt für den Vektor $\boldsymbol{p}_i$ mit den Komponenten p_{ij}, $1 \leqq j \leqq m$, wobei p_{ij}, $i \geqq 1$, $1 \leqq j \leqq m$, die stationäre Wahrscheinlichkeit dafür ist, daß zur Zeit t $i \geqq 1$ Forderungen im System sind und die laufende Bedienung in der Phase j ist,

$$\boldsymbol{p}_i = \boldsymbol{C}\boldsymbol{p}^1\boldsymbol{R}^{i-1} \sum_{k=0}^{\infty} \boldsymbol{R}^k\boldsymbol{l}_k;$$

(d) unter der Voraussetzung $\varrho < 1$ gilt für die Laplace-Stieltjes-Transformierte $\mathring{W}^*(s)$ der stationären Verteilungsfunktion der aktuellen Wartezeiten

$$\mathring{W}^*(s) = \boldsymbol{C}\boldsymbol{p}^1 \sum_{n=0}^{\infty} \boldsymbol{R}^n[(s\boldsymbol{I} - \alpha^1)^{-1}\, \alpha^0\boldsymbol{A}^0]^n\, \boldsymbol{e} \quad \text{für} \quad \operatorname{Re} s \geqq 0;$$

(e) unter der Voraussetzung $\varrho < 1$ gilt für die Laplace-Stieltjes-Transformierte $W^*(s)$ der stationären Verteilungsfunktion der virtuellen Wartezeit

$$W^*(s) = 1 - \varrho + \sum_{n=1}^{\infty} \boldsymbol{C}\boldsymbol{p}^1\boldsymbol{R}^{n-1} \sum_{k=0}^{\infty} \boldsymbol{R}^k\boldsymbol{l}_k[(s\boldsymbol{I} - \alpha^1)^{-1}\, \alpha^0\boldsymbol{A}^0]^n\, \boldsymbol{e} \quad \text{für} \quad \operatorname{Re} s \geqq 0.$$

6.4. Eingebettete Punktprozesse

In diesem Abschnitt werden Bedienungsprozesse (Anzahl- oder Wartezeitprozesse) betrachtet, in die *zufällige Punktprozesse* eingebettet sind. Die Abstände zwischen den eingebetteten Punkten, in denen Charakteristiken des Bedienungsprozesses untersucht und zu denen des Bedienungsprozesses in einem beliebigen Zeitpunkt in Beziehung gesetzt werden, müssen nicht unabhängig sein, der *eingebettete Punktprozeß* braucht also kein rekurrenter Punktprozeß zu sein. Auch muß nicht vorausgesetzt werden, daß sich der Bedienungsprozeß in bzw. zwischen den eingebetteten Punkten Markowsch, semimarkowsch usw. verhält. In den meisten Anwendungsfällen wird die Stationarität des Bedienungsprozesses sowie des eingebetteten Punktprozesses verlangt.

Die in diesem Abschnitt dargelegten Prozesse und Methoden sind somit Verallgemeinerungen der in [6.1], [6.2] und [6.3] angegebenen Prozesse und Verfahren. Der Übergang von eingebetteten Markowschen Ketten, Markowschen Prozessen, semimarkowschen Prozessen, Erneuerungsprozessen und regenerativen Prozessen zu eingebetteten Punktprozessen ermöglicht die Verwendung der Methode der eingebetteten Prozesse bei der Untersuchung von Bedienungssystemen mit abhängigen Pausen- bzw. Bedienungszeiten. Dadurch kann der Gültigkeitsbereich der unter schärferen (insbesondere Unabhängigkeits-) Voraussetzungen mit den Methoden aus [6.1], [6.2], [6.3] und anderen Verfahren hergeleiteten Aussagen auf Bedienungssysteme mit derartigen Abhängigkeiten erweitert werden. Die Abschnitte [6.4.1], [6.4.2] und [6.4.3] verwenden als Grundlage *zufällige markierte Punktprozesse* und einige elementare Aussagen über sie, wie sie in [3.7] enthalten sind, vgl. dazu auch in einer auf die Bedienungstheorie bezogenen Darlegung König/Matthes/Nawrotzki [1], [2], Franken/König/Arndt/Schmidt [1]. Im folgenden wird der Punktprozeß der eingebetteten zufälligen Zeitpunkte als einfach vorausgesetzt; Hinweise auf Verallgemeinerungen für eingebettete Punkte mit Vielfachheiten befinden sich in den entsprechenden Bemerkungen.

Die Existenz der in diesem Abschnitt verwendeten und in Beziehung gesetzten *zeitstationären* und *folgenstationären* Charakteristiken wird vorausgesetzt. Bedingungen für ihre Existenz und Aussagen hierzu unter sehr schwachen Voraussetzungen enthalten z. T. die zitierten Arbeiten, insbesondere aber [II, Kap. 11] sowie Franken/König/Arndt/Schmidt [1]. Sowohl das *Campbellsche Theorem* (↑ [6.4.1]) als auch das

Intensitätserhaltungsprinzip (↑ [6.4.2]) und der *stochastische Mittelwertsatz* (↑ [6.4.3]) basieren im Grunde genommen auf dem Zusammenhang zwischen der zeitstationären Verteilung und der zugehörigen folgenstationären Palmschen Verteilung des eingebetteten Punktprozesses und sind nur jeweils andere Ausdruckformen desselben, je nach verwendeter Prozeßkonstruktion.

In [6.4.4] werden eine *Martingaldarstellung* von Punktprozessen sowie einige Grundaussagen der Martingaltheorie angegeben und für die Zwecke dieses Kapitels verwendet.

Eine weitere allgemeine Aussage mit Beziehungen zwischen den stationären Charakteristiken des zeitlich kontinuierlichen Bedienungsprozesses und denen eines eingebetteten Punktprozesses ist in [7.2.6] und [7.2.7] enthalten. Sie gilt für Bedienungssysteme mit stationär abhängigen Pausen- bzw. Bedienungszeiten (im Sinne von Punktprozessen), bei denen die stationären Wahrscheinlichkeiten der Systemzustände unempfindlich sind (im Sinne der Ausführungen in Kap. 7). Als eingebetteter Punktprozeß werden die Zeitpunkte der sprunghaften Systemzustandsübergänge mit speziellen Marken gewählt.

6.4.1. Anwendung des Campbellschen Theorems für markierte Punktprozesse

Das Campbellsche Theorem (↑ S. 3.7.2.8) für markierte Punktprozesse bietet eine Möglichkeit, die interessierende Charakteristik eines zu untersuchenden Bedienungsprozesses $(X(t))$ zu ermitteln, wenn bestimmte Charakteristiken eines eingebetteten Prozesses (i. allg. eines eingebetteten markierten Punktprozesses) des zu untersuchenden oder eines anderen geeigneten Bedienungsprozesses bekannt sind, bzw. diese beiden Arten von Charakteristiken in Beziehung zu setzen. Dazu sind im Prinzip weder Annahmen über die Unabhängigkeit der Pausen- oder Bedienungszeiten noch über eine bestimmte Form ihrer Verteilungsfunktion und auch nicht über die Stationarität des Inputs des Bedienungssystems erforderlich.

Zuerst machte Franken (1976) von dieser Möglichkeit Gebrauch; in der Folgezeit wurden weitere Aussagen der genannten Art mit Hilfe dieses Theorems bzw. einer Verfeinerung davon bewiesen, vgl. z. B. Miyazawa (1977), (1979), Franken/König/Arndt/Schmidt [1], Franken/König/Schmidt (1980).

Um die erwähnte Nutzung des Campbellschen Theorems erläutern zu können, wird es zunächst noch einmal angegeben: Sei Φ ein markierter Punktprozeß $(\mathcal{M}_{\mathcal{X}}, \mathfrak{M}_{\mathcal{X}}, \mathbf{P})$ auf $\mathbb{R}$ mit dem Markenraum $[\mathcal{X}, \mathfrak{K}]$ und dem Intensitätsmaß $\Lambda_{\mathbf{P}}$. Für jede nichtnegative meßbare Funktion $f(a)$ auf $\mathbb{R} \times \mathcal{X}$ ist $\int_{\mathbb{R}\times\mathcal{X}} f(a)\, \varphi(da)$ eine bez. φ meßbare Funktion auf $\mathcal{M}_{\mathcal{X}}$, und es gilt für den bez. $\mathbf{P}$ gebildeten Erwartungswert der Zufallsgröße $f(\Phi) = \int_{\mathbb{R}\times\mathcal{X}} f(a)\, \Phi(da)$

$$\mathbf{E}_{\mathbf{P}} f(\Phi) = \int_{\mathcal{M}_{\mathcal{X}}} \int_{\mathbb{R}\times\mathcal{X}} f(a)\, \varphi(da)\, \mathbf{P}(d\varphi)$$

die Darstellung

$$\mathbf{E}_{\mathbf{P}} \int_{\mathbb{R}\times\mathcal{X}} f(a)\, \Phi(da) = \int_{\mathbb{R}\times\mathcal{X}} f(a)\, \Lambda_{\mathbf{P}}(da). \tag{1}$$

Ist Φ stationär mit der endlichen positiven Intensität λ und der Palmschen Verteilung $\mathbf{P}^0$, dann hat das Intensitätsmaß für jede Markenmenge $\mathcal{L} \in \mathfrak{K}$ und für jede Borel-

Menge $\mathscr{C} \in \mathfrak{B}$ mit dem Lebesgue-Maß $\mu(\mathscr{C})$ die Darstellung (↑ (23) in [3.7.3])

$$\Lambda_{\mathbf{P}}(\mathscr{C} \times \mathscr{L}) = \lambda(\mathscr{L})\,\mu(\mathscr{C}) = \lambda\mu(\mathscr{C})\,\mathsf{Q}(\mathscr{L}) = \lambda\mu(\mathscr{C})\,\mathbf{P}^0(K_0 \in \mathscr{L}). \tag{2}$$

Im stationären Fall enthält somit die rechte Seite von (1) mit der Palmschen Verteilung eine eingebettete, und zwar folgenstationäre Charakteristik, denn die Palmsche Verteilung ist nach S. 3.7.3.15 stationär bez. der Verschiebung von einem Punkt des Punktprozesses Φ zum anderen.

Die betrachtete Anwendung dieses Satzes kann in folgenden Schritten erfolgen.

(i) Von dem markierten Input $\Phi = ([T_n, B_n])$ des Systems mit dem Markenraum $\mathscr{K} = \mathbb{R}_+$, der die gewünschten Bedienungszeiten B_n der in den Zeitpunkten T_n eintreffenden Forderungen erfaßt, wird zu einem markierten Punktprozeß Φ' mit den gleichen Zeitpunkten T_n oder anderen Zeitpunkten T_n' und einem anderen Markenraum $\mathscr{K}'$ (häufig größer als $\mathscr{K}$) übergegangen. Wesentlich ist, daß die Marken aus $\mathscr{K}'$ die Werte von $(X(t))$ bzw. eines anderen Bedienungsprozesses mit stetiger Zeit in den eingebetteten Zeitpunkten T_n' enthalten. Oft enthalten diese Marken „aktuelle", auf die Ankunftszeitpunkte der Forderungen bezogene Zufallsgrößen (z. B. die aktuelle Wartezeit für den virtuellen Wartezeitprozeß).

(ii) Auf $\mathbb{R} \times \mathscr{K}'$ wird eine geeignete nichtnegative meßbare Funktion $f(a)$ definiert, so daß die betrachtete Charakteristik des Prozesses $(X(t))$ mit Hilfe von $f(a)$ und Φ' als ein Erwartungswert gemäß der linken Seite von (1) ausgedrückt werden kann.

(iii) Es wird das Intensitätsmaß $\Lambda_{\mathbf{P}'}$ bestimmt (im stationären Fall mit Hilfe von (2)), und die rechte Seite von (1) wird berechnet, wobei als letzter Schritt wieder von den auf Φ' bezogenen Größen zu denjenigen von Φ zurückgegangen wird. Der Übergang von Φ zu Φ' und von Φ' zu Φ zurück bzw. die Übergänge zwischen den Verteilungen der beiden Punktprozesse muß durch entsprechende Existenzsätze gesichert sein, vgl. z. B. Franken/König/Arndt/Schmidt [1], [II, Kap. 11].

6.4.1.1. Beispiel. Gesucht ist die (zeit-) stationäre Verteilungsfunktion der Restbedienungszeit $X(t)$ zu einem beliebigen Zeitpunkt t auf einem beliebigen, aber festen Bedienungsgerät eines Bedienungssystems mit dem stationären markierten Input $\Phi = ([T_n, B_n])$, wobei T_n die zufälligen Ankunftszeitpunkte von Forderungen und B_n die zugehörigen gewünschten Bedienungsdauern mit der Verteilungsfunktion $B(x)$ und dem Erwartungswert $\mathsf{E}B$ sind. Der markierte Punktprozeß Φ mit dem Markenraum $\mathscr{K} = \mathbb{R}_+$ sei einfach. $X(t)$ wird gleich Null gesetzt, wenn keine Forderung auf dem Bedienungsgerät bedient wird.

(i) Für den stationären Prozeß $(X(t))$ betrachten wir die Zeitpunkte T_n', in denen Bedienungen auf dem Bedienungsgerät beginnen, als eingebettete Zeitpunkte und den stationären (vgl. die Existenzsätze in Franken/König/Arndt/Schmidt [1]) markierten Punktprozeß $\Phi' = ([T_n', K_n'])$ $= ([T_n', X(T_n')]) = ([T_n', B_n])$ als eingebetteten markierten Punktprozeß. Es wird vom Punktprozeß Φ zum Punktprozeß Φ' übergegangen. Die Marke K_n', d. h. die Restbedienungszeit $X(T_n')$, ist in allen Zeitpunkten T_n' gleich der gesamten Bedienungszeit B_n mit der Verteilungsfunktion $B(x)$. Diese Bedienungszeitverteilungsfunktion ist als Markenverteilung eine folgenstationäre Charakteristik des eingebetteten Prozesses. Sie ergibt sich aus der zur stationären Verteilung $\mathbf{P}'$ von Φ' gehörenden Palmschen Verteilung $(\mathbf{P}')^0$ bzw. aus der zur Verteilung $\mathbf{P}$ von Φ gehörenden Palmschen Verteilung $\mathbf{P}^0$.

(ii) Als meßbare nichtnegative Funktion $f(a)$ auf $\mathbb{R} \times \mathbb{R}_+$ setzen wir für gegebenes $y \geqq 0$

$$f(t, x) = \begin{cases} 1 & \text{für } t < 0,\ x > y - t, \\ 0 & \text{sonst.} \end{cases}$$

Dann gilt für jede Realisierung $X(t, \varphi)$ der Restbedienungszeit $X(t)$ zu einem beliebigen aber festen Zeitpunkt t bei gegebener Realisierung φ von Φ bzw. φ' von Φ', daß folgende Ereignisse äquivalent sind:

$$X(t, \varphi) > y, \quad X(t, \varphi') > y \quad \text{und} \quad K_0'(\varphi') > y - t_0'(\varphi'),$$

so daß

$$\mathsf{P}(X(t) > y) = \mathsf{E}_{\mathsf{P}'} \int_{\mathbb{R}\times\mathbb{R}_+} f(a)\, \Phi'(\mathrm{d}a).$$

Die stationäre Verteilungsfunktion der Restbedienungszeit hat somit die Form der linken Seite von (1).
(iii) Wegen der Stationarität von Φ' ergibt sich nach (2) die Darstellung des Intensitätsmaßes $\Lambda_{\mathsf{P}'}(\cdot)$ von P' als $\lambda_{\mathsf{P}'}\mu(\cdot)\, (\mathsf{P}')^0\,(\cdot)$ und somit für die rechte Seite von (1)

$$\begin{aligned}\int_{\mathbb{R}\times\mathbb{R}_+} f(a)\, \Lambda_{\mathsf{P}'}(\mathrm{d}a) &= \lambda_{\mathsf{P}'} \int_{\mathbb{R}\times\mathbb{R}_+} f(t, x)\, (\mathsf{P}')^0\, (K_1' \in \mathrm{d}x)\, \mathrm{d}t \\ &= \lambda_{\mathsf{P}'} \int_{-\infty}^{0} \int_{-t+y}^{\infty} (\mathsf{P}')^0\, (K_1' \in \mathrm{d}x)\, \mathrm{d}t = \lambda_{\mathsf{P}'} \int_{0}^{\infty} \int_{t+y}^{\infty} (\mathsf{P}')^0\, (K_1' \in \mathrm{d}x)\, \mathrm{d}t \\ &= \lambda_{\mathsf{P}'} \int_{y}^{\infty} (\mathsf{P}')^0\, (K_1' > u)\, \mathrm{d}u = \lambda_{\mathsf{P}'} \int_{y}^{\infty} \mathsf{P}(B_n > u)\, \mathrm{d}u.\end{aligned}$$

Die Ergebnisse der Schritte (ii) und (iii) liefern für beliebiges t die Aussage

$$\begin{aligned}\mathsf{P}(X(t) > y \mid X(t) > 0) &= \frac{\mathsf{P}(X(t) > y)}{\mathsf{P}(X(t) > 0)} = \frac{\lambda_{\mathsf{P}'} \int_{y}^{\infty} \mathsf{P}(B_n > u)\, \mathrm{d}u}{\lambda_{\mathsf{P}'} \int_{y}^{\infty} \mathsf{P}(B_n > u)\, \mathrm{d}u} \\ &= (\mathsf{E}B)^{-1} \int_{y}^{\infty} \mathsf{P}(B_n > u)\, \mathrm{d}u = (\mathsf{E}B)^{-1} \int_{y}^{\infty} (1 - B(u))\, \mathrm{d}u. \qquad (3)\end{aligned}$$

6.4.1.2. Bemerkung. Als ein Beispiel für die Verwendung des Campellschen Theorems zur Herleitung von Beziehungen zwischen der zeitstationären Charakteristik eines Prozesses und der folgenstationären Charakteristik der eingebetteten Folge (des markierten Punktprozesses) eines anderen Prozesses wird auf den Beweis von FRANKEN (1976) für die *Little-Formel* $L = \lambda W$ oder mit anderen Bezeichnungen $\mathsf{E}_{\mathsf{P}} N_w(0) = \lambda \mathsf{E}_{\mathsf{P}^0} \mathring{W}_1$ im System G/G/s/∞ verwiesen; dabei ist $(N_w(t))$ die zeitstationäre Warteschlange (d. h. ein Anzahlprozeß) und $(\mathring{W}_n)$ die stationäre Folge der aktuellen Wartezeiten als eingebettete Folge für den virtuellen Wartezeitprozeß. Wegen der Stationarität beider Prozesse brauchen nur die Charakteristiken ihrer Werte im Zeitpunkt $t = 0$ bzw. für das Folgenglied $n = 1$ betrachtet zu werden.

6.4.1.3. Bemerkung. Da das Campbellsche Theorem, d. h. Formel (1), nicht voraussetzt, daß die betrachteten Punktprozesse stationär sind, kann es auch zur Ermittlung von Beziehungen zwischen zeitabhängigen Charakteristiken von Prozessen genutzt werden. So kann z. B. zwischen dem Erwartungswert der zeitabhängigen Warteschlangenlänge $N_w(t)$ und der gesamten Bedienungs- (bzw. Arbeits-) zeit $B_w(t)$ sämtlicher zum Zeitpunkt t wartenden Forderungen im System G/GI/s/∞ mit einer nichtnotwendig stationären Folge von Pausenzeiten die Beziehung $\mathsf{E}N_w(t) = (\mathsf{E}B)^{-1}\, \mathsf{E}B_w(t)$ mit Hilfe des Campbellschen Theorems bewiesen werden, vgl. FRANKEN/KÖNIG/SCHMIDT (1980).

6.4.1.4. Bemerkung. Weiterhin sei darauf verwiesen, daß die Little-Formel auf eine andere Weise ebenfalls unter abgeschwächten Voraussetzungen hergeleitet werden kann, wobei lediglich Grenzwerte gewisser Zeit- bzw. Forderungenmittel existieren müssen. STIDHAM (1972a, 1974, 1980) (vgl. auch BRUMELLE (1971)), verglich hierzu das Grenzverhalten des Zeitmittels $\dfrac{1}{T}\displaystyle\int_0^T n_w(t)\, \mathrm{d}t$ für $T \to \infty$ und des über die Forderungen gebildeten Mittels $\frac{1}{n} \sum_{k=1}^{n} \mathring{w}_k$ für $n \to \infty$ unter der Voraussetzung von deren Existenz. Hierzu muß aber nicht die Stationarität des markierten Inputs vorausgesetzt werden. In den angeführten Ausdrücken treten die Realisierungen $n_W(t)$ bzw. $\mathring{w}_n$ der Prozesse $N_W(t)$ bzw. $\mathring{W}_n$ bei gegebener Realisierung des Inputs auf.

Dieser realisierungsweise Vergleich ist eine weitere Möglichkeit zur Gewinnung von Beziehungen zwischen Grenzwerten von Zeitcharakteristiken eines Prozesses und eingebetteten Forderungencharakteristiken desselben bzw. eines anderen Prozesses.

6.4.2. Das Intensitätserhaltungsprinzip für Prozesse mit eingebetteten Punktprozessen und seine Anwendung

In diesem Abschnitt wird eine Klasse von zufälligen Prozessen angegeben, in die zufällige Punktprozesse (mit speziellem Markenraum) eingebettet sind. Diese sog. PMP sind Verallgemeinerungen von zufälligen Prozessen mit eingebetteten Markowschen, stückweise Markowschen, semimarkowschen, Erneuerungs-, PH-Erneuerungs- und regenerativen Prozessen, semimarkowschen Prozessen mit Hilfspfaden und dergleichen. Für diese PMP werden Sätze mit Intensitätserhaltungscharakter angegeben, die eine Bestimmung von Charakteristiken des zufälligen Bedienungsprozesses auf Grund solcher des eingebetteten Punktprozesses gestatten (zu diesem Zwecke wurden sie auch hergeleitet). Dabei sind (↑ [3.7]) keine Voraussetzungen bez. der Unabhängigkeit oder Markow-Abhängigkeit usw. der Abstände sowie der Prozeßstücke zwischen den eingebetteten Punkten erforderlich. In den meisten Anwendungsfällen wird der eingebettete Punktprozeß jedoch als stationär vorausgesetzt.

Die hier angegebene Klasse von Prozessen und die verwendeten Sätze finden sich erstmalig in den Arbeiten von König (1977), König/Rolski/Schmidt/Stoyan (1978). Auf ihnen basieren auch die folgenden Darlegungen, vgl. auch König (1980), König/Schmidt (1980a, b) und Franken/König/Arndt/Schmidt [1]. Weitere Hinweise enthalten die Bemerkungen am Ende des Abschnittes. In [6.4.3] wird auf eine weitere Klasse von Prozessen mit eingebetteten Punktprozessen (jedoch mit einem größeren Markenraum) und ihre Anwendung eingegangen.

Sei $(X(t))$ ein zufälliger Prozeß auf dem Wahrscheinlichkeitsraum $(\Omega, \mathfrak{F}, \mathbf{P})$ mit dem Zustandsraum $[\mathscr{E}, \mathfrak{E}]$, wobei $\mathscr{E} \subseteq \mathbb{R}^k$ (oder allgemeiner $\mathscr{E}$ ein vollständiger separabler metrischer Raum) ist. Seine Realisierungen mögen linksseitig stetig sein und rechtsseitige Grenzwerte besitzen. Über demselben Wahrscheinlichkeitsraum $(\Omega, \mathfrak{F}, \mathbf{P})$ sei Φ ein einfacher markierter Punktprozeß mit dem Markenraum $[\mathscr{K}, \mathfrak{K}] = [\mathscr{E} \times \mathscr{E}, \mathfrak{E} \otimes \mathfrak{E}]$. Die Folgendarstellung von Φ sei $([T_n, K_n])$, und es gelte $K_n = (X(T_n), X(T_n + 0))$, d. h., die Marke K_n von Φ ist für jedes n ein Paar, bestehend aus den Werten des Prozesses $(X(t))$ im Punkt T_n und unmittelbar danach. Die Differenz $X(T_n + 0) - X(T_n)$ gibt die Sprunghöhe des Prozesses $(X(t))$ in dem zufälligen Zeitpunkt T_n an.

6.4.2.1. Definition. Das Paar $[(X(t)), \Phi]$ heißt *Prozeß mit eingebettetem markierten Punktprozeß* (PMP). Die Punkte T_n von Φ heißen *eingebettete Punkte* (oder *Basispunkte*) des Prozesses $(X(t))$; Φ heißt der *eingebettete Punktprozeß*.

Zum Beispiel ist ein regenerativer Prozeß ein PMP, dessen eingebetteter Punktprozeß ein rekurrenter Punktprozeß ist, so daß die zufälligen Differenzen $T_{n+1} - T_n$ unabhängig sind. Eine Markowsche Kette mit stetiger Zeit ist ein PMP mit konstanten

Realisierungen zwischen den eingebetteten Punkten, deren Abstände eine Markowsche Folge von hyperexponentialverteilten Größen bildet.

6.4.2.2. Definition. Ein PMP $[(X(t)), \Phi]$ heißt *stationär*, wenn für jede reelle Zahl u der PMP $[(X(t+u)), \mathsf{S}_u\Phi]$ dieselbe Verteilung hat wie $[(X(t)), \Phi]$; das ist genau dann der Fall, wenn $(X(t))$ und Φ stationär und stationär verbunden sind. Der Verschiebungsoperator S_u ist nach Formel (9) in [3.7.1] definiert.

Im folgenden werden nur stationäre PMP betrachtet, wobei der eingebettete stationäre Punktprozeß Φ die endliche positive Intensität λ hat. Die (i. allg. nichtmarkowschen) Übergangswahrscheinlichkeiten $P(h; x, \mathscr{C}) = \mathbf{P}(X(u+h) \in \mathscr{C} \mid X(u) = x, T_n \notin [u, u+h]$ für alle $n)$, $x, u \in \mathbb{R}$, $h > 0$, $\mathscr{C} \in \mathfrak{E}$, eines stationären PMP beschreiben das Verhalten des Prozesses $(X(t))$ zwischen den eingebetteten Punkten. Wegen der Stationarität des PMP hängen die Übergangswahrscheinlichkeiten nicht von u ab.

6.4.2.3. Definition. Eine reelle Zahl u heißt *Eintrittspunkt* (bzw. *Austrittspunkt*) der Trajektorie $(x(t))$ des Prozesses $(X(t))$ in die (bzw. aus der) Menge $\mathscr{C} \in \mathfrak{E}$, wenn ein $\varepsilon > 0$ existiert, so daß $x(u-v) \in \overline{\mathscr{C}} = \mathscr{E} \setminus \mathscr{C}$ und $x(u+v) \in \mathscr{C}$ (bzw. $x(u-v) \in \mathscr{C}$ und $x(u+v) \in \overline{\mathscr{C}}$) für jedes v, $0 < v < \varepsilon$.

Es wird eine Mengenfamilie $\mathfrak{E}_0 \subset \mathfrak{E}$ betrachtet, zu der diejenigen meßbaren Teilmengen gehören, die einige schwache Regularitätsbedingungen erfüllen.

6.4.2.4. Definition. Die Menge $\mathscr{C} \in \mathfrak{E}$ gehört zu $\mathfrak{E}_0$, wenn (i) für fast alle Trajektorien $x(t)$ von $X(t)$ gilt: $x(t)$ nimmt intervallweise alternierend Werte in $\mathscr{C}$ bzw. $\overline{\mathscr{C}}$ an. Ist u ein eingebetteter Punkt der Trajektorie $x(t)$, dann gilt $x(u-0) \in \mathscr{C}$, $x(u+0) \in \overline{\mathscr{C}}$ genau dann, wenn u ein Austrittspunkt von $x(t)$ aus $\mathscr{C}$ ist, und $x(u-0) \in \overline{\mathscr{C}}$, $x(u+0) \in \mathscr{C}$ genau dann, wenn u ein Eintrittspunkt von $x(t)$ in $\mathscr{C}$ ist,
(ii) die mit Hilfe der Trajektorien für den Prozeß $(X(t))$ definierten zufälligen Ein- bzw. Austrittspunkte von $(X(t))$ in bzw. aus $\mathscr{C}$ stationäre Punktprozesse mit endlicher Intensität bilden,
(iii) für jedes $\varepsilon > 0$ eine Menge $\mathscr{D}$ mit der Eigenschaft $\lambda(\mathscr{D} \times \mathscr{E}) > \lambda - \varepsilon$ existiert, die die Bedingungen (i) und (ii) erfüllt und für die

$$\lim_{h \downarrow 0} P(h; c, \mathscr{C}) = \mathbf{1}_{\mathscr{C}}(c)$$

gleichmäßig bezüglich $c \in \mathscr{D}$ gilt.

Aus der Definition von $\mathfrak{E}_0$ folgt, daß diejenigen eingebetteten Punkte T_n eines stationären PMP, die gleichzeitig Eintrittspunkte (bzw. Austrittspunkte) der Trajektorien von $(X(t))$ in eine (bzw. aus einer) Menge $\mathscr{C} \in \mathfrak{E}_0$ sind, einen stationären Punktprozeß $\Phi^{\mathrm{I},\mathscr{C}}$ bzw. $\Phi^{\mathrm{O},\mathscr{C}}$ mit der Intensität $\lambda^{\mathrm{I},\mathscr{C}}$ bzw. $\lambda^{\mathrm{O},\mathscr{C}}$ bilden (I, $\mathscr{C}$ soll als Abkürzung für into $\mathscr{C}$ und O, $\mathscr{C}$ für out of $\mathscr{C}$ dienen).

Da sich der Markenraum des eingebetteten Punktprozesses Φ aus dem Zustandsraum $\mathscr{E}$ von $(X(t))$ als $\mathscr{E} \times \mathscr{E}$ ergibt, kann die Intensität $\lambda^{\mathrm{I},\mathscr{C}}$ bzw. $\lambda^{\mathrm{O},\mathscr{C}}$ mit Hilfe der Intensitäten $\lambda(\cdot)$ von Φ bez. Markenmengen aus $\mathscr{K} = \mathscr{E} \times \mathscr{E}$ (↑ D. 3.7.2.12) auch dargestellt werden als

$$\lambda^{\mathrm{I},\mathscr{C}} = \lambda(\overline{\mathscr{C}} \times \mathscr{C}) \quad \text{bzw.} \quad \lambda^{\mathrm{O},\mathscr{C}} = \lambda(\mathscr{C} \times \overline{\mathscr{C}}).$$

Die Hauptaussage dieses Abschnittes enthält der folgende Satz.

6.4.2.5. Satz. Für jedes $\mathscr{C} \in \mathfrak{E}_0$ gilt

$$\mathfrak{A}_P(\mathscr{C}) = \lambda(\mathscr{C} \times \overline{\mathscr{C}}) - \lambda(\overline{\mathscr{C}} \times \mathscr{C}), \tag{1}$$

wobei

$$\mathfrak{A}_{\mathsf{P}}(\mathscr{C}) = \lim_{h\downarrow 0} \frac{1}{h}\left[\int_{\mathscr{C}} P(h; x, \mathscr{C})\, \mathsf{P}(\mathrm{d}x) - \mathsf{P}(\mathscr{C})\right]. \tag{2}$$

P bezeichnet dabei die stationäre eindimensionale Verteilung des Prozesses $(X(t))$, d. h., $\mathsf{P}(\mathscr{C}) = \mathbf{P}(X(t) \in \mathscr{C})$ für alle $t \in \mathbb{R}$, $\mathscr{C} \in \mathfrak{E}$.

Mit $\mathsf{P}^{\pm}$ bezeichnen wir die Markenverteilung von Φ. Nach (22) in [3.7.3] ist $\mathsf{P}^{\pm}$ durch die Palmsche Verteilung $\mathbf{P}^0$ von Φ, $\mathsf{P}^{\pm}(\mathscr{C}_1 \times \mathscr{C}_2) = \mathbf{P}^0(K_0 \in \mathscr{C}_1 \times \mathscr{C}_2) = \frac{1}{\lambda}\, \lambda(\mathscr{C}_1 \times \mathscr{C}_2)$ für $\mathscr{C}_1, \mathscr{C}_2 \in \mathfrak{E}$ gegeben und kann nach (11) in [3.7.3] für einen ergodischen Punktprozeß Φ als die gemeinsame Verteilung von $(X(t))$ in einem beliebigen eingebetteten Zeitpunkt und unmittelbar danach gedeutet werden.

Es sei $\mathsf{P}^-(\cdot) = \mathsf{P}^{\pm}((\cdot) \times \mathscr{E}) = \mathbf{P}^0(K_0 \in (\cdot) \times \mathscr{E}) = \frac{\lambda((\cdot) \times \mathscr{E})}{\lambda}$ bzw. $\mathsf{P}^+(\cdot) = \mathsf{P}^{\pm}(\mathscr{E} \times (\cdot)) = \mathbf{P}^0(K_0 \in \mathscr{E} \times (\cdot)) = \frac{\lambda(\mathscr{E} \times (\cdot))}{\lambda}$, wofür im ergodischen Fall die Deutung als Verteilung von $(X(t))$ in einem beliebigen eingebetteten Punkt bzw. unmittelbar nach einem eingebetteten Punkt möglich ist. Mit diesen Bezeichnungen kann S. 6.4.2.5 folgende Form erhalten.

6.4.2.6. Satz. Für jedes $\mathscr{C} \in \mathfrak{E}_0$ gilt

$$\mathfrak{A}_{\mathsf{P}}(\mathscr{C}) = \lambda(\mathsf{P}^-(\mathscr{C}) - \mathsf{P}^+(\mathscr{C})). \tag{3}$$

Weiterhin gilt die folgende Integralform von S. 6.4.2.5.

6.4.2.7. Satz. Es sei $\mathscr{K}(u)$ eine Abbildung von $\mathbb{R}_+$ in $\mathscr{E}$, für die $\mathscr{K}(u) \in \mathfrak{E}_0$ für fast alle $u \geqq 0$ und das Integral $\int_0^\infty \mathfrak{A}_{\mathsf{P}}(\mathscr{K}(u))\, \mathrm{d}u$ existiert. Dann gilt

$$\int_0^\infty \mathfrak{A}_{\mathsf{P}}(\mathscr{K}(u))\, \mathrm{d}u = \lambda \int_0^\infty [\mathsf{P}^-(\mathscr{K}(u)) - \mathsf{P}^+(\mathscr{K}(u))]\, \mathrm{d}u. \tag{4}$$

Eine weitere Darstellung gibt der folgende Satz. Es bezeichne $\lambda_{\mathrm{I},\mathscr{C}}$ bzw. $\lambda_{\mathrm{O},\mathscr{C}}$ die Intensität des stationären Punktprozesses $\Phi_{\mathrm{I},\mathscr{C}}$ bzw. $\Phi_{\mathrm{O},\mathscr{C}}$ der Eintrittspunkte bzw. Austrittspunkte von $(X(t))$ in bzw. aus $\mathscr{C} \in \mathfrak{E}_0$, die keine eingebetteten Punkte sind.

6.4.2.8. Satz. Für $\mathscr{C} \in \mathfrak{E}_0$ ist $\mathfrak{A}_{\mathsf{P}}(\mathscr{C}) = \lambda_{\mathrm{I},\mathscr{C}} - \lambda_{\mathrm{O},\mathscr{C}}$ und somit

$$\lambda_{\mathrm{I},\mathscr{C}} + \lambda^{\mathrm{I},\mathscr{C}} = \lambda_{\mathrm{O},\mathscr{C}} + \lambda^{\mathrm{O},\mathscr{C}}. \tag{5}$$

In dieser Form wird die auch durch S. 6.4.2.5, S. 6.4.2.6 und S. 6.4.2.7 ausgedrückte Intensitätserhaltungseigenschaft offensichtlich: Die gesamte Eintrittsintensität des betrachteten zufälligen Prozesses $(X(t))$ mit dem eingebetteten Punktprozeß Φ in eine Teilmenge $\mathscr{C}$ des Zustandsraumes ist gleich der gesamten Austrittsintensität aus $\mathscr{C}$.

S. 6.4.2.5 bzw. S. 6.4.2.6 sind wegen der Gestalt der linken Seite eine differentielle Form, und S. 6.4.2.7 ist eine Integralform dieser Aussage.

Die Sätze 6.4.2.5 bis 6.4.2.8 bieten verschiedene Möglichkeiten, Beziehungen zwischen Charakteristiken des Bedienungsprozesses $(X(t))$, falls er ein PMP ist, und solchen des eingebetteten Punktprozesses zu gewinnen. Hierzu sind folgende Schritte erforderlich:

(i) Für die interessierende Fragestellung ist der Bedienungsprozeß $(X(t))$ geeignet zu wählen, z. B. als Anzahlprozeß oder Wartezeitprozeß.

(ii) Die eingebetteten Punkte (T_n) mit den Marken K_n, d. h. der eingebettete Punktprozeß Φ, sind zu wählen und eine geeignete folgenstationäre Charakteristik zu fixieren. Es ist zu prüfen, ob $[(X(t)), \Phi]$ ein stationärer PMP mit endlicher positiver Intensität ist.
(iii) Je nach Wahl eines der Sätze 6.4.2.5 bis 6.4.2.8 sind die dort auftretenden Größen zu wählen bzw. zu bestimmen, die Voraussetzungen zu prüfen und die Größen in die betreffende Gleichung einzusetzen.

Eine hinreichende Bedingung dafür, daß die stationäre Verteilung P von $(X(t))$ zu einem beliebigen Zeitpunkt übereinstimmt mit der Verteilung P^- von $(X(t))$ in eingebetteten Zeitpunkten (d. h. einer eingebetteten Charakteristik) gibt der folgende Satz.

6.4.2.9. Satz. Sind die Zufallsgrößen $(X(0))$ und T_1 unabhängig, dann gilt $\mathsf{P}(\mathscr{C}) = \mathsf{P}^-(\mathscr{C})$ für jede Menge $\mathscr{C} \in \mathfrak{C}_0$.

Wegen der Stationaritätsvoraussetzung bedeutet die angegebene Bedingung, daß der Wert des Prozesses $(X(t))$ zu einem beliebigen Zeitpunkt und die Zeit von diesem Zeitpunkt bis zum nächsten eingebetteten Punkt unabhängig sein müssen. Diese Bedingung ist z. B. erfüllt, wenn die eingebetteten Punkte einen Poisson-Prozeß bilden und die Zufallsgröße $X(t)$ für beliebige t nicht vom Verhalten dieses Poisson-Prozesses im Intervall (t, ∞) abhängt. Für Markowsche Prozesse $(X(t))$ gab Foley (1979) die Aussage von S. 6.4.2.9 an; bez. einer Umkehrung vgl. König/Miyazawa/Schmidt (1983).

6.4.2.10. Beispiel. Es soll die Takács-Formel für die (zeit-) stationäre Verteilungsfunktion der virtuellen Wartezeit im System G/GI/1/∞ nachgewiesen werden:

$$W(x+0) = 1 - \varrho + \varrho \mathring{W} * B_{\mathrm{R}}(x), \tag{6}$$

wobei $\mathring{W}(x)$ die forderungenstationäre Verteilungsfunktion der aktuellen Wartezeit $\mathring{W}_n$ der n-ten Forderung und $B_{\mathrm{R}}(x) = (\mathsf{E}B)^{-1} \int_0^x (1 - B(u))\, du$ die stationäre Verteilungsfunktion der Restbedienungszeit ist (↑ B. 6.4.1.1).

(i) Als Prozeß $(X(t))$ wird der Prozeß der virtuellen Wartezeit gewählt, $\mathscr{E} = \mathbb{R}_+$.
(ii) Die eingebetteten Zeitpunkte sind die Ankunftszeitpunkte von Forderungen, T_n ist der Ankunftszeitpunkt der n-ten Forderung. Die Marke $K_n = (X(T_n), X(T_n + 0))$, wobei $X(T_n) = \mathring{W}_n$ ist, charakterisiert die Sprunghöhe $X(T_n + 0) - X(T_n) = B_n$ des Prozesses $(X(t))$, die gleich der gewünschten Bedienungszeit B_n der in T_n eintreffenden Forderung ist.

Als Charakteristik des eingebetteten Punktprozesses $\Phi = ([T_n, K_n])$ wird die Verteilung der Markendifferenz (Sprunghöhe) $X(T_n + 0) - X(T_n) = B_n$, d. h. die Verteilungsfunktion $B(x)$ der Bedienungszeit, gewählt. Es sei nun $[(X(t)), \Phi]$ der stationäre PMP, über den wir auf Grund des entsprechenden in Franken/König/Arndt/Schmidt [1], Kap. 2, angegebenen Existenz- und Ergodensatzes verfügen, wobei sowohl $(X(t))$ als auch Φ über dem durch den markierten Input $([T_n, B_n])$ erzeugten Wahrscheinlichkeitsraum $(\mathscr{M}_{\mathbb{R}_+}, \mathfrak{M}_{\mathbb{R}_+}, \mathsf{P})$ gegeben, stationär und stationär verbunden sind.
(iii) (a) Als erste Variante wird S. 6.4.2.5 verwendet. Als Menge $\mathscr{C} \in \mathfrak{C}_0$ wird das Intervall $[0, u)$ fixiert, so daß $X(t) \in \mathscr{C}$ bedeutet, daß die virtuelle Wartezeit zum Zeitpunkt t kleiner ist als u. Dann ist die eindimensionale stationäre Verteilung des Prozesses $(X(t))$ gleich der stationären Verteilungsfunktion der virtuellen Wartezeit, $\mathsf{P}(\mathscr{C}) = W(u)$. Das Intervall $\mathscr{C}$ gehört zu $\mathfrak{C}_0$ auf Grund der Monotonie und Linearität der Realisierungen von $(X(t))$ zwischen den eingebetteten Punkten (T_n).

Es ist $P(h; x, \mathscr{C}) = P(h; x, [0, u)) = 1$ für $x - h < u$ und 0 sonst. Damit ergibt sich für die linke Seite von (1)

$$\mathfrak{A}_{\mathsf{P}}([0, u)) = \lim_{h \downarrow 0} \frac{1}{h} \left[\int_0^\infty P(h; x, [0, u))\, dW(x) - W(u) \right]$$

$$= \lim_{h \downarrow 0} \frac{1}{h} \left[\int_{x-h<u} dW(x) - W(u) \right] = \lim_{h \downarrow 0} \frac{W(u+h) - W(u)}{h} = \frac{d}{du} W(u).$$

Auf der rechten Seite von (1) ist $\lambda(\overline{\mathscr{C}} \times \mathscr{C}) = 0$, denn wenn die Wartezeit zu einem beliebigen Ankunftszeitpunkt T_n größer als u ist, kann sie im Zeitpunkt $T_n + 0$ nicht kleiner oder gleich u sein. Des weiteren ist

$$\lambda(\mathscr{C} \times \overline{\mathscr{C}}) = \lambda \frac{\lambda(\mathscr{C} \times \overline{\mathscr{C}})}{\lambda} = \lambda \mathsf{P}^0(\mathring{W}_n < u, \mathring{W}_n + B_n \geqq u) = \lambda[\mathring{W}(u) - \mathring{W} * B(u)]$$

$$= \lambda \int_0^u (1 - B(u - v))\, d\mathring{W}(v).$$

Aus (1) ergibt sich also

$$\frac{d}{du} W(u) = \lambda \int_0^u (1 - B(u - v))\, d\mathring{W}(v)$$

bzw.

$$W(x + 0) - W(0 + 0) = \lambda \int_0^x \int_0^u (1 - B(u - v))\, d\mathring{W}(v)\, du$$

$$= \lambda \int_0^x \int_0^{x-v} (1 - B(u))\, du\, d\mathring{W}(v) = \varrho \int_0^x B_{\mathrm{R}}(x - y)\, d\mathring{W}(y),$$

d. h.,

$$W(x + 0) - W(0 + 0) = \varrho \mathring{W} * B_{\mathrm{R}}(x), \qquad x \geqq 0;$$

für $x = +\infty$ folgt hieraus $1 - W(0 + 0) = \varrho$, d. h. $W(0 + 0) = 1 - \varrho$. Somit ist

$$W(x + 0) = 1 - \varrho + \varrho \mathring{W} * B_{\mathrm{R}}(x), \qquad x \geqq 0.$$

(b) Wir zeigen an demselben Beispiel noch die Verwendung von S. 6.4.2.7 im Schritt (iii). Dazu sei $\mathscr{K}(u) = [0, u)$ für $0 \leqq u \leqq x$ und $\mathscr{K}(u) = \emptyset$ für $0 \leqq x < u$ und somit die linke Seite von (4)

$$\int_0^\infty \mathfrak{A}_{\mathrm{P}}(\mathscr{K}(u))\, du = W(x + 0) - W(0 + 0).$$

Da $\mathsf{P}^-(K(u)) = \mathsf{P}^0(\mathring{W} < u) = \mathring{W}(u)$ und $\mathsf{P}^+(K(u)) = \mathsf{P}^0(\mathring{W} + B_n < u) = \mathring{W} * B(u)$ sind, ergibt sich für die rechte Seite von (4)

$$\lambda \int_0^\infty [\mathsf{P}^-(\mathscr{K}(u)) - \mathsf{P}^+(\mathscr{K}(u))]\, du = \lambda \int_0^x [\mathring{W}(u) - \mathring{W} * B(u)]\, du = \lambda \int_0^x \int_0^u (1 - B(u - v))\, d\mathring{W}(v)\, du.$$

Nun kann genauso wie in der oben angegebenen ersten Beweisvariante von (6) verfahren werden.

6.4.2.11. Bemerkung. Die Methode ist relativ variabel und breit anwendbar. Weitere Herleitungen von Aussagen für Anzahl- und Wartezeitprozesse bzw. Prozesse der im System anstehenden Arbeit mit ihrer Hilfe findet man z. B. in König/Rolski/Schmidt/Stoyan (1978), König/Schmidt (1980a, b, c), König (1980), Schmidt (1978, 1980), Franken/König/Arndt/Schmidt [1].

6.4.2.12. Bemerkung. Die Definition des PMP und die Sätze 6.4.2.5 bis 6.4.2.8 können auf den Fall ausgedehnt werden, daß die eingebetteten Punkte T_n schon von sich aus Marken K_n' besitzen. Zum Beispiel können zu Ankunftszeitpunkten T_n verschiedene Typen von Forderungen eintreffen. Der eingebettete Punktprozeß Φ hat dann die Form $\Phi = ([T_n, (K_n', K_n)])$. Ergebnisse und Anwendungen hierfür enthalten König (1980), König/Rolski/Schmidt/Stoyan (1978), Franken/König/Arndt/Schmidt [1].

Miyazawa (1981) hat für den Fall, daß der eingebettete Punktprozeß Φ eine Überlagerung zweier Punktprozesse ist, eine modifizierte Version von S. 6.4.2.5 angegeben, die in einigen Fällen, speziell für Anzahlprozesse, leichter angewendet werden kann.

6.4.2.13. Bemerkung. Intensitätserhaltungssätze sind für speziellere Teilklassen der angegebenen Klasse von PMP seit langem bekannt und wurden auch zur Herleitung von Beziehungen zwischen Charakteristiken des zeitlich kontinuierlichen Bedienungsprozesses und solchen des eingebetteten Prozesses genutzt. Beispiele hierfür sind z. B. die von TAKÁCS [1] verwendete Methode der Aufwärts- und Abwärtsübergänge, das insbesondere von COHEN [1], [2], (1977), BRILL/POSNER (1977) und BRILL (1979) genutzte Prinzip der Aufwärts- und Abwärtsniveaudurchgänge, die von KUCZURA (1973) angegebene Beziehung zwischen eingebetteten und nichteingebetteten Zustandswahrscheinlichkeiten für stückweise Markowsche Prozesse und deren Verallgemeinerung bez. des Zustandsraumes von ROLSKI (1977, 1978) und JANKIEWICZ/ROLSKI (1977), vgl. auch ROLSKI [1].

In allen Fällen lagen aber Unabhängigkeitsannahmen oder Voraussetzungen an den Prozeßtyp vor. Sind diese bei der Lösung von entsprechenden Aufgaben für konkrete Bedienungssysteme erfüllt, so können auch die oft einfacher wirkenden o. g. Spezialfälle der im vorliegenden Abschnitt angegebenen Intensitätserhaltungsaussagen ohne den Apparat der Punktprozeßtheorie verwendet werden.

6.4.3. Der stochastische Mittelwertsatz für Prozesse mit eingebetteten Punktprozessen und seine Anwendung

Wir gehen aus von einem stationären PMP gemäß [6.4.2], verwenden jedoch einen wesentlich größeren Markenraum des in $(X(t))$ eingebetteten markierten Punktprozesses mit der endlichen positiven Intensität λ. Und zwar wählen wir als Marke $\bar{K}_n$ des eingebetteten Punktes T_n den Verlauf des Prozesses $(X(t))$ im gesamten Intervall $[T_n, T_{n+1})$, während die Marke K_n in [6.4.2] nur aus den Werten $X(T_n)$ und $X(T_n + 0)$ des Prozesses im Punkt T_n und unmittelbar danach bestand. Somit ist $\bar{K}_n = (X(t), t \in [T_n, T_{n+1}))$. Diese Prozeßklasse wurde von ARNDT/FRANKEN (1979) und FRANKEN/STRELLER (1979) (zunächst unter der Bezeichnung verallgemeinerte regenerative Prozesse) unabhängig von der in [6.4.2] angegebenen Klasse eingeführt, und es wurde der folgende stochastische Mittelwertsatz bewiesen und angewendet, vgl. auch FRANKEN/STRELLER (1979, 1980), FRANKEN/KÖNIG/ARNDT/SCHMIDT [1].

Es gilt für den stationären PMP $[(X(t)), \bar{\Phi}]$ mit $\bar{\Phi} = ([T_n, \bar{K}_n])$:

6.4.3.1. Satz (stochastischer Mittelwertsatz). Für $\mathscr{C} \in \mathfrak{C}$ gilt für beliebiges n und t:

$$\mathsf{P}(\mathscr{C}) = \mathbf{P}(X(t) \in \mathscr{C}) = \mathbf{P}(X(0) \in \mathscr{C}) = \lambda \mathsf{E}_{\mathbf{P}^0} \int_{T_n}^{T_{n+1}} 1_{\mathscr{C}}(X(u))\, du \tag{1}$$

$$= \lambda \int_0^\infty \mathbf{P}^0(T_{n+1} - T_n \geqq u,\ X(T_n + u) \in \mathscr{C})\, du. \tag{2}$$

Auf der linken Seite steht die zeitstationäre Verteilung P des Prozesses $(X(t))$ und auf der rechten Seite ein bez. der Palmschen Verteilung $\mathbf{P}^0$ des eingebetteten markierten Punktprozesses $\bar{\Phi}$ gebildetes Zeitmittel über einen „Zyklus“ von $(X(t))$ zwischen zwei eingebetteten Punkten.

Die Anwendung des stochastischen Mittelwertsatzes zur Bestimmung zeitstationärer Charakteristiken von $(X(t))$ auf Grund von Charakteristiken des eingebetteten Prozesses $\bar{\Phi}$ bzw. zur Herleitung von Beziehungen zwischen den Charakteristiken beider Prozesse kann in folgenden Schritten erfolgen:

(i) Geeignete Wahl des Prozesses $(X(t))$ und der eingebetteten Punkte T_n je nach Aufgabenstellung,
(ii) Auswahl einer Teilmenge $\mathscr{C}$ des Zustandsraumes $\mathscr{E}$,
(iii) Berechnung des Integrals auf der rechten Seite in der Formel (1) oder (2).

6.4.3.2. Beispiel. Es sind die stationären Wahrscheinlichkeiten, daß sich mindestens k Forderungen zu einem beliebigen Zeitpunkt bzw. unmittelbar nach Ankunftszeitpunkten von Forderungen im System GI/G/s/m, $0 \leqq m \leqq \infty$, befinden, in Beziehung zu setzen.

(i) Es ist $X(t) = N(t)$ die Anzahl der Forderungen im System zur Zeit t, und (T_n) ist die Folge der Ankunftszeitpunkte von Forderungen.
(ii) $\mathscr{C} = \{k, k+1, \ldots\}$.
(iii) Für die linke Seite von (1) ergibt sich $\mathsf{P}(X(0) \in \mathscr{C}) = \mathsf{P}(N(0) \geqq k)$ und für die rechte Seite

$$\lambda \mathsf{E}_{\mathsf{P}^0} \int_{T_n}^{T_{n+1}} 1_{\mathscr{C}}(X(u))\, du = \lambda \mathsf{E}_{\mathsf{P}^0} \int_{T_1=0}^{T_2} 1_{\{k,k+1,\ldots,\}}(N(u))\, du \leqq \lambda \mathsf{E}_{\mathsf{P}^0} \int_{0}^{T_2} 1_{\{k,k+1,\ldots\}}(N(0+0))\, du$$
$$= \lambda \mathsf{E}_{\mathsf{P}^0} T_2 \mathsf{P}^0(N(0+0) \geqq k) = \mathsf{P}^0(N(0+0) \geqq k)$$

wegen der Unabhängigkeit von T_2 und $N(0+0)$ und wegen $\lambda^{-1} = \mathsf{E}_{\mathsf{P}^0} T_2$. Somit ergibt sich insgesamt für alle t und alle n unter Berücksichtigung der Stationarität

$$\mathsf{P}(N(t) \geqq k) \leqq \mathsf{P}^0(N(T_n + 0) = k), \qquad k = 0, 1, \ldots, s + m.$$

6.4.3.3. Bemerkungen. (a) Wenn es möglich ist, das Integral auf der rechten Seite von (2) auszurechnen, führt diese Methode, wie B. 6.4.3.2 zeigt, zu kurzen Beweisen. Im allgemeinen ist das jedoch schwierig, insbesondere wenn die Menge $\mathscr{C} \in \mathfrak{E}$ eine nichtelementare Gestalt hat oder Vektorprozesse betrachtet werden.
(b) Der stochastische Mittelwertsatz für PMP ist eine Verallgemeinerung des für regenerative Prozesse angegebenen und zur Herleitung von Charakteristiken für Bedienungsprozesse angewendeten gleichnamigen Satzes (↑ [6.3]). Andererseits ist er für die Klasse der PMP mit stetiger Zeit ein Analogon zur Umkehrformel (27) in [3.7.3] für markierte Punktprozesse, und man kann ihn auch als Umkehrformel für PMP auffassen.
(c) Eine etwas allgemeinere Fassung des stochastischen Mittelwertsatzes 6.4.3.1 unter Verwendung einer Funktion, die von der gesamten Realisierung des Prozesses $(X(t))$ abhängen kann, ist in Franken/König/Arndt/Schmidt [1] enthalten. Für den Fall regenerativer Prozesse: ↑ Cohen [2].
(d) Eine in sich geschlossene Darstellung (einschließlich der Umkehrformel) der in diesem Abschnitt betrachteten Klasse von Prozessen mit eingebetteten Punktprozessen, deren Punkte Vielfachheiten besitzen können, enthält Streller (1980).

6.4.4. Verwendung der Martingaltheorie für eingebettete Punktprozesse

Eine weitere Möglichkeit, einfache Punktprozesse als eingebettete Prozesse für interessierende Bedienungsprozesse mit stetiger Zeit zu nutzen, bietet die Darstellung eines Punktprozesses als ein *Semimartingal*, vgl. Müller [1]. Die Verwendung einiger geeigneter Grundaussagen der Martingaltheorie, die im folgenden angegeben werden, ermöglicht dann die Herleitung von Beziehungen zwischen Charakteristiken von Bedienungsprozessen in stetiger Zeit und eingebetteten Punktprozessen. Unabhängigkeits- und Stationaritätsvoraussetzungen sind nicht notwendig, für explizite Aussagen muß jedoch i. allg. ein Bedienungssystem G/M/·/· oder M/G/·/·, d. h. mit wenigstens einer Folge von unabhängigen exponentialverteilten Primärgrößen vorliegen. Die hier betrachtete Verwendung von Ergebnissen der Martingaltheorie geht im wesentlichen auf Brémaud/Jacod (1977) zurück. Weitere Anwendungen dieser Art sind insbesondere in Brémaud [1], König (1980), Franken/König/Arndt/Schmidt [1] enthalten. Zu den hier verwendeten Aussagen zu Martingalen siehe auch Brémaud (1975), Jacod (1975), Brémaud [1], Grigelionis (1975), Kabanow/Lipzer/Schirjajew (1975), Lipzer/Schirjajew [1], Neveu (1977), Neveu [1], Gichman/Skorochod [3], Wentzell [1].

Ein zufälliger (nichtmarkierter) einfacher Punktprozeß $\Phi = (T_n)$, $n = 1, 2, \ldots$, des $\mathbb{R}_+$ mit $T_1 = 0$ wird als zufälliges Element über dem Wahrscheinlichkeitsraum $(\Omega, \mathfrak{F}, \mathsf{P})$ aufgefaßt. Die Zufallsgröße $\Phi(t) = \Phi([0, t])$ bezeichne die Anzahl der Punkte von Φ im Intervall $[0, t]$; $t \geqq 0$. Dieser Zählprozeß $(\Phi(t), t \geqq 0)$ ist ein Semimartingal, wodurch der Übergang zur Martingaltheorie für zufällige Prozesse möglich ist.

Es sei $(\mathfrak{F}_t, t \geqq 0)$ eine monoton wachsende Familie von σ-Algebren mit den Eigenschaften

(i) $\mathfrak{F}_t \subseteqq \mathfrak{F}$ und
(ii) $\mathfrak{F}_t \supseteqq \sigma(\Phi(u), 0 \leqq u \leqq t)$

für jedes $t \geqq 0$, wobei $\sigma(\Phi(u), 0 \leqq u \leqq t)$ die durch die Zufallsgrößen $\{\Phi(u), 0 \leqq u \leqq t\}$ erzeugte σ-Algebra bezeichnet. Insbesondere wird später $\mathfrak{F}_t \equiv \sigma(\Phi(u), 0 \leqq u \leqq t)$ gesetzt. $(\mathfrak{F}_t)$ heißt auch die *Geschichte* von $(\Phi(t))$ bzw. Φ. Es sei $(X(t), t \geqq 0)$ ein reellwertiger stochastischer Prozeß über $(\Omega, \mathfrak{F}, \mathsf{P})$.

6.4.4.1. Definition. Der Prozeß $(X(t))$ heißt $(\mathfrak{F}_t)$-*vorhersagbar*, falls die Abbildung $(t, \omega) \to X(t, \omega) : \mathbb{R}^+ \times \Omega \to \mathbb{R}$ meßbar ist bez. der σ-Algebra, die durch die Mengen $(s, \infty) \times \mathscr{X}$ für alle $\mathscr{X} \in \mathfrak{F}_s$, $s \geqq 0$ erzeugt wird.

Ein hinreichendes Kriterium für die $(\mathfrak{F}_t)$-Vorhersagbarkeit eines zufälligen Prozesses gibt der folgende Satz.

6.4.4.2. Satz (Meyér). Jeder linksseitig stetige Prozeß $(X(t))$, für den gilt

(a) die Abbildung $(t, \omega) \to X_t(\omega)$ ist $\mathfrak{B}^+ \times \mathfrak{F}$-meßbar und
(b) $X(t)$ ist für jedes $t \geqq 0$ $\mathfrak{F}_t$-meßbar,

ist $(\mathfrak{F}_t)$-vorhersagbar.

Den direkten Bezug zur Martingaltheorie enthält der folgende Satz.

6.4.4.3. Satz (Martingalsatz, Meyér, Dellacherie). Für gegebene $(\Omega, \mathfrak{F}, \mathsf{P})$, Φ und $(\mathfrak{F}_t)$ gibt es einen (bis auf die stochastische Äquivalenz eindeutig bestimmten) monoton wachsenden $(\mathfrak{F}_t)$-vorhersagbaren zufälligen Prozeß $(Y(t), t \geqq 0)$, so daß für jeden $(\mathfrak{F}_t)$-vorhersagbaren nichtnegativen Prozeß $(X(t), t \geqq 0)$ gilt

$$\mathsf{E}\left(\int_0^\infty X(t)\, \mathrm{d}\Phi(t)\right) = \mathsf{E}\left(\int_0^\infty X(t)\, \mathrm{d}Y(t)\right). \tag{1}$$

Der Prozeß $(\Phi(t) - Y(t))$ ist ein Martingal, dessen wachsender Anteil in $(Y(t))$ eingeht; $(Y(t))$ kompensiert das Wachstum von $\Phi(t)$, so daß $(\Phi(t) - Y(t))$ konstante bedingte Erwartungswerte besitzt.

6.4.4.4. Definition. Der Prozeß $(Y(t))$ heißt der *Kompensator* von $(\Phi(t))$ bzw. Φ bez. $(\mathfrak{F}_t)$.

Für die vorgesehene Anwendung des Martingalsatzes ist es wesentlich, für die jeweilige Aufgabenstellung, d. h. bei gegebenem Φ, den Kompensator $(Y(t))$ bestimmen zu können.

Hierzu können die folgenden Aussagen dienen.

6.4.4.5. Satz (Papangelou). Falls $\mathfrak{F}_t \equiv \sigma(\Phi_u, 0 \leqq u \leqq t)$, dann ist eine *Version* von $(Y(t))$ gegeben durch

$$Y(t) = \begin{cases} 0 & \text{für} \quad t = 0, \\ Y(T_n) + \int\limits_0^{t-T_n} \dfrac{G^n(\mathrm{d}x)}{G([x, \infty))} & \text{für} \quad T_n \leqq t \leqq T_{n+1}. \end{cases} \tag{2}$$

Dabei ist G^n die bedingte Verteilung des Abstandes $T_{n+1} - T_n$ der Punkte T_{n+1}, T_n von Φ unter der Bedingung $\mathfrak{F}_{T_n}$, d. h.

$$G^n(\cdot) = \mathbf{P}(T_{n+1} - T_n \in (\cdot) \mid \mathfrak{F}_{T_n})$$

für jedes $n = 0, 1, \ldots$, wobei $\mathfrak{F}_{T_n} = \{\mathscr{X} \in \mathfrak{F} : \mathscr{X} \cap \{T_n \geqq t\} \in \mathfrak{F}_t \text{ für jedes } t \geqq 0\}$.

6.4.4.6. Beispiel. Für einen gewöhnlichen Erneuerungsprozeß Φ mit der Verteilungsfunktion $F(x)$ der Abstände gilt

$$Y(t) = \begin{cases} 0 & \text{für} \quad t = 0, \\ Y(T_n) + \int\limits_0^{t-T_n} \dfrac{F(\mathrm{d}x)}{F([x, \infty))} & \text{für} \quad T_n \leqq t \leqq T_{n+1}. \end{cases}$$

6.4.4.7. Definition. Falls $(Y(t))$ als Integral

$$Y(t) = \int\limits_0^t \lambda(s)\,\mathrm{d}s \qquad \text{für jedes} \quad t \geqq 0 \tag{3}$$

darstellbar ist, dann wird $\lambda(t)$ als $(\mathfrak{F}_t)$-*Intensität* von Φ bezeichnet.

6.4.4.8. Satz (Watanabe). Der Punktprozeß Φ ist genau dann ein Poisson-Prozeß mit dem Parameter λ, wenn $Y(t) = \lambda t$, d. h., $\lambda(t) \equiv \lambda$.

Das Prinzip der Anwendung des Martingalsatzes bei der Nutzung eingebetteter Punktprozesse besteht darin,

(i) für einen betrachteten Bedienungsprozeß mit stetiger Zeit (z. B. den Anzahlprozeß $(N(t))$) einen geeigneten eingebetteten Punktprozeß zu wählen (z. B. den Prozeß $(\mathring{T}_n)$ der Ankunfts- oder den Prozeß $(\tilde{T}_n)$ der Abgangszeitpunkte von Forderungen), wobei häufig realisierungsweise Zusammenhänge ausgenutzt werden,
(ii) den Kompensator $(Y(t))$ von Φ zu bestimmen, wozu auch, im Falle der Existenz, die $\mathfrak{F}_t$-Intensität $\lambda(t)$ von Φ verwendet werden kann, und
(iii) den Martingalsatz 6.4.4.3 anzuwenden, wobei häufig ein weiterer Prozeß $(X(t))$ mit stetiger Zeit auftritt (z. B. der Indikatorprozeß des Zählprozesses $N(t)$ oder eines anderen Prozesses), der $(\mathfrak{F}_t)$-vorhersagbar ist.

Um im Schritt (ii) zu expliziten Ausdrücken zu kommen, die im Schritt (iii) verwendet werden können, ist i. allg. die Voraussetzung mindestens einer Folge von unabhängigen exponentialverteilten Primärgrößen (Pausen- oder Bedienungszeiten) erforderlich.

6.4.4.9. Beispiel (Brémaud/Jacod (1977)). Es wird nachgewiesen, daß für das System G/M/1/∞ mit FIFO für jedes $t \geqq 0$ die Beziehung gilt

$$\mathsf{E}N(t) = \mu \mathsf{E}W(t),$$

wobei $N(t)$ die Anzahl der Forderungen im System zur Zeit $t + 0$ ist und $W(t)$ die virtuelle Wartezeit zur Zeit t. Zunächst wird im allgemeinen System G/GI/1/∞ mit FIFO für den Anzahlprozeß $(N(t))$ als eingebetteter Punktprozeß der Punktprozeß $\tilde{\Phi} = (\tilde{T}_n)$ mit $\tilde{T}_1 = 0$ der Abgangszeitpunkte bedienter Forderungen betrachtet ((i)) und bez. $\mathfrak{F}_t \equiv \sigma(\tilde{\Phi}(u),\ 0 \leqq u \leqq t)$ der Kompensator $(Y(t))$ bestimmt ((ii)). Nach S. 6.4.4.5 ist

$$Y(t) = Y(\tau_t) + 1_{\{N(t)>0\}} \int\limits_0^{t-\tau_t} \frac{\mathrm{d}B(u)}{1 - (Bu)},$$

mit

$$\tau_t = \tau_t^- 1_{\{N(t)\geqq 2\}} + \max(\tau_t^+, \tau_t^-)\, 1_{\{N(t)\leqq 1\}}, \qquad \tau_t^+ = \sup\{\mathring{T}_n : \mathring{T}_n < t\},$$

$$\tau_t^- = \sup\{\tilde{T}_n : \tilde{T}_n < t\},$$

$\mathring{T}_n = n$-ter Ankunftszeitpunkt einer Forderung ($\mathring{\Phi}$ ist der zugehörige Punktprozeß). Falls die Bedienungszeitverteilungsfunktion $B(u)$ die Dichte $b(u)$ besitzt, dann ergibt sich für die $\mathfrak{F}_t$-Intensität $\tilde{\lambda}(t)$ von $\tilde{\Phi}$

$$\tilde{\lambda}(t) = 1_{\{N(t)>0\}} \frac{b(t - \tau_t)}{1 - B(t - \tau_t)}$$

und speziell für den Fall G/M/1/∞

$$\tilde{\lambda}(t) = 1_{\{N(t)>0\}}\mu, \tag{4}$$

wodurch nach (3) der Kompensator $(Y(t))$ gegeben ist.

(iii) Auf Grund des Prozesses $(W(t))$ der virtuellen Wartezeit (dessen Charakteristik auf der rechten Seite der zu beweisenden Beziehung auftritt) wird als Prozeß $(X(t))$ der Indikatorprozeß gebildet

$$X(u) = \begin{cases} 1 & \text{für} \quad t < u \leqq t + W(t), \\ 0 & \text{sonst.} \end{cases}$$

$(X(u))$ ist nach S. 6.4.4.2 $(\mathfrak{F}_t)$-vorhersagbar. Wegen $N(t) = \mathring{\Phi}(t) - \tilde{\Phi}(t) = \int\limits_t^{t+W(t)} \mathrm{d}\tilde{\Phi}(u)$ ergibt sich aus dem Martingalsatz 6.4.4.3

$$\begin{aligned} \mathsf{E}N(t) &= \mathsf{E}\left(\int\limits_t^{t+W(t)} \mathrm{d}\tilde{\Phi}(u)\right) = \mathsf{E}\left(\int\limits_t^{\infty} X(u)\, \mathrm{d}\tilde{\Phi}(u)\right) = \mathsf{E}\left(\int\limits_t^{\infty} X(u)\, \mathrm{d}Y(u)\right) \\ &= \mathsf{E}\left(\int\limits_t^{t+W(t)} \mathrm{d}Y(u)\right) = \mathsf{E}\left(\int\limits_t^{t+W(t)} \tilde{\lambda}(u)\, \mathrm{d}u\right). \end{aligned}$$

Für das System G/M/1/∞ mit FIFO folgt dann wegen (4) die gesuchte Relation

$$\mathsf{E}N(t) = \mathsf{E}\left(\int\limits_t^{t+W(t)} 1_{\{N(t)>0\}}\mu\, \mathrm{d}u = \mu \mathsf{E}W(t).\right.$$

Für das stationäre Bedienungssystem G/M/1/∞ mit FIFO folgt daraus wegen $\mathsf{E}W(0) = \frac{\lambda}{\mu}\, \mathsf{E}(\mathring{W} + B_0)$, vgl. König/Rolski/Schmidt/Stoyan (1978), die Little-Formel

$$\mathsf{E}N(0) = \lambda \mathsf{E}(\mathring{W} + B_0),$$

wobei B_0 die Bedienungszeit und $\mathring{W}$ die aktuelle Wartezeit einer beliebigen Forderung sind.

6.4.4.10. Bemerkung. Die dargelegte Martingalmethode kann ausgedehnt werden auf den Fall eines eingebetteten markierten Punktprozesses Φ mit dem Markenraum $[\mathscr{K}, \mathfrak{K}]$.

Als Zählprozeß dient dann für jede Markenmenge $\mathscr{L} \in \mathfrak{K}$ der Prozeß $(\Phi\mathscr{L}(t), t \geqq 0)$ mit $\Phi\mathscr{L}(t) = \Phi([0, t] \times \mathscr{L})$. Der Martingalsatz 6.4.4.3 kann auf diesen Fall übertragen werden, vgl. Brémaud/Jacod (1977), wobei analog der Kompensator $(Y\mathscr{L}(t))$ auftritt. Beispielsweise gilt für einen unabhängig markierten Poisson-Prozeß Φ, daß $Y\mathscr{L}(t) = \lambda t \mathsf{Q}(\mathscr{L})$, wobei λ den Parameter und Q die Markenverteilung bezeichnet. Mit dieser Technik bewiesen Brémaud/Jacod (1977), daß für das System M/GI/1/∞ gilt

$$\mathsf{E}W(t) = \frac{\lambda}{\mu} t - \int_0^t \big(1 - \mathsf{P}(N(u) = 0)\big) \, du .$$

7. Unempfindlichkeit stationärer Zustandswahrscheinlichkeiten

Für eine Reihe von Bedienungssystemen, insbesondere Verlustsysteme, bleiben die *stationären Zustandswahrscheinlichkeiten* unverändert, wenn man von Exponentialverteilungsfunktionen für die Pausen- oder Bedienungszeiten zu beliebigen anderen Verteilungsfunktionen unter Beibehaltung derselben Erwartungswerte übergeht, d. h., die stationären Zustandswahrscheinlichkeiten sind *unempfindlich* gegenüber der Form dieser Verteilungsfunktionen bei fest gegebenen Erwartungswerten. Schon ERLANG hatte 1917 die Vermutung, daß die von ihm hergeleiteten stationären Wahrscheinlichkeiten dafür, daß k Forderungen im System M/M/s/0 sind, auch für das Bedienungssystem M/GI/s/0 die gleichen sind.

Das Vorliegen dieser *Unempfindlichkeitseigenschaft*, oft auch *Invarianzeigenschaft* genannt, hat unmittelbare praktische Bedeutung. Erstens genügt es bei ihrem Vorliegen, den Mittelwert der Pausen- bzw. Bedienungszeiten usw. statistisch zu ermitteln, d. h. zu schätzen. Man benötigt nicht die Verteilungsfunktion, deren statistische Bestimmung erheblich mehr Aufwand bedeutet. Zweitens ist es analytisch wesentlich einfacher, die stationären Zustandswahrscheinlichkeiten von Bedienungssystemen zu berechnen, wenn man anstelle von beliebigen Verteilungsfunktionen die Exponentialverteilungsfunktion nehmen kann, weil sich dann das zeitliche Systemverhalten durch Markowsche Ketten (↑ Kap. 5) erfassen und behandeln läßt. Drittens sind die Annahmen über die Gestalt der Verteilungsfunktion der Pausen- oder Bedienungszeiten, die man für praktische Untersuchungen ohne Vorlage hinreichenden Datenmaterials sowie auch bei theoretischen Untersuchungen macht, häufig nicht sehr realistisch. Die Annahme der Exponentialverteilung ist zwar für Berechnungen sehr vereinfachend, widerspricht aber nicht selten inhaltlichen Vorstellungen über die betreffende Verteilungsfunktion, insbesondere wegen der Eigenschaft der Gedächtnislosigkeit der Exponentialverteilung (↑ [2.9.11]). Daher ist es von Wichtigkeit zu wissen, ob die stationären Zustandswahrscheinlichkeiten und daraus abgeleitete bzw. weitere charakteristische Größen die gleichen bleiben, wenn man von der Exponentialverteilung zu anderen Verteilungen mit demselben Erwartungswert übergeht. Dann kann auch bei Simulationsuntersuchungen von Bedienungssystemen eine rechentechnisch einfach und günstig zu bildende Verteilungsfunktion gewählt werden, um zufällige Pausen- oder Bedienungszeiten mit vorgegebenem Mittelwert künstlich zu erzeugen.

Seit ERLANGS Vermutung und insbesondere seit deren vollständiger Beweis durch SEWASTJANOW (1957) gelang und die Arbeit von COHEN (1957) zur Unempfindlichkeit des Engsetschen Verlustsystems veröffentlicht wurden, sind immer neue Bedienungssysteme auf das Vorliegen der Unempfindlichkeitseigenschaft untersucht worden. Hierbei hat sich eine Reihe unterschiedlicher Methoden entwickelt, von denen die wesentlichen hier dargelegt, kommentiert, und an Beispielen demonstriert werden.

Abschnitt [7.1] basiert auf der grundlegenden Arbeit von SEWASTJANOW (1957), der die Unempfindlichkeitseigenschaft der stationären Zustandswahrscheinlichkeiten p_k für das System M/GI/s/0 mit Hilfe markowisierter zufälliger Prozesse (↑ Kap. 5) sowie durch einen Ergodensatz und einen Produktansatz zur Lösung von Systemen von Integro-Differentialgleichungen nachwies. Eine analoge, ebenfalls in [7.1] enthaltene Methode benutzt Systeme von Differentialgleichungen. Zur Vermeidung dieses komplizierten und aufwendigen analytischen Apparates und um tiefere theoretische Einsichten in die Zusammenhänge, insbesondere zum *Produktansatz*, zu gewinnen, wurden in der Folgezeit rein algebraische notwendige und hinreichende Kriterien für die Unempfindlichkeit stationärer Zustandswahrscheinlichkeiten einer großen Klasse formalisierter Bedienungssysteme bewiesen. Hierzu seien insbesondere die Arbeiten von MATTHES (1960, 1962), KOWALENKO (1962, 1963), KÖNIG/MATTHES/NAWROTZKI [1], [2], SCHASSBERGER (1977), JANSEN/KÖNIG (1976), JANSEN/KÖNIG/NAWROTZKI (1979), KÖNIG (1976), KÖNIG/JANSEN (1976) genannt, die als Grundlagen entsprechender Methoden dienen; vgl. auch GNEDENKO/KOWALENKO [1], KÖNIG/STOYAN [1], BOROWKOW [1]. Diese sind, mit Beispielen und Bemerkungen für die Anwendungen versehen, in [7.2] bis [7.4] dargelegt. In [7.2.6] und [7.1.3.5] werden Aussagen zur Ausdehnung der Unempfindlichkeitseigenschaft auf Bedienungssysteme mit *stationär abhängigen Zufallsgrößen*, z. B. der Bedienungszeiten auf einem festen Bedienungsgerät oder der Pausenzeiten einer Quelle, im Sinne stationärer zufälliger Punktprozesse gemacht.

Für unempfindliche Systeme gibt es eine Reihe allgemeiner Ergebnisse für die *stationäre Verteilung* der *Restarbeitsmengen*, für *ablauforientierte stationäre Verteilungen* in speziellen eingebetteten Zeitpunkten, für *mittlere Verweilzeiten* in aktiven Zuständen bzw. Zustandsmengen sowie fürdie *Poisson-Eigenschaft* bestimmter eingebetteter Punktprozesse, z. B. des Abgangsprozesses der Forderungen (↑ [7.2.7]).

Auf weitere Methoden zur Unempfindlichkeitsprüfung wird kurz in [7.5] eingegangen, wo auch — wie in [7.1.3] und [7.2.5] — Bedienungssysteme genannt werden, deren Unempfindlichkeitseigenschaften nicht mit den Methoden in [7.2] bis [7.4] beweisbar bzw. speziellerer Natur sind.

7.1. Prüfung der stationären Zustandswahrscheinlichkeiten auf Unempfindlichkeit mit Hilfe der Methoden der Differentialgleichungen bzw. Integro-Differentialgleichungen

7.1.1. Das Wesen der Methode

Sämtliche das Bedienungssystem bestimmenden primären Zufallsgrößen (Pausen-, Bedienungs-, Lebens-, Reparaturzeiten usw.) seien *unabhängig* und nicht alle primären Zufallsgrößen seien exponentialverteilt. Die Voraussetzung der Unabhängigkeit kann in bestimmter Weise abgeschwächt werden (↑ [7.1.3.5]). Es seien $F_i(x)$ die Verteilungsfunktionen der nichtexponentialverteilten primären Zufallsgrößen und $m_i = \mu_i^{-1}$ ihre endlichen Erwartungswerte.

Mit g werden die möglichen Zustände des Systems, mit $\mathcal{G}$ wird ihre Menge bezeichnet (↑ [5.2.1] und [5.4.1]). Durch g wird erfaßt, welche bzw. wieviele Bedienungsgeräte,

Quellen usw. in welchem Zustand sind, gegebenenfalls wieviele Forderungen warten, nicht jedoch das Alter oder die Restdauer der gerade laufenden Zeiten.

Für den zufälligen Prozeß, der den zeitlichen Ablauf im Bedienungssystem erfaßt, möge bez. $\mathcal{G}$ genau eine stationäre Verteilung $(p_g)_{g\in\mathcal{G}}$ existieren. Das gilt z. B., wenn dieser Prozeß ergodisch ist (vgl. entsprechenden Ergodensätze aus Kap. 3 bzw. 5). Existenz und Eindeutigkeit der Verteilung (p_g) können aber auch aus allgemeinen Existenz- und Eindeutigkeitssätzen für die im folgenden auftretenden Systeme (D) von Differentialgleichungen bzw. (I-D) von Integro-Differentialgleichungen folgen.

Es soll geprüft werden, ob sich diese stationären Wahrscheinlichkeiten p_g für die Systemzustände g von denjenigen unterscheiden, die man erhält, wenn sämtliche $F_i(x)$ Exponentialverteilungen mit denselben Erwartungswerten m_i sind. Stimmen die p_g in beiden Fällen überein, so heißen sie *unempfindlich*, genauer *unempfindlich gegenüber der Form der $F_i(x)$ bei gegebenen Erwartungswerten m_i*. Hierbei können die Verteilungsfunktionen $F_i(x)$ für verschiedene i unterschiedlich sein. Wenn die p_g unempfindlich sind, so sind sie es nicht nur für die gegebenen Erwartungswerte m_i, sondern für beliebige endliche Werte $m_i > 0$. Müssen gewisse der $F_i(x)$ identisch sein bzw. sind sie gleich vom Modell her identisch, so ändern sich manche der folgenden Aussagen etwas (↑ Bemerkung 7.1.3.2).

Die Prüfung der p_g auf Unempfindlichkeit ist so zu verstehen, daß die p_g dabei noch nicht bekannt sein müssen, weder für beliebige noch für Exponentialverteilungsfunktionen $F_i(x)$. Die meisten Methoden bestehen gerade darin, die Unempfindlichkeit der p_g festzustellen und sie dabei gleichzeitig zu berechnen bzw. festzustellen, daß sie nicht unempfindlich sind, ohne sie bestimmen zu müssen.

Hierzu wird der zufällige Prozeß mit dem Zustandsraum $\mathcal{G}$, der unter den gemachten Voraussetzungen nicht Markowsch ist, mit Hilfe stetiger Zusatzvariabler $X_i(t)$ gemäß den Methoden von [5.4.1] markowisiert. Diese Größen $X_i(t)$ sind also die bis zum Zeitpunkt t angelaufenen Alter bzw. die Restdauern vom Zeitpunkt t an der Zufallsgrößen mit den beliebigen Verteilungsfunktionen $F_i(x)$. Ist $G(t) = g$ der Zustand zum Zeitpunkt t, so bezeichnet $|G(t)| = |g|$ die Anzahl der Zusatzvariablen $X_i(t)$ zu diesem Zeitpunkt. Die Änderungen der Zustandsvariablen $X_i(t)$ im Ablauf der Zeit können mit positiven Geschwindigkeiten c_{ig} erfolgen, die vom Systemzustand g abhängen können.

Nunmehr wird zunächst genauso verfahren wie in [5.4.1] beschrieben, d. h., es werden je nach Wahl der Methode die entsprechenden Größen gebildet, die Schritte (i) bis (iii) der gewählten Methode realisiert. Die Gleichungssysteme für die stationären Größen $F_g(x_1, \ldots, x_{|g|})$ und p_g bzw. für die Dichten $f_g(x_1, \ldots, x_{|g|})$ seien somit aufgestellt. Wir bezeichnen sie zur Abkürzung im folgenden mit (D) bzw. (I-D).

(iv) *Verwendung der Gleichungssysteme* (D) *bzw.* (I-D) *zur Unempfindlichkeitsprüfung der Größen p_g:*

(iv$_1$) Einsetzmethode: Eine elementare Methode besteht darin, für die beliebige Verteilungsfunktionen $F_i(x)$ konkrete, von Exponentialverteilungen unterschiedliche Funktionen mit den Erwartungswerten m_i zu wählen, mit denen sich die Gleichungssysteme (D) bzw. (I-D) lösen und somit die stationären Zustandswahrscheinlichkeiten p_g berechnen lassen. Die so ermittelten Größen p_g werden mit denjenigen verglichen, die man erhält, wenn sämtliche Funktionen $F_i(x)$ Exponentialverteilungsfunktionen mit den Erwartungswerten m_i sind. Falls die p_g hierfür noch nicht bekannt sind (z. B. durch Anwendung der Methoden von [5.1.1] oder [5.2.2]), dann können für die $F_i(x)$ auch Exponentialverteilungsfunktionen mit den Erwartungswerten m_i in die Gleichungssysteme (D) bzw. (I-D) eingesetzt und das sich ergebende Gleichungssystem (↑ (1) in [5.2.2]) gelöst werden. Stimmen die aus (D) bzw. (I-D) ermittelten Größen p_g für die gewählten speziellen Nichtexponentialverteilungsfunktionen $F_i(x)$ und für Exponentialverteilungsfunktionen an Stelle der $F_i(x)$ (jeweils mit gleichen Erwartungswerten m_i) nicht überein, so sind die p_g nicht unempfindlich gegenüber der Form der $F_i(x)$ bei festen m_i. Beispiel 7.1.2.1 demonstriert diese Methode.

Stimmen die Größen p_g für beide betrachteten Fälle überein, so kann man zwar das Vorliegen der Unempfindlichkeitseigenschaft vermuten, aber sie ist nicht nachgewiesen. Das ist nur der Fall, wenn man mit dem Produktansatz mit allgemeinen Verteilungsfunktionen $F_i(x)$ gemäß (iv_2) arbeitet. Das Einsetzen spezieller Funktionen für die $F_i(x)$ ergibt in diesem Falle keine Vereinfachung.

(iv_2) *Produktansatz bilden und einsetzen:* Für die in den Gleichungssystemen (D) bzw. (I-D) auftretenden Größen $F_g(x_1, \ldots, x_{|g|})$ bzw. $f_g(x_1, \ldots, x_{|g|})$ wird für alle $g \in \mathcal{G}$ folgender Ansatz in Form eines Produktes (Trennung der Variablen) gemacht; er geht auf SEWASTJANOW (1957) zurück:

— Produktansatz bei der Methode der Differentialgleichungen:

$$F_g(x_1, \ldots, x_{|g|}) = p_g \prod_{i=1}^{|g|} \mu_i \int_0^{x_i} \big(1 - F_i(t)\big)\, dt, \tag{P1}$$

— Produktansatz bei der Methode der Integro-Differentialgleichungen:

$$f_g(x_1, \ldots, x_{|g|}) = p_g \prod_{i=1}^{|g|} \mu_i\big(1 - F_i(x_i)\big). \tag{P2}$$

Der Produktansatz drückt die Unabhängigkeit der in g jeweils auftretenden Zusatzvariablen aus, unter der Bedingung, daß das System im Zustand g ist. Denn der Faktor mit dem Index i im Produkt ist die Verteilung der Zusatzvariablen $X_i(t)$ (↑ [7.1.3.3]).

In beide Formen des Produktansatzes gehen die auf Unempfindlichkeit gegenüber der Form der $F_i(x)$ bei gegebenen festen Erwartungswerten $m_i = \mu_i^{-1}$ zu untersuchenden stationären Zustandswahrscheinlichkeiten p_g als Koeffizienten sowie die Verteilungsfunktionen $F_i(x)$ der im Systemzustand g ablaufenden nichtexponential verteilten Zufallsgrößen ein.

Es sind zwei Fälle zu unterscheiden:

1⁰ die Größen p_g sind für den Fall, daß sämtliche primären Zufallsgrößen des betrachteten Bedienungssystems (also auch die Größen mit den Verteilungsfunktionen $F_i(x)$) exponentialverteilt sind, bekannt (als Lösungen des Systems (2) aus [5.1.1] bzw. des Systems Z, d. h. (1) aus [5.2.2]) oder

2⁰ die Größen p_g sind für diesen Fall noch nicht bekannt.

Im Fall 1⁰ werden die Größen p_g in den Produktansatz und die damit gewonnenen stationären Größen $F_g(x_1, \ldots, x_{|g|})$ bzw. $f_g(x_1, \ldots, x_{|g|})$ in das entsprechende Gleichungssystem (D) bzw. (I-D) eingesetzt. Erfüllen sie das System, d. h. sind sie Lösungen desselben, dann sind die Größen p_g auch die stationären Zustandswahrscheinlichkeiten für beliebige Verteilungsfunktionen $F_i(x)$ und somit unempfindlich im angegebenen Sinne.

Erfüllen die aus dem Produktansatz gewonnenen stationären Größen das entsprechende Gleichungssystem (D) bzw. (I-D) nicht, so sind die stationären Zustandswahrscheinlichkeiten p_g nicht unempfindlich gegenüber der Form der im Produktansatz auftretenden Verteilungsfunktionen $F_i(x)$. Es können dann gewisse von ihnen als Exponentialverteilungen angenommen werden, und für die restlichen bzw. anderen Verteilungsfunktionen, die vorher Exponentialverteilungen waren, kann das Verfahren wiederholt werden.

Beim Einsetzen der durch den Produktansatz gegebenen stationären Größen in das entsprechende Gleichungssystem (D) bzw. (I-D) kann es sich ergeben, daß letzteres nur dann gelöst werden kann, wenn gewisse zusätzliche Bedingungen an die zunächst noch frei wählbaren Parameter des untersuchten Modells erfüllt werden. Solche Bedingungen können z. B. bestimmte Relationen zwischen den auftretenden Erwartungswerten m_i oder zwischen den Abbaugeschwindigkeiten c_{ig} sein. Des weiteren kann z. B. eine bestimmte Auswahlregel für das Belegen einer von mehreren freien Bedienungsgeräten bei Eintreffen einer Forderung erforderlich sein. In einem solchen Fall liegt die Unempfindlichkeit der stationären Zustandswahrscheinlichkeiten p_g nur bei Erfüllung der Zusatzbedingungen vor (für Beispiele ↑ König/Jansen/Kotzurek/Rabe (1976)). Beispiel 7.1.2.1 demonstriert die Methode (iv$_1$), Fall 1^0, ohne Zusatzbedingungen.

Im Fall 2^0 wird der Produktansatz mit den zunächst noch unbekannten Koeffizienten p_g in das Gleichungssystem (D) bzw. (I-D) für die entsprechende stationäre Größe eingesetzt. Durch Vergleich der Koeffizienten vor denselben Größen in den Gleichungen ergibt sich ein System linearer algebraischer Gleichungen (wir nennen es Z′) für die Größen p_g. Das System Z′ ist zu lösen, wobei eventuell ebenfalls gewisse Zusatzbedingungen erfüllt sein müssen (↑ (iv$_1$)). Besitzt das System Z′ eine positive Wahrscheinlichkeitslösung $(p_g)_{g\in\mathcal{G}}$, d. h. sind alle $p_g > 0$ und ist $\sum_{g\in\mathcal{G}} p_g = 1$, so erfüllt der Produktansatz mit diesen p_g das entsprechende System (D) von Differentialgleichungen bzw. (I-D) von Integro-Differentialgleichungen, und die Größen p_g sind die stationären Zustandswahrscheinlichkeiten des betrachteten Bedienungssystems mit beliebigen Verteilungsfunktionen $F_i(x)$. Das heißt, die p_g sind unempfindlich im angegebenen Sinne. Besitzt das ermittelte lineare algebraische Gleichungssystem keine positive Wahrscheinlichkeitslösung, so liegt keine Unempfindlichkeitseigenschaft bez. der Form der im Produktansatz vorkommenden Verteilungsfunktionen $F_i(x)$ vor.

Wie im Fall 1^0 kann das Verfahren mit einer anderen Wahl von exponential- bzw. nichtexponentialverteilten primären Zufallsgrößen wiederholt werden. Zur Veranschaulichung der Methode (iv$_2$), Fall 2^0 mit Zusatzbedingungen dient Beispiel 7.1.2.3.

7.1.2. Beispiele

7.1.2.1. Beispiel. Wir übernehmen das Beispiel in [5.4.2.1] mit der Verteilungsfunktion $L(x)$ der Wegezeiten zur Demonstration der Einsetzmethode (iv$_1$) aus. Die Schritte (i)—(iii) verlaufen (mit der Methode der Differentialgleichungen) wie im Kap. 5. Als Abschluß von (iii) ergibt sich das Gleichungssystem (D) für die stationären Größen $\bar{F}_g(x) = p_g - F_g(x)$, $g = i = 1, 3$, und p_g, $g = i = 0, 2, 4$. Die Größen p_g sind noch unbekannt. Als Spezialfall (a) in [5.4.2.1] wurde die Exponentialverteilungsfunktion gewählt $L(x) = 1 - e^{-cx}$.

Wegen der Unabhängigkeit der Ereignisse $G(t) = g$ und $X(t) = x$ sowie der Exponentialverteilung der Restbedienungszeit $X(t)$ folgt unmittelbar

$$\bar{F}_g(x) = p_g\, e^{-cx} \quad \text{für} \quad g = 1, 3.$$

Durch Einsetzen $F_g(x)$ und $L(x) = 1 - e^{-cx}$ ergibt sich ein algebraisches Gleichungssystem für die p_g, dessen Lösung in [5.4.2.1] angegeben ist.

Als Spezialfall (b) in [5.4.2.1] wurde für $L(x)$ die spezielle Verteilungsfunktion $\delta_m(x)$, das bedeutet konstante Wegezeiten, gewählt. Wir setzen jetzt $m = \frac{1}{c}$. Damit wurde (D) mit den allgemeinen Lösungsmethoden für Systeme gewöhnlicher Differentialgleichungen mit konstanten Koeffizienten gelöst, d. h. $F_g(x)$ und p_g bestimmt. Diese p_g unterscheiden sich (insbesondere für $m = \frac{1}{c}$) offensichtlich von den p_g aus Spezialfall (a), d. h. im Falle, daß $L(x)$ eine Exponentialverteilung ist. Also sind die p_g nicht unempfindlich gegenüber der Form von $L(x)$ bei festem Erwartungswert $m = \frac{1}{c}$.

7.1.2.2. Beispiel. Als Beispiel für die Methode (iv$_2$), Fall 1^0, verwenden wir [5.4.2.2], d. h. das Erlangsche Verlustsystem M/GI/2/0 mit identischen Verteilungsfunktionen $B(x)$ für die Bedienungszeiten auf beiden Bedienungsgeräten. Es werden die Schritte (i)—(iii) wie in [5.4.2.2] durchlaufen, womit sich am Ende von (iii) das System (I-D) von Integro-Differentialgleichungen ergibt, und zwar für die stationären Dichten

$$q_1(x_1) = \frac{f_1(x_1)}{1 - B(x_1)}, \quad q_2(x_1, x_2) = \frac{f_2(x_1, x_2)}{(1 - B(x_1))\,(1 - B(x_2))}$$

anstelle der Größen $f_1(x)$, $f_2(x_1, x_2)$. Die stationären Zustandswahrscheinlichkeiten p_g, $g = 0, 1, 2$, für exponentialverteilte Bedienungszeiten, d. h. für das System M/M/2/0 sind bekannt (Erlangsche Formel)

$$p_1 = \lambda \mathsf{E}B p_0, \quad p_2 = \frac{\lambda^2}{2} (\mathsf{E}B)^2 p_0, \quad p_0 = \left(1 + \lambda \mathsf{E}B + \frac{\lambda^2}{2} (\mathsf{E}B)^2\right)^{-1}.$$

Der Produktansatz (P2) ergibt

$$f_1(x_1) = p_1(\mathsf{E}B)^{-1} (1 - B(x_1)) = \lambda p_0(1 - B(x_1)),$$

$$f_2(x_1, x_2) = p_2(\mathsf{E}B)^{-2} (1 - B(x_1))\,(1 - B(x_2)) = \frac{\lambda^2}{2} p_0(1 - B(x_1)\,(1 - B(x_2))$$

und somit

$$q_1(x_1) = \lambda p_0, \quad q_2(x_1, x_2) = \frac{\lambda^2}{2} p_0.$$

Diese aus dem Produktansatz erhaltenen Größen sind, wie das Einsetzen zeigt, Lösungen des Gleichungssystems (I-D). Damit sind die Größen p_0, p_1, p_2 auch die stationären Zustandswahrscheinlichkeiten für das System M/GI/2/0 und somit unempfindlich.

7.1.2.3. Beispiel. Wir betrachten das Erlangsche Verlustsystem M/GI/2/0 mit unterschiedlichen Bedienungszeitverteilungen $B_1(x)$, $B_2(x)$ auf beiden Bedienungsgeräten sowie mit verschiedenen, vom Systemzustand g abhängigen positiven Bedienungsgeschwindigkeiten c_{jg}, $j = 1, 2$ (j = Nummer des Bedienungsgerätes), und mit einer zufälligen Auswahl des Bedienungsgerätes j mit der Wahrscheinlichkeit q_j bei Eintreffen einer Forderung, falls beide Bedienungsgeräte frei sind. Der Parameter der Pausenzeitverteilung ist λ, und $\mu_1 = m_1^{-1}$, $\mu_2 = m_2^{-1}$ sind diejenigen der Arbeitsmengenverteilungen für die Bedienung (bei Geschwindigkeiten ist diese Bezeichnung anstelle von Bedienungszeiten erforderlich (↑ [7.1.3.3]). Um festzustellen, ob die stationären Zustandswahrscheinlichkeiten p_g für dieses Bedienungssystem mit denjenigen für das entsprechende System M/M/2/0 übereinstimmen (die unbekannt sind), wird die Methode (iv$_2$) Fall 2^0 verwendet, und zwar mit der Methode der Differentialgleichungen. Es werden also zunächst die Schritte (i)—(iii) für diese Methode gemäß [5.4.1] vollzogen.

Die Systemzustände $g = i$ sind

$i = 0$: beide Bedienungsgeräte frei;
$i = 1$: 1. Bedienungsgerät besetzt (Bedienungsgeschwindigkeiten c_{11}), 2. Bedienungsgerät frei;
$i = 2$: 1. Bedienungsgerät frei, 2. Bedienungsgerät besetzt (Geschwindigkeit c_{22});
$i = 3$: beide Bedienungsgeräte besetzt, Geschwindigkeiten c_{13} und c_{23}.

Es wird der homogene Markowsche Prozeß $(Z(t), t \geqq 0) = \left((G(t), X_1(t), X_2(t)), t \geqq 0\right)$ betrachtet, wobei $G(t)$ den Zustandsraum $\mathcal{G} = \{0, 1, 2, 3\}$ hat, und $X_j(t)$ die Restbedienungszeit auf dem Bedienungsgerät j zur Zeit t ist, bzw. sie entfällt, falls das betreffende Bedienungsgerät frei ist.

Die gesuchten stationären Zustandswahrscheinlichkeiten $p_g = \mathsf{P}(G(t) = g)$ existieren nach S. 5.5.1.1, und sind eindeutig bestimmt. Es werden die Funktionen $F_i(x_i; t) = \mathsf{P}(G(t) = i, X_i(t) < x_i)$, $i = 1, 2$, sowie $F_3(x_1, x_2; t) = \mathsf{P}(G(t) = 3, X_1(t) < x_1, X_2(t) < x_2)$ eingeführt. Nach der Bestimmung der Übergangswahrscheinlichkeiten und der Aufstellung eines Systems von Differenzengleichungen ergibt sich das System (D) von Differentialgleichungen für die stationären Größen:

$$0 = -\lambda p_0 + c_{11} \frac{\partial}{\partial x_1} F_1(0) + c_{22} \frac{\partial}{\partial x_2} F_2(0),$$

$$0 = q_1 \lambda p_0 B_1(x_1) + c_{23} \frac{\partial}{\partial x_2} F_3(x_1, 0) + c_{11} \frac{\partial}{\partial x_1} [F_1(x_1) - F_1(0)] - \lambda F_1(x_1),$$

$$0 = q_2 \lambda p_0 B_2(x_2) + c_{13} \frac{\partial}{\partial x_1} F_3(0, x_2) + c_{22} \frac{\partial}{\partial x_2} [F_2(x_2) - F_2(0)] - \lambda F_2(x_2),$$

$$0 = \lambda F_1(x_1)\, B_2(x_2) + \lambda F_2(x_2)\, B_1(x_1) + c_{13} \frac{\partial}{\partial x_1} (F_3(x_1, x_2) - F_3(0, x_2))$$
$$+ c_{23} \frac{\partial}{\partial x_2} (F_3(x_1, x_2) - F_3(x_1, 0)),$$

sowie die Randbedingungen

$$p_0 + F_1(\infty) + F_2(\infty) + F_3(\infty, \infty) = 1, \qquad F_1(0) = F_2(0) = F_3(0, 0) = 0.$$

(iv) Produktansatz bilden und in (D) einsetzen: Gemäß (iv_2) wird der Produktansatz (P2) mit den unbekannten Koeffizienten p_i gemacht.

$$F_1(x_1) = p_1 \mu_1 \int_0^{x_1} (1 - B_1(t))\, dt, \qquad F_2(x_2) = p_2 \mu_2 \int_0^{x_2} (1 - B_2(t))\, dt,$$

$$F_3(x_1, x_2) = p_3 \mu_1 \mu_2 \int_0^{x_1} (1 - B_1(t))\, dt \int_0^{x_2} (1 - B_2(t))\, dt.$$

Für die im Gleichungssystem (D) auftretenden partiellen Ableitungen dieser Funktionen gilt dann

$$\frac{\partial}{\partial x_1} F_1(x_1) = p_1 \mu_1 (1 - B_1(x_1)), \qquad \frac{\partial}{\partial x_2} F_2(x_2) = p_2 \mu_2 (1 - B_2(x_2)),$$

$$\frac{\partial}{\partial x_1} F_3(x_1, x_2) = p_3 \mu_1 \mu_2 (1 - B_1(x_1)) \int_0^{x_2} (1 - B_2(t))\, dt,$$

$$\frac{\partial}{\partial x_2} F_3(x_1, x_2) = p_3 \mu_1 \mu_2 (1 - B_2(x_2)) \int_0^{x_1} (1 - B_1(t))\, dt.$$

Gemäß (iv_2), Fall 2°, wird der Produktansatz in (D) eingesetzt. Der Vergleich der Koeffizienten vor den gleichen Größen in jeweils einer Gleichung ergibt folgendes lineares algebraisches Gleichungssystem Z′ für die Größen p_i, $i = 0, 1, 2, 3$:

$$0 = -\lambda p_0 + c_{11} p_1 \mu_1 + c_{22} p_2 \mu_2, \tag{1}$$

$$0 = q_1 \lambda p_0 - c_{11} p_1 \mu_1, \tag{2}$$

$$0 = q_2 \lambda p_0 - c_{22} p_2 \mu_2, \tag{3}$$

$$0 = c_{23} p_3 \mu_1 \mu_2 - \lambda p_1 \mu_1, \tag{4}$$

$$0 = c_{13} p_3 \mu_1 \mu_2 - \lambda p_2 \mu_2, \tag{5}$$

$$0 = \lambda p_2 \mu_2 - c_{13} p_3 \mu_1 \mu_2, \tag{6}$$

$$0 = \lambda p_1 \mu_1 - c_{23} p_3 \mu_1 \mu_2. \tag{7}$$

Die Randbedingung ergibt die Normierungsbedingung $p_0 + p_1 + p_2 + p_3 = 1$. Z′ ist unmittelbar lösbar, man erhält aus (2), (3) und (4)

$$p_1 = q_1 \frac{\lambda}{c_{11} \mu_1} p_0, \qquad p_2 = q_2 \frac{\lambda}{c_{22} \mu_2} p_0, \qquad p_3 = q_1 \frac{\lambda^2}{c_{11} c_{23} \mu_1 \mu_2} p_0;$$

und p_0 aus $\sum_i p_i = 1$. (7) stimmt mit (4) überein. (5), die mit (6) übereinstimmt, ergibt

$$p_3 = q_2 \frac{\lambda^2}{c_{13}c_{22}\mu_1\mu_2} p_0.$$

Ein Vergleich der beiden Ausdrücke für p_3 führt zu der Bedingung

$$\frac{q_1}{q_2} = \frac{c_{11}c_{23}}{c_{13}c_{22}}$$

an die Auswahlregel und die Bedienungsgeschwindigkeiten. Ist diese Zusatzbedingung erfüllt, dann sind die aus Z′ bestimmten Größen p_g die stationären Zustandswahrscheinlichkeiten des betrachteten Bedienungssystems und unempfindlich gegenüber der Form von $B_1(x)$, $B_2(x)$ bei festen Werten m_1, m_2. Setzt man diese p_g in den Produktansatz ein, so ergibt sich die Lösung von (D). Gibt man der Zusatzbedingung die Form

$$\frac{q_1}{c_{11}} c_{13} = \frac{q_2}{c_{22}} c_{23},$$

so erkennt man, daß im System bez. Auswahlregel und Geschwindigkeiten eine gewisse Symmetrie eigenschaft vorliegen muß, damit die p_g unempfindlich sind.

Die Zusatzbedingung für die Unempfindlichkeit der p_g enthält insbesondere folgende Spezialfälle:

(a) Auswahlregel „auf gut Glück", d. h., $q_1 = q_2 = \frac{1}{2}$, dann müssen die Geschwindigkeiten die Bedingung $c_{13}c_{22} = c_{11}c_{23}$ erfüllen; sind sämtliche Geschwindigkeiten Eins, so ist sie offensichtlich erfüllt.

(b) Die Geschwindigkeiten hängen höchstens vom Systemzustand g, d. h. von der Anzahl der besetzten Bedienungsgeräte, ab, nicht aber davon, welches Bedienungsgerät besetzt ist, d. h. $c_{11} = c_{22}$ und $c_{13} = c_{23}$ (der Fall $c_{11} = c_{22} = c_{13} = c_{23}$ ist auch zugelassen), dann lautet die Zusatzbedingung $q_1 = q_2 = \frac{1}{2}$. Also liegt für die p_g, wobei der Systemzustand g die Anzahl der Forderungen im System erfaßt, bei Bedienungsgeschwindigkeiten, die nur von g abhängen bzw. gleich sind, die Unempfindlichkeit gegenüber der Form der Verteilungsfunktionen $B_1(x)$, $B_2(x)$ nur vor für die Auswahlregel „auf gut Glück".

7.1.3. Bemerkungen zu der Methode

7.1.3.1. Produktansatz und Unempfindlichkeit. Der in diesem Abschnitt dargelegten Methode zur Prüfung der Unempfindlichkeit im Schritt (iv$_2$) liegt die Aussage zugrunde, daß die Unempfindlichkeit der stationären Zustandswahrscheinlichkeiten p_g im Sinne der Definition in [7.1.1] und die Tatsache, daß die durch den Produktansatz (P1) bzw. (P2) gegebenen Größen Lösungen des Gleichungssystems (D) bzw. (I-D) für die betreffenden stationären Größen sind, äquivalent sind. Das bedeutet insbesondere auch, daß der Produktansatz nur im Falle der Unempfindlichkeit der p_g ein Lösungsansatz für das Gleichungssystem ist, sonst ergibt er keine Lösung.

7.1.3.2. Eingeschränkte Unempfindlichkeit. Es gibt Beispiele von Bedienungsmodellen, für die das System (D) bzw. (I-D) eine Lösung besitzt, die nicht die Form des Produktansatzes (P1) bzw. (P2) hat, wobei trotzdem die stationären Zustandswahrscheinlichkeiten p_g unempfindlich sind. Das sind solche Bedienungssysteme, bei denen vorausgesetzt wird, daß die beliebigen Verteilungsfunktionen $F_i(x)$ für gleichartige Zufallsgrößen (z. B. für sämtliche Bedienungszeiten auf allen Bedienungsgeräten bzw. für sämtliche Reparaturzeiten bzw. für sämtliche Pausenzeiten aller Quellen) *identisch* sind. Die Unempfindlichkeit der p_g für solche Bedienungssysteme ist dann *eingeschränkt* und bedeutet, daß die p_g für beliebige, aber für gleichartige Zufallsgrößen identische Verteilungsfunktionen $F_i(x)$ mit den p_g für Exponentialverteilungsfunktionen $F_i(x)$ übereinstimmen. In diesem Fall verfährt man zunächst nach den Schritten (i) bis (iii) der Methode der Differentialgleichungen bzw. Integro-Differentialgleichungen. Dann jedoch macht man nicht den Produktansatz gemäß (iv_2), da dieser ja zu keiner Lösung führt, sondern man versucht, das System (D) bzw. (I-D) direkt, z. B. mit den üblichen Methoden für solche Systeme, zu lösen. Gelingt das, so ergeben sich aus der Lösung $F_g(x_1, \ldots, x_{|g|})$ bzw. $f_g(x_1, \ldots, x_{|g|})$ die Größen

$$p_g = F_g(\infty, \ldots, \infty) = \int\limits_0^\infty \cdots \int\limits_0^\infty f_g(x_1, \ldots, x_{|g|})\, dx_1 \ldots dx_{|g|}.$$

Sie sind dann als (nach Voraussetzung) einzig existierende Lösungen von (D) bzw. (I-D) die stationären Zustandswahrscheinlichkeiten des betrachteten Bedienungssystems mit beliebigen, für gleichartige Zufallsgrößen identischen Verteilungsfunktionen $F_i(x)$ und somit unempfindlich im eingeschränkten Sinne.

Bedienungssysteme der genannten Art mit eingeschränkter Unempfindlichkeit der p_g findet man z. B. in den Arbeiten von Jacobi (1965), Chaiken/Ignall (1972), Wolff/Wrightson (1976), Petschinkin/Solowjew/Jaschkow (1979), Jansen (1980) und Petschinkin (1983).

Das Bedienungssystem M/GI/1/1 mit einer von Schrage/Miller (1966) angegebenen Disziplin ist ebenfalls von dieser Art. Trifft eine Forderung ein, ist das Bedienungsgerät belegt und wartet keine Forderung im System, so wird die Bedienungszeit der neuen Forderung mit der Restbedienungszeit der in Bedienung befindlichen Forderung verglichen. Ist die Restbedienungszeit kleiner, so wird die Bedienung fortgesetzt, und die neue Forderung wartet. Ist die Restbedienungszeit größer, dann wird die Bedienung unterbrochen (die Forderung kommt auf den Warteplatz), und es beginnt die Bedienung der neu eingetroffenen Forderung. Das heißt, jeweils die kürzeste Restbedienungszeit wird bedient. Eine eintreffende Forderung geht verloren, falls der Warteplatz besetzt ist. Für die stationären Zustandswahrscheinlichkeiten p_g dieses Systems kann man die eingeschränkte Unempfindlichkeit durch explizite Lösung der Integro-Differentialgleichung, vgl. Petschinkin/Solowjew/Jaschkow (1979), bzw. durch realisierungsweisen Vergleich mit dem System M/GI/∞, vgl. Jansen (1980), zeigen.

Es scheint allerdings, daß die in diesen Arbeiten untersuchten Bedienungssysteme sämtlich auf irgendeine Weise mit einem anderen Bedienungssystem gekoppelt sind, für das die uneingeschränkte Unempfindlichkeit der p_g vorliegt, vgl. Jansen (1980).

7.1.3.3. Produktansatz und Unabhängigkeit. Der Produktansatz (P1) bzw. (P2) stellt die betreffenden Zustandsverteilungen bzw. Zustandsdichten in Form eines Produktes von Wahrscheinlichkeiten von Ereignissen dar und drückt somit deren Unabhängigkeit aus. Es handelt sich um die Unabhängigkeit für das Vorliegen des Systemzustandes g und der in diesem Zustand laufenden Zusatzvariablen $X_i(t)$ unter der Bedingung, daß als Systemzustand g vorliegt.

Liegt für die p_g Unempfindlichkeit vor, d. h. sind die durch den Produktansatz gegebenen Größen Lösungen von (D) bzw. (I-D) und somit die stationären Zustandsverteilungen bzw. Zustandsdichten, dann ist das gleichbedeutend mit der Unabhängigkeit der im stationären Zustand laufenden betreffenden Zufallsgrößen.

Werden Bedienungssysteme mit Geschwindigkeiten c_{ig} für die Realisierung der Zufallsgrößen auf Unempfindlichkeit der p_g untersucht, so ist jedoch Vorsicht geboten.

Die Funktionen $F_i(x)$ sind dann nicht die Verteilungsfunktionen der wirklichen Bedienungszeiten, Pausenzeiten, Reparaturzeiten usw., sondern diejenigen von zufälligen Arbeitsmengen für die Bedienungen, Pausen, Reparaturen usw. Und diese Arbeitsmengen werden im Ablauf der realen Zeit mit Geschwindigkeiten c_{ig} realisiert, die sich mit Wechsel des Systemzustandes g ändern können, so daß sich z. B. die wirkliche Bedienungszeit erst durch Streckung und Stauchung der Arbeitsmenge für die Bedienung gemäß den Größen c_{ig} in Abhängigkeit vom Systemzustand ergibt. Die Unempfindlichkeit der p_g bez. der Form der Verteilungsfunktionen $F_i(x)$ der Arbeitsmengen ist mit der Tatsache identisch, daß der entsprechende Produktansatz die Lösung von (D) bzw. (I-D) ergibt, sowie mit der Tatsache der Unabhängigkeit der betreffenden Arbeitsmengen. Die den Arbeitsmengen entsprechenden Zeiten, z. B. Bedienungszeiten, die sich auf verschiedenen Bedienungsgeräten ergeben, sind dagegen abhängig, und ihre Verteilung ist unbekannt.

7.1.3.4. Produktansatz und Dekompositionsprinzip. Das Dekompositionsprinzip (↑ S. 7.2.2.6 und [7.3.2 (ii)]) kann natürlich auch bei der Prüfung der p_g auf Unempfindlichkeit mit Hilfe der Methoden der Differential- bzw. Integro-Differentialgleichungen angewendet werden. Man kann also eine einzelne nichtexponentialverteilte primäre Zufallsgröße X_{i_0} auswählen, für die Verteilung ihrer Zusatzvariablen $X_{i_0}(t)$ als Produktansatz (P1) den einen Faktor $p_g\ \mu_{i_0}\big(1 - F_{i0}(x)\big)$ wählen, sämtliche übrigen primären Zufallsgrößen X_{i_0} als exponentialverteilt voraussetzen und in das dadurch wesentlich reduzierte Gleichungssystem (D) den obigen Faktor einsetzen. Dadurch prüft man die p_g auf Unempfindlichkeit bez. der Form von $F_{i_0}(x)$ bei gegebenem m_{i_0}. Das müßte nun für jede einzelne Zufallsgröße X_i wiederholt werden.

Als praktikabel erweist es sich, jeweils die Unempfindlichkeitsprüfung für mehrere Zufallsgrößen gleichzeitig vorzunehmen. Dazu teilt man am besten alle zu untersuchenden Zufallsgrößen in Gruppen vom System her gleichartiger Zufallsgrößen (z. B. alle Bedienungszeiten) ein und führt die Prüfung für jede Gruppe durch.

7.1.3.5. Erweiterte Unempfindlichkeit bei abhängigen Zufallsgrößen. Die Methoden aus [7.1] setzen die Unabhängigkeit sämtlicher das Bedienungssystem bestimmender primären Zufallsgrößen voraus (↑ [7.1.1]). Das mit anderen Methoden erzielte Ergebnis aus [7.2.6] kann jedoch für den Fall einer endlichen Menge $\mathcal{G}$ von Systemzuständen und für solche zu untersuchenden Bedienungssysteme, die durch Bedienungsschemata mit den Bedingungen aus [7.2.2] dargestellt werden können, genutzt werden, um gewisse Abhängigkeiten zuzulassen. Es wird zunächst die Unempfindlichkeit der p_g mit den Methoden von [7.1.1], d. h. mit Schritt (iv_2), unter der obigen Unabhängigkeitsvoraussetzung geprüft. Liegt sie vor, dann folgt aus [7.2.6], daß sie auch erhalten bleibt, wenn die bisher unabhängigen gleichartigen Zufallsgrößen mit der Nichtexponentialverteilungsfunktion $F_i(x)$ auf ein und demselben Objekt stationär abhängig sind im Sinne eines stationären (markierten) zufälligen Punktprozesses mit der Intensität m_i^{-1} (↑ Kap. 3). Solche Zufallsgrößen sind z. B. die auf einem Bedienungsgerät nacheinander folgenden Bedienungszeiten oder die einer Quelle zugeordneten Pausenzeiten.

Hat man mit den Methoden von [7.1.1] Schritt (iv_2) die Unempfindlichkeit der p_g beim Übergang von Exponentialverteilungsfunktionen (mit Erwartungswerten m_i) zu beliebigen Verteilungsfunktionen $F_i(x)$ (mit denselben m_i) bei unabhängigen Zufallsgrößen erhalten, so gilt sie im erweiterten Sinne, d. h., wenn man von der Folge der einer Verteilungsfunktion $F_i(x)$ zugeordneten unabhängigen Zufallsgrößen, die einen Erneuerungsprozeß bildete, zu einer Folge abhängiger Zufallsgrößen, die einen stationären Punktprozeß mit der Intensität m_i^{-1} bilden, übergeht.

7.1.3.6. Unempfindlichkeit bei abzählbar unendlich vielen Zuständen. Die Methode aus [7.1.1] gestattet, daß die Menge $\mathcal{G}$ der Systemzustände abzählbar unendlich ist, wobei für jedes einzelne g aber $|g| < \infty$ gefordert wird. Zum Beispiel tritt das bei der Untersuchung des Bedienungssystems M/GI/∞ auf. Dann können die Systeme (D) bzw. (I-D) auch abzählbar unendlich viele Gleichungen besitzen. Bei der Aufstellung und Lösung dieser Gleichungssysteme ist besonders darauf zu achten, ob Zusatzbedingungen gestellt werden müssen. Zum Beispiel erfordert die Unempfindlichkeitsuntersuchung für M/GI/∞ die Erfüllung der in der Zustandsbeschreibung zunächst nicht auftretenden Zusatzbedingung, daß für jede eintreffende Forderung die Auswahl eines bestimmten Index für jede Zusatzvariable aus einer endlichen zustandsabhängigen Indexmenge auf gut Glück erfolgt. Beim Nullwerden einer Zusatzvariablen kann sich die Indizierung dann ändern. Für die Unempfindlichkeitsprüfung mit der Methode der Zusatzvariablen ist es wesentlich, daß in der Zustandsbeschreibung, d. h. bei der Konstruktion des Prozesses $\big(Z(t), t \geqq 0\big)$ mit $Z(t) = \big(G(x), X_1(t), \ldots, X_{|g|}(t)\big)$ keine zusätzliche Information enthalten ist, z. B. in welcher Reihenfolge die Zusatzvariablen in die Zustandsbeschreibung aufgenommen wurden. Wäre das der Fall, dann könnte keine Unempfindlichkeit der p_g bezüglich der Verteilungsfunktionen $F_i(x)$ der Zufallsgrößen, deren Alter bzw. Restdauern die Zusatzvariablen sind, ermittelt werden. Die Unempfindlichkeit liegt i. allg. nicht vor für Systemzustände g, die solche Zusatzinformationen enthalten.

7.2. Algebraische Methode zur Prüfung der Unempfindlichkeit

7.2.1. Bedienungsprozeß und die Unempfindlichkeitseigenschaft

Ausgangspunkt der folgenden Methode ist die Darstellung des betrachteten Bedienungssystems in Form eines Bedienungsschemas gemäß [5.2.1]. Es wird ein endlicher Zustandsraum $\mathcal{G}$ gefordert (↑ [7.5.2]). Sind die den aktiven Objektzuständen $i_j \in \mathcal{C}_j$ zugeordneten Verteilungsfunktionen $F_{i_j,j}(x)$ der zufälligen Arbeitsmengen $X_{i_j,j}$ nicht sämtlich Exponentialverteilungen, so ist der in [5.2.2] angegebene zufällige Prozeß mit dem Zustandsraum $\mathcal{G}$ nicht Markowsch. Die stationären Grobzustandswahrscheinlichkeiten ergeben sich i. allg. nicht aus Z. Der Bedienungsprozeß wird mit Hilfe von Zusatzvariablen markowisiert (↑ [5.4]).

Für einen gegebenen Systemzustand $g = (i_j)$ zur Zeit $t > 0$ wird für jedes Objekt O_j mit dem Objektzustand i_j auf folgende Weise ein Objektfeinzustand a_j definiert

$$a_j = \begin{cases} i_j & \text{für} \quad i_j \in \mathcal{D}_j, \\ [i_j, t_j] & \text{für} \quad i_j \in \mathcal{C}_j \end{cases}$$

mit $t_j \geqq 0$ und $F_{i_j,j}(t_j) < 1$. Für aktive Objektzustände i_j hat die Zusatzvariable t_j die Bedeutung der bis zum Zeitpunkt t für i_j schon realisierten Arbeitsmenge (die gleich dem Alter ist, falls die Geschwindigkeiten Eins sind).

Eine Familie $a = (a_j)$ bildet einen zum Zustand g möglichen Feinzustand des Systems. Für ein gegebenes $g = (i_j)$ ist die Menge $\mathcal{E}_g = \{a : a = (a_j)\}$ die Menge aller möglichen Feinzustände mit dem Systemzustand g.

Der Zustandsraum ist die Menge $\mathcal{E} = \bigcup\limits_{g \in \mathcal{G}} \mathcal{E}_g$ aller möglichen Feinzustände des Bedienungsschemas. Aus den Bestimmungsstücken des Bedienungsschemas und den gegebenen Verteilungsfunktionen $F_{i_j,j}(x)$ kann man einen homogenen Markowschen

Prozeß mit dem Zustandsraum $\mathscr{E}$ und einer geeigneten σ-Algebra konstruieren (vgl. KÖNIG/MATTHES/NAWROTZKI [1], [2]), den man den zum Bedienungsschema und der Familie $\left(F_{i_j,j}(x)\right)_{i_j\in\mathscr{C}_j,j\in\mathscr{J}}$ von Verteilungsfunktionen gehörenden *Bedienungsprozeß* $\left(X(t),\, t \geqq 0\right)$ mit dem Zustandsraum $\mathscr{E}$ nennt. Sind einige der $F_{i_j,j}(x)$ Exponentialverteilungsfunktionen, so ist es wegen der Eigenschaft der Gedächtnislosigkeit der Exponentialverteilung (↑ [2.9.11]) zur Markowisierung des zufälligen Prozesses natürlich nicht erforderlich, für die betreffenden aktiven Objektzustände i_j die Zusatzvariable t_j in die Definition von a_j aufzunehmen. Im folgenden wird vorausgesetzt, daß der Bedienungsprozeß diese überflüssigen Zusatzvariablen nicht enthält und daß er genau eine stationäre Verteilung P besitzt (↑ [5.4]). Dann sind die mit dieser Verteilung P gebildeten Werte $\mathsf{P}(\mathscr{E}_g)$ die stationären Wahrscheinlichkeiten für die Zustände $g \in \mathscr{G}$, deren Unempfindlichkeit gegenüber der Form der Verteilungsfunktionen $F_{i_j,j}(x)$ bei festen Erwartungswerten $\varrho_{i_j,j}^{-1}$ zu prüfen ist.

Dabei ist zu beachten, daß die stationären Zustandswahrscheinlichkeiten i. allg. nicht gegenüber der Form der Verteilungsfunktionen aller aktiven Objektzustände $i_j \in \mathscr{C}_j$ für alle Objekte O_j unempfindlich sein werden, sondern nur gegenüber gewissen, falls überhaupt. So liegt bei dem als Beispiel 7.1.2.2 behandelten Erlangschen Verlustsystem im Fall der Auswahl eines freien Bedienungsapparates „auf gut Glück“ Unempfindlichkeit der stationären Zustandswahrscheinlichkeiten p_g gegenüber der Form der Verteilungsfunktionen der Bedienungsdauern vor; für die Form der Verteilungsfunktion der Pausendauern ist das jedoch nicht der Fall.

Für gegebene positive reelle endliche Zahlen $\varrho_{i_j,j}$ wird daher für jedes $j \in \mathscr{J}$ aus der Menge der aktiven Objektzustände $i_j \in \mathscr{C}_j$ eine Teilmenge $\mathscr{I}_j \subseteqq \mathscr{C}_j$ ausgezeichnet, so daß die Funktion $F_{i_j,j}(x)$ für $i_j \in \mathscr{I}_j$ eine beliebige Verteilungsfunktion auf $\mathbb{R}_+$ ist mit dem Erwartungswert $\varrho_{i_j,j}^{-1}$ und für $i_j \in \mathscr{C}_j \setminus \mathscr{I}_j$ die Exponentialverteilungsfunktion mit dem Parameter $\varrho_{i_j,j}$ ist.

7.2.1.1. Definition. Ein irreduzibles Bedienungsschema mit gegebenen Werten $\varrho_{i_j,j} > 0$ besitzt die *Unempfindlichkeitseigenschaft bez. der Familie* $(\mathscr{I}_j)_{j\in\mathscr{J}}$ (wir bezeichnen diese Eigenschaft mit $\mathrm{E}\left((\mathscr{I}_j)\right)$, wenn für jede beliebige Wahl der Verteilungsfunktionen $F_{i_j,j}(x)$ mit den Erwartungswerten $\varrho_{i_j,j}^{-1}: i_j \in \mathscr{I}_j,\ j \in \mathscr{J}$, der Bedienungsprozeß $\left(X(t),\right.$ $\left.t \geqq 0\right)$ eine solche stationäre Anfangsverteilung P besitzt, für die die Werte $\mathsf{P}(\mathscr{E}_g)$ für alle $g \in \mathscr{G}$ mit den Größen p_g als Lösung von Z (↑ (1) in [5.2.2]) übereinstimmen, d. h. Lösung von Z sind. Können sämtliche Verteilungsfunktionen beliebig sein, d. h. $\mathscr{C}_j = \mathscr{I}_j$, $j \in \mathscr{J}$, so spricht man von der *vollen Unempfindlichkeitseigenschaft*.

7.2.2. Unempfindlichkeitskriterien

Zur Formulierung von Unempfindlichkeitskriterien werden zunächst drei Eigenschaften definiert.

7.2.2.1. Definition. Ein Bedienungsschema besitzt bez. einer Familie $(\mathscr{I}_j)_{j\in\mathscr{J}}$ von Teilmengen $\mathscr{I}_j \subseteqq \mathscr{C}_j$ für alle $j \in \mathscr{J}$ die *Eigenschaft* $\mathrm{e}\left((\mathscr{I}_j)\right)_{j\in\mathscr{J}}$, wenn mit Wahrscheinlichkeit Eins bei jedem Übergang von g nach g' im System nicht zwei aktive Objektzustände i_{j_1}, i_{j_2} auf verschiedenen Objekten O_{j_1}, O_{j_2} mit $i_{j_1} \in \mathscr{I}_{j_1}$ und $i_{j_2} \in \mathscr{I}_{j_2}$ (d. h. mit beliebig zugelassenen Verteilungsfunktionen) gleichzeitig beginnen können.

7.2.2.2. Definition. Ein Bedienungsschema besitzt bez. einer Familie $(\mathscr{I}_j)_{j\in\mathscr{J}}$ von Teilmengen $\mathscr{I}_j \subseteqq \mathscr{C}_j$ für alle $j \in \mathscr{J}$ die *Eigenschaft* $\mathrm{e}_1\left((\mathscr{I}_j)\right)_{j\in\mathscr{J}}$, wenn kein aktiver Zustand $i_j \in \mathscr{I}_j$ irgendeines Objektes O_j, $j \in \mathscr{J}$, mit der Geschwindigkeit Null beginnt.

Die Eigenschaft $\mathfrak{e}_1\big((\mathcal{I}_j)\big)$ ist stets zu erreichen. Liegt sie nicht ohnehin vor, so kann man bei der Konstruktion des Bedienungsschemas für ein gegebenes Bedienungsmodell einen zusätzlichen passiven Objektzustand einführen, in dem das betreffende Objekt so lange verbleibt, bis es einen aktiven Objektzustand mit positiver Geschwindigkeit beginnen kann.

Für eine Familie $(\mathcal{I}_j)_{j\in\mathcal{J}}$ wird mit $\mathcal{U}_g = \{j : j \in \mathcal{J}_g,\ i_j \in \mathcal{I}_j\}$ die Menge der bez. des Zustandes $g \in \mathcal{G}$ aktiven Objekte bezeichnet, zu deren aktiven Objektzuständen i_j eine beliebige Verteilungsfunktion $F_{i_j,j}(x)$ mit Erwartungswert $\varrho_{i_j,j}$ gehört.

Für einen gegebenen Zustand $g = (i_j)_{j\in\mathcal{J}}$ und eine Teilmenge $\mathcal{X} \subseteqq \mathcal{J}$ von Indizes von Objekten O_j sei

$$\mathcal{G}_{\mathcal{X},g} = \{g' : g' \in \mathcal{G},\ i_j' = i_j \text{ für } j \in \mathcal{X}\},$$

d. h. die Menge der Zustände $g' \in \mathcal{G}$, in denen die Objekte O_j mit $j \in \mathcal{X}$ dieselben Objektzustände $i_j' = i_j$ besitzen wie in g.

7.2.2.3. Definition. Ein Bedienungsschema besitzt bez. einer Familie $(\mathcal{I}_j)_{j\in\mathcal{J}}$ von Teilmengen $\mathcal{I}_j \subseteqq \mathcal{C}_j$ die *Eigenschaft* $\mathfrak{e}_2\big((\mathcal{I}_j)_{j\in\mathcal{J}}\big)$, wenn

(i) für alle $g, g' \in \mathcal{G}$ gilt $P(g, s, g') = 0$, falls $i_j \neq i_j'$ für $i_j \in g,\ i_j' \in g',\ j \in (\mathcal{J}_g \setminus \{s\}) \cap \mathcal{U}_g$, d. h., wenn bei einem von O_s ausgelösten Sprung im System keine aktiven Objektzustände anderer Objekte mit beliebiger Verteilungsfunktion abgebrochen werden und

(ii) kein aktiver Objektzustand i_j mit $i_j = i_j'$ und $j \in (\mathcal{J}_g \setminus \{s\}) \cap \mathcal{U}_g$ nach dem Sprung von g nach g' neu beginnt.

7.2.2.4. Satz (Unempfindlichkeitskriterium 1). Ein gegebenes Bedienungsschema mit einer gegebenen Familie $(\varrho_{i_j,j})_{i_j\in\mathcal{C}_j,j\in\mathcal{J}}$ positiver reeller endlicher Zahlen sei irreduzibel und habe für eine Familie $(\mathcal{I}_j)_{j\in\mathcal{J}}$ von Teilmengen aktiver Objektzustände, $i_j \in \mathcal{C}_j$, $j \in \mathcal{J}$, die Eigenschaften $\mathfrak{e}_1\big((\mathcal{I}_j)\big)_{j\in\mathcal{J}}$ und $\mathfrak{e}_2\big((\mathcal{I}_j)_{j\in\mathcal{J}}\big)$.

Das Bedienungsschema besitzt bez. der Familie $(\mathcal{I}_j)_{j\in\mathcal{J}}$ die Unempfindlichkeitseigenschaft $\mathbf{E}\big((\mathcal{I}_j)_{j\in\mathcal{J}}\big)$ dann und nur dann, wenn das folgende Gleichungssystem $Z'\big((\mathcal{I}_j)_{j\in\mathcal{J}}\big)$ eine positive Wahrscheinlichkeitslösung hat (d. h. $p_g > 0$ für alle $g \in \mathcal{G}$, $\sum_{g\in\mathcal{G}} p_g = 1$) und das Schema die Eigenschaft $\mathfrak{e}\big((\mathcal{I}_j)_{j\in\mathcal{J}}\big)$ besitzt (oder die Lösung von $Z'\big((\mathcal{I}_j)_{j\in\mathcal{J}}\big)$ mit der eindeutig bestimmten Lösung von Z übereinstimmt).

Das Gleichungssystem $Z'\big((\mathcal{I}_j)_{j\in\mathcal{J}}\big)$, oder kurz Z', hat die Gestalt:

$$\Big(\sum_{j\in\mathcal{J}_g\setminus\mathcal{U}_g} c_{jg}\varrho_{i_j,j}\Big)\, p_g = \sum_{g'\in\mathcal{G}_{\mathcal{U}_g,g}}\ \sum_{s\in\mathcal{J}'_{g'}\setminus\mathcal{U}_g} c_{sg'}\varrho'_{i_s,s} P(g', s, g)\, p_{g'} \quad \text{für alle } g \in \mathcal{G} \tag{1a}$$

(„Einfrieren“ der Zufallsgrößen zu i_j, $j \in \mathcal{U}_g$) und

$$\begin{aligned} c_{ug}\varrho_{i_u,u} p_g = & \sum_{g'\in\mathcal{G}_{\mathcal{U}_g\setminus\{u\},g}} c_{ug'}\varrho'_{i_u,u} P(g', u, g)\, p_{g'} \\ & + \sum_{g'\in\mathcal{G}_{\mathcal{U}_g\setminus\{u\},g}\setminus\mathcal{G}_{\mathcal{U}_g,g}}\ \sum_{s\in\mathcal{J}'_{g'}\setminus\mathcal{U}_g} c_{sg'}\varrho'_{i_s,s} P(g', s, g)\, p_{g'} \end{aligned} \tag{1b}$$

für alle $u \in \mathcal{U}_g$ und $g \in \mathcal{G}$ („Start“ der Zufallsgröße zu i_u).

Von besonderem Interesse ist der Fall $\mathcal{I}_j = \mathcal{C}_j$ für alle $j \in \mathcal{J}$, d. h. die Prüfung, ob die stationären Zustandswahrscheinlichkeiten p_g gegenüber der Form sämtlicher Verteilungsfunktionen unempfindlich sind.

7.2.2.5. Satz (Unempfindlichkeitskriterium 2). Ein irreduzibles Bedienungsschema mit der Eigenschaft $\mathfrak{e}_2((\mathscr{I}_j)_{j\in\mathscr{J}})$ und mit gegebenen positiven endlichen Zahlen $\varrho_{i_j,j}$ besitzt genau dann die volle Unempfindlichkeitseigenschaft, d. h. gegenüber sämtlichen Verteilungsfunktionen $F_{i_j,j}(x)$ mit den Erwartungswerten $\varrho_{i_j,j}^{-1}$, und die Eigenschaft $\mathfrak{e}_1((\mathscr{C}_j)_{j\in\mathscr{J}})$, wenn für alle g die Anzahl $|\mathscr{J}_g|$ der bez. g aktiven Objekte gleich ist und das folgende Gleichungssystem eine positive Lösung besitzt:

$$c_{ug}q_g = \sum_{g'\in\mathscr{G}_{\mathscr{J}_g\setminus\{u\},g}} \sum_{s\in\mathscr{J}_{g'}\setminus(\mathscr{J}_g\setminus\{u\})} c_{sg'}P(g', s, g)\, q_{g'} \tag{2}$$

für alle $u \in \mathscr{J}_g$, $g \in \mathscr{G}$.

Eine solche Lösung (q_g) ist bis auf einen konstanten Faktor eindeutig bestimmt. Die ebenfalls eindeutig bestimmten stationären Zustandswahrscheinlichkeiten p_g ergeben sich aus den q_g zu

$$p_g = a \prod_{j\in\mathscr{J}_g} \varrho_{i_j,j}^{-1} q_g, \qquad \sum_{g\in\mathscr{G}} p_g = 1. \tag{3}$$

Es sei vermerkt, daß man mit Hilfe des Ansatzes (3) noch ein weiteres Unempfindlichkeitskriterium für den allgemeinen Fall $\mathscr{I}_j = \mathscr{C}_j$ angeben kann; vgl. König/Matthes/Nawrotzki [1], Kap. 3, und König/Matthes/Nawrotzki [2], Abschnitt 1.7.

7.2.2.6. **Satz** (Dekompositionsprinzip. Schassberger (1978c), Jansen/König/Nawrotzki (1979)). Für ein irreduzibles Bedienungsschema gelten die Unempfindlichkeitseigenschaften $\mathbf{E}(\{i_{j_1}\}), \ldots, \mathbf{E}(\{i_{j_k}\})$ für $i_{j_l} \in \mathscr{C}_{j_l}$, $l = 1, \ldots, k$, $j_l \in \mathscr{J}$, genau dann, wenn die Unempfindlichkeitseigenschaft $\mathbf{E}\left(\bigcup_{l=1}^{k} \{i_{j_l}\}\right)$ gilt.

7.2.3. Methode zur Unempfindlichkeitsprüfung

Auf Grund der Unempfindlichkeitskriterien in [7.2.2] ist die Unempfindlichkeitsprüfung der stationären Zustandswahrscheinlichkeiten p_g eines Bedienungssystems, das in Form eines Bedienungsschemas dargestellt wurde, bei gegebenen endlichen Erwartungswerten $\varrho_{i_j,j}^{-1}$ der aktiven Objektzustände in folgenden Schritten durchzuführen:

(i) Es wird eine Familie $(\mathscr{I}_j)_{j\in\mathscr{J}}$ von Teilmengen $\mathscr{I}_j \subseteqq \mathscr{C}_j$ aktiver Objektzustände ausgezeichnet, so daß bezüglich der zugehörigen beliebigen Verteilungsfunktionen $F_{i_j,j}(x)$ mit Erwartungswert $\varrho_{i_j,j}^{-1}$ für $i_j \in \mathscr{I}_j$ geprüft werden soll, ob die noch unbekannten stationären Zustandswahrscheinlichkeiten p_g gegenüber diesen Verteilungsfunktionen unempfindlich sind.
(ii) Das Bedienungsschema wird auf Irreduzibilität geprüft.
(iii) Es wird geprüft, ob das Bedienungsschema die Eigenschaften $\mathfrak{e}_1((\mathscr{I}_j)_{j\in\mathscr{J}})$ und $\mathfrak{e}_2((\mathscr{I}_j)_{j\in\mathscr{J}})$ besitzt.
(iv) Das lineare algebraische Gleichungssystem $Z'((\mathscr{I}_j)_{j\in\mathscr{J}})$ wird aufgestellt (↑ 5.7.2.2.4).
(v_1) Es wird geprüft, ob $Z'((\mathscr{I}_j)_{j\in\mathscr{J}})$ eine positive Wahrscheinlichkeitslösung $(p_g)_{g\in\mathscr{G}}$ besitzt und $\mathfrak{e}((\mathscr{I}_j)_{j\in\mathscr{J}})$ vorliegt oder
(v_2) Es wird geprüft, ob Z und $Z'((\mathscr{I}_j)_{j\in\mathscr{J}})$ äquivalent sind, d. h. zu den gleichen Gleichungen führen. Das ist in speziellen Fällen einfacher als gemäß (v_1) $Z'((\mathscr{I}_j)_{j\in\mathscr{J}})$ aufzulösen (Bez. Z ↑ (1) in [5.2.2]).

Die Lösung von Z' bzw. Z ergibt in beiden Fällen die stationären Zustandswahrscheinlichkeiten p_g, die bei gegebenen festen Erwartungswerten $\varrho_{i_j,j}^{-1}$ unempfindlich gegenüber der Form der Verteilungsfunktionen $F_{i_j,j}(x)$ mit $i_j \in \mathscr{I}_j$, $j \in \mathscr{J}$ sind.

Auf Grund des Dekompositionsprinzips (Satz 7.2.2.6) kann das Vorliegen der Unempfindlichkeitseigenschaft für jeden aktiven Objektzustand i_j, $i_j \in \mathscr{I}_j$, für alle $j \in \mathscr{J}$ einzeln geprüft werden, z. B. durch Vergleich der entsprechenden Gleichungssysteme $Z'(\{i_j\})$ und Z gemäß (v_2). Sind die Ergebnisse dieser Prüfungen sämtlich positiv, dann liegt die Unempfindlichkeitseigenschaft $\mathbf{E}\big((\mathscr{I}_j)_{j\in\mathscr{J}}\big)$ insgesamt vor.

Bei der Durchführung der Schritte (v_1) oder (v_2) können sich bestimmte Zusatzbedingungen an die Geschwindigkeiten oder andere Parameter des Systems oder an die Auswahlregel für die Wahl eines freien Bedienungsgerätes bei Eintreffen einer Forderung ergeben, so daß die Unempfindlichkeit nur bei deren Erfüllung vorliegt, vgl. das folgende Beispiel und König/Jansen/Kotzurek/Rabe (1976).

7.2.4. Beispiel

Es mögen N Quellen (Fernsprechteilnehmer) $O_1, O_2, \ldots, O_N$, die in zufälligen Abständen, sog. Pausenzeiten, (Erwartungswerte: λ_j^{-1}), Forderungen stellen, s Bedienungsgeräte (Leitungen) zur Verfügung stehen ($s \leqq N$), wobei die Bedienungszeiten ebenfalls zufällig sind und von den Nummern der Quellen j und der Geräte k abhängen (Erwartungswerte: μ_{kj}^{-1}). Diese Zufallsgrößen seien stochastisch unabhängig. Jede Quelle erhält bei Anforderung eines der freien Geräte auf „gut Glück" zugewiesen. Ihre Forderung geht verloren (und die nächste Pausenzeit beginnt zu laufen), wenn kein freies Bedienungsgerät vorhanden ist; während der Bedienung einer Forderung läuft auf der entsprechenden Quelle keine Pausenzeit.

Als Objekte für dieses Engsetsche Verlustsystem $\langle N/GI/GI/s/0\rangle$ werden die Quellen O_j, $j = 1, 2, \ldots, N$, gewählt; aktive Objektzustände sind:

$i_j = 0$: auf O_j läuft eine Pause;

$i_j = k$: eine Forderung von O_j wird auf dem Gerät k bedient.

Passive Objektzustände liegen nicht vor, so daß $\mathscr{D}_j = \emptyset$, $\mathscr{G}_j = \{0, 1, \ldots, s\}$; $j = 1, 2, \ldots, N$. Systemzustände sind $g = (i_j)$, wobei unter den i_j jedes k mit $1 \leqq k \leqq s$ höchstens einmal vorkommt. Der Zustand $(0, 0, \ldots, 0)$, in dem alle Geräte frei sind, wird mit $\mathbf{0}$ bezeichnet.

Wegen $\mathscr{D}_j = \emptyset$ gilt für alle g die Beziehung $\mathscr{J}_g = \mathscr{J}$. Die Geschwindigkeiten c_{jg} sollen alle positiv sein. Die Übergangswahrscheinlichkeiten $P(g, r, g')$ lauten $P(g, r, g') = 1$, für $i_r' = 0$, $i_r \neq 0$; $i_j' = i_j$, $j \neq r$ (auf jede Bedienungszeit einer Quelle folgt eine Pausenzeit), $P(g, r, g) = 1$, für $i_r = 0$ und $\{1, 2, \ldots, s\} \subseteqq \{i_1, i_2, \ldots, i_N\}$ (Ablehnung im Fall von s besetzten Geräten)

$$P(g, r, g') = \frac{1}{s-d} \quad \text{für } i_r = 0,\ i_j' = i_j,\ j \neq r,\ i_r' \in \{1, 2, \ldots, s\} \setminus \{i_1, i_2, \ldots, i_N\} \neq \emptyset$$

(Zuordnung der Forderungen zu den Geräten auf gut Glück), wobei $d = |\{j : i_j \neq 0\}|$ ist. Es gilt

$$\varrho_{k,j} = \mu_{kj}, \quad 1 \leqq k \leqq s; \quad \varrho_{0,j} = \lambda_j, \quad j = 1, 2, \ldots, N.$$

Offenbar ist das vorliegende Bedienungsschema irreduzibel.

Mit Hilfe des Unempfindlichkeitskriteriums 2 wird jetzt nachgeprüft, unter welchen Bedingungen das Schema die volle Invarianzeigenschaft besitzt. Setzen wir $\mathscr{G}(u, g) = \{g' : g' \in \mathscr{G}$, $i_u' \in \{1, \ldots, s\} \setminus \{i_1, \ldots, i_N\}$, $i_j' = i_j$ für $j \neq u$, dann genügen die q_g dem folgenden Gleichungssystem (↑ (2) aus [7.2.2]):

$$c_{ug} q_g = \sum_{g' \in \mathscr{G}(u,g)} c_{ug'} q_{g'} \quad \text{für } i_u = 0 \text{ und } \mathscr{G}(u, g) \neq \emptyset;$$

$$c_{ug} q_g = c_{ug} q_g \quad \text{für } i_u = 0 \text{ und } \mathscr{G}(u, g) = \emptyset;$$

$$c_{ug} q_g = \frac{1}{s-d+1} c_{ug'} q_{g'} \quad \text{für } i_u \in \{1, \ldots, s\},\ i_u' = 0 \text{ und } i_j' = i_j, \text{ falls } j \neq u.$$

Die Lösungen der letzten Gleichungsgruppe erfüllen die erste. Eine rekursive Zurückführung aller Zustandswahrscheinlichkeiten p_g auf p_0 ergibt eine Produktbedingung an die Geschwindigkeiten. Für jedes $g \in \mathcal{G}$ bilden wir Folgen von Indizes $(j_1, \ldots, j_d)$ der Objekte, auf denen bez. g eine Forderung bedient wird, d. h. mit $\{j_1, \ldots, j_d\} = \{j : i_j \neq 0\}$. Jeder solchen Folge wird mittels der rekursiven Beziehung (sei $g_l = (i_j^{(l)})$, $l = 1, \ldots, d$, gesetzt)

$$g_d = g; \quad g_{l-1} = (i_j^{(l-1)}) \quad \text{mit} \quad i_{j_l}^{(l-1)} = 0, \quad i_j^{(l-1)} = i_j^{(l)} \quad \text{für} \quad j \neq j_l; \quad l = 1, \ldots, d,$$

eine Folge von Objektzuständen $(g_0, \ldots, g_d)$ zugeordnet. (Für diese gilt insbesondere $g_0 = 0$, $i_{j_l}^{(l)} \neq 0$, $l = 1, \ldots, d$).

Falls nun für jedes feste $g \in \mathcal{G}$ für je zwei solcher Folgen $(j_1, \ldots, j_d)$ und $(j_1', \ldots, j_d')$ mit den zugehörigen $(g_0, \ldots, g_d)$ und $(g_0', \ldots, g_d')$ die Bedingung

$$\prod_{l=1}^{d} \frac{c_{j_{l-1}g_{l-1}}}{c_{j_l g_l}} = \prod_{l=1}^{d} \frac{c_{j'_{l-1}g'_{l-1}}}{c_{j'_l g'_l}} \tag{1}$$

erfüllt ist, so ergibt das Gleichungssystem eine positive Lösung in der Form

$$q_g = \frac{(N-d)!}{N!} \prod_{l=1}^{d} \frac{c_{j_{l-1}g_{l-1}}}{c_{j_l g_l}} q_0$$

mit einer beliebigen entsprechenden Folge $(j_1, \ldots, j_d)$ und der zugehörigen Folge $(g_0, \ldots, g_d)$. Die stationären Grobzustandswahrscheinlichkeiten p_g ergeben sich dann als

$$p_g = \prod_{\{j:i_j=0\}} \lambda_j^{-1} \prod_{\{j:i_j \neq 0\}} \mu_{ji_j}^{-1} \prod_{l=1}^{d} \frac{c_{j_{l-1}g_{l-1}}}{c_{j_l g_l}} \frac{(N-d)!}{N!} a, \tag{2}$$

in der a eine positive Normierungskonstante ist. Gilt (1), was für $c_{jg} = 1$ stets gesichert ist, so erhält man die volle Unempfindlichkeitseigenschaft des Engsetschen Verlustsystems. (1) ist übrigens ein typisches Beispiel einer Bedingung für das Vorliegen der Unempfindlichkeitseigenschaften in Modellen mit Geschwindigkeiten.

Im Fall $c_{jg} = 1$ für alle j und g und $\lambda_j = \lambda$, $\mu_{kj} = \mu$ ($j = 1, 2, \ldots, N$; $k = 1, 2, \ldots, s$) sind die stationären Wahrscheinlichkeiten p_r dafür, daß r Geräte besetzt sind, durch die Engsetsche Formel gegeben

$$p_k = \binom{N}{k} \left(\frac{\lambda}{\mu}\right)^k \Big/ \sum_{i=0}^{s} \binom{N}{i} \left(\frac{\lambda}{\mu}\right)^i; \qquad k = 0, 1, \ldots, s.$$

7.2.5. Bemerkungen zu der Methode

7.2.5.1. Balancegleichungen und Unempfindlichkeit. Das Gleichungssystem Z (↑ (1) in [5.2.2]) stellt eine globale Balance für die Systemzustände g dar (das statistische Gleichgewicht der Stationarität ausdrückend), das Gleichungssystem Z′ dagegen eine sog. Objektbalance. So gehört für jeden gegebenen Zustand $g \in \mathcal{G}$ das Teilsystem (1a) aus [7.2.2] von Z′ zu der Objektmenge $\mathcal{J}_g \setminus \mathcal{U}_g$ und das Teilsystem (1b) aus [7.2.2] zu den einzelnen Objekten aus $\mathcal{U}_g$. Die positive Lösbarkeit von Z′ kann im Vergleich zum System Z als das Vorliegen eines verschärften statistischen Gleichgewichts aufgefaßt werden. Gemäß S. 7.2.2.4 ist das äquivalent mit dem Vorliegen der Unempfindlichkeitseigenschaft.

7.2.5.2. Unempfindlichkeit bei abzählbar unendlich vielen Zuständen. Fast sämtliche Bedienungssysteme, deren stationäre Zustandswahrscheinlichkeiten unempfindlich sind, besitzen endlich viele Zustände. Bisher sind nur die M/GI/∞-Systeme, Processor-sharing-Modelle mit unendlich vielen Bedienungsmöglichkeiten (diese Systeme können als M/GI/∞-Systeme mit geeigneten Bedienungsgeschwindigkeiten) und M/GI/s/∞-Systeme mit absoluter Priorität der ankommenden Forderung, preemptive resume gleichwahrscheinlicher Auswahl der zu unterbrechenden Bedienung und gewissen Auswahlregeln aus der Warteschlange bekannt, die abzählbar unendlich viele Zustände und die Unempfindlichkeitseigenschaft besitzen. Der Nachweis dieser Eigenschaft kann für die letztgenannten Systeme wegen der Endlichkeitsvoraussetzung an den Zustandsraum $\mathcal{G}$ (↑ [7.2.1]) nicht unmittelbar mit der in [7.2.4] angegebenen Methode erbracht werden. In solchen Fällen empfiehlt sich die Approximation des zu untersuchenden Bedienungssystems mit abzählbar unendlichen $\mathcal{J}$ und $\mathcal{G}$ durch geeignete unempfindliche Bedienungsschemata mit endlichen $\mathcal{J}$ und $\mathcal{G}$, der Nachweis der Konvergenz dieser Systeme gegen das zu untersuchende und die Übertragung der Unempfindlichkeitseigenschaft der approximierenden Systeme auf das zu untersuchende System mit Hilfe eines Stetigkeitssatzes (↑ [7.5]). Das System M/GI/∞ kann z. B. durch die Systeme M/GI/s/0 für $s \to \infty$ approximiert werden.

Die Zulassung abzählbar unendlicher Mengen $\mathcal{J}$ und $\mathcal{G}$ in [7.2.1] bis [7.2.4] ist übrigens prinzipiell möglich, führt aber zu einigen unnötigen Schwierigkeiten technischer Art und zwingt außerdem oftmals zu gewissen sonst nicht erforderlichen Existenzvoraussetzungen. Beispielsweise hat man im M/GI/∞-System die natürliche Voraussetzung der identischen Bedienungszeitverteilung für alle Geräte, während für die Systeme M/GI/s/0 jedes Gerät eine individuelle Verteilung besitzen kann. Letzteres ist sogar wesentlich für die Unempfindlichkeit gemäß S. 7.2.2.4, und es beruht darauf die Notwendigkeit des algebraischen Kriteriums für die Unempfindlichkeit. Die Voraussetzungen der identischen Verteilung gewisser gleichzeitig realisierbarer Zufallsgrößen müssen so sicher veränderte Bedingungen ergeben (↑ [7.5]).

7.2.5.3. Produktdarstellung und Unempfindlichkeit. Die Unempfindlichkeitseigenschaft $\mathbf{E}\big((\mathcal{J}_j)_{j\in\mathcal{J}}\big)$ und die Eigenschaften $\mathfrak{e}\big((\mathcal{J}_j)_{j\in\mathcal{J}}\big)$, $\mathfrak{e}_1\big((\mathcal{J}_j)_{j\in\mathcal{J}}\big)$ und $\mathfrak{e}_2\big((\mathcal{J}_j)_{j\in\mathcal{J}}\big)$ gelten genau dann, wenn die stationäre Verteilung P des gemäß [7.2.1] konstruierten Bedienungsprozesses $\big(X(t),\, t \geqq 0\big)$ mit

$$a_j = \begin{cases} i_j & \text{für} \quad i_j \in \mathcal{D}_j, \quad i_j \in \mathcal{C}_j \setminus \mathcal{J}_j, \\ [i_j, t_j] & \text{für} \quad i_j \in \mathcal{J}_j \end{cases}$$

eine Produktform besitzt, bei der die Faktoren die zu den einzelnen Objektzuständen gehörigen Verteilungen sind, vgl. König/Matthes/Nawrotzki [1], [2], Jansen/König/Nawrotzki (1979) sowie (für den Fall zugelassener stationärer Abhängigkeiten) S. 7.2.6.1. Diese Produktdarstellung hat die Produktansätze (P1) bzw. (P2) aus [7.1.1] zur Folge (↑ [7.2.7.1]) und widerspiegelt in gleicher Weise eine Unabhängigkeitseigenschaft, wie es in [7.1.3.1] dargelegt ist.

Es ergibt sich somit: Unter der Bedingung des Aufenthaltes in einem festen Systemzustand g sind die zu den Objektzuständen $i_j \in \mathcal{J}_j$ gehörenden Bedienungen bez. der stationären Verteilung unabhängig genau dann, wenn die Unempfindlichkeitseigenschaft $\mathbf{E}\big((\mathcal{J}_j)_{j\in\mathcal{J}}\big)$ für das (irreduzible) Bedienungsschema vorliegt. Dies gilt auch dann, wenn die Folge der Arbeitsmengen $X_{i_j,j}$ für festes $i_j \in \mathcal{J}_j$, $j \in \mathcal{J}$ nicht unabhängig ist, sondern einen stationären Punktprozeß $\Phi_{i_j,j}$ darstellt mit der Intensität $\varrho_{i_j,j}$ und der Verteilung $\mathsf{P}_{i_j,j}$ (↑ [7.2.6]). Allerdings ist die Produktdarstellung in S. 7.6.2.1 mehr von theoretischem Interesse und dient nicht dem praktischen Nachweis der Unempfindlichkeit für ein vorliegendes Bedienungssystem wie bei der in [7.1] dargelegten Methode. Jedoch gilt auch hier in gleicher Weise die Bemerkung 7.1.3.2, daß die stationären Zustandswahrscheinlichkeiten p_g unempfindlich sein können, und die genannte Produktdarstellung nicht vorliegt. Es handelt sich dann um die eingeschränkte Unempfindlichkeit gemäß [7.1.3.2] für Bedienungssysteme, bei denen die Verteilungsfunktionen gewisser gleichartiger Zufallsgrößen identisch sein müssen (aber nicht notwendig Exponentialverteilungen). Mit der in [7.2.4] dargelegten Methode ist diese eingeschränkte Unempfindlichkeit jedoch nicht nachweisbar (↑ [7.5]). Die erweiterte Unempfindlichkeit bei stationären Abhängigkeiten zwischen gewissen Zufallsgrößen (↑ [7.1.3.5]) wird im nächsten Abschnitt gesondert behandelt.

7.2.6. Unempfindlichkeit bei stationär abhängigen Zufallsgrößen

Die stationären Zustandswahrscheinlichkeiten p_0, p_1, p_2, p_3 des Erlangschen Verlustsystems M/GI/2/0 von Beispiel 7.1.2.3 bleiben auch dann unempfindlich gegenüber der Form Verteilungsfunktionen $F_1(x)$, $F_2(x)$ der Bedienungszeiten bzw. Arbeitsmengen, mit gegebenen Erwartungswerten m_1, m_2, wenn zum System M/$\vec{\text{G}}$/2/0 übergegangen wird, d. h. wenn die Arbeitsmengen auf jedem der beiden Bedienungsgeräte abhängig sein können im Sinne stationärer zufälliger Punktprozesse mit den Intensitäten m_1^{-1}, m_2^{-1}, vgl. König/Matthes (1963). Wir bezeichnen die Arbeitsmengen dann als stationär abhängig. Desgleichen bleibt die im Beispiel in [7.2.4] nachgewiesene Unempfindlichkeit der stationären Zustandswahrscheinlichkeiten für das Engsetsche Verlustsystem ⟨N/GI/GI/s/0⟩ erhalten, wenn man zum System ⟨N/G/G/s/0⟩ übergeht, bei dem sowohl die Pausenzeiten jeder einzelnen Quelle stationär abhängig sein können als auch die jeweils einem Bedienungsgerät (oder einer Quelle) zugeordneten Bedienungszeiten bzw. Arbeitsmengen, vgl. König (1965). Der Nachweis der Unempfindlichkeitseigenschaft bei Zufallsgrößen $X_{i_j,j}$, die für festes $i_j \in \mathcal{I}_j$, $j \in \mathcal{J}$ einen stationären (markierten) Punktprozeß $\Phi_{i_j,j}$ mit der endlichen Intensität $\varrho_{i_j,j}$ und der Verteilung $\mathsf{P}_{i_j,j}$ bilden, erfolgt wie in [7.2.4]. In König/Matthes/Nawrotzki [1], [2] und Jansen/König/Nawrotzki (1979) ist nachgewiesen, daß die Unempfindlichkeitskriterien in [7.2.3] dieselben sind für unabhängige $X_{i_j,j}$ und für festes $i_j \in \mathcal{I}_j$ stationär abhängige $X_{i_j,j}$; gemäß Jansen (1983) sind sogar Abhängigkeiten zwischen allen $X_{i,j}$, $i \in \mathcal{I}_j$, bei festem j möglich.

Es genügt demnach, die Unempfindlichkeit mit der in [7.2.4] (bzw. in 7.1.1 (↑ [7.1.3.5] oder [7.3.2] bzw. [7.4.2])) angegebenen Methode für unabhängige $X_{i_j,j}$ nachzuweisen, woraus die erweiterte Unempfindlichkeit für stationär abhängige $X_{i_j,j}$ folgt. Ebenfalls bleibt für stationär abhängige $X_{i_j,j}$ der Zusammenhang zwischen der Unempfindlichkeitseigenschaft $\mathrm{E}\big((\mathcal{I}_j)_{j\in\mathcal{J}}\big)$ und der Produktform der stationären Verteilung P des entsprechend mit Hilfe der Vergangenheiten $\Phi^-_{i_j,j}$ der Punktprozesse $\Phi_{i_j,j}$ als Zusatzvariablen konstruierten Markowschen Bedienungsprozesses erhalten (↑ [7.2.5.3]). Das zeigt der folgende, im weiteren noch benötigte Satz.

7.2.6.1. Satz (Jansen/König/Nawrotzki (1979)). Die Unempfindlichkeitseigenschaft $\mathrm{E}\big((\mathcal{I}_j)_{j\in\mathcal{J}}\big)$ und die Eigenschaften $\mathrm{e}\big((\mathcal{I}_j)_{j\in\mathcal{J}}\big)$, $\mathrm{e}_1\big((\mathcal{I}_j)_{j\in\mathcal{J}}\big)$, $\mathrm{e}_2\big((\mathcal{I}_j)_{j\in\mathcal{J}}\big)$ gelten genau dann, wenn die stationäre Verteilung P des entpsrechend konstruierten Markowschen Bedienungsprozesses die Gestalt

$$\mathsf{P} = \sum_{g\in\mathcal{G}} p_g \delta_g \times \mathop{\times}_{j\in\mathcal{U}_g} \mathsf{P}_{i_j,j} \times \mathop{\times}_{j\in\mathcal{J}} \mathop{\times}_{j\in\mathcal{I}_j} \mathop{\times}_{i\neq i_j} \mathsf{P}^0_{i,j} \tag{1}$$

besitzt, mit einem Zustandsraum des Bedienungsprozesses der Form

$$\mathcal{E} = \bigcup_{g\in\mathcal{G}} g \times \mathop{\times}_{j\in\mathcal{J}} \mathop{\times}_{i\in\mathcal{I}_j} \mathcal{M}^-_{i,j}, \qquad \mathcal{M}^-_{i_j,j} = \{\varphi^-_{i_j,j} : \varphi^-_{i_j,j} = \varphi_{i_j,j}(-\infty, 0],\ \varphi_{i_j,j} \in \mathcal{M}_{i_j,j}\}.$$

Hierbei ist $\mathcal{M}_{i_j,j}$ die Menge aller einem festen Paar $[i_j, j]$, $i_j \in \mathcal{I}_j$, $j \in \mathcal{J}$ zugeordneten Zählmaße $\varphi_{i_j,j}$ gemäß D. 3.7.1.1, $\mathsf{P}^0_{i_j,j}$ ist die Palmsche Verteilung von $\mathsf{P}_{i_j,j}$ und $\delta_g(g') = 1$ für $g = g'$, $\delta_g(g') = 0$ für $g \neq g'$. In dieser Produktgestalt von ϑ kommt die Unabhängigkeit für die einzelnen Objektzustände $i_j \in \mathcal{I}_j$ zum Ausdruck. Praktisch hat das eine wesentliche Bedeutung für die Aufstellung von weiteren Formeln für stationäre Zustandswahrscheinlichkeiten für solche Systeme, die auf den ersten Blick keine entsprechend gewünschte Unempfindlichkeitseigenschaft besitzen.

Der stationäre Punktprozeß $\Phi_{i_j,j}$ kann selbst ein Bedienungssystem modellieren. Die Unempfindlichkeitsuntersuchungen ermöglichen so eine Zergliederung des Gesamtsystems in gewisse Teilsysteme, wobei die Punkte des Punktprozesses $\Phi_{i_j,j}$ Beginn und Ende einer „Arbeitsperiode" des entsprechenden Teilsystems bedeuten. Solche Punkte können z. B. die Regenerationspunkte eines regenerativen Prozesses sein, so daß das Teilsystem mit den Methoden der regenerativen Prozesse behandelt werden kann.

Faßt man den Bedienungsprozeß mit den Zeitpunkten der (von g nach g' durch das Objekt O_j) ausgelösten Übergänge (g, j, g') als Punktprozeß auf und markiert diese Punkte mit dem Übergang (g, j, g') sowie den Vergangenheiten $\varphi^-_{i_j,j}$ der Punktprozesse $\Phi_{i_j,j}$, so kann man auch eine Markenverteilung P^0 dieses Punktprozesses angeben (↑ [3.7.3]). Andererseits ist P^0 die stationäre Anfangsverteilung des zu Φ gehörenden synchronen (Markowschen) Punktprozesses Φ^0 (↑ D. 3.7.3.14)

$$\mathsf{P}^0 = \lambda_{\mathsf{P}}^{-1} \sum_{g \in \mathcal{G}} \sum_{g' \in \mathcal{G}} \sum_{j \in \mathcal{J}_{g'}} p_g P(g, j, g')\, c_{jg} \varrho_{i_j,j} \delta_{(g,j,g')} \times \mathop{\times}_{s \in \mathcal{U}_g \setminus \{j\}} \mathsf{P}_{i_s,s} \times \mathop{\times}_{s \in \mathcal{J}} \mathop{\times}_{\substack{i \in \mathcal{I}_s \\ i \neq i_s,\ \text{falls } s \neq j}} \mathsf{P}^0_{i,k} \tag{2}$$

mit der Intensität dieses Punktprozesses

$$\lambda_{\mathsf{P}} = \sum_{g \in \mathcal{G}} \sum_{j \in \mathcal{J}_{g'}} p_g c_{jg} \varrho_{i_j,j}$$

und

$$\delta_{(g,j,g')}(g^*, j^*, g'^*) = \begin{cases} 1 & \text{für} \quad (g^*, j^*, g'^*) = (g, j, g'), \\ 0 & \text{sonst.} \end{cases}$$

Ist der Bedienungsprozeß ergodisch, so kann man P^0 als Verteilung in den ablauforientierten Zeitpunkten der Übergänge (g, j, g') deuten, die stationär ist bez. der Verschiebung von einem solchen Übergangszeitpunkt zum nächsten, und damit die im folgenden Abschnitt formulierten Ergebnisse erhalten. Insbesondere liefert die für stationäre Punktprozesse geltende Umkehrformel (↑ (6) in [3.7.3]) eine Beziehung zwischen P und P^0, die für die Angabe von Formeln für mittlere Verweilzeit verwendet wird (↑ [7.2.7.3]). Eine charakteristische Eigenschaft des Poissonschen Punktprozesses ergibt durch den Vergleich von P und P^0 unmittelbar Bedingungen, wann der Punktprozeß in Zeitpunkten spezieller Übergänge Poissonsch ist. Dadurch kann z. B. entschieden werden, ob ein Abgangsprozeß von Forderungen ein Poissonprozeß ist, wenn man die Übergänge (g, j, g') betrachtet, die Abgänge darstellen. Entsprechende Überlegungen wurden in Jansen/König/Nawrotzki (1979) durchgeführt (↑ [7.2.7.4]).

Die Gestalt der Verteilung P^0 ermöglicht auch eine Angabe von Schicksalsformeln für ankommende Forderungen nicht nur der Art „Verlust oder nicht", „Bedienung auf Gerät j" und dergleichen, sondern z. B. auch „Bedienung der Forderung wird mehrmals unterbrochen", „Bedienung wird durch Abbruch beendet" oder „Bedienung durchläuft bestimmte Phasen", je nachdem, wie der Punktprozeß $\Phi_{i_j,j}$ der Belegung oder Bedienung der Forderung modelliert und wie die Marken gewählt werden. Siehe dazu auch die Arbeiten König/Matthes (1963) und König (1965).

7.2.7. Ergebnisse für unempfindliche Systeme

Konnten die stationären Zustandswahrscheinlichkeiten p_g als unempfindlich nachgewiesen werden, so können mit ihrer Hilfe bzw. mit S. 7.2.6.1 weitere charakteristische Größen des Systems ermittelt werden, die ebenfalls unempfindlich sind. Als besonders einfache Aussage ergibt sich z. B. durch Summation entsprechender p_g die Unempfindlichkeit der stationären Wahrscheinlichkeiten für das Vorliegen einer bestimmten Anzahl aktiver nichtexponentialverteilter Objektzustände zu einem beliebigen Zeitpunkt, z. B. die Anzahl belegter Bedienungsgeräte, da dies eine gröbere Aussage ist. Weitere unempfindliche Systemcharakteristiken enthalten die folgenden Unterabschnitte.

7.2.7.1. Stationäre Verteilung der Restarbeitsmengen und bereits realisierten Arbeitsmengen

Die Aussagen von S. 7.2.6.1, d. h. die Gestalt von P und auch P^0, ermöglichen als Folgerung entsprechender Aussagen für stationäre Punktprozesse die Angabe der stationären Verteilungen der zu einem beliebigen Zeitpunkt t noch zu realisierenden Restarbeitsmengen $X^{\mathrm{R}}_{i_j,j}$ bzw. der bis zu t schon realisierten Arbeitsmengen $X^{\mathrm{A}}_{i_j,j}$ und zwar ebenfalls in Produktform. Es gelten

$$\mathsf{P}\left(\bigcap_{j\in\mathcal{U}_g}\{X^{\mathrm{R}}_{i_j,j} < x_j\} \mid \text{Prozeß ist im Systemzustand } g\right)$$

$$= \mathsf{P}\left(\bigcap_{j\in\mathcal{U}_g}\{X^{\mathrm{A}}_{i_j,j} < x_j\} \mid \text{Prozeß ist im Systemzustand } g\right)$$

$$= \prod_{j\in\mathcal{U}_g} \varrho_{i_j,j} \int\limits_0^{x_j} \big(1 - F_{i_j,j}(x)\big)\,\mathrm{d}x \tag{1}$$

und

$$\mathsf{P}^0\left(\bigcap_{j\in\mathcal{U}_g\setminus\{s\}}\{X^{\mathrm{R}}_{i_j,j} < x_j\} \mid \text{Prozeß beim Übergang } (g, s, g')\right)$$

$$= \mathsf{P}^0\left(\bigcap_{j\in\mathcal{U}_g\setminus\{s\}}\{X^{\mathrm{A}}_{i_j,j} < x_j\} \mid \text{Prozeß beim Übergang } (g, s, g')\right)$$

$$= \prod_{j\in\mathcal{U}_g\setminus\{s\}} \varrho_{i_j,j} \int\limits_0^{x_j} \big(1 - F_{i_j,j}(x)\big)\,\mathrm{d}x\,. \tag{2}$$

Offensichtlich ist (1) äquivalent zum Produktansatz (P1) in [7.1.1].

7.2.7.2. Ablauforientierte stationäre Wahrscheinlichkeiten

Aus der Gestalt von P^0 ergeben sich die stationären Wahrscheinlichkeiten $p^0_{(g,s,g')}$, daß bei einem Übergang des Systems gerade der Übergang (g, s, g') erfolgt, zu

$$p^0_{(g,s,g')} = \lambda_{\mathsf{P}}^{-1} c_{sg} \varrho_{i_s,s} P(g, s, g')\, p_g\,, \tag{3}$$

wobei λ_{P} durch (2) in [7.2.6] gegeben ist. Dies ergibt eine diskrete Verteilung auf der Menge aller Übergänge (g, s, g'). Interessiert man sich nur für bestimmte Übergänge, z. B. solche, die die Ankunft einer Forderung beschreiben, so erhält man die entsprechende (ablauforientierte) stationäre Verteilung als bedingte Verteilung dieser obigen Verteilung (genauer eigentlich jeweils eine bedingte Verteilung bezüglich P^0). Ebenso kann man Schicksalswahrscheinlichkeiten einer ankommenden Forderung (Verlust, Warten usw.) als bedingte Wahrscheinlichkeiten berechnen. Zum Beispiel ist die stationäre Verteilung der Systemzustände g unmittelbar vor einem Übergang des Prozesses, der durch das Objekt O_s ausgelöst wird, gegeben durch

$$\tilde{p}_{g,s} = \Big(\sum_{g' \in \mathcal{G} \text{ mit } s \in \mathcal{J}'_{g'}} c_{sg'} \varrho_{i'_s,s} p_{g'} \Big)^{-1} c_{sg} \varrho_{i_s,s} p_g .$$

7.2.7.3. Mittlere Verweilzeiten

Für die Aufstellung von Formeln hierfür sind die folgenden drei Bedingungen zu beachten

(i) Die Verweilzeiten V beginnen (oder enden) bei Übergängen (g, s, g') im Bedienungsprozeß, wobei die Menge $\ddot{\mathcal{U}}_V$ dieser Übergänge eindeutig festgelegt werden kann. Damit kann die Intensität des Punktprozesses des Beginns (oder Endes) der Verweilzeiten mittels

$$\lambda_{\ddot{\mathcal{U}}_V} = \sum_{(g,s,g') \in \ddot{\mathcal{U}}_V} c_{sg} \varrho_{i_s,s} P(g, s, g') \, p_g \tag{4}$$

berechnet werden, falls (ii) gilt.

(ii) Bei jedem Übergang $(g, s, g') \in \ddot{\mathcal{U}}_V$ beginnt (bzw. endet) gerade die Verweilzeit V, so daß auch während des Laufens der Verweilzeit kein Übergang $(g, s, g') \in \ddot{\mathcal{U}}_V$ stattfindet.

(iii) Der Systemzustand g bestimmt eindeutig, ob die Verweilzeit V läuft oder nicht.

Sind (i)—(iii) erfüllt, so erhält man als Erwartungswert von V (bez. der Verteilung von Φ^0)

$$\mathsf{E}V = \lambda^{-1}_{\ddot{\mathcal{U}}_V} \sum_{g \in \mathcal{G} \text{ mit } V \text{ läuft in } g} p_g . \tag{5}$$

Insbesondere hat man für den Erwartungswert der Verweilzeit $V_{i,j}$ des Prozesses auf dem Objekt O_j im aktiven Objektzustand $i \in \mathcal{C}_j$

$$\mathsf{E}V_{i,j} = \Big(\sum_{g \in \mathcal{G} \text{ mit } i_j = i} c_{jg} \varrho_{i,j} p_g \Big)^{-1} \sum_{g \in \mathcal{G} \text{ mit } i_j = i} p_g . \tag{6}$$

Analog berechnet man den Erwartungswert der Dauer $\overline{V}_{i,j}$ bis zum Wiederbeginn des Objektzustandes $i \in \mathcal{C}_j$ nach seiner Beendigung durch

$$\mathsf{E}\overline{V}_{i,j} = \Big(\sum_{g \in \mathcal{G} \text{ mit } i_j = i} c_{jg} \varrho_{i,j} p_g \Big)^{-1} \sum_{g \in \mathcal{G} \text{ mit } i_j \neq i} p_g . \tag{7}$$

Für Anwendungsfälle sind auch Verweilzeiten $V_{\mathcal{G}^*}$ in bestimmten Zustandsmengen interessant, die durch eine Teilmenge $\mathcal{G}^*$ von $\mathcal{G}$ charakterisiert seien (z. B. für Verweilzeiten in „Gefahr"-Zuständen, Besetztzeiten des Systems und dergleichen)

$$\mathsf{E}V_{\mathcal{G}^*} = \lambda^{-1}_{\mathcal{G}^*} \sum_{g \in \mathcal{G}^*} p_g \tag{8}$$

mit der Intensität des Beginns (sowie auch Beendigung) von $V_{\mathcal{G}^*}$

$$\lambda_{\mathcal{G}^*} = \sum_{g \notin \mathcal{G}} \sum_{g' \in \mathcal{G}^*} \sum_{s \in \mathcal{J}_g'} c_{sg} \varrho_{i_s,s} P(g, s, g') \, p_g . \tag{9}$$

7.2.7.4. Bedingungen für Poisson-Eigenschaft eines Teilprozesses der Übergänge (g, s, g')

Will man z. B. klären, ob der Abgangsprozeß von bestimmten Forderungen Poissonsch ist, so ist der verdünnte Punktprozeß der Übergänge zu betrachten, die diesen Abgang beschreiben. Die interessierenden Übergänge seien in $\ddot{\mathscr{U}}_{\text{OUT}}$ zusammengefaßt. Es gibt zwei mögliche Betrachtungsweisen, die jeweils zu einer positiven Aussage führen können:

(a) Man vergleicht die Zustände unmittelbar vor den Übergängen und ihre entsprechenden stationären Wahrscheinlichkeiten, bzw.
(b) es werden entsprechende Vergleiche unmittelbar nach den Übergängen mit den stationären Zustandswahrscheinlichkeiten des Systems angestellt.

7.2.7.1. Satz (Jansen/König/Nawrotzki (1979)). Der Punktprozeß der betrachteten Übergänge ist Poissonsch, wenn gilt:

(a)
$$\lambda_{\text{OUT}} = \sum_{(g,s,g')\in\ddot{\mathscr{U}}_{\text{OUT}}} c_{sg}\varrho_{i_s,s}P(g, s, g') \quad (g \text{ fest}) \text{ für alle } \quad g \in \mathscr{G}$$

$$\text{und} \qquad s \notin \mathscr{U}_g \qquad \text{für alle} \qquad (g, s, g') \in \ddot{\mathscr{U}}_{\text{OUT}}; \tag{10}$$

oder

(b)
$$p_g = \lambda_{\text{OUT}}^{-1} \sum_{(g',s,g)\in\ddot{\mathscr{U}}_{\text{OUT}}} c_{sg'}\varrho_{i_s',s}P(g', s, g)\, p_g \quad (g \text{ fest}) \quad \text{für alle} \quad g \in \mathscr{G}$$

$$\text{und} \qquad \mathscr{U}_g = \mathscr{U}_{g'} \setminus \{s\} \qquad \text{für alle} \qquad (g', s, g) \in \ddot{\mathscr{U}}_{\text{OUT}}, \tag{11}$$

wobei

$$\lambda_{\text{OUT}} = \sum_{(g',s,g)\in\ddot{\mathscr{U}}_{\text{OUT}}} c_{sg'}\varrho_{i_s',s}P(g', s, g)\, p_g\,.$$

Es ist zu beachten, daß das Bedienungsschema die Eigenschaften $\mathbf{e}((\mathscr{I}_j)_{j\in\mathscr{I}})$, $\mathbf{e}_1((\mathscr{I}_j)_{j\in\mathscr{I}})$, $\mathbf{e}_2((\mathscr{I}_j)_{j\in\mathscr{I}})$ sowie natürlich die Unempfindlichkeitseigenschaften $\mathbf{E}((\mathscr{I}_j)_{j\in\mathscr{I}})$ besitzen muß. Insbesondere gilt daher diese Aussage für nur exponentialverteilte Größen, d. h., $\mathscr{I}_j = \emptyset$ für alle $j \in \mathscr{I}$.

Auf der rechten Seite von (10) bzw. (11) stehen übrigens die Ausdrücke für die ablauforientierten stationären Zustandswahrscheinlichkeiten des Zustandes unmittelbar vor bzw. nach diesen Übergängen (vgl. auch entsprechende Aussagen in den Arbeiten Bremaud (1978), Fleischmann (1975)).

7.2.7.5. Erlangsches Verlustsystem M/$\vec{\text{G}}$/s/0 als Beispiel

Es wird das Erlangsche Verlustsystem mit Poissonschem Forderungenstrom der Intensität λ betrachtet. Eine ankommende Forderung wählt ein freies Gerät auf gut Glück aus und wird abgewiesen, wenn alle Geräte besetzt sind. Es werden Bedienungsgeschwindigkeiten angenommen, die für alle Geräte gleich sind, aber von der Anzahl der Forderungen im System abhängen, also $c_{jg} = c(n(g))$, $n(g)$-Anzahl der besetzten Geräte in g. Die Arbeitsmengen B_j, $j = 1, \ldots, s$, haben für jedes Gerät eine individuelle Verteilung, insbesondere ist $\mathsf{E}B_j = \mu_j^{-1}$. Die Beschreibung als Bedienungsschema erfolgt mit den Objekten O_0 (Quelle), O_j (Bedienungsgerät j), $j = 1, \ldots, s$, den Objektzustandsmengen $\mathscr{C}_0 = \{1\}$ (Pausenzeit), $\mathscr{D}_0 = \emptyset$, $\mathscr{C}_j = \{1\}$ (Bedienung), $\mathscr{D}_j = \{0\}$

(Gerät frei), $j = 1, \ldots, s$, so daß $\mathcal{G} = \mathcal{C}_0 \times \bigtimes_{j=1} (\mathcal{C}_j \cup \mathcal{D}_j)$ ist. Die Angabe der Übergangswahrscheinlichkeiten $P(g, j, g')$ sei dem Leser überlassen. Es ist $\varrho_{1,0} = \lambda$, $\varrho_{1,j} = \mu_j$, $j = 1, \ldots, s$.

Für dieses System liegt die Unempfindlichkeitseigenschaft $\mathbf{E}(\emptyset, \{1\}, \ldots, \{1\})$ vor, also Unempfindlichkeit der p_g gegenüber allen Verteilungen der Arbeitsmengen B_j. Vom Gleichungssystem Z', insbesondere aus den Gleichungen (1a) in [7.2.2] erhält man in diesem Beispiel

$$\begin{aligned} \lambda p_g &= \sum_{j \in \mathcal{J},\, i_j = 0} c\big(n(g) + 1\big)\, \mu_j p_{g(i_j \to 1)} \quad \text{für} \quad n(g) < s, \\ \lambda p_g &= \lambda p_g \quad \text{für} \quad n(g) = s, \end{aligned} \tag{12}$$

wobei $g(i_j \to 1)$ den Systemzustand g' bedeutet mit $i_l' = i_l$, $l \neq j$, $i_j' = 1$. Damit lassen sich die folgenden Beziehungen sofort angeben. Es gilt für die ablauforientierten Zustandswahrscheinlichkeiten $\mathring{p}_g$ unmittelbar vor Ankunft einer Forderung

$$\mathring{p}_g = \lambda p_g \Big(\sum_{g \in \mathcal{G}} \lambda p_g\Big)^{-1} = p_g$$

und die Zustandswahrscheinlichkeiten $\bar{p}_g$ unmittelbar nach Abgang einer Forderung

$$\begin{aligned} \bar{p}_g &= \sum_{j=1 \text{ mit } i_j = 0}^{s} c\big(n(g) + 1\big)\, \mu_j p_{g(i_j \to 1)} d = p_g \quad \text{für} \quad n(g) < s, \\ \bar{p}_g &= \lambda p_g d = p_g \quad \text{für} \quad n(g) = s, \end{aligned}$$

wobei sich $d = \lambda^{-1}$ aus (12) ergibt. Die Zustandswahrscheinlichkeit $\bar{p}_g^{\mathrm{B}}$ unmittelbar nach Beendigung einer Bedienung ist dagegen $\bar{p}_g^{\mathrm{B}} = p_g/(1 - p_{g^+})$, $g^+ = (1, \ldots, 1)$.

Die mittlere Dauer einer Bedienung auf dem Gerät j ist gegeben durch die Größe

$$\Big(\sum_{g \in \mathcal{G} \text{ mit } i_j = 1} c\big(n(g)\big)\, \mu_j p_g\Big)^{-1} \sum_{g \in \mathcal{G} \text{ mit } i_j = 1} p_g \quad (\uparrow (6)).$$

Die mittlere Besetztheit des Systems kann durch (8) berechnet werden mit $g^0 = (1, 0, \ldots, 0)$, und zwar ist sie $(1 - p_{g^0})/\lambda p_{g^0}$.

Faßt man als Output alle Abgänge von Forderungen aus dem System auf (abgewiesene einbegriffen), so ist (12) äquivalent mit der ersten Bedingung in (11). Die zweite Bedingung $\mathcal{U}_{g'} = \mathcal{U}_g \setminus \{j\}$ für alle $(g, j, g') \in \ddot{\mathcal{U}}_{\mathrm{OUT}}$ ist ebenfalls erfüllt, da j entweder der Index des Gerätes ist, dessen Bedienung beendet wurde, oder $j = 0$, wenn $n(g') = s$. Der Outputprozeß dieses Systems ist also Poissonsch. Die Zustandswahrscheinlichkeiten p_g haben die Werte

$$p_g = p_{g^0} \prod_{j=1}^{n(g)} c(j)^{-1} \prod_{\substack{j=1 \\ \text{mit } i=1}}^{s} \frac{\lambda}{\mu_j}$$

mit

$$p_{g^0} = \Bigg(\sum_{g \in \mathcal{G}} \prod_{j=1}^{n(g)} c(j)^{-1} \prod_{\substack{j=1 \\ \text{mit } i_j=1}}^{s} \frac{\lambda}{\mu_j}\Bigg)^{-1}.$$

7.3. Die Aufspaltungsmethode zur Prüfung der Unempfindlichkeit

7.3.1. Das Wesen der Methode

Ein weiteres Verfahren zur Unempfindlichkeitsprüfung der stationären Zustandswahrscheinlichkeiten p_g beruht auf der Darstellung des betrachteten Bedienungssystems als Bedienungsschema gemäß [5.2.1] und 7.2, der Anwendung des Dekompositionsprinzips (↑ S. 7.2.2.6) und des folgenden Unempfindlichkeitskriteriums von SCHASSBERGER (1977). Dabei muß die Bedingung $\sum_{j \in \mathscr{J}} |\mathscr{C}_j| < \infty$ erfüllt sein.

7.3.1.1. Satz. Es sei ein irreduzibles Bedienungsschema gegeben, und für einen aktiven Zustand $i_s \in \mathscr{C}_s$ eines Objektes O_s, $s \in \mathscr{J}$, seien die Eigenschaften $\mathrm{e}_1(\{i_s\})$ und $\mathrm{e}_2(\{i_s\})$ erfüllt. Die Unempfindlichkeitseigenschaft $\mathrm{E}(\{i_s\})$ liegt genau dann vor, wenn für alle $g \in \mathscr{G}$ die Zustandswahrscheinlichkeiten p_g mit exponentialverteiltem aktiven Zustand i_s des Objektes O_s gleich den Zustandswahrscheinlichkeiten $q_g{}^*$ mit folgender Verteilungsfunktion $F_s(x)$ des aktiven Zustandes i_s des Objektes O_s sind:

$$F_{i_s,s}(x) = q^{(1)}_{i_s,s} \operatorname{Exp}(\varrho^{(1)}_{i_s,s})(x) + q^{(2)}_{i_s,s} \operatorname{Exp}(\varrho^{(2)}_{i_s,s}) * \operatorname{Exp}(\varrho^{(1)}_{i_s,s})(x) \quad \text{für} \quad x \geqq 0,$$

wobei $\operatorname{Exp}(\lambda)(x) = 1 - e^{-\lambda x}$, $x \geqq 0$, und folgende Bedingungen zu erfüllen sind:

$$\mathrm{B}_1\colon \varrho^{(1)}_{i_s,s}, \varrho^{(2)}_{i_s,s} > 0, \quad \mathrm{B}_2\colon 0 < q^{(1)}_{i_s,s} < 1, \quad \mathrm{B}_3\colon q^{(2)}_{i_s,s} = 1 - q^{(1)}_{i_s,s},$$

$\mathrm{B}_4\colon q^{(1)}_{i_s,s}\varrho_s\varrho^{(1)}_{i_s,s} \neq \varrho_{i_s,s}$ und B_5: (für den Erwartungswert von $F_{i_s,s}(x)$)

$$\frac{1}{\varrho_{i_s,s}} = \frac{1}{\varrho^{(1)}_{i_s,s}} + q^{(2)}_{i_s,s} \frac{1}{\varrho^{(2)}_{i_s,s}}.$$

Nach diesem Satz genügt es zur Unempfindlichkeitsprüfung $\mathrm{E}(\{i_s\})$ bez. des aktiven Zustandes i_s von O_s, für diesen Zustand einmal eine Exponentialverteilungsfunktion und zum anderen die spezielle Verteilungsfunktion $F_s(x)$ zu wählen, und dafür jeweils die p_g zu bestimmen. Stimmen sie überein, so liegt die Unempfindlichkeit $\mathrm{E}(\{i_s\})$ der bez. jeder beliebigen Verteilungsfunktion $F_{i_s,s}(x)$ für den aktiven Zustand i_s von O_s vor.

Zur Anwendung dieses Satzes als Methode sind die p_g für ein Bedienungsschema mit der Verteilungsfunktion $F_s(x)$ für den aktiven Zustand i_s von O_s zu berechnen. Die Bestimmungsstücke dieses Bedienungsschemas (sie werden durch einen Stern gekennzeichnet) werden durch folgende Schritte gewonnen.

(i) *Aufspaltung von i_s:* Die Verteilungsfunktion $F_s(x)$ ist die Mischung (↑ D. 2.5.4.1, Kapitel 2) einer Exponentialverteilungsfunktion und einer Faltung von zwei Exponentialverteilungsfunktionen, d. h. einer Erlang-Verteilungsfunktion (↑ [2.9.13]). Daher kann die dem aktiven Zustand i_s von O_s zugeordnete Zufallsgröße als in zwei mit den Parametern $\varrho^{(1)}_{i_s,s}$ bzw. $\varrho^{(2)}_{i_s,s}$ exponentialverteilte Zufallsgrößen aufgespaltet aufgefaßt werden, die aktiven Zuständen $i_s{}^{(1)}$, $i_s{}^{(2)}$ entsprechen. Wird O_s aktiviert, dann beginnt mit Wahrscheinlichkeit $q^{(1)}_{i_s,s}$ die dem aktiven Zustand $i_s{}^{(1)}$ zugeordnete, mit dem Parameter $\varrho^{(1)}_{i_s,s}$ exponentialverteilte Zufallsgröße zu laufen. Mit der Wahrscheinlichkeit $q^{(2)}_{i_s,s}$ wird die erste Phase (↑ Phasenmethode [5.3]) einer erlangverteilten Zufallsgröße realisiert, und zwar läuft die dem aktiven Zustand $i_s{}^{(2)}$ zugeordnete Zufallsgröße mit einer Exponentialverteilung mit dem Parameter $\varrho^{(2)}_{i_s,s}$. Anschließend folgt mit

Wahrscheinlichkeit Eins die zweite Phase, in der wieder eine dem aktiven Zustand $i_s^{(1)}$ zugeordnete Zufallsgröße mit einer Exponentialverteilung (Parameter $\varrho_{i_s,s}^{(1)}$) läuft. Durch diese Aufspaltung eines beliebigen, fest gewählten aktiven Objektzustandes i_s in zwei Zustände $i_s^{(1)}$ und $i_s^{(2)}$ ergibt sich ein neues Bedienungsschema.

(ii) *Aufgespaltenes Bedienungsschema:* Durch die Aufspaltung von i_s in $i_s^{(1)}$ und $i_s^{(2)}$ spalten sich auch alle Zustände $g \in \mathcal{G}$, für die $i_s \in g$ ist, in zwei Zustände g_1, g_2 auf mit $s \in \mathcal{J}_{g_1}, s \in \mathcal{J}_{g_2}$. Daraus ergibt sich die neue Menge der Systemzustände.

$$\mathcal{G}^* = (\mathcal{G} \setminus \{g : i_s \in g\}) \cup \{g_1, g_2 : i_s \in g\}$$

mit der Anzahl $|\mathcal{G}^*| = |\mathcal{G}| + |\{g : g \in \mathcal{G}, i_s \in g\}|$. Es ist $\mathcal{J}_{g_1} = \mathcal{J}_{g_2} = \mathcal{J}_g$ für die zu g gehörenden g_1 und g_2. Die Intensitäten $\varrho_{i_s,s}^{(1)}, \varrho_{i_s,s}^{(2)}$ sind durch die Bedingungen B_1 bis B_4 bis auf $q_{i_s,s}^{(1)}$ und einen Parameter $a > 1$ eindeutig bestimmt:

$$\varrho_{i_s,s}^{(1)} = \frac{a}{q_{i_s,s}^{(1)}} \varrho_{i_s,s}, \qquad \varrho_{i_s,s}^{(2)} = \frac{a q_{i_s,s}^{(2)}}{a-1} \varrho_{i_s,s}.$$

Die übrigen aktiven Zustände haben die alten Intensitäten $\varrho_{i_j,j}$. Die Geschwindigkeiten c_{jg_k}, $k = 1, 2$, sind für die aufgespaltenen Zustände gleich den Werten c_{jg}. Für die übrigen Zustände verändern sich die Geschwindigkeiten natürlich nicht. Die neuen Übergangswahrscheinlichkeiten sind für $g, g' \in \mathcal{G}^*$, $j \in \mathcal{J}_g$:

$$P^*(g^*, j, g^*) = \begin{cases} q_{i_s,s}^{k} P(g, j, g'), & k = 1, 2, \quad g, g' \in \mathcal{G}, \quad j \in \mathcal{J}_g, \quad i_s \notin g, \quad i_s \in g', \\ & \text{wenn } g^* = g, \quad g^{*\prime} = g_k, \\ & \text{oder wenn } j = s, \quad i_s \in g, \quad g^* = g_1, \quad g^{*\prime} = g_k; \\ P(g, j, g'), & g, g' \in \mathcal{G}, \quad j \in \mathcal{J}_g, \quad i_s \notin g, \quad i_s \notin g' \\ & \text{wenn } g^* = g, \quad g^{*\prime} = g', \\ & \text{oder wenn } j \neq s \text{ und } i_s \in g, \quad i_s \in g', \\ & g^* = g_k, \quad g^{*\prime} = g_k', \quad k \in \{1, 2\}; \\ 1, & \text{wenn } j = s, \quad g^* = g_2, \quad g^{*\prime} = g_1, \quad g \in \mathcal{G} \\ & \text{mit } i_s \in g; \\ 0 & \text{sonst.} \end{cases}$$

Das aufgespaltene Bedienungsschema ist somit bestimmt, die Irreduzibilität ist erhalten geblieben. Da die den aktiven Zuständen der Objekte O_j mit $j \in \mathcal{J}_g$ für beliebiges $g \in \mathcal{G}^*$ zugeordneten Zufallsgrößen sämtlich exponentialverteilt sind, lassen sich die Zustandswahrscheinlichkeiten p_g^*, $g \in \mathcal{G}^*$, des zum aufgespaltenen Bedienungsschema gehörenden Bedienungssystems durch Lösung des entsprechenden Gleichungssystems Z (↑ (1) in [5.2.2]) gewinnen.

Es läßt sich zeigen, daß die Unempfindlichkeitseigenschaft $E(\{i_s\})$ genau dann vorliegt, wenn die aus Z für das aufgespaltene Bedienungsschema errechneten $p_{g^*}^*$ für alle $g^* \in \mathcal{G}^*$ mit den folgenden Größen $q_{g^*}^*$ übereinstimmen

$$q_{g^*}^* = \begin{cases} a^{-1} q_{i_s,s}^{(1)} p_g, & \text{falls } g^* = g_1 \text{ und entsprechenden } g \in \mathcal{G}, \ i_s \in g, \\ a^{-1}(a - q_{i_s,s}^{(1)})\, p_g, & \text{falls } g^* = g_2 \text{ und entsprechenden } g \in \mathcal{G}, \ i_s \in g, \\ p_g, & \text{falls } g^* = g, \quad i_s \notin g, \quad g \in \mathcal{G}. \end{cases}$$

Dabei gilt als hinreichende von S. 7.3.1.1 Richtung ohne die Bedingung B_4.

7.3.2. Die einzelnen Schritte der Methode

Insgesamt ergeben sich folgende Schritte, um das Vorliegen der Unempfindlichkeitseigenschaft $\mathrm{E}\big((\mathscr{I}_j)_{j\in\mathscr{J}}\big)$ der p_g für eine Familie $(\mathscr{I}_j)_{j\in\mathscr{J}}$ mit $\mathscr{I}_j = \mathscr{C}_j$ zu prüfen.

(i) *Bestimmung der p_g:* Für das betrachtete Bedienungssystem wird ein Bedienungsschema aufgestellt, es wird auf Irreduzibilität geprüft und das System Z der Zustandsgleichungen wird gelöst. Damit ergeben sich die stationären Zustandswahrscheinlichkeiten p_g für den Fall, daß alle aktiven Objektzustände exponentialverteilt sind.
(ii) *Dekomposition:* Es wird das Dekompositionsprinzip angewendet (↑ S. 7.2.2.6), d. h., die Unempfindlichkeitseigenschaft $\mathrm{E}(\{i_s\})$ wird für alle aktiven Objektzustände i_s, $i_s \in \mathscr{I}_s$, für alle $s \in \mathscr{J}$ einzeln geprüft. Sind die Antworten sämtlich positiv, dann folgt daraus $\mathrm{E}\big((\mathscr{I}_j)_{j\in\mathscr{J}}\big)$.
(ii_1) Zunächst wird also ein beliebiger aber fester aktiver Objektzustand i_s eines beliebigen Objektes O_s gewählt, für das die Verteilungsfunktion $F_{i_s,s}(x)$ nicht exponential ist. Sämtliche übrigen aktiven Objektzustände aller Objekte werden als exponentialverteilt angenommen.
(ii_2) Es wird geprüft, ob die Eigenschaften $\mathrm{e}_1(\{i_s\})$ und $\mathrm{e}_2(\{i_s\})$ erfüllt sind.
(iii) *Aufstellung des aufgespaltenen Bedienungsschemas:* Gemäß (i) und (ii) aus [7.3.1] werden das aufgespaltene Bedienungsschema gebildet und die Größen $q_g{}^*$ berechnet.
(iv) *Unempfindlichkeitsprüfung:* Die Größen $q_g{}^*$ werden in das Gleichungssystem Z für das im Schritt (iii) gebildete aufgespaltete Bedienungsschema eingesetzt. Erfüllen sie es, so sind die p_g bez. der Form der Verteilung $F_{i_s,s}(x)$ von i_s unempfindlich, sonst nicht. Dann wird zum nächsten aktiven Objektzustand i_s' mit beliebiger Verteilungsfunktion $F_{i_s',s}(x)$ übergegangen und bei (ii_2) fortgefahren.

Die auf diese Weise ermittelte Unempfindlichkeitseigenschaft stimmt mit derjenigen aus [7.2] überein. Dieses auf der Aufspaltungsmethode basierende Vorgehen eignet sich als Grundlage für ein numerisch iteratives Verfahren der Unempfindlichkeitsprüfung auf Rechenautomaten. Dabei dienen die in (iii) ermittelten Größen $q_g{}^*$ als Anfangswerte für die iterative Lösung des Gleichungssystems Z in (iv), d. h., man verwendet zur Lösung von Z insbesondere iterative Lösungsverfahren und übernimmt diese Algorithmen auch für Schritt (iv). Im Falle der Unempfindlichkeit erfolgt ein Abbruch der Iteration nach Durchlaufen einer Schleife, wenn man numerische Effekte vernachlässigt. Andernfalls ergeben sich numerische Werte für eine Veränderung der Zustandswahrscheinlichkeiten beim Abgehen von der Exponentialverteilung.

7.4. Eine weitere algebraische Methode zur Prüfung der Unempfindlichkeit

7.4.1. Unempfindlichkeitskriterien

Unabhängig von den in [7.2.1]—[7.2.3] angegebenen Ergebnissen, Kriterien und Verfahren hat Kowalenko (1962) (siehe auch Gnedenko/Kowalenko [1]) für eine Klasse von Modellen mit unabhängigen Zufallsgrößen ein notwendiges und hinreichendes rein algebraisches Kriterium für eine gewisse Unempfindlichkeitseigenschaft angegeben, das von Guseinow (1970) auf den Fall positiver Geschwindigkeiten verallgemeinert wurde. In einer Reihe von Arbeiten wurden konkrete Bedienungsmodelle in diese Modellklasse eingebettet und auf die entsprechende Unempfindlichkeitseigenschaft hin untersucht. Es wird hier das Modell von Kowalenko mit Geschwindigkeiten in bedienungstheoretischer Interpretation angegeben.

Das System bestehe aus r Gruppen von jeweils n_j, $j = 1, \ldots, r$, Quellen. Die Pausenzeiten der Quellen seien zufällig. Mit der Bedienung einer Forderung wird sofort bei ihrem Eintreffen begonnen, es stehen genügend Bedienungsgeräte zur Verfügung, Verlust oder Warten von Forderungen treten nicht auf. Nach Beendigung der Bedienung der Forderung von einer bestimmten Quelle beginnt auf dieser wieder eine Pausenzeit zu laufen. Der Zustand des Systems wird durch einen Vektor $\boldsymbol{k} = (k_1, \ldots, k_r)$ beschrieben, wobei die Komponente k_j die Anzahl der in Bedienung befindlichen Forderungen der j-ten Gruppe angibt. Liegt zum Zeitpunkt t der Zustand $\boldsymbol{k}$ vor mit $k_j < n_j$, $j = 1, \ldots, r$, dann tritt mit der Wahrscheinlichkeit $\lambda_j(\boldsymbol{k})\, h + o(h)$ im Intervall $[t, t + h)$ eine Forderung und mit der Wahrscheinlichkeit $o(h)$ mehr als eine Forderung in der j-ten Gruppe von Quellen auf. Forderungen in verschiedenen Gruppen von Quellen treten unabhängig voneinander auf. Die zufälligen Bedienungszeiten der Forderungen sind unabhängig, besitzen die Verteilungsfunktion $B_j(x)$ mit dem Erwartungswert m_j für Forderungen der j-ten Gruppe von Quellen und werden mit der positiven Geschwindigkeit c_{jk_j} realisiert.

7.4.1.1. Satz (Unempfindlichkeitskriterium). Für das betrachtete Modell mit gegebenen Parameterfamilien $\big(\lambda_j(\boldsymbol{k})\big)$, (m_j) und $c_{jk_j})$ existieren stationäre Zustandswahrscheinlichkeiten $p_{(k_1,\ldots,k_r)}$; sie sind gegenüber der Form der Verteilungsfunktionen $B_j(x)$, $j = 1, \ldots, r$, bei gegebenen m_j unempfindlich genau dann, wenn für jeden beliebigen Zustand $\boldsymbol{k} = (k_1, \ldots, k_r)$ und beliebige $|\boldsymbol{k}|$-Tupel $(i_1, \ldots, i_{|\boldsymbol{k}|})$ und $(i_1', \ldots, i_{|\boldsymbol{k}|}')$, in denen jeweils für jedes j genau k_j Elemente gleich j sind,

$$\prod_{l=1}^{|\boldsymbol{k}|} \lambda_{i_l}\left(\sum_{m=1}^{l-1} \delta_{1i_m}, \ldots, \sum_{m=1}^{l-1} \delta_{ri_m}\right) = \prod_{l=1}^{|\boldsymbol{k}|} \lambda_{i_l'}\left(\sum_{m=1}^{l-1} \delta_{1i_m'}, \ldots, \sum_{m=1}^{l-1} \delta_{ri_m'}\right), \tag{1}$$

gilt, wobei δ_{ij} das Kronecker-Symbol ist. Für die stationären Zustandswahrscheinlichkeiten gilt dann

$$p_{(k_1,\ldots,k_r)} = \prod_{j=1}^{r} \frac{m_j^{k_j}}{k_j!} \left(\prod_{j=1}^{r} c_{jk_j}\right)^{-1} \prod_{l=1}^{|\boldsymbol{k}|} \lambda_{i_l}\left(\sum_{m=1}^{l-1} \delta_{1i_m}, \ldots, \sum_{m=1}^{l-1} \delta_{ri_m}\right) p_{(0,\ldots,0)}. \tag{2}$$

7.4.2. Methode zur Prüfung der Unempfindlichkeit

Die notwendige und hinreichende Bedingung in S. 7.4.1.1 bedeutet inhaltlich, daß die Wahrscheinlichkeit dafür, daß für beliebiges t im Intervall $[t, t + h)$ eine Forderung der j-ten Gruppe von Quellen auftritt und im Intervall $[t + h, t + 2h)$ eine Forderung der i-ten Gruppe, bis auf $o(h)$ gleich der Wahrscheinlichkeit dafür ist, daß in $[t, t + h)$ eine Forderung der i-ten Gruppe und in $[t + h, t + 2h)$ eine Forderung der j-ten Gruppe auftritt. Ob diese Bedingung erfüllt ist, prüft man in folgenden Schritten (wobei wir zur Abkürzung $\boldsymbol{1}_j = (0, \ldots, \overset{j}{1}, 0, \ldots, 0)$ setzen):

(i) Es werden für $\sum_{j=1}^{r} k_j = 2$, d. h. $\boldsymbol{k} = \boldsymbol{1}_{i_1} + \boldsymbol{1}_{i_2}$, alle Größen

$$d_{\boldsymbol{k}}^*(i_1, i_2) = \lambda_{i_2}(0)\, \lambda_i(\boldsymbol{1}_{i_1})$$

gebildet und verglichen, ob

$$d_k^*(i_1, i_2) = d_k^*(i_2, i_1) = d_k(\{i_1, i_2\}) \qquad \big(= d(\boldsymbol{k})\big)$$

ist. Falls $i_1 = i_2 = j$ ist, ist nichts zu prüfen und $d(\boldsymbol{k}) = \lambda_j(0)\,\lambda_j(\mathbf{1}_j)$.

(ii) Sukzessive werden für $\sum_{j=1}^{r} k_j = 3, 4, \ldots, \sum_{j=1}^{r} n_j$ die Größen

$$d_k^*(i_1, i_2) = \lambda_{i_1}(\boldsymbol{k} - \mathbf{1}_{i_1} - \mathbf{1}_{i_2})\,\lambda_{i_2}(\boldsymbol{k} - \mathbf{1}_{i_2})$$

gebildet und geprüft, ob

$$d_k^*(i_1, i_2) = d_k^*(i_2, i_1) = d_k(\{i_1, i_2\})$$

für $k_{i_1} > 1$ und $k_{i_2} > 1$, $i_1 \neq i_2$ ist. Sobald eine Prüfung negativ ausfällt, ist die Bedingung in Satz 7.4.1.1 nicht erfüllt.

(iii) Ergeben die Schritte (i) und (ii), daß die Bedingung von Satz 7.4.1.1 erfüllt wird, so können die ermittelten Größen $d_k(\{i_1, i_2\})$ herangezogen werden, um für die Formel (2) der stationären Zustandswahrscheinlichkeiten das Produkt $\prod_{l=1}^{|\boldsymbol{k}|} \lambda_{i_l}$ zu bestimmen. Günstig ist dabei, gleich nach jedem Überprüfungsschritt die Größe $d(\boldsymbol{k})$ auszurechnen. Dazu sind die folgenden Rekursionsformeln anzuwenden:

$$d(0) = 1$$

$$d(\boldsymbol{k}) = d(\boldsymbol{k} - \mathbf{1}_i - \mathbf{1}_j)\,d_k(\{i, j\}), \qquad \text{falls} \quad i \neq j, \quad k_i, k_j \neq 0,$$

$$d(\boldsymbol{k}) = d(\boldsymbol{k} - \mathbf{1}_j)\,\lambda_j(\boldsymbol{k} - \mathbf{1}_j), \qquad \text{falls} \quad k_j \neq 0.$$

7.4.3. Bemerkungen

7.4.3.1. Das zugrunde gelegte Modell kann auch als spezielles Bedienungsschema gemäß [5.2.1] bzw. [7.2.1] dargestellt und das Ergebnis des Satzes 7.4.1. aus den Unempfindlichkeitskriterien von [7.2.2] gewonnen werden, vgl. König/Matthes/Nawrotzki [1], [2] und König/Jansen (1976). Dabei ergibt sich, daß die Aussagen des obigen Satzes gültig bleiben, wenn jeder Gruppe j von n_j Quellen, $j = 1, \ldots, r$, eine spezielle Gruppe von n_j unterscheidbaren Bedienungsgeräten zur Verfügung steht und die Verteilungsfunktion $B_{j,l}(x)$ der Bedienungszeit einer Forderung der j-ten Gruppe nicht nur von j, sondern auch von der Nummer l, $l = 1, \ldots, n_j$, des jeweiligen Bedienungsgerätes der Gruppe abhängt. Des weiteren können stationäre Abhängigkeiten zwischen den Zufallsgrößen $B_{j,l}$ des Gerätes l (also den Bedienungsgrößen, die auf ein und demselben Gerät der Nummer l laufen) im Sinne stationärer Punktprozesse bestehen (↑ [7.2.8]). Ebenso müssen die Pausenzeiten der Quellen nicht exponentialverteilt sein.

7.4.3.2. Für das folgende Modell erzielte Guseinow (1974) ein zum Satz 7.4.1.1 analoges Resultat. Das Bedienungssystem besteht aus r Gruppen von je n_j Bedienungsgeräten. Auf die j-te Gruppe trifft ein Possionscher Forderungenstrom der Intensität λ_j, $j = 1, \ldots, r$. Die Bedienungszeiten auf Geräten der j-ten Gruppe seien unabhängig und identisch verteilt mit der Verteilungsfunktion $B_j(x)$ mit dem Erwartungswert m_j und den positiven Geschwindigkeiten c_{j,k_j}, wobei k_j die Anzahl der jeweils besetzten

Geräte der j-ten Gruppe ist. Trifft eine Forderung auf der j-ten Gruppe von Bedienungsgeräten ein und sind diese sämtlich besetzt, dann wird die Forderung auf diejenige Gruppe von Bedienungsgeräten umgelenkt, für die der Quotient k_{j/n_j} (die sog. Belastung der j-ten Gruppe) minimal ist. Ist dieser für mehrere Gruppen gleich, dann wird unter diesen die Gruppe mit der kleinsten mittleren Bedienungszeit m_j ausgewählt. Sind sämtliche Bedienungsgeräte aller Gruppen besetzt, geht die Forderung verloren.

7.4.3.3. Eine Ausdehnung des Satzes 7.4.1.1 auf eine weitere Modellklasse, die kompliziertere, auch mehrstufige, Strukturen von Bedienungssystemen erfaßt, ist in der Arbeit von BASCHARIN/KOKOTUSCHKIN (1971) enthalten. Analoge Kriterien für Bedienungssysteme mit komplizierter Struktur, dargestellt als Bedienungsschemata, enthält die Monographie von KÖNIG/MATTHES/NAWROTZKI [1].

7.4.3.4. KUSNEZOW (1976) übertrug die Aussage von Satz 7.4.1.1 auf den Fall, daß im Modell von KOWALENKO/GUSEINOW die Verteilungsfunktion der Bedienungsmenge der Forderung zusätzlich vom Systemzustand $\boldsymbol{k}$ zum Zeitpunkt des Beginns der Bedienung der Forderung abhängen kann.

7.4.3.5. Eine weitere Arbeit, KUSNEZOW (1978), gibt für das gerade erwähnte Modell für den Fall $\lambda_j(\boldsymbol{k}) = \lambda_j^{(0)}(\boldsymbol{k})\, \varepsilon + o(\varepsilon)$, wobei $\varepsilon > 0$ ein kleiner Parameter ist, eine notwendige und hinreichende Bedingung dafür, daß die Größe $p_{\boldsymbol{k}}^{(0)}$ in der Darstellung $p_{\boldsymbol{k}} = p_{\boldsymbol{k}}^{(0)} \varepsilon^{|\boldsymbol{k}|} + o(\varepsilon^{|\boldsymbol{k}|})$ der stationären Zustandswahrscheinlichkeit $p_{\boldsymbol{k}}$ gegenüber der Form der Verteilungsfunktionen der Bedienungszeiten unempfindlich ist. Dabei ist $p_{\boldsymbol{k}}^{(0)}$ das Hauptglied in der Potenzreihendarstellung von $p_{\boldsymbol{k}}$ nach Potenzen von ε.

7.4.3.6. Für ein Erlangsches Verlustsystem mit s Bedienungsgeräten, Auswahlregel „auf gut Glück“ und Poissonschen Forderungenströmen von unterschiedlichem Typ, wobei überabzählbar unendlich viele Typen zugelassen sind, gibt KUSNEZOW (1979) unter gewissen Voraussetzungen notwendige und hinreichende Bedingungen für die Unempfindlichkeit geeigneter stationärer Zustandswahrscheinlichkeiten an. Dies kann man sich so vorstellen, daß sich die Bedienungszeitverteilung als Mischung über die Bedienungszeitverteilungen der einzelnen Typen in einem entsprechenden Verlustsystem darstellt, das nur einen Poissonschen Forderungenstrom als Eingang hat. Es treten unterschiedliche Probleme auf, je nachdem ob die Forderungentypen schon im Forderungenstrom unterschieden oder erst vor Beginn der Bedienung der Forderung bestimmt werden.

7.5. Überblick über weitere Methoden und Ergebnisse zur Unempfindlichkeit stationärer Zustandswahrscheinlichkeiten

7.5.1. Weitere Methoden

Außer den oben dargelegten Methoden zur Unempfindlichkeitsprüfung der stationären Zustandswahrscheinlichkeiten gibt es in der Literatur weitere, von denen hier nur zwei erwähnt werden können. Zum einen handelt es sich um eine approximative Methode (auch *Phasenmethode* genannt). Sie basiert auf der Darstellungsmöglichkeit jeder Verteilungsfunktion einer nichtnegativen Zufallsgröße als Grenzverteilung einer Folge von Hyper-Erlang-Verteilungsfunktionen (↑ S. 2.5.4.4). Im Fall stationär abhängiger Zufallsgrößen ist S. 3.7.3.5 analog verwendbar, wonach jeder stationäre Punktprozeß durch semimarkowsche Punktprozesse approximiert werden kann.

Soll für ein gegebenes Bedienungssystem Σ mit unabhängigen primären Zufallsgrößen die Unempfindlichkeit der stationären Zustandswahrscheinlichkeiten p_g bez. der Bedienungszeitverteilungsfunktion nachgewiesen werden, so wird diese Verteilungsfunktion ersetzt durch eine entsprechende Hyper-Erlang-Verteilungsfunktion. Dann werden für das so erhaltene Bedienungssystem Σ_n mit Hilfe der Erlangschen Phasenmethode die stationären Zustandswahrscheinlichkeiten $p_{g,n}$ ausgerechnet. Hängen diese nur vom Erwartungswert der Hyper-Erlang-Verteilungsfunktion ab, dann wird der Grenzübergang der Folge der Hyper-Erlang-Verteilungsfunktionen gegen die ursprüngliche Bedienungszeitverteilungsfunktion vollzogen, so daß die approximierenden Systeme Σ_n gegen das System Σ konvergieren. Durch einen entsprechenden Stetigkeitssatz (↑ Kap. 10 sowie [II, Kap. 11]) ist zu sichern, daß bei diesem Grenzübergang die stationären Zustandswahrscheinlichkeiten $p_{g,n}$ gegen die zu untersuchenden Zustandswahrscheinlichkeiten p_g konvergieren. Liegt ein solcher Stetigkeitssatz vor, dann sind auch die stationären Zustandswahrscheinlichkeiten p_g des Systems unempfindlich gegenüber der Bedienungszeitverteilungsfunktion. Der geschilderte Weg ist in der Literatur sowohl zum Beweis allgemeiner Aussagen als auch zur Unempfindlichkeitsuntersuchung spezieller Bedienungssysteme verwendet worden (vgl. SCHASSBERGER (1977, 1978c) in Verbindung mit WHITT (1980) mit einem Beweis von S. 7.2.2.4, der zuerst mit anderen Methoden in den Arbeiten von MATTHES (1962) und KÖNIG/MATTHES/NAWROTZKI [1], [2] hergeleitet wurde).

Als Nachweismethode für die Unempfindlichkeit der stationären Zustandswahrscheinlichkeiten einzelner Bedienungssysteme bzw. -netzwerke wurde die Approximationsmethode (bzw. die Erlangsche Phasenmethode) z. B. verwendet bei BASKETT/CHANDY/MUNTZ/PALACIOS (1975), BARBOUR (1976), KELLY (1976), [1], KOWALENKO [1], SCHASSBERGER [1]. In einigen Arbeiten, insbesondere zu Bedienungsnetzwerken, wurde wegen fehlender Stetigkeitssätze kein Grenzübergang vollzogen, so daß die Unempfindlichkeit der stationären Zustandswahrscheinlichkeiten nur für das System Σ_n mit der Hyper-Erlang-Verteilungsfunktion, d. h. für eine Verteilungsfunktion mit rationaler Laplace-Stieltjes-Transformierten, nachgewiesen wurde. Das zeigt zugleich die Grenzen dieser Methode. Außerdem ist sie angesichts der in [7.3] dargelegten Aufspaltungsmethode unnötig aufwendig. Denn danach genügt ja schon der Unempfindlichkeitsnachweis unter Annahme der sehr einfachen, in S. 7.3.1.1 angegebenen Verteilungsfunktion, die eine Mischung einer Exponentialverteilungsfunktion und einer Erlang-Verteilungsfunktion ist. Hieraus folgt die Unempfindlichkeit für jede beliebige Verteilungsfunktion, so daß Grenzübergänge und Stetigkeitssätze überflüssig sind.

Eine weitere Methode, die sog. *Vergleichsmethode*, besteht darin, die zu untersuchenden Zustandswahrscheinlichkeiten in Beziehung zu bringen mit denjenigen eines anderen Bedienungssystems, die als unempfindlich bekannt sind. Dazu werden Realisierungen eines geeignet gewählten zufälligen Prozesses des auf Unempfindlichkeit zu untersuchenden Bedienungssystems mit den Realisierungen des analogen Prozesses für das System, dessen stationäre Zustandswahrscheinlichkeiten die Unempfindlichkeitseigenschaft besitzen, verglichen. Stimmen die Realisierungen der Prozesse überein, dann ist die gesuchte Unempfindlichkeit nachgewiesen.

Als einfaches Beispiel für diese Vorgehensweise wird ein Ergebnis hergeleitet, das unter allgemeineren Voraussetzungen auch mit anderen Methoden gezeigt wurde. Es handelt sich um den Nachweis, daß die stationäre Wahrscheinlichkeit p_0 dafür, daß das Wartesystem M/GI/1/∞ mit der Disziplin FCFS leer ist, unempfindlich ist gegenüber der Bedienungszeitverteilungsfunktion. Als Vergleichssystem wird das Wartesystem M/GI/1/∞ mit der Disziplin LCFS und preemptive resume herangezogen. Hierfür sind die stationären Zustandswahrscheinlichkeiten $p_k = (1 - \varrho)\,\lambda^k$, $k = 0, 1, 2, \ldots$, unempfindlich, vgl. MACK (1967), STOYAN/STOYAN (1976). In beiden betrachteten Systemen sind bei gleichen Bedienungs- und Pausenzeiten auch die Leer- und Besetztzeiten gleich (deren Folge ist die Realisierung des zufälligen Prozesses der Leerzeit des jeweiligen Systems). Also ist die Leerwahrscheinlichkeit $p_0 = 1 - \varrho$ auch für das System M/GI/1/∞ mit FCFS unempfindlich, nicht jedoch die übrigen Zustandswahrscheinlichkeiten p_k, $k = 1, 2, \ldots$, einzeln (natürlich aber ihre Summe $1 - p_0$).

Mit der Vergleichsmethode wurden bisher insbesondere Unempfindlichkeiten für solche Bedienungssysteme nachgewiesen, für die die in [7.1] bis [7.4] angegebenen Methoden nicht anwendbar sind, vgl. JACOBI (1965), JANSEN (1980) und die Systeme in den Arbeiten WOLFF/WRIGHTSON (1976), PETSCHINKIN/SOLOWJEW/JASCHKOW (1979). Hierzu gehören insbesondere Systeme mit eingeschränkter Unempfindlichkeit (↑ Bemerkung 7.1.3.2).

7.5.2. Bedienungssysteme mit unempfindlichen stationären Zustandswahrscheinlichkeiten

Wegen des theoretischen und praktischen Interesses wurden zahlreiche bekannte Bedienungssysteme mit den verschiedensten Methoden daraufhin untersucht, ob und unter welchen Zusatzbedingungen die stationären Zustandswahrscheinlichkeiten unempfindlich sind. Einen umfassenden Überblick über die bis 1976 erzielten Ergebnisse für unterschiedliche Systeme enthält die Arbeit von KÖNIG/JANSEN/KOTZUREK/RABE (1976). Die zu den einzelnen Klassen von Bedienungssystemen in Band II angegebenen Resultate enthalten auch solche zur Unempfindlichkeit. Insbesondere werden in [II, Kap. 8] die für Bedienungsnetzwerke vorliegenden Unempfindlichkeitsergebnisse behandelt, vgl. auch BARBOUR (1976), BASCHARIN/TOLMATSCHEW (1979), BASKETT/CHANDY/MUNTZ/PALACIOS (1975), JANSEN/KÖNIG (1980), KELLY (1976), KELLY [1], SCHASSBERGER (1978b) STOYAN (1978). Hierbei zeigt sich, daß die sog. Platzbalance-Gleichungen die von CHANDY/HOWARD/TOWSLEY (1977) für Bedienungsnetzwerke angegeben wurden, den Gleichungen (1b) des Teilsystems von Z' in S. 7.2.2.4 äquivalent sind und den von KELLY [1] angegebenen Balance-Gleichungen entsprechen, die für die Reversibilität der sog. symmetrischen Bedienungssysteme (diese besitzen die Unempfindlichkeitseigenschaft) erfüllt sein müssen. Die Unempfindlichkeitseigenschaft konnte bisher insbesondere für die stationären Zustandswahrscheinlichkeiten offener und geschlossener Verlustsysteme einschließlich Ausfalleffekte der Bedienungsgeräte (vgl. z. B. MARIANOWITSCH (1960)) und mehrstufiger Systeme (vgl. KÖNIG/MATTHES/NAWROTZKI [1] und BASCHARIN/KOKOTUSCHKIN (1971)), bestimmter Fälle des Palmschen Mehrmaschinenmodells (vgl. KÖNIG/JANSEN/KOTZUREK/RABE (1976)), für das System M/GI/∞ und für Processor-sharing-Systeme nachgewiesen werden. Die Unempfindlichkeit der stationären Zustandswahrscheinlichkeiten für Processor-sharing-Modelle, die den insbesondere in Rechnersystemen auftretenden Effekt der Aufteilung der Gesamtbedienungskapazität auf die zum jeweiligen Zeitpunkt insgesamt vorhandenen Forderungen erfassen, wurden z. B. in den Arbeiten von CHANDY/HOWARD/TOWSLEY (1977), COHEN (1979), KELLY (1976), oder, ganz allgemein mit Bedienungsgeschwindigkeiten, in KÖNIG/JANSEN (1976), SCHASSBERGER (1978a) und JANSEN/KÖNIG/NAWROTZKI (1979) untersucht.

Für Wartesysteme ist die Unempfindlichkeitseigenschaft der stationären Zustandswahrscheinlichkeiten höchstens dann anzutreffen, wenn neu eintreffende Forderungen auf keinen Fall warten müssen, also z. B. für Systeme M/GI/s/n, $1 \leqq s < \infty$, $0 < n \leqq \infty$ mit LCFS, absoluter Priorität und späterer Fortsetzung der Bedienung unterbrochener Forderungen, und für das System M/GI/1/1 mit der von Schrage/Miller (1966) angegebenen Disziplin (↑ [7.1.3.2]). Dabei müssen noch Zusatzbedingungen an die Geschwindigkeiten bzw. an die Auswahlregeln der Bedienungsgeräte bei Eintreffen der Forderungen erfüllt sein.

Schon lange interessiert eine allgemeine Aussage darüber, welche Gestalt Bedienungssysteme mit unempfindlichen stationären Zustandswahrscheinlichkeiten besitzen. In allen bekannten Fällen liegt eine relativ einfache und in gewissem Sinne symmetrische Struktur vor. Ein abstraktes Modell für diese Struktur unempfindlicher Bedienungssysteme ist in Jansen/König/Nawrotzki (1979) angegeben, vgl. auch Franken/König/Arndt/Schmidt [1], Kapitel 6.

8. Methoden zur Gewinnung von Abschätzungen

Viele Bedienungssysteme sind so kompliziert, daß für sie wichtige Systemparameter mit den in anderen Kapiteln beschriebenen Methoden nicht berechenbar sind. Daher muß man sich mit Näherungen oder Abschätzungen begnügen. Unter Abschätzungen versteht man solche Näherungswerte, für die genau bekannt ist, ob sie größer oder kleiner als die wahren Werte sind.

Zur Aufstellung von Abschätzungen werden hauptsächlich folgende Methoden benutzt:

(a) Vorhandene komplizierte Formeln werden vereinfacht, indem komplizierte Terme durch einfachere abgeschätzt werden.
(b) Bei gleichbleibender Struktur des betrachteten Bedienungssystems werden komplizierte Elementverteilungen durch einfachere ersetzt. Dieses Verfahren ist auch eines der wichtigsten heuristischen Näherungsverfahren.
(c) Anstelle des zu untersuchenden Bedienungssystems wird ein anderes System behandelt, für das analytische Verfahren brauchbare Ergebnisse liefern oder für das bereits Abschätzungen vorliegen und dessen Systemcharakteristiken Abschätzungen für die gesuchten Größen darstellen. Im vorliegenden Kapitel werden derartige „Systemapproximationen" als Hilfsmittel bei der Gewinnung von Abschätzungen benutzt; sie bilden ebenfalls die Grundlage vieler heuristischer Näherungsverfahren.

Eine ausführliche Darstellung von Abschätzungsmethoden und ihrer theoretischen Grundlagen findet der Leser in Stoyan [1].

8.1. Vereinfachung vorhandener Formeln (Beispiele)

8.1.1. Benutzung von Abschätzungen der Erneuerungsfunktion

In vielen Formeln der Bedienungstheorie treten die zur Pausen- oder Bedienungszeitverteilung gehörigen Erneuerungsfunktionen auf. Da diese meist außerordentlich schwer bestimmbar sind, ist es zweckmäßig, dafür Abschätzungen zu benutzen (↑ [3.2.2]).

8.1.1.1. Beispiel. Die stationäre Verlustwahrscheinlichkeit p_v in GI/GI/1/0 ist gleich

$$p_v = 1 - \left[1 + \int_0^\infty H_A(x)\,\mathrm{d}B(x)\right]^{-1}.$$

Die Erneuerungsfunktion $H_A(x)$ des Ankunftsprozesses mit der Intensität λ genügt der Abschätzung

$$H_A(x) \geqq \lambda x - 1,\ x \geqq 0.$$

Damit ergibt sich

$$p_v \geqq 1 - (\lambda \mathsf{E}B)^{-1} = 1 - \frac{1}{\varrho}.$$

Ist die Pausenzeitverteilung vom Typ NBUE, so gelten

$$H_A(x) \leqq \lambda x, \quad x \geqq 0; \quad p_v \leqq 1 - [1 + \lambda \mathsf{E}B]^{-1} = \varrho/(1 + \varrho).$$

8.1.1.2. Beispiel. Die mittlere stationäre Warteschlangenlänge $\mathsf{E}N_W$ in GI/GI/1/∞ genügt der Formel

$$\mathsf{E}N_W = \lambda \int_0^\infty [\mathsf{P}(\mathring{W} + B > x) - \mathsf{P}(\mathring{W} > x)]\, H_A(x)\, \mathrm{d}x,$$

vgl. MORI (1980). Falls die Pausenzeitverteilungsfunktion $A(x)$ vom Typ NBUE ist, so gilt $H_A(x) \leqq \lambda x$; $x \geqq 0$. Mit dieser Ungleichung erhält man

$$\begin{aligned}\mathsf{E}N_W &\leqq \frac{\lambda^2}{2} \left[\int_0^\infty \mathsf{P}(\mathring{W} + B > x)\, x\, \mathrm{d}x - \int_0^\infty \mathsf{P}(\mathring{W} > x)\, x\, \mathrm{d}x\right] \\ &= \frac{\lambda^2}{2} [\mathsf{E}B^2 + 2\mathsf{E}\mathring{W}\mathsf{E}B] = \frac{\lambda^2}{2} [\mathsf{E}B^2 + 2\mathsf{E}N_W\varrho]\end{aligned}$$

und

$$\mathsf{E}N_W \leqq \frac{\lambda^2 \mathsf{E}B^2}{2(1 - \varrho)}.$$

Mit Hilfe der Beziehung „$L = \lambda W$" (↑ [II, Kap. 3]) ergibt sich folgende Abschätzung für die stationäre mittlere Wartezeit $\mathsf{E}\mathring{W}$ (↑ [II, 3.2.4])

$$\mathsf{E}\mathring{W} \leqq \frac{\lambda \mathsf{E}B^2}{2(1 - \varrho)}.$$

8.1.2. Benutzung von Halbordnungsrelationen. Funktionalmethode

Viele Formeln der Bedienungstheorie enthalten Integrale der Gestalt

$$w(F) = \int_{-\infty}^{\infty} v(x)\, \mathrm{d}F(x),$$

wobei $v(t)$ eine reelle Funktion und $F(x)$ eine Verteilungsfunktion sind. Abschätzungen für Integrale der angegebenen Form führen in vielen Fällen zu Abschätzungen wichtiger Systemparameter. Diese Methode wird in STOYAN [1] Funktionalmethode genannt. Abschätzungen für $w(F)$ sind u. a. mit Hilfe von Halbordnungsrelationen für Verteilungen möglich (↑ [2.10.2]). Weitere Halbordnungsrelationen für eindimensionale Verteilungsfunktionen sind $\leqq_{1,n}$ und $\leqq_{2,n}$. Zwei Verteilungsfunktionen F_1 und F_2 sind bez. dieser Relationen vergleichbar, wenn

$$\int_{-\infty}^{t} \int_{-\infty}^{t_n} \cdots \int_{-\infty}^{t_2} F_1(t_1)\, \mathrm{d}t_1 \cdots \mathrm{d}t_n \geqq \int_{-\infty}^{t} \int_{-\infty}^{t_n} \cdots \int_{-\infty}^{t_2} F_2(t_1)\, \mathrm{d}t_1 \cdots \mathrm{d}t_n \quad \text{für alle } t \quad (\leqq_{1,n})$$

$$\int_{t}^{\infty} \int_{t_n}^{\infty} \cdots \int_{t_2}^{\infty} [1 - F_1(t_1)]\, \mathrm{d}t_1 \cdots \mathrm{d}t_n \leqq \int_{t}^{\infty} \int_{t_n}^{\infty} \cdots \int_{t_2}^{\infty} [1 - F_2(t_1)]\, \mathrm{d}t_1 \cdots \mathrm{d}t_n$$

für alle t $\quad (\leqq_{2,n})$.

Dabei ist zu fordern, daß die Integrale für $t = 0$ endlich sind. Für Zufallsgrößen X_1 und X_2 mit den Verteilungsfunktionen F_1 und F_2 wird ebenfalls $X_1 \leqq_{1.n} X_2$ usw. geschrieben. Satz 2.10.2.17 liefert Kriterien für die Gültigkeit von

$$\int_{-\infty}^{\infty} v(x)\,\mathrm{d}F_1(x) \leqq \int_{-\infty}^{\infty} v(x)\,\mathrm{d}F_2(x) \tag{1}$$

für Klassen von Funktionen v, wenn $F_1 \prec F_2$, für die Halbordnungsrelationen $(\prec)$ $\overset{(1)}{\leqq}$, $\overset{(2)}{\leqq}$, $\overset{(3)}{\leqq}$ und $\leqq_L$. Der folgende Satz erweitert diese Aussage.

8.1.2.1. Satz. Die Ungleichung (1) gilt für vergleichbare F_1 und F_2 bei den Halbordnungsrelationen $\leqq_{1.n}$ und $\leqq_{2.n}$ für folgende Funktionen v:

$$\leqq_{1.n}: v(x) = \int_x^{\infty} \int_{t_n}^{\infty} \cdots \int_{t_2}^{\infty} \chi(t_1)\,\mathrm{d}t_1 \cdots \mathrm{d}t_n, \qquad \chi \text{ nicht fallend}, \qquad \chi(\infty) < \infty,$$

$$\leqq_{2.n}: t(x) = \int_{-\infty}^{x} \int_{-\infty}^{t_n} \cdots \int_{-\infty}^{t_2} \chi(t_1)\,\mathrm{d}t_1 \cdots \mathrm{d}t_n, \qquad \chi \text{ nicht fallend}, \qquad \chi(-\infty) = 0.$$

Auch die Relationen $\leqq_{1.n}$ und $\leqq_{2.n}$ haben eine Faltungseigenschaft wie in S. 2.10.2.16, und es gilt $\mathsf{E}X_1 \leqq \mathsf{E}X_2$ für vergleichbare X_1 und X_2. Der Vergleich höherer Momente wird durch den folgenden Satz ermöglicht.

8.1.2.2. Satz. Aus $X_1 \prec X_2$, $X_1, X_2 \geqq 0$ folgt $\mathsf{E}X_1^r \leqq \mathsf{E}X_2^r$ für folgende $\prec$ und r:

$$\overset{(1)}{\leqq}: r \geqq 0 \qquad \overset{(3)}{\leqq}: 0 \leqq r \leqq 1,$$

$$\overset{(2)}{\leqq}: r \geqq 1 \qquad \leqq_{2;n}: r = 1, n, n+1, \ldots$$

8.1.2.3. Satz. Es gelten folgende Beziehungen zwischen den Halbordnungsrelationen: Aus $X_1 \overset{(1)}{\leqq} X_2$ folgt $X_1 \overset{(2)}{\leqq} X_2$ und $X_1 \overset{(3)}{\leqq} X_2$, aus $X_1 \overset{(2)}{\leqq} X_2$ folgt $X_1 \leqq_{2.n} X_2$, aus $X_1 \overset{(3)}{\leqq} X_2$ folgt $X_1 \leqq_{1.n} X_2$ und $X_1 \leqq_L X_2$. $X_1 \overset{(2)}{\leqq} X_2$ ist gleichwertig mit $-X_2 \overset{(3)}{\leqq} -X_1$, und im Fall $\mathsf{E}X_1 = \mathsf{E}X_2$ ist $X_1 \overset{(2)}{\leqq} X_2$ äquivalent zu $X_2 \overset{(3)}{\leqq} X_1$.

In [2.10.2] befinden sich Kriterien für die Vergleichbarkeit bez. $\overset{(1)}{\leqq}$ und $\overset{(2)}{\leqq}$; vgl. auch Lisek (1978) und Stoyan [1]. Auf die Angabe von Kriterien für $\overset{(3)}{\leqq}$ wird wegen des engen Zusammenhanges zu $\overset{(2)}{\leqq}$ verzichtet.

Die Halbordnungsrelationen sind wie folgt mit bestimmten Konvergenzarten für Verteilungsfunktionen verknüpft:

8.1.2.4. Satz. Für zwei Folgen (F_n) und (G_n) gelte

$$F_n \overset{(i)}{\leqq} G_n; \qquad n = 1, 2, \ldots$$

Die Beziehung $F \overset{(i)}{\leqq} G$ für die Grenzverteilungen ist erfüllt, wenn

(a) die F_n bzw. G_n schwach gegen F bzw. G konvergieren ($i = 1$);

(b) die F_n bzw. G_n schwach gegen F bzw. G konvergieren und außerdem mit $\bar{F}(x) = 1 - F(x)$, $\bar{G}(x) = 1 - G(x)$ gilt

$$\lim_{n\to\infty} \int_0^\infty \bar{F}_n(x)\,dx = \int_0^\infty \bar{F}(x)\,dx, \quad \lim_{n\to\infty} \int_0^\infty \bar{G}_n(x)\,dx = \int_0^\infty \bar{G}(x)\,dx \quad (i = 2);$$

(c) die F_n bzw. G_n schwach gegen F bzw. G konvergieren und außerdem gilt

$$\lim_{n\to\infty} \int_{-\infty}^0 F_n(x)\,dt = \int_{-\infty}^0 F(x)\,dx, \quad \lim_{n\to\infty} \int_{-\infty}^0 G_n(x)\,dx = \int_{-\infty}^0 G(x)\,dx \quad (i = 3).$$

Aus $F_n \Rightarrow F$ und $G_n \Rightarrow G$ und $F_n \leqq_L G_n$, $n = 1, 2, \ldots$, folgt auch $F \leqq_L G$.

Dieser Satz ermöglicht es, Ungleichungen, die zunächst nur für instationäre Charakteristiken hergeleitet wurden, auch für die stationären Größen zu beweisen. Dies ist insbesondere bei der Abbildungsmethode von großer Bedeutung.

8.1.2.5. Definition. P_1 und P_2 seien Verteilungsgesetze auf einer σ-Algebra $\mathfrak{M}$ von Teilmengen des halbgeordneten Raumes $\mathscr{E}$. Dann bedeutet $\mathsf{P}_1 \overset{(i)}{\leqq} \mathsf{P}_2$ $(i = 1, 2, 3)$ die Gültigkeit der Ungleichung

$$\int_{\mathscr{E}} f(x)\,\mathsf{P}_1(dx) \leqq \int_{\mathscr{E}} f(x)\,\mathsf{P}_2(dx)$$

$i = 1$: für alle meßbaren monotonen Funktionale f auf $\mathscr{E}$, für die die Integrale existieren;

$i = 2$: für alle meßbaren monotonen konvexen Funktionale auf $\mathscr{E}$, für die die Integrale existieren;

$i = 3$: für alle meßbaren monotonen konkaven Funktionale auf $\mathscr{E}$, für die die Integrale existieren.

Im Fall der Relationen $\overset{(2)}{\leqq}$ und $\overset{(3)}{\leqq}$ muß $\mathscr{E}$ ein linearer Raum sein. Dabei heißt ein Funktional f konkav (konvex), falls für alle $x, y \in \mathscr{E}$, $0 \leqq c \leqq 1$,

$$f(cx + (1 - c)\,y) \leqq (\geqq)\ cf(x) + (1 - c)\,f(y).$$

f heißt monoton, falls aus $x \leqq y$ für alle $x, y \in \mathscr{E}$ folgt $f(x) \leqq f(y)$.

Für zufällige Variable X_1 und X_2 mit Werten in $\mathscr{E}$ und den Verteilungsgesetzen P_1 und P_2 wird genau dann $X_1 \overset{(i)}{\leqq} X_2$ geschrieben, wenn $\mathsf{P}_1 \overset{(i)}{\leqq} \mathsf{P}_2$; $i = 1, 2, 3$.

8.1.2.6. Satz. Für die Relationen $\overset{(i)}{\leqq}$ für zufällige Variable gelten die Beziehungen von Satz 8.1.2.3. Ferner gilt

(a) X_1 und Y_1 sowie X_2 und Y_2 seien stochastisch unabhängig mit $X_1 \overset{(i)}{\leqq} X_2$, $Y_1 \overset{(i)}{\leqq} Y_2$. Dann gilt

$$X_1 + Y_1 \overset{(i)}{\leqq} X_2 + Y_2; \qquad i = 1, 2 \text{ oder } 3.$$

(b) Für jede monotone reellwertige Funktion f gilt $f(X_1) \overset{(1)}{\leqq} f(X_2)$, wenn $X_1 \overset{(1)}{\leqq} X_2$. Ähnliche Aussagen existieren auch für $\overset{(2)}{\leqq}$ und $\overset{(3)}{\leqq}$, vgl. STOYAN [1].

(c) Falls $\mathscr{E}$ ein vollständiger separabler metrischer Raum ist, gibt es zu P_1 und P_2 mit $\mathsf{P}_1 \overset{(1)}{\leqq} \mathsf{P}_2$ stets einen Wahrscheinlichkeitsraum $[\Omega, \mathfrak{F}, \mathsf{P}]$ sowie zufällige Variable X_1 und

X_2 über $[\Omega, \mathfrak{F}, \mathsf{P}]$, die auf der Borelschen σ-Algebra $\mathfrak{M}$ von $\mathscr{E}$ die Verteilungsgesetze P_1 und P_2 erzeugen und für die gilt

$$X_1(\omega) \leqq X_2(\omega) \quad \text{für alle} \quad \omega \in \Omega .$$

Natürlich folgt aus $X_1(\omega) \leqq X_2(\omega)$ für alle $\omega \in \Omega$ auch $\mathsf{P}_1 \overset{(1)}{\leqq} \mathsf{P}_2$.

(d) Ebenfalls unter der Voraussetzung, daß $\mathscr{E}$ ein vollständiger separabler metrischer Raum ist, gelten die beiden folgenden Aussagen, vgl. STOYAN [1], KAMAE/KRENGEL/O'BRIEN (1977): Äquivalent zu $\mathsf{P}_1 \overset{(1)}{\leqq} \mathsf{P}_2$ ist $\mathsf{P}_1(\mathscr{A}) \leqq \mathsf{P}_2(\mathscr{A})$ für alle abgeschlossenen, wachsenden Mengen $\mathscr{A} \subseteqq \mathscr{E}$. ($\mathscr{A}$ heißt wachsend, wenn die Indikatorfunktion von $\mathscr{A}$ monoton ist.)

Wenn die Folgen von Verteilungsgesetzen (P_n) und (Q_n) schwach gegen die Verteilungsgesetze P und Q konvergieren, so folgt aus $\mathsf{P}_n \overset{(1)}{\leqq} \mathsf{Q}_n$, $n = 1, 2, \ldots$ für die Limites ebenfalls $\mathsf{P} \overset{(1)}{\leqq} \mathsf{Q}$.

8.1.2.7. Kriterium von VEINOTT für $\overset{(1)}{\leqq}$ (bez. $\overset{(2)}{\leqq}$, $\overset{(3)}{\leqq}$ vgl. FRANKEN/KIRSTEIN (1977)). Es seien $\boldsymbol{X} = (X_1, \ldots, X_n)$ und $\boldsymbol{Y} = (Y_1, \ldots, Y_n)$ zufällige Vektoren, deren Komponenten zufällige Variable mit Werten in $[\mathscr{E}, \mathfrak{M}]$ sind. Dann gilt $\boldsymbol{X} \overset{(1)}{\leqq} \boldsymbol{Y}$, sofern $X_1 \overset{(1)}{\leqq} Y_1$,

$$\mathsf{P}(X_j \in \cdot \mid X_1 = x_1, \ldots, X_{j-1} = x_{j-1}) \overset{(1)}{\leqq} \mathsf{P}(Y_j \in \cdot \mid Y_1 = y_1, \ldots, Y_{j-1} = y_{j-1})$$

für alle $j = 2, 3, \ldots, n$ und alle x_i, y_i mit $x_i \leqq y_i$, $i = 1, 2, \ldots, j-1$. Ausführlichere Darstellungen der Theorie der $\overset{(i)}{\leqq}$ für Verteilungsgesetze findet man in KAMAE/KRENGEL/O'BRIEN (1977), STOYAN [1].

Gelegentlich benutzt man anstelle von $\overset{(1)}{\leqq}$ für zufällige Vektoren die Relation $\subseteqq$, wobei $\boldsymbol{X}_1 \subseteqq \boldsymbol{X}_2$ bedeutet, daß für alle $\boldsymbol{t} = (t_1, \ldots, t_n) \in \mathbb{R}^n$ die Ungleichung $\mathsf{P}(\boldsymbol{X}_1 > \boldsymbol{t}) \leqq \mathsf{P}(\boldsymbol{X}_2 > \boldsymbol{t})$ gilt. Die Relation ist schwächer als $\overset{(1)}{\leqq}$, d. h. aus $\boldsymbol{X}_1 \overset{(1)}{\leqq} \boldsymbol{X}_2$ folgt zwar $\boldsymbol{X}_1 \subseteqq \boldsymbol{X}_2$, aber die Umkehrung ist allgemein nur für $n = 1$ richtig. Für alle n aber folgt aus $\boldsymbol{X}_1 \subseteqq \boldsymbol{X}_2$ die Ungleichung $\mathsf{E}\boldsymbol{X}_1 \leqq \mathsf{E}\boldsymbol{X}_2$.

8.1.3. Beispiele für die Anwendung der Funktionalmethode

8.1.3.1. Beispiel. Die mittlere stationäre Wartezeit $\mathsf{E}\mathring{W}$ in GI/GI/1/∞ genügt der Beziehung (↑ [II, Kap. 3])

$$\mathsf{E}\mathring{W} = \sum_{i=1}^{\infty} \frac{1}{i} \int_0^{\infty} x \, \mathrm{d}K^{*(i)}(x),$$

wobei $K(x)$ die Verteilungsfunktion von $K = B - A$ ist. Wir betrachten ein System, für dessen Pausenzeitverteilung $A(x)$ gilt

$$A \overset{(2)}{\leqq} \operatorname{Exp}(\lambda), \tag{1}$$

was z. B. dann erfüllt ist, wenn $A(x)$ vom Typ NBUE ist. Es seien A_e und K_e Zufallsgrößen mit $A_e \sim \operatorname{Exp}(\lambda)$, $K_e = B - A_e$. (1) ist äquivalent zu $A \overset{(2)}{\leqq} A_e$, und wegen der Faltungseigenschaft der Relation $\overset{(2)}{\leqq}$ ergibt sich $K \overset{(2)}{\leqq} K_e$.

Aus der letzten Beziehung folgt für alle i

$$K_e^{*(i)} \overset{(2)}{\leqq} K^{*(i)}.$$

Da die Funktion $v_1(x) = \max(0, x)$, $-\infty < x < \infty$, monoton nicht fallend und konvex ist, ergibt sich für alle i

$$\int_0^\infty x \, \mathrm{d}K^{*(i)}(x) \leqq \int_0^\infty x \, \mathrm{d}K_e^{*(i)}(x).$$

Hieraus folgt für $\mathsf{E}\mathring{W}$ die Abschätzung

$$\mathsf{E}\mathring{W} \leqq \frac{\lambda \mathsf{E}B^2}{2(1-\varrho)},$$

weil $K_e(x)$ die Verteilungsfunktion der Differenzen von Pausen- und Bedienungszeiten in M/GI/1 ist und die mittlere stationäre Wartezeit in diesem Modell durch die rechte Seite der obigen Ungleichung gegeben ist.

Ähnliche Monotonieeigenschaften wie die mittlere Wartezeit haben auch die Varianz $\mathsf{V}\mathring{W}$ der stationären Wartezeit und die Semiinvarianten höherer Ordnung, vgl. Bergmann/Daley/Rolski/Stoyan (1979). Für $\mathsf{V}\mathring{W}$ gilt nämlich

$$\mathsf{V}\mathring{W} = \sum_{i=1}^{\infty} \frac{1}{i} \int_0^\infty x^2 \, \mathrm{d}K^{*(i)}(x).$$

Weil die Funktion $v_2(x) = \max(0, x)^2$, $-\infty < x < \infty$, die Form

$$v_2(x) = \int_{-\infty}^{x} \int_{-\infty}^{x_2} \delta_0(t_1) \, \mathrm{d}t_1 \, \mathrm{d}t_2$$

hat und weil $\leqq_{2.2}$ die Faltungseigenschaft besitzt, folgt aus $K_1 \leqq_{2.2} K_2$ die Ungleichung $\mathsf{V}W_1 \leqq \mathsf{V}W_2$. Da $\leqq_{2.2}$ in der Menge aller Verteilungsfunktionen mit fixiertem 1. und 2. Moment m_1 und m_2 ein maximales Element besitzt, kann man Schranken für $\mathsf{V}\mathring{W}$ bei gegebenen 1. und 2. Momenten der Pausen- oder Bedienungszeitverteilungsfunktion angeben.

8.1.3.2. Beispiel. Für die stationäre Wartezeitverteilungsfunktion $\mathring{W}(x)$ in GI/M/1/∞ gilt

$$\mathring{W}(x) = 1 - l \exp(-\mu(1-l)\, x), \qquad 0 \leqq x < \infty,$$

wobei l die (eindeutig bestimmte) Lösung der Gleichung

$$l = \int_0^\infty \exp(-\mu(1-l)\, x) \, \mathrm{d}A(x)$$

ist. Für zwei Pausenzeitverteilungsfunktionen $A_1(x)$ und $A_2(x)$ mit $A_1 \leqq_L A_2$ gilt offensichtlich

$$\int_0^\infty \exp(-\mu(1-l)\, x) \, \mathrm{d}A_1(x) \geqq \int_0^\infty \exp(-\mu(1-l)\, x) \, \mathrm{d}A_2(x).$$

Für die zugehörigen Wurzeln l_1 und l_2 gilt $l_2 \leqq l_1$ und für die Wartezeitverteilungsfunktionen $\mathring{W}_1(x)$ und $\mathring{W}_2(x)$ folgt $\mathring{W}_2 \overset{(1)}{\leqq} \mathring{W}_1$.

Obere und untere Schranken für die Laplace-Stieltjes-Transformierte der Pausenzeitverteilung liefern also Schranken für die Wartezeitverteilungsfunktion.

8.2. Ersetzung komplizierter Elementverteilungen durch einfachere

Ein in der Bedienungstheorie sehr häufig benutztes Näherungsverfahren besteht darin, vorhandene Elementverteilungen durch Exponential-, Erlang- oder Delta-Verteilungen zu approximieren. Das Ziel besteht darin, Systeme gleicher Struktur zu erhalten, die mit den exakten Verfahren durchrechenbar sind, oder bereits vorhandene Formeln auszunutzen. Uns interessieren hier die Fälle, bei denen man auf diesem Wege Abschätzungen erhält; daneben ist die Anwendung des Verfahrens zur Gewinnung heuristischer Näherungen weit verbreitet. Eine verwandte Methode existiert zur Berechnung exakter Systemcharakteristiken, wobei 1. die vorhandenen Verteilungen durch Mischungen von Erlang-Verteilungen approximiert werden (↑ S. 2.5.4.4), 2. mit der Erlangschen Phasenmethode (↑ Kap. 5) Formeln aufgestellt werden und 3. diese Formeln durch Grenzübergang (der einer Verfeinerung der Approximation entspricht) in Formeln für das zu betrachtende System überführt werden; Stabilitätssätze liefern für diesen letzten Schritt die Rechtfertigung (↑ Kap. 10).

8.2.1. Abbildungsmethode

Der Ersatz komplizierter durch einfachere Verteilungen bei gleichbleibender Struktur des Bedienungssystems zur Gewinnung von Abschätzungen kann theoretisch begründet werden, wenn das betrachtete Modell Monotonieeigenschaften hat. Eins der wichtigsten Verfahren zu ihrem Nachweis ist die *Abbildungsmethode.*

Von „Monotonie" spricht man, wenn aus der Vergleichbarkeit gewisser Elementverteilungen auch die Vergleichbarkeit von Modellparametern folgt. Liegt diese Eigenschaft vor, so kann man im voraus sagen, ob die Veränderung von Verteilungen zu einer Vergrößerung oder Verkleinerung der Parameter führt. So ziehen große Bedienungszeiten große Wartezeiten nach sich oder große Pausenzeiten kleine Verlustwahrscheinlichkeiten. Die Idee der Abbildungsmethode besteht in folgendem: Es wird versucht, eine Zufallsgröße Y, die eng mit den interessierenden Modellparametern zusammenhängt, als Funktion derjenigen Zufallsgrößen $X_1, \ldots, X_N$ darzustellen, die das Verhalten der Systemelemente beschreiben (beispielsweise kann die Wartezeit der n-ten Forderung in GI/GI/s/∞ als Funktion der ersten $(n - 1)$ Pausen- und Bedienungszeiten aufgefaßt werden):

$$Y = \Psi(X_1, \ldots, X_N).$$

Wenn die Abbildung $\Psi\colon \mathbb{R}^N \to \mathbb{R}^1$ geeignete Monotonieeigenschaften hat, ergeben sich entsprechende Eigenschaften der Zufallsgrößen. Speziell für die $\overset{(i)}{\leqq}$ kann man zeigen, vgl. STOYAN [1]:

8.2.1.1. Satz. Es sei $Y^{(k)} = \Psi(X_1, \ldots, X_{n_1}^{(k)}, \ldots, X_{n_l}^{(k)}, \ldots, X_N)$; $k = 1, 2$, und die Zufallsgrößen $X_1, \ldots, X_N$ seien stochastisch unabhängig. Dann gilt: Aus

$$X_{n_1}^{(1)} \leqq X_{n_1}^{(2)}, \ldots, X_{n_l}^{(1)} \leqq X_{n_l}^{(2)} \quad \text{folgt} \quad Y^{(1)} \overset{(i)}{\leqq} Y^{(2)},$$

wenn $\Psi = \Psi(x_1, \ldots, x_N)$

(a) in den Variablen $x_{n_1}, \ldots, x_{n_l}$ monoton nicht fallend ist $(i = 1)$;
(b) in den Variablen $x_{n_1}, \ldots, x_{n_l}$ monoton nicht fallend und konvex ist $(i = 2)$;
(c) in den Variablen $x_{n_1}, \ldots, x_{n_l}$ monoton nicht fallend und konkav ist $(i = 3)$.

In den Anwendungen tritt häufig der Fall auf, daß eine Folge von Zufallsgrößen (Y_n) der Gestalt

$$Y_n = \Phi(Y_{n-1}, X_n), \qquad n = 1, 2, \ldots,$$

zu untersuchen ist, wobei die Y_n den Systemzustand beschreiben, während die X_n Zufallsgrößen oder -vektoren sind, die das Verhalten der Elemente widerspiegeln. Y_n hat die Form

$$Y_n = \Psi_n(X_1, \ldots, X_n, Y_0).$$

8.2.1.2. Satz. Ψ_n hat die oben für Ψ genannten Eigenschaften für $n_1 = 1, \ldots, n_l = n$, wenn $\Phi = \Phi(x_1, x_2)$

(a) in x_1 und x_2 monoton nicht fallend ist $(i = 1)$;
(b) in x_1 und x_2 monoton nicht fallend sowie in x_1 und x_2 konvex ist $(i = 2)$;
(c) in x_1 und x_2 monoton nicht fallend sowie in x_1 und x_2 konkav ist $(i = 3)$.

Entsprechendes gilt in dem Fall, wenn die Y_n zufällige Vektoren oder noch allgemeiner zufällige Variable sind. Auf die beschriebene Art und Weise kann man die Monotonie für die Y_n nachweisen. Eine Übertragung auf den stationären Fall (für $n \to \infty$) ist mit Hilfe der früher erwähnten Verträglichkeitseigenschaften der $\overset{(i)}{\leqq}$ mit bestimmten Konvergenzarten möglich.

8.2.2. Beispiele für die Anwendung der Abbildungsmethode

8.2.2.1. Beispiel. Für die Wartezeitvektoren $\mathring{W}_n$ in GI/GI/s/∞ gilt folgende Rekursionsformel (↑ [II, Kap. 3]):

$$\mathring{W}_{n+1} = [\mathsf{R}(\mathring{W}_n + B_n e) - A_n u]^+ = \Phi(W_n, A_n, B_n),$$

wobei $[x]^+ = (\max(0, x_1), \ldots, \max(0, x_s))$ und $\mathsf{R}x = (\min x_i, \ldots, \max x_i)$ für $x = (x_1, \ldots, x_s)$ sind. Wie man leicht zeigen kann, ist $\Phi = \Phi(x_1, x_2, x_3)$ in x_1 und x_0 monoton nicht fallend, in x_3 monoton nicht wachsend (also in $-x_3$ monoton nicht fallend). Also folgt aus

$$\mathring{W}_1^{(1)} \overset{(1)}{\leqq} \mathring{W}_1^{(2)}, \qquad -A_k^{(1)} \overset{(1)}{\leqq}' -A_k^{(2)}, \qquad B_k^{(1)} \overset{(1)}{\leqq} B_k^{(2)}, \qquad k = 1, \ldots, n$$

die Ungleichung

$$\mathring{W}^{(1)}_{n+1} \overset{(1)}{\leqq} \mathring{W}^{(1)}_{n+1}.$$

Dies ist eine mathematische Präzisierung der anschaulich klaren Aussage, daß lange Bedienungszeiten und kurze Pausenzeiten lange Wartezeiten zur Folge haben. Da bekannt ist, daß im Fall $\varrho < 1$ die Verteilungen der $\mathring{W}_n$ schwach gegen die stationäre Verteilung konvergieren, kann man folgendes aussagen: Zu untersuchen sei ein GI/GI/s/∞-System Σ mit der Pausenzeitverteilung $A(x)$ und der Bedienungszeitverteilung $B(x)$. Wenn es zwei weitere solche Systeme $\Sigma^{(1)}$ und $\Sigma^{(2)}$ gibt mit den Verteilungen $A^{(1)}(x)$ und $A^{(2)}(x)$ sowie $B^{(1)}(x)$ und $B^{(2)}(x)$, so genügt die stationäre Wartezeitverteilung $\mathring{W}(x)$ in Σ der Ungleichung

$$\mathring{W}^{(1)} \overset{(1)}{\leqq} \mathring{W} \overset{(1)}{\leqq} \mathring{W}^{(2)}$$

wobei $W^{(1)}(x)$ und $W^{(2)}(x)$ die stationären Wartezeitverteilungen in $\Sigma^{(1)}$ und $\Sigma^{(2)}$ sind, falls

$$A^{(2)} \overset{(1)}{\leqq} A \overset{(1)}{\leqq} A^{(1)}, \qquad B^{(1)} \overset{(1)}{\leqq} B \overset{(1)}{\leqq} B^{(2)}.$$

8.2.2.2. Beispiel. Wir betrachten die Anzahl $\tilde{N}_n^+$ der Forderungen in M/GI/1/∞ unmittelbar nach Abgang der n-ten Forderung. Offenbar gilt die Rekursionsformel

$$N_{n+1}^+ = \max(0, \tilde{N}_n^+ - 1 + X_n), \qquad n = 1, 2, \ldots$$

Dabei ist X_n die Anzahl derjenigen Forderungen, die während der Bedienung der n-ten Forderung eintreffen. Wegen der Eigenschaften des Poissonschen Forderungentromes sind die X_n identisch verteilt und in ihrer Gesamtheit stochastisch unabhängig.

Da die Abbildung $\Psi = \Psi(x_1, x_2) = \max\{0, x_1 - 1 + x_2\}$ in x_1 und x_2 nicht fallend und konvex ist, erhalten wir für $\tilde{N}_1^{+(1)} \leqq \tilde{N}_1^{+(2)}$ aus

$$X_k^{(1)} \overset{(2)}{\leqq} X_k^{(2)}, \quad k = 1, \ldots, n, \quad \text{die Ungleichung} \quad N_{n+1}^{+(1)} \overset{(2)}{\leqq} N_{n+1}^{+(2)}.$$

Das ermöglicht die Angabe von Abschätzungen für die Anzahlverteilung.

8.3. Abschätzungen im Fall von Verteilungen vom Typ NBU, NBUE (NWU, NWUE)

Wenn gewisse Elementverteilungen vom Typ NBU oder NBUE (analoges gilt für NWU, NWUE) sind, so können zugehörige Restzeiten durch „frische" Zeiten abgeschätzt werden. Man kommt so zu Ungleichungen, die für Exponentialverteilungen in Gleichungen übergehen. Es ist nicht selten möglich, ausgehend von derartigen Ungleichungen nachzuweisen, daß interessierende Systemcharakteristiken kleiner als diejenigen sind, die man erhält, wenn die ursprünglichen Elementverteilungen durch Exponentialverteilungen ersetzt werden.

8.3.1. Beispiel. Es soll gezeigt werden, daß die stationäre Wartezeitverteilungsfunktion $\mathring{W}(x)$ in einem GI/GI/1/∞-System Σ mit Pausenzeiten vom Typ NBUE bez. $\overset{(1)}{\leqq}$ kleiner als die entsprechende Verteilung in M/GI/1/∞ ist, falls in letzterem System die gleiche Bedienungszeitverteilung $B(x)$ und gleiche Intensität des Forderungenstromes wie in Σ vorliegt.

Es sei $W(x)$ die stationäre virtuelle Wartezeitverteilungsfunktion in Σ und A_R eine Zufallsgröße mit der Verteilungsfunktion $A_R(x)$,

$$A_R(t) = \lambda \int_0^t \big(1 - A(x)\big)\, dx, \qquad 0 \leqq t < \infty.$$

Bekanntlich haben die Zufallsgrößen W' und V',

$$W' = \max(0, W + B - A), \qquad V' = \max(0, W + B - A_R),$$

ebenfalls die Verteilungen $\mathring{W}(x)$ und $W(x)$ (↑ [II, Kap. 3]). Wenn nun $A(x)$ vom Typ NBUE ist, gilt $A_R \overset{(1)}{\leqq} A$, und die Abbildungsmethode liefert $W' \overset{(1)}{\leqq} V'$ und $\mathring{W} \overset{(1)}{\leqq} W$.

Zwischen den Verteilungsfunktionen $\mathring{W}(x)$ und $W(x)$ besteht ferner folgender Zusammenhang (↑ [II, Kap. 3])

$$W(t) = 1 - \varrho + \varrho \mathring{W} * B_R(t), \quad 0 \leqq t < \infty; \quad B_R(t) = \mu \int_0^t \big(1 - B(x)\big)\, dx.$$

Dies führt zusammen mit $\mathring{W} \overset{(1)}{\leqq} W$ zu

$$\mathring{W}(t) \geqq 1 - \varrho + \varrho \mathring{W} * B^*(t), \qquad 0 \leqq t < \infty.$$

Wenn man beide Seiten der letzten Ungleichung mit $\varrho^i B_R^{*(i)}$ faltet ($i = 1, 2, \ldots$) und aufsummiert, so ergibt sich

$$\mathring{W}(t) \geqq (1 - \varrho) \sum_{i=0}^{\infty} \varrho^i B_R^{(i)}(t).$$

Die rechte Seite ist gleich der stationären Wartezeitverteilung in M/GI/1/∞, und wir haben die oben angekündigte Ungleichung bewiesen.

8.4. Systemapproximationen

Die Idee der Systemapproximation besteht darin, zu dem zu untersuchenden Bedienungssystem Σ ein weiteres System Σ' zu suchen, so daß

(i) dessen Charakteristiken einfacher als die von Σ berechnet werden können und
(ii) diese gut approximieren.

Dabei sollen hier nur solche Systeme Σ' betrachtet werden, die zu Ungleichungen führen. Daneben gibt es zahlreiche weitere Systemapproximationen, die zu heuristischen Näherungen führen. Natürlich ist das Konzept der Systemapproximation nur vage formulierbar; welches System Σ' jeweils günstig ist, kann nicht allgemein gesagt werden. Daher soll die Vorgehensweise im folgenden durch ein Beispiel erläutert werden, das für die Behandlung anderer Systeme Anregungen geben kann.

Es wird das Wartesystem GI/GI/s/∞ betrachtet. Für dieses System wurden Approximationen u. a. auf den folgenden Wegen erhalten, vgl. Stoyan [1]:

(i) Variation der Anzahl der Apparate,
(ii) Variation der Warteschlangendisziplin,
(iii) Variation der Bedienungszeitverteilung in Abhängigkeit vom Systemzustand.

Dabei wurden u. a. folgende Systeme benutzt, die sich in folgenden Punkten von Σ unterscheiden:

$\Sigma^{(1)}$: Nur 1 Apparat, die Bedienung erfolgt s-mal so schnell wie in Σ.
$\Sigma^{(2)}$: Unendlich viele Apparate.
$\Sigma^{(3)}$: Die Forderungen werden zyklisch auf die Apparate verteilt, d. h., die $(is + k)$-te Forderung geht für alle $i = 0, 1, \ldots$ zum Apparat k, der eine eigene Warteschlange hat; $k = 1, \ldots, s$.
$\Sigma^{(4)}$: Sofern es freie Apparate gibt, ist das Systemverhalten wie in Σ. Trifft eine Forderung zu einem Zeitpunkt ein, in dem alle Apparate besetzt sind, so ist ihre Bedienungszeit gleich B_z, wobei B_z eine Zufallsgröße mit der Verteilungsfunktion $B_z(x)$ ist,

$$B_z(t) = \frac{B(z + t) - B(z)}{1 - B(z)}, \quad 0 \leqq t < \infty.$$

(Falls $B(z) = 1$, so ist $B_z(t) = \delta_0(t)$.) Die Zahl z ist gleich dem Minimum der Restarbeitszeiten in der Kiefer-Wolfowitz-Beschreibung des Systems, und natürlich wird die Forderung zu demjenigen Apparat geschickt, bei dem dieses Minimum auftritt.

Man kann zeigen, daß die stationäre Wartewahrscheinlichkeit p_w und die mittlere stationäre Wartezeit $\mathsf{E}\mathring{W}$ in diesem approximierenden Systemen zu den wahren Werten in der in Tab. 8.4.1 angegebenen Beziehung steht, vgl. Stoyan [1].

Dabei bedeutet z. B. „$\leqq$“, daß $\mathsf{E}\mathring{W}$ in Σ kleiner als die stationäre mittlere Wartezeit im approximierenden System ist.

Die sich ergebenden Abschätzungen sind in [II, Kap. 2] eingearbeitet. Hier soll als Beispiel $\Sigma^{(2)}$ gründlicher betrachtet werden.

Tabelle 8.4.1

	p_w	$\mathsf{E}\mathring{W}$	Bemerkung
$\Sigma^{(1)}$	$\leqq$ (?)	$\leqq$ (?)	Strenge Beweise bisher nur in Spezialfällen (GI/M/s/∞, GI/D/s/∞, M/GI/s/∞ für p_w)
$\Sigma^{(2)}$	$\geqq$	$\geqq$	
$\Sigma^{(3)}$	?	$\leqq$	Für p_w nicht allgemein gültig
$\Sigma^{(4)}$	$\leqq$	$\leqq$	Beweis für M/GI/s/∞

Es ist klar, daß bei unendlich vielen Apparaten und gleichen Pausen- und Bedienungszeiten wie in Σ in $\Sigma^{(2)}$ weniger Forderungen sind, wenn z. B. beide Systeme zu Beginn ($t = 0$) leer sind. Wenn $N(t)$ die Anzahl der Forderungen in Σ ist und $N^{(2)}(t)$ die in $\Sigma^{(2)}$, so gilt $N^{(2)}(t) \leqq N(t)$ für alle t. Hieraus folgt insbesondere

$$\mathsf{P}\big(N^{(2)}(t) \geqq i\big) \leqq \mathsf{P}\big(N(t) \geqq i\big), \qquad i = 0, 1, \ldots$$

Entsprechende Beziehungen gelten sowohl für Ankunftszeitpunkte t_n als auch für den stationären Fall. Setzt man $p_w^{(2)} = \lim_{n\to\infty} \mathsf{P}(N_n^{(2)} \geqq s)$, so ergibt sich $p_w^{(2)} \leqq p_w$. Ferner gilt für die mittlere Anzahl wartender Forderungen in Σ

$$\mathsf{E}N_W \geqq \sum_{n=s+1}^{\infty} (n - s) \lim_{t\to\infty} \mathsf{P}\big(N^{(2)}(t) = n\big).$$

Mittels „$L = \lambda W$“ ergibt sich

$$\mathsf{E}\mathring{W} \geqq \frac{1}{\lambda} \sum_{n=s+1}^{\infty} (n - s) \lim_{t\to\infty} \mathsf{P}\big(N^{2}(t) = n\big).$$

Speziell für M/GI/s/∞-Systeme erhält man

$$\mathsf{E}\mathring{W} \geqq \frac{1}{\lambda} \sum_{n=s+1}^{\infty} (n - s) \frac{\varrho^n}{n!} \mathrm{e}^{-\varrho}, \qquad p_w = \sum_{n=s}^{\infty} \frac{\varrho^n}{n!} \mathrm{e}^{-\varrho}.$$

9. Kombinatorische und funktionentheoretische Methoden

Kombinatorische und funktionentheoretische Methoden durchdringen weite Teile der Bedienungstheorie. Hier können nur einige von ihnen behandelt werden, die sich bei besonders wichtigen Aufgaben bewährt haben. In den Übersichtsartikeln von TAKÁCS (1975) und (1976) werden weitere Themen mit diesen Methoden behandelt.

Diese Methoden bilden gelegentlich, wie in der Fluktuationstheorie, eine untrennbare Einheit, teilweise werden sie völlig unabhängig voneinander gebraucht. Sie können einander sogar ersetzen. Ein so wichtiges Resultat wie die Formel von POLLACZEK/SPITZER z. B. kann mit beiden Mitteln bewiesen werden; für das kombinatorische Verfahren verweisen wir auf SPITZER (1956), eine funktionentheoretische Methode ist in [9.9.2] angegeben.

9.1. Eine Rekursionsbeziehung zum System GI/GI/1/∞

Dieser Abschnitt enthält eine Rekursionsbeziehung, die in den folgenden Abschnitten mehrfach verwendet werden wird.

Es sei F_0 eine Forderung im System GI/GI/1/∞, die zur Zeit $t = 0$ erscheinen und die die Wartezeit W_0 haben möge. Es seien auch noch die Folgen $A_1, A_2, \dots$ der Pausenzeiten und $B_0, B_1, \dots$ der Bedienungszeiten gegeben (B_0 Bedienungszeit von F_0). Dann ist das gesamte weitere Verhalten des Systems eindeutig bestimmt, z. B. seine künftigen Besetzt- und Untätigkeitszeiten, alle Wartezeiten der folgenden Forderungen $F_1, F_2, \dots$ u. a. m. Die Ankunftszeitpunkte von $F_1, F_2, \dots$ sind $A_1 + \dots + A_k$, die entsprechenden Abgangszeitpunkte dagegen $A_1 + \dots + A_k + W_k + B_k$ $(k = 1, 2, \dots)$; die Wartezeiten lassen sich sukzessiv nach der Formel

$$W_{n+1} = \max(0, W_n + K_{n+1}), \qquad n = 0, 1, \dots, \tag{1}$$

berechnen, wo $K_n = B_{n-1} - A_n$ gesetzt ist.

Diese Formel zeigt, daß die Folge $W_0, W_1, \dots$ einen homogenen Markowschen Prozeß in diskreter Zeit mit $\mathcal{E} = \mathbb{R}_+$ bildet. Die Übergangsverteilungsfunktion ist für $x, y \geqq 0$

$$\mathsf{P}(W_n < y \mid W_{n-1} = x) = \mathsf{P}(K_n < y - x) = K(y - x).$$

Es seien

$$U_0 = 0, \qquad U_k = K_1 + \dots + K_k, \qquad k = 1, 2, \dots \tag{2}$$

Aus (1) ergibt sich (s. FELLER [2], § VI.9; GNEDENKO/KOWALENKO [1], § 5.1; KLEINROCK [1], § 8.1), daß die Zufallsgrößen

$$W_n \text{ und } \bar{K}_n = \max(0, U_1, \dots, U_n), \qquad n = 1, 2, \dots, \tag{3}$$

zwar verschieden sind, aber trotzdem dieselbe Verteilungsfunktion $W_n(x)$ haben. Hieraus folgt sofort für alle x

$$W_n(x) \geqq W_{n+1}(x), \qquad n = 0, 1, \ldots,$$

d. h., $\mathsf{E}W_n = \int\limits_0^\infty \big(1 - W_n(x)\big)\, dx$ ist monoton wachsend, und es existiert für alle x

$$\lim_{n\to\infty} W_n(x) = W(x). \tag{4}$$

Eine genaue Analyse von (1) unter allgemeineren Bedingungen, insbesondere asymptotische Aussagen über das Verhalten von W_n gibt Borowkow [1], § 3; hier wird auch der Fall erörtert, in dem die K_n voneinander abhängig sind, z. B. eine stationäre Folge bilden.

9.2. Irrfahrten

Die Folge $U_0, U_1, \ldots$ gestattet eine anschauliche Deutung als zufällige Bewegung eines „Teilchens" auf einer Zahlen-y-Geraden. Es befinde sich zur Zeit $t = 0$ bei $y = 0$, und seine Lage möge zu den Zeiten $t = 1, 2, \ldots$ beobachtet werden. Vermöge (2) in [9.1] gilt die Beziehung

$$U_{k+1} = U_k + K_{k+1}, \tag{1}$$

wo K_{k+1} unabhängig von U_k ist. Durch diese Deutung wird die folgende Begriffsbildung motiviert.

9.2.1. Definition. (a) Eine *Irrfahrt* $U_0, U_1, \ldots$ ist ein zufälliger Prozeß in diskreter Zeit mit Werten in $\mathbb{R}$, der die Eigenschaft (1) besitzt, wo U_k und K_{k+1} unabhängig voneinander sind.

(b) Ist der Wertebereich einer Irrfahrt durch „Wände" auf Teilgebiete von $\mathbb{R}$ eingeengt, so heißt die Irrfahrt *beschränkt*.

Eine Realisierung der Irrfahrt (2) in [9.1] ist in Abb. 9.2.1 anschaulich gemacht; aus ihr ist für jeden Zeitpunkt n ersichtlich, wo sich das Teilchen befindet. Die Theorie der Irrfahrten ist z. B. in Feller [1] dargestellt. Sie gestattet vielseitige Anwendungen, da man die Möglichkeit hat, geeignete Wände aufzustellen und dadurch die Irrfahrt zu beschränken.

Die Folge $W_0, W_1, \ldots$ der Wartezeiten im System GI/GI/1/∞ ist eine beschränkte Irrfahrt mit $\mathscr{E} = \mathbb{R}_+$. Sie entsteht aus W_0 und der Folge (2) in [9.1] dadurch, daß man im

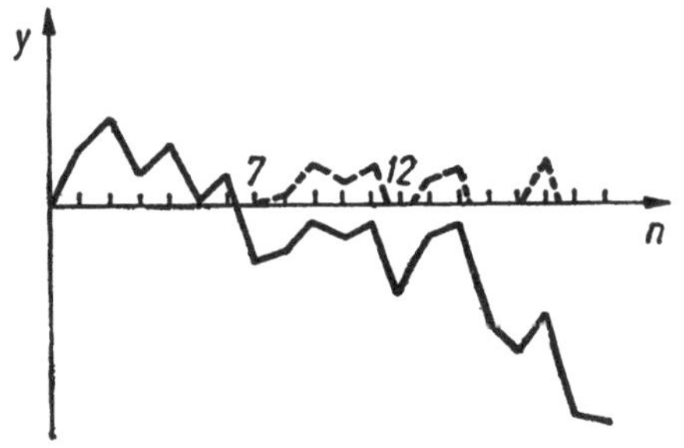

Abb. 9.2.1. Realisierung einer Irrfahrt

Ursprung der y-Geraden eine undurchdringliche Wand aufstellt. Erreicht das Teilchen diese Wand, so bleibt es dort so lange liegen, bis ein positives K_n auftritt und es um K_n nach oben führt; in Abb. 9.2.1 tritt das erstmals für $n = 7$ ein. Trifft man die Voraussetzung

$$U_1 > 0,\ U_2 > 0, \ldots, U_n > 0,\ U_{n+1} < 0,$$

so erhält man aus (1) in [9.1] sofort

$$W_1 = U_1,\ W_2 = W_1 + K_1 = U_2, \ldots, W_n = W_{n-1} + K_{n-1} = U_n.$$

Die Irrfahrten U_k und W_k fallen daher für $0 \leqq k \leqq n$ zusammen. Da aber $W_n + K_n = U_{n+1} < 0$, liefert (1) in [9.1] $W_{n+1} = 0$. Die Forderung F_{n+1} entspricht somit einem „glücklichen Kunden", der sofort bedient wird.

Verläuft die Irrfahrt U_n (wie in Abb. 9.2.1 nach $n = 7$) eine Zeitlang über dem Niveau $U_{n+1} < 0$, so erhält man gemäß (1) in [9.1] die entsprechenden W_n, indem man die Realisierung der Folge $U_{n+1}, U_{n+2}, \ldots$ um $|U_{n+1}|$ nach oben verschiebt. So bekommt man $W_{n+1}, W_{n+2}, \ldots$, bis erstmals wieder ein $W_m = 0$ ist (in Abb. 9.2.1 ist $m = 12$). Der folgende Abschnitt $W_{m+1}, W_{m+2}, \ldots$ ist in analoger Weise durch eine Parallelverschiebung von $U_m, U_{m+1}, \ldots$ um $|U_m|$ zu gewinnen usw. Aus Abb. 9.2.1 geht aber nicht hervor, in welchen zeitlichen Abständen die Forderungen $F_0, F_1, \ldots$ eintreffen.

Jedesmal, wenn ein glücklicher Kunde eintrifft, beginnt zu einem Ankunftszeitpunkt $A_1 + \cdots + A_k$ eine Bedienungszeit B_k. Alle A_k und B_k sind aber unabhängig, und deshalb hat die gesamte Vergangenheit des Systems bis zu diesem Augenblick keinen Einfluß auf den weiteren Ablauf des Bedienungsprozesses. Daher kann man auf ihn die Erneuerungstheorie und die Theorie der regenerierenden Prozesse anwenden (↑ Kap. 3).

Es gibt Verallgemeinerungen der Irrfahrt W_n. Man kann sich vorstellen, daß das Teilchen nicht an der Wand (d. h. bei $y = 0$) startet, sondern daß der Startpunkt $y = W_0$ durch eine positive Zufallsgröße festgelegt wird; sodann aber wird die weitere Bewegung durch (1) in [9.1] bestimmt, bis die undurchdringliche Wand erreicht wird. Dann erfolgt ein neuer zufälliger Sprung nach oben und der weitere Ablauf vollzieht sich wieder gemäß (1) in [9.1] usw. Die oben beschriebene Irrfahrt W_n wurde von Siegel (1974a) auf diesen und einen ähnlichen Fall übertragen. Auf diese Weise kann das System GI/GI/1/∞ „mit *Erwärmung*" untersucht werden. Hier wird zu Anfang einer neuen Belegungszeit die erste Forderung nicht sofort nach ihrem Eintreffen bedient. Vielmehr sind erst gewisse Vorbereitungen zu treffen (Anwärmen eines Geräts, Umrüsten einer Anlage), so daß sich der Bedienungsbeginn um eine gewisse zufällige Zeit verzögert. Solche Modelle wurden erstmals von Finch (1959) und von Yeo (1962) behandelt (↑ [9.4.1]).

9.3. Fluktuationstheorie

Aus [9.2] ist ersichtlich, daß die Folgen $U_1, U_2, \ldots$ von Partialsummen unabhängiger Zufallsgrößen eine wesentliche Rolle beim Studium des Systems GI/GI/1/∞ spielen. Sie sind Gegenstand der Fluktuationstheorie, die u. a. die Wahrscheinlichkeiten der folgenden zufälligen Ereignisse angibt:

(i) Die Irrfahrt $U_0, U_1, \ldots$ durchschreitet das Niveau $y > 0$ erstmals zur Zeit n.
(ii) $\max(0, U_1, \ldots, U_n) = U_k$, $1 \leqq k \leqq n$.
(iii) Unter $U_1, \ldots, U_n$ gibt es $k = n$ positive Werte.

Von der Kombinatorik wird, vielfach in einer modernen Form, reicher Gebrauch gemacht. Ausführliche Darstellungen mit Anwendung auf die Bedienungstheorie findet man in PRABHU [1] und COHEN [1].

In diesem Abschnitt wird nur ein asymptotisches Resultat der Fluktuationstheorie angegeben, das zum Verständnis des stationären Falls beim Warteprozeß W_n wichtig ist (FELLER [2], Kapitel XII).

9.3.1. Satz. Für die Irrfahrt U_k tritt mit Wahrscheinlichkeit 1 genau einer der folgenden Fälle ein

(i) $U_k \xrightarrow[\text{f.s.}]{} \infty$

(ii) $U_k \xrightarrow[\text{f.s.}]{} -\infty$

(iii) $\max\limits_{0 \leq k \leq n} U_k \xrightarrow[\text{f.s.}]{} \infty, \quad \min\limits_{0 \leq k \leq n} U_k \xrightarrow[\text{f.s.}]{} -\infty.$

Der Fall (i) ist die sog. *Drift nach oben*, bei der jedes positive Niveau erreicht und — von einem gewissen zufälligen Index an — nicht wieder unterschritten wird. Im Fall (ii) tritt in analoger Weise eine *Drift nach unten* ein; sie ist in Abb. 9.2.1 angedeutet, so weit dies in einem endlichen Anfangsabschnitt möglich ist.

In dem nur theoretisch interessanten Fall (iii) entsteht eine Art *Oszillation*, bei der jedes noch so hohe positive Niveau und jedes noch so tiefe negative Niveau früher oder später durchschritten wird. Die Abszisse wird dabei in unendlich langer Zeit unendlich oft gekreuzt; jedoch passiert dies in endlichen Zeitintervallen so selten, daß der Erwartungswert der Pausen zwischen den Durchschreitungszeiten unendlich ist.

In den Fällen (i) und (iii) haben wir offensichtlich $\bar{K}_n \xrightarrow[\text{f.s.}]{} \infty$. Da aber W_n dieselbe Verteilung wie $\bar{K}_n$ hat, haben wir in Formel (4) in [9.1] $W(x) \equiv 0$.

Dagegen ist im Fall (ii) die Zufallsgröße $\bar{K}_\infty = \max(0, U_1, U_2, \ldots)$ mit Wahrscheinlichkeit 1 endlich, und $\bar{K}_n$ stimmt von einem gewissen zufälligen Index an mit $\bar{K}_\infty$ überein. Es gilt also $\bar{K}_n \xrightarrow[\text{f.s.}]{} \bar{K}_\infty$. Daher führt genau dieser Fall zum Auftreten einer stationären Wartezeitverteilung $W(x)$.

Natürlich sind Kriterien für das Auftreten der drei Fälle wichtig.

9.3.2. Satz. Wenn $-\infty \leqq \mathsf{E}U_1 < 0$, dann tritt Drift gegen minus unendlich ein; wenn $\mathsf{E}U_1 = 0$, so liegt Oszillation vor (FELLER [2], § XII.2).

9.3.3. Satz. Notwendig und hinreichend für Drift nach minus unendlich ist die Bedingung $\sum\limits_{n=1}^{\infty} \frac{1}{n} \mathsf{P}(U_n > 0) < \infty$ (SPITZER (1956)).

Dieses Kriterium fordert, daß $\mathsf{P}(U_n > 0)$ genügend schnell gegen null konvergiert.

Die enge Beziehung, die zwischen den Irrfahrten U_n und W_n besteht, hat neuerdings auch LEMOINE (1976) ausgenutzt, um Standardresultate zum System GI/GI/1/∞, z. B. den Satz 9.4.1.2, herzuleiten.

9.4. Die Methode der Integralgleichungen für das System GI/GI/1/∞

9.4.1. Die Integralgleichungen und erste Lösungsmethoden

Für den Limes (4) in [9.1] gilt das folgende Resultat von LINDLEY (1952), s. a. GNEDENKO/KOWALENKO [1], § 5.1. Wegen $U_1 = K_1 = B_0 - A_1$ ist es eine bedienungstheoretische Umformulierung von S. 9.3.2.

9.4.1.1. Satz. Es mögen $\mathsf{E}B_0$ und $\mathsf{E}A_1$ vorhanden sein. In diesem Fall existiert eine ergodische Grenzverteilung $W(x)$ für die Folge $W_0, W_1, \ldots$ genau dann, wenn $\mathsf{E}B_0 < \mathsf{E}A_1$. In allen anderen Fällen ist $W(x) \equiv 0$.

Hiernach müssen die Bedienungszeiten im Mittel kleiner als die Pausenzeiten sein, wenn ein stationäres $W(x)$ auftreten soll; wegen $\mathsf{E}U_1 = \mathsf{E}B_0 - \mathsf{E}A_1$ bedeutet dies den Fall der Drift gegen minus unendlich. Schon hier erkennt man intuitiv, daß es unter diesen Umständen immer wieder zu Untätigkeitszeiten des Bedienungsgerätes kommen muß.

9.4.1.2. Satz. $W(x)$ hat ein endliches Moment der Ordnung $\alpha > 0$, wenn $B(x)$ ein endliches Moment der Ordnung $\alpha + 1$ besitzt. Falls $\mathsf{E}A_1$ existiert, gilt auch die Umkehrung (Kiefer/Wolfowitz (1956), Siegel (1974b), Lemoine (1976)).

Die Konstante $W(+0) = \mathsf{P}$ (eine Forderung muß warten) ist auf Grund des folgenden Satzes der Messung zugänglich.

9.4.1.3. Satz. Wenn $\mathsf{E}B_0 < \mathsf{E}A_1$, so ist $W(+0) = 1/\mathsf{E}T_1$, wo T_1 die Dauer einer beliebigen Besetztperiode (= Besetztzeit + Untätigkeitszeit) ist.

Für große n ist $W_n(x)$ eine komplizierte Funktion. Nach S. 9.4.1.1 kann man sie näherungsweise durch $W(x)$ ersetzen. Für den dabei auftretenden Fehler gilt folgendes Resultat von Vere-Jones (1964); s. auch Gnedenko/Kowalenko [1], § 5.1.

9.4.1.4. Satz. Es sei $\mathsf{E}B_0 < \mathsf{E}A_1$, und für ein gewisses $\delta > 0$ gelte $\int_0^\infty e^{\delta x}\,dK(x) < \infty$. Dann gibt es positive Zahlen c und C, die weder von x noch von y abhängen, so daß für alle x und alle $n \geqq 1$

$$|\mathsf{P}(W_n < x \mid W_0 = y) - W(x)| < C\,e^{-cn}.$$

Um $W(x)$ zu bestimmen, kann man die folgende Integralgleichung benutzen, die auf Lindley (1952) zurückgeht.

9.4.1.5. Satz. Die stationäre Wartezeitverteilung $W(x)$ ist die einzige Verteilungsfunktion, die der Integralgleichung

$$W(x) = \begin{cases} 0, & x \leqq 0, \\ W * K(x), & x > 0, \end{cases} \tag{1}$$

genügt. Dabei ist für $n = 1, 2, \ldots$

$$K(x) = \mathsf{P}(K_n < x) = \int_0^\infty B(x + u)\,dA(u). \tag{2}$$

Die Besonderheit dieser Integralgleichung liegt darin, daß in ihr eine Faltung auftritt, die für alle x einen Sinn hat; jedoch kann sie mit $W(x)$ nur für $x > 0$ übereinstimmen, denn es ist $W(x) = 0$, $x \leqq 0$. Dies ist der Wiener-Hopfsche Typ von linearen Integralgleichungen zweiter Art, der in der Analysis gut bekannt ist. Der hier vorliegende Fall, in dem sowohl Kern als auch Lösung Verteilungsfunktionen sind, wurde von Smith (1953), Spitzer (1957), Rossberg (1967a) und (1971) studiert (↑ [9.4.2.4] und [9.4.2.5]).

Die Gleichung (1) läßt sich auf die ganze Achse fortsetzen, wenn man zur Verteilungsfunktion $U(x)$ der Untätigkeitszeiten die Verteilungsfunktion $U_-(x) = 1 - U(-x + 0)$ einführt. Dann besteht die Beziehung

$$W(+0)\left(U_-(x) - \delta_0(x)\right) + W(x) = W * K(x), \qquad -\infty < x < \infty. \tag{3}$$

Sie entspricht der trivialen Zerlegung

$$\max(0, W_n + K_{n+1}) + \min(0, W_n + K_{n+1}) = W_n + K_{n+1},$$

woraus mit der Abkürzung $Y_n = -\min(0, W_n + K_{n+1})$ und mit (1) in [9.1]

$$W_{n+1} - Y_n = W_n + K_{n+1}, \qquad n = 0, 1, \ldots, \tag{4}$$

folgt. Y_n ist die Länge einer Untätigkeitszeit, falls $Y_n > 0$, d. h., es ist

$$\mathsf{P}(-Y_n < x \mid Y_n > 0) = U_-(x).$$

Im stationären Fall sind W_n und W_{n+1} beide nach $W(x)$ verteilt, und dies führt auf (3). Die Beziehung (4) wird in Kleinrock [1], Kapitel 8, studiert. Sie ist auch für die funktionentheoretische Behandlung von (1) wesentlich (↑ [9.4.2.4]).

Es folgen einige Möglichkeiten zur Behandlung von (1). Da die Lösung eindeutig ist, kann man manchmal mit einem geeigneten Lösungsansatz zum Ziel gelangen.

(a) $B(x) = 1 - \mathrm{e}^{-\mu x}$ $(x \geqq 0)$. Hier ist nach (2) $K(t) = \int\limits_{\max(0,\,-t)}^{\infty} [1 - \mathrm{e}^{-\mu(t+u)}]\,\mathrm{d}A(u)$. Bei dem Ansatz $W(x) = 1 - b\,\mathrm{e}^{-cx}$, $x \geqq 0$, können die Konstanten b, c aus (1) durch Koeffizientenvergleich bestimmt werden. Es ergibt sich $W(x) = 1 - d\mathrm{e}^{-(1-d)x}$, wo d die Lösung der Gleichung

$$\int\limits_0^{\infty} \mathrm{e}^{-\mu(1-d)u}\,\mathrm{d}A(u) = d, \qquad 0 < d < 1,$$

ist; im stationären Fall ist d die Wahrscheinlichkeit dafür, daß eine eintreffende Forderung warten muß.

(b) $\mathrm{D/E}_{n,\lambda}(x)/1/\infty$. Hier ist $A(x) = \delta_\alpha(x)$, $\alpha = \mathsf{E}A_1$, und daher $K(x) = \int\limits_0^{\infty} B(x + u)\,\mathrm{d}A(u) = B(x + \alpha)$. Die Integralgleichung (1) geht folglich über in

$$W(x) = \int\limits_{-\infty}^{\infty} W(x - u)\,\mathrm{d}B(u + \alpha) = \int\limits_{-0}^{\infty} W(x + \alpha - v)\,\mathrm{d}B(v), \qquad x > 0,$$

oder

$$W(y - \alpha) = \int\limits_{-0}^{y} W(y - v)\,\mathrm{d}B(v).$$

Nach Voraussetzung ist $b(x) = \dfrac{\lambda^{n+1}}{n!}\,x^n\,\mathrm{e}^{-\lambda x}$, und daher kann diese Gleichung mit dem Ansatz

$$W(x) = 1 + \sum_{i=1}^{n+1} c_i\,\mathrm{e}^{z_i x}$$

gelöst werden, wo c_i, z_i $(1 \leqq i \leqq n + 1)$ komplexe Zahlen sind. Dies ist in Lindley (1952), § 7, und Prabhu [1], § 1.10, ausgeführt. — Auch der Fall $\mathrm{E}_{n,\lambda}(x)/\mathrm{D}/1/\infty$ ist in Prabhu [1], § 1.10, behandelt.

(c) $B(x) = \delta_\beta(x)$. Hier ist

$$K(x) = \int\limits_{x+v \geqq \beta} \mathrm{d}A(v) = 1 - A(\beta - x);$$

falls $A(x)$ eine Verteilungsdichte $a(x)$ besitzt, erhält (1) die Gestalt

$$W(x) = \int_{-\infty}^{\beta} W(x-u)\, a(\beta-u)\, du, \qquad x > 0. \tag{5}$$

Wenn $a(x) = \lambda\, e^{-\lambda x}$, $x > 0$, so findet man ($x - u = v$)

$$W(x) = \lambda\, e^{-\lambda(\beta-x)} \int_{x-\beta}^{\infty} W(v)\, e^{-\lambda v}\, dv, \qquad x > 0.$$

Hiernach ist $W(x)$ stetig, folglich differenzierbar, und es gilt

$$W'(x) = \lambda[W(x) - W(x-\beta)], \qquad x > 0. \tag{6}$$

Nach einer Idee von ERLANG kann diese Gleichung gelöst werden, indem zunächst $W'(x) = \lambda W(x)$, $0 < x < \beta$, benutzt wird. Dadurch kann man im zweiten Schritt die Gleichung (6) im Intervall $\beta < x < 2\beta$ lösen usw. (s. TAKÁCS (1976)).

(d) Zuweilen ist $K(x)$ nicht bekannt, und man hat auf Grund statistischer Angaben nur eine empirische Verteilungsfunktion $\hat{K}(x)$ für $K(x)$ zur Verfügung. Dann hat die Lösung $\hat{W}(x)$ der Gleichung

$$\hat{W}(x) = \begin{cases} 0, & x \leqq 0, \\ \hat{K} * \hat{W}(x), & x > 0, \end{cases}$$

ebenfalls die Gestalt einer Stufenfunktion. Ein praktisches Berechnungsverfahren für $\hat{W}(x)$ ist in LINDLEY (1952), § 8, angegeben.

(e) Der diskrete Fall wurde auch von KONHEIM (1975) behandelt.

(f) KINGMAN (1970) hat die Gleichung (1) durch ein Paar von Integralgleichungen ersetzt und dabei die folgende Einschließung für $W(x)$ erhalten.

9.4.1.6. Satz. Es möge eine Zahl $d > 0$ existieren, so daß $\int_{-\infty}^{\infty} e^{du}\, dK(u) = 1$; dann gilt

$$a_0\, e^{-dx} \leqq 1 - W(x) \leqq e^{-dx}, \qquad x > 0,$$

$$a_0 = \inf_{x>0} \frac{e^{dx}\big(1 - K(x)\big)}{\int_x^{\infty} e^{du}\, dK(u)}.$$

ROSSBERG/SIEGEL (1974a und b) haben diese Idee zu einem Verfahren der sukzessiven Approximation weitergeführt. Mit der Abkürzung $Q_d(x) = \int_{-\infty}^{x} e^{du}\, dK(u)$ ergibt sich im nächsten Approximationsschritt die bessere Einschließung

$$a_0\, e^{-dx} Q_d(x) + 1 - K(x) \leqq 1 - W(x) \leqq e^{-dx} Q_d(x) + 1 - K(x).$$

Das in [9.2] beschriebene System GI/GI/1/∞ mit Erwärmung führt auf eine inhomogene Wiener-Hopfsche Integralgleichung für die Wartezeitverteilung W'. Bezeichnet man wie bisher die Lösung der homogenen Gleichung (1) mit W, so ergibt sich die Darstellung $W'(x) = W * R(x)$, wo $R(x)$ die Verteilung einer positiven Zufallsgröße ist, die sich in der entsprechenden Irrfahrt deuten läßt. $R(x)$ genügt einer einfacheren Integralgleichung (SIEGEL (1973) und (1974a und b)); siehe hierzu auch HAESKE (1970) und MÜLLER/SIEGEL (1974). Bezüglich Formeln ↑ [II, 2.4.3].

Eine weniger bekannte Integralgleichung der gleichen Struktur wie (1) hat RICE (1962) hergeleitet; sie betrifft die Anzahl der Forderungen, die in einer Beschäftigungszeit eintreffen. Es seien

$$R_1(x) = K(x) - K(0), \quad x > 0; \quad R_1(x) = 0, \quad x < 0,$$

$$R_n(x) = \mathsf{P}(U_1, \ldots, U_{n-1} \geqq 0, 0 < U_n < x), \quad -\infty < x < \infty, \quad n = 2, 3, \ldots,$$

$$S_1(x) = \mathsf{P}(U_1 < x) = K(x), \quad x \leqq 0;$$

$$S_1(x) = K(0) = f^{(1)}, \quad x > 0,$$

$$S_n(x) = \begin{cases} \mathsf{P}(U_1, \ldots, U_{n-1} \geqq 0, U_n < x), & x \leqq 0; \\ S_n(0) = f_n^{(n)}, & x > 0. \end{cases} \qquad n = 2, 3, \ldots,$$

Daher ist

$$S_n(x) = \mathsf{P}\begin{pmatrix}\text{genau } n \text{ Forderungen treffen in der ersten} \\ \text{Beschäftigungszeit ein, } i_1 > |x|\end{pmatrix}, \quad x < 0,$$

und

$$R_1(x) + S_1(x) = K(x).$$

Um die Funktionen $R_n(x)$ und $S_n(x)$ zu bestimmen, führt man erzeugende Funktionen ein:

$$R(x, y) = \sum_{n=1}^{\infty} y^n R_n(x), \quad S(x, y) = \sum_{n=1}^{\infty} y^n S_n(x), \quad |y| < 1.$$

Sie genügen der Gleichung

$$R(x, y) + S(x, y) = yR * K(x) + yK(x);$$

mit der Abkürzung $\mathring{R} = R + \delta_0$ gewinnt sie die Gestalt

$$\mathring{R}(x, y) + S(x, y) - \delta_0(x) = y\mathring{R} * K(x), \quad -\infty < x < \infty. \tag{7}$$

Sie ist offensichtlich der Gleichung (3) sehr ähnlich. Wichtige Spezialfälle sind a. a. O. nach der Methode von SMITH (1953) (↑ [9.9.3]) behandelt. In [9.4.2.3] ff. ist ein einfacheres Verfahren, das auch hier angewendet werden kann, enthalten. RICE (1962), § 4, hat auch noch eine derartige Integralgleichung für die Besetztperiode angegeben.

9.4.2. Rationale Spezialfälle

Es sei $s = u + iv$, wo u und v reelle Variable sind. Im weiteren werden folgende Teilmengen der s-Ebene gebraucht. $\mathscr{H}_+ = \{s : u > 0\}$, $\bar{\mathscr{H}}_+ = \{s : u \geqq 0\}$, $\mathscr{H}_- = \{s : u < 0\}$, $\bar{\mathscr{H}}_- = \{s : u \leqq 0\}$, $\mathscr{H}_r = \{s : u > -r\}$, wo $r > 0$, $\mathscr{S}_r = \{s : -r < u < 0\}$, $\mathscr{D} = \{s : u = 0\}$ (reelle Achse). Ferner werden die folgenden Funktionenklassen benutzt.

$$\mathscr{N}_\pm = \{f(s) : \text{analytisch in } \mathscr{H}_\pm \text{ stetig in } \bar{\mathscr{H}}_\pm, |f(s)| \leqq 1 \ \forall\, s \in \mathscr{D}\},$$

$$\mathscr{M}_\pm = \{f(s) \in \mathscr{N}_\pm : |f(s)| \leqq 1, s \in \mathscr{H}_\pm\}.$$

Zu der schon früher benutzten Verteilungsfunktion $K(x)$ gehören die Laplace-Stieltjes-Transformierten

$$K_-^*(s) = \int_{-\infty}^{-0} e^{-sx} \, dK(x) \in \mathcal{M}_-, \qquad K_+^*(s) = \int_{-0}^{\infty} e^{-sx} \, dK(x) \in \mathcal{M}_+,$$

so daß für $s \in \mathcal{D}$

$$K^*(s) = \int_{-\infty}^{\infty} e^{-sx} \, dK(x) = K_-^*(s) + K_+^*(s).$$

In den Anwendungen spielt die folgende Klasse von Verteilungsfunktionen eine hervorragende Rolle:

$$\mathcal{R} = \{K(x) : \text{entweder } K_+^*(s) \text{ oder } K_-^*(s) \text{ rational}\}.$$

Sie enthält die Menge der Hyper-Erlang-Verteilungen (↑ [2.9.14]) als echte Teilmenge.

9.4.2.1. Die Bedeutung der Klasse $\mathcal{R}$

Mit der Klasse $\mathcal{R}$ sind fast alle praktisch wichtigen Spezialfälle verknüpft, und zwar aus folgenden Gründen:

(a) Für $K(x) \in \mathcal{R}$ lassen sich explizite Formeln angeben. Es ist z. B. $K_+^*(s)$ rational genau dann, wenn

$$1 - K(x) = \sum_k P_k(x) \, e^{-\alpha_k x}, \qquad x \geqq 0,$$

wo $\operatorname{Re} \alpha_k \geqq 0$ und $P_k(x)$ Polynome sind.

(b) Verwendet man Funktionen aus $\mathcal{R}$, so kommt man meist mit Methoden zum Ziel, die viel einfacher sind als diejenigen, mit denen man allgemeine Fälle behandelt. Daher kann man sich den Umweg über die allgemeinen Lösungen ersparen (↑ [9.4.2.4] und [9.4.2.5], Le Gall [1]).

(c) Vielfach erhält man rationale Laplace-Stieltjes-Transformierte als Lösungen. (Dies steht oft im Zusammenhang mit sog. Erhaltungssätzen, ↑ [9.4.2.4] und [9.4.2.5]). Zerlegt man sie in Partialbrüche, so kann man sie stets umkehren und so die gesuchten Verteilungsfunktionen berechnen.

(d) Jede Verteilungsfunktion kann durch Funktionen aus $\mathcal{R}$ im Sinne der schwachen Konvergenz approximiert werden (↑ S. 2.5.4.4).

9.4.2.2. Verwendung der Theorie von Phragmén/Lindelöf

Es sei $R(s)$ eine analytische Funktion aus $\mathcal{N}_+$. Die Theorie von Phragmén/Lindelöf gibt Voraussetzungen an, unter denen $R(s)$ auch in $\mathcal{M}_+$ liegt. Sie beruht auf der Tatsache, daß es in $\mathcal{N}_+$ keine Funktionen gibt, die bei $|s| \to \infty$ sehr langsam unbeschränkt wachsen. Alle hinreichenden Bedingungen für die Aussage $R(s) \in \mathcal{M}_+$ drücken daher auf die eine oder andere Weise eine Beschränkung der Wachstumsgeschwindigkeit von $R(s)$ aus. Zur allgemeinen Orientierung wird auf Bieberbach [1], Cartwright [1], Lewin [1],

Rühs [1] und hinsichtlich einer Weiterentwicklung der Theorie auf Rossberg (1975 und 1976) verwiesen.

Derartige Sätze sind im Rahmen der analytischen Wahrscheinlichkeitsrechnung erst neuerdings mit einer gewissen Systematik angewendet worden, vgl. den Übersichtsartikel Rossberg (1978a), der auch ihre Bedeutung für die Bedienungstheorie erkennen läßt. Genannt sei das folgende Resultat, das im betrachteten Zusammenhang wichtig ist, vgl. die Anwendungen in [9.4.2.3] und [9.4.2.4].

9.4.2.1. Satz. Es sei $R(s) \in \mathcal{N}_+$, und es möge ein $f(s) \in \mathcal{M}_+$ existieren, so daß $f(s)\,R(s) \in \mathcal{M}_+$. Dann gehört $R(s)$ zum Exponentialtyp. Wenn auch noch

$$\lim_{u\to\infty} \frac{\log f(u)}{u} = 0 \tag{1}$$

gilt, dann ist $R(s) \in \mathcal{M}_+$ (Rossberg (1968a und 1978b), Riedel (1977)).

Bemerkung. Bei wahrscheinlichkeitstheoretischen Anwendungen kann (1) vielfach inhaltlich gedeutet werden. Ist nämlich $f(s) = F^*(s)$ die Laplace-Stieltjes-Transformierte einer Verteilungsfunktion $F(x)$ und $f(s) \in \mathcal{M}_+$, so ist $F(x)$ durch eine Zahl $X_0 \geqq 0$ linksseitig beschränkt. In diesem Fall ist (1) gleichbedeutend mit $X_0 = 0$.

In der Bedienungstheorie wird die Theorie von Phragmén/Lindelöf z. B. im Zusammenhang mit der Methode der analytischen Fortsetzung (↑ [9.4.2.3]) benutzt; die Aufgabe besteht dann u. a. darin

(a) ganze Funktionen als überall beschränkt nachzuweisen, so daß sie nach dem Satz von Liouville konstant sind;
(b) analytische Funktionen mit endlich vielen Polen als rational zu erkennen; rationale Laplace-Stieltjes-Transformierte von Verteilungsfunktionen sind nämlich außerhalb jedes Kreises, der alle Polstellen enthält, beschränkt (↑ Beweisidee zu S. 9.4.2.2);
(c) analytische Funktionen über einen Punkt hinweg fortzusetzen, und zwar mit dem Riemannschen Lemma, s. z. B. Müller (1977).

9.4.2.3. Die Methode der analytischen Fortsetzung

Nach den in [9.4.2.1] getroffenen Feststellungen ist es wichtig zu wissen, woran man ein $K(x)$ aus R erkennen kann. Dabei ist der Fall (2) in [9.4.1] besonders interessant, in dem

$$K^*(s) = B^*(s)\,A^*(-s)\,, \qquad s \in \mathcal{D}\,, \tag{2}$$

gilt. Wir gewinnen in S. 9.4.2.2 ein Kriterium.

Als vielfältig verwendbar hat sich in der Bedienungstheorie die Methode der analytischen Fortsetzung erwiesen, die auch in [9.4.2.4] und [9.9.2] enthalten ist. Die wesentlichen Schritte sind dabei die folgenden:

1. Der vorliegenden Aufgabe entsprechend definiere man Funktionen $\Psi_+(s)$ und $\Psi_-(s)$, die in $\mathcal{H}_+$ bzw. $\mathcal{H}_-$ analytisch (mit Ausnahme von Polstellen) und auf $\mathcal{D}$ noch stetig sind.
2. Man zeigt, daß sie analytische Fortsetzungen voneinander sind; das bedeutet, daß in der ganzen Ebene eine analytische Funktion $\Psi(s)$ vermöge

$$\Psi(s) = \begin{cases} \Psi_-(s)\,, & s \in \overline{\mathcal{H}}_-\,, \\ \Psi_+(s)\,, & s \in \overline{\mathcal{H}}_+\,, \end{cases}$$

definiert ist. Nach dem Schwarzschen Spiegelungsprinzip (siehe z. B. RÜHS [1]) braucht man dazu nur die Bedingung

$$\Psi_+(s) = \Psi_-(s), \quad s \in \mathscr{D}, \tag{3}$$

zu verifizieren.

Als erstes Beispiel für ein Resultat, das sich auf diese Weise gewinnen läßt, folgt

9.4.2.2. Satz. Es gelte (2) und $B^*(s)$ sei rational mit den Polen $p_1, \ldots, p_N$. Dann ist auch $K_+{}^*(s)$ rational und hat dieselben Pole wie $B^*(s)$, falls $A^*(-p_h) \neq 0$ $(1 \leq h \leq N)$ (ROSSBERG (1971)).

Gemäß der obigen Vorschrift setze man

$$\Psi_-(s) = -K_-{}^*(s) + B^*(s)\,A^*(-s), \qquad s \in \overline{\mathscr{H}}_-,$$

$$\Psi_+(s) = K_+{}^*(s), \qquad s \in \overline{\mathscr{H}}_+.$$

Dann gilt (3) vermöge (2), und es ist die in [9.4.2.2] genannte Aufgabe (b) zu lösen.

Eine gewisse Umkehrung dieses Satzes läßt sich mit derselben Methode gewinnen. Ohne Zusatzvoraussetzung ist sie allerdings falsch (Beispiele dafür in ROSSBERG (1971)). Sie liegt aber auch tiefer, denn sie beruht auf Satz 9.4.2.1. Es gilt

9.4.2.3. Satz. Es sei $A(x) > 0$ für alle $x > 0$, und $A^*(s)$ habe in $\mathscr{H}_+$ keine Nullstellen; ferner sei (2) erfüllt und $K_+{}^*(s)$ sei rational. Dann ist auch $B^*(s)$ rational.

9.4.2.4. Allgemeine Erhaltungssätze

S. 9.4.2.2 und S. 9.4.2.3 sind bereits typische Erhaltungssätze, nach denen sich eine Eigenschaft von $B^*(s)$ auf $K_+{}^*(s)$ und umgekehrt überträgt. Es folgt jetzt eine Beziehung zwischen $K_+{}^*(s)$ und $W^*(s)$.

In der transformierten Form nimmt die Gleichung (3) in [9.4.1.] nach dem Faltungssatz die Gestalt

$$W(+0)\,\big(1 - U_-{}^*(s)\big) = W^*(s)\,\big(1 - K^*(s)\big), \qquad s \in \mathscr{D}, \tag{4}$$

an. Bei der Methode der analytischen Fortsetzung spielt sie dieselbe Rolle wie (2) in [9.4.2.3]. Man erhält dadurch den

9.4.2.4. Satz. $W^*(s)$ ist genau dann rational, wenn $K_+{}^*(s)$ rational ist.

Ist z. B. $K_+{}^*(s)$ rational und $\mathsf{E}U_1 < 0$ vorhanden, so setze

$$\Psi_+(s) = sW^*(s), \qquad \Psi_-(s) = W(+0)\,\frac{1 - U_-{}^*(s)}{1 - K^*(s)}\,s.$$

Einzelheiten sind in ROSSBERG (1971) und MÜLLER (1977) enthalten, vgl. hierzu auch GNEDENKO/KOWALENKO [1], 5.1.5. Die genannte Methode führt auch auf den für die Anwendungen besonders wichtigen

9.4.2.5. Satz. Wenn $K_+{}^*(s)$ rational ist und die Pole $p_1, \ldots, p_m \in \mathscr{H}_-$ hat, so ist

$$W^*(s) = \prod_{i=1}^{m} \frac{1 - s/p_i}{1 - s/q_i}, \tag{5}$$

wo $q_1, \dots, q_m$ die Nullstellen der Funktion

$$\varphi(s) = 1 - K^*(s), \qquad s \in \mathscr{H}_-,$$

sind. Die Anzahl der Pole und Nullstellen von $W^*(s)$ ist hiernach stets die gleiche. Dies ist eine Folge des Satzes von ROUCHÉ (↑ [9.7.2]). Wie man ihn im vorliegenden Fall einsetzt, wird ausführlich in KLEINROCK [1] erklärt. Bei $s \to \infty$ erhält man den

9.4.2.6. Satz.

$$W(+0) = \prod_{i=1}^{m} \frac{q_i}{p_i}. \tag{6}$$

Die nächste Aufgabe besteht darin, die q_i anzugeben. Dazu muß natürlich $K(x)$ — im Gegensatz zu den S. 9.4.2.4 und 9.4.2.5 — vollständig bekannt sein. (Wir verweisen auf KEILSON [1], wo die „*Kompensationsmethode*" beschrieben wird. Sie ersetzt das Suchen der komplexen Nullstellen durch das Lösen eines linearen Gleichungssystems.)

Am einfachsten sind solche Fälle, in denen man von vornherein weiß, daß die q_i alle reell sind. Das ist bei $m = 1$ und $m = 2$ trivial, weil die Pole von $W^*(s)$ symmetrisch zur reellen Achse liegen und mindestens einer von ihnen reell ist; für weitere derartige Fälle ↑ [9.4.2.5].

Beispiel GI/M/1/∞, d. h. $B^*(s) = \dfrac{1}{1 - s/p_1}$, $\beta = -p_1^{-1}$. Nach S. 9.4.2.5 existiert in $\mathscr{H}_-$ nur die Nullstelle q_1 von $\varphi(s)$, d. h.,

$$W^*(s) = \frac{1 - s/p_1}{1 - s/q_1}, \qquad W(x) = 1 - \frac{p_1 - q_1}{p_1}\, e^{-q_1 x}, \qquad x > 0.$$

Will man q_1 exakt angeben, so muß man auch $A(x)$ explizit kennen.

Fall 1: M/M/1/∞, d. h. $A^*(s) = \dfrac{1}{1 - s/\pi_1}$, $\alpha = -\pi_1^{-1}$. Die Gleichung $\varphi(u) = 0$ hat die Lösung $q_1 = p_1 - \pi_1 > p_1$.

Fall 2: E_2/M/1/∞ mit $A^*(s) = \dfrac{2p_1^2}{(p_1 - s)(2p_1 - s)}$, $B^*(s) = \dfrac{p_1}{p_1 - s}$. Einzelheiten der Bestimmung von q_1 siehe KLEINROCK [1], 6.5.

Lösung: $W(x) = 1 - (2 - \sqrt{2})\, e^{-|p_1|(\sqrt{2}-1)x}$, $x > 0$.

Eine Hilfe beim Lokalisieren der q_i kann der folgende Satz von SMITH (1953) leisten, der ebenfalls auf dem Satz von ROUCHÉ beruht.

9.4.2.7. Satz. Wenn $K^*(s)$ in $\mathscr{H}_-$ — mit Ausnahme von gewissen Polstellen — analytisch ist und für eine geschlossene Kontur $\mathscr{C} \subset \mathscr{H}_-$

$$|K^*(s)| < 1, \qquad s \in \mathscr{C}, \tag{7}$$

gilt, dann liegen innerhalb $\mathscr{C}$ ebenso viele Nullstellen wie Pole von $\varphi(s)$.

Wenn also alle p_i innerhalb $\mathscr{C}$ liegen und (7) besteht, dann liegen hier auch alle q_i. Um ein einfaches $\mathscr{C}$ mit dieser Eigenschaft anzugeben, sei zunächst die reelle Funktion $\varphi(u)$, $-\infty < u \leqq 0$, betrachtet. Sie ist in Abb. 9.4.2.1 in ihrem typischen Verlauf dargestellt. Natürlich ist $\varphi(0) = 0$; wegen $\mathsf{E}U_1 < 0$ ist ferner $\varphi'(-0) < 0$. Daher ist $\varphi(u) > 0$ in einem kleinen Intervall $(-\varepsilon, 0)$. Andererseits liegt nach einer allgemeinen Eigenschaft der Laplace-Stieltjes-Transformierten von Verteilungsfunktionen, die in einem Streifen analytisch sind (s. LUKACS [1]) mindestens ein p_i, etwa p_1, auf der Abszisse.

Es ist also $\varphi(p_1 + 0) = -\infty$, und daher liegt mindestens ein q_i, etwa q_1, auf $(p_1, 0)$. Also ist $\varphi(u) > 0$, d. h., $K^*(u) < 1$, in $\mathscr{I} = (q_1, 0)$. Ferner gilt offensichtlich

$$\sup |K^*(u + iv)| \leqq \sup \int_{-\infty}^{\infty} |e^{-(u+iv)x}| \, dK(x) = \int_{-\infty}^{\infty} e^{-ux} \, dK(x) = K^*(u)$$

und folglich $|K^*(s)| < 1$ auf allen Vertikalen (↑ Abb. 9.4.2.2), die die Abszisse in $\mathscr{I}$ schneiden. Daher kann man leicht auf einer Kontur (↑ Abb. 9.4.2.2) $\mathscr{C}$ vervollständigt mit dem Teilstück auf der Vertikalen die Ungleichung (7) nachweisen.

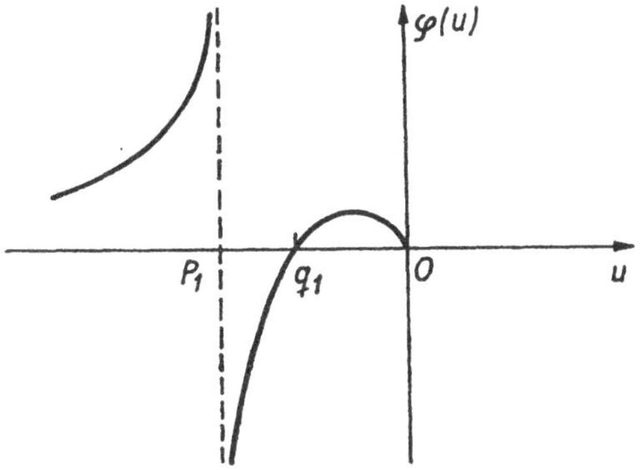

Abb. 9.4.2.1. Typischer Verlauf von $\varphi(u)$, wenn K_+ rational ist

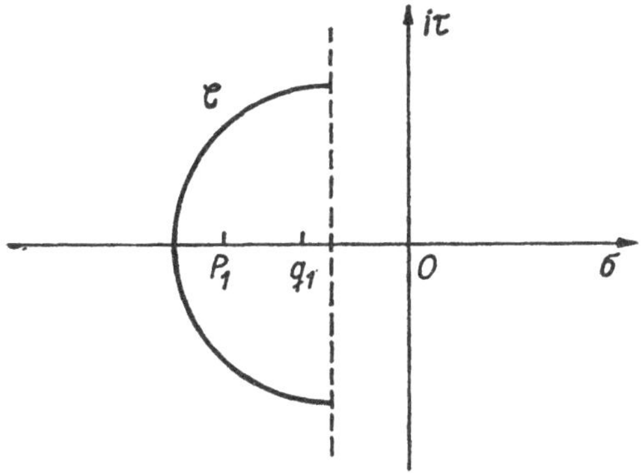

Abb. 9.4.2.2. Zur Anwendung des Satzes von ROUCHÉ

Genauere Hinweise über ein Gebiet $\mathscr{G}$, in dem alle q_i liegen müssen — und zwar unabhängig von A — gibt SMITH (1953) in § 3.7. Ist z. B. $B^*(s) = \left(\frac{c}{c+s}\right)^m$, dann liegen alle q_i im Kreis $|c + s| = c$.

Vielfach wird das Modell GI/GI/1/∞ approximiert, indem man $A(x)$ durch $E_{k,\lambda}(x)$ und (oder) $B(x)$ durch $E_{l,\lambda}(x)$ ersetzt. Die Parameter der Erlang-Verteilungen werden so gewählt, daß die mathematische Erwartung und die Varianz von $A(x)$ und $E_{k,\lambda}(x)$ (bzw. von $B(x)$ und $E_{l,\lambda}(x)$) übereinstimmen. Über die dabei auftretenden Probleme kann man sich in KOTIAH/THOMPSON/WAUGH (1969) informieren; insbesondere wird dort ein Verfahren angegeben, mit dem man iterativ die q_i näherungsweise bestimmen kann. Eine Abwandlung des üblichen Verfahrens geben MARCHAL/HARRIS (1976).

Die angegebene Methode ist auch bei der Integralgleichung (7) in [9.4.1] von RICE (1962) anwendbar. Man führt dazu die Laplace-Stieltjes-Transformierten

$$R^*(s, y) = \int_0^\infty e^{-sx}\, dR(x, y), \qquad u \geqq 0,$$

$$S^*(s, y) = \int_{-\infty}^0 e^{-sx}\, dS(x, y), \qquad u \leqq 0,$$

ein und gewinnt aus (7) in [9.4.1] ($\mathring{R}^* = R^* + 1$)

$$1 - S^*(s, y) = \mathring{R}^*(s, y)\,\big(1 - yK^*(s)\big), \qquad s \in \mathscr{D}.$$

Die Analogie zu (4) ist offensichtlich und daher sind alle von RICE angegebenen Resultate in diesem Sinne auf dem hier beschriebenen Wege zu erhalten. Formeln für die Modelle $E_m/GI/1/\infty$ und $GI/E_m/1/\infty$ findet man in [II, 2.2.4.4].

9.4.2.5. Erhaltungssätze, wenn $A(x)$ oder $B(x)$ Hyper-Exponential-Verteilungen sind

Nach S. 9.4.2.5 überträgt sich die Rationalität von $K_+{}^*(s)$ auf $W^*(s)$. Betrachtet man die Verteilungsfunktion $V(x) = W * B(x)$ der Verweilzeit im System $GI/GI/1/\infty$, so liefert die o. a. Methode noch viel weitergehende Erhaltungssätze, s. ROSSBERG (1967b).

Wir gehen hier auf den Fall ein, in dem $B(x)$ die Gestalt

$$\begin{aligned} &B(x) = \sum_{\nu=1}^{N} b_\nu(1 - e^{p_\nu x}), \qquad x \geqq 0, \\ &-\infty < p_N < \cdots < p_1 < 0, \qquad b_\nu > 0, \qquad \sum_{\nu=1}^{N} b_\nu = 1 \end{aligned} \tag{8}$$

hat. Man kann diese Verteilungen folgendermaßen charakterisieren:

9.4.2.8. Satz. Eine Verteilungsfunktion der Form (8) liegt danau dann vor, wenn ihre Laplace-Stieltjes-Transformierte die Gestalt

$$B^*(s) = \frac{P_{N-1}(s)}{\prod_{\nu=1}^{N} (1 - s/p_\nu)} \tag{9}$$

besitzt, wo P_{N-1} ein Polynom mit den reellen Nullstellen $r_1, \ldots, r_{N-1}$ ist, für die gilt

$$p_N < r_{N-1} < p_{N-1} < \cdots < p_2 < r_1 < p_1 < 0. \tag{10}$$

Anwendung dieses Satzes: Wenn $B(x)$ die Gestalt (8) hat, so ist nach den Sätzen 9.4.2.5 und 9.4.2.8

$$V^*(s) = W^*(s)\, B^*(s) = \frac{P_{N-1}(s)}{\prod_{i=1}^{N} (1 - s/q_i)}. \tag{11}$$

Nun kann man die Abb. 9.4.2.1 weiter nach links fortsetzen (↑Abb. 9.4.2.3). Dabei ist wegen $\varphi(r_i) = 1$ $(i = 1, \ldots, N-1)$

$$r_N < p_N < q_N < r_{N-1} < \cdots < r_2 < p_2 < q_2 < r_1 < p_1 < q_1 < 0. \tag{12}$$

und $V^*(s)$ genügt folglich den Voraussetzungen von S. 9.4.2.8. Daher ist

$$V(x) = \sum_1^N V(1 - e^{q_\nu x}), \quad x > 0. \tag{13}$$

Die Partialbruchzerlegung von (11) liefert die Koeffizienten $V_1, \ldots, V_N$.

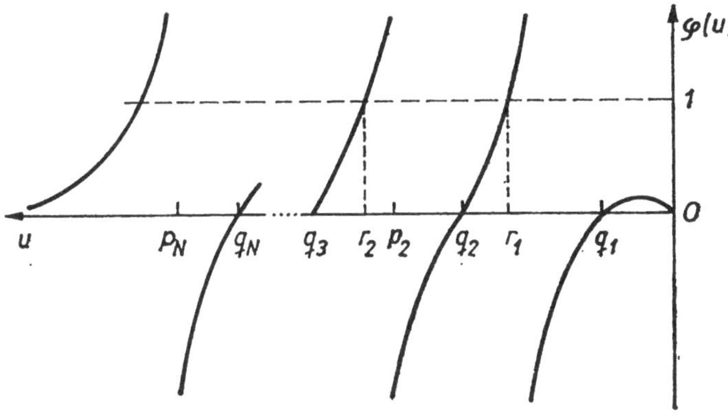

Abb. 9.4.2.3. Graph von $\varphi(u)$, wenn $B(x)$ die Gestalt (8) hat

Darüber hinaus läßt sich diese Schlußweise umkehren. Daher gilt (Rossberg (1967b)) der folgende

9.4.2.9. Satz. $V(x)$ hat die Gestalt (13) genau dann, wenn $B(x)$ durch (8) dargestellt ist. Für die p_i und q_i ($i = 1, \ldots, N$) gelten die Beziehungen (12).

Die Zahlen $q_1, \ldots, q_N$ hängen natürlich noch von der Verteilung $A(x)$ ab. Daher sind die Einschließungen (12) von praktischem Interesse, denn in den Anwendungen ist $A(x)$ oft nur ungenau oder gar nicht bekannt. Auf folgende Weise lassen sich noch bessere Einschließungen gewinnen. Man vergleicht das vorgelegte Modell GI/GI (H-Exp (n))/1/∞ mit D/GI(H-Exp (n))/1/∞, bei dem die Pausenzeiten konstant gleich α sind. In beiden Modellen ist also die mittlere Belastung des Geräts gleich. Die Laplace-Stieltjes-Transformierte von $A(x) = \delta_\alpha(x)$ ist $e^{-\alpha s}$. Aus der Jensenschen Ungleichung

$$A^*(u) > e^{-u\alpha}, \quad u > 0, \tag{14}$$

folgt

$$\varphi(u) = 1 - B^*(u)\, A^*(-u) < 1 - B^*(u)\, e^{u\alpha} = \varphi_D(u), \quad u < 0,$$

wo $B^*(u)$ im vorliegenden Fall die Gestalt (9) hat. Der Graph von $\varphi_D(u)$ liegt also über dem in Abb. 9.4.2.3 gezeichneten, hat aber dieselben Pole $p_1, \ldots, p_N$. Bezeichnet man die Nullstellen von $\varphi_D(u)$ mit q_{iD}, so findet man über (12) hinaus

$$r_N < p_N < q_{ND} < q_N < r_{N-1} < \cdots < r_2 < p_2 < q_{2D} < q_2 < r_1 < p_1 < q_{1D} < q_1 < 0. \tag{15}$$

Ist die Differenz der beiden Seiten von (14) klein, so werden die q_{iD} (die man exakt berechnen kann) nahe bei den q_i liegen.

Mit einer Zusatzvoraussetzung über $A(x)$ kann man die q_i auch noch genauer nach oben abschätzen. Ist nämlich $A(x)$ vom Typ NBUE (↑ [2.10]), so gilt außer (14) auch $A^*(u) < 1/(1 + u\alpha)$, und rechts steht die Laplace-Stieltjes-Transformierte von Exp (α^{-1}).

Das vorliegende Modell GI/GI(H-Exp (n))/1/∞ kann also mit M/GI/(H-Exp (n))/1/∞ verglichen werden, wobei wieder die Belastung der Geräte in beiden Modellen dieselbe ist. Dann bekommt man

$$\varphi(u) = 1 - B^*(u)\, A^*(-u) > 1 - \frac{B^*(u)}{1 + u\alpha} = \varphi_{\mathrm{M}}(u), \qquad u < 0,$$

und der Graph von $\varphi_{\mathrm{M}}(u)$ liegt somit unter dem in Abb. 9.4.2.3 gezeichneten. Bezeichnet man die exakt angebbaren Nullstellen von $\varphi_{\mathrm{M}}(u)$ mit $q_{i\mathrm{M}}$, so folgt

$$p_{i+1} < q_{i+1,\mathrm{D}} < q_{i+1} < q_{i+1,\mathrm{M}} < p_i, \qquad i = 0, \ldots, N-1, \qquad p_0 = 0.$$

Wenn andererseits $A(x)$ eine Hyper-Exponential-Verteilung und $B(x)$ unbekannt ist, so lassen sich analoge Betrachtungen anstellen.

Durch ein Approximationsverfahren kann man S. 9.4.2.9 (in einer Richtung) auf den Fall

$$B(x) = \int_0^\infty (1 - \mathrm{e}^{-ux})\, \mathrm{d}\tilde{B}(u) \tag{16}$$

übertragen, wo $\tilde{B}(u)$ eine Verteilungsfunktion mit $\tilde{B}(0) = 0$ ist (Rossberg (1967)).

9.4.2.10. Satz. Wenn (16) gilt, dann ist

$$V(x) = \int_0^\infty (1 - \mathrm{e}^{-ux})\, \mathrm{d}\tilde{V}(u),$$

wobei $\tilde{V}(u)$ eine Verteilungsfunktion mit $\tilde{V}(0) = 0$ ist.

Gewisse Eigenschaften von $\tilde{B}(u)$ übertragen sich auf $\tilde{V}(u)$; die Umkehrung dieses Resultats ist noch nicht gelungen.

9.4.2.6. Extremalitätseigenschaften der Modelle D/GI(H-Exp(n))/1/∞ und GI(H-Exp(n))/D/1/∞

Wie schon (14) vermuten läßt, hat das Modell D/GI(H-Exp (n))/1/∞, das soeben zum Vergleich herangezogen wurde, eine extremale Eigenschaft. Das ist sofort aus (15) zu erkennen, wonach die Zahlen q_i für dieses Modell ihre Minima $q_{i\mathrm{D}}$ annehmen.

In der Formel (10) für $W(+0)$ sind nur die Beträge der p_i und q_i wesentlich. Daher nimmt die Wahrscheinlichkeit $W(+0)$ ihr Maximum für das Vergleichsmodell an. Dieser Effekt wird durch bekannte Tabellen illustriert, s. z. B. Lindley (1952).

Geht man von der Formel (5) für $W^*(s)$ aus und drückt das erste und zweite Moment von $W(x)$ durch die Ableitungen von $W^*(s)$ aus (↑ S. 2.8.2.6), so gelangt man zu extremalen Aussagen auch für $\mathsf{E}W$ und $\mathsf{V}W$ (Rossberg (1968b)). Charakterisiert man die entsprechenden Kenngrößen für das Modell D/GI(H-Exp (n))/1/∞ durch den Index D, so ergibt sich der

9.4.2.11. Satz. Wenn $B(x)$ die Gestalt (8) hat, so gilt für alle $A(x)$ mit der Eigenschaft $\mathsf{E}A_1 = \alpha = \mathrm{const.}$

$$W(+0) \leqq W_{\mathrm{D}}(+0), \qquad \mathsf{E}W \geqq \mathsf{E}W_{\mathrm{D}}, \qquad \mathsf{V}W \geqq \mathsf{V}W_{\mathrm{D}}.$$

Durch ein Approximationsverfahren überträgt sich dieses Resultat auch auf den Fall (16).

Das Vergleichsmodell hat also eine für den Kunden optimale Eigenschaft, obwohl im Mittel über lange Zeiten etwa die gleiche Anzahl von Kunden erscheinen. Zur intuitiven Interpretation dieser Tatsache sei an S. 9.4.1.3 erinnert. Da $W_D(+0)$ ein Maximalwert ist, nimmt hiernach die mittlere Besetztperiode für D/GI(H-Exp (n))/1/∞ ein Minimum an. Daher treten Untätigkeitszeiten für dieses Modell besonders häufig auf; sie sind aber im Mittel kürzer als bei allen anderen Modellen, die zum Vergleich herangezogen werden, denn die Belastung aller Geräte ist ja nach Voraussetzung dieselbe.

Es ist eine offene Frage, wie die Verhältnisse liegen, wenn $B(x)$ nicht die Gestalt (16) hat. Nur in bezug auf $\mathsf{E}W$ gibt es ein allgemeines Resultat von Rogozin (1969), nämlich den

9.4.2.12. Satz. $\mathcal{A}$ sei die Menge aller $A(x)$ mit vorgegebenem $\mathsf{E}A_1 = \alpha$, $B(x)$ sei fest gewählt mit $\mathsf{E}B_0 < \alpha$, $\mathsf{E}B_0^2 < \infty$. Dann wird

$$\inf_{A(x)\in\mathcal{A}} \mathsf{E}W \tag{17}$$

im Modell D/GI/1/∞ angenommen.

Unter einer natürlichen Zusatzvoraussetzung kann man noch zeigen, daß (17) auch nur für das genannte Modell erreicht wird (Rossberg (1970)).

9.5. Die Methode der Integralgleichungen für das System GI/GI/s/∞

Man kann das in [9.4] betrachtete System abändern, indem man annimmt, daß $s > 1$ gleiche Bedienungsgeräte zur Verfügung stehen. Der Forderungsstrom sei auch hier wieder rekurrent und $B(x)$ sei die Verteilung einer beliebigen Bedienungszeit. Findet die Forderung F_m ein freies Gerät vor, so wird sie sofort bedient, andernfalls tritt sie in eine Warteschlange ein. Die Bedienung erfolgt in der Reihenfolge der Ankünfte.

In diesem Fall treten erheblich größere Schwierigkeiten als bei $s = 1$ auf, denn die Wartezeiten $W_0, W_1, \ldots$ lassen sich hier nicht wie in (1) in [9.1] unmittelbar rekursiv miteinander verknüpfen. Die Hauptschwierigkeit ist darin zu sehen, daß sie keinen Markowschen Prozeß bilden. Nach einer Idee von Kiefer und Wolfowitz (1955) kann man jedoch einen Markowschen Prozeß konstruieren. Es möge nämlich F_m zum Zeitpunkt t_m eintreffen und alle Geräte besetzt vorfinden. Dann sei für das i-te Gerät ($1 \leqq i \leqq s$) W_m^i die zufällige Zeitdauer, in der dieses Gerät noch Forderungen bedient, die vor t_m eingetroffen sind; ist das i-te Gerät zur Zeit t_m frei, so sei $W_m^i = 0$. Dann gilt für die Wartezeit W_m offensichtlich $W_m = \min(W_m^1, \ldots, W_m^s)$. Die Folge der Kiefer-Wolfowitz-Vektoren $g_m = (W_m^1, \ldots, W_m^s)$ ($m = 1, 2, \ldots$) bildet den erwähnten Markowschen Prozeß; man vergleiche hierzu auch Gnedenko/Kowalenko [1], § 5.2, wo sie als Irrfahrt gedeutet ist. Mit ihrer Hilfe gewinnt man die folgende Übertragung des Ergodensatzes 9.4.1.1.

9.5.1. Satz. Es mögen $\mathsf{E}B_0$ und $\mathsf{E}A_1$ vorhanden sein, und es sei mit einer positiven Wahrscheinlichkeit $B_0 \neq sA_1$. Dann besteht die folgende Alternative:

(i) Ist $\mathsf{E}B_0 < \mathsf{E}A_1$, dann existiert eine ergodische Grenzverteilung $W(x)$ für die Folge $W_0, W_1, \ldots$

(ii) Ist $\mathsf{E}B_0 \geqq \mathsf{E}A_1$, dann gilt für beliebige positive Zahlen $y_1, \ldots, y_s, x$

$$\lim_{m\to\infty} \mathsf{P}(W_m < x \mid W_1^1 = y_1, W_1^2 = y_2, \ldots, W_1^s = y_s) = 0.$$

Zwischen den Verteilungsfunktionen $W_m(x)$ und $W_{m+1}(x)$ besteht eine rekurrente Beziehung, die von PRESMAN (1965) explizit aufgeschrieben wurde. Für $m \to \infty$ geht sie (unter den Voraussetzungen von S. 9.5.1) in eine Integralgleichung für $W(x)$ über.

Für das System GI/M/s/∞ hat PRESMAN die erzeugende Funktion für $W_0(x)$, $W_1(x)$, ... angegeben. Sie liefert $W(x) = 1 - a_s \, e^{-b_s x}$, $x > 0$, und es läßt sich auch eine Formel für a_s angeben.

Eine ganz andere Methode wird in [9.8] behandelt. Das Modell M/D/s/∞ ist in SAATY [1], § 6.2, mit einer anderen Methode, und zwar von CROMMELIN behandelt worden, s. hierzu auch KÖNIG/STOYAN [1], § 9.2.

9.6. Eine kombinatorische Methode

Kombinatorische Methoden haben in der Bedienungstheorie weitverbreitete Anwendungen. Charakteristisch für sie ist, daß man mit ihrer Hilfe oft „verteilungsfreie" Resultate erhält, d. h., die Verteilungsfunktionen der interessierenden Zufallsgrößen gehen nicht in Aussagen und Ergebnisse ein, sondern höchstens gewisse Parameter dieser Verteilungsfunktionen haben Einfluß.

Zunächst wird der folgende Zufallsmechanismus betrachtet. Gegeben sei eine Urne mit n Karten, auf denen ganze Zahlen $k_1, k_2, \ldots, k_n \geqq 0$ notiert sind. Die Karten werden nacheinander gezogen; dabei mögen in der Reihenfolge der Ziehungen die Zahlen $l_1, \ldots, l_n$ erscheinen. $(l_1, \ldots, l_n)$ ist also eine zufällige Permutation von $(k_1, \ldots, k_n)$. Nun sei $L_r = l_1 + \cdots + l_r$ $(r = 1, \ldots, n)$ die Summe der bis zur r-ten Ziehung gezogenen Zahlen. Dann gilt der folgende

9.6.1. Satz. $\mathsf{P}(L_r < r;\, r = 1, \ldots, n \mid L_n = k) = 1 - \frac{k}{n}, \quad 0 \leqq k \leqq n.$

Dieser Satz ist verteilungsfrei, denn die Häufigkeiten, mit denen die Zahlen $0, 1, \ldots, n$ in der Urne auftreten, spielen keine Rolle; wesentlich ist nur der Parameter $k = k_1 + \cdots + k_n$.

Beispiel für die Anwendung dieses Satzes. Es sei N die zufällige Anzahl der Forderungen in einer Besetztzeit S im System M/GI/1/∞. S möge zur Zeit $t = 0$ beginnen und aus den Bedienungszeiten $B_1, \ldots, B_n$ bestehen, d. h., es sei $S = B_1 + \cdots + B_n$. Dann läßt sich die Zahl l_1 als Anzahl der Forderungen deuten, die im Verlauf von B_1 eintreffen, entsprechend $l_2, \ldots, l_n$. Somit ist $L_1 + 1 = l_1 + 1$ die Anzahl der Forderungen, die bis zur Zeit B_1 eintreffen; entsprechend sind bis zum Ende von B_r insgesamt $L_r + 1$ Forderungen eingetroffen. Unsere Voraussetzung, wonach S aus genau n Bedienungszeiten besteht, bedeutet

$$L_r + 1 > r, \qquad r = 1, \ldots, n-1, \qquad L_n + 1 = n$$

$(L_1 + 1 > 1$ genau dann, wenn $S > B_1$ usw.). Daher gilt

$$\begin{aligned}\mathsf{P}(N = n) &= \mathsf{P}(L_r > r - 1,\, r = 1, \ldots, n-1,\, L_n = n-1) \\ &= \mathsf{P}(n - 1 - l_n - \cdots - l_2 > 0,\; n - 1 - l_n - \cdots - l_3 > 1, \ldots, \\ &\qquad n - 1 - l_n > n - 2,\; L_n = n - 1).\end{aligned}$$

Da der Forderungsstrom Poissonsch ist, sind die Zufallsgrößen $l_1, \ldots, l_n$ unabhängig und identisch verteilt. Daher ändert sich die letzte Wahrscheinlichkeit nicht, wenn wir l_1 durch l_n, l_2 durch $l_{n-1}, \ldots, l_n$ durch l_1 ersetzen. Es folgt also

$$\mathsf{P}(N = n) = \mathsf{P}(n - 1 > L_{n-1}, \ldots, 1 > L_1,\, L_n = n - 1).$$

Setzt man nun im obigen Satz $k = n - 1$, so ergibt sich

$$\mathsf{P}(N = n) = \mathsf{P}(L_n = n - 1)\,\frac{1}{n}.$$

Damit ist die kombinatorische Betrachtung beendet. Die rechts stehende Wahrscheinlichkeit läßt sich mit der Formel von der totalen Wahrscheinlichkeit angeben. Man beachte dazu, daß S die Verteilung $B^{*(n)}$ hat und daher

$$\mathsf{P}(L_n = n - 1) = \int\limits_0^\infty \mathsf{P}(L_n = n - 1/S = u)\,\mathrm{d}B^{*(n)}(u).$$

Nach einer Grundeigenschaft des Poisson-Prozesses kann man den Integranden explizit angeben, so daß

$$\mathsf{P}(L_n = n - 1) = \int\limits_0^\infty \frac{(\lambda u)^{n-1}}{(n-1)!}\,\mathrm{e}^{-\lambda u}\,\mathrm{d}B^{*(n)}(u).$$

Damit ist $\mathsf{P}(N = n)$ durch bekannte Größen ausgedrückt, und zwar im wesentlichen mit Hilfe des obigen kombinatorischen Satzes.

Die Anwendungsmöglichkeiten des obigen Satzes sind vielfältig, so daß hier nur ein Beispiel gegeben werden konnte. Ein weites Feld von Anwendungen bietet z. B. die Frage nach der Verteilung des Maximums von endlich vielen diskreten Zufallsgrößen (s. vor allem Takács [2]) ferner Erstdurchgangszeiten. Man vergleiche hierzu den Übersichtsartikel Takács (1975), in dem besonders auf Besetztzeiten eingegangen wird; hier werden auch analytische Methoden dargestellt, auf die in diesem Kapitel nicht eingegangen wird. Siehe auch Mohanti (1974).

9.7. Eine Methode zur Umkehrung von Laplace-Stieltjes-Transformierten

9.7.1. Die Besetztzeit bei M/GI/1/∞

Die Verteilungsfunktion $S(x)$ der Besetztzeit im System M/GI/1/∞ wird z. B. in Gnedenko/Kowalenko [1], § 4.2, untersucht. Es ergibt sich dabei die Integralgleichung

$$S(x) = \int\limits_0^x \sum_{n=0}^\infty \mathrm{e}^{-\lambda y}\,\frac{(\lambda y)^n}{n!}\,S^{*(n)}(x - y)\,\mathrm{d}B(y),$$

wo λ der Parameter des Poissonschen Forderungsstroms ist. Sie ist gleichbedeutend mit der folgenden Funktionalgleichung für die Laplace-Stieltjes-Transformierte $S^*(s)$ von $S(x)$

$$S^*(s) = B^*\big(s + \lambda(1 - S^*(s))\big), \qquad s \in \mathscr{H}_+. \tag{1}$$

Dies führt auf den folgenden

9.7.1.1. Satz. Ist $\lambda \mathsf{E} B_1 \leqq 1$, so ist $S^*(s)$ die einzige Funktion, die in der Halbebene $\mathscr{H}_+$ analytisch und durch 1 beschränkt, für $s > 0$ positiv ist und die der Gleichung (1) genügt.

Es entsteht die Aufgabe, $S(x)$ durch die Objekte λ und $B(x)$ auszudrücken, die hier als bekannt anzusehen sind.

9.7.2. Ein Satz von Lagrange und die Lösung der Aufgabe

Wesentlich ist zunächst das

9.7.2.1. Lemma. Ist die Funktion $w = h(z)$ in einer Umgebung $\mathcal{U}(a)$ analytisch und gilt $h'(a) \neq 0$, so existiert in einer gewissen Umgebung $\mathcal{U}_0(h(a))$ der w-Ebene die eindeutige Umkehrfunktion $z = h^{-1}(s)$, die in $\mathcal{U}_0$ analytisch ist.

Es sei nun eine analytische Funktion $f(z)$ in $\mathcal{U}(0)$ gegeben, $f(0) \neq 0$; dann kann man für den Spezialfall $h(z) = z/f(z)$ eine weitergehende Aussage machen. Die Umkehrfunktion zu $w = h(z)$ ist nämlich offensichtlich zugleich Lösung der Gleichung

$$f(z)\, w - z = 0. \tag{1}$$

Sie ist in $\mathcal{U}_0(0)$ eine analytische Funktion, für die der folgende Satz gilt.

9.7.2.2. Entwicklungssatz von LAGRANGE. Die Funktion $f(z)$ sei in $\mathcal{U}(0)$ analytisch und die Zahl $|w|$ so klein, daß auf dem Rand $\mathcal{C}$ von $\mathcal{U}(0)$

$$|wf(z)| < |z|, \qquad z \in \mathcal{C}. \tag{2}$$

Dann gibt es genau eine Lösung $z(w)$ von (1), und sie gestattet die Darstellung

$$z = \sum_{k=1}^{\infty} a_k w^k, \qquad a_k = \frac{1}{k!} \frac{\mathrm{d}^{k-1}}{\mathrm{d}z^{k-1}} f^k(z)\bigg|_{z=0}. \tag{3}$$

Ist $g(z)$ eine weitere Funktion, die in $\mathcal{U}(0)$ analytisch ist, so besteht die Entwicklung

$$g(z) = g(0) + \sum_{k=1}^{\infty} b_k w^k, \qquad b_k = \frac{1}{k!} \frac{\mathrm{d}^{k-1}}{\mathrm{d}z^{k-1}} [g'(z)\, f^k(z)]_{z=0}. \tag{4}$$

Diesen Satz kann man benutzen, um die Lösung $S^*(s)$ von (1) in [9.7.1] umzukehren.

Um die Anzahl und Lage der Nullstellen von analytischen Funktionen zu finden, die nicht explizit gegeben sind, ist oft der folgende Satz nützlich. Er kann hier angewendet werden, da $z(w)$ die Nullstelle einer analytischen Funktion ist.

9.7.2.3. Satz von ROUCHÉ. Es mögen $A(z)$ und $B(z)$ analytische Funktionen sein, die in einem einfach zusammenhängenden Gebiet $\mathcal{G}$ definiert sind, das von einem Jordan-Bogen $\mathcal{C}$ begrenzt wird; sie mögen auch auf $\mathcal{C}$ noch analytisch sein. Wenn

$$|A(z)| < |B(z)|, \qquad z \in \mathcal{C}, \tag{5}$$

dann haben die Funktionen $B(z)$ und $A(z) + B(z)$ die gleiche Anzahl von Nullstellen in $\mathcal{G}$.

Als erste Anwendung erkennt man, daß aus (2) die Eindeutigkeit der Lösung von (1) in $\mathcal{G} = \mathcal{U}(0)$ folgt. Man braucht nämlich nur $A(z) = wf(z)$, $B(z) = -z$ zu wählen. Die Funktion $A(z) + B(z)$ hat dann nach S. 9.7.2.3 ebensoviele Nullstellen in $\mathcal{U}(0)$ wie $B(z)$, also genau eine. Man beachte, daß Lemma 9.7.2.1 für diesen Schluß nicht ausreicht, da es keine Angabe über die Größe von $\mathcal{U}(0)$ macht.

Diese Anwendung ist typisch: Man wählt die Funktionen $A(z)$ und $B(z)$ so, daß die Anzahl der Nullstellen entweder von $B(z)$ oder von $A(z) + B(z)$ bekannt ist.

$H(x)$ sei die Verteilungsfunktion einer nichtnegativen Zufallsgröße und $H^*(s)$ ihre Laplace-Stieltjes-Transformierte. Diese ist bekanntlich analytisch in $\mathcal{H}_+$ und stetig in $\overline{\mathscr{H}}_+$. Im folgenden wird die Gleichung

$$z = wH^*\bigl(s + \lambda(1 - z)\bigr), \quad s \in \mathscr{H}_+, \quad \lambda > 0, \quad |w| \leqq 1 \tag{6}$$

für $z = z(s, w)$ betrachtet; sie unterscheidet sich von (1) in [9.7.1] im wesentlichen nur durch den neu hinzugetretenen Faktor w. Die Voraussetzung (2) des Entwicklungssatzes ist im vorliegenden Fall, also für $f(z) = H^*\bigl(s + \lambda(1 - z)\bigr)$, für das Gebiet $\mathscr{U}(0) = \{z\colon |z| < 1\}$ offensichtlich erfüllt. Daher liefert der Entwicklungssatz das folgende Resultat, vgl. Takács [1], § 1.3.

9.7.2.4. Nullstellen-Lemma. Die Gleichung (6) hat eine eindeutig bestimmte Lösung $z = z(s, w)$ mit $|z| < 1$. Sie gestattet die Darstellungen

$$z(s, w) = w \sum_{k=1}^{\infty} \frac{(-\lambda w)^{k-1}}{k!} \frac{\mathrm{d}^{k-1}}{\mathrm{d}s^{k-1}} [H^*(\lambda + s)]^k, \tag{7}$$

$$z(s, w) = \frac{1}{\lambda} \sum_{k=1}^{\infty} \frac{(\lambda w)^k}{k!} \int\limits_0^{\infty} \mathrm{e}^{-(\lambda+s)x} x^{k-1} \, \mathrm{d}H^{*(k)}(x). \tag{8}$$

Für $w = 1$, $H^*(s) \equiv B^*(s)$ ist vermöge (1) in [9.7.1] $z(s, w) = S^*(s)$, und man verifiziert sofort die folgende Umkehrung der Laplace-Stieltjes-Transformierten (8), wodurch die in [9.7.1] gestellte Aufgabe gelöst wird.

9.7.2.5. Satz. Die Verteilungsfunktion $S(x)$ gestattet die Darstellung

$$S(x) = \sum_{k=1}^{\infty} \int\limits_0^{x} \mathrm{e}^{-\lambda u} \frac{(\lambda u)^{k-1}}{k!} \, \mathrm{d}B^{*(k)}(u).$$

9.7.3. Anwendung der Methode auf die virtuelle Wartezeit bei M/GI/1/∞

Als Beispiel zur Anwendung von (4) in [9.7.2] wird die virtuelle Wartezeit $\eta(t)$ mit der Verteilungsfunktion $W(t, x)$ betrachtet. Zunächst führt man ihre Laplace-Stieltjes-Transformierte

$$\Omega(t, s) = \mathsf{E}\, \mathrm{e}^{-s\eta(t)} = \int\limits_0^{\infty} \mathrm{e}^{-sx} \, \mathrm{d}_x W(t, x) \tag{1}$$

ein. Zur Abkürzung wird noch gesetzt

$$\hat{\Omega}(s) = \Omega(0, s) = \int\limits_0^{\infty} \mathrm{e}^{-sx} \, \mathrm{d}_x W(0, x),$$

$$P_0(t) = \mathsf{P}\bigl(\eta(t) = 0\bigr), \quad r(s) = s - \lambda\bigl(1 - H^*(s)\bigr).$$

Dann besteht die Differentialgleichung

$$\frac{\partial \Omega(t, s)}{\partial t} = r(s)\, \Omega(t, s) - sP_0(t). \tag{2}$$

Sie ist das Bild einer bekannten Integro-Differentialgleichung für $W(t, x)$, s. z. B. Gnedenko/Kowalenko [1], § 4.1.

In dieser Gleichung zeigt sich eine Besonderheit der Aufgabe. Um $\Omega(t, s)$ zu bestimmen, muß man $P_0(t)$ aus anderen Überlegungen gewinnen. In GNEDENKO/KOWALENKO [1], § 4.3.1, erscheint die Funktion $P_0(t)$ als Lösung einer Volterraschen Integralgleichung zweiter Art; in § 4.3.2 wird eine bedienungstheoretische Überlegung zur Bestimmung ihrer Laplace-Transformierten herangezogen (vgl. auch TAKÁCS [1], § 1.3). Es wird jetzt jedoch eine funktionentheoretische Methode angegeben, die auch anderweitig (GNEDENKO/KOWALENKO [1], Kap. 3 und 4) verwendet wird.

Als Lösung von (2) erhält man

$$\Omega(t, s) = e^{r(s)t} \left\{ \hat{\Omega}(s) - s \int_0^t e^{-r(s)u} P_0(u)\, du \right\}.$$

Hieraus folgt für $z, s \in \mathscr{H}_+$

$$e^{-ts}\Omega(t, z) = e^{-(r(z)-s)t} \left\{ \hat{\Omega}(z) - z \int_0^t e^{-r(z)u} P_0(u)\, du \right\}.$$

Dadurch ergibt sich schließlich als Laplace-Transformierte von $\Omega(t, z)$ bez. t für alle z und s aus $\mathscr{H}_+$

$$\int_0^\infty e^{-ts}\Omega(t, z)\, dt = \frac{\hat{\Omega}(z)}{s - r(z)} - \frac{z}{s - r(z)} \int_0^\infty e^{-st} P_0(t)\, dt. \tag{3}$$

Der hier auftretende Nenner hat in $\mathscr{H}_+$ genau eine Nullstelle $\hat{z}(s)$. Die Gleichung $r(\hat{z}) = s$, d. h., $\hat{z} = s + \lambda\big(1 - H^*(z)\big)$ läßt sich nämlich vermöge $\hat{z} = s + \lambda(1 - z)$ auf die Gleichung (6) in [9.7.2] (mit $w = 1$) zurückführen.

Die wesentliche Idee ist nun die folgende. Da die linke Seite von (3) für alle $z, s \in \mathscr{H}_+$ endlich ist, hat der Zähler der rechten Seite ebenfalls die Nullstelle $z(s)$, d. h., es gilt

$$\hat{\Omega}\big(\hat{z}(s)\big) = \hat{z}(s) \int_0^\infty e^{-st} P_0(t)\, dt.$$

So bekommt man den

9.7.3.1. Satz. Die Laplace-Transformierte von $P_0(t)$ hat die Gestalt

$$\int_0^\infty e^{-st} P_0(t)\, dt = \frac{\hat{\Omega}\Big(s + \lambda\big(1 - z(s, 1)\big)\Big)}{s + \big(1 - z(s, 1)\big)};$$

wenn insbesondere $\mathsf{P}\big(\eta(0) = y\big) = 1$, dann ist

$$\int_0^\infty e^{-ts} P_0(t)\, dt = \frac{e^{-y\left(s + \lambda(1 - z(s,1))\right)}}{s + \lambda\big(1 - z(s, 1)\big)}. \tag{4}$$

Auch diese komplizierte Laplace-Transformierte, die eine Funktion der Nullstelle $z(s, 1)$ darstellt, ist umkehrbar. Dabei ist im Entwicklungssatz

$$f(z) = H^*\big(s + \lambda(1 - z)\big), \qquad g(z) = \exp\Big\{-\big(s + \lambda(1 - z)\big)\, y\Big\}\, [s + \lambda(1 - z)]^{-1}$$

zu setzen. Dann ist

$$b_k = \frac{1}{k!} \frac{\mathrm{d}^{k-1}}{\mathrm{d}z^{k-1}} [g'(z) f^k(z)]_{z=0} = \frac{(-\lambda)^{k-1}}{k!} \frac{\mathrm{d}^{k-1}}{\mathrm{d}s^{k-1}} [g'(z) f^k(z)]_{z=0}.$$

So ergibt sich die Darstellung

$$\int_0^\infty \mathrm{e}^{-st} P_0(t)\, \mathrm{d}t = \frac{\mathrm{e}^{-(\lambda+s)y}}{\lambda+s} + \lambda \sum_{k=1}^\infty \frac{(-\lambda)^{k-1}}{k!} \frac{\mathrm{d}^{k-1}}{\mathrm{d}s^{k-1}}$$

$$\times \left[\frac{\mathrm{e}^{-(\lambda+s)y}[1+(\lambda+s)\, y]}{(\lambda+s)^2} \left(H^*(\lambda+s)\right)^n\right].$$

Sie ist gliedweise umkehrbar, vgl. Takács [1], § 1.3.

9.7.3.2. Satz. Unter der Voraussetzung $\mathsf{P}\big(\eta(0) = y\big) = 1$ ist

$$P_0(t) = \mathsf{P}\big(\eta(t) = 0\big) = \begin{cases} 0, & t < y, \\ \sum\limits_{n=0}^\infty \mathrm{e}^{-\lambda t} \dfrac{(\lambda t)^n}{n!} \displaystyle\int_0^{t-y} \left(1 - \frac{u}{t}\right) \mathrm{d}H^{*(n)}(u), & t > y. \end{cases}$$

9.7.4. Wesen der Methode und weitere Anwendungen

Der Erfolg der Methode beruht auf zwei Tatsachen:

Die allgemeine Gleichung (1) in [9.7.2] kann man nur in einer „gewissen Umgebung" $\mathcal{U}_0(0)$ eindeutig lösen. Im Falle der Gleichung (6) in [9.7.2] aber läßt sich die Eindeutigkeit der Lösung für den z-Einheitskreis beweisen, also für das ganze überhaupt interessierende Gebiet.

Ferner sind die Formeln (3) und (4) in [9.7.2] besonders günstig, wenn $f(z)$ sich als Laplace-Stieltjes-Transformierte darstellen läßt. Sie haben dann nämlich selbst die Gestalt von Laplace-Stieltjes-Transformierten.

Man wird die Methode heranziehen, wenn man eine Gleichung der Form (6) in [9.7.2] vorfindet. Die wesentlichen Schritte sind dann

(i) Auswertung der Formeln (3) oder (4) in [9.7.2], die dann die Gestalt von Laplace-Stieltjes-Transformierten annehmen;
(ii) gliedweise Umkehrung der so gewonnenen Formeln.

Die Bedeutung der Methode ist darin begründet, daß die Gleichung (6) in [9.7.2] — oder mit ihr verwandte — bei sehr verschiedenen Aufgaben auftreten. In Takács [1], § 1.3, z. B. wird sie beim Studium der Schlangenlänge und des Abgangsprozesses bei M/GI/1/∞ gebraucht.

Eine Variante des Nullstellenlemmas ist in Takács [1], § 1.4, enthalten und wird beim Studium der Wartezeit, Schlangenlänge und Besetztzeit bei M/GI/1/∞ mit Gruppenbedienung benutzt. In Takács [1], § 1.5, wird die Methode zur Untersuchung der erzeugenden Funktion

$$\Phi(s, w) = \sum_{n=1}^\infty W_n{}^*(s)\, w^n, \quad 0 < w < 1, \tag{1}$$

im Modell GI/M/1/∞ verwendet. Dadurch bekommt man eine explizite Entwicklung von $\Phi(s, w)$ nach Potenzen von w. Durch Koeffizientenvergleich ergeben sich dann Formeln für $W_n^*(s)$, $n = 1, 2, \ldots$

Eine Gleichung vom Typ (6) in [9.7.2] tritt in TAKÁCS [1], § 2.1, beim Studium der Schlangenlänge auf, die die n-te Forderung beim Modell GI/M/s/∞ im System vorfindet.

Im Modell Erl (λ, k)/GI/1/∞ liefert eine Gleichung vom Typ (6) in [9.7.2] die Nullstellen der rationalen Funktion $W^*(s)$ (↑ [9.4.2.4]); s. PRABHU [1], § 4.6; weitere Anwendungen findet man in TAKÁCS (1975).

9.8. Die Methode der singulären Integralgleichungen

Gemäß [9.1] ist das Verhalten der W_n eng mit dem von $\max(0, U_1, \ldots, U_n)$ $(n = 1, 2, \ldots)$ verknüpft. Wesentlich für die jetzt darzustellende Methode ist es, daß sich die entsprechenden Laplace-Stieltjes-Transformierten mit Hilfe von *Konturintegralen* ausdrücken lassen. Dies ist der Ausgangspunkt der Theorie von F. POLLACZEK.

9.8.1. Ein analytisches Hilfsmittel

Die ausgeartete Verteilungsfunktion $\delta_0(x)$ läßt sich vermöge des Residuensatzes durch

$$\delta_0(x) = \frac{1}{2\pi i} \int_{\mathscr{C}_u} e^{xu} \frac{du}{u}, \qquad x \neq 0, \tag{1}$$

darstellen; dabei wird über eine beliebige Vertikale $\mathscr{C}_u$ mit $\operatorname{Re} u > 0$ integriert, die von unten nach oben durchlaufen wird. Für die Funktion $y = \max(0, x)$ gilt offensichtlich für beliebiges komplexes s

$$e^{-sy} = e^{-sx}\delta_0(x) + \delta_0(-x). \tag{2}$$

Für die Zufallsgrößen X und $Y = \max(0, X)$ ergibt sich daraus sofort

$$\mathsf{E}\, e^{-sY} = \mathsf{E}[e^{-sX}\delta_0(X)] + \mathsf{E}\delta_0(-X), \tag{3}$$

sofern der erste Erwartungswert rechts existiert.

Mit diesen Grundtatsachen gewinnt man (s. LE GALL [1], SYSKI (1967)) das folgende

9.8.1.1. Lemma. Für $\operatorname{Re} s > \operatorname{Re} v > 0$ gilt

$$\mathsf{E}\, e^{-sY} = \frac{1}{2\pi i} \int_{\mathscr{C}_v} \mathsf{E}\, e^{-Xv} \left(\frac{1}{v} - \frac{1}{v - s}\right) dv = \frac{-s}{2\pi i} \int_{\mathscr{C}_v} \mathsf{E}\, e^{-Xv} \frac{dv}{v(v - s)}, \tag{4}$$

falls $\mathsf{E}\, e^{-Xs}$ in einem Streifen $\mathscr{S} = \{s : 0 < \operatorname{Re} s < s_1\}$ analytisch ist.

9.8.2. Die Grundidee

Die Gleichung (1) in [9.1] läßt sich in eine Gestalt bringen, die der analytischen Behandlung zugänglich ist. Man braucht dazu nur $Y = W_{n+1}$, $X = W_n + K_{n+1}$ zu setzen, so daß $Y = \max(0, X)$ gilt und somit (3) in [9.8.1] verwendbar ist. Da W_n und K_{n+1}

unabhängig sind, folgt

$$\mathsf{E}\,e^{-s(W_n+K_{n+1})} = \mathsf{E}\,e^{-sW_n}\mathsf{E}\,e^{-sK_{n+1}} = W_n{}^*(s)\,K^*(s).$$

Somit liefert (4) in [9.8.1] für $n = 0, 1, \ldots$

$$W_{n+1}^*(s) = \mathsf{E}\,e^{-sW_{n+1}} = \frac{s}{2\pi i}\int_{c-i\infty}^{c+i\infty} W_n{}^*(u)\,K^*(u)\,\frac{du}{u(s-u)}, \tag{1}$$

falls $K^*(s)$ in $\mathcal{S}$ analytisch ist. Multipliziert man alle diese Integralgleichungen beziehungsweise mit y^{n+1} und addiert sie für $n = 0, 1, \ldots$, so findet man für die in (1) aus [9.7.4] eingeführte erzeugende Funktion

$$\Phi(y, s) - W_0{}^*(s) = \frac{ys}{2\pi i}\int_{c-i\infty}^{c+i\infty} \Phi(y, u)\,K^*(u)\,\frac{du}{u(s-u)}, \tag{2}$$

wo $W_0{}^*(s) = e^{-W_0 s}$ gesetzt wird.

Die beschriebene Idee hat sich als äußerst weitreichend erwiesen, weil es Pollaczek [1] mit einer komplizierten Anwendung des Residuenkalküls gelungen ist, die Gleichung (2) tatsächlich in einer geschlossenen Form zu lösen. Für $W_0 = 0$ z. B. erhielt er mit $0 < \operatorname{Re} u < \operatorname{Re} s$, $|y| < 1$

$$\Phi(y, s) = \exp\left(-\frac{s}{2\pi i}\int_{\mathcal{C}_u} \ln\bigl(1 - yK^*(u)\bigr)\,\frac{du}{u(s-u)}\right).$$

Hieraus erhält man beim Grenzübergang $y \to 1 - 0$

$$W^*(s) = \exp\left(-\frac{s}{2\pi i}\int_{\mathcal{C}_w} \ln\bigl(1 - K^*(w)\bigr)\,\frac{dw}{w(s-w)}\right).$$

9.8.3. Rationale Spezialfälle

Um rationale Spezialfälle zu betrachten, braucht man nicht den Umweg über die allgemeinen Formeln zu gehen. Sei etwa $A^*(s) = \dfrac{\alpha}{\alpha + s}$. Dann wird aus dem Integranden in (1) in [9.8.2]

$$\frac{W_n{}^*(u)\,K^*(u)}{(s-u)\,u} = \frac{W_n{}^*(u)\,B^*(u)}{u(s-\alpha)}\,\alpha\left[\frac{1}{\alpha-u} - \frac{1}{s-u}\right].$$

Jetzt kann man den Residuensatz auf (1) in [9.8.2] anwenden. Man erhält

$$W_{n+1}^*(s) = s\,\frac{W_n(\alpha)\,B^*(\alpha)}{(s-\alpha)} - \frac{W_n{}^*(s)\,B^*(s)}{(s-\alpha)}$$

und bei $n \to \infty$

$$W^*(s)\left[1 + \frac{\alpha}{s-\alpha}\,B^*(s)\right] = s\,\frac{W^*(\alpha)\,B^*(\alpha)}{s-\alpha}.$$

Da $B^*(s) = 1 - \mathsf{E}B_0 s(1 + o(1))$, d. h. (mit $\varrho = \alpha \mathsf{E}B_0$)

$$1 + \frac{\alpha}{s-\alpha} B^*(s) = 1 + \frac{\alpha}{s-\alpha} - s\frac{\varrho}{s-\alpha} + o(s) = \frac{s}{s-\alpha}\big(1 - \varrho + o(1)\big),$$

folgt schließlich bei $s \to 0$, daß $W^*(\alpha)\, B^*(\alpha) = 1 - \varrho$. Es ergibt sich also

$$W^*(s) = \frac{s(1-\varrho)}{s - \alpha\big(1 - B^*(s)\big)} = \frac{1-\varrho}{1 - \varrho \hat{B}_{\mathsf{R}}{}^*(s)}, \tag{1}$$

wo $B_{\mathsf{R}}{}^*(s)$ die Laplace-Stieltjes-Transformierte der Verteilungsfunktion

$$B_{\mathsf{R}}(x) = \frac{1}{\mathsf{E}B_0} \int_0^x \big(1 - B(u)\big)\, du$$

ist, die eine bedeutende Rolle in der Erneuerungstheorie spielt. (1) ist eine bekannte Formel von Chintschin/Pollaczek. In der Gestalt

$$W^*(s) = (1-\varrho) \sum_{n=1}^{\infty} \varrho^n \big(\hat{B}^*(s)\big)^n$$

berechtigt sie die Approximation

$$W(x) \approx (1-\varrho) \sum_{n=1}^{N} \varrho^n \hat{B}^{*(n)}(x),$$

falls ϱ klein und N genügend groß ist.

9.8.4. Schlußbemerkungen

Das hier beschriebene Schema ist auch auf andere Probleme der Bedienungstheorie anwendbar. Für sehr verschiedene Situationen hat Pollaczek eine oder mehrere Integralgleichungen für erzeugende Funktionen hergeleitet und gelöst. Antworten auf verwandte Probleme ergeben sich dabei oft, indem man nur die Kerne der Gleichungen abändert. Zum Beispiel folgt die Analyse der Schlangenlänge der hier gegebenen Darstellung. In bezug auf eine Weiterentwicklung der Theorie s. Pollaczek (1965). Le Gall [1] hat die Methode von Pollaczek konsequent als wesentliches Werkzeug benutzt und eine große Anzahl von Formeln (vorwiegend für GI/GI/1/∞) hergeleitet.

Bei GI/GI/1/∞ kommt die Wirksamkeit der Ideen von Pollaczek besonders deutlich zum Vorschein, wenn man die Laplace-Stieltjes-Transformierten oder erzeugende Funktionen voneinander abhängiger Zufallsgrößen studiert. Dies wird in Pollaczek [1] deutlich, darüber hinaus auch in Cohen [1]. Dieser Autor führt die Theorie von Pollaczek weiter, indem er den Zusammenhang mit der Fluktuationstheorie herstellt, ferner aber die Bedeutung des Wiener-Hopf-Arguments (↑ [9.9.2]) betont. Pollaczeks Theorie ermöglicht auch die Untersuchung von GI/GI/s/∞. Jedoch konnte Pollaczek [2] aus seiner allgemeinen Darstellung für die stationäre Wartezeitverteilung eine explizite Formel nur bei GI/M/s/∞ herleiten.

Die allgemeinen Untersuchungen von Pollaczek [2] wurden von de Smit (1973a) weitergeführt. Explizite Resultate ergaben sich in de Smit (1973b) bei GI/M/s/∞, und zwar insbesondere für die Laplace-Stieltjes-Transformierten der W_n, der virtuellen Wartezeit, der Besetztperiode und Besetztzeit, der restlichen Wartezeit, der Anzahl der beschäftigten Geräte und der Schlangenlänge in den Ankunftszeitpunkten; auch die gemeinsame Verteilungsfunktion von mehreren dieser Zufallsgrößen wird angegeben. Zu Pollaczeks Theorie wurde von de Smit (1973c) auch ein

Analogon in diskreter Zeit entwickelt und insbesondere die Besetztperiode und die Schlangenlänge in den Ankunftszeitpunkten studiert; ferner ist hier der Fall der geometrischen Bedienungszeit enthalten. In DE SMIT (1973d) sind schließlich explizite Resultate für das Modell $GI/E_m/s/\infty$ enthalten (Einzelheiten ↑ [II, 2.3.4]).

9.9. Weitere Methoden

9.9.1. Kingmans algebraische Analyse

Eine vergleichende Analyse wichtiger Methoden, die das Modell $GI/GI/1/\infty$ betreffen, hat KINGMAN [1] vorgenommen. Ihre wesentlichen Punkte sind die folgenden:

(a) Die abstrakte Einführung eines linearen Operators **P**. Er kann in verschiedenen kommutativen Algebren (mit Einheitselement) eingesetzt werden, nämlich in

(i) $\mathfrak{M}$ (signierte Maße), wie z. B. in FELLER [2], Kap. XII,
(ii) $\mathfrak{M}[[x]]$ (formale Potenzreihen mit Koeffizienten aus $\mathfrak{M}$),
(iii) $\hat{\mathfrak{M}}$ (Fourier-Transformationen der Maße aus $\mathfrak{M}$) wie z. B. in FELLER [2], Kap. XVIII, und in den Arbeiten von POLLACZEK.

Seine wesentlichen Eigenschaften sind

(I) Wird er auf eine beliebige Verteilungsfunktion angewendet, so transportiert er die gesamte auf $(-\infty, 0]$ liegende Masse nach 0.
(II) $\mathbf{P}^2 = \mathbf{P}$ (folgt aus (I)).
(III) Sowohl $(1 - \mathbf{P})\,\mathfrak{M}$, als auch $\mathbf{P}\mathfrak{M}$ sind Unteralgebren der Algebra $\mathfrak{M}$.

(b) Der Beweis der *Identität von Pollaczek/Spitzer* (↑ [9.9.2]) in der Algebra der Potenzreihen $\mathfrak{M}[[x]]$.

Dabei zeigt sich, daß die analytischen Methoden von SMITH (1953) (↑ [9.9.3]) — falls das Verfahren etwas abgeändert wird — und von F. POLLACZEK vom algebraischen Standpunkt nicht wesentlich verschieden sind und mit der algebraischen Methode von WENDEL (1958) übereinstimmen.

(c) Wenn K_+^* oder K_-^* rational sind, so vereinfacht sich die Wirkungsweise des Operators **P** so, daß man weit einfacher zum Ziel kommt. Dieser Effekt spiegelt sich auch in der Einfachheit wider, mit der sich die Methode der analytischen Fortsetzung (↑ [9.4.2.3]) in eben diesen Fällen durchführen läßt. Mit anderen Worten, man kann unter diesen Voraussetzungen auf die Wiener-Hopf-Faktorisierung (↑ [9.9.2]) verzichten.

(d) Die Methode mit dem Operator **P** läßt sich jedoch nicht auf das Modell $GI/GI/s/\infty$ übertragen. Bei $s > 1$ ist nämlich $(1 - \mathbf{P})\,\mathfrak{M}$ nicht mehr Unteralgebra von $\mathfrak{M}$.

Von der algebraischen Methode wurde seither in folgenden Arbeiten Gebrauch gemacht: KLIMOWA (1968), KLIMOW (1970), LORIS-TEGHEM (1972, 1973a und b), DAGSVIK (1975).

9.9.2. Das Wiener-Hopf-Argument und die Identität von Pollaczek-Spitzer

Führt man für $|y| < 1$ die folgenden Funktionen ein

$$u_+(y, s) = \exp\left(\sum_{\lambda=1}^{\infty} \frac{y^\lambda}{\lambda!} \int_0^\infty e^{-sx}\, dK^{*(\lambda)}(x)\right) \in \mathcal{M}_+,$$

$$u_-(y, s) = \exp\left(\sum_{\lambda=1}^{\infty} \frac{y^\lambda}{\lambda!} \int_{-\infty}^{0} e^{-sx}\, dK^{*(\lambda)}(x)\right) \in \mathcal{M}_-,$$

so bekommt man (s. z. B. FELLER [2]) die Faktorisierung

$$1 - yK^*(s) = u_+^{-1}(y, s)\, u_-^{-1}(y, s), \qquad s \in \mathcal{D}. \tag{1}$$

Wie KINGMAN [1] gezeigt hat, beruhen alle allgemeinen Methoden, mit denen man $W_n(x)$ und $W(x)$ studiert, auf genau einem entscheidenden Schritt, den er auf algebraischem Wege ausführt. Geht man mit analytischen Methoden vor, so besteht dieser Schritt darin, daß man die Faktorisierung (1) dazu benutzt, um (mit der oben beschriebenen Methode der analytischen Fortsetzung) eine ganze Funktion zu konstruieren, die sich als beschränkt erweist. Die Grundidee dieses Arguments geht auf WIENER und HOPF zurück.

Das folgende Beispiel zeigt, wie man auf diese Weise die Identität von Pollaczek/Spitzer und zugleich ein Pendant dazu erhält. Es ist dies die funktionentheoretische Version des Verfahrens, das KINGMAN [1] (nach seiner Gleichung (50)) algebraisch dargestellt hat. Geht man nicht von (1) in [9.1], sondern von (4) in [9.4.1] aus, so erhält man Integralgleichungen, die auf der ganzen Achse gelten. Daher benötigt man keinen Operator. Es ist vielmehr wesentlich, daß in der Gleichung (4) in [9.4.1] — außer K_{n+1} — nur nichtnegative Zufallsgrößen vorkommen; daher liegen nämlich die entsprechenden Laplace-Stieltjes-Transformationen in $\mathcal{M}_+$. Auf die Laplace-Stieltjes-Transformation von K_{n+1} aber wird die Faktorisierung (1) angewendet. Wie in [9.4.1] erwähnt, ist $\mathsf{P}(Y_n < y \mid Y_n > 0) = U(y)$ die Verteilungsfunktion einer Untätigkeitszeit, also unabhängig von n. Die Verteilungsfunktion der rechten Seite von (4) in [9.4.1] ist $W_n{*}K(x)$, die der linken Seite $\mathsf{P}(W_{n+1} - Y_n < y)$. Die letztere kann man nach der Formel für die totale Wahrscheinlichkeit umformen. So gewinnt man

$$W_{n+1}(+0)\big(U_-(y) - \delta_0(y)\big) + W_{n+1}(y) = W_n{*}K(y), \qquad -\infty < y < \infty;$$

man vergleiche die Analogie zu (3) in [9.4.1].

Für die entsprechenden Laplace-Stieltjes-Transformierten gilt ($n = 0, 1, \ldots$)

$$W_{n+1}(+0)\big(U_-^*(s) - 1\big) + W_{n+1}^*(s) = W_n^*(s)\, K^*(s), \qquad s \in \mathcal{D}. \tag{2}$$

Setzt man nun $W_0 = 0$, d. h. $W_0^*(s) = 1$, voraus und bildet für $|y| < 1$ die erzeugenden Funktionen

$$\Phi(y, s) = \sum_{n=0}^{\infty} y^n W_n^*(s), \qquad \varphi(y) = \Phi(y, \infty) = \sum_{n=0}^{\infty} y^n W_n(+0),$$

so ergibt sich aus (2)

$$\Phi(y, s)\big(1 - yK^*(s)\big) = 1 + \varphi(y)\big(1 - U_-^*(s)\big), \qquad s \in \mathcal{D}.$$

Um mit Hilfe dieser Gleichung die Methode der analytischen Fortsetzung anzuwenden, definiert man

$$\Psi_+(y, s) = \Phi(y, s)\big(1 - v_+(y, s)\big) \in \mathcal{M}_+, \qquad s \in \overline{\mathcal{H}}_+,$$

$$\Psi_-(y, s) = \frac{1 + \varphi(y)\big(1 - U_-^*(s)\big)}{1 - v_-(y, s)} \in \mathcal{M}_-, \qquad s \in \overline{\mathcal{H}}_-.$$

Als Resultat ergibt sich der folgende

9.9.2.1. Satz. Es gilt

$$\Phi(y, s) = \frac{u_+(y, s)}{u_+(y, 0)} \frac{1}{1-y}, \qquad s \in \overline{\mathscr{H}}_+, \tag{3}$$

$$1 + \varphi(y) \left(1 - U_-^*(s)\right) = \frac{u_-(y, 0)}{u_-(y, s)}, \qquad s \in \overline{\mathscr{H}}_-. \tag{4}$$

(3) ist die Formel von Pollaczek/Spitzer; sie verknüpft alle Verteilungsfunktionen $W_n(x)$ von max $(0, U_1, \ldots, U_n)$ mit denen von max $(0, U_n)$ $(n = 1, 2, \ldots)$. Sie impliziert ferner die folgende Formel für $W^*(s)$.

9.9.2.2. Satz. Es gilt

$$W^*(s) = \lim_{y \to 1-0} (1-y)\, \Phi(y, s) = \frac{u_+(1, s)}{u_+(1, 0)} = \exp\left(-\sum_{\lambda=1}^{\infty} \frac{1}{\lambda} \int_0^{\infty} (1 - e^{-sx})\, dK^{*\lambda}(x)\right). \tag{5}$$

Weitere Anwendungen von (3) findet man in KINGMAN (1962). Dagegen liefert (4) bei $y \to 1 - 0$ eine bekannte Formel für $U_-^*(s)$ (PRABHU [1]).

9.9.2.3. Satz. Es gilt $1 - U_-^*(s) = u_-^{-1}(1, s)$.

Dieses Resultat ist nützlich zur Untersuchung der Untätigkeitszeiten.

Eine zweidimensionale Verallgemeinerung von (3) findet sich in COHEN [1], eine dreidimensionale in KINGMAN (1961). Wir verweisen noch auf die beiden Faktorisierungsidentitäten in BOROWKOW [1] und [2], die man ebenfalls mit der Methode der analytischen Fortsetzung gewinnt. Sie lassen Zusammenhänge erkennen, die zwischen verschiedenen Charakteristiken im Modell GI/GI/1/∞ bestehen. Die Formel von Pollaczek/Spitzer ist eine unmittelbare Folge einer von ihnen.

Die Funktionen $u_\pm(y, s)$, die in (1) erscheinen, treten in der Fluktuations- und Bedienungstheorie häufig auf. Daher ist es wichtig zu wissen, wann sie sich als rational in s erweisen. Dies kann man an Hand von (1) mit der Methode der analytischen Fortsetzung untersuchen, wobei sich notwendige und hinreichende Bedingungen ergeben, s. ROSSBERG (1971); ein anderes Verfahren findet sich bei BOROWKOW [1].

Eine Weiterführung der Grundidee von WIENER und HOPF ist in PRABHU (1974), eine Übersicht in GREENWOOD (1975) enthalten. Bez. einer mehrdimensionalen Weiterführung s. GREENWOOD/SHAKED (1977) und MALISCHEW (1976).

9.9.3. Die Methode von Smith

Soeben wurden die wichtigen Funktionen $u_\pm(y, s)$, $\Phi(y, s)$ behandelt. Geht man aber wie SMITH (1953) allein darauf aus, $W^*(s)$ zu berechnen, so kommt man einfacher zum Ziel. Man führt nämlich den Limes $y \to 1 - 0$ nicht erst in (5) in [9.9.2], sondern schon in (1) in [9.9.2] aus. Man bekommt (falls $K(x)$ stetig)

$$1 - K^*(s) = \left(1 - H_-^*(s)\right)\left(1 - H_+^*(s)\right), \qquad s \in \mathscr{D}. \tag{1}$$

Dabei sind $H_\pm^*(s)$ die Laplace-Stieltjes-Transformierten gewisser Verteilungsfunktionen $H_\pm(x)$, insbesondere ist $H_-(x) = U_-(x)$.

Dieser Grenzübergang ist aber in der Algebra $\mathfrak{M}[[x]]$ an dem abstrakten Element x nicht vollziehbar, so daß ein algebraisches Analogon zu (1) nicht zur Verfügung steht. Daher ist auch die folgende Schlußweise nicht algebraisch durchführbar, mit der man sogleich $W^*(s)$ gewinnt. Die Faktorisierung (1) enthält nämlich im wesentlichen die

Lösung der Integralgleichung (3) in [9.4.1]. Diese stellt sich mit Laplace-Stieltjes-Transformationen in der Form

$$W(+0)\left(1 - U_-^*(s)\right) = W^*(s)\left(1 - K^*(s)\right), \qquad s \in \mathcal{D},$$

dar, und daraus folgt sofort mit (1)

$$W^*(s) = \frac{W(+0)}{1 - H_+^*(s)} = W(+0)\, u_+(1, s).$$

Vom Wiener-Hopf-Argument wird also nur die Faktorisierung benutzt, jedoch braucht man die ganze Funktion $\Phi(y, s)$ nicht zu konstruieren. Dies liegt an der günstigen Gestalt, die die Lindleysche Integralgleichung in (3) in [9.4.1] schon gewonnen hat. Smith stand die Faktorisierung von $1 - K(x)$ noch nicht in der Form (1) zur Verfügung, und daher konnte er nicht darauf verzichten, eine ganze Funktion zu konstruieren. Er gewann $W^*(s)$ mit Hilfe eines Cauchyschen Integrals, nämlich in der Form

$$\log W^*(s) = \text{const} + \frac{1}{2\pi i} \int\limits_{-\mu - i\infty}^{-\mu + i\infty} (\zeta - s)^{-1} \ln\left(\frac{\zeta - \lambda}{\zeta}\left(1 - K^*(\zeta)\right) d\zeta\right),$$

$$\mu > 0, \qquad \lambda > 0, \qquad \operatorname{Re} s > -\mu,$$

und zwar unter gewissen Zusatzvoraussetzungen, die im wesentlichen garantieren sollen, daß das Integral einen Sinn hat. Eine systematische Darstellung der Methode findet man auch in Klimow [1], [2]; zur ersten Einführung ist auch Kleinrock [1] geeignet.

Zwischen dem asymptotischen Verhalten der Verteilungen $K(x)$ und $H_\pm(x)$ besteht vermöge (1) ein enger Zusammenhang, der zu Erhaltungssätzen bei GI/GI/1/∞ führt, siehe Rogozin (1964), Laue (1977), Veraverbeke (1977), Dewess (1978).

10. Methoden zum Nachweis von Stetigkeitseigenschaften

10.1. Problemstellung

Das Funktionsprinzip von Bedienungssystemen und auch anderer stochastischer Modelle kann als Transformation einer Menge Σ_P von *Primärgrößen*, die das untersuchte Bedienungssystem bestimmen, in eine Menge Σ_S von *Bedienungsgrößen*, die Charakteristiken des Bedienungssystems sind (und kurz *Systemgrößen* genannt werden), interpretiert werden: $\Sigma_S = f(\Sigma_P)$. Die Gestalt der Transformation $f: \Sigma_P \to \Sigma_S$ hängt sowohl von der Struktur des Bedienungssystems, von seiner Funktionsweise als auch von den betrachteten Primär- bzw. Systemgrößen ab.

Als Primärgrößen werden in der Bedienungstheorie gewöhnlich die Verteilungen von Pausenzeiten, Bedienungszeiten, maximal zulässigen Wartezeiten usw. betrachtet. Als Systemgrößen werden die Verteilungen der Wartezeit, der Schlangenlänge, der Verlustwahrscheinlichkeit usw. gewählt.

Eine wichtige Aufgabe der Bedienungstheorie besteht darin, Σ_S (genauer: die in Σ_S eingehenden Wahrscheinlichkeitscharakteristiken) bei gegebenen Primärgrößen zu bestimmen.

10.1.1. Beispiel. Wir betrachten das Bedienungssystem GI/GI/1/∞. Mit A_n, $n \geqq 1$, bezeichnen wir die Pausenzeit zwischen dem Eintreffen der n-ten und der $(n+1)$-ten Forderung. Wir setzen voraus, daß die zum Zeitpunkt A_0 eintreffende erste Forderung das System leer vorfindet. Ferner sei B_n, $n \geqq 1$, die Bedienungszeit der n-ten Forderung.

Als Primärgrößen wählen wir $\Sigma_P = \{A(x), B(x)\}$, und als Systemgröße die stationäre Verteilungsfunktion $W(x)$ der aktuellen Wartezeit. Das Problem besteht nun darin, $W(x)$ für gegebene $A(x)$, $B(x)$ zu bestimmen.

Mit anderen Worten sind also die Systemgrößen des jeweils betrachteten Bedienungssystems zu bestimmen, falls die Parameter, die die Arbeitsweise des Systems determinieren, bekannt sind. In der Regel besitzt dieses Problem eine eindeutige Lösung und zwar in dem Sinne, daß sich die jeweils in Σ_S eingehenden Systemgrößen eindeutig durch die in Σ_P eingehenden Primärgrößen bestimmen lassen.

Bei praktischen Berechnungen entstehen allerdings Situationen, die weitere Untersuchungen erforderlich machen:

(a) Die in Σ_P eingehenden Verteilungen und Parameter sind bei realen Bedienungssystemen das Ergebnis einer statistischen Analyse gegebener Beobachtungen und folglich nur statische Schätzungen der wahren Verteilungen und Parameter. Folglich wird anstelle der Abbildung $\Sigma_P \to \Sigma_S$ die Abbildung $\Sigma_P' \to \Sigma_S'$ untersucht, wobei Σ_P' eine Menge von Schätzungen der tatsächlich vorliegenden Primärgrößen ist und Σ_S' die entsprechende Menge von Systemgrößen bezeichnet. Die Verfälschung der Primärgrößen wird dabei durch Meß- und Schätzfehler hervorgerufen.

(b) Oft können die gegebenen Verteilungen und Parameter, die die Menge Σ_P bilden, nicht für (analytische bzw. numerische) Berechnungen genutzt werden, weil sich die entsprechenden Algorithmen zur Bestimmung der in Σ_S eingehenden Systemgrößen als zu kompliziert bzw. als nicht realisierbar erweisen. In diesem Fall werden anstelle von Σ_P andere Primärgrößen Σ_P' betrachtet, die Σ_P auf gewisse Weise approximieren. Es wird also wiederum anstelle der Abbildung $\Sigma_P \to \Sigma_S$ eine andere Abbildung $\Sigma_P' \to \Sigma_S'$ betrachtet. Hierbei „verfälscht" der Mathematiker die Primärgrößen absichtlich, um die Analyse des Modells zu vereinfachen. Auf eine solche Situation läuft auch die Simulation von Bedienungssystemen auf Rechnern hinaus, bei der außerdem zusätzliche Fehler durch die endliche Kapazität der Rechner entstehen.

Es muß hinzugefügt werden, daß die erwähnten Faktoren in Wirklichkeit gemeinsam auftreten. Darüber hinaus kann die Gestalt der Abbildung f bei numerischen Berechnungen geändert werden. Zum Beispiel kann es in rechentechnischer Hinsicht einfacher sein, nur endlich viele (jedoch eine große Anzahl) Bedienungsgeräte anstelle von unendlich vielen zu betrachten. Eine solche Veränderung bewirkt eine Änderung der Gestalt der Abbildung f. Trotzdem werden wir im folgenden voraussetzen, daß sich die Gestalt der Abbildung f nicht ändert. Hinsichtlich der Untersuchung von Fragen, die mit der Änderung der Gestalt der Abbildung f zusammenhängen, verweisen wir auf Kalaschnikow/Ziziaschwili (1972), Seidl (1980) und Stoyan [1].

In den obenerwähnten Situationen erwächst natürlich die Frage: Wenn sich die Primärgrößen in Σ_P und Σ_P' wenig voneinander unterscheiden, werden dann die Systemgrößen in Σ_S und Σ_S' stark voneinander abweichen? Wenn „kleine" Änderungen der Primärgrößen „kleine" Änderungen der Systemgrößen bewirken, dann ist es natürlich, von der *Stetigkeit* des betrachteten bedienungstheoretischen Problems zu sprechen.

Während in diesem Kapitel auf methodische Aspekte des Nachweises von Stetigkeitseigenschaften eingegangen wird, sind Stetigkeitsaussagen für konkrete Bedienungssysteme in [II, Kap. 10] enthalten.

Neben der eigentlichen Aufgabe der Bedienungstheorie kann man auch eine umgekehrte Problemstellung betrachten, die darin besteht, die Menge von Primärgrößen Σ_P (bzw. einige ihrer Wahrscheinlichkeitscharakteristiken) mit Hilfe bekannter Systemgrößen aus Σ_S, die z. B. aus Beobachtungen des Bedienungssystems resultieren, zu bestimmen.

10.1.2. Beispiel. Wir betrachten wiederum das Bedienungssystem GI/GI/1/∞ (↑ B. 10.1.1). Mit C_n bezeichnen wir den Abstand zwischen den Abgangszeitpunkten der n-ten und der $(n+1)$-ten Forderung, $n \geqq 1$. C_0 ist der Abgangszeitpunkt der ersten Forderung. Es sei $C(x, y) = \lim\limits_{n\to\infty} \mathsf{P}(C_n < x, C_{n+1} < y)$, die gemeinsame Grenzverteilungsfunktion zweier benachbarter Intervalle des Outputs. Wir setzen voraus, daß $\Sigma_S = \{C(x, y)\}$ ist.

In Kowalenko (1965) wurde das folgende Umkehrproblem untersucht: Es ist bekannt, daß $A(x) = 1 - e^{-\lambda x}$ und daß $B(x)$ keine Exponentialverteilung ist. Ferner ist die Verteilungsfunktion $C(x, y)$ bekannt. Man bestimmt λ und $B(x)$.

Für Umkehrprobleme der Bedienungstheorie kann ebenfalls eine Stetigkeitseigenschaft formuliert werden. Die entsprechenden Methoden zur Analyse dieser Probleme wurden jedoch bisher noch nicht genügend entwickelt. Erste Ergebnisse in dieser Richtung lassen sich mit Hilfe der in den Arbeiten von Solotarjew (1977a, c) angegebenen Formalisierung der Stetigkeitsproblematik für Umkehrprobleme der Bedienungstheorie erzielen. Außerdem enthalten diese Arbeiten auch eine allgemeinere Herangehensweise (im Vergleich zu der im folgenden dargelegten) an den Begriff der Stetigkeit bei eigentlichen, nicht umgekehrten Problemstellungen.

Im folgenden werden wir uns darauf beschränken, die Stetigkeitseigenschaft bei Aufgabenstellungen im eigentlichen Sinne der Bedienungstheorie zu betrachten.

Um das Problem exakter formulieren zu können, sind einige Präzisierungen und Erläuterungen der eingeführten Begriffe notwendig. Als Primärgrößen Σ_P werden wir im folgenden nicht verschiedene Verteilungsfunktionen wählen, sondern die zufälligen Folgen selbst, die die Arbeitsweise des Bedienungssystems determinieren.

10.1.3. Beispiel. Wir betrachten das Bedienungssystem G/G/1/∞. Im B. 10.1.1 konnte unter den Voraussetzungen der Unabhängigkeit und der identischen Verteilung der Pausen- bzw. Bedienungszeiten für Σ_P die Menge $\Sigma_P = \{A(x), B(x)\}$ gewählt werden. Wenn jedoch die Voraussetzungen der Unabhängigkeit und identischen Verteilung nicht erfüllt sind, dann ist es sinnvoll, für Σ_P die zufällige Folge $\Sigma_P = ((A_n, B_n))$ bzw. das Verteilungsgesetz, das durch diese Folge induziert wird, zu wählen. Genau die gleichen Primärgrößen Σ_P kann man z. B. für das System G/G/s/∞ wählen. Eine solche allgemeinere Aufgabenstellung kann auch im „unabhängigen" Fall günstig sein.

Wir gehen nun zur Betrachtung der Systemgrößen Σ_S über. Weil die Verteilungen, die das Verhalten der einzelnen Forderungen bzw. den Zustand des Bedienungssystems zu den jeweiligen Zeitpunkten charakterisieren, im allgemeinen von der Nummer der Forderung bzw. vom betrachteten Zeitpunkt abhängen (und die Betrachtung stationärer Charakteristiken nicht immer angebracht ist und durch das Vorliegen einer hohen Konvergenzgeschwindigkeit gerechtfertigt sein muß), ist es bei der Betrachtung der Systemgrößen um so sinnvoller, für Σ_S eine zufällige Folge bzw. einen zufälligen Prozeß zu wählen.

10.1.4. Beispiel. Für die Systeme G/G/1/∞ und G/G/s/∞ kann man als Systemgrößen Σ_S die Folgen (W_n), (C_n), (N_n) bzw. (D_n) für $n \geqq 1$ betrachten, wobei W_n die Wartezeit der n-ten Forderung auf den Beginn ihrer Bedienung, C_n der Abstand zwischen dem n-ten und $(n+1)$-ten Abgangszeitpunkt, N_n bzw. D_n die Anzahl von Forderungen im System bzw. die Anzahl der belegten Geräte zum Zeitpunkt des Eintreffens der n-ten Forderung sind (für das Bedienungssystem G/G/1/∞ können die Größen D_n nur die Werte 0 und 1 annehmen). Für den Fall, daß Σ_S ein zufälliger Prozeß ist, geben wir nur ein Beispiel an: $\Sigma_S = (N(t), t \geqq 0)$ wobei $N(t)$ die Anzahl der Forderungen ist, die sich zum Zeitpunkt t im System befinden.

Wir gehen nun auf die Gestalt möglicher Transformationen f am Beispiel der angegebenen Bedienungssysteme ein. Für das System G/G/1/∞ ist die Gestalt der Transformation f, falls wir als Systemgrößen die Folge (W_n) wählen, durch die folgende Rekursionsbeziehung gegeben:

$$W_{n+1} = (W_n + B_n - A_n)^+, \quad W_1 = 0, \quad n = 1, 2, \ldots, \tag{1}$$

bzw.

$$\Sigma_S = (W_n) = f(\Sigma_P) = f((A_n, B_n)) \tag{2}$$

mit

$$W_n = \max(0, E_n, E_n + E_{n-1}, \ldots, E_n + \cdots + E_1), \quad E_i = B_{i-1} - A_{i-1},$$
$$i \geqq 2; \quad y^+ = \max(0, y).$$

Etwas schwieriger läßt sich f in den Fällen $\Sigma_S = (N_n)$ und $\Sigma_S = (N(t))$ angeben, vgl. z. B. Borowkow [1].

Für das Bedienungssystem G/G/s/∞ beschränken wir uns darauf, die von Kiefer und Wolfowitz (1955) eingeführte Rekursionsbeziehung zu erwähnen, die die Gestalt von f für $\Sigma_S = (W_n)$ bestimmt. Es sei $\boldsymbol{W}_n = (W_{n1}, \ldots, W_{ns})$ und $\boldsymbol{W}_{n+1} = \mathsf{R}(\boldsymbol{W}_n + B_n\boldsymbol{e} - A_n\boldsymbol{u})^+$ mit $\boldsymbol{e} = (1,0, \ldots, 0)$, $\boldsymbol{u} = (1,1, \ldots, 1)$, wobei R der Operator ist, der die Komponenten des jeweils betrachteten Vektors der Größe nach ordnet. Die Wartezeit W_n der n-ten Forderung ist dabei gleich der ersten Komponente W_{n1} des Vektors $\boldsymbol{W}_n$ (↑ [9.5]).

Im weiteren beschränken wir uns auf den Fall, daß die Primärgrößen Σ_P und die Systemgrößen Σ_S zufällige Folgen sind: $\Sigma_S = (X_n)$, $\Sigma_S = (Y_n)$.

Wir betrachten zunächst ein Beispiel, das einige Besonderheiten der Analyse des Stetigkeitsproblems illustriert. Und zwar zeigen wir, daß das Vorliegen der Stetigkeitseigenschaft davon abhängt, in welchem Sinne Änderungen der Primär- bzw. Systemgrößen als „klein" aufgefaßt werden, d. h., das Vorliegen der Stetigkeitseigenschaft hängt sowohl von der Wahl des Abstandsbegriffes für die Folgen Σ_P der Primärgrößen als auch von der Wahl des Abstandsbegriffes für die Folgen Σ_S der Systemgrößen ab.

10.1.5. Beispiel. Wir betrachten das System GI/GI/1/∞ (↑ B. 10.1.1). In diesem Fall wird die Eingangsfolge $\Sigma_P = ((A_n, B_n))$ durch die Verteilungsfunktionen $A(x)$ und $B(x)$ bestimmt.

(a) Es sei $\Sigma_S = (W_n)$, und es bezeichne $W_n(x) = \mathsf{P}(W_n < x)$ die Verteilungsfunktion der Wartezeit W_n. Wir setzen voraus, daß als Maß der Abweichung der Folge Σ_P von der Folge $\Sigma_P' = ((A_n', B_n'))$ die Größe

$$\mu(\Sigma_P, \Sigma_P') = \sup_x |A(x) - A'(x)| + \sup_x |B(x) - B'(x)| \tag{3}$$

und als Maß der Abweichung der Folge Σ_S von der Folge $\Sigma_S' = (W_n')$ die Größe

$$\nu(\Sigma_S, \Sigma_S') = \sup_x |W(x) - W'(x)|, \tag{4}$$

d. h., der entsprechende Abstand zwischen den (stationären) Grenzverteilungsfunktionen $W(x)$ und $W'(x)$ der Wartezeit gewählt wird, wobei $W(x) = \lim_{n\to\infty} W_n(x)$ ist und sich die mit einem Strich versehenen Größen auf das System beziehen, das durch die Folge Σ_P' bestimmt wird.

Wir setzen $\varrho = \int_0^\infty x\,\mathrm{d}B(x) \Big/ \int_0^\infty x\,\mathrm{d}A(x) < 1$ voraus. Dann existiert die Grenzverteilungsfunktion $W(x)$ und besitzt die Eigenschaft $W(x) \to 1$ für $x \to \infty$, vgl. Lindley (1952). Gleichzeitig ist es nicht schwierig, zwei Verteilungsfunktionen $A'(x)$ und $B'(x)$ zu konstruieren, die jeweils beliebig wenig im Sinne der Beziehung (3) von $A(x)$ und $B(x)$ abweichen und für die $\varrho' \geqq 1$ und folglich $W'(x) = 0$ gilt. Das heißt, es gilt $\nu(\Sigma_S, \Sigma_S') = 1$. Beispielsweise können wir $A'(x) \equiv A(x)$ wählen und

$$B'(x) = \begin{cases} B(x) & \text{für} \quad x \leqq x_1(\varepsilon), \\ 1 - \varepsilon & \text{für} \quad x_1(\varepsilon) < x \leqq x_2(\varepsilon), \\ 1 & \text{für} \quad x_2(\varepsilon) < x, \end{cases}$$

wobei $x_1(\varepsilon) = \max\{x : B(x) \leqq 1 - \varepsilon\}$ und $x_2(\varepsilon)$ hinreichend groß ist, z. B. $x_2(\varepsilon) = \frac{2}{\varepsilon} \int_0^\infty x\,\mathrm{d}A(x)$; $0 < \varepsilon < 1$. Die Größe $\nu(\Sigma_S, \Sigma_S')$ konvergiert also in diesem Fall nicht gegen Null für $\mu(\Sigma_P, \Sigma_P') \to 0$.

Dieses Beispiel zeigt, daß die Systemgrößen stark voneinander abweichen können, obwohl der Abstand zwischen den Primärgrößen im Sinne der Metrik (4), die in der mathematischen Statistik ständig benutzt wird, klein ist. Die Ursache hierfür ist, daß es im Sinne der Metrik (4) dicht beieinanderliegende Verteilungsfunktionen mit stark unterschiedlichen Erwartungswerten gibt.

Man kann zeigen: Aus

$$\mu(\Sigma_P, \Sigma_P') \to 0 \quad \text{folgt} \quad \nu(\Sigma_S, \Sigma_S') \to 0, \tag{5}$$

wenn z. B.

$$\mu(\Sigma_P, \Sigma_P') = \mathsf{L}(A, A') + \int_0^\infty |B(x) - B'(x)|\,\mathrm{d}x, \tag{6}$$

$$\nu(\Sigma_S, \Sigma_S') = \mathsf{L}(W, W') \tag{7}$$

gewählt wird, wobei L die Levy-Metrik bezeichnet (↑ [10.2]).

(b) Wir betrachten nun den Spezialfall ausgearteter Verteilungsfunktionen $A(x)$ und $B(x)$. Und zwar setzen wir voraus, daß $B_n \equiv 1$, $A_n \equiv 1$, $B_n' \equiv 1 + \delta$ $(\delta > 0)$, $A_n' \equiv 1$ ist. Formal ist die Größe δ gleich dem Abstand im Sinne der Levy-Metrik zwischen den

Bedienungszeiten B_n und B_n'. Sie kann in dem von uns betrachteten Spezialfall als Maß des Abstandes zwischen Σ_P und Σ_P' gewählt werden:

$$\mu(\Sigma_P, \Sigma_P') = |A_n - A_n'| + |B_n - B_n'| = \delta.$$

Aus (1) erhalten wir: $W_n \equiv 0$, $N_n \equiv 0$ für $n \geqq 1$; $W_n' = (n-1)\,\delta$, $N_n' =](n-1)\,\delta[$ für $n \geqq 1$, wobei $]x[= \min\{n : n \in \{0, 1, \ldots\}, n \geqq x\}$ ist. Folglich gilt $W_n' \to W_n$ für jedes n, falls $\delta \to 0$, d. h., die Folge $\Sigma_S' = (W_n')$ konvergiert schwach gegen die Folge $\Sigma_S = (W_n)$ (↑ [2.7]). In diesem Sinne liegt also eine Stetigkeitseigenschaft vor. Gleichzeitig gilt dagegen $N_2 = 0$ und $N_2' = 1$ für hinreichend kleine $\delta > 0$. Die Folge (N_n') kann also nicht schwach gegen (N_n) konvergieren für $\delta \to 0$.

B. 10.1.5 zeigt, daß sich der Begriff der Stetigkeit nicht auf das untersuchte Bedienungssystem bezieht, sondern auf ausgewählte Aspekte seiner Funktionsweise. Das Vorliegen oder Fehlen der Stetigkeit hängt sowohl von den betrachteten Konvergenzarten bzw. den gewählten Metriken (↑ (a) in B. 10.1.5) als auch von den untersuchten Charakteristiken ab (↑ (b) in B. 10.1.5): Ein und dieselbe Charakteristik eines Bedienungssystems kann in einem Sinne stetig sein und in einem anderen Sinne nicht. Analog zieht die Stetigkeit einer Charakteristik nicht die Stetigkeit einer anderen nach sich (auch nicht im Sinne ein und derselben Konvergenzart).

Als grundlegend für die Untersuchung des Stetigkeitsphänomens erweist sich deshalb die Wahl der verwendeten Konvergenzart. Bevor die Stetigkeit untersucht wird, sind somit folgende Schritte notwendig:

(i) Im Raum $\mathscr{X}$ der betrachteten zufälligen Eingangsfolgen, dessen Elemente die Folgen Σ_P und Σ_P' sind, ist ein Konvergenzbegriff (Bezeichnung: $\xrightarrow[\mathscr{X}]{}$) einzuführen. Als Beispiel kann die schwache Konvergenz zufälliger Folgen (↑ [7.2]) dienen. Auf weitere Beispiele wird in diesem Kapitel noch eingegangen werden.
(ii) Es ist eine Teilmenge $\mathscr{X}^* \subset \mathscr{X}$ festzulegen, zu der die untersuchten Eingangsfolgen Σ_P und Σ_P' gehören und in deren Bereich die Stetigkeit zu betrachten ist. Durch die Wahl der Teilmenge $\mathscr{X}^*$ werden dem behandelten Bedienungssystem gewisse zusätzliche Beschränkungen auferlegt. Man kann z. B. nur solche Eingangsfolgen betrachten, für die das behandelte Bedienungssystem bestimmte stationäre Charakteristiken besitzt. Oder man kann sich bei numerischen Berechnungen auf Verteilungsfunktionen beschränken, die gebrochen rationale Laplace-Transformierte haben, usw.
(iii) Im Raum $\mathscr{Y}$ der untersuchten zufälligen „Systemfolgen", dessen Elemente die Folgen Σ_S und Σ_S' sind, ist ein Konvergenzbegriff (Bezeichnung: $\xrightarrow[\mathscr{Y}]{}$) einzuführen.

Danach, d. h. nach Erledigung dieser „Vorbereitungsarbeiten", kann an die Definition der Stetigkeitseigenschaft herangegangen werden.

10.1.6. Definition. Die für ein gegebenes Bedienungssystem betrachtete Abbildung $f: \Sigma_P \to \Sigma_S$ heißt *stetig* in der Menge $\mathscr{X}^*$, falls für sämtliche $\Sigma_P \in \mathscr{X}^*$, $\Sigma_P' \in \mathscr{X}^*$ gilt:

$$\text{Aus} \quad \Sigma_P' \xrightarrow[\mathscr{X}]{} \Sigma_P \quad \text{folgt} \quad \Sigma_S \xrightarrow[\mathscr{Y}_i]{} \Sigma_S'. \tag{8}$$

Wie man leicht sieht, hängt die Stetigkeitseigenschaft im Sinne von 10.1.6 von der Wahl der Menge $\mathscr{X}^*$ der „zulässigen" Eingangsfolgen sowie von den Konvergenzarten $\xrightarrow[\mathscr{X}]{}$ und $\xrightarrow[\mathscr{Y}]{}$ ab.

Die so definierte Stetigkeitseigenschaft kann man *qualitativ* nennen. Ihr Vorliegen gestattet es, lediglich festzustellen, daß kleine Änderungen der Primärgrößen ebenfalls kleine Änderungen der Systemgrößen bewirken. Es sei vermerkt, daß das Phänomen der qualitativen Stetigkeit von Bedienungssystemen nur in unbedeutendem Maße von den individuellen Besonderheiten der Modelle abhängt und, obwohl das Vorliegen der Stetigkeit eine gewisse Sicherheit bei der Behandlung der Modelle liefert, damit im Grunde genommen die Möglichkeiten der Anwendung der Eigenschaft der qualitativen Stetigkeit ausgeschöpft sind. Es ist deshalb natürlich, in einem weiteren Schritt eine *quantitative* Abhängigkeit zwischen kleinen Änderungen der Primärgrößen und der Systemgrößen aufzustellen. Effektive Abschätzungen der quantitativen Stetigkeit eines Bedienungssystems enthalten nicht nur automatisch die qualitative Stetigkeit, sondern sie ebnen auch den Weg zur Lösung der folgenden, sehr verschiedenartigen, praktisch wichtigen Probleme:

(a) *Abschätzung des Fehlers*, der in die Rechnungen beim Ersetzen unbekannter Wahrscheinlichkeitscharakteristiken durch deren statistische Schätzungen hineingetragen wird, und als Konsequenz hiervon die Begründung solcher Kennziffern statistischer Prozeduren wie Stichprobenumfänge, Grenzen von Konfidenzintervallen, Konfidenzniveaus usw.;
(b) *Wahl approximierender Systeme* für numerische Berechnungen unter Berücksichtigung der geforderten Genauigkeit der zu erzielenden Ergebnisse und der zulässigen Kompliziertheit der Rechnungen (↑ auch [8.4]);
(c) *Planung der Simulation* von Bedienungssystemen — die Auswahl von Möglichkeiten zur Erzeugung der Primärgrößen, von Methoden zur Verkürzung der Rechenzeit beispielsweise durch die Einführung abhängiger Simulationen u. ä.;
(d) *Überprüfung* der *Adäquatheit* des verwendeten mathematischen Modells zur Untersuchung eines realen Prozesses;
(e) *Abschätzung der Robustheit* eines Bedienungsmodells in bezug auf die Änderung seiner Parameter;
(f) *Steuerung* von Bedienungssystemen und die Aufrechterhaltung eines gegebenen Regimes.

Zur Lösung von Problemen der quantitativen Stetigkeit werden die obeneingeführten Konvergenzarten $\xrightarrow[\mathfrak{X}]{}$ und $\xrightarrow[\mathfrak{Y}]{}$ „metrisiert". Und zwar werden in den Räumen $\mathfrak{X}$ und $\mathfrak{Y}$ jeweils die *Metriken* (Abstandsfunktionen) $\mu(\Sigma_P, \Sigma_P')$ und $\nu(\Sigma_S, \Sigma_S')$ eingeführt. Die Werte $\mu(\Sigma_P, \Sigma_P')$ und $\nu(\Sigma_S, \Sigma_S')$ werden durch die durch (Σ_P, Σ_P') bzw. (Σ_S, Σ_S') gegebenen Wahrscheinlichkeitsverteilungen bestimmt (↑ [10.2]; spezielle Beispiele von Metriken ↑ B. 10.1.5). Wir werden voraussetzen, daß $\Sigma_P' \xrightarrow[\mathfrak{X}]{} \Sigma_P$ äquivalent mit $\mu(\Sigma_P, \Sigma_P') \to 0$ und $\Sigma_S' \xrightarrow[\mathfrak{Y}]{} \Sigma_S$ äquivalent mit $\nu(\Sigma_S, \Sigma_S') \to 0$ ist. Dann kann man D. 10.1.6 „metrisieren":

10.1.7. Definition. Die für ein gegebenes Bedienungssystem betrachtete Abbildung $f: \Sigma_P \to \Sigma_S$ heißt *(μ, ν)-stetig* in der Menge $\mathfrak{X}^*$, falls es für jedes $\varepsilon > 0$ eine Zahl $\delta = \delta(\varepsilon) > 0$ gibt, so daß für alle $\Sigma_P \in \mathfrak{X}^*$, $\Sigma_P' \in \mathfrak{X}^*$ mit der Eigenschaft $\mu(\Sigma_P, \Sigma_P') < \delta$ gilt

$$\nu(\Sigma_S, \Sigma_S') = \nu\big(f(\Sigma_P), f(\Sigma_P')\big) \leqq \varepsilon. \tag{9}$$

Weil die Funktion $\delta(\varepsilon)$ monoton nichtfallend in $\varepsilon \geqq 0$ ist, kann man faktisch aus (9) die folgende *Konvergenzabschätzung* erhalten:

$$\nu(\Sigma_S, \Sigma_S') \leqq g\big(\mu(\Sigma_P, \Sigma_P')\big), \tag{10}$$

wobei die Funktion $g(x)$ ebenfalls monoton nichtfallend in $x \geqq 0$ ist, die Eigenschaft $g(x) \to 0$ für $x \to 0$ besitzt und gegeben ist durch

$$g(x) = \sup\{\varepsilon : \delta(\varepsilon) < x\}. \tag{11}$$

Wegen (10) folgt aus

$$\mu(\Sigma_P, \Sigma_P') \to 0 \quad \text{offensichtlich} \quad \nu(\Sigma_S, \Sigma_S') \to 0. \tag{12}$$

Die Bestimmung der Funktion $g(x)$, die in der Ungleichung (10) auftritt, ist das eigentliche Ziel der quantitativen Stetigkeitsanalyse von Bedienungssystemen.

10.1.8. Beispiel. Wir betrachten das in B. 10.1.5 (b) untersuchte System D/D/1/∞. Weil dieses System und damit auch die Wartezeiten rein deterministisch sind, haben wir hier die Möglichkeit, Konstruktionen zu verwenden, die nicht durch wahrscheinlichkeitstheoretische Strukturen belastet werden. Genauso wie dort wählen wir $\mu(\Sigma_P, \Sigma_P') = |A_n - A_n'| + |B_n - B_n'| = \delta$. Für $\Sigma_S = (W_n)$ definieren wir die Konvergenz $\xrightarrow[\mathscr{Y}]{}$ durch

$$\Sigma_S' \xrightarrow[\mathscr{Y}]{} \Sigma_S, \quad \text{falls} \quad W_n' \to W_n \quad \text{für} \quad \text{alle } n \geqq 1. \tag{13}$$

Eben diese (schwache) Konvergenz wurde in B. 10.1.5 (b) betrachtet. Eine der Möglichkeiten, die schwache Konvergenz zu metrisieren, ist die folgende:

$$\nu(\Sigma_S, \Sigma_S') = \sum_{n=1}^{\infty} \frac{1}{2^n} \frac{|W_n - W_n'|}{1 + |W_n - W_n'|}. \tag{14}$$

Es ist klar, daß $\nu(\Sigma_S, \Sigma_S') \to 0$ der Konvergenz (13) äquivalent ist. Durch Verwendung der Metrik (14) erhalten wir für den Spezialfall von B. 10.1.5 (b) die quantitative Abschätzung

$$\nu(\Sigma_S, \Sigma_S') = \sum_{n=1}^{\infty} \frac{1}{2^n} \frac{(n-1)\,\delta}{1 + (n-1)\,\delta} \leqq \delta. \tag{15}$$

Als erste Veröffentlichungen auf dem Gebiet der Stetigkeit von Bedienungssystemen gelten die Arbeiten von Rossberg (1965), Gnedenko (1970), Franken (1970), obwohl das Interesse an diesen Fragen zweifellos auch bereits durch andere, frühere Arbeiten geweckt und herausgebildet wurde, bei denen jedoch die Richtung der Untersuchungen noch nicht so eindeutig erkennbar ist.

Seit den siebziger Jahren erschienen weitere Arbeiten zur qualitativen Stetigkeit von Borowkow, Kalaschnikow, Kennedy, Stoyan, Whitt, Ziziaschwili und anderen, vgl. das Literaturverzeichnis zu diesem Kapitel und die Bücher von Borowkow [1, 3], Kalaschnikow [1], Franken/König/Arndt/Schmidt [1], Stoyan [1]. Zur quantitativen Abschätzung der Stetigkeit wurden ab Mitte der siebziger Jahre insbesondere von Borowkow und Solotarjew sowie weiterhin von Achmarow, Delbrouck, Kalaschnikow, Kotzurek, Stoyan, Ziziaschwili und anderen Autoren Arbeiten veröffentlicht, vgl. das Literaturverzeichnis des vorliegenden Kapitels sowie die Monographien von Borowkow [3] und Kalaschnikow [1].

10.2. Metriken in Räumen zufälliger Elemente

Wir betrachten eine gewisse Menge $\mathscr{Z}$ zufälliger Elemente (z. B. Zufallsgrößen, zufällige Folgen bzw. zufällige Prozesse). Ferner werden wir zusammen mit $\mathscr{Z}$ die Mengen $\mathscr{X}$ und $\mathscr{Y}$ betrachten. Wir setzen voraus, daß alle betrachteten zufälligen Elemente auf dem gleichen Wahrscheinlichkeitsraum $(\Omega, \mathfrak{F}, \mathsf{P})$ gegeben sind. Somit ist $\mathscr{Z}$ eine Menge von $\mathfrak{F}$-meßbaren Funktionen auf Ω mit Werten in einem gewissen Raum $\mathscr{M}$, dessen Gestalt hierbei unwesentlich ist. Ein Funktional $r(Z, Z')$, das auf dem Produktraum $\mathscr{Z} \times \mathscr{Z}$ gegeben ist und nichtnegative Werte annimmt (der Wert Unendlich wird ebenfalls zugelassen), nennen wir definitionsgemäß *Abstand* oder *Metrik* im Raum $\mathscr{Z}$, wenn es die folgenden Eigenschaften besitzt: Für beliebige $Z, Z', Z'' \in \mathscr{Z}$ gilt:

(i) aus $\mathsf{P}(Z = Z') = 1$ folgt $r(Z, Z') = 0$,

(ii) $r(Z, Z') = r(Z', Z)$,

(iii) $r(Z, Z'') \leqq r(Z, Z') + r(Z', Z'')$.

10.2.1. Beispiele. Wir setzen zunächst voraus, daß $\mathcal{Z}$ die Menge der reellwertigen Zufallsgrößen ist. In dieser Menge kann man die folgenden Metriken betrachten.

(a) *Indikatormetrik*

$$\delta(Z, Z') = \mathsf{P}(Z \neq Z').$$

(b) *Variationsabstand*

$$\sigma(Z, Z') = \operatorname{var}(Z, Z') = \sup_{\mathcal{B}} |\mathsf{P}(Z \in \mathcal{B}) - \mathsf{P}(Z' \in \mathcal{B})|,$$

wobei das Supremum bez. aller Borel-Mengen gebildet wird.

(c) *Ky-Fan-Metrik* (sie metrisiert die Konvergenz in Wahrscheinlichkeit)

$$k(Z, Z') = \inf \{\varepsilon : \mathsf{P}(|Z - Z'| \geqq \varepsilon) < \varepsilon\}.$$

(d) *Levy-Prochorow-Metrik* (sie metrisiert die schwache Konvergenz)

$$\pi(Z, Z') = \inf \{\varepsilon : \mathsf{P}(Z' \in \mathcal{B}) < \mathsf{P}(Z \in \mathcal{B}^\varepsilon) + \varepsilon \text{ für alle Borel-Mengen } \mathcal{B}\},$$

wobei $\mathcal{B}^\varepsilon$ die ε-Umgebung der Menge $\mathcal{B}$ bezeichnet.

(e) *Levy-Metrik* (sie metrisiert die schwache Konvergenz)

$$\mathsf{L}(Z, Z') = \inf \{\varepsilon : \mathsf{P}(Z' < x) < \mathsf{P}(Z < x + \varepsilon) + \varepsilon,\ \mathsf{P}(Z < x) < \mathsf{P}(Z' < x + \varepsilon) + \varepsilon \text{ für alle } x \in \mathbb{R}\}.$$

(f) *Dudley-Metrik* (sie metrisiert die schwache Konvergenz)

$$d(Z, Z') = \sup_{f} |\mathsf{E}f(Z) - \mathsf{E}f(Z')|,$$

wobei das Supremum über alle reellwertigen Funktionen f gebildet wird, deren Absolutwerte durch Eins beschränkt sind und die der Lipschitz-Bedingung mit der Konstanten 1 genügen.

(g) *Gleichmäßige Metrik*

$$\varrho(Z, Z') = \sup_{x} |\mathsf{P}(Z < x) - \mathsf{P}(Z' < x)|.$$

Wir setzen nun voraus, daß $\mathcal{Z}$ die Menge der zufälligen Folgen $\boldsymbol{Z} = (Z_1, Z_2, \ldots)$ ist, die aus reellwertigen Zufallsgrößen bestehen. Den Abstand h zwischen zwei Folgen reeller Zahlen $\boldsymbol{u} = (u_1, u_2, \ldots)$ und $\boldsymbol{v} = (v_1, v_2, \ldots)$ kann man z. B. gemäß Formel (14) in [10.1] definieren:

$$h(\boldsymbol{u}, \boldsymbol{v}) = \sum_{n=1}^{\infty} \frac{1}{2^n} \frac{|u_n - v_n|}{1 + |u_n - v_n|}.$$

Die Metriken δ, σ, π, k, d kann man dann auch als Abstandsfunktionen zwischen zwei zufälligen Folgen $\boldsymbol{Z}$ und $\boldsymbol{Z}'$ definieren, und zwar, wenn in den obenangegebenen Formeln $|Z - Z'|$ durch $h(\boldsymbol{Z}, \boldsymbol{Z}')$ bzw. $|\mathsf{E}f(Z) - \mathsf{E}f(Z')|$ durch $h\big((\mathsf{E}f(Z_1), \mathsf{E}f(Z_2), \ldots), (\mathsf{E}f(Z_1'), \mathsf{E}f(Z_2'), \ldots)\big)$ ersetzt wird. In die Metriken L, ϱ gehen die Verteilungen bzw. Verteilungsfunktionen der Zufallsgrößen ein. Sie besitzen keine unmittelbaren Analoga in unendlichdimensionalen Räumen.

Eine andere Definitionsmöglichkeit des Abstandes $r(\boldsymbol{Z}, \boldsymbol{Z}')$ zwischen zwei zufälligen Folgen $\boldsymbol{Z}$ und $\boldsymbol{Z}'$ ist die folgende:

$$r(\boldsymbol{Z}, \boldsymbol{Z}') = \sup_{n \geqq 1} \tilde{r}(Z_n, Z_n'), \tag{1}$$

wobei $\tilde{r}$ irgendeine Metrik für reellwertige Zufallsgrößen ist. Metriken der Gestalt (1) sind bei der Untersuchung der bez. der Zeit gleichmäßigen Stetigkeit von Nutzen, wenn die Folgen Σ_S und Σ_S' elementweise verglichen werden. Es sei erwähnt, daß man Verallgemeinerungen der oben als Beispiele angegebenen Konstruktionen (a) bis (g) für den Fall betrachten kann, daß die zufälligen Elemente Z Werte in einem vollständigen separablen metrischen Raum annehmen, vgl. Solotarjew (1976b, 1977c).

Die Werte der Metriken δ und k hängen von der gemeinsamen Verteilung der zu vergleichenden zufälligen Elemente Z und Z' ab (↑ B. 10.2.1), während die Werte der übrigen Metriken nur durch die Randverteilungen der Paare (Z, Z') bestimmt werden. Die Metriken des ersten Typs nennen wir *zusammengesetzt*, die des zweiten Typs *einfach*.

Einfache Metriken werden zum Vergleich von Randverteilungscharakteristiken benutzt, z. B. wenn abgeschätzt werden soll, wie stark die Verteilungsfunktionen der Wartezeiten in zwei Bedienungssystemen voneinander abweichen, und dabei Abschätzungen dafür bekannt sind, wie stark die Primärgrößen, die die Funktionsweise der Systeme bestimmen, voneinander abweichen. Zusammengesetzte Metriken werden zum Vergleich von Eigenschaften der Realisierungen von voneinander abhängigen Bedienungsprozessen benutzt, beispielsweise solchen, die von ein und demselben Eingangsstrom erzeugt werden.

In der Stetigkeitstheorie von Bedienungssystemen ist der Begriff der *minimalen Metrik* nützlich. Minimal wird dabei eine solche einfache Metrik $\tilde{r}$ genannt, für die der Wert $\tilde{r}(Z, Z')$ mit der unteren Schranke der Werte übereinstimmt, die sich bez. einer fixierten zusammengesetzten Metrik r in der Menge der gemeinsamen Verteilungen des Paares (Z, Z') ergeben, wobei die Randverteilungen von (Z, Z') nicht verändert werden (und die Verteilungen von Z bzw. Z' sind). Die in B. 10.2.1 angegebene Metrik σ ist bez. der Metrik δ, und die Metrik π ist bez. k minimal, vgl. Strassen (1965).

Zwischen den Metriken aus B. 10.2.1 bestehen die Relationen $\delta \geqq \sigma$, $k \geqq \pi$, $\sigma \geqq k$, $\sigma \geqq \pi$, $\mathsf{L} \leqq \varrho$, $d \geqq \pi^2$, $\pi \geqq \dfrac{1}{3} d$. In der Regel erzeugen verschiedene Metriken auch verschiedene Konvergenzarten. Läßt sich aber eine Metrik nach oben und unten durch eine andere abschätzen, z. B. bei $3\pi \geqq d \geqq \pi^2$, so erzeugen diese Metriken dieselbe Konvergenzart. Bei Stetigkeitsanalysen ist also wichtig, die geeignetste (natürliche) Metrik zu finden und sie mit der durch die anzuwendenden statistischen Verfahren zur Auswertung der Daten „erzeugten“ zu vergleichen.

Das Bestreben, Abschätzungen, die für eine Metrik erzielt wurden, zu benutzen, um Abschätzungen für andere, im Sinne der Konvergenz nichtäquivalente Metriken zu erhalten, führt dann zu der Notwendigkeit, Abschätzungen zu betrachten, die natürlich nicht in der gesamten Menge $\mathfrak{X}$, sondern nur in einer gewissen Teilmenge $\mathfrak{X}^* \subseteqq \mathfrak{X}$ gültig sind. So ergibt sich zum Beispiel die Konvergenz im Sinne der gleichmäßigen Metrik i. allg. nicht aus der schwachen Konvergenz. Wenn jedoch die Teilmenge $\mathfrak{X}_p^*$ der Zufallsgrößen betrachtet wird, die eine durch die Zahl p von oben beschränkte Dichte besitzen, dann gilt die Ungleichung

$$\varrho(Z, Z') \leqq (p + 1)\, \mathsf{L}(Z, Z'), \qquad Z, Z' \in \mathfrak{X}_p^*,$$

die zusammen mit der obenangegebenen Ungleichung $\mathsf{L} \leqq \varrho$ (die für die gesamte Menge $\mathfrak{X}$ gilt) zweiseitige Abschätzungen von L durch ϱ und umgekehrt liefert.

Eine verhältnismäßig vollständige Darlegung von Fragen, die die Eigenschaften von Metriken in Räumen zufälliger Elemente betreffen, ist in den Arbeiten von SOLOTARJEW (1976b, 1977c) enthalten.

10.3. Methoden der Stetigkeitsanalyse

10.3.1. Grundidee

Im Prozeß der Untersuchung der Stetigkeit von Bedienungssystemen wurden von verschiedenen Autoren unterschiedliche Zugänge und Verfahren zur Analyse dieses Phänomens vorgeschlagen. Der Vergleich dieser Zugänge zeigt jedoch, daß sie alle im Prinzip die gleiche Idee benutzen. Es ist deshalb zweckmäßig, zunächst diese Idee darzulegen und danach kurz auf die Besonderheiten der einzelnen Zugänge einzugehen. Einige hier getroffene Voraussetzungen lassen sich abschwächen. Dazu verweisen wir auf die zitierte Literatur.

Wie in [10.1] und [10.2] setzen wir voraus, daß die durch die Wirkungsweise des betrachteten Bedienungssystems bestimmte Abbildung $f: \Sigma_P \to \Sigma_S$ gegeben ist, wobei $\Sigma_S = (Y_n)$, $\Sigma_P = (X_n)$ ist und in den Räumen $\mathfrak{X}$ und $\mathfrak{Y}$ jeweils die Metriken μ bzw. ν vorliegen (↑ D. 10.1.7). Die Gestalt der Metrik μ im Raum $\mathfrak{X}$ ist im Augenblick unwesentlich, für ν gelte (↑ (1) in [10.2])

$$\nu(\Sigma_S, \Sigma_S') = \sup_{n \geqq 1} r(Y_n, Y_n'), \tag{1}$$

wobei r eine gewisse Metrik der entsprechenden Elemente der Folgen Σ_S und Σ_S' ist. Hat ν die Gestalt (1), dann bedeutet D. 10.1.7 in Wirklichkeit eine *zeitlich gleichmäßige Stetigkeit*. Aus ihr ergibt sich auch die stetige Abhängigkeit der Grenzverteilungen von den Primärgrößen.

Die Grundidee der Stetigkeitsanalyse besteht darin, Zeitpunkte zu finden, in denen sich die zu vergleichenden Prozesse Σ_S und Σ_S' „ähnlich" verhalten. Hierunter versteht man, grob gesagt, zufällige Zeitpunkte T_k, $k = 1, 2, \ldots$, mit der Eigenschaft

$$\sup_k r(Y_{T_k}, Y'_{T_k}) \to 0 \qquad \text{für} \qquad \mu(\Sigma_P, \Sigma_P') \to 0. \tag{2}$$

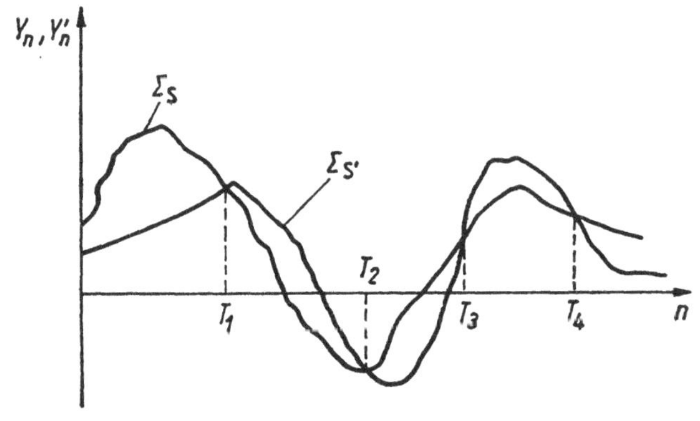

Abb. 10.3.1.1

Der Unterschied zwischen (8) in [10.1] und (2) besteht darin, daß dort die Größen $r(Y_n, Y_n')$ für $\mu(\Sigma_P, \Sigma_P') \to 0$ in allen Zeitpunkten gleichmäßig gegen Null konvergieren, in (2) dagegen nur in besonders ausgewählten zufälligen Zeitpunkten T_k (↑ Abb. 10.3.1.1).

10.3.1.1. Beispiel. Wir betrachten das Bedienungssystem G/G/1/∞ (↑ B. 10.1.1 bis 10.1.4). Es seien $\Sigma_S = (W_n)$, $\Sigma_S' = (W_n')$ und T_k die zufälligen Zeitpunkte, für die $W_{T_k} = W'_{T_k} = 0$ gilt. Auf Grund des Axiomes (i) in [10.2] ist $r(W_{T_k}, W'_{T_k}) = 0$ und folglich (2) erfüllt.

Wir setzen nun voraus, daß die zufälligen Zeitpunkte T_k hinreichend regelmäßig auf der Zeitachse verteilt sind. Zum Beispiel fordern wir, daß für alle $\Sigma_P \in \mathfrak{X}^*$, $\Sigma_P' \in \mathfrak{X}^*$ und für gewisse $\gamma > 1$, $g < \infty$ die Ungleichung

$$\sup_k \mathsf{E}[(T_{k+1} - T_k)^\gamma] \leqq g \tag{3}$$

gilt. Außerdem sei $T_1 = 1$, d. h., im Anfangszeitpunkt sollen sich die Prozesse Σ_S und Σ_S' ähnlich verhalten. Die Abschätzung des durch (1) gegebenen Abstandes $\nu(\Sigma_S, \Sigma_S')$ hängt dann davon ab, ob die zu vergleichenden Prozesse Σ_S und Σ_S' im Intervall $[T_k, T_{k+1})$ weit „auseinanderlaufen", denn die Ähnlichkeit der Zufallsgrößen Y_{T_k} und Y'_{T_k} wird durch die Konstruktion der Zeitpunkte T_k garantiert (↑ (2)). Gilt z. B. für alle $n \geqq 0$ die Bedingung (der Stetigkeit auf beliebigen endlichen Zeitintervallen)

$$\sup_k \nu(Y_{T_k+n}, Y'_{T_k+n}) \to 0 \qquad \text{für} \qquad \mu(\Sigma_P, \Sigma_P') \to 0, \tag{4}$$

wobei (4) offenbar (2) verschärft, so erhält man mit (1) die Beziehung (8) in [10.1], d. h. die zeitlich gleichmäßige Stetigkeit. Außerdem kann man, wenn man über Abschätzungen der Gestalt (3) und über quantitative Abschätzungen der Beziehung (4) verfügt, zu Stetigkeitsabschätzungen der Gestalt (10) in [10.1] gelangen.

10.3.1.2. Beispiel. Wir betrachten wieder das Bedienungssystem GI/GI/1/∞ (↑ B. 10.3.1.1). Bei der Unabhängigkeit und der identischen Verteilung der Elemente der Folgen Σ_P und Σ_P' ist natürlich

$$\mu(\Sigma_P, \Sigma_P') = m(B_n - A_n, B_n' - A_n') \tag{5}$$

zu setzen, wobei m eine gewisse Metrik für reellwertige Zufallsgrößen ist. Unter den Bedingungen des Beispiels 10.3.1.1 kann man dann zeigen (vgl. Kalaschnikow [1]), daß (3) erfüllt ist, wenn die Teilmenge $\mathfrak{X}^* \subset \mathfrak{X}$ aus den Folgen besteht, deren Elemente den Beziehungen

$$\mathsf{E}(B_n - A_n) \leqq -a, \qquad \mathsf{E}(B_n^\gamma) \leqq b \tag{6}$$

für gewisse Konstanten $a, b > 0$ genügen. Weil für das betrachtete Bedienungssystem die Beziehung

$$|Y_{T_k+n} - Y'_{T_k+n}| = |W_{T_k+n} - W'_{T_k+n}| \leqq \sum_{j=0}^{n-1} |(B_{T_k+j} - A_{T_k+j}) - (B'_{T_k+j} - A'_{T_k+j})| \tag{7}$$

gilt, ergibt sich aus (5) in den praktisch interessanten Fällen, wenn die Metriken r und m ein und dieselbe Gestalt haben und z. B. gleich δ, σ, k, π, L oder d (↑ [10.2]) sind (vgl. Solotarjew (1976b))

$$r(Y_{T_k+n}, Y'_{T_k+n}) \leqq nm(B_j - A_j, B_j' - A_j') = n\mu(\Sigma_P, \Sigma_P'). \tag{8}$$

Aus (8) folgt (2). Abschätzungen der Form (10) in [10.1] erhält man im Fall $r = m$ zumindest auf der durch (6) definierten Menge $\mathcal{X}^*$, wobei $g(x) = cx^{(\gamma-1)/\gamma}$ ist und die Konstante c sich explizit durch a, b, γ abschätzen läßt. Es gilt z. B.

$$\sup_n d(W_n, W_n') \leqq c[d(B_j - A_j, B_j' - A_j')]^{(\gamma-1)/\gamma}. \tag{9}$$

Für diesen Zugang benötigt man also

(a) Zeitpunkte T_n, in denen sich die betrachteten Bedienungssysteme bzw. die betrachteten Klassen zufälliger Prozesse, die die Bedienungssysteme charakterisieren, ähnlich verhalten.
(b) Methoden zum Nachprüfen von Bedingungen des Typs (3) (einer speziellen Gestalt der Rekurrenz der Prozesse (Σ_S, Σ_S')).
(c) Methoden zur Abschätzung der Konvergenz in beliebigen endlichen Zeitintervallen (↑ (4)).

(a) und (b) hängen relativ wenig von der konkreten Gestalt der untersuchten Bedienungssysteme ab, sondern vielmehr von den Klassen der analysierten Prozesse. Im Verlauf der Untersuchungen wird die Teilmenge $\mathcal{X}^*$ bestimmt, in deren Bereich die Stetigkeitseigenschaft vorliegen kann (↑ B. 10.3.1.2). Die Abschätzungen in (c) werden wesentlich durch das untersuchte Bedienungssystem bestimmt, nämlich durch die Metriken, für die die Stetigkeitseigenschaft vorliegt (↑ B. 10.3.1.2).

Der hier dargelegte Zugang ist in Kalaschnikow (1980b) enthalten, vgl. auch Achmarow/Leontjewa (1976), Borowkow (1978), Borowkow [3], Solotarjew (1975b, 1976b) und Kalaschnikow [1].

10.3.2. Bedienungssysteme, die durch regenerative Prozesse beschrieben werden

Wenn (Σ_S, Σ_S') ein *regenerativer Prozeß* ist (↑ [3.2.6]), dann ist es natürlich, für T_k die Regenerationspunkte dieses Prozesses zu wählen. Die Werte (Y_{T_k+n}, Y'_{T_k+n}) des Prozesses (Σ_S, Σ_S') hängen für $n \geqq 1$ nicht von den Größen (X_j, X_j'), $j \leqq T_k$, der Eingangsfolgen ab. Die Menge $\mathcal{X}^*$ wird durch (3) in [10.3.1] festgelegt, in der die Verteilung der Zufallsgrößen $T_{k+1} - T_k$ in Wirklichkeit nicht von k abhängt, weil (Σ_S, Σ_S') ein regenerativer Prozeß ist. Für $\Sigma_P \in \mathcal{X}^*$ und $\Sigma_P' \in \mathcal{X}^*$ ergibt sich aus der Regenerationseigenschaft und aus (3) in [10.3.1] die Abschätzung

$$\nu(\Sigma_S, \Sigma_S') \leqq cr_T, \tag{1}$$

wobei

$$r_t = \max_{n \leqq t} r(Y_n, Y_n'), \qquad T = \min\{t : r_t \geqq t^{1-\gamma}\} \tag{2}$$

ist und die Konstante c explizit abgeschätzt werden kann, vgl. Kalaschnikow [1], Kalaschnikow (1980a), Shilin/Kalaschnikow (1979).

Aus (1) ergibt sich, daß zur Erzielung einer quantitativen Stetigkeitsabschätzung der Gestalt (10) in [10.1] eine Abschätzung der Größe r_T durch $\mu(\Sigma_P, \Sigma_P')$ benötigt wird, d. h., daß in Wirklichkeit Konvergenzabschätzungen für endliche Intervalle zu konstruieren sind.

Die Stetigkeitsuntersuchungen für regenerative Prozesse wurden in den oben erwähnten Arbeiten durchgeführt, in denen neben allgemeinen Abschätzungen auch Abschätzungen (in Analogie zu (9) in [10.3.1]) für einzelne Bedienungssysteme (Einbedienersysteme, Mehrphasensysteme, Systeme mit Prioritäten) enthalten sind. Die dabei entwickelten Methoden wurden in Kalaschnikow [1] zur Abschätzung der Konvergenzgeschwindigkeit im Haupterneuerungstheorem mit diskreter Zeit und in Kalaschnikow (1978) zur Approximation Markowscher Ketten mit abzählbarem Zustandsraum benutzt. Eine Verallgemeinerung des zuletzt genannten Ergebnisses unter Benutzung der Methode der „Zeitpunkte ähnlichen Verhaltens" auf Markowsche Prozesse mit beliebigem Zustandsraum ist in Anitschkin/Kalaschnikow (1980) enthalten.

10.3.3. Bedienungssysteme, die durch Prozesse mit Aufbaupunkten beschrieben werden

Der Begriff des *Aufbaupunktes* eines stochastischen Prozesses erweist sich als weitgehende Verallgemeinerung des Begriffes des Regenerationspunktes, vgl. z. B. Borowkow (1978), Borowkow [3]. Während das Verhalten eines regenerativen Prozesses nach einem Regenerationspunkt nicht von seiner Vorgeschichte abhängt und mit Wahrscheinlichkeit Eins eine Kopie des gesamten Prozesses ist, wird bei einem Prozeß mit Aufbaupunkten zugelassen, daß der Zustand des Prozesses in einem solchen Aufbaupunkt nur von einem endlichen (dem betrachteten Zeitpunkt vorausgehenden) Abschnitt der Eingangsfolge Σ_P abhängt. Es sollte auch vermerkt werden, daß bei Prozessen mit Aufbaupunkten zugelassen wird, daß Abschnitte der Realisierungen, die zwischen verschiedenen Aufbaupunkten liegen, abhängig sein können, und zwar im Gegensatz zu regenerativen Prozessen, bei denen eine solche Abhängigkeit nicht auftritt.

Die genauen Definitionen kann man z. B. in der oben erwähnten Arbeit finden. Ein typisches Beispiel eines Prozesses mit Aufbaupunkten ist der in Kiefer/Wolfowitz (1955) eingeführte Prozeß (↑ B. 10.1.4), der die virtuelle Wartezeit in Mehrbedienersystemen beschreibt. In einem solchen System brauchen keine „*Leerpunkte*", in denen sich keine Forderungen im System befinden, zu existieren, obwohl es (unter Ergodizitätsbedingungen) Zeitpunkte gibt, in denen der Zustand des Systems nicht von den Systemzuständen abhängt, die vor mehr als s Schritten vorlagen.

Es ist natürlich, für die Prozesse (Σ_S, Σ_S'), für die vorausgesetzt wird, daß sie Aufbaupunkte besitzen, die T_k in die Aufbaupunkte zu legen. Das weitere Vorgehen verläuft im Prinzip analog zu den in [10.3.2] angegebenen Überlegungen.

Praktisch alle der ständig untersuchten Bedienungsprozesse besitzen Aufbaupunkte, vgl. z. B. Achmarow (1979a, b), Borowkow [1], [3], Borowkow (1977, 1978), Franken/König/Arndt/Schmidt [1], Kalaschnikow (1980a), Seidl (1980). Neben einer Reihe anderer Probleme wurden in diesen Arbeiten Stetigkeitsabschätzungen für Warte- bzw. Verlustsysteme mit einem oder mehreren Bedienungsgeräten untersucht, und zwar unter sehr allgemeinen Voraussetzungen über die Eingangsfolgen von Pausen- und Bedienungszeiten. Die in Borowkow (1978), Borowkow [3], zur Bestimmung von Bedingungen, die das Erfülltsein von Ungleichungen des Typs (3) in [10.3.1] sichern, benutzte Methode der stationären Folgen gestattet es ebenfalls, die Geschwindigkeit der Konvergenz gegen die Grenzverteilungen von Prozessen mit Aufbaupunkten abzuschätzen.

10.3.4. Bedienungssysteme, die durch Markowsche Folgen beschrieben werden

Für den Fall, daß der Prozeß (Σ_S, Σ_S') Markowsch ist, wurde eine Methode zur Analyse der Stetigkeit entwickelt, die *Methode der Probefunktionen* genannt wird (vgl. KALASCHNIKOW (1974), KALASCHNIKOW [1], KALASCHNIKOW/ZIZIASCHWILI (1972), ZIZIASCHWILI (1975, 1979)) und ein spezielles stochastisches Analogon der direkten Ljapunowschen Methode (vgl. LA SALLE/LEFSCHETZ [1]) zur Untersuchung der Stetigkeit der Lösungen von gewöhnlichen Differentialgleichungen ist.

Das Wesen der Methode der Probefunktionen besteht in folgendem. Es sei $\mathcal{V}$ der Werteraum der Elemente Y_n der Folge Σ_S. Auf dem Werteraum $\mathcal{V} \times \mathcal{V}$ der Elemente des Prozesses (Σ_S, Σ_S') wird eine nichtnegative Funktion $v(y, y')$, die sogenannte Probefunktion, konstruiert, die faktisch die Rolle einer Norm des Raumes $\mathcal{V} \times \mathcal{V}$ spielt und mit deren Hilfe grundlegende Eigenschaften des Prozesses (Σ_S, Σ_S') formuliert werden können. Und zwar werden für (T_k) die Zeitpunkte gewählt, in denen der Prozeß (Σ_S, Σ_S') in die Menge $\mathcal{D} = \{(y, y'): v(y, y') < 1\}$ eintritt. Der Nachweis der Gültigkeit der Ungleichung (3) in [10.3.1] läßt sich dann praktisch darauf zurückführen, die Endlichkeit des Momentes der Ordnung $\gamma > 1$ der Rückkehrzeit in die Menge $\mathcal{D}$ zu beweisen. Es ist günstig, einen solchen Beweis mit Hilfe von Analoga des Fosterschen Kriteriums (↑ S. 3.3.1.19) für die Ergodizität Markowscher Ketten zu führen. Dabei wird die konstruierte Probefunktion v benutzt, vgl. KALASCHNIKOW [1] und MALYSCHEW/MENSCHIKOW (1979).

Durch die Konstruktionsweise der Funktion v wird gesichert, daß (2) in [10.3.1] erfüllt ist. Hierfür wird benötigt, daß der Abstand zwischen zwei beliebigen Punkten y und y', die die Eigenschaft $(y, y') \in \mathcal{D}$ besitzen, „klein" ist. Stetigkeitsbedingungen für endliche Zeitintervalle und entsprechende Abschätzungen lassen sich ebenfalls auf einfache Weise in der Sprache der Probefunktionen formulieren. Typisch für Bedienungssysteme sind hierbei Abschätzungen der Gestalt (7) in [10.3.1], bei denen $|a - b|$ durch $v(a, b)$ zu ersetzen ist.

Die Hauptschwierigkeit bei der Anwendung der Methode besteht in der Konstruktion einer geeigneten Probefunktion. Es wurde deshalb der Versuch unternommen, diesen Prozeß zu algorithmisieren. Ein solcher Algorithmus wurde für stückweise lineare Markowsche Prozesse (↑ Kap. 5), die häufig in der Bedienungstheorie auftreten, konstruiert, vgl. ZIZIASCHWILI (1975, 1979).

Mit Hilfe der Methode der Probefunktionen wurde in den oben erwähnten Arbeiten auch die Stetigkeit von Mehrphasensystemen mit mehreren Bedienungsgeräten sowie von Systemen mit Reservierung untersucht.

10.3.5. Untersuchung der Stetigkeit in endlichen Zeitintervallen

Erste Untersuchungen der qualitativen Stetigkeit in endlichen Zeitintervallen wurden von KENNEDY (1972) und WHITT (1974) durchgeführt. In diesen Arbeiten werden die Realisierungen der Prozesse Σ_P und Σ_S als Elemente entsprechender Funktionen- oder Folgenräume aufgefaßt. Es wurden Bedingungen für die Stetigkeit der jeweils betrachteten Abbildung der Realisierungen ermittelt, wonach mit Hilfe bekannter Ergebnisse der Theorie der schwachen Konvergenz (vgl. BILLINGSLEY [2]) über die „schwache" Stetigkeit der Abbildung $f: \Sigma_P \to \Sigma_S$ der zufälligen Elemente Σ_P, Σ_S entschieden werden konnte.

Man kann zeigen, daß die Transformationen von Realisierungen, die in den erwähnten Arbeiten betrachtet werden, Lipschitz-Eigenschaften bei einer geeigneten Wahl der Metriken besitzen, woraus sich die Möglichkeit ergibt, verhältnismäßig einfach zu wirksamen quantitativen Stetigkeitsabschätzungen zu gelangen. Ein allgemeines Verfahren zur Erzielung von Stetigkeitsabschätzungen in endlichen Zeitintervallen, das die Besonderheiten sowohl der verwendeten Metriken als auch der Struktur der untersuchten Systeme berücksichtigt, ist in den Arbeiten von SOLOTARJEW (1975a, b, 1976a, 1977a, b) enthalten. Ein Algorithmus zur Erzielung ähnlicher Abschätzungen für stückweise lineare Markowsche Prozesse wurde in ZIZIASCHWILI (1979) angegeben.

Abschließend heben wir zwei wichtige Besonderheiten der dargelegten Methoden zur Analyse der Stetigkeit hervor:

(a) Die angegebenen Methoden gestatten es, nicht nur die Stetigkeit von stationären Charakteristiken und von Charakteristiken, die auf endlichen Zeitintervallen betrachtet werden, zu untersuchen, sondern auch zeitlich gleichmäßige Abschätzungen zu erzielen, was in Anbetracht der Tatsache besonders wichtig ist, daß es nur sehr wenig Methoden zur Untersuchung des zeitabhängigen Verhaltens von Bedienungssystemen gibt.

(b) Bei der Anwendung der Methoden zur Untersuchung der Stetigkeit bedarf es keiner Vorkenntnisse über die auf Stetigkeit untersuchten Bedienungscharakteristiken. Dieser Umstand gestattet es, Stetigkeitsabschätzungen für weit allgemeinere Bedienungssysteme zu erzielen, als für die Systeme, für die bisher effektive analytische Methoden zur Bestimmung solcher Charakteristiken wie der Verteilungen von Schlangenlängen, Wartezeiten u. ä. erarbeitet worden sind.

11. Simulationsmethoden für Bedienungssysteme

Unter der *Simulation* eines Bedienungssystems wird in diesem Kapitel die Nachbildung seines zeitabhängigen Verhaltens auf einem digitalen Rechenautomaten verstanden. Zustandsänderungen treten im Simulationsmodell in derselben zeitlichen Reihenfolge ein wie im Originalsystem, aber nicht notwendig in demselben Zeitmaßstab. Meist läuft die *simulierte Zeit* schneller ab als die Realzeit (Zeitraffung), in einigen Anwendungen aber auch langsamer (Zeitlupe). Oft ist es zweckmäßig, nicht die Wirkungsweise des Bedienungssystems selbst, sondern den zufälligen Prozeß, der das Zeitverhalten des Systems widerspiegelt (z. B. eine eingebettete Markowsche Kette), zu simulieren.

Bei der Simulation werden die Zufallsquellen, wie Pausen-, Bedienungs-, Lebens- und Reparaturzeiten durch entsprechend erzeugte *Zufallszahlen* nachgebildet. Daraus werden Realisierungen der nachzubildenden zufälligen Prozesse und Schätzwerte im Sinne der Mathematischen Statistik für gesuchte System- bzw. Prozeßkenngrößen berechnet.

Der automatischen Erzeugung von Programmen zur Ausführung derartiger Berechnungen in Rechenautomaten dienen *Simulationssprachen*. Mit ihrer Hilfe können Bedienungssysteme in einfacher und anschaulicher Weise beschrieben werden. Vorgefertigte *Programmiersysteme* transformieren diese Beschreibungen in ausführbare Rechenprogramme. Bez. Literatur über Simulationsmethoden vgl. auch Kleijnen [1], Piehler/Ziesche [1], Pigorow [1], Shannon [1], Stuschlik/Lorenz (1978), Tschetwernikow/Bakanowitsch/Menkow [1].

Die Anwendung der Simulationsmethode gestattet vom Prinzip her keine Ermittlung exakter Werte, wie sie die analytischen Methoden ermöglichen. Trotzdem ist sie zu einem wichtigen Instrument bei der Lösung vieler praktischer Aufgaben der Bedienungstheorie geworden. Die Gründe hierfür liegen darin, daß für viele reale Bedienungssysteme mit meistens komplizierten Strukturen und Abhängigkeitsverhältnissen sowie großen Parameterzahlen, vielen Zuständen und nicht exponentiell verteilten Pausen- und Bedienungszeiten analytisch ermittelte explizite Formeln oder Gleichungssysteme schwer oder gar nicht verwendet oder gelöst werden können. Es ist dann zu entscheiden, ob Werte für gesuchte Systemkenngrößen durch Näherungslösungen, Abschätzungen oder Simulation gewonnen werden sollen. Ein weiterer Vorteil der Simulationsmethoden liegt darin, daß die Kenntnis weniger Grundbegriffe der Wahrscheinlichkeitstheorie ausreicht, um mit Hilfe einer Simulationssprache Simulationsprogramme zu erzeugen und mit ihnen am Rechner zu experimentieren. Mitunter benutzt man Simulationsprogramme zur Prüfung analytischer Modelle, und umgekehrt werden Lösungen analytischer Modelle zum Test von Simulationsmodellen angewandt. In manchen Fällen empfiehlt es sich, analytische Näherungs- und Simulationsmethoden zu kombinieren, je nachdem, welche Größen auf welche Weise am besten oder mit dem geringsten Aufwand im Vergleich zur geforderten Genauigkeit ermittelt werden können.

In [11.1] werden einige Grundbegriffe der Erzeugung und Transformation von Zufallszahlen angegeben. [11.2] beschreibt Methoden der Simulation für einige Klassen zufälliger Prozesse und geht damit auf die zweite der oben genannten Möglichkeiten zur Simulation von Bedienungssystemen ein. Die gebräuchlichste Methode zur Simulation von Bedienungssystemen wird in [11.3] zunächst an einem Beispiel demonstriert und anschließend verallgemeinert.

In [11.4] werden Simulationssprachen behandelt. Darunter sind künstliche Sprachen zu verstehen, die der Beschreibung komplizierter Prozesse und Systeme dienen. Die Terminologie der am weitesten verbreiteten Familie von Simulationssprachen GPSS (General Purpose Simulation System) nimmt direkten Bezug auf Bedienungssysteme. Mit der Simulation des Verhaltens eines Bedienungssystems werden Realisierungen zufälliger Prozesse erzeugt. Diese bilden den Ausgangspunkt statistischer Betrachtungen, auf die in [11.5] eingegangen wird.

11.1. Zufallszahlen

11.1.1. Erzeugung gleichverteilter Zufallszahlen

Da bei Anwendung der in [11.4] beschriebenen Simulationssprachen die Methoden der Erzeugung von Zufallszahlen „rechnerintern" genutzt werden, wird hier nur eine Übersicht über einige Grundbegriffe gegeben.

11.1.1.1. Definition. Die Zufallsgrößen $X_1, X_2, \ldots, X_n$ seien unabhängig und identisch verteilt gemäß der Verteilung $\mathsf{P}_{X_i} = \mathsf{P}_X$ bzw. der Verteilungsfunktion $F_X(x)$. Bei Simulationsuntersuchungen heißt jede Folge von Realisierungen $x_1, x_2, \ldots, x_n$ (oder jede einfache konkrete Stichprobe) *Zufallszahlenfolge der Länge n* mit der Verteilung P_X. $x_1, \ldots, x_n$ heißt auch *P_X-verteilte Zufallszahlenfolge*. Eine einzelne Zahl der Folge wird *P_X-verteilte Zufallszahl* genannt.

Bei Anwendungen werden meist zunächst im Intervall [0, 1] gleichverteilte Zufallszahlen erzeugt und diese anschließend mit Hilfe geeigneter Algorithmen in Zufallszahlen mit der gewünschten Verteilung transformiert.

Da im Rechenautomaten nur endlich viele reelle Zahlen darstellbar sind, werden stetig gleichverteilte Zufallszahlen durch quasigleichverteilte Zufallszahlen approximiert.

11.1.1.2. Definition. Es seien $b > 1$ eine beliebige natürliche Zahl und X_i, $i = 1, 2, \ldots, k$, unabhängige Zufallsgrößen mit der diskreten Gleichverteilung

$$\mathsf{P}(X_i = 0) = \mathsf{P}(X_i = 1) = \cdots = \mathsf{P}(X_i = b - 1) = 1/b.$$

Dann heißt die Zufallsgröße $Y_b{}^k = \sum_{i=1}^{k} X_i/b^i$ *(b, k)-quasigleichverteilt* im Intervall [0, 1).

Für $b = 10$ sind die X_i in der obigen Definition Ziffern eines zufälligen Dezimalbruches mit k Stellen. Für jedes natürliche $b > 1$, insbesondere auch für die rechentechnisch bedeutendsten Fälle $b = 2$ und $b = 10$, gilt der folgende Satz, der den Grad der Approximation einer Gleichverteilung durch Quasigleichverteilungen bestimmt.

11.1.1.3. Satz (Ermakow [2]). (a) Die im Intervall $[0, 1)$ quasigleichverteilte Zufallsgröße Y_b^k nimmt jeden der Werte i/b^k, $i = 0, 1, \ldots, b^k - 1$, mit der Wahrscheinlichkeit $\mathsf{P}(Y_b^k = i/b^k) = 1/b^k$ an und ist damit diskret gleichverteilt.
(b) Es gilt

$$\mathsf{E}(Y_b^k) = \frac{1}{2}(1 - b^{-k}) \quad \text{und} \quad \mathsf{V}(Y_b^k) = \frac{1}{12}(1 - b^{-2k}).$$

(c) Z sei im Intervall $[0, 1]$ gleichverteilt, $F_Z(x)$ sei die Verteilungsfunktion von Z. Dann ist $Z_b^k = Y_b^k + Z/b^k$ im Intervall $[0, 1]$ gleichverteilt, und es gilt

$$\mathsf{P}(Y_b^k < x) - F_Z(x) < 1/b^k.$$

Nach diesem Satz kann man im Intervall $[0, 1]$ stetig gleichverteilte Zufallsgrößen durch quasigleichverteilte Zufallsgrößen mittels Vergrößerung der Stellenzahl beliebig genau approximieren sowie die Fehler abschätzen, die bei der Verwendung quasigleichverteilter anstelle gleichverteilter Zufallszahlen auftreten. Technische Geräte und Verfahren, mit denen Zufallszahlen erzeugbar sind, bezeichnet man als *physikalische Zufallszahlengeneratoren*. Häufig benutzt man andererseits algorithmische Verfahren, mit denen „Pseudozufallszahlen" erzeugt werden. Pseudozufallszahlenfolgen stimmen in vielen statistischen Eigenschaften mit echten Zufallszahlenfolgen überein, obwohl sie Resultate deterministischer Algorithmen sind. Beschreibungen von physikalischen Zufallszahlengeneratoren und von Pseudozufallszahlengeneratoren findet man z. B. in Zieliński, [1], Jansson [1], Gorenstein (1967) und Mac Laten/Marsalglia (1965).

11.1.2. Transformation von Zufallszahlen

Um Zufallszahlenfolgen mit beliebiger Verteilung zu erzeugen, transformiert man gleichverteilte Zufallszahlenfolgen mit Hilfe bestimmter Methoden.

Die *Inversionsmethode*, die man auch als *Methode der direkten Transformation* bezeichnet, wird besonders häufig benutzt und beruht auf folgendem Satz.

11.1.2.1. Satz. Es sei Z eine gleichmäßig in $[0, 1]$ verteilte Zufallsgröße, $F(x)$ eine stetige, monoton wachsende Verteilungsfunktion und $G(x)$ eine monoton nichtfallende, rechtsseitig stetige Verteilungsfunktion. Dann gilt:
(a) Die Zufallsgröße $X = F^{-1}(Z)$ hat die Verteilungsfunktion $F(x)$.
(b) Die Zufallsgröße $Y = \inf\{x: Z \leqq G(x)\}$ hat die Verteilungsfunktion $G(x)$.
(c) Für eine Folge $z_1, \ldots, z_n$ in $[0, 1]$ gleichverteilter Zufallszahlen sind $x_i = F^{-1}(z_i)$ und $y_i = \inf\{x: z_i \leqq G(x)\}$ Zufallszahlenfolgen mit den Verteilungen F bzw. G.

11.1.2.2. Beispiel. X sei exponentialverteilt mit dem Parameter λ. Aus $z = 1 - e^{-\lambda x}$ erhält man $\lambda x = -\ln(1 - z)$ und $x = -\frac{1}{\lambda}\ln(1 - z)$ als Umkehrfunktion $F^{-1}(z)$. Folglich ist die Zufallsgröße $X = -\frac{1}{\lambda}\ln(1 - Z)$ exponentialverteilt. Dasselbe gilt für $-\frac{1}{\lambda}\ln Z$, da $1 - Z$ ebenso wie Z in $[0, 1]$ gleichverteilt ist Um gleichverteilte Zufallszahlen in exponentialverteilte zu transformieren, verwendet man also die Transformationsvorschrift $x_i = -\frac{1}{\lambda}\ln z_i$.

11.1.2.3. Beispiel. Y habe eine beliebige diskrete Verteilung $\mathsf{P}(Y = x_k) = p_k$. Aus gleichverteilten Zufallszahlen z_i erzeugt man Realisierungen von Y nach der Vorschrift

$$y_i = x_k \quad \text{mit} \quad k = \min\left\{l : z_i \leqq \sum_{j=0}^{l} p_j\right\}.$$

In Anwendungen der Simulation arbeitet man oft mit empirischen Verteilungen. Simulationssprachen enthalten in der Regel Sprachelemente, mit denen Unterprogramme zur Transformation gleichverteilter Zufallszahlen in Zufallszahlen mit beliebig vorgegebener empirischer Verteilung aufgerufen werden. Diese Unterprogramme wenden meist die Inversionsmethode an.

Die Anwendung der Inversionsmethode ist dann sinnvoll, wenn es wie in den oben angeführten Beispielen auf einfache Weise möglich ist, Werte der Umkehrfunktion der gegebenen Verteilungsfunktion zu bestimmen. Diese Voraussetzung ist für häufig benutzte Verteilungen wie die Normal- oder die Erlang-Verteilung leider nicht erfüllt. Die auf J. von Neumann zurückgehende *Auswahl- oder Eliminationsmethode* ist auf beliebige n-dimensionale zufällige Vektoren anwendbar, die eine beschränkte Verteilungsdichte besitzen. Hier soll nur der Spezialfall einer Zufallsgröße X mit einer Verteilungsdichte $f(x)$ mit $f(x) \leqq c$ und $f(x) = 0$ für $x \notin [a, b]$ behandelt werden.

11.1.2.4. Satz. X bzw. Y seien unabhängige, in $[a, b]$ bzw. $[0, c]$ gleichverteilte Zufallsgrößen, $f(x)$ sei eine Verteilungsdichte mit den oben beschriebenen Eigenschaften. Dann hat die bedingte Verteilung $\mathsf{P}\big(X < x \mid Y < f(X)\big)$ die Verteilungsdichte $f(x)$.

Aus diesem Satz resultiert folgendes Verfahren zur Erzeugung von Zufallszahlen mit der Dichte $f(x)$:

(i) Man erzeugt eine Realisierung (x, y) von (X, Y).

(ii) Falls $y < f(x)$, wird x als Zufallszahl mit der gegebenen Dichte $f(x)$ „ausgewählt", andernfalls wird x verworfen oder „eliminiert".

Es gibt eine Reihe weiterer allgemeiner und spezieller Methoden der Transformation von Zufallszahlen. Unter speziellen Transformationsmethoden werden hier Methoden verstanden, die der Erzeugung von Zufallszahlen eines speziellen Verteilungstyps dienen.

11.1.2.5. Beispiel. Die Summe $Y = X_1 + \cdots + X_n$ von vollständig unabhängigen und identisch mit dem Parameter $\lambda > 0$ exponentialverteilten Zufallsgrößen $X_1, \ldots, X_n$ hat die Erlang-Verteilung Erl (n, λ) (↑ B. 2.5.36). Folglich kann man Zufallszahlen der Verteilung Erl (n, λ) durch Addition von exponentialverteilten Zufallszahlen $x_1, \ldots, x_n$ erzeugen. Nach B. 11.1.2.2 erhält man aus den gleichverteilten $z_1, \ldots, z_n$ nach

$$y = -\frac{1}{\lambda} \sum_{i=1}^{n} \ln z_i = -\frac{1}{\lambda} \ln (z_1 \ldots z_n)$$

Zufallszahlen y mit der Erlang-Verteilung Erl (n, λ).

Zufallszahlen mit der Hyper-Erlang-Verteilung

$$F(x) = \sum_{i=1}^{n} a_i \mathrm{E}_{k_i, \lambda_i}(x), \quad \sum_{i=1}^{n} a_i = 1, \quad a_i > 0 \quad \text{für} \quad i = 1, \ldots, n,$$

lassen sich nach dem folgenden Verfahren erzeugen: Man erzeugt Realisierungen u einer diskreten Zufallsgröße U mit der Verteilung $\mathsf{P}(U = i) = a_i$, $i = 1, \ldots, n$, und erhält mit $-\frac{1}{\lambda_u} \ln (z_1 z_2 \ldots z_{k_u})$ die gesuchten Zufallszahlen mit Hyper-Erlang-Verteilung.

11.1.2.6. Beispiel. Nach S. 2.12.2 genügt die Folge $Z_1, Z_2, \ldots$ vollständig unabhängiger und in $[0, 1]$ gleichverteilter Zufallsgrößen dem zentralen Grenzwertsatz. Die Konvergenz der Verteilung von

$$X^{(n)} = \left(\sum_{i=1}^{n} Z_i - n/2\right) \Big/ \sqrt{n/12} = \frac{3}{n} \sum_{i=1}^{n} (2Z_i - 1)$$

gegen die Normalverteilung N(0, 1) erfolgt so schnell, daß man sich praktisch auf $n = 12$ beschränken kann, wofür sich die obige Formel auf $X^{(12)} = \sum_{i=1}^{12} Z_i - 6$ vereinfacht. Die Summe von zwölf gleichverteilten Zufallszahlen kann man also mit einer für die meisten Anwendungen ausreichenden Genauigkeit als normalverteilte Zufallszahl benutzen.

Bezüglich weiterer, hier nicht behandelter Transformationsmethoden wird auf Ermakow [2], Ermakow/Michailow [1], Jansson [1], Polljak [1], Sobol [1] und Zieliński [1] verwiesen. In der Bibliographie von Granowski/Ermakow (1977) findet man Hinweise auf Zeitschriftenliteratur zu diesem Thema.

Der Nutzer einer Simulationssprache kommt in der Regel ohne spezielle Kenntnisse über Methoden zur Erzeugung und Transformation von Zufallszahlen aus, da diese Sprachen oder die sie einschließenden Simulationssysteme vom Hersteller mit Unterprogrammen versehen werden, die diese Methoden implementieren. So werden z. B. im Programmiersystem SIMDIS OS/ES (PS SIMDIS) Zufallszahlen mit gegebener empirischer Verteilung durch Angabe einer Wertetafel der inversen Funktion ihrer Verteilungsfunktion beschrieben. Zufallszahlen mit theoretischen Verteilungen werden durch Angabe „numerischer Standardsymbole" bezeichnet und automatisch erzeugt. In SIMDIS-Programmen bezeichnen die numerischen Standardsymbole

RL1 eine im Intervall $[0, 1)$ quasigleichverteilte Zufallszahl;
DX1(a) eine mit dem Erwartungswert a exponentialverteilte Zufallszahl;
DE1(a,b) eine erlangverteilte Zufallszahl mit dem Erwartungswert a und der Phasenanzahl b.

11.1.3. Simulation zufälliger Vektoren

Wir behandeln jetzt die Erzeugung von Realisierungen zufälliger Vektoren.

11.1.3.1. Satz. Es seien

$$F_1(x) = \mathsf{P}(X_1 < x),$$

$$F_k(x_1, \ldots, x_k) = \mathsf{P}(X_k < x_k \mid X_1 = x_1, \ldots, X_{k-1} = x_{k-1}), \quad 2 \leqq k \leqq n,$$

die aus der gemeinsamen Verteilung abgeleiteten bedingten Verteilungen und $Z_1, \ldots, Z_n$ vollständig unabhängige, in $[0, 1]$ gleichverteilte Zufallsgrößen. Dann besitzen die Lösungen $X_1, \ldots, X_n$ der Folge von Gleichungen

$$F_1(X_1) = Z_1, \qquad F_2(X_1, X_2) = Z_2, \ldots, \qquad F_n(X_1, \ldots, X_n) = Z_n$$

die gemeinsame Verteilungsfunktion $F_{(X_1,\ldots,X_n)}(x_1, \ldots, x_n)$. Folglich erhält man aus einer Realisierung $z_1, \ldots, z_n$ von $Z_1, \ldots, Z_n$ durch aufeinanderfolgende Lösung der obenstehenden Gleichungen eine Realisierung des zufälligen Vektors $\boldsymbol{X}$.

11.1.3.2. Beispiel. $\boldsymbol{X}$ sei ein n-dimensionaler normalverteilter Vektor mit der Wahrscheinlichkeitsdichte

$$f(x_1, \ldots, x_n) = c \exp\left\{-\frac{1}{2} \sum_{i,j} b_{ij}(x_i - a_i)(x_j - a_j)\right\}.$$

Dann gilt folgendes: Wenn $X_1, \ldots, X_{k-1}$ die Werte $x_1, \ldots, x_{k-1}$ besitzen, so ist X_k normalverteilt mit der Varianz $1/b_{kk}$ und dem Erwartungswert

$$m(k, x_1, \ldots, x_{k-1}) = a_k - \frac{1}{b_{kk}} \sum_{i=1}^{k-1} b_{ik}(x_i - a_i).$$

Da man andererseits eine $N(a, \sigma^2)$-verteilte Zufallsgröße Z aus einer $N(0, 1)$-verteilten Zufallsgröße Y nach der Beziehung $Z = a + \sigma Y$ erhält, kann man für gegebene $x_1, \ldots, x_{k-1}$

$$X_k = m(k, x_1, \ldots, x_{k-1}) + \frac{1}{\sqrt{b_{kk}}} Y_k$$

berechnen, wobei $Y_1, \ldots, Y_k$ eine Folge vollständig unabhängiger $N(0, 1)$-verteilter Zufallsgrößen bezeichnet. Folglich läßt sich aus einer Realisierung $y_1, \ldots, y_n$ der Folge $Y_1, \ldots, Y_n$ nach der obigen Formel eine Realisierung des zufälligen Vektors $\boldsymbol{X}$ auf rekursivem Wege berechnen, falls dieser nicht entartet ist.

11.2. Simulation einiger Klassen zufälliger Prozesse

Eine Möglichkeit der Simulation von Bedienungssystemen besteht darin, den zufälligen Prozeß zu bestimmen und zu simulieren, der das Zeitverhalten des Systems widerspiegelt. Der Abstraktionsprozeß vom realen Objekt zum stochastischen Prozeß läßt wesentliche Merkmale dieses realen Prozesses hervortreten und ermöglicht die direkte Anwendung von Resultaten der Theorie der zufälligen Prozesse. Ein Vorteil dieser, im vorliegenden Abschnitt dargestellten Methode liegt in ihrem relativ niedrigen Rechenzeit- und Speicherplatzaufwand, der ihre Anwendung auch auf Kleinrechnern ermöglicht. Als Nachteil gegenüber der in [11.3] und [11.4] beschriebenen zweiten Möglichkeit der direkten Simulation des Bedienungssystems gelten der höhere Abstraktionsaufwand und der größere „konzeptionelle Abstand" zwischen Bedienungssystem und Simulationsmodell, der die Modellbildung und das Experimentieren am Modell erschwert (vgl. Kreutzer (1976)).

Die allgemeine, diese Methode charakterisierende Vorgehensweise kann wie folgt beschrieben werden: Es ist ein zufälliger Prozeß $\big(X(t), t \geqq 0\big)$ zu finden, der das zeitliche Verhalten eines Bedienungssystems erfaßt, so daß die zu untersuchende, das Bedienungssystem charakterisierende Größe f ein Funktional dieses Prozesses ist, d. h., $f = f\big((X(t), t \geqq 0)\big)$. Wenn man eine Folge von Realisierungen $\big(x_i(t), t \geqq 0\big)$, $i = 1, 2, \ldots, n$, gewinnen kann, läßt sich daraus durch Mittelwertberechnung ein Schätzwert für $f\Big(\big(X(t), t \geqq 0\big)\Big)$ bestimmen:

$$\mathsf{E}f\Big(\big(X(t), t \geqq 0\big)\Big) \approx \bar{f}_n = \frac{1}{n}(f_1 + \cdots + f_n), \quad \text{wobei}$$

$$f_i = f\Big(\big(x_i(t), t \geqq 0\big)\Big), \qquad i = 1, 2, \ldots, n.$$

Für die Verteilungsfunktion $\mathsf{P}\Big(f\big((X(t), t \geqq 0)\big) < x\Big)$ gilt

$$\mathsf{P}(f < x) \approx \frac{1}{n} \sum_{i=1}^{n} \delta_0(x - f_i)$$

mit $\delta_0(x) = 0$ für $x \leqq 0$ und $\delta_0(x) = 1$ für $x > 0$.

Die Durchführung dieser Methode besteht dann in der Konstruktion eines Simulationsalgorithmus für den zufälligen Prozeß und in der Realisierung dieses Algorithmus, der für jede Realisierung des Prozesses einen Wert des Funktionals f bestimmt. Die Simulation des zufälligen Prozesses $\big(X(t), t \geqq 0\big)$ kann erfolgen durch

(a) eine schrittweise Realisierung, d. h. die Konstruktion von Werten $x(t_i)$ für äquidistante Zeitpunkte t_i oder
(b) eine Berechnung von Werten $x(t_i)$ zu „*Ereigniszeitpunkten*" t_i, die zur Berechnung von f ausreichen.

So reicht es z. B. für die Bestimmung der Verlustwahrscheinlichkeit eines Bedienungsssystems aus, das System in den Zeitpunkten zu untersuchen, wo Forderungen auftreten.

11.2.1. Simulation eines homogenen Poissonschen Forderungenstromes

Die Simulation eines homogenen Poissonschen Forderungenstromes mit dem Parameter $\lambda > 0$ kann nach einer der folgenden Methoden erfolgen:

11.2.1.1. Infinitesimalmethode. X_i, $i = 1, 2, \ldots$, seien vollständig unabhängige Zufallsgrößen mit der Zweipunktverteilung $\mathsf{P}(X_i = 0) = 1 - p$, $\mathsf{P}(X_i = 1) = p$, wobei p hinreichend klein ($p < 0{,}1$) gewählt sei. Weiter sei $N = \min \{i\colon X_i = 1\}$, und Z sei im Intervall $[0, 1]$ gleichverteilt. Für die Realisierungen n und z wird $(n - z)\, p/\lambda$ der Zeitpunkt des Eintreffens der ersten Forderung. Weitere Paare (z, n) liefern neue Realisierungen der zufälligen Pausenzeit.

11.2.1.2. Schrittfolgemethode. Da die Pausenzeiten A_i des Poissonschen Stromes vollständig unabhängige exponentialverteilte Zufallsgrößen sind, läßt sich dieser Strom mit Hilfe einer Folge von Realisierungen einer mit dem Parameter λ exponentialverteilten Zufallsgröße erzeugen.

11.2.1.3. Methode der unabhängigen Erzeugung zufälliger Punkte. In einem Intervall $(0, t)$ werden K Punkte $T_i = tZ_i$, $i = 1, 2, \ldots, K$, bestimmt, wobei K eine poissonverteilte Zufallsgröße mit dem Parameter λ und Z_i, $i = 1, 2, \ldots, K$, vollständig unabhängige, in $[0, 1]$ gleichverteilte Zufallsgrößen sind. Dann stellen die aufsteigend sortierten T_i den Forderungenstrom im Intervall $(0, t)$ dar. Anschließend an eine Realisierung dieses Verfahrens, die Punkte im Intervall $(0, t)$ liefert, wird es erneut angewandt und erzeugt Punkte im Intervall $(t, 2t)$ durch Addition von t usw. Oft benutzt man die folgende Variante dieser Methode: Das Intervall $(0, t)$ wird hinreichend groß gewählt, so daß λt eine große ganze Zahl ($\lambda t \geqq 100$) wird. Dann sind die Ereigniszeitpunkte des Poissonschen Stromes im Intervall $(0, t)$ durch tZ_i, $i = 1, 2, \ldots, \lambda t$, bestimmt.

11.2.2. Simulation homogener Markowscher Ketten mit diskreter Zeit

Es seien $(X_n, n = 0, 1, \ldots)$ eine homogene Markowsche Kette mit diskreter Zeit und $\mathscr{E}$ deren höchstens abzählbare Zustandsmenge, $P_i^0 = \mathsf{P}(X_0 = i)$, $i \in \mathscr{E}$, und $P_{ij} = \mathsf{P}(X_{k+1} = j \mid X_k = i)$, $i, j \in \mathscr{E}$, $k \in \mathbb{G}_+$.

Zur Simulation eines Anfangszustandes wird eine in $[0, 1]$ gleichverteilte Zufallszahl in eine Zufallszahl mit der diskreten Verteilung (P_i^0), $i \in \mathscr{E}$, transformiert. Wenn $x_0, x_1, \ldots, x_k$ bereits realisiert sind und $x_k = i$, gewinnt man x_{k+1} aus einer in $[0, 1]$ gleichverteilten Zufallszahl durch Transformation nach der diskreten Verteilung (P_{ij}), $j \in \mathscr{E}$.

Für Grundmodelle der Bedienungstheorie (z. B. GI/GI/s/∞-, GI/M/s/∞- und M/GI/s/∞-Systeme) ist die Simulation zugehöriger eingebetteter Markowscher Ketten sehr empfehlenswert. Wenn dabei nicht die Übergangsmatrizen, sondern die entsprechenden Rekursionsformeln verwendet werden, werden die Programme kurz und einfach, und die Erzeugung von Zufallszahlen nimmt den größten Raum ein.

11.2.2.1. Beispiel (Simulation von GI/GI/1/∞). Man geht von der Rekursionsformel für die Wartezeiten $\mathring{W}_n$ der Forderungen aus,

$$\mathring{W}_{n+1} = \max(0, \mathring{W}_n + B_n - A_n), \qquad n = 1, 2, \ldots$$

Nach ihr wird ausgehend von $\mathring{W}_0 = 0$ mit Hilfe von Zufallszahlen für Bedienungszeiten B_n und Pausenzeiten A_n rekursiv eine Folge von Wartezeiten erzeugt. Diese wird als Stichprobe aus einer Grundgesamtheit aufgefaßt, die gemäß der stationären Wartezeitverteilung $\mathring{W}(x)$ verteilt ist. Somit gelangt man zu einer Schätzung von $\mathring{W}$. Mit Hilfe der für GI/GI/1/∞ bekannten Zusammenhänge zwischen $\mathring{W}$ und anderen Systemgrößen können alle interessierenden Angaben für das System erhalten werden.

Praktisch auf dieselbe Art und Weise können auch Mehrbedienersysteme behandelt werden.

11.2.3. Simulation sprungartiger homogener Markowscher Prozesse

Ein sprungartiger Markowscher Prozeß $\big(X(t), t \geqq 0\big)$ mit dem Zustandsraum $\mathscr{E}$ und einer σ-Algebra $\mathfrak{B}$ von Teilmengen von $\mathscr{E}$ sei durch die Anfangsverteilung P_0, die Übergangsverteilung $\mathsf{P}\big(X(t_{n+1}) \in \mathscr{B} \mid X(t_n)\big)$, $\mathscr{B} \in \mathfrak{B}$, und die Übergangsintensität $\lambda(x)$, $x \in \mathscr{E}$, in folgender Weise bestimmt: Wenn $X(t)$ zum Zeitpunkt t_n im Zustand x_n ist, so gilt $X(t) = x_n$ für $t \in \big[t_n, t_n + T(x_n)\big)$, und nach einer zufälligen Zeit $T(x_n)$ mit der Verteilungsfunktion $\mathsf{P}\big(T(x_n) < t\big) = 1 - \mathrm{e}^{-\lambda(x_n)t}$, $t \geqq 0$, erfolgt zum Zeitpunkt $t_{n+1} = t_n + T(x_n)$ der Übergang in den durch die Übergangsfunktion bestimmten neuen Zustand x_{n+1}.

Die Simulation dieses Prozesses beginnt mit der Bestimmung eines Anfangszustandes x_0 und der Realisierung einer mit der Verteilungsfunktion $1 - \mathrm{e}^{-\lambda(x_0)t}$ verteilten Zeit t. Zum Zeitpunkt $t_1 = t + 0$ erfolgt der Übergang in einen Zustand x_1, der sich aus der Übergangsfunktion ableitet usw. Für eine abzählbare Zustandsmenge $\mathscr{E}$ wird $\big(X(t), t \geqq 0\big)$ ein homogener Markowscher Prozeß, der durch die Anfangsverteilung $\mathsf{P}_0 = (P_i{}^0)$, $i = 1, 2, \ldots$, und durch die Übergangsintensitäten λ_{ij} gegeben ist. In diesem Falle wird $i = x$ und $\lambda_i = \lambda(x) = \sum_{j \neq i} \lambda_{ij}$. Die Übergangsverteilung ist durch (P_{ij}), $P_{ij} = \lambda_{ij}/\lambda_i$, $i, j = 1, 2, \ldots$, bestimmt.

11.2.4. Simulation homogener Markowscher Ketten mit stetiger Zeit

Bedienungssysteme lassen sich oft durch homogene Markowsche Ketten mit stetiger Zeit und abzählbarer Zustandsmenge $\mathscr{E}$ modellieren. Der Zustand $X(t)$ eines Bedienungssystems zum Zeitpunkt t werde durch i bezeichnet. $X_j(t)$, $j = 1, 2, \ldots, n$, seien die Restzeiten vom Zeitpunkt t bis zur Beendigung der Operation O_{ij} des Bedienungssystems, die als vollständig unabhängig und exponentialverteilt mit den Parametern μ_{ij} betrachtet werden. P_{ik}^j sei die Wahrscheinlichkeit dafür, daß der Prozeß aus dem Zustand i bei Beendigung der Operation O_{ij} in den Zustand k übergeht. Unter diesen Voraussetzungen ist $\big(X(t), t \geqq 0\big)$ ein homogener Markowscher Prozeß mit den Übergangsintensitäten

$$\lambda_{ik} = \sum_j \mu_{ij} P_{ik}^j, \quad i \neq k \quad \text{und} \quad \lambda_i = \sum_j \mu_{ij}.$$

Oft wird zur Simulation Markowscher Modelle von Bedienungssystemen folgendes Verfahren angewandt: Zum Zeitpunkt t_0 sei $X(t)$ in den Zustand i übergegangen, in dem die Operationen O_{ij} ausgeführt werden. Dann werden die Restzeiten X_j bis zum Abschluß der Operationen O_{ij} als exponentialverteilte Zufallsgrößen mit den Parametern μ_{ij} bestimmt und min X_j gibt den Zeitpunkt an, zu dem $X(t)$ den Zustand i verläßt. Dieses Verfahren ist im Falle einer großen Anzahl von Operationen O_{ij} nicht zweckmäßig. Dann wird es vorteilhafter, min X_j als exponentialverteilte Zufallsgröße mit dem oben definierten Parameter λ_i zu simulieren und anschließend die Nummer der zu diesem Zeitpunkt beendeten Operation durch Simulation einer Zufallsgröße mit der Verteilung (P_j), $P_j = \mu_{ij}/\lambda_i$ zu berechnen.

Durch X_n werde der Zustand von $\big(X(t),\, t \geqq 0\big)$ nach dem n-ten Übergang bezeichnet, wobei $X_0 = X(+0)$ angenommen werde. Dann ist die Folge $(X_n,\, n \geqq 0)$ eine homogene Markowsche Kette mit den Übergangswahrscheinlichkeiten $P_{ik} = \lambda_{ik}/\lambda_i$. In der Regel ist es vorteilhafter, die eingebettete Markowsche Kette $(X_n,\, n \geqq 0)$ zu simulieren, als den Prozeß $\big(X(t),\, t \geqq 0\big)$.

11.2.4.1. Beispiel (Intensität eines homogenen Ereignisstromes; Verlust von Forderungen, Ausfälle des Bedienungsgerätes). Wenn die Ereignisse des Stromes mit dem Übergang von $X(t)$ aus dem Zustand i in den Zustand j verbunden sind, so ist μ die gesuchte Intensität, wobei p_i die stationäre Wahrscheinlichkeit des Zustandes i der Markowschen Kette bezeichnet. Folglich wird der Ausdruck

$$\hat{\mu}_n = \frac{\lambda_{ij}}{n} \sum_{l=0}^{n-1} \delta_{x_l i}$$

mit dem Kronecker-Symbol δ_{ik} für ergodische Markowsche Ketten $(X_n,\, n \geqq 0)$, der sich für eine Realisierung $x_0, x_1, \ldots, x_{n-1}$ leicht berechnen läßt, eine konsistente Schätzung für μ.

11.2.4.2. Beispiel. Ein beliebiges lineares Funktional $I = \sum\limits_i f_i p_i$ der stationären Verteilung (p_i) des zufälligen Prozesses $\big(X(t),\, t \geqq 0\big)$ läßt sich in der Form

$$I = \sum_i (f_i/\lambda_i) \Big/ \sum_i 1/\lambda_i$$

darstellen. Als konsistente Schätzung für I dient

$$\hat{I}_n = \sum_{l=0}^{N-1} (f_{x_l}/\lambda_{x_l}) \Big/ \sum_{l=0}^{N-1} 1/\lambda_{x_l}.$$

Insbesondere kann als konsistente Schätzung der stationären Wahrscheinlichkeit dafür, daß sich $\big(X(t),\, t \geqq 0\big)$ in einem Zustand aus einer Menge $\mathcal{D}$ befindet, der Ausdruck

$$P_n(\mathcal{D}) = \frac{\sum\limits_{l=0}^{n-1} \Delta_{\mathcal{D}}(x_l)/\lambda_{x_l}}{\sum\limits_{l=0}^{n-1} 1/\lambda_{x_l}}$$

mit $\Delta_{\mathcal{D}}(i) = 1$ für $i \in \mathcal{D}$ und $\Delta_{\mathcal{D}}(i) = 0$ für $i \notin \mathcal{D}$ dienen.

11.2.4.3. Beispiel. Oft interessiert die Schätzung der Verteilung des Zeitpunktes Z, zu dem $X(t)$ erstmalig in einen Zustand einer Menge $\mathcal{D}$ fällt. Dabei sind Fälle nicht selten, in denen dieser Übergang erst nach einer sehr großen Zahl anderer Übergänge und darüber hinaus auch erst nach einer Vielzahl von Übergängen in einen gewissen fixierten Zustand auftritt. In diesen Fällen kann man zunächst X_n bis zum Erreichen eines Zustandes aus $\mathscr{D}$ simulieren ($x_r \in \mathscr{D}$, $x_n \notin \mathscr{D}$ für $n < r$) und erhält dann eine Realisierung von Z als normalverteilte Zufallsgröße mit Erwartungswert und Varianz

$$a = \sum_{n=0}^{r-1} 1/\lambda_{x_n} \quad \text{bzw.} \quad \sigma^2 = \sum_{n=0}^{r-1} 1/\lambda_{x_n}^2 .$$

Es ist klar, daß a und σ^2 bei folgenden Realisierungen wesentlich abweichende Werte annehmen können, so daß die Verteilung von Z i. allg. nicht angenähert normal zu sein braucht.

11.2.4.4. Beispiel. Ein homogener ergodischer Markowscher Prozeß $\left(X(t),\, t \geqq 0\right)$ mit endlicher Anzahl von Zuständen sei in folgender Weise mit einem Ereignis A verknüpft: Wenn der Prozeß zum Zeitpunkt t_0 in den Zustand i eintritt und in diesem Zustand bis zum Zeitpunkt $t_0 + t$ bleibt, so kann das Ereignis A im Intervall $(t_0 + t,\, t_0 + t + \Delta)$ mit der Wahrscheinlichkeit $\mu_i(x)\, \Delta + o(\Delta)$ auftreten. Wenn weiterhin $\mu_i(x)$ von einem gewissen Parameter ε abhängt, so daß

$$u_i = \int_0^\infty \mu_i(x)\, \mathrm{e}^{-\lambda_i x}\, \mathrm{d}x \to 0 \qquad \text{für} \qquad \varepsilon \to 0,$$

so ist der Zeitpunkt Z des ersten Auftretens von A asymptotisch (für ($\varepsilon \to 0$) exponentialverteilt mit dem Parameter

$$\mu = \sum_i p_i u_i \Big/ \sum_i p_i/\lambda_i .$$

Als konsistente Schätzung dieses Parameters dient

$$\hat{\mu}_n = \sum_{l=0}^{n-1} u_{x_l} \Big/ \sum_{l=0}^{n-1} 1/\lambda_{x_l} .$$

11.2.5. Simulation inhomogener Markowscher Ketten mit stetiger Zeit

Die für die Anwendungen wichtigste Klasse dieser Prozesse ist bestimmt durch Übergangsintensitäten $\alpha_{ij}(t)$ (aus dem Zustand i in den Zustand j) und $\alpha_i(t)$ mit

$$\alpha_i(t) = \sum_{j \neq i} \alpha_{ij}(t), \qquad i, j \in \mathscr{E}.$$

Es sei $t_0 = 0$ und t_n, $n \geqq 1$, der Zeitpunkt der n-ten Zustandsänderung eines zufälligen Prozesses $\left(X(t),\, t \geqq 0\right)$ dieser Klasse.

Zunächst berechnet man eine Realisierung von $X_0 = X(0)$, wozu eine Anfangsverteilung gegeben sein muß. Für die Durchführung der Simulation gibt es zwei Möglichkeiten. Die erste ist mit der Δt-Methode verwandt. Die Trajektorie $x(t)$ sei bereits im Intervall $(0, d)$ bestimmt, und es sei $x(d - 0) = i$. (Im Falle $d = 0$ sei $x(0) = i$.) Weiterhin sei

$$p_{di} = \int_d^{d+\Delta} \alpha_i(t)\, \mathrm{d}t .$$

Dabei wird Δ so klein gewählt, daß $p_{\Delta i} \leqq 0{,}1$. Dann wird ein zufälliger Versuch mit der Erfolgswahrscheinlichkeit $p_{\Delta i}$ und der Mißerfolgswahrscheinlichkeit $1 - p_{\Delta i}$ realisiert. Im Falle des Mißerfolgs setzt man $x(t) = i$, $d \leqq t < d + \Delta$. Im Erfolgsfall wird eine im Intervall $[0, 1]$ gleichverteilte Zufallszahl z dazu benutzt, den Übergangszeitpunkt $t^* = d + z\Delta$ zu bestimmen. Schließlich wird ein neuer Zustand j mit Hilfe der diskreten Verteilung $\left(\alpha_{ij}(t^*)/\alpha_i(t^*)\right)$ erzeugt, und man setzt

$$x(t) = i, \quad d = t < t^* \quad \text{und} \quad x(t) = j, \quad t^* \leqq t < d + \Delta .$$

Bei der zweiten Methode wird parallel zu der Markowschen Kette ein Poissonscher Strom mit dem Parameter λ simuliert, wobei $\alpha_i(t) \leqq \lambda$ für alle t und i. Ein solcher Poissonscher Strom kann sehr einfach simuliert werden, wenn man beachtet, daß die Abstände zwischen den Ereignissen unabhängig sind und eine Exponentialverteilung mit dem Parameter λ haben. t_n sei der Zeitpunkt des n-ten Ereignisses für diesen Strom, $n = 1, 2, \ldots, t_0 = 0$. Die Markowsche Kette verändert ihre Zustände nur in bestimmten Zeitpunkten unter den t_n. Wenn nun $x(t_{n-1} + 0) = i$ (im Falle $n = 1 : x(0) = i$) bereits berechnet ist, wird ein Versuch mit der Erfolgswahrscheinlichkeit $\alpha_i(t_n)/\lambda$ und der Mißerfolgswahrscheinlichkeit $1 - \alpha_i(t_n)/\lambda$ durchgeführt. Im Falle des Mißerfolgs bleibt $x(t) = i$ für $t_{n-1} < t \leqq t_n + 0$, im Erfolgsfall wird ein j nach der Verteilung $\{\alpha_{ij}(t_n)/\alpha_i(t_n)\}$ ausgewählt, und man setzt $x(t) = i$ für $t_{n-1} < t \leqq t_n$ und $x(t_n + 0) = j$.

11.2.5.1. Beispiel (Simulation eines Poissonschen Stromes mit zeitabhängiger Intensität $\lambda(t)$). Es sei t_n der Zeitpunkt des n-ten Ereignisses eines weiteren Poissonschen Stromes mit konstantem Parameter λ, $\lambda > \lambda(t)$, $t \geqq 0$. $X(t)$ sei die Anzahl der Ereignisse des Poissonschen Stromes mit dem Parameter $\lambda(t)$ im Intervall $(0, t)$. (Der Zeitpunkt des n-ten Ereignisses ist der Moment des Überganges von $X(t)$ aus dem Zustand $n - 1$ in den Zustand n.) Falls $x(t_{n-1} + 0) = k$ ist, wird ein Versuch mit der Erfolgswahrscheinlichkeit $\lambda(t_n)/\lambda$ und der Mißerfolgswahrscheinlichkeit $1 - \lambda(t_n)/\lambda$ durchgeführt. Im Falle des Mißerfolgs wird $x(t) = k$, $t_{n-1} < t \leqq t_n + 0$, im Falle des Erfolgs wird $x(t) = k$, $t_{n-1} < t \leqq t_n$ und $x(t_n + 0) = k + 1$ gesetzt. Der Zeitpunkt t_n ist in diesem Fall der Moment des $(k + 1)$-ten Ereignisses des zu simulierenden Poissonschen Stromes.

Ergänzend sei auf die folgende Methode zur Simulation desselben Stromes hingewiesen. t_n' sei der Zeitpunkt des n-ten Ereignisses des Poissonschen Stromes mit konstantem Parameter λ. t_n sei dieser Zeitpunkt für den Strom mit dem Parameter $\lambda(t)$. Dann kann man t_n als Wurzel der Gleichung $\Lambda(t_n) = \lambda t_n'$ mit $\Lambda(t) = \int_0^t \lambda(u)\, du$ bestimmen.

11.2.6. Simulation von Erneuerungsprozessen und regenerativen Prozessen

Ein Erneuerungsprozeß sei durch die Folge $X_1, X_2, \ldots$ unabhängiger, nichtnegativer Zufallsgrößen und durch die Folge $T_1, T_2, \ldots, T_k = X_1 + \cdots + X_k$ charakterisiert. Es gelte

$$F_{X_1}(x) = F_1(x), \quad F_{X_n}(x) = F(x), \quad n \geqq 2.$$

Eine Realisierung von $(T_n, n = 1, 2, \ldots)$ erhält man nach der Inversionsmethode (↑ [11.1.2]) nach den Formeln

$$X_1 = F_1^{-1}(Z_1), \quad X_n = F^{-1}(Z_n), \quad n \geqq 2,$$

aus vollständig unabhängigen, im Intervall [0, 1] gleichverteilten Z_n, $n = 1, 2, \ldots$ Für die Folge von Realisierungen $z_1, z_2, \ldots$ berechnet man nach diesen Formeln die Folge $x_1, x_2, \ldots$ und daraus nach

$$t_1 = x_1, \quad t_n = t_{n-1} + x_n, \quad n \geqq 2,$$

die Folge der Zeitpunkte $t_1, t_2, \ldots$ Nach jedem Schritt prüft man gemäß der jeweiligen Aufgabenstellung eine der Abbruchbedingungen $t_n < T_0$ oder $n < N$.

Sehr häufig kommt es vor, daß stationäre Erneuerungsprozesse zu simulieren sind, für die

$$F_1(x) = \frac{1}{a} \int\limits_0^x \big(1 - F(t)\big)\,dt, \quad x \geqq 0, \quad a = \int\limits_0^\infty x\,dF(x)$$

gilt. In diesen Fällen läßt es sich vermeiden, zwei verschiedene Umkehrfunktionen $F_1^{-1}(x)$ und $F^{-1}(x)$ zu speichern. Die folgende Methode stützt sich lediglich auf $F^{-1}(x)$. Die für eine konkrete Aufgabe geforderte Genauigkeit berücksichtigend, wird ein $T > 0$ so gewählt, daß es zulässig ist, anstelle von X_1 die Zufallsgröße X_1^* mit der Verteilungsfunktion

$$F_{X_1*}(x) = \begin{cases} F_{X_1}(x)/F_{X_1}(T), & x \leqq T, \\ 1, & x > T, \end{cases}$$

zu benutzen. Dieses X_1^* kann man in folgender Weise simulieren: (Z_1^n, Z_2^n), $n = 1, 2, \ldots,$ seien vollständig unabhängige, im Intervall [0, 1] gleichverteilte Zufallsgrößen. Für

$$i = \min\{n \geqq 1 : TZ_2^n < F^{-1}(Z_1^n)\} \quad \text{gilt} \quad X_1^* = Z_2^i.$$

Dieses Verfahren zur Speicherplatzeinsparung erhöht u. U. den Rechenzeitaufwand, da im Mittel $2T \Big/ \int\limits_0^T \big(1 - F(t)\big)\,dt$ Versuche nötig sind, um X_1^* zu bestimmen.

Für die in [3.2.6] definierten regenerativen Prozesse sind Zyklen grundlegender Bestandteil der Modellbeschreibung. Falls die Folge der Regenerationspunkte wie im vorigen Abschnitt durch eine Verteilungsfunktion $F_1(x)$ für die Länge X_1 des Anfangsabschnittes und eine Verteilungsfunktion $F_x(x) = F(x)$ für die Länge aller folgenden Zyklen bestimmt ist, läßt sich nach der dort angegebenen Methode oft die Speicherung von $F_1(x)$ vermeiden.

11.2.7. Simulation semimarkowscher Prozesse

Ein semimarkowscher Prozeß sei durch die Anfangsverteilung (P_i^0), die Übergangswahrscheinlichkeiten P_{ij} und eine Menge von Verweilzeitverteilungsfunktionen $F_{ij}(x)$, $i, j \in \mathcal{E}$, für den abzählbaren Zustandsraum $\mathcal{E}$ bestimmt. Diesen Prozeß kann man in der folgenden naheliegenden Weise simulieren: Zuerst wird ein Anfangszustand i nach der Verteilung (P_i^0) ausgewählt. Für $x(0 + 0) = i$ wird nun entsprechend (P_{ij}), $j \in \mathcal{E}$ ein j realisiert. Anschließend bestimmt man eine Realisierung y_1 einer Zufallsgröße mit der Verteilungsfunktion $F_{ij}(x)$. Nun setzt man $x(t) = i$, $0 < t < y_1$, und betrachtet y_1 als den Zeitpunkt der ersten Zustandsänderung des Prozesses, so daß gilt $x(y_1 + 0) = j$.

Wenn nun t_n als Zeitpunkt der n-ten Zustandsänderung des semimarkowschen Prozesses bereits berechnet ist und $x(t_n + 0) = i$ gilt, wird ein j gemäß der Verteilung (P_{ij}) ausgewählt, ein y_{n+1} nach der Verteilungsfunktion $F_{ij}(x)$ bestimmt, und man setzt

$$t_{n+1} = t_n + y_{n+1}; \quad x(t) = i, \quad t_n < t \leqq t_{n+1}; \quad x(t_{n+1} + 0) = j.$$

Ergänzend sei bemerkt, daß für einen semimarkowschen Prozeß auch uneigentliche Verteilungsfunktionen $F_{ij}(x)$ zulässig sind, d. h., es kann $F_{ij}(\infty) < 1$ sein. In diesem Falle wird mit der Wahrscheinlichkeit $1 - F_{ij}(\infty)$ das entsprechende $y_{n+1} = \infty$, so daß die Simulation des semimarkowschen Prozesses an dieser Stelle mit $x(t) = i, t_{n+1} < t < \infty$ abbricht.

Falls im semimarkowschen Prozeß eine besondere Verteilung für den Zeitpunkt der ersten Zustandsänderung gegeben ist, kann der angegebene Algorithmus auf einfache Weise entsprechend modifiziert werden.

Ein anderes Verfahren zur Simulation semimarkowscher Prozesse ist das folgende: $x(t)$ habe zum Zeitpunkt t_n den Wert i. Man erzeugt Realisierungen y_j von Zufallsgrößen Y_j mit den Verteilungsfunktionen $G_{ij}(x)$, die durch

$$G_{ij}(x) = 1 - \exp\left(-\int_0^x \frac{P_{ij}\,\mathrm{d}F_{ij}(z)}{\sum\limits_k P_{ik}\big(1 - F_{ik}(z)\big)}\right), \quad x \geqq 0,$$

bestimmt sind und setzt

$$t_{n+1} = t_n + \min_j\,(y_j), \quad x(t) = i, \quad t_n < t \leqq t_{n+1},$$

$$x(t_{n+1} + 0) = j', \quad j' \in \{k : u_k = \min_j\,(y_j)\}.$$

In Anwendungsfällen lassen sich die y_j als im System ablaufende Operationen interpretieren, so daß diese Simulationsmethode völlig natürlich wird.

11.2.8. Simulation von Bedienungssystemen mit Hilfe stückweise linearer Markowscher Prozesse

11.2.8.1. Einführung

Ein Grundprinzip bei der Simulation von Bedienungssystemen ist deren Markowisierung durch Zusatzvariable (↑ [5.4]). Gewöhnlich lassen sich diese Zusatzvariablen so konstruieren, daß sie den Grad der Realisierung von Operationen beschreiben, die in bestimmten Systemzuständen ablaufen.

N. P. Buslenko [1] schlug vor, Modelle komplizierter Systeme aus Teilsystemen, sogenannten „Aggregaten", aufzubauen. Unter Anwendung der Buslenkoschen Ideen entwickelte Kowalenko (1964) das Schema der „stückweise linearen Aggregate", aus dem universelle und spezielle Modelle von Bedienungssystemen abgeleitet und mit Hilfe der Monte-Carlo-Methode untersucht werden können (vgl. auch W. N. Buslenko [1] und Lutkow [1]).

11.2.8.1. Beispiel. Ein GI/GI/1/∞-System mit den Verteilungsfunktionen $A(x)$ bzw. $B(x)$ für die Pausenzeit bzw. für die Bedienungszeit sei zu simulieren, um die mittlere Wartezeit einer Forderung zu bestimmen. Für dieses System bezeichnen $N(t)$ die Anzahl der Forderungen im System zum Zeitpunkt t, $Z_1(t)$ die Zeit von t bis zum Auftreten der nächsten Forderung, $Z_2(t)$ die Zeit von t bis zum Bedienungsende der gerade bedienten Forderung.

$(Y(t),\ t \geqq 0)$ mit $Y(t) = (N(t), Z_1(t), Z_2(t))$ ist ein homogener Markowscher Prozeß. (Seine Dimension ist nicht konstant: für $N(t) = 0$ existiert nur eine Zusatzvariable.) Er läuft in folgender Weise ab: Wenn beide $z_i(t)$ (Realisierungen von $Z_i(t)$) größer als Null sind, so fallen diese Funktionen mit der Geschwindigkeit 1 solange, bis eine von beiden Null wird. Falls $z_1(t-0) = 0$, so wird $z_1(t+0) = v_1$ = Realisierung einer Zufallsgröße mit der Verteilungsfunktion $A(x)$ und $n(t+0) = n(t-0) + 1$ (Ankunft einer Forderung). Falls $z_2(t-0) = 0$ (Bedienungsende), so wird $z_2(t+0) = v_2$ = Realisierung einer Zufallsgröße mit der Verteilungsfunktion $B(x)$, falls $n(t-0) > 1$, sonst $z_2(t+0) = 0$ und stets $n(t+0) = n(t-0) - 1$.

Durch die beschriebenen Bedingungen ist das Verhalten von $(Y(t),\ t \geqq 0)$ genau bestimmt, wenn noch die Anfangsverteilung für $Y(0)$ gegeben ist.

Zunächst sei noch angenommen, daß zum Zeitpunkt $t = 0$ keine Forderung im System ist. Dann lassen sich aus einer Trajektorie $y(t)$ offensichtlich leicht Werte der folgenden Größen bestimmen: Zeitpunkt t_j des Auftretens der j-ten Forderung, $z_1(t_j - 0) = 0$, $n(t_j + 0) = n(t_j - 0) + 1$; Zeitpunkt s_j des Bedienungsendes der j-ten Forderung; $n_j = n(t_j - 0)$; Wartezeit der j-ten Forderung

$$W_j = \begin{cases} 0, & \text{falls } n_j = 0, \\ s_{j-1} - t_j, & \text{falls } n_j > 0. \end{cases}$$

Folglich wird

$$\hat{w}_m = \frac{1}{m} \sum_{j=1}^{m} (s_{j-1} - t_j) \operatorname{sign} n_j$$

Schätzwert für die Wartezeit einer Forderung.

Die Mittelwertberechnung kann sowohl für unabhängige Realisierungen des Prozesses der Bedienung der ersten m Forderungen als auch bei ausreichend großem m für nur eine Realisierung erfolgen.

11.2.8.2. Beispiel. Ein Bedienungssystem besitze einen rekurrenten Forderungenstrom mit der Verteilungsfunktion $A(x)$ sowie ein Bedienungsgerät mit einer Bedienungsdauer, die im Normalfall ($x = 0$) die Verteilungsfunktion $B(x)$ besitzt. Das Gerät arbeitet im reparaturbedürftigen Zustand ($x = 1$) mit halber Geschwindigkeit und im ausgefallenen Zustand ($x = 2$) mit der Geschwindigkeit Null. Die Zustände wechseln zyklisch in der Reihenfolge 0—1—2—0—···. Die Dauer jedes Zustandes ist eine von der Dauer vorangegangener Zustände unabhängige Zufallsgröße mit der Verteilungsfunktion $F_i(x)$, $i = 0, 1, 2$. Es sei $Y(t) = (X(t), N(t), Z_1(t), Z_2(t), Z_3(t))$,

$X(t)$ = Zustand des Bedienungsgerätes zum Zeitpunkt t,
$N(t)$ = Anzahl der Forderungen im System zum Zeitpunkt t,
$Z_1(t)$ = Restzeit von t bis zur nächsten Zustandsänderung des Bedienungsgerätes,
$Z_2(t)$ = Restzeit von t bis zum Eintreffen der nächsten Forderung,
$Z_3(t)$ = Arbeitsmenge von t bis zur Beendigung der Bedienung der gerade bedienten Forderung, falls es eine solche gibt; sonst ist $Z_3(t) = 0$.

Das Gesetz der Veränderung der eingeführten Variablen besteht in folgendem: Die Variable $Z_1(t)$ fällt ständig mit der Geschwindigkeit 1, bis sie den Wert 0 erreicht. Ist $Z_1(t-0) = 0$ und $X(t-0) = i$, so werden $X(t+0) = i+1$ und $Z_1(t+0) = Y$, wobei Y eine Zufallsgröße mit der Verteilungsfunktion $F_{i+1}(x)$ ist. (Für $i = 2$ wird $i + 1$ durch 0 ersetzt.) Die Variable $Z_2(t)$ fällt mit der Geschwindigkeit 1, bis sie den Wert 0 erreicht und durch eine Zufallsgröße mit der Verteilungsfunktion $A(x)$ ersetzt wird, wobei $N(t)$ um 1 anwächst. $Z_3(t)$ schließlich fällt mit der Geschwindigkeit 1, falls $Z_1(t) = 0$, mit der Geschwindigkeit 1/2, falls $Z_1(t) = 1$ und mit 0 falls $Z_1(t) = 2$ oder $N(t) = 0$ ist. Wenn $Z_3(t)$ Null wird, verringert sich $N(t)$ um 1, falls $N(t-0) \geqq 2$, und $Z_3(t)$ nimmt einen neuen, durch die Verteilungsfunktion $B(x)$ bestimmten Wert an.

Definiert man t_j als den Zeitpunkt des j-ten Sprunges von $N(t)$ nach oben und s_j als den Zeitpunkt des j-ten Sprunges derselben Variablen nach unten, so erhält man die Größe $y_j = s_j - t_j$ als Aufenthaltsdauer der j-ten Forderung im System. Die mittlere Aufenthaltsdauer der ersten m Forderungen ist

$$\bar{y}_m = \frac{1}{m} \sum_{j=1}^{m} y_j,$$

und man kann damit ebenso verfahren wie mit w_m im vorigen Beispiel.

11.2.8.2. Universelle Methode der Simulation von Bedienungssystemen durch stückweise lineare Markowsche Prozesse

Sei $(Z(t),\ t \geqq 0)$ mit $Z(t) = (G(t);\ X_1(t), \ldots, X_{|G(t)|}(t))$ ein stückweise linearer Markowscher Prozeß (↑ [5.5]). Die das System charakterisierende Größe $G(t)$ nehme Werte aus einer abzählbaren Zustandsmenge $\mathcal{G}$ an. Zum Zeitpunkt t laufen im System $|G(t)|$ Operationen. Durch i sei der Wert von $G(t)$ zum Zeitpunkt t bezeichnet; $c_{ij} \geqq 0$, $j = 1, 2, \ldots, |G(t)|$, seien die Geschwindigkeiten dieser Operationen. (Zur Anzahl $|G(t)|$ andauernder Operationen zählen auch unterbrochene, z. B. infolge des Auftretens von Forderungen höherer Priorität.) $X_j(t)$, $j = 1, \ldots, |G(t)|$ bezeichne die Restzeit von t bis zum Abschluß der j-ten Operation; $X_j'(t) = -c_{ij}$. Bei der Realisierung eines derartigen Prozesses bedeutet $x_{j_0}(t-0) = 0$ die Beendigung der j_0-ten Operation zum Zeitpunkt t. In diesem Falle geht $g(t)$ aus dem Zustand i in einen nach der Verteilung $(P_{ik}^{j_0})$, $k = 1, 2, \ldots$, bestimmten neuen Zustand k über, und die $x_j(t)$ erhalten neue Werte, die in folgender Weise ermittelt werden: Es wird eine Realisierung des zufälligen Vektors $Y = (Y_1, \ldots, Y_{m_{ik}^{j_0}})$ mit der Verteilungsfunktion $H_{ik}^{j_0}(x_1, \ldots, x_{m_{ik}^{j_0}})$ gebildet und mit denjenigen Komponenten $x_j(t-0)$ zu einem Vektor zusammengefaßt, die nicht Null sind:

$$x \otimes y = \left(x_1(t-0), \ldots, x_{j_0-1}(t-0), x_{j_0+1}(t-0), \ldots, x_{|i|}(t-0), y_1, \ldots, y_{m_{ik}^{j_0}}\right).$$

Daraus wird der Vektor

$$\left(x_1(t+0), \ldots, x_{|k|}(t+0)\right) = x \otimes y Q_{ik}^{j_0}$$

bestimmt, wobei $Q_{ik}^{j_0}$ eine determinierte Übergangsmatrix der Ordnung $(|i| + m_{ik}^{j_0} - 1) \times k$ ist. Dadurch ist der Vektor $z(t) = (g(t),\ x_1(t),\ \ldots,\ x_{|g(t)|}(t))$ vollständig definiert. $(Z(t),\ t \geqq 0)$ ist ein homogener Markowscher Prozeß.

11.2.8.3. Beispiel. Ein GI/GI/s/∞-System mit zufällig beschränkter Wartezeit werde durch folgende Größen beschrieben:

$A(x)$ — Verteilungsfunktion der Pausenzeit,
$B(x)$ — Verteilungsfunktion der Bedienungszeit,
$C(x)$ — Verteilungsfunktion der Wartezeitschranke,
t_j — Zeitpunkt des Auftretens der j-ten Forderung,
b_j — Bedienungszeit der j-ten Forderung,
c_j — maximale Wartezeit der j-ten Forderung,
$n(t)$ — Anzahl der Forderungen im System zum Zeitpunkt t,
$m(t) = \min\{n(t), s\}$ — Anzahl der laufenden Bedienungen,
$z_1(t)$ — Zeit von t bis zum Eintreffen der nächsten Forderung,
$z_{k+1}(t)$ — Zeit von t bis zum Ende der auf dem Gerät k laufenden Bedienung, $1 \leqq k \leqq m(t)$,
$z_{m(t)+k+1}(t)$ — Restwartezeit der k-ten Forderung in der Warteschlange, $1 \leqq k \leqq n(t) - m(t)$.

Für $n(t) = n$ ist hier also $|n| = n + 1$, d. h., jeder im System befindlichen Forderung entspricht eine Zusatzvariable, und eine weitere Zusatzvariable entspricht dem Forderungenstrom. Im Zustand $n(t) = i$ finden im System $n + 1$ Operationen statt. Darunter befinden sich $m(t)$ reale Operationen, die restlichen sind fiktiv. Im vorliegenden Beispiel stellen alle Zusatzvariablen Restzeiten bis zum Eintreten eines Ereignisses (z. B. Auftreten einer Forderung, Bedienungsende, Überschreitung der Wartezeitschranke) dar. Folglich fallen alle mit der Geschwindigkeit $c_{nk} = 1$.

Bei der Beendigung von O_{i1} tritt eine neue Forderung auf, so daß $n(t)$ um 1 zu erhöhen ist; am Ende aller anderen Operationen wird $n(t)$ um 1 verringert. Es gilt also $P_{nn'}^k = 1$ für $k = 1$, $n' = n + 1$ und auch für $n > 1$, $n' = n - 1$. In den restlichen Fällen ist $P_{nn'}^k = 0$.

Nun werden die zweidimensionalen Verteilungsfunktionen

$$H_{n,n+1}^1(x_1, x_2) = \begin{cases} A(x_1)\, B(x_2) & \text{für} \quad n < s, \\ A(x_1)\, C(x_2) & \text{für} \quad n \geqq s \end{cases}$$

und die eindimensionalen Verteilungsfunktionen

$$H^k_{n,n-1}(x) = B(x), \qquad k > 1, \qquad n > s,$$

definiert. In den restlichen Fällen ist der in die Definition des stückweise linearen Markowschen Prozesses eingehende Vektor $\boldsymbol{y}$ nulldimensional, d. h., er hat keine Komponenten. Die Matrizen $Q^k_{nn'}$ sind im wesentlichen Umordnungs- oder Projektionsmatrizen oder Produkte derartiger Matrizen.

11.2.8.3. Universeller Simulationsalgorithmus für stückweise lineare Markowsche Prozesse

$(\boldsymbol{Y}(t), t \geqq 0)$ sei ein stückweise linearer Markowscher Prozeß. Zeitpunkte, in denen die in den vorigen Abschnitten erklärten Zusatzvariable Null werden, heißen im folgenden Ereigniszeitpunkte. $t_0, t_1, \ldots$ sei die wachsende Folge der Ereigniszeitpunkte einer Trajektorie von $(\boldsymbol{Y}(t), t \geqq 0)$. Weiter sei $\boldsymbol{y}_j^- = \boldsymbol{y}(t_j - 0)$ und $\boldsymbol{y}_j^+ = \boldsymbol{y}(t_j + 0)$. Ein universeller Simulationsalgorithmus für $(\boldsymbol{Y}(t), t \geqq 0)$ besteht nun aus zwei Teilen:

(i) Algorithmus des Überganges von $\boldsymbol{y}_j^-$ zu $\boldsymbol{y}_j^+$ und
(ii) Algorithmus des Überganges von $\boldsymbol{y}_{j-1}^+$ zu $\boldsymbol{y}_j^-$.

Der erste Algorithmus wurde im vorigen Abschnitt beschrieben und an einem Beispiel erläutert. Er ist durch die Transformation des stückweise linearen Markowschen Prozesses zum Zeitpunkt des Nullwerdens seiner Zusatzvariablen bestimmt. Zur Erläuterung des zweiten Algorithmus sei $\boldsymbol{y}_{j-1}^+ = (n, z_1, \ldots, z_{|n|})$. Zum Zeitpunkt $t_{j-1} + 0$ sei der Systemzustand also n und die Arbeitsumfänge zur Erledigung der laufenden Operationen sind durch die Zeiten $z_1, \ldots, z_{|n|}$ gegeben. Die Geschwindigkeiten der Operationsausführung seien $c_{n1}, \ldots, c_{n|n|}$. Folglich wird die Zeit bis zum nächsten Ereignis bestimmt durch

$$t_j - t_{j-1} = t_j^* = \min \left\{\frac{z_1}{c_{n1}}, \ldots, \frac{z_{|n|}}{c_{n|n|}}\right\}.$$

Damit erhält man $\boldsymbol{y}_j^- = (n, z_1 - c_{i1}t_j^*, \ldots, z_{|n|} - c_{n|n|}t_j^*)$. Der Anfangszustand $\boldsymbol{y}_0$ wird ausgehend von den Bedingungen der konkreten Aufgabe realisiert.

Durch den beschriebenen Algorithmus ist eine Trajektorie von $(\boldsymbol{Y}(t), t \geqq 0)$ bestimmt. Für jeden Zeitpunkt zwischen zwei Ereignissen hat man

$$\boldsymbol{y}(t_{j-1} + d) = (n, z_1 - c_{n1}d, \ldots, z_{|n|} - c_{n|n|}d), \qquad 0 < d < t_{nj}^*.$$

11.2.8.4. Bestimmung von Funktionalen stückweise linearer Markowscher Prozesse

Abschließend wird ein Algorithmus zur Realisierung von Funktionalen eines Prozesses $(\boldsymbol{Z}(t), t \geqq 0)$ beschrieben, die der Qualitätsbewertung des Bedienungsprozesses für eine gegebene Realisierung dienen. Hier gelingt es fast immer, den Vektor $\boldsymbol{Z}(t)$ um Komponenten zu erweitern, die nicht aus der Klasse der stückweise linearen Markowschen Prozesse herausführen und die gesuchten Funktionale darstellen.

Zu bestimmen sei z. B. das Funktional $I(t^*) = \sum\limits_i c_i s_i(t^*)$ mit Konstanten c_i und Gesamtverweilzeit $s_i(t^*)$ des Prozesses im Zustand i im Zeitintervall $[0, t^*]$. Dazu ergänzt man $\boldsymbol{z}(t)$ um eine weitere Zusatzvariable, die mit $x_0(t)$ bezeichnet wird und durch

$x_0(t) = t^* - t$ mit $c_{i0} = 1$ für alle i bestimmt ist. Weiterhin wird ein $x_{-1}(t) = I(t)$ eingeführt, wofür $c_{i,-1} = -c_i$, $i \in \mathscr{E}$, und $x_{-1}(0) = 0$ gesetzt wird: Somit erhält man $I(t^*) = x_{-1}(t^*)$.

Wenn der Prozeß $Z(t)$ die ergodische Verteilung

$$p_i = \lim_{t \to \infty} \mathsf{P}\big(Z(t) = i\big)$$

besitzt, so konvergiert die Zufallsgröße $I(t)/t$ für $t \to \infty$ stochastisch gegen das Funktional $\sum_i c_i p_i$ der ergodischen Verteilung. Für hinreichend große t kann also $I(t)/t$ als Schätzwert für $\sum_i c_i p_i$ benutzt werden.

11.3. Simulationsmodelle von Bedienungssystemen

Simulationsmodelle von konkreten Bedienungssystemen sind zu einem für Planung, Projektierung und Analyse von Bedienungssystemen praktisch breit genutzten Arbeitsinstrument geworden, weil man dadurch komplizierte Systeme mit Hilfe von Methoden konstruieren kann, die nur elementare Grundkenntnisse von Wahrscheinlichkeitstheorie und Analysis voraussetzen.

In einem einführenden Beispiel wird ein Simulationsmodell eines einfachen Bedienungssystems entworfen und in ein Rechenprogramm umgesetzt. Anschließend werden Methoden des Aufbaus von Modellen komplizierter Systeme aus Elementarbausteinen beschrieben.

11.3.1. Simulationsmodell eines GI/GI/1/∞-Systems

11.3.1.1. Beispiel. Ein GI/GI/1/∞-System werde als Tankstelle mit einer Zapfsäule betrachtet, in dem ein rekurrenter Forderungenstrom zur Nachbildung zufällig eintreffender Fahrzeuge dient. Pausen- bzw. Bedienungszeiten seien stetig gleichverteilt im Intervall [0, 5] bzw. [1, 3]. (Diese speziellen Verteilungsfunktionen beeinflussen die Struktur des Simulationsmodells nur am Rande: der Übergang zu anderen Verteilungsfunktionen wird durch den Austausch der Prozeduren zur Transformation von Zufallszahlen vollzogen.) Für das so gegebene Bedienungssystem seien Werte von Realisierungen folgender Zufallsgrößen zu bestimmen:

SL = Summe der Wartezeiten während der simulierten Zeit,
NR = Anzahl der auftretenden Forderungen und
SB = Summe der Bedienungszeiten.

Zur Aufstellung eines Simulationsmodells für diese Aufgabe ist ein geeigneter Algorithmus zu konstruieren. Die im folgenden angegebene Lösung des Problems ist eine spezielle von vielen möglichen Lösungen. Die Tabelle 11.3.1.1 enthält eine Liste von 14 Variablen, die zu Objekten numerischer und logischer Operationen werden. Diese Operationen dienen der Nachbildung von Vorgängen im Realsystem in realitätstreuer Reihenfolge. Die Grundidee des gewählten Algorithmus besteht darin, Zeitpunkte der simulierten Zeit zu bestimmen, in denen sprunghafte Änderungen von Variablen auf-

Tabelle 11.3.1.1. Ereignisfolgesimulation für ein Bedienungssystem mit gleichartigen Elementen und einem Bedienungsgerät

01	Simulationszeit	TSIM
02	*Zeitdifferenz zur vorherigen Ereigniszeit	DT
03	*Summe der Wartezeiten in der Schlange	SL:=SL+SCHL*DT
04	Ereignistyp	I
05	*Nr. des eintreffenden Elementes	NR
06	Zufallszahl aus (0, 1)	ZZ
07	Zeitabstand bis zum Eintreffen des nächsten Elementes	A:=5*ZZ
08	Zeitpunkt des Eintreffens des nächsten Elementes	T[1]:=TSIM+A
09	Bedienungsgerät frei ?	FREI
10	Länge der Warteschlange	SCHL
11	Zufallszahl aus (0, 1)	ZZ
12	Bedienungsdauer	B:=1+2*ZZ
13	*Summe der Bedienungszeit	SB:=SB+B
14	Bedienungsbeendigung	T[2]:=TSIM+B

treten. Das sind im vorliegenden Beispiel die Zeitpunkte

T[1] = Eintreffen von Forderungen und
T[2] = Bedienungsbeendigungen.

Gleichzeitig stattfindende sprunghafte Veränderungen von Variablen werden als Ereignisse, ihre Zeitpunkte als Ereigniszeitpunkte bezeichnet. Für jede der Ereigniszeitpunkte T[I] (I = 1, 2) erfolgt eine Aktualisierung von Werten der Variablen. Die Folge der dazu auszuführenden Rechenoperationen hängt vom Ereignistyp I (I = 1, 2) und von den Werten der ganzzahligen Variablen „Länge der Warteschlange" oder der logischen Variablen „Frei" ab, die den Zustand des Bedienungsgerätes beschreibt (↑ Tab. 11.3.1.2 und Tab. 11.3.1.3).

Die Grundidee des gewählten Algorithmus wird dadurch realisiert, daß

(i) bei der Ausführung der einem Ereignis zugeordneten Rechenoperationen Zeitpunkte des Auftretens künftiger Ereignisse bestimmt werden, und

Tabelle 11.3.1.2. Folge auszuführender Rechenoperationen, falls ein Ereignis vom Typ I = 1 (Auftreten einer Forderung) vorliegt

Zeile	Operation	Kommentar
06	ZZ	Berechnung oder Auswahl einer neuen Zufallszahl
07	A:=5*ZZ	Transformation dieser Zufallszahl nach der Verteilung von A
08	T[1]:=TSIM+A	Berechnung des nächsten Zeitpunktes für das Auftreten einer Forderung
Die Fortsetzung der Operationsfolge hängt vom Wert der logischen Variablen „Frei" ab.		
Falls	FREI=wahr	
09	FREI:=falsch	Bedienungsgerät wird wieder belegt
11	ZZ	Berechnung oder Auswahl einer neuen Zufallszahl
12	B:=1+2*ZZ	Transformation dieser Zufallszahl nach der Verteilung von B
13	T[2]:=TSIM+B	Berechnung des nächsten Zeitpunktes für eine Bedienungsbeendigung
Falls	FREI=falsch	
10	SCHL:=SCHL+1	Länge der Warteschlange wächst um 1

Tabelle 11.3.1.3. Folge auszuführender Rechenoperationen für I = 2 (Ereignis vom Typ „Bedienungsbeendigung"), die von der Länge der Warteschlange abhängt

09	FREI: = wahr	Bedienungsgerät wird frei

Falls SCHL > 0 (Warteschlange ist nicht leer) wird folgende Fortsetzung angeschlossen:

10	SCHL: = SCHL − 1	Warteschlangenlänge verringert sich um 1
09	FREI: = falsch	Bedienungsgerät wird belegt
11	ZZ	Berechnung oder Auswahl einer neuen Zufallszahl
12	B: = 1 + 2*ZZ	Transformation dieser Zufallszahl nach der Verteilung von B
14	T[2]: = TSIM + B	Berechnung des nächsten Zeitpunktes für eine Bedienungsbeendigung

(ii) nach Ausführung dieser Berechnung derjenige künftige Ereignispunkt gesucht wird, der dem aktuellen, gerade betrachteten Zeitpunkt am nächsten liegt.

Dieser nächstliegende künftige Ereignispunkt bildet nun den Ausgangspunkt der nächsten Operationsfolge, die mit der Aktualisierung der simulierten Zeit und der Bestimmung des aktuellen Ereignistyps beginnt.

Der Einfachheit halber wurden in den soeben beschriebenen Algorithmus nur Variable einbezogen, die die Folge der Ereigniszeitpunkte beeinflussen. Neben diesen Variablen gibt es weitere, deren Werte statistischen Zwecken dienen. Ihre Einbeziehung in den Algorithmus kann man einer genauen Betrachtung von Tab. 11.3.1.1 und auch dem als Tab. 11.3.1.4 angeführten ALGOL-Programm entnehmen, das das Simulationsmodell im einzelnen beschreibt.

Das angegebene Simulationsmodell wendet eine in der Praxis der Simulation weit verbreitete Methode der Abbildung zeitlich parallel laufender Vorgänge auf einen sequentiellen Algorithmus an: die Methode der Ereignisplanung oder *Ereignisfolgesimulation.* Diese Methode wird durch die Konstruktion einer monoton nichtfallenden Folge von Ereigniszeitpunkten charakterisiert, für die Aktualisierungen der Werte von Zustandsvariablen vorgenommen werden. Als Hilfsmittel dient dabei meist eine Liste der zukünftigen Ereignisse. Ein neuer Zustand ist nur vom Zustand zum vorhergehenden Ereigniszeitpunkt abhängig. Die Bestimmung des Folgezustandes erfolgt durch die Suche nach dem Minimum gewisser Variabler, die künftige Ereigniszeitpunkte als Werte annehmen. (Im Beispiel sind das die Variablen T[1] und T[2].) Dieser Prozeß des Durchsuchens der „Liste der künftigen Ereignisse" ist unabhängig davon, wie viele Variable für statistische Zwecke verwendet wurden. (Die ausschließlich statistischen Zwecken dienendenden Variablen sind in Tab. 11.3.1.1 durch * markiert.) Der neue Zustand, dessen Zeitpunkt sich aus der Bestimmung des Minimums endlich vieler Werte ergibt, wird mit Hilfe von Algorithmen aus dem alten Zustand berechnet.

In Abhängigkeit von der Aufgabenstellung muß der Abbruch eines Simulationslaufes festgelegt werden. Meist wird ein Lauf abgebrochen, wenn ein vorgegebener Wert der simulierten Zeit überschritten ist oder wenn eine gegebene Anzahl von Forderungen aufgetreten oder bedient worden ist. Nach Beendigung eines Laufes können sich weitere Simulationsläufe mit veränderten Zufallszahlen anschließen, um Daten zur Schätzung stationärer oder zeitabhängiger Wahrscheinlichkeiten von Ereignissen, Verteilungsparameter oder Verteilungsfunktionen zu gewinnen oder darauf bezogene Hypothesen zu prüfen. Probleme der Auswertung von Simulationsversuchen werden in [11.5] erörtert.

Tabelle 11.3.1.4

```
begin integer Z; real GT:
procedure BEDIENUNGSSYSTEM (X0) GESAMTZEIT:(GT)
            ZUFALLSZAHLENGENERATOR:(ZZ);
integer X0; real GT; real procedure ZZ;
begin real B,BT,FT,DT,SB,SL,TSIM;
      integer I,NR,SCHL; Boolean FREI; array T[1:2];
TSIM:=FT:=SB:=SL:=T[1]:=0.0;
BT:=T[2]:=2.0*GT;
B:=ZZ(X0); NR:=SCHL:=0; FREI:= true;
EREIGNISSTEUERUNG:
   FT:=T[1]; I:=1;
   if T[2] < FT then begin FT:=T[2]; I:=2; end;
   if FT > GT then begin FT:=GT; I:=3 end;
   DT:=FT-TSIM; TSIM:=FT;
WARTESCHLANGENSTATISTIK:
   SL:=SL+SCHL*DT;
   if I=1 then goto EINTREFFEN;
   if I=2 then goto FREIGEBEN;
   if I=3 then goto REPORT;
EINTREFFEN:
   NR:=NR+1; T[1]:=TSIM+5.0*ZZ(0);
   if FREI then goto BELEGEN
   else begin SCHL:=SCHL+1; goto EREIGNISSTEUERUNG end;
BELEGEN:
   FREI:= false; B:=1+2*ZZ(0); T[2]:=TSIM+B;
   goto EREIGNISSTEUERUNG
FREIGEBEN:
   FREI:= true SB:=SB+B;
   if SCHL>0 then begin SCHL:=SCHL+1; goto BELEGEN end
   else begin T[2]:=BT; goto EREIGNISSTEUERUNG end;
REPORT:
   if¬FREI then SB:=SB+DT;
   OUTSTRING (1,'('GESAMTZEIT:')'); OUTREAL (1,GT);
   OUTSTRING (1,'('SUMME DER WARTEZEITEN:')'); OUTREAL (1,SL);
   SYSACT (1,14,1);
   OUTSTRING (1,'('ANZAHL DER FORDERUNGEN:')');
   OUTSTRING (1,NR);
   OUTSTRING (1,'('SUMME DER BEDIENZEITEN:')'; OUTREAL (1,SB);
   SYSACT (1,14,1);
end BEDIENUNGSSYSTEM;
real procedure ZZ(X0);
integer X0;
begin
   if X0≠0 then Z:=X0*123 else Z:=Z*123;
   if Z > 8388608 then Z:=Z-Z÷8388608*8388608;
   ZZ:=Z*1.192093 - 7;
end ZZ;
for GT:= 50.0 step 50.0 until 1000.0 do
BEDIENUNGSSYSTEM (333,GT,ZZ)
end
```

11.3.2. Modellelemente und Datenstrukturen

Die Konstruktion eines Simulationsmodells wurde in Beispiel 11.3.1.1 mit der Festlegung von Variablen oder von Datenstrukturen begonnen, die Objekte der Operationen eines Algorithmus bilden. Für relativ einfache Bedienungssysteme führt die dort erläuterte Verfahrensweise schnell zum Erfolg: Die ein einfaches System charakterisierenden Variablen zur Zustandsbeschreibung sind schnell gefunden und um statistische Zusatzvariable ergänzt.

Wenn ein zu modellierendes System komplizierter wird, ist ein intuitives Vorgehen zur Konstruktion von Simulationsmodellen nicht mehr effektiv. Es ist vielmehr anzustreben, Klassen von Objekten zu definieren. Zur Aufstellung von Modellen komplizierter Systeme können spezielle Sprachen dienen, in denen man Objektklassen definieren oder bereits vorgefertigte standardisierte Objektklassen benutzen kann. Als Beispiel einer derartigen Vorgehensweise soll gezeigt werden, wie man in Bedienungssystemen auftretende Elemente auf standardisierte Objektklassen dieser Sprache abbilden kann.

11.3.2.1. Definition. Jedes Element eines Simulationsmodelles wird durch einen Datensatz beschrieben, der wiederum aus mehreren Datenelementen besteht. Die formale Gliederung eines derartigen Datensatzes heißt *Datenstruktur*. Datenelemente werden durch Zeichenketten bezeichnet, die in den Sprachen der GPSS-Familie *Standardsymbole* heißen.

11.3.2.2. Definition. Elemente eines Simulationsmodells heißen *temporär*, wenn sie im Modell nur während eines Teils der simulierten Zeit, ihrer Lebensdauer, vorhanden sind. Sonst heißen diese Elemente *permanent*. Der zur Speicherung eines temporären Elementes benutzte Speicherplatz kann nach Ablauf seiner Lebensdauer wieder freigegeben werden und ein neues temporäres Element aufnehmen.

Die folgenden Definitionen gelten für die GPSS-Version PS SIMDIS und mit geringen Modifikationen auch für andere moderne Versionen (GPSS V) dieser Sprachfamilie. Zunächst sollen für häufig auftretende Wertebereiche von Datenelementen Abkürzungen eingeführt werden.

11.3.2.3. Bezeichnungen.

$$\mathscr{F} = \{x : x \in \mathbf{G}, x \in [-2^{31}, 2^{31} - 1]\}, \qquad \mathscr{F}^+ = \{x : x \in \mathscr{F}, x \geqq 0\},$$

$$\mathscr{H} = \{x : x \in \mathbf{G}, x \in [-2^{15}, 2^{15} - 1]\}, \qquad \mathscr{H}^+ = \{x : x \in \mathscr{H}, x \geqq 0\},$$

$$\mathscr{B} = \{x : x \in \mathbf{G}, x \in [-2^{7}, 2^{7} - 1]\}, \qquad \mathscr{B}^+ = \{x : x \in \mathscr{B}, x \geqq 0\},$$

$\mathscr{L}$ = Menge aller im gegebenen Rechner darstellbaren Gleitkommazahlen mit einfacher Wortlänge,

$$\mathscr{L}^+ = \{x : x \in \mathscr{L}, x \in [0, 2^{31} - 1]\}, \qquad \mathscr{E} = \{x : x \in \mathscr{L}, x \in [0, 1]\}.$$

11.3.2.4. Definition. *Aktivator* oder *Transaktion* heißt ein temporäres Modellelement, das künftige Systemzustände oder Eintragungen in einer Liste zukünftiger Ereignisse (ZEK: = zukünftige Ereigniskette) aktiv beeinflussen kann. Jeder Aktivator wird durch einen Datensatz beschrieben, der u. a. die in Tab. 11.3.2.1 angegebenen Datenelemente enthält.

Aktivatoren werden bei der Simulation von Bedienungssystemen meist zur Nachbildung von Forderungen benutzt.

Tabelle 11.3.2.1

Bezeichnung	Standard-symbol	Werte-bereich
Blocknummer zur Bestimmung des Standortes im Modell (↑ [11.4])	—	$\mathcal{H}^+$
Laufzeit	MC	$\mathcal{F}^+$
Prioritätsklasse	PR	$\mathcal{B}^+$
Vollwortparameter zur Beschreibung von Eigenschaften oder Attributen	PFj	$\mathcal{F}$
Halbwortparameter	PHj	$\mathcal{H}$
Byteparameter	PBj	$\mathcal{B}$
Gleitkommaparameter	PLj	$\mathcal{L}$

Tabelle 11.3.2.2

Bezeichnung	Standard symbol	Werte-bereich
Nummer oder Name der Schlange	—	—
aktuelle Länge der Schlange *j*	QNj	$\mathcal{L}^+$
mittlere Länge der Schlange *j*	QAj	$\mathcal{F}^+$
maximale Länge der Schlange *j*	QMj	$\mathcal{F}^+$
Gesamtzahl eingetretener Einheiten	QCj	$\mathcal{F}^+$
Anzahl eingetretener Einheiten mit Wartezeit Null	QZj	$\mathcal{F}^+$
mittlere Wartezeit einer Einheit	QTj	$\mathcal{L}^+$
mittlere Wartezeit der Einheiten mit positiven Wartezeiten	QXj	$\mathcal{L}^+$

11.3.2.5. Definition. *Warteschlange* ist der Name einer Klasse permanenter Modellelemente. Der jede Warteschlange beschreibende Datensatz enthält die in Tab. 11.3.2.2 angegebenen Datenelemente.

Die Einbeziehung von Warteschlangen in ein Simulationsmodell braucht nur dann zu erfolgen, wenn Werte ihrer Datenelemente als Resultate der Simulation benötigt werden.

11.3.2.6. Definition. *Einrichtung* ist der Name einer Klasse permanenter Modellelemente. Der jede Einrichtung beschreibende Datensatz enthält die in Tab. 11.3.2.3 angegebenen Datenelemente.

11.3.2.7. Definition. *Speicher* ist der Name einer Klasse permanenter Modellelemente. Während eine Einrichtung nicht gleichzeitig von mehreren Aktivatoren „belegt“ werden darf, können Speicher eine beliebige, bei der Konstruktion eines Modelles anzugebende Anzahl von Aktivatoren „aufnehmen“. Der jeden Speicher beschreibende Datensatz enthält u. a. die in Tab. 11.3.2.4 angegebenen Datenelemente.

11.3.2.8. Definition. *Funktion* ist der Name einer Klasse permanenter Modellelemente. Eine Funktion besteht aus einem Datensatz zur Speicherung der Wertetafel einer Funktion, des Funktionstyps sowie eines Verweises auf ein Datenelement, das als Argument der Funktion dient.

Ein Funktionsaufruf durch Angabe des Standardsymbols FNj führt zur Berechnung des Funktionswertes für den aktuellen Wert der Argumentes. Die wichtigsten Funktionstypen sind die Typen stetig (C) und diskret (D). Funktionswerte stetiger Funktionen werden durch lineare Interpolation bestimmt. Diskrete Funktionen werden als Treppenfunktionen aufgefaßt.

Tabelle 11.3.2.3

Bezeichnung	Standard-symbol	Werte-bereich
Nummer oder Name der Einrichtung	—	—
Zustand der Einrichtung j	FSj	$\{0, 1\}$
mittlere Auslastung der Einrichtung j	FLj	$\mathscr{E}$
Anzahl der die Einrichtung benutzenden Aktivatoren	FCj	$\mathscr{F}^+$
mittlere Verweilzeit eines Aktivators in der Einrichtung	FTj	$\mathscr{L}^+$

Tabelle 11.3.2.4

Bezeichnung	Standard-symbol	Werte-bereich
Nummer oder Name des Speichers	—	—
Kapazität des Speichers j	SKj	$\mathscr{F}^+$
augenblicklicher Speicherinhalt	SNj	$\mathscr{F}^+$
mittlerer Speicherinhalt	SAj	$\mathscr{L}^+$
maximaler Speicherinhalt	SMj	$\mathscr{F}^+$
Anzahl der eingetretenen Einheiten	SCj	$\mathscr{F}^+$
mittlere Verweilzeit einer Einheit	STj	$\mathscr{L}^+$

11.3.2.9. Definition. *Variable* ist der Name einer Klasse permanenter Modellelemente. Eine Variable umfaßt eine Liste von Verweisen auf Datenelemente und eine spezielle Vorschrift zur Verknüpfung dieser Datenelemente durch arithmetische oder logische Operationen.

Ein Variablenaufruf durch Angabe des Standardsymbols AVj (*arithmetische Variable*) oder BVj (*Boolesche Variable*) bewirkt die Ausführung dieser Operationen.

11.3.2.10. Definition. *Zufallszahlengenerator* ist der Name einer Klasse permanenter Modellelemente. Der einen Zufallszahlengenerator beschreibende Datensatz ist ein Unterprogramm, das bei jedem Aufruf durch Angabe des Symbols RNj, $j = 1, 2, \ldots, 8$, bzw. RLj eine Zufallszahl

$$z \in \{x : x \in \mathfrak{G} \wedge x \in [0, 999]\} \quad \text{bzw.}$$

$$z \in \{x : x \in \mathscr{L} \wedge x \in [0, 0.999999]\}$$

bereitstellt.

11.3.2.11. Definition. *Systemuhr* ist der Name eines permanenten Modellelementes, das der Speicherung zweier ganzzahliger Werte dient:

(a) der absoluten Zeit AC, die vom Start des Simulationslaufes an den aktuellen Wert der simulierten Zeit darstellt und
(b) der relativen Zeit RC, die bei einer Unterteilung des Simulationslaufes in mehrere Phasen nach jeder Phase auf Null zurückgesetzt wird und mit einer neuen Zeitzählung beginnt.

Hiermit sei die Aufzählung standardisierter Klassen von Modellelementen abgeschlossen, die etwa die Hälfte aller Modellelement- oder Objektklassen von SIMDIS umfaßt. Der Arbeitsaufwand zur Aufstellung eines Simulationsmodells hängt davon ab, welche Programmiersprache verwendet wird. Nutzt man eine universelle Programmiersprache, die, wie z. B. ALGOL 60, keine Definition eigener Datenstrukturen gestattet, muß jedes benötigte Datenelement vom Anwender definiert werden. Wird eine universelle Programmiersprache verwendet, die, wie SIMULA 67, die Möglichkeit der Definition von Klassen von Modellelementen bietet, die Datenelemente und Algorithmen umfassen können, so können Modellelemente entworfen werden, die der Aufgabenstellung und den bearbeiteten Objekten genau angepaßt sind. Man definiert Klassen dieser Elemente und kann Vertreter jeder Klasse in beliebiger Anzahl reproduzieren.

Nutzt man eine universelle Simulationssprache, die, wie die Sprachen der GPSS-Familie, eine breite Auswahl vorgefertigter, standardisierter Modellelemente bietet, braucht man aus diesem Angebot lediglich diejenigen Elemente auszuwählen, die der Aufgabenstellung entsprechen. Bevor mit der Arbeit begonnen wird, existiert bereits ein vorgefertigtes System, das typisierte Modellelemente in standardisierter Anzahl bereithält.

Die standardmäßig bereitgestellte Anzahl der Modellelemente hängt von der Größe des Operativspeicherbereiches ab, der für das PS SIMDIS oder eine andere Sprache der GPSS-Familie in Anspruch genommen werden soll. Die Tabelle 11.3.2.5 zeigt für ausgewählte Modellelemente und Speicherplatzgrößen standardmäßig festgelegte obere Schranken für die Anzahl dieser Modellelemente. Mit Hilfe von speziellen Anweisungen kann der Nutzer diese oberen Schranken verändern, wobei Vergrößerungen der Elementezahl einer Klasse durch Verringerung dieser Zahl bei anderen Klassen ausgeglichen werden müssen.

Tabelle 11.3.2.5. Standardfestlegungen für die Anzahl der Elemente eines SIMDIS-Modells

Element	Operativspeicherbereich		
	74 K	100 K	160 K Byte
Aktivator	200	600	1200
Einrichtung	50	120	300
Speicher	35	120	300
Warteschlange	50	120	300
Funktion	20	50	150
arithm. Variable	25	50	150

Zwischen den Elementen eines Simulationsmodells bestehen verschiedenartige Beziehungen. Im Beispiel 11.3.1.1, wo Fahrzeuge durch Aktivatoren nachgebildet werden, durchlaufen diese Aktivatoren eine Warteschlange und belegen eine Einrichtung, die sie nach Ablauf der Bedienungsdauer wieder verlassen. Simulationssprachen besitzen ihre eigenen, oft einer natürlichen Sprache angepaßten Möglichkeiten zur Beschreibung der Beziehungen zwischen Modellelementen. In [11.4] wird am Beispiel einer Sprache der GPSS-Familie gezeigt, daß Simulationsprogramme anschauliche, präzise Beschreibungen des nachzubildenden Systems darstellen.

11.3.3. Modelldynamik und Steueralgorithmen

Simulationsmodelle sind durch Veränderungen der Eigenschaften ihrer Elemente und der zwischen ihnen bestehenden Relationen charakterisiert, die sich in Abhängigkeit von einem nichtfallenden Parameter, der *simulierten Zeit*, vollziehen. Die Abbildung der

Dynamik eines realen Systems mit mehreren zeitlich parallel laufenden Teilprozessen auf ein sequentiell abzuarbeitendes Rechenprogramm, in dem es keine echte Parallelität gibt, wird als das zentrale algorithmische Problem der Simulation diskreter Prozesse betrachtet. Zur Lösung dieses Problems gibt es zwei miteinander konkurrierende Methoden: die Zeitfolge- oder Inkrementenmethode und die Ereignisfolge- oder Ereignisplanungsmethode.

Bei Anwendung der Methode der *Zeitfolgesimulation* wird die Zeit durch eine äquidistante Punktfolge in Intervalle zerlegt. Zustandsänderungen des Systems werden in jedem dieser Zeitpunkte erfaßt. Die Methode der Zeitfolgesimulation gilt als algorithmisch leicht handhabbar. Ihre Anwendung ist mit folgendem Problem verbunden: Zu dichte Punktfolgen erhöhen den Rechenaufwand, weil Zustände für Zeitpunkte neu berechnet werden, wo keine, nur geringfügige oder auch nur lineare Änderungen von Variablen, von Datenelementen der die Modellelemente beschreibenden Datensätze, registriert werden. Zu weite Punktfolgen beeinträchtigen die Abbildungsgenauigkeit. Die Zeitfolgesimulation hat für die Praxis der Simulation diskreter Systeme an Bedeutung verloren.

Die dominierenden Simulationssprachen für diskrete Systeme bevorzugen die *Ereignisfolgesimulation*. Die Grundidee dieser Methode ist bei der algorithmischen Aufbereitung des Beispiels 11.3.1.1 vorgestellt worden. Sie liegt im Aufbau einer Liste künftiger Ereignisse. Die simulierte Zeit oder Systemuhr rückt von Ereigniszeitpunkt zu Ereigniszeitpunkt vor. Für jeden Ereigniszeitpunkt wird eine Folge von Operationen ausgeführt, in deren Ergebnis die Werte von Datenelementen verändert werden.

Einige Simulationssprachen überlassen die *Ereignisplanung* ihrem Anwender, andere haben die Ereignisplanung automatisiert, so daß sie dem Nutzer verborgen bleibt. Der Nutzer derartiger Sprachen formuliert Beschreibungen von Teilprozessen oder „Szenarien" (vgl. FRANTA [1]) und ihrer Wechselwirkung. Simulationssprachen, mit denen Teilprozesse beschreibbar sind und die Details der Ereignisplanung und -steuerung intern lösen, ermöglichen klar strukturierte, anschauliche und wenig fehleranfällige Programme.

In [11.4] werden Grundgedanken der für Sprachen der GPSS-Familie angewandten Methode der internen Ereignissteuerung erläutert.

11.4. Simulationssprachen

Als Werkzeuge der Simulation diskreter Prozesse werden seit 1960 Simulationssprachen genutzt. Diese Sprachen dienen der Kommunikation sowohl zwischen Anwendern der Simulationsmethode als auch zwischen Mensch und Rechenautomat. Die zur Anwendung einer Simulationssprache auf einer EDVA erforderliche Software wird oft als Simulationssystem bezeichnet. In [11.4.1] wird ein Einblick in eine Sprache der GPSS-Sprachfamilie vermittelt, deren bevorzugtes Anwendungsfeld in der Simulation von Bedienungssystemen liegt. Die in dieser Sprache geschriebenen Simulationsprogramme vereinen in sich Beschreibung, Modell und Algorithmus für das nachzubildende System. In [11.4.2] werden gemeinsame Merkmale von Simulationssprachen aufgeführt und die wichtigsten Familien dieser Sprachen kurz charakterisiert.

11.4.1. Einführung in eine Sprache der GPSS-Familie

Aus der ursprünglichen IBM-Entwicklung GPSS (General Purpose Simulation System) hat sich eine Sprachfamilie herausgebildet, zu der nahezu zwanzig Sprachversionen (Dialekte) gehören. Auf vielen Rechnersystemen ist eine oder sind mehrere davon implementiert. Als Beispiel einer GPSS-Version dient im folgenden das PS SIMDIS OS/ES (Programmiersystem zur Simulation diskreter Systeme), das unter Steuerung des Betriebssystems OS/ES auf ESER-Rechnern anwendbar ist. Dieses Programmier- oder Simulationssystem, das eine Sprache gleichen Namens einschließt, ist Teil eines Softwarekomplexes für mathematische Verfahren, der allen seinen Teilen den Zugriff zu einer gemeinsamen Datenbasis (EDO) ermöglicht.

Tabelle 11.4.1.1. Protokolldruck eines Simulationsprogrammes

```
                   PS        SIMDIS      2.0
BLOCK-
NUMMER * ADR  OPERATION  OPERANDEN  KOMMENTAR
       *
       * BEDIENUNG VON FAHRZEUGEN AN EINER TANKSTELLE
       *
       *
       * BLOCKANWEISUNGEN:
       *
1             GENERATE   400,400    FAHRZEUGE TREFFEN ALLE 400+-400
                                    SEK. EIN,
2             QUEUE      SCHL       REIHEN SICH IN EINE WARTE-
                                    SCHLANGE EIN,
3             SEIZE      ZAPF       STEHEN AN DER ZAPFSAEULE,
4             DEPART     SCHL       VERLASSEN DAMIT DIE WARTE-
                                    SCHLANGE,
5             ADVANCE    300,200    WERDEN IN 300+-200 SEKUNDEN
                                    BEDIENT,
6             RELEASE    ZAPF       MACHEN PLATZ FUER NAECHSTES
                                    FAHRZEUG FREI
7             TERMINATE  1          UND VERLASSEN DIE TANKSTELLE
       *
       * STEUERANWEISUNGEN:
       *
              START      100        ENDE NACH DURCHLAUF DES
                                    100. FAHRZEUGES
       *
              SIMULATE   2          RECHENZEITSCHRANKE: 2 MINUTEN
       *
              END
```

Das Lehrbuch von Frank/Lorenz [1] enthält z. B. ausführlichere Informationen über das PS SIMDIS. In Tab. 11.4.1.1 wird der Rechnerausdruck eines SIMDIS-Programmes zur Simulation des als Beispiel 11.3.1.1 beschriebenen GI/GI/1/∞-Systems wiedergegeben. Die im Programm enthaltenen Anweisungen lassen sich den drei Klassen Blockanweisungen, Steueranweisungen und Kommentaranweisungen zuordnen. Während Blockanweisungen oder Blöcke der Beschreibung des nachzubildenden Objektes dienen und auf die in [11.3.2] erläuterten Modellelementklassen Bezug nehmen, dienen die Steueranweisungen im vorliegenden Beispiel der Festlegung von Zeitpunkten für die Beendigung bzw. für den Abbruch der Simulation. Darüber hinaus enthält das Programm erläuternde Kommentare, die ohne Einfluß auf den Ablauf der Simulation bleiben. Kommentare sind

— alle Zeilen, die in der ersten Spalte das Symbol * tragen (Kommentaranweisungen) und
— alle Texte nach dem ersten Leerzeichen im Datenfeld „Operanden".

Blockanweisungen werden auch kurz Blöcke genannt.

Der erste Block in Tab. 11.4.1.1 ist ein GENERATE-Block. Er beschreibt das Eintreffen oder die Erzeugung er in [11.3.2] eingeführten Aktivatoren, mit denen in der Regel der Forderungenstrom eines Bedienungssystems nachgebildet wird. Das interne Steuerprogramm des Simulationssystems bewegt jeden von einem GENERATE-Block erzeugten Aktivator weiter von Block zu Block, bis der Lauf dieses Aktivators aufgehalten oder verzögert wird. Danach sucht es nach weiteren Aktivatoren, die sich vorwärtsbewegen lassen. Wenn es keine mehr findet, stellt es die Simulationsuhr auf den nächsten Ereignispunkt vor. Die Angaben „400,400" im Operandenfeld des GENERATE-Blockes bezeichnen den Erwartungswert und die halbe Variationsbreite einer Gleichverteilung. Nach diesen Angaben sind die Pausenzeiten des Forderungenstromes im Intervall [0, 800] gleichverteilt.

Der folgende QUEUE-Block beschreibt den Eintritt des Aktivators in eine Warteschlange, die durch den Operanden SCHL einen Namen erhält. (Aus Tab. 11.3.2.5 ist bekannt, daß für 50 bis 300 Warteschlangen Speicherplätze reserviert sind und zur Benutzung bereitstehen.) Mit dem Eintritt in diese Schlange werden zugeordnete Datenelemente (aktuelle Länge, Gesamtzahl eingetretener Einheiten u. a.) aktualisiert.

Der folgende SEIZE-Block beschreibt die Belegung einer Einrichtung, die durch den Operanden ZAPF ihren Namen erhält und von anderen Einrichtungen unterscheidbar wird. SEIZE verzögert den Lauf eines Aktivators so lange, bis die Einrichtung frei ist. Vor diesem Block können Verzögerungsketten aus mehreren Aktivatoren entstehen. Wenn ein Aktivator den SEIZE-Block betreten kann, werden Datenelemente der zugehörigen Einrichtung (Zustand, Anzahl der die Einrichtung benutzenden Aktivatoren u. a.) aktualisiert.

Unverzüglich, d. h. zu demselben Punkt der simulierten Zeit, an dem er den SEIZE-Block betritt, wird ein Aktivator zum folgenden DEPART-Block weitergeleitet. Dieser Block beschreibt das Verlassen der Warteschlange, deren Name, im vorliegenden Beispiel SCHL, als erster Operand angegeben wird. Wenn ein Aktivator einen DEPART-Block betritt, werden die Schlange beschreibende Datenelemente aktualisiert.

Der darauffolgende ADVANCE-Block beendet zunächst den Lauf des ihn betretenden Aktivators. Entsprechend den Angaben seiner Operanden (in Tab. 11.4.1.1 300,200) wird ein Zeitpunkt für die spätere Fortsetzung seines Laufes berechnet. In Tab. 11.4.1.1 dient der ADVANCE-Block der Darstellung der Bedienungsdauer, die im Intervall [100, 500] gleichverteilt sein soll. Der berechnete künftige Ereigniszeitpunkt wird zusammen mit einem Verweis auf den zugehörigen Aktivator in eine Liste der künftigen Ereignisse eingetragen.

Durch den RELEASE-Block wird nach Ablauf der durch ADVANCE bestimmten Zeit die Einrichtung mit dem Namen ZAPF freigegeben. Das ist mit einer Aktualisierung von Datenelementen zur Beschreibung dieser Einrichtung verbunden.

Der TERMINATE-Block schließlich beendet den Lauf eines Aktivators, dessen Speicherplatz im Operativspeicher des Rechners nun für neue Aktivatoren bereitsteht.

Die Abarbeitung des übersetzten Programmes, die nach dem Durchlauf des 100. Aktivators beendet wird, führt zur Ausgabe der als Tab. 11.4.1.2 wiedergegebenen Druckliste. Diese enthält die Standardausgabe, die automatisch erscheint, wenn der Nutzer der Simulationssprache es nicht vorzieht, eine eigene, die „nutzereigene Ausgabe", zu programmieren, um die Lesbarkeit der Resultate zu verbessern.

Die Tab. 11.4.1.1 zeigt, daß es mit Hilfe von zehn Anweisungen möglich ist, ein Simulationsmodell eines $GI/GI/1/\infty$-Systems aufzustellen, das gleichzeitig als Programm dient, den Abbruch der Simulation beim Eintreten vorgegebener Bedingungen bewirkt,

Tabelle. 11.4.1.2 Standardausgabe zum Simulationsprogramm

```
* * * * * * * * * * * * * * * * * * * * * * * * * * * * * * * * * * * * * * * * * * * * * * *

BLOCK  AKTUELL  GESAMT  BLOCK  AKTUELL  GESAMT  BLOCK  AKTUELL  GESAMT  BLOCK  AKTUELL
1      0        100
2      0        100
3      0        100
4      0        100
5      0        100
6      0        100
7      0        100

* * * * * * * * * * * * * * * * * * * * * * * * * * * * * * * * * * * * * * * * * * * * * * *

EINRICHTUNG  MITTLERE     ANZAHL     MITTLERE      BELEGENDER  AUSSETZENDER
             AUSLASTUNG   EINTRITTE  VERWEILZEIT   AKTIVATOR   AKTIVATOR
ZAPF         0.658        100        293.779

* ** * * * * * * * * * * * * * * * * * * * * * * * * * * * * * * * * * * * * * * * * * * * * * *
WARTE-     MAXIMALE  MITTLERE  EINTRITTE  EINTRITTE  OHNE WARTE-  MITTLERE     VERWEILZEIT/    NR. DER
SCHLANGE   LAENGE    LAENGE    (GESAMT)   (ZEITLOS)  ZEIT (%)     VERWEILZEIT  WARTEEINHEIT    TABELLE
SCHL       4         0.322     100        55         54.9         144.159      320.355

* * * * * * * * * * * * * * * * * * * * * * * * * * * * * * * * * * * * * * * * * * * * * * * * * * * * * *

VMI0001  HILFSBEREICH  GENUTZT:    336 BYTES
VMI0001  MAX.  ANZAHL  AKTIVATOREN  GLEICHZEITIG  IM  SYSTEM:  6
```

automatisch statistische Werte sammelt und diese Werte dann schließlich in standardisierter Form ausgibt.

An zwei Beispielen soll gezeigt werden, daß nur wenige Erweiterungen oder Änderungen am Programm nötig sind, um die Resultatausgabe zu erweitern oder um die Auswirkungen geänderter Voraussetzungen zu verfolgen.

11.4.1.1. Beispiel. Für das nach Tab. 11.4.1.1 simulierte GI/GI/1/∞-System sollen Häufigkeitstafeln der Wartezeit und der Warteschlangenlänge berechnet und tabellarisch sowie graphisch ausgegeben werden.

Tabelle 11.4.1.3. Simulationsprogramm eines GI/GI/1/∞-Systems mit Anweisungen zur Ausgabe von Tabellen und einer Graphik

```
                         PS  SIMDIS  2.0
BLOCK-
NUMMER * ADR   OPERATION  OPERANDEN      KOMMENTAR
       *
       * BEDIENUNG VON FAHRZEUGEN AN EINER TANKSTELLE
       *-----------------------------------------------------------
       *
       * DEFINITIONSANWEISUNGEN:
       *
         WZEIT QTABLE     SCHL,0,60,22   HAEUFIGKEITSTAFEL WARTEZEIT
         SLNG  TABLE      QN#SCHL,0,1,   HAEUFIGKEITSTAFEL SCHLANGEN-
                          10             LAENGE
       *
1              GENERATE   400,400        FAHRZEUGE TREFFEN ALLE
                                         400+-400 SEK. EIN,
2              QUEUE      SCHL           REIHEN SICH IN EINE WARTE-
                                         SCHLANGE EIN,
3              SEIZE      ZAPF           STEHEN AN DER ZAPFSAEULE,
4              DEPART     SCHL           VERLASSEN DAMIT DIE WARTE-
                                         SCHLANGE,
5              TABULATE   SLNG           EINTRAGUNG IN TABELLE SLNG
6              ADVANCE    300,200        WERDEN IN 300+-200 SEKUNDEN
                                         BEDIENT,
7              RELEASE    ZAPF           MACHEN PLATZ FUER NAECHSTES
                                         FAHRZEUG FREI
8              TERMINATE  1              UND VERLASSEN DIE TANKSTELLE.
       *                  200
       * STEUERANWEISUNGEN:
       *
       *
               SIMULATE   2              RECHENZEITSCHRANKE: 2 MINUTEN
       *       START
               REPORT
               OUTPUT
               GRAPH      TF,WZEIT
               ORIGIN     45,10
               X          ,2,3,120,2,10
               Y          0,1,40,1
       1       STATEMENT  1,12,  TAFEL DER ABSOLUTEN HAEUFIGKEITEN DER
                                 WARTEZEIT
       1       STATEMENT  2,12 ----------------------------------------
       1       STATEMENT  48,12, OBERE KLASSENGRENZEN DER WARTEZEIT
                                 IN S
               ENDGRAPH
               END
```

Tabelle 11.4.1.4. Häufigkeitstafel für Wartezeit und Warteschlangenlänge als Teilresultat des Programms aus Tabelle 11.4.1.3

TABELLE	EINTRAGUNGEN TYP	MITTELWERT	STANDARDABWEICHUNG	SUMME DER ARGUMENTE		
WZEIT	200	157.154	239.125	31431.000		NICHT GEWICHTET

OBERE GRENZE	ABSOLUTE HAEUFIGKEIT	RELATIVE HAEUFIGKEIT	KUMULATIVE HAEUFIGKEIT	KUMULATIVER REST	NORMIERTER WERT
0	96	47.99	47.9	52.0	−0.657
60	12	5.99	53.9	46.0	−0.406
120	16	7.99	61.9	38.0	−0.155
180	19	9.49	71.4	28.5	0.095
240	10	4.99	76.4	23.5	0.346
300	7	3.49	79.9	20.0	0.597
360	5	2.49	82.4	17.5	0.848
420	8	3.99	86.4	13.5	1.099
480	4	1.99	88.4	11.5	1.350
540	5	2.49	90.9	9.0	1.601
600	5	2.49	93.4	6.5	1.851
660	3	1.49	94.9	5.0	2.102
720	3	1.49	96.4	3.5	2.353
780	1	0.49	96,9	3.0	2.604
840	0	0.00	96.9	3.0	2.855
900	0	0.00	96.9	3.0	3.106
960	2	0.99	97.9	2.0	3.357
1020	3	1.49	99.4	0.5	3.608
1080	0	0.00	99.4	0.5	3.859
1140	0	0.00	99.4	0.5	4.110
1200	1	0.49	100.0	0.0	4.361

RESTLICHE HAEUFIGKEITSKLASSEN SIND NULL

TABELLE	EINTRAGUNGEN TYP	MITTELWERT	STANDARDABWEICHUNG	SUMME DER ARGUMENTE		
SLNG	200	0.244	0.580	49.000		NICHT GEWICHTET

OBERE GRENZE	ABSOLUTE HAEUFIGKEIT	RELATIVE HAEUFIGKEIT	KUMULATIVE HAEUFIGKEIT	KUMULATIVER REST	NORMIERTER WERT
0	164	81.99	81.9	18.0	−0.422
1	25	12.50	94.4	5.5	1.301
2	9	4.49	98.9	1.0	3.025
3	2	0.99	100.0	0.0	4.749

RESTLICHE HAEUFIGKEITSKLASSEN SIND NULL

Tabelle 11.4.1.5. Wartezeithistogramm als Teil der Ausgabe des Programms aus Tabelle 11.4.1.3

```
    * TAFEL DER ABSOLUTEN HAEUFIGKEITEN DER WARTEZEIT
    * ------------------------------------------------------------
    *
    *
 40 *
 39 *
 38 *
 37 *
 36 *
 35 *
 34 *
 33 *
 32 *
 31 *
 30 *
 29 *        **
 28 *  **    **
 27 *  **    **
 26 *  **    **
 25 *  **    **
 24 *  **    **
 23 *  **    **
 22 *  **    **
 21 *  **    **
 20 *  **    **
 19 *  **    **
 18 *  **    **
 17 *  **    **
 16 *  **    **
 15 *  **    **
 14 *  **    **
 13 *  **    **
 12 *  **    **    **    **
 11 *  **    **    **    **
 10 *  **    **    **    **    **
  9 *  **    **    **    **    **
  8 *  **    **    **    **    **
  7 *  **    **    **    **    **
  6 *  **    **    **    **    **    **
  5 *  **    **    **    **    **    **
  4 *  **    **    **    **    **    **
  3 *  **    **    **    **    **    **                **
  2 *  **    **    **    **    **    **          **    **
  1 *  **    **    **    **    **    **    **    **    **    **
  0 ***********************************************************
      120   240   360   480   600   720   840   960  1.0K  1.2K
    OBERE KLASSENGRENZEN DER WARTEZEIT IN S
```

Zur Lösung dieser Aufgabe müssen

(i) zwei Tabellen durch TABLE-Definitionsanweisungen erklärt werden,
(ii) Eintragungen in diese Tabellen mit Hilfe von TABULATE-Anweisungen veranlaßt werden und
(iii) Anweisungen der nutzereigenen Ausgabe geschrieben werden, die den Druck von Histogrammen erzeugen.

In Tab. 11.4.1.3 wird das geänderte Programm wiedergegeben. Die Tab. 11.4.1.4 und Tab. 11.4.1.5 enthalten die erzeugten Tabellen und ein Histogramm der Wartezeiten.

11.4.1.2. Beispiel. Das in Tab. 11.4.1.1 durch ein Simulationsprogramm beschriebene Bedienungssystem werde wie folgt geändert: Der Forderungenstrom sei inhomogen. Die Verteilungsfunktion der Pausenzeiten sei $F(x) = 1 - \exp(-\lambda(t)\,x)$, wobei $1/\lambda(t)$ durch den linearen Streckenzug gegeben sei, der durch die folgenden Punkte bestimmt ist:

t	7	9	12	15	16	18	Uhrzeit in h
$1/\lambda(t)$	100	50	70	50	150	100	Pausenzeit in s

Die Bedienungsdauer sei exponentialverteilt mit dem Erwartungswert 130 s.

Zur Einarbeitung dieser Angaben in das in Tab. 11.4.1.1 angegebene Programm sind die folgenden Definitionsanweisungen

```
FINT  FUNCTION  AV#ZEIT,C8            ZEITABHÄNGIGE INTENSITÄT
7,100/9,50/12,70/15,50/16,150/18,100   DES FORGERUNGENSTROMES
ZEIT  VARIABLE  7+AC1/3600            UHRZEIT IN STUNDEN
```

hinzuzufügen und die beiden Blöcke GENERATE bzw. ADVANCE mit den neuen Operanden DX(FN#FINT) bzw. DX(130) zu versehen.

In Frank/Lorenz [1] ist ein Bedienungssystem beschrieben worden, das viele Details der Bedienung von Fahrzeugen an einer Tankstelle enthält. Ein Simulationsprogramm dieses Bedienungssystems wird dort ebenfalls angegeben.

Abschließend sei insbesondere auf folgende mögliche Ergänzungen der bisherigen Angaben zu einer Simulationssprache und zu den Beispielen hingewiesen:

(a) Weitere Blöcke ermöglichen
- die *Reproduktion* (Splittung) von Aktivatoren,
- die Bildung von *Verbänden*, *Gruppen* und *Benutzerketten* von Aktivatoren,
- die *Synchronisation* des Laufes von Aktivatoren und
- die Zuweisung von *Prioritäten* und *Vorrangbelegung* von Einrichtungen durch Aktivatoren.

(b) Weitere *Steueranweisungen* ermöglichen das *Experimentieren* mit dem Modell, in dessen Verlauf sowohl numerische Werte als auch Modellstrukturen geändert werden können.

(c) *Anweisungen der nutzereigenen Ausgabe* ermöglichen es, Resultate der Simulation in eine gut lesbare Form zu bringen oder grafisch auszugeben.

11.4.2. Familien von Simulationssprachen

Im Verlauf eines zwanzigjährigen Prozesses haben sich Familien von Simulationssprachen herausgebildet, von denen jede ihre eigene, zu Beginn der sechziger Jahre entstandene Stammsprache besitzt. Die dominierenden Familien von Simulationssprachen tragen die Bezeichnungen GPSS, SIMDSCRIPT, SIMULA, GASP und CSL. Sie sind auf vielen Rechnern verfügbar. Neben den rechnerspezifischen Dokumentationen gibt es Lehrbücher und Übersichtsarbeiten, z. B. Bobillier [1], Frank/Lorenz [1], Gordon [1], Greenberg [1], Kampe [1], Kindler (1978), Kiviat/Villanueva/Markowitz [1], Lamprecht [1], Markowitz/Hausner/Karr [1], Niemeyer [1], O'Donovan [1], Pritsker/Kiviat [1], Pritsker/Young [1], Rohlfing [1], Rösmann [1], Schriber [1] und Schmidt [1], Tocher (1965).

GPSS ist die am weitesten verbreitete Sprachfamilie. Ihre vorgefertigten Modellelemente sowie ihre sprachlichen Mittel eignen sich besonders gut zur Simulation von Bedienungssystemen. GPSS-Sprachen gelten als besonders leicht erlernbar. Der hohe

Grad der Vorfertigung und Standardisierung von Modell- und Sprachelementen beeinträchtigt andererseits die Flexibilität, die Anpassungsfähigkeit an außergewöhnliche Modellierungsaufgaben und führt zu erhöhten Rechenzeiten.

SIMSCRIPT rangiert in der Verbreitung der Anwendung vermutlich an zweiter Stelle nach GPSS. SIMSCRIPT ist universeller anwendbar als GPSS, und es gibt SIMSCRIPT-Versionen, die als universelle Programmiersprachen gelten. Der SIMSCRIPT-Nutzer definiert seine Modellelemente selbst und nimmt aktiven Einfluß auf die Ereignisplanung. Im Vergleich zu GPSS erfordert SIMSCRIPT ein tieferes Eindringen seiner Nutzer in die Methoden der Simulation und Programmierung, so daß SIMSCRIPT für schwerer erlernbar gehalten wird.

SIMULA ist eine sehr flexible, in der Version SIMULA 67 universelle Programmiersprache, die ALGOL 60 als Subset enthält. Ihr Nutzer kann Modellelemente selbst entwerfen und Programme schreiben, deren Struktur dem Aufbau des nachzubildenden Systems in anschaulicher Weise entspricht. SIMULA kann als Basissprache zum Entwurf von Spezialsprachen für eingeengte Anwendungsgebiete der Simulation genutzt werden. Es gibt Beispiele für die Implementation anderer Simulationssprachen auf Basis von SIMULA.

GASP ist ein FORTRAN-Programmpaket, dessen Verbreitung von der Popularität von FORTRAN beeinflußt ist und das auf jedem Rechner anwendbar ist, der einen FORTRAN-Compiler besitzt. CSL ist eine vorrangig in Großbritannien verbreitete Simulationssprache, die in neueren Versionen auch die Bezeichnung ECSL (Extended Control and Simulation Language) trägt.

Neben diesen dominierenden Sprachfamilien gibt es eine Vielzahl von Sprachen, die bisher keine weite Verbreitung gefunden haben und die nur für einen oder einige Rechnertypen implementiert wurden.

Es wird daran gearbeitet, Simulationssprachen zu standardisieren. Das gilt sowohl für die GPSS-Sprachfamilie, wo GPSS V zu einem für verschiedene Rechnersysteme in übereinstimmender Weise implementierten Standard wird (vgl. Reitman (1976)) als auch für SIMULA (vgl. Palme (1976)).

11.5. Statistische Auswertung von Simulationsergebnissen

Mit der Simulation des Verhaltens eines Bedienungssystems werden Realisierungen zufälliger Prozesse erzeugt. Diese bilden den Ausgangspunkt für statistische Betrachtungen. Im Mittelpunkt stehen dabei Konfidenzschätzungen zur Beurteilung der Genauigkeit erhaltener Simulationsergebnisse. Statistische Überlegungen sind in diesem Zusammenhang bereits bei der Planung der Simulation notwendig. Weiterhin haben geeignete Methoden zur Behandlung der auftretenden korrelierten Zufallsgrößen besondere Bedeutung.

11.5.1. Bemerkungen zur Planung der Simulation

Bei der Aufstellung eines Simulationsprogramms müssen statistische Gesichtspunkte beachtet werden. Wichtige Fragestellungen betreffen dabei u. a. die *Wahl des Anfangszustandes* eines Simulationsexperiments, die Berechnung von Realisierungen benötigter Statistiken und Kriterien zur Prüfung, ob die Simulation beendet werden kann. Die Simulation beginnt mit einem bestimmten Anfangszustand des untersuchten Bedienungsmodells. Daran schließt sich i. allg. eine „Einschwingphase" an, deren Länge von der Wahl des Anfangszustandes abhängt. Dieser Zeitanteil ist z. B. für statistische Schlüsse bez. Kenngrößen der stationären Verteilung eines simulierten zufälligen Prozesses ungeeignet.

11.5.1.1. Beispiel. Es sei (W_n, $n \geqq 1$) eine Folge von Wartezeiten in einem simulierten Wartesystem. Als Punktschätzung für die mittlere stationäre Wartezeit wird das Stichprobenmittel einer vorgegebenen Anzahl von Wartezeiten benutzt. Auf Grund des gewählten Anfangszustandes W_1 (z. B. $W_1 = 0$) ist diese Punktschätzung nicht erwartungstreu. Man beginnt deshalb mit der Mittelbildung erst nach einer hinreichend langen Simulationsdauer.

Um nicht sämtliche Daten im Speicher des Rechenautomaten aufbewahren zu müssen, werden statistische Größen zweckmäßigerweise im Verlauf der Simulation ermittelt.

11.5.1.2. Beispiel. Die Berechnung einer Realisierung des Stichprobenmittels von aufeinanderfolgenden Wartezeiten zur Schätzung der mittleren stationären Wartezeit $\mathsf{E}W$ geschieht in der folgenden Weise. Für jede in das vorliegende Wartesystem eintreffende Forderung wird durch Simulation die Wartezeit ermittelt. Die erhaltene Wartezeit w_{i+1} der $(i+1)$-ten Forderung wird nach der Vorschrift

$$\bar{w}_{i+1} = \frac{i\bar{w}_i + w_{i+1}}{i+1}$$

mit dem Schätzwert $\bar{w}_i$ für $\mathsf{E}W$ aus i Wartezeiten verknüpft, um einen neuen Schätzwert zu erhalten.

Die Simulation wird beendet, wenn eine vorgegebene Simulationszeit bzw. Anzahl von Bedingungen oder eine ausreichende Genauigkeit statistischer Schlüsse erreicht ist. Bedeutsam sind in diesem Zusammenhang auch Verfahren zur Erhöhung der Genauigkeit von Simulationsergebnissen durch Varianzreduktion, siehe z. B. Ehrenfield/Ben-Tuvia (1962), Grabe/Schmelz (1978), Hammersley/Handscomb [1], Schneps [1], Fishman (1967, 1968, 1976, 1977) und Fishman/Kiviat (1967).

11.5.2. Methoden der Behandlung korrelierter Zufallsgrößen

Die bei der Simulation zu betrachtenden Zufallsgrößen sind in den meisten Fällen korreliert und die zugehörigen Korrelationsfunktionen nur für relativ wenige Klassen zufälliger Prozesse der Bedienungstheorie bekannt. Im folgenden werden die wichtigsten Methoden zur Abschätzung der Genauigkeit von korrelierten Simulationsergebnissen angegeben.

11.5.2.1. Methode der Simulationsabschnitte. Bei der sogenannten Methode der Simulationsabschnitte, siehe z. B. Conway (1963), Mechanic/McKay (1964), Kosten [1] oder Krampe/Kubat/Runge [1], wird die Simulationszeit oder die Folge der untersuchten Zufallsgrößen in n Abschnitte gleicher Länge oder Anzahl unterteilt. Man ermittelt dann für diese einzelnen Simulationsabschnitte Schätzwerte für die bei der Simulation gesuchten Kenngrößen, wie z. B. mittlere Wartezeit oder mittlere Warteschlangenlänge. Ist die Länge der Simulationsabschnitte genügend groß, so können die berechneten Schätzwerte als Realisierungen unabhängiger Zufallsgrößen angesehen und entsprechend statistisch behandelt werden.

11.5.2.2. Beispiel. Gesucht wird ein Konfidenzintervall für die mittlere stationäre Wartezeit $\mathsf{E}W$ in einem Wartesystem. Es seien $W_1, \ldots, W_n$ die Stichprobenmittel von je k aufeinanderfolgenden

Wartezeiten,

$$\overline{W}_n = \frac{1}{n} \sum_{i=1}^{n} W_i \quad \text{und} \quad S_n^2 = \frac{1}{n-1} \sum_{i=1}^{n} (W_i - \overline{W}_n)^2.$$

Für große Werte n und k gilt dann näherungsweise

$$\mathsf{P}\left(\overline{W}_n - t_{n-1,1-\frac{\alpha}{2}} \sqrt{\frac{S_n^2}{n}} \leqq \mathsf{E}W \leqq \overline{W}_n + t_{n-1,1-\frac{\alpha}{2}} \sqrt{\frac{S_n^2}{n}}\right) = 1 - \alpha.$$

Die Konfidenzgrenzen eines näherungsweisen Konfidenzintervalls $[G_u, G_o]$ für $\mathsf{E}W$ zum Konfidenzniveau $1 - \alpha$ lauten somit

$$G_u = \overline{W}_n - t_{n-1,1-\frac{\alpha}{2}} \sqrt{\frac{S_n^2}{n}} \quad \text{und} \quad G_o = \overline{W}_n + t_{n-1,1-\frac{\alpha}{2}} \sqrt{\frac{S_n^2}{n}}.$$

Ausgehend von den Realisierungen der Statistiken W_n und S_n^2 ergibt sicht dann ein konkretes Schätzintervall.

11.5.2.3. Regenerative Methode. Bei der Beschreibung vieler Bedienungssysteme treten regenerative Prozesse auf. Ist der simulierte zufällige Prozeß ein regenerativer Prozeß, dann kann man bei statistischen Untersuchungen von einfachen Stichproben ausgehen, die im regenerativen Prozeß in gewisser Weise eingebettet sind. Darin besteht das Wesen der sogenannten regenerativen Methode, die in Crane/Iglehart (1975) und Crane/Lemoine [1] ausführlich beschrieben ist, siehe auch Fishman (1973, 1974) und Whitt [1]. Sie wird in [4.9.3] zur Konstruktion von Konfidenzschätzungen für Kenngrößen der stationären Verteilung regenerativer Prozesse benutzt.

Weitere Anwendungen der regenerativen Methode liegen u. a. zu folgenden speziellen statistischen Fragestellungen vor:

(a) Vergleich verschiedener Punkt- und Konfidenzschätzungen (s. Iglehart (1975)),
(b) Ermittlung von Punktschätzungen nach der Quantil-Methode (s. Iglehart (1976)),
(c) Bestimmung der Simulationsdauer bei Konfidenzschätzungen vorgegebener Genauigkeit (s. Robinson (1976), Lavenberg/Sauer (1977)) und
(d) Varianzreduzierung (siehe Iglehart/Lewis (1976), Lavenberg/Moeller/Sauer (1977)).

Ist der simulierte zufällige Prozeß selbst kein regenerativer Prozeß, so können u. U. modifizierte Techniken der regenerativen Methode angewandt werden, siehe Crane/Iglehart (1975b).

11.5.2.4. Methode des Potenzansatzes. Der bei der Simulation untersuchte zufällige Prozeß $(X_n, n \geqq 1)$ sei ein im engeren Sinne stationärer Prozeß mit den Korrelationskoeffizienten

$$k_j = \frac{\mathsf{Cov}\,(X_n, X_{n+j})}{\mathsf{V}X_n}.$$

Den Ausgangspunkt der Methode des Potenzansatzes, vgl. Gebhardt (1976), bildet der Ansatz $k_j = q^j$, $j = 0, 1, 2, \ldots$, mit einer prozeßspezifischen Größe q, $0 < q < 1$. Diese Annahme potentiell fallender Korrelationskoeffizienten ist für bestimmte stationäre Prozesse in einigen speziellen Systemen (s. Gafarian/Ancker (1966)), im $M/M/1/\infty$ (s. Morse (1955)) sowie im $M/D/1/\infty$ (s. Gebhardt (1974)) zumindest näherungsweise erfüllt. Eine Punktschätzung für q und eine Konfidenzschätzung für den Erwartungswert $\mathsf{E}X_n$ des Prozesses (X_n) enthält S. 4.7.3.

Erwähnt sei schließlich noch die Methode der autoregressiven Darstellung, über die man sich in Fishman (1971) oder Gebhardt (1976) informieren kann.

12. Lösungsmethoden für lineare algebraische Gleichungssysteme stationärer Charakteristiken

Die Bestimmung stationärer Charakteristiken von Bedienungssystemen, die sich durch homogene Markowsche Ketten beschreiben lassen, führt zu der Notwendigkeit, lineare algebraische Gleichungssysteme zu lösen (↑ Kap. 1, 3 und 5). Im vorliegenden Kapitel werden Algorithmen zur Lösung von solchen linearen algebraischen Gleichungssystemen, die in der Bedienungstheorie auftreten, angegeben. Dabei handelt es sich meistens um für die bedienungstheoretischen Aufgaben geeignete Modifikationen bekannter Algorithmen unter Berücksichtigung der Besonderheiten der jeweiligen Koeffizientenmatrizen (schwach besetzte Matrizen, spezielle Struktur der Matrizen, insbesondere blocktridiagonale Matrizen, Block-Hessenberg-Matrizen). Während in [12.1]—[12.6] Markowsche Ketten mit stetiger Zeit und endlichem Zustandsraum betrachtet werden, wird in [12.7] der Fall Markowscher Ketten mit diskreter Zeit und abzählbar unendlichem Zustandsraum behandelt, worauf auch der Fall abzählbar unendlich vieler Zustände und stetiger Zeit zurückgeführt werden kann. Zunächst wird auf sogenannte direkte Verfahren zur Lösung linearer algebraischer Gleichungssysteme eingegangen (vgl. auch Schwetlick (1978, 1979)), danach (↑ [12.6], [12.7]) auf einige grundlegende Aspekte iterativer Lösungsmethoden (vgl. auch Neuts [1]).

Auf numerische Lösungsverfahren für lineare Differentialgleichungssysteme, die in der Bedienungstheorie bei der Bestimmung zeitabhängiger Charakteristiken auftreten, wird in diesem Kapitel nicht eingegangen, da sie in der Regel auf dem klassischen Runge-Kutta-Verfahren basieren, vgl. z. B. Schneps [1].

12.1. Lineare algebraische Gleichungssysteme für Aufgabenstellungen der Bedienungstheorie

Es sei $(X(t))$ eine homogene Markowsche Kette mit dem endlichen Zustandsraum $\mathcal{G} = \{1, 2, \ldots, l\}$ und mit der Matrix der Übergangsintensitäten $\boldsymbol{\alpha} = (\alpha_{ij})_{i,j\in\mathcal{G}}$, der sogenannten *Intensitätsmatrix* (↑ D. 3.3.2.1). Für den stationären Prozeß $(X(t))$ genügen die Zustandswahrscheinlichkeiten p_i mit $p_i = \mathsf{P}(X(t) = i)$, $i \in \mathcal{G}$, dem Gleichungssystem

$$\boldsymbol{x}\boldsymbol{\alpha} = \boldsymbol{0}, \qquad \boldsymbol{x}\boldsymbol{u}^{\mathsf{T}} = 1, \tag{1}$$

das das statistische Gleichgewicht ausdrückt, wobei $\boldsymbol{0} = (0, 0, \ldots, 0)$ und $\boldsymbol{u} = (1, 1, \ldots, 1)$ Vektoren der Dimension l sind. Wenn es nur genau eine stationäre Verteilung des Prozesses, der das Bedienungssystem beschreibt, gibt, dann bestimmt sie solche stationären Charakteristiken des Systems eindeutig wie: die Verlustwahrscheinlichkeit einer eintreffenden Forderung, die Verteilung der Schlangenlänge, der

Wartezeit u. a. Die Kenntnis der stationären Verteilung ist jedoch für die Bestimmung einiger wichtiger Kennziffern, zum Beispiel solcher, die sich auf die Ströme der abgewiesenen bzw. der bedienten Forderungen beziehen, nicht ausreichend, vgl. z. B. BOTSCHAROW/NAUMOW (1976). Eine Reihe von Charakteristiken dieser Ströme kann man durch das Lösen von Gleichungssystemen der Gestalt

$$\boldsymbol{x}\alpha = \boldsymbol{b}, \qquad \boldsymbol{x}\boldsymbol{u}^{\mathsf{T}} = 1 \tag{2}$$

erhalten, wobei $\boldsymbol{b}$ ein gewisser, von Null verschiedener Vektor der Dimension l ist. Lösungsverfahren für die inhomogenen Gleichungssysteme (2) mit von Null verschiedenen rechten Seiten, ergeben somit wichtige Möglichkeiten für die Bestimmung weiterer bedienungstheoretischer Kenngrößen. Mit Hilfe der in diesem Kapitel betrachteten Algorithmen gelingt das mit verhältnismäßig geringen Anstrengungen, verglichen mit dem Aufwand bei der Lösung des Gleichungssystems (1).

Es sei $N(i)$ eine gewisse Funktion des Zustandes $i \in \mathcal{G}$ des Prozesses $(X(t))$. Als $N(i)$ kann man die Anzahl von Forderungen im System wählen, wenn es sich im Zustand $i \in \mathcal{G}$ befindet. Wenn das Bedienungssystem mehrere Eingangsströme besitzt, kann $N(i)$ die Anzahl von Forderungen eines bestimmten Typs und für ein Mehrphasenbedienungssystem die Anzahl von Forderungen in einer der Phasen beschreiben. Weil der Zustandsraum $\mathcal{G}$ des Prozesses $(X(t))$ endlich ist, nimmt die Funktion $N(i)$ nur endlich viele Werte an. Wenn man sie durchnumeriert, dann kann man davon ausgehen, daß $N(i)$ die Werte $0, 1, \ldots, m$ annimmt. Mit $\mathcal{G}_j$ bezeichnen wir die Teilmenge von Zuständen, für die $N(i)$ den festen Wert j annimmt,

$$\mathcal{G}_j = \{i : i \in \mathcal{G}, N(i) = j\}. \tag{3}$$

Die Teilmengen $\mathcal{G}_j$ sind disjunkt, und ihre Vereinigung ergibt $\mathcal{G}$:

$$\mathcal{G}_i \cap \mathcal{G}_j = \emptyset, \quad \text{falls} \quad i \neq j, \quad \bigcup_{j=0}^{m} \mathcal{G}_j = \mathcal{G}.$$

Dieser *Zerlegung des Zustandsraumes* entspricht die Zerlegung der Intensitätsmatrix in die Blöcke $\alpha_{kr} = (\alpha_{ij})_{i\in\mathcal{G}_k, j\in\mathcal{G}_r}$, und das Gleichungssystem (2) kann man in der Form

$$\sum_{i=0}^{m} \boldsymbol{x}_i \alpha_{ij} = \boldsymbol{b}_j, \quad j = 0, 1, \ldots, m, \quad \sum_{i=0}^{m} \boldsymbol{x}_i \boldsymbol{u}_i^{\mathsf{T}} = 1 \tag{4}$$

darstellen, wobei $\boldsymbol{x} = (\boldsymbol{x}_0, \boldsymbol{x}_1, \ldots, \boldsymbol{x}_m)$, $\boldsymbol{b} = (\boldsymbol{b}_0, \boldsymbol{b}_1, \ldots, \boldsymbol{b}_m)$, $\boldsymbol{u} = (\boldsymbol{u}_0, \boldsymbol{u}_1, \ldots, \boldsymbol{u}_m)$ Zerlegungen der Vektoren $\boldsymbol{x}$, $\boldsymbol{b}$, $\boldsymbol{u}$ in Teilvektoren sind, die der Zerlegung (3) des Zustandsraumes entsprechen. Wir setzen voraus, daß der Prozeß $(N(X(t)))$ mit Wahrscheinlichkeit Eins keine Sprünge größer als Eins hat, d. h., für alle $i \in \mathcal{G}$ und $\Delta t > 0$ gilt

$$\mathsf{P}\big(|N(X(\Delta t)) - N(X(0))| > 1 \mid X(0) = i\big) = o(\Delta t). \tag{5}$$

Für Bedienungssysteme ohne Gruppenankünfte und ohne Gruppenbedienungen besitzen die oben als Beispiele genannten Funktionen $N(i)$ diese Eigenschaft. Dabei sind dann sämtliche Blöcke α_{kr} Nullmatrizen, ausgenommen die folgenden:

$$\begin{aligned} \alpha_k^+ &= \alpha_{k,k+1}, & k &= 0, 1, \ldots, m-1, \\ \alpha_k &= \alpha_{kk}, & k &= 0, 1, \ldots, m, \\ \alpha_k^- &= \alpha_{k,k-1}, & k &= 1, 2, \ldots, m. \end{aligned} \tag{6}$$

Wenn man also für den Prozeß $(X(t))$, der ein gewisses Bedienungssystem beschreibt, eine Funktion $N(i)$, $i \in \mathscr{G}$, vorgeben kann, die (5) genügt, dann ist die Intensitätsmatrix dieses Prozesses eine *blocktridiagonale Matrix*. Die von Null verschiedenen Blöcke der Matrix α sind ihrerseits in der Regel *schwach besetzte Matrizen*, d. h., sie enthalten wenige von Null verschiedene Elemente. Zur Lösung von linearen algebraischen Gleichungssystemen mit solchen Matrizen kann man spezielle Methoden verwenden, vgl. TEWARSON [1].

12.1.1. Beispiel. Wir betrachten das System $M/M/1/n$ mit einem Poissonschen Forderungenstrom der Intensität λ und unzuverlässigem Bedienungsgerät, d. h., das Bedienungsgerät kann sich in den zwei Zuständen 0 und 1 befinden, die einander abwechseln. Im Zustand 1 ist das Gerät ausgefallen und kann demzufolge keine Forderungen bedienen. Eine Forderung, deren Bedienung beim Ausfall des Gerätes unterbrochen wird, geht nicht verloren. Wenn sich das Bedienungsgerät dagegen im Zustand 0 (arbeitsfähig) befindet, dann wird eine Forderung (falls sich eine im System befindet) mit einer Bedienungszeit, die einer Exponentialverteilung mit dem Parameter μ genügt, bedient. Die Aufenthaltszeiten des Gerätes im Zustand i sind exponentialverteilt mit dem Parameter ν_i, $i = 0, 1$, d. h., seine Lebens- bzw. Reparaturzeiten sind exponentialverteilt mit dem Parameter ν_0 bzw. ν_1. Wir führen den Prozeß $(X(t))$ mit dem Zustandsraum $\mathscr{G} = \{(i, j) : i = 0, 1;\ j = 0, 1, \ldots, n + 1\}$ ein und setzen $X(t) = (i, j)$, wenn zum Zeitpunkt t das Gerät im Zustand i ist und j Forderungen im System sind. Es sei $N(i, j)$ die Anzahl von Forderungen im System zu einem Zeitpunkt, zu dem sich der Prozeß $(X(t))$ im Zustand (i, j) befindet, d. h., $N(i, j) = j$. Dieser Funktion des Zustandes des Prozesses $(X(t))$ entspricht die Zerlegung seines Zustandsraumes in die Teilmengen $\mathscr{G}_j = \{(0, j), (1, j)\}$, $j = 0, 1, \ldots, m$, wobei $m = n + 1$ die maximal mögliche Anzahl von Forderungen im System ist. Weil die Wahrscheinlichkeit dafür, daß sich die Anzahl von Forderungen im System in einem Zeitintervall der Länge Δt um einen Wert größer als 1 ändert, die Ordnung $o(\Delta t)$ hat, ist die Intensitätsmatrix des Prozesses $(X(t))$ eine blocktridiagonale Matrix. Ihre von Null verschiedenen Blöcke haben die folgende Gestalt:

$$\alpha_k^+ = \begin{pmatrix} \lambda & 0 \\ 0 & \lambda \end{pmatrix}, \quad k = 0, 1, \ldots, m - 1, \quad \alpha_k^- = \begin{pmatrix} \mu & 0 \\ 0 & 0 \end{pmatrix}, \quad k = 1, 2, \ldots, m,$$

$$\alpha_0 = \begin{pmatrix} -(\lambda + \nu_0) & \nu_0 \\ \nu_1 & -(\lambda + \nu_1) \end{pmatrix}, \quad \alpha_m = \begin{pmatrix} -(\mu + \nu_0) & \nu_0 \\ \nu_1 & -\nu_1 \end{pmatrix},$$

$$\alpha_k = \begin{pmatrix} -(\lambda + \mu + \nu_0) & \nu_0 \\ \nu_1 & -(\lambda + \nu_1) \end{pmatrix}, \quad k = 1, 2, \ldots, m - 1.$$

12.2. Existenz und Eindeutigkeit der Lösung

12.2.1. Definition. Die Intensitätsmatrix α heißt *zerlegbar*, wenn es eine Zerlegung des Zustandsraumes $\mathscr{G}$ in zwei disjunkte Teilmengen $\mathscr{C}_0, \mathscr{C}_1$ gibt, $\mathscr{C}_0, \mathscr{C}_1 \neq \emptyset$, $\mathscr{C}_0 \cup \mathscr{C}_1 = \mathscr{G}$, so daß $\alpha_{ij} = 0$ für alle $i \in \mathscr{C}_0$, $j \in \mathscr{C}_1$.

Aus dem Satz von TAUSSKY (vgl. GANTMACHER [1], Theorem 2 in § 14.2) ergibt sich der folgende Satz.

12.2.2. Satz. Für eine unzerlegbare Intensitätsmatrix α gilt:

(a) Sämtliche Hauptminoren der Ordnung $k < l$ sind verschieden von Null, und der Rang der Matrix α ist gleich $l - 1$.

(b) Eine Lösung des Gleichungssystems (2) in [12.1] existiert genau dann, wenn

$$\boldsymbol{b}\boldsymbol{u}^{\mathsf{T}} = 0 \tag{1}$$

ist. In diesem Fall ist die Lösung eindeutig bestimmt. Wir ersetzen sämtliche Elemente der letzten (l-ten) Spalte der Matrix α sowie die letzte Komponente des Vektors $\boldsymbol{b}$ durch die Zahl 1 und bezeichnen die Matrix und den Vektor, die wir auf diese Weise erhalten, mit α' bzw. $\boldsymbol{b}'$. Die Matrix α' ist *regulär*, d. h., die Determinante von α' ist ungleich Null, und falls (1) erfüllt ist, ist das Gleichungssystem (2) in [12.1] dem folgenden äquivalent:

$$x\alpha' = b'. \tag{2}$$

Wenn $b = 0$ ist, dann kann das Gleichungssystem (2) in [12.1] auf ein lineares algebraisches Gleichungssystem der Ordnung $l - 1$ zurückgeführt werden. Wir setzen

$$\alpha(l) = (\alpha_{ij})_{i,j=1,\ldots,l-1}, \qquad \beta(l) = (-\alpha_{l,1}, \ldots, -\alpha_{l,l-1}).$$

Das Gleichungssystem

$$y\alpha(l) = \beta(l) \tag{3}$$

bezüglich des unbekannten Vektors y der Dimension $l - 1$ hat eine eindeutig bestimmte Lösung, die mit der Lösung x des Gleichungssystems (1) in [12.1] durch die Beziehungen

$$x_i = \begin{cases} \left(1 + \sum\limits_{i=1}^{l-1} y_i\right)^{-1}, & i = l, \\ y_i\, x_l, & i < l, \end{cases} \tag{4}$$

verknüpft ist; $y = (y_1, \ldots, y_{l-1})$, $x = (x_1, \ldots, x_l)$. Die Gleichungssysteme (2) und (3), deren Koeffizientenmatrizen regulär sind, kann man mit den klassischen Methoden lösen, vgl. Faddejew/Faddejewa [1], Forsythe/Moler [1], Young [1].

12.3. Die Methode der blockweisen Ränderung

12.3.1. Der allgemeine Fall

In diesem Abschnitt wird eine der Methoden zur Bestimmung der zu $\beta = (\beta_{ij})_{i,j\in\mathscr{G}}$ inversen Matrix dargelegt, wobei sämtliche Hauptminoren von β verschieden von Null seien.

Es sei $\mathscr{C}_0$, $\mathscr{C}_1$ eine Zerlegung der Menge $\mathscr{G}$ in Teilmengen, so daß $\mathscr{C}_0, \mathscr{C}_1 \neq \emptyset$, $\mathscr{C}_0 \cap \mathscr{C}_1 = \emptyset$ und $\mathscr{C}_0 \cup \mathscr{C}_1 = \mathscr{G}$ ist. Dieser Zerlegung entspricht die folgende Zerlegung der Matrix β in Blöcke:

$$\beta = \begin{pmatrix} \beta_{00} & \beta_{01} \\ \beta_{10} & \beta_{11} \end{pmatrix}, \tag{1}$$

wobei β_{ij} die Einschränkung der Matrix β auf die Menge $\mathscr{C}_i \times \mathscr{C}_j$ ist. Zur Bestimmung der zu β inversen Matrix kann man die folgenden Frobeniusschen Formeln benutzen, die dieses Problem auf die Bestimmung der inversen Matrizen von zwei Matrizen niederer Ordnung zurückführen.

12.3.1.1. Satz (Gantmacher [1], Kap. XIII). Die Matrix β_{00} sei regulär. In diesem Fall existiert die zu (1) inverse Matrix genau dann, wenn die zu $\varkappa$,

$$\varkappa = \beta_{11} - \beta_{10}\beta_{00}^{-1}\beta_{01}, \tag{2}$$

inverse Matrix existiert. Dabei ist

$$\beta^{-1} = \begin{pmatrix} \beta_{00}^{-1} + \beta_{00}^{-1}\beta_{01}\varkappa^{-1}\beta_{10}\beta_{00}^{-1} & -\beta_{00}^{-1}\beta_{01}\varkappa^{-1} \\ -\varkappa^{-1}\beta_{10}\beta_{00}^{-1} & \varkappa^{-1} \end{pmatrix}. \tag{3}$$

Es sei $(\mathscr{G}_i)$, $\mathscr{G}_i \neq \emptyset$, $|\mathscr{G}_i| = l_i$, $i = 0, 1, \ldots, m$, eine Zerlegung der Menge $\mathscr{G}$ in $m + 1$ Teilmengen; $\mathscr{G}_i \cap \mathscr{G}_j = \emptyset$ für $i \neq j$, $\bigcup_{i=0}^{m} \mathscr{G}_i = \mathscr{G}$.

$$\beta = \begin{pmatrix} \beta_{00}\beta_{01} & \cdots & \beta_{0m} \\ \beta_{10}\beta_{11} & \cdots & \beta_{1m} \\ \hline \beta_{m0}\beta_{m1} & \cdots & \beta_{mm} \end{pmatrix}$$

sei die blockweise Darstellung der Matrix β, die dieser Zerlegung entspricht. Mit γ_k bezeichnen wir die folgende Matrix der Ordnung $m_k = l_0 + l_1 + \cdots + l_k$:

$$\gamma_k = \begin{pmatrix} \beta_{00}\beta_{01} \cdots \beta_{0k} \\ \beta_{10}\beta_{11} \cdots \beta_{1k} \\ \hline \beta_{k0}\beta_{k1} \cdots \beta_{kk} \end{pmatrix} = \left(\begin{array}{c|c} & \beta_{0k} \\ \gamma_{k-1} & \beta_{1k} \\ & \vdots \\ \hline \beta_{k0}\beta_{k1} \cdots & \beta_{kk} \end{array}\right).$$

Dabei sei vermerkt, daß $\gamma_0 = \beta_{00}$ und $\gamma_m = \beta$ ist. Die zu β inverse Matrix kann auf die folgende Weise bestimmt werden. Zunächst wird die Matrix γ_0^{-1} bestimmt und danach nacheinander, unter Anwendung der Frobeniusschen Formeln (2)—(3), die Matrizen $\gamma_1^{-1}, \ldots, \gamma_m^{-1}$. Diese Methode gestattet es, die Bestimmung der zu β inversen Matrix, wobei β die Ordnung l hat, auf die Bestimmung der inversen Matrizen von $m + 1$ Matrizen der Ordnung $l_0, l_1, \ldots, l_{m-1}$ bzw. l_m zurückzuführen. Die Methode kann dabei auf jede beliebige Matrix, deren Hauptminoren von Null verschieden sind, angewendet werden, insbesondere auf die Matrizen α' und $\alpha(l)$ in [12.2].

12.3.2. Der Fall einer blocktridiagonalen Matrix

Wir betrachten das Gleichungssystem (2) in [12.1] mit der unzerlegbaren blocktridiagonalen Matrix α,

$$\alpha = \begin{pmatrix} \alpha_0\alpha_0^+ & & & 0 \\ \alpha_1^-\alpha_1\alpha_1^+ & & & \\ & \cdot\;\cdot\;\cdot & & \\ & & \cdot\;\cdot\;\cdot & \\ & & \cdot\;\cdot & \alpha_{m-1}^+ \\ 0 & & & \alpha_m^-\alpha_m \end{pmatrix}. \tag{1}$$

Die Grundidee des Algorithmus zur Bestimmung der zu einer solchen Matrix gehörenden inversen Matrix, der auf der Methode der blockweisen Ränderung beruht, wurde in Kosko (1957) dargelegt. In Bascharin (1961) wurde dieser Algorithmus weiterentwickelt und an die Aufgabenstellungen der Bedienungstheorie sowie des Fernmeldewesens angepaßt.

Es sei

$$\alpha_{(0)} = \alpha_0, \quad \alpha_{(k)}^+ = -\alpha_{(k)}^{-1}\alpha_k^+, \quad \alpha_{(k+1)} = \alpha_{k+1} + \alpha_{k+1}^-\alpha_{(k)}^+ \tag{2}$$

$$\alpha_{(k+1)}^- = -\alpha_{k+1}^-\alpha_{(k)}^{-1}, \quad k = 0, 1, \ldots, m-1.$$

12.3.2.1. Satz. Wenn $\boldsymbol{b}\boldsymbol{u}^{\mathsf{T}} = 0$ ist, dann kann die Lösung $\boldsymbol{x} = (\boldsymbol{x}_0, \ldots, \boldsymbol{x}_m)$ des Gleichungssystems (2) in [12.1] mit Hilfe der folgenden Rekursionsformeln berechnet werden:

$$\boldsymbol{x}_k = \begin{cases} \boldsymbol{f}_k + \boldsymbol{b}_k \varkappa_{kk} + (\boldsymbol{x}_{k+1} - \boldsymbol{f}_{k+1})\, \alpha^-_{(k+1)} & \text{für} \quad 0 \leqq k < m-1, \\ \boldsymbol{f}_k + \boldsymbol{b}_k \varkappa_{kk} + \boldsymbol{x}_m \alpha^-_{(m)} & \text{für} \quad k = m-1, \end{cases} \tag{3}$$

wobei $\boldsymbol{x}_m$ die eindeutig bestimmte Lösung des Gleichungssystems

$$\boldsymbol{y}\alpha_{(m)} = \boldsymbol{f}_m + \boldsymbol{b}_m, \qquad \boldsymbol{y}\boldsymbol{h}^{\mathsf{T}} = s \tag{4}$$

ist;

$$\boldsymbol{f}_k = \sum_{i=0}^{k-1} \boldsymbol{b}_i \varkappa_{ik}, \qquad \boldsymbol{h}^{\mathsf{T}} = \sum_{k=0}^{m} \varkappa_{mk} \boldsymbol{u}_k^{\mathsf{T}}; \tag{5}$$

$$s = 1 - \sum_{i,j=0}^{m-1} \boldsymbol{b}_i \varkappa_{ij} \boldsymbol{u}_j^{\mathsf{T}}; \tag{6}$$

$$\varkappa_{mm} = \boldsymbol{I}, \qquad \varkappa_{m-1,m-1} = \alpha^{-1}_{(m-1)}, \tag{7}$$

$$\varkappa_{kk} = \alpha^{-1}_{(k)} + \alpha^+_{(k)} \varkappa_{k+1,k+1} \alpha^-_{(k+1)}, \qquad k = 0, 1, \ldots, m-2;$$

$$\varkappa_{ik} = \alpha^+_{(i)} \varkappa_{i+1,k}, \quad \varkappa_{ki} = \varkappa_{k,i+1} \alpha^-_{(i+1)}, \quad i = 0, 1, \ldots, k-1; \;\; k = 1, 2, \ldots, m. \tag{8}$$

Der Vorzug dieser Methode zur Lösung von linearen algebraischen Gleichungssystemen mit einer blocktridiagonalen Matrix besteht im Vergleich zu anderen Methoden darin, daß außer der Unzerlegbarkeit keine weiteren Bedingungen an die Matrix α gestellt werden müssen. Bei der Berechnung des unbekannten Vektors $\boldsymbol{x}$ kann man also folgendermaßen vorgehen:

(i) Man setze $\alpha_{(0)} = \alpha_0$ und berechne die Größen $\alpha^+_{(k)}$, $\alpha_{(k+1)}$, $\alpha^-_{(k+)}$ für $k = 0, 1, \ldots, m-1$ gemäß (2).
(ii) Anhand von (5) bestimme man die Vektoren $\boldsymbol{f}_m$ und $\boldsymbol{h}$, wobei man die Matrizen $\varkappa_{im}$ und $\varkappa_{mi}$ für $i = m-1, m-2, \ldots, 0$ mit Hilfe der Rekursionsformeln (8) berechne.
(iii) Gemäß (5) bestimme man die Vektoren $\boldsymbol{f}_k$ für $k = m-1, m-2, \ldots, 0$ und gemäß (6) die Zahl s. Hierfür setze man $\varkappa_{m-1,m-1} = \alpha^{-1}_{(m-1)}$ und berechne $\varkappa_{kk}$ nacheinander für $k = m-1, m-2, \ldots, 0$ mit Hilfe von (7) sowie $\varkappa_{ik}$ und $\varkappa_{ki}$ für $i = k-1, k-2, \ldots, 0$ mit Hilfe von (8).
(iv) Man löse das Gleichungssystem (4) und bestimme den Vektor $\boldsymbol{x}_m$.
(v) Gemäß (3) bestimme man die Vektoren $\boldsymbol{x}_k$ für $k = m-1, m-2, \ldots, 0$.

Bei der Lösung des linearen algebraischen Gleichungssystems (1) in [12.1] mit $\boldsymbol{b} = 0$ können die Schritte (ii) und (iii) weggelassen werden, weil in diesem Fall stets $\boldsymbol{h} = \boldsymbol{u}$, $\boldsymbol{f}_k = 0$ für $k = 0, 1, \ldots, m$ und $s = 1$ gilt.

Im allgemeinen kann man bei Berechnungen mit Hilfe von Rechenautomaten die Matrizen $\alpha_{(k)}$, $\alpha^+_{(k)}$, $\alpha^-_{(k)}$ anstelle der Ausgangsmatrizen α_k, $\alpha_k{}^+$, $\alpha_k{}^-$, die Vektoren $\boldsymbol{f}_k$ anstelle der Vektoren $\boldsymbol{x}_k$ und die Matrizen $\varkappa_{kk}$, $k = 0, 1, \ldots, m-1$, anstelle der Matrizen $\alpha_{(k)}$ speichern. Die Matrizen $\varkappa_{ik}$ braucht man nicht zu speichern, weil sie sich mit Hilfe zweier Hilfsmatrizen berechnen lassen, die die Größe des maximalen Diagonalblockes der Matrix α haben. Außer für diese beiden Matrizen muß im Speicher leider noch Platz für die Speicherung der Matrizen $\alpha_{(k)}$, $\alpha^+_{(k)}$, $\alpha^-_{(k)}$ vorhanden sein, weshalb es nicht möglich ist, die benötigte Speicherkapazität, sogar auf Kosten der Berechnung der Elemente der Matrix α im Programm, zu verkleinern.

12.3.2.2. Beispiel. Wir betrachten das System M/M/1/n mit unzuverlässigem Gerät (↑ [12.1]) mit $\lambda = 0{,}6$, $\mu = 1$, $\nu_0 = 0{,}1$, $\nu_1 = 0{,}5$, $n = 2$ und $\boldsymbol{b} = (\boldsymbol{b}_0, \boldsymbol{b}_1, \boldsymbol{b}_2, \boldsymbol{b}_3)$, wobei $\boldsymbol{b}_0 = (0{,}1, 0{,}1)$, $\boldsymbol{b}_1 = (0{,}2, 0{,}2)$, $\boldsymbol{b}_2 = (-0{,}3, 0{,}2)$, $\boldsymbol{b}_3 = (0{,}1, -0{,}6)$. Die für dieses Beispiel mit Hilfe der Formel (4) erzielten Ergebnisse werden in den Tabellen 12.3.2.1–12.3.2.3 dargelegt. Dabei ist $s = 5{,}774914$.

Tabelle 12.3.2.1

i	1	2
h	8.192656	1.000000
f_0	0.000000	0.000000
f_1	−0.560282	−0.153986
f_2	−0.662474	−0.337524
f_3	0.226208	0.273791

Tabelle 12.3.2.2

(i, j)	(1,1)	(2,1)	(1,2)	(2,2)
$\alpha_{(1)}^{-}$	1.527778	0.000000	0.138889	0.000000
$\alpha_{(2)}^{-}$	1.428571	0.000000	0.238095	0.000000
$\alpha_{(3)}^{-}$	1.365247	0.000000	0.301418	0.000000
$\alpha_{(3)}$	−0.280852	0.500000	0.280852	0.500000
$\varkappa_{0,0}$	−6.295301	−4.486788	−0.572300	−1.316980
$\varkappa_{1,1}$	−3.226944	−1.950351	−0.537824	−1.234148
$\varkappa_{2,2}$	−1.365247	−0.620567	−0.301418	−1.046099
$\varkappa_{3,3}$	1.000000	0.000000	0.000000	1.000000

Tabelle 12.3.2.3

i	1	2
0	−0.293599	−0.117600
1	−0.046719	−0.250210
2	0.421842	−0.279947
3	0.585137	0.981090

12.4. Die Methoden der sukzessiven blockweisen Elimination

12.4.1. Der allgemeine Fall

Wir stellen das Gleichungssystem (2) in [12.1] in der Form

$$\sum_{i=0}^{m} \boldsymbol{x}_i \alpha_{ij} = \boldsymbol{b}_j, \qquad j = 0, 1, \ldots, m, \tag{1}$$

dar und setzen voraus, daß für einen der Blöcke der Matrix α, z. B. für $\alpha_{i_1 j_1}$, die inverse Matrix existiert. Beide Seiten der j_1-ten Gleichung des Gleichungssystems (1) multiplizieren wir von rechts mit $\alpha_{i_1 j_1}^{-1}$:

$$\sum_{i=0}^{m} \boldsymbol{x}_i \alpha_{i j_1} \alpha_{i_1 j_1}^{-1} = \boldsymbol{b}_{j_1} \alpha_{i_1 j_1}^{-1}. \tag{2}$$

Danach subtrahieren wir von beiden Seiten der k-ten Gleichung, $k = 0, 1, \ldots, m$, $k \neq j_1$, des Gleichungssystems (1) die entsprechenden Seiten der Gleichung (2), die wir vorher von rechts mit a_{i_1k} multiplizieren, und erhalten somit das Gleichungssystem

$$\sum_{i=0}^{m} x_i a_{ij}^{(1)} = b_j^{(1)}, \qquad j = 0, 1, \ldots, m. \tag{3}$$

Dieses Gleichungssystem ist mit dem ursprünglichen Gleichungssystem (1) äquivalent und hat die folgenden Matrizen als Koeffizienten

$$a_{ij}^{(1)} = \begin{cases} a_{ij} - a_{ij_1} a_{i_1j_1}^{-1} a_{i_1j} & \text{für} \quad j \neq j_1, \\ a_{ij_1} a_{i_1j_1}^{-1} & \text{für} \quad j = j_1. \end{cases} \tag{4}$$

Der Vektor $b_j^{(1)}$ auf der rechten Seite von (3) ist gegeben durch

$$b_j^{(1)} = \begin{cases} b_j - b_{j_1} a_{i_1j_1}^{-1} a_{i_1j} & \text{für} \quad j \neq j_1, \\ b_j a_{i_1j_1}^{-1} & \text{für} \quad j = j_1. \end{cases} \tag{5}$$

Es sei vermerkt, daß

$$a_{i_1j}^{(1)} = \begin{cases} 0 & \text{für} \quad j \neq j_1 \\ I & \text{für} \quad j = j_1 \end{cases}$$

gilt. Der unbekannte Vektor x_{i_1} wurde somit aus sämtlichen Gleichungen, außer aus der j_1-ten, des Gleichungssystems (1) eliminiert. Wenn die inverse Matrix eines gewissen Blockes, z. B. von $a_{i_2j_2}^{(1)}$, $j_2 \neq j_1$, der Matrix $a^{(1)}$ gebildet werden kann, dann kann dieser Eliminationsprozeß fortgesetzt werden. Auf diese Weise gelingt es, zu einem einfacheren Gleichungssystem überzugehen, das mit dem ursprünglichen äquivalent ist, vgl. Wojewodin [1], Bascharin/Gromow (1978).

12.4.2. Der Fall einer blocktridiagonalen Matrix mit spezieller Gestalt

Wir betrachten den Fall, daß a eine unzerlegbare Matrix der Gestalt (1) in [12.3.2] ist und daß der Vektor b der Bedingung (1) in [12.2] genügt. Es sei $\mathcal{G}_{k1}$, $\mathcal{G}_{k2}$ eine Zerlegung der Menge $\mathcal{G}_k$ in zwei Teilmengen, $\mathcal{G}_{k1} \cap \mathcal{G}_{k2} = \emptyset$, $\mathcal{G}_{k1} \cup \mathcal{G}_{k2} = \mathcal{G}_k$, $k = 0, 1, \ldots, m$, wobei sämtliche Mengen $\mathcal{G}_{k1}$ die gleiche Anzahl von Elementen haben; $l(1) = |\mathcal{G}_{k1}|$. Ferner sei

$$x_k = (x_{k1}, x_{k2}), \qquad b_k = (b_{k1}, b_{k2}), \tag{1}$$

$$a_k = \begin{pmatrix} a_{k11} a_{k12} \\ a_{k21} a_{k22} \end{pmatrix}, \quad a_k^+ = \begin{pmatrix} a_{k11}^+ a_{k12}^+ \\ a_{k21}^+ a_{k22}^+ \end{pmatrix}, \quad a_k^- = \begin{pmatrix} a_{k11}^- a_{k12}^- \\ a_{k21}^- a_{k22}^- \end{pmatrix}$$

die Blockdarstellung der Vektoren x_k, b_k bzw. der Matrizen a_k, a_k^+, a_k^-, die dieser Zerlegung entspricht. Dabei betrachten wir den Fall, daß

$$a_{k12} = a_{k22} = 0 \qquad \text{für} \qquad k = 1, 2, \ldots, m, \tag{2}$$

und führen die folgenden Bezeichnungen ein:

$$a_k(1) = \begin{pmatrix} a_{k11} \\ a_{k21} \end{pmatrix}, \quad a_k^-(1) = \begin{pmatrix} a_{k11}^- \\ a_{k21}^- \end{pmatrix}, \quad a_k^+(i) = \begin{pmatrix} a_{k1i}^+ \\ a_{k2i}^+ \end{pmatrix}, \qquad i = 1, 2. \tag{3}$$

Es sei vermerkt, daß $l(1) \neq 0$ ist, weil sonst die Matrix α zerlegbar wäre. Wenn $l_i(2) = |\mathcal{G}_{i2}| = 0$ für ein gewisses $i \in \{0, 1, \ldots, m\}$ ist, dann sind $\alpha_i(1) = \alpha_i$, $\alpha^-_{i+1}(1) = \alpha^-_{i+1}$, $\alpha^+_{i-1}(1) = \alpha^+_{i-1}$ quadratische Matrizen der Ordnung $l(1)$. Unter Anwendung der Methode der sukzessiven blockweisen Elimination gelangen wir zu dem folgenden Ergebnis.

12.4.2.1. Satz. Die zu

$$\varphi_i = \alpha^-_{i11} - u\big(l_i(2)\big)\, \alpha_{i12}\alpha^{-1}_{i22}\alpha^-_{i21}, \qquad i = 1, \ldots, m, \tag{4}$$

inverse Matrix möge existieren, und es sei

$$\psi_i = \alpha_2(1) - u\big(l_{i+1}(2)\big)\, \alpha_i^+(2)\, \alpha^{-1}_{i+2,2,2}\alpha^-_{i+1,2,1}, \qquad i = 0, 1, \ldots, m-1, \tag{5}$$

wobei $u(x) = 1_{(0,\infty)}(x)$ die Indikatorfunktion der Menge $(0, \infty)$ ist. Für jedes $i = 0, 1, \ldots, m-1$ lassen sich die Matrix $\varkappa_{i1}$ und der Vektor $\boldsymbol{h}_{i1}$ und, falls $l_i(2) \neq 0$, ebenfalls die Matrix $\varkappa_{i2}$ und der Vektor $\boldsymbol{h}_{i2}$ aus den folgenden Rekursionsbeziehungen bestimmen:

$$\begin{aligned}
&\varkappa_{01} = \boldsymbol{I}, \quad \varkappa_{02} = -\alpha_{012}\alpha^{-1}_{022}, \quad \big(l_0(2) \neq 0\big),\\
&\varkappa_{i+1,1} = -[\varkappa_i\psi_i + u(i)\,\varkappa_{i-1}\alpha^+_{i-1}(1)]\,\varphi^{-1}_{i+1},\\
&\varkappa_{i+1,2} = -[\varkappa_{i+1,1}\alpha_{i+1,1,2} + \varkappa_i\alpha_i^+(2)]\,\alpha^{-1}_{i+1,2,2}, \quad \big(l_{i+1}(2) \neq 0\big),\\
&i = 0, 1, \ldots, m-1,
\end{aligned} \tag{6}$$

$$\begin{aligned}
&\boldsymbol{h}_{01} = \boldsymbol{0}, \quad \boldsymbol{h}_{02} = \boldsymbol{b}_{02}\alpha^{-1}_{022}, \quad \big(l_0(2) \neq 0\big),\\
&\boldsymbol{h}_{i+1,1} = [\boldsymbol{b}_{i1} - \boldsymbol{b}_{i+1,2}\alpha^{-1}_{i+1,2,2}\alpha^-_{i+1,2,1} - \boldsymbol{h}_i\psi_i - u(i)\,\boldsymbol{h}_{i-1}\alpha^+_{i-1}(1)]\,\varphi^{-1}_{i+1},\\
&\boldsymbol{h}_{i+1,2} = [\boldsymbol{b}_{i+1,2} - \boldsymbol{h}_{i+1,1}\alpha_{i+1,1,2} - \boldsymbol{h}_i\alpha_i^+(2)]\,\alpha^{-1}_{i+1,2,2},\\
&\big(l_{i+1}(2) \neq 0\big), \quad i = 0, 1, \ldots, m-1,
\end{aligned} \tag{7}$$

wobei $\varkappa_i = (\varkappa_{i1}, \varkappa_{i2})$, $\boldsymbol{h}_i = (\boldsymbol{h}_{i1}, \boldsymbol{h}_{i2})$. Die Lösung $\boldsymbol{x}$ des Gleichungssystems (2) in [12.1] läßt sich mit Hilfe der Formeln

$$\boldsymbol{x}_k = \boldsymbol{x}_{01}\varkappa_k + \boldsymbol{h}_k, \qquad k = 0, 1, \ldots, m,$$

bestimmen, wobei $\boldsymbol{x}_{01}$ die eindeutig bestimmte Lösung des Gleichungssystems

$$\boldsymbol{y}\big(\varkappa_m\alpha_m(1) + \varkappa_{m-1}\alpha^+_{m-1}(1)\big) + \boldsymbol{h}_m\alpha_m(1) + \boldsymbol{h}_{m-1}\alpha^+_{m-1}(1) = \boldsymbol{b}_{m1}, \quad \boldsymbol{y}\boldsymbol{f}^{\mathsf{T}} = s \tag{8}$$

ist;

$$\boldsymbol{f}^{\mathsf{T}} = \sum_{k=0}^{m} \varkappa_k\boldsymbol{u}_k^{\mathsf{T}}, \qquad s = 1 - \sum_{k=0}^{m} \boldsymbol{h}_k\boldsymbol{u}_k^{\mathsf{T}}.$$

Es sei vermerkt, daß es nicht notwendig ist, das Gleichungssystem (8) zu lösen, wenn die Mengen $\mathcal{G}_{i1}$ nur aus je einem Element bestehen. In diesem Fall hat der Vektor $\boldsymbol{x}_{01}$ lediglich eine Komponente x_{01}, die sich mit Hilfe der Normierungsbedingung bestimmen läßt:

$$x_{01} = \left(1 - \sum_{k=0}^{m} \boldsymbol{h}_k\boldsymbol{u}_k^{\mathsf{T}}\right)\left(\sum_{k=0}^{m} \varkappa_k\boldsymbol{u}_k^{\mathsf{T}}\right)^{-1}. \tag{9}$$

Bei der Berechnung des unbekannten Vektors $\boldsymbol{x}$ kann man folgendermaßen vorgehen:

(i) Anhand der Rekursionsformeln (6) bestimme man die Matrizen $\varkappa_{m-1}$ und $\varkappa_m$. Die hierbei berechneten Matrizen $\varkappa_k$ benutze man zur Bestimmung des Vektors $\boldsymbol{f}$.

(ii) Anhand der Rekursionsformeln (7) bestimme man die Vektoren $\boldsymbol{h}_{m-1}$ und $\boldsymbol{h}_m$. Die hierbei berechneten Vektoren $\boldsymbol{h}_k$ benutze man zur Bestimmung der Konstanten s.
(iii) Man bestimme den Vektor $\boldsymbol{x}_{01}$ aus dem Gleichungssystem (8).
(iv) Man setze $\boldsymbol{x}_{02} = (\boldsymbol{b}_{02} - \boldsymbol{x}_{01}\boldsymbol{\alpha}_{012})\,\boldsymbol{\alpha}_{022}^{-1}$ und berechne den Vektor $\boldsymbol{x}_{i+1}$ für $i = 0, 1, \ldots, m-1$ nach den gleichen Rekursionsformeln (7), die zur Berechnung von $\boldsymbol{h}_{i+1}$ benutzt wurden.

Weil es nicht notwendig ist, die Matrizen $\varkappa_k$ und die Vektoren $\boldsymbol{h}_k$ im Gedächtnis zu behalten, können sie im Schritt (i) unter Verwendung von drei Hilfsmatrizen der Ordnung $l(1) \times l'$ und im Schritt (ii) unter Verwendung von drei Vektoren der Dimension l' umgangen werden, wobei $l(1) = |\mathscr{G}_{i1}|$ und l' die Dimension des maximalen Diagonalblockes der Matrix $\boldsymbol{\alpha}$ ist. Bei der Lösung des Systems (1) in [12.1] kann der Schritt (ii) weggelassen werden, weil in diesem Fall $s = 1$, $\boldsymbol{h}_k = \boldsymbol{0}$ für $k = 0, 1, \ldots, m$ und $\boldsymbol{f} = \boldsymbol{u}$ ist. Im Gegensatz zum Koskoschen Algorithmus (↑ [12.3.2]) wird hier eine spezielle Struktur der Blöcke $\boldsymbol{\alpha}_i^-$, die unterhalb der Hauptdiagonalen liegen, und die Existenz der zu den $\boldsymbol{\varphi}_i$ inversen Matrizen vorausgesetzt. Wenn diese Bedingungen jedoch erfüllt sind und die Elemente der Matrix $\boldsymbol{\alpha}$ im Programm berechnet, jedoch nicht im Speicher des Rechenautomaten gespeichert werden, dann wird für die Berechnungen nach diesem Algorithmus ein bedeutend kleinerer Speicher als beim Koskoschen Algorithmus benötigt. Der betrachtete Algorithmus läßt sich dann besonders einfach realisieren, wenn sämtliche unteren bzw. sämtliche oberen Nebendiagonalblöcke der Matrix $\boldsymbol{\alpha}$ invertierbar und insbesondere wenn sie Diagonalmatrizen sind, vgl. Bascharin/Gromow (1978).

12.4.2.2. Beispiel. Für das System M/M/1/n mit unzuverlässigem Gerät (↑ [12.1]) gilt $l(1) = 1$ und die Zahlen $\varphi_i(= \mu)$ sind von Null verschieden. Die Ergebnisse eines Zahlenbeispiels mit $\lambda = 0{,}6$, $\mu = 1$, $\nu_0 = 0{,}1$, $\nu_1 = 0{,}5$, $n = 2$ und $\boldsymbol{b} = (0{,}1; 0{,}1; 0{,}2; 0{,}2; -0{,}3; 0{,}2; 0{,}1; -0{,}6)$ werden in den Tabellen 12.4.2.1 und 12.4.2.2 dargelegt.

Tabelle 12.4.2.1

	i			
	0	1	2	3
$\varkappa_{i1}$	1	0,654546	0,458182	0,335604
$\varkappa_{i2}$	0,0909091	0,109091	0,101157	0,188509
$\boldsymbol{h}_{i1}$	0	0,145455	0,556364	0,683670
$\boldsymbol{h}_{i2}$	−0,0909091	−0,218182	−0,250248	1,03644
	$f = 2{,}93800$		$s = -0{,}862590$	

Tabelle 12.4.2.2

$\boldsymbol{x}_i$	i			
	0	1	2	3
$\boldsymbol{x}_{i1}$	−0,293596	−0,0467176	+0,421843	0,585138
$\boldsymbol{x}_{i2}$	−0,117600	−0,250211	−0,279947	0,981091

12.5. Explizite Matrizenformeln

12.5.1. Der Fall, wenn die Blöcke α_k^- der unteren Nebendiagonalen den Rang 1 haben

Die Lösung von linearen algebraischen Gleichungssystemen mit Blockmethoden führt im allgemeinen zur Berechnung von Hilfsmatrizen mit Rekursionsformeln. Im folgenden wird ein Fall betrachtet, für den es gelingt, diese Berechnungen zu vermeiden.

Wir betrachten das System (2) in [12.1], dessen Matrix α die Gestalt (1) in [12.3.2] habe, wobei die unterhalb der Hauptdiagonalen liegenden Blöcke α_k^- den Rang 1 haben sollen, d. h., sie sollen in der Form

$$\alpha_k^- = \mu_k^{\mathsf{T}} q_{k-1}, \qquad k = 1, 2, \ldots, m, \tag{1}$$

darstellbar sein. In diesem Fall haben die Vektoren q_k nichtnegative Komponenten, wobei $q_k u_k^{\mathsf{T}} \neq 0$ ist, weil sonst die Matrix α zerlegbar wäre. Wir werden deshalb o. B. d. A. $q_k u_k^{\mathsf{T}} = 1$ für $k = 1, 2, \ldots, m-1$ voraussetzen.

12.5.1.1. Satz. Es sei $\lambda_k^{\mathsf{T}} = \alpha_k^+ u_k^{\mathsf{T}}$, $k = 1, 2, \ldots, m-1$;

$$\begin{aligned}
\vartheta_k &= \begin{cases} \alpha_k^{-1}, & k = 0, m; \\ (\alpha_k + \lambda_k^{\mathsf{T}} q_k)^{-1}, & k = 1, 2, \ldots, m-1; \end{cases} \\
\zeta_k &= q_k \vartheta_k, \qquad k = 0, 1, \ldots, m-1; \\
\xi_k &= \begin{cases} b_k \vartheta_k, & k = 0, m; \\ b_k \vartheta_k - \left(\sum\limits_{i=0}^{k} b_i u_i^{\mathsf{T}} \right) \zeta_k, & k = 1, 2, \ldots, m-1; \end{cases} \\
\tau_k &= -\alpha_{k-1}^+ \vartheta_k, \qquad k = 1, 2, \ldots, m.
\end{aligned} \tag{2}$$

Die eindeutig bestimmte Lösung des Gleichungssystems (2) in [12.1] ist gegeben durch

$$x_k = \varepsilon \zeta_0 \tau_1 \tau_2 \cdots \tau_k + \sum_{i=0}^{k} \xi_i \tau_{i+1} \tau_{i+2} \cdots \tau_k, \tag{3}$$

wobei sich die Konstante ε aus der Normierungsbedingung ergibt. Es sei vermerkt, daß die Blöcke der Matrix α unterschiedliche Dimensionen haben können.

Die Berechnungen kann man nach folgendem Algorithmus durchführen:

(i) Man bestimme y_0 und z_0 aus dem Gleichungssystem $y_0 \alpha_0 = q_0$ bzw. $z_0 \alpha_0 = b_0$.

(ii) Für $k = 1, 2, \ldots, m-1$ bestimme man y_k und z_k aus dem Gleichungssystem

$$y_k(\alpha_k + \lambda_k^{\mathsf{T}} q_k) = -y_{k-1} \alpha_{k-1}^+$$

bzw.

$$z_k(\alpha_k + \lambda_k^{\mathsf{T}} q_k) = b_k - z_{k-1} \alpha_{k-1}^+ - \sum_{i=0}^{k} b_i u_i^{\mathsf{T}} q_k.$$

(iii) Man bestimme y_m und z_m aus dem Gleichungssystem

$$y_m \alpha_m = -y_{m-1} \alpha_{m-1}^+ \quad \text{bzw.} \quad z_m \alpha_m = b_m - z_{m-1} \alpha_{m-1}^+.$$

(iv) Man bestimme die Konstante ε,

$$\varepsilon = \left(1 - \sum_{i=0}^{m} z_i u_i^{\mathrm{T}}\right)\left(\sum_{i=0}^{m} y_i u_i^{\mathrm{T}}\right)^{-1}.$$

(v) Die gesuchten Vektoren x_k bestimme man mit Hilfe der Formel

$$x_k = \varepsilon y_k + z_k, \qquad k = 0, 1, \ldots, m.$$

Bei der Lösung des Systems (1) in [12.1] brauchen die Vektoren z_k nicht berechnet zu werden, weil sie in diesem Fall Nullvektoren sind.

12.5.1.2. Beispiel. Für das System M/M/1/n mit unzuverlässigem Gerät (↑ [12.1]) ist $\mu_k = (\mu, 0)$, $q_{k-1} = (1,0)$, $k = 1, 2, \ldots, m$. Die Ergebnisse eines Zahlenbeispiels mit $\lambda = 0{,}6$, $\mu = 1$, $\nu_0 = 0{,}1$, $\nu_1 = 0{,}5$, $n = 2$ und $b = (0{,}1; 0{,}1; 0{,}2; 0{,}2; -0{,}3; 0{,}2; 0{,}1; -0{,}6)$ werden in den Tabellen 12.5.1.1 und 12.5.1.2 dargelegt.

Tabelle 12.5.1.1

	i			
	0	1	2	3
y_i	−0,0713741	−0,0467176	−0,0327023	−0,0239534
	−0,00648856	−0,00778628	−0,00722001	−0,0134547
z_i	−0,222222	−0,0000000	0,454545	0,609091
	−0,111111	−0,242424	−0,272727	0,994546
	$\varepsilon = 0{,}0467176$			

Tabelle 12.5.1.2

	i			
	0	1	2	3
x_i	−0,293596	−0,0467176	0,421843	0,585137
	−0,117600	−0,250211	−0,279947	0,981091

12.5.2. Hilfsergebnisse

Wenn es gelingt, die Matrizen ϑ_k in einer geschlossenen Form zu gewinnen, dann kann man auch die Lösung des Gleichungssystems in einer solchen Form darstellen. Weil die Matrizen ϑ_k, $k \neq 0, m$, die zu $a_k + \lambda_k^{\mathrm{T}} q_k$ inversen Matrizen sind, können sie mit Hilfe des folgenden Hilfssatzes, der auch selbst von Interesse ist, bestimmt werden.

12.5.2.1. Hilfssatz. Es seien φ eine $(i \times i)$-Matrix, χ eine $(i \times j)$-Matrix und ψ eine $(j \times i)$-Matrix, so daß die zu φ und $I + \psi\varphi^{-1}\chi$ inversen Matrizen existieren. Die Matrix $\varphi + \chi\psi$ ist dann regulär, wobei

$$(\varphi + \chi\psi)^{-1} = \varphi^{-1} - \varphi^{-1}\chi(I + \psi\varphi^{-1}\chi)^{-1}\,\psi\varphi^{-1}$$

ist. Hieraus ergibt sich insbesondere die Beziehung

$$\vartheta_k = a_k^{-1}[I - (1 + q_k a_k^{-1}\lambda_k^{\mathrm{T}})^{-1}\,\lambda_k^{\mathrm{T}} q_k a_k^{-1}], \qquad k = 1, 2, \ldots, m-1.$$

Die Matrizen α_k erweisen sich ihrerseits häufig als *tridiagonale Matrizen* der folgenden Gestalt β:

$$\beta = \begin{pmatrix} \nu_0 & \lambda_0 & \cdot & \cdot & \cdot & 0 \\ \mu_1 & \nu_1 & \lambda_1 & & & \cdot \\ \cdot & \cdot & \cdot & \cdot & & \cdot \\ \cdot & & \cdot & \cdot & \cdot & \cdot \\ \cdot & & & \cdot & \cdot & \lambda_{d-1} \\ 0 & \cdot & \cdot & \cdot & \mu_d & \nu_d \end{pmatrix}$$

12.5.2.2. Hilfssatz. Wenn die Zahlen g_i, h_i, $i = 0, 1, \ldots, d + 1$, durch die Rekursionsbeziehungen (vgl. Bascharin (1969))

$$g_0 = 1, \quad g_1 = \nu_0, \quad g_{i+1} = \nu_i g_i - \lambda_{i-1}\mu_i g_{i-1}, \quad i = 1, 2, \ldots, d,$$

$$h_{d+1} = 1, \quad h_d = \nu_d, \quad h_{i-1} = \nu_{i-1}h_i - \lambda_{i-1}\mu_i h_{i+1}, \quad i = d, d-1, \ldots, 1,$$

bestimmt werden, dann gilt $g_{d+1} = h_0$. Die Matrix β ist genau dann regulär, wenn $g_{d+1} \neq 0$ ist. In diesem Fall können die Elemente $\beta_{ij}^{(-1)}$ der Matrix β^{-1} mit Hilfe der Formel

$$\beta_{ij}^{(-1)} = \begin{cases} (-1)^{j-i} f g_i h_{j+1} \prod\limits_{k=i+1}^{j} \mu_k, & 0 \leqq i \leqq j \leqq d, \\ (-1)^{i-j} f g_j h_{i+1} \prod\limits_{k=j}^{i-1} \lambda_k, & 0 \leqq j \leqq i \leqq d, \end{cases}$$

bestimmt werden, wobei $f = g_{d+1}^{-1} = h_0^{-1}$ ist, vgl. Bascharin (1969).

12.6. Iterative Lösungsmethoden

12.6.1. Der allgemeine Fall

Wir stellen das Gleichungssystem (2) in [12.1] in der Form

$$\boldsymbol{x}(\beta + \gamma) = \boldsymbol{b} \tag{1}$$

$$\boldsymbol{x}\boldsymbol{u}^{\mathsf{T}} = 1 \tag{2}$$

dar, wobei $\gamma = \alpha - \beta$, und β, $\beta \neq \alpha$, eine Matrix ist, deren Elemente die Eigenschaften

$$\beta_{ii} \leqq \alpha_{ii}, \tag{3}$$

$$0 \leqq \beta_{ij} \leqq \alpha_{ij} \quad \text{für} \quad i \neq j \tag{4}$$

besitzen; $i, j = 1, 2, \ldots, l$. Die Lösungen des Gleichungssystems (1) werden wir als *Grenzwert* einer Folge von Vektoren $\boldsymbol{x}_0, \boldsymbol{x}_1, \ldots$, die durch die Beziehung

$$\boldsymbol{x}_{k+1}\beta + \boldsymbol{x}_k\gamma = \boldsymbol{b} \tag{5}$$

verknüpft sind, erhalten. Aus dem Satz von Taussky (vgl. Gantmacher [1], Kap. XIV) ergibt sich, daß die zu β inverse Matrix existiert. Der Vektor $\boldsymbol{x}_{n+1}$ wird deshalb bei gegebenem $\boldsymbol{x}_n$ eindeutig durch die Beziehung (5) bestimmt. Wir betrachten die Matrix

$$\Pi = (\pi_{ij})_{i,j=1,\ldots,l},$$

$$\pi_{ij} = \begin{cases} 0, & i = j, \\ -\alpha_{ij}/\alpha_{ii}, & i \neq j, \end{cases} \tag{6}$$

und nennen sie *primitiv*, wenn für ein gewisses $k \geqq 1$ sämtliche Elemente der Matrix Π^k positiv sind.

12.6.1.1. Satz. Wenn Π eine primitive Matrix und $\boldsymbol{b}\boldsymbol{u}^{\mathsf{T}} = 0$ ist, dann konvergiert die Folge von Vektoren $\boldsymbol{x}_1, \boldsymbol{x}_2, \ldots$, die der Beziehung (5) genügt, für jeden Anfangsvektor $\boldsymbol{x}_0$ gegen einen gewissen Vektor $\boldsymbol{x}$, der sich als Lösung des Gleichungssystems (1) erweist. Dabei gibt es zwei Konstanten $\varepsilon > 0$ und $0 < q < 1$, so daß $|\boldsymbol{x}_k - \boldsymbol{x}| < \varepsilon q^k$ für alle hinreichend großen k gilt. Wenn $\boldsymbol{b} = \boldsymbol{0}$ und die Summe der Koordinaten des Grenzvektors $\boldsymbol{x}$ verschieden von Null ist, dann ergibt sich durch die Normierung

$$\boldsymbol{x}_* = (\boldsymbol{x}\boldsymbol{u}^{\mathsf{T}})^{-1}\,\boldsymbol{x} \tag{7}$$

ein Vektor, der dem Gleichungssystem (1) und der Bedingung (2) genügt.

12.6.1.2. Satz. Es sei Π eine primitive Matrix, und es gelte $\boldsymbol{b} = \boldsymbol{0}$. Die Summe der Koordinaten des Grenzvektors $\boldsymbol{x}$ ist genau dann verschieden von Null, wenn der Anfangsvektor $\boldsymbol{x}_0$ der Bedingung

$$\boldsymbol{x}_0 \gamma \boldsymbol{u}^{\mathsf{T}} \neq 0 \tag{8}$$

genügt. Im allgemeinen kann die Lösung $\boldsymbol{x}_*$ des Gleichungssystems (1), die der Bedingung (2) genügt, mit Hilfe der Formel

$$\boldsymbol{x}_* = \boldsymbol{x} + (1 - \boldsymbol{x}\boldsymbol{u}^{\mathsf{T}})\,(\boldsymbol{y}\boldsymbol{u}^{\mathsf{T}})^{-1}\,\boldsymbol{y} \tag{9}$$

bestimmt werden, wobei $\boldsymbol{x}$ eine beliebige Lösung des Gleichungssystems (1) und $\boldsymbol{y}$ eine Lösung des Gleichungssystems $\boldsymbol{y}\alpha = \boldsymbol{0}$ ist, so daß $\boldsymbol{y}\boldsymbol{u}^{\mathsf{T}} \neq 0$ gilt.

12.6.2. Das Gesamtschrittverfahren und das Gauß-Seidelsche Iterationsverfahren

Wir betrachten zwei Fälle, für die sich die Folgen der Vektoren $\boldsymbol{x}_1, \boldsymbol{x}_2, \ldots$ sehr einfach berechnen lassen. Beim *Gesamtschrittverfahren* setzen wir $\beta_{ij} = \alpha_{ij}$ für $i = j$ und $\beta_{ij} = 0$ für $i \neq j$. In diesem Fall ist das Gleichungssystem (5) in [12.6.1] dem folgenden Gleichungssystem äquivalent:

$$\boldsymbol{x}_{k+1}(i) = \alpha_{jj}^{-1}\left[\boldsymbol{b}(j) - \sum_{i=1,i\neq j}^{l} \boldsymbol{x}_k(i)\,\alpha_{ij}\right], \quad j = 1, 2, \ldots, l. \tag{1}$$

Wenn wir $\beta_{ij} = \alpha_{ij}$ für $i \leqq j$ und $\beta_{ij} = 0$ für $i > j$ setzen, dann liegt das *Gauß-Seidelsche Iterationsverfahren* vor. In diesem Fall werden die Koordinaten der Vektoren $\boldsymbol{x}_{k+1}$ mit Hilfe der Rekursionsformel

$$\boldsymbol{x}_{k+1}(j) = \alpha_{jj}^{-1}\left[\boldsymbol{b}(j) - \sum_{i<j} \boldsymbol{x}_{k+1}(i)\,\alpha_{ij} - \sum_{i>j} \boldsymbol{x}_k(i)\,\alpha_{ij}\right] \tag{2}$$

$j = 1, 2, \ldots, l$, bestimmt.

12.6.2.1. Beispiel. Für das System M/M/1/n mit unzuverlässigem Gerät (↑ [12.1]) sei $\lambda = 0{,}6$, $\mu = 1$, $\nu_0 = 0{,}1$, $\nu_1 = 0{,}5$, $n = 2$. In den Tabellen 12.6.2.1 und 12.6.2.2 werden die Ergebnisse dargelegt, die mit Hilfe des Gauß-Seidelschen Iterationsverfahrens bei der Lösung des homogenen Gleichungssystems $\boldsymbol{y}\alpha = \boldsymbol{0}$ und des inhomogenen Gleichungssystems $\boldsymbol{x}\alpha = \boldsymbol{b}$, $\boldsymbol{b} = (0{,}1;\ 0{,}1;\ 0{,}2;\ 0{,}2;\ -0{,}3;\ 0{,}2;\ 0{,}1;\ -0{,}6)$, erzielt wurden. Unter Verwendung der Ergebnisse der 15ten Näherung wurde gemäß Formel (9) in [12.6.1] die Lösung $\boldsymbol{x}_*$ des inhomogenen Gleichungssystems, die der Bedingung (2) in [12.6.1] genügt, berechnet.

Tabelle 12.6.2.1

	k			
	0	5	10	15
$y_k(1)$	0,125	0,367976	0.369132	0.369132
$y_k(2)$	0.125	0.0334524	0.0335574	0.0335574
$y_k(3)$	0.125	0.241561	0.241613	0.241613
$y_k(4)$	0.125	0.0402068	0.0402689	0.0402689
$y_k(5)$	0.125	0.169254	0.169129	0.169129
$y_k(6)$	0.125	0.0373177	0.0373403	0.373402
$y_k(7)$	0.125	0,123915	0.123882	0.123882
$y_k(8)$	0.125	0.0695642	0.0695847	0.0695846

Tabelle 12.6.2.2

	k				
	0	5	10	15	$\boldsymbol{x}_*$
$x_k(1)$	0.125	−0.575472	−0.590047	−0.590041	−0.293597
$x_k(2)$	0.125	−0.143225	−0.144550	−0.144550	−0.117600
$x_k(3)$	0.125	−0.239957	−0.240755	−0.240754	−0.0467176
$x_k(4)$	0.125	−0.281755	−0.282550	−0.282550	−0.250211
$x_k(5)$	0.125	0.2844072	0.286018	0.286018	0.421843
$x_k(6)$	0.125	−0.309648	−0.309935	−0.309935	−0.279947
$x_k(7)$	0.125	0.4851383	0.485650	0.485650	0.585137
$x_k(8)$	0.125	0.925450	0.925208	0.925208	0.981091

12.6.3. Konvergenzbeschleunigung

Den Prozeß der Konvergenz kann man oft beschleunigen, wenn man zur Bestimmung der Folge von Vektoren $\boldsymbol{x}_1, \boldsymbol{x}_2, \ldots$ anstelle der Beziehung (5) in [12.6.1] die Beziehung

$$\frac{\boldsymbol{x}_{k+1} + r\boldsymbol{x}_k}{1+r}\,\beta + \boldsymbol{x}_k\gamma = \boldsymbol{b} \tag{1}$$

benutzt. Die Konstante r wird hierbei *Relaxationskoeffizient* genannt, und die Beziehung (1) heißt *Relaxationsbeziehung*.

12.6.3.1. Satz. Ist $-1 < r < 0$, dann konvergiert die Folge von Vektoren $\boldsymbol{x}_1, \boldsymbol{x}_2, \ldots$, die durch die Beziehung (1) verknüpft sind, für jeden Anfangsvektor $\boldsymbol{x}_0$ gegen einen gewissen Vektor $\boldsymbol{x}$, der sich als Lösung des Gleichungssystems (1) in [12.6.1] erweist. Dabei gibt es zwei Konstanten $\varepsilon > 0$ und $0 < q < 1$, so daß $|\boldsymbol{x}_k - \boldsymbol{x}| < \varepsilon q^k$ für alle hinreichend großen k gilt.

Es sei vermerkt, daß hierbei für die Konvergenz des Prozesses die Voraussetzung, daß die Matrix Π primitiv ist, nicht benötigt wird. Für eine Folge von Vektoren $\boldsymbol{x}_1, \boldsymbol{x}_2, \ldots$, die der Beziehung (1) bzw. (5) in [12.6.1] genügt, müssen die folgenden Gleichungen gelten

$$\boldsymbol{x}_0\gamma\boldsymbol{u}^{\mathsf{T}} = \boldsymbol{x}_1\gamma\boldsymbol{u}^{\mathsf{T}} = \cdots = \boldsymbol{x}_k\gamma\boldsymbol{u}^{\mathsf{T}} = \cdots.$$

Wenn diese Zahlen auf Grund von Rundungsfehlern voneinander verschieden sind, dann verlangsamt sich die Konvergenz, und in einer Reihe von Fällen beginnt der Iterationsprozeß zu divergieren. Im Fall $\boldsymbol{b} = \boldsymbol{0}$ empfiehlt es sich, als Anfangsvektor $\boldsymbol{x}_0$ einen Vektor zu wählen, für den $\boldsymbol{x}_0\gamma\boldsymbol{u}^{\mathsf{T}} \neq 0$ gilt, und nach der Bestimmung des Vektors $\boldsymbol{x}_{k+1}$ dessen Komponenten mit der Zahl

$$(\boldsymbol{x}_0\gamma\boldsymbol{u}^{\mathsf{T}})\,(\boldsymbol{x}_{k+1}\gamma\boldsymbol{u}^{\mathsf{T}})^{-1} \tag{2}$$

zu multiplizieren.

12.6.4. Bestimmung des optimalen Relaxationskoeffizienten

Es sei der Wert des Skalarproduktes $p = \boldsymbol{c}\boldsymbol{x}^{\mathsf{T}}$ eines gewissen Vektors $\boldsymbol{c}$ und der Lösung $\boldsymbol{x}$ des Gleichungssystems (1) in [12.6.1] zu bestimmen. Wir setzen $p_k = \boldsymbol{c}\boldsymbol{x}_k^{\mathsf{T}}$, wobei $\boldsymbol{x}_k$ die k-te Approximation des Grenzvektors $\boldsymbol{x}$ ist, die sich aus der Relaxationsbeziehung (1) in [12.6.3] ergibt. Die Folge der Zahlen p_k konvergiert auch oft bei einem positiven Relaxationskoeffizienten. Dabei gibt es einen optimalen Wert r_* des Relaxationskoeffizienten, bei dem die p_k am schnellsten gegen p konvergieren. In der Regel ist $r_* > 0$, und die Folge $p_0, p_1, \ldots$ verhält sich für $r \leqq r_*$ von einer gewissen Stelle an monoton, während sie für $r > r_*$ um den Grenzwert p schwankt. In SEDOL (1969) wird deshalb ein Iterationsprozeß empfohlen, für den

$$\frac{\boldsymbol{x}_{k+1} + r_k\boldsymbol{x}_k}{1 + r_{k+1}}\,\beta + \boldsymbol{x}_k\gamma = \boldsymbol{b}$$

gilt und die Relaxationskoeffizienten r_k sukzessiv im Laufe der Rechnungen bestimmt werden. Und zwar werden die Zahlen r_0, Δr und ν vorgegeben, zum Beispiel $r_0 = -0{,}05$, $\Delta r = 0{,}05$, $\nu = 5$. Als Anfangswerte des Relaxationskoeffizienten werden $r_2 = r_1 = r_0$ gewählt. Nach jeder Iteration, von der zweiten an, wird die Zahl $f_k = (p_k - p_{k-1}) \times (p_{k-1} - p_{k-2})$ bestimmt. Der nächstfolgende Wert r_{k+1} des Relaxationskoeffizienten wird mit Hilfe der Formel

$$r_{k+1} = \begin{cases} r_k - \Delta r, & \text{falls} \quad f_k < 0, \\ r_k + \Delta r, & \text{falls} \quad f_k > 0,\ f_{k-1} > 0, \ldots, \quad f_{k-\nu} > 0, \\ r_k & \text{sonst} \end{cases}$$

bestimmt. Eine gelungene Wahl des Relaxationskoeffizienten gestattet es, die Anzahl der Iterationsschritte im Vergleich zum Iterationsprozeß ohne Relaxation um das Doppelte bis Dreifache zu senken.

12.7. Eine iterative Lösungsmethode für den Fall abzählbar unendlich vieler Zustände

12.7.1. Aufgabenstellung

In diesem Abschnitt legen wir ein *blockweises Gauß-Seidelsches Iterationsverfahren* dar, das in LUCANTONI/NEUTS (1978) zur Berechnung der stationären Anfangsverteilung für eine Klasse homogener Markowscher Ketten mit diskreter Zeit und mit unendlich vielen Zuständen angegeben wurde. Es sei (X_n) eine homogene Markowsche Kette mit dem Zustandsraum $\mathcal{G} = \{(0, j) : 1 \leqq j \leqq l_1\} \cup \{(i, j) : i \geqq 1, 1 \leqq j \leqq l_2\}$ und mit der folgenden Matrix $\boldsymbol{P}$ der Übergangswahrscheinlichkeiten in einem Schritt,

$$\boldsymbol{P} = \begin{pmatrix} \boldsymbol{Q}_0 & \boldsymbol{Q}_1 & \boldsymbol{Q}_2 & \boldsymbol{Q}_3 & \boldsymbol{Q}_4 & \cdots \\ \boldsymbol{R}_0 & \boldsymbol{P}_1 & \boldsymbol{P}_2 & \boldsymbol{P}_3 & \boldsymbol{P}_4 & \cdots \\ 0 & \boldsymbol{P}_0 & \boldsymbol{P}_1 & \boldsymbol{P}_2 & \boldsymbol{P}_3 & \cdots \\ 0 & 0 & \boldsymbol{P}_0 & \boldsymbol{P}_1 & \boldsymbol{P}_2 & \\ 0 & 0 & 0 & \boldsymbol{P}_0 & \boldsymbol{P}_1 & \cdots \\ \vdots & \vdots & \vdots & \vdots & \vdots & \end{pmatrix},$$

wobei die Matrizen $\boldsymbol{P}_k$, $k \geqq 0$, quadratische Matrizen der Ordnung l_2 sind. Die Matrizen $\boldsymbol{Q}_k$, $k \geqq 1$, haben die Dimension $l_1 \times l_2$, während $\boldsymbol{Q}_0$ die Dimension $l_1 \times l_1$ und $\boldsymbol{R}_0$ die Dimension $l_2 \times l_1$ hat. Die erste Komponente der Elemente aus $\mathcal{G}$ werden wir Niveau nennen. Es sei vermerkt, daß $\boldsymbol{P}$ eine Matrix vom sogenannten *Block-Hessenberg-Typ* ist. Die stationären Zustandswahrscheinlichkeiten der Kette (X_n) genügen dem Gleichungssystem

$$\boldsymbol{x}\boldsymbol{P} = \boldsymbol{x}, \qquad \boldsymbol{x}\boldsymbol{u}^{\mathsf{T}} = 1, \tag{1}$$

wobei $\boldsymbol{x} = (\boldsymbol{x}_0, \boldsymbol{x}_1, \boldsymbol{x}_2, \ldots)$, $\boldsymbol{x}_0$ ein Vektor der Dimension l_1 und $\boldsymbol{x}_k$, $k \geqq 1$, Vektoren der Dimension l_2 sind. Äquivalent zu (1) ist das Gleichungssystem

$$\begin{aligned} \boldsymbol{x}_0 &= \boldsymbol{x}_0\boldsymbol{Q}_0 + \boldsymbol{x}_1\boldsymbol{R}_0, \\ \boldsymbol{x}_k &= \boldsymbol{x}_0\boldsymbol{Q}_k + \sum_{i=1}^{k+1} \boldsymbol{x}_i\boldsymbol{P}_{k+1-i}, \qquad k \geqq 1. \end{aligned} \tag{2}$$

Das Gleichungssystem (1) bzw. (2) hat genau dann eine eindeutig bestimmte Lösung $\boldsymbol{x}$, so daß sämtliche Komponenten des Vektors $\boldsymbol{x}$ positiv sind, wenn $\varrho = \boldsymbol{\pi}\boldsymbol{\beta} < 1$, wobei $\boldsymbol{\beta} = (\beta_1, \ldots, \beta_{l_2})^{\mathsf{T}} = \sum_{i=1}^{\infty} i\boldsymbol{P}_i\boldsymbol{u}^{\mathsf{T}}$ und $\boldsymbol{\pi}$ die eindeutig bestimmte Lösung des Gleichungssystems

$$\boldsymbol{\pi}\boldsymbol{\vartheta} = \boldsymbol{\pi}, \qquad \boldsymbol{\pi}\boldsymbol{u}^{\mathsf{T}} = 1$$

mit $\boldsymbol{\vartheta} = \sum_{i=0}^{\infty} \boldsymbol{P}_i$ ist. Die stochastische Matrix $\boldsymbol{\vartheta}$ sei dabei irreduzibel (↑ D. 3.3.1.2).

12.7.2. Bestimmung der Vektoren $\boldsymbol{x}_0$ und $\boldsymbol{x}_1$

Die Vektoren $\boldsymbol{x}_0$ und $\boldsymbol{x}_1$ können wie folgt bestimmt werden: Es sei $f_{jj'}(k)$ die bedingte Wahrscheinlichkeit dafür, daß die Markowsche Kette (X_n) ausgehend vom Zustand $(0, j)$ nach genau k Schritten zum ersten Mal das Niveau 0 im Zustand $(0, j')$ erreicht: $\boldsymbol{f}(k) = \big(f_{jj'}(k)\big)$. Auf analoge Weise werden die Matrizen $\boldsymbol{g}(k)$ bzw. $\boldsymbol{h}(k)$ für die Übergänge vom Niveau 1 zum Niveau 0 bzw. vom Niveau 0 zum Niveau 1 definiert. Es sei

$$\boldsymbol{f}(z) = \sum_{k=0}^{\infty} \boldsymbol{f}(k)\, z^k, \qquad \boldsymbol{g}(z) = \sum_{k=0}^{\infty} \boldsymbol{g}(k)\, z^k, \qquad \boldsymbol{h}(z) = \sum_{k=0}^{\infty} \boldsymbol{h}(k)\, z^k, \qquad 0 \leqq z \leqq 1.$$

Dabei gilt

$$f(z) = zQ_0 + \sum_{i=1}^{\infty} zQ_i\varkappa^{i-1}(z)\, g(z),$$

$$g(z) = zR_0 + \sum_{i=1}^{\infty} zP_i\varkappa^{i-1}(z)\, g(z) = z\left[I - \sum_{i=1}^{\infty} zP_i\varkappa^{i-1}(z)\right]^{-1} R_0, \tag{1}$$

$$h(z) = zR_0 \sum_{r=0}^{\infty} z^r Q_0{}^r \sum_{i=1}^{\infty} zQ_i\varkappa^{i-1}(z) + \sum_{i=1}^{\infty} zP_i\varkappa^{i-1}(z)$$

$$= zR_0(I - zQ_0)^{-1} \sum_{i=1}^{\infty} zQ_i\varkappa^{i-1}(z) + \sum_{i=1}^{\infty} zP_i\varkappa^{i-1}(z),$$

wobei $\varkappa(z) = \sum_{k=0}^{\infty} \varkappa(k)\, z^k$ für $0 \leqq z \leqq 1$ ist, $\varkappa(k) = \left(\varkappa_{jj'}(k)\right)$ und $\varkappa_{jj'}(k)$ die bedingte Wahrscheinlichkeit dafür ist, daß die Markowsche Kette (X_n) ausgehend vom Zustand $(i + 1, j)$ nach genau k Schritten zum ersten Mal das Niveau i im Zustand (i, j') erreicht; $i \geqq 1$. Es sei vermerkt, daß $\varkappa(z)$ der Funktionalgleichung

$$\varkappa(z) = \sum_{i=0}^{\infty} zP_i\varkappa^i(z)$$

genügt. Die in (1) auftretenden inversen Matrizen existieren unter gewissen schwachen Irreduzibilitätsbedingungen, die bei Anwendungen im allgemeinen erfüllt sind, vgl. Neuts (1973). Ferner seien die Vektoren f, h durch die Beziehungen

$$ff(1) = f, \qquad fu^{\mathsf{T}} = 1, \qquad hh(1) = h, \qquad hu^{\mathsf{T}} = 1$$

definiert, und es seien f', g' und h' die Mittelwertvektoren

$$f' = f'(1)\, u^{\mathsf{T}}, \qquad g' = g'(1)\, u^{\mathsf{T}}, \qquad h' = h'(1)\, u^{\mathsf{T}}.$$

12.7.2.1. Satz. Für die Vektoren x_0 und x_1 gilt

$$x_0 = \frac{f}{ff'}, \qquad x_1 = \frac{h}{hh'}. \tag{2}$$

Falls $\sum_{i=1}^{\infty} iQ_iu^{\mathsf{T}}$ ein endlicher Vektor ist, dann lassen sich die Mittelwertvektoren f' und h' wie folgt darstellen:

$$f' = u^{\mathsf{T}} + \sum_{i=1}^{\infty} Q_i\varkappa^{i-1}g' + \left[\sum_{i=1}^{\infty} Q_i - \sum_{i=1}^{\infty} Q_i\varkappa^{i-1} + \sum_{i=2}^{\infty} (i-1)\, Q_i\varkappa'\right] (I - \varkappa + \varkappa')^{-1}\, \xi,$$

$$h' = u^{\mathsf{T}} + R_0(I - Q_0)^{-1}\, u^{\mathsf{T}} + \left\{R_0(I - Q_0)^{-1}\left[\sum_{i=1}^{\infty} Q_i - \sum_{i=1}^{\infty} Q_i\varkappa^{i-1} + \sum_{i=2}^{\infty} (i-1)\, Q_i\varkappa'\right]\right.$$

$$\left. + \sum_{i=1}^{\infty} P_i - \sum_{i=1}^{\infty} P_i\varkappa^{i-1} + \sum_{i=2}^{\infty} (i-1)\, P_i\varkappa'\right\} (I - \varkappa + \varkappa')^{-1}\, \xi,$$

und es gilt

$$g' = \left(I - \sum_{i=1}^{\infty} P_i\varkappa^{i-1}\right)^{-1} \left\{u^{\mathsf{T}} + \left[\sum_{i=1}^{\infty} P_i - \sum_{i=1}^{\infty} P_i\varkappa^{i-1} + \sum_{i=2}^{\infty} (i-1)\, P_i\varkappa'(I - \varkappa + \varkappa')^{-1}\, \xi\right]\right\},$$

wobei $\varkappa$ die (eindeutig bestimmte) stochastische Matrix ist, die dem Gleichungssystem $\varkappa = \sum_{i=0}^{\infty} \boldsymbol{P}_i \varkappa^i$ genügt und die durch die Matrizen $\varkappa^*(k)$,

$$\varkappa^*(0) = (\boldsymbol{I} - \boldsymbol{P}_1)^{-1} \boldsymbol{P}_0,$$

$$\varkappa^*(k+1) = \sum_{\substack{i=0 \\ i \neq 1}}^{\infty} (\boldsymbol{I} - \boldsymbol{P}_1)^{-1} \boldsymbol{P}_i \varkappa^{*i}(k), \qquad k \geqq 0,$$

elementweise monoton von unten approximiert werden kann. $\varkappa'$ ist die quadratische Matrix der Ordnung l_2 mit identischen Zeilen, die gleich der Lösung $\boldsymbol{y}$ des Gleichungssystems

$$\boldsymbol{y}\varkappa = \boldsymbol{y}, \qquad \boldsymbol{y}\boldsymbol{u}^{\mathsf{T}} = 1$$

sind; $\xi = \sum_{k=1}^{\infty} k\varkappa(k)\, \boldsymbol{u}^{\mathsf{T}} = (\boldsymbol{I} - \varkappa + \varkappa')\,[\boldsymbol{I} - \vartheta + \varkappa' - \Delta(\beta)\,\varkappa']^{-1}\, \boldsymbol{u}^{\mathsf{T}}$, wobei $\Delta(\beta)$ eine Diagonalmatrix der Ordnung l_2 mit den Diagonalelementen $\beta_1, \beta_2, \ldots, \beta_{l_2}$ ist.

Mit (2) ist also eine Darstellungsform der Vektoren $\boldsymbol{x}_0$ und $\boldsymbol{x}_1$ durch Größen gegeben, die sich ihrerseits durch explizit berechenbare Matrizen ausdrücken lassen.

12.7.3. Bestimmung der Vektoren $\boldsymbol{x}_{k+1}$ für $k \geqq 1$

Wenn die Matrix $\boldsymbol{P}_0$ regulär ist, dann läßt sich der Vektor $\boldsymbol{x}_{k+1}$, $k \geqq 1$, aus den Vektoren $\boldsymbol{x}_0, \boldsymbol{x}_1, \ldots, \boldsymbol{x}_k$ mit Hilfe der entsprechenden Gleichung des Gleichungssystems (2) in [12.7.1] bestimmen. In Lucantoni/Neuts (1978) wurde das folgende blockweise Gauß-Seidelsche Iterationsverfahren zur Berechnung der Vektoren $\boldsymbol{x}_{k+1}$, $k \geqq 1$, vorgeschlagen:

$$\boldsymbol{x}_k(0) = \boldsymbol{b}_k', \qquad \boldsymbol{x}_k(j+1) = \boldsymbol{b}_k' + \sum_{i=2}^{k-1} \boldsymbol{x}_i(j+1)\, \boldsymbol{P}'_{k+1-i} + \boldsymbol{x}_{k+1}(j)\, \boldsymbol{P}_0', \tag{1}$$

wobei $\boldsymbol{b}_k' = (\boldsymbol{x}_0 \boldsymbol{Q}_k + \boldsymbol{x}_1 \boldsymbol{P}_k)\,(\boldsymbol{I} - \boldsymbol{P}_1)^{-1}$ und $\boldsymbol{P}_k' = \boldsymbol{P}_k(\boldsymbol{I} - \boldsymbol{P}_1)^{-1}$ ist. Zunächst werden die ersten k^* Gleichungen des unendlichen Gleichungssystems (1) betrachtet, wobei k^* die kleinste natürliche Zahl mit der Eigenschaft $k^* \geqq m_1 + 3\sqrt{m_2}$ ist und m_1, m_2 die folgenden Momente bezeichnen:

$$m_1 = \sum_{k=1}^{\infty} k \boldsymbol{x}_k \boldsymbol{u}^{\mathsf{T}}; \qquad m_2 = \sum_{k=1}^{\infty} k^2 \boldsymbol{x}_k \boldsymbol{u}^{\mathsf{T}} - m_1^2.$$

Um die Momente m_1, m_2 durch explizit berechenbare Größen ausdrücken zu können, werden explizite Ausdrücke für die Ableitung des Perron-Frobeniusschen Eigenwertes $\delta(z)$ und des entsprechenden rechts- bzw. linksseitigen Eigenvektors $\boldsymbol{v}(z)$ bzw. $\boldsymbol{w}(z)$, vgl. Gantmacher [1], Kap. XIII, der Matrix $\boldsymbol{P}^{(0)}(z)$,

$$\boldsymbol{P}^{(0)}(z) = \sum_{i=0}^{\infty} \boldsymbol{P}_i z^i, \qquad 0 \leqq z \leqq 1,$$

benötigt. Es gilt

$$\delta^{(0)}(1) = 1, \qquad \boldsymbol{v}^{(0)}(1) = \boldsymbol{u}^{\mathsf{T}}, \qquad \boldsymbol{w}^{(0)}(1) = \boldsymbol{\pi},$$

$$\delta^{(1)}(1) = \boldsymbol{\pi}\boldsymbol{P}^{(1)}(1)\,\boldsymbol{u}^{\mathsf{T}} = \varrho,$$

$$\boldsymbol{v}^{(1)}(1) = (\boldsymbol{I} - \boldsymbol{\vartheta} + \boldsymbol{\Pi})^{-1}\,[\boldsymbol{P}^{(1)}(1) - \delta^{(1)}(1)\,\boldsymbol{I}]\,\boldsymbol{u}^{\mathsf{T}} = (\boldsymbol{I} - \boldsymbol{\vartheta} + \boldsymbol{\Pi})^{-1}\,\beta - \varrho\boldsymbol{u}^{\mathsf{T}},$$

$$\boldsymbol{w}^{(1)}(1) = \boldsymbol{\pi}[\boldsymbol{P}^{(1)}(1) - \delta^{(1)}(1)\,\boldsymbol{I}]\,(\boldsymbol{I} - \boldsymbol{\vartheta} + \boldsymbol{\Pi})^{-1} = \boldsymbol{\pi}\boldsymbol{P}^{(1)}(1)\,(\boldsymbol{I} - \boldsymbol{\vartheta} + \boldsymbol{\Pi})^{-1} - \varrho\boldsymbol{\pi},$$

und für $n \geqq 2$

$$\delta^{(n)}(1) = \sum_{i=1}^{n} \binom{n}{i} \boldsymbol{\pi}\boldsymbol{P}^{(i)}(1)\,\boldsymbol{v}^{(n-i)}(1) - \sum_{i=1}^{n-1} \boldsymbol{\pi}\boldsymbol{v}^{(n-i)}(1)\,\delta^{(i)}(1),$$

$$\boldsymbol{v}^{(n)}(1) = (\boldsymbol{I} - \boldsymbol{\vartheta} + \boldsymbol{\Pi})^{-1} \sum_{i=1}^{n} \binom{n}{i} [\boldsymbol{P}^{(i)}(1) - \delta^{(i)}(1)\,\boldsymbol{I}]\,\boldsymbol{v}^{(n-i)}(1) - \left[\sum_{i=1}^{n-1} \binom{n}{i} \boldsymbol{w}^{(i)}(1)\,\boldsymbol{v}^{(n-i)}(1)\right] \boldsymbol{u}^{\mathsf{T}}$$

$$\boldsymbol{w}^{(n)}(1) = \sum_{i=1}^{n-1} \binom{n}{i} \boldsymbol{w}^{(i)}(1)\,[\boldsymbol{P}^{(n-i)}(1) - \delta^{(n-i)}(1)\,\boldsymbol{I}]\,(\boldsymbol{I} - \boldsymbol{\vartheta} + \boldsymbol{\Pi})^{-1},$$

wobei $\boldsymbol{P}^{(n)}(z)$ die Matrix ist, die sich ergibt, wenn die n-te Ableitung der Elemente von $\boldsymbol{P}^{(0)}(z)$ gebildet wird. $\boldsymbol{\Pi}$ ist die Matrix der Ordnung l_2, deren Zeilen identisch und gleich $\boldsymbol{\pi}$ sind. Des weiteren gilt

$$m_1 = \frac{1}{2(1-\varrho)} \Bigg\{ 2\boldsymbol{x}_0 \sum_{k=1}^{\infty} k\boldsymbol{Q}_k\boldsymbol{u}^{\mathsf{T}} + 2\boldsymbol{x}_0 \sum_{k=1}^{\infty} \boldsymbol{Q}_k\boldsymbol{v}^{(1)}(1) + \boldsymbol{x}_0 \sum_{k=2}^{\infty} k(k-1)\,\boldsymbol{Q}_k\boldsymbol{u}^{\mathsf{T}} + 2\boldsymbol{x}_0 \sum_{k=1}^{\infty} k\boldsymbol{Q}_k\boldsymbol{v}^{(1)}(1) + \boldsymbol{x}_0 \sum_{k=1}^{\infty} \boldsymbol{Q}_k\boldsymbol{v}^{(2)}(1) - 2\boldsymbol{x}_1\boldsymbol{P}_0\boldsymbol{v}^{(1)}(1) - \boldsymbol{x}_1\boldsymbol{P}_0\boldsymbol{v}^{(2)}(1) + \sum_{k=1}^{\infty} \boldsymbol{x}_k\boldsymbol{u}^{\mathsf{T}}\delta^{(2)}(1) \Bigg\} - \sum_{k=1}^{\infty} \boldsymbol{x}_k\boldsymbol{v}^{(1)}(1)$$

und für das faktorielle Moment $m_{(2)} = \sum\limits_{k=1}^{\infty} k^2\boldsymbol{x}_k\boldsymbol{u}^{\mathsf{T}} - m_1$

$$m_{(2)} = \frac{1}{3(1-\varrho)} \Bigg\{ 3\sum_{k=1}^{\infty} \boldsymbol{x}_k\boldsymbol{u}^{\mathsf{T}}\delta^{(2)}(1) + 3\sum_{k=1}^{\infty} \boldsymbol{x}_k\boldsymbol{v}^{(1)}(1)\,\delta^{(2)}(1) + \sum_{k=1}^{\infty} \boldsymbol{x}_k\boldsymbol{u}^{\mathsf{T}}\delta^{(3)}(1) + 3\boldsymbol{x}_0 \sum_{k=2}^{\infty} k(k-1)\,\boldsymbol{Q}_k\boldsymbol{u}^{\mathsf{T}} + 6\boldsymbol{x}_0 \sum_{k=1}^{\infty} k\boldsymbol{Q}_k\boldsymbol{v}^{(1)}(1) + 3\boldsymbol{x}_0 \sum_{k=1}^{\infty} \boldsymbol{Q}_k\boldsymbol{v}^{(2)}(1) + \boldsymbol{x}_0 \sum_{k=3}^{\infty} k(k-1)(k-2)\,\boldsymbol{Q}_k\boldsymbol{u}^{\mathsf{T}} + 3\boldsymbol{x}_0 \sum_{k=2}^{\infty} k(k-1)\,\boldsymbol{Q}_k\boldsymbol{v}^{(1)}(1) + 3\boldsymbol{x}_0 \sum_{k=1}^{\infty} k\boldsymbol{Q}_k\boldsymbol{v}^{(2)}(1) + \boldsymbol{x}_0 \sum_{k=1}^{\infty} \boldsymbol{Q}_k\boldsymbol{v}^{(3)}(1) - 3\boldsymbol{x}_1\boldsymbol{P}_0\boldsymbol{v}^{(2)}(1) - \boldsymbol{x}_1\boldsymbol{P}_0\boldsymbol{v}^{(3)}(1) \Bigg\} - \frac{4}{3} \sum_{k=1}^{\infty} \boldsymbol{x}_k\boldsymbol{v}^{(1)}(1) - \sum_{k=1}^{\infty} \boldsymbol{x}_k\boldsymbol{v}^{(2)}(1),$$

wobei sich die Summe $\sum_{k=1}^{\infty} \boldsymbol{x}_k$ wie folgt berechnen läßt:

$$\sum_{k=1}^{\infty} \boldsymbol{x}_k = \left[\boldsymbol{x}_0 \sum_{k=1}^{\infty} \boldsymbol{Q}_k - \boldsymbol{x}_1 \boldsymbol{P}_0\right] (\boldsymbol{I} - \boldsymbol{\vartheta} + \boldsymbol{\Pi})^{-1} + (1 - \boldsymbol{x}_0 \boldsymbol{u}^{\mathrm{T}})\, \boldsymbol{\pi}. \tag{2}$$

Unter Benutzung der ersten k^* Gleichungen des Gleichungssystems (1) wird nun so lange iteriert, bis die Bedingung

$$\max_{2 \leq k \leq k^*} \{\boldsymbol{x}_k(j) - \boldsymbol{x}_k(j-1)\} < 10^{-8} \tag{3}$$

erfüllt ist. Danach wird überprüft, ob eine hinreichend große Anzahl von Komponenten berechnet wurde, d. h., es wird

$$\varepsilon = 1 - \sum_{k=0}^{k^*} \boldsymbol{x}_k(j)\, \boldsymbol{u}^{\mathrm{T}}$$

ermittelt. Wenn $\varepsilon > 10^4$ ist, dann werden $k^* + 1$ anstelle von k^* Gleichungen in Betracht gezogen, und die Iteration wird fortgesetzt. Wenn sowohl (3) als auch $\varepsilon \leqq 10^{-4}$ gilt, dann kann noch die Genauigkeit der Komponenten der Summe der iterativ berechneten Vektoren im Vergleich zu (2) überprüft werden.

In Lucantoni/Neuts (1978) wird ein Rechnerprogramm (APL) zur Realisierung des in diesem Abschnitt dargelegten Algorithmus angegeben. Zahlreiche Anwendungsmöglichkeiten hiervon, insbesondere für Systeme mit Gruppenankünften bzw. -bedienung, auf Tandemsysteme mit endlichem Warteraum vor dem zweiten Gerät, auf Systeme mit Erwärmung und auf Systeme mit semimarkowschen Bedienungszeiten enthalten Arbeiten von Lucantoni/Neuts (1978) und weitere dort zitierte Veröffentlichungen.

Wenn beispielsweise für das System $\mathrm{M}^{\mathrm{GI}}/\mathrm{SM}/1/\infty$ mit Gruppenankünften und semimarkowschen Bedienungszeiten die Anzahl der Kunden im System unmittelbar nach Abgangszeitpunkten betrachtet wird, dann ist $\mathscr{G} = \{(i, j) : i \geqq 0,\ 1 \leqq j \leqq l\}$ zu wählen. Eine besonders einfache Situation liegt im Fall von nur einem Kundentyp ($l = 1$) vor. Dann sind sämtliche in $\boldsymbol{P}$ auftretenden Matrizen einelementig, die ersten beiden Zeilen in $\boldsymbol{P}$ sind identisch, und $\boldsymbol{P}_i$ beinhaltet die Wahrscheinlichkeit, daß während einer Bedienung genau i Kunden im System eintreffen. Ferner gilt in diesem Fall

$$\boldsymbol{I} = \varkappa = \varkappa' = \boldsymbol{\vartheta} = 1, \qquad \beta = \varrho = \frac{\lambda}{\mu}, \qquad \xi = \frac{1}{1-\varrho},$$

wobei λ die mittlere Anzahl der je Zeiteinheit eintreffenden Kunden und μ die Bedienungsintensität bezeichnen.

12.8. Ein Näherungsverfahren für den Fall abzählbar unendlich vieler Zustände

Im folgenden sei vorausgesetzt, daß eine solche Blockdarstellung der Matrix der Übergangswahrscheinlichkeiten in einem Schritt (nachfolgend *„Übergangsmatrix“* genannt) einer homogenen Markowschen Kette mit diskreter Zeit existiert, bei der alle Elemente der Blöcke außerhalb der Hauptdiagonalen klein sind gegenüber den Elementen der auf der Hauptdiagonalen liegenden Blöcke. Dann läßt sich unter wenig einschränkenden

Voraussetzungen die *Methode der asymptotischen Vergröberung* von Markowschen Ketten nach Koroljuk zur näherungsweisen Berechnung der stationären Anfangsverteilung anwenden.

Sei (X_n) eine homogene Markowsche Kette mit der Übergangsmatrix $\boldsymbol{P}$ und dem diskreten Zustandsraum $\mathcal{G}$ der Dimension l. (Dabei kann l auch den Wert ∞ annehmen.) Die Dimension einer der Blockdarstellung der Übergangsmatrix zugrunde liegenden Zerlegung des Zustandsraumes in disjunkte Teilmengen $\mathcal{G}_j$, $j = 1, \ldots, m$, (↑ [12.1]) sei endlich, die Anzahlen l_j der Elemente von $\mathcal{G}_j$ können jedoch sowohl endlich als auch unendlich sein.

Unter diesen Voraussetzungen läßt sich die Übergangsmatrix $\boldsymbol{P}$ auf die folgende Weise zerlegen:

$$\boldsymbol{P} = \boldsymbol{P}_0 - c\gamma. \tag{1}$$

Dabei sei

$$\boldsymbol{P}_0 = \begin{pmatrix} \boldsymbol{P}_{11} & 0 & 0 \cdots 0 \\ 0 & \boldsymbol{P}_{22} & 0 \cdots 0 \\ \multicolumn{3}{c}{\cdots\cdots\cdots\cdots\cdots\cdots} \\ 0 & 0 & 0 \cdots \boldsymbol{P}_{mm} \end{pmatrix}$$

die Übergangsmatrix einer zerlegbaren Markowschen Kette mit diskreter Zeit, wobei der Block $\boldsymbol{P}_{jj}$ der wesentlichen Klasse von Zuständen $\mathcal{G}_j$, $j = 1, \ldots, m$, entspricht. Die zugehörigen stationären Anfangsverteilungen der durch $\boldsymbol{P}_0$ bestimmten Markowschen Kette $(X_{0,n})$ seien $\boldsymbol{x}^{(j)}$: $j = 1, \ldots, m$. Die Matrix

$$\gamma = \begin{pmatrix} \gamma_{11} & \gamma_{12} & \cdots & \gamma_{1m} \\ \gamma_{21} & \gamma_{22} & \cdots & \gamma_{2m} \\ \multicolumn{4}{c}{\cdots\cdots\cdots\cdots\cdots\cdots} \\ \gamma_{m1} & \gamma_{m2} & \cdots & \gamma_{mm} \end{pmatrix}$$

ergibt sich gemäß (1) aus $\boldsymbol{P}, \boldsymbol{P}_0$ und dem kleinen, fest gewähltem Faktor c. Mit $\boldsymbol{u}^{(j)}$, $j = 1, \ldots, m$, sei der Spaltenvektor der Dimension $l = \sum_{k=1}^{m} l_k$ bezeichnet, dessen i-te Komponente gleich Eins, wenn $i \in \mathcal{G}_j$, und Null im entgegengesetzten Falle ist; $i = 1, \ldots, l$.

Unter Beibehaltung der gemachten Voraussetzungen und Bezeichnungen gilt folgender, von Koroljuk und Turbin bewiesener Satz (vgl. Koroljuk/Turbin [1]):

12.8.1. Satz. Es gelte:

(i) Die Markowsche Kette $(X_{0,n})$ sei stark positiv rekurrent (vgl. Koroljuk/Turbin [1], S. 98; im Falle einer aperiodischen Kette ist diese Eigenschaft mit der der strengen Ergodizität äquivalent, ↑ [3.3.1.1]).

(ii) Die durch die Intensitätsmatrix $-\beta = (\beta_{kj})_{k,j=1,\ldots,m}$ mit $\beta_{kj} = \boldsymbol{x}^{(k)}\gamma\boldsymbol{u}^{(j)}$ bestimmte, sog. „*vergröberte*" *Markowsche Kette* mit stetiger Zeit $\big(Y(t), t \geqq 0\big)$ sei irreduzibel und besitze die stationäre Verteilung $\boldsymbol{y} = (p_1, \ldots, p_m)$.

Dann läßt sich die stationäre Anfangsverteilung $\boldsymbol{x}$ der Markowschen Kette (X_n) mit der Übergangsmatrix $\boldsymbol{P}$ in folgender Weise darstellen:

$$\boldsymbol{x} = \sum_{k=1}^{m} p_k\boldsymbol{x}^{(k)} + c\sum_{k=1}^{m} (-p_k\boldsymbol{x}^{(k)}\gamma\boldsymbol{R}_0 + p_k{}^1\boldsymbol{x}^{(k)}) \\ + c^2\sum_{k=1}^{m} \big(p_k\boldsymbol{x}^{(k)}(\gamma\boldsymbol{R}_0)^2 - p_k{}^1\boldsymbol{x}^{(k)}\gamma\boldsymbol{R}_0 + p_1{}^2\boldsymbol{x}^{(k)}\big) + \cdots, \tag{2}$$

wobei $\boldsymbol{R}_0$ das Potential der Markowschen Kette $(X_{0,n})$ und $p_k{}^i$, $k = 1, \ldots, m$, $i = 1, 2, \ldots$, gewisse Wichtungsfaktoren sind. Formeln für deren Berechnung findet man in Koroljuk/Turbin [1]. Im Falle hinreichend kleiner c erhält man mit

$$\boldsymbol{x}_0 = \sum_{k=1}^{m} p_k \boldsymbol{x}^{(k)} \tag{3}$$

eine Näherungsformel für die stationäre Verteilung $\boldsymbol{x}$. Zur Berechnung von $\boldsymbol{x}_0$ ist es notwendig, die Gleichungssysteme

$$\boldsymbol{y}\beta = \boldsymbol{0}, \qquad \sum_{k=1}^{m} p_k = 1 \tag{4}$$

und

$$\boldsymbol{x}_k(\boldsymbol{I} - \boldsymbol{P}_{kk}) = \boldsymbol{0}, \qquad \sum_{i=1}^{l_k} p_{ki} = 1, \qquad k = 1, \ldots, m, \tag{5}$$

zu lösen. Hierbei bezeichnet der Vektor $\boldsymbol{x}_k = (p_{k1}, \ldots, p_{kl_k})$ die Einschränkung des Vektors $\boldsymbol{x}^{(k)}$ auf $\mathcal{G}_k$.

Aus (4) und (5) ist ersichtlich, daß man zum Erhalt von $\boldsymbol{x}_0$ gemäß (3) $m + 1$ lineare Gleichungssysteme der Dimensionen $m, l_1, l_2, \ldots, l_m$ zu lösen hat. Ein solches Vorgehen besitzt im allgemeinen erhebliche numerische Vorteile gegenüber der Lösung eines linearen Gleichungssystems der Dimension $l = \sum_{k=1}^{m} l_k$.

Abschätzungen für die Genauigkeit der Näherung (3) werden in Koroljuk/Turbin [1] nicht angegeben. Anwendungen von (3) auf mehrlinige Bedienungssysteme mit unzuverlässigen Bedienungsgeräten und Reparaturen haben jedoch gezeigt, daß hierbei für $\sup_{i \in \mathcal{G}} \sum_{j \in \mathcal{G}} \gamma_{ij} \leqq 1$ die Ungleichung $|\boldsymbol{x} - \boldsymbol{x}_0| < c$ gilt.

13. Literaturverzeichnis

13.1. Lehrbücher und Monographien

ANDERSON, T. W.: [1] An Introduction to Multivariate Statistical Analysis. J. Wiley & Sons, New York 1958.

—: [2] The Statistical Analysis of Time Series. J. Wiley & Sons, New York/London/Sydney/Toronto 1971.

BARLOW, R. E., und F. PROSCHAN: [1] Mathematical Theory of Reliability. J. Wiley & Sons, New York 1965.

—: [2] Statistische Theorie der Zuverlässigkeit. Akademie-Verlag, Berlin 1978 (engl. Originalausgabe: Statistical Theory of Reliability and Life Testings (Probability Models). Holt, Rinehart and Winston Inc., New York 1975).

BATEMAN, H., und A. ERDÉLYI: [1] Tables of Integral Transforms, Volume I. McGraw Hill, New York/Toronto/London 1954.

BERG, L.: [1] Operatorenrechnung, Band II: Funktionentheoretische Methoden. Deutscher Verlag der Wissenschaften, Berlin 1964.

BHARUCHA-REID, A. T.: [1] Elements of the Theory of Markov Processes and their Applications. McGraw Hill, New York/Toronto/London 1960.

BIEBERBACH, L.: [1] Lehrbuch der Funktionentheorie, Bd. 2. Teubner-Verlag, Leipzig/Berlin 1931.

BILLINGSLEY, P.: [1] Statistical Inference for Markov Processes. University of Chicago Press, Chicago 1961.

—: [2] Convergence of Probability Measures. J. Wiley & Sons, New York/London/Sydney 1968.

BOBILLIER, P. A.: [1] Simulation with GPSS and GPSSV. Prentice-Hall, Englewood Cliffs 1976.

BOLSCHEW, L. N., und N. W. SMIRNOW (Большев Л. Н., Смирнов Н. В.): [1] Таблицы математической статистики. Наука, Москва 1965.

BOROWKOW, A. A. (Боровков А. А.): [1] Вероятностьные процессы в теории массового обслуживания. Наука, Москва 1972 (engl. Übersetzung: A. A. Borovkov, Random Processes in Queueing Theory. Springer-Verlag, Berlin/Heidelberg/New York 1976).

—: [2] Wahrscheinlichkeitstheorie. Akademie-Verlag, Berlin 1976 (russ. Originalausgabe: Курс теории вероятностей. Наука, Москва 1976).

—: [3] Асимптотические методы теории массового обслуживания. Наука, Москва 1980.

BRÉMAUD, P.: [1] Point Processes and Queues: Martingale Dynamics. Springer-Verlag, Berlin/Heidelberg/New York 1981.

BRILLINGER, D. R.: [1] Time Series: Data Analysis and Theory. Holt, Rinehart and Winston, New York/London 1975.

BRODI, S. M., und I. A. POGOSJAN (Броди С. М., Погосян И. А.): [1] Вложенные стохастические процессы в теории массового обслуживания. Наукова думка, Киев 1973.

BUSLENKO, N. P. (Бусленко Н. П.): [1] Simulation von Produktionsprozessen. Teubner-Verlag, Leipzig 1971 (russ. Originalausgabe: Математическое моделирование производственных процессов на цифровых вычислительных машинах. Наука, Москва 1964).

—: [2] Modellierung komplizierter Systeme. Die Wirtschaft, Berlin 1972 (russ. Originalausgabe: Моделирование сложных систем. Наука, Москва 1968).

BUSLENKO, N. P., W. W. KALSCHNIKOW und I. N. KOWALENKO (Бусленко Н. П., Калашников В. В., Коваленко И. Н.): Лекции по теории сложных систем. Советское радио, Москва 1973.

BUSLENKO, N. P., und J. A. SCHREIDER (Бусленко Н. П., Шрейдер Ю. А.): [1] Die Monte-Carlo-Methode und ihre Verwirklichung mit elektronischen Digitalrechnern. Teubner-Verlag, Leipzig 1964 (russ. Originalausgabe: Метод статистических испытаний (Монте-Карло) и его реализация в цифровых машинах. Физматгиз, Москва 1964).

BUSLENKO, W. N. (Бусленко В. Н.): [1] Автоматизация имитационного моделирования сложных систем. Наука, Москва 1977.

BUTTERWORTH, R. W., und K. T. MARSHALL: [1] A Survey of Renewal Theory with Emphasis on Approximations, Bounds and Applications. Naval Postgraduate School, Montrerey, California, 1964.

CARTWRIGHT, M. L.: [1] Integral Functions. Cambridge University Press, Cambridge 1962.

CHINTSCHIN, A. J. (Хинчин А. Я.): [1] Работы по математической теории массового обслуживания. Физматгиз, Москва 1963.

—: [2] Mathematical Methods in the Theory of Queueing. Griffin, London 1960.

CHUNG, K. L.: [1] Markov Chains with Stationary Transition Probabilities (2. Aufl.). Springer-Verlag, Berlin/Göttingen/Heidelberg 1967.

ÇINLAR, E.: [1] Introduction to Stochastic Processes. Prentice-Hall, Englewood Cliffs (New Jersey) 1975.

COHEN, J. W.: [1] The Single Server Queue. North-Holland Publ. Comp., Amsterdam/London 1969.

—: [2] On Regenerative Processes in Queueing Theory. Lect. Notes in Economics Math. Systems 121, Springer-Verlag, Berlin/Heidelberg/New York 1976.

COX, D. R.: [1] Erneuerungstheorie. Oldenburg-Verlag, München/Wien 1966 (engl. Originalausgabe: Renewal Theory. Methuen, London 1962).

COX, D. R., und D. V. HINKLEY: [1] Theoretical Statistics. Chapman and Hall, London 1974.

COX, D. R., und P. A. W. LEWIS: [1] The Statistical Analysis of Series of Events. Methuen, London; J. Wiley & Sons, New York 1966.

CRANE, M. A., und A. J. LEMOINE: [1] An Introduction to the Regenerative Method for Simulation Analysis. Lecture Notes in Control and Information Sciences 4, Springer-Verlag, Berlin/Heidelberg/New York 1977.

DOETSCH, G.: [1] Handbuch der Laplace-Transformation, Band I: Theorie der Laplace-Transformation, Band II und III: Anwendungen der Laplace-Transformation. Birkhäuser Verlag, Basel/Stuttgart, Band I: 1950, Band II: 1956, Band III: 1958.

—: [2] Einführung in Theorie und Anwendung der Laplace-Transformation. Birkhäuser Verlag, Basel/Stuttgart 1958.

DOOB, J. L.: [1] Stochastic Processes. J. Wiley & Sons, New York 1953.

ERMAKOW, S. M. (Ермаков С. М.): [1] Die Monte-Carlo-Methode und verwandte Fragen. Deutscher Verlag der Wissenschaften, Berlin 1975.

—: [2] Метод Монте-Карло и смежные вопросы (2. erw. Auflage). Наука, Москва 1975.

ERMAKOW, S. M., und G. A. MICHAILOW (Ермаков С. М., Михайлов Г. А.): [1] Курс статистического моделирования. Наука, Москва 1975.

FADDEJEW, D. K., und W. N. FADDEJEWA (Фаддеев Д. К., Фаддеева В. Н.): [1] Numerische Methoden der linearen Algebra. Deutscher Verlag der Wissenschaften, Berlin 1964 (russ. Originalausgabe: Вычислительные методы линейной алгебры. Физматгиз, Москва 1963).

FELLER, W.: [1] An Introduction to Probability Theory and its Applications, Volume I (3. Aufl.). J. Wiley & Sons, New York 1968.

—: [2] An Introduction to Probability Theory and its Applications, Volume II (2. Aufl.). J. Wiley & Sons, New York 1971.

FERSCHL, F.: [1] Zufallsabhängige Wirtschaftsprozesse. Physica-Verlag, Wien/Würzburg 1964.

FISHMAN, G. S.: [1] Concepts and Methods in Discrete Event Digital Simulation. J. Wiley & Sons, New York 1973.

FISZ, M.: [1] Wahrscheinlichkeitsrechnung und mathematische Statistik (7. Aufl.). Deutscher Verlag der Wissenschaften, Berlin 1973 (poln. Originalausgabe: Rachunek prawdopodobienstwa i statystyka matematyczna. PWN, Warszawa 1967).

FORSYTHE, G. F., und A. B. MOLER: [1] Computer Solution of Linear Algebraic Systems. Prentice-Hall, New York 1967.

FRANK, M., und P. LORENZ: [1] Simulation diskreter Prozesse. Fachbuchverlag, Leipzig 1979.

FRANKEN, P., D. KÖNIG, U. ARNDT und V. SCHMIDT: [1] Queues and Point Processes. Akademie-Verlag, Berlin 1981; J. Wiley & Sons, New York 1982.

FRANTA, W. R.: [1] A Process View of Simulation. Elsevier/North-Holland Publ. Comp., New York 1977.

GANTMACHER, F. R. (Гантмахер Ф. Р.): [1] Matrizenrechnung. Teil I und II. Deutscher Verlag der Wissenschaften, Berlin 1958/59 (russ. Originalausgabe: Теория матриц. Изд. техн.-теор. лит., Москва 1954.

GENTSCHEW, S. (Генчев С.): [1] Симулационно моделиране чрез GPSS/360. ВССО, София 1975.

GICHMAN, I. I., und A. W. SKOROCHOD (Гихман И. И., Скороход А. В.): [1] Теория случайных процессов, том I. Наука, Москва 1971 (engl. Übersetzung: I. I. GIHMAN und A. V. SKOROHOD, The Theory of Stochastic Processes I. Springer-Verlag, Berlin/Heidelberg/New York 1974).

—: [2] Теория случайных процессов, том 2. Наука, Москва 1973 (engl. Übersetzung: I. I. GIHMAN und A. V. SKOROHOD, The Theory of Stochastic Processes II. Springer-Verlag, Berlin/Heidelberg/New York 1975).

—: [3] Теория случайных процессов, том 3. Наука, Москва 1975 (engl. Übersetzung: I. I. GIHMAN und A. V. SKOROHOD, The Theory of Stochastic Processes III. Springer-Verlag, Berlin/Heidelberg/New York 1979).

GNEDENKO, B. W. (ГНЕДЕНКО Б. В.): [1] Lehrbuch der Wahrscheinlichkeitsrechnung (7. Aufl.). Akademie-Verlag, Berlin 1978 (russ. Originalausgabe: Курс теории вероятностей. Наука, Москва, 1976).

GNEDENKO, B. W., J. K. BELJAJEW und A. D. SOLOWJEW (Гнеденко Б. В., Беляев Ю. К., Соловьев А. Д.): [1] Mathematische Methoden der Zuverlässigkeitstheorie, Band I u. II. Akademie-Verlag, Berlin 1968 (russ. Originalausgabe: Математические методы в теории надежности. Наука, Москва 1965).

GNEDENKO, B. W., E. A. DANIELJAN, B. N. DIMITROW, G. P. KLIMOW und W. F. MATWEJEW (Гнеденко Б. В., Даниелян Э. А., Димитров Б. Н., Климов Г. П., Матвеев В. Ф.): [1] Приоритетные системы обслуживания. Изда. МГУ, Москва 1973.

GNEDENKO, B. W., und I. N. KOWALENKO (Гнеденко Б. В., Коваленко И. Н.): [1] Einführung in die Bedienungstheorie (2. Aufl.). Akademie-Verlag Berlin 1974 (russ. Originalausgabe: Введение в теорию массового обслуживания. Наука, Москва 1966).

GOLDBERG, R. R.: [1] The Fourier Transform. Cambridge University Press, Cambridge 1970.

GORDON, G.: [1] System Simulation. Prentice Hall, Englewood Cliffs 1969.

—: [2] The Application of GPSS V to Discrete System Simulation. Prentice-Hall, Englewood Cliffs 1975.

GREENBERG, S.: [1] GPSS Primer. J. Wiley & Sons, New York 1972.

GRENANDER, U., und M. ROSENBLATT: [1] Statistical Analysis of Stationary Time Series. J. Wiley & Sons, New York 1957.

GROSS, D., und C. M. HARRIS: [1] Fundamentals of Queueing Theory. J. Wiley & Sons, New York 1974.

HAMMERSLEY, J. M., und D. C. HANDSCOMB: [1] Monte Carlo Methods. Methuen, London 1967.

HANNAN, E. J.: [1] Time Series Analysis. Methuen, London; J. Wiley & Sons, New York 1960.

—: [2] Multiple Time Series. J. Wiley & Sons, New York/London/Sydney/Toronto 1970.

IBRAGIMOW, I. A., und J. W. LINNIK (Ибрагимов И. А., Линник Ю. В.): [1] Независимые и стационарно связанные величины. Наука, Москва 1965.

JANSSON, B.: [1] Random Number Generators. Victor Pettersons Bokindustri, Stockholm 1966.

JENKINS, G. M., und D. G. WATTS: [1] Spectral Analysis and its Applications. Holden-Day, San Francisco/Cambridge/London/Amsterdam 1968.

KALASCHNIKOW, W. W. (Калашников В. В.): [1] Качественный анализ поведения сложных систем методом пробных функций. Наука, Москва 1978.

KAMPE, G.: [1] Simscript. Vieweg-Verlag, Braunschweig 1971.

KEILSON, J.: [1] Green's Function Method in Probability Theory. Griffin, London 1965.

KELLY, F. P.: [1] Reversibility and Stochastic Networks. J. Wiley & Sons, Chichester/New York/Brisbane/Toronto 1979.

KEMENY, J. G., und J. L. SNELL: [1] Finite Markov Chains. D. van Nostrand Co., Inc., Princeton/New Jersey/Toronto/London/New York 1960.

KERSTAN, J., K. MATTHES und J. MECKE: [1] Unbegrenzt teilbare Punktprozesse. Akademie-Verlag, Berlin 1974.

KINGMAN, J. F. C.: [1] On the Algebra of Queues. Methuen, London 1966.

KIVIAT, P. J., R. VILLANUEVA und H. M. MARKOWITZ: [1] The SIMSCRIPT II Programming Language. Prentice-Hall, Englewood Cliffs 1968.

KLEIJNEN, J. P. C.: [1] Statistical Techniques in Simulation (Part I and II). Marcel Dekker, New York/Basel 1974/1975.

KLEINROCK, L.: [1] Queueing Systems, vol. I: Theory. J. Wiley & Sons, New York/London/Sydney/Toronto 1975.

—: [2] Queueing Systems, vol. II: Computer Applications. J. Wiley & Sons, New York/London/Sydney/Toronto 1976.

KLIMOW, G. P. (Климов Г. П.): [1] Стохастические системы обслуживания. Наука, Москва 1966.

—: [2] Bedienungsprozesse. Akademie-Verlag, Berlin 1978.

KÖNIG, D., K. MATTHES und K. NAWROTZKI: [1] Verallgemeinerungen der Erlangschen und Engsetschen Formeln. Akademie-Verlag, Berlin 1967.

—: [2] Unempfindlichkeitseigenschaften von Bedienungsprozessen (Anhang zu B. W. GNEDENKO und I. N. KOWALENKO) [1].

KÖNIG, D., und D. STOYAN: [1] Methoden der Bedienungstheorie. Akademie-Verlag, Berlin 1976.

KOROLJUK, W. S. (Королюк В. С.) (Hrsg.): [1] Справочник по теории вероятностей и математической статистике. Наукова Думка, Киев 1978.

KOROLJUK, W. S., und A. F. TURBIN (Королюк В. С., Турбин А. Ф.): [1] Полумарковские процессы и их приложения. Наукова Думка, Киев 1976.

KOSTEN, L.: [1] Stochastic Theory of Service Systems. Pergamon Press, Oxford/New York/Toronto/Sydney/Braunschweig 1973.

KOWALENKO, I. N. (Коваленко И. Н.): [1] Исследования по анализу надежности сложных систем. Наукова думка, Киев 1975.

KRAMPE, H., J. KUBAT und W. RUNGE: [1] Bedienungsmodelle. Die Wirtschaft, Berlin 1974.

KRICKEBERG, K.: [1] Wahrscheinlichkeitstheorie. B. G. Teubner, Stuttgart 1963.

LAHRES, H.: [1] Einführung in die diskreten Markoff-Prozesse und ihre Anwendungen. Teubner-Verlag, Leipzig 1964.

LAMPRECHT, G.: [1] Einführung in die Programmiersprache SIMULA. Vieweg-Verlag, Braunschweig 1976.

LANGROCK, P., und W. JAHN: [1] Einführung in die Theorie der Markowschen Ketten und ihre Anwendungen. Teubner-Verlag, Leipzig 1979.

LA SALLE, J., und S. LEFSCHETZ: [1] Stability by Liapunov's Direct Method. Academic Press, New York 1961.

LE GALL, P.: [1] Les systèmes avec ou sans attente et les processus stochastiques, Dunod, Paris 1962.

LEHMANN, E. L.: [1] Testing Statistical Hypothesis. J. Wiley & Sons, New York/London 1959.

LEWIN, B. J.: [1] Nullstellenverteilung ganzer Funktionen. Akademie-Verlag, Berlin 1962.

LEWIS, P. A. W. (Hrsg.): [1] Stochastic Point Processes: Statistical Analysis, Theory, and Applications. Wiley-Interscience, New York/London/Sydney/Toronto 1972.

LEWIS, T. O., und P. L. ODELL: [1] Estimation in Linear Models. Prentice-Hall, Englewood Cliffs/New York 1971.

LOÈVE, M.: [1] Probability Theory. I. Springer-Verlag, New York/Heidelberg/Berlin 1977.

—: [2] Probability Theory. II. Springer-Verlag, New York/Heidelberg/Berlin 1978.

LIPZER, R. S., und A. N. SCHIRJAJEW (Липцер Р. Ш., Ширяев А. Н.): [1] Статистика случайных процессов. Наука, Москва 1974.

LUKACS, E.: [1] Characteristic Functions (2. Aufl.). Griffin, London 1970.

LUTKOW, W. I. (Лутков В. И.): [1] Имитационное моделирование и управление производством. МЦНТИ, Москва 1978.

MANDL, P.: [1] Analytical Treatment of One-dimensional Markov Processes. Akademia, Prague, und Springer-Verlag, Berlin/Heidelberg/New York 1968.

MARKOWITZ, H., B. HAUSNER und H. KARR: [1] SIMSCRIPT — A Simulation Programming Language. Prentice-Hall, Englewood Cliffs 1963.

MORGENSTERN, D.: [1] Einführung in die Wahrscheinlichkeitsrechnung und mathematische Statistik. Springer-Verlag, Berlin/Göttingen/Heidelberg 1964.

MÜLLER, P. H. (Hrsg.): [1] Wahrscheinlichkeitsrechnung und mathematische Statistik, Lexikon der Stochastik (3. Aufl.). Akademie-Verlag, Berlin 1979.

MÜLLER, P. H., P. NEUMANN und R. STORM: [1] Tafeln der mathematischen Statistik (2. Aufl.). Fachbuchverlag, Leipzig 1975.

MURTHY, V. K.: [1] The General Point Process. Addison-Wesley Publishing Company, London/Amsterdam/Don Mills (Ontario)/Sydney/Tokyo 1974.

NEUTS, M. F.: [1] Matrix-Geometric Solutions in Stochastic Models. An Algorithmic Approach. The Johns Hopkins University Press, Baltimore/London 1981.

NEVEU, J.: [1] Wahrscheinlichkeitstheorie. Oldenbourg-Verlag, München/Wien 1969 (franz. Originalausgabe: Bases mathématiques du calcul des probabilités. Masson et Cie, Paris 1964).

NIEMEYER, G.: [1] Die Simulation von Systemabläufen mit Hilfe von FORTRAN IV (GPSS auf FORTRAN-Basis). De Gruyter, Berlin/New York 1972.

NOLLAU, V.: [1] Semi-Markovsche Prozesse. Akademie-Verlag, Berlin 1980.

OBERHETTINGER, F.: [1] Tabellen zur Fouriertransformation. Springer-Verlag, Berlin 1957.

OBERHETTINGER, F., und L. BADII: [1] Tables of Laplace Transforms. Springer-Verlag, New York/Heidelberg/Berlin 1973.

O'DONOVAN, T. M.: [1] GPSS (Simulation made simple). J. Wiley & Sons, Chichester/New York/ Brisbane/Toronto 1979.

PIEHLER, J., und H.-U. ZSCHIESCHE: [1] Simulationsmethoden (Reihe MINÖL, Band 20). Teubner-Verlag, Leipzig 1976.

PIROGOW, W. W. (Hrsg.) (Пирогов В. В.): [1] Диалоговые системы моделирования. Зинатне, Рига 1977.

POLLACZEK, F.: [1] Problèmes stochastique posès par le phénomène de formation d'une queue d'attente a un guichet et par des phénomènes apparentes. Memorial des science mathématiques, fasc. 136, Gauthier-Villars, Paris 1957.

—: [2] Théorie analytique des problèmes stochastiques relative à un groupe de ligne téléphoniques avec dispositif d'attente. Gauthier-Villars, Paris 1961.

POLLJAK, J. G. (Полляк Ю. Г.): [1] Вероятностное моделирование на электронных вычислительных машинах. Советское радио, Москва 1971.

PRABHU, N. U.: [1] Queues and Inventories. J. Wiley & Sons, New York 1965.

PRITSKER, A. B., und P. J. KIVIAT: [1] Simulation with GASP II: A FORTRAN based simulation language. Prentice-Hall, Englewood Cliffs 1969.

PRITSKER, A. B., und R. E. YOUNG: [1] Simulation with GASP-PL/1 J. Wiley & Sons, New York 1975.

PROCHOROW, J. W., und J. A. ROSANOW (Прохоров Ю. В., Розанов Ю. А.): [1] Теория вероятностей. Наука, Москва 1973.

RASCH, D.: [1] Elementare Einführung in die Mathematische Statistik (2. Aufl.). Deutscher Verlag der Wissenschaften, Berlin 1970.

REINSCHKE, K.: [1] Zuverlässigkeit von Systemen, Band I: Systeme mit endlich vielen Zuständen. Verlag Technik, Berlin 1973.

RENYI, A.: [1] Wahrscheinlichkeitsrechnung (3. Aufl.). Deutscher Verlag der Wissenschaften, Berlin 1971.

REVUZ, D.: [1] Markov Chains. North-Holland Publ. Comp., Amsterdam 1975.

RÖSMANN, H.: [1] Simulation mit GPSS. Oldenburg-Verlag, München 1978.

ROHLFING, H.: [1] SIMULA — Eine Einführung. Bibliographisches Institut, Mannheim/Wien/ Zürich 1973.

ROLSKI, T.: [1] Stationary Random Processes Associated with Point Processes. Lecture Notes in Statistics 5, Springer-Verlag, New York/Heidelberg/Berlin 1981.

ROSANOW, J. A. (Розанов Ю. А.): [1] Stochastische Prozesse. Akademie-Verlag, Berlin 1975 (russ. Originalausgabe: Случайные процессы (2. Aufl.). Наука, Москва 1979).

ROSENBLIT, P. J. (Розенблит П. Я.): [1] Статистическое оценивание характеристик надежности и эффективности сложных систем. Зинатне, Рига 1979.

ROSS, S. M.: [1] Applied Probability Models with Optimization Applications. Holden-Day, San Francisco, Calif., 1970.

ROUSSAS, G. G.: [1] Continuity of Probability Measures. Cambridge University Press, Cambridge 1972.

RÜHS, F.: [1] Funktionentheorie. Deutscher Verlag der Wissenschaften, Berlin 1971.

SAATY, T. L.: [1] Elements of Queueing Theory with Applications. McGraw Hill, New York/ Toronto/London 1961.

SCHASSBERGER, R.: [1] Warteschlangen. Springer-Verlag, Wien/New York 1973.

SCHMETTERER, L.: [1] Einführung in die mathematische Statistik (2. Aufl.) Springer-Verlag, Wien/New York 1966.

SCHMIDT, B.: [1] GPSS-FORTRAN. Springer-Verlag, Berlin/Heidelberg/New York 1977.

SCHNEPS, M. A. (Шнепс М. А.): [1] Численные методы теории телетрафика. Связь, Москва 1974.

SCHRIBER, T. J.: [1] Simulation using GPSS. J. Wiley & Sons, New York 1974.

SHANNON, R. E.: [1] Systems Simulation. Prentice-Hall, Englewood Cliffs 1975.
SMIRNOW, N. W., und I. W. DUNIN-BARKOWSKI (Смирнов Н. В., Дунин-Барковский И. В.): [1] Mathematische Statistik in der Technik (3. Aufl.). Deutscher Verlag der Wissenschaften, Berlin 1973 (russ. Originalausgabe: Краткий курс математической статистики для технических приложений. Физматгиз, Москва 1959).
SNEDDON, I. N.: [1] Fourier Transforms. McGraw-Hill, New York/Toronto/London 1951.
SNYDER, D. L.: [1] Random Point Processes. J. Wiley & Sons, New York/London/Sydney/Toronto 1975.
SOBOL, I. M. (Соболь И. М.): [1] Die Monte-Carlo-Methode. Deutscher Verlag der Wissenschaften, Berlin 1971.
—: [2] Численные методы Монте-Карло. Наука, Москва 1973.
STORM, R.: [1] Wahrscheinlichkeitsrechnung, mathematische Statistik und statistische Qualitätskontrolle (7. Aufl.). Fachbuchverlag, Leipzig 1979.
STÖRMER, H.: [1] Mathematische Theorie der Zuverlässigkeit (2., verb. Auflage). Akademie-Verlag, Berlin 1983.
—: [2] Semi-Markoff-Prozesse mit endlich vielen Zuständen. Lect. Notes in Operations Res. 34, Springer-Verlag, Berlin/Heidelberg/New York 1970.
STOPP, F.: [1] Operatorenrechnung (Reihe MINÖL, Band 10). Teubner-Verlag, Leipzig 1976.
STOYAN, D.: [1] Qualitative Eigenschaften und Abschätzungen stochastischer Modelle. Akademie-Verlag, Berlin 1977.
SYSKI, R.: [1] Introduction to Congestion Theory in Telephone Systems. Oliver and Boyd, Edinburgh/London 1960.
TAKÁCS, L.: [1] Introduction to the Theory of Queues. Oxford University Press, New York 1962.
—: [2] Combinatorial Methods in the Theory of Stochastic Processes. J. Wiley & Sons, New York 1967.
TEWARSON, R. P.: [1] Sparse Matrices. Academic Press, New York/London 1973.
TITCHMARSH, E. C.: [1] Introduction to the Theory of Fourier Integrals (2. Aufl.). Claredon Press, Oxford 1948.
TSCHETWERIKOW, W. N., E. A. BAKANOWITSCH und A. W. MENKOW (Четвериков В. Н., Баканович Е. А., Меньков А. В.): [1] Вычислительная техника для статистического моделирования. Советское радио, Москва 1978.
WENTZELL, A. D. (Вентцель А. Д.): [1] Theorie zufälliger Prozesse. Akademie-Verlag, Berlin 1979 (russ. Originalausgabe: Курс теории случайных процессов. Наука, Москва 1975).
WIDDER, D. V.: [1] The Laplace Transform. Princeton University Press, Princeton 1946.
WITTING, H.: [1] Mathematische Statistik. B. G. Teubner, Stuttgart 1966.
WOJEWODIN, W. W. (Воеводин В. В.): [1] Численные методы алгебры. Наука, Москва 1966.
YOUNG, D.: [1] Iterative Solution of Large Linear Systems. Academic Press, New York/London 1971.
ZACKS, S.: [1] The Theory of Statistical Inference. J. Wiley & Sons, New York/London/Sydney/Toronto 1971.
ZIELIŃSKI, R.: [1] Erzeugung von Zufallszahlen (Programmierung und Test auf Digitalrechnern). Fachbuchverlag, Leipzig 1978.

13.2. Zeitschriftenliteratur

13.2.1. Literatur zu Kapitel 2

BUX, W., und U. HERZOG: (1977) The phase concept: Approximation of measured data and performance analysis. In: K. M. CHANDY and M. REISER (Hrsg.), Computer Performance, North-Holland Publishing Company, Amsterdam, 25–37.
COX, D. R.: (1955) A use of complex probabilities in the theory of stochastic processes. Proc. Cambridge Philos. Soc. 51, 313–319.
RUNNENBURG, J. TH.: (1965) On the use of the method of collective marks in queueing theory. In: W. L. SMITH und W. E. WILKINSON (Hrsg.), Proc. Symposium on Congestion Theory, University of North Carolina Press, Chapel Hill, North Carolina.
VAN DANTZIG, D.: (1948) Sur la méthode des fonctions génératrices. Colloques internationnaux du CNRS 13, 29–45.
LISEK, B.: (1978) Comparability of special distributions. Math. Operationsforsch. Statist., Ser. Statistics 9, 587–598.

13.2.2. Literatur zu Kapitel 3

Arndt, K., and P. Franken: (1979) Construction of a class of stationary processes with applications in reliability. Zast. Matem. **16**, 379–393.

Athreya, K. B., D. McDonald und P. Ney: (1978) Limit theorems for semi-Markov processes and renewal theory for Markov chains. Ann. Prob. **6**, 788–797.

Barlow, R. E., und L. C. Hunter: (1961) Reliability analysis of a one-unit system. Operations Res. **8**, 90–100.

Beljajew, J. K. (Беляев Ю. К.): (1969) Новые результаты и обобщения задач типа пересечений (Anhang zur russischen Übersetzung von H. Cramer und M. R. Leadbetter: Stationary and Related Stochastic Processes. J. Wiley & Sons, New York/London/Sydney 1967) Мир, Москва.

Beljajew, J. K., und W. M. Maximow (Беляев Ю. К., Махимов В. М.): (1963) Свойства аналитичности производящей функции для числа восстановлений. Теор. вероятн. прим. **8**, 108–112.

Berman, M.: (1978) Regenerative multivariate point processes. Adv. Appl. Prob. **10**, 411–430.

Bosch, K., und H. Richter: (1971) Über den Erwartungswert der bis zur Zeit t angekommenen Kunden einer Warteschlange bei gleichverteilten Ankunftszeiten. Metrika **18**, 1–5.

Brown, H., und S. M. Ross: (1972) Asymptotic properties of cumulative processes. SIAM J. Appl. Math. **22**, 93–105.

Chintschin, A. J. (Хинчин А. Я.): (1955) Математические методы теории массового обслуживания. Труды Мат. инст. им. Стеклова **49**, Изд. АН СССР, Москва, 1–122.

Çinlar, E.: (1972) Superposition of point processes. In: P. A. W. Lewis (Hrsg.), Stochastic Point Processes: Statistical Analysis, Theory, and Applications, Wiley-Interscience, New York/London/Sydney/Toronto, 549–606.

Crabill, T. B.: (1968) Sufficient conditions for positive recurrence and recurrence of specially structured Markov chains. Operations Res. **16**, 858–867.

Daley, D. J.: (1965) On a class of renewal functions. Proc. Cambridge Philos. Soc. **61**, 519–526.

—: (1973) Poisson and alternating renewal processes with superposition of a renewal process. Math. Nachr. **57**, 359–369.

—: (1978) Bounds for the variance of certain stationary point processes. Stoch. Proc. Appl. **7**, 255–264.

Daley, D. J., und D. Vere-Jones: (1972) A summary of the theory of point processes. In: P. A. W. Lewis (Hrsg.), Stochastic Point Processes: Statistical Analysis, Theory, and Applications, Wiley-Interscience, New York/London/Sydney/Toronto, 626–645.

Englund, G.: (1980) Remainder term estimate for the asymptotic normality of the number of renewals. Scand. J. Statist. **7**, 197–202.

Feller, W.: (1941) On the integral equation of renewal theory. Ann. Math. Statist. **12**, 243–267.

Forst, G.: (1979) Multiples of renewal functions. In: H. Heyer (Hrsg.), Probability Measures on Groups, Lect. Notes in Mathematics **706**, Springer-Verlag, Berlin/Heidelberg/New York, 116–119.

Foster, F. G.: (1953) On the stochastic matrices associated with certain queueing processes. Ann. Math. Statist. **24**, 355–360.

Franken, P. (Франкен П.): (1963a) Уточнение предельной теоремы для суперпозиции независимых процессов восстановления. Теор. вероятн. прим. **8**, 341–349.

—: (1963b) Approximation durch Poissonsche Prozesse. Math. Nachr. **26**, 101–114.

Franken, P., und B. M. Kirstein: (1977) Zur Vergleichbarkeit zufälliger Prozesse. Math. Nachr. **78**, 197–205.

Gillert, H.: (1975) Ein Ergodensatz für Markowsche Prozesse. Math. Nachr. **67**, 109–117.

—: (1978) Zum Ergodenverhalten einer Klasse homogener Markowscher Ketten. Math. Nachr. **83**, 209–217.

Grigelionis, B. (Григелионис Б.): (1963) О сходимости сумм ступенчатых случайных процессов к пуассоновскому. Теор. вероятн. прим. **8**, 189–194.

Harris, T. E.: (1955) Recurrent Markov processes. Ann. Math. Statist. **26**, 152–153.

Hou, Chen-Ting: (1974) The criterion for uniqueness of a Q process. Scientia Sinica **17**, 141–159.

Kendall, D. G.: (1960) Geometric ergodicity and the theory of queues. In: Mathematical Methods in the Social Sciences, Proc. 1st Stanford Symp., Stanford Univ. Press, Stanford, Calif., 176–195.

KERSTAN, J., und K. MATTHES (Керстан Д., Маттес К.): (1965) Обобщение теоремы Пальма-Хинчина. Укр. мат. ж. 17, 29–36.

KINGMAN, J. C. F.: (1963) The exponential decay of Markov transition probabilities. Proc. London Math. Soc., Ser. 3, 13, 593–604.

KIRSTEIN, B. M.: (1976) Monotonicity and comparability of time-homogeneous Markov processes with discrete state space. Math. Operationsforsch. Statist. 7, 151–168.

KIRSTEIN, B. M., P. FRANKEN und D. STOYAN (Кирстайн Б. М., Франкен П., Штойян Д.) (1977) Сравнимость и монотонность марковских процессов. Теор. вероятн. прим. 22, 43–54

KURTZ, T. G.: (1974) Point processes and completely monotone set functions. Z. Wahrscheinlichkeitstheorie verw. Geb. 31, 57–67.

LAMPERTI, J.: (1963) Criteria for stochastic processes II: passage–time moments. J. Math. Anal. Appl. 7, 127–145.

LASLETT, G. M., D. B. POLLARD und R. L. TWEEDIE: (1978) Techniques for establishing ergodic and recurrence properties of continuous valued Markov chains. Naval Res. Logist. Quart. 25, 455–472.

LEADBETTER, M. R.: (1972) On basic results of point process theory. In: L. M. LE CAM, J. NEYMAN und E. L. SCOTT (Hrsg.), Proceedings of the Sixth Berkeley Symposium on Mathematical, Statistics and Probability, vol. III. University of California Press, Berkeley, Los Angeles, 449–462.

LIFSCHITZ, B. A. (Лифшиц Б. А.): (1978) О центральной предельной теореме для сумм случайных величин, связанных в цепь. Теор. вероятн. прим. 23, 295–312.

LOMNICKI, Z. A.: (1966) A note on the Weibull renewal process. Biometrika 53, 375–381.

LORDEN, G.: (1970) On excess over the boundary. Ann. Math. Statist. 41, 520–527.

LOYNES, R. M.: (1962) The stability of a queue with non-independent inter-arrival and service times. Proc. Cambridge Philos. Soc. 58, 494–520.

MARSHALL, K. T.: (1973) Linear bounds on the renewal function. SIAM J. Appl. Math. 24, 245–250.

MARSHALL, A. W., und F. PROSCHAN: (1972) Classes of distributions applicable in replacement, with renewal theory implications. In: L. M. LE CAM, J. NEYMAN und E. L. SCOTT (Hrsg.), Proceedings of the Sixth Berkeley Symposium on Mathematical Statistics and Probability, vol. I, University of California Press, Berkeley/Los Angeles, 395–415.

MERLIN, P. G.: (1973) On the ergodic theory of Markov chains. Operations Res. 21, 617–622.

MERTENS, J. F., E. SAMUEL-CAHN und S. ZAMIR: (1978) Necessary and sufficient conditions for recurrence and transience of Markov chains, in terms of inequalities. J. Appl. Prob. 15, 845–851.

MILNE, R. K.: (1971) Simple proofs of some theorems on point processes. Ann. Math. Statist. 42, 368–372.

MOUSTAFA, M. D.: (1957) Input-output Markov processes. Proc. Koninkijke Nederlande Akad. Wetenschappen 60, 112–118.

NAGAJEW, S. W. (Нагаев С. В.): (1965) Эргодические теоремы для марковских процессов с дискретным временем. Сиб. мат. ж. 6, 413–432.

OSAKI, S.: (1970) System reliability analysis by Markov renewal processes. J. Operations Res. Soc. Japan 12, 127–188.

PAKES, A. G.: (1969) Some conditions for ergodicity and recurrence of Markov chains. Operations Res. 17, 1058–1061.

POPOW, N. N. (Попов Н. Н.): (1977) Условия геометрической эргодичности для счетных цепей маркова. Докл. АН СССР 234, 316–319.

PORT, S. C., und C. J. STONE: (1973) Infinite particle systems. Trans. Amer. Math. Soc. 178, 307–340.

SCHURENKOW, W. M. (Шуренков В. М.): (1979) Граничные условия и эргодическая теорема для процессов с независимыми приращениями. Теор. вероятн. прим. 25, 52–61.

SEWASTJANOW, B. A. (Севастьянов Б. А.): (1957) Предельная теорема для марковских процессов. Теор. вероятн. прим. 2, 106–116.

SIEGEL, G., und S. WÜNSCHE: (1979) Abschätzungen der Erneuerungsfunktion. Math. Operationsforsch. Statist., Ser. Optimization 10, 265–275.

SMITH, W. L.: (1954) Asymptotic renewal theorems. Proc. Roy. Soc. Edinburg A-64, 9–48.

—: (1958) Renewal theory and its ramifications. J. Roy. Statist. Soc. B-20, 243–302.

SMITH, W. L., und M. R. LEADBETTER: (1963) On the renewal function for the Weibull distribution. Technometrics 5, 393–396.

SONDERMAN, D.: (1980) Comparing semi-Markov processes. Math. Oper. Res. 5, 110–119.

STÖRMER, H.: (1969) Zur Überlagerung von Erneuerungsprozessen. Z. Wahrscheinlichkeitstheorie verw. Geb. **13**, 9–24.
TSCHEPURIN, E. W. (Чепурин Е. В.): (1973) О статистических выводах для процессов восстановления. In: Статистические методы в теории надежности и контроле качества. Изд. МГУ **43**, 9–25.
TUOMINEN, P., und R. L. TWEEDIE: (1979) Markov chains with continuous components. Proc. London Math. Soc. **3**, **38**, 89–114.
TWEEDIE, R. L.: (1975) Relations between ergodicity and mean drift for Markov chains. Austral. J. Statist. **17**, 96–102.
TWEEDIE, R. L.: (1976) Criteria for the classification of general Markov chains. Adv. Appl. Prob. **8**, 737–771.
—: (1977) Modes of convergence of Markov chain transition probabilities. J. Math. Anal. Appl. **60**, 280–291.
VERE-JONES, D.: (1962) Geometric ergodicity in denumerable Markov chains. Quart. J. Math. Oxford Ser. **13**, 7–28.
WHITT, W.: (1972) Embedded renewal processes in the GI/GI/s queue. J. Appl. Prob. **9**, 650–658.

13.2.3. Literatur zu Kapitel 4

ALBERT, A.: (1962) Estimating the infinitesimal generator of a continuous time, finite state Markov process. Ann. Math. Statist. **33**, 727–753.
ANDERSON, T. W., und L. A. GOODMAN: (1957) Statistical inference about Markov chains. Ann. Math. Statist. **28**, 89–110.
ANDRONOW, A. M., und P. J. ROSENBLIT (Андронов А. М., Розенблит П. Я.): (1972) Статистика полумарковских процессов размножения и гибелы с применением к анализу систем массового обслуживания. Изв. АН СССР, Техн. кибернетика **1972**, 3, 113–120.
BASAWA, I. V.: (1974) Maximum likelihood estimation of parameters in renewal and Markov-renewal processes. Austral. J. Statist. **16**, 33–43.
BILLINGSLEY, P.: (1961) Statistical methods in Markov chains. Ann. Math. Statist. **32**, 12–40.
COX, D. R.: (1965) Some problems of statistical analysis connected with congestion. In: W. L. SMITH and W. E. WILKINSON (Hrsg.), Proceedings of the Symposium on Congestion Theory, University of North Carolina Press, Chapel Hill, North Carolina, 289–316.
CRANE, M. A., und D. L. IGLEHART: (1974a) Simulating stable stochastic systems: I. General multi-server queues. J. Assoc. Comput. Mach. **21**, 103–113.
—: (1974b) Simulating stable stochastic systems: II. Markov chains. J. Assoc. Comput. Mach. **21**, 114–123.
—: (1975) Simulating stable stochastic systems: III. Regenerative processes and discrete-event simulations. Operations Res. **23**, 33–45.
EL-SAYYAD, G. M., und P. R. FREEMAN: (1973) Bayesian sequential estimation of a Poisson process rate. Biometrika **60**, 289–296.
FISHMAN, G. S.: (1977) Achieving specific accuracy in simulation output analysis. Comm. ACM **20**, 5, 310–315.
FRANZ, J., und W. WINKLER: (1979) Sequential estimation problems for the exponential class of processes with independent increments. Scand. J. Statist. **6**, 129–139.
GAFARIAN, A. V., und C. J. ANCKER: (1966) Mean value estimation from digital computer simulation. Operations Res. **14**, 25–44.
GEBHARDT, D.: (1974) Ein heuristisches Verfahren zur Analyse von autokorrelierten Simulationsergebnissen für den stationären Fall. Proc. Operations Res. **4**, 104–111.
GILLERT, H.: (1976) Maximum-Likelihood-Schätzungen für Parameter in semimarkovschen Prozessen. Wiss. Zeitschrift der TU Dresden **25**, 1163–1166.
—: (1978a) Maximum-Likelihood-Schätzungen für Parameter in homogenen Markovschen Ketten. Math. Operationsforsch. Statist., Ser. Statistics **9**, 217–226.
—: (1978b) Maximum-Likelihood-Schätzungen für Parameter in stückweise linearen Markovschen Prozessen I. Wiss. Zeitschrift d. TU Dresden **27**, 333–336.
—: (1979) Maximum-Likelihood-Schätzungen für Parameter in stückweise linearen Markovschen Processen II. Wiss. Zeitschrift d. TU Dresden **28**, 1179–1182.
HARRIS, C. M.: (1974) Some new results in the statistical analysis of queues. In: A. B. CLARKE (Hrsg.), Mathematical Methods in Queueing Theory, Lectures Notes in Econom. and Math. Systems **98**, Springer-Verlag, Berlin/Heidelberg/New York, 157–183.

Keiding, N.: (1975) Maximum likelihood estimation in the birth-and-death process. Ann. Statist. 3, 363—372.
Kingman, J. F. C.: (1963) Poisson counts for random sequences of events. Ann. Math. Statist. 34, 1217—1232.
Moore, E. H., und R. Pyke: (1968) Estimation of the transition distributions of a Markov renewal process. Ann. Inst. Statist. Math. 20, 411—424.
Otto, C.: (1975) Zur asymptotischen Effektivität von Parameterschätzungen für semimarkovsche Prozesse. Wiss. Zeitschrift d. TU Dresden 24, 383—388.
Reynolds, J. F.: (1972) Asymptotic properties of mean length estimators for finite Markov queues. Operations Res. 20, 52—57.
—: (1973) On estimating the parameters of a birth-death process. Austral. J. Statist. 15, 35—43.
Simar, L.: (1976) Maximum likelihood estimation of a compound Poisson process. Ann. Statist. 4, 1200—1209.
Tschepurin, E. W. (Чепурин Е. В.): (1973) О непараметрических статистических выводах для процессов восстановления. Теор. вероятн. прим. 18, 432—435.
Wolff, R. W.: (1965) Problems of statistical inference for birth and death queuing models. Operations Res. 13, 343—357.

13.2.4. Literatur zu Kapitel 5

Barbour, A. D.: (1976) Networks of queues and the method of stages. Adv. Appl. Prob. 8, 584—591.
Brockmeyer, E., H. L. Halstrøm und A. Jensen: (1948) The life and works of A. K. Erlang. Trans. Danish Acad. Tech. Sci., No. 2. Kopenhagen.
Çinlar, E.: (1967) Queues with semi-Markovian arrivals. J. Appl. Probability 4, 365—379.
Cox, D. R.: (1955) The analysis of non Markovian stochastic processes by the inclusion of supplementary variables. Proc. Cambridge Philos. Soc. 51, 433—441.
Franken, P.: (1968) Erlangsche Formeln für semi-Markowschen Eingang. Elektron. Informationsverarb. Kybernetik 4, 197—204.
Franken, P., und J. Kerstan: (1968) Bedienungssysteme mit unendlich vielen Bedienungsapparaten. In: O. Bunke (Hrsg.), Operationsforschung und Mathematische Statistik I, Akademie-Verlag Berlin, 67—76.
Gaver, D. P.: (1963) A comparison of queue disciplines when service orientation times occur. Naval Res. Logist. Quart. 10, 219—235.
Gillert, H.: (1975) Ein Beitrag zur Theorie der stückweise linearen Prozesse. Math. Nachr. 70, 99—110.
Jansen, U., und D. König: (1976) Invariante stationäre Zustandswahrscheinlichkeiten für eine Klasse stochastischer Modelle mit funktionellen Abhängigkeiten. Math. Operationsforsch. Statist. 7, 497—522.
Kelly, F. P.: (1976) Networks of queues. Adv. Appl. Prob. 8, 416—432.
König, D., und U. Jansen: (1974) Stochastic processes and properties of invariance for queueing systems with speeds and temporary interruptions. In: Trans. 7th Prague Conf. on Inf. Theory, Stat. Dec. Funct., Rand. Proc. 1974, Academia, Prague; D. Reidel Publishing Comp., Dortrecht/Boston 1977, 335—344.
König, D., und U. Jansen: (1976) Eine Invarianzeigenschaft zufälliger Bedienungsprozesse mit positiven Geschwindigkeiten. Math. Nachr. 70, 321—364.
König, D., K. Matthes und K. Nawrotzki: (1971) Unempfindlichkeitseigenschaften von Bedienungsprozessen. Anhang zu B. W. Gnedenko und I. N. Kowalenko [1].
Kowalenko, I. N. (Коваленко И. Н.): (1964) Некоторые аналитические методы в теории массового обслуживания. In: Сб. „Кибернетика — на службу коммунизму“, Изд. Энергия, Москва/Ленинград.
Loynes, R. M.: (1962) The stability of a queue with non-independent inter-arrival and service times. Proc. Cambridge Philos. Soc. 58, 497—520.
Neuts, M. F.: (1966) The single server queue with Poisson input and semi-Markov service times. J. Appl. Prob. 3, 202—230.
—: (1967) Two Markov chains arising from examples of queues with state dependent service times. Sankhya, Indian. J. Statist. 29, 259—264.

NEUTS, M. F.: (1977a) Some explicit formulas for the steady-state behaviour of the queue with semi-Markovian service times. Adv. Appl. Prob. 9, 141–157.
—: (1977b) The M/G/1 queue with several types of customers and changeover times. Adv. Appl. Prob. 9, 604–644.
—: (1978) Markov chains with applications in queueing theory, which have a matrix-geometric invariant probability vector. Adv. Appl. Prob. 10, 182–212.
NEUTS, M. F., und CHEN SHUN-ZER: (1972) The infinite server queue with semi-Markovian arrival and negative exponential services. J. Appl. Prob. 9, 178–184.
PURDUE, P.: (1975) A queue with Poisson input and semi-Markov service times: Busy period analysis. J. Appl. Prob. 12, 353–357.
SCHASSBERGER, R.: (1977) Insensitivity of steady-state distributions of generalized semi-Markov processes I. Ann. Prob. 5, 87–99.
—: (1978) Insensitivity of steady-state distributions of generalized semi-Markov processes II. Ann. Prob. 6, 85–93.
SEWASTJANOW, B. A. (Севастьянов Б. А.): (1957) Предельная теорема для марковских процессов и ее приложение к телефонным системам с отказами. Теор. вероятн. прим. 2, 106–116.
SIMONOWA, S. N. (Симонова С. Н.): (1967) О многолинейной системе с потерями с входящим полумарковским потоком требований. Кибернетика 6, 48–53.
SMITH, W.: (1972) The infinitely-many server queue with semi-Markovian arrivals and customer-dependent exponential service times. Operations Res. 20, 907–913.
TAKÁCS, L.: (1955) Investigation of waiting time problems by reduction to Markov processes. Acta Math. Acad. Sci. Hungar. 6, 101–129.
TIEN, T. M.: (1977) Verallgemeinerte stückweise lineare Markowsche Prozesse für die Bedienungs- und Zuverlässigkeitstheorie. Math. Operationsforsch. Statist., Ser. Optimization 8, 419–431.

13.2.5. Literatur zu Kapitel 6

ARNDT, K., und P. FRANKEN: (1979) Construction of a class of stationary processes with applications in reliability. Zastos. Mat. 16, 379–393.
BRÉMAUD, P.: (1975) Estimation de l'état d'une file d'attente et du temps de panne d'une machine par la méthode des semi-martingales. Adv. Appl. Prob. 7, 845–863.
BRÉMAUD, P., und J. JACOD: (1977) Processus ponctuels et martingales: résultats récents sur la modélisation et le filtrage. Adv. Appl. Prob. 9, 362–416.
BRILL, P. H.: (1979) An embedded level crossing technique for dams and queues. J. Appl. Prob. 16, 174–186.
BRILL, P. H., und M. J. M. POSNER: (1977) Level crossings in point processes applied to queues: single-server case. Operations Res. 25, 662–674.
BROWN, M., und S. M. ROSS: (1972) Asymptotic properties of cumulative processes. SIAM J. Appl. Math. 22, 93–105.
BRUMELLE, S. L.: (1971) On the relation between customer and time averages in queues. J. Appl. Prob. 8, 508–520.
CHINTSCHIN, A. J. (Хинчин А. Я.): (1955) Математические методы теории массового обслуживания. Труды Мат. инст. им. Стеклова 49, Москва, 1–122.
ÇINLAR, E.: (1969) Markov renewal theory. Adv. Appl. Prob. 1, 123–187.
—: (1975) Markov renewal theory: A survey. Management Sci. 21, 727–752.
COHEN, J. W.: (1977) On up- and downcrossings. J. Appl. Prob. 14, 405–410.
FABENS, A. J.: (1961) The solution of queueing and inventory models by semi-Markov processes. J. Royal Statist. Soc. B-23, 113–127.
FOLEY, R. D.: (1979) Markov processes with imbedded Markov chains having the same stationary distribution. Virginia Polytechn. Inst., Dept. of Ind. Eng. and Oper. Res.
FRANKEN, P.: (1976) Einige Anwendungen der Theorie zufälliger Punktprozesse in der Bedienungstheorie I. Math. Nachr. 70, 303–319.
FRANKEN, P., D. KÖNIG und V. SCHMIDT: (1980) On time-dependent and stationary queue length characteristics. Elektron. Informationsverarb. Kyb. 16, 463–466.
FRANKEN, P., und A. STRELLER (Франкен П., Штреллер А.): (1979) Стационарные обобшенные регенерирующие процессы. Теор. вероятн. прим. 24, 78–90.
—: (1980) Reliability analysis of complex repairable systems by means of marked point processes. J. Appl. Prob. 17, 154–167.

GRIGELIONIS, B. (Григелионис Б.): (1975) Случайные точечные процессы и мартингалы. Лит. мат. сб. **15**, № 3, 101–114.

IGLEHART, D.: (1971) Functional limit theorems for the queue GI/G/1 in light traffic. Adv. Appl. Prob. **3**, 269–281.

JACOD, J.: (1975) Multivariate point processes: predictable projection, Radon-Nikodym derivatives, representation of martingales, Z. Wahrscheinlichkeitstheorie verw. Geb. **31**, 235–253.

JANKIEWICZ, M., und T. ROLSKI: (1977) Piecewise Markov processes on a general state space. Zastos. Matem. **15**, 421–436.

KABANOW, J. M., P. S. LIPZER und A. N. SCHIRJAJEW (Кабанов Ю. М., Липцер Р. Ш., Ширяев А. Н.): (1975) Мартингальные методы в теории точечных процессов. In: сб. „Тр. школы-семинара по теории случайных процессов. Друскининкой 1974. Ч. 2“, Вильнюс 1975, 269–354.

KENDALL, D. G.: (1953) Stochastic processes occurring in the theory of queues and their analysis by the method of imbedded Markov chains. Ann. Math. Statist. **24**, 338–354.

KÖNIG, D.: (1977) Stochastic processes with basic stationary marked point processes. Lect. on the Buffon Bicentenary Symp. on Stoch. Geometry and Directional Statist., Erevan 1976, Adv. Appl. Prob. **9**, 440–442.

—: (1980) Methods for proving relationships between stationary characteristics of queueing systems. Elektron. Informationsverarb. Kyb. **16**, 521–543.

KÖNIG, D., M. MIYAZAWA und V. SCHMIDT: (1983) On the identification of Poisson arrivals in queues with coinciding time- and customer-stationary state distributions. J. Appl. Prob.

KÖNIG, D., T. ROLSKI, V. SCHMIDT und D. STOYAN: (1978) Stochastic processes with imbedded marked point processes (PMP) and their application in queueing. Math. Operationsforsch. Statist., Ser. Optimization **9**, 125–141.

KÖNIG, D., und V. SCHMIDT: (1980a) Imbedded and non-imbedded stationary characteristics of queueing systems with varying service rate and point processes. J. Appl. Prob. **17**, 753–767.

—: (1980b) Stochastic inequalities between customer-stationary and time-stationary characteristics of queueing systems with point processes. J. Appl. Prob. **17**, 768–777.

—: (1980c) Relationships between time- and customer-stationary characteristics of service systems. Proc. Conf. on Point Processes and Queueing Problems, Keszthely 1978, North-Holland Publ. Comp., Amsterdam/New York/Oxford, 181–225.

KUCZURA, A.: (1973) Piecewise Markov processes. SIAM J. Appl. Math. **24**, 169–181.

LAMBOTTE, J. P.: (1968) Processus semi-markoviens et files d'attente. Cahiers Centre Etudes Rech. Opérat. **10**, 21–31.

LEMOINE, A. J.: (1974) On two stationary distributions for the stable GI/G/1 queue. J. Appl. Prob. **11**, 849–852.

MILLER, D. R.: (1972) Existence of limits in regenerative processes. Ann. Math. Statist. **43**, 1275–1282.

MIYAZAWA, M.: (1977) Time and customer processes in queues with stationary inputs. J. Appl. Prob. **14**, 349–357.

—: (1979) A formal approach to queueing processes in the steady state and their applications. J. Appl. Prob. **16**, 332–346.

—: (1981) Note on Palm measures in the intensity conservation law and inversion formula in PMP and their applications. Math. Operationsforsch. Statist., Ser. Optimization **12**, 281–293.

NEUTS, M. F.: (1964) Generating functions for Markov renewal processes. Ann. Math. Stat. **35**, 431–434.

—: (1969a) The queue with Poisson input and general service times, treated as a branching process. Duke Math. J. **36**, 215–231.

—: (1969b) A priority rule based on the ranking of the service times for the M/G/1 queue. Operations Res. **17**, 466–477.

—: (1975a) Probability distributions of phase type. In Liber Amicorum Professor Emeritus H. Florin, Department of Mathematics, University of Louvain, Belgium, 173–206.

—: (1975b) Computational uses of the method of phases in the theory of queues. Computers Math. Appl. **1**, 151–166.

—: (1977) Algorithms for the waiting time distributions under various queue disciplines in the M/G/1 queue with service time distributions of phase type. In: M. F. NEUTS (Hrsg.), Algorithmic Methods in Probability, TIMS-Studies in Management Sci., North-Holland Publ. Comp., Amsterdam/New York/Oxford, Vol. 7, 177–197.

NEUTS, M. F.: (1978a) Markov chains with applications in queueing theory, which have a matrix-geometric invariant probability vector. Adv. Appl. Prob. **10**, 185–212.
—: (1978b) The M/M/1 queue with randomly varying rates. Opsearch **15**, 139–157.
—: (1978c) Further results on the M/M/1 queue with randomly varying rates. Opsearch **15**, 158–168.
—: (1978d) Renewal processes of phase type. Nav. Res. Logist. Quart. **25**, 445–454.
—: (1979) A versatile Markovian point process. J. Appl. Prob. **16**, 764–779.
—: (1981) Stationary waiting time distributions in the GI/PH/1 queue. J. Appl. Prob. 18, 901 bis 912.
NEUTS, M. F., und D. M. LUCANTONI: (1978) Numerical methods for a class of Markov chains arising in queueing theory. University of Delaware. Dept. Statist. Computer Sci. Techn. Report No. 78/10.
NEVEU, J.: (1977) Processus ponctuels. In: P.-I. HENNEGUIN (Hrsg.), Ecole d'Eté de Probabilités de Saint-Flour VI-1976, Lect. Notes in Mathematics **598**, Springer-Verlag, Berlin/Heidelberg/New York, 249–447.
ROLSKI, T.: (1977) A relation between imbedded Markov chains in piecewise Markov processes. Bull. Acad. Polon. Sci., Ser. Sci. Math. Astronom. Phys. **25**, 181–189.
—: (1978) A rate conservative principle for stationary piecewise Markov processes. Adv. Appl. Prob. **10**, 392–410.
SCHÄL, M.: (1971) The analysis of queues with state-dependent parameters by Markov reneval processes. Adv. Appl. Prob. **3**, 155–175.
SCHMIDT, V.: (1978) On some relations between stationary time and customer state probabilities for queuing systems G/GI/s/r. Math. Operationsforsch. Statist., Ser. Optimization **9**, 261–272.
—: (1980) Equations and inequalities between various stationary queueing characteristics. Elektron. Informationsverarb. Kyb. **16**, 466–469.
SERFOZO, R. E.: (1975) Functional limit theorems for stochastic processes based on embedded processes. Adv. Appl. Prob. **7**, 123–139.
SMITH, W. L.: (1954) Regenerative stochastic processes. In: Proceedings of the International Congress of Mathematicians, Vol. 2, North-Holland Publ. Comp., Amsterdam, 304–305.
—: (1958) Renewal theory and its ramifications. J. Roy Statist. Soc. **B-20**, 243–284.
STIDHAM, S.: (1972a) Regenerative processes in the theory of queues with applications to the alternating priority queue. Adv. Appl. Prob. **4**, 542–577.
—: (1972b) $L = \lambda W$: A discounted analogue and a new proof. Operations Res. **20**, 1115–1126.
—: (1974) A last word on $L = \lambda W$. Operations. Res. **22**, 417–421.
—: (1980) The relation between time averages and customer averages in queues. Operations Res. **28**, 983–994.
STRELLER, A.: (1980) A generalization of cumulative processes. Elektron. Informationsverarb. Kyb. **16**, 449–460.
WHITT, W.: (1972) Embedded renewal processes in the GI/GI/s queue. J. Appl. Prob. **9**, 650–658.
—: (1974) Heavy traffic limit theorems for queues: A survey. In: A. B. CLARKE (Hrsg.), Mathematical Methods in Queueing Theory, Lecture Notes in Economics and Math. Systems **98**, Springer-Verlag, Berlin/Heidelberg/New York, 307–350.

13.2.6. Literatur zu Kapitel 7

BARBOUR, A. O.: (1976) Networks of queues and the method of stages. Adv. Appl. Prob. 8, 584–591.
BASCHARIN, G. P., und W. A. KOKOTUSCHKIN (Башарин Г. П., Кокотушкин В. А.): (1971) Об условиях усиленного статистического равновесия для сложных систем массового обслуживания. Проблемы передачи информации 7, 3, 67–75.
BASCHARIN, G. P., und A. L. TOLMATSCHEW (Башарин Г. П., Толмачев А. Л.): (1979) Некоторые результаты теории сетей массового обслуживания. In: Сб. Методы развития теории телетрафика, Наука, Москва, 52–65.
BASKETT, F., K. M. CHANDY, R. R. MUNTZ und F. G. PALACIOS: (1975) Open, closed and mixed networks of queues with different classes of customers. J. ACM **22**, 248–260.
BRÉMAUD, P.: (1978) On the output theorem of queueing theory, via filtering. J. Appl. Prob. **15**, 397–406.
CHAIKEN, J. M., und E. IGNALL: (1972) An extension of Erlang's formulas which distinguishes individual servers. J. Appl. Prob. **9**, 192–197.

Chandy, K. M., J. H. Howard und D. F. Towsley: (1977) Product form und local balance in queueing networks. J. ACM 24, 250—263.

Cohen, J. W.: (1957) The generalized Engset formulae. Philips Telecomm. Rev. 18, 158—170.

—: (1979) The multiple phase service network with generalized processor sharing. Acta Informatica 12, 245—284.

Fleischmann, K.: (1975) Über den Output unempfindlicher verallgemeinerter Erlangscher Bedienungsprozesse. Math. Nachr. 66, 195—200.

Guseinow, B. T. (Гусейнов Б. Т.): (1970) Generalization of Kovalenko's theorem on the invariance of state probabilities of service systems with respect to service time distribution. In: Lect. on the 6th International Teletraffic Congress, Munich.

—: (1974) Об одной многолинейной системе массового обслуживания с потерями и взаимопомощью. Проблемы передачи информации 10, 4, 78—84.

Jacobi, H.: (1965) Eine Unempfindlichkeitseigenschaft für geordnete Bündel ungeordneter Teilbündel. Wiss. Z. Friedrich-Schiller-Univ. Jena, Math.-naturwiss. Reihe 14, 5, 251—260.

Jansen, U.: (1980) Unempfindlichkeit für verschiedene Auswahlregeln ohne Vorliegen der Produktform der stationären Verteilung. Elektron. Informationsverarb. Kyb. 16, 443—448.

—: (1981) On the Poisson output of queueing systems with dependent service times. Math. Operationsforsch. Statist., Ser. Optimization 12, 463—472.

—: (1983) A generalization of insensitivity results by cyclically marked stationary point processes. Elektron. Informationsverarb. Kyb.

Jansen, U., und D. König: (1976) Invariante stationäre Zustandswahrscheinlichkeiten für eine Klasse stochastischer Modelle mit funktionellen Abhängigkeiten. Math. Operationsforsch. u. Statist. 7, 497—522.

—: (1980) Insensitivity and steady-state probabilities in product form for queueing networks. Elektron. Informationsverarb. Kyb. 16, 385—397.

Jansen, U., D. König und K. Nawrotzki: (1979) A criterion of insensitivity for a class of queueing systems with random marked point processes. Math. Operationsforsch. Statist. Ser. Optimization 10, 379—403.

Kelly, F. P.: (1976) Networks of queues. Adv. Appl. Prob. 8, 416—432.

König, D.: (1965) Verallgemeinerungen der Engsetschen Formeln. Math. Nachr. 28, 145—155.

—: (1976) Метод проверки свойства инвариантности и вычисление стационарных вероятностей для систем массового обслуживания с прерыванием, функциональными и стохастическими зависимостями. In: Труды III Всесоюзн. школы — совещания по теории массового обслуживания, Пущино на Оке, Изд.-во МГУ, Москва, т. I, 93—114.

—: (1980) Methods for proving relationships between stationary characteristics of queueing systems with point processes. Elektron. Informationsverarb. Kyb. 16, 521—543.

König, D., und U. Jansen: (1976) Eine Invarianzeigenschaft zufälliger Bedienungsprozesse mit positiven Geschwindigkeiten. Math. Nachr. 70, 321—364.

König, D., U. Jansen, M. Kotzurek und H. Rabe: (1976) Ergebnisse von Invarianzuntersuchungen für ausgewählte Bedienungs- und Zuverlässigkeitssysteme. Math. Operationsforsch. Statist. 7, 523—556.

König, D., und K. Matthes: (1963) Verallgemeinerungen der Erlangschen Formeln I. Math. Nachr. 26, 45—56.

Kowalenko, I. N. (Коваленко И. Н.): (1962) Sur la condition pour que, en regime stationnaire, la distribution soit independante des lois des durees de conversation. Ann. des telecommunications 17, 190—191.

—: (1963) Об условии независимости вероятностей состояний системы от вида распределения времени обслуживания. In: Пробл. передачи информации, вып. 2, Изд.-во АН СССР, Москва, 147—151.

Kusnezow, N. J. (Кузнецов Н. Ю.): (1976) Необходимые и достаточные условия разрешимости уравнений состояний резервированной системы с восстановлением. In: Методы исследования операций и теории надежности в анализе систем. Киев, Институт кибернетики АН УССР, 24—41.

—: (1978) Об инвариантности стационарных вероятностей состояний высоконадежной резервированной системы с восстановлением. Кибернетика 1978, 6, 98—101.

—: (1979) Определение стационарных вероятностей состояний систем, для которых выполнены условия, близкие к условиям инвариантности. Доклады АН УССР 1979, № 7, 506—511.

Mack, C.: (1967) The pitfall in assuming exponential service times in queues. New J. Statist. Operations Res. 3, 17—21.

MATTHES, K.: (1960) Zur Theorie des Verlustverkehrs. Vortrag auf dem Math. Symposium anläßlich der 150-Jahr-Feier der Humboldt-Universität Berlin.

—: (1962) Zur Theorie der Bedienungsprozesse. In: J. KOŽEŠNIK (Hrsg.), Trans. 3rd Prague Conf. Inform. Theory, Statist. Dec. Funct., Random Processes, Academia Prague 1964, 513—528.

MARJANOWITSCH, T. P. (Марянович Т. П.): (1960) Обобщение формул Эрланга на случай, когда приборы могут выходить из строя и восстанавливаться. Укр. мат. ж. **12**, 279—286.

PETSCHINKIN, A. W. (Печинкин А. В.): (1983) Об одной инвариянтной системе массового обслуживания. Math. Operationsforsch. Statist., Ser. Optimization **14**.

PETSCHINKIN, A. W., A. D. SOLOWJEW und S. F. JASCHKOW (Печинкин А. В., Соловьев А. Д., Яшков С. Ф.): (1979) О системе с дисциплиной обслуживания первым требованиям с минимальной оставшейся длиной. Изв. АН СССР, Техн. Кибернетика **1979**, 5, 51—58.

SCHASSBERGER, R.: (1977) Insensitivity of steady-state distributions of generalized semi-Markov processes. I. Ann. Prob. **5**, 87—99.

—: (1978a) Insensitivity of steady-state distributions of generalized semi-Markov processes with speeds. Adv. Appl. Prob. **10**, 836—851.

—: (1978b) The insensitivity of stationary probabilities in networks of queues. Adv. Appl. Prob. **10**, 906—912.

—: (1978c) Insensitivity of steady-state distributions of generalized semi-Markov processes. II. Ann. Prob. **6**, 85—93.

SCHRAGE, L., und L. MILLER: (1966) The queue M/G/1 with the shortest remaining processing time discipline. Operations Res. **14**, 670—684.

SEWASTJANOW, B. A. (Севастьянов Б. А.): (1957) Предельная теорема для марковских процессов и ее приложение к телефонным системам с отказами. Теория вероятн. прим. **2**, 106—116.

STOYAN, D.: (1978) Queueing networks — Insensitivity and a heuristic approximation. Elektron. Informationsverarb. Kyb. **14**, 135—143.

STOYAN, D., und H. STOYAN: (1976) Some qualitative properties of single-server queues. Math. Nachr. **70**, 29—35.

WHITT, W.: (1980) Continuity of generalized semi-Markov processes. Math. Operat. Res. **5**, 494—501.

WOLFF, R. W., und C. W. WRIGHTSON: (1976) An extension of Erlang's loss formula. J. Appl. Prob. **13**, 628—632.

13.2.7. Literatur zu Kapitel 8

BERGMANN, R., D. J. DALEY, T. ROLSKI und D. STOYAN: (1979) Bounds for cumulants of waiting-times in GI/GI/1 queues. Math. Operationsforsch. Statist., Ser. Optimization **10**, 257—263.

KAMAE, T., U. KRENGEL und G. L. O'BRIEN: (1977) Stochastic inequalities in partially ordered spaces. Ann. Prob. **5**, 899—912.

FRANKEN, P., und B. M. KIRSTEIN: (1977) Zur Vergleichbarkeit zufälliger Prozesse. Math. Nachr. **78**, 197—205.

LISEK, B.: (1978) Comparability of special distributions. Math. Operationsforsch. Statist., Ser. Statistics **9**, 587—598.

MORI, M.: (1980) Relations between queue size and waiting time distributions. J. Appl. Prob. **17**, 822—830.

13.2.8. Literatur zu Kapitel 9

DAGSVIK, J.: (1975) The general bulk queue as a matrix factorisation problem of the Wiener-Hopf type. Adv. Appl. Prob. **7**, 636—646, 647—655.

DEWESS, M.: (1978) On applications of dominated variation to the queueing theory. Math. Operationsforsch. Statist., Ser. Optimization **9**, 601—609.

GREENWOOD, P.: (1975) Wiener-Hopf methods. Adv. Appl. Prob. **7**, 767—785.

GREENWOOD, P., und M. SHAKED: (1977) Fluctuations of random walk in R^d and storage systems. Adv. Appl. Prob. **9**, 566—587.

HAESKE, H.-J.: (1970) Eine verallgemeinerte Behandlung der Integralgleichung von G. F. Yeo nach einer Methode von H.-J. Rossberg. In: O. BUNKE (Hrsg.), Operationsforschung und math. Statistik II, Akademie-Verlag Berlin, 31—38.

KIEFER, J., und J. WOLFOWITZ: (1955) On the theory of queues with many servers. Trans. Amer. Math. Soc. **78**, 1—18.

—: (1956) On the characteristics of the general queueing process with application to random walk. Ann. Math. Statist. **27**, 147—161.

KINGMAN, J. F. C.: (1962) The use of Spitzer's identity in the investigation of the busy period and other quantities in the queue GI/G/1. Austral. J. Math. **2**, 345—356.

—: (1970) Inequalities in the theory of queues. J. Roy. Statist. Soc. **B-32**, 102—110.

KLIMOW, G. P. (Климов Г. П.): (1970) Некоторые решенные и нерешенные задачи в облсуживании последовательной цепочкой цриборов. Изв. АН СССР, Техн. кибернетика **1970**, 6, 88—92.

KLIMOWA, E. Z. (Климова Е. З.): (1968) Исследование однолинейной системы обслуживания с „разогревом". Изв. АН СССР, Техн. кибернетика **1968**, I, 91—97.

KONHEIM, A. G.: (1975) An elementary solution of the queueing system G/G/1. SIAM J. Comput. **4**, 540—545.

KOTIAH, T. C. T., J. W. THOMPSON und W. A. O'N. WAUGH: (1969) Use of Erlangian distributions for single server queueing systems. J. Appl. Prob. **6**, 584—593.

LAUE, G.: (1977) Results on the theory of the characteristic functions of non-negative random variables and their application to the factorization $(\varepsilon_0 - F) = (1 - \zeta)\,(\varepsilon_0 - H^+) * (\varepsilon_0 - H^-)$. Math. Nachr. **80**, 279—288.

LEMOINE, A. J.: (1976) On random walks and stable GI/G/1 queues. Math. Operations Res. **1**, 159—164.

LINDLEY, D. V.: (1952) The theory of queues with a single server. Proc. Cambridge Philos. Soc. **48**, 277—289.

LORIS-TEGHEM, J.: (1972) On the waiting time distribution in a generalized queueing system with uniformly bounded sojourn times. J. Appl. Prob. **9**, 642—649.

—: (1973a) An algebraic approach to some waiting time problems. Adv. Appl. Prob. **5**, 16—17.

—: (1973b) An algebraic approach to the waiting time process in GI/M/s. J. Appl. Prob. **10**, 181—191.

MALISCHEW, W. A. (Малышев В. А.): (1976) Уравнения Винера-Хопфа и их применения в теории вероятностей. Итоги науки и техники, **13**, 5—35.

MARCHAL, W. G., und C. M. HARRIS: (1976) A modified Erlang approach to approximating GI/G/1 queues. J. Appl. Prob. **13**, 118—126.

MOHANTI, S. G.: (1974) On more combinatorical methods in the theory of queues. In: A. B. CLARKE (Hrsg.), Mathematical Methods in Queueing Theory, Lect. Notes in Economics and Math. Systems **98**, Springer-Verlag, Berlin/Heidelberg/New York, 365—372.

MÜLLER, I.: (1977) Conservation theorems for the factorization $(\varepsilon_0 - K) = (\varepsilon_0 - U) * (\varepsilon_0 - H)$. Math. Nachr. **78**, 263—266.

MÜLLER, I., und G. SIEGEL: (1974) About two inhomogeneous Wiener-Hopf integral equations and their interpretation for delayed random walks and queueing models GI/GI/1 with "warming up". Elektron. Informationsverarb. Kyb. **10**, 609—626.

POLLACZEK, F.: (1965) Concerning an analytic method for the treatment of queueing problems. In: W. L. SMITH und W. E. WILKINSON (Hrsg.), Proc. Sympos. Congestion Theory, The University of North Carolina Press, Chapel Hill, North Carolina, 1—42.

PRABHU, N. U.: (1974) Wiener-Hopf techniques in queueing theory. In: A. B. CLARKE (Hrsg.) Mathematical Methods in Queueing Theory, Lect. Notes in Economics and Math. Systems **98**, Springer-Verlag, Berlin/Heidelberg/New York, 81—90.

PRESMAN, E. L. (Пресман Э. Л.): (1965) О времени ожидания в многолинейной системе массового обслуживания. Теор. вероятн. прим. **10**, 69—91.

RICE, S. O.: (1962) Single server systems. I. Relations between some averages. II. Busy Periods. Bell System Tech. J. **41**, 269—278, 279—310.

RIEDEL, M.: (1977) Some theorems of the Phragmén-Lindelöf theory for subharmonic functions. Math. Nachr. **78**, 13—20.

—: (1980) A characterization problem in the queueing model GI/G/1. Теор. вероятн. прим. **25**, 129—139.

ROGOZIN, B. A. (Рогозин Б. А.): (1964) О распределении величины первого перескока. Теор. вероятн. прим. **9**, 498—515.

—: (1966) Некоторые экстремальные задачи теории массового обслуживания. Теор. вероятн. прим. **11**, 161—169.

—: (1969) Замечание к одной теореме В. Феллера. Теор. вероятн. прим. **14**, 554—555.

ROSSBERG, H.-J.: (1967a) Eine neue Methode zur Behandlung der Integralgleichung von Lindley und ihrer Verallgemeinerung durch Finch. Elektron. Informationsverab. Kyb. 3, 215–238.

—: (1967b) Erhaltungssätze für vollmonotone Verteilungsdichten beim Lindleyschen Warteschlangenmodell. Math. Nachr. 34, 79–94.

—: (1968a) Eigenschaften der charakteristischen Funktionen von einseitig beschränkten Verteilungsfunktionen und ihre Anwendung auf ein Charakterisierungsproblem der mathematischen Statistik. Math. Nachr. 35, 37–57.

—: (1968b) Optimale Eigenschaften einiger Wartesysteme bei regelmäßigem Eingang bzw. konstanten Bedienungszeiten. ZAMM 48, 395–403.

—: (1970) Verschärfung eines Satzes von B. A. Rogozin über extremale Eigenschaften der Wartemodelle D/G/1 und GI/D/1. In: O. BUNKE (Hrsg.), Operationsforschung und math. Statistik II, Akademie-Verlag, Berlin, 25–30.

—: (1971) Ausbeutung einer bekannten Wiener-Hopf-Faktorisierung beim Wartemodell G/G/1 und einer mit ihm zusammenhängenden Irrfahrt. Math. Operationsforschung Statist. 2, 129–146.

—: (1975) An extension of the Phragmén-Lindelöf theory which is relevant for characterization theory. In: G. P. PATIL et al. (Hrsg.), A Modern Course on Statistical Distributions in Scientific Work, Vol. 3, D. Reidel Publ. Comp., Dordrecht/Boston, 57–69.

—: (1976) New viewpoints, results and problems in the theory of Phragmén-Lindelöf. Ann. Polon. Math. 33, 91–100.

—: (1978a) Phragmén-Lindelöf theorems in probability theory. (Seventh Conference on Stochastic Processes and their Applications.) Adv. Appl. Prob. 10, 270–272.

—: (1978b) Non-elementary generalization of a theorem of Pólya-Szegö from the theory of Phragmén-Lindelöf. Math. Nachr. 82, 269–276.

ROSSBERG, H.-J., und G. SIEGEL: (1974a) On Kingman's integral inequalities for approximations of the waiting time distribution in the queueing model GI/G/1 with and without warming-up time. Zast. Matem. 14, 27–30.

—: (1974b) Die Bedeutung von Kingmans Integralungleichungen bei der Approximation der stationären Wartezeitverteilung im Modell GI/G/1 mit und ohne Verzögerung beim Beginn einer Beschäftigungsperiode. Math. Operationsforsch. Statist. 5, 687–699.

—: (1974c) The GI/G/1 model with warming-up time. Zast. Matem. 14, 17–26.

SIEGEL, G.: (1973) The stationary waiting time and other variables in single server queues. Zast. Matem. 13, 465–476.

—: (1974a) Verallgemeinerung einer Irrfahrt im R_1. Math. Operationsforsch. Statist. 5, 465–486.

—: (1974b) Abschätzungen für die Wartezeitverteilungen und ihrer Momente beim Wartemodell GI/G/1 mit und ohne „Erwärmung". ZAMM 54, 609–619.

DE SMIT, J. H. A.: (1973a) Some general results for many server queues. Adv. Appl. Prob. 5, 153–169.

—: (1973b) On the many server queue with exponential service time. Adv. Appl. Prob. 5, 170–182.

—: (1973c) The many server queue in discrete time. Core discussion papers 7318.

—: (1973d) On multi-server queues. Core discussion papers 7311.

SMITH, W. L.: (1953) On the distribution of queueing times. Proc. Cambridge Phil. Soc. 49, 449 bis 461.

SPITZER, F.: (1956) A combinatorical lemma and its application to probability theory. Trans. Amer. Math. Soc. 82, 323–339.

—: (1957) The Wiener-Hopf equation whose kernel is a probability density. Duke Math. J. 24, 327–343.

SYSKI, R.: (1967) Pollaczek method in queueing theory. In: R. CRUON (Hrsg.), Queueing Theory: Recent Developments and Applications, Englewood University Press, New York, 33–60.

TAKÁCS, L.: (1965) Application of the ballot theorems in the theory of queues. In: W. L. SMITH und W. E. WILKINSON (Hrsg.), Proc. Symposium on Congestion Theory, The University of North Carolina Press, Chapel Hill, North Carolina, 337–398.

—: (1975) Combinatorical and analytic methods in the theory of queues. Adv. Appl. Prob. 7, 607–635.

—: (1976) On fluctuation problems in the theory of queues. Adv. Appl. Prob. 8, 548–583.

VERAVERBEKE, N.: (1977) Asymptotic behaviour of Wiener-Hopf factors of a random walk. Stoch. Proc. Appl. 5, 27–37.

VERE-JONES, D. A.: (1964) A rate of convergence problem in the theory of queues. Теор. вероятн. прим. 9, 177–178.

WENDEL, J. G.: (1958) Spitzer's formula: A short proof. Proc. Amer. Math. Soc. 9, 905–908.
YEO, G. F.: (1962) Single server queues with modified service mechanisms. J. Austral. Math. Soc. 2, 499–507.

13.2.9. Literatur zu Kapitel 10

ACHMAROW, I. (Ахмаров И.): (1979a) О скорости сходимости в теоремах эргодичности и непрерывности для многолинейных систем с очередью. Теор. вероятн. прим. 24, 418–424.
—: (1979b) Эргодичность и устойчивость многоканальных систем массового обслуживания с ограниченным временем ожидания. Сиб. мат. ж. 20, 911–916.
ACHMAROW, I., und N. P. LEONTJEWA (Ахмаров И., Леонтьева Н. П.): (1976) Условия сходимости к предельным процессам и усиленный закон больших чисел для систем обслуживания. Теор. вероятн. прим. 21, 559–570.
ANITSCHKIN, S. A., und W. W. KALASCHNIKOW (Аничкин С. А., Калашников В. В.): (1980) Аппроксимация цепей Маркова на прямой. Тр. семинара по непрерывности и устойчивости вероятностных моделей, Москва, ВНИИСИ.
BOROWKOW, A. A. (Боровков А. А.): (1972) Теоремы непрерывности для многоканальных систем с отказами. Теор. вероятн. прим. 17, 458–468.
—: (1977) Некоторые оценки скорости сходимости в теоремах устойчивости. Теор. вероятн. прим. 22, 689–699.
—: (1978) Теоремы эргодичности и устойчивости для одного класса стохастических уравнений и их приложения. Теор. вероятн. прим. 23, 241–262.
FRANKEN, P.: (1970) Ein Stetigkeitssatz für Verlustsysteme. In: O. BUNKE (Hrsg.), Operationsforschung und math. Statistik II, Akademie-Verlag, Berlin, 9–23.
FRANKEN, P., und U. KALÄHNE: (1978) Existence, uniqueness and continuity of stationary distributions for queueing systems without delay. Math. Nachr. 86, 97–115.
GNEDENKO, B. W. (Гнеденко Б. В.): (1970) О некоторых нерешенных задачах теории массового обслуживания. Sixth International Telegrafic Congress, Munich.
KALASCHNIKOW, W. W. (Калашников В. В.): (1973) Свойство γ-возвратности для марковских последовательностей. Докл. АН СССР 213, 1243–1246.
—: (1974) Равномерная близость компонент марковского процесса при вариации его параметров. Изв. АН СССР, Техн. кибернетика 1974, 4, 43–53.
—: (1978) Решение задач об аппроксимации счетной цепи Маркова. Изв. АН СССР, Техн. кибернетика 1978, 3, 92–95.
—: (1979) Оценки устойчивости обновляющихся процессов. Изв. АН СССР, Техн. кибернетика 1979, 5, 85–89.
—: (1980a) Estimates of convergence rate and stability for regenerative and renovative processes. Proc. Conf. on Point Processes and Queueing Problems, Keszthely, North-Holland Publ. Comp., Amsterdam/New York/Oxford.
—: (1980b) Исследование непрерывности случайных последовательностей построением точек близости. Тр. семинара по непрерывности и устойчивости вероятностных моделей, Москва ВНИИСИ.
KALASCHNIKOW, W. W., und G. S. ZIZIASCHWILI (Калашников В. В., Цициашвили Г. Ш.): (1972) Об устойчивости систем массового обслуживания относительно возмущений определяющих их функций распределения. Изв. АН СССР, Техн. кибернетика 1972, 2, 41–48.
KENNEDY, D. P.: (1972) The continuity of the single-server queue. J. Appl. Prob. 9, 370–381.
KIEFER, J., und J. WOLFOWITZ:: (1955) On the theory of queues with many servers. Trans. Amer. Math. Soc. 78, 1–18.
KOTZUREK, M., und STOYAN, D.: (1976) A quantitative continuity theorem for the mean stationary waiting time in GI/GI/1. Math. Operationsforsch. Statist. 7, 595–599.
KOWALENKO, I. N. (Коваленко И. Н.): (1965) О восстановлении характеристик системы по наблюдениям над выходящим потоком. Докл. АН СССР 164, 979–981.
LINDLEY, D. V.: (1952) The theory of queues with a single server. Proc. Cambridge Philos. Soc. 48, 277–289.
MALYSCHEW, W. A., und M. W. MENSCHIKOW (Малышев В. А., Меньшиков М. В.): (1979) Эргодичность, непрерывность и аналитичность счетных цепей Маркова. Тр. московского мат. общества 39, 3–48.
ROSSBERG, H.-J.: (1965) Über die Verteilung der Wartezeiten. Math. Nachr. 30, 1–16.

Seidl, L. (Сейдль Л.): (1980) О скорости приближения к стационарному режиму в системах массового обслуживания типа G/G/m/0. Тр. семинара по непрерывности и устойчивости вероятностных моделей, Москва, ВНИИСИ.
Shilin, W. A., und W. W. Kalaschnikow (Жилин В. А., Калашников В. В.): (1979) Оценки устойчивости регенерирующих процессов и их применение к приоритетным системам обслуживания. Изв. АН СССР, Техн. кибернетика **1979**, 4, 94—101.
Solotarjew, W. M. (Золотарев В. М.): (1975a) Количественные оценки в задачах непрерывности систем массового обслуживания. Теор. вероятн. прим. **20**, 215—218.
—: (1975b) О непрерывности стохастических последовательностей, порождаемых рекуррентными процедурами. Теор. вероятн. прим. **20**, 834—847.
—: (1976a) О стохастической непрерывности систем массового обслуживания типа G/G/1. Теор. вероятн. прим. **21**, 260—279.
—: (1976b) Метрические расстояния в пространствах случайных величин и их распределений. Матем. Сб. **101** (143), 3 (11), 416—454.
—: (1977a) Проблема непрерывности систем массового обслуживания. Теор. вероятн. прим. **22**, 655—666.
—: (1977b) Количественные оценки свойства непрерывности систем массового обслуживаниа типа G/G/∞. Теор. вероятн. прим. **22**, 700—711.
—: (1977c) General problems of the stability of mathematical models. Bulletin of the International Statistical Institute (Proceedings of the 41st session), New Delhy.
Stoyan, D.: (1972) Ein Stetigkeitssatz für einlinige Wartemodelle der Bedienungstheorie. Math. Operationsforsch. Statist. **3**, 103—111.
—: (1973) Monotonie und Stetigkeitseigenschaften mehrliniger Wartesysteme der Bedienungstheorie. Math. Operationsforsch. Statist. 4, 155—163.
Strassen, V.: (1965) The existence of probability measures with given marginals. Ann. Math. Statist. **36**, 423—439.
Whitt, W.: (1974) The continuity of queues. Adv. Appl. Prob. **6**, 175—183.
Ziziaschwili, G. S. (Цициашвили Г. Ш.): (1975) Кусочно-линейные цепи Маркова и исследование их устойчивости. Теор. вероятн. прим. **20**, 345—358.
—: (1979) Построение функций Ляпунова для исследования устойчивости кусочно-линейных цепей Маркова. Изв. АН СССР, Техн. кибернетика **1979**, 2, 74—84.

13.2.10. Literatur zu Kapitel 11

Conway, R. W.: (1963) Some tactical problems in digital simulation. Management Sci. **10**, 47—61.
Crane, M. A., und D. L. Iglehart: (1975a) Simulating stable stochastic systems III: Regenerative processes and discrete-event simulations. Operations Res. **23**, 33—45.
—: (1975b) Simulating stable stochastic systems IV: Approximation techniques. Management Sci. **21**, 1215—1224.
Dekker, L.: (1978) System simulation and parallel data processing. Proc. UKSC 78 Conf. Computer Simulation, Chester/Guildford, 84—106.
Ehrenfield, S., und S. Ben-Tuvia: (1962) The efficiency of statistical simulation procedures. Technometrics **4**, 257—275.
Fishman, G. S.: (1967) Problems in the statistical analysis of simulation experiments: The comparison of means and the length of sample records. Comm. ACM **10**, 94—99.
—: (1968) The allocation of computer time in comparing simulation experiments. Operations Res. **16**, 280—295.
—: (1971) Estimating sample size in computing simulation experiments. Management Sci. 18, 21—38.
—: (1973) Statistical analysis for queueing simulations. Management Sci. **20**, 363—369.
—: (1974) Estimation in multiserver queueing simulations. Operations Res. 22, 72—78.
—: (1976) Statistical analysis of multiserver queueing simulations. Operational Res. Quart. 27, 1005—1013.
—: (1977) Achieving specific accuracy in simulation output analysis. Comm. ACM **20**, 310—315.
Fishman, G. S., und P. J. Kiviat: (1967) The analysis of simulation-generated time series. Management Sci. **13**, 525—557.
Gafarian, A. V., und C. J. Ancker: (1966) Mean value estimation from digital computer simulation. Operations Res. **14**, 25—44.

Gebhardt, D.: (1974) Konfidenzintervalle bei der Warteschlangensimulation. Angewandte Informatik **16**, 2, 54–60.
—: (1976) Die Auswertung von autokorrelierten Simulationsergebnissen. Operations Res. **20**, 105–114.
Gorenstein, S.: (1967) Testing a random number generator. Comm. ACM **10**, 111–118.
Granowski, B. L., und S. M. Ermakow (Грановский Б. Л., Ермаков С. М.): (1977) Метод Монте Карло. In: Итоги науки и техники. Теория вероятностей. Математическая статистика. Теоретическая кибернетика **14**, Производоственно-издательский комбинат „ВИНИТИ", Москва, 59–109.
Iglehart, D. L.: (1975) Simulating stable stochastic systems V: Comparison of ratio estimators. Naval Res. Logist. Quart. **22**, 554–565.
—: (1976) Simulating stable stochastic systems VI. Quantile estimation. J. Assoc. Comput. Mach. **23**, 347–360.
Iglehart, D. L., und P. A. W. Lewis: (1976) Variance reduction for regenerative simulations I: Internal control and stratified sampling for queues. Technical Report No. 86–22, Control Analysis Corporation, Palo Alto, California.
Kindler, E.: (1978) Classification of simulation programming languages. Elektron. Informationsverarb. Kyb. **14**, 519–526, 575–584.
Kleine, H.: (1970) A survey of user's views of discrete simulation languages. SIMULATION **21**, 5, 225–229.
Kowalenko, I. N. (Коваленко И. Н.): (1964) О некоторых классах сложных систем. Изв. АН СССР, Техн. кибернетика **1964**, 6; **1965**, 1; **1965**, 3.
Kreutzer, W.: (1976) Comparison and evaluation of discrete event simulation programming language for management decision making. In: Dekker (Hrsg.) Simulation of Systems, North-Holland Publ., Comp., Amsterdam, 429–438.
Lavenberg, S. S., T. L. Moeller und C. H. Sauer: (1977) Concomitant control variables applied to the regenerative simulation of queueing systems. Res. Report RC 6413 IBM T. J. Watson Research Center, Yorktown Heights, New York.
Lavenberg, S. S., und C. H. Sauer: (1977) Sequential stopping rules for the regenerative method of simulation of queueing systems. Research Report RC 6412 IBM T. J. Watson Research Center, Yorktown Heights, New York.
Mechanic, H., und W. McKay: (1964) Confidence intervals for averages of dependent data in simulations. TM Advanced Systems Development Division IBM.
Morse, P. M.: (1955) Stochastic properties of waiting lines. Operations Res. Soc. America **3**, 255–261.
Palme, J.: (1976) Experience from the standardization of the SIMULA programming language. Software Practice and Experience **6**, 405–409.
RAND CORPORATION: (1955) A Million Random Digits with 100000 Normal Deviates. The Free Press, New York.
Reitman, J.: (1976) On going developments in GPSS. 1976 Winter Simulation Conference Proc. Vol. I, 87.
Robinson, D. W.: (1976) Determination of run length in simulations of stable stochastic systems. Technical Report No. 86–21, Control Analysis Corp., Palo Alto, California.
Stuchlik, F., und P. Lorenz: (1978) Zur Entwicklung des Begriffes Simulation. rechentechnik/datenverarb. **15**, beiheft 3, 2–8.
Tocher, K. D.: (1965) Review of simulation languages. Operation Res. Quart. **15**, 189–218.

13.2.11. Literatur zu Kapitel 12

Baschabin, G. P. (Вашарин Г. П.): (1961) Об аналитическом определении и методах вычислении вероятности потерь в коммутационных схемах. Проблемы передачи информации **1961**, 9, 5–57.
—: (1969) О пуассоновских обслуживающих системах с абсолютным приоритетом и обратной связью. In: сб. „Массовое обслуживание в системах передачи информации". Наука, Москба, 3–20.
Baschabin, G. P., und A. I. Gromow (Башарин Г. П., Громов А. И.): (1978) Матричный метод нахождения стационарного распределения для некоторых нестандартных СМО. Автоматика и телемеханика **1978**, 1, 29–39.

BOTSCHAROW, P. P., und W. A. NAUMOW (Бочаров П. П., Наумов, В. А.): (1976) Анализ гиперэкспоненциальной двухфазной системы с ограниченным промежуточным накопителем. In: сб. „Информационные сети и их структура“. Наука, Москва, 168–181.

KOSKO, E.: (1957) Matrix inversion by partitioning. Aeronaut. Quarterly 8, 157–184.

LUCANTONI, D. M., und M. F. NEUTS: (1978) Numerical methods for a class of Markov chains arising in queueing theory. Techn. Rep. No. 17/10. Department of Statist. and Computer Sci., University of Delaware.

NEUTS, M. F.: (1973) The Markov renewal branching process. In: A. B. CLARKE (Hrsg.), Mathematical Methods in Queueing Theory, Lect. Notes in Economics and Math. Systems 98, Springer-Verlag, Berlin/Heidelberg/New York, 1–21.

SCHWETLICK, H., u. a.: (1978) Programmpaket: Lineare Gleichungssysteme mit schwach besetzten Matrizen. Veröffentl. der TU Dresden, Sekt. Mathematik.

SCHWETLICK, H.: (1979) Direkte Verfahren zur Lösung großer linearer Gleichungssysteme. Wiss. Informationen der TH Karl-Marx-Stadt, **1979**, Heft 9, 22–42.

SEDOL, J. J. (Седол Я. Я.): (1969) Применение метода последовательных приближений к расчету систем массового обслуживания. Латвийский математический ежегодник **6**, 157 bis 164.

14. Symbolverzeichnis

14.1. Allgemeines Symbolverzeichnis

14.1.1. Grundprinzipien der Bezeichnungswahl

Es werden in der Regel folgende Drucktypen für entsprechende Größen verwendet:

Zufallsgrößen, zufällige Variablen	$X, Y, A, B, B_n, X(t), N(t), \ldots$
zugehörige Realisierungen	$x, y, x(t), n(t), \ldots$
Zufällige Prozesse	$\big(X(t), t \geqq 0\big), \big(Y(t), t \in \mathbb{R}\big), \ldots$ verkürzte Darstellung $\big(X(t)\big), \ldots$
Zufällige Folgen	$(X_n, n \geqq 0), \ldots$ verkürzte Darstellung $(X_n), \ldots$
Familien von Zufallsgrößen	$(Y_t)_{t \in \mathcal{T}}, \ldots$ verkürzte Darstellung $(Y_t), \ldots$
Verteilungsfunktionen	$F(x), F_X(x), A(x), B_i(y), \ldots$
Dichtefunktionen	$f(x), f_X(x), a(x), b_i(x), \ldots$
Verteilungen, Verteilungsgesetze	$\mathsf{P}, \mathsf{Q}, \mathbf{P}, \mathbf{Q}, (p_k), (a_n), \ldots$
Wahrscheinlichkeiten von Ereignissen	$\mathsf{P}\big(\omega : \omega \in \Omega, X(\omega) \in \mathscr{C}\big)$, $\mathbf{P}\big(\omega : \omega \in \Omega, X(\omega, t) \in \mathscr{C}\big), \ldots$ verkürzte Darstellung $\mathsf{P}(X \in \mathscr{C})$, $\mathbf{P}\big(Y(t) \in \mathscr{C}\big)$
instationäre Zustandswahrscheinlichkeiten	$P_k(t), P_g(t), P_k(n), P_g(n), \ldots$
stationäre Zustandswahrscheinlichkeiten	$p_k, p_g, \mathring{p}_k, \tilde{p}_g, \ldots$
Übergangswahrscheinlichkeiten	$P_{ij}, P(t_1, e; t_2, \mathscr{C}), P(t; x, \mathscr{C}), \ldots$
Mengen, Ereignisse, Räume	$\mathscr{A}, \mathscr{B}, \mathscr{E}, \mathscr{G}, \ldots$
σ-Algebren	$\mathfrak{B}, \mathfrak{K}, \mathfrak{F}, \ldots$
Intensitäten	$\alpha, \beta, \lambda, \mu, \lambda_i, \mu_i, \alpha_{ij}, \ldots$

Speziell wird in den einfach strukturierten Bedienungssystemen G/GI/s/n, $0 < s \leqq \infty$, $0 \leqq n \leqq \infty$, gesetzt:

Intensität des Forderungenstromes	$\lambda = (\mathsf{E}A)^{-1}$
Intensität der Bedienung	$\mu = (\mathsf{E}B)^{-1}$
Belastung	$\varrho = \lambda/\mu$
Vektoren, Matrizen (soweit sie als solche gekennzeichnet werden sollen)	halbfetter Druck des Grundsymbols des jeweiligen Elements, z. B. $\boldsymbol{\alpha} = (\alpha_{ij})_{i,j=1,\ldots,n}$, kurz (α_{ij})
Zahlenfolgen	$(a_k)_{k=1,2,\ldots}$ oder kurz (a_k)

Laplace-Stieltjes-Transformierte (* als rechter oberer Index) ↑ 60	$F_X^*(s)$, $A^*(s)$, $B_n^*(s)$, ...
Laplace-Transformierte (ˇ über dem Grundsymbol) ↑ 60	$\check{F}_X(s)$, $\check{A}(s)$, $\check{f}(s)$, ...

14.1.2. Grundsymbole für spezielle Zufallsgrößen

A	Pausenzeit
B	Bedienungszeit
N	Anzahl der Forderungen im System
S	Besetztzeit
T	Ereigniszeitpunkt (Ankunft, Abgang einer Forderung usw.)
U	Untätigkeitszeit
V	Verweilzeit
W	Wartezeit

14.1.3. Zahlenbereiche

$\mathbb{N}$	natürliche Zahlen 1, 2, 3, ...
$\mathbb{G}$, $\mathbb{G}_+$, $\mathbb{G}_-$	ganze, nichtnegative bzw. nichtpositive Zahlen
$\mathbb{R}$, $\mathbb{R}_+$, $\mathbb{R}_-$	reelle, nichtnegative bzw. nichtpositive Zahlen
$\mathfrak{B}$	σ-Algebra der Borel-Mengen von $\mathbb{R}$
$\square^n$	n-tes Produkt (z. B. $\mathbb{R}_+^n$)

14.1.4. Spezielle Operatoren, Funktionen und Zeichen

E	Erwartungswertsymbol ↑ 50
V	Varianzsymbol ↑ 51
$\mathsf{Cov}(\ ,\ )$	Kovarianzsymbol ↑ 52
var ( )	Variation eines Maßes ↑ 56
$\mathsf{g}(z)$, $\mathsf{g}_N(z)$, ...	erzeugende Funktionen ↑ 64
$\varphi(t)$, $\varphi_X(t)$, ...	charakteristische Funktionen ↑ 57
$H(x)$, $H_F(x)$, $H_A(x)$, ...	Erneuerungsfunktionen ↑ 48, 98
$\mathrm{B}(p, q)$	Betafunktion ↑ 74
$\exp(x) = e^x$	
$\delta_a(x)$	Verteilungsfunktion der Einpunktverteilung ↑ 67
$\Phi(x)$	Verteilungsfunktion der standardisierten Normalverteilung ↑ 71
$\Gamma(x)$	Gammafunktion ↑ 72
$\chi_n^2(x)$	Verteilungsfunktion der Chiquadratverteilung ↑ 73
$1_{\mathscr{A}}(\ )$	Indikatorfunktion der Menge $\mathscr{A}$
$\delta_{ij} = \begin{cases} 1 & \text{für } i = j \\ 0 & \text{sonst} \end{cases}$	Kronecker-Symbol
$o(\ )$	Landausches Symbol $\left(\lim\limits_{t \to 0} o(t) \dfrac{1}{t} = 0\right)$
$\boldsymbol{I}$	Einheitsmatrix
i	imaginäre Einheit
$\emptyset$	leere Menge

$*$	Faltungsoperation z. B. $A * B(x)$ ↑ 47 $A^{*(n)}(x) = A * A * \cdots * A(x)$ (n-mal)
$\mid \; \mid$	absoluter Betrag, Kardinalzahl oder Anzahl der Zusatzvariablen, je nachdem ob eine Zahl, eine Menge oder der Zustand eines stückweise linearen Markowschen Prozesses betrachtet wird
^{T}	Transponierungszeichen
$\mathring{\square}$ bzw. $\tilde{\square}$	die entsprechende Größe wird im Zeitpunkt der Ankunft bzw. des Abganges einer Forderung betrachtet
$\mathbf{0}$	Nullvektor
$\boldsymbol{u} = (1, 1, \ldots, 1)$	Einsvektor

14.1.5. Symbole für Konvergenzarten

Symbol	Limes-Schreibweise	Bedeutung (↑ 55)
$\to$	lim	(übliche) Konvergenz von Zahlen und Mengen
$\uparrow, \downarrow$	—	Konvergenz monotoner Folgen
$\xrightarrow[\text{f.s.}]{}$	P-lim	Konvergenz mit Wahrscheinlichkeit Eins (fast sicher)
$\xrightarrow[\text{st}]{}$	p-lim	Konvergenz in Wahrscheinlichkeit (stochastische Konvergenz)
	l.i.m.	Konvergenz im Quadratmittel
$\Rightarrow$	—	schwache Konvergenz von Verteilungsfunktionen und Verteilungsgesetzen
$\xrightarrow[\text{d}]{}$	—	Konvergenz von Zufallsgrößen ihren Verteilungen nach

14.1.6. Abkürzungen

DFR	fallende Fehlerrate ↑ 75
FCFS	first come first served ↑ 21
FIFO	first in first out ↑ 21
IFR	wachsende Fehlerrate ↑ 21
LCFS	last come first served ↑ 75
LIFO	last in last out ↑ 21
NBU	new better than used ↑ 21
NBUE	new better than used in expectation ↑ 75
NWU	new worse than used ↑ 76
NWUE	new worse than used in expectation ↑ 76
Bin (n, p)	Binomialverteilung ↑ 68
Chi (n)	Chiquadratverteilung ↑ 73
Erl (λ, k)	Erlang-Verteilung ↑ 72
Exp (λ)	Exponentialverteilung ↑ 71
Fi (m, n)	Fishersche F-Verteilung ↑ 74
Ga (λ, α)	Gammaverteilung ↑ 71
Geo (p)	geometrische Verteilung ↑ 69
Gl (y, a, b)	stetige Gleichverteilung ↑ 70
H-Erl (n)	Hyper-Erlang-Verteilung ↑ 72

H-Exp (n)	Hyper-Exponentialverteilung
$N(a, \sigma^2)$	Normalverteilung
PH	Verteilung vom Phasentyp
Stu (n)	Student- oder t-Verteilung
$\Pi(\lambda)$	Poisson-Verteilung

14.1.7. Erweiterte Kendall-Symbolik (Erläuterung ↑ [1.5])

Offene Systeme	geschlossene Systeme
$A/B/s/n$	$\langle N/A/B/s/n\rangle$
A	Symbol für Art des Forderungenstroms
B	Symbol für Art der Folgen bzw. Verteilungstyp der Bedienungszeiten
s	Anzahl der Bedienungsgeräte ($1 \leqq s \leqq \infty$)
n	Anzahl der Warteplätze ($0 \leqq n \leqq \infty$)
N	Anzahl der Forderungenquellen

Für A und B können folgende Symbole stehen:

$\vec{A}$ bzw. $\vec{B}$	mehrere Typen von Pausen- bzw. Bedienungszeiten vom Typ A bzw. B
$\Sigma^k A$ bzw. $\Sigma^k \vec{A}$	unabhängige Überlagerung von k identisch bzw. unterschiedlich verteilten Forderungenströmen vom Typ A
A^{GI}	Forderungenstrom vom Typ A mit (unabhängigen und beliebig verteilten) Vielfachheiten
D	regulärer Forderungenstrom bzw. konstante Bedienungszeiten
E_k	Erlangscher Forderungenstrom der Ordnung k
G	beliebiger stationärer Forderungenstrom bzw. beliebige stationäre Folge von Bedienungszeiten
GI	rekurrenter Forderungenstrom bzw. unabhängige, beliebig verteilte Bedienungszeiten
GI(*)	GI mit Pausen- bzw. Bedienungszeitverteilungsfunktion vom Typ * (* = DFR, IFR, NBU, PH, H-Exp (n), ...)
M	stationärer (homogener) Poissonscher Forderungenstrom bzw. (identisch) exponentialverteilte Bedienungszeiten
M(t)	nichtstationärer Poissonscher Forderungenstrom
SM	semimarkowscher Forderungenstrom bzw. semimarkowsche Bedienungszeiten

14.2. Kapitelsymbolverzeichnis

14.2.1. Symbole zu Kapitel 2

B_k	k-tes Binomialmoment ↑ 52
$\mathsf{B}(z)$	binomialmomentenerzeugende Funktion ↑ 52
$\mathfrak{F}$	σ-Algebra der Ereignisse ↑ 39
$F_1 \overset{(i)}{\leqq} F_2$, $F_1 \leqq_L F_2$	Halbordnungsrelationen für Verteilungsfunktionen ↑ 76

$F_y(x)$	Restdauerverteilungsfunktion ↑ 74
$\mathfrak{F}(X)$	von der Zufallsgröße X erzeugte σ-Algebra ↑ 83
$\mathfrak{F}((X_t))$	von der Familie (X_t) von Zufallsgrößen erzeugte σ-Algebra ↑ 85
$h_F(x)$	Erneuerungsdichte ↑ 48
$\mathsf{K}(X, Y)$	Korrelationskoeffizient ↑ 52
m_k	k-tes zentrales Moment ↑ 51
$\mathsf{m}_{(k)}$	k-tes faktorielles Moment ↑ 51
P_X	Verteilungsgesetz der Zufallsgröße X ↑ 43
$\mathsf{P}_{(X_1,\ldots,X_n)}$	gemeinsame Verteilung, Verteilungsgesetz des zufälligen Vektors ↑ 46
Q_p	p-Quantil ↑ 52
$r(x)$	Ausfallrate ↑ 75
$X_1 \overset{(i)}{\leqq} X_2$, $X_1 \leqq_L X_2$	Halbordnungsrelationen für Zufallsgrößen ↑ 76
X_y	Restgröße (Restdauer) der Zufallsgröße X ↑ 74
$X \sim F(x)$	Verteilung von X gemäß $F(x)$ ↑ 45
$X \sim Y$	stochastische Äquivalenz von Zufallsgrößen ↑ 44
$\varphi_{X_1,\ldots,X_n}(t_1, \ldots, t_n)$	charakteristische Funktion des zufälligen Vektors $(X_1, \ldots, X_n)$ ↑ 59
$\psi(t)$	Kumulantenfunktion ↑ 52
ω	Elementarereignis ↑ 39
Ω	Raum der Elementarereignisse, sicheres Ereignis ↑ 39

14.2.2. Symbole zu Kapitel 3

a	Erwartungswert zu $F(x)$ bzw. (f_n) ↑ 101, 106
$\mathsf{C}_X(u, t)$, $\mathsf{C}_X(t)$	Kovarianzfunktion des Prozesses $(X(t))$ ↑ 89
d_i	Periode des Zustandes i ↑ 113
$(\mathscr{E}, \mathfrak{E})$	Zustandsraum ↑ 88
$\mathscr{E}^{\mathscr{T}}$	Raum aller $\mathscr{E}$-wertigen Funktionen auf $\mathscr{T}$ ↑ 88
$\mathfrak{E}^{\mathscr{T}}$	σ-Algebra zu $\mathscr{E}^{\mathscr{T}}$ ↑ 88
$\mathbf{P}_X$	Verteilungsgesetz des Prozesses $(X(t))$ ↑ 88
$f_{ij}(n)$, $f_{ij}^* = \sum_{n=1}^{\infty} f_{ij}(n)$	Ersterreichungswahrscheinlichkeiten ↑ 113
$F(x)$, $F_0(x)$	Abstandsverteilungsfunktionen
$F_R(x)$	stationäre Verteilungsfunktion von $R(t)$ ↑ 103
$F_i(x)$, $F_{ij}(x)$, $F_{ij}^0(x)$	Verweilzeitverteilungsfunktionen ↑ 131
$h_{F_0}(x)$	Erneuerungsdichte ↑ 99
$H(x)$, $H_{F_0}(x)$	Erneuerungsfunktion eines gewöhnlichen bzw. modifizierten Erneuerungsprozesses ↑ 98, 103
$\boldsymbol{H}(x) = (H_{ij}(x))$	Markowsche Erneuerungsmatrix ↑ 134
K_n	Marke des n-ten Punktes eines markierten Punktprozesses ↑ 153
$(\mathscr{K}, \mathfrak{K})$	Markenraum eines markierten Punktprozesses ↑ 153
$(L(t))$	Erneuerungsprozeß, Forderungenstrom ↑ 98, 137
$(L^e(t))$	Strom der Gruppenankünfte ↑ 138
$(L^0(t))$	durch eine stationäre Folge erzeugter Forderungenstrom ↑ 141
$\mathsf{m}_X(t)$	Erwartungswertfunktion des Prozesses $(X(t))$ ↑ 89
$\mathscr{M}$, $\mathscr{M}_{\mathscr{K}}$	Mengen von Zählmaßen ↑ 148, 153
$\mathfrak{M}$, $\mathfrak{M}_{\mathscr{K}}$	σ-Algebren zu $\mathscr{M}$ bzw. $\mathscr{M}_{\mathscr{K}}$ ↑ 148, 153
${}_{\mathscr{B}}\mathsf{P}$	Verteilungsgesetz von ${}_{\mathscr{B}}\Phi$ ↑ 149

P^0, $\mathsf{P}_{\mathscr{L}}{}^0$	Palmsche Verteilungen ↑ 160f.
$\mathsf{P}_t{}^{\mathsf{Q}}$	Verteilungen eines Markowschen Prozesses mit der Anfangsverteilung Q ↑ 96, 129
$\mathsf{P}_{t_1,\ldots,t_n}$	endlichdimensionale Verteilungen ↑ 88
$\mathscr{P}$	Menge der Verteilungsgesetze stationärer Ströme endlicher Intensität ↑ 140, 156
P_{ij}, $P_{ij}(n)$, $P_{ij}(t)$	Übergangswahrscheinlichkeiten ↑ 112, 116
$P(t;e,\mathscr{B}), P(u,e;t,\mathscr{B})$	Übergangsfunktionen ↑ 95
$\mathsf{Q}(\mathscr{L})$	Markenverteilung ↑ 155
Q	Verteilung von zufälligen Folgen ↑ 140, 156
$\mathscr{Q}$	Menge von Verteilungsgesetzen stationärer Folgen ↑ 140, 156
$Q_{ij}(x)$, $Q_{ij}^0(x)$	Verweilzeitwahrscheinlichkeiten eines semimarkowschen Prozesses ↑ 131
$\underline{Q}(x) = \big(Q_{ij}(x)\big)$	semimarkowsche Matrix ↑ 131
$R(t)$	Vorwärtsrekurrenzzeit, restliche Verweildauer des Zustandes $X(t)$ ↑ 102
$\mathscr{S}_\varphi$	Träger von φ ↑ 148
S_t	Verschiebungsoperator ↑ 92, 138, 151
$[t, k]$	markierter Punkt (t Ort, k Marke) ↑ 153
$\mathscr{T}$	Parameterbereich ↑ 88
T_{ij}	Ersterreichungszeitpunkt ↑ 132
$T_n{}^e$	Zeitpunkt des Eintreffens der n-ten Gruppe von Forderungen ↑ 137
$V_{k,\mathscr{G}}$	Verweilzeit ↑ 134
$\big(X^0(t)\big)$	synchroner regenerativer Prozeß ↑ 107
$\mathop{\ast}\limits_{i=1}^{n} \mathsf{P}_i$	Faltung der Verteilungsgesetze ↑ 143, 152
α_i, α_{ij}, $\alpha(e)$, $\alpha(e, \mathscr{B})$	Übergangsintensitäten ↑ 116, 124
λ	Intensität ↑ 91, 138, 151, 155
λ_i	Übergangsintensität von i nach $i + 1$ ↑ 121
Λ	Intensitätsmaß eines Punktprozesses ↑ 149, 155
$\Lambda(t)$	Leitfunktion eines Poisson-Prozesses bzw. Forderungenstromes ↑ 91, 141
μ_i	Übergangsintensität von i nach $i - 1$ ↑ 121
σ^2	Diffusionskoeffizient des Wiener-Prozesses; Varianz zu $F(x)$ ↑ 91, 103
φ	Zählmaß, Realisierung von Φ ↑ 148, 153
Φ	zufälliger Punktprozeß ↑ 148, 153
${}_{\mathscr{B}}\Phi$	Einschränkung von Φ auf $\mathscr{B}$ ↑ 149, 154
$\Phi^\diamond$, Φ^0	markierte Punktprozesse ↑ 156, 160

14.2.3. Symbole zu Kapitel 4

$\mathsf{E}_\vartheta Y_n$	bez. $\mathsf{P}_\vartheta \in \mathscr{P}$ gebildeter Erwartungswert von Y_n ↑ 168
$f(x; \vartheta)$	Dichtefunktion in Abhängigkeit von einem Parameter ϑ ↑ 166
$F_0(x)$	wahre Verteilungsfunktion ↑ 179
$F_*(x)$	vorgegebene Verteilungsfunktion ↑ 179
$\mathrm{F}_{m,n;p}$	p-Quantil der F-Verteilung mit (m, n) Freiheitsgraden ↑ 174
$\hat{F}_n(x)$	empirische Verteilungsfunktion ↑ 166
$g_{\Psi_n}(\vartheta)$	Gütefunktion eines Tests Ψ_n ↑ 176

$\mathcal{G}_n$	Konfidenzschätzung ↑ 173
$[G_u, G_o]$	Konfidenzintervall ↑ 173
$\mathbf{H}_0$	Hypothese, Nullhypothese ↑ 175
$\mathbf{H}_1$	Alternativhypothese ↑ 175
$\mathbf{I}(\vartheta)$	Fishersche Informationsmatrix ↑ 170
k_p	p-Quantil der Kolmogorow-Verteilung ↑ 179
$k(\vartheta, \vartheta')$	Kennfunktion einer Konfidenzschätzung $\mathcal{G}_n$ ↑ 173
$\mathcal{K}$	kritischer Bereich ↑ 178
$\mathrm{K}(x)$	Verteilungsfunktion der Kolmogorow-Verteilung ↑ 166
$\mathsf{L}(\boldsymbol{X})$	Likelihood-Quotient ↑ 177
$\mathsf{L}(\vartheta; \boldsymbol{X}), \mathsf{L}_n(\vartheta), L_s(\vartheta)$	Likelihood-Funktionen ↑ 167, 171 ff.
$\mathcal{P} = \{\mathsf{P}_\vartheta, \vartheta \in \Theta\}$	Familie von Verteilungen über $(\Omega, \mathfrak{F})$ ↑ 164
P_0	wahre Verteilung
$s_n{}^2$	empirische Varianz ↑ 165
$S_n{}^2$	Stichprobenvarianz ↑ 165
$\mathrm{t}_{n;p}$	p-Quantil der t-Verteilung mit n Freiheitsgraden ↑ 183
$\boldsymbol{T}_n, \boldsymbol{t}_n$	Testgröße bzw. seine Realisierung ↑ 179
$\mathsf{V}_\vartheta \boldsymbol{Y}_n$	bez. $\mathsf{P}_\vartheta \in \mathcal{P}$ gebildete Varianz von $\boldsymbol{Y}_n$ ↑ 161
$\boldsymbol{x} = (x_1, \ldots, x_n)$	konkrete Stichprobe vom Umfang n ↑ 164
$(x_{(1)}, \ldots, x_{(n)})$	konkrete geordnete Stichprobe ↑ 173
$x_{(\mathrm{ent}[np]+1)}$	empirisches p-Quantil ↑ 173
$\bar{x}_n$	empirisches arithmetisches Mittel ↑ 165
$\boldsymbol{X} = (X_1, \ldots, X_n)$	Stichprobe vom Umfang n ↑ 164
$\big(X_1(t), \ldots, X_n(t),\ t \in \mathcal{T}_0\big)$, $\big(X(t), t \in \mathcal{T}_0\big)$, $(X_i, 1 \leqq i \leqq n)$, $\big(X(t), 0 \leqq t < s\big)$	Stichproben zufälliger Prozesse ↑ 181
$\bar{X}_n$	Stichprobenmittel ↑ 165
$\boldsymbol{Y}_n$	Statistik, Punktschätzung
z_p	p-Quantil der standardisierten Normalverteilung ↑ 174
α	Signifikanzniveau ↑ 173, 177
$1 - \alpha$	Konfidenzniveau ↑ 173
ϑ_0	wahrer Parameterwert ↑ 165
ϑ_*	vorgegebener Parameterwert ↑ 178
$\hat{\vartheta}_n$	Schätzwert für ϑ_0 ↑ 171
$\hat{\Theta}_n$	Punktschätzung für ϑ_0 ↑ 171
Ψ_n	Test ↑ 176
$\chi^2_{n;p}$	p-Quantil der χ^2-Verteilung mit n Freiheitsgraden ↑ 179
Ω	Stichprobenmenge ↑ 164
$(\Omega, \mathfrak{F})$	Stichprobenraum ↑ 164

$\wedge$ — Zeichen über dem Symbol kennzeichnet eine Schätzung der entsprechenden Charakteristik ↑ 171

14.2.4. Symbole zu Kapitel 5

$\mathcal{C}_j$	Menge aktiver Objektzustände ↑ 206
c_{jg}	Geschwindigkeit ↑ 207, 225
$\mathcal{D}_j$	Menge passiver Objektzustände ↑ 206
$F_g(x_1, \ldots, x_{\lvert g\rvert}; t)$	instationäre Zustandswahrscheinlichkeit ↑ 218
$F_g(x_1, \ldots, x_{\lvert g\rvert})$	stationäre Zustandswahrscheinlichkeit ↑ 218

$f_g(x_1, \ldots, x_{\lvert g\rvert}; t)$	Dichte zu $F_g(x_1, \ldots, x_{\lvert g\rvert}; t)$ ↑ 218
$f_g(x_1, \ldots, x_{\lvert g\rvert})$	stationäre Dichte zu $F_g(x_1, \ldots, x_{\lvert g\rvert})$ ↑ 218
$F_{i_j,j}(x)$	Verteilungsfunktion ↑ 208
$f_{i_j,j}(x)$	Verteilungsdichte ↑ 208
g	Systemzustand ↑ 206
$\mathcal{G}$	Zustandsmenge ↑ 206
$(G(t), t \geqq 0)$	Bedienungsprozeß, zufälliger Prozeß ↑ 208
i_j	Objektzustand ↑ 206
$\mathcal{J}$	Indexmenge von Objekten ↑ 206
$\mathcal{J}_g$	Indexmenge aktiver Objekte ↑ 207
$\mathcal{J}_g'$	Indexmenge aktiver Objekte mit positiver Geschwindigkeit ↑ 207
O_j	Objekt ↑ 206
$P(g, s, g'), P_{jk}(\Delta t)$	Übergangswahrscheinlichkeiten ↑ 202, 207
$X_i(t)$	Zusatzvariable ↑ 216, 225
$X_{i_j,j}$	zufällige Arbeits- bzw. Energiemenge ↑ 206
$X^{R}_{i_j,j}(t)$	Restarbeitsmenge ↑ 207
Y_j	neue Zusatzvariable ↑ 226
$(Z(t) = (G(t), X_1(t), \ldots, X_{\lvert G(t)\rvert}(t)), t \geqq 0)$	markowisierter zufälliger Prozeß ↑ 216, 225
$\lambda_j^{(m)}, \lambda_{jk}^{(m)}$	Intensitäten ↑ 202
$\lambda_g, \lambda_{gg'}$	Sprungintensitäten ↑ 226
$\varrho_{i_j,j}$	Intensitätsparameter ↑ 206

14.2.5. Symbole zu Kapitel 6

a	mittlere Zykluslänge ↑ 243
$\mathfrak{F}_t$	spezielle σ-Algebra ↑ 260
$(\mathcal{K}, \mathfrak{K})$	Markenraum ↑ 250
$(\mathcal{M}_{\mathcal{K}}, \mathfrak{M}_{\mathcal{K}}, \mathsf{P})$	markierter Punktprozeß (kanonische Darstellung) ↑ 153, 250
$N_n^+ = N(T_n + 0)$	Anzahl der Forderungen im System unmittelbar nach dem eingebetteten Zeitpunkt T_n
P^0	Palmsche Verteilung ↑ 255
$Y(h; x, \mathcal{C})$	Übergangswahrscheinlichkeit ↑ 254
$\overline{p}_i, \overline{p}_i^-$	stationäre Zustandswahrscheinlichkeiten von eingebetteten Markowschen Ketten ↑ 235
$Q(x) = (Q_{ij}(x))$	semimarkowsche Matrix ↑ 237
$Y_n = X(T_n)$	Zustand im eingebetteten Zeitpunkt T_n ↑ 234, 237
$Y(t)$	Zusatzvariable ↑ 234, 237
$Z_n = T_{n+1} - T_n$	Zykluslänge des n-ten Zyklus ↑ 243
α	Intensität des eingebetteten Punktprozesses ↑ 235
$\alpha = (\alpha_{ij})$	Intensitätsmatrix ↑ 246
$\Lambda_{\mathsf{P}}(\ )$	Intensitätsmaß von Φ ↑ 251
λ	Parameter der Pausenzeitverteilung, Intensität von stationären Punktprozessen ↑ 250
λ_i	Geburtsintensität ↑ 234
$\lambda^{I,\mathcal{C}}, \lambda^{O,\mathcal{C}}$	Intensität von $\Phi^{I,\mathcal{C}}, \Phi^{O,\mathcal{C}}$ ↑ 254
μ_i	Sterbeintensität
Φ, φ	Punktprozeß bzw. seine Realisierung ↑ 250
$\Phi', \overline{\Phi}, \Phi^{I,\mathcal{C}}, \Phi^{O,\mathcal{C}}$	spezielle stationäre Punktprozesse ↑ 250f., 254

14.2.6. Symbole zu Kapitel 7

$\mathscr{C}_j$	Menge von aktiven Objektzuständen des Objektes O_j ↑ 206, 273
c_{jg}	Realisierungsgeschwindigkeit ↑ 207, 276
(D)	System von Differentialgleichungen ↑ 266
$\mathscr{D}_j$	Menge von passiven Objektzuständen des Objektes O_j ↑ 206, 273
$\mathrm{E}((\mathscr{I}_j)_{j\in\mathscr{J}})$	Unempfindlichkeitseigenschaft eines Bedienungsschemas ↑ 275
$\mathrm{e}((\mathscr{I}_j)_{j\in\mathscr{J}})$, $\mathrm{e}_1(\ldots)$, $\mathrm{e}_2(\ldots)$	Eigenschaften eines Bedienungsschemas ↑ 275 f.
$F_{i,j}(x)$	Verteilungsfunktion von $X_{i,j}$ ↑ 274
$\mathscr{G}$	Systemzustandsmenge ↑ 206, 265
$g, g_i, g', \ldots$	Systemzustände ↑ 206, 265, 274
$\mathscr{G}_{X,g}$, $\mathscr{G}(u, g)$, $\mathscr{G}^*$	Untermengen von $\mathscr{G}$ bzw. neue Systemzustandsmengen ↑ 276
(g, s, g')	Zustandsübergang im Bedienungsschema ↑ 206, 276
$\mathscr{I}_j$	Menge der beliebig verteilten aktiven Objektzustände von C_j ↑ 206, 275
(I-D)	System von Integro-Differentialgleichungen ↑ 266
i_j	Objektzustand ↑ 206, 273
$\mathscr{J}$	Indexmenge der Objekte eines Bedienungsschemas ↑ 206, 273
$\mathscr{J}_g$, $\mathscr{J}_g'$	Teilmengen von $\mathscr{J}$ ↑ 207, 276
O_j	Objekt ↑ 206, 275
(P1), (P2)	Symbole für Produktansätze stationärer Anfangsverteilungen ↑ 267
$P(g, s, g')$	Wahrscheinlichkeiten des Zustandsüberganges (g, s, g') ↑ 276
$\mathscr{U}_g$	Teilmenge von $\mathscr{J}$ ↑ 276
$X_i(t)$	Zusatzvariable ↑ 269
$X_{i,j}$	Arbeitsmenge ↑ 206, 274
Z, Z', $Z'((\mathscr{I}_j)_{j\in\mathscr{J}})$	Systeme linearer Gleichungen für die stationären Zustandswahrscheinlichkeiten (Balance- und verschärfte Balance-Gleichungen) ↑ 209, 276
$\lambda_j(k)$	zustandsabhängige Intensität ↑ 290
$\varrho_{ij} = (\mathsf{E}X_{ij})^{-1}$	↑ 206, 275

14.2.7. Symbole zu Kapitel 8

$\overset{(i)}{\leqq}$, $\leqq_L$, $\leqq_{1.n}$, $\leqq_{2.n}$	Halbordnungsrelationen

14.2.8. Symbole zu Kapitel 9

$A_-(x)$, $U_-(x)$, $W_-(x)$	spezielle Bildung von Verteilungsfunktionen z. B. $A_-(x) = \lim\limits_{\Delta x \downarrow 0} (1 - A(-x + \Delta x))$
$\mathscr{D}, \mathscr{H}_+, \mathscr{H}_-, \overline{\mathscr{H}}_+, \overline{\mathscr{H}}_-$	Teilgebiete der komplexen Zahlenebene
$K_n = B_{n-1} - A_n$	(B_n, A_n n-te Bedienungs- bzw. Pausenzeit)
$K(x)$	Verteilungsfunktion von $B_{n-1} - A_n$
$\overline{K}_n$	$= \max(0, U_1, U_2, \ldots, U_n)$
K_∞	$= \max(0, U_1, U_2, \ldots)$
$U_0 = 0$, $U_k = K_1 + K_2 + \cdots + K_k$, $k \geqq 1$	
$\mathscr{N}_+, \mathscr{N}_-, \mathscr{M}_+, \mathscr{M}_-, \mathscr{R}$	Funktionenklassen

14.2.9. Symbole zu Kapitel 10

d	Dudley-Metrik ↑ 344
e	$= (1, 0, \ldots, 0)$ ↑ 339
k	Ky-Fan-Metrik ↑ 344
L	Levy-Metrik ↑ 344
R	Umordnungsoperator ↑ 339
$]x[$	$= \min \{n : n \in \{0, 1, \ldots\}, n \geqq x\}$ ↑ 341
y^+	$= \max(0, y)$ ↑ 339
δ	Indikatormetrik ↑ 344
π	Levy-Prochorow-Metrik ↑ 344
ϱ	gleichmäßige Metrik ↑ 344
$\xrightarrow[\mathcal{X}]{}$, $\xrightarrow[\mathcal{Y}]{}$	Bezeichnung für die (noch nicht konkretisierte) Konvergenz der Eingangs- bzw. Systemgrößen ↑ 338, 341
Σ_{P}	Primärgrößen ↑ 337
Σ_{S}	Sekundärgrößen ↑ 337

15. Fremdsprachiges Fachwörterverzeichnis

Das fremdsprachige Fachwörterverzeichnis besitzt Zugänge zu allen vier aufgenommenen Sprachen. Es umfaßt grundlegende Begriffe der Bedienungstheorie sowie solche wahrscheinlichkeitstheoretischen Grundbegriffe, die in der Bedienungstheorie häufig verwendet werden.

Zuerst werden die englischen Fachwörter in alphabetischer Reihenfolge (und je Anfangsbuchstaben durchnumeriert) angegeben, dazu jeweils in der gleichen Zeile die entsprechenden deutschen, französischen und russischen Ausdrücke. Hierdurch ist, ausgehend von der englischen Sprache, ein Zugang zur deutschen, französischen und russischen Sprache gegeben.

Des weiteren werden in drei getrennten Teilen jeweils die deutschen, französischen und russischen Ausdrücke in alphabetischer Reihenfolge angegeben und mit der bzw. den Nummern der entsprechenden englischen Ausdrücke versehen. Dies ermöglicht, ausgehend von der deutschen, französischen bzw. russischen Sprache, den Übergang zur englischen Sprache und mit deren Hilfe zu den jeweils zwei anderen Sprachen.

Wird zum Beispiel das russische Synonym des deutschen Begriffes „Bedienungssystem“ gesucht, dann ergibt sich zunächst aus dem alphabetischen Verzeichnis der deutschen Begriffe der Verweis auf Q9 und S29 des alphabetischen Verzeichnisses der englischen Begriffe und, indem man in diesen Zeilen nach rechts geht, das gesuchte russische Fachwort система массового обслуживания (СМО).

15.1. Viersprachig — englisch geordnet

A1	absolute moment	absolutes Moment, gewöhnliches Moment
A2	absolute priority	absolute Priorität, unterbrechende Priorität
A3	absolutely continuous distribution	absolutstetige Verteilung
A4	absorbing state	absorbierender Zustand
A5	accessibility	Erreichbarkeit
A6	accessible state	erreichbarer Zustand
A7	action	Entscheidung
A8	action space	Aktionsraum, Entscheidungsraum
A9	active object-state	aktiver Objektzustand
A10	actual waiting time	aktuelle Wartezeit
A11	age	Alter
A12	algorithm	Algorithmus
A13	almost all	fast alle
A14	almost everywhere	fast überall
A15	almost invariant set	fast invariante Menge
A16	almost sure	fast sicher
A17	almost sure convergence	fast sichere Konvergenz
A18	almost sure event	fast sicheres Ereignis
A19	alternating priority discipline	alternierende Priorität
A20	alternating renewal process	alternierender Erneuerungsprozeß
A21	amount of work	Arbeitsmenge, anstehende Arbeit
A22	aperiodic Markov chain	aperiodische Markowsche Kette
A23	aperiodic state	aperiodischer Zustand
A24	approximation procedure	Approximationsverfahren, Näherungsverfahren
A25	arbitrarily distributed random variable	beliebig verteilte Zufallsgröße
A26	arithmetic distribution	arithmetische Verteilung
A27	arrival epoch	Ankunftszeitpunkt
A28	arrival intensity	Ankunftsintensität
A29	arrival process	Eingangsprozeß, Eingangsstrom
A30	arrival rate	Ankunftsintensität
A31	asymptotic method	asymptotische Methode
A32	asymptotic normality	asymptotische Normalverteiltheit
A33	autocorrelation function	Autokorrelationsfunktion
A34	autocovariance function	Autokovarianzfunktion
A35	availability	Verfügbarkeit
A36	average	Mittelwert
A37	axis	Achse
B1	backward equation	Rückwärtsgleichung
B2	backward residual time	Rückwärtsrestzeit, Defekt
B3	balance equation	Bilanzgleichung
B4	basic point	Basispunkt
B5	batch service	Gruppenbedienung
B6	Bernoulli distribution	Bernoullische Verteilung
B7	binomial distribution	Binomialverteilung
B8	binomial moment	Binomialmoment
B9	birth-and-death process	Geburts- und Todesprozeß
B10	birth process	Geburtsprozeß

A1	moment absolu	абсолютный момент
A2	priorité absolue	абсолютный приоритет
A3	distribution absolument continue	абсолютно непрерывное распределение
A4	état absorbant	поглощающее состояние
A5	accessibilité	доступность
A6	état accessible	достижимое состояние
A7	décision	решение
A8	espace des décisions	пространство решений
A9	état actif d'objet	активное состояние объекта
A10	temps d'attente actuel, temps d'attente effectif	актуальное время ожидания
A11	âge	возраст
A12	algorithme	алгоритм
A13	presque tout	почти все
A14	presque partout	почти всюду
A15	ensemble presque invariant	почти инвариантное множество
A16	presque sûr	почти наверное
A17	convergence presque sûre	сходимость почти наверное
A18	événement presque certain	почти достоверное событие
A19	discipline de priorité alternante	чередующийся приоритет
A20	processus de renouvellement alternant	альтернирующий процесс восстановления
A21	quantité de travail	количество работы, объём работы
A22	chaîne de Markov apériodique	апериодическая цепь Маркова, непериодическая цепь Маркова
A23	état apériodique	апериодическое состояние, непериодическое состояние
A24	méthode d'approximation	аппроксимационная процедура, метод последовательных приближений
A25	variable aléatoire de distribution quelconque	произвольно распределенная случайная величина
A26	distribution arithmétique	арифметическое распределение
A27	instant d'arrivée	момент поступления, момент прихода
A28	intensité des arrivées	интенсивность поступления, интенсивность прихода, интенсивность входящего потока
A29	processus des arrivées	процесс поступления, входящий поток
A30	taux d'arrivée	интенсивность поступления, интенсивность прихода, интенсивность входящего потока
A31	méthode asymptotique	асимптотический метод
A32	normalité asymptotique	асимптотическая нормальность
A33	fonction d'autocorrélation	автокорреляционная функция
A34	fonction d'autocovariance	автоковариационная функция
A35	disponibilité	доступность
A36	moyenne	среднее значение
A37	axe	ось
B1	équation en vers	обратное уравнение
B2	temps de récurrence en vers, temps résidual en vers	дефект
B3	équation de balance	уравнение равновесия
B4	point de base	основная точка
B5	service groupé	групповое обслуживание
B6	distribution de Bernoulli	распределение Бернулли
B7	distribution binomiale	биномиальное распределение
B8	moment binomial	биномиальный момент
B9	processus de naissance et mort	процесс гибели и размножения
B10	processus de naissance	процесс размножения

B11	birth rate	Geburtsintensität, Geburtsrate
B12	blocking	Blockierung
B13	Borel set	Borel-Menge
B14	bound	Schranke
B15	boundary	Rand
B16	bounded queue length	beschränkte Schlangenlänge
B17	bounded waiting time	beschränkte Wartezeit
B18	branching process	Verzweigungsprozeß
B19	break off	Abbruch
B20	breakdown	Ausfall
B21	Brownian motion	Brownsche Bewegung
B22	buffer	Puffer
B23	bulk arrivals	Gruppenankünfte
B24	bulk service	Gruppenbedienung
B25	bulk size	Gruppenumfang
B26	busy cycle	Belegungszyklus
B27	busy period	Besetztperiode, Belegungsperiode, Besetztzeit
C1	call	Anruf
C2	capacity	Kapazität, Fassungsvermögen
C3	central limit theorem	zentraler Grenzwertsatz
C4	central moment	zentrales Moment
C5	centralized random variable	zentrierte Zufallsgröße
C6	change of state	Zuständsänderung
C7	change-over time	Umschaltzeit
C8	channel	Kanal
C9	Chapman-Kolmogorov equation	Chapman-Kolmogorowsche Gleichung
C10	characteristic function	charakteristische Funktion
C11	characteristic functional	charakteristisches Funktional
C12	characteristic set function	Indikatorfunktion
C13	closed loss system	geschlossenes Verlustsystem
C14	closed queueing network	geschlossenes Bedienungsnetzwerk
C15	closed queueing system	geschlossenes Wartesystem
C16	closed service system	geschlossenes Bedienungssystem
C17	coefficient of variation	Variationskoeffizient
C18	cold standby redundancy	kalte Reserve
C19	combinatorial method	kombinatorische Methode
C20	common distribution	gemeinsame Verteilung
C21	communicating states	verbundene Zustände
C22	communication	Kommunikation
C23	compactness	Kompaktheit
C24	compact state space	kompakter Zustandsraum
C25	comparability	Vergleichbarkeit
C26	compatibility condition of Kolmogorov	Kolmogorowsche Verträglichkeitsbedingung
C27	complementary event	komplementäres Ereignis
C28	complete insensitivity	vollständige Unempfindlichkeit
C29	complete state space	vollständiger Zustandsraum
C30	computer network	Rechnernetzwerk
C31	concave cost function	konkave Kostenfunktion
C32	conditional distribution	bedingte Verteilung
C33	conditional distribution function	bedingte Verteilungsfunktion
C34	conditional expectation	bedingter Erwartungswert, bedingte Erwartung
C35	conditional probability	bedingte Wahrscheinlichkeit
C36	conditional probability density	bedingte Verteilungsdichte
C37	conservation law	Erhaltungsgesetz

B11	taux de naissance	интенсивность размножения
B12	blocage	блокировка
B13	ensemble borélien	борелевское множество
B14	borne	ограничение
B15	frontière	граница, контур
B16	longueur de file bornée, longueur de file limitée	ограниченная длина очереди
B17	temps d'attente borné, temps d'attente limité	ограниченное время ожидания
B18	processus de branchement	ветвящийся процесс
B19	rupture	обрыв
B20	panne	выход из строя, отказ, поломка
B21	mouvement brownien	броуновское движение
B22	tampon	буфер, накопитель
B23	arrivées groupées, arrivées en groupes	групповое поступление
B24	service groupé	групповое обслуживание
B25	taille d'un groupe	объём группы
B26	cycle actif, cycle occupé	цикл занятости
B27	période active, période occupée	период занятости
C1	appel	вызов, заявка
C2	capacité	ёмкость
C3	théorème de limite centrale	центральная предельная теорема
C4	moment central	центральный момент
C5	variable aléatoire centrée	центрированная случайная величина
C6	changement d'état	изменение состояния
C7	temps de commutation	время переключения
C8	canal	канал
C9	équation de Chapman-Kolmogorov	уравнение Чепмена-Колмогорова
C10	fonction caractéristique	характеристическая функция
C11	fonctionnelle caractéristique	характеристический функционал
C12	fonction indicatrice d'une ensemble	характеристическая функция множества
C13	système fermé avec pertes	замкнутая система с потерями
C14	réseau de files d'attente fermé	замкнутая сеть массового обслуживания
C15	système d'attente fermé	замкнутая система с ожиданием
C16	système de service fermé	замкнутая система массового обслуживания
C17	coefficient de variation	коэффициент вариации
C18	élément redondant hors tension	холодный резерв, ненагруженный резерв
C19	méthode combinatoire	комбинаторный метод
C20	distribution commune	совместное распределение
C21	états communicants	сообщающиеся состояния
C22	communication	сообщение
C23	compacité	компактность
C24	espace d'états compact	компактное пространство состояний
C25	comparabilité	сравнимость
C26	condition de compatibilité de Kolmogorov	условие согласованности Колмогорова
C27	événement contraire	дополнительное событие
C28	insensibilité complète	полная нечувствительность
C29	espace d'états complet	полное пространство состояний
C30	réseau d'ordinateurs	сеть вычислителных машин
C31	fonction de coût concave	вогнутая функция стоимости, выпуклая вверх функция стоимости
C32	distribution conditionnelle	условное распределение
C33	fonction de répartition conditionnelle	условная функция распределения
C34	espérance conditionnelle	условное математическое ожидание
C35	probabilité conditionnelle	условная вероятность
C36	densité de probabilité conditionelle	условная плотность распределения вероятностей
C37	loi de conservation	закон сохранения

C38	conservation theorem	Erhaltungssatz
C39	conservative service discipline	konservative Bedienungsdisziplin
C40	continuity	Stetigkeit
C41	continuity point	Stetigkeitspunkt
C42	continuous distribution	stetige Verteilung
C43	continuous function	stetige Funktion
C44	continuous mapping theorem	Abbildungstheorem
C45	continuous random variable	stetige Zufallsgröße
C46	continuous-time Markov chain	Markowsche Kette mit stetiger Zeit
C47	continuous-time Markov process	Markowscher Prozeß mit stetiger Zeit
C48	continuous-time process	Prozeß mit stetiger Zeit
C49	contracting Markov chain	kontraktive Markowsche Kette
C50	control	Steuerung
C51	control parameter	Steuerparameter
C52	controllable process	steuerbarer Prozeß
C53	controllable service system	steuerbares Bedienungssystem
C54	controlled process	gesteuerter Prozeß
C55	controlled service system	gesteuertes Bedienungssystem
C56	convergence	Konvergenz
C57	convergence in probability	Konvergenz in Wahrscheinlichkeit
C58	convergence in variation	Konvergenz in Variation
C59	convergence rate	Konvergenzgeschwindigkeit
C60	convergence with probability one	Konvergenz mit Wahrscheinlichkeit Eins
C61	convex cost function	konvexe Kostenfunktion
C62	convolution	Faltung
C63	convolution, n-fold	Faltungspotenz
C64	correlation	Korrelation
C65	correlation coefficient	Korrelationskoeffizient
C66	correlation function	Korrelationsfunktion
C67	cost function	Kostenfunktion
C68	cost rate	Kostenrate
C69	costs	Kosten
C70	counting measure	Zählmaß
C71	covariance	Kovarianz
C72	Cox process	doppelt stochastischer Poisson-Prozeß, Cox-Prozeß
C73	cross correlation function	Kreuzkorrelationsfunktion
C74	cumulants	Kumulanten
C75	cumulative process	kumulativer Prozeß
C76	customer	Kunde
C77	customer-stationary process	kundenstationärer Prozeß
C78	customer type	Kundentyp
C79	cycle	Zyklus
C80	cyclic queue	zyklisches Wartesystem
C81	cyclic service discipline	zyklische Bedienungsreihenfolge
C82	cylindrical set	Zylindermenge

C38	théorème de conservation	теорема сохранения
C39	discipline de service conservative	консервативная дисциплина обслуживания
C40	continuité	непрерывность
C41	point de continuité	точка непрерывности
C42	distribution continue	непрерывное распределение
C43	fonction continue	непрерывная функция
C44	théorème d'application continue (de Billingsley)	теорема о непрерывном отображении
C45	variable aléatoire continue	непрерывно распределенная случайная величина
C46	chaîne de Markov à temps continu	цепь Маркова с непрерывным временем
C47	processus de Markov à temps continu	марковский процесс с непрерывным временем
C48	processus à temps continu	процесс с непрерывным временем
C49	chaîne de Markov contractive	поглощающая цепь Маркова
C50	contrôle	управление
C51	paramètre de contrôle	параметр управления, управляющий параметр
C52	processus contrôlable	управляемый процесс, процесс допускающий управление
C53	système de service contrôlable	управляемая система массового обслуживания, система массового обслуживания допускающая управление
C54	processus contrôlé	процесс с управлением, управляемый процесс
C55	système de service contrôlé	система массового обслуживания с управлением, управляемая система массового обслуживания
C56	convergence	сходимость
C57	convergence en probabilité	сходимость по вероятности
C58	convergence en variation	сходимость по вариации
C59	vitesse de convergence	скорость сходимости
C60	convergence presque-sûre	сходимость с вероятностью единица
C61	fonction de coût convexe	выпуклая функция стоимости, выпуклая вниз функция стоимости
C62	convolution	свертка
C63	puissance de convolution	степень свертки
C64	corrélation	корреляция
C65	coefficient de corrélation	коэффициент корреляции
C66	fonction de corrélation	корреляционная функция
C67	fonction de coût	функция стоимости
C68	coût par unité de temps	интенсивность стоимости
C69	coût	стоимость
C70	mesure ponctuelle	считающая мера
C71	covariance	ковариация
C72	processus de Cox	процесс Кокса, дважды стохастический пуассоновский процесс
C73	fonction d'intercorrélation	взаимно корреляционная функция
C74	cumulants	кумулянты
C75	processus cumulatif	кумулятивный процесс, процесс накопления
C76	client	клиент, требование
C77	processus stationnaire par rapport aux clients	процесс стационарный по моментам поступления
C78	type de client	тип клиента, тип требования
C79	cycle	цикл
C80	file d'attente cyclique	циклическая система обслуживания с ожиданием
C81	discipline de service cyclique	циклическая дисциплина обслуживания
C82	ensemble cylindrique, cyclindre	цилиндрическое множество

D1	dam	Damm, Wasserreservoir
D2	death process	Todesprozeß
D3	death rate	Sterbeintensität
D4	decision	Entscheidung
D5	decision function	Entscheidungsfunktion
D6	decision process	Entscheidungsprozeß
D7	decision rule	Entscheidungsregel
D8	decision space	Entscheidungsraum
D9	decomposable Markov chain	zerlegbare Markowsche Kette
D10	decreasing failure rate (DFR)	fallende Fehlerrate
D11	degenerate distribution	entartete Verteilung, Einpunktverteilung, ausgeartete Verteilung
D12	delay	Verzögerung
D13	delay system	Wartesystem
D14	delayed renewal process	modifizierter Erneuerungsprozeß, verzögerter Erneuerungsprozeß
D15	delta function	Deltafunktion
D16	demand	Forderung
D17	density	Dichte
D18	density function	Dichtefunktion
D19	denumerable state space	abzählbarer Zustandsraum
D20	departure epoch	Abgangszeitpunkt
D21	departure process	Abgangsprozeß, Abgangsstrom, Output
D22	dependent random variables	abhängige Zufallsgrößen
D23	determinant	Determinante
D24	DFR-distribution	DFR-Verteilung, Verteilung mit fallender Ausfallrate
D25	differentiability of stochastic processes	Differenzierbarkeit stochastischer Prozesse
D26	differentiable stochastic process	differenzierbarer stochastischer Prozeß
D27	differential equation	Differentialgleichung
D28	diffusion	Diffusion
D29	diffusion approximation	Diffusionsapproximation
D30	diffusion process	Diffusionsprozeß
D31	discontinuity	Unstetigkeit
D32	discounted gain	diskontierter Gewinn
D33	discounted reward	diskontierter Ertrag
D34	discrete distribution	diskrete Verteilung
D35	discrete random variable	diskrete Zufallsgröße
D36	discrete-time Markov process	Markowscher Prozeß mit diskreter Zeit
D37	discrete-time process	Prozeß mit diskreter Zeit
D38	disjoint events	unvereinbare Ereignisse
D39	disjoint sets	disjunkte Mengen
D40	dispersion	Streuung, Dispersion, Varianz
D41	distance	Abstand
D42	distribution	Verteilung
D43	distribution-free procedure	verteilungsfreies Verfahren
D44	distribution function	Verteilungsfunktion
D45	distribution function with decreasing failure rate	Verteilungsfunktion mit fallender Fehlerrate, DFR-Verteilungsfunktion

D1	barrage	водохранилище
D2	processus de mort	процесс гибели
D3	taux de mortalité	интенсивность гибели
D4	décision	решение, управляющий параметр
D5	fonction de décision	решающая функция
D6	processus de décision	процесс решений, управляемый процесс
D7	règle de décision	правило решения, решающее правило
D8	espace des décisions	пространство решений, пространство управлений
D9	chaîne de Markov décomposable	разложимая цепь Маркова, приводимая цепь Маркова
D10	taux de défaillance décroissant	убывающая интенсивность отказов, убывающая опасность отказа
D11	distribution dégénérée	вырожденное распределение
D12	retard	запаздывание, задержка
D13	système à retard	система массового обслуживания с задержкой
D14	processus de renouvellement retardé	процесс восстановления с задержкой, процесс восстановления с запаздыванием, общий процесс восстановления
D15	fonction de Dirac	дельта-функция
D16	demande	требование
D17	densité	плотность
D18	fonction de densité	функция плотности
D19	espace dénombrable d'états	счетное пространство состояний
D20	instant de départ, instant de sortie	момент выхода, момент ухода
D21	processus des départs	выходящий процесс, выходящий поток
D22	variables aléatoires dépendantes	зависимые случайные величины
D23	déterminant	определитель
D24	DFR-distribution, distribution avec taux de défaillance décroissant	DFR-распределение, распределение с убывающей интенсивностью отказов, молодеющее распределение
D25	différentiabilité des processus stochastiques	дифференцируемость случайных процессов
D26	processus stochastique différentiable	дифференцируемый стохастический процесс
D27	équation différentielle	дифференциальное уравнение
D28	diffusion	диффузия
D29	approximation par une diffusion	диффузионное приближение
D30	processus de diffusion	диффузионный процесс
D31	discontinuité	разрыв
D32	gain escompté	прибыль с переоценкой
D33	rapport escompté	доход с переоценкой
D34	distribution discrète	дискретное распределение
D35	variable aléatoire discrète	дискретная случайная величина
D36	processus de Markov a temps discret	марковский процесс с дискретным временем
D37	processus à temps discret	процесс с дискретным временем
D38	événements incompatibles	несовместимые события
D39	ensembles disjoints	непересекающиеся множества
D40	dispersion	дисперсия
D41	distance	расстояние
D42	distribution	распределение
D43	méthode non paramétrique	непараметрическая процедура
D44	fonction de répartition	функция распределения
D45	fonction de répartition avec taux de défaillance décroissant	функция распределения с убывающей интенсивностью отказов, молодеющая функция распределения

D46	distribution function with increasing failure rate	Verteilungsfunktion mit wachsender Fehlerrate IFR-Verteilungsfunktion
D47	distribution law	Verteilungsgesetz
D48	doubly stochastic Markov chain	doppelt stochastische Markowsche Kette
D49	doubly stochastic matrix	doppelt stochastische Matrix
D50	doubly stochastic Poisson process	doppelt stochastischer Poisson-Prozeß, Cox-Prozeß
D51	drift	Drift
D52	dual system	duales System
D53	duality	Dualität
D54	duality lemma	Dualitätslemma
D55	dynamical priority	dynamische Priorität
E1	elapsed interarrival time	abgelaufene Pausenzeit
E2	elapsed service time	abgelaufene Bedienungszeit
E3	elementary event	Elementarereignis
E4	elementary renewal theorem	elementares Erneuerungstheorem
E5	embedded distribution	eingebettete Verteilung
E6	embedded Markov chain	eingebettete Markowsche Kette
E7	embedded point process	eingebetteter Punktprozeß
E8	embedded probability	eingebettete Wahrscheinlichkeit
E9	embedded process	eingebetteter Prozeß
E10	embedded semi-Markov process	eingebetteter semi-Markowscher Prozeß
E11	empirical distribution	empirische Verteilung
E12	Engset formula	Engsetsche Formel
E13	Engset delay system	Engsetsches Wartesystem
E14	Engset loss system	Engsetsches Verlustsystem
E15	entire function	ganze Funktion
E16	entrance epoch	Eintrittszeitpunkt
E17	environment	Umgebung
E18	equality	Gleichheit
E19	equation	Gleichung
E20	equidistributed random variables	identisch verteilte Zufallsvariablen
E21	equilibrium	Gleichgewicht
E22	equilibrium condition	Gleichgewichtsbedingung
E23	equivalent stochastic processes	äquivalente stochastische Prozesse
E24	ergodic distribution	ergodische Verteilung
E25	ergodic Markov chain	ergodische Markowsche Kette
E26	ergodic process	ergodischer Prozeß
E27	ergodic service process	ergodischer Bedienungsprozeß
E28	ergodic theorem	Ergodensatz
E29	ergodicity	Ergodizität
E30	ergodicity condition	Ergodizitätsbedingung
E31	Erlang distribution	Erlang-Verteilung
E32	Erlang formula	Erlangsche Formel
E33	Erlang loss system	Erlangsches Verlustsystem
E34	Erlang phase method	Erlangsche Phasenmethode

D46	fonction de répartition avec taux de défaillance croissant	функция распределения с возрастающей интенсивностью октказов, стареющая функция распределения
D47	loi de répartition	закон распределения
D48	chaîne de Markov doublement stochastique	дважды стохастическая цепь Маркова
D49	matrice doublement stochastique	дважды стохастическая матрица
D50	processus de Poisson doublement stochastique, processus d'Cox	дважды стохастический пуассоновский процесс, процесс Кокса
D51	dérive	дрейф, тренд
D52	système dual	двойственная система
D53	dualité	двойственность
D54	lemme de dualité	лемма двойственности
D55	priorité dynamique	динамический приоритет
E1	temps résiduel en vers entre les arrivées	время истекшее с момента поступления последнего требования, время прошедшее с момента поступления последнего требования
E2	quantité de service accompli	истекшее время обслуживания, прошедшее время обслуживания
E3	événement élémentaire	элементарное событие
E4	théorème du renouvellement élémentaire	элементарная теорема восстановления
E5	distribution incluse	вложенное распределение, распределение по вложенным моментам
E6	chaîne de Markov incluse	вложенная цепь Маркова
E7	processus ponctuel inclus	вложенный точечный процесс
E8	probabilité incluse	вложенная вероятность, вероятность по вложенным моментам
E9	processus inclus	вложенный процесс
E10	processus semi-markovien inclus	вложенный полумарковский процесс
E11	distribution empirique	эмприческое распределение
E12	formule d'Engset	формула Энгсета
E13	système d'Engset avec retard	система Энгзета с задержкой, система обслуживания станков, система ремонта машин
E14	système d'Engset avec perte	система Энгсета с потерями
E15	fonction entière	целая функция
E16	instant d'entrée	момент поступления
E17	voisinage	окрестность
E18	égalité	равенство
E19	équation	уравнение
E20	variables aléatoires équidistribuées, variables aléatoires identiquement distribuées	одинаково распределенные случайные величины
E21	équilibre	равновесие, стационарный режим
E22	condition d'équilibre	условие равновесия, условие стационарности
E23	processus stochastiques équivalents	эквивалентные случайные процессы
E24	distribution ergodique	эргодическое распределение
E25	chaîne de Markov ergodique	эргодическая цепь Маркова
E26	processus ergodique	эргодический процесс
E27	processus de service ergodique	эргодический процесс обслуживания
E28	théorème ergodique	эргодическая теорема
E29	ergodicité, ergodisme	эргодичность
E30	condition d'ergodicité	условие эргодичности
E31	distribution d'Erlang	распределение Эрланга, эрланговское распределение
E32	formule d'Erlang	формула Эрланга
E33	système d'Erlang avec perte	система Эрланга с потерями
E34	méthode des phases d'Erlang	метод фаз Эрланга

E35	essential state of a Markov process	wesentlicher Zustand eines Markowschen Prozesses
E36	estimate	Abschätzung, Schätzung, Schätzwert
E37	Euclidian metric	euklidische Metrik
E38	event	Ereignis
E39	evolution	Evolution
E40	existence theorem	Existenzsatz
E41	exit epoch	Austrittszeitpunkt
E42	expectation	Erwartungswert
E43	expected reward	erwarteter Gewinn, mittlerer Gewinn
E44	expected value	Erwartungswert, Mittelwert
E45	exponential distribution	Exponentialverteilung
E46	exponential ergodicity	exponentielle Ergodizität
E47	exponentially distributed random variable	exponentiell verteilte Zufallsgröße
E48	extended service scheme	erweitertes Bedienungsschema
E49	extremal property	Extremalitätseigenschaft
F1	factorial moment	faktorielles Moment
F2	factorial moment generating function	faktorielle momenterzeugende Funktion
F3	factorization	Faktorisierung
F4	failure	Ausfall
F5	failure rate	Ausfallrate, Fehlerrate
F6	feedback	Feedback, Rückkopplung
F7	fictional state	fiktiver Zustand
F8	field of events	Ereignisfeld
F9	filtration of point processes	Filtration von Punktprozessen
F10	filtration of stochastic processes	Filtration stochastischer Prozesse
F11	finite capacity	endliche Kapazität
F12	finite-dimensional distribution	endlichdimensionale Verteilung
F13	finite homogeneous Markov chain	endliche homogene Markowsche Kette
F14	finite Markov chain	endliche Markowsche Kette
F15	finite state space	endlicher Zustandsraum
F16	first-come-first-served discipline (FCFS-discipline)	Bedienung in der Reihenfolge des Eintreffens, FCFS-Disziplin
F17	first-in-first-out discipline (FIFO-discipline)	Bedienung in der Reihenfolge des Eintreffens, FIFO-Disziplin
F18	first moment	erstes Moment
F19	first passage time	Erstdurchgangszeit
F20	flow	Strom
F21	flow intensity	Stromintensität
F22	flow of demands	Forderungenstrom
F23	flow of events	Ereignisstrom
F24	flow parameter	Stromparameter
F25	fluctuation theory	Fluktuationstheorie
F26	formalization of service systems	Formalisierung von Bedienungssystemen
F27	formula of the total probability	Formel der totalen Wahrscheinlichkeit
F28	forward equation	Vorwärtsgleichung
F29	forward residual time	Vorwärtsrestzeit, Exzeß
F30	full accessibility	vollkommene Erreichbarkeit, vollständige Erreichbarkeit
F31	full availability	volle Verfügbarkeit

E35	état essentiel d'un processus de Markov	существенное состояние марковского процесса
E36	estimation	оценка
E37	métrique euclidienne	евклидова метрика
E38	événement	событие
E39	évolution	эволюция
E40	théorème d'existence	теорема существования
E41	instant de sortie	момент выхода
E42	espérance, espérance mathématique	математическое ожидание
E43	gain moyen	ожидаемый доход
E44	valeur moyenne	среднее значение
E45	distribution exponentielle	показательное распределение, экспоненциальное распределение
E46	ergodicité exponentielle	экспоненциальная эргодичность
E47	variable aléatoire exponentiellement distribuée	показательно распределенная случайная величина
E48	schéma de service	расширенная схема обслуживания
E49	propriété d'extrémalité	свойство экстремальности

F1	moment factoriel	факториальный момент
F2	fonction génératrice des moments factoriels	производящая функция факториальных моментов
F3	factorisation	факторизация
F4	défaillance	отказ, выход из строя, поломка
F5	taux de défaillance	интенсивность отказов
F6	rebouclage	обратная связь
F7	état fictif	фиктивное состояние
F8	algèbre d'événements	поле событий алгебра событий
F9	filtrage de processus ponctuels	фильтрация точечных процессов
F10	filtrage de processus stochastiques	фильтрация случайных процессов
F11	capacité finite	конечная ёмкость
F12	distribution de dimension fini	конечномерное распределение
F13	chaîne de Markov homogène à espace d'états fini	конечная однородная цепь Маркова
F14	chaîne de Markov à espace d'états fini	конечная цепь Маркова
F15	espace d'états fini	конечное пространство состояний
F16	discipline de service: premier arrivé-premier servi, FCFS-discipline	дисциплина обслуживания в порядке поступления: «прибыл первым — обслужен первым»
F17	discipline de service: premier arrivé-premier sorti, FIFO-discipline	дисциплина обслуживания в порядке поступления: «прибыл первым — ушёл превым»
F18	moment d'ordre un	первый момент
F19	temps de premier passage	время первого пересечения, время первого прохождения
F20	flot	поток
F21	intensité du flot	интенсивность потока
F22	flot des demandes	поток требований
F23	flot d'événements	поток событий
F24	paramètre de flot	параметр потока
F25	théorie des fluctuations	теория флуктуаций
F26	formalisation de systèmes de service	формализация систем массового обслуживания
F27	formule de la probabilité totale	формула полной вероятности
F28	équation directe	прямое уравнение
F29	temps restant	эксцесс
F30	accessibilité complète	полная доступность
F31	disponibilité totale	полная доступность

F32	function	Funktion
F33	functional	Funktional
F34	functional equation	Funktionalgleichung
G1	gain	Gewinn
G2	gamma distribution	Gammaverteilung
G3	Gaussian distribution	Gauß-Verteilung, Normalverteilung
G4	Gaussian process	Gaußscher Prozeß
G5	general renewal process	modifizierter Erneuerungsprozeß, verzögerter Erneuerungsprozeß
G6	generalized Engset formula	verallgemeinerte Engsetsche Formel
G7	generalized Erlang formula	verallgemeinerte Erlangsche Formel
G8	generalized product formula	verallgemeinerter Produktansatz
G9	generating function	erzeugende Funktion
G10	geometric distribution	geometrische Verteilung
G11	geometric ergodicity	geometrische Ergodizität
G12	global balance	globales Gleichgewicht
G13	global balance equation	globale Bilanzgleichung
G14	global limit theorem	globaler Grenzwertsatz
G15	graph	Graph
G16	grouped (lumped) state	Grobzustand
G17	group arrivals	Gruppenankünfte
G18	group service	Gruppenbedienung
G19	group size	Gruppenumfang
H1	half-line	Halbgerade
H2	hazard rate	Ausfallrate, Fehlerrate
H3	head-of-the-line priority discipline	relative Priorität
H4	heavy traffic	starke Belastung
H5	heavy-traffic approximation	Approximation bei starker Belastung
H6	heterogeneous customers	heterogene Kunden, verschiedene Kundentypen
H7	higher moments	höhere Momente
H8	holding time	Gesprächsdauer
H9	homogeneous birth and death process	homogener Geburts- und Todesprozeß
H10	homogeneous flow	homogener Strom
H11	homogeneous Markov chain	homogene Markowsche Kette
H12	homogeneous Markov process	homogener Markowscher Prozeß
H13	homogeneous Poisson flow	einfachster Strom
H14	homogeneous Poisson process	homogener Poisson-Prozeß
H15	homogeneous solution	homogene Lösung
H16	homogeneous strategy	homogene Strategie
H17	hot standby redundancy	heiße Reserve
H18	Howard algorithm	Howard-Algorithmus
H19	hyper-Erlang distribution	hypererlangsche Verteilung, Hyper-Erlang-Verteilung
H20	hyper-exponential distribution	Hyperexponentialverteilung
I1	identically distributed random variables	identisch verteilte Zufallsvariablen
I2	identically distributed random vectors	identisch verteilte Zufallsvektoren
I3	identity	Identität
I4	identity matrix	Einheitsmatrix

F32	fonction	функция
F33	fonctionnelle	функционал
F34	équation fonctionnelle	функциональное уравнение
G1	gain	прибыль, доход
G2	distribution gamma	гамма-распределение
G3	distribution de Gauss	гауссовское распределение, нормальное распределение
G4	processus de Gauss	гауссовский процесс
G5	processus de renouvellement retardé	общий процесс восстановления, процесс восстановления с запаздыванием
G6	formule d'Engset généralisée	обобщенная формула Энгсета
G7	formule d'Erlang généralisée	обобщенная формула Эрланга
G8	forme produit généralisée	обобщенное мультипликативное представление
G9	fonction génératrice	производящая функция
G10	distribution géométrique	геометрическое распределение
G11	ergodicité géométrique	геометрическая эргодичность
G12	balance globale	глобальное равновесие
G13	equation de balance globale	глобальное уравнение равновесия
G14	théorème limite global	глобальная предельная теорема
G15	graphe	граф
G16	état gros	макросостояние
G17	arrivées en groupes, arrivées groupées	групповое поступление
G18	service par groupes	групповое обслуживание
G19	taille d'un groupe	объём группы, размер группы
H1	demi-droite	полупрямая
H2	taux de défaillance	интенсивность отказов
H3	priorité relative	относительный приоритет
H4	trafic intense	большая нагрузка, большая загрузка
H5	approximation en trafic intense	приближение при большой нагрузке
H6	clients hétérogènes	неоднородные требования
H7	moments supérieurs	высшие моменты
H8	temps de conversation	длительность разговора
H9	processus homogène de naissance et de mort	однородный процесс гибели и размножения
H10	flot homogène	однородный поток
H11	chaîne de Markov homogène	однородная цепь Маркова
H12	processus de Markov homogène	однородный марковский процесс
H13	flot de Poisson homogène	однородный пуассоновский поток, простейший поток
H14	processus de Poisson homogène	однородный пуассоновский процесс
H15	solution homogène	однородное решение
H16	stratégie homogène	однородная стратегия
H17	élément redondant sous tension	горячий резерв, нагруженный резерв
H18	algorithme d'Howard	алгоритм Ховарда
H19	distribution hypererlangienne	гиперэрланговское распределение
H20	distribution hyperexponentielle	гиперэкспоненциальное распределение
I1	variables aléatoires identiquement distribuées, variables aléatoires équidistribuées	одинаково распределенные случайные величины
I2	vecteurs aléatoires identiquement distribués, vecteurs aléatoires équidistribuées	одинаково распределенные случайные векторы
I3	identité	тождество
I4	matrice unité	единичная матрица

I5	idle time	Leerzeit, Untätigkeitszeit
I6	IFR-distribution	IFR-Verteilung, Verteilung mit wachsender Ausfallrate
I7	imaginary axis	imaginäre Achse
I8	imbedded distribution	eingebettete Verteilung
I9	imbedded Markov chain	eingebettete Markowsche Kette
I10	imbedded point process	eingebetteter Punktprozeß
I11	imbedded probability	eingebettete Wahrscheinlichkeit
I12	imbedded process	eingebetteter Prozeß
I13	imbedded renewal process	eingebetteter Erneuerungsprozeß
I14	imbedded service process	eingebetteter Bedienungsprozeß
I15	immediate gain	augenblicklicher Gewinn, momentaner Gewinn
I16	impatient customers	ungeduldige Kunden
I17	impossible event	unmögliches Ereignis
I18	incompatible events	unvereinbare Ereignisse
I19	increasing failure rate (IFR)	wachsende Fehlerrate
I20	increment	Zuwachs
I21	independence	Unabhängigkeit
I22	independence assumption	Unabhängigkeitsvoraussetzung
I23	independent events	unabhängige Ereignisse
I24	independent random variables	unabhängige Zufallsgrößen
I25	independently marked point process	unabhängig markierter Punktprozeß
I26	indicator	Indikator
I27	indicator function	Indikatorfunktion
I28	individual ergodic theorem	individueller Ergodensatz
I29	inequality	Ungleichung
I30	inessential state	unwesentlicher Zustand
I31	infinitely divisible distribution	unbegrenzt teilbare Verteilung
I32	infinitesimal operator	Infinitesimaloperator
I33	inhomogeneous Markov chain	inhomogene Markowsche Kette
I34	inhomogeneous Poisson process	inhomogener Poisson-Prozeß
I35	initial condition	Anfangsbedingung
I36	initial distribution	Anfangsverteilung
I37	initial state	Anfangszustand
I38	input	Input, Eingangsstrom
I39	insensitivity	Unempfindlichkeit, Invarianz
I40	instable state	instabiler Zustand
I41	instantaneous intensity	augenblickliche Intensität
I42	integral equation	Integralgleichung
I43	integro-differential equation	Integro-Differentialgleichung
I44	intensity	Intensität
I45	intensity conservation principle	Intensitätserhaltungsprinzip
I46	intensity measure	Intensitätsmaß
I47	interarrival time	Pausenzeit, Zwischenankunftszeit
I48	intermediate waiting room	Puffer
I49	interrupted service	unterbrochene Bedienung
I50	interruption	Unterbrechung
I51	interval	Intervall
I52	invariance	Invarianz
I53	invariant set	invariante Menge

I5	temps d'oisiveté	время простоя, период простоя, свободный период
I6	IFR-distribution, distribution avec taux de défaillance croissant	IFR-распределение, распределение с возрастающей интенсивностью отказов, стареющее распределение
I7	axe imaginaire	мнимая ось
I8	distribution incluse	вложенное распределение, распределение по вложенным моментам
I9	chaîne de Markov incluse	вложенная цепь Маркова
I10	processus ponctuel inclus	вложенный точечный процесс
I11	probabilité incluse	вложенная вероятность, вероятность по вложенным моментанам
I12	processus inclus	вложенный процесс
I13	processus de renouvellement inclus	вложенный процесс восстановления
I14	processus de service inclus	вложенный процесс обслуживания
I15	gain infinitésimal	непосредственная прибыль, мгновенная прибыль
I16	clients impatients	нетерпеливые клиенты
I17	événement impossible	невозможное событие
I18	événements imcompatibles	несовместимые события
I19	taux de défaillance croissant	возрастающая интенсивность отказов, возрастающая опасность отказа
I20	accroissement	приращение
I21	indépendance	независимость
I22	hypothèse d'indépendance	предположение о независимости
I23	événements indépendantes	независимые события
I24	variables aléatoires indépendantes	независимые случайные величины
I25	processus ponctuel à marques indépendantes	независимо маркированный точечный процесс
I26	indicateur	индикатор
I27	fonction indicatrice	индикатор, характеристическая функция множества
I28	théorème ergodique individuel	индивидуальная эргодическая теорема
I29	inéquation, inégalité	неравенство
I30	état inessentiel	несущественное состояние
I31	distribution indéfinitement divisible	безгранично делимое распределение
I32	générateur infinitésimal	инфинитезимальный оператор
I33	chaîne de Markov non homogène	неоднородная цепь Маркова
I34	processus de Poisson non homogène	неоднородный пуассоновский процесс
I35	condition initiale	начальное условие
I36	distribution initiale	начальное распределение
I37	état initial	начальное состояние
I38	entrée	вход
I39	insensitivité	нечувствительность, инвариантность
I40	état instable	неустойчивое состояние
I41	intensité instantanée, intensité momentanée	мгновенная интенсивность
I42	équation intégrale	интегральное уравнение
I43	équation intégro-différentielle	интегро-дифференциальное уравнение
I44	intensité	интенсивность
I45	principe de conservation de l'intensité	принцип сохранения интенсивности
I46	mesure d'intensité	мера интенсивности
I47	interarrivée, temps entre les arrivées	время между моментами поступления требований
I48	tampon	буфер, накопитель
I49	service interrompu	прерванное обслуживание
I50	interruption	прерывание
I51	intervalle	интервал, отрезок, промежуток
I52	invariance	инвариантность
I53	ensemble invariant	инвариантное множество

I54	invariant vector	invarianter Vektor
I55	inventory theory	Lagerhaltungstheorie
I56	inverse function	Umkehrfunktion
I57	inversion formula	Umkehrformel
I58	irreducible Markov chain	irreduzible Markowsche Kette
I59	irreducible service scheme	irreduzibles Bedienungsschema
I60	iteration formula	Iterationsformel
I61	iteration method	Iterationsmethode
J1	joint distribution	gemeinsame Verteilung
J2	jump epoch	Sprungzeitpunkt
J3	jump process, pure	sprungartiger Prozeß
K1	kernel	Kern
K2	key renewal theorem	Hauptsatz der Erneuerungstheorie
K3	Kolmogorov backward equation	Kolmogorowsche Rückwärtsgleichung
K4	Kolmogorov differential equation	Kolmogorowsche Differentialgleichung
K5	Kolmogorov forward equation	Kolmogorowsche Vorwärtsgleichung
L1	Laplace-Stieltjes transformation	Laplace-Stieltjes-Transformation
L2	Laplace transformation	Laplace-Transformation
L3	large deviations	große Abweichungen
L4	last-come-first-served discipline (LCFS-discipline)	inverse Bedienungsreihenfolge, LCFS-Disziplin
L5	last-in-first-out discipline (LIFO-discipline)	inverse Bedienungsreihenfolge, LIFO-Disziplin
L6	lattice distribution	gitterförmige Verteilung
L7	law of large numbers	Gesetz der großen Zahlen
L8	law of the iterated logarithm	Gesetz des iterierten Logarithmus
L9	leading function of a Poisson process	Leitfunktion eines Poissonprozesses
L10	Lebesgue integral	Lebesgue-Integral
L11	Lebesgue measure	Lebesgue-Maß
L12	left continuous function	linksseitig stetige Funktion
L13	level crossing	Niveauüberschreitung
L14	lifetime	Lebensdauer
L15	light traffic	kleine Belastung, schwache Belastung
L16	limited availability	begrenzte Verfügbarkeit
L17	limit	Grenzwert
L18	limit distribution	Grenzverteilung
L19	limit theorem	Grenzwertsatz
L20	limited queue length	beschränkte Warteschlange
L21	limited sojourn time	beschränkte Verweilzeit
L22	limited waiting time	beschränkte Wartezeit
L23	line	Leitung
L24	linear birth process	linearer Geburtsprozeß
L25	linear equations, system of	lineares Gleichungssystem
L26	linear Markov process	linienartiger Markowscher Prozeß
L27	linear operator	linearer Operator
L28	linear programming algorithm	Algorithmus der linearen Optimierung

I54	vecteur invariant	инвариантный вектор
I55	théorie du contrôle des inventaires	теория управления запасами
I56	fonction inverse	обратная функция
I57	formule d'inversion	формула обращения
I58	chaîne de Markov irréductible	неприводимая цепь Маркова, неразложимая цепь Маркова
I59	schéma de service irreductible	неприводимая схема обслуживания, неразложимая схема обслуживания
I60	formule d'itération	итерационная формула
I61	méthode d'itération	итерационный метод
J1	distribution conjointe	совместное распределение
J2	instant de saut	момент скачка
J3	processus de sauts	скачкообразный процесс
K1	noyau	ядро
K2	théorème-clé du renouvellement	ключевая теорема восстановления
K3	équation en vers de Kolmogorov	обратное уравнение Колмогорова
K4	équation de Kolmogorov	дифференциальное уравнение Колмогорова
K5	équation directe de Kolmogorov	прямое уравнение Колмогорова
L1	transformation de Laplace-Stieltjes	преобразование Лапласа-Стилтьеса
L2	transformation de Laplace	преобразование Лапласа
L3	grandes déviations	большие уклонения
L4	discipline de service: dernier arrivé-premier servi, LCFS-discipline	дисциплина обслуживания в порядке обратном поступлению: « прибыл последним — обслужен первым »
L5	discipline de service: dernier arrivé-premier sorti, LIFO-discipline	дисциплина обслуживания в порядке обратном поступлению: « прибыл последним — ушел первым »
L6	distribution arithmétique	решетчатое распределение
L7	loi des grands nombres	закон больших чисел
L8	loi du logarithme iteré	закон повторного логарифма
L9	fonction de guidage d'un processus de Poisson	ведущая функция пуассоновского процесса
L10	intégrale de Lebesgue	интеграл Лебега
L11	mesure de Lebesgue	мера Лебега
L12	fonction continue à gauche	непрерывная слева функция
L13	passage d'un niveau	пересечение уровня
L14	durée de vie	время жизни, время безотказной работы, длительность жизни, длительность безотказной работы
L15	faible trafic	малая нагрузка
L16	disponibilité limitée	ограниченная доступность
L17	limite	предел
L18	distribution limite, distribution asymptotique	предельное распределение, финальное распределение
L19	théorème limité	предельная теорема
L20	longueur de file limitée, longueur de file bornée	ограниченная длина очереди
L21	durée de séjour limitée, durée de séjour bornée	ограниченное время пребывания
L22	tempts d'attente limitée, temps d'attente bornée	ограниченное время ожидания
L23	ligne	линия
L24	processus de naissance linéaire	линейный процесс рождения
L25	système d'équations linéaires	система линейных уравнений
L26	processus markovien linéaire	линейчатый марковский процесс
L27	opérateur linéaire	линейный оператор
L28	algorithme de programmation linéaire	алгоритм линейного программирования

L29	load	Belastung
L30	local balance	lokales Gleichgewicht
L31	local-balance equation	lokale Bilanzgleichung
L32	local limit theorem	lokaler Grenzwertsatz
L33	logarithmic normal distribution	logarithmische Normalverteilung
L34	lognormal distribution	Lognormalverteilung, logarithmische Normalverteilung
L35	loss function	Verlustfunktion
L36	loss probability	Verlustwahrscheinlichkeit
L37	loss system	Verlustsystem
L38	lost customer	verlorengegangene Forderung
L39	lower bound	untere Schranke
M1	m-step transition probability	m-stufige Übergangswahrscheinlichkeit
M2	many-server (infinite-server) system	System mit unendlich vielen Geräten
M3	mapping	Abbildung
M4	marginal distribution	Randverteilung
M5	mark	Marke
M6	mark space	Markenraum
M7	marked point process	markierter Punktprozeß
M8	Markov chain	Markowsche Kette
M9	Markov process	Markowscher Prozeß
M10	Markov property	Markow-Eigenschaft
M11	Markov renewal process	Markowscher Erneuerungsprozeß
M12	Markov time	Markowscher Zeitpunkt
M13	Markovian queueing network	Markowsches Bedienungsnetzwerk
M14	Markovian service system	Markowsches Bedienungssystem
M15	Markovian strategy	Markowsche Strategie
M16	markovisation	Markowisierung
M17	martingale	Martingal
M18	matrix of transition probabilities	Matrix der Übergangswahrscheinlichkeiten
M19	maximum waiting time during a busy period	maximale Wartezeit während einer Belegungsperiode
M20	mean	Mittel
M21	mean lifetime	mittlere Lebensdauer
M22	mean number of customers in the system	mittlere Anzahl von Kunden im System
M23	mean queue length	mittlere Schlangenlänge
M24	mean residual lifetime bounded above (MRLA)	MRLA
M25	mean residual lifetime bounded below (MRLB)	MRLB
M26	mean service time	mittlere Bedienungszeit
M27	mean value	Mittelwert
M28	mean waiting time	mittlere Wartezeit
M29	measurable function	meßbare Funktion
M30	measurable mapping	meßbare Abbildung
M31	measurable space	meßbarer Raum
M32	measure	Maß
M33	median	Median
M34	memoryless distribution	gedächtnislose Verteilung

L29	charge	нагрузка
L30	balance locale	локальное равновесие
L31	équation de balance locale	уравнение локального равновесия
L32	théorème limite local	локальная предельная теорема
L33	distribution logarithmico-normale	логарифмически нормальное распределение
L34	distribution lognormale, distribution logarithmico-normale	логарифмически нормальное распределение, логнормальное распределение
L35	fonction de perte	функция потерь
L36	probabilité de perte, probabilité de blocage, probabilité d'encombrement	вероятность потери, вероятность отказа
L37	système à perte	система с потерями
L38	client rejeté	потерянное требование
L39	borne inférieure	нижная граница
M1	probabilité de transition en m étapes	переходная вероятность за m шагов, вероятность перехода за m шагов
M2	système à une infinité de serveurs, système à nombre de serveurs illimité	система с бесконечным числом приборов
M3	application	отображение
M4	distribution marginale	маргинальное распределение
M5	marque	метка
M6	espace des marques	пространство меток
M7	processus ponctuel marqué	маркированный точечный процесс
M8	chaîne de Markov	цепь Маркова
M9	processus de Markov, processus markovien	марковский процесс, процесс Маркова
M10	propriété markovienne	марковское свойство
M11	processus de renouvellement markovien, processus semi-markovien	марковский процесс восстановления
M12	temps d'arrêt	марковский момент, момент остановки
M13	réseau markovien de files d'attente	марковская сеть систем массового обслуживания
M14	système markovien de files d'attente	марковская система массового обслуживания
M15	stratégie markovienne	марковская стратегия
M16	markovisation	марковизация
M17	martingale	мартингал
M18	matrice de transitions	матрица переходных вероятностей
M19	temps d'attente maximum pendant un cycle actif	максимальное время ожидания в течение периода занятости
M20	moyenne	среднее значение
M21	durée de vie moyenne	средняя длительность жизни, средняя длительность безотказной работы
M22	nombre moyen de clients présentes dans le système	среднее число клиентов в системе
M23	longueur de file moyenne	средняя длина очереди
M24	durée de vie résiduelle moyenne bornée du haut	ограниченная сверху средняя остаточная длительность жизни
M25	durée de vie résiduelle moyenne bornée en bas	ограниченная снизу средняя остаточная длительность жизни
M26	temps de service moyen	среднее время обслуживания
M27	valeur moyenne	среднее значение
M28	temps d'attente moyen	среднее время ожидания
M29	fonction mesurable	измеримая функция
M30	application mesurable	измеримое отображение
M31	espace mesurable	измеримое пространство
M32	mesure	мера
M33	valeur médiane	медиана
M34	distribution sans mémoire	распределение без памяти

M35	memoryless property	Gedächtnislosigkeit
M36	memoryless strategy	Markowsche Strategie
M37	method of analytic continuation	Methode der analytischen Fortsetzung
M38	method of collective marks	Methode der Zusatzereignisse
M39	method of differential equations	Methode der Differentialgleichungen
M40	method of imbedded Markov chains	Methode der eingebetteten Markowschen Ketten
M41	method of integro-differential equations	Methode der Integro-Differentialgleichungen
M42	method of moments	Momentenmethode
M43	method of supplementary events	Methode der Zusatzereignisse
M44	method of supplementary variables	Methode der Zusatzvariablen
M45	metric	Metrik
M46	metric space	metrischer Raum
M47	metrically transitive distribution	metrisch transitive Verteilung
M48	micro-state	Feinzustand
M49	minimax strategy	Minimax-Strategie
M50	mixed priority	gemischte Priorität
M51	mixed strategy	gemischte Strategie
M52	mixed waiting-loss system	kombiniertes Warte-Verlustsystem
M53	mixture	Mischung
M54	mode of convergence	Konvergenzart
M55	model	Modell
M56	modified renewal process	modifizierter Erneuerungsprozeß, verzögerter Erneuerungsprozeß
M57	moment	Moment
M58	moment generating function	momentenerzeugende Funktion
M59	monotone convergence	monotone Konvergenz
M60	monotone convergence theorem	Satz über die monotone Konvergenz
M61	monotonicity	Monotonie
M62	Monte-Carlo method	Monte-Carlo-Methode
M63	Monte-Carlo simulation	Monte-Carlo-Simulation
M64	moving average	gleitendes Mittel
M65	multi-server queue	Mehrbediener-Wartesystem
M66	multi-stage service	Mehrphasenbedienung
M67	multiplicity	Vielfachheit
N1	NBU-distribution	NBU-Verteilung
N2	NBUE-distribution	NBUE-Verteilung
N3	negative correlated random variables	negativ korrelierte Zufallsgrößen
N4	neighbourhood	Umgebung
N5	network	Netzwerk
N6	new-better-than-used distribution (NBU-distribution)	NBU-Verteilung
N7	new-better-than-used-in-expectation distribution (NBUE-distribution)	NBUE-Verteilung

M35	immémoiralité	отсутствие памяти
M36	stratégie markovienne	стратегия без памяти, марковская стратегия
M37	méthode du prolongement analytique	метод аналитического продолжения
M38	méthode des événements supplémentaires	метод введения дополнительных событий
M39	méthode des équations différentielles	метод дифференциальных уравнений
M40	méthode des chaînes de Markov immergées	метод вложенных цепей Маркова
M41	méthode des équations intégro-différentielles	метод интегрально-дифференциальных уравнений
M42	méthode des moments	метод моментов
M43	méthode des événements supplémentaires	метод введения дополнительных событий
M44	méthode des variables supplémentaires	метод введения дополнительных переменных
M45	métrique	метрика
M46	espace métrique	метрическое пространство
M47	distribution métriquement transitive	метрически-транзитивное распределение
M48	microétat	микросостояние
M49	stratégie du minimax	минимаксная стратегия
M50	discipline de priorité mixte	смешанный приоритет
M51	stratégie mixte	смешанная стратегия
M52	système mixte avec attente et perte	система массового обслуживания смешанного типа, комбинированная система с ожиданием и потерями
M53	mélange	смесь
M54	type de convergence	вид сходимости
M55	modèle	модель
M56	processus de renouvellement modifié	процесс восстановления с задержкой, процесс восстановления с запаздыванием, общий процесс восстановления
M57	moment	момент
M58	fonction génératrice des moments	производящая функция моментов
M59	convergence monotone	монотонная сходимость
M60	théorème de la convergence monotone	теорема о монотонной сходимости
M61	monotonie	монотонность
M62	méthode de Monte-Carlo	метод Монте-Карло, метод статистических испытаний
M63	simulation par la méthode de Monte-Carlo	моделирование методом Монте-Карло
M64	moyenne mobile	скользящее среднее
M65	file d'attente à plusieurs serveurs	многоканальная система обслуживания с ожиданием
M66	service à plusieurs phases	многоэтапное обслуживание
M67	multiplicité	кратность

N1	NBU-distribution	NBU-распределение, распределение типа « новый лучше использованного »
N2	NBUE-distribution	NBUE-распределение, распределение типа « новый лучше использованного в среднем »
N3	variables aléatoires négativement corrélées	отрицательно коррелированные случайные величины
N4	voisinage	окрестность
N5	réseau	сеть
N6	distribution de type « neuf mieux que employé », NBU-distribution	распределение типа « новый лучше использованного », NBU-распределение
N7	distribution de type « neuf mieux que employé en moyenne », NBUE-distribution	распределение типа «новый лучше использованного в среднем », NBUE-распределение

N8	new-worse-than-used distribution (NWU-distribution)	NWU-Verteilung
N9	new-worse-than-used-in-expectation distribution (NWUE-distribution)	NWUE-Verteilung
N10	node of a network	Netzknoten
N11	non-conditional expectation	unbedingter Erwartungswert
N12	non-correlated random variables	unkorrelierte Zufallsgrößen
N13	nonhomogeneous Poisson process	inhomogener Poisson-Prozeß
N14	non-ordinary flow	nichtordinärer Strom
N15	non-ordinary point process	nichtordinärer Punktprozeß
N16	non-ordinary Poisson process	nichtordinärer Poisson-Prozeß
N17	nonrandomized Markovian strategy	nichtrandomisierte Markowsche Strategie
N18	nonlinear cost function	nichtlineare Kostenfunktion
N19	nonlinear costs	nichtlineare Kosten
N20	normal distribution	Normalverteilung, Gauß-Verteilung
N21	normed random variable	normierte Zufallsgröße
N22	null-recurrent state	null-rekurrenter Zustand
N23	number of customers waiting in the queue	Anzahl der Kunden in der Warteschlange, Schlangenlänge
N24	number of customers in the system	Anzahl der im System befindlichen Kunden
N25	number of occupied servers	Anzahl der belegten Bedienungsgeräte
N26	numerical solution	numerische Lösung
N27	NWU-distribution	NWU-Verteilung
N28	NWUE-distribution	NWUE-Verteilung
O1	object-state	Objektzustand
O2	occupation time	Verweilzeit, Aufenthaltsdauer
O3	one-dimensional distribution	eindimensionale Verteilung
O4	one-to-one mapping	eineindeutige Abbildung
O5	open queueing network	offenes Bedienungsnetzwerk
O6	open queueing system	offenes Wartesystem
O7	open service system	offenes Bedienungssystem
O8	optimal priority rule	optimale Prioritätenregel
O9	optimal relaxation coefficient	optimaler Relaxationskoeffizient
O10	optimal service discipline	optimale Bedienungsdisziplin
O11	optimal stopping time	optimale Stoppzeit
O12	optimal strategy	optimale Strategie
O13	optimality equation	Optimalitätsgleichung
O14	ordinary point process	ordinärer Punktprozeß
O15	orientation	Orientierung
O16	orientation time	Orientierungszeit
O17	oscillation	Oszillation
O18	output	Output, Abgangsprozeß, Abgangsstrom
O19	overflow	Überlauf
P1	Palm distribution	Palmsche Verteilung
P2	Palm model	Palmsches Mehrmaschinensystem
P3	parameter	Parameter
P4	partial differential equation	partielle Differentialgleichung

N8	distribution de type « neuf plus mal que employé », NWU-distribution	распределение типа « новый хуже использованного», NWU-распределение
N9	distribution de type « neuf plus mal que employé en moyenne », NWUE-distribution	распределение типа « новый хуже использованного в среднем », NWUE-распределение
N10	noeud d'un réseau	узел сети
N11	espérance totale	безусловное математическое ожидание
N12	variables aléatoires non corrélées	некоррелированные случайные величины
N13	processus de Poisson non homogène	неоднородный пуассоновский процесс
N14	flot non ordinaire	неординарный поток
N15	processus ponctuel non ordinaire	неординарный точечный процесс
N16	processus de Poisson non ordinaire	неординарный пуассоновский процесс
N17	stratégie markovienne pure	нерандомизированная марковская стратегия
N18	fonction de coût non linéaire	нелинейная функция стоимости
N19	coût non linéaire	нелинейные стоимости
N20	distribution normale	нормальное распределение, гауссовское распределение
N21	variable aléatoire normée	нормированная случайная величина
N22	état récurrent nul	нулевое возвратное состояние
N23	nombre de clients présentes dans la file, longueur de file	число клиентов в очереди, длина очереди
N24	nombre de clients présentes dans le système	число клиентов в системе
N25	nombre de serveurs occupés	число занятих приборов
N26	solution numérique	численное решение
N27	NWU-distribution	NWU-распределение, распределение типа « новый хуже использованного »
N28	NWUE-distribution	NWUE-распределение, распределение типа « новый хуже использованного в среднем »
O1	état d'objet	состояние объекта
O2	durée de séjour	время пребывания
O3	la loi unidimensionelle d'un processus	одномерное распределение
O4	application biunivoque	взаимно-однозначное отображение
O5	réseau ouvert de files d'attente	разомкнутая сеть систем массового обслуживания
O6	système d'attente ouvert	разомкнутая система массового обслуживания с ожиданием
O7	système de service ouvert	разомкнутая система массового обслуживания
O8	règle de priorité optimale	оптимальное приоритетное правило
O9	coefficient de relaxation optimal	оптимальный коэффициент релаксации
O10	discipline de service optimale	оптимальная дисциплина обслуживания
O11	temps d'arrêt optimal	оптимальное время остановки
O12	stratégie optimale	оптимальная стратегия
O13	équation d'optimalité	уравнение оптимальности
O14	processus ponctuel ordinaire	ординарный точечный процесс
O15	orientation	ориентация
O16	temps d'orientation	время ориентации
O17	oscillation	колебание
O18	sortie	выход
O19	flot de débordement	поток потерь
P1	distribution de Palm	распределение Пальма
P2	modèle de Palm	модель Пальма, модель обслуживания станков
P3	paramètre	параметр
P4	équation aux dérivées partielles	дифференциальное уравнение в частных производных

P5	partial fraction expansion	Partialbruchzerlegung
P6	partial sum	Partialsumme
P7	passive object-state	passiver Objektzustand
P8	period of a Markov chain	Periode einer Markowschen Kette
P9	period of a state	Periode eines Zustandes
P10	period of an ergodic class	Periode einer ergodischen Klasse
P11	periodic Markov chain	periodische Markowsche Kette
P12	periodic state of a Markov process	periodischer Zustand eines Markowschen Prozesses
P13	permissible initial distribution	zulässige Anfangsverteilung
P14	permissible strategy	zulässige Strategie
P15	permutation	Permutation
P16	persistent event	persistentes Ereignis
P17	phase space	Phasenraum
P18	piecewise linear Markov process	stückweise linearer Markowscher Prozeß
P19	piecewise Markov process	stückweise Markowscher Prozeß
P20	point of countinuity	Stetigkeitspunkt
P21	point process	Punktprozeß
P22	Poisson distribution	Poisson-Verteilung
P23	Poisson flow	Poissonscher Strom
P24	Poisson input	Poisson-Input
P25	Poisson output	Poisson-Output
P26	Poisson process	Poisson-Prozeß
P27	pole	Polstelle, Pol
P28	policy	Strategie
P29	Polish space	Polnischer Raum
P30	polynomial	Polynom
P31	positive correlated random variables	positiv korrelierte Zufallsgrößen
P32	positive recurrent state	positiv-rekurrenter Zustand
P33	power series	Potenzreihe
P34	preemption	Unterbrechung
P35	preemptive loss priority	unterbrechende Priorität mit Verlust
P36	preemptive priority	unterbrechende Prioıität, absolute Priorität
P37	preemptive repeat priority	unterbrechende Priorität mit Neubeginn
P38	preemptive resume priority	unterbrechende Priorität mit Fortsetzung der Bedienung
P39	priority	Priorität
P40	priority class	Prioritätsklasse
P41	priority discipline	Prioritätsregel
P42	priority index	Prioritätsindex
P43	priority queue	Wartesystem mit Prioritäten, Prioritätensystem
P44	priority system	Prioritätensystem, Bedienungssystem mit Prioritäten
P45	probabilities of large deviations	Wahrscheinlichkeiten großer Abweichungen
P46	probability	Wahrscheinlichkeit
P47	probability density	Wahrscheinlichkeitsdichte, Verteilungsdichte
P48	probability distribution	Wahrscheinlichkeitsverteilung
P49	probability distribution of phase type	Wahrscheinlichkeitsverteilung vom Phasentyp
P50	probability measure	Wahrscheinlichkeitsmaß
P51	probability of wait	Wartewahrscheinlichkeit

P5	décomposition en fractions simples	разложение на простые дроби
P6	somme partielle	частичная сумма
P7	état passif d'objet	пассивное состояние объекта
P8	période d'une chaîne de Markov	период марковской цепи
P9	période d'un état	период состояния
P10	période d'une classe ergodique	период эргодического класса
P11	chaîne de Markov périodique	периодическая цепь Маркова
P12	état périodique d'un processus markovien	периодическое состояние марковского процесса
P13	distribution initiale admissible	допустимое начальное распределение
P14	stratégie admissible	допустимая стратегия
P15	permutation	перестановка
P16	événement persistant	устойчивое событие
P17	espace des phases	фазовое пространство
P18	processus markovien linéaire par morceaux	кусочно линейный марковский процесс
P19	processus markovien par morceaux	кусочно марковский процесс
P20	point de continuité	точка непрерывности
P21	processus ponctuel	точечный процесс, поток
P22	distribution poissonienne	пуассоновское распределение, распределение Пуассона
P23	flot de Poisson	пуассоновский поток
P24	entrée poissonienne	пуассоновский входящий поток
P25	sortie poissonienne	пуассоновский выходящий поток
P26	processus poissonien, processus de Poisson	пуассоновский процесс
P27	pôle	полюс
P28	stratégie	стратегия
P29	espace polonais	польское пространство, полное сепарабельное метрическое пространство
P30	polynôme	многочлен, полином
P31	variables aléatoires positivement corrélées	положительно коррелированные случайные величины
P32	état récurrent positif	положительное возвратное состояние
P33	série entière	степенной ряд
P34	préemption	прерывание
P35	priorité préemptive avec perte, priorité interrompante avec perte	абсолютный приоритет с потерей прерванного требования
P36	priorité avec préemption	приоритет с прерыванием, абсолютный приоритет
P37	priorité préemptive avec répétition, priorité interrompante avec répétition	абсолютный приоритет с повторением прерванного обслуживания
P38	priorité préemptive à résumé, priorité interrompante à reprise	абсолютный приоритет с продолжением прерванного обслуживания
P39	priorité	приоритет
P40	classe de priorité	приоритетный класс
P41	discipline de priorité	дисциплина обслуживания с приоритетами, приоритетная дисциплина обслуживания
P42	index de priorité	приоритетный индекс
P43	file d'attente avec priorité	приоритетная система с ожиданием
P44	système avec priorité	система массового обслуживания с приоритетами
P45	probabilités de grandes déviations	вероятности больших уклонений
P46	probabilité	вероятность
P47	densité d'une distribution de probabilité	плотность распределения вероятностей
P48	distribution de probabilité	распределение вероятностей
P49	distribution de probabilité coxienne	распределение вероятностей фазового типа
P50	mesure de probabilité	вероятностная мера
P51	probabilité d'attente	вероятность ожидания

P52	probability space	Wahrscheinlichkeitsraum
P53	probability theory	Wahrscheinlichkeitstheorie
P54	procedure	Verfahren
P55	process with auxiliary paths	Prozeß mit Hilfspfaden
P56	process with bounded aftereffects	Prozeß mit beschränkter Nachwirkung
P57	process with embedded marked point process	Prozeß mit eingebettetem markierten Punktprozeß
P58	process with independent increments	Prozeß mit unabhängigen Zuwächsen
P59	process with stationary increments	Prozeß mit stationären Zuwächsen
P60	process with uncorrelated increments	Prozeß mit unkorrelierten Zuwächsen
P61	process without aftereffects	nachwirkungsfreier Prozeß
P62	processor-sharing	Processor-Sharing
P63	product form solution	Produktansatz
P64	product formula	Produktansatz
P65	product measure	Produktmaß
P66	proper distribution function	eigentliche Verteilungsfunktion
P67	proper random variable	nichtentartete Zufallsgröße
P68	pure birth process	reiner Geburtsprozeß
P69	pure death process	reiner Todesprozeß
Q1	quantile	Quantil
Q2	quasi-stationary distribution	quasi-stationäre Verteilung
Q3	queue	Warteschlange, Wartesystem
Q4	queue length	Schlangenlänge, Anzahl der Kunden in der Warteschlange
Q5	queue size	Schlangenlänge, Anzahl der Kunden in der Warteschlange
Q6	queueing discipline	Warteschlangenordnung, Bedienungsreihenfolge
Q7	queueing network	Bedienungsnetzwerk
Q8	queueing process	Bedienungsprozeß
Q9	queueing system	Bedienungssystem, Wartesystem
Q10	queueing system with bounded queue length	Bedienungssystem mit beschränkter Schlangenlänge
Q11	queueing system with bounded sojourn time	Bedienungssystem mit beschränkter Verweilzeit
Q12	queueing system with bounded waiting time	Bedienungssystem mit beschränkter Wartezeit
Q13	queueing theory	Bedienungstheorie
R1	random element	zufälliges Element
R2	random event	zufälliges Ereignis
R3	random field	zufälliges Feld
R4	random function	zufällige Funktion
R5	random measure	zufälliges Maß
R6	random permutation	zufällige Permutation
R7	random point process	zufälliger Punktprozeß
R8	random process	Zufallsprozeß, zufälliger Prozeß
R9	random selection	„gut Glück"-Auswahl, Auswahl „auf gut Glück"
R10	random sequence	zufällige Folge
R11	random variable	Zufallsgröße, Zufallsvariable, zufällige Variable
R12	random vector	Zufallsvektor, zufälliger Vektor

P52	espace de probabilité	вероятностное пространство
P53	théorie des probabilités	теория вероятностей
P54	procédure	метод, процедура
P55	processus avec trajectoires auxiliaires	процесс с вспомагательными траекториями
P56	processus avec effet ultérieur limité	процесс с ограниченным последействием
P57	processus avec un processus ponctuel marqué inclus	процесс с вложенным маркированным точечным процессом
P58	processus à accroissements indépendants	процесс с независимыми приращениями
P59	processus à accroissements stationnaires	процесс со стационарными приращениями
P60	processus à accroissements non corrélées	процесс с некоррелированными приращениями
P61	processus sans effet ultérieur	процесс без последействия
P62	processeur partagé	разделение процессора
P63	solution sous forme produit	мультипликативное представление, решение в виде произведения
P64	forme produit	мультипликативное представление, представление в виде произведения
P65	mesure produit	произведение мер
P66	fonction de répartition propre	собственная функция распределения
P67	variable aléatoire non dégénérée	собственная случайная величина
P68	processus de naissance pur	процесс чистого размножения
P69	processus de mort pur	процесс чистой гибели
Q1	quantile	квантиль
Q2	distribution quasi-stationnaire	квазистационарное распределение
Q3	file d'attente	очередь, система с ожиданием
Q4	longueur de file, nombré de clients présentes dans la file	длина очереди, число клиентов в очереди
Q5	taille de file, longueur de file	длина очереди, размер очереди, число клиентов в очереди
Q6	ordre de service	дисциплина обслуживания, дисциплина очереди, дисциплина выбора из очереди
Q7	réseau de files d'attente	сеть массового обслуживания
Q8	processus d'attente, processus de service	процесс обслуживания
Q9	système avec attente	система массового обслуживания (СМО), система с ожиданием
Q10	système d'attente à capacité finie, système d'attente à capacité limitée	система массового обслуживания с ограниченной длиной очереди
Q11	système d'attente avec temps de séjour limité	система массового обслуживания с ограниченным временем пребывания
Q12	système d'attente avec temps d'attente limité	система массового обслуживания с ограниченным временем ожидания
Q13	théorie des files d'attente	теория массового обслуживания (ТМО)
R1	élément aléatoire	случайный элемент
R2	événement aléatoire	случайное событие
R3	champ aléatoire	случайное поле
R4	fonction aléatoire	случайная функция
R5	mesure aléatoire	случайная мера
R6	permutation aléatoire	случайная перестановка
R7	processus ponctuel aléatoire	случайный точечный процесс
R8	processus aléatoire, processus stochastique	случайный процесс
R9	sélection aléatoire, choix an hasard	случайный выбор, выбор наудачу
R10	suite aléatoire	последовательность случайных величин
R11	variable aléatoire	случайная величина, случайная переменная
R12	vecteur aléatoire	случайный вектор

R13	random walk	zufällige Irrfahrt
R14	random walk with reflecting barrier	zufällige Irrfahrt mit undurchdringlicher Wand
R15	randomized strategy	randomisierte Strategie
R16	rank of a matrix	Rang einer Matrix
R17	rarefaction of point processes	Verdünnung von Punktprozessen
R18	real line	reelle Achse
R19	real-valued random variable	Zufallsgröße, reellwertige Zufallsvariable
R20	real-valued solution	reelle Lösung, reellwertige Lösung
R21	realization	Realisierung
R22	recurrence formula	Rekursionsformel
R23	recurrent event	rekurrentes Ereignis
R24	recurrent flow	rekurrenter Strom
R25	recurrent input	rekurrenter Eingangsstrom, rekurrenter Forderungenstrom
R26	recurrent point process	rekurrenter Punktprozeß
R27	recurrent state	rekurrenter Zustand
R28	reduced queueing process	reduzierter Bedienungsprozeß
R29	reducible Markov chain	zerlegbare Markowsche Kette
R30	redundancy	Redundanz, Reserve
R31	regeneration epoch	Regenerierungszeitpunkt
R32	regeneration period	Regenerierungsperiode
R33	regenerative process	regenerativer Prozeß
R34	regular flow	regulärer Strom
R35	regular Markov chain	reguläre Markowsche Kette
R36	regular matrix	reguläre Matrix
R37	regular stationary process	regulärer stationärer Prozeß
R38	relative compactness	relative Kompaktheit
R39	relative priority	relative Priorität
R40	relaxation	Relaxation
R41	reliability	Zuverlässigkeit
R42	reliability function	Zuverlässigkeitsfunktion
R43	reliability theory	Zuverlässigkeitstheorie
R44	renewal density	Erneuerungsdichte
R45	renewal equation	Erneuerungsgleichung
R46	renewal function	Erneuerungsfunktion
R47	renewal period	Erneuerungsperiode
R48	renewal point	Erneuerungspunkt
R49	renewal process	Erneuerungsprozeß
R50	renewal theorem	Erneuerungstheorem
R51	renewal theory	Erneuerungstheorie
R52	repairman problem	Palmsches Mehrmaschinensproblem
R53	repair time	Reparaturzeit
R54	repair utility	Reparatureinrichtung, Reparaturelement
R55	reservation	Reservierung
R56	reserving with renewal	Reservierung mit Erneuerung
R57	reserving without renewal	Reservierung ohne Erneuerung
R58	residual busy period	Restbelegungsperiode
R59	residual interarrival time	Restpausenzeit
R60	residual lifetime	Restlebensdauer
R61	residual service time	Restbedienungszeit

R13	marche aléatoire	случайное блуждание
R14	marche aléatoire avec barrière réfléchissante	случайное блуждание с отражающим экраном
R15	stratégie mixte	рандомизированная стратегия
R16	rang d'une matrice	ранг матрицы
R17	raréfaction de processus ponctuels	просеивание точечных процессов
R18	droite réelle	вещественная прямая, действительная прямая
R19	variable aléatoire réelle	вещественная случайная величина, действительная случайная величина
R20	solution réelle	вещественное решение, действительное решение
R21	réalisation	реализация
R22	formule de récurrence	рекуррентная формула
R23	événement récurrent	рекуррентное событие
R24	flot récurrent	рекуррентный поток
R25	entrée récurrente, arrivée récurrente	рекуррентный входящий поток
R26	processus ponctuel récurrent	рекуррентный точечный процесс
R27	état récurrent	возвратное состояние
R28	processus de service réduit	редуцированный процесс обслуживания
R29	chaîne de Markov réductible	приводимая цепь Маркова, разложимая цепь Маркова
R30	redondance	избыточность
R31	instant de régénération	момент регенерации
R32	période de régénération	период регенерации
R33	processus régénératif	регенерирующий процесс
R34	flot régulier	регулярный поток
R35	chaîne de Markov régulière	регулярная цепь Маркова
R36	matrice régulière	регулярная матрица
R37	processus stationnaire régulier	регулярный стационарный процесс
R38	compacité relative	относительная компактность
R39	priorité relative	относительный приоритет
R40	relaxation	релаксация
R41	fiabilité	надёжность
R42	fonction de fiabilité	функция надёжности
R43	théorie de la fiabilité	теория надёжности
R44	densité de renouvellement	плотность восстановления
R45	équation du renouvellement	уравнение восстановления
R46	fonction de renouvellement	функция восстановления
R47	période du renouvellement	период восстановления
R48	point de régénération	точка восстановления
R49	processus de renouvellement	процесс восстановления
R50	théorème du renouvellement	теорема восстановления
R51	théorie du renouvellement	теория восстановления
R52	problème de dépannage	задача обслуживания станков, задача Пальма
R53	temps de dépannage	время ремонта, длительность ремонта
R54	réparateur, dépanneur	ремонтное устройство
R55	réservation	резервирование
R56	réservation avec renouvellement	резервирование с восстановлением
R57	réservation sans renouvellement	резервирование без восстановления
R58	période active résiduelle, période occupée résiduelle	остаточный период занятости
R59	interarrivée résiduelle, temps résiduel entre deux instants d'arrivée de clients	остаточное времядо поступления требования
R60	durée de vie résiduelle	остаточное время жизни, остаточная длительность жизни
R61	temps de service résiduel	остаточная длительность обслуживания, время дообслуживания

R62	restricted accessibility	beschränkte Erreichbarkeit
R63	restricted availability	beschränkte Verfügbarkeit
R64	restriction	Einschränkung
R65	return time to a state	Rekurrenzzeit (Rückkehrzeit) eines Zustandes
R66	reversibility	Reversibilität
R67	right continuous function	rechtsseitig stetige Funktion
R68	risk	Risiko
S1	second order properties	Eigenschaften zweiter Ordnung
S2	second order stationarity	Stationarität 2ter Ordnung, Stationarität im weiteren Sinne
S3	secondary customers	sekundäre Kunden
S4	secondary input	sekundärer Input
S5	selection rule	Auswahlregel
S6	semi-invariants	Semiinvarianten
S7	semi-Markov process	semimarkowscher Prozeß
S8	semi-Markov process with auxiliary paths	semimarkowscher Prozeß mit Hilfspfaden
S9	semi-Markovian input	semimarkowscher Input, semi-Markowscher Forderungenstrom
S10	semi-martingale	Semimartingal
S11	semi-ordering	Halbordnung, Halbordnungsrelation
S12	separable space	separabler Raum
S13	sequence	Folge
S14	serial scheme	Serienschema
S15	series system	Seriensystem
S16	server	Bedienungsgerät
S17	service	Bedienung
S18	service capacity	Bedienungskapazität
S19	service discipline	Bedienungsdisziplin, Bedienungsreihenfolge, Bedienungsordnung
S20	service-in-random-order discipline (SIRO-discipline)	SIRO-Bedienungsdisziplin
S21	service intensity	Bedienungsintensität
S22	service mechanism	Bedienungsmechanismus
S23	service order	Bedienungsordnung, Bedienungsdisziplin, Bedienungsreihenfolge
S24	service phase	Bedienungsphase
S25	service process	Bedienungsprozeß
S26	service rate	Bedienungsrate, Bedienungsintensität
S27	service scheme	Bedienungsschema
S28	service speed	Bedienungsgeschwindigkeit
S29	service system	Bedienungssystem
S30	service system with bounded queue length	Bedienungssystem mit beschränkter Schlangenlänge
S31	service system with bounded sojourn time	Bedienungssystem mit beschränkter Verweilzeit
S32	service system with bounded waiting time	Bedienungssystem mit beschränkter Wartezeit
S33	service system with infinitely many servers	Bedienungssystem mit unendlich vielen Bedienungsgeräten
S34	service time	Bedienungszeit
S35	set	Menge
S36	set of states	Zustandsmenge
S37	shift operator	Verschiebungsoperator
S38	shortest-job-first discipline (SJF-discipline)	SJF-Bedienungsdisziplin

R62	accessibilité limitée	ограниченная доступность
R63	disponibilité limitée	ограниченная доступность
R64	restriction	ограничение
R65	temps de retour a un état	время возвращения в состояние
R66	réversibilité	обратимость, реверсивность
R67	fonction continue à droite	непрерывная справа функция
R68	risque	риск
S1	propriétés du second ordre	свойства второго порядка
S2	stationnarité d'ordre deux, stationnarité au sens large	стационарность 2-го порядка, стационарность в широком смысле
S3	clients secondaires	вторичные требования, повторные требования
S4	entrée secondaire	вторичный входящий поток
S5	règle de sélection	правило выбора
S6	semi-invariants	семиинварианты
S7	processus semi-markovien	полумарковский процесс
S8	processus semi-markovien avec trajectoires auxiliaires	полумарковский процесс с вспомогательными траекториями
S9	entrée semi-markovienne, arrivée semi-markovienne	полумарковский входящий поток
S10	semi-martingale	полумартингал
S11	ordre partiel	полупорядок
S12	espace séparable	сепарабельное пространство
S13	suite	последовательность
S14	schéma en séries	схема серий
S15	système en série	система обслуживания последовательными приборами
S16	serveur	обслуживающий прибор
S17	service	обслуживание
S18	capacité de service	ёмкость системы обслуживания
S19	discipline de service, ordre de service	дисциплина обслуживания, порядок обслуживания
S20	discipline de service en ordre aléatoire, SIRO-discipline	дисциплина обслуживания в случайном порядке
S21	intensité de service	интенсивность обслуживания
S22	mécanisme de service	механизм обслуживания
S23	ordre de service, discipline de service	порядок обслуживания, дисциплина обслуживания
S24	phase de service	фаза обслуживания
S25	processus de service	процесс обслуживания
S26	taux de service	интенсивность обслуживания
S27	schéma de service	схема обслуживания
S28	vitesse de service	скорость обслуживания
S29	système de service	система массового обслуживания (СМО)
S30	système de service à capacité limitée	система массового обслуживания с ограниченной длиной очереди
S31	système de service avec temps de séjour limité	система массового обслуживания с ограниченным временем пребывания
S32	système de service avec temps d'attente limité	система массового обслуживания с ограниченным временем ожидания
S33	système de service à nombre de serveurs illimité	система массового обслуживания с бесконечным числом приборов
S34	temps de service, durée de service	время обслуживания, длительность обслуживания
S35	ensemble	множество
S36	ensemble d'états	множество состояний
S37	opérateur de translation	оператор сдвига
S38	SJF-discipline	дисциплина: „первым обслуживается требование с наименьшей работой“

S39	shortest-processing-time-first discipline (SPTF-discipline)	SPTF-Bedienungsdisziplin
S40	simple function	einfache Funktion
S41	simple point process	einfacher Punktprozeß
S42	simple renewal process	gewöhnlicher Erneuerungsprozeß
S43	simulation	Simulation
S44	simulation algorithm	Simulationsalgorithmus
S45	simulation method	Simulationsmethode
S46	simulation procedure	Simulationsverfahren
S47	single-server queue	Einbediener-Wartesystem
S48	single-server system	Einbedienersystem, einliniges System
S49	singularity	Singularität, Singularitätsstelle
S50	sojourn time	Verweilzeit, Aufenthaltsdauer
S51	source	Quelle
S52	space	Raum
S53	space of controls	Raum der Steuerungen
S54	space of events	Ereignisraum
S55	span of a lattice distribution	Gitterkonstante einer gitterförmigen Verteilung, Schrittweite des Gitters
S56	spectral density	Spektraldichte
S57	spectral measure	Spektralmaß
S58	speed	Geschwindigkeit
S59	speed of convergence	Konvergenzgeschwindigkeit
S60	speed of growth	Wachstumsgeschwindigkeit
S61	speed of service	Bedienungsgeschwindigkeit
S62	stable Markov chain	stabile Markowsche Kette
S63	stable state	stabiler Zustand
S64	stability theorem	Stetigkeitssatz
S65	standard deviation	Standardabweichung
S66	standardized distribution	standardisierte Verteilung
S67	standstill time	Stillstandszeit
S68	state	Zustand
S69	state, change of	Zustandsänderung
S70	state classification	Zustandsklassifizierung
S71	state distribution	Zustandsverteilung
S72	state equation	Zustandsgleichung
S73	state of a Markov process	Zustand eines Markowschen Prozesses
S74	state probability	Zustandswahrscheinlichkeit
S75	state space	Zustandsraum
S76	state space, subset of	Zustandsmenge
S77	station	Station
S78	station balance equation	verschärfte Bilanzgleichung, Platz-Bilanzgleichung
S79	stationarily connected processes	stationär verbundene Prozesse
S80	stationarity	Stationarität
S81	stationarity condition	Stationaritätsbedingung
S82	stationary distribution	stationäre Verteilung
S83	stationary input	stationärer Input
S84	stationary Poisson process	stationärer Poisson-Prozeß
S85	stationary probability	stationäre Wahrscheinlichkeit
S86	stationary process	stationärer Prozeß
S87	stationary renewal process	stationärer Erneuerungsprozeß
S88	stationary strategy	stationäre Strategie

S39	SPTF-discipline	дисциплина: „первым обслуживается требование с наименьшей длительностью“ обслуживания
S40	fonction simple	простая функция
S41	processus ponctuel simple	простой точечный процесс
S42	processus de renouvellement simple	простой процесс восстановления
S43	simulation	моделирование
S44	algorithme de simulation	алгоритм моделирования
S45	méthode de simulation	метод моделирования
S46	procédure de simulation	процедура моделирования
S47	file d'attente à un serveur, file d'attente à une unité de service	однолинейная система с ожиданием
S48	système à un seul serveur	однолинейная система, одноканальная система
S49	singularité	особенность, особая точка
S50	durée de séjour	время пребывания
S51	source	источник
S52	espace	пространство
S53	espace des contrôles	пространство управлений
S54	espace des événements	пространство событий
S55	pas d'une distribution arithmétique	шаг решетчатого распределения
S56	densité spectrale	спектральная плотность
S57	mesure spectrale	спектральная мера
S58	vitesse	скорость
S59	vitesse de convergence	скорость сходимости
S60	vitesse de croissance	скорость роста
S61	vitesse de service	скорость обслуживания
S62	chaîne de Markov stable	устойчивая цепь Маркова
S63	état stable	устойчивое состояние
S64	théorème de stabilité	теорема непрерывности, теорема устойчивости
S65	écart-type	стандартное отклонение
S66	distribution standardisée	стандартизированное распределение
S67	temps d'inaction	время простоя
S68	état	состояние
S69	changement d'état	изменение состояния
S70	classification des états	классификация состояний
S71	distribution des états	распределение состояний
S72	équation d'état	уравнение равновесия для вероятностей состояний
S73	état d'un processus markovien	состояние марковского процесса
S74	probabilité des états	вероятность состояния
S75	espace des états	пространство состояний
S76	ensemble des états	множество состояний
S77	station	станция
S78	équation de balance pour une station	уравнение равновесия между станциями
S79	processus stationnairement joints	стационарно связанные процессы
S80	stationnarité	стационарность
S81	condition de stationnarité	условие стационарности
S82	distribution stationnaire	стационарное распределение
S83	entrée stationnaire	стационарный входящий поток
S84	processus de Poisson stationnaire	стационарный пуассоновский процесс
S85	probabilité d'équilibre, probabilité stationnaire	стационарная вероятность
S86	processus stationnaire	стационарный процесс
S87	processus de renouvellement stationnaire	стационарный процесс восстановления
S88	stratégie stationnaire	стационарная стратегия, однородная стратегия

S89	steady state	stationärer Zustand
S90	steady-state distribution	stationäre Verteilung
S91	steady-state probability	stationäre Wahrscheinlichkeit
S92	step function	Treppenfunktion, Stufenfunktion
S93	stochastic convergence	stochastische Konvergenz
S94	stochastic differential equation	stochastische Differentialgleichung
S95	stochastic independence	stochastische Unabhängigkeit
S96	stochastic integral	stochastisches Integral
S97	stochastic kernel	stochastischer Kern
S98	stochastic matrix	stochastische Matrix
S99	stochastic model	stochastisches Modell
S100	stochastic point process	stochastischer Punktprozeß
S101	stochastic process	stochastischer Prozeß
S102	stochastic programming	stochastische Optimierung
S103	stochastically equivalent process	stochastisch äquivalenter Prozeß
S104	stopping renewal process	abbrechender Erneuerungsprozeß
S105	stopping rule	Stoppregel
S106	stopping time	Stoppzeit
S107	storage theory	Lagerhaltungstheorie
S108	strategy	Strategie
S109	stream of events	Ereignisstrom
S110	strictly stationary process	streng stationärer Prozeß, im engeren Sinne stationärer Prozeß
S111	strong law of large numbers	starkes Gesetz der großen Zahlen
S112	strong Markov process	streng Markowscher Prozeß
S113	submartingale	Submartingal
S114	suboptimal strategy	suboptimale Strategie
S115	subsequence	Teilfolge
S116	subset	Teilmenge
S117	supermartingale	Supermartingal
S118	superposition of point processes	Überlagerung von Punktprozessen
S119	supplementary event	Zusatzereignis
S120	supplementary variable	Zusatzvariable
S121	sure event	sicheres Ereignis
S122	switching time	Umschaltzeit
S123	symmetric random walk	symmetrische zufällige Irrfahrt
S124	symmetrical distribution	symmetrische Verteilung
S125	system approximation	Systemapproximation
S126	system of equations	Gleichungssystem
S127	system of linear equations	lineares Gleichungssystem
S128	system state	Zustand des Systems, Systemzustand
S129	system Z of balance equations	System Z von Zustandsgleichungen, System Z von Bilanzgleichungen
S130	system Z' of object balance equations	System Z' der Objektbalancegleichungen
T1	tandem system	Tandemsystem
T2	telephone system	Fernsprechsystem
T3	tepid (warm) standby redundancy	warme Reserve
T4	the theorem of residues	Residuensatz
T5	thinning of point processes	Verdünnung von Punktprozessen
T6	time-dependent distribution	zeitabhängige Verteilung

S89	état d'équilibre, état stationnaire	стационарное состояние
S90	distribution stationnaire	стационарное распределение
S91	probabilité stationnaire	стационарная вероятность
S92	fonction constante par morceaux	кусочно-постоянная функция, ступенчатая функция
S93	convergence stochastique	стохастическая сходимость
S94	équation différentielle stochastique	стохастическое дифференциальное уравнение
S95	indépendance stochastique	стохастическая независимость
S96	intégrale stochastique	стохастический интеграл
S97	noyau stochastique	стохастическое ядро
S98	matrice stochastique	стохастическая матрица
S99	modèle stochastique	стохастическая модель
S100	processus ponctuel stochastique, processus ponctuel aléatoire	стохастический точечный процесс
S101	processus stochastique, processus aléatoire	стохастический процесс
S102	programmation stochastique	стохастическое программирование
S103	processus stochastiquement équivalent	стохастически эквивалентный процесс
S104	processus de renouvellement arrêté	обрывающийся процесс восстановления
S105	règle d'arrêt	правило остановки
S106	temps d'arrêt	момент остановки
S107	théorie du contrôle de inventaires	теория управления запасами
S108	stratégie	стратегия
S109	flot d'événements	поток событий
S110	processus strictement stationnaire	строго стационарный процесс
S111	loi forte des grands nombres	усиленный закон больших чисел
S112	processus strictement markovien	строго марковский процесс
S113	sous-martingale	субмартингал
S114	stratégie sous-optimale	почти оптимальная стратегия
S115	sous-suite	подпоследовательность
S116	sous-ensemble	подмножество
S117	sur-martingale	супермартингал
S118	superposition de processus ponctuels	наложение точечных процессов, суммирование точечных процессов
S119	événement supplémentaire	дополнительное событие
S120	variable supplémentaire	дополнительная переменная
S121	événement sûr	достоверное событие
S122	temps de changement	время переключения
S123	marche aléatoire symétrique	симметричное случайное блуждание
S124	distribution symétrique	симметричное распределение
S125	—	аппроксимация системами
S126	système d'équations	система уравнений
S127	système d'équations linéaires	система линейных уравнений
S128	état du système	состояние системы
S129	système Z des équations de balance	система Z уравнений равновесия
S130	système Z' des équations de balance d'objets	система Z' уравнений равновесия между объектами
T1	système en tandem	система обслуживания двумя последовательными приборами
T2	système téléphonique	телефонная система
T3	élément redondant	теплый резерв, облегченный резерв
T4	théorème du résidu	теорема вычетов
T5	dilution de processus ponctuels	просеивание точечных процессов, прореживание потоков
T6	distribution dépendante du temps, distribution transitoire	распределение зависящее от времени

T7	time-dependent priority	zeitabhängige Priorität
T8	time in system	Gesamtverweilzeit, Gesamtaufenthaltsdauer
T9	time-invariant distribution	zeitinvariante Verteilung, stationäre Verteilung
T10	time series	Zeitreihe
T11	time-sharing	Zeitteilung
T12	time-stationary process	zeitstationärer Prozeß
T13	time unit	Zeiteinheit
T14	total service time	Gesamtbedienungszeit
T15	total sojourn time	Gesamtverweilzeit, Gesamtaufenthaltsdauer
T16	total waiting time	Gesamtwartezeit
T17	traffic intensity	Belastung
T18	trajectory	Trajektorie
T19	transformation	Transformation
T20	transient event	transientes Ereignis
T21	transient state	transienter Zustand
T22	transition function	Übergangsfunktion
T23	transition graph	Übergangsgraph
T24	transition intensity	Übergangsintensität
T25	transition matrix	Übergangsmatrix
T26	transition probability	Übergangswahrscheinlichkeit
T27	translation	Translation
T28	transposed matrix	transponierte Matrix
T29	truncated service time	gestutzte Bedienungszeit
U1	uncorrelated random variables	unkorrelierte Zufallsgrößen
U2	uniform distribution	Gleichverteilung
U3	uniqueness	Eindeutigkeit
U4	uniqueness theorem	Eindeutigkeitssatz
U5	unit matrix	Einheitsmatrix
U6	unreliable server	unzuverlässiges Bedienungsgerät
U7	unsteady flow	instationärer Strom
U8	upper bound	obere Schranke
V1	variance	Varianz, Dispersion, Streuung
V2	vector	Vektor
V3	vector process	Vektorprozeß
V4	vector space	Vektorraum
V5	virtual waiting time	virtuelle Wartezeit
V6	virtual work load	virtuelle Arbeitsmenge
W1	waiting-loss system	Warte-Verlustsystem
W2	waiting probability	Wartewahrscheinlichkeit
W3	waiting room	Warteraum
W4	waiting time	Wartezeit
W5	waiting time until the beginning of service	Wartezeit bis zum Bedienungsbeginn
W6	warm up	Erwärmung
W7	warm up time	Erwärmungszeit
W8	weak convergence	schwache Konvergenz
W9	weak law of large numbers	schwaches Gesetz der großen Zahlen
W10	white noise	weißes Rauschen
W11	wide-sense stationarity	Stationarität im weiteren Sinne, Stationarität zweiter Ordnung

T7	priorité dépendante du temps	приоритет зависящий от времени
T8	temps de séjour total	полное время пребывания
T9	distribution indépendante du temps	распределение инвариантное во времени, стационарное распределение
T10	série chronologique	временной ряд
T11	time-sharing, accès partagé	разделение времени
T12	processus stationnaire par rapport au temps	процесс стационарный по времени
T13	unité de temps	единица времени
T14	temps de service total	полное время обслуживания, суммарное время обслуживания
T15	temps de séjour total	полное время пребывания
T16	temps d'attente total	полное время ожидания
T17	charge	нагрузка
T18	trajectoire	траектория
T19	transformation	преобразование
T20	événement transitoire	невозвратное событие, транзитивное событие
T21	état transitoire	невозвратное состояние
T22	fonction de transitions	переходная функция
T23	graphe des transitions	граф переходов
T24	intensité de transition	интенсивность переходов
T25	matrice de transitions	матрица переходов
T26	probabilité de transition	вероятность перехода, переходная вероятность
T27	translation	перенос, сдвиг
T28	matrice transposée	транспонированная матрица
T29	temps de service tronqué	усеченное время обслуживания
U1	variables aléatoires non corrélées	некоррелированные случайные величины
U2	distribution uniforme	равномерное распределение
U3	unicité	единственность
U4	théorème d'unicité	теорема единственности
U5	matrice unité	единичная матрица
U6	serveur non fiable	ненадежный прибор
U7	flot non stationnaire	нестационарный поток, неоднородный поток
U8	borne supérieure	верхняя граница
V1	variance	дисперсия
V2	vecteur	вектор
V3	processus vectoriel	векторный процесс
V4	espace vectoriel	векторное пространство
V5	temps d'attente virtuel	виртуальное время ожидания
V6	quantité de travail virtuelle	виртуальное количество работы
W1	système avec attente et perte	система обслуживания смешанного типа
W2	probabilité d'attente	вероятность ожидания
W3	salle d'attente	места для ожидания
W4	temps d'attente	время ожидания
W5	temps d'attente avant le service	время ожидания до начала обслуживания
W6	échauffement, mise en route	разогрев
W7	temps d'échauffement	время разогрева
W8	convergence étroite	слабая сходимость
W9	loi faible des grands nombres	слабый закон больших чисел
W10	bruit blanc	белый шум
W11	stationnarité au sens large, stationnarité d'ordre deux	стационарность в широком смысле, стационарность 2-го порядка

W12	Wiener process	Wienerscher Prozeß
W13	with probability one	mit Wahrscheinlichkeit Eins
W14	work conserving service discipline	Bedienungsdisziplin mit Erhaltung der Arbeit
W15	work load	Arbeitsmenge, anstehende Arbeit
Z1	zero	Nullstelle
Z2	zero-one distribution	Null-Eins-Verteilung
Z3	zero state	Nullzustand

15.2. Deutsch

Abbildung M3
Abbildungstheorem C44
abbrechender Erneuerungsprozeß S104
Abbruch B19
Abgangsprozeß D21, O18
Abgangsstrom D21, O18
Abgangszeitpunkt D20
abgelaufene Bedienungszeit E2
abgelaufene Pausenzeit E1
abhängige Zufallsgrößen D22
Abschätzung E36
absolute Priorität A2
absolutes Moment A1
absolutstetige Verteilung A3
absorbierender Zustand A4
Abstand D41
abzählbarer Zustandsraum D19
Achse A37
Aktionsraum A8
aktiver Objektzustand A9
aktuelle Wartezeit A10
Algorithmus A12
Algorithmus der linearen Optimierung L28
Alter A11
alternierende Priorität A19
alternierender Erneuerungsprozeß A20
Anfangsbedingung I35
Anfangsverteilung I36
Anfangszustand I37
Ankunftsintensität A28, A30
Ankunftszeitpunkt A27
Anruf C1
anstehende Arbeit A21, W15
Anzahl der belegten Bedienungsgeräte N25
Anzahl der im System befindlichen Kunden N24
Anzahl der Kunden in der Warteschlange N23, Q4, Q5
aperiodische Markowsche Kette A22
aperiodischer Zustand A23
Approximation bei starker Belastung H5
Approximationsverfahren A24
äquivalente stochastische Prozesse E23
Arbeitsmenge A21, W15
arithmetische Verteilung A26
asymptotische Methode A31
asymptotische Normalverteiltheit A32
Aufenthaltsdauer O2, S50
augenblickliche Intensität I41
augenblicklicher Gewinn I15
Ausfall B20, F4
Ausfallrate F5, H2
Austrittszeitpunkt E41
Auswahl „auf gut Glück“ R9
Auswahlregel S5
Autokorrelationsfunktion A33
Autokovarianzfunktion A34

Basispunkt B4
Bedienung S17
Bedienung in der Reihenfolge des Eintreffens F16, F17
Bedienungsdisziplin S19, S23
Bedienungsdisziplin mit Erhaltung der Arbeit W14
Bedienungsgerät S16
Bedienungsgeschwindigkeit S28, S61
Bedienungsintensität S21, S26
Bedienungskapazität S18
Bedienungsmechanismus S22
Bedienungsnetzwerk Q7
Bedienungsordnung S19, S23
Bedienungsphase S24
Bedienungsprozeß Q8, S25
Bedienungsrate S26
Bedienungsreihenfolge Q6, S19, S23
Bedienungsschema S27
Bedienungssystem Q9, S29

W12	processus de Wiener	винеровский процесс
W13	avec probabilité un, presque sûrement	с вероятностью единица
W14	discipline de service avec conservation de travail	дисциплина обслуживания с сохранением работы, консервативная дисциплина обслуживания
W15	quantité de travail	количество работы
Z1	zéro	нулевая точка, нуль
Z2	—	распределение нуля-единицы
Z3	état zéro	нулевое состояние

15.3. Französisch

15.4. Russisch

16. Sachwortverzeichnis

17. Namenverzeichnis

Inhaltsübersicht über Band II

Formeln und andere Ergebnisse

Berichtigungen zum Handbuch der Bedienungstheorie I

Seite		statt	lies
54	1. Z. v. o.	$X' = \left(X - \sqrt{\mathsf{E}X}\right)/\mathsf{V}X$	$X' = (X - \mathsf{E}X)/\sqrt{\mathsf{V}X}$
72	2. Z. v. o.	$= \int\limits_0^\infty x^{1-\alpha}\, \mathrm{e}^{-x}\, \mathrm{d}x$	$= \int\limits_0^\infty x^{\alpha-1}\, \mathrm{e}^{-x}\, \mathrm{d}x$
128	6. Z. v. o.	$\dot{\varphi}(\mathscr{A})$ zur Folge	$\dot{\varphi}(\mathscr{A}) > 0$ zur Folge
135	13. Z. v. o.	$\sum\limits_{j \neq k} P_{ij} \mathsf{E} W_{ij}$.	$\sum\limits_{j \neq k} P_{ij} \mathsf{E} W_{jk}$.
197	6. Z. v. o.	$\mathbf{B}(\vartheta_0) = \left(\frac{2g}{\mu_i}\right)$	$\mathbf{B}(\vartheta_0) = \left(\frac{2q}{\mu_i}\right)$
248	9. Z. v. o.	$([T_n, J_n, N_n - T_{n-1}],\ n \geqq 0)$	$([N_n, J_n, T_n - T_{n-1}],\ n \geqq 0)$
279	11. Z. v. o.	$c_{j_{l-1} g_{l-1}}$	$c_{j_l g_{l-1}}$
		$c_{j'_{l-1} g'_{l-1}}$	$c_{j_l' g'_{l-1}}$
279	13. + 16. Z. v. o.	$c_{j_{l-1} g_{l-1}}$	$c_{j_l g_{l-1}}$
288	18. + 19. Z. v. o.	$g^{*\prime} = g_k$	$g^{*\prime} = g_k{}'$
355	2. Z. v. u.	$= \frac{3}{n} \sum\limits_{i=1}^{n} (2Z_i - 1)$	$= \sqrt{\frac{3}{n}} \sum\limits_{i=1}^{n} (2Z_i - 1)$
394	3. Z. v. u.	$\alpha_{k12} = \alpha_{k22} = 0$	$\alpha_{\bar{k}12} = \alpha_{\bar{k}22} = 0$

Bei Fragen zur Produktsicherheit wenden Sie sich bitte an:
If you have any questions regarding product safety,
please contact:

Walter de Gruyter GmbH
Genthiner Straße 13
10785 Berlin
productsafety@degruyterbrill.com